中国对虾和三疣梭子蟹遗传育种

李 健 刘 萍 王清印 赵法箴 主 编

中国海洋大学出版社

·青岛·

图书在版编目(CIP)数据

中国对虾和三疣梭子蟹遗传育种 / 李健等主编 . —青岛:中国海洋大学出版社,2015. 12

ISBN 978-7-5670-1058-1

Ⅰ. ①中… Ⅱ. ①李… Ⅲ. ①中国对虾—遗传育种 ②梭子蟹—遗传育种 Ⅳ. ① S968. 222 ② S968. 252

中国版本图书馆 CIP 数据核字(2015)第 279761 号

出版发行 中国海洋大学出版社
社　　址 青岛市香港东路 23 号　　　　邮政编码 266071
出 版 人 杨立敏
网　　址 http://www.ouc-press.com
电子信箱 dengzhike@sohu.com
订购电话 0532-82032573(传真)
责任编辑 邓志科　　　　电　　话 0532-85902495
印　　制 日照报业印刷有限公司
版　　次 2016 年 6 月第 1 版
印　　次 2016 年 6 月第 1 次印刷
成品尺寸 185 mm ×260 mm
印　　张 39.25
字　　数 786 千
定　　价 60. 00 元

编 委 会

主　编　李　健　刘　萍　王清印　赵法箴

编　委（以姓氏笔画为序）

王　正　王　芸　王　渝　王好锋　王清印
吕建建　任宪云　刘　萍　刘　博　刘　磊
安　丽　孙昭宁　杜　盈　李　健　李吉涛
李远宁　李晓萍　李朝霞　何玉英　宋来鹏
张　凤　张天时　张龙涛　张德宁　陈　萍
陈华增　孟宪亮　赵先银　赵法箴　哈承旭
高保全　高俊娜　梁忠秀　隋延鸣　韩永望
韩晓琳　韩智科　戴艳菊

P · R · E · F · A · C · E

前言

我国是世界上水产品生产大国，水产品作为优质动物蛋白的重要来源，消费量已占人均动物蛋白消费量的三分之一。据统计海水虾蟹养殖面积近30万公顷，养殖产量130多万吨。同时虾蟹也是我国主要出口水产品，出口量达30多万吨，出口额创汇20亿多美元。虾蟹增养殖业是我国海水养殖的代表性产业，具有养殖历史长、范围广、产量高等特点。

发展蓝色农业是解决人类粮食短缺问题的重要途径，也是国际海洋开发的热点。"国以农为本，农以种为先"，种业作为水产养殖业发展的第一产业要素，是确保水产品有效供给的重要物质基础。近年来，我国出台了一系列关于"现代种业"和"蓝色粮仓"等战略性指导方针和规划，要求加强种质资源收集、保护、鉴定，创新育种理论方法和技术，创制改良育种材料，加快培育一批突破性新品种。

黄海水产研究所的中国对虾养殖研究始于1952年，室外土池育苗试验1959年在天津北塘初获成功。随后科研人员还比较系统地研究了对虾的生殖习性、性腺发育规律、胚胎发育、幼体发育形态以及同环境条件的关系，基本摸清了对虾育苗中的主要条件，并找出了较为适宜的幼体饵料，于20世纪60年代取得了"对虾发育条件及其苗种的人工培育"研究成果。而国家水产总局下达的"对虾工厂化育苗技术的研究"攻关于1981年取得突破性进展，确立了适合我国实际情况的对虾工厂化育苗方法，标志着我国的对虾育苗技术进入了世界先进行列。黄海水产研究所对虾育种始于1986年承担的国家"七五"科技攻关计划专题"对虾良种选育技术"启动，1989年农业部项目"对虾累代养殖试验"实施。1997年农业部"948"项目"无特定病原（SPF）对虾种群选育"的立项标志中国对虾育种正式开始，经过连续7代的选育，2003年中国对虾"黄海1号"诞生（品种登记号GS01001-2003）。到2013年，经过连续5代群体选育，具耐氨氮性状的中国对虾"黄海3号"也通过国家审定（品种登记号GS-01-002-2013）。

黄海水产研究所于20世纪80年代查明了三疣梭子蟹繁殖和早期发育、年龄和生长、分布和洄游等规律，并突破了三疣梭子蟹人工育苗技术，90年代开始进行养殖技术推广。

2006年国家“863”计划课题“虾、蟹高产、抗病品种的培育”支持了三疣梭子蟹养殖新品种培育，提出了蟹类种质资源收集和保存等技术规范，创建了活体种质资源保存库，制定了种质鉴定国家标准，开发了“海水养殖甲壳类动物育种数据管理与分析系统”，我国海产蟹类第一个新品种三疣梭子蟹“黄选1号”（品种登记号GS-01-002-2012）于2012年通过国家审定。

本研究团队先后主持了国家“973”计划课题、“863”计划课题、国家科技支撑（攻关）计划课题、国家自然科学基金、国家社会公益研究专项、国家虾产业技术体系以及省、部级等课题50余项。围绕“海水虾蟹新品种选育和健康养殖”学科，在甲壳动物种质资源收集与鉴定、品种改良选育、现代养殖技术和模式等方面进行了一系列原创性、系统性的研究。团队在国内率先进行了中国对虾、三疣梭子蟹等甲壳动物良种选育研究，提出了可持续的虾、蟹育种技术体系，成功培育出中国对虾“黄海1号”、中国对虾“黄海3号”、三疣梭子蟹“黄选1号”3个新品种。将良种选育和示范养殖推广相结合，与水产龙头企业密切合作，不断提高研究成果的产业化水平，建立了适合我国北方生态特点的多种健康养殖模式，养殖成功率在90%以上，在我国沿海带动形成了年产值数十亿元的虾蟹产业区，取得了良好的经济和社会效益。

本研究团队已有多项研究成果达到国际领先水平，在国际上也有重要影响力。“对虾育种与健康养殖创新团队”2008年获农业部中华农业科技奖优秀创新团队、“高产优质虾、贝、藻类新品种选育团队”2010年获“十一五”国家科技计划执行优秀团队、“水产育种与健康养殖创新团队”2012年获山东省优秀创新团队等荣誉称号。

团队获授权国家发明专利22项，获软件著作权3项；主持和参与制定国家标准5项，行业标准7项，地方标准2项；发表论文500余篇，出版论著20余部。研究成果“对虾工厂化全人工育苗技术的研究”1985年获国家科技进步一等奖、“中国对虾‘黄海1号’新品种及其健康养殖技术体系”2007年获国家技术发明奖二等奖、“三疣梭子蟹的良种选育及规模化养殖”2015年获中华农业科技一等奖。

本书选录了本实验室近年来有关虾蟹种质资源与遗传育种方面的研究论文，为了使本书的内容更充实，实用性更强，作者引用了许多科学家的研究成果和发表的论著资料。本书的出版得到了国家虾产业技术体系（CARS-47）和山东省泰山产业领军人才工程（LJNY2015002）的资助。在此一并致谢。

由于作者的学术水平和实践经验所限，书中难免有许多不足之处，真诚地希望得到读者和同行的批评与指教。

作　者

2015年12月于青岛

C · O · N · T · E · N · T · S 目录

第 1 章

中国对虾的种质资源

1. 养殖对虾的遗传改良

对虾是海洋水产品中经济价值最高且最受消费者欢迎的种类之一。世界上人工养殖对虾的历史,如果从最早开展对虾的繁殖、发育及育苗和养殖技术研究的日本人 Fujinaga 算起,距今已有 80 多年了。Fujinaga 在 20 世纪 30 年代就系统地进行了日本囊对虾(*Marsupenaeus japonicus*)的繁殖和养殖研究,30 年代末培育出日本囊对虾仔虾,在实验室条件下养殖到商品规格,并于 1935、1941 和 1942 年分别发表了他对日本囊对虾的最早研究结果。这是人工养殖对虾研究最早的文献资料,对后人的工作产生了重要的影响。生产性规模化养殖对虾是在 20 世纪 50 年代开始的,但是真正盈利的商业化对虾养殖,直到 1965 年前后才获得成功。

20 世纪 80 年代以来,养虾业是世界海水养殖业中发展最快、最具活力的产业之一,但也是问题最多、最受社会关注的产业之一。其中,最为突出的问题是疾病泛滥,疾病对世界养虾业造成的损失触目惊心。解除疾病对养虾业的困扰,需要多方面的努力。其中,对养殖对虾进行遗传改良,选育抗病品种是最有希望的途径之一。

1.1 养殖对虾的遗传改良是保证养虾业可持续发展的必要条件

按照 Perez Farfante 和 Kensley 1997 年的分类,对虾科的 29 个种被划分为 6 个属。根据现有的技术条件,其中的多数种类可以在全人工条件下养殖。但到目前为止,世界各主要对虾养殖大国,除美国等少数国家和地区可以向养殖业批量提供经过遗传改良的亲虾以外,多数国家和地区尚未建立起系统、完善的亲虾驯化和新品种培育体系,培育苗种所用的亲体主要来自野生群体。使用野生亲虾繁育苗种的弊端是显而易见的。首先,野生亲体的供应很不稳定,不可避免地“靠天吃饭”;其次,野生亲体携带病原的可能性很大，很容易造成苗种培育期间的大量死亡；第三，大量捕捞野生亲虾，对自然资源的干扰和破坏是不言而喻的；第四，也是最重要的一点，是养殖业者无法如家畜和家禽养殖那样，获得因使用经过遗传改良的亲体所带来的显著经济效益。

第二次世界大战以后的50多年里，遗传改良带给养殖业和种植业的好处可以说是俯拾皆是。据有关资料，经过遗传改良，鸡的生长率提高了200%，饲料的消耗则降低了50%；奶牛的产奶量提高了150%；猪的生长率也增加1倍以上。对养殖鱼类进行遗传改良并获得巨大经济效益的，当首推挪威对大西洋鲑鱼的选择育种。从20世纪70年代开始的这项工作目前仍在进行，选择的性状也从最初的生长率逐步扩大到性成熟年龄、抗病能力、鱼片颜色、脂肪含量等多个性状。经过选育，大西洋鲑鱼的生长率平均提高了80%～100%，产生了极好的经济效益。近年来，挪威大西洋鲑鱼的养殖年产量都在40万吨以上，无论是价格还是质量，其产品在国际市场上都很具竞争力。ICIARM等对罗非鱼的选择育种在1988～1997年之间进行，选育后代的生长率也显著提高。

对虾养殖是水产养殖业的支柱产业之一。迄今，养殖虾类的苗种培育主要依靠捕获野生种群的亲体来繁殖，缺少系统的品种选育和改良，逐渐表现出生长缓慢、抗逆能力差，一旦遇到环境变化和病原侵袭，很容易因此暴发大规模流行病。对养殖对虾进行遗传改良，获得生长速度快、抗病能力强、品质优的新品种，对于保证养虾业的可持续发展具有十分重要的意义。尽管养殖对虾的遗传改良和新品种培育工作远远落后于家畜和家禽业，但可喜的是，人们已经认识到，对虾具有可进行选择育种的性状特征，开展遗传改良的潜力很大。在过去的10年里，对虾的选择育种计划已先后在亚洲和美洲一些研究机构陆续启动，并已显示出诱人的前景，为进入新世纪后对虾养殖业的可持续发展打下了基础。

1.2 对虾遗传改良和优良品种选育研究的现状和发展

世界上最早对养殖对虾开展遗传改良和选择育种研究的是美国农业部支持的海产对虾养殖计划(U. S. Marine Shrimp Farming Program)。该计划从1989年开始培育无特定病原(Specific Pathogen Free, SPF)的凡纳滨对虾(*Litopenaeus Vannamei*)。SPF对虾的培育，结合严格的养殖期间的“生物安全”(biosecurity)措施，曾有效地减轻了对虾病毒病的发生。在20世纪90年代初，夏威夷海洋研究所(简称OI)成功地培育出没有受到IH-HNV、BP、HPV感染的凡纳滨对虾的SPF种群，建立起设施完善的用于培养SPF种群的核心培育设施和培养SPF后备种群的二级培育设施。由于病原的多样性，SPF对虾的培育可能并非防止疾病的灵丹妙药，但无疑是一个明智的选择。SPF对虾培育技术及其后提出的高健康(High health)养殖技术，对世界对虾养殖业的技术进步产生了十分积极的作用。

在SPF对虾培育研究的基础上，1990～1991年，夏威夷海洋研究所开始实施对凡纳滨对虾的遗传改良计划。最初的选育是挑选生长表现最佳的个体进行随机交配。1992～1993 年开始对个体的选育，采用人工精荚移植技术辅助对虾的交配。1994 年以来，位于夏威夷科纳(Kona)的高健康水产养殖公司致力于抗 Taura 综合征病毒(TSV)的凡纳滨对虾的选育研究，目标是选育生长快、抗 TSV 的对虾种群，以尽量减少疾病造成的损失。1999 年春天完成第 3 轮的选育。对比试验表明，对照群体的成活率只有 31%，而选育群体的成活率达 69%，且呈逐年增加的趋势。使用该选育群体在得克萨斯南部进行的生产性养殖试验，成活率平均为 70%～80%，个体重 22～25 g。而得克萨斯北部养殖的未选育对虾的成活率只有 30%～50%。

夏威夷海洋研究所的凡纳滨对虾的选择育种计划是在 SPF 基础之上开展起来的，而 SPF 的概念则是从陆地动物，主要是畜牧育种中引进的。现在，在 OI 的 SPF 对虾种群排除的病原包括 8 种病毒、部分寄生性原生动物和蠕虫。培育凡纳滨对虾 SPF 种群的亲虾来源于不同的自然分布区，这保证了选育群体的遗传多样性。在夏威夷马卡甫(Makapuu)的对虾选育中心，每年两次可培育 80 个遗传性状各有不同的对虾家系。1995～1998 年，OI 对凡纳滨对虾的选育主要集中在生长速度和抗 Taura 综合征两个方面。1998 年以来，已建立起两个品系。一个品系的 70% 个体来自抗 Taura 病毒的个体，30% 为生长速度快的个体；另一个品系则 100% 地选择自生长速度快的个体。

OI 还对凡纳滨对虾的主要遗传参数进行了研究，包括遗传力估值 h^2、表型和遗传型变异、表型和遗传型的相关关系以及遗传型和环境的相互作用等。已对 500 多个家系的生长速度和抗 TSV 能力进行了评估。结果表明，凡纳滨对虾体重的遗传力估值为 0.40 ± 0.06；利用全同胞和半同胞材料对生长率的遗传力估值分别是 0.45 和 0.50；对 TSV 抗病的遗传力分别是 0.22 和 0.35。每代选择后的遗传获得量分别是 4.4% 和 12.4%。虽然抗 TSV 的遗传力比较低，但家系之间对 TSV 感染反应的变异却比较高。例如，用 TSV 感染之后的第 14 天，80 个家系之间的成活率从 0%～88% 不等，平均成活率为 38%，这说明选择的潜力还是很大的。OI 的研究证明，对生长速度的选择已使养殖凡纳滨对虾的体重提高了 21.2%。而对抗 TSV 性状的选择，使成活率比对照提高了 18.4%。这表明选择育种可明显地改进养殖对虾的生长表现。

1994 年，哥伦比亚开始遭受 TSV 的侵袭。从发生严重死亡的虾池里存活的对虾中挑选健壮个体并培育为亲虾，以此为基础进行抗 TSV 品种选育。选育第二代的成活率达到 50%，第三代达到 65%～80%，基本恢复到了正常水平。委内瑞拉养殖的凡纳滨对虾在 20 世纪 90 年代初的畸型率达 35%～45%。经过严格的选育，现已降低到 3%～5%。养殖的蓝对虾(*Litopenaeus stylirostris*)由于微孢子虫感染和 IHHNV 的影响，成活率只有 5%。经过严格的选育，每代的成活率平均提高 10%，现在已很少见到微孢子虫感染造成的“棉花病”，养殖的蓝对虾成活率可达到 60%～70%。委内瑞拉开发的抗 IHHNV 蓝对虾已作为超级虾(Super-shrimp™)品牌，并对周边国家如墨西哥的养虾业产生了重要影响。在厄瓜多尔，Taura 病毒仍是影响养虾业发展的重要问题，但 Taura 病毒造成的死亡率正在呈逐年下降趋势。据认为，这一方面是由于发病后存活下来的对虾对抗病力的自然选择过程，另一方面是对宿主危害较轻的那些病毒株被选择下来。从理论上讲，不杀死宿主的寄生物才能成功地生存下来。

有关凡纳滨对虾对 WSSV 抗病能力选育的工作还很有限。但令人感兴趣的是，受 WSSV 感染发生严重死亡的虾池中，总有一些个体存活下来并能正常生长。有希望认为，这些存活的对虾可在一定程度上抵抗或耐受 WSSV 的感染，并有可能把这一特征传给下一代，这是抗 WSSV 对虾选育工作的希望所在。所以，选择抗 WSSV 对虾的一个重要途径是从严重犯病的虾池中寻找存活下来的健康个体，并把它们培育成亲虾并繁育后代。经过累代选择，有希望稳定地提高成活率。这在凡纳滨对虾对 TSV 和 IHHNV 的抗病力选育中证明是有效的。与此同时，严格的健康管理措施也是必不可少的。

法国海洋开发研究院(以下简称 IFREMER)的对虾育种计划开始于 1992 年。法国位于太平洋法属波黎尼西亚塔海堤的海洋学研究中心由于远离对虾的自然产区，使用的亲虾均从墨西哥等地进口。其中凡纳滨对虾和蓝对虾的种群已在全人工条件下养殖 20 多代。这个漫长的过程也是一个人工驯化过程，事实上也是一个自然的或无意识的选择过程。通过累代的驯化，已选择出对当地条件适应性越来越好的品系。

对抗病品系的选育，IFREMER 采取的方法主要是通过感染试验来筛选存活的个体。为此建设了专门的感染试验设施，开发出先进的感染试验程序。与未选育群体相比，选育群体第 2 代的生长率提高了 6%。在第 4 代和第 5 代的生长率分别提高了 18% 和 21%。第 6 代的选育除生长表现以外，同时也在比较饵料系数，并对选育计划进一步优化。

部分蓝对虾的尾扇呈绿色。为利用这一性状作为选育的指示标记，IFREMER 对绿尾对虾进行了选育。目前蓝对虾的绿尾比例已达 50%～75%，由此可见最终选育出 100% 绿尾蓝对虾的种群是可能的。IFREMER 已成功地选育出抗 IHHNV 的蓝对虾种群，编号为 SPR43。目前正在选育抗对虾弧菌(*Vibrio penaecida*)的种群。自交系在对虾遗传改良中的应用潜力也正在进一步开发。澳大利亚联邦科学和工业研究院(以下简称 CSIRO)对日本囊对虾的驯化和选育明显促进了养殖业的经济效益。全人工控制条件下的养殖试验表明，选育以后，日本囊对虾每代的生长表现平均提高了 11%。生产规模的养殖表明，选育群体比未选育的野生种群的体重增长了 10%～15%。更重要的是，由于大个体对虾的价格较高，产值则提高了 21%～34%，这进一步增强了产业界和科研机构相结合加强对虾遗传改良的信心。现正应用分子生物学技术来监测和定量分析遗传和环境对不同家系的影响，确认和评价与生长相关的经济性状基因位点(ETL)，进而开发分子标记以辅助选择育种研究。1993 年～1998 年间，CSIRO 已在日本囊对虾的基因组中识别出3个可能与生长相关的ETL区。随着研究工作的深入,有可能进一步开发出可预测对虾生长的基因标记。分子生物学技术的应用对于亲虾群体的筛选和评价以及提供病毒病的早期预报,也将发挥重要作用。

对斑节对虾(*Penaeus monodon*)的选择育种研究相比而言进展较慢。但CSIRO近两年开展的工作表明,对斑节对虾的驯化已使这种对虾在全人工控制条件下的繁殖表现达到相当不错的程度,足以支持一个设计合理的选育计划。

1.3 现代生物技术在对虾遗传改良和品种培育中的应用

如前所述,已开展的养殖对虾品种培育研究,采用的技术主要还是经典的选择育种技术,但现代生物技术的重要作用也在日益显现出来。可以说,进入新世纪之后,对虾优良品种培育研究将依赖于传统技术和现代生物技术的有机结合,这也是我们必须遵循的一个非常重要的发展策略。现代生物技术在对虾新品种培育中的应用将重点体现在以下方面。

1.3.1 SPF和SPR种群的筛选与培育

SPF品种的培育可以防止病原的纵向传播,SPR品种的培育则有可能从根本上抵御某些特定的病原,防止重大疾病的暴发。对特定病原的检疫和检测,依赖于分子病原检测技术的进步。在这方面,核酸探针技术、酶联免疫技术、PCR技术等可发挥重要作用。

1.3.2 抗逆种群的筛选和不同对虾家系的识别技术

微卫星(Microsatellites)和单核苷酸多态(Single Nucleotide Polymorphism, SNP)技术可准确地分析和跟踪不同家系或父母本的遗传特征。当不同家系的对虾混养在同一池塘时,应用这些技术可准确地识别其不同的来源。这对于选择育种研究往往需要同时培育几十甚至上百个家系的对虾来说,有着十分重要的实用意义。尤其是在对虾幼体阶段,机械化操作标记有一定困难,而各家系单独养殖又难于比较相同条件下的生长表现,应用这一技术的优势更加显著。在分析对虾群体的遗传多样性方面,DNA指纹技术的用途很大。建立在分子生物学基础之上的对虾亲虾的筛选、评价和管理技术将有力地促进对虾抗逆品种的选育进度。

1.3.3 分子标记辅助选择育种技术

应用分子标记辅助选择育种(Marker Assisted Selection, MAS),可以提前预知选育的结果,大大提高选育的效率。一般认为,应用传统选育技术每代的遗传获得量(Genetic Gain)通常在10%～15%。但分子标记辅助选择育种技术可明显提高选育进度,特别是对那些靠传统的表型工具难以度量的性状,如抗病力、肉质、饵料系数、对温度和盐度的耐受能力等。对养殖对虾主要经济性状的分子标记研究已取得许多进展。

IFREMER已从蓝对虾种群中找到10个微卫星标记,从斑节对虾中找到了3个微卫星标记，这些标记在识别混养在一起的不同对虾家系时发挥了作用。CSIRO 的科学家也已成功地从日本囊对虾中找到 3 个可能与生长表现相关的 ETL 区，并有可能进一步开发为可预测生长的基因标记。

1.3.4 DNA 芯片技术

DNA 芯片又称生物芯片或基因芯片。该项技术可使人们对大量生物样品以极快的速度进行分子生物学分析。通常在不大于 2 厘米 ×2 厘米的芯片上可同时进行几千种以上的 DNA 分析。现在，已开发出多种水产养殖动物的用于 DNA 指纹分析和病原检测的 DNA 芯片技术。可以预见，DNA 芯片技术的开发将大大促进分子标记辅助育种，以及对疾病的诊断和检测，提高人们从分子水平上操作和管理对虾种质资源的能力。

2. 中国对虾种质资源研究现状与保护策略

中国对虾(*Fenneropenaeus chinensis*)野生资源主要分布在我国的黄、渤海海区，由于受人类活动的影响，致使种质资源的遗传结构遭受到了一定程度的破坏，正面临着更加严重的威胁。鉴于此，迅速开展中国对虾种质资源遗传学研究，查清其原种的遗传背景，并在此基础上对其实施保护策略。对虾养殖业迫切需要培育出抗逆、优质高产的养殖新品种，以保证海水养殖业的健康、稳定、持续发展。

2.1 中国对虾野生资源状况

2.1.1 中国对虾的地理分布特性

中国对虾分布范围局限于我国大陆周围的浅海水域(刘瑞玉，1959)，以黄海北部和渤海的产量最大，是这一海区最主要的水产资源之一。通过多年人工标志放流的回捕资料，黄、渤海海区的中国对虾可分为两个独立的种群。一个是分布于黄海东岸，即朝鲜半岛西海岸海域的朝鲜西海岸种群；另一个是在渤海和黄海西岸海域出生的中国黄、渤海沿岸种群。这两个种群每年 5～11 月期间分别在朝鲜西海岸海域和黄、渤海中国沿岸河口附近繁殖产卵、索饵生长，10～11 月性成熟后交配。在 11 月末，两个种群均开始越冬洄游，最终汇集在黄海中南部的暖水区越冬，两个种群在越冬场的分布稍有不同，前者偏东而后者偏西。因此，可以认为这两个种群在地理分布上是隔离的。目前已经发现，两个种群在个体大小和资源数量上都存在显著差异，朝鲜半岛西海岸种群的个体和资源量明显少于中国黄、渤海沿岸种群(邓景耀，1991)。

除上述两个较大的自然群体外，在南海珠江口也有一个较小的独立种群(刘瑞玉，1990)；20 世纪 80 年代以来，由于大规模的人工放流，在东海亦有一定数量分布，如：福建的东吾洋、浙江的象山港也形成了有一定数量规模的放流群体。但近年来，我国东南沿海中国对虾较少见，认为该群体已灭绝。其次，日本的西部偶尔捕到，但数量甚少，未形成群体。近几年来，在韩国济州岛近岸发现中国对虾群体，但形成的来历尚不清楚，估计该群体与刘瑞玉报道的日本西部对虾有关。

2.1.2 中国对虾野生资源现状

中国对虾为一年生虾类，具有生命周期短、群体组成单一，时代更替快等特点，历来是我国重要的渔业资源。目前已经发现：两个种群数量和资源数量年间的波动幅度都比较大，1958～1974年的平均年产量前者为1 052 t，而后者为12 900 t，两个种群越冬雌虾的平均体长分别为166 mm和185 mm（邓景耀，1991）。

根据渔获量和世代产量的比值变化，中国对虾资源变动可以分成4个阶段。第一阶段是1962～1972年，年均渔获量为10 658 t，占世代产量的59.5%；第二阶段是1973～1981年，年均渔获量为25 448 t，占世代产量的72.7%；第三阶段是1982～1990年，年均渔获量为10 543 t，渔获量与20世纪60年代基本持平，但世代产量的比重达到90%，说明亲虾数量显著减少。1991～1998年渔获量大幅度下降，秋汛渔获量平均为2 022 t；1999年以来，年均渔获量则不足1 000 t（邓景耀，2001）。

1986年后，为了恢复中国对虾的渔业资源量，我国每年在渤海、黄海北部和山东半岛南部进行人工培育苗种的放流，年放流规模在10亿～30亿尾，回捕率在3%～10%之间。20世纪90年代后期，回捕率下降至3%以下（邓景耀，1997），估计增殖放流年产量可达5 000 t。单纯从数量上来看，黄、渤海中国对虾群体似乎完全依赖于人工放流。

2.2 中国对虾种质资源研究进展

2.2.1 染色体分析

我国海洋生物种质资源的研究起步较晚，直到20世纪80年代中期有关中国对虾的染色体研究才有相继报道，确定了染色体数目为88条（刘萍等，1987；相建海等，1988；Dai et al，1989；刘萍等，1992）。研究结果之不同是核型的分析上有所区别，戴继励等（1989）作出的核型为：$2n = 54\ m + 20\ (m - sm) + 10\ sm + 4\ (sm - st)$，刘萍等（1992）作出的核型为：$2n = 66\ m + 16\ sm + 6\ st$。对于中国对虾染色体形态的描述，1992年刘萍等作了进一步的研究，发现正中期的分裂相有1对染色体存在次缢痕。

2.2.2 同工酶分析

中国对虾遗传多样性的研究直到20世纪90年代才有报道，刘旭东等（2001）建立了13种同工酶20个基因位点的遗传变异情况，认为中国对虾遗传变异水平较低。Wang等（2001）对中国对虾自然群体和养殖群体进行对比研究，认为所分析的12种同工酶编码的20个基因位点中，有4个是多态位点。数据分析结果表明，中国对虾群体杂合度在0.010～0.033之间，证实了中国对虾群体遗传多样性低的结论。张志峰等（1997）检测了中国对虾各期幼体的8种酶的变化，发现EST、AMY、MDH、Gd等4种同工酶的酶带数和酶活性，均随着发育表现出明显的增多和增强。LDH的酶谱变化不大，除无节幼体外其他各期均为 3 条带，且表型一致。而 ALP 和 ACP 表现相对稳定，ALP 为 2 条带，ACP 为 1 条带。王金星等(1995)利用聚丙烯酰胺凝胶电泳对中国对虾健康虾与流行病病虾 4 种组织的蛋白质、EST、LDH 和 SOD 等进行分析和比较。结果表明，肝胰脏和肌肉组织的蛋白质表型、肝胰脏中的 EST 和 SOD 的表型在健康虾和病虾之间存在着较明显的差异。认为肝胰脏内蛋白质代谢有明显的紊乱现象，这些同工酶的特异性变化可作为虾病早期诊断的辅助指标。

2.2.3 DNA 分析

2.2.3.1 随机扩增多态 DNA（Random Amplified Polymorphic DNA，RAPD）

对中国对虾进行群体遗传结构分析主要采用随机扩增多态 DNA 技术。石拓等(1999)对中国对虾朝鲜半岛西海岸群体共 33 个个体的基因组多态性进行了检测。利用 20 个随机寡核苷酸引物共检测 105 个位点，其中多态位点 41 个，占 39%；个体间的平均遗传距离为 0.093，群体的平均杂合度为 0.2176，表明该对虾群体的遗传多样性较低。刘萍等(2000)对中国对虾黄、渤海群体的遗传多样性分析，表明黄、渤海群体多态位点数 36.8%；对中国对虾黄、渤海群体为亲本与子一代两个家系的遗传多样性分析，表明家系 A 多态位点数 17.95%，家系 B 检测多态位点数为 20.45%。研究结果进一步证实，子代之间的遗传距离比其父、母与子代之间更小，遗传变异程度更低(刘萍等，2000)。石拓等(2001)对中国对虾的 3 个野生地理群体——朝鲜半岛西海岸产卵群体，越冬群体，黄、渤海中国沿岸群体和一个人工累代养殖群体进行了遗传多样性研究。4 个群体的多态位点比例在 20%～33.3% 之间，群体内的遗传多态度为 0.093～0.0307。朝鲜半岛西海岸产卵群体及其越冬群体相近且高于黄、渤海沿岸群体，累代养殖群体遗传变异度最低。刘振辉等(2000)对中国对虾中国黄、渤海沿岸种群和朝鲜半岛西海岸种群的遗传多样性进行检测，结果显示两群体多态性片段的比例分别为 36.49% 和 43.92%，朝鲜半岛西海岸种群的遗传多样性要比中国黄、渤海沿岸种群高，但两个种群都处于较低的遗传变异水平。

2.2.3.2 简单重复序列扩增多态性(Inter Simple Sequence Repeats，ISSR)

ISSR 技术建立于 1994 年，其引物包含几个碱基的简单重复序列，同时在 3′ 端或 5′ 端含有 1～3 个选择性碱基或锚定碱基，该技术利用引物的特性对基因组 DNA 进行选择性扩增，特异性地扩增出微卫星区域及其相邻区域 DNA 序列。王伟继等(2002)利用植物的 ISSR 引物，从 100 条引物中筛选了 40 条用于中国对虾 ISSR 分析研究体系，平均每条引物获得 7.7 个检测位点。实验中发现，获得较好实验结果大部分包含 2 碱基重复的引物，即在 40 个引物中占 32 条，另外 3 条是含 3 碱基重复的引物，其余类型的引物只占极少部分。

2.2.3.3 简单序列长度多态性(Simple Sequence Length Polymorphism，SSLP)

微卫星 DNA 是简单的短序列核苷酸串联重复，又称简单序列重复(Simple Sequence Repeats，SSR)，广泛分布于基因组中，具有高度的多态性，信息含量丰富，其

DNA 指纹具有极高的个体特异性，符合孟德尔遗传模式，呈共显性表达，且具有片段小、易操作等特点而被广泛利用在各个领域。

徐鹏等(2001)利用 PCR 法从构建的部分基因组文库中筛选了含微卫星序列的克隆，获得了 31 个中国对虾的微卫星序列，并在 GenBank 中进行了序列注册。孔杰等(2002)在 GenBank 中注册了 55 个中国对虾微卫星序列，进行微卫星 DNA 标记的筛选。徐鹏等(2003)从 10 446 个中国对虾 ESTs 数据库中筛选了 229 个微卫星序列，其中双碱基的重复序列 3 个，碱基重复序列 58 个，并根据筛选的微卫星序列设计合成了 19 对引物进行多态性检测，获得了 8 个中国对虾的微卫星标记。在这 8 个微卫星位点上，检测到的等位基因数从 5 个到 15 个不等。刘萍等(2004 年)从构建的中国对虾部分基因组文库中筛选多态性微卫星序列，获得了 8 对多态性信息指数(*PIC* 值)大于 0.5 的微卫星引物，并对中国对虾黄、渤海群体，朝鲜西海岸群体和韩国南海沿岸群体进行了遗传多样性分析，进一步证实了中国对虾黄、渤海沿岸群遗传多样性最低的结果。

2.2.3.4 扩增片段长度多态性(Amplified fragment length polymorphism，AFLP)

AFLP 技术又称为 SRFA (Selective Restriction Fragment Amplification，选择性限制片段扩增多态性)。本技术在对虾类中，只在日本囊对虾和斑节对虾的连锁图谱中得到了应用(Moore et al，1999；Wilson et al，2002)。在中国对虾中未见公开报道。2003 年岳志芹应用 AFLP 技术对中国对虾人工选育群体进行 1～4 个世代间遗传变异分析，结果表明，4 代群体的多态位点比例分别为：39.43%、41.43%、33.43% 和 39.14%。AMOVA 分析表明，86% 的变异存在于群体内，各群体间的变异占总变异的 8.31%，组间的变异只占 4.97%；世代间遗传分化指数(*Gst*)在 0.069 70～0.181 54 范围之间，说明 4 个世代选育群体之间存在一定程度的分化。

2.3 中国对虾种质资源保护存在的问题

2.3.1 中国对虾种质资源的脆弱

中国对虾遗传资源属于“可变动资源”的范畴，任何一个性状(基因)的消失，都会减少人类选择利用的机会和抵御自然变化的能力，而对消失遗传资源或其遗传特性的恢复和重建是非常困难，甚至是不可能的。

中国对虾是我国重要的渔业资源之一，捕捞产量从 20 世纪 80 年代以来锐减。为了补充自然资源的不足，在 20 世纪 80 年代中期进行人工放流增殖。但是，大规模的人工放流增殖对中国对虾自然群体，尤其是黄、渤海沿岸群体遗传变异水平的影响是较大的；其次近海沿岸大面积的粗放养殖行为，增加了养殖个体逃逸的机会；更主要的是超强度的捕捞，导致中国对虾种质资源呈严重衰退趋势。因此造成黄、渤海野生群体的遗传多样性下降亦即遗传资源的丢失，使千万年甚至更长时间形成的遗传资源在瞬间丢失。

2.3.2 中国对虾种质资源保护与利用的对立

由于过分强调现实的经济发展,导致中国对虾的秋季超强度捕捞和春季亲虾的过度利用。在维护对虾养殖业可持续发展重要性方面上下脱节,保护措施尚显不足或不当,致使向自然界索取得多,对遗传资源保护得少,使利用强度过大。

2.3.3 中国对虾种质资源保护管理力度不够

中国对虾种质资源保护的最终目的是长期、永续的利用,但利用的基础是种质资源的存在。作为海洋经济生物种质资源重要组成部分的对虾遗传资源,对于我国沿海生物种质资源尤为重要。人类的认识往往强调其是生产资料和生活资料,相关活动主要围绕实现其经济价值而进行生产及经营等,对种质资源的重要性认识不足,忽视对中国对虾种群自然状态下遗传多样性的动态监测,缺乏对种质资源的长期、有效管理。

2.4 中国对虾种质资源保护策略

2.4.1 种质资源调查及种质特性评估

中国对虾主要分布在黄、渤海区。我国沿岸中国对虾群体已经受到人为干扰和破坏,应尽快开展种质资源的全面、彻底调查,对不同年份的自然资源进行动态监测,并对种质特性进行评估和分析,为制定保护和开发利用策略提供依据。

2.4.2 活体抢救性保护

中国对虾野生种群数量是保护种质资源的基础,减少对野生资源的利用,逐渐恢复种质特性和有效群体大小。在种质资源的原产地采取划定保护区和限制捕捞数量的方式,采取捕捞和苗种培育许可证制度,进行主要海区相对的封闭式管理,禁止人工繁育个体进入保护区,苗种繁育时建议使用养殖越冬亲体。建立中国对虾原良种培育基地,进行活体保存并搜集不同地理群体,分别在原良种培育基地中进行繁衍和保护研究。对保护的群体首先进行种群遗传多样性研究,利用现代分子生物学技术,选择杂合度高、遗传多样性丰富的种群,利用人工交配技术和累代繁育技术,使所保护的种群在人工条件下一代一代地繁衍下去。其次,利用部分保护的原种进行培育开发,选育出集多种优良性状(如生长速度、抗逆或抗病等)于一身的优良品种,逐渐实现中国对虾良种化。

2.4.3 种质资源冷冻保存

随着繁殖生物技术的发展,种质超低温保存技术如:基因保存、配子保存、幼体保存等逐渐应用于海洋经济生物当中。这些技术的应用,将比常规活体保护的方法更为经济、有效。

2.4.4 种质资源合理开发利用

种质资源保护的目的是为了利用,既要满足当前需要,又要考虑长远和未来的需要,因此对中国对虾种质资源进行保护的同时,应积极探索、寻找开发利用的途径,采取主动保种战略，以此促进和巩固保护效果。采取选育与保护结合，在保持中国对虾种质特性的前提下，可对主要经济性状进行选育提高，如针对白斑综合征病毒（WSSV）进行抗病性状选育，以及为提高产量选育快速生长性状等。

2.5 结语

总之，海洋生物种质资源为我国海洋经济可持续发展提供了物质保证，对其进行有效保护和合理开发利用，既是发展优质、高产、高效水产业的基础，也是满足对海产品需求多样化的需要。在建设中国对虾良种基地为支撑的繁育体系的同时，必须发挥资源与区域的优势，满足国际、国内对高质量海产品的需求，增强我国海水养殖业的市场竞争力。

3. DNA 标记技术在海洋生物种质资源开发和保护中的应用

对自然界的生物来说，保护天然群体的基因库，维持生物多样性是种质资源开发和保护的主题之一（李思发，1993）。生物多样性包括 3 个层次：生态系统多样性、物种多样性和遗传多样性（许再复，1991）。其中，遗传多样性的研究是其重要的组成部分，又是物种多样性的基础，是评价自然生物资源的重要依据。研究生物的遗传多样性首先要找到合适的遗传标记，这些遗传标记应该是随机选取并能够稳定遗传，代表生物个体的遗传组成，可以反映出生物个体或群体的遗传学特征，具有足够变异类型的标记组合。

遗传标记涉及生物体的表型标记、染色体的多态性、蛋白质的多态性和遗传物质 DNA 的多态性等各种不同水平。早期，对于生物物种种间关系的研究、分类鉴定等多以形态性状、生理性状、杂交的亲和性及生态地理分布等特征作为遗传标记。生物学的研究进入细胞水平后，染色体组型的分析成为研究生物遗传多样性的重要工具。

同工酶电泳技术的问世（Lewontin, 1996）将遗传标记技术推向了一个新的发展阶段，在之后的 20 年成为研究群体遗传变异和群体间遗传分化、系统发育的主要手段。使用生物化学的方法，通过比较不同生物在基因表达产物之间的差异来研究物种的遗传多样性，是一种鉴别物种的生化遗传标记技术。

3.1 DNA 标记技术在海洋生物种质资源开发和保护中的研究方法

3.1.1 随机扩增多态性 DNA

随机扩增多态性 DNA 技术简称为 RAPD 技术，是以一系列不同的随机排列碱基顺序的寡核苷酸单链（通常是十聚体）为引物，对所研究的基因组 DNA 进行单引物扩增。扩增产物片段的多态性反映了基因组相应区域的 DNA 多态性。Williams 等（1990）首次运用随机引物扩增寻找多态 DNA 片段作为分子遗传标记。Welsh 等（1991）也发现以任意寡核苷酸作为引物对基因组 DNA 进行扩增，产物的扩增图谱表现出高度的变异性。

RAPD 技术是一种全新的研究基因组遗传标记的方法，具有相对简便、易于操作，省时省力，无需专门设计引物，产物遗传多样性丰富等优点。其原理是采用一系列不同的寡核苷酸单链引物，对所研究的基因组 DNA 进行单引物扩增。模板 DNA 经 90 ℃变性解链后，在较低的温度下（低于 40 ℃）退火，这时形成的单链模板会有许多位点与引物互补配对形成双链结构，完成 DNA 合成，即产生片段大小不等（200～4 000 bp）的扩增产物，扩增产物片段的多态性反映了基因组相应区域的 DNA 多态性。尽管 RAPD 技术诞生的时间短，但由于其独特的方式得到广泛应用，可用于基因的分离、克隆和 DNA 序列分析，突变体和重组体的构建、基因表达与调控的研究，遗传病和传染病的诊断、法医鉴定等诸多方面，还可用于基因多态性（遗传多样性）的检测。

RAPD 技术也有其自身的局限，主要表现在以下方面：

（1）标记技术难以区分显性纯合和杂合基因型，即不能鉴别出杂合子。

（2）RAPD 反应受诸多因素的影响，其特异性和重复性是该技术的关键，只有严格地控制实验条件，优化选择最佳的试剂浓度，才能得到可重复的扩增效果。

3.1.2 限制性酶切片段长度多态性（RFLP）

RFLP 是 20 世纪 80 年代中期发展起来的一种研究遗传多样性的新技术，是指由于 DNA 分子中限制性内切酶酶切点之间的插入、缺失、重排或点突变导致酶切位点的增减所引起的基因型间限制性片段长度的差异（Avise，1983；Brown et al，1979）。严格地讲，RFLP 是指基因组 DNA 用已知的限制性内切酶消化，经电泳印迹后用 DNA 探针进行杂交，放射自显影后所得到的多态性图谱。且对 PCR 扩增产物也可以用已知的限制性内切酶酶切进行 RFLP 分析。这是因为物种由于长期的进化使得生物属间、种间和种群间同源 DNA 序列上限制性内切酶位点的不同，或者由于点突变、重组、转换、插入、缺失等原因造成限制性内切酶位点的改变从而引起 RFLP 的产生与变异。与形态学和同工酶技术相比，RFLP 技术有其自身的优点：

（1）RFLP 标记数目的无限性。因为 RFLP 标记来源于 DNA 的自然变异，在数量上几乎不受限制，可以随机选取足够数量能代表整个基因组的 RFLP 标记，因此，可产生和获得能反映物种遗传物质的大量多态性，用于物种的分类或组建高密度的遗传图谱。

（2）RFLP 标记的共性。大部分 RFLP 标记符合孟德尔遗传的共显性，杂种 F1 代显示出双亲的 RFLP 标记，而 F2 代自由分离，因而很容易将杂合子和纯合子分离。

（3）RFLP 标记的稳定性。由于 RFLP 标记是研究物种的遗传物质本身，不像形态学和同工酶标记是研究基因表达的产物，甚至是多基因控制的表现型。因此，不受显隐性、环境、发育阶段和组织特异性的影响，可以检测到编码区和非编码区的变异。

RFLP 作为分子水平上的遗传标记，有其独特的优点和充分的可靠性，当然也具有自身的局限性，主要表现在：RFLP 标记的获得依赖于限制性内切酶识别位点中碱基的改变，这在很大程度上限制了 RFLP 技术的应用。

3.1.3 线粒体 DNA（mtDNA）

20 世纪 80 年代以来，线粒体 DNA 由于具有进化速度快，母系遗传和分子简单，易于分析等特点而成为研究近缘种间和种内群体间遗传分化的有力工具。在真核生物的细胞内，大约 99% 的 DNA 存在于细胞核内，余下的 1% 存在于细胞核外。动物细胞的 mtDNA 是共价闭合的双链 DNA，基因组小，相对分子质量范围在（14～26）$\times 10^3$ 之间，基因组中不含间隔区与内含子，无重复序列，无不等交换，无基因重组、倒位、易位等畸变。与核基因组不同的是线粒体基因组严格遵守母系遗传方式，因而 1 个个体就可以反映出整个母系集团的情况。目前，关于 mtDNA 的研究方法有 3 种，即 mtDNA 的 RFLP 分析；对 mtDNA 中的特定片段进行序列分析；提取细胞总 DNA，用限制性内切酶消化处理，用另一种 mtDNA 作为探针进行杂交来研究这两种生物之间的亲缘关系。

mtDNA 技术的不足之处是 mtDNA 进化较同工酶慢，即每百万年 2%，或每百万年 3bp，即使是自冰河期更新世以来完全隔离了的种群，离异也较微。

3.1.4 扩增片段长度多态性（AFLP）

AFLP 是 1993 年由荷兰科学家发明的一种 DNA 标记技术。其原理是提取基因组 DNA，并对其进行限制性酶切，产生相对分子质量大小不等的酶切片段，将其两端连接在特定的接头上，形成一个两端带接头的特异片段，通过接头序列和 PCR 的引物识别，对 DNA 片段进行 PCR 扩增，最后经过电泳对这些片段进行分离。AFLP 技术具有谱带丰富、样品用量少、灵敏度高、快速高效等特点，可应用于遗传多样性研究，识别定位基因，构建遗传图谱，鉴定品种等领域。

3.1.5 单链构型多态性（SSCP）

SSCP 技术的基本原理是根据双链 DNA 经变性处理为单链 DNA 后进行非变性聚丙烯酰胺凝胶电泳，由于 DNA 分子在凝胶电泳中的迁移率与其自身的相对分子质量和空间构型有关，在非变性条件下，ssDNA 受分子内力的作用形成卷曲的构型，这种结构与 ssDNA 的序列有关。ssDNA 在凝胶板上位置的差异反映了 DNA 序列的差异。SSCP 技术可以检测到点突变和多态性位点。SSCP 技术与 PCR 技术相结合，在检测癌症和遗传性疾病突变位点和多态位点上发挥了重要作用（Lin et al，1995）。再与 RFLP 技术相结合，形成了 PCR-RFLP-SSCP 技术，扩大了 SSCP 技术的使用范围，并提高了突变检测的敏感性和灵敏度。

3.1.6 DNA 序列测定（DNA Sequencing）

该技术在现代分子生物学中占有举足轻重的地位，基因的分离、定位、转录、复制的调控、基因产物的表达、基因工程载体的组建、基因片段的合成、放射性探针的制备、基因工程产物水平的提高等，都与对基因组一级结构的详细了解有密切关系。其原理是使用酶学和化学方法，将待测定的 DNA 片段成为携带标记，然后使 DNA 片段在凝胶电泳中进行分离。由于具有相同末端的片段在同一泳道中分离，因而 DNA 序列可以直接从电泳中读出。

3.1.7 微卫星 DNA（Satellite DNA）

在真核生物的基因组中，除单拷贝的 DNA 序列外，还存在着大量的重复序列，是由 1 个短序列经串联重复形成。根据核心序列长度不同，将这些重复序列分为小卫星 DNA 和微卫星 DNA。小卫星 DNA 重复单位长度为十几到几十个碱基，1 个小卫星长度为几十个到几千个碱基不等，因而显示出限制性长度多态性。微卫星 DNA 位点也具有高度限制性长度多态性，多态小卫星 DNA 及微卫星 DNA 位点能以孟德尔方式稳定遗传和分离。许多实验已证实同一个体的体细胞和生殖细胞的卫星 DNA 指纹图谱完全一致，大大提高了遗传分析的效率。

3.2 DNA 标记技术在海洋生物中的应用

与陆地生物相比，海洋生物分子遗传标记技术目前还相对落后，制约着海洋生物种质资源的开发和利用。将现代生物学技术引入海洋领域，建立完善一套快速、准确、有效的分子遗传标记技术应用于海洋生物的物种鉴定、家系确定和分析、近交测定、种群遗传结构分析、标记辅助选育，以及寻找更多的与优良性状相关的遗传标记，进行基因作图、定位分离、控制重要经济性状的基因，已经成为世界各国海洋生物资源开发和研究的重点之一，也是海洋生物学的热门研究领域。

3.2.1 混合渔业分析

在海洋渔业中，了解鱼类的来源及组成非常重要。对于洄游性鱼类来说，其产卵场所在的国家或地区拥有的资源，并非由捕捞区决定。因此，区分捕捞区的鱼类来源很重要。如在太平洋马哈鱼（*Oncorhynchus spp*）渔业中应用同工酶技术进行混合渔业分析取得了成功（Waples，1990）。由于太平洋马哈鱼来自不同河流的产卵群体，有各自不同的进化方式，因而其群体遗传结构也不相同。在捕捞时可以加以区分，以保护一些遗传多样性脆弱的群体而捕捞过剩的群体，可以通过对不同基础群体基因频率以及混合渔业基因频率进行估算。Wrgin 等（1993）运用 mtDNA 分析技术进行了条纹鲈混合渔业分析，发现加拿大的条纹鲈的几个群体与哈得孙河和 Cheaspeake 海湾的不同，提出了恢复加拿大条纹鲈群体的方法是以加拿大群体为孵化群体，而不应选用美国条纹鲈，以防止异源群体对地方群体的遗传影响。

3.2.2 人工增殖放流效果评估

人工增殖放流通常是为了恢复某一地方群体的数量，采取移植同种不同群体或放流人工孵化苗种。但移植或放流的苗种与天然种群是否发生作用只有通过生物技术才可以监测到。

3.2.3 家养群体与野生群体的遗传差异

Danzmann（1991）研究了加拿大溪红点鲑的 2 个人工繁育群体和 2 个天然群体 mtDNA RFLP 运用 51 种内切酶，其中 11 种显示出多态性，可以组成 9 个母系。不仅找出了可区分繁育群体和天然群体的遗传标记，而且也找出了可区分 2 个繁育群体和 2 个天然群体的遗传标记。应用这些遗传标记，可以监测家养品系在天然水域的繁殖行为，防止天然基因库的遗传污染。

3.2.4 系统演化、种及种间鉴定

有些种类外部形态非常相似，以至难以确定其具体分类地位，种与种之间的亲缘关系依外部形态的相似程度来判断其亲缘关系的远近能否代表遗传构成的类同，必须借助分子生物学方法进行区分。

3.2.5 遗传渐渗监测

如果不同种或不同种群个体发生了交配则基因流发生，可能会破坏物种天然基因库。运用同工酶技术可以监测出杂交 F1 代，但多代回交后同工酶技术则难以监测到遗传渐渗，而 mtDNA 由于母性遗传特征能监测到多代回交后母性杂交情况。因此，同工酶技术必须与 mtDNA 分析技术相结合研究遗传渐渗。目前，由人为养殖活动、人工放流引起的种内不同群体间非自然遗传渐渗已相当普遍。

3.2.6 濒危物种的保护

1973 年《美国濒危物种保护法》规定，物种保护应建立在对种、亚种及群体 3 个水平上。遗传结构资料不仅可区分不同群体或亚种，还可以确定群体遗传变异的大小，是划分亚种及种群保护的重要依据(张四明，1997)。在重建濒危物种种群时必须考虑到人工移植群体与本地群体的遗传结构是否相同，防止外来群体对地方群体的排斥作用，对于引进或移植物种应持十分谨慎的态度，以达到真正保护濒危物种的目的。利用 RAPD 技术可监测遗传变异，根据不同群体遗传多样性大小以及各群体遗传结构特征提出具体的保护措施。

3.3 在我国海洋生物种质资源开发和保护中的应用前景

美国 20 世纪 90 年代开始实施高健康对虾和无特异病原虾的系统工程，同时将分子遗传标记技术应用于该项目之中，先后使用 RFLP、RAPD、微卫星 DNA 技术对斑节对虾、凡纳滨对虾的遗传多样性及种群的遗传结构进行了调查和评估，指导了高健康虾的选育工作，已经培育出高健康虾和无特异病原虾品系(Carr et al，1994；Pruder，1995)，并得到了这些品系的特征分子标记。Wolfus 等(1997)还发现凡纳滨对虾的生长速度和抗病能力的下降与这些位点上遗传变异水平的降低有关。

目前，RAPD 标记已经应用到群体遗传学研究中，检测种群内和种群间的遗传多样性，并为种群的识别提供可靠的遗传标记。澳大利亚利用 RAPD 技术分析斑节对虾不同地理群体间的遗传差异，并就其在虾类标记选育中的应用作了初步探讨(Garcia et al，1996)。显而易见，RAPD 技术在海洋生物种质遗传学研究中有着很好的应用前景。特别是在海水虾类中同工酶所表达和揭示的种内水平的遗传变异水平非常低，而 RAPD 技术可以填补同工酶的技术空白。

我国的海水鱼、虾、贝等种类繁多，其中不少优良种类，如中国对虾、栉孔扇贝、鲍、刺参、真鲷和牙鲆等。近年来，我国又先后从国外引进了海湾扇贝、美洲凡纳滨对虾、红绿鲍等优良种类，进一步丰富了我国海水养殖的品种资源。但是，我国人工养殖用的苗种基本上没有经过系统的人工选育，其遗传基础还是野生型的，生长速度、抗病能力乃至品质质量还没有像种植业、畜牧业那样达到良种化程度。应用现代分子生物学技术，快速确定优良性状的分子标记，结合遗传学原理，可缩短良种选育周期，在3～5年内培育出优良品种。从野生种中选择生长快、抗病力强的家系，是我国实现集约化养殖的根本，也是人们不懈追求的目标。筛选与保存是高产不可缺少的重要环节。

4. 中国对虾黄、渤海3个野生群体遗传多样性的微卫星DNA分析

真子渺等(1966,1969)曾根据对虾洄游先后到达顺序，认为黄、渤海群体可再分成先期来游群和后期来游群，将黄、渤海对虾分为三个种群。近年来，在韩国济州岛近岸发现中国对虾野生群体，但形成的来历尚不清楚。到20世纪90年代后期，人们从分子水平研究中国对虾种质资源状况，相建海等(1998)采用同工酶技术对中国对虾黄、渤海群体和朝鲜西海岸群体以及不同虾类的遗传背景进行了评估，石拓等(2001)运用RAPD技术对采自不同地点的中国对虾野生群体进行了分析，对遗传分化指数进行了计算。前人主要针对中国对虾遗传变异水平进行了研究(石拓等，1999；Liu et al,2000；Wang et al,2001)，由于中国对虾具有洄游习性，且生殖洄游又回到其出生地，由此产生的地理群之间是否产生生殖隔离乃至遗传分化，尚未见进一步研究。刘萍等(2004)采用7对微卫星DNA引物对渤海湾群体(BH)、辽东湾群体(LD)和海洲湾群体(HZ) 3个不同地理区域各20尾中国对虾的遗传多样性进行分析，探讨中国对虾的种质资源状况。

表1 实验用中国对虾的样品资料

群体	采样地点(经纬度)	采样时间	样品数量
渤海湾群体(BH)	天津外海(118°E,38°50 N)	2001年9月	20
辽东湾群体(LD)	营口外海(121°30′E,40°20′N)	2001年9月	20
海州湾群体(HZ)	日照外海(121°E,35°N)	2001年9月	20

7个微卫星的核心序列在GenBank中的注册号以及7对引物的退火温度见表2。应用7对微卫星引物对中国对虾3个地理群的60个个体进行了PCR扩增(RS1101位点的图谱见图1)，获得了56个等位基因，不同的引物获得的等位基因数为3～16个不等，EN0033获得16个等位基因，等位基因数最多；RS0683次之，为12个等位基因；RS0859获得7个等位基因；EN0018、EN0201和RS1101各获得6个等位基因；EN0021只获得了3个等位基因。每个引物平均获得7.625个等位基因。通过基因产生的频

率计算每个基因位点的多态性信息含量(*PIC*)，EN0021 位点提供的信息含量较低，为 0.3174；其他 6 个基因位点的 *PIC* 值均在 0.5 以上，见表 2。

表 2 PCR 反应条件以及中国对虾 3 个野生群体 21 个群体位点的杂合度值、*P* 检验值

克隆编号		EN 0018	EN 0021	EN 0033	EN 0201	RS 0683	RS 0859	RS 1101	平均值
GenBank 注册号		AY 132812	—	AY 132813	AY 132820	AY 132823	AY 132791	AY 132811	
退火温度(℃)		66	62	64	64	64	52	52	60.6
片断长度(bp)		381	555	233	408	278	292	441	369. 7
检测样本数(尾)		60	60	60	60	60	60	60	60
等位基因数		6	3	16	6	12	7	6	7. 857
PIC		0.582 0	0.317 4	0.699 2	0.759 5	0.875 0	0.775 4	0.594 8	0.643 3
渤海湾群体(BH)	*He*	0.679 5	0.357 7	0.933 3	0.794 9	0.907 7	0.821 8	0.596 2	0.727 3
	Ho	0.550 0	0.450 0	0.800 0	0.750 0	0.800 0	0.750 0	0.800 0	0.700 0
	P	0.677 0	0.530 9	0.094 7	0.740 1	0.024 7*	0.464 9	0.376 9	0.415 6
辽东湾群体(LD)	*He*	0.628 7	0.337 2	0.934 6	0.760 3	0.898 7	0.789 7	0.679 5	0.718 4
	Ho	0.500 0	0.400 0	1.000 0	0.450 0	0.550 0	0.450 0	0.750 0	0.585 7
	P	0.697 8	1.000 0	0.556 5	0.021 1*	0.000 2**	0.000 1**	0.573 8	0.407 1
海洲湾群体(HZ)	*He*	0.835 9	0.347 4	0.907 7	0.829 5	0.903 8	0.817 9	0.644 9	0.755 3
	Ho	0.750 0	0.400 0	0.900 0	0.650 0	0.800 0	0.850 0	0.500 0	0.692 9
	P	0.715 4	1.000 0	0.862 8	0.026 1*	0.283 7	0.082 6	0.140 1	0.444 4

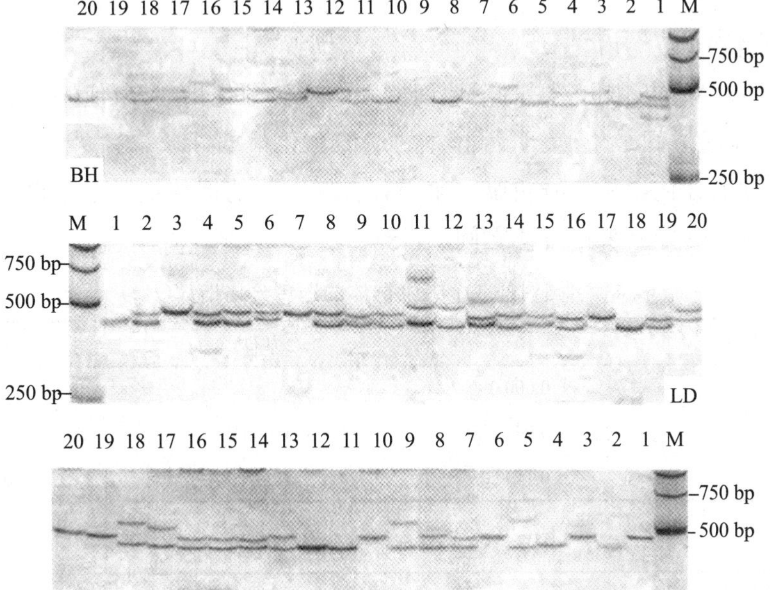

图 1 中国对虾 3 个野生群体 RS1101 位点的微卫星检测图谱

运用TFPGA分析软件计算出各群体位点的期望杂合度和观测杂合度以及Hardy-Weinberg平衡检验*P*值。发现BH和HZ各有1个群体位点发生平衡偏离，而LD有1个群体位点发生平衡偏离，还有2个群体位点已发生显著平衡偏离，见表2。

表3 中国对虾3个野生群体的遗传距离和相似性指数

群　体	BH	LD	HZ
BH		0.102 2	0.135 1
LD	0.902 8		0.129 7
HZ	0.873 6	0.878 4	

注：对角线以上数据为遗传距离，对角线以下数据为相似性指数。

根据Nei（1972)的方法对3个地理群间的遗传距离和相似性指数计算，结果表明BH和LD间的遗传距离最小，相似性最高，LD和HZ两地理群间次之，而BH与HZ的遗传距离相对较远。根据遗传距离值采用UPGMA聚类分析也可以反映出3个地理群间的关系，BH和LD遗传距离最小，亲缘关系最近，首先聚在一起；之后两者与HZ再进行聚合(图2)。

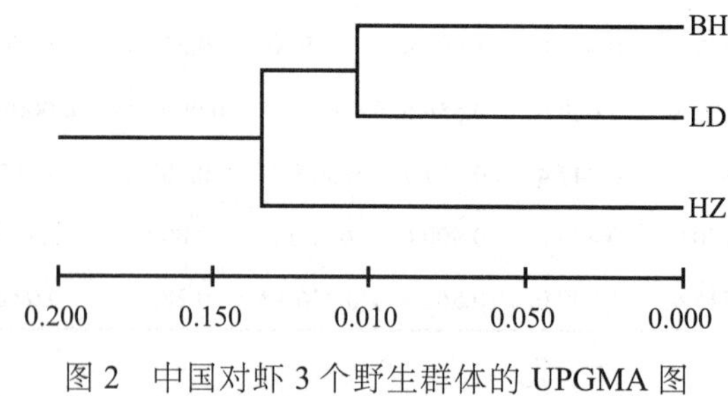

图2　中国对虾3个野生群体的UPGMA图

注：图下方的数值为遗传距离

通过AMOVA分析中国对虾3个地理群间的遗传分化指数*Fst*值(表4)，可以看出，BH和LD两地理群间最小，表明两群体的遗传分化最弱；HZ与另两个地理群间则产生了中等程度的分化。从变异贡献率来看，有92.83%的遗传变异是来自个体之间，只有7.17%的遗传变异是来自群体之间(表5)。

表4 中国对虾3个野生群体的遗传分化指数(*Fst*)

群　体	BH	LD	HZ
BH	0.000 0		
LD	0.042 2	0.000 0	
HZ	0.119 2	0.125 0	0.000 0

表5 中国对虾3个野生群体的遗传变异组分

变异来源	自由度	方差总和	变异组分	变异贡献率(%)
群体间	2	29.500	0.223 84	7.17

续表

变异来源	自由度	方差总和	变异组分	变异贡献率(%)
群体内	57	330 400	2.898 25	92.83
合计	59	359.900	3.122 08	100

十足目甲壳动物遗传变异性较低是其系统发生的一个基本特征(李思发,1988),Hedgecock等(1982)在总结了65种虾蟹类的平均杂合度后也得出相同的结论。较短的生活史造成的瓶颈效应及缺乏随机漂变被认为是甲壳类遗传变异较低的主要原因,且远低于无脊椎动物的平均水平,而人为干涉如过度捕捞、养殖个体逃逸、大规模不安全的人工放流以及产卵场环境条件的恶化等都有可能对对虾的遗传多样性产生影响。从20世纪80年代初期到90年代初期,年均渔获量已从最高峰的25 448 t下降到10 543 t,与60年代基本持平;自1990年以来,年捕捞量已不足3 000 t,现在年均渔获量则不足1 000 t。从1986年开始,我国每年在渤海、黄海北部和山东半岛南部放流人工繁育的对虾苗种10亿～30亿尾,黄、渤海沿岸中国对虾的补充群体已大多为人工放流群体(邓景耀等,2001),可能是中国对虾黄、渤海沿岸群遗传多样性水平较低的一个重要原因。本研究证实BH和LD间的遗传分化程度较弱,HZ与其他两地理群间的遗传分化均达中等水平程度。UPGMA聚类分析以及Nei氏遗传距离等验证了中国对虾各地理群间存在着不同程度的遗传分化。究其原因,可能是海洲湾地处黄海沿岸,与辽东湾和渤海湾之间存在水域差别,而栖息在不同水域的中国对虾在越冬洄游过程中完成交尾,不同水域区系间产生生殖屏障,阻断了基因交流,导致黄、渤海沿岸不同地理区系间的中国对虾产生了遗传分化。

由于微卫星序列具有高度可变的特性。所以无论在群体遗传学还是在个体识别以及亲子鉴定等方面都得到了广泛的应用。微卫星标记符合孟德尔遗传模式,呈共显性遗传,因此,可以根据某个微卫星标记区分纯合显性个体和杂合显性个体。根据微卫星核心序列的侧翼序列保守性进行引物设计,就可以在该物种甚至近缘物种中进行微卫星多态性的分析。Wolfus等(1997)使用一对微卫星标记对来自不同地区的5个种群的凡纳滨对虾共312个个体进行了遗传分析,得到47个等位基因,获得了23个种群特异性标记,其中两个标记是家系特异性的。Sugaya等(2002)利用微卫星DNA标记对日本囊对虾的亲缘关系进行了分析。

中国对虾微卫星DNA标记研究起步较晚,但近年来已相继开展了这方面的工作(徐鹏等,2003;刘萍等,2004),取得了一定的进展。本研究中的结果进一步验证了本实验室筛选微卫星DNA标记的多态性以及这些引物在应用过程中可提供的多态性信息含量,本实验使用的EN0021的*PIC*值低于0.5,建议在应用过程中不予使用。其余6个标记显示的*PIC*值均大于0.5,可用于群体分析等。通过各基因位点显示的等位基因数也可以间接反映其多态性信息含量,等位基因数越多,其多态性信息含量也就越多，反之亦然。本研究结果还表明，中国对虾黄、渤海沿岸地理群间已经产生了一定程度的遗传分化。渤海沿岸的辽东湾群体存在杂合子缺失情况较之另外两个群较为严重，7 个基因位点中有 3 个位点发生了平衡偏离，其中有两个位点呈显著的偏离；渤海湾与海洲湾 2 个群体各有 1 个群体位点发生平衡偏离。但从总体来看，3 个群体的 *P* 检验的平均值均在 0.40 以上，基本处于平衡状态。由此可见，从中国对虾资源开发和可持续利用的角度出发，必须根据群体的遗传结构制定科学的保护措施。加强野生原种遗传多样性的监测和评估，避免盲目地增殖放流以及过度捕捞，降低中国对虾野生遗传资源的稀释和衰退速度，防止种质退化和优良性状的丧失，从而保证中国对虾这一优良种质得以可持续利用和健康发展。

5. cDNA-AFLP 分析方法在中国对虾中的应用

近年来，国内学者已广泛采用微卫星、RAPD、AFLP 等技术对中国对虾遗传多样性（何玉英等，2004；Liu et al，2006）、遗传连锁图谱（孙昭宁等，2006；Li et al，2006；李健等，2008）和遗传标记的筛选（刘萍等，2007；黄付友等，2008）等方面进行了研究，这些研究结果为中国对虾的标记辅助育种奠定了理论基础。随着对虾育种工作的进一步深入，对虾的功能基因组学研究成为众多科研工作者关心的研究热点，利用 mRNA 差异显示技术寻找与生长、抗病 / 抗逆相关的功能基因并进行分离与功能验证，对于从分子水平了解对虾生长发育和抗性的遗传基础具有重要的启示作用。

近年涌现了许多寻找差异表达基因的方法，如 cDNA-AFLP、DDRT-PCR、SSH、SAGE、cDNA 表达芯片等。其中 cDNA-AFLP 技术是基于 AFLP 技术基础上建立的 RNA 指纹分析方法（Bachem et al，1996），该技术结合了 AFLP 和 RT-PCR 的优点，具有灵敏性高、重复性好等特征，无需了解模板序列信息，能集中显示基因组表达序列的多态性差异，可对生物体转录本进行全面系统的分析，广泛用于基因差异表达、转录连锁作图和基因克隆等领域（Breyne et al，2003）。该技术首先在植物转录组学研究中得到广泛应用，利用该技术已经在植物中分离了抗病、抗虫、抗干旱等多个相关抗性基因（Bachem et al，2000，2001；Durrant et al，2000），近年人们正逐渐将其应用于动物转录组学的研究。Ekkapongpisit 等（2007）采用 cDNA-AFLP 技术分析感染Ⅱ型登革热病毒的人肝细胞，获得差异表达的 65 条转录衍生片段（Transcript derived fragments，TDFs），发现 27 个相关基因；Cappelli 等（2007）采用该技术从阿拉伯马中筛选获得 49 条 TDFs，通过 RACE 技术克隆得到 4 个 cDNA，并分析了这些基因在逆境胁迫下的表达模式；杜玉珍等（2008）利用该技术筛选获得 43 个新生牛关节骨骺软骨无血管区高表达的 TDFs。cDNA-AFLP 技术在水产动物上的应用还较少，Amy 等（2000）利用该技术从斑马鱼独眼畸形突变体中鉴定出两个差异表达基因 Crestin 和 Calreticulin。迄今为止，国内外尚未见 cDNA-AFLP 技术在中国对虾上进行应用分析的报道。李吉涛等

(2009)参照 Bachem 等(1996)和 Marnik 等(2007)的实验方法,对其各关键技术环节进行改进,建立了适用于中国对虾的 cDNA-AFLP 分析体系。首先提取中国对虾血细胞总 RNA,总 RNA 经 DNase 处理后,反转录酶合成 cDNA 第一链后,用 DNA polymerase I 合成 cDNA 第二链,取 5 μL cDNA 双链在 1.0 % 琼脂糖凝胶电泳分析,相对分子质量大小分布于(0.1 ~ 10) $\times 10^3$,大小分布均匀。双链 cDNA 经 EcoR I/Mse I 双酶切后,产物经 2.0% 琼脂糖凝胶电泳,结果显示,在 100 ~ 750 bp 有一均匀的弥散带,说明酶切完全,可用于预扩增反应。预扩增产物稀释 30 倍作为模板进行扩增获得电泳条带较稳定(图 3)。本实验共采用 5 对引物组合扩增出 256 条条带,其中多态性条带为 201 条,多态性比率达 76.0 % ~ 83.3 % (表 6),为后续的不同地理种群或品系的中国对虾 cDNA-AFLP 分析奠定了基础。

表 6 不同引物对中国对虾 AFLP 选择性扩增的结果

引物对	扩增位点	多态性位点	多态性位点比例(%)
E-AGA/M-CAC	48	40	83.3
E-AGT/M-CCT	47	36	76.6
E-ATC/M-CGA	53	42	79.2
E-ATG/M-CTC	50	38	76.0
E-ACT/M-CTG	58	45	77.6
总 数	256	201	

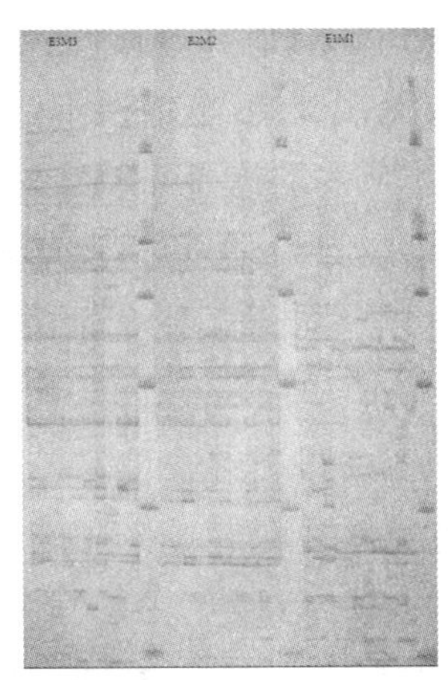

图 3 不同引物组合选择性扩增产物部分电泳图

cDNA-AFLP 是转录组学研究中广泛应用的一种有效的技术手段,该技术应用于新的生物系统时,通常需要对各个步骤进行改进。首先高质量和完整的 RNA 是保证 cDNA-AFLP 技术成功应用的关键因素,只有获得高质量的 RNA,才能确保在随后的 cDNA 合成和 AFLP 分析中,可以反映生物体转录组的信息。本研究中,RNA 的提取严格按照 Trizol 说明书进行操作,杜绝外源 RNase 的污染;随后选用逆转录活性较高的 M-MLV 反转录酶进行 cDNA 的合成,保证可以获得更多、更长的 cDNA,以便随后的反应顺利进行。

酶切和连接是AFLP技术成功的关键，酶切要彻底，连接要充分，酶切连接时最好在PCR仪上进行，这样可以保证精确的温度和较好的酶切效果。如果酶切不彻底，很容易出现假阳性或假阴性，使选择性扩增重复性差，酶切完全与否直接影响AFLP的指纹图谱的质量，本实验选用识别位点为六碱基的EcoR I和四碱基的Mse I的双酶切组合对合成的cDNA双链进行酶切，试验结果表明酶切片段大小在100～750 bp之间，cDNA片段比较丰富，因此酶切效果较好。为了保证酶切产物与接头充分连接，我们选择在18 ℃连接过夜。

预扩增产物的稀释倍数会对整体实验结果产生较大的影响，预扩增产物需稀释后进行选择性扩增，否则会因模板浓度过高而不能得到清晰的谱带。本实验表明，稀释10倍、20倍、30倍的预扩增产物作模板进行选扩，得到的谱带带型几乎没有差别。一般预扩增产物稀释30倍后即可满足需要，最好使用同一批次稀释的预扩增产物来进行选扩试验，以减少试验误差。

不同的引物浓度及配比均会对PCR反应的结果产生影响，从实验结果看，12 μL选择性扩增反应体系中1∶1摩尔比的EcoR I/Mse I选择性引物浓度配比是合适的，这与单独的AFLP分析中选择性引物配比为1∶6或1∶8的结果不太一致(季士治等，2007；李法君等，2008)，分析原因可能是与不同物种间双酶切产生的片断不尽相同或模板的类型有关。AFLP选择性扩增时引物选择性碱基数目的多少直接影响着扩增条带的数目，本研究采用3个选择性碱基，扩增条带数为47～58，多态性条带比例较高，这与中国对虾AFLP反应体系所用的选择性碱基数目相一致(李朝霞等，2006)。

聚丙烯酰胺凝胶电泳和银染过程中，首先要注意PAGE胶的制备，要避免出现气泡，否则会影响局部的电压，引起条带变形，不利于结果的观察；此外，点样之前，应先进行预电泳使凝胶的温度升至50 ℃左右。银染时，我们发现采用Na_2CO_3配制的显色液进行显影经常会造成背景颜色太深，影响条带的观察，而换用NaOH配制显色液则可以获得背景清晰、显色均匀的凝胶图像。

不同生物的cDNA-AFLP反应体系是不同的。本研究对中国对虾的cDNA-AFLP反应体系进行了优化与改进，选用5对EcoR I+3/Mse I+3引物组合对中国对虾个体进行了分析，共得到256个位点，其中多态位点为201个，多态位点比率达76.0 %～83.3 %。扩增图谱条带清晰，无背景干扰，实验结果稳定可靠、重复性较高。该分析体系的建立，为进一步研究中国对虾生长发育和抗病/抗逆的分子机制提供了新的技术手段和途径，也为该技术应用于其他甲壳类动物基因的差异表达研究奠定了基础。

6. 中国对虾“黄海1号”血细胞和肌肉cDNA文库的构建

中国对虾“黄海1号”具有生长快、抗逆性强的优良特性。这一新品种的选育成功，为中国对虾养殖业的可持续发展和处于困境中的中国对虾养殖的“二次创业”提供了重要的品种保障。中国对虾的人工选育工作已取得了一系列研究进展，包括利用 RAPD、AFLP 和微卫星技术分别对不同地理群体和选育群体不同家系进行遗传多样性分析（孟宪红等，2004；何玉英等，2004；张天时等，2005；Liu et al，2006；岳志芹等，2005）；为进行数量性状位点（QTL）定位和标记辅助选择，采用 RAPD、SSR 和 AFLP 技术进行了中国对虾遗传图谱的构建（孙昭宁等，2006；王伟继等，2006；岳志芹等，2004；Li et al，2006；李健等，2008）；利用分子生物学的方法获得与中国对虾生长性状相关的候选标记（刘萍等，2007；何玉英等，2007）。这些研究结果为中国对虾标记辅助育种提供了理论依据，大大加快了中国对虾的标记辅助育种的进程。而关于决定人工选育中国对虾“黄海 1 号”优良经济性状的分子机制的研究尚未开展。为了深入探讨中国对虾“黄海 1 号”的优良遗传特性，李吉涛等（2009）构建了中国对虾“黄海 1 号”的血细胞和肌肉组织 cDNA 文库，为进一步筛选血液和肌肉特异表达基因奠定分子基础。

本实验所用中国对虾取自中国对虾“黄海 1 号”下营良种推广基地，活体采取血液和肌肉组织，立即置于液氮中，以备提取 RNA。

从电泳结果可以看出（图 4），18*S*、28*S* rRNA 条带清晰，总 RNA 较完整。分光光度计检测，血细胞总 RNA 样品的 OD_{260}/OD_{280} 为 1.82，肌肉总 RNA 样品的 OD_{260}/OD_{280} 为 1.85，说明总 RNA 纯度较高。纯化 mRNA 是获得高质量的 cDNA 文库的关键，分离纯化的 mRNA 琼脂糖电泳检测（图 5），可见呈 smear 现象，纯度和大小符合理论值，可以用于构建高质量 cDNA 文库。

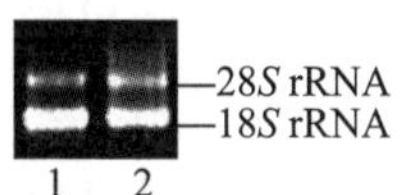

图 4 中国对虾血细胞和肌肉总 RNA 电泳图
1：从血细胞提取的总 RNA；2：从肌肉组织提取的总 RNA

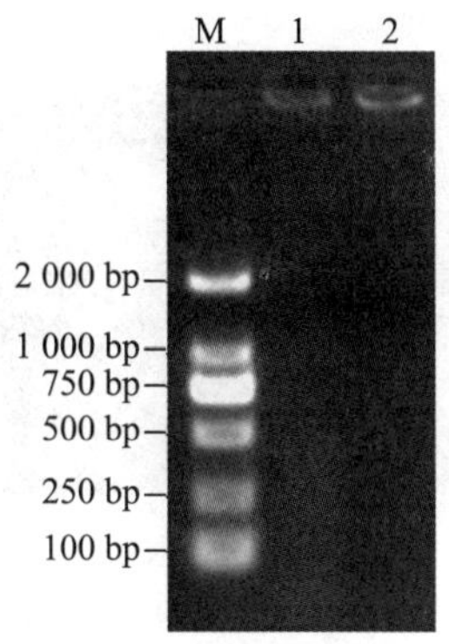

图 5 中国对虾血细胞和肌肉 mRNA 电泳图
M：DL2000 相对分子质量标准；1：血细胞 mRNA；2：肌肉 mRNA

采用 SMART 技术，用 50 ng 血细胞或肌肉 mRNA 反转录成单链 cDNA，通过 LD-

PCR 扩增获得双链 cDNA，取 5 μL PCR 产物在 1.0% 琼脂糖凝胶电泳分析，相对分子质量大小分布于 0.1～10 kb，大小分布均匀（图 6），满足 cDNA 文库的构建要求。cDNA 片段用 CHROMA SPIN™-400 分离柱分级分离，取 3 μL 分离产物进行电泳，发现 cDNA 片段从第 5 管后出现，收集第 5～8 管可以确保 cDNA 片段大于 400 bp，可以用于构建 cDNA 文库。

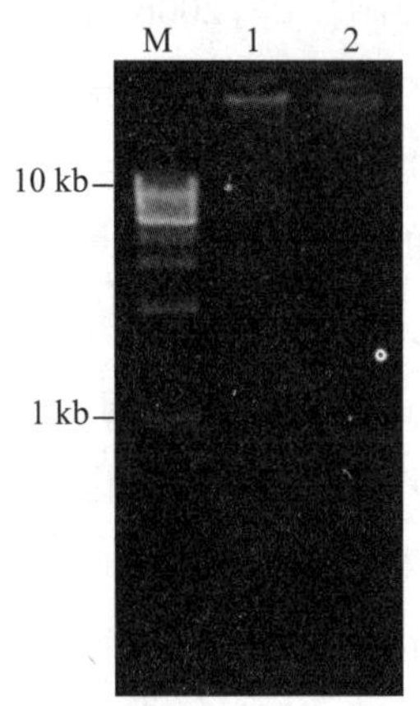

图 6 中国对虾血细胞和肌肉双链 cDNA 电泳图
M：1×10^3 相对分子质量标准；1：血细胞双链 cDNA；2：肌肉双链 cDNA

收集的 cDNA 片段与 λTriplEx2 载体重组，体外包装和文库贮存按 Promega 公司的 Packagene®Lambda DNA 包装系统说明书进行。我们发现 cDNA 和载体的摩尔比在 1∶1 时能产生有效的重组体。包装后血细胞 cDNA 文库容量为 2.36×10^6，肌肉文库容量为 0.77×10^6，文库扩增后，血细胞文库滴度为 5.6×10^9 pfu/mL，肌肉文库滴度为 3.0×10^9 pfu/mL，经 IPTG 诱导检测，重组率均达到 98%以上；从各文库随机取出 10 个清晰的噬菌斑进行 PCR 扩增，琼脂糖凝胶电泳检测，其插入片段长度为 400～2 000 bp（图 7 和图 8）。证明两文库质量较好。

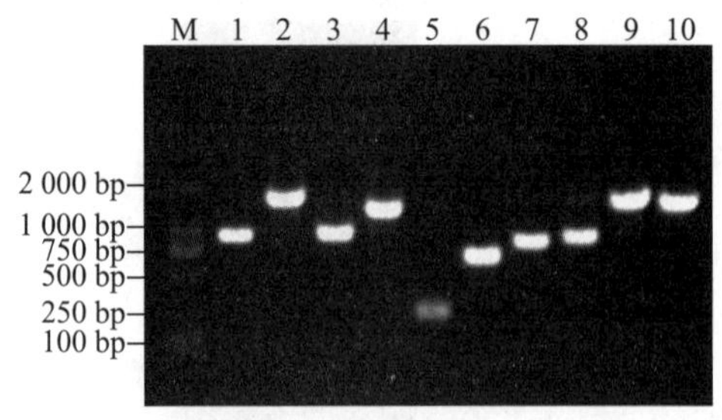

图 7 中国对虾血细胞 cDNA 文库噬菌斑的 PCR 扩增产物电泳图
M：DL 2000 相对分子质量标准；1-10：代表 10 个克隆的 PCR 产物

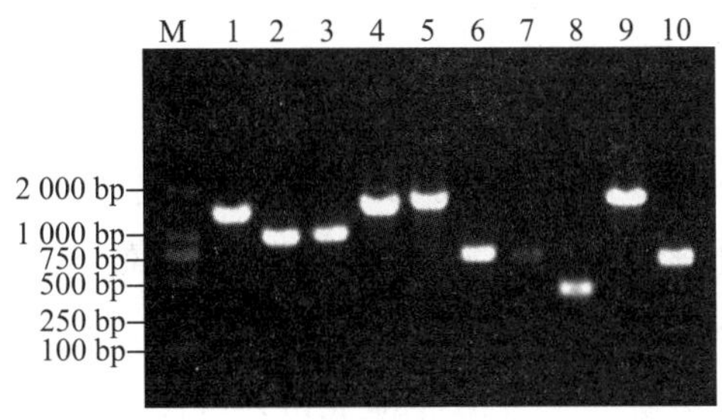

图 8 中国对虾肌肉 cDNA 文库噬菌斑的 PCR 扩增产物电泳图
M: DL 2000 相对分子质量标准；1-10：代表 10 个克隆的 PCR 产物

构建 cDNA 文库并从中筛选目的基因是一种十分有效的寻找新基因的手段，因为 cDNA 文库是众多 cDNA 序列的集合，不包含繁复的基因组序列，直接编码氨基酸，因此包含了大量基因资源和信息，这使得基因的寻找更容易、快捷，并且使功能克隆新基因更有效。评价一个 cDNA 文库主要考虑三个因素：① 要有足够的克隆数，能够包含目的序列，特别是那些来自低丰度 mRNA；② cDNA 小片段（<500 bp）插入的克隆数较少；③ 由近于全长的 mRNA 拷贝 cDNA 插入组成，以便能获得全长基因。SMART 为获得全长 cDNA 提供了技术保障。本研究采用 SIMART 技术成功构建的中国对虾"黄海 1 号"血细胞和肌肉 cDNA 文库，原始文库容量分别为 2.36×10^6、0.77×10^6，重组率达到 98% 以上，扩增后文库的滴度分别达 5.6×10^9 pfu/mL、3.0×10^9 pfu/mL，大大超过了 cDNA 文库构建的基本要求。cDNA 文库的插入片段长度分布于 400～2 000 bp，说明两文库的质量较高，为进一步筛选、克隆新基因提供了重要资源。目前，作者已成功从肌肉文库中克隆了肌钙蛋白 I 基因 cDNA 全长，已被基因文库收录（GenBank 登录号：FJ609301）。

随着对虾育种工作的深入，与对虾经济性状相关的重要基因的筛选、克隆与功能分析已经成为研究热点之一。cDNA 文库是当前发现新基因和研究基因功能的基本工具，因此构建对虾特定部位组织的 cDNA 文库，可以从中筛选和克隆与对虾各项生理活动相关的功能基因，为进一步进行基因功能验证以及应用奠定基础。关于中国对虾 cDNA 文库的构建工作已有一些报道，李太武等（1998）用成虾头胸部（去头胸甲及胸部附肢）作为实验材料构建了 cDNA 文库，获得了一定数量的克隆。张晓军等（2005）构建了中国对虾 6 种组织（血液、眼柄、卵巢、雌虾头胸部、雄虾头胸部和三倍体对虾头胸部组织）的 cDNA 文库。王维新等（2004）构建了中国对虾鳃细胞全长 cDNA 文库。本研究以人工选育的海水养殖动物新品种中国对虾"黄海 1 号"为材料，构建了血细胞和肌肉的全长 cDNA 文库，为有效保存种质资源和后续功能基因的开发奠定了重要基础。

参考文献

[1] 邓景耀. 海洋渔业生物学 [M]. 北京：农业出版社，1991.

[2] 邓景耀，叶昌臣，刘永昌 . 黄渤海的中国对虾及其资源管理 [M]. 北京：海洋出版社，1990.

[3] 邓景耀，朱金声 . 渤海湾对虾产卵场调查 [J]. 海洋水产研究，1983，5：17-23.

[4] 邓景耀，庄志猛 . 渤海对虾补充量变动的分析及对策研究 [J]. 中国水产科学，2001，7（4）：125-128.

[5] 邓景耀 . 对虾放流增殖研究 [J]. 海洋渔业，1997，1：1-6.

[6] 杜玉珍，高锋 . 用 cDNA-AFLP 技术筛选新生牛软骨无血管区的高表达基因 [J]. 中国生物化学与分子生物学报，2008，24（1）：55-59.

[7] 何玉英，刘萍，李健，等 . 中国对虾人工选育群体第一代和第六代遗传结构分析 [J]. 中国水产科学，2004，11（6）：572-575.

[8] 何玉英，刘萍，李健，等 . 中国对虾与生长性状相关 SCAR 标记的筛选 [J]. 海洋与湖沼，2007，38（1）：42-48.

[9] 季士治，王伟继，雷霁霖，等 . 大菱鲆 AFLP 分析体系的建立 [J]. 海洋水产研究，2007，28（1）：6-12.

[10] 李朝霞 . 中国对虾人工选育群体遗传结构分析及遗传连锁图谱的构建 [D]. 中国海洋大学博士论文，2006.

[11] 李法君，傅洪拓，王亮晖，等 . 日本沼虾 AFLP 反应体系的建立 [J]. 生物技术，2008，18（1）：36-39.

[12] 李吉涛，李健，陈萍，等 . 中国明对虾“黄海 1 号”血细胞和肌肉 cDNA 文库的构建 [J]. 中国水产科学，2009，16：781-785.

[13] 李健，陈萍，刘萍，等 . cDNA-AFLP 分析方法在中国对虾中的应用 [J]. 中国海洋大学学报：自然科学版，2009，1208-1212.

[14] 李健，刘萍，何玉英，等 . 中国对虾快速生长新品种“黄海 1 号”的人工选育 [J]. 水产学报，2005，29（1）：1-5.

[15] 李健，刘萍，王清印，等 . 中国对虾遗传连锁图谱的构建 [J]. 水产学报，2008，32（2）：161-173.

[16] 李思发 . 鱼类选育群体遗传性能的保护 [J]. 水产学报，1988，2（3）：283-290 .

[17] 李思发 . 主要养殖鱼类种质资源研究进展 [J]. 水产学报，1993，17（4）：344-358.

[18] 李太武，相建海，刘瑞玉 . 中国对虾 cDNA 文库的构建 [J]. 动物学报，1998，44(2)：237-238.

[19] 刘萍 .DNA 标记技术在海洋生物种质资源开发和保护中的应用 [J]. 中国水产科学，2000，7：86-89.

[20] 刘萍，何玉英，孙昭宁，等 . 中国对虾生长性状相关遗传标记的筛选与克隆 [J]. 海洋水产研究，2007，28（2）：1-6.

[21] 刘萍，孔杰，石拓，等 . 中国对虾黄渤海沿岸群亲本及子一代 RAPD 分析 [J]，海洋

水产研究，2000，21（1）：13–21.

[22] 刘萍，孔杰，石拓，等. 中国对虾黄渤海沿岸地理群的 RAPD 分析 [J]. 海洋学报，2000，22（5）：87–94 .

[23] 刘萍，李健，何玉英，等. 中国明对虾种质资源研究现状与保护策略 [J]. 海洋水产研究，2004，25（5）：80–85.

[24] 刘萍，麦明，孔杰，等. 中国对虾染色体制备及染色体形态的研究 [J]. 海洋科学，1994，1：33–36 .

[25] 刘萍，麦明，王清印，等. 中国对虾染色体及核型分析 [J]. 海洋水产研究，1992，13：29–34.

[26] 刘萍，孟宪红，何玉英，等. 中国对虾黄、渤海 3 个野生地理群遗传多样性的微卫星 DNA 分析 [J]. 海洋与湖沼，2004，35：252–257.

[27] 刘萍，孟宪红，孔杰，等. 中国对虾微卫星 DNA 多态性分析 [J]. 自然科学进展，2004，14（2）：150–155.

[28] 刘萍. 中国对虾染色体研究近况 [J]. 海洋水产研究，1987，8：88.

[29] 刘瑞玉 . 黄海及东海经济虾类区系的特点 [J]. 海洋与湖沼，1959，2（1）：35–42 .

[30] 刘瑞玉. 中国大百科全书：农业卷（Ⅰ）[M]. 北京：中国大百科全书出版社，1991.

[31] 刘振辉，孔杰，孟宪红，等. 中国对虾两个不同地理群遗传结构的 RAPD 分析 [J]. 应用与环境生物学报，2000，6（5）：440–443.

[32] 孟宪红，马春燕，刘萍，等. 黄渤海中国对虾 6 个地理群的遗传结构及其遗传分化 [J]. 高技术通讯，2004，4：97–102.

[33] 石拓，孔杰，刘萍，等. 中国对虾遗传多样性的 RAPD 分析——朝鲜半岛西海岸群体的 DNA 多态性 [J]. 海洋与湖沼，1999，30（6）：609 –615 .

[34] 石拓，孔杰，庄志猛，等. 中国对虾遗传多样性的 RAPD 分析 [J]. 自然科学进展，2001，11（4）：360–364 .

[35] 石拓，孔杰，庄志猛，等. 中国对虾遗传多样性分析——朝鲜半岛西海岸群体的 DNA 多态性 [J]. 海洋与湖沼，1999，30（6）：609–615.

[36] 石拓，庄志猛，孔杰等. 中国对虾遗传多样性的 RAPD 分析 [J]. 自然科学进展，2001，11（5）：360–364.

[37] 孙昭宁，刘萍，李健，等.RAPD 和 SSR 两种标记构建的中国对虾遗传连锁图谱 [J]. 动物学研究，2006，27（3）：317–324.

[38] 王金星，赵小凡. 对虾组织蛋白质和同工酶表型及其在病虾中的变化 [J]. 海洋科学，1995，3：46–51.

[39] 王清印，李健，孔杰。养殖对虾的遗传改良“世界水产养殖科技大趋势”[M]. 北京：海洋出版社，2003.

[40] 王维新，史成银，黄倢．中国对虾鳃细胞全长 cDNA 文库的构建 [J].2004，25（5）：6-11.

[41] 王伟继，孔杰，董世瑞，等．中国对虾 AFLP 分子标记遗传连锁图谱的构建 [J]．动物学报，2006，52（3）：575-584.

[42] 王伟继，孔杰．ISSR-PCR 技术在对虾中应用初步研究 [J]．海洋水产研究，2002，23（1）：1-4.

[43] 相建海，刘旭东．中国对虾种群生化遗传学研究．见：曾呈奎，相建海主编．海洋生物技术 [M]．济南：山东科学技术出版社，1998，269-282.

[44] 相建海．中国对虾染色体研究 [J]．海洋与湖沼，1988，19（3）：205-209.

[45] 徐鹏，周岭华，相建海．中国对虾微卫星 DNA 的筛选 [J]．海洋与湖沼，2001，32（3）：255-259.

[46] 徐鹏，周令华，田丽萍，等．从中国对虾 ESTs 中筛选微卫星标记的研究 [J]．水产学报，2003，27（3）：213-218.

[47] 许再复．生物多样性保护的现状趋势与展望：未来十年的生物科学 [M]．上海：上海科学技术出版社，1991，88-100.

[48] 岳志芹，王伟继，孔杰，等.AFLP 分子标记构建中国对虾遗传连锁图谱的初步研究 [J]．高技术通讯，2004，5：88-93.

[49] 岳志芹，王伟继，孔杰，等．用 AFLP 方法分析中国对虾抗病选育群体的遗传变异 [J]．水产学报，2005，29（1）：13-19.

[50] 张四明，分子生物学技术及其在渔业科学中的应用 [J]．水产学报，1997，21（增刊）：97-106.

[51] 张天时，刘萍，李健，等．用微卫星 DNA 技术对中国对虾人工选育群体遗传多样性的研究 [J]．水产学报，2005，29（1）：6-12.

[52] 张晓军，王兵，张绍萍，等．中国对虾 6 种组织 cDNA 文库的构建 [J]．海洋学报，2005，27（5）：92-95.

[53] 张煜，邓景耀．渤黄海对虾标志放流实验 [J]．海洋水产研究丛刊，1965，20：78-85

[54] 张志峰，马英杰，廖承义，等．中国对虾幼体发育阶段的同工酶研究 [J]．海洋学报，1997，19（4）：63-71.

[55] 真子渺，中岛国重，田川滕．コウライエビの体长组成の变化について [J]．西水研报，1996，34：1-10.

[56] 真子渺，庄岛悦子．标识放流によるコウライエビの移动と来游量の推定 [J]．西水研报，1969，37：35-50.

[57] Amy L R，Danny L，Rushu L，et al. Genes dependent on zebrafish cyclops function identified by AFLP differential gene expression screen[J]. Genesis，2000，26：86-97.

[58] Bachem C W B，Horvath B，Trindade L，et al. A potato tuber-expressed mRNA with

homology to steroid dehydrogenases affects gibberellin levels and plant development[J]. The Plant Journal, 2001, 25 (6): 595-604.

[59] Bachem C W B, Oomen R J F J, Kuyt S, et al. Antisense suppression of a potato α-SNAP homologue leads to alterations in cellular development and assimilate distribution[J]. Molecular Biology, 2000, 43: 473-482.

[60] Bachem C W B, Van der H R S, de Bruijn S M, et al. Visualization of differential gene expression using a novel method of RNA fingerprinting based on AFLP: analysis of gene expression during potato tuber development[J]. The Plant Journal, 1996, 9 (5): 745-753.

[61] Botstein D, White R L. Construction of gene linkage map in man using restricion fragment length polymorphisms[J]. American Journal of Animal Gene, 1980, 32: 314-331.

[62] Breyne P, Dreesen R, Cannoot B, et al. Quantitative cDNA-AFLP analysis for genome-wide expression studies[J]. Molecular Genetics and Genomics, 2003, 269 (2): 173-179.

[63] Brown W M. Rapid Evolution of Animal Mitochondrial DNA Rapid Evolution of Animal Mitochondrial DNA[J]. Proceedings of the National Academy of Sciences, 1979, (4): 1967-1971.

[64] Cappelli K, Verini-Supplizi A, Capomaccio S, et al. Analysis of peripheral blood mononuclear cells gene expression in endurance horses by cDNA-AFLP technique[J]. Research in Veterinary Science, 2007, 82 (3): 335-343.

[65] Carr W, Sweenny J, Swingle J. The Oceanic Institute's SPF shrimp breeding program status[A]. LSMSFP 10th Anniverasry Review[C]. GCRL Sprcial Pulication, 1994, (1): 47-54.

[66] Dai J, Zhang Q, and Bao Z. Karyotype studies on Penaeus orientalis[M]. J. Ocean. Univ. Qingdao, 1989, 19: 97-103.

[67] Danzmann R G. Genetic discrimination of wild and hatchry populations of brook charr, Salvelinus fontinalis (Mitchll), in Ontario using mitochondrial DNA analysis[J]. Journal of Fish Biology, 1991, 39: 69-77.

[68] Durrant W E, Rowland O, Piedras P, et al. cDNA-AFLP reveals a striking overlap in race-specific resistance and wound response gene expression profiles[J]. The Plant Cell, 2000, 12: 963-977.

[69] Ekkapongpisit M, Wannatung T, Susantad T, et al. cDNA-AFLP analysis of differential gene expression in human hepatoma cells (HepG2) upon dengue virus infection[J]. Journal of Medical Virology, 2007, 79 (5): 552-561.

[70] Garcia D K, Dhar A K, Alcivar-Warren A. Molecular analysis of a RAPD marker (B20) reveals two microsatellites and differential mRNA expression in *Penaeus vannamei*[J]. Molecular Marine Biology and Biotechnology, 1996, 5 (1): 71-83.

[71] Hedgecock D, Tracey M L, Nelson K. Genetic. In: Abele L G ed. The Biology of Crustacea, Vol. 2. New York: Academic Press, 1982, 284-403.

[72] Lewontin R C. A molecular approach to the study of genetic hetrozygosity in natural populations Ⅱ. Amount of variation and degree of hetrozygisity in natural populations of Drosphila pseudoobscura[J]. Genetics, 1966, 54: 595-609.

[73] Li Z X, Li J, Wang Q Y, et al. AFLP-based genetic linkage map of the shrimp Fenneropenaeus chinensis[J]. Aquaculture, 2006, 261: 463-472.

[74] Lin J J, Kuo J. AFLP: A novel PCR-based assay for plant and bacterial DNA fingerpint[J]. Focus, 1995, 17: 52-56.

[75] Liu P, Meng X H, Kong J, et al. Polymorphic analysis of microsatellite DNA in wild populations of Chinese shrimp (*Fenneropenaeus chinensis*) [J]. Aquactulture Research, 2006, 37 (6): 556-562.

[76] Liu Ping, Kong Jie, Shi Tuo et al. RAPD analysis of wild stock of Penaeid shrimp (*Penaeus chinensis*) in Chinese coastal waters of the Huanghai Sea and coastal waters of the Bohai Sea[J]. Acta Oceanologica Sinica, 2000, 19 (1): 119-126.

[77] Marnik V, johan D P, Michiel J T E. AFLP-based transcript profiling (cDNA-AFLP) for genome-wide expression analysis[J]. Nature Protocols, 2007, 2 (6): 1399-1413

[78] Moore S S, Whan V , Davis G P et al. The development and application of genetic markers for the Kuruma prawn *Penaeus japonicus*[J]. Aquaculture, 1999, 173: 19-32.

[79] Nei M, Koehn R Nei M. Genetic Distance between Populations[J]. American Naturalist, 1972, 106 (949): 219-223.

[80] K eds. Evolution of Gene and Proteins Sinauer, Sunderland[M]. 1983. 147-164.

[81] Pruder G D. Health shrimp systems seed supply-theory and practice[A]//C L Browdy J S Hopkins eds. Swimming Throught Troubled Waters. Proc of the special session on shrimp farming[C]. San Die go CA World Aquaculture Soc Baton Rouge LA, LSA. 1995, 40-52.

[82] Sugaya T, Jkeda M, Mori H et al. Inheritance mode of microsatellites DNA markers and their use for kinship estimation in kuruma prawn *Penaeus japonicus*[J]. Fisheres Science, 2002, 68: 299-305.

[83] Wang W J, Kong J, Bao Z M, et al. Isozyme variation in four populations of Penaeus *Chinensis shrimp*[J]. Chinese Biodiversity, 2001, 9: 241-246.

[84] Waples R S. Genetic approaches to the management of Pacific salmon[J]. Fisheries,

1990,15（5）:19–25.

[85] Welsh J Petersen C M McClelland. Polymorphisms generated by arbitrarily primed PCR in the mouse: application to strain identification and genetic[J]. Nucleic Acids Research, 1991,19（2）:303–306.

[86] Williams J G, Kubelik A R, Livak K J, et al. DNA polymorphisms amplified by arbitrary primers are useful as genetic markers[J]. Nucleic Acids Research, 1990, 18（22）: 6531–6535.

[87] Wilson K, Li Y, Whan V, et al. Genetic mapping of the black tiger shrimp *Penaeus monodon* with amplified fragment length polymorphism[J]. Aquaculture, 2002, 204: 297–309.

[88] Wolfus G M, Garcia D K A Alcivar-Warren. Application of the microsatellite techniques for analyzing genetic diversity in shrimp breeding programs[J]. Aquaculture, 1997, 152: 35–47.

[89] Wrgin I, Maceda L, Crittenden J. Use of mitochondrial DNA polymorphisms to estimate the relative contribution of Hudson River and Chespeake Bay striped bass stocks to the mixed fishery on the Atlant coast[J]. Transactions of the American Fisheries Society, 1993, 122: 669–684.

第2章

中国对虾新品种选育

1. 对虾新品种培育技术研究进展

近20年来我国在海水养殖生物的改良方面作了大量的工作。在海带(*Laminaria japonica*)、紫菜(*Porphyra tenera*)、裙带菜(*Undaria pinnatifida*)等海藻方面,曾采用选择育种、诱变育种、细胞融合、基因工程等方法进行遗传育种和优化培养。转基因鱼的研究及贝类杂交育种和多倍体育种也已跻身于世界先进行列(王清印等,1996;周百成等,1996;谭海东等,1999;田传远等,1999)。但作为对虾养殖大国至今尚未建立起系统的亲虾驯化和选育体系,培育苗种所用的亲体主要来自野生群体。盲目的引种、移植和人工放流,造成种群变异、品质退化等资源衰退现象;高密度集约化养殖已造成对虾暴发病的流行,经济损失严重。要解决这些问题,需要多方面的努力,其中培育优质、抗逆性强的养殖品种是可能的途径之一(王清印,2000)。

在过去10多年里,对虾遗传改良计划在世界范围内已先后启动,最早开始的是美国农业部支持的"海产对虾养殖计划"。该计划从1989年开始培育无特定病原(SPF)的凡纳滨对虾,使美国虾产量在1992年比1991年增加了1倍;在SPF对虾培育研究的基础上,美国CEATECHHHGI育种公司通过遗传改良计划,成功培育了抗Taura综合征病毒(TSV)的高健康凡纳滨对虾,并对养虾业产生了重要影响(Bienfang et al,2001)。

1.1 对虾遗传改良技术

1.1.1 选择育种

在苗种培育过程中挑选大且健康的个体作为亲本进行次年苗种生产,是虾类选育的萌芽或初始形式。Lester (1983)在1983年曾提出了对虾选择育种的方案,为以后的选育工作提供了理论指导。美国高健康养殖公司通过对凡纳滨对虾抗TSV性状的选育，每代成活率增加 15%，经过连续 4 代选择，存活率可达到 92% ~ 100%，而对照组的存活率只有 31%，对生长速度的选择已使凡纳滨对虾个体重达到 22 ~ 25 g。这表明选择育种可明显改进养殖对虾的生长表现(Jim et al，2000)。中国水产科学研究院黄海水产研究所等单位进行了中国对虾遗传改良研究，从 1997 年开始进行中国对虾种群选育技术的研究。对无特定病原对虾亲虾的筛选、幼体的培育、病原的检疫和检测以及健康对虾的养殖技术进行了比较系统的研究和探索，到 2001 年已取得良好结果。使用经筛选的对虾种群培育的子 5 代苗种比对照组生长速度快、发病率低(表 1)。目前养殖范围已扩大到日照、青岛等地，面积达 60 多 hm^2(李健等，2000；李健等，2001)。

一般来说，遗传力高的性状选择容易，而遗传力低的性状选择难。夏威夷海洋研究所曾对凡纳滨对虾的主要遗传参数进行了研究，包括体重、生长率和抗 TSV 病等方面的遗传力，表型和遗传型变异及其相关关系以及遗传型和环境的相互作用等，结果表明凡纳滨对虾的可选择性潜力很大。在国内，有关对虾遗传力的报道还不多，厦门水产学院曾对长毛对虾体长、体重的一些遗传参数进行了分析，表明体长和体重之间有极显著的直线相关，并对体长、体重的遗传力进行了估算(吴仲庆等，1990)；湛江水产学院对罗氏沼虾的数量性状遗传参数进行了研究，也进行了体长、体重遗传参数的分析，表明体长、体重的大小是可遗传的，个体间具有显著的相似性(陈刚等，1996)。

表 1　日照试验点中国对虾累代选择育种结果

选育材料	验收时间	平均体长 /cm	最大个体 /cm	最小个体 /cm
F_2	1998.10.04	12.13	14.2	9.3
F_3	1999.10.13	13.29	15.5	9.7
F_4	2000.10.06	13.59	16.4	11.0
F_5	2001.10.15	15.10	18.3	12.9

选择育种一般只选择少量优良个体，一定要避免近交效应，维持有效群体大小，防止近交造成遗传种质的衰退；其次，还必须加强数量遗传学基础研究，利用一些遗传参数(如：遗传力)指导选择育种，减少选择的盲目性。

1.1.2　杂交育种

1985年以后，对主要经济类对虾的染色体数目研究结果表明，对虾属二倍体，染色体数目多为 88，白对虾为 90，日本囊对虾为 92，罗氏沼虾为 118，日本沼虾为 104，染色体最少的为北方长额虾(*Pandalus borealis*)，为 $2n = 68$，最多的是亚太螯虾(*Pacifastacus trowbridgii*)，$2n = 376$。如果杂交亲本的染色体数目不同，由于杂交不亲和会产生杂交不育和杂交不孕现象(楼允东，1999)。对于杂交育种来说，虾类精荚移植人工受精技术的成功为其提供了一种有效的手段(Lin et al，1986)。Persyn (Persyn et al，1977)于 1977 年最早成功研究了虾类人工受精方法——挤压法；Sandifer 等(Sandifer et al，1984)又将挤压法发展到了电刺激法，并且证明该方法可以引起 80% 的对虾不同程度地排放精荚，利用排放的精荚进行人工受精实验，可以产生正常的胚胎。1982 年 Chew（1982）和 Bray 等（1982）及 Sandifer 等（1984）分别使用粘着剂将精荚牢固地粘贴到雌虾腹部的纳精囊上，大大提高了受精的成功率。杨从海等应用改进了的电刺激方法采取雄性精荚，人工交配成功率达 35%–75%。

一般来说，种间杂交的受精率和孵化率要比种内杂交低，杂种后代的形态特征及生长发育速度大多为父母本的中间型（Carlberg et al，1978；Shokita et al，1978）。曾报道长毛对虾×斑节对虾的杂种后代成活率较低，但生长速度较快，即使是摘除杂种后代雌虾眼柄，卵巢也不能成熟（邱高峰，1998）；Carlberg 等（1978）报道过美洲螯龙虾（*Homarus americanus*）×欧洲螯龙虾（*Homarus gammans*）的杂种后代雄性个体不能产生精子；Shokita （1978）报道粗糙沼虾（*M. asperulum*）×台湾沼虾（*M. shokitai*）杂种后代是不育的。许多实验表明虾类种间杂交后代大多是中性不育的。

1.1.3 多倍体育种

我国最早开展虾类多倍体育种是在 1989 年 6 ～ 12 月，Xiang 等（1990）以锐脊单肢虾（*Sicyonia Ingentis*）为材料在国际上首次获得对虾三倍体幼体，该成果倍受国内外学者的关注。随后以温度休克和细胞松弛素诱导受精卵发育成四倍体，诱导成功率达 66.7%，共获得 10 cm 左右的对虾数千尾；实验还表明四倍体中国对虾具有一定的生长优势，生长速度优于二倍体（相建海等，1992）。邱高峰等（1997）以热休克法抑制受精卵第 1 次卵裂，获得了四倍体胚胎。随后，戴继勋等（1993）利用温度休克中国对虾的受精卵，结果表明用低温休克，温度越低或休克时间越长，对细胞分裂的抑制作用也越强，孵化率也越低；用高温休克，温度越高或休克时间越长，对细胞的伤害也越大，孵化率明显降低，低温和高温休克都能诱发三倍体。最高诱发率，低温（9 ℃）为 43.8%；高温（30 ℃）为 32%。包振民等（1993）用细胞松弛素 B 处理中国对虾的受精卵，获得了三倍体对虾幼体，诱导率达 62.5%，细胞松弛素浓度越高，对极体排放的抑制力越强，但胚胎畸形率和非整倍体数则增多。近年中国科学院海洋研究所在对虾三倍体和四倍体研究中又取得进展，经过条件的优化，中国对虾三倍体的最高诱导率可达 90% 以上；在胚胎期检测，四倍体最高诱导率达 90% 以上。

利用三倍体不育性导致的生长优势，可培育出大规格的对虾个体，同时还可能克服雄虾因性腺早熟造成的大量死亡而提高繁殖期的成活率。而四倍体的虾有可能达到性成熟并繁育后代，它与二倍体交配，即可产生不育的三倍体，这将使大规模生产三倍体虾成为可能，比用诱导方法使染色体加倍获得三倍体更为有效。因此，今后虾类多倍体育种研究的重点应放在四倍体诱导上。

1.1.4 人工雌核发育

相建海等（1990）采用细胞学证明了对虾人工雌核发育的可行性。随后，戴继勋等（1993）用 ^{60}Co γ 射线照射中国对虾的精子诱导雌核发育，实验表明用 ^{60}Co γ 射线照射精子受精后，随着辐射剂量的增加，胚胎的存活率显著下降，而到了更高剂量时，胚胎的存活率反而增加，存活率出现了“U”形曲线，表现有所谓 Hertwig 效应。蔡难儿等(1995)用紫外线照射精子、受精、温度或细胞松弛素 B 处理卵子方法，诱导出了中国对虾雌核发育个体，最高诱导率达 37.22%。陈本难等(1997)研究了 365 nm 波长紫外线辐射中国对虾精子对其顶体反应和受精能力的影响，结果表明低剂量紫外线辐射可促进精子发生顶体反应，大剂量辐射使精子丧失发生顶体反应的生理机能，从而获得遗传物质失活的精子来作为雌核发育的激活源。利用雌核发育可进行性别控制，生产单性种群，可在较短的时间内获得纯系。一般来说，采用常规育种办法培育纯系需要 8～10 代，而利用雌核发育只需 2～3 代；而且由于雌虾比雄虾生长快，在水产养殖上有着广泛的应用前景。但雌核发育所产生的后代是高度自交，且遗传上完全一致，因此人工诱发雌核发育的后代较正常受精所获得的后代成活率低、繁殖力弱。

1.1.5 转基因育种

转基因虾的研究还处于早期阶段，在这方面的成果还不多。刘萍等(1996)用精子作为载体，将羊生长激素基因注射至交配过的中国对虾雌体纳精囊中，获得了首例转基因仔虾，转基因比率为 1%。另外，用显微注射法将羊生长激素的基因导入中国对虾受精卵，受精卵发育到溞状幼体第 3 期后，采用 PCR 及斑点杂交技术检测，结果表明转基因比率至少在 3% 以上。中国科学院海洋研究所利用基因枪的方法成功地将带有 GFP 基因的外源 DNA 转入中国对虾受精卵中。

在转基因方面，由于虾类迄今尚未分离和克隆任何有重要经济价值的基因，只能使用其他种动物分离的有价值基因进行转基因育种，但是异源基因是否能整合表达，表达效率及其产生的遗传效应尚不甚了解。因此，要利用基因转移改良对虾品种，就要早日建立虾类基因文库，筛选和克隆一批具有优良性状的基因，特别是抗病、抗逆基因。

1.2 现代生物学技术在对虾遗传改良中的应用

随着近年来分子生物学技术的发展，尤其是染色体分辨技术、蛋白质分析技术、体细胞遗传操作技术、DNA 分析技术的发展，使人们对于遗传学的研究深入到分子水平，利用 DNA 分子水平上的变异作为遗传标记的研究取得了新的突破，已经应用于种质资源鉴定、基因定位、家系分析及分子标记育种等方面(王和勇等，1999)。在对虾的遗传改良中现代生物学技术的应用将重点体现在以下方面。

1.2.1 构建遗传图谱

基因组图谱的构建是遗传学研究的重要领域，它是系统性研究基因组的基础，是进行数量性状位点定位的前提，也是动植物遗传育种的根据，它将实现辅助标记技术(林红等，2000)。而对于虾类遗传图谱的构建工作则刚刚起步，Moore 等(1999)利用 246 个多态性的 AFLP 标记，构建了具有 44 个连锁群的日本囊对虾 AFLP 图谱，这是甲壳动物乃至水生无脊椎动物中首次报道的连锁图谱。通过对虾遗传图谱的构建，可使一些有重要经济价值的基因得以定位和克隆,但是目前这方面的研究工作还很少,主要原因是对虾类基因组缺乏了解,可供作图的遗传标记的数量较少,不足以完成较高密度的连锁图谱。

1.2.2 分子标记辅助选择育种

DNA 分子标记是 DNA 水平遗传变异的直接反映,与表型标记相比,DNA 分子标记能对各发育时期的个体、各个组织、器官甚至细胞作检测,既不受环境的影响,也不受基因表达与否的限制;数量丰富,遗传稳定,对生物体的影响表现“中性”,并且操作简单。标记辅助选择是通过标记,对目的性状实施间接选择,其前提是标记与目的性状紧密连锁(张德水等,1998)。

应用分子标记辅助选择育种,可以提前预知选育的结果,大大提高选育的效率。一般认为应用传统选育技术,每代的遗传获得率通常在 10%～15%,但分子标记选择育种技术可明显提高选育进度,特别是那些靠传统的表型工具难以度量的性状(Bienfang et al,2001)。目前,对养殖虾类主要经济性状的分子标记研究已经取得了许多进展,曾报道在斑节对虾(*P. mondon*)、凡纳滨对虾(*L. Vannamei*)、北美白对虾(*P. setiferus*)、美菲对虾(*P.nofialis*)、蓝对虾中发现部分微卫星标记(Tassanakajan et al, 1999; Wolfus et al, 1997; Alcivar, 1999; Emmanuel et al, 1999; Kennerth, 2000);从斑节对虾中已分离出大量多态性的 AFLP 标记(童金苟等,2001);中国科学院海洋研究所徐鹏等(2001)利用 PCR 法对中国对虾小片断部分基因组文库进行筛选,首次在中国对虾中获得 31 个微卫星序列。利用这些分子标记可以鉴别不同品系的数量性状位点,培育品质更优良的品种。相信在不久的将来,分子标记技术将大大促进育种工作。

据报道,国外农作物良种使用率已达到 100%,畜牧良种使用率也达到 80%。在国内,农作物良种使用率达到 80%,畜牧良种使用率因品种不同为 20%～60%,而海水养殖业良种使用率目前不足 5%。因此以前所未有的速度来改良经济养殖品种,对满足人类对其需求量的日益增加具有重要意义。目前国内外在对虾遗传改良方面采用的技术主要还是经典的选择育种、杂交育种、多倍体育种及人工雌核发育等,但由于每种方法都存在一些技术上的困难,阻碍了育种的快速进行。要使对虾的良种培育工作取得突破性进展,必须运用现代生物学的新技术、新方法改造传统养殖业,这是我们必须遵循的一个非常重要的发展策略。

2. 中国对虾累代养殖育苗效果观察

我国自 20 世纪 80 年代初大规模开展中国对虾增养殖生产以来,每年需从自然海区捕捞大量对虾亲体用于人工育苗生产。为了保护自然资源,近年来我国采取了一系列措施,鼓励用人工养殖对虾的亲虾越冬来解决亲虾来源。至 1990 年,仅北方三省一市利用越冬虾培育虾苗数量已达 1.07×10^{10} 尾,占养殖用虾苗总量的 30%(钱志林,

1990)，预计今后几年内，这个比例还将增加。连年使用越冬亲虾育出的虾苗有无退化一直是人们多年来所关注的问题，为此李健等(1992)于 1989～1990 年先后在文登测定了养殖二代(F_2)，三代(F_3)越冬亲虾的性腺指数、产卵量、卵子孵化率、幼体变态率等，并与当年海捕亲虾进行了对比。

试验在文登市小观养殖场和文登市水产养殖公司育苗场进行，所用养殖二代越冬亲虾(F_2)是 1987 年海捕自然亲虾人工育苗(F_1)经累代养殖而延续下来的，试验用虾(F_2) 290 尾；对虾平均体长 13.34 ± 0.57 cm；所用养殖三代(F_3)越冬亲虾也是 1987 年海捕亲虾人工育苗经累代养殖而延续的，试验用虾(F_3) 950 尾，对虾平均体长 13.50 ± 0.52 cm，对照组的海捕亲虾捕于文登外海。

用网箱产卵和产卵池产卵两种方法进行统计亲虾产卵量。产卵网箱由 100～120 目尼龙筛绢网制成，网箱大小为 1.2 m × 0.8 m × 0.6 m，每个网箱放产卵亲虾 1 尾，次日检查产卵情况，将卵子集中于 10 L 手提塑料桶内，用容量池计数卵子数量。试验期间水温 14.5～ 15 ℃，海水盐度 32.5。产卵池产卵是将亲虾直接放入产卵池内(44.4 m^3)，每日计数产卵池内卵子数量。试验期间水温 13.4～15.5 ℃，盐度 32.5。

在对虾产卵时从产卵池取卵，在显微镜下测量卵径和卵膜径，产卵池水温 14.5 ℃，盐度 32.5。仔虾体长测量是取自育苗池(P_1)仔虾，用 5% 福尔马林溶液固定，在显微镜下测其体长。

在 1 000 mL 烧杯内加入 600 mL 海水，从对虾产卵池取卵子 300 粒放入烧杯内，由温控仪将水浴槽水温控制在 18～19 ℃之间，48 h 后计数每个烧杯内无节幼体数量，卵子孵化率 =（无节幼体数 / 卵子数）× 100% 将计数无节幼体的烧杯移入另一水温为 21～22 ℃的水浴槽内，使无节幼体变态为蚤状幼体，4 d 后计数各个烧杯内无节幼体数，无节幼体变态率 =（蚤状幼体数 / 无节幼体数）× 100%。

2.1 越冬亲虾的性腺指数测定

测定(F_2)亲虾性腺指数为 144. 57 ± 28.16，测定(F_3)亲虾性腺指数为 142.18 ± 15.29 (表 2)。经 t 检验表明两者差异不显著($t = 0.19 < t_{0.05} = 2.18$)。

表 2 养殖越冬亲虾 F_2、F_3 性腺指数

尾数	1989 (F_2 代)				1990 年(F_3 代)			
	体长 /cm	体重 /g	性腺重 /g	性腺指数 /‰	体长 /cm	体重 /g	性腺重 / g	性腺指数 /‰
1	13.8	36.1	4	110.8	14.2	40.5	6	148.1
2	14.2	41.2	7.7	186.9	14.4	40.7	5	122.9
3	13.9	37.7	6.3	167.1	13.9	36.3	4.8	132.2
4	13.1	30.9	4.4	132.7	14.8	44	7.4	168.2
5	13.5	35.2	4.4	125	14.2	40	6.1	152.5
6	14.3	41.4	6	144.9	13.8	35.8	4.5	125.7

续表

尾数	1989（F_2代）				1990年（F_3代）			
	体长 /cm	体重 /g	性腺重 /g	性腺指数 /‰	体长 /cm	体重 /g	性腺重 /g	性腺指数 /‰
7	/	/	/	/	13.2	30.7	4.6	149.8
8	/	/	/	/	13.9	35.5	4.9	138
平均	13.8 ± 0.45	37.08 ± 3.97	5.42 ± 1.49	144.57 ± 28.16	14.08 ± 0.47	37.9 ± 4.15	5.4 ± 1.00	142.18 ± 15.29

2.2 越冬亲虾产卵量统计

统计网箱内6尾F_3代越冬亲虾产卵量，平均体长13.8 cm的越冬虾一次产卵平均数量为1.66×10^5粒（表3）。

表3 F_3代亲虾网箱产卵数统计

次 数	产卵亲虾体长（cm）	每尾亲虾产卵量（$\times10^4$粒）
1	13.5	10.04
2	14.3	20.65
3	13.7	20.65
4	14.2	17.40
5	13.3	14.90
6	13.8	16.30
平 均	13.80 ± 0.39	16.66 ± 3.99

挑选性腺发育成熟的F_3代越冬亲虾950尾，放入两个产卵池，统计7 d亲虾产卵6.961×10^7粒，产卵亲虾为348尾，平均每尾产卵量2×10^5粒（表4）。

表4 F_3代亲虾产卵统计

日 期	1号池总产卵量	2号池总产卵量
3月30日	400	180
3月31日	259	160
4月1日	1 059	97
4月2日	1 244	亲虾移入1号池
4月3日	1 400	
4月4日	855	
4月5日	1 307	
合 计	6 961	

2.3 F_3代亲虾卵子卵径及体长

测量F_3代越冬亲虾卵子卵径160粒，对虾卵直径为263.59 ± 9.6 μm，卵膜径为 404.12 ± 17.46 μm。从 F_3 代越冬亲虾育苗池内测量 100 尾 P_1 仔虾，平均体长为 482 ± 42.02 μm。统计了 F_3 代越冬亲虾卵子孵化率与无节幼体变态率，产卵的孵化率为 55.21%，无节幼体变态率为 92.12%（表 5）。

表 5　F_3 代亲虾卵孵化率及无节幼体变态率

日期	卵子数(粒)	无节幼体数(尾)	孵化率(%)	蚤状幼体数(尾)	变态率(%)
3 月 31 日	300	212	70.7	191	90.1
	300	209	69.7	148	70.8
	300	210	70	198	84.8
4 月 1 日	300	147	49	/	/
	300	166	55.3	162	97.6
	300	133	45	132	97.8
4 月 2 日	300	155	51.7	136	87.7
	300	171	57	157	91.8
	300	179	59.7	168	93.9
4 月 3 日	300	151	50.3	150	99.3
	300	120	40	114	95
	300	130	43.3	/	/
4 月 4 日	200	118	59	115	97.5
	200	107	53.5	/	/
	200	108	54	109	99.1
平均	/	/	55.21 ± 9.50	/	92.12 ± 8.17

对照组海捕亲虾所产卵的孵化率为 66.19%，无节幼体变态率为 91.60%（表 6）。经 t 检验可知 F_3 代越冬亲虾与海捕亲虾所产卵的孵化率差异显著。(t = 2. 99 > $t_{0.05}$ = 2.05)。F_3 代越冬亲虾卵子孵出无节幼体变态率与海捕亲虾卵子孵出无节幼体变态率差异不显著(t = 0.20 < $t_{0.05}$ = 2.06)。

表 6　海捕亲虾卵孵化率及无节幼体变态率

日期	卵子数(粒)	无节幼体数(尾)	孵化率(%)	蚤状幼体数(尾)	变态率(%)
4 月 10 日	300	225	75	212	94.2
	300	216	72	208	96.3
	300	228	76	200	87.8
4 月 11 日	300	191	65.7	196	99.5
	300	189	63.3	185	97.4
	300	218	72.7	201	92.2
4 月 12 日	300	207	69	197	95.2
	300	213	71	203	95.3
	300	208	69.3	205	98.6

续表

日期	卵子数(粒)	无节幼体数(尾)	孵化率(%)	蚤状幼体数(尾)	变态率(%)
4月13日	300	164	54.7	132	80.5
	300	182	60.7	114	79.1
	300	118	39.3	110	93.2
4月14日	300	169	56.3	143	84.6
	300	196	65.3	190	96.9
	300	250	83.3	208	83.2
平均	/	/	66.19 ± 10.59	/	91.60 ± 6.82

2.4 F_2、F_3 代越冬亲虾与海捕亲虾育苗效果比较

F_2 代越冬亲虾育苗从无节幼体(N_1)到仔虾(P_1)的成活率为 77.0%，海捕亲虾则为 55.2%。F_2 代后代的成活率为 52.9%，海捕亲虾为 52.3%（表 7）。

表 7 F_2、F_3 代越冬亲虾与海捕亲虾育苗效果对比

亲虾来源	无节幼体 N_1 数量 (×10^4 尾)	蚤状幼体 Z_1 数量 (×10^4 尾)	N_1～Z_1 成活率 (%)	糠虾幼体 M_1 数量 (×10^4 尾)	Z_1～M_1 成活率 (%)	仔虾 P_1 数量 (×10^4 尾)	M_1～P_1 成活率 (%)
F_2 代亲虾	400	383	95.8	378	98.7	308	81.5
海捕亲虾	1 584	1 274	80.4	898	70.5	875	97.4
亲虾来源	无节幼体 N_1 数量 (×10^4 尾)	蚤状幼体 Z_1 数量 (×10^4 尾)	N_1～Z_1 成活率 (%)	糠虾幼体 M_1 数量 (×10^4 尾)	Z_1～M_1 成活率 (%)	仔虾 P_1 数量 (×10^4 尾)	M_1～P_1 成活率 (%)
F_3 代亲虾	735	562	76.5	551	98	389	70.6
海捕亲虾	1 300	915	70.5	856	93.6	680	79.4

表现对虾遗传性状变化的指标中最重要的是亲虾的性腺指数、产卵量、卵的孵化率及幼体的成活率等指标。王堉等(1965)报道，平均体长 17.20 cm 的海捕亲虾性腺指数为 153.2，海捕虾卵径 235～275 μm，卵膜径 330～440 μm。黄海所(1961)测得仔虾(P_1)体长为 467 μm。这些指标与 F_3 代越冬亲虾的各项结果相近。

F_3 代越冬亲虾的产卵量，用网箱法测量结果在(10～20)×10^4 粒之间，平均为 16.66×10^4 粒。而在产卵池统计结果是 20×10^4 粒，两者差别的主要原因是方法不同。王堉等报道，体长 18～20 cm 的海捕自然亲虾，一次产卵量在(30～50)×10^4 粒之间。如果参考鱼的怀卵系数(黄海水产研究所，1981)，引入虾的产卵系数 = 平均体重×平均体长 / 产卵量，则越冬虾的产卵系数为 26.7～35.6，说明越冬亲虾产卵情况接近海捕虾。

F_3 越冬亲虾卵子孵化率最高 70.7%，最低为 40.0%，平均是 55.21%。海捕虾产卵的孵化率最高达 83.3%，最低为 39.3%，平均 66.19%。而越冬虾产卵的孵化率低于海捕虾。主要原因是亲虾的越冬环境、营养等条件造成的。就海捕亲虾来说，随着从自

然海区捕获的时间不同，其卵子的孵化率差别也是很大的。5 月份捕于海上自然成熟的亲虾，卵子孵化率高达 94.5 ± 8.0%（吴彰宽等，1985）。3 月底捕获的亲虾经半个月的暂养后，卵子孵化率在 67% ～ 80.1% 之间。王等（1965）也报道，3 月中旬由自然海区捕获的虾比 12 月底捕获的产卵效果好。全人工养殖亲虾在室内人工越冬时间长达 5 个月之久，池内对虾密度也比较大，所以卵子的孵化率较低。

在海洋水产养殖种类中，对虾的遗传变异是比较小的一种。国内外的研究也都证实，对虾的杂合度和多态位点比例都较低，对不同种群的对虾同工酶分析，也未曾发现它们之间的差异。因此，按现在的养殖方式，中国对虾经二、三代的养殖，很难产生遗传漂变，当然也就不会发生退化现象。Sbordcmi 等研究了日本囊对虾移植到意大利潟湖养殖的遗传变异，认为第 7 个世代后杂合度下降，卵子的孵化率下降，由原来的 50% 下降到 10%，其原因是 F_2 代只有两对亲体。因此，这就提醒我们在对虾全人工养殖生产中，必须保留相当的亲体数量，至少在几百尾以上，以防止杂合度下降而引起的品种退化。

3. 中国对虾品种选育的初步研究

对虾养殖是我国海水养殖的主导产业，几乎所有沿海县市都开展了对虾养殖。20 世纪 90 年代初，全国对虾养殖面积达 16 万 hm^2，最高年产量超过 2 万 t，约占全球对虾养殖总产量的 30%。据统计，直接或间接从事养虾的人员达 100 万人，每年出口创汇近 5 亿美元。养虾业的发展，也带动了与此相关的捕捞、饲料、加工、运输及销售等行业的发展，一大批沿海群众靠从事养虾业及其相关产业而致富。但是，1993 年以来全国范围内的大规模暴发性对虾流行病给我国的对虾养殖业造成了严重影响。据估计由此造成的直接和间接经济损失已达上百亿元。如何尽快摆脱疾病的困扰，使我国的养虾业走上稳定、健康、持续发展的路子，已成为各级领导和社会各界广泛关注的问题。

对虾病害发生的原因是复杂和多方面的，包括产业技术工艺进步迟缓，忽视了产业持续发展的健康管理、优质品种的选育和养殖生态环境的优化等，并由此导致了病原滋生、性状退化和养殖生态环境恶化。其中高健康苗种培育是目前对虾病害防治体系中最薄弱的环节，我国养殖对虾用的苗种基本上都没有经过系统的人工选育，其遗传基础还是野生型的，生长速度、抗病能力乃至品质质量还未达到良种化的程度。近几年对虾养殖苗种也存在卵子孵化率低、幼体成活率低、病害多等问题。这与种植业和畜牧业中产量的提高是依靠品种的不断更新和改良形成了鲜明的对比。

李健等（2000）在山东省日照市水产研究所开展了中国对虾种群选育技术，1997 年从数万尾越冬亲虾中，严格按照标准（雌虾不小于 14 cm，雄虾不小于 12 cm），筛选出雌虾 400 尾和雄虾 350 尾移入室内水泥池（面积 65 m^2）中自然交配，得到交配亲虾 203 尾。室内交配率 50.75%。1998 年 3 月中旬，对越冬亲虾再次进行筛选和检疫。从中选出体长 15 cm 以上，HHNBV 检测为阴性的产卵亲虾共 40 尾，用于高健康对虾苗种培育。产卵亲虾分为两组，每组 20 尾。一组在日照市水产研究所（黄海水产研究所科研基地）育苗。另一组在日照市石臼海水育苗场育苗。共培育出对虾病毒性暴发病原阴性虾苗近350万尾，并分别移入养殖池进行养殖（表 8）。苗种培育过程中，对卵子、无节幼体、蚤状幼体、糠虾幼体和仔虾各阶段进行病原检测。

表 8　高健康对虾苗种培育结果

地　点	产卵时间	产卵虾数	产卵量	无节幼体	蚤状幼体	糠虾幼体	仔虾
		尾	万粒	万尾	万尾	万尾	万尾
日照市水产研究所	3 月 21 日～ 3 月 28 日	20	400	380	350	300	200
石臼海水育苗场	4 月 6 日～ 4 月 10 日	11	250	235	215	180	150

选择 10 个面积各为 0.26 hm^2 的养虾池作为养殖池，其中 4 个池养殖经选育的子二代高健康虾苗，6 个池作为对照，分别养殖商业育苗场培育出的普通虾苗，包括越冬亲虾苗种和海捕亲虾苗种各 3 个池（表 9，表 10）。经多次使用核酸探针进行病原检验结果均为阴性。

表 9　子二代对虾养殖结果

池号	类　别	放苗时间	放苗数量 / 尾	成活率 /%	出池时间
1-1	选育虾	5 月 29 日	25 000	51.1	1114
1-5	选育虾	5 月 29 日	20 000	33.9	1013
1-6	选育虾	5 月 28 日	28 000	37.8	1125
1-8	选育虾	5 月 28 日	28 000	46.8	0920
1-4	越冬虾对照	6 月 11 日	25 000	61.1	0925
1-7	越冬虾对照	6 月 11 日	28 000	36.4	1010
1-9	越冬虾对照	6 月 11 日	28 000	74	0917
2-8	海捕虾对照	5 月 31 日	25 000	—	0913
2-9	海捕虾对照	5 月 31 日	25 000	—	0915
2-10	海捕虾对照	5 月 31 日	25 000	52.3	0920

表 10　中国对虾高健康养殖品种选育对虾生长情况

时间	选育虾				越冬虾对照			海捕虾对照		
	1-1	1-5	1-6	1-8	1-4	1-7	1-9	2-8	2-9	2-10
7 月 01 日	6.8	5.5	7.0	6.3	5 2	5.7	5.5	4.2	5.9	5.3
7 月 11 日	7.8	6.5	7.2	6.2	6 3	6.5	6.0	4.9	5.6	6.0
7 月 20 日	8.1	6.6	7.6	7.2	6.4	7.4	7.0	5.4	6.8	6.4
7 月 31 日	8.6	7.6	8.6	7.3	7.5	8.5	7.5	5.4	6.6	6.8
8 月 10 日	9.6	8.1	9.2	7.6	8.2	8.9	8.0	5.5	发病	7.2

续表

时间	选育虾				越冬虾对照			海捕虾对照		
	1-1	1-5	1-6	1-8	1-4	1-7	1-9	2-8	2-9	2-10
8 月 20 日	9.9	9.0	9.7	8.0	9.8	9.3	8.8	发病		7.8
8 月 31 日	10.7	9.7	10.5	8.0	10.3	10.3	9.1			8.6
9 月 10 日	11.3	10.0	10.7	9.1	10.8	10.9	10.3			9.7
9 月 20 日	12.0	10.9	10.5	11.0	11.2	11.2	发病			10.3
9 月 30 日	12.9	11.6	12.3	发病	发病	11.7				11.0
10 月 10 日	14.1	12.5	13.2			12.2				

1999 年重复 1998 年的选育过程。培育子三代虾苗 250 万尾，除在日照市水产研究所继续进行选育外，又将养殖面积扩大到青岛市的胶南、城阳、即墨等地，合计养殖面积 13.3 hm^2。到 9 月份养殖选育对虾平均体长已达 11 cm，生长良好，发病率不足 10%，而采用未经选育的对照池发病率在 90% 以上。其中日照市水产研究所 14 个养殖池（面积 33 hm^2）总放苗量 633 万尾，到 10 月中旬估计存活 30 万尾，平均体长超过 13 cm。而 5 月中旬到 6 月 1 日，从 2 个育苗场家购买的未选育虾苗，放了 9 个暂养池和 1 个养殖池，结果暂养池对虾体长 3～4 cm 时发病死亡，养殖池对虾体长 6 cm 时发病死亡。子三代对虾的抗病力超过子二代。

在种植业和畜牧业中，产量的提高和质量的改进在很大程度上依赖于品种的更新和改良，家畜家禽的选种更提供了许多成功的范例。水生生物具有较高的繁殖率和很大的表型方差，所以个体选择比较容易进行。Newldik 等（1983）报道，对二年龄欧洲牡蛎（*Ostreaedulis*）体重进行个体选择，第一代的选择效应比对照组平均快 23%。罗非鱼的选种，从 1988～1995 年，生长速度也增加一倍。挪威从 20 世纪 70 年代末开始对大西洋鲑鱼进行选择育种，同时在养殖工程设施、营养饲料以及疾病防治等方面进行系统研究。经过连续 5 代以上的选择，生长速度明显提高。过去要养殖 4～5 年才能达到商品规格（体重 5 kg），现在只需 2 年即可达到 5 kg。饵料系数也从 20 世纪 70 年代的 3.5 缩减为 90 年代的 1 左右。随着工程设施、养殖技术、疾病防治技术（特别是疫苗）等方面的进步，挪威养殖大西洋鲑鱼从幼体到成鱼的成活率也从 1987 年的 38% 上升到 1992 年的 87%，生产成本也从 1987 年的每千克商品鱼 37 挪威克朗下降为 1995 年的 18 克朗。现在，挪威养殖大西洋鲑鱼的年产量已达 35 万 t，成为世界上最大的海水鱼养殖国家，其产品在国际市场上极具竞争力。据有关资料，泰国也已启动对斑节对虾的选择育种计划，并开展了健康养殖工作，取得了良好效果，近年对虾养殖产量居世界首位。

对虾养殖是我国海水养殖业中最具代表性的一个产业，经过 20 余年的发展，已形成相当的规模。近年由于受病害的影响，整个产业已到了十分困难的境地。养殖业者迫切要求能够尽快培育出生长快、品质优、抗病能力强的中国对虾养殖新品种，开发持续、高效的对虾养殖技术，在苗种、亲体、养成、环境等各环节控制病原的流行，实现高健康对虾养殖的工程化，从而使中国对虾养殖得以完成第二次创业并走上持续健康发展的道路。

目前我国在对虾乃至整个海水养殖业中，品种选育工作基本上还是空白，考虑到海洋生物资源的遗传多样性，越来越多的科学家和管理人员已认识到，对虾的品种选育工作将是非常紧迫和大有可为的。根据近年的初步研究结果，我们认为只要严格按照健康养殖的要求和程序，从清池、消毒、水质控制到饵料投喂策略等各个方面加强管理，逐年加强选育强度，就能够取得令人满意的结果。从 1997 年开始到 2000 年，连续 3 年周围的虾池大多发病死亡，但选育对虾生长良好，一直坚持到 11 月份入室越冬。试验结果已在周围虾农中引起了广泛的关注。虽然目前结果还是初步的，其中有些环节采取的措施也不尽如人意。但无疑展示了非常良好的前景，为今后深入开展工作奠定了基础。

对虾高健康苗种选育的关键是建立 SPF 对虾种群培育中心，保证对虾种群的无特定病原性和种质遗传的多样性。完成以上工作需各种相应的技术、设备和条件做保证。日照市水产研究所目前已被国家农业部确定为对虾国家良种建设基地，许多工作可结合对虾国家良种场建设进行。随着今后的不断改进和完善，已有的中国对虾高健康苗种培育和养成设施条件，中国对虾高健康(SPF)种群选育中心将逐步扩大规模和能力，达到向我国的对虾育苗场提供高健康(SPF)亲虾，向养殖场提供高健康苗种的目的。同时和全国水产技术推广体系相结合，逐步向全行业辐射和扩大本研究的成果，达到减轻病害造成的损失，推动养虾业的恢复和发展，依靠科学技术为人民造福的目的。

4. 中国对虾无特定病原种群选育的研究

农作物和家畜、家禽经人类长期的驯化培育，在人工条件下的生长率和成活率均大大高于野生的天然状态。我国淡水养殖业的品种改良也取得了良好效果，选育出了荷包红鲤、兴国红鲤等为代表的优良鲤鱼养殖品种，使经济性状得到显著提高。通过严格、科学的人工驯化技术和现代高新技术，可大大缩短品种改良和驯化的时间。农业的种植业和畜牧业中有非常系统而完善的良种培育工程技术，为作物和畜禽新品种的不断更新提供了重要的技术基础，可以说品种的改良是当前农业发展的导向。我国海水养殖曾进行过海带、紫菜良种选育，并取得了明显效果，有力支持了养殖业的发展，为我国海水养殖业第一次浪潮的兴起奠定了基础，但其他主要养殖品种的选育几乎还是空白(王素娟等，1994；楼允东，1999)。对虾养殖是我国海水养殖业中最具代表性的一项产业，1993 年以来的大规模暴发性对虾流行病给我国的对虾养殖业造成了严重影响，虽然病害发生的原因是复杂的和多方面的，与病原传播速度加快、养殖区域生态失衡、养殖生产过程中的自身有机污染的积累日趋严重、渔用药物的滥用等有关，其中缺乏抗逆优良品种也是重要的因素之一。目前养殖用苗种基本上都没有经过系统的人工选育，其遗传基础还是野生型的，生长速度、抗病能力乃至品质质量还未达到良种化的程度，良种问题已成为制约我国对虾养殖业稳定发展的主要“瓶颈”问题之一。

李健等(2001)通过对中国对虾种群筛选、种群延续保护及苗种培育、养成、病原检测等内容的研究，分析了中国对虾无特定病原种群的选育情况。

4.1 中国对虾苗种培育

1999 年 201 尾越冬亲虾用于产卵，亲虾体长 15.48 ± 0.56 cm，培育子 3 代虾苗 2.5×10^6 尾。2000 年 309 尾越冬亲虾用于产卵，亲虾体长 15.72 ± 0.66 cm，4 个育苗池培育出 1 cm 子 4 代仔虾约 2×10^7 尾，选取其中 4×10^6 尾入塑料大棚中暂养。

4.2 对虾养殖结果

对虾养殖过程中水质一直保持良好。表 11 是养殖期间的 1 次水质检测结果。

表 11 养殖期间各养殖池水质因子(2000 年 9 月 15 日上午 10 时测量值)

池号	温度 ℃	盐度	电导 (mS)	溶氧 (mg/L)	NH_4^+-N (mg/L)	NO_2-N (mg/L)	NO_3-N (mg/L)	KH (DH)	pH	水色	透明度 (cm)
Ⅰ-1	23.6	22.8	35.10	6.29	≥ 0.01	2.0	25	8	8.71	绿褐	85
Ⅰ-2	23.7	23.8	36.52	6.47	≤ 0.01	1.5	30	8	8.51	绿褐	35
Ⅰ-3	23.7	24.8	38.06	4.95	≤ 0.01	1.5	20	8	8.33	绿褐	55
Ⅰ-4	23.9	24.2	38.12	7.21	≤ 0.01	1.5	25	8	8.30	绿褐	45
Ⅰ-5	23.7	25.1	38.36	6.62	≤ 0.01	3.0	40	8	8.16	绿褐	55
Ⅰ-6	23.7	26.3	41.08	7.20	≤ 0.01	1.0	10	9	8.43	绿褐	65
Ⅰ-7	24.0	27.3	42.60	5.20	≤ 0.01	2.0	60	—	8.16	绿褐	60
Ⅰ-8	23.8	27.4	41.56	6.20	≤ 0.01	2.0	40	10	8.12	绿褐	80
Ⅰ-9	24.2	27.3	48.81	6.80	≤ 0.01	6.0	—	—	8.06	绿褐	95
Ⅰ-10	24.6	27.9	43.35	5.56	≤ 0.01	2.0	—	—	7.95	绿褐	110

养殖期间对虾生长速度较快，2000 年对虾养殖生长情况见表 12。

表 12 日照试验点 2000 年对虾养殖生长情况

日期	平均体长(cm)										
	Ⅰ-1	Ⅰ-2	Ⅰ-3	Ⅰ-4	Ⅰ-5	Ⅰ-6	Ⅰ-7	Ⅰ-8	Ⅰ-9	Ⅰ-10	Ⅱ-10
6 月 15 日	6.38	6.05	5.79	6.29	6.24	7.07	5.99	6.58	6.23	6.06	5.94
6 月 30 日	7.87	7.86	7.39	7.87	7.15	8.14	7.29	7.28	7.56	7.33	7.55
7 月 15 日	8.68	9 16	8.78	8.70	8.52	9.16	9.05	7.87	8.46	8.63	7.55
7 月 30 日	9.62	10.07	9.56	10.08	9.76	9.98	9.62	9.23	9.57	9.69	9.13

续表

日期	平均体长(cm)										
	Ⅰ-1	Ⅰ-2	Ⅰ-3	Ⅰ-4	Ⅰ-5	Ⅰ-6	Ⅰ-7	Ⅰ-8	Ⅰ-9	Ⅰ-10	Ⅱ-10
8月14日	10.77	10.73	10.97	10.77	10.55	10.79	10.38	10.03	10.62	10.71	9.56
9月1日	11.66	11.70	11.52	11.72	11.34	11.95	11.62	10.92	11.65	11.23	10.45
9月15日	12.48	12.29	12.35	12-48	12.64	12.60	12.49	12.01	12.09	12 24	11.38
9月30日	13.90	13.50	12.90	13.30	13.20	13 50	13.30	13.10	13.00	13.30	12.80

1999年选育对虾子3代养殖平均产量179.9 g/m^2,平均体长13.69 cm;而对照池5月中旬到6月1日到两个育苗场家购买的未选育虾苗,放养于9个暂养池和1个养殖池,结果暂养池对虾体长3～4 cm发病死亡,养殖池对虾体长6 cm发病死亡。2000年选育对虾4代养殖平均产量317.9 g/m^{2}平均体长15.00 cm;对照池产量345 g/m^2,对虾平均体长13.30 cm(表13)。

表13 选育子3代和子4代中国对虾养殖产量

池号	面积(m^2)	1999年养殖结果			2000年养殖结果		
		产量(g/m^2)	对虾体长(cm)	成活率(%)	产量(g/m^2)	对虾体长(cm)	成活率(%)
Ⅰ-1	2 600	210	14.1	52	154	15.5	31.1
Ⅰ-2	2 600	207	14.1	51	337	15	75.1
Ⅰ-3	2 600	209	14	53	337	15	75.1
Ⅰ-4	2 600	210	14.1	51	337	15	75.1
Ⅰ-5	2 600	145	13	46	325	14	88.4
Ⅰ-6	2 600	193	13.8	51	337	16	62.3
Ⅰ-7	2 600	189	13.7	51	337	15	75.1
Ⅰ-8	2 600	196	13.8	52	337	15	75.1
Ⅰ-9	2 600	189	13.7	51	337	15	75.1
Ⅰ-10	1 300	142	13	45	325	14.5	79.9
Ⅱ-8	2 000	170	13.5	48	/	/	/
Ⅱ-9	2 000	122	14.2	50	/	/	/
Ⅱ-10	2 600	142	13	45*	345*	13.3*	108.7*

在世界海水养殖业界,对海水养殖动物进行改良并开展大规模养殖最成功的例子是挪威的大西洋鲑鱼。挪威从20世纪70年代末开始对大西洋鲑鱼进行选择育种,同时在养殖工程设施、营养饲料以及疾病防治等方面进行系统研究。经过连续5代以上的选择,生长速度明显提高。过去要养殖4～5年才能达到商品规格(体重5 kg),现在只需2年即可达到5 kg。饵料系数也从20世纪70年代的3.5缩减为90年代的1左右,其产品在国际市场上极具竞争力。罗非鱼的选种,从1988年到1995年,生长速度也增加1倍。

在笔者的试验中，通过连续 4 代选育，养殖对虾生长速度明显加快。在几乎相同的养殖条件和管理措施情况下，越冬亲虾入池体长 1998 年平均 13.3 cm，1999 年平均体长 13.69 cm，而 2000 年对虾入池平均体长达到 15.0 cm，说明选择的结果是明显的。从另一方面看，2000 年选育对虾子 4 代平均体长 15.00 cm，而对照池对虾平均体长只有 13.30 cm，差异显著。根据其他品种选育经验，2～3 代的选育结果还是初步的，一般 5～6 代效果比较显著和稳定。但是还应该看到，遗传育种研究内容是非常丰富的，采用个体选择和群体选择相结合，常规技术和高新技术相结合的方法，培育生长速度快、抗逆能力强的养殖新品种(系)，同时对选育出的优良品种(系)进行遗传结构和分子生物学特性分析，研究和建立优良种群(系)的延续保护体系和相关技术将是研究重点。作者下一步还将进行家系选育，通过分析比较不同家系的遗传结构，构建遗传图谱，对与优良性状紧密连锁的基因进行标记，进而进行标记辅助选育，加快选育速度，尽快培育出中国对虾高产、抗逆品种，为我国的对虾养殖二次创业奠定基础。

5. 中国对虾养殖群体生长和抗逆性状杂交优势及遗传相关分析

中国对虾养殖在我国海水养殖业中占有十分重要的地位，在养殖业发展盛期，养殖产量从 1978 年的 450 t 飞速增长到 1992 年的 20 万 t 左右，连续多年居世界首位。但长期以来，中国对虾只是进行单一的野生品种的养殖，很多养殖品种一直处于野生状态，经过长时间的累代养殖和近亲繁育，导致了种质退化和近交衰退，在生产性能上表现为生长缓慢和抗逆性降低等性状，尤其是 1993 年以后白斑综合征病毒(WSSV)病的暴发，中国对虾养殖产量严重滑坡，年产量约 5 万 t，直到 1998 年以后才开始恢复和发展。因此，如何获得生长速度快、抗逆性好的优良品种成为实现对虾养殖业增产、增效的关键。

杂交育种是目前包括水产生物在内的各种生物的主要育种手段之一，通过选用具有优良性状的品种、品系或个体进行杂交，繁殖出具有双亲优良性状的后代。在农作物中，全球 90%的育种技术是采用杂交育种，我国常规稻推广品种中，2/3 以上的品种是通过杂交育种获得的，美国玉米产量的持续增长，33%～65% 得益于杂交种的遗传效益(张玉勇等，2005)。除杂种优势外，不同性状之间往往存在不同程度的相关性，利用性状间的相关性，能够提高选择育种的效果。例如，当目标性状不易测定或遗传力较低时，直接选择难以达到预期效果时，可以采用与其有较高相关的其他性状进行间接选择，从而取得较好的选择效果。何玉英等(2011)采用中国对虾“黄海 1 号”昌邑养殖群体(CY)、河北养殖群体(HB)以及日照近海野生群体的 F_1 代(WP)为材料，通过完全双列杂交，分析了不同杂交组合方式在生长和对高氨氮和高 pH 抗性的杂种优势与遗传相关，为中国对虾“黄海 1 号”的进一步选育与留种以及中国对虾养殖生产中杂种优势的充分利用，提高养殖效果提供理论依据。

2007 年分别收集 3 个群体的亲虾，中国对虾“黄海 1 号”昌邑养殖群体和河北养殖群体均来自中国对虾“黄海 1 号”连续选育第 11 代群体。通过 3×3 完全双列杂交设计交配组合产生了 3 个纯系家系：CY(♂)×CY(♀)、HB(♂)×HB(♀)、WP(♂)×WP(♀)和 6 个杂交组合：CY (♂)×HB (♀)、CY (♂)×WP (♀)、HB (♂)×WP (♀)、HB (♂)×CY (♀)、WP (♂)×CY (♀)和 WP (♂)×HB (♀)。共建立 46 个全同胞家系，当各家系生长日龄平均达 150 日龄时，每个全同胞家系分别随机捞取 20～30 尾个体进行标记。标记的方法是分别在每个个体的第 6 腹节的左侧、右侧或背部注射不同颜色组合的人造荧光橡胶(Vie 标记)，不同的家系标记的颜色组合不同。标记完成后，所有家系的试验个体平均被放入 2 个 50 m^2 的室内养殖池，试验期间，停止充气，控制养殖条件一致。

高氨氮的试验溶液以 NH_4Cl (A.R.)溶于海水中制得，采用的高氨氮浓度为 64 mg/L，高 pH 浓度采用 HCl 和 NaOH 进行调制，采用的 pH 为 9.2。试验开始后，每隔 2～3 小时从养殖池内捞出死亡或濒死的对虾，记录取出的时间、标记的颜色并进行体长(BL)、头胸甲长(CL)、腹节长(AL)和体重(BW)的测量，整个试验连续进行 3 天。

5.1 生长性状的测量

在试验过程中，对所建立的 46 个家系，每个家系分别随机捞取了 20～30 尾个体进行测量，计算了各家系组合的体长、体重、头胸甲长和腹节长等生长指标。表 1 给出了各家系组合的子一代个体各生长性状的表型值。

表 14 中国对虾不同家系组合生长性状的表型值

家系组合	家系数 / 个	平均体长 /cm	平均体质量 /g	平均头胸甲长 /cm	平均腹节长 /cm
CY (♂)×CY (♀)	7	85.19 ± 6.96	7.51 ± 1.79	24.27 ± 2.37	49.68 ± 4.09
HB (♂)×HB (♀)	1	94.92 ± 7.56	9.44 ± 1.11	26.61 ± 2.14	56.01 ± 4.36
WP (♂)×WP (♀)	4	87.83 ± 5.64	7.65 ± 1.53	24.66 ± 1.87	50.86 ± 3.76
CY (♂)×HB (♀)	4	87.58 ± 7.11	8.12 ± 1.79	24.83 ± 2.02	51.46 ± 4.30
CY (♂)×WP (♀)	6	88.48 ± 7.83	8.96 ± 5.03	25.21 ± 2.70	51.92 ± 4.39
HB (♂)×WP (♀)	5	88.37 ± 7.79	8.62 ± 2.06	25.18 ± 2.90	52.12 ± 4.49
HB (♂)×CY (♀)	10	88.46 ± 9.60	8.61 ± 2.59	25.44 ± 5.28	52.07 ± 5.89
WP (♂)×CY (♀)	7	85.41 ± 7.66	7.57 ± 1.95	24.44 ± 3.45	49.91 ± 5.14
WP (♂)×HB (♀)	2	91.15 ± 6.71	9.15 ± 1.89	25.68 ± 1.96	50.86 ± 3.76

从表中可以看出在所建立的 9 个家系组合中，以 HB 群体的自繁组合的子一代生长速度最快，其次为 WP (♂)×HB (♀)杂交组合子一代。而 CY 自繁组合生长速度最慢，其次为 WP (♂)×CY (♀)杂交组合家系。在正交杂交组合中以 CY (♂)×WP (♀)杂交组合的子一代生长速度最快，而在反交组合中以 WP (♂)×HB (♀)杂交组合子一代生长速度最快。

5.2 中国对虾生长性状的杂种优势

根据各杂交组合子一代的生长性状，分别计算了不同杂交组合各生长性状的杂种优势值（表 15）。

表 15 中国对虾 6 种杂交组合生长性状的杂种优势值

杂交组合	杂种优势 /%			
	体长	体重	头胸甲长	腹节长
CY（♂）×HB（♀）	−2.75	−4.25	−2.40	−2.63
CY（♂）×WP（♀）	2.28	18.20	3.02	3.28
HB（♂）×WP（♀）	−1.78	6.50	0	−1.48
HB（♂）×CY（♀）	−3.29	0.82	−1.79	−2.47
WP（♂）×CY（♀）	−1.27	−0.13	−0.12	−0.72
WP（♂）×HB（♀）	−0.25	7.02	0.16	−4.83

从表中可以看出，不同杂交组合的子一代在达到 150 日龄时，各生长性状表现出的杂种优势均不相同。在各杂交组合中，CY（♂）×WP（♀）组合的子一代无论在形态性状（体长、头胸甲长、腹节长）还是体重均较其他组合表现出最大的杂种优势（2.28%～18.20%），而 CY（♂）×HB（♀）和 WP（♂）×CY（♀）组合子一代的各生长性状表现出杂交劣势。HB（♂）×WP（♀）和 HB（♂）×CY（♀）组合的子一代在体重指标上表现出杂种优势，而 WP（♂）×HB（♀）组合则在体重和腹节长 2 个生长指标上表现出杂种优势。在 4 个生长指标中，以体重的杂种优势最明显，其次为腹节长、体长和头胸甲长。

5.3 生长性状的方差分析

采用单因素方差分析方法，借助 SPSS 中的 ANOVA 程序对中国对虾 3 个养殖群体的自繁组合和杂交组合子一代的各个生长指标进行了显著性分析（表 16）。

表 16 中国对虾不同家系组合子一代生长性状的方差分析

性状	差异来源	平方和	自由度	均方	均方比	显著性
体长	组间	3 719.17	8	464.9	7.73	0.00
	组内	68 081.17	1371	60.14		
体重	组间	399.47	8	49.93	7.50	0.00
	组内	7 539.77	1371	6.66		
头胸甲长	组间	261.13	8	32.64	3.14	0.00
	组内	11 772.95	1371	10.4		
腹节长	组间	1 629.17	8	203.65	9.19	0.00
	组内	25 084.21	1371	22.16		

从表中可以看出，中国对虾 3 个养殖群体的自繁组合和杂交组合子一代在 4 个生

长指标上存在极显著差异($P<0.01$)。多重比较(LSD)表明，WP (♂)×CY (♀)组合的子一代群体与其他组合的子一代群体在体长上差异极显著($P<0.01$)，除 WP(♂)×CY (♀)和 WP (♂)×WP (♀)组合外，CY (♂)×CY (♀)自繁组合的子一代与其他组合子一代群体的体长均存在极显著差异($P<0.01$)。在体重上，CY (♂)×CY (♀)组合与 CY (♂)×WP (♀)、HB (♂)×CY (♀)、HB (♂)×WP (♀)和 WP (♂)×HB (♀)组合的子一代差异极显著($P<0.01$)，WP (♂)×CY (♀)组合除 CY (♂)×CY (♀)组合外，与其他组合的子一代群体在体重上，差异极显著($P<0.01$)。头胸甲长和腹节长两个性状在不同组合之间差异大多数不显著。

5.4 抗逆性状的杂种优势分析

在整个试验过程中，对不同家系组合的子一代个体标记后进行混合，以消除试验过程中，环境因素对试验结果的影响。表 4 给出了各家系在整个试验过程中各家系组合的平均存活时间以及杂种优势。

表 17 中国对虾不同家系组合抗逆性状的存活时间及杂种优势

家系组合	氨氮			pH		
	个体数	存活时间	杂种优势 /%	个体数	存活时间	杂种优势 /%
CY (♂)×CY (♀)	100	24.15±14.89	—	100	27.26±17.26	—
HB (♂)×HB (♀)	26	10.33±16.16	—	28	36.25±12.58	—
WP (♂)×WP (♀)	100	20.00±12.86	—	100	33.90±18.19	—
CY (♂)×HB (♀)	100	22.70±16.40	31.67	100	20.91±12.54	−34.16
CY (♂)×WP (♀)	100	27.36±10.10	23.97	100	33.97±14.43	11.09
HB (♂)×CY (♀)	100	25.61±12.29	48.55	100	35.82±10.53	12.78
HB (♂)×WP (♀)	100	25.67±13.55	69.33	100	29.82±13.55	−14.99
WP (♂)×CY (♀)	100	28.62±16.79	29.68	100	36.85±18.09	16.03
WP (♂)×HB (♀)	56	17.08±14.95	12.67	52	16.74±17.30	−52.28

从表中可以看出，在对高氨氮抗性方面，6 种杂交组合的子一代均表现出一定程度的杂种优势，其中以 HB (♂)×WP (♀)组合的杂种优势最明显(69.33%)。而在对高 pH 的抗性方面，CY (♂)×HB (♀)、HB (♂)×WP (♀)和 WP (♂)×HB (♀)组合的子一代表现出杂种劣势，而其他组合表现出杂种优势，其中以 WP (♂)×CY (♀)组合子一代的杂种优势最明显(16.03%)。

对不同家系组合的抗性性状进行了方差分析(表 18)，结果表明，在对高氨氮抗性方面，WP (♂)×CY (♀)组合子一代与 CY (♂)×CY (♀)、CY (♂)×HB (♀)和 WP (♂)×WP (♀)组合的子一代差异显著($P<0.05$)，而 WP (♂)×HB (♀)与 CY (♂)×CY (♀)、CY (♂)×WP (♀)、HB (♂)×CY (♀)、HB (♂)×WP (♀)和 WP (♂)×CY (♀)组合子一代差异极显著($P<0.01$)。在对高 pH 的抗性方面，WP (♂)×HB (♀)组合与

其他组合子一代群体之间差异极显著($P<0.01$),其他组合之间大多差异不显著。

表 18 中国对虾不同杂交组合子一代对高氨氮和高 pH 抗性的方差分析

性状	差异来源	平方和	自由度	均方	均方比	显著性
氨氮	组间	20 631.35	8	2 578.92	11.53	0.00
	组内	1 163.05	773	223.66		
pH	组间	5 941.76	8	742.72	3.59	0.02
	组内	124 636.4	771	206.69		

5.5 生长和抗逆性状的遗传相关分析

采用 SPSS 软件中的 GLM 过程对生长性状和抗逆性状进行二因素的方差及协方差分析后,分别估计了中国对虾 150 日龄时各生长性状与对高氨氮和高 pH 抗性之间的遗传相关和表型相关(表 19)。

表 19 中国对虾生长和抗逆性状之间的遗传相关和表型相关

	体长		头胸甲长		腹节长		体重	
	表型相关	遗传相关	表型相关	遗传相关	表型相关	遗传相关	表型相关	遗传相关
氨氮	−0.10	−0.53	0.00	0.00	−0.03	−0.17	−0.06	−0.31
pH	−0.01	−0.06	−0.04	−0.22	−0.03	−0.15	0.00	−0.03

从表中可以看出,中国对虾体长、头胸甲长、腹节长和对高氨氮、高 pH 抗性之间存在负的遗传相关和表型相关,各生长性状与高氨氮抗性之间的遗传相关在 − 0.53 ~ 0.00 之间,表型相关在 − 0.10 ~ 0.00 之间。各生长性状与高 pH 抗性之间的遗传相关在 − 0.22 ~ 0.03 之间,表型相关在 − 0.04 ~ 0.00 之间。

杂种优势是生物界里非常普遍的一种现象,早在 18 世纪中叶,人类就在植物中发现了杂种优势现象,然而直到 20 世纪 30 年代人们应用杂交玉米在生产上取得高产以后,杂种优势在农业生产上才开始了大规模的应用(李明爽等,2008)。根据杂种优势的显性学说,一般有利的性状是由显性基因控制,不利的性状多由隐性基因控制,杂交改变了杂交后代的基因组合,增加了基因的杂合性,由于显性对隐性的掩盖作用,改变了不同位点上的基因互作,再加上显性基因互补,异质等位基因互作和非等位基因互补等的综合作用,在绝大多数基因型和环境之间获得一种相互协调的平衡,因而提高了杂种的生活力、繁殖力和生长速度等重要经济性状(兰进好等,2005)。

在海水养殖领域,杂交育种的应用多见于鱼(Urmaza et al,2005;QuInton et al,2004;Doupe et al,2003;Aras-hIsar et al,2003;Gjerde et al,2002;Nguenga et al,2000)、贝(LeIghton et al,1982;聂宗庆等,1995;汪德耀等,1959;周茂德等,1982;陈述等,1991;陈来钊等,1994)等物种的应用。例如,Hena 等(2005)利用尼罗罗非鱼(*Oreochromis niloticus*)与莫桑比克罗非鱼(*Oreochromis mossambicus*)杂交发现 F_1 代在体重性状的杂种优势为 1.24,在所有盐度下生长优于莫桑比克罗非鱼,在盐度 10 以上的环境中对尼

罗罗非鱼有生长优势。Bryden等(2004)采用野生和养殖的大鳞大麻哈鱼(*Oncorhynchus tshawyacha*)交配,发现12种数量性状中有9个表现出杂种优势,但与中亲值无显著差异,其中4个是对生产有益的性状,但杂种F_1代没有一种性状的表现能够超过野生品系。常亚青等(2003)和刘小林等(2003)对栉孔扇贝(*Chlamys farreri*)的中国种群和日本种群的杂交F_1代进行了研究,研究结果表明,无论是早期还是中期生长阶段,杂交组合均表现出了不同程度的杂种优势,其中,早期阶段(4～10月龄)活体重的杂种优势在23%～30%,成活率的杂种优势在10%以上。在中期阶段(9～18月龄)体重的杂种优势为32.29%。

在甲壳类方面,有关杂种优势的研究报道较少,虾类种间杂交的受精率和孵化率均较种内交配时低,且种间杂交后代大多是中性不育的(Shokita,1978)。Benzie等(1995)和Misamore等(1997)对对虾的种间杂交进行了研究,发现其受精卵、孵化率和杂种的存活情况都比种内杂交低。Sandifer等(1980)进行了沼虾属和长臂虾属4个种类的种间杂交,仅沼虾属1个组合获得杂种后代。本试验的研究结果表明,在生长性状上,CY(♂)×WP(♀)的F_1代无论在形态性状(体长、头胸甲长、腹节长)还是体重均较其他组合表现出最大的杂种优势(2.28%～18.20%),组合WP(♂)×CY(♀)、CY(♂)×HB(♀)在各生长性状上均表现出杂交劣势,分别为-1.27%～-0.12%和-4.25%～-2.40%。在对高氨氮抗性方面,6种杂交组合的子一代均表现出一定程度的杂种优势,其中以HB(♂)×WP(♀)组合的杂种优势最明显(69.33%)。而在对高pH的抗性方面,CY(♂)×HB(♀)、HB(♂)×WP(♀)和WP(♂)×HB(♀)组合的子一代表现出杂种劣势,而其他组合表现出杂种优势,其中以WP(♂)×CY(♀)组合子一代的杂种优势最明显(16.03%)。

一般认为杂种优势与杂交群体的基因频率直接有关,杂交群体在控制某一性状的基因频率差异越大,群体的选育纯化程度越高,所获得的杂种优势就越大。CY群体和HB群体均来自中国对虾"黄海1号"选育群体,经过连续11代的选育,与生长性状的基因不断"富集",而不利基因在选育过程中逐渐被淘汰,使控制数量性状的基因纯合度越来越高,在与未经选育的WP群体杂交后,使两群体的有利基因得以互补,从而表现出了一定程度的杂种优势。李素红等(2006)发现中国对虾韩国群体养殖家系(♂)与乳山野生群体(♀)的杂交后代在抗WSSV方面所表现的杂种优势(26.95%)与其反交后代(3.85%),差异显著。罗坤等(2008)分析了罗氏沼虾(*Macrobrachium rosenbergii*)3个群体:缅甸群体、浙江养殖群体和广西养殖群体生长性状的杂交效果,不同群体间的杂交组合在子一代上均表现出杂种优势。由此可见,不同养殖群体之间杂交也有可能获得较好的杂交效果。多重比较显示,正交和反交的杂种优势不同甚至相反,例如正交组合CY(♂)×WP(♀)的F_1代无论在形态性状(体长、头胸甲长、腹节长)还是体重均较其他组合表现出最大的杂种优势(2.28%～18.20%),而其反交组合WP(♂)×CY(♀)在各生长性状上均表现出杂交劣势(-1.27%～-0.12%),分析其原因可能与母性效应、性别连锁以及细胞质遗传有关。通过不同正反交组合的杂种优势分析可以为杂交育种过程中父母本的选择提供理论依据。

由于基因连锁和基因多效性，生物体的各个性状之间存在着不同程度的相关性，有的性状通过直接选择难以达到选育效果，则可以通过对与它相关性较高的性状的选择间接达到选育的目的。另外，在对某一性状进行选择的同时，也可能会对其他性状产生正向或负向的选育效果，因此，通过性状间遗传相关的分析可以确定选择方法。目前对对虾遗传相关估计的研究报道较少。Gitterle等（2005）对标准养殖条件下凡纳滨对虾成活率和体重遗传变异研究，得到体重和成活率具有有利的正相关，认为在对生长性状进行选择的同时可以得到成活率的间接选择反应。田燚等（2008）对中国对虾的体长、头胸甲长、头胸甲宽以及体重等生长性状进行了遗传相关的估计，研究结果表明，各个性状间表现出高的正相关，其中头胸甲宽和体重以及2.3腹节高的遗传相关最大，达到了1.0±0.01，而第1腹节长和2.3腹节宽的遗传相关最小为0.82±0.08。本试验发现中国对虾生长性状与对高氨氮和高pH之间均存在负的遗传相关。在高氨氮条件下，与中国对虾的体长负遗传程度最大（−0.53），而在高pH条件下，与中国对虾的头胸甲长负遗传相关程度最大。因此本试验认为在对中国对虾生长性状进行选择时，可能会显著降低中国对虾对高氨氮和高pH养殖环境的抵抗能力。Argue等（2003）利用半同胞材料对凡纳滨对虾的生长性状和抗Taura病毒两个性状进行了遗传相关分析，研究结果表明，凡纳滨对虾生长速度和抗Taura病毒之间存在负的遗传相关（−0.46±0.18），与本试验结果相一致。Vandeputte等（2002）报道了鲤（*Cyprinus carpio*）丰满系数与体长和体重之间存在负相关，遗传相关分别为−0.38和0.17。这就提示我们在选择育种过程中应该改变育种策略，从对生长性状和抗逆性状同时进行单一品种（系）的选择向建立两个独立的育种品种（系）进行转变，或采用综合选择指数的方法对生长性状和抗逆性状进行聚合性状的选育。

6. 中国对虾生长性状的遗传力和遗传相关估计

中国对虾是我国特有的对虾品种，自20世纪70年代末突破人工育苗技术后，解决了人工养殖对虾的苗种问题，到20世纪80年代养殖面积不断扩大。目前在我国沿海北自辽宁，南至海南沿海均开展了中国对虾的养殖生产，养殖产量大大超过自然海域的捕捞量。我国已成为世界第一对虾养殖大国。随着养殖规模的不断扩大，虾苗质量在整个养殖周期的重要性已经超过了饲料、药物、养殖技术等因素，日益受到养殖业者的重视。

目前许多养殖厂家主要依靠捕获野生对虾群体进行养殖。但这一方面会耗尽当地的野生对虾资源，另一方面由于野生对虾本身可能带有病毒，会给对虾工厂化养殖带来潜在的危险。在世界范围的对虾养殖业中，由于对虾病毒病造成的经济损失，部分原因是由于使用了野生受病毒感染的对虾虾苗，而经过选育的对虾能够较好地适应人工设计的养殖环境，且能够提高对虾的某些经济性状，如生长和抗病力（Gjedrem et al，1995）。目前养殖对虾的选育育种落后于其他产业，但 Benzie 等（1998）认为，许多养殖对虾具有适合性状选择的特点，例如世代间隔短、繁殖力高等。

何玉英等（2011）通过人工授精技术和完全双列杂交模式建立全同胞家系，采用全同胞组内相关法，利用两因素系统分组的方差和协方差分析，估计出相应的单性状方差组分和性状间的协方差组分，对中国对虾生长性状的遗传力和遗传相关进行估计，为中国对虾的选择育种提供必要的基础依据和技术参数。

在实验过程中分别搜集了 3 个不同地理群体养殖的中国对虾"黄海 1 号"，即昌邑群体（CY）、河北群体（HB）和文登群体（WD），以及 1 个野生群体，即日照近海群体建立家系（RZ）。从上述群体中分别选择个体大、发育好、健康无病的个体，采用完全双列杂交模式和人工授精技术建立家系。待雌虾卵巢发育至Ⅳ期时，进行人工授精，每尾雄虾配 1～3 尾雌虾，构建了 51 个全同胞家系（包括 35 个父系半同胞）。雌虾人工授精后放入 200 L 聚乙烯桶中加水 100 L 暂养，水温控制在 14～16 ℃，期间投喂沙蚕，待其产卵。

亲虾产卵后移出，受精卵孵化，水温控制在 20～24 ℃。孵化后从每一个全同胞家系中随机取出约 10 000 个无节幼体进行单独培育，统一管理。开口饵料为小球藻、金藻，后逐渐投喂轮虫和卤虫。待发育到仔虾第十期（PL10）时，每个家系随机取 1000 尾放苗到室外土池相互隔离的围格中进行养殖，整个养殖过程中进行相同的管理，前期投喂大卤虫，中后期投喂人工饲料，并配合投喂小杂鱼和蓝蛤等鲜活饵料。

在中国对虾各家系生长日龄平均达 150 d 时，每个全同胞家系分别随机捞取 20～30 尾个体进行生长性状的测量，测量的性状包括体长（BL）、头胸甲长（CL）、腹节长（AL）和体重（BW） 4 个生长性状，共测量中国对虾 1 351 尾。

6.1 中国对虾生长性状的统计

对中国对虾 51 个全同胞（35 个父系半同胞）家系的生长性状（体长、头胸甲长、腹节长和体重）共 1 351 尾虾进行测量，各个性状数据的初步统计结果见表 20。由各性状平均值反映了 150 日龄中国对虾的生长状况。其中，体长变异系数最大（62.28），表明在家系间体长存在很大的变异，而体重的变异系数最小（19.94），表明家系间体重的变异相对较小。

表 20 中国对虾各生长性状的表型统计量

性状	平均数	标准差	变异系数
体长（mm）	88.23	7.89	62.28
头胸甲长（mm）	25.3	4.67	21.86

续表

性状	平均数	标准差	变异系数
腹节长(mm)	51.18	5.44	29.57
体重(g)	8.47	4.47	19.94

6.2 生长性状表型变量的方差分析

方差分析表明，雄性亲本间和雄内雌间各生长性状的 *F* 检验 *P* 值均小于 0.01，差异极显著。

表 21 中国对虾 150 d 表型

性状	雄性间			雄内雌间			全同胞间	
	df	*MS*	*F*	df	*MS*	*F*	df	*MS*
体长	34	300.94	6.11**	16	99.76	2.03**	1 300	49.25
头胸甲长	34	45.27	2.17**	16	15.49	1.75**	1 300	20.82
腹节长	34	128.67	5.30**	16	41.01	1.69**	1 300	24.26
体重	34	46.63	2.50**	16	16.95	1.91**	1 300	18.65

变量的方差分析

注：** 表示差异极显著($P<0.01$)。

根据各亲本的后代数及方差组分的结果，计算了中国对虾各生长性状雄性亲本、雌性亲本及雄雌内全同胞组分的方差。

表 22 表型变量的原因方差组分

方差组分	体长	头胸甲长	腹部长	体重
δ_s^2	8.04	1.01	3.71	1.32
δ_D^2	5.59	0.59	1.85	0.19
δ_e^2	49.25	15.49	24.26	16.95

6.3 中国对虾生长性状的遗传力

依据父系半同胞、母系半同胞和全同胞的方差组分，估计了中国对虾生长性状(体长、头胸甲长、腹节长和体重)的遗传力。

表 23 中国对虾 150 d 各生长性状的遗传力

遗传力估计方法	遗传力估计结果			
	体长	头胸甲长	腹部长	体重
父系半同胞	0.51	0.24	0.5	0.29
母系半同胞	0.36	0.14	0.25	0.04
全同胞	0.43	0.19	0.37	0.16

中国对虾体长遗传力的估计值在0.36～0.51之间，头胸甲长的遗传力估计值在0.14～0.24之间，腹节长的遗传力估计值在0.25～0.50之间，而体重的遗传力估计值在0.04～0.29之间。

协方差分析表明，雄性亲本间和雄内雌间各生长性状的F检验P值均小于0.01，差异极显著。

表 24　中国对虾 150 d 表型变量的协方差分析

性状	雄性间			雄内雌间			后代个体		
	df	MP	F	df	MP	F	df	MP	F
（体长，头胸甲长）	34	413.8	2.031**	16	16.11	2.546**	1 300	2.38	173.0**
（体长，腹部长）	34	179.69	1.81**	16	58.43	6.06**	1 300	31.7	133.21**
（体长，体重）	34	117.66	2.06*	16	44.68	2.38*	1 300	25.17	117.41**
（头胸甲长，腹部长）	34	64.71	2.77*	16	24.7	1.01*	1 300	16.48	295.90**
（头胸甲长，体重）	34	38.89	3.90**	16	16.54	7.62**	1 300	13.92	17.01**
（腹部长，体重）	34	68.98	2.96**	16	24.01	1.90**	1 300	18.96	86.34**

6.4　中国对虾生长性状的遗传相关和表型相关

根据计算的遗传协方差分析和表型协方差分析，分别估计了中国对虾 150 d 各生长性状间的遗传相关和表型相关。

表 25　表型变量间的原因协方差组分

性状间	协方差组分计算结果		
	$Cov_s(x,y)$	$Cov_f(x,y)$	$Cov_E(x,y)$
（体长，头胸甲长）	19.25	1.52	2.38
（体长，腹部长）	4.99	2.96	31.7
（体长，体重）	2.87	2.16	25.17
（头胸甲长，腹部长）	1.67	0.91	16.48
（头胸甲长，体重）	1.01	0.29	13.92
（腹部长，体重）	2.04	0.56	18.96

表 26　中国对虾 150 d 生长性状的表型相关和遗传相关

	体长	头胸甲长	腹部长	体重
体长	—	0.73	0.82	0.80
头胸甲长	0.83	—	0.85	0.83
腹部长	0.91	0.86	—	0.91
体重	0.88	0.87	0.92	—

注：对角线以上为表型相关；对角线以下为遗传相关。

从表中可以看出，中国对虾各生长性状之间表现出高的正相关，其中体重和腹节长的遗传相关最大为0.920，其次为体长和腹节长、体长和体重、体重和头胸甲长、腹节长和头胸甲长之间的遗传相关，以体长和头胸甲长之间的遗传相关为最小(0.832)。

性状遗传力的高低是确定性状选育方法的主要依据之一，一般认为高遗传力($h^2>0.4$)性状适合用于个体或群体表型选择法进行选种，低遗传力($h^2<0.2$)性状适合用于家系选择或家系内选择(赵存发等，1999)。本研究对中国对虾150日龄的体长、头胸甲长、腹节长和体重的狭义遗传力进行了估计。其中，体长遗传力的估计值在0.36～0.51之间，头胸甲长在0.14～0.24之间，腹节长在0.25～0.50之间，而体重的遗传力估计值在0.04～0.29之间。黄付友等(2008)采用全同胞组内相关法估计了中国对虾"黄海1号"孵化后3月龄和4月龄体长的狭义遗传力，其遗传力估计值分别在0.46～0.53和0.44～0.48之间。田燚等(2008)采用Mtdfreml软件估计了145日龄中国对虾体长、头胸甲长、头胸甲宽、第2和第3腹节处宽、高以及第1和第6腹节长和体重的遗传力，得到中国对虾生长性状遗传力在0.04～0.20之间。其中，体长的遗传力为0.10±0.06，头胸甲长为0.07±0.06，体重遗传力为0.14±0.16。由此可见，本研究的研究结果较黄付友等估计的结果较低，而较田燚等的研究结果稍高。分析其原因主要有两个方面，一方面可能与估计遗传力中国对虾不同发育日龄有关，随着养殖时间的增加，受母体效应和显性效应影响减少，因而估计的遗传力较低，接近真实值。另一方面，这可能与估计遗传力时采用不同的估计方法有关。

Benzie等(1996)通过建立半同胞家系，评估了孵化后6周和10周的斑节对虾的体长遗传力。父系组分估计的遗传力在两个生长阶段均为0.1左右。母系组分在6周时估计的遗传力分别为0.5和0.6，而到10周后遗传力下降为0.3和0.4，这表明存在着显著的母体效应。Hezel等(2000)估计了日本囊对虾生长性状现实遗传力为0.16～0.31，认为日本囊对虾生长性状遗传力属于中等遗传力。Perez-Rostro等(1999)利用全同胞资料对凡纳滨对虾在119 d、161 d和203 d的体长和体重进行了估计，遗传力为0.15±0.16～0.35±0.18，而Argue等(2005)得到凡纳滨对虾收获时体重遗传力为0.84±0.16，现实遗传力为1.0±0.12。Goyard等(1999)得到蓝对虾生长速率的现实遗传力为0.11。影响遗传力估计结果的因素很多，一方面，不同品种间具有不同的遗传背景和遗传结构。另一方面，同一品种由于所处的生长环境和生长阶段不同，估计结果也会有所不同。从本实验的研究结果来看，中国对虾各生长性状具有较高的遗传力，能够通过传统的选择育种技术提高中国对虾的生长速度。

基因连锁和基因多效性的存在，使生物体不同性状间存在不同程度的相关性。这反映在选择育种实践中，有的性状可通过直接选择获得较满意的选育效果，而有的性状通过直接选择很难获得理想的结果，但可通过与其他相关性较高的性状的选育达到间接选育的目的。

本研究的研究结果表明，中国对虾各个生长性状间具有高的遗传相关(0.832～0.920)，其中体重和腹节长的遗传相关最大(0.920)，体长和头胸甲长之间的遗传相关为最小(0.832)。高的遗传相关说明控制这些生长性状的基因是紧密连锁的，并且这些基因是多效的。Perez-Rostro 等(1999)研究结果表明，凡纳滨对虾体长和体重性状间存在高度的正相关，第 1 腹节宽度和体重及体长存在中等程度的正相关，不过这种相关随着生长期的延长会有所降低。Gitterle 等(2005)对标准养殖条件下凡纳滨对虾存活率和体重遗传变异的研究，得到体重和存活率存在正相关关系，认为在对生长性状进行选择的同时可以获得较好的存活率的间接选择反应。Su 等(1997)在对虹鳟鱼雌性繁殖性状的遗传和环境变异研究中发现，产卵体重和卵的大小、体积和数量存在明显的正相关，认为对体重和卵的体积进行综合选择是改善虹鳟鱼生长速率和繁殖性能有效的选择方法。Ibarra 等(1999)对扇贝的体重和壳宽的双重选择，估计了其遗传相关，结果发现，体重和壳宽间具有明显的正相关，对壳宽的间接选择比直接选择的准确率高。

在对水产动物进行选育时，首先要确立一个或几个针对性性状进行选育。从本研究的研究结果可以看出，中国对虾 150 日龄时，体长的变异系数在 4 个生长性状中最高为 62.28%，同时 4 个生长性状中，体长遗传力的估计值在 0.36～0.51 之间为最高，表明对体长进行选育可以获得较大的遗传进展。由于体长与其他 3 个生长的遗传相关(0.832～0.880)和表型相关(0.730～0.823)均较大，因此，在对体长进行选择的同时，其他生长性状也会间接得到提高。

7. 中国对虾“黄海 1 号”快速生长新品种的选育

1997 年春，从黄海水域海捕亲虾培育的 F_1 起，每年从养成的交尾雌虾中选择大个体进行越冬。每年于冬、春进行两次筛选，即 11 月份结合养殖池出池进行初选，使用 3 000～4 000 尾成虾进行越冬，到次年 3 月中上旬再从越冬存活的个体中再优选 1 000～2 000 尾亲虾用于苗种培育。整个选择强度控制在 1%～3%。

选择中国对虾人工选育 F_1、F_4 和 F_5 群体和黄渤海野生群体，参照李健等(2003)方法进行同工酶分析。中国对虾人工选育 F_1、F_3～F_6 群体 5 个世代共计 100 尾为实验材料，引物序列见上海生工 S 系列的 S121-140，实验参照 Liu 等(2000)的方法进行 RAPD 分析。SSR 分析的实验材料同 RAPD 分析，分析用引物及实验步骤参照刘萍等(2000)。

7.1 中国对虾“黄海 1 号”的形态学特征

中国对虾经过连续 6 代的选育，表现出生长快、抗逆性强等优良的经济性状。历代选育群体的体长比对照平均增长 8.40%，体重增长可达 26.86%。同时还表现出抗逆性强的优点，养殖对比试验发现总发病率低，发病率不足 10%，而未经选育的对照组发病率在 40% 以上。中国对虾选育群体主要生物学性状见表 27、表 28，示范养殖结果见表 29、表 30。

表 27 中国对虾 F_6 外部形态学特征

样本数			80 母本	94 父本	总平均
体重(g)			31.63 ± 4.71	21.33 ± 2.46	26.06 ± 6.31
全长(cm)			16.94 ± 0.80	15.03 ± 0.60	15.91 ± 1.18
体长(cm)			13.93 ± 0.70	12.46 ± 0.49	13.14 ± 0.94
头胸甲长(cm)			4.400 ± 0.32	3.900 ± 0.25	4.158 ± 0.38
腹节长(cm)		1	1.332 ± 0.13	1.158 ± 0.12	1.248 ± 0.15
		2	1.109 ± 0.09	1.007 ± 0.06	1.060 ± 0.09
		3	1.089 ± 0.07	1.000 ± 0.07	1.046 ± 0.08
		4	1.054 ± 0.07	0.969 ± 0.07	1.013 ± 0.08
		5	1.114 ± 0.06	1.024 ± 0.05	1.070 ± 0.07
		6	2.186 ± 0.26	2.039 ± 0.08	2.115 ± 0.21
尾节长(cm)			2.109 ± 0.20	1.936 ± 0.13	2.025 ± 0.19
宽度(cm)	头胸甲		2.057 ± 0.22	1.632 ± 0.08	1.851 ± 0.27
	腹节 1		1.696 ± 0.15	1.372 ± 0.06	1.539 ± 0.20
背腹高(cm)	头胸甲		2.340 ± 0.21	1.942 ± 0.10	2.147 ± 0.26
	腹节 1		2.035 ± 0.13	1.763 ± 0.13	1.903 ± 0.19

表 28 选育中国对虾 F_6 体长回归分析

外形性状	回归关系	R_2 值
全长对体重	$y = 5.992\ 3x^{0.301\ 2}$	0.933
体重对全长	$y = 0.004\ 8x^{3.097\ 5}$	0.933
体重对体长	$y = 0.007\ 4x^{3.162\ 3}$	0.909 3
体长对体重	$y = 5.173\ 1x^{0.287\ 5}$	0.909 3
全长对体长	$y = 1.206\ 8x + 0.054\ 9$	0.929 5
体长对全长	$y = 0.770\ 2x + 0.883\ 4$	0.929 5
头胸甲长对体重	$y = 1.165\ ln\ (x) + 0.355\ 5$	0.567 3
体重对头胸甲长	$y = 3.450\ 9e^{0.487x}$	0.567 3
腹节 1 的宽对头胸甲的宽	$y = 0.607\ 1x + 0.423$	0.682 5
头胸甲的宽对腹节 1 的宽	$y = 1.124\ 1x + 0.111\ 9$	0.682 5
腹节 1 的背腹高对头胸甲的背腹高	$y = 1.067\ 9e^{0.266\ 6x}$	0.487 5
头胸甲的背腹高对腹节 1 的背腹高	$y = 1.828\ 4ln\ (x) + 0.9798$	0.487 5
头胸甲的背腹高对腹节 1 的宽	$y = 1.543\ 1ln\ (x) + 1.4858$	0.557 7
腹节 1 的宽对头胸甲的背腹高	$y = 0.706\ 3e^{0.361\ 4x}$	0.557 7
头胸甲的背腹高对头胸甲的宽	$y = 1.442\ 9ln\ (x) + 1.272\ 6$	0.593 4
头胸甲的宽对头胸甲的背腹高	$y = 0.757\ 9e^{0.4112x}$	0.593 4
腹节 1 的背腹高对腹节 1 的宽	$y = 1.484x^{0.568\ 2}$	0.518 5
腹节 1 的宽对腹节 1 的背腹高	$y = 0.857lx^{0.912\ 5}$	0.518 5

表 29 中国对虾累代选择育种结果

选育材料	验收时间	平均体长(cm)	最大个体(cm)	最小个体(cm)
F_2	1998-10-04	12.13	14.2	9.3
F_3	1999-10-13	13.29	15.5	9.7
F_4	2000-10-06	13.59	16.4	11
F_5	2001-10-15	15.1	18.3	12.9

表 30 中国对虾选育群体示范区养殖结果

年份	代数	养殖产量($kg \cdot km^{-2}$)	发病率(%)
1998	F_2	958.5	25.0
1999	F_3	2 007	11.0
2000	F_4	3 348	0.0
2001	F_5	2 745	12.0
2002	F_6	2 644.5	0.0

7.2 中国对虾“黄海 1 号”的同工酶分析

采用水平淀粉凝胶电泳技术对中国对虾人工选育 F_1、F_4 和 F_5 群体和黄渤海野生群体进行了同工酶比较分析。结果表明：在检测的 4 个群体肌肉组织的 13 个基因位点中，*MDH-2*、*GPI*、*MPI*、*PGM-2* 和 *PGM-3* 五个位点呈多态。*PGM-3* 位点上的变异程度最高，其等位基因频率呈递减趋势；人工选育群体在 *MPI* 位点上出现 *c* 基因，其等位基因频率呈递增趋势(图 1)。中国对虾野生群体同人工选育群体的多态位点比例相同，为 38.46%；其平均观察杂合度分别为 0.057 7、0.037 7、0.026 3 和 0.023 1，呈依次递减趋势。中国对虾野生群体和人工选育群体之间的遗传距离平均值为 0.006 2，远大于 F_4 和 F_5 间的遗传距离。

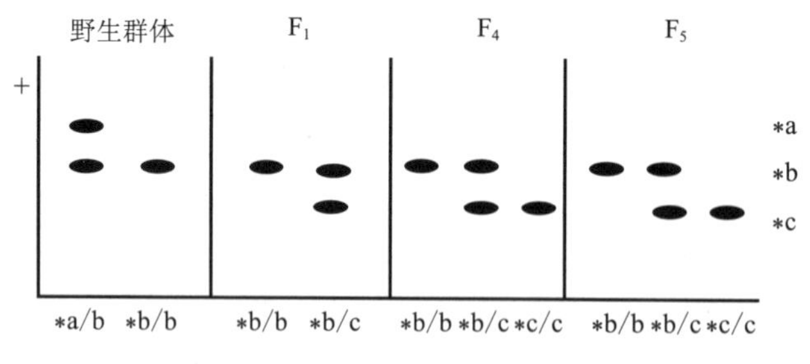

图 1 中国对虾 MPI 同工酶电泳图谱

7.3 中国对虾“黄海 1 号”的 RAPD 分析

利用 RAPD 技术对人工选育 F_1、F_3～F_6 群体 5 个世代共计 100 尾进行了遗传分析。在 20 个 10 bp 寡核苷酸引物中筛选出 16 个重复性好，谱带清晰的引物进行了 PCR 扩增。多态性比例分别为 38.2%、37.86%、36.89%、33.01% 和 33.71%。遗传分化指数(G*st*)

除 F_3 与 F_4 之间遗传分化弱之外(0.046)，其他各世代间遗传分化指数均大于 0.05，发生了中等程度的分化(0.068 6～0.085)。群体间的遗传变异(Hsp-Hpop/Hsp)为 0.197，说明 80.3% 的遗传变异来自于群体内，而近 19.7% 的变异则是来自于群体间。

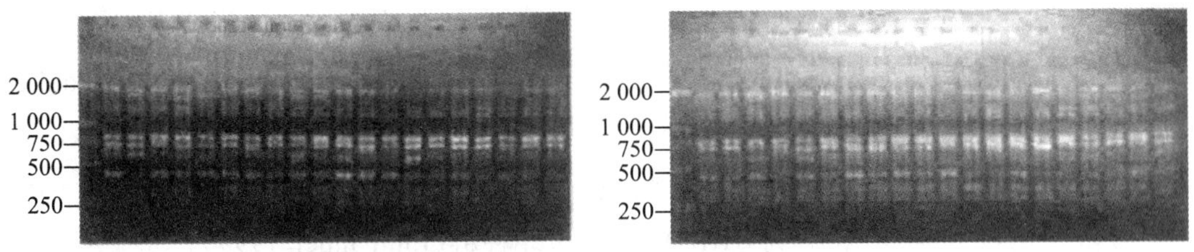

图 2 S121 引物对中国对虾 F_3 和 F_5 的 RAPD 扩增图谱

7.4 中国对虾“黄海 1 号”的 SSR 分析

刘萍等(2004)利用微卫星 DNA 技术对人工选育 F_1、F_3～F_6 群体 5 个世代共计 100 尾进行了遗传分析。对 8 个基因位点进行了扩增，引物序列共产生 108 个等位基因。每个位点的等位基因数从 3 到 16 不等，其片段大小在 159 bp～600 bp 之间。PIC 值从 0.092 74 到 0.887 7，基因型数从 5 到 20。5 个世代群体的平均杂合度分别为 0.662 5，0.625 0，0.656 3，0.618 8，0.618 8，其中除 RS0956 位点以外的 7 个位点，观察杂合度值都比期望杂合度值大。群体内遗传变异 Hpop/Hsp 均值为 0.921 5；而群体间的遗传变异平均值为 0.0785，亦即 92.15% 的遗传变异是在群体内检测到的，只有 7.85% 的遗传变异来自世代间，说明经过人工选育群体的遗传多态度并没有显著降低。各基因位点遗传分化指数 *Gst* 值均小于 0.05，说明中国对虾人工选育群体之间存在一定程度的分化，但分化较弱。5 个群体的系统进化关系，根据遗传距离构建了 UPGMA 系统树图。

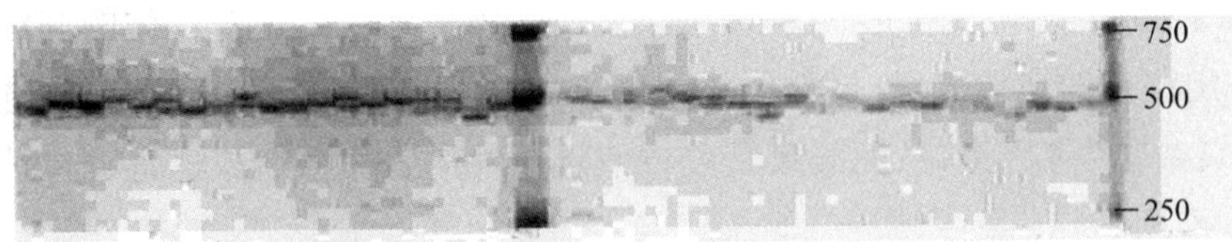

图 3 RS0622 基因位点对中国对虾 F_3 和 F_5 的 SSR 扩增图谱

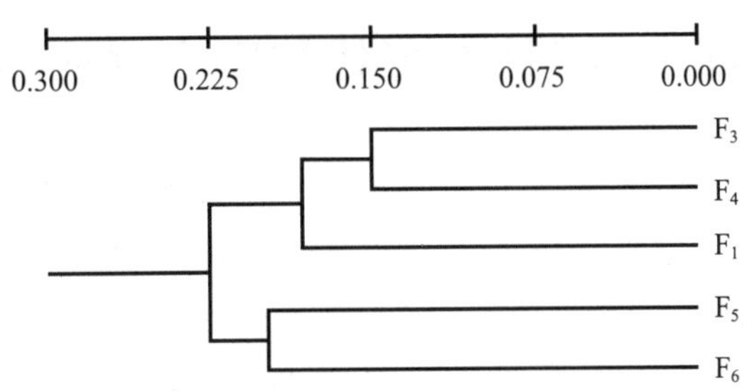

图 4 SSR 技术对中国对虾“黄海 1 号”选育群体各世代的聚类图

在过去 10 年里对虾选择育种在国外已陆续启动。位于夏威夷 Kona 的高健康水产养殖公司致力于抗 Taura 综合征病毒(TSV)的凡纳滨对虾选育研究,经过 3 代的选育后,对照群体的对虾养殖的成活率只有 31%,而选育群体的成活率达到 69%,且呈逐年增加的趋势(Wyban,2000);夏威夷海洋研究所对生长速度的选择已使凡纳滨对虾的体重提高了 21.2%,对抗 TSV 性状的选择使成活率比对照提高了 18.4%(Paul et al,2001)。法国海洋开发研究院的对虾育种计划开始于 1992 年,对生长率的群体选育结果是,F_2 生长率提高 6%,F_4、F_5 分别提高了 18% 和 21%,对抗病品系的选育通过感染试验来筛选,已成功培育出抗 IHHNV 的蓝对虾种群(Emmanuel,1999)。澳大利亚联邦科学和工业研究院对日本囊对虾的驯化和选育使日本囊对虾每代的生长表现平均分别提高了 11% 和 10%～15%(Hezel et al,2000)。中国对虾"黄海 1 号"为我国第一个经人工选育的海水养殖动物新品种,对加快我国海水养殖业良种产业化起到重要的推动作用。

由于人工选育是一个复杂的过程,每一代的外部环境及人工选择压力都会造成群体遗传变异水平的波动。在日本囊对虾引入意大利后,Sbordoni 等(1986)利用同工酶技术跟踪养殖群体遗传多样性变化,F_1～F_6 的平均杂合度从 0.102 持续下降至 0.039,分析认为人工选育过程中,有效群体过小可能是主要因素。而在中国对虾人工选育过程中,选留了足够数目的亲虾,同时严格控制交尾,选留后代覆盖面广,这是育种过程中避免近交衰退的有效手段。

经典的同工酶技术,发现多态性比例没有随选育世代的增多而降低,也就是说,在选育过程中有些基因位点会逐渐减少乃至消失,但有些基因位点会逐渐出现并积累;mtDNA 分析,分别扩增了 COI 基因序列和 16*S* rRNA 基因序列,实验结果证明了中国对虾在这两个基因上的保守性;RAPD 技术,说明经过世代的连续选育,中国对虾已经发生了中等程度的分化;微卫星技术,结果表明中国对虾人工选育群体的连续世代之间存在一定程度的遗传变异,但分化较弱。所以,中国对虾快速生长群体的选育没有产生"近亲杂交"等因素,从而导致某些位点选择性的丧失而造成选育群体遗传多样性整体水平下降。

8. 中国对虾"黄海 1 号"选育群体与野生群体的形态特征比较

良种的选择和培育是水产养殖业增产的有效途径。对虾类经济价值很高,受利润和市场需求的驱动,世界对虾养殖业发展迅速(邓景耀,1998)。对虾养殖业的发展已成为海水养殖业中最具有代表性的产业之一。20 世纪 90 年代以来,随着世界范围内养虾业遭受到疾病的困扰,养殖对虾的遗传育种工作也越来越受到水产遗传育种专家的重视。Goyard 等(2002)开展了细角滨对虾快速生长性状的选择育种,第五代选择反应为 21%。Argue 等(2002)对凡纳滨对虾的生长和抗 TSV 进行了选择育种，经一代选择生长速度提高 21.2%，成活率提高了 18.4%。中国海水养殖生物的遗传改良研究起步较晚，但近 10 多年来取得了长足的进展。中国对虾一直是中国海水虾类养殖的主要对象之一，养殖种群遗传种质的退化和病害的肆虐已使新品种选育工作成为当务之急。中国水产科学研究院黄海水产研究所自 1997 年 4 月开始进行中国对虾快速生长群体的选育研究，至 2004 年已成功地选育到第 7 代。经过国家水产原良种审定委员会的审定，选育群体被命名为中国对虾“黄海 1 号”养殖新品种(李健等，2005)。“黄海 1 号”的选育成功，为中国对虾养殖的“第二次创业”提供了重要的品种保障，建立的技术和获得的经验也为其他海水养殖动物的育种研究提供了可资借鉴的经验和技术。对中国对虾进行人工选育的研究工作开展以来，已分别从同工酶(李健等，2003)、分子标记如 RAPD (何玉英等，2004)、SSR (张天时等，2005)等方面对选育群体的遗传结构进行了检测，研究结果为中国对虾重要经济性状的分子标记筛选以及分子标记辅助育种提供了理论依据和指导，但对其体型特性变化尚未作系统的研究。

李朝霞等(2006)从形态学角度入手，以判别分析和主成分分析 2 种多元分析方法为主，方差分析和 t 检验法为辅，比较和分析中国对虾“黄海 1 号”选育群体和野生群体的形态特征差异，以确定中国对虾快速生长选育群体的形态特征，作为形态学标记，为育种工作的进一步深入提供理论依据和技术参数。

8.1 中国对虾“黄海 1 号”不同群体的测量结果

野生群体来源于黄海近海，选育群体为连续选育八代的中国对虾“黄海 1 号”群体。不同群体分池养殖，维持各项养殖管理条件基本一致。

表 31 中国对虾不同群体的观测样本数量和规格

群体	样本数	体长 /mm		体质量 /g	
		范围	平均数	范围	平均数
野生群体	50	6.234-9.340	7.472 ± 0.536	2.140-8.472	4.659 ± 1.197
选育群体 F_8	100	6.848-9.708	8.137 ± 0.746	2.321-10.085	5.872 ± 1.885
增长率 / %	—	—	8.9	—	26.04

实地随机抽样，常规方法测定不同群体的形态学性状，包括体质量(BW)、体长(BL)、头胸甲长(CL)、各腹节长(AL)、尾节长(TL)、头胸甲(CW)及第一腹节(AW)的宽度和头胸甲高(CH)等共 11 个指标。将每只虾的形态测量数据与其体长(BL)的比值作为形态度量分析的性状值，以消除样本个体大小差异对形态特征的影响(魏开建等，2003)。主成分分析：对 11 个形态比例性状数据进行主成分分析，获得多个形态综合指标，绘出所有样本的主成分散布图。

8.2 中国对虾“黄海 1 号”和野生群体的主成分分析

对所有样本的 11 个形态比例性状进行主成分分析，共获得 4 个主成分。主成分贡献率和累积贡献率的计算参照张尧庭等(1982)。由各主成分特征向量的分量的绝对值看出，第一主成分主要反映头胸甲宽度，其次是第一腹节宽度指标，属横向体型因子；第二主成分主要反映第四、五腹节长度指标；第三主成分主要反映头胸甲长度指标；第四主成分主要反映了第二、四腹节长度指标。但按照累积贡献率大于或等于 85% 的要求，这 4 个主成分的累积贡献率仅达到了 53.85%，说明中国对虾不宜用几个相互独立的因子来概括不同群体间的形态差异。主成分 1 主要反映了头胸甲和腹节 1 宽度指标，主成分 2 主要反映了第四、五腹节长度指标，从图中可以看出，野生群体与选育群体在主成分 1 轴上差异很明显，但在主成分 2 轴上，2 个群体差异较小。

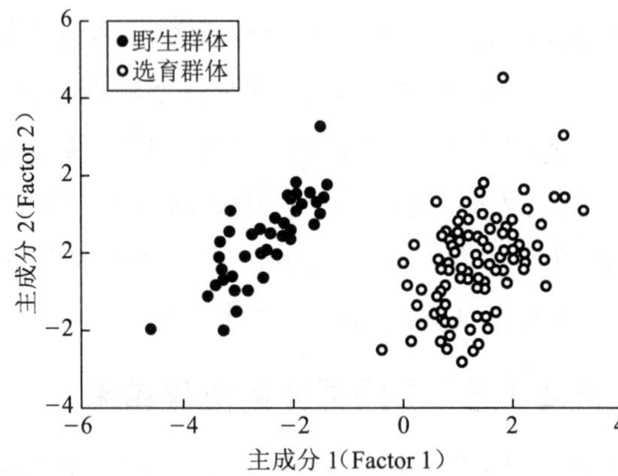

图 5　中国对虾野生群体和“黄海 1 号”选育群体主成分分析图

表 32　中国对虾 2 个群体的 11 个性状对 4 个主成分的特征向量及主成分的贡献率

项目	主成分			
	1	2	3	4
头胸甲长 / 体长	0.368	−0.276	0.598	−0.049
第一腹节长 / 体长	0.511	0.310	−0.411	−0.112
第二腹节长 / 体长	0.383	0.368	−0.291	−0.457
第三腹节长 / 体长	0.304	0.351	0.382	0.438
第四腹节长 / 体长	0.222	0.471	−0.040	0.559
第五腹节长 / 体长	0.002	0.767	0.041	−0.044
第六腹节长 / 体长	0.067	0.162	0.437	−0.305
尾节长 / 体长	0.546	0.195	0.408	−0.336
头胸甲宽 / 体长	0.685	−0.356	−0.285	−0.051
第一腹节宽 / 体长	0.573	−0.128	−0.139	0.306
头胸甲高 / 体长	0.460	−0.459	0.036	0.125
累积贡献率 /%	18.14	33.23	44.32	53.85

t 检验表明：中国对虾的野生群体与选育群体在 BL、CW/BL、A1W/BL 和 BW/BL 4 个性状上表现出极显著差异（$P<0.01$），在 A3L/BL、A5L/BL、A6L/BL 和 CH/BL 4 个性状上差异显著（$P<0.05$），其他性状差异不明显。

表 33　2 个群体 12 个性状的平均值

项目	X ± SD	
	野生群体	选育群体
体长	7.471 9 ± 0.536 4**	0.137 4 ± 0.764 5**
头胸甲长 / 体长	0.284 7 ± 0.008 2	0.284 6 ± 0.154 1
第一腹节长 / 体长	0.112 6 ± 0.004 8	0.112 9 ± 0.005 3
第二腹节长 / 体长	0.100 8 ± 0.006 0	0.1011 ± 0.005
第三腹节长 / 体长	0.120 1 ± 0.005 5*	0.123 0 ± 0.0073*
第四腹节长 / 体长	0.112 4 ± 0.007 4	0.115 5 ± 0.012 1
第五腹节长 / 体长	0.092 5 ± 0.005 4*	0.094 6 ± 0.003 6*
第六腹节长 / 体长	0.175 7 ± 0.008 9*	0.181 7 ± 0.037 6*
尾节长 / 体长	0.152 9 ± 0.006 7	0.152 0 ± 0.007 3
头胸甲宽 / 体长	0.147 3 ± 0.008 0**	0.140 7 ± 0.005 4**
第一腹节宽 / 体长	0.130 1 ± 0.020 0**	0.122 6 ± 0.005 4**
头胸甲高 / 体长	0.142 0 ± 0.008 5*	0.139 2 ± 0.006 7*
体重 / 体长	0.617 9 ± 0.126 5**	0.708 2 ± 0.170 6**

注：* 表示差异显著（$P<0.05$），* * 表示差异极显著（$P<0.01$）

8.3　判别函数的建立

通过逐步筛选变量的方法，从 11 个特征性状中筛选出对区分两类总体有显著贡献的 3 个变量 CW/BL、A3L/BL、A1W/BL，当判别函数中含这 3 个变量时，两类之间判别效果的多元显著性检验结果为：Wilks'$\lambda=0.746\ 7$，$P<0.000\ 1$，平均典型相关系数为 0.253 3，$P<0.000\ 1$，说明仅用 CW/BL、A3L/BL、A1W/BL 所建立的判别函数的判别效果具有非常显著性意义。

求得 2 个群体的判别函数式为：

野生群体：$Y=-387.268\ 6+2\ 248X_4+3\ 234X_9+218.408\ 2X_{10}$

选育群体：$Y=-371.716\ 5+2\ 334X_4+3\ 083X_9+184.312\ 5X_{10}$

式中，X_4、X_9、X_{10} 分别表示 A3L/BL、CW/BL 和 A1W/BL。将随机个体的相应 3 个性状的特征值分别代入上述 2 个公式，计算出 2 个函数值，以函数值最大的判别函数所对应的种群名称作为该个体的种群名。判别结果表明，野生群体 P_1 为 62%，P_2 为 55.4%；选育群体 P_1 为 75%，P_2 为 79.8%；2 个群体的平均拟合概率为 70.67%。

t 检验表明，中国对虾的野生群体和“黄海 1 号”选育群体在 8 个性状上差异显著，选育对虾群体的平均体质量比野生群体高 26.04%，主要反映在选育群体腹节 3、5、6 及腹节总长度增加，但头胸甲及腹节 1 的宽度降低。主成分分析是一种将原来多个彼此相关的指标转换为新的、个数较少且互相独立或不相关的综合指标的方法，可以化繁为简，且不损失或很少损失原有信息，在体型分析中已得到广泛应用(魏开建等，2003；钱荣华等，2003；张尧庭等，1982；张永普等，2004)。将多个形态比例性状综合成少数几个因子，从而得出不同群体的差异大小，并可根据不同群体的主成分值找出各群体在各主成分值上差异较大的参数。通过对体型变异贡献较大的 2 个主成分得分所作散点图表明，2 个群体在横向体型因子方面差异最明显，这与显著性检验的结论基本一致。

中国对虾“黄海 1 号”选育群体体型上的变异是世代选育积累的结果，以生长速度快作为主要选育指标的选育群体，到第八代显示出明显的生长优势，其体长比对照平均增长 8.90%，体质量增长已达 26.04%。多元统计分析表明，选育群体的腹节长度增加，从而导致其体质量的增加，尽管选育对头胸甲的长度没有造成影响，但是以横向截面最大的头胸甲及第一腹节作为横向指标，反映了选育群体在体宽上有所下降，表明选育向增加腹节长度及减小头胸甲宽度的方向进行，尽管头胸甲宽度的改变会不可避免地影响第一腹节的截面大小，但是本研究结果显示，选育群体体质量比野生群体增加了 26.04%，表明经过综合选育后的群体通过增加腹节长度维持了其体质量的优势，对具有生长优势群体的选育满足了市场对增加出肉率的要求。

测定的实际资料中往往含有较多的指标，其中有些指标之间彼此相关。选择其中相互独立的若干指标用于建立判别函数式，不仅函数的形式更简捷，效果也会更好。而有些指标可能对鉴别不同种类毫无用处，把它们排斥在判别函数之外，就更有意义了。所以，在建立判别函数之前，先进行逐步判别分析，即进行变量筛选是很有必要的。逐步判别是对建立判别函数所依赖的诸因子进行合理选择，因为它既考虑到各入选因子的重要性，又考虑到每选入一个新因子对已入选因子的影响，并及时对已入选因子进行剔除与否的处理，这样就可以从大量的因子中挑选出若干必要的，组合最佳因子去建立判别函数，在形态学分析上已得到广泛应用(李勇等，2001；梁前进等，1998)。中国对虾野生群体的体型参差不齐，通过选育后体型开始趋向稳定，这从野生群体较低的判别准确率(62%)及选育群体的判别准确率(75%)相对较高的结果中得到证实，从而从形态学方面证实了选育结果的稳定性。本实验利用逐步判别方法来判别中国对虾的野生群体和选育群体，使用 3 个形态参数的平均拟合率为 70.67%，可以认为逐步判别对于中国对虾不同群体的初步鉴定是可行的。

9. 中国对虾"黄海 1 号"形态性状对体质量的影响效果分析

中国对虾"黄海 1 号"是中国水产科学研究院黄海水产研究所自 1997 年开始人工选育而成的一种海水养殖对虾新品种(李健等,2005),至 2007 年 10 月已成功选育到第 11 代。它具有生长速度快、抗逆能力强等优良性状,使处于困境中的中国对虾养殖业显示出了良好的发展前景。对虾的体质量是选育过程中的主要目标性状,但在实际工作中,活体质量不易直接和准确测量,往往需要借助其他的形态性状进行间接选择。因此,利用多元分析估计形态性状与目标性状的关系及其直接和间接影响的效果具有重要意义。

为推动海水养殖业的健康发展,人工选择育种已成为有效的方法之一,多元分析也随之广泛应用于各种水产动物的选育过程中。Harue 等(2000)利用多元相关分析进行了根据红海鲤科养殖鱼类体长、体质量估计体脂肪含量的研究。Ahmed 等(2000)利用多元相关分析探讨了鱼、鲸、贝类幼龄期体长、体质量等生长参数的相关性。刘小林等利用相关分析、通径分析和多元回归分析的方法分别研究了栉孔扇贝(*Chlamys farreri*)壳尺寸性状对体质量的影响和凡纳滨对虾各形态性状对体质量的影响,找到了影响体质量的重点形态性状,为选育工作提供了理想的测量指标。田燚等(2006)和董世瑞等(2007)分别对中国对虾的形态性状和体质量进行了相关分析和通径分析,分别建立了多元回归方程,确定了影响目标性状体质量的形态性状。耿绪云等(2007)利用多元分析的方法研究了中华绒螯蟹(*Eriocheif sinensis*) 1 龄幼蟹的形态性状对体质量的影响,明确了影响中华绒螯蟹 1 龄幼蟹体质量的主要外部形态性状。高保全等(2008)利用多元相关分析的方法,得出了影响三疣梭子蟹(*Portunus trituberculatus*)体质量的主要形态性状及其直接和间接影响效果,建立了估计体质量的多元回归方程。

安丽等(2008)通过 2 次采样测量,对中国对虾"黄海 1 号"第 11 代选育群体的体质量和各形态性状进行多元分析,利用相关分析、通径分析和回归分析的方法,确定影响体质量的主要形态性状及其直接和间接影响效果,建立估计体质量的最优回归方程,以及寻找不同年龄段的共同的重点性状,为中国对虾"黄海 1 号"选育工作的进一步开展提供理论依据。

9.1 中国对虾"黄海 1 号"形态性状的测量

对中国对虾"黄海 1 号"各形态性状进行了测量,从测量结果可以看出,5 月龄对虾体质量、第 1 腹节长、第 2 腹节长、第 4 腹节长和第 5 腹节长的变异系数大于其他形态性状;6 月龄对虾体质量、第 3 腹节长、第 4 腹节长、头胸甲宽和第 1 腹节高的变异系数大于其他形态性状。这两种月龄的对虾体质量的变异系数均最大,分别为 17.71% 和 20.05%,说明不同月份的对虾体质量的变化较大,体质量具有较大的选择潜力。

表 34　5 月龄和 6 月龄中国对虾各形态性状的表型参数值

性状	代码	5 月龄			6 月龄		
		平均值	标准差	变异系数 /%	平均值	标准差	变异系数 /%
全长(mm)	X_1	141.560 4	7.940 4	5.61	159.475 4	11.178 8	7.01
头胸甲长(mm)	X_2	32.874 9	2.489 7	7.57	39.262	3.133 4	7.98
第 1 腹节长(mm)	X_3	11.516 3	1.941 4	16.85	15.214 8	1.333 9	8.77
第 2 腹节长(mm)	X_4	11.564 1	1.320 9	11.42	12.459 6	1.156 1	9.28
第 3 腹节长(mm)	X_5	11.511 6	1.054	9.16	12.083	1.230 2	10.18
第 4 腹节长(mm)	X_6	9.187	1.059 5	11.54	9.248 8	0.888 8	9.61
第 5 腹节长(mm)	X_7	8.837	0.909 3	10.29	10.179 4	0.955 9	9.39
第 6 腹节长(mm)	X_8	18.197 6	1.202 5	6.61	21.541 4	1.759 5	8.17
尾节长(mm)	X_9	17.015	1.181 5	6.95	19.909 6	1.612	8.1
头胸甲宽(mm)	X_{10}	15.837 8	1.186 2	7.49	17.493 2	1.739	9.94
第 1 腹节宽(mm)	X_{11}	13.996 1	1.177 5	8.41	15.092 8	1.434	9.5
头胸甲高(mm)	X_{12}	18.713	1.648 6	8.81	20.777 2	1.941 5	9.34
第 1 腹节高(mm)	X_{13}	17.333 5	1.403 8	8.1	18.357 6	1.816 2	9.89
体长(mm)	X_{14}	116.551 9	6.438	5.52	132.838	8.524	6.42
体质量(mm)	X_{15}	19.47	3.447 9	17.71	28.394	5.693 4	20.05

9.2　中国对虾“黄海 1 号”形态性状的相关性分析

分析了 5 月龄和 6 月龄中国对虾各形态性状间的相关系数(表 35)。研究结果表明,5 月龄中国对虾除头胸甲长和第 1 腹节长、第 1 腹节长和第 2 腹节长之间的相关呈不显著($P>0.05$)水平外,其他各形态性状间的相关均达到了显著($P<0.05$)或极显著($P<0.01$)水平,体质量与各形态性状之间正相关程度均达到了显著($P<0.05$)或极显著($P<0.01$)水平;6 月龄对虾除第 2 腹节长和第 3 腹节长、第 4 腹节长和第 1 腹节高之间的相关呈不显著($P>0.05$)水平外,其他各形态性状间的相关以及体质量与各形态性状之间正相关程度也均达到了显著($P<0.05$)或极显著($P<0.01$) 水平。5 月龄对虾体质量与其他形态性状的相关系数由大到小依次为:r_{14y}、r_{1y}、r_{2y}、r_{11y}、r_{14y}、r_{9y}、r_{12y}、r_{8y}、r_{10y}、r_{4y}、r_{5y}、r_{7y}、r_{3y}、r_{6y};6 月龄对虾体质与其他形态性状的相关系数由大到小依次为:r_{2y}、r_{1y}、r_{14y}、r_{12y}、r_{10y}、r_{11y}、r_{13y}、r_{9y}、r_{3y}、r_{8y}、r_{4y}、r_{7y}、r_{5y}、r_{6y}。

9.3　中国对虾“黄海 1 号”形态性状对体质量的通径系数

在表型相关基础上,计算出两种月龄中国对虾“黄海 1 号”各形态性状对体质量的通径系数,通径系数反映自变量对因变量的直接影响。5 月龄的中国对虾形态性状对体质量的通径系数经统计学检验表明,其中体长、头胸甲长、头胸甲宽和第 1 腹节长 4 个性状对体质量的通径系数达到了显著($P<0.05$)或极显著($P<0.01$)的水平。在

表 35　中国对虾形态性状间表型相关系数

月龄	性状	X_1	X_2	X_3	X_4	X_5	X_6	X_7	X_8	X_9	X_{10}	X_{11}	X_{12}	X_{13}	X_{14}	
	X_1	1	0.807**	0.430**	0.523**	0.427**	0.301**	0.357**	0.733*	0.801**	0.652**	0.768**	0.692**	0.740**	0.944**	0.912**
	X_2		1	0.159	0.555**	0.457**	0.292**	0.415**	0.685**	0.691**	0.661**	0.767**	0.665**	0.658**	0.867**	0.86**
	X_3			1	0.15	0.303**	0.199**	0.241 **	0.440**	0.375**	0.218**	0.274**	0.359**	0.468**	0.335**	0.432**
	X_4				1	0.319**	0.306**	0.463*	0.428**	0.384**	0.478**	0.529**	0.482**	0.441**	0.524**	0.534**
	X_5					1	0.360**	0.559**	0.482**	0.396**	0.284**	0.446**	0.451**	0.451**	0.477**	0.531**
	X_6						1	0.372**	0.301**	0.288**	0.273**	0.342**	0.356 **	0.319*"	0.344**	0.377**
	X_7							1	0.474**	0.418**	0.373**	0.423**	0.389**	0.418**	0.414**	0.454**
5 月龄	X_8								1	0.720**	0.523 **	0.589**	0.502**	0.606**	0.750**	0.753**
	X_9									1	0.554**	0.602**	0.577**	0.549 * *	0.819**	0.773**
	X_{10}										1	0.841**	0.669**	0.686**	0.637**	0.75**
	X_{11}											1	0.734**	0.776**	0.772**	0.85**
	X_{12}												1	0.768**	0.715**	0.762**
	X_{13}													1	0.694**	0.78**
	X_{14}														1	0.922**
	Y															1
	X_1	1	0.854**	0.755**	0.593**	0.501**	0.309**	0.447**	0.706**	0.771**	0.840**	0.851**	0.866**	0.779**	0.915**	0.926**
	X_2		1	0.736**	0.590**	0.469**	0.377**	0.505**	0.686**	0.791**	0.864**	0.826**	0.823**	0.761**	0.905**	0.93**
6 月龄	X_3			1	0.583**	0.419**	0.363**	0.457**	0.576**	0.593**	0.722**	0.732**	0.664**	0.722**	0.724**	0.787**
	X_4				1	0.179	0.339*	0.339*	0.333**	0.598**	0.606**	0.608**	0.607**	0.522**	0.630**	0.628**
	X_5					1	0.366**	0.477**	0.425**	0.307**	0.482**	0.487**	0.468**	0.393**	0.480**	0.514**
	X_6						1	0.597**	0.492**	0.3II*	0.395**	0.353**	0.291**	0.207**	0.317*	0.327**

续表

月龄	性状	X_1	X_2	X_3	X_4	X_5	X_6	X_7	X_8	X_9	X_{10}	X_{11}	X_{12}	X_{13}	X_{14}	
	X_7							1	0.735**	0.410**	0.455**	0.436**	0.410**	0.410**	0.538**	0.516**
	X_8								1	0.625**	0.639**	0.709**	0.662**	0.656**	0.745**	0.745**
	X_9									1	0.785**	0.780**	0.735**	0.693 **	0.826**	0.797**
	X_{10}										1	0.863 **	0.822**	0.714**	0.812**	0.902**
6月龄	X_{11}											1	0.870**	0.826**	0.831**	0.891**
	X_{12}												1	0.807**	0.836**	0.907**
	X_{13}													1	0.789**	0.83**
	X_{14}														1	0.922**
	Y															1

注：* 表示相关性显著（$P<0.05$）；** 表示相关性极显著（$P<0.01$）。

这些性状中，体长的通径系数($P_{14}=0.284$)最大，说明其对体质量的直接影响最大；其次为头胸甲长($P_2=0.190$)、头胸甲宽($P_{10}=0.141$)；第 1 腹节长($P_3=0.114$)对体质量的直接影响最小。

6 月龄的中国对虾形态性状对体质量的通径系数经统计学检验表明，其中头胸甲长、第 4 腹节长、第 6 腹节长、头胸甲宽和头胸甲高 5 个性状对体质量的通径系数达到了显著($P<0.05$) 或极显著($P<0.01$)的水平。在这些性状中，头胸甲长的通径系数($P_2=0.293$)最大，对体质量的直接影响最大；其次为头胸甲高($P_{12}=0.243$)、头胸甲宽($P_{10}=0.191$)和第 6 腹节长($P_8=0.189$)；其中第 4 腹节长($P_6=-0.106$)对体质量的通径系数为负值，说明它与体质量的直接影响为负向作用。

5 月龄的中国对虾各形态性状对体质量的间接影响均大于直接影响，与体质量相关系数最大的体长，对体质量的直接影响也最大；其次为头胸甲长和全长，其他性状主要通过体长、头胸甲长和全长对体质量间接产生作用。第 2 腹节长与第 5 腹节长对体质量的直接作用为负向作用，但是它们通过体长、头胸甲长和全长对体质量产生的间接作用较大，抵消了负向作用，结果表现为与体质量呈正向相关。

6 月龄的中国对虾各形态性状对体质量的间接作用与 5 月龄对虾相似，均大于直接作用，与体质量相关系数最大的头胸甲长，对体质量的直接作用也最大；其次为头胸甲高和头胸甲宽，其他性状主要通过头胸甲长、头胸甲高和头胸甲宽对体质量间接产生作用，或通过这些性状抵消直接的负向作用，呈现正向作用。

通过计算决定系数，得到某一形态性状对体质量的最佳决定路径。5 月龄的对虾各形态性状对体质量的决定系数为：$R^2_1=0.291\ 5$、$R^2_2=0.2907$、$R^2_3=0.085\ 0$、$R^2_4=-0.026\ 1$、$R^2_5=0.071\ 3$、$R^2_6=0.019\ 7$、$R^2_7=-0.009\ 2$、$R^2_8=0.050$、$R^2_9=0.003\ 1$、$R^2_{10}=0.191\ 6$、$R^2_{11}=0.195\ 4$、$R^2_{12}=0.050\ 6$，$R^2_{13}=0.010\ 8$、$R^2_{14}=0.4430$。它们由大到小依次为：R^2_{14}、R^2_1、R^2_2，R^2_{11}、R^2_{10}、R^2_3、R^2_5、R^2_{12}、R^2_{12}、R^2_8、R^2_6、R^2_{13}、R^2_9、R^2_7、R^2_4。由其排序可得，体长、全长和头胸甲长为 5 月龄对虾体质量的主要决定系数。但通径分析中，只有体长和头胸甲长对体质量的直接影响达到显著水平($P<0.05$)。

6 月龄的对虾各形态性状对体质量的决定系数为：$R^2_1=0.223\ 9$、$R^2_2=0.464\ 2$、$R^2_3=0.140\ 5$、$R^2_4=0.083\ 0$、$R^2_5=0.048\ 9$、$R^2_6=-0.080\ 5$、$R^2_7=-0.012\ 5$、$R^2_8=0.245\ 9$、$R^2_9=-0.019\ 2$、$R^2_{10}=0.308\ 1$、$R^2_{11}=-0.122\ 0$、$R^2_{12}=0.381\ 8$、$R^2_{13}=0.040\ 9$、$R^2_{14}=-0.022\ 2$。其由大到小依次为：R^2_2、R^2_{12}、R^2_{10}、R^2_8、R^2_1、R^2_3、R^2_4、R^2_5、R^2_{13}、R^2_7、R^2_9、R^2_{14}、R^2_6、R^2_{11}。由它们的排序可得，头胸甲长、头胸甲高、头胸甲宽、第 6 腹节长和全长为 6 月龄对虾体质量的主要决定系数，与通径分析结果一致。

对各形态性状的偏回归系数进行了显著性检验，去除偏回归系数不显著的性状，保留显著的性状，并用其建立多元回归方程。

5 月龄中国对虾体质量(Y)与形态性状参数的多元回归方程为：

$$Y=-37.429+0.326X_2+0.306X_3+0.669X_{10}+0.275X_{14}$$

表 36　5 月龄中国对虾形态性状对体质量的影响

性状	相关系数	直接作用	间接作用														
				X_1	X_2	X_3	X_4	X_5	X_6	X_7	X_8	X_9	X_{10}	X_{11}	X_{12}	X_{13}	X_{14}
X_1	0.912**	0.177	0.735		0.153	0.049	−0.013	0.031	0.008	−0.004	0.025	0.002	0.092	0.095	0.024	0.005	0.268
X_2	0.860**	0.190**	0.671	0.143		0.018	−0.013	0.033	0.008	−0.004	0.023	0.001	0.093	0.095	0.023	0.005	0.246
X_3	0.432**	0.114**	0.318	0.076	0.030		−0.004	0.022	0.005	−0.002	0.015	0.001	0.031	0.034	0.012	0.003	0.095
X_4	0.534**	−0.024	0.558	0.093	0.105	0.017		0.023	0.008	−0.005	0.015	0.001	0.067	0.066	0.016	0.003	0.149
X_5	0.531**	0.072	0.459	0.076	0.087	0.035	−0.008		0.010	−0.006	0.016	0.001	0.040	0.055	0.015	0.003	0.135
X_6	0.377**	0.027	0.349	0.053	0.055	0.023	−0.007	0.026		−0.004	0.010	0.001	0.038	0.042	0.012	0.002	0.098
X_7	0.454**	−0.010	0.464	0.063	0.079	0.027	−0.011	0.040	0.010		0.016	0.001	0.053	0.052	0.013	0.003	0.118
X_8	0.753**	0.034	0.720	0.130	0.130	0.050	−0.010	0.035	0.008	−0.005		0.001	0.074	0.073	0.017	0.004	0.213
X_9	0.773**	0.002	0.772	0.142	0.131	0.043	−0.010	0.029	0.008	−0.004	0.024		0.078	0.075	0.02	0.004	0.232
X_{10}	0.750**	0.141*	0.610	0.115	0.126	0.025	−0.011	0.020	0.007	−0.004	0.018	0.001		0.104	0.023	0.005	0.181
X_{11}	0.850**	0.124	0.726	0.136	0.146	0.031	−0.013	0.032	0.009	−0.004	0.020	0.001	0.119		0.025	0.005	0.219
X_{12}	0.762**	0.034	0.726	0.122	0.126	0.041	−0.012	0.032	0.010	−0.004	0.017	0.001	0.094	0.091		0.005	0.203
X_{13}	0.780**	0.007	0.773	0.131	0.125	0.053	−0.011	0.032	0.009	−0.004	0.021	0.001	0.097	0.096	0.026		0.197
X_{14}	0.922**	0.284*	0.639	0.167	0.165	0.038	−0.013	0.034	0.009	−0.004	0.026	0.002	0.09	0.096	0.024	0.005	

注：** 表示相关性显著（$p<0.05$）；** 表示相关性极显著（$p<0.01$）

表 37　6 月龄中国对虾形态性状对体质量的影响

性状	相关系数	直接作用	间接作用														
				X_1	X_2	X_3	X_4	X_5	X_6	X_7	X_8	X_9	X_{10}	X_{11}	X_{12}	X_{13}	X_{14}
X_1	0.926**	0.13	0.797		0.25	0.072	0.042	0.025	−0.033	−0.005	0.133	−0.009	0.160	−0.056	0.210	0.019	−0.011
X_2	0.930**	0.293**	0.638	0.111		0.07	0.041	0.023	−0.04	−0.006	0.130	−0.009	0.165	−0.055	0.200	0.019	−0.011

续表

性状	相关系数	直接作用	间接作用														
				X_1	X_2	X_3	X_4	X_5	X_6	X_7	X_8	X_9	X_{10}	X_{11}	X_{12}	X_{13}	X_{14}
X_3	0.787**	0.095	0.695	0.098	0.216		0.041	0.021	−0.038	−0.005	0.109	−0.007	0.138	−0.048	0.161	0.018	−0.009
X_4	0.628**	0.070	0.559	0.077	0.173	0.055		0.009	−0.036	−0.004	0.063	−0.007	0.116	−0.04	0.148	0.013	−0.008
X_5	0.514**	0.050	0.467	0.065	0.137	0.040	0.013		−0.036	−0.006	0.080	−0.004	0.092	−0.032	0.114	0.010	−0.006
X_6	0.327*	−0.106**	0.432	0.04	0.110	0.034	0.024	0.018		−0.007	0.093	−0.004	0.075	−0.023	0.071	0.005	−0.004
X_7	0.516**	−0.012	0.53	0.058	0.148	0.043	0.024	0.024	−0.063		0.139	−0.005	0.087	−0.029	0.100	0.010	−0.006
X_8	0.745**	0.189*	0.566	0.092	0.201	0.055	0.023	0.021	−0.052	−0.009		−0.008	0.122	−0.047	0.161	0.016	−0.009
X_9	0.797**	−0.012	0.810	0.100	0.232	0.056	0.042	0.015	−0.033	−0.005	0.118		0.150	−0.051	0.179	0.017	−0.010
X_{10}	0.902**	0.191*	0.713	0.109	0.253	0.069	0.042	0.024	−0.042	−0.005	0.121	−0.009		−0.057	0.200	0.018	−0.010
X_{11}	0.891**	−0.066	0.960	0.111	0.242	0.070	0.042	0.024	−0.037	−0.005	0.134	−0.009	0.165		0.211	0.021	−0.010
X_{12}	0.907**	0.243**	0.672	0.113	0.241	0.063	0.042	0.023	−0.031	−0.005	0.125	−0.009	0.157	−0.057		0.020	−0.010
X_{13}	0.830**	0.025	0.807	0.101	0.223	0.069	0.037	0.02	−0.022	−0.005	0.124	−0.008	0.136	−0.055	0.196		−0.009
X_{14}	0.922**	−0.012	0.934	0.119	0.265	0.069	0.044	0.024	−0.034	−0.007	0.141	−0.010	0.155	−0.055	0.203	0.020	

注：** 表示相关性显著（$P<0.05$）；** 表示相关性极显著（$P<0.01$）。

式中，X_2、X_3、X_{10}、X_{14} 分别为头胸甲长(mm)、第 1 腹节长(mm)、头胸甲宽(mm)和体长(mm)。

得到相关系数为 0.923，方差分析结果表明，回归关系达到极显著水平($P<0.001$)。回归预测表明估计值和实际观察值差异不显著($P>0.05$)，该方程可用于中国对虾的实际生产。

6 月龄中国对虾体质量(Y)与形态性状参数的多元回归方程为：

$$Y=-38.556+0.668X_2-0.583X_6+0.605X_8+0.785X_{10}+0.931X_{12}$$

式中，X_2、X_6、X_8、X_{10}、X_{12} 分别为头胸甲长(mm)、第 4 腹节长(mm)、第 6 腹节长(mm)、头胸甲宽(mm)和头胸甲高(mm)。

得到相关系数为 0.956，方差分析结果表明，回归关系达到极显著水平($P<0.001$)。估计值与实际值间的差异不显著($P>0.05$)，该方程可用于中国对虾实际生产中。

表 38 对中国对虾各形态性状的偏回归系数检验

月龄	参数	形态性状							
		常量	X_1	X_2	X_3	X_4	X_5	X_6	X_7
5 月龄	偏回归系数	−37.604	0.077	0.264	0.202	−0.063	0.235	0.088	−0.038
	t 值	−18.157	1.731	2.969	3.038	−0.656	1.913	0.862	−0.260
	显著性	0.000	0.087	0.004	0.003	0.514	0.059	0.391	0.796
6 月龄	偏回归系数	−43.680	0.066	0.532	0.406	0.343	0.232	−0.680	−0.071
	t 值	−13.920	1.390	3.465	1.768	1.439	1.218	−2.543	−0.216
	显著性	0.000	0.173	0.001	0.086	0.159	0.231	0.016	0.830

月龄	参数	形态性状						
		X_8	X_9	X_{10}	X_{11}	X_{12}	X_{13}	X_{14}
5 月龄	偏回归系数	0.096	0.005	0.409	0.362	0.072	0.017	0.152
	t 值	0.685	0.032	2.559	1.799	0.672	0.120	2.499
	显著性	0.495	0.974	0.012	0.076	0.503	0.905	0.014
6 月龄	偏回归系数	0.610	−0.043	0.624	−0.261	0.713	0.077	−0.008
	t 值	2.649	−0.202	2.510	−0.759	3.206	0.392	−0.110
	显著性	0.012	0.841	0.017	0.453	0.003	0.697	0.913

表 39 中国对虾形态性状与体质量的复相关分析

月龄	复相关系数	相关系数	校正相关系数	标准偏差
5 月龄	0.961	0.923	0.92	0.97588
6 月龄	0.978	0.956	0.951	1.26526

表 40 中国对虾各形态性状参数与体质量间回归关系的方差分析表

月龄	项目	平方	自由度	均方	F 检验值	相伴概率值
5 月龄	回归	1 086.438	4	271.609	285.202	0.000
	残差	90.472	95	0.952		
	总计	1 176.91	99			
6 月龄	回归	1 517.881	5	303.576	189.631	0.000
	残差	70.439	44	1.601		
	总计	1 588.32	49			

9.4 相关分析、通径分析和决定系数分析的特点及联系

性状间的表型相关系数是两个变量间相互关系的综合，包含了两者的直接关系和通过其他变量的间接关系，相关分析不能明确地表示出 2 个变量之间的真实关系，只能作为多元分析的基础，以确保进一步多元统计分析具有实际意义。通径分析是在性状间的多种关系中，揭示两种性状之间的本质关系。通径系数表示自变量对依变量直接作用的大小，且随着所选自变量个数和性质的不同而不同，考虑的性状越多，分析结果越可靠，但统计分析就越复杂。决定系数表示各性状对依变量的综合作用，决定系数的排序结果反映了各自变量对依变量的综合作用的大小，它既不同于偏回归系数的排序，也不同于各自变量与依变量相关系数的排序(袁志发等，2001，2002；敬艳辉等，2006)。

9.5 影响中国对虾体质量的重点性状的确定

根据通径分析和决定系数的分析可知，5 月龄对虾的体长、头胸甲长、头胸甲宽和第 1 腹节长对体质量的直接作用达到了显著的水平，其中体长和头胸甲长的决定程度也较大，所以这两个性状应该是这一阶段选育过程中应该给予足够重视的性状。6 月龄中国对虾的头胸甲长、头胸甲高、头胸甲宽和第 6 腹节长的通径系数达到显著水平，决定系数分析结果与通径分析结果相一致，其决定程度也相应较大。在表型相关分析的基础上，只有当相关系数大于或等于 0.85 (即 85%)时，才能表明影响依变量的主要自变量已经找到。本研究中保留通径系数显著的变量，建立回归方程，得到的 5 月龄中国对虾的相关系数 $R^2=0.923$，6 月龄对虾的相关系数 $R^2=0.956$，说明保留的形态性状正是影响体质量的重点性状，其他性状对体质量的影响相对较小。董世瑞等(2007)通过通径分析和回归分析，确定中国对虾的体长、全长、头胸甲长、头胸甲宽和第 5 腹节高为影响体质量的主要形态形状。田燚等(2006)通过相关性分析和回归分

析，认为体长，头胸甲长，头胸甲宽，第2、3腹节宽和第2、3腹节高为影响中国对虾体质量的重点性状。与以上两位学者结果相比较，所确定重点性状的差异不是很大，对虾在5月龄时体长、头胸甲长、头胸甲宽和第1腹节长为影响体质量的主要性状，对虾在6月龄时头胸甲长、头胸甲高、头胸甲宽和第6腹节长为影响体质量的主要性状，这些也是选育过程中理想的测量指标。

9.6 需进一步研究的问题

至今尚未有学者研究探讨过不同年龄段中国对虾的重点性状的差异，本研究通过2次测量分析发现差异确实存在，但仍有一部分固定的表型性状在2次测量中均为重点性状。同时期的普通对虾和选育对虾差异有多大，是否每一月龄的中国对虾“黄海1号”的重点性状都有差异，有没有固定的重点性状存在等问题都有待于进一步的探讨。

10. 中国对虾“黄海1号”体长遗传力的估计

中国对虾“黄海1号”是我国第一个人工选育成功的海水养殖动物新品种，经过连续10代的选育表现出生长速度快、抗逆能力强等优良的经济性状。2003年该品种通过原国家水产良种审定委员会审定(品种登记号GS01001-2003)，成为目前对虾养殖业最受欢迎的养殖品种之一。目前开展的中国对虾“黄海1号”的研究主要是从选育群体的外部形态学特征(李健等，2000；李朝霞等，2006)、遗传结构(李健等，2005；何玉英等，2004；张天时等，2005；Li et al，2006；Gao et al，2003)及遗传连锁图谱(孙昭宁等，2006；Li et al，2006)等方面进行了报道，但对其优良经济性状(生长、抗逆等)的遗传力尚未进行系统的研究。

遗传力是水产动物的重要遗传特性，利用它可研究和揭示数量性状的遗传规律，探讨选育效果。准确估计群体遗传参数对正确评定育种值、制订选择方案、计算遗传进展和育种计划等都有非常重要的作用。世界上关于水产动物性状遗传力的研究起步较晚，自20世纪70年代以来，才陆续开展了虹鳟(*Salrno gairdneri*)(Aulstad et al，1972；Chevassus et al，1976；Gall，1975；Refstie，1980；Gunnes et al，1981)、大西洋鲑(*Salmo salar*)(Gjerde，1981；Gunnes et al，1978；Refstie et al，1978)、尼罗罗非鱼(*Tilapia nilotica*)(Tave et al，1980)、硬壳蛤(*Mercenaria mercenaria*)(Rawson et al，1990)、海湾扇贝(*Argopecten Irradias*)(Grenshaw et al，1991)、欧洲食用牡蛎(*Ostrea edulis*)(Toro et al，1990)、智利牡蛎(*Ostrea chIlensis*)(Toro et al，1996)、太平洋牡蛎(*Crassostrea gigas*)(Langdon et al，2000)以及紫贻贝(*Mytilus edulis*)(Mallet et al，1986)、马氏珠母贝(*Pinctada fucata martensi*)(*Wada*，1986)等经济鱼类和贝类的遗传力研究。

在对虾方面，主要开展了凡纳滨对虾(de Tomas et al，1998；pérez-Rostro et al，1999)、

斑节对虾（Benzie et al，1996）和日本囊对虾（Hetzel et al，2000）等遗传参数的评估工作。采用的方法多为同胞分析法，评估的性状主要包括体长、体重、生长率、存活率等重要的经济性状，以及产卵量、孵化率等繁殖性状。另外，还涉及壳宽、壳高等生物学指标的遗传力评估。我国在水产动物数量遗传学方面的研究开展得较晚，仅见海胆（*Strongy locentrotus Intermedius*）（刘小林等，2003）、刺参（*A postichopus japoicus Selenka*）（栾生等，2006）、建鲤（*Cyprinus carpio var.*Jian）（张建森等，1994）、长毛对虾（*Fenneropenaeus penicillatus*）（吴仲庆等，1990）和罗氏沼虾（*Macrobrachium rosenbergii*）（陈刚等，1996）等相关遗传参数的计算和估计。黄付友等（2008）通过人工授精技术建立全同胞家系，通过方差分析法估计中国对虾"黄海 1 号"第 9 代选育群体 3 月龄和 4 月龄体长性状的遗传力。对中国对虾"黄海 1 号"生长性状的选育潜力进行评估，为"黄海 1 号"中国对虾的进一步选育和保种工作提供必要的基础依据和技术参数。

10.1 实验家系的建立

采用人工授精技术构建了 9 个半同胞家系和 21 个全同胞家系。亲虾产卵后移出，受精卵孵化，在孵化后 3 月龄和 4 月龄时，每个全同胞家系分别取 30 尾个体测量体长，采用全同胞组内相关法进行遗传参数的评估。

表 41 中国对虾"黄海 1 号"3 月龄和 4 月龄的体长

生长阶段	个体数	平均体长 /cm	标准差
3 月龄	630	46.54	0.14
4 月龄	630	59.85	0.17

通过对中国对虾"黄海 1 号"3 月龄和 4 月龄体长性状方差分析表明，雄性亲本间和雄虾内雌虾间 3 月龄和 4 月龄体长的 F 检验 $P<0.01$，差异极显著。

表 42 中国对虾"黄海 1 号"3 月龄和 4 月龄表型变量组成的方差分析

变异来源	体长		
	自由度	均方	均方比
3 月龄体长			
雄性间	14	225.98	12.46**
雄性雌间	6	114.03	6.29**
雌雄内后代	609	18.14	
总和	629		
4 月龄体长			
雄性间	14	268.52	11.48**
雄性雌间	6	133.66	5.72**
雌雄内后代	609	23.28	
总和	629		

注：** 表示差异极显著（$P<0.01$）

中国对虾“黄海 1 号”3 月龄和 4 月龄时，雄性亲本内与配的雌性亲本的后代数和每个雌性亲本的后代数均为 30，每个雄性亲本的平均后代数目(K_3)为 40.82。根据各亲本的后代数及方差分析的结果，计算了中国对虾“黄海 1 号”3 月龄和 4 月龄雄性亲本，雌性亲本和雄雌内全同胞间组分的方差。其中雌性亲本的方差大于雄性亲本的方差，表明雌性亲本间半同胞个体具有较大的变异程度。

表 43　表型变量的原因方差组分

方差组分	体长	
	3 月龄	4 月龄
δ_s^2	2.74	3.30
δ_D^2	3.20	3.68
δ_e^2	18.14	23.68
$\delta_T^2=\delta_s^2+\delta_D^2+\delta_e^2$	24.08	30.36
$\delta_s^2+\delta_D^2$	5.94	6.98

10.2　中国对虾“黄海 1 号”体长的遗传力

依据父系半同胞、母系半同胞和全同胞的方差组分，估计了中国对虾“黄海 1 号”体长的遗传力。

表 44　中国对虾“黄海 1 号”3 月龄和 4 月龄体长的遗传力及 *t* 检验

遗传力估计方法	3 月龄		4 月龄	
	遗传力	t 值	遗传力	t 值
父系半同胞	0.46	1.04	0.44	1.06
母系半同胞	0.53	1.46	0.48	1.43
全同胞	0.49	2.73	0.46	2.71

从表中可以看出，中国对虾“黄海 1 号”第 9 代选育群体 3 月龄体长遗传力的估计值在 0.46～0.53 之间，4 月龄体长遗传力的估计值在 0.44～0.48 之间，t 检验均达到显著或极显著水平。采用不同的方差组分估计的遗传力结果也不相同，其中以母系半同胞方差组分估计的遗传力最高，全同胞方差组分估计的遗传力次之，父系半同胞的遗传力为最低。

性状遗传力的高低是确定性状选育方法的主要依据之一，一般认为高遗传力($h^2>0.4$)性状适合用于个体或群体表型选择法进行选种，低遗传力($h^2<0.2$)性状适合用于家系选择或家系内选择(赵存发等，1999)。目前研究表明，水产养殖生物的主要经济性状，如生长率、成活率、肉质、抗病能力等都存在着广泛的遗传变异，进行选择育种的潜力很大。从选择育种的结果来看，水产养殖动物经选择后每代的遗传获得量通常在 10%～20% 之间。例如大西洋鲑经连续 4 代选择后，平均每代的遗传获得为 10.1%，鲇鱼(*Silurus asotus*)的遗传获得量分别为 12%～18% 和 20%，对尼罗罗非鱼

生长率的选择显示了 16%～23% 遗传获得量(相建海,2001)。从遗传力评估结果来看,虹鳟鱼体长的遗传力在 0.16～0.37 之间,体重的遗传力在 0.06～0.29 之间。大西洋鲑的体长和体重的遗传力分别在 0.12～0.28 和 0.08～0.37 之间。贝类选择育种和遗传力估计主要集中在部分物种和幼、稚贝的研究,如 Rawson 和 Hilbish 用同胞分析方法估计了硬壳蛤 9 月龄稚贝生长率的遗传力为 0.37。Langdon 等对美国西海岸太平洋牡蛎进行选择育种和遗传力估计,45 个全同胞家系估计的生长产量的遗传力为 0.54,指出家系选择提高生产性能非常有效。刘小林等采用不平衡巢式设计方法估计了虾夷马粪海胆 3 月龄和 5 月龄的体重遗传力估计值为 0.339～0.523,壳径的遗传力估计值为 0.316～0.487。栾生等采用全同胞组内相关法估计刺参耳状幼体初中期体长的遗传力分别为 0.74 和 0.75,并指出选择育种对刺参幼体早期生长的改良具有较大的潜力。

本研究采用全同胞组内相关法,应用统计软件 SPSS 中的线性模式过程估计了中国对虾"黄海 1 号"3 月龄和 4 月龄时的体长遗传力,获得的遗传力估计值在 0.4～0.5 之间,属于高遗传力性状。Benzie 等(1996)通过建立半同胞家系,评估了孵化后 6 周和 10 周的斑节对虾的体长遗传力。父系组分估计的遗传力在 2 个生长阶段均为 0.1 左右。母系组分在 6 周时估计的遗传力分别为 0.5 和 0.6,而到 10 周后遗传力下降为 0.3 和 0.4,这表明存在着显著的母体效应。Hetzel 等(2000)报道了日本囊对虾收获体重的遗传力在 0.16～0.31 之间。Carr 等(1999)报道了凡纳滨对虾收获时体重的遗传力估计值为 0.42±0.15。de Tomas Kutz 等(1998)报道了凡纳滨对虾体重获得量的遗传力变化范围在 0.14～ 0.69 之间。Benzie 等(1996)利用半同胞家系估计斑节对虾仔虾的体重遗传力为 0.10。由此可见,与其他对虾种类相比,中国对虾"黄海 1 号"的体长性状具有较高的遗传力。但采用不同的方差组分,获得的遗传力也不同,以母系方差组分获得的遗传力最高,这表明母系方差组分受非加性遗传效应或共同环境效应影响较大,导致其遗传力估计值较真实值偏高。另外,遗传力具有群体特异性,群体选育程度的大小也会影响遗传力的估计。本试验采用的中国对虾"黄海 1 号"群体为经过连续 10 代选育的群体,在选育过程中着重快速生长性状的选择,每代的选择强度均控制在 1%～3%,试验的遗传力估计值较高,可能与其选育程度较大有关。

标记辅助选择是指由于某些易识别的 DNA 标记如微卫星 DNA,AFLP 等技术与某一数量性状基因座存在相关性或连锁关系,因此,可将它们作为遗传标记,对数量性状进行间接选择的一种育种方法。影响标记辅助选择效率的因素很多,如遗传标记与数量性状位点(QTL)的连锁程度和效应、QTL 参数估计的准确性等。一般认为低遗传力性状用标记辅助选择的效率高,而高遗传力性状和早期表达性状用标记辅助选择的效率低。但也有学者认为,并非遗传力越低标记辅助选择的效率越高,因为当性状的遗传力很低时,标记与 QTL 的连锁效应以及标记被检出的机率就会受到影响,从而也就降低了标记辅助选择的选择反应。鲁绍雄等(2003)比较了性状遗传力和

QTL 方差对标记辅助选择所获得的遗传进展。结果表明:在对高遗传力和 QTL 方差较小的性状实施标记辅助选择时,可望获得更大的遗传进展。本研究结果表明,中国对虾“黄海 1 号”生长期的体长性状具有较高的遗传力,因此在选育过程中除采用常规的表型选择的方法外,还可结合分子标记辅助选择的方法进行选择,可以更快、更好地达到选择目的。

11. 中国对虾“黄海 1 号”与野生群体 F_1 代生长发育规律比较

中国对虾“黄海 1 号”是中国水产科学研究院经过近 10 年的努力培育出的我国第一个海水养殖动物新品种,具有生长速度快、抗病能力强等优良性状。规模养殖试验表明,选育群体的体长比对照组平均增长 8.4%,体重平均增长 26.86%;养殖成功率超过 90%,而未经选育的对照池养殖成功率不足 70%(李健等,2005)。目前中国对虾“黄海 1 号”已推广到山东、河北、江苏、天津、辽宁、浙江、福建等沿海省市,成为目前对虾养殖业最受欢迎的养殖品种之一。近年来开展的中国对虾“黄海 1 号”的研究主要是从选育群体的外部形态学特征(李朝霞等,2006;黄付友等,2008)、遗传结构(何玉英等,2004;张天时等,2005;Li et al,2006)、遗传连锁图谱(Li et al,2006)及遗传标记(何玉英等,2007;张天时等,2006)等方面进行了报道,但对其生长规律尚未进行研究。

生长曲线可以用来对动物体重或组织器官等生长或增重过程进行动态的描述和分析,是研究动物生长发育规律的主要方法之一(肖炜等,2007)。目前采用生长曲线进行生长规律的研究在畜牧业(张春艳等,2006;郑华等,2007;姜勋平等,2001)、林业(刘贵周等,2008;周永学等,2004;王利兵等,2007)和农业(王绍中等,1997;周从福等,2004;杨青华等,2000)得到了广泛的应用。在水产方面,张燚等(1996)对铜鱼(*Coreius heterodom*)的生长规律进行了研究,建立了铜鱼生长规律的数学模型,为铜鱼的保护与合理捕捞提供了科学依据。陈永胜等(2004)对 5 种不同养殖密度下鲟鱼的生长规律进行研究,得出鲟鱼潜在的最大增长率为 0.012 4。对扇贝生长规律研究着重探讨了体长、壳长、壳高和壳宽与体重间的回归关系,拟合了各性状随年龄的变化关系,以及生长模型的建立等方面(刘志刚等,2007;王辉等,2007;陆彤霞等,2003;Liu et al,2004;Peharda et al,2002;Lee et al,2000)。何玉英等(2009)通过分析中国对虾“黄海 1 号”和野生群体 F_1 代在养殖过程的体重和各形态性状生长的数据资料,拟合两群体各性状的体重、形态性状生长曲线,评定其生长规律,为中国对虾的发育、有效的饲养管理和选育工作提供参考依据。

11.1 实验数据的采集

实验采用中国对虾“黄海 1 号”连续选育第 11 代群体,野生群体 F_1 代来自日照近海野生亲虾培育的苗种。放苗后一个月，待苗种稳定后，每隔 15 d 进行 1 次测量，连续测量 10 次，每次测量 100 尾。测量的形态性状包括体重(BW)、全长(FL)、体长(BL)、头胸甲长(CL)、1～6 各腹节长(AL1～6)、尾节长(TL)、头胸甲的宽(CW)和高(CH)以及第 1 腹节的宽(AW)和高(AH)等 15 个形态指标。测量方法参考李朝霞等(2006)方法。采用 4 种不同的曲线估计模型拟合各形态性状的生长曲线，找出拟合效果最好的估计模型用以比较中国对虾“黄海 1 号”与野生群体 F_1 代的生长规律差异，确定两群体达到最大生长速度的月龄(即拐点月龄)和拐点体重(各形态性状的长度)

11.2 4 种曲线模型对两群体各性状的拟合效果

表 45 4 种曲线模型对中国对虾“黄海 1 号”各性状的拟合效果

性状	模型	R^2	F	Sig.	截距	b1	b2	b3
体重	线性	0.994	50.52	0.006	−8.187	7.891		
	三次函数	0.999	329.62	0.04	12.916	−23.898	12.843	−1.489
	幂函数	0.963	78.08	0.003	0.583	2.689		
	指数函数	0.837	15.39	0.029	0.372	1.007		
全长	线性	0.914	31.715	0.011	25.278	30.14		
	三次函数	0.996	78.096	0.083	6.308	28.498	10.133	−1.946
	幂函数	0.967	86.671	0.003	46.428	0.847		
	指数函数	0.846	16.515	0.027	40.175	0.319		
体长	线性	0.927	38.029	0.009	18.897	25.253		
	三次函数	0.998	143.317	0.061	1.276	28.006	6.343	−1.343
	幂函数	0.971	99.573	0.002	37.023	0.869		
	指数函数	0.852	17.206	0.025	31.887	0.327		
头胸甲长	线性	0.942	48.496	0.006	5.514	7.366		
	三次函数	0.996	77.884	0.083	−1.508	11.568	0.3	−0.198
	幂函数	0.976	122.432	0.002	10.961	0.857		
	指数函数	0.863	18.889	0.022	9.424	0.324		
第 1 腹节长	线性	0.987	229.026	0.001	−0.435	3.021		
	三次函数	0.997	95.689	0.075	−3.192	7.362	−1.813	0.215
	幂函数	0.995	603.809	0	2.676	1.058		
	指数函数	0.94	47.247	0.006	2.132	0.413		
第 2 腹节长	线性	0.961	74.028	0.003	0.417	2.609		
	三次函数	1	2787.046	0.014	0.564	0.85	1.193	−0.178
	幂函数	0.982	164.508	0.001	2.589	1.053		
	指数函数	0.877	21.293	0.019	2.139	0.4		

续表

性状	模型	R^2	F	Sig.	截距	b1	b2	b3
第 3 腹节长	线性	0.887	23.64	0.017	1.864	2.294		
	三次函数	0.994	51.236	0.102	−3.274	6.943	−0.91	0.027
	幂函数	0.942	48.421	0.006	3.23	0.918		
	指数函数	0.792	11.434	0.043	2.819	0.338		
第 4 腹节长	线性	0.956	64.729	0.004	1.656	1.626		
	三次函数	0.997	97.397	0.074	−0.786	3.972	−0.53	0.027
	幂函数	0.982	167.609	0.001	2.863	0.773		
	指数函数	0.876	21.185	0.019	2.489	0.293		
第 5 腹节长	线性	0.957	66.054	0.004	0.791	2.009		
	三次函数	0.998	152.268	0.059	−1.982	4.555	−0.517	0.018
	幂函数	0.973	106.509	0.002	2.311	0.991		
	指数函数	0.851	17.124	0.026	1.953	0.372		
第 6 腹节长	线性	0.945	51.756	0.006	3.558	3.892		
	三次函数	0.994	53.042	0.101	−0.966	7.394	−0.377	−0.041
	幂函数	0.979	137.16	0.001	6.438	0.804		
	指数函数	0.87	20.126	0.021	5.573	0.305		
尾节长	线性	0.954	62.87	0.004	3.021	3.633		
	三次函数	0.996	79.688	0.082	−0.73	6.457	−0.255	−0.043
	幂函数	0.982	166.554	0.001	5.783	0.818		
	指数函数	0.878	21.559	0.019	4.982	0.311		
头胸甲宽	线性	0.858	18.123	0.024	3.194	3.354		
	三次函数	0.996	92.846	0.076	−0.484	4.26	1.086	−0.244
	幂函数	0.941	47.628	0.006	5.18	0.869		
	指数函数	0.794	11.583	0.042	4.545	0.321		
头胸甲高	线性	0.901	27.33	0.014	3.057	4.005		
	三次函数	0.997	103.984	0.072	−1.098	5.688	0.754	−0.204
	幂函数	0.957	67.251	0.004	5.704	0.897		
	指数函数	0.823	13.931	0.034	4.94	0.334		
第 1 腹节宽	线性	0.85	17.009	0.026	2.676	2.92		
	三次函数	0.996	88.598	0.078	−1.364	4.735	0.605	−0.179
	幂函数	0.934	42.685	0.007	4.331	0.895		
	指数函数	0.781	10.73	0.047	3.803	0.329		

续表

性状	模型	R^2	F	Sig.	截距	b1	b2	b3
第 1 腹节高	线性	0.898	26.28	0.014	2.177	3.657		
	三次函数	0.993	48.474	0.105	−1.472	4.991	0.766	−0.195
	幂函数	0.954	62.595	0.004	4.62	0.959		
	指数函数	0.819	13.537	0.035	3.966	0.357		

表 46　4 种曲线模型对中国对虾野生群体 F_1 代各性状的拟合结果

性状	模型	R^2	F	Sig.	截距	b1	b2	b3
体重	线性	0.956	65.37	0.004	−11.59	9.396		
	三次函数	0.996	81.864	0.081	7.428	−11.405	5.945	−0.489
	幂函数	0.959	69.692	0.004	1.386	2.031		
	指数函数	0.955	63.565	0.004	0.841	0.815		
全长	线性	0.984	179.963	0.001	34.723	28.747		
	三次函数	0.993	44.712	0.109	67.814	−20.002	19.352	−2.216
	幂函数	0.964	80.181	0.003	61.72	0.636		
	指数函数	0.964	80.269	0.003	52.707	0.256		
体长	线性	0.987	220.135	0.001	27.444	23.332		
	三次函数	0.99	32.055	0.129	45.96	−2.651	9.9	−1.099
	幂函数	0.966	84.725	0.003	49.681	0.636		
	指数函数	0.97	96.317	0.002	42.353	0.256		
头胸甲长	线性	0.993	443.518	0	6.703	7.297		
	三次函数	0.996	75.772	0.084	11.704	0.296	2.661	−0.295
	幂函数	0.979	138.621	0.001	13.741	0.688		
	指数函数	0.974	111.663	0.002	11.606	0.276		
第 1 腹节长	线性	0.894	25.188	0.015	0.334	2.882		
	三次函数	0.991	35.316	0.123	−1.12	7.624	−2.716	0.38
	幂函数	0.905	28.699	0.013	3.832	0.776		
	指数函数	0.978	131.559	0.001	3.047	0.324		
第 2 腹节长	线性	0.992	355.501	0	1.624	2.348		
	三次函数	0.996	92.409	0.076	3.068	0.834	0.404	−0.3
	幂函数	0.973	106.13	0.002	4.032	0.715		
	指数函数	0.987	230.966	0.001	3.354	0.29		
第 3 腹节长	线性	0.98	144.656	0.001	3.36	1.958		
	三次函数	0.988	28.069	0.138	2.324	3.835	−0.858	0.108
	幂函数	0.966	84.661	0.003	5.231	0.543		
	指数函数	0.982	165.05	0.001	4.545	0.22		

续表

性状	模型	R^2	F	*Sig.*	截距	b1	b2	b3
第 4 腹节长	线性	0.956	65.795	0.004	2.572	1.44		
	三次函数	0.999	345.204	0.04	1.27	0.607	1.03	0.187
	幂函数	0.948	54.707	0.005	3.995	0.522		
	指数函数	0.978	135.357	0.001	3.475	0.213		
第 5 腹节长	线性	0.985	196.782	0.001	1.462	1.896		
	三次函数	0.996	91.21	0.077	0.05	1.228	1.025	0.193
	幂函数	0.989	264.4	0.001	3.303	0.723		
	指数函数	0.967	87.839	0.003	2.787	0.287		
第 6 腹节长	线性	0.99	307.279	0	4.882	3.646		
	三次函数	0.993	47.999	0.106	7.78	−0.272	1.443	−0.156
	幂函数	0.967	88.711	0.003	8.36	0.605		
	指数函数	0.977	128.6	0.001	7.167	0.244		
尾节长	线性	0.991	330.172	0	3.773	3.451		
	三次函数	0.992	41.066	0.114	5.276	1.342	0.803	-0.089
	幂函数	0.977	127.082	0.001	7.055	0.655		
	指数函数	0.972	105.801	0.002	6.007	0.263		
头胸甲宽	线性	0.812	12.988	0.037	2.987	3.985		
	三次函数	0.983	18.8	0.168	22.302	−25.451	11.999	−1.4
	幂函数	0.884	22.811	0.017	6.624	0.748		
	指数函数	0.867	19.568	0.021	5.548	0.298		
头胸甲高	线性	0.963	77.367	0.003	3.294	2.862		
	三次函数	0.98	16.075	0.181	6.65	−2.499	2.261	−0.27
	幂函数	0.949	56.252	0.005	5.898	0.659		
	指数函数	0.937	44.916	0.007	5.033	0.263		
第 1 腹节宽	线性	0.986	210.646	0.001	3.099	4.225		
	三次函数	0.994	55.224	0.099	8.214	−3.073	2.821	−0.317
	幂函数	0.967	87.583	0.003	7.23	0.728		
	指数函数	0.965	83.214	0.003	6.039	0.292		
第 1 腹节高	线性	0.984	183.963	0.001	2.756	3.706		
	三次函数	0.998	152.258	0.059	8.314	−4.37	3.17	−0.36
	幂函数	0.968	90.417	0.002	6.355	0.729		
	指数函数	0.964	79.552	0.003	5.313	0.292		

从表 45 中可以看出，采用 4 种曲线估计模型对中国对虾“黄海 1 号”各形态性状的生长曲线进行拟合，以三次函数模型的拟合优度(R^2)最高，各形态性状 R^2 变化范围在 0.993～1.000 之间，其次为幂函数估计模型，各形态性状 R^2 变化范围在

0.934～0.995 之间，线性模型 R^2 的变化范围在 0.85～0.994 之间，指数模型的拟合度最低，各性状 R^2 的变化范围在 0.781～0.94 之间。因此，根据上述结果，选用三次函数模型作为计算中国对虾“黄海 1 号”各形态性状的拐点月龄和达到拐点时的体重和其他形态性状。

从表 46 可以看出，采用上述 4 种生长曲线估计模型对中国对虾野生群体 F_1 代的生长规律进行拟合，同样以三次函数模型的拟合度（R^2）最高，各形态性状 R^2 变化范围在 0.980～0.999 之间，其次为幂函数估计模型，各形态性状 R^2 变化范围在 0.884～0.989 之间，线性模型的 R^2 最低，变化范围在 0.812～0.993 之间，其次为指数函数模型，R^2 变化范围在 0.867～0.987 之间。因此，根据不同生长曲线模型对中国对虾野生群体 F_1 代的拟合情况，同样选用三次函数模型作为估计中国对虾野生群体 F_1 代各形态性状的拐点月龄和达到拐点月龄时的各性状值的大小。

11.3 两个群体各性状的生长规律

采用三次函数拟合了中国对虾“黄海 1 号”和野生群体 F_1 代的生长曲线，并给出了两群体拟合生长曲线和各性状达到最大生长速度的月龄（拐点月龄）和体重及各形态性状长度。

表 47 中国对虾“黄海 1 号”和野生群体 F_1 代的体重模型参数

群体	体重模型	拐点月龄	拐点体重(g)
黄海 1 号	$Y=12.916-23.898x+12.843x^2-1.489x^3$	2.87	14.98
野生群体 F_1 代	$Y=7.428-11.405x+5.945x^2-0.489x^3$	4.05	26.26

表 48 中国对虾“黄海 1 号”和野生群体 F_1 代各形态性状模型参数

群体	性状	生长模型	拐点月龄	拐点长度 /mm
黄海 1 号	全长	$Y=6.308+28.498x+10.133x^2-1.946x^3$	1.74	76.31
	体长	$Y=1.276+28.006x+6.343x^2-1.343x^3$	1.57	55.67
	头胸甲长	$Y=-1.508+11.568x+0.3x^2-0.198x^3$	0.51	4.44
	第 1 腹节长	$Y=-3.192+7.362x-1.813x^2+0.215x^3$	2.81	7.95
	第 2 腹节长	$Y=0.564+0.85x+1.193x^2-0.178x^3$	2.23	6.43
	第 3 腹节长	$Y=0.87+0.16x+2.235x^2-0.405x^3$	1.84	6.21
	第 4 腹节长	$Y=1.27+0.607x+1.03x^2-0.187x^3$	1.84	4.7
	第 5 腹节长	$Y=0.05+1.228x+1.025x^2-0.193x^3$	1.77	4.36
	第 6 腹节长	$Y=-0.966+7.394x-0.377x^2-0.041x^3$	3.07	16.97
	尾节长	$Y=-0.73+6.457x-0.255x^2-0.043x^3$	1.98	10.75
	头胸甲宽	$Y=-0.484+4.26x+1.086x^2-0.244x^3$	1.48	7.41
	头胸甲高	$Y=-1.098+5.688x+0.754x^2-0.204x^3$	1.23	6.66
	第 1 腹节宽	$Y=-1.364+4.735x+0.605x^2-0.179x^3$	1.13	4.5

续表

群体	性状	生长模型	拐点月龄	拐点长度 /mm
	第 1 腹节高	$Y=-1.472+4.991x+0.766x^2-0.195x^3$	1.31	5.94
野生群体 F_1 代	全长	$Y=67.814-20.002x+19.352x^2-2.216x^3$	2.91	118.88
	体长	$Y=45.96-2.651x+9.9x^2-1.099x^3$	3	97.43
	头胸甲长	$Y=11.704+0.296x+2.661x^2-0.295x^3$	3	28.57
	第 1 腹节长	$Y=-1.12+7.624x-2.716x^2+0.38x^3$	2.38	6.76
	第 2 腹节长	$Y=3.068+0.834x+0.404x^2-0.3x^3$	0.45	3.49
	第 3 腹节长	$Y=2.324+3.835x-0.858x^2+0.108x^3$	2.65	8.46
	第 4 腹节长	$Y=-0.632+4.828x-1.515x^2+0.188x^3$	2.68	6.31
	第 5 腹节长	$Y=-0.57+5.041x-1.297x^2+0.153x^3$	2.82	6.76
	第 6 腹节长	$Y=7.78-0.272x+1.443x^2-0.156x^3$	3.08	16.07
	尾节长	$Y=5.276+1.342x+0.803x^2-0.089x^3$	3	14.13
	头胸甲宽	$Y=22.302-25.451x+11.999x^2-1.4x^3$	2.85	14.83
	头胸甲高	$Y=6.65-2.499x+2.261x^2-0.27x^3$	2.79	11.42
	第 1 腹节宽	$Y=8.214-3.073x+2.821x^2-0.317x^3$	2.96	15.62
	第 1 腹节高	$Y=8.314-4.37x+3.17x^2-0.36x^3$	2.94	13.71

从表 47 可以看出，中国对虾“黄海 1 号”体重达到最大生长速度约在放苗后的 3 个月，即 7～8 月份之间。此时拐点体重为 14.98 g，而野生群体 F_1 代体重达到最大生长速度约在放苗后的 4 个月，与黄海 1 号相比，野生群体 F_1 代的体重延缓了 1 个月左右，拐点体重为 26.26 g。

中国对虾“黄海 1 号”的全长，体长，头胸甲长、宽、高，各腹节长，尾节长及第 1 腹节的宽和高等 14 个形态性状达到最大生长速度拐点月龄分布在 0.51～3.07 之间（表 48）。其中头胸甲长达到最大生长速度最早，拐点月龄（头胸甲拐点长度）为 0.51（4.44），腹节 6、腹节 1 和腹节 2 达到最大生长速度最晚，拐点月龄分别为 3.07（16.97）、2.81（7.95）和 2.23（6.43）。其余各形态性状的拐点月龄分布在 1.13～1.98 之间，分布比较集中。各形态性状达到最大生长速度的顺序分别为：头胸甲长＞第 1 腹节宽＞头胸甲高＞腹 1 高＞头胸甲宽＞体长＞全长＞腹节 5 长＞腹节 3 和 4 长＞尾节长＞腹节 2 长＞腹节 1 长＞腹节 6 长。

中国对虾野生群体 F_1 代各形态性状中，除腹节 2 的长度达到最大生长速度的拐点月龄（腹节 2 拐点长度）在 0.45（3.49）以外，其他各形态性状的拐点月龄均分布在 2.38～3.08 之间。与中国对虾“黄海 1 号”相比，各形态性状生长延缓了 1 个月左右。野生群体 F_1 代各形态性状达到最大生长速度的顺序分别为：腹节 2 长＞腹节 1 长＞腹节 3 长＞腹节 4 长＞头胸甲高＞腹节 5 长＞头胸甲宽＞全长＞腹 1 高＞腹 1 宽＞尾节长＝头胸甲长＝体长＞腹节 6 长。另外，除第 1 和第 2 腹节长两个性状外，中国对虾“黄海 1 号”各形态性状达到最大生长速度的拐点月龄均比野生群体 F_1 代的早。这说明经过 10 多年的选育，中国对虾“黄海 1 号”的生长规律发生一定程度的变化，体重和体长等形态性状较早地进入了快速生长时期，达到最大生长速度的时间较未选育的野生群体 F_1 代提前了 1 个月左右。

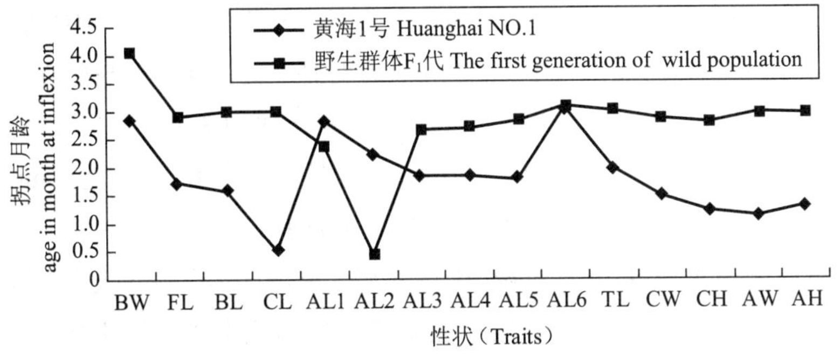

图 6 中国对虾“黄海 1 号”和野生群体 F_1 代各形态性状拐点月龄分布

中国对虾主要产于我国黄渤海域，因其生长快、养殖周期短、经济效益高等优点而成为我国重要的海水养殖种类。但是，近年来随着养殖规模的不断扩大、养殖自身污染积累以及病原变异等问题的加剧，对虾养殖产业的可持续发展受到明显制约。中国对虾养殖业在 1993 年以后遭受白斑综合征病毒（WSSV）病的重创，对虾养殖生产严重滑坡，年产量长期在 5 万吨左右徘徊，所造成的经济损失高达上百亿元人民币。中国对虾的生长易受环境因素的影响，在整个生长过程中，各个时期的测定值总是在生长曲线上下波动，有时甚至远离正常曲线，从而影响生长性状的遗传参数和遗传进展的精确估计，且无法判别养殖过程中的饵料供应情况，所以建立中国对虾的生长模型，分析其生长规律，可为中国对虾的选择育种工作提供理论依据。

本研究采用 4 种曲线模型对中国对虾“黄海 1 号”和野生群体 F_1 代的生长规律进行拟合，均得到了较好的拟合效果，其中以三次函数模型的拟合度最高，最能反映两群体在养殖过程中体重、全长、体长等各形态性状的生长规律。根据采用三次函数模型对两群体各性状估计的拐点月龄可以看出，中国对虾“黄海 1 号”的体重在放苗后 2.87 个月，即 7 月 28 日前后就达到最大的生长速度，拐点体重为 14.98 g。而中国对虾野生群体 F_1 代的拐点月龄为 4.05，即 8 月 30 日左右才能达到最大生长速度，比中国对虾“黄海 1 号”发育迟缓了 1 个月左右，这与赵晓临等对辽宁、盘锦二界沟镇养殖场的池养中国对虾体重的拐点月龄提早 15 d。分析其主要原因可能与人工选育有关，中国对虾“黄海 1 号”经过 10 多年的选育，在逐代选育过程中将生长缓慢、发育迟缓的个体淘汰掉，将生长快的基因在选育过程中进行“富集”，逐步提高中国对虾“黄海 1 号”的生长速度，使中国对虾“黄海 1 号”的生长速度加快，与未经选育的野生群体 F_1 代相比，具有个体大、生长快等优良性状。胡品虎等（1995）研究了江苏省大丰县池养中国对虾的生长特性，体重达到最大生长速度的时间为 8 月 7 日，认为生长曲线拐点前的 1 个月及拐点后的 1 个半月均是池养对虾的主要增重阶段。

从其他形态性状包括全长、体长、头胸甲长、各腹节长等也可以看出，中国对虾"黄海 1 号"除第 1 和第 2 腹节长两性状达到最大生长速度迟缓于野生群体 F_1 代外，其他 12 个形态性状的拐点月龄均小于野生群体 F_1 代的拐点月龄，这与李朝霞等(2006)的研究结果较一致，说明了中国对虾"黄海 1 号"在选育过程中通过增加全长及腹节的长度来维持其优良的生长优势。中国对虾"黄海 1 号"与野生群体 F_1 代的第 6 腹节长几乎同时达到最大生长速度，拐点月龄分别为 3.07 和 3.08，但达到拐点月龄时的拐点长度分别为 16.97 mm 和 16.07 mm，比野生群体 F_1 代长近 1 mm，这从另一角度证实了中国对虾"黄海 1 号"在生长性状上的优势。

通过本研究的研究结果可以看出，中国对虾"黄海 1 号"各形态性状达到最大生长速度的时间不同，因此，在养殖过程中应该根据中国对虾"黄海 1 号"的生长曲线，在拐点月龄前后，加强投饵的种类和数量，提供丰富的营养供给，以保证中国对虾"黄海 1 号"的生长需要，以获得更好的养殖效果。

参考文献

[1] 安丽，刘萍，李健，等．"黄海 1 号"中国明对虾形态性状对体质量的影响效果分析 [J]．中国水产科学，2008，15：779-786.

[2] 包振民，张全启，王海，等．中国对虾三倍体的诱导研究——细胞松弛素 B 处理 [J]．海洋学报，1993，15 (3)：101-105.

[3] 蔡难儿，林峰，柯亚夫，等．中国对虾人工诱导雌核发育的研究 I ——四步诱导法 [J]．海洋科学，1995，3：35-41.

[4] 常亚青，刘小林，相建海，等．栉孔扇贝中国种群与日本种群杂交子一代的中期生长发育 [J]．水产学报，2003，27 (3)：193-199.

[5] 陈本难，蔡难儿，李光友．中国对虾人工诱导雌核发育的研究——紫外线辐射对精子顶体反应和受精能力的影响 [J]．海洋科学，1997，1：41-47.

[6] 陈刚，柴华金，林晓文．罗氏沼虾体长和体重的一些遗传参数分析 [J]．湛江水产学院学报，1996，16(1)：25-30.

[7] 陈来钊，王子臣．温度对海湾扇贝与虾夷扇贝及其杂交受精、胚胎和早期幼体发育的影响 [J]．大连水产学院学报，1994，9(4)：1-9.

[8] 陈述，相建海，秦裕江，等．海湾扇贝、栉孔扇贝和虾夷扇贝杂交育种可行性研究 I 异种配子亲和性和杂种的早期发育 [M]．青岛：青岛海洋大学出版社，1991.

[9] 陈永胜，姚雄志，谢大敬．不同养殖密度下鲟鱼生长规律的研究 [J]．水利渔业，2004，24(5)：43-44.

[10] 戴继勋，包振民，张全启，等．^{60}Co γ 射线诱导中国对虾雌核发育的观察 [J]．青岛海洋大学学报，1993，23(4)：151-154.

[11] 戴继勋，包振民，张全启. 中国对虾三倍体的诱发研究——温度休克 [J]. 遗传，1993，15（5）：15–18.

[12] 邓景耀. 对虾渔业生物学研究现状 [J]. 生命科学，1998，10（4）：191–196.

[13] 董世瑞，孔杰，万初坤，等. 中国对虾形态性状对体重影响的通径分析 [J]. 海洋水产研究，2007，28（3）：16–22.

[14] 高冬梅，李健，王清印. 养殖对虾新品种培育技术研究进展 [J]. 中国水产科学，2002，9：375–378.

[15] 耿绪云，王雪惠，孙金生，等. 中华绒螯蟹一龄幼蟹外部形态性状对体重的影响效果分析 [J]. 海洋与湖沼，2007，38（1）：49–54.

[16] 何玉英，李健，刘萍，等. 中国对虾“黄海 1 号”与野生群体 F_1 代生长发育规律比较 [J]. 中国海洋大学：自然科学版，2009，39：413–420.

[17] 何玉英，李健，刘萍，等. 中国对虾养殖群体生长和抗逆性状杂交优势和生长相关分析 [J]. 中国海洋大学学报（自然科学版），2011，41（增刊）：154–160.

[18] 何玉英，刘萍，李健，等. 中国对虾人工选育群体第一代和第六代遗传结构分析 [J]. 中国水产科学，2004，11（6）：572–575.

[19] 何玉英，刘萍，李健，等. 中国对虾与生长性状相关 SCAR 标记的筛选 [J]. 海洋与湖沼，2007，38（1）：54–60.

[20] 何玉英，王清印，谭乐义，等. 中国对虾生长性状的遗传力和遗传相关估计 [J]. 安徽农业科学，2011，（17）：10499–10502.

[21] 胡品虎，唐天德，沈涛. 中国对虾在池塘中生长特性的研究 [J]. 水产养殖，1995，4：18–21.

[22] 黄付友，何玉英，李健，等. “黄海 1 号”中国对虾体长遗传力的估计 [J]. 中国海洋大学学报，2008，38（2）：269–274.

[23] 姜勋平，刘桂琼，杨利国，等. 海门山羊生长规律及其遗传分析 [J]. 南京农业大学学报，2001，24（1）：69–72.

[24] 敬艳辉，邢留伟. 通径分析及其应用 [J]. 统计教育，2006，2：24–26.

[25] 兰进好，张宝石，周鸿飞. 作物杂种优势遗传基础研究进展 [J]. 中国科学通报，2005，21（1）：114–119.

[26] 李朝霞，李健，王清印，等. 中国对虾“黄海 1 号”选育群体与野生群体 F_1 代的形态特征比较 [J]. 中国水产科学，2006，13（3）：384–388.

[27] 李健，高天翔，柳广东，等. 中国对虾人工选育群体的同工酶分析 [J]. 海洋水产研究，2003，24（2）：1–8.

[28] 李健，刘萍，何玉英，等. 中国对虾快速生长新品种“黄海 1 号”的人工选育 [J]. 水产学报，2005，29（1）：1–5.

[29] 李健，牟乃海，孙修涛，等. 无特定病原中国对虾种群选育的研究 [J]. 海洋科学，

2000,25(12):30-33.

[30] 李健,孙修涛,高成年,等.养殖中国对虾育苗效果观察 [J].海洋科学,1992:18-22.

[31] 李健,王清印.中国对虾高健康养殖品种选育的初步研究 [J].中山大学学报,2000,39(增刊):86-90.

[32] 李明爽,傅洪拓,龚永生,等.杂种优势预测研究进展 [J].中国农学通报,2008,24(1):117-122.

[33] 李思发,李晨虹,李家乐.尼罗罗非鱼品系间形态差异分析 [J].动物学报,1998,44(4):450-457.

[34] 李素红,张天时,孟宪红,等.中国对虾杂交优势对自然感染白斑综合征病毒的抗病力分析 [J].水产学报,2007,31(1):68-75.

[35] 李勇,李思发,王成辉,等.三水系中华绒螯蟹形态判别程序的建立和使用 [J].水产学报,2001,25(2):120-126.

[36] 梁前进,彭奕欣,余秋梅.野生鲫和五个金鱼品种的判别分析和聚类分析 [J].水生生物学报,1998,22(3):236-243.

[37] 林红,夏德全,杨弘,等.遗传连锁图谱及其在鱼类遗传育种中的应用 [J].中国水产科学,2000,7(1):95-98.

[38] 刘贵周,蔡传涛,罗媛,等.不同混农林种植模式下糖胶树生物量与生长规律研究 [J].中国生态农业学报,2008,16(1):150-154.

[39] 刘萍,孔杰,李健.中国对虾精子作载体将生长激素基因导入受精卵的研究 [J].中国水产科学,1996,3(1):6-10.

[40] 刘萍,孔杰,石拓,等.暴发性流行病病原对中国对虾亲虾人工感染及对子代影响的 PCR 检测 [J].海洋与湖沼,1999,30(2):139-144.

[41] 刘萍,孔杰,王清印,等.显微注射生长激素基因导入中国对虾受精卵的研究 [J].中国水产科学,1996,3(4):35-38.

[42] 刘萍,孟宪红,孔杰,等.中国对虾微卫星 DNA 多态性分析 [J].自然科学进展,2004,14(2):150-155.

[43] 刘小林,常亚青,相建海,等.虾夷马粪海胆早期生长发育的遗传力估计 [J].中国水产科学,2003,10(3):208-211.

[44] 刘小林,常亚青,相建海,等.栉孔扇贝不同种群杂交效果的初步研究Ⅰ.中国种群与俄罗斯种群的杂交 [J].海洋学报,2003,25(1):93-99.

[45] 刘小林,常亚青,相建海,等.栉孔扇贝壳尺寸性状对活体重的影响效果分析 [J].海洋与湖沼,2002,33(6):673-678.

[46] 刘小林,吴长功,张志怀,等.凡纳对虾形态性状对体重的影响效果分析 [J].生态学报,2004,24(4):857-862.

[47] 刘志刚，王辉，符世伟．湛江北部湾养殖墨西哥湾扇贝的形态增长规律 [J]．水产学报，2007，31（5）：675-681.

[48] 楼允东．鱼类育种学 [M]．北京：中国农业出版社，1999.

[49] 卢立昌一．エウうイエビの種苗生产 [J]．调查研究ニエース，1984，17-21.

[50] 鲁绍雄，吴常信，连林生．性状遗传力与 QTL 方差对标记辅助选择效果的影响 [J]．遗传学报，2003，30（11）：989-995.

[51] 陆彤霞，尤仲杰，陈清建．浙江海域墨西哥湾扇贝生长的研究 [J]．宁波大学学报（理工版），2003，16（2）：131-135.

[52] 栾生，孙悬玲，孔杰．刺参耳状幼体体长遗传力的估计 [J]．中国水产科学，2006，13（3）：378-383.

[53] 罗坤，杨国梁，孔杰，等．罗氏沼虾不同群体杂交效果分析 [J]．海洋水产研究，2008，29（3）：67-73.

[54] 聂宗庆，王素平，李木彬，等．盘鲍引进养殖与人工育苗试验 [J]．福建水产，1995，1：9-16.

[55] 钱荣华，李家乐，董志国，等．中国五大湖三角帆蚌形态差异分析 [J]．海洋与湖沼，2003，34（4）：436-443.

[56] 钱志林．坚定不移地搞好对虾养殖越冬工作 [J]．中国水产，1990，10：4-5.

[57] 邱高峰．虾蟹类遗传育种学研究 [J]．水产学报，1998，22（3）：265-274.

[58] 盛志廉，陈瑶生．数量遗传学 [M]．北京：科学出版社，2001.

[59] 孙昭宁，刘萍，李健，等.RAPD 和 SSR 两种标记构建的中国对虾遗传连锁图谱 [J]．动物学研究，2006，27（3）：317-324.

[60] 谭海东，张波，郝景泉，等．转基因鱼的研究进展 [J]．大连水产学院学报，1999，14（2）：54-61.

[61] 田传远，王如才，梁英.6-DMAP 诱导太平洋牡蛎三倍体——抑制受精卵第二极体释放 [J]．中国水产科学，1999，6（2）：1-4.

[62] 田燚，孔杰，栾生，等．中国对虾生长性状遗传参数的估计 [J]．海洋水产研究，2008，29（3）：1-6.

[63] 田燚，孔杰，杨翠华，等．中国对虾形态性状与体重的相关性分析 [J]．海洋与湖沼，2006，37（增刊）：54-59.

[64] 童金苟，朱嘉濠，吴清江．鱼类和水生动物基因组作图研究的现状及前景 [J]．水产学报，2001，25（3）：270-278.

[65] 汪德耀，刘汉英．牡蛎人工杂交初步研究 [J]．动物学报，1959，11（3）：283-295.

[66] 王和勇，陈敏，廖志华，等.RFLP、RAPD、AFLP 分子标记及其在植物生物技术中的应用 [J]．生物学杂志，1999，16（4）：24-25.

[67] 王辉，刘志刚，符世伟．湛江北部湾海域养殖墨西哥湾扇贝重量性状增长规律的

研究 [J]. 热带海洋学报，2007，26（5）：53-59.

[68] 王清印. 海洋生物技术在海水养殖动植物品种培育和病害防治中的应用 [J]. 生物工程进展，1996，16（6）：41-48.

[69] 王清印. 养殖对虾的优良品种选育与海洋生物技术 [R]. 海洋高新技术产业化高级论坛，2000：192-201.

[70] 王绍中，茹天祥. 丘陵红粘土旱地冬小麦根系生长规律的研究 [J]. 植物生态学报，1997，21（2）：175-190.

[71] 王素娟，等. 海藻生物技术 [M]. 上海：上海科学技术出版社，1994.

[72] 王堉，等. 对虾人工育苗试验 [J]. 海洋水产研究丛刊，1965，20：34-50.

[73] 王堉，等. 对虾人工越冬及提前产卵的试验 [J]. 海洋水产研究丛刊，1965，20：22-23.

[74] 魏开建，熊邦喜，赵小红，等. 五种蚌的形态变异与判别分析 [J]. 水产学报，2003，27（1）：13-18.

[75] 吴彰宽等. 胜利原油对对虾受精卵及幼体发育的影响 [J]. 海洋科学，1985，2：35-39.

[76] 吴仲庆，徐福章，周雪芳. 长毛对虾体长和体重的一些遗传参数 [J]. 厦门水产学院学报，1990，12（2）：5-14.

[77] 相建海，周令华，刘瑞玉，等. 中国对虾四倍体诱导研究 [J]. 海洋科学，1992，（4）：55-61.

[78] 相建海. 海水养殖生物病害发生与控制 [M]. 北京：海洋出版社，2001.

[79] 徐鹏，周岭华，相建海. 用 PCR 法快速筛选中国对虾含微卫星的重组阳性克隆 [J]. 水产学报，2001，25（1）：127-130.

[80] 杨青华，高尔明，马新明. 砂姜黑土玉米根系生长发育动态研究 [J]. 作物学报，2000，26（5）：587-593.

[81] 袁志发，周敬芋，郭满才，等. 决定系数——通径系数的决策指标 [J]. 西北农林科技大学学报（自然科学版），2001，29（5）：131-133.

[82] 袁志发，周敬芋. 多元统计分析 [M]. 北京：科学出版社，2002：130-131.

[83] 张春艳，沈忠，周志权，等. 波尔山羊羔羊生长发育规律研究 [J]. 华中农业大学学报，2006，25（6）：640-644.

[84] 张德水，陈受宜.DNA 分子标记、基因组作图及其在植物遗传育种上的应用 [J]. 生物技术通报 1998，5：15-22.

[85] 张建森，孙小异，施永红，等. 建鲤品种特性的研究 [A]// 建鲤育种研究论文集，北京：科学出版社，1994，27-39.

[86] 张琪，丛鹏，彭励. 通径分析在 Excel 和 SPSS 中的实现 [J]. 农业网络信息，2007，3：109-111.

[87] 张天时，刘萍，李健，等．用微卫星 DNA 技术对中国对虾人工选育群体遗传多样性的研究 [J]．水产学报，2005，29（1）：6–12.

[88] 张天时，刘萍，李健，等．中国对虾与生长性状相关微卫星 DNA 分子标记的筛选 [J]．海洋水产研究，2006，27（5）：34–38.

[89] 张天时，王清印，刘萍，等．中国对虾人工选育群体不同世代的微卫星分析 [J]．海洋与湖沼，2005，36（1）：72–80.

[90] 张炎，邓其祥．铜鱼生长规律的数学模型 [J]．四川师范学院学报（自然科学版），1996，17（1）：31–34.

[91] 张尧庭，方开秦．多元统计分析引论 [M]．北京：科学出版社，1982.

[92] 张永普，林志华，应雪萍．不同地理种群泥蚶的形态差异与判别分析 [J]．水产学报，2004，28（3）：339–342.

[93] 张玉勇，常亚青，宋坚．杂交育种技术在海水养殖贝类中的应用及研究进展 [J]．水产科学，2005，24（4）：39–41.

[94] 赵晓临，王旭．北方池养中国对虾生长特性研究 [J]．水产学杂志，2007，20（2）：50–53.

[95] 周百成，曾呈奎．藻类生物技术与海洋产业发展 [J]．生物工程进展，1996，16（6）：13–16.

[96] 周茂德，高允田，吴融，等．太平洋牡蛎与近江牡蛎、褶牡蛎人工杂交的初步研究 [J]．水产学报，1982，6（3）：235–241.

[97] Ahmed M, Abbas G. Growth parameters of the finfish and shellfish juveniles in the tidal waters of Bhanbhore, Korangi Creek and Miani Hor Lagoon[J]. Pakistan Journal of Zoology, 2000, 32(3–4): 32–331.

[98] Alcivar-Warnen A. Efforts towards developing a linkage map for penaeid shrimp [A]. Grant D, Lazo G R. . eds: Plant and Animal Genome[C]. San Diego: Scherago Co, 1999. 35.

[99] Aras-hisar S, Yanik T, Hisar O, et al. Hatchery and growth performance of two trout pure breeds, *Salvelinus alpinus* and *Salmo trutta fario*, and their hybrid[J]. Israeli J Aquac Bamidgeh, 2003, 55(3): 154–160.

[100] Argue B J, Aree S M, Lotz J M, et al. Selective breeding of Pacific white shrimp (*Litopenaeus vannamei*) for growth and resistance to Taura Syndrome Virus[J]. Aquaculture, 2002, 204: 447–461.

[101] Argue B J, Liu Z, Dunham R A. Dress-out and fillet yields of channel catfish, Ictalurus punctatus, blue catfish, Ictalurus furcatus, and their F_1, F_2 and backcross hybrids[J]. Aquaculture, 2003, 228: 81–91.

[102] Aulstad D, Gjedrem T, Skjervold H, et al. Genetic and Environmental Sources of

Variation in Length and Weight of Rainbow Trout（*Salmo gairdneri*）[J]. Journal of the Fisheries Research Board of Canada, 1972, 29(3): 237-242.

[103] Bashirullah A K M, Mahmood N, Matin A K M A. Aquaculture and coastal zone management in Bangladesh[J]. CoastalManage, 1989, 17: 119-128.

[104] Benzie J A H, Kenway M, Ballment S, et al. Interspecific hybridization of the tiger prawns *Penaeus monodon* and *Penaeus esculentus*[J]. Aquaculture, 1995, 133: 103-112.

[105] Benzie J A H, Kenway M, Trott L. Estimates for the heritability of size in juvenile *Penaeus monodon* prawns from half-sib mating[J]. Aquaculture, 1996, 152: 49-54.

[106] Benzie J A H, Kenway M. Trott L. Estimates for the heritability of size in juvenile *Penaeus monodon* prawns from half sib mating[J]. Aquaculture, 1996, 152: 49-54.

[107] Benzie J A H. Penaeid genetics and biotechnology[J]. Aquaculture, 1998, 164: 23-48

[108] Bienfang P K, Sweeney J N. The use of SPF broodstock to prevent disease in shrimp farming[J]. Aquaculture Asia, 2001, 6(1): 12-15.

[109] Bray W A, Lawrence A L, Lester L J, et al. Increased larval production of penaeus setiferus by artificial insemination duting sourcing cruises[J]. Journal of the World Mariculture Society, 1982, 13(1-4): 121-133.

[110] Brock J A, Gose R B, Lightner D V, Hasson K. Recent developments and an overview of Taura Sndrome of farmed shrimp in the Americas[C]. In: Flegel, T. W., MacRae, I. H. Eds., Diseases in Asian Aquaculture Ⅲ. Fish Health Section, Asian Fisheries Society, Manila, Philippines, 1997, 275-284.

[111] Bryden C A, Heath J W, Heath D D. Performance and heterosis in farmed and wild Chinook salmo（*Oncorhynchus tshawyacha*）hybrid and purebred crosses[J]. Aquaculture, 2004, 235: 249-262.

[112] Carlberg J M, Vanolst J, Ford R. A comparison of larval and juvenile stages of the lob sters Homarns americanus Homarus gammarus and their hybrids[J]. Proceedings of the annual meeting-World Mariculture Society, 1978, 9(1-4): 109-122.

[113] Carr W H, Fjalestad K T, Godin D, et al. Genetic variation in weight and survival in a population of specific pathogen-free shrimp, *Penaeus varmamei*[C]//Flegel T W, Macrae I H. Diseases in Asian Aquaculture Ⅲ. Manila, Philippines: Fish Health Sectiwi, Asian Fisheries Society, 1997: 265-271.

[114] Chevassus B. Variability heritability des performances de: croisvsance chez truite arc-en-ciel（*S. gairdneri*）[J]. Ann Genet Sel Anim, 1976, 8: 273-282.

[115] Chew S. Artificial insemination using preserved spermatophores in palaemonial shrimp *Macrobrachium rosenbergii*[J]. Bulletin of the Japanese Society of Entific Fisheries, 1982, 48(12): 1693-1695.

[116] Crenshaw J W, Heffeman P B, Walker R L. Heritability of growth rate in the southern Bay scallop, *Argopecte nirradiam* concentricus[J]. Journal of Shellfish Research, 1991, 10: 55-64.

[117] De Tomas Kutz A, Lawrence A L. Quantitative genetic analysis of growth and survival in *Penaeus vannamei* versus temperature[C]. Proceedings 1st Latin American Shrimp Farming Congress, Panama: 1998.

[118] David L, Leighton, Cindy A, Lewis. Experimental hybridization in abalones[J]. International Journal of Invertebrate Reproduction, 2012, 5(5): 273-282.

[119] Doupe R G, Lymbery A J, Greeff J. Genetic, et al. varation in the growth traits of straight-bred and crossbred black bream (*Acanthopagus butcheri Munro*) at 90 days of age[J]. Aquaculture Research, 2003, 34(14): 1297-1302.

[120] Emmanuel Goyard Jacques Patrois Jean-Marie Peignon et al. IFREMER's Shrimp Genetic's Program[J]. The Advocate, 1999, 2(6): 26-29.

[121] Gall G A E. Genetics of reproduction in domesticated rainbow trout[J]. Journal of Animalence, 1975, 40(1): 19-28.

[122] Gao T X, LI J, Wang Q Y, et al. Partial sequence analysis of mitochondrial COI gene of the Chinese shrimp, *Fenneropenaeus chinensis* [J]. Journal of Ocean University of Qingdao, 2003, 2(2): 167-171.

[123] Gitterle T, Rye M, Salte R, et al. Genetic (co) variation in harvest body weight and survival in *Penaeus* (*Litopenaeus*) *vannamei* under standard commercial conditions[J]. Aquaculture, 2005, 243(1-4): 83-92.

[124] Gjedrem T, Fimland E. Potential benefits from high health and genetically improved shrimp stocks[C]. In: Browdy C L, Hopkins J S Eds. Swimming through troubled water, proceedings of the special session on shrimp farming. World Aquaculture Society, BatonRouge, L A, 1995, 60-65.

[125] Gjerde B R, Reddy P V, Mahapatra K D, et al. Growth and survival in two complete diallele crosses with five stocks of rohu carp (Labeo rohita) [J]. Aquaculture, 2002, 209(1/4): 103-116.

[126] Gjerde B. Genetic variation in production traits of Atlantic salmon and rainbow trout[C]. 32nd Annual Meeting of the European Association for Animal Production, in Zagreb, Yugoslavia, 1981, Ⅳ-16.

[127] Goyard E, Patrois J, Peignon J M, et al. Selection for better growth of *Penaeus stylirostris* in Tahiti and New Caledonia[J]. Aquaculture. 2002, 204: 461-469.

[128] Gunnes K, Gjedrem T. A genetic analysis of body weight and length in rainbow trout reared in seawater for 18 months[J]. Aquaculture, 1981, 24: 161-175.

[129] Gunnes K, Gjedrem T. Selection experiments with salmon Ⅳ Growth of Atlantic salmon during two years in the sea[J]. Aquaculture, 1978, 5: 19–24.

[130] Harue K, Mutsuyshi T, Katsuya M, et al. Estimation of body fat content from standard body length and body weight on cultured red sea bream [J]. Fisheries Science, 2000, 66(2): 365–372.

[131] Hena M A, Kamal M, Mair G G. Salinity tolerance in superior genotypes of *tilapia*, *Oreochromis niloticus*, *Oreochromis mossambicus* and their hybris[J]. Aquaculture, 2005, 247: 189–211.

[132] Hetzel D J S, Crocos P J, Davis G P, et al. Response to selection and heritability for growth in the Kuruma prawn, *Penaeus japonicus* [J]. Aquaculture, 2000, 181: 215–224.

[133] Ibarra A M, Ramirez J L, Ruiz C A et al. Realized heritabilities and genetic correlation after dual selection for total weight and shell width in catarina scallop (*Argopecten ventricosus*) [J]. Aquaculture, 1999, 175: 227–242.

[134] Jim Wyban. Breeding shrimp for fast growth and virus resistance[J]. The Advocate, 2000, 3(6): 32–34.

[135] Kenneth Jones. Improving shrimp stocks with microsatellites[J]. The Advocate, 2000, 3(6): 35–37.

[136] Langdon C J, Jacobson D P, Evans F, et al. The molluscan broodstock program improving *Pacific oyster* broodstock through genetic selection[J]. Journal of Shellfish Research, 2000, 19(1): 616.

[137] Lee C H, Mark R Y, Philip J B. Growth characteristics of freshwater pearl mussels *Margaritifera margaritifera* (L.) [J]. Freshwater Biology, 2000(43): 243–257.

[138] Lester L J. Developing a selective breeding plan for penaeid shrimp[J]. Aquaculture 1983, 33: 41–51.

[139] Li ZhX, Li J, Wang Q Y, et al. AFLP-based genetic linkage map of marine shrimp *Fenneropenaeus chinensis*[J]. Aquaculture, 2006, 261: 463–473.

[140] Li Zh X, Li J, Wang Q Y, et al. The effects of selective breeding on the genetic structure shrimp *Fenneropenaeus chinensis* populations[J]. Aquaculture, 2006, 258: 278–283.

[141] Lightner D V, Hasson K W, White B L, et al. Experimental infection of western hemisphere penaeid shrimp with asian white spot syndrome virus and asian yellow head vims[J]. Journal of Aquatic Animal Health, 1998, 10: 271–282.

[142] Lin M NI, Ting Y. *Spermatophore* transplantation and artificial fertilization in grass shrimp[J]. Nippon Suisan Gakkaishi, 1986, 52: 585–590.

[143] Liu B Z, Liang Y B, Liu X L, et al. Quantitative traits correlative analysis and growth comparison among different populations of bay scallop, *Argopecten irradians*[J]. Acta Oceanological Sinica, 2004, 23(3): 533-541.

[144] Liu P, Kong J, Shi T, et al. RAPD analysis of wild stock of penaeid shrimp (*Penaeus chinensis*) in Chinese coastal waters of the Huanghai Sea and coastal waters of the Bohai Sea[J]. Acta Oceanologica Sinica, 2000: 119-126.

[145] Mallet A L, Freeman K R, Dickie L M. The genetics of production characters in the blue mussel *Mytilus eclulis* I. A preliminary analysis[J]. Aquaculture, 1986, 57: 133-141.

[146] Misamore M, Browdy C L. Evaluating hybridization potential between *Penaeus setiferus* and *Penaeus vannamei* through natural mating, artificial insemination and in vitro fertilization[J]. Aquaculture, 1997, 150: 1-11.

[147] Moore S S, W, han V, Davis G, et al. The development and application of genetic markers for the Kururma prawn *Penaeus japonicus*[J]. Aquaculture, 1999, 173: 19-33.

[148] Nguenga D, Teugels G G, Ollevier F, et al. Fertilization, hatching, survival and growth rates in reciprocal crosses of two strains of an African catfish Heterobranchus longifilis Valenciennes 1840 under controlled hatchery conditions[J]. Aquaculture Research, 2000, 31(7): 565-573.

[149] Paul K, Bienf ang, Sweeney N J. The use of SPF broodstock to prevent disease in shrimp farming[J]. Aquaculture Asia, 2001, 6(1): 12-15.

[150] Peharda M, Christopher A R, Vladimir O, et al. Age and growth of the *bivalve Arca* noae L. in the Croatian Adriatic Sea[J]. Journal of Molluscan Studies, 2002(68): 307-311.

[151] Pejrez-Rostro C I, Ramirez J L, Ibarra A M. Maternal and cage effects on genetic parameter estimation for Pacific white shrimp *Penaeus Vannamei* Boone[J]. Aquaculture Research, 1999, 30: 1-14.

[152] Persyn H O. Artificial insemination of shrimp L . S [P]. Patent 4031855, June, 28, 1978.

[153] Quinton C L, Mckay L R, Mcmillan I. Strain and maturation effects on female spawning time in diallel cross of three strains of rainbow trout (*Oncorhynchus mykiss*) [J]. Aquaclture, 2004, 234(1/4): 99-101.

[154] Rawson P D, Hilbish T J . Heriiability of juvenile growth for hard clam Mercenaria merce naria[J]. Marine Biology, 1990, 105(3): 429-437.

[155] Refstie T, Steine T A. Selection experiments with salmon Ⅲ Genetic and environmental sources of variation in length and weight of Atlantic salmon in the freshwater phase[J].

Aquaculture，1978，14：221-232.

[156] Refstie T. Genetic and environmental sources of variation in body weight and length of rainbow trout fingerlings[J]. Aquaculture，1980，19：351-358.

[157] Sandifer P A，Lawrence A L，Harris S G，et al. Electrical stimulation of spermatophore expulsion in marine shrimp，*Penaeus* spp[J]. Aquaculture，1984，41（2）：181-187.

[158] Sandifer P A，Lynn J. Artificial insemination of caridean shrimp. In：Clark W H，Adams H S，eds. Recent advances in invertebrate reproduction[C]. Elsevier，Amsterdam，The Netherlands. 1980，271-289.

[159] Sbordonia V，Matthaeis E D，Sbordonib M C，et al. Bottleneck effects and the depression of genetic variability in hatchery stocks of *Penaeus japonicus*（Crustacea，Decapoda）[J]. Aquaculture，1986，57（1-4）：239-251.

[160] Shokita S. Larval development of interspecific hybrid between *Machrobrachium asperulum* from Taiwan and Marobrachium shokitai from the Ryukyus[J]. Bulletin of t he Japanese Society of Scientific Fisheries，1978，44：1187-1196.

[161] Su G S，Liljedahl L E，Gall G A E. Genetic and environmental variation of female reproductive traits in rainbow trout（*Oncorhynchus mykiss*）[J]. Aquaculture，1997，154（97）：115-124.

[162] Tariq A，Khan et al. INFOFISH International[J]. Biology，2000，1：41-45.

[163] Tassanakajan A，Tiptamonnukal A，Supungul C. Isolation and characterization of microsatellite markers in the black tiger prawn（*P. monodon*）[J]. Mol Mar Biol Biotechn，1999，7：55-62.

[164] Tave D，Smitherman R O. Predicted response to selection for early growth in *Tilapia JiiLotica*[J]. Transactions of the American Fisheries Society，1980，109：439-456.

[165] ToroJ E，Aguila P，Vergara A M. Spatial variation in response to selection for live weight and shell length from data on individually tagged Chilean native oysters（*Ostrea chilemis Philippi*，1845）[J]. Aquaculture，1996，146：27-37.

[166] ToroJ E，Newkirk G E. Divergent selection for growth rate in the European oyster（*Ostrea eciulis*）：Response to selection and estimation of genetic parameters[J]. Marine Ecology Progress Series，1990，62：219-226.

[167] Urmaza E B，Aguilar R O. Growth performance of saline-tolerant *tilapia* produced from cross combinations of various *tilapia* spieces[J]. Journal of Aquaculture Tropics，2005，20（1）：11-28.

[168] Vandeputte M，Quillet E，Chevassus B. Early development and survival in brown trout（*Salmo trutta fario* L.）：Indirect effects of selection for growth rate and estimation of genetic parameters[J]. Aquaculture，2002，204：435-446.

[169] Wada K T. Genetic selection for shell traits in Japanese pear oyster, Pimtada fucata martemi [J]. Aquaculture, 1986, 57: 171-177.

[170] Wang W J, Kong J, Bao Z M, et al. Isozyme variation in four populations of *Fenneropenaeus chinensis* shrimp[J]. Biodiversity Science, 2001, 9(3): 241-247.

[171] Wolfus G M, Garcia D K Alcivar-Warren A. Application of the microsatellite technique for analysin gentic diversity in shrimp breeding program[J]. Aquaculture, 1997, 152: 35-48.

[172] Wyban J. Breeding shrimp for fast growth and virus resistance[J]. The Advocate, 2000, 3(6): 32-34.

[173] Xiang J H Clark W H Griffin F, et al. Study on feasibility of chromosome set manipulations in the marine shrimp sicyonia in gentis[R]. International Crustacea Conference. Brisbane, Australia, 1991.

[174] Zhaoxia Li, Jian Li, Qingyin Wang, et al. AFLP-based genetic linkage map of marine shrimp *Fenneropenaeus chinensis*[J]. Aquaculture, 2006, 261: 463-473.

[175] Zhaoxia Li, Jian Li, Qingyin Wang, et al. The effects of selective breeding on the genetic structure of shrimp *Fenneropenaeus chinensis* populations[J]. Aquaculture, 2006, 258: 278-283.

第3章

中国对虾分子标记辅助育种

1. 中国对虾选育群体的同工酶分析

良种的选择和培育是水产养殖业增产的有效途径，国内外已在鱼类育种学方面做了大量的研究工作（楼允东，1999）。中国对虾是我国尤其是黄、勃海的重要经济渔业资源，同时也是我国水产养殖的重要品种之一，在养虾业发展盛期，年产量超过10万余吨（邓景耀等，1990；岑丰，1993）。但自1993年对虾病毒性疾病暴发以来，中国对虾养殖业受到重挫。其重要原因之一是养殖用苗种基本上都没有经过系统的人工定向选育，其遗传基础还是野生型的，生长速度、抗病能力乃至品质质量还未达到良种化的程度，良种问题已成为制约我国对虾养殖业稳定发展的主要"瓶颈"之一。

到目前为止，已有一些有关中国对虾群体遗传变异的同工酶分析、RAPD和线粒体DNA序列分析等方面的研究报道（张子平等，1994；Wang，2001；刘振辉等，2000；刘萍等，2000；邱高峰等，2000），但尚未见有关中国对虾人工选育群体遗传分析的报道。中国水产科学研究院黄海水产研究所从1997年开始进行中国对虾人工选育研究，到2000年，使用经筛选的对虾种群培育的子四代苗种比对照组生长速度快、发病率低，平均亩产达到223.2 kg。第5代选育群体在2001年试验养殖面积共73 hm^2，平均亩产达到183 kg。显示了中国对虾人工选育群体良好的生长优势和抗逆能力，取得了明显的选育效果，现已经在日照、胶南和即墨等地进行养殖示范（王清印等，2000；李健，2000）。李健等（2003）采用水平凝胶电泳技术首次对中国对虾人工选育第1代、第4代、第5代群体与野生群体的遗传特征进行了同工酶分析比较，以期为中国对虾进一步的人工选育、为进行其遗传改良及其种质资源保护提供科学依据。

本实验所用的中国对虾群体样本及其个体数和采样地点见表1。取每尾对虾尾扇部位的肌肉置于 −76 ℃水箱冷冻保存。具体的电泳技术和染色方法及酶的命名分别参照日本水产资源保护协会(1989)和 Shaklee (1990)方法。遗传学分析中,多态位点百分数、平均每个位点的有效等位基因数、预期杂合度及观察杂合度参照日本水产资源保护协会和王中仁(1998),方法计算参照 Nei (1987)方法。

表 1 同工酶分析所用样本的个体数及采样地点

样本	标本数(尾)	采样地点
野生	44	日照市近海
子一代	49	胶南养殖池
子四代	41	日照养殖池
子五代	50	即墨养殖池

1.1 实验结果

共检测了中国对虾人工选育群体和野生群体的 10 种同工酶,记录了 13 个基因位点,其中 *MDH-2**、*GPI**、*MPI**、*PGM-2** 和 *PGM-3**5 个基因位点呈多态($P_{0.99}$)。

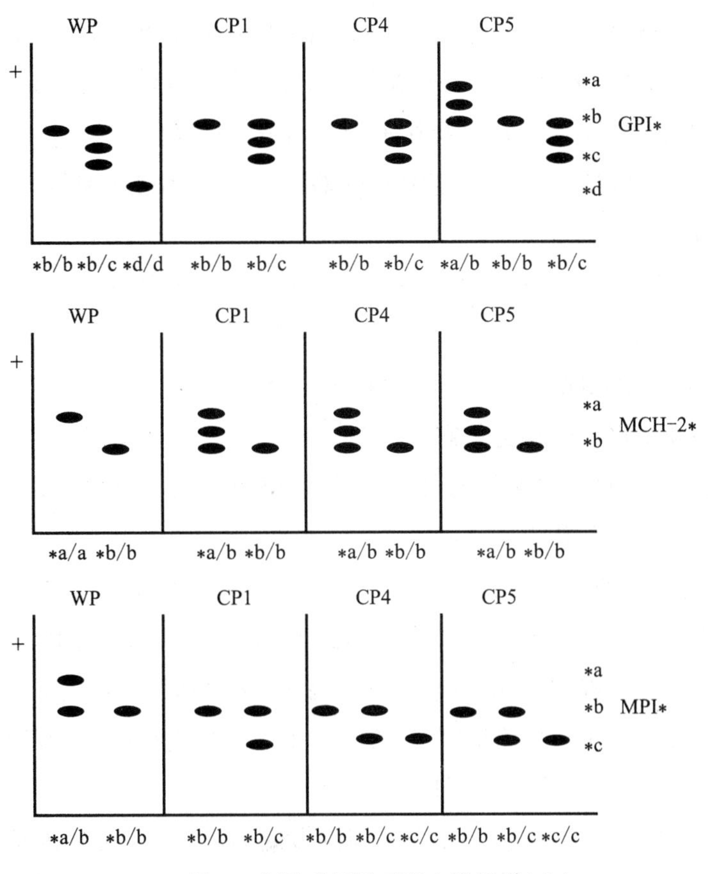

图 1 中国对虾同工酶电泳图谱(Ⅰ)

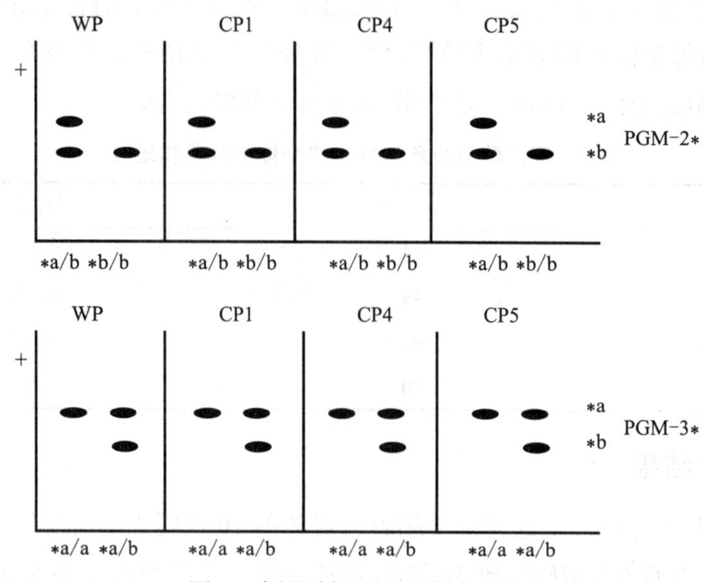

图 1　中国对虾同工酶电泳图谱(Ⅱ)

6-磷酸葡萄糖异构酶(GPI)为二聚体酶,由 1 个基因位点编码,在 4 个群体中均为多态;该位点由 *a、*b、*c、*d 4 个等位基因编码;在野生群体中观察到 *b、*c、*d 3 种基因及 *b/b、*b/c、*d/d 3 种基因型;在子一代和子四代群体中观察到 *b、*c 2 种基因及 *b/b、*b/c 2 种基因型;在子五代群体中观察到 *a、*b、*c 3 种基因以及 *a/b、*b/b、*b/c 3 种基因型。

己糖激酶(HK)为单体酶,由 1 个基因位点编码,观察到 *a 基因及 *a/a 基因型,在 4 个群体中均为单态。

异柠檬酸脱氢酶(IDHP)为二聚体酶,由 1 个基因位点编码,观察到 *a 基因及 *a/a 基因型,在 4 个群体中均为单态。

乳酸脱氢酶(LDH)为四聚体酶,由 1 个基因位点编码,观察到 *a 基因及 *a/a 基因型,在 4 个群体中均为单态。

苹果酸脱氢酶(MDH)为二聚体酶,由 2 个基因位点 *MDH-1** 和 *MDH-2** 编码。基因位点 *MDH-1** 由 1 个基因位点编码,观察到 *a 基因及 *a/a 基因型,在 4 个群体中均为单态。基因位点 *MDH-2** 由两个等位基因 *a、*b 编码,在野生群体中观察到 *a、*b 两种基因及 *a/a、*b/b 两种基因型;在子一代、子四代和子五代群体中均观察到 *a、*b 两种基因及 *a/b、*b/b 两种基因型。

苹果酸酶(ME)为四聚体酶,由 1 个基因位点编码,观察到 *a 基因及 *a/a 基因型,在 4 个群体中均为单态。

甘露糖磷酸异构酶(MPI)为单体酶,由 1 个基因位点编码,在 4 个群体中均为多态。该位点由 *a、*b、*c 3 个等位基因编码;在野生群体中观察到 *a、*b 两种基因及

*a/b、*b/b 两种基因型；在子一代群体中观察到 *b、*c 两种基因及 *b/b、*b/c 两种基因型；在子四代和子五代群体中观察到 *b、*c 两种基因及 *b/b、*b/c、*c/c 3 种基因型。人工选育 3 个中国对虾群体均出现基因 *c，而野生群体中没有出现。

6-磷酸葡萄糖酸脱氢酶（PGDH）为二聚体酶，由 1 个基因位点编码，观察到 *a 基因及 *a/a 基因型，在 4 个群体中均为单态。

磷酸葡萄糖变位酶（PGM）为单体酶，由 3 个基因位点 *PGM-1**、*PGM-2** 和 *PGM-3** 编码。基因位点 *PGM-1** 在 4 个群体中均为单态，观察到 *a 基因及 *a/a 基因型。基因位点 *PGM-2** 在 4 个群体中均为多态，观察到 *a、*b 两种基因及 *a/b、*b/b 2 种基因型。基因位点 PGM-3* 在 4 个群体中均为多态，均观察到 *a、*b 两种基因及 a/a、*a/b 两种基因型。其中 PGM-3* 位点上的变异程度最高，野生群体与人工选育群体在该基因位点上的等位基因存在显著差异，人工选育群体的杂合子数量急剧减少。

超氧物歧化酶（SOD）为二聚体或四聚体酶，由 1 个基因位点编码，观察到 *a 1 种基因及 *a/a 1 种基因型，在 4 个群体中均为单态。表 2 为中国对虾各群体所测基因位点的基因频率、多态位点比例和平均杂合度。

表 2 基因频率、有效等位基因数、多态位点百分数及平均杂合度

位点	等位基因	WP（44）	CP1（49）	CP4（41）	CP5（0）
*MDH-1**	*a	1.000 0	1.000 0	1.000 0	1.000 0
*MDH-2**	*a	0.045 5	0.030 6	0.024 4	0.010 0
	*b	0.954 5	0.969 4	0.975 6	0.990 0
*GPI**	*a	0.000 0	0.000 0	0.000 0	0.010 0
	*b	0.931 8	0.979 6	0.975 6	0.950 0
	*c	0.045 5	0.020 4	0.024 4	0.040 0
	*d	0.022 7	0.000 0	0.000 0	0.000 0
*MPI**	*a	0.011 4	0.000 0	0.000 0	0.000 0
	*b	0.988 6	0.979 6	0.939 0	0.930 0
	*c	0.000 0	0.020 4	0.061 0	0.070 0
*PGM-1**	*a	1.000 0	1.000 0	1.000 0	1.000 0
*PGM-2**	*a	0.011 4	0.091 8	0.061 0	0.030 0
	*b	0.988 6	0.908 2	0.939 0	0.970 0
*PGM-3**	*a	0.693 2	0.918 4	0.975 6	0.980 0

续表

位点	等位基因	WP（44）	CP1（49）	CP4（41）	CP5（0）
	*b	0.306 8	0.081 6	0.024 4	0.020 0
*HK**	*a	1.000 0	1.000 0	1.000 0	1.000 0
*PGDH**	*a	1.000 0	1.000 0	1.000 0	1.000 0
*SOD**	*a	1.000 0	1.000 0	1.000 0	1.000 0
*LDH**	*a	1.000 0	1.000 0	1.000 0	1.000 0
*IDHP**	*a	1.000 0	1.000 0	1.000 0	1.000 0
*ME**	*a	1.000 0	1.000 0	1.000 0	1.000 0
*Ae**		1.079 2	1.040 2	1.031 4	1.029 1
*p**		0.384 6	0.384 6	0.384 6	0.384 6
*He**		0.097 3	0.068	0.055 9	0.051 5
*Ho**		0.057 7	0.037 7	0.026 3	0.023 1

中国对虾人工选育群体同野生群体的多态位点比例相同，为 0.384 6；野生群体有效等位基因数稍大于人工选育群体。在 *PGM-3** 位点上的变异程度最高，等位基因频率间存在显著差异，其 *b 基因频率分别为 0.306 8、0.081 6、0.024 4、0.020 0，呈明显的递减趋势；在 *MPI** 位点上，只有人工选育群体出现 *c 基因，其基因频率分别为 0.020 4、0.061 0、0.070 0，呈递增趋势。平均杂合度的观察值和预期值分别为 0.057 7、0.037 7、0.026 3、0.023 1 和 0.097 3、0.070 9、0.055 9、0.051 5，依野生群体、人工选育第 1 代、第 4 代、第 5 代呈递减趋势。中国对虾野生群体和人工选育群体第 5 代间的遗传距离最大，为 0.007 0；而人工选育第 4 代和第 5 代间的遗传距离最小，为 0.000 1。中国对虾野生群体和人工选育群体之间的遗传距离平均值为 0.006 2，远大于子四代和子五代间的遗传距离。

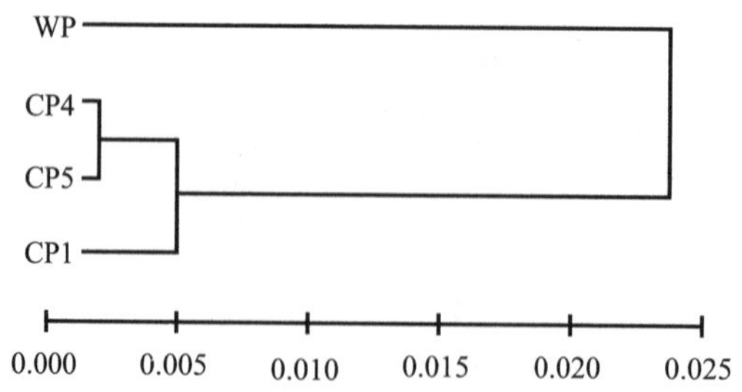

图 2　根据 Nei 遗传距离构建中国对虾种群的系统聚类

表 3 中国对虾 4 个群体的遗传距离

	WP	CP1	CP4	CP5
WP	0.000 0			
CP1	0.004 8	0.000 0		
CP4	0.006 9	0.000 5	0.000 0	
CP5	0.007 0	0.000 9	0.000 1	0.000 0

同工酶电泳分析已被应用于对虾种群鉴别，Tonsdotir 等（1988）、Creasey 等（1996）和 Ikeda 等（1993，1995）等分别研究了几种虾类不同地理分布种群的遗传变异水平。本研究以最常采用的等位基因频率 $P_{0.99}$ 为多态位点的判读标准，所分析的 4 个中国对虾群体多态位点比例均为 38.46%，群体间没有差别。Zhuang 等（2000）曾报道日本囊对虾野生群体与养殖群体的多态位点比例有显著的差异，本实验对中国对虾的研究未发现此种现象，Wang 等（2001）对中国对虾的研究也证实，野生群体与养殖群体的多态位点比例差别不明显，说明其群体杂合子出现的一致性。刘旭东等（1995）得到的中国对虾黄、勃海区群体的多态位点比例为 15%～20%，Garcia 等（1994）发现南美白对虾群体的多态位点比例为 16.67%，另有一些研究表明，对虾科几种虾类的多态位点比例在 11%～33% 之间（Harris et al，1990；Lester et al，1983；Mully et al，1980；Sbordoni et al，1986；Sunden et al，1991；Nelson et al，1980），本研究得到的座位比例偏高可能是由于检测的酶种类较少的原因。总的来说，海洋虾类由于酶的多态位点少，因而多态位点比例偏低（Nevo et al，1981）。

在 *GPI** 位点上，中国对虾 CP5 群体出现的 **c* 基因可能与取样有关，而其他人工选育群体在实验中未发现其稀有基因缺失的现象，这也是野生群体与人工选育群体多态位点比例没有差别的原因之一。本研究结果表明，等位基因最大的变异出现在 *PGM-3** 基因位点上，已有研究结果证实中国对虾在该位点上表现出较高的遗传变异（张子平等，1994；Villaescusa et al，1984；Gooch，1997）。在本次实验中，野生群体中该位点表现为高比例的杂合现象，但在人工选育群体中，该位点的等位基因频率下降得很快，野生群体与人工选育群体的等位基因频率存在明显差异，致使人工选育群体的遗传变异水平降低。

十足目甲壳动物遗传变异性较低是其系统发生的一个基本特征（李思发，1988），Hedgecock 等（1982）在总结了 65 种虾蟹类的平均杂合度后也得出相同的结论。中国对虾野生群体和人工选育群体的平均杂合度呈野生群体、人工选育第 1 代、第 4 代、第 5 代的递减趋势，本研究得到的结果与 Wang 等（2001）的结果相似，而 Zhuang 等（2000）得到的中国对虾群体的平均杂合度值更低。较短的生活史造成的瓶颈效应及缺乏随机漂变被认为是甲壳类遗传变异较低的主要原因，而人为干预如过度开发、大规模的不安全的人工放流等都有可能对对虾的遗传多样性产生影响。

本实验中，人工选育CP4与CP5群体间的有效等位基因数、基因频率、平均杂合度等差异很小，其遗传距离仅为0.000 1，这与人工选育有关，也是人为选育的必然结果。从理论上来说，低水平的遗传变异可能使养殖群体对环境的适应能力、生长速度、繁殖力等降低(Willam et al, 1994)，但这是指没有定向选育而造成的后果。笔者所使用的试验材料是经过多代定向选育的群体，在推广养殖过程中显示了良好的生长特性和抗逆能力。一般认为，传统的选育技术每代的遗传获得量通常在10%～15%，由于本实验没有检测CP2及CP3群体，尚不能断定其平均杂合度是否具有本书所得出的逐代减小的规律；*MPI** 位点上 **c* 基因的出现及其基因频率的递增是否为中国对虾人工定向选育的结果，也有待结合其他分子生物学方法作进一步的综合研究。

2. 中国对虾选育群体的RAPD分析

中国对虾是我国北方主要的渔业对象和海水养殖虾类，近年来，由于过度捕捞、栖息地生态环境污染等原因，中国对虾的自然资源在迅速衰减(邓景耀等, 2001)，因此对虾养殖业的地位日益突出。中国对虾养殖是我国海水养殖业中最有代表性的产业之一，每年为国家换回大量的外汇。但目前养殖的对虾基本上是未经选育的野生种，经过累代养殖出现了生长速度慢、抗逆性差和性状退化严重等问题(刘萍等, 1999; Wang et al, 2001)，养殖业者迫切要求尽快培育出生长快、品质优和抗逆性强的中国对虾养殖新品种。黄海水产研究所自1997年起进行中国对虾快速生长养殖新品种选育的研究，至今已成功地选育到第7代，并取得良好的试验结果(王清印等, 2000)。历代选育群体的体长比对照平均增长9.35%，体重增长达16.65%。但是在人工选育过程中，由于近交机率的增加以及有效群体数目减少等因素的影响，有可能导致杂合度降低，遗传力减弱，因此有必要对其遗传变异进行检测，了解其遗传结构的变化，以制订出相应的选育手段，保证育种工作的顺利进行。

RAPD技术是建立在PCR基础上的一种分子遗传标记技术，因其具有简便、快速、安全以及不需了解所研究对象的分子生物学基础就可进行检测等特点，被广泛应用于遗传多样性的检测、种质鉴定、基因定位和遗传连锁图谱的构建等领域。何玉英等(2005)报道了中国对虾连续选育3代的遗传多样性水平的研究结果，阐明其遗传变异的变化，探讨选育过程对其遗传结构的影响，为分子标记辅助育种奠定基础。

实验采用中国对虾连续选育群体第3代(CP3)、第4代(CP4)和第5代(CP5)的样品，每个群体20尾。在取样地点将新鲜样品速冻，运回实验室后 -70℃保存。DNA提取和定量的方法参照刘萍等(2000)。

2.1 中国对虾累代选育群体的多态片断数和多态位点比例

本实验采用 20 个随机引物 S121～S140 系列对中国对虾累代选育群体(CP3、CP4 和 CP5)进行扩增,16 个引物对所有受试个体的 RAPD 检测产生了重复性好、条带清晰的谱带。其中 15 个引物产生了具有群体或个体特异性的谱带,呈现多态现象。共检测 103 个位点,每个引物平均提供 6.4 个标记的信息,每个引物可扩增 3～10 条谱带,片段长度在 250～2 000 bp 之间,多态位点的比例(0～85.7%)因引物的不同而有差异。

表 4 实验用的 16 个引物及其扩增情况

引物	5′～3′ 序列	扩增产物数量								检测多态性(%)
				CP3		CP4		CP5		
		总位点数	共享位点数	位点数	变异位点数	位点数	变异位点数	位点数	变异位点数	
S121	ACGGATCCTG	10	10	10	3	10	2	10	2	30
S122	GAGGATCCCT	6	6	6	2	6	3	6	2	50
S123	CCTGATCACC	5	5	5	1	5	1	5	1	20
S124	GGTGATCAGG	8	7	7	4	7	5	8	2	71.4
S125	CCGAATTCCC	8	7	7	6	7	5	8	6	85.7
S126	GGGAATTCGG	6	5	5	2	5	2	6	1	40
S127	CCGATATCCC	10	9	10	7	9	5	10	4	70
S128	GGGATATCGG	5	5	5	1	5	0	5	1	20
S129	CCAAGCTTCC	6	5	5	3	5	3	6	3	60
S130	GGAAGCTTGG	7	7	7	3	7	3	7	2	42.8
S132	ACGGTACCAG	3	3	3	0	3	0	3	0	0
S133	GGCTGCAGAA	9	9	9	3	9	3	9	3	33.3
S134	TGCTGCAGGT	7	6	7	1	7	2	6	1	28.6
S135	CCAGTACTCC	4	3	3	1	3	2	4	3	75
S136	GGAGTACTGG	5	4	5	2	5	2	3	0	40
S138	TTCCCGGGTT	3	2	2	0	3	1	2	0	33.3

表 5 中国对虾 3 代选育群体的多态位点数和多态位点比例

项目	CP3	CP4	CP5
多态位点数(条)	39	38	34
多态位点比例(%)	37.86	36.89	33.01

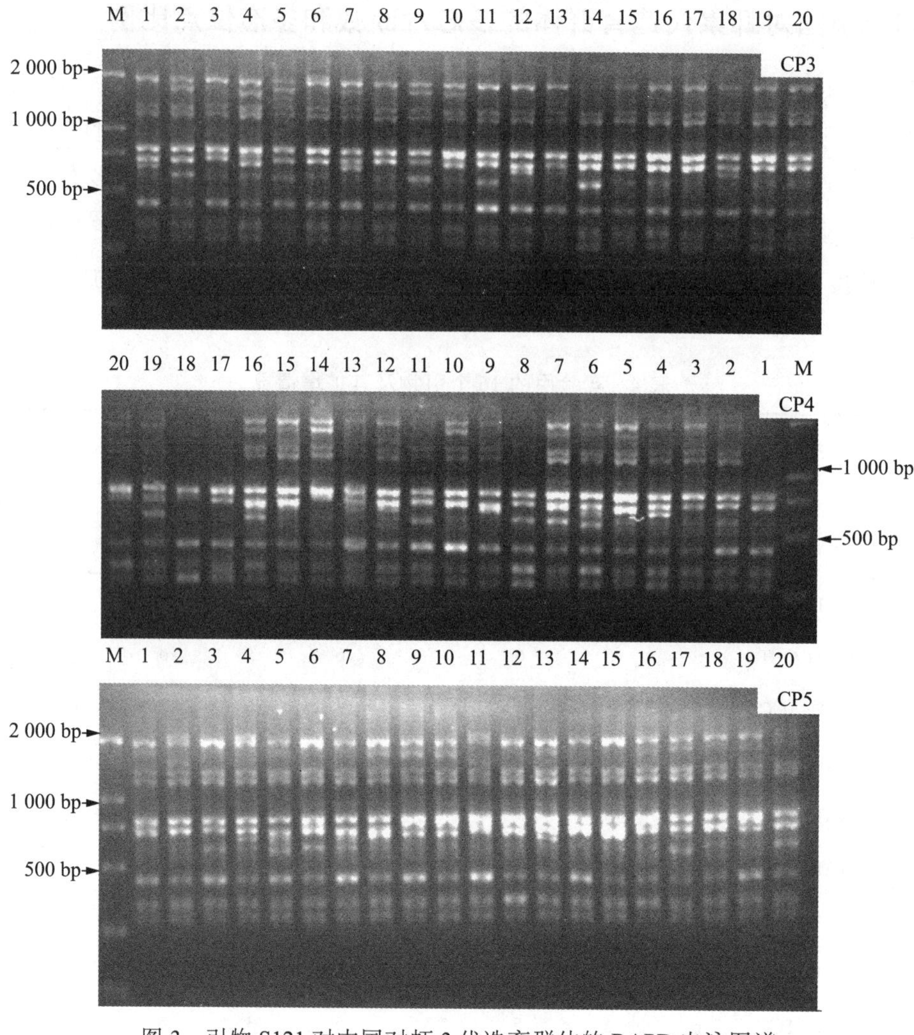

图 3 引物 S121 对中国对虾 3 代选育群体的 RAPD 电泳图谱

2.2 遗传多样性分析

对 16 个引物所检测到的表型频率进行了遗传多态度计算分析，结果表明，3 个群体的平均遗传多态度(Hpop)为 0.187，CP4 的遗传多态度(Ho)为 0.208，略高于 CP3 (0.189)和 CP5 (0.163)的遗传多态度；群体内的遗传变异(Hpop/Hsp)平均为 0.706，群体间的遗传变异(Hsp-Hpop/Hsp)平均为 0.294。由此可见，70.6%的遗传变异来自于群体内，而 29.4% 的变异则是来自于群体间。

表 6 中国对虾 3 代选育群体群体内和群体间的遗传多样性

引物	H0			Hsp	Hpop	Hpop/ Hsp	Hsp-Hpop/Hsp
	CP3	CP4	CP5				
S121	0.159	0.111	0.110	0.149	0.127	0.853	0.147
S122	0.175	0.219	0.258	0.251	0.217	0.865	0.135

续表

引物	H0			Hsp	Hpop	Hpop/ Hsp	Hsp-Hpop/Hsp
	CP3	CP4	CP5				
S123	0.068	0.088	0.100	0.088	0.085	0.966	0.034
S124	0.281	0.383	0.145	0.426	0.269	0.631	0.369
S125	0.396	0.300	0.384	0.443	0.36	0.813	0.187
S126	0.128	0.228	0.046	0.343	0.134	0.391	0.609
S127	0.365	0.290	0.312	0.389	0.322	0.828	0.172
S128	0.126	0	0.106	0.173	0.077	0.445	0.555
S129	0.305	0.302	0.180	0.305	0.262	0.859	0.141
S130	0.235	0.256	0.124	0.236	0.205	0.869	0.131
S133	0.212	0.214	0.205	0.216	0.210	0.972	0.028
S134	0.077	0.196	0.086	0.421	0.120	0.285	0.715
S135	0.155	0.310	0.386	0.425	0.284	0.668	0.332
S136	0.159	0.133	0	0.244	0.097	0.398	0.602
S138	0	0.091	0	0.040	0.030	0.75	0.25
均值	0.189	0.208	0.163	0.277	0.187	0.706	0.294

遗传多样性是物种适应各种环境变化而得以维系生存、发展和进化的基础，保护好物种的遗传多样性是提高该物种经济效益的前提和保证。本研究结果为，CP3、CP4 和 CP5 3 个群体的平均遗传多态度分别为 0.189、0.208 和 0.163；多态位点比例分别为 37.86%、36.89% 和 33.01%，说明中国对虾与对虾科其他种类一样，均表现出较低的遗传多样性水平，并且在 3 个世代间多态位点的比例呈下降趋势。可能是由于中国对虾在养殖过程中，封闭的养殖条件造成其与外界交流少、近交几率增加造成的。表 7 对运用不同技术得出的中国对虾遗传多样性参数进行了比较。

表 7　不同技术得出的中国对虾遗传多样性参数

技术	实验材料	平均多态度	多态位点比例	资料来源
同工酶	野生群体和养殖群体	0.023 1～0.057 7	38.46	李健 2003
SSR	选育群体	0.568 7～0.718 8	/	张天时 2004
AFLP	选育群体	0.113 3～0.125 9	33.4%～41.4%	岳志芹 2003
RAPD	选育群体	0.163～0.208	33.01%～37.86%	何玉英 2005

一般认为，同工酶电泳技术往往检测不出一些“隐性”或“中性”变异而低估了遗传多样性水平。Garcia 等（1994）采用同工酶电泳技术和 RAPD 技术检测凡纳滨对虾的 1 个野生群体及多个家系表明，同工酶电泳技术所揭示的多态位点比例（7%～ 17%）仅为 RAPD 技术（39%～77%）的 20% 左右。本研究采用 RAPD 技术对中国对虾人工选育群体遗传多样性进行了分析。通过比较不同技术得出的中国对虾平均多态度可

以看出，RAPD 技术检测遗传变异的能力高于同工酶技术，与 AFLP 技术相当，但是低于 SSR 技术，从检测到的多态位点比例来看，4 种技术检测的灵敏度相差不大。

随着海水养殖业的迅速发展，海水增养殖活动对海洋渔业生物遗传多样性的影响已引起了广泛的关注。一方面，由于人工繁育的亲本和养殖群体规模较小而引起的遗传漂变、近交衰退和瓶颈效应。另一方面，高强度的人工定向选择还会导致远系繁殖衰退和遗传渐渗。所有这些因素都可能造成养殖群体中某些等位基因特别是稀有基因的丧失，导致遗传多样性水平的下降(Shaklee et al.1993a, b)。例如，Taniguchi 等(1983)分析了黑鲷的遗传变异，发现第 1 代养殖群体的平均杂合度(0.051)比野生群体(0.066)降低了 22.7%，因为不存在定向选育及近交，推断这一现象也是由有效亲本数量少(两个养殖场的数量分别为 16 和 26)所造成的。本研究采用的试验材料是经过传统的个体选择和群体选择相结合的方法而获得的，从子一代起每年从养成的交尾雌虾中选择个体最大的进行越冬，选择强度控制在 1%～3%。分冬、春两次选择，每年 11 月份从养殖池中结合出池进行初选，选出 3 000～4 000 尾越冬；第二年 3 月中上旬再从越冬存活的个体中选出 500～1 000 尾亲虾用于苗种培育。由于选留了足够多的亲本数量，同时严格控制选择强度，因此在中国对虾的连续 3 代选育过程中遗传多样性的变异水平未见明显差异。分析结果表明，70.6%的遗传变异来自于群体内个体间的变异水平，而 29.4% 的变异则是来自于群体间。在今后的选育工作中，除继续保留足够的亲本数量、严格控制选择强度外，还应对选育群体进行及时的遗传监测和后效评估，以达到育种和保种的目的。

RAPD 技术具有快速、简便、取样不受组织和季节的限制，可以在不了解研究对象的分子生物学基础的情况下进行研究等优点，所以被广泛应用于遗传多样性分析、遗传标记及亲缘关系的鉴定等领域。但 RAPD 本身稳定性较差，如在扩增位点的确认上，人为因素比较大。但在实验中可以通过严格地控制实验条件，如提取较高质量的 DNA，同一引物的扩增产物在同一条件下电泳，PCR 反应体系的试剂采用同一批次等，可以尽量减少 RAPD 分析的误差，使 RAPD 分析结果具有更高的真实性和可信性。

3. 中国对虾第一代和第六代选育群体的遗传结构分析

中国对虾主要分布于我国黄、渤海沿岸以及朝鲜半岛沿海，是我国重要的经济虾类和海水增养殖品种。但从 1993 年以来大规模对虾流行病的暴发对我国的对虾养殖业造成了严重的影响。中国对虾养殖业的发展方向是选育新的优良品种，但它必须建立在丰富的遗传多样性的基础上。许多研究表明遗传变异水平与生物的生长速度、抗病能力等生产性状密切相关(Ferguson et al, 1990；宋林生等，2002)。何玉英等(2004)报道了中国对虾第一代和第六代人工选育群体遗传多样性的 RAPD 标记的研究结果，对于了解选育过程中中国对虾遗传多样性水平的变化以便采取合理的选育手段以及标记辅助选择计划的制订具有重要的理论指导意义。

在 S 系列 20 个 10 bp 引物中筛选出 16 个扩增效果较好的引物，对 2 个群体进行扩增，共检测 89 个位点，每个引物可扩增 3～9 条谱带，标记的分子片段长度在 250～2 000 bp 间。每个引物均扩增出多态片段，多态位点的比例（20%～100%）因引物的不同而有差异。中国对虾第一代群体中的多态片段数为 34 条，多态位点比例为 38.20%，中国对虾第六代群体的多态片段数为 30 条，多态位点比例为 33.71%。根据 Nei 指数（Nei，1978）估算的中国对虾的第一代选育群体和第六代选育群体的遗传分化指数（G_{st}）为 0.140 8。

通过对 16 个引物所检测到的中国对虾第一代和第六代人工选育群体的遗传多样性分析表明，第一代人工选育群体的遗传多态度（H_0）为 0.212，第六代人工选育群体的遗传多态度（H_0）为 0.184，略低于第一代。2 个群体的平均遗传多态度（H_{pop}）为 0.198。由 H_{pop}/H_{sp} 比值可以看出，群体内的遗传变异（H_{pop}/H_{sp}）均值为 0.803，而群体间的遗传变异（H_{sp}-H_{pop}/H_{sp}）平均为 0.197。由此可见，80% 的遗传变异存在于群体内，而近 20% 的变异则是在群体间检测到的。

表 8 实验用的 16 个随机引物及其扩增情况

				扩增产物数量				检测多态性/%
				第一代		第六代		
引物	5′-3′ 序列	总位点数	共享位点数	位点数	变异位点数	位点数	变异位点数	
S121	ACGGATCCTG	5	3	5	2	5	2	40.0
SI 22	GAGGATCCCT	3	1	3	2	3	1	100.0
S123	CCTGATCACC	5	4	5	1	5	1	20.0
S124	GGTGATCAGG	6	4	6，	2	6	2	33.3
SI 25	CCGAATTCCC	6	3	6	3	6	3	50.0
S126	GGGAATTCGG	7	5	6	0	7	2	28.6
S127	CCGATATCCC	9	5	9	4	9	3	33.3
S128	GGGATATCGG	5	2	5	3	5	0	60.0
S129	CCAAGCTTCC	6	3	6	2	5	2	33.3
S130	GGAAGCTTGG	1	4	1	0	1	3	42.9
S132	ACGGTACCAG	4	2	4	1	4	2	50.0
S133	GGCTGCAGAA	1	4	7	3	6	2	42.9
S134	TGCTGCAGGT	5	2	5	3	5	2	60.0
S135	CCAGTACTCC	4	2	4	2	4	1	50.0
S136	GGAGTACTGG	7	2	1	5	7	4	71.4
S138	TTCCCGGGTT	3	2	3	1	2	0	33.3

表 9 中国对虾第一代和第六代人工选育群体群体内和群体间的遗传多样性

引物	H_0		H_{sp}	H_{pop}	H_{pop}/H_{sp}	H_{sp}-H_{pop}/H_{sp}
	第一代	第六代				
S121	0.241	0.255	0.301	0.248	0.824	0.176
S122	0.216	0.091	0.207	0.153	0.739	0.261
S123	0.098	0.121	0.190	0.109	0.574	0.426
S124	0.211	0.218	0.285	0.214	0.751	0.249
S125	0.249	0.237	0.291	0.243	0.835	0.165
S126	0.000	0.137	0.107	0.068	0.635	0.364
S127	0.243	0.205	0.285	0.224	0.786	0.214
S128	0.409	0.000	0.180	0.204	1.133	-0.133
S129	0.166	0.188	0.250	0.177	0.708	0.292
S130	0.000	0,273	0.158	0.136	0.861	0.139
S132	0,169	0.291	0.287	0.230	0.801	0.199
S133	0.275	0.193	0.295	0.234	0,793	0.207
S134	0.307	0.193	0.293	0.250	0.853	0.147
S135	0.244	0.164	0.269	0.204	0.758	0.242
S136	0.456	0.373	0.358	0.414	1.156	-0.156
S138	0.112	0.000	0.087	0.056	0.644	0.356
平均值	0.212	0.184	0.240	0.198	0.803	0.197

目前检测对虾遗传多样性的手段主要有同工酶电泳技术和分子遗传标记技术。Wang 等(Wang et al,2001)研究了中国对虾两个养殖群体的同工酶遗传多样性,多态性比例分别为 10% 和 20%,平均杂合度分别为 0.01 和 0.033。本研究用 RAPD 技术揭示中国对虾第一代和第六代人工选育群体的多态位点比例和遗传多态度分别为 38.20%、33.71%、0.212%、0.184%。可以看出,本实验的研究结果比用同工酶技术检测的结果稍高,主要与同工酶电泳技术检测遗传变异的灵敏度较低,可以检测的多态位点较少有关(Karl et al,1992)。Garcia 等(1995)分别采用同工酶电泳技术和 RAPD 技术对凡纳滨对虾的一个野生种群及多个家系进行检测,结果表明同工酶电泳技术所揭示的多态位点比例(7%～17%)仅为 RAPD 技术检测结果(39%～77%)的 20% 左右。和日本囊对虾的野生种群和养殖群体的遗传多样性相比(石拓等,1999),中国对虾的遗传多样性相对较低,这一结果与 Mulley 等(1980)利用同工酶电泳技术调查对虾科 13 种虾类的遗传变异差异所作的推论一致。本实验采用的中国对虾样品源自黄渤海沿岸地理群的亲虾,属于地方性温水种类,集群性强且做长距离洄游,在黄、渤海呈连续分布,因此其遗传多样性水平与属于暖水种类,呈不连续分布的日本囊对虾的遗传多样性水平相比相对较低。

与中国对虾人工选育的第一代群体相比,第六代群体的多态性比例和遗传多态度均有所下降。可能与在人工累代选育过程中进行人工定向选育，过分注重经济性状（生长快和抗逆性）有关。经过连续 6 代的选育，历代选育群体的体长比比对照平均增长 8.4%，体重增长可达 26.86%。根据 Wright（1951）对遗传分化系数的大小与分化程度的关系的规定，分化系数在 0.05～0.15 表示群体之间出现中等分化，表明中国对虾人工选育第一代群体和第六代群体之间已出现了一定程度的分化（Gst = 0.140 8），这说明通过人工选育已经对中国对虾的遗传多样性造成了影响。人工选育过程中影响遗传多样性的“瓶颈”效应、近亲杂交和遗传漂变等因素以及选育过程中某些位点选择性的丧失是造成选育群体遗传多样性水平下降的主要原因。因此，在今后的选育工作中，应采取群体选育和标记辅助选择相结合的手段，以保证中国对虾养殖的可持续发展。

4. 中国对虾选育群体不同世代的 AFLP 分析

对虾养殖是我国海水养殖业中最具代表性的一项产业。但自 1993 年对虾病毒性疾病暴发以来，中国对虾养殖业受到重挫，其重要原因之一是养殖对虾都没有经过系统的人工定向选育，其遗传基础还是野生型的，生长速度、抗病能力乃至品质质量都没有经过遗传改良。良种选育问题已成为制约我国对虾养殖业稳定发展的主要“瓶颈”之一。中国水产科学研究院黄海水产研究所自 1997 年 4 月起进行中国对虾快速生长群体的选育工作，至 2004 年 12 月，已成功地选育到第 8 代，并通过国家水产原良种审定委员会的审定，将其命名为中国对虾“黄海 1 号”（李健等，2005）。中国对虾“黄海 1 号”的选育成功，为处于困境中的中国对虾养殖的“第二次创业”展示出良好的发展前景。

已有研究报道认为，经选育后的养殖群体其遗传多样性与野生群体相比往往要降低（Campton，1995；Sunden et al，1991；Wolfus et al，1997）。因此，在定向选育过程中，在进行表型性状及特定病原监测工作的同时，应对选育群体遗传结构的变化进行分析。随着分子生物学技术的发展，相继涌现出 RFLP、SSR、AFLP、SNP 等多种分子标记技术，这些分子标记技术为生物遗传结构的评估提供了新的途径。近年来，利用分子生物学方法揭示人工选育对群体遗传结构的影响的研究陆续见诸报道（张全启等，2004；何玉英等，2004；张天时等，2005；Liu et al，2005）。AFLP 技术具有稳定性好，重复性和可比性强，标记的检测经济、快捷、有效且无需预知基因组的序列信息，易于自动化分析等优点，因而被广泛应用于动植物种群的遗传多样性研究。李朝霞等（2006）利用 AFLP 技术对中国对虾“黄海 1 号”不同世代养殖群体的遗传多样性进行了分析，旨在从分子水平上探讨选育对中国对虾养殖群体遗传结构的影响，为中国对虾种质资源的保护和可持续利用，以及更为有效地开展遗传育种研究提供理论依据。

4.1 中国对虾“黄海 1 号”不同选育群体的遗传多样性分析

本实验以群体选育过程中第 3 代到第 7 代连续 5 个世代为材料进行 AFLP 分析，每个世代各取 20 尾，共计 100 个个体。

表 10 AFLP 预扩增和选择性扩增引物序列

EoR I 引物	序列	*Mse* I 引物	序列
E01	GACTGCGTACCAATTCA	M02	GATGAGTCCTGAGTAAC
E38	GACTGCGTACCAATTCACT	M48	GATGAGTCCTGAGTAACAC
E39	GACTGCGTACGAATTCAGA	M54	GATGAGTCCTGAGTAACCT
E42	GACTGCGTACCAATTCAGT	M55	GATGAGTCCTGAGTAACGA
E44	GACTGCGTACCAATTCATC	M60	GATGAGTCCTGAGTAACTC
E45	GACTGCGTACCAATTCATG	M61	GATGAGTCCTGAGTAACTG

一种引物可产生 50～100 条扩增带，产物相对分子质量在 50～800 bp 之间。采用 7 种 AFLP 引物组合，共检测到 500 余条扩增带，其中多态条带为 236 条，平均每个引物组合产生 33.7 条多态标记，变化范围在 16～36 条之间。5 个世代群体的总扩增位点数分别为 479、475、457、466 和 446，平均多态位点比例分别为 43.01、41.26、40.92、40.56 和 38.12。

表 11 7 个引物对的总扩增位点数及多态位点数

引物对	多态位点数 / 总位点数				
	Pop3	Pop4	Pop5	Pop6	Pop7
E44/M60	34/63	32/60	31/61	33/62	33/62
E45/M54	36/74	34/72	35/73	31/70	29/68
E39/M55	31/68	29/67	30/65	32/67	29/65
E42/M61	27/79	20/76	23/75	24/78	21/73
E38/M61	17/53	17/53	16/52	21/57	16/52
E44/M54	34/67	35/70	31/62	26/60	24/60
E42/M48	27/75	29/77	21/69	22/72	18/66
总和	206/479	196/475	187/457	189/466	170/446
多态位点比例%	43.01	41.26	40.92	40.56	38.12

4.2 中国对虾“黄海 1 号”不同选育群体的遗传距离

表 12 给出了群体内和群体间的遗传多样性数据。从表中可以看出，随着选育世代的增加，由 Shannon 指数反映的群体遗传多样性（H'）呈逐渐下降的趋势。5 个世代的遗传变异，有 92.89% 是来源于群体内，只有 7.11% 是来源于群体间。杂合度的分析结果与 Shannon 多样性指数的结果一致。

表 12 群体内和群体间的遗传多样性

引物对	H'					H_{pop}	H_{sp}	H_{pop}/H_{sp}	H_{sp}-H_{pop}/H_{sp}
	Pop3	Pop4	Pop5	Pop6	Pop7				
E44/M60	0.203 2	0.183 2	0.170 2	0.178 6	0.183 7	0.183 8	0.195 6	0.939 7	0.060 3
E45/M54	0.181 0	0.179 3	0.162 3	0.167 3	0.156 1	0.169 2	0.182 7	0.926 1	0.073 9
E39/M55	0.221 3	0.208 5	0.228 8	0.210 5	0.193 7	0.212 6	0.227 0	0.936 6	0.063 4
E42/M61	0.132 9	0.103 9	0.139 2	0.114 6	0.109 6	0.120 0	0.129 0	0.930 2	0.069 8
E38/M61	0.123 8	0.124 3	0.123 4	0.127 5	0.113 0	0.122 4	0.131 6	0.930 1	0.069 9
E44/M54	0.164 4	0.148 5	0.113 0	0.118 5	0.098 9	0.128 7	0.142 2	0.905 1	0.094 9
E42/M48	0.117 1	0.127 2	0.113 4	0.100 5	0.101 0	0.111 8	0.001 1	0.934 8	0.065 2
平均值	0.163 4	0.153 6	0.150 0	0.145 4	0.136 6	0.149 8	0.161 1	0.928 9	0.071 1

利用 POPGENE 1.3.1 软件计算了 5 个连续世代之间的 Nei 遗传相似系数和无偏遗传距离。群体之间的遗传距离介于 0.002 8～0.004 8 之间，其中 Pop5 与 Pop7 之间的遗传距离最小(0.002 8)；Pop3 与 Pop7 之间的遗传距离最大(0.004 8)。随着选育时间的延长，群体内的遗传相似度呈上升趋势。

表 13 五个群体的 Nei (1972)遗传距离及相似性系数

	Pop3	Pop4	Pop5	Pop6	Pop7
Pop3	****	0.996 4	0.995 7	0.995 8	0.995 2
Pop4	0.003 6	****	0.995 9	0.995 9	0.995 3
Pop5	0.004 3	0.004 1	****	0.997 1	0.997 2
Pop6	0.004 2	0.004 1	0.002 9	****	0.996 5
Pop7	0.004 8	0.004 7	0.002 8	0.003 5	****

注：对角线以下为遗传距离，对角线以上为相似性系数

表 14 五个群体的多态位点平均杂合度及群体内相似性系数

	Pop3	Pop4	Pop5	Pop6	Pop7
相似性系数平均值	0.869 7	0.876 1	0.882 2	0.885 8	0.892 4
相似性系数最大值	0.927 2	0.956 7	0.937 0	0.942 9	0.946 9
相似性系数最小值	0.822 8	0.834 6	0.844 5	0.838 6	0.850 4
平均杂合度 *He*	0.102 5	0.095 7	0.095 0	0.089 7	0.085 4

根据遗传相似系数和遗传距离指数的计算结果，构建了 5 个世代的 UPGMA 聚类关系图。第五代和第七代聚为一支，与第六代聚为一大支，然后与第三代和第四代形成的另一支再相聚。

将 508 个扩增位点的显性基因型频率以 10% 为单位划分区间，0 设为一个单独的区间。由于显性基因型频率为 100% 的位点数都在 280 左右，远大于其他区间上的位点数，所以没有将 100% 作为一个区间，这样划分为 11 个区间，统计显性基因型频率

位于各区间内的位点数。结果如图 1 所示。5 个群体的扩增位点数在不同显性频率区间内的分布呈现一定规律，反映了 5 个群体的遗传结构特点。在 10%～99% 区间内 5 个群体的位点数分布的变化趋势完全一致，说明 5 个群体的遗传结构非常相近。在 0 区间内，早期选育群体的显性位点数明显小于后期选育群体，而在 1%～9% 区间内，则基本相反。

五个世代大部分位点的等位基因频率呈很好的相关性，且随着选育时间的改变而向同一方向变化，以引物 E42M48 的扩增结果为例(图 2)，部分位点是随着选育世代的增加其等位基因频率逐渐减小，如位点 E42M48-39。另有部分位点的变化趋势则相反，即在定向选育过程中，等位基因频率是逐渐升高的，如位点 E42M48-36。

4.3 中国对虾“黄海 1 号”不同选育群体的遗传分化指数

几个选育世代群体之间的遗传分化系数均较小(<0.05)，但选育世代相隔越远的群体，其遗传分化系数越大。选育的年代越长，相邻群体之间的遗传分化系数呈减小趋势，说明经多年选育，选育群体的遗传结构趋于稳定。

表 15 不同群体之间的遗传分化系数

	Pop3	Pop4	Pop5	Pop6	Pop7
Pop3	****				
Pop4	0.028 4	****			
Pop5	0.031 4	0.031 2	****		
Pop6	0.031 4	0.031 7	0.026 5		
Pop7	0.034 7	0.035	0.026 1	0.029 9	****

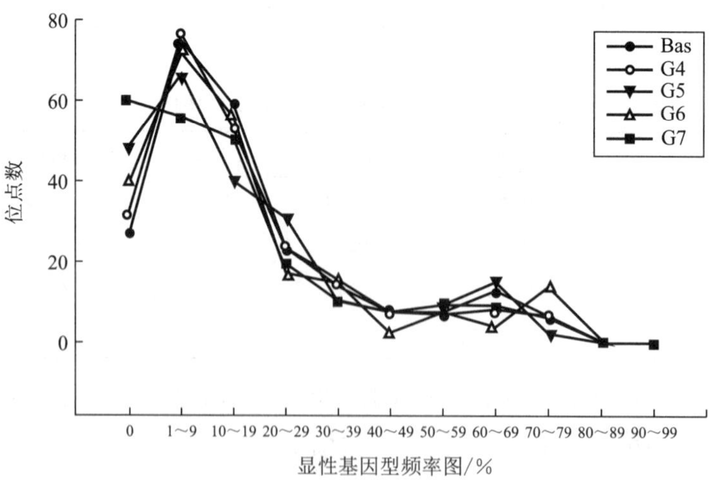

图 4 扩增位点数在不同显性基因型频率区间内的分布

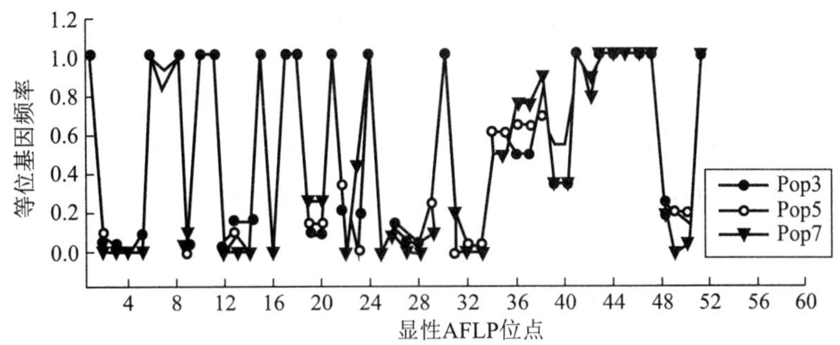

图5 51个显性AFLP位点在三个群体中的等位基因频率比较

中国对虾主要分布于中国黄海、渤海以及朝鲜半岛沿海，是我国北方重要的渔业对象及海水养殖虾类。对选育群体和野生种群的遗传变异进行分析研究，检测遗传变异水平，分析人工累代养殖对遗传多样性的影响，可以为种质资源的保护和养殖产业的健康发展提供理论指导。

本试验采用AFLP技术对中国对虾选育群体的遗传结构及其分化进行了分析，发现AFLP具有较高的多态位点检测效率(38.12%～43.01%)，是群体遗传结构分析中十分有效的工具。试验结果表明，中国对虾经过七代的选育，遗传结构发生了改变，随着选育世代的增加，多态位点比例及遗传多样性均有所下降。这与中国对虾进行人工定向选育过程中，注重经济性状(生长速度快和抗逆性)的选育有关。选育世代较多的群体，其1%～9%的低频位点明显少于选育世代较少的群体，而隐性纯合位点则明显高于后者。这说明，由于选育群体在定向选育过程中亲本数量的限制，遗传漂变的结果导致后代中一些稀有位点的丢失，低频位点数减少，隐性纯合位点数增加，使养殖群体的遗传多样性有所降低。Wolfus G (1997)等利用微卫星技术分析了对虾育种过程中的遗传结构变化，得出了相似的结论。本研究结果也与其他学者在其他生物中的研究结果相吻合(张全启等，2004)。

根据Wright (1951)对遗传分化系数的大小与分化程度的关系的规定，分化系数在0.05～0.15之间，表示群体之间出现中等分化。本书对中国对虾选育群体遗传分化的研究结果表明，随着选育世代的增加，相邻群体之间的遗传分化系数呈减小趋势，且群体内个体间的遗传距离也逐渐减小，表明经多年的选育，中国对虾选育群体的遗传结构趋于稳定，逐渐形成一个品系。中国对虾经连续多代的选育之后，尽管可能丢失了一部分低频位点，这是人工选育的必然结果，但是经选育后的群体，部分位点的等位基因频率呈递增趋势，这部分位点有可能就是与选育性状相关的分子标记，这有待于作进一步的研究。

安丽等(2008)同样采用AFLP技术对中国对虾野生群体和中国对虾“黄海1号”2个世代(第9和第10世代)的遗传多样性进行了分析，分别命名为Wp、Sp9和Sp10。每个世代各取30尾，共计90个个体进行研究。

4.4 中国对虾 AFLP 多态位点检测结果

采用 AFLP 的 5 对引物组合对中国对虾野生群体和“黄海 1 号” 2 个(9,10)连续世代群体共 90 个个体进行 AFLP 分析。每对引物组合可产生 19～33 条扩增带,相对分子质量在 100～900 bp 之间。5 对引物共产生 137 条扩增带,其中有 63 条多态性条带,平均每个引物组合产生 12.6 条多态性条带,变化范围在 8～17 之间。野生群体和 2 个世代群体检测到的总位点数分别为 136、133 和 132,平均多态位点比例分别为 45.99%、40.57% 和 41.02%。

表 16 5 个引物对的扩增总位点数和多态位点数

引物对	多态位点数 / 总位点数		
	Wp	Sp9	Sp10
E39/M55	12/25	8/24	10/24
E42/M48	10/31	11/32	9/30
E44/M54	13/27	12/26	12/27
E44/M60	17/33	15/32	15/32
E45/M54	10/20	8/19	8/19
多态位点比例%	45.99	40.57	41.02

4.5 3 个群体遗传多态性的分析

通过 popgene1.31 软件分析可以看出野生群体和 2 个选育群体随着世代的增加,由 Shannon 指数反映的群体遗传多样性总体上呈下降的趋势。野生群体的遗传多态度为 0.181 8,第 9 代和第 10 代群体的遗传多态度分别为 0.180 7 和 0.177 4,均小于野生群体。3 个群体的遗传变异大多数来自于群体内个体之间的变异,其中群体内的变异达 94.67%,群体间的变异仅达 5.33%。

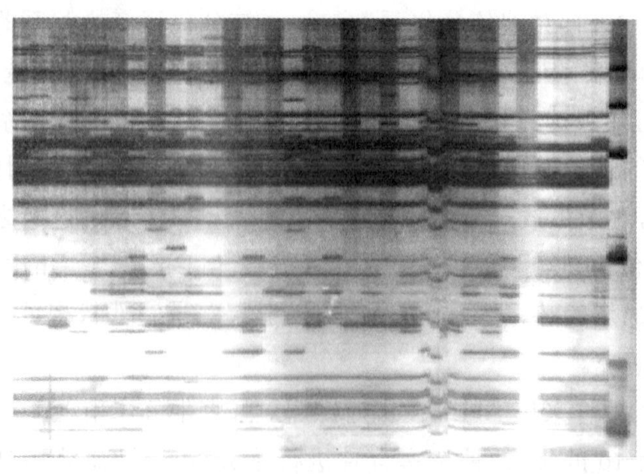

图 6 引物 E44/M60 在中国对虾连续选育群体的扩增条带

表 17 群体内和群体间的遗传多样性

引物对	H'			H_{pop}	H_{sp}	H_{pop}/H_{sp}	$(H_{sp}-H_{pop})/H_{sp}$
	Wp	Sp9	Sp10				
E39/M55	0.241 1	0.213 0	0.220 2	0.224 8	0.248 1	0.906 1	0.093 9
E42/M48	0.159 4	0.161 7	0.159 5	0.160 2	0.162 3	0.987 1	0.012 9
E44/M54	0.141 9	0.139 8	0.139 7	0.140 5	0.145 4	0.966 3	0.033 7
E44/M60	0.193 1	0.212 5	0.201 6	0.202 4	0.219 8	0.920 8	0.079 2
E45/M54	0.173 5	0.176 5	0.166 1	0.172 0	0.180 5	0.952 9	0.047 1
平均值	0.181 8	0.180 7	0.177 4	0.180 0	0.191 2	0.946 7	0.053 3

4.6 遗传距离、系统树及遗传分化分析

群体内的遗传距离介于 0. 003 1～0.022 0 之间，野生群体与第 9 代之间的遗传距离最大为 0.022 0，第 9 代与第 10 代之间的遗传距离最小为 0.003 1。根据遗传距离和相似性系数结果，利用 TFPGA 软件构建了 3 个世代的 UPGMA 聚类关系图，第 9 代与第 10 代首先聚为一小支，然后与野生群体聚为一大支。

表 18 群体之间的 Nei 遗传距离及相似性系数

	Wp	Sp9	Sp10
Wp	*****	0.978	0.981 2
Sp9	0.022	*****	0.996 9
Sp10	0.018 8	0.003 1	*****

注：对角线以下为遗传距离，对角线以上为相似性系数

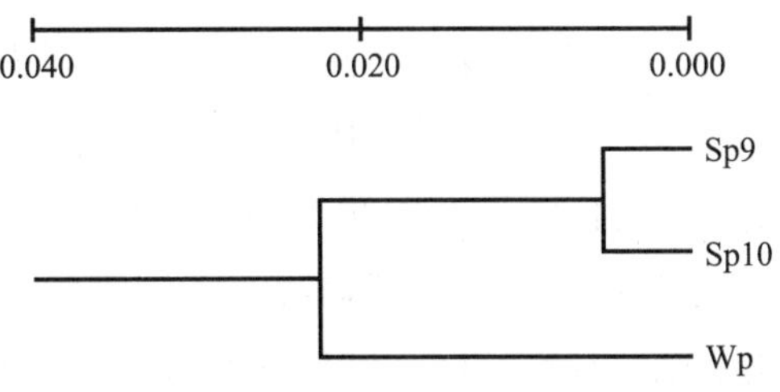

图 7 3 个群体的 UPGM A 的系统树

随着选育时间的延长，野生群体与"黄海 1 号"第 9，10 代之间有较大的遗传分化，分化系数平均达到了 0.070 0 以上，而"黄海 1 号"相邻世代之间分化很小，第 9，10 代相邻群体之间的分化系数仅为 0. 020 6。

表 19 不同群体之间的遗传分化系数

Wp	Sp9	Sp10	
Wp	*****		
Sp9	0.086 2	*****	
Sp10	0.076 6	0.020 6	*****

研究结果表明，野生群体与第9代选育群体之间的遗传距离最大，达0.022 0，而两代选育群体之间的遗传距离较小，仅为0.003 1。根据Wright（1951)的规定，*Gst*值介于0～0.05之间，表示群体遗传分化较弱；介于0.05～0.15之间，表示群体遗传分化中等；0.15～0.25之间表示群体遗传分化较大；当*Gst*＞0.25表示分化极大。本实验结果表明野生群体与第9代和第10代的分化系数都在0.07以上，说明野生群体与选育群体之间已经出现了中等分化现象，人工选育对中国对虾的遗传多样性造成了一定程度的影响，但是相邻两代之间的分化系数仅达到0.020 6。两代选育群体的遗传距离和分化系数分别小于李朝霞等(2006)用AFLP方法分析的“黄海1号”前几代的平均遗传距离和任何两代之间的分化系数。第9代，第10代两代非常相近，随着选育时间的延长，相邻选育世代间的遗传距离呈下降的趋势，分化也呈下降的趋势，并且有趋同的现象产生，这与李朝霞分析的前几代的遗传变异得出的结论相一致。选育群体间的遗传分化程度很低，并且大多数的遗传变异来自于群体内个体之间的变异，选育群体可以保持需要的遗传响应，继续开展育种工作。两代选育群体间遗传相似系数高达0.996 9，2个群体在DNA遗传背景上非常相似，显示出“黄海1号”新品种具有遗传上的稳定性。但是在以后的育种工作中更应该注重保种过程中有效群体数目，近交系数以及环境压力等，以保证育种工作的顺利进行。

AFLP技术是通过分析基因组酶切位点的丰富程度来衡量物种基因组多样性的，它对整个基因组DNA进行酶切，通过选择性碱基对酶切连接片段进行选择性扩增，理论上可以覆盖整个基因组，而且每对引物可获得的位点数从30～80不等，提供的信息量大，检测的多态性丰富。AFLP不同于同工酶，它不受组织、器官、发育阶段、生理条件等因素的影响，因此AFLP分析较同工酶分析具有较好的可比性。刘艳等(2002)和李太武(2001)分别对3月龄和3年龄的栉孔扇贝进行了同工酶分析，稚贝各种酶位点数和等位基因数都少于成贝。张志峰等(1997)对中国对虾幼体发育阶段的8种同工酶变化进行分析，表明随着发育同工酶的酶谱表现出显著的差异。杨翠华等(2006)和张岩等(2007)分别对红鳍东方鲀和钝吻黄盖鲽进行同工酶分析，发现在不同的组织中同工酶的表达呈现明显的组织特异性。RAPD技术与AFLP技术同为显性分子标记，但RAPD技术最大的缺点就是稳定性差、重复性差(Pejie et al，1998；Carcia et al，2000；王玲玲等，2003；杨东等，2006)，其主要原因是由于RAPD标记使用较短的引物，所以引物与模板的错配几率较大，且易受实验条件干扰，系统误差很容易变成随机误差，从而影响其稳定性和重复性。相反，AFLP分析可以借助高纯度的DNA模板和过量的酶来解决因酶切不完全而导致的不理想扩增结果。扩增过程中较高的退火温度和长的引物可以大大减少假阳性现象的产生。Jones等(1997)研究发现AFLP的错配率小于0.6%。相比之下，AFLP分析具有更高的真实性和可比性。

5. 中国对虾“黄海 1 号”和野生群体不同组织的 MSAP 分析

中国对虾具有分布范围广和经济价值高的特性，是中国重要的捕捞和海水养殖对象（岑丰，1993）。自 1993 年来，虾病暴发引起的优良品种的缺失造成中国对虾养殖业一蹶不振。中国水产科学研究院黄海水产研究所针对中国对虾快速生长性状进行选育，得到人工选育新品种“黄海 1 号”。到 2011 年，经过连续 15 年的选育，该品种仍具有生长速度快，抗逆能力强等优良性状（李健等，2005）。

DNA 甲基化是基因表达的重要调控方式，是表观遗传学的研究重点和热点之一。分子遗传学研究表明，DNA 胞嘧啶甲基化与基因沉默和基因的差异性表达有关，并且在诸如 X 染色体失活、细胞分化、基因印记等生物学事件中起到重要作用（Tariq et al，2004）。DNA 甲基化检测方法有很多，例如重亚硫酸法、高效液相色谱法（HPLC）、甲基化敏感性扩增多态性（MSAP）、基因测序法等。MSAP 由于重复性好，需样量小，多态性丰富，且对全基因组和片段基因都可以进行检测等优点而广为应用。MSAP 是基于 AFLP 建立起来的，以 1 对同裂酶 Hpa Ⅱ和 Msp Ⅰ替代 AFLP 中的高频酶 Mse I，对同一识别序列 CCGG 进行不同的切割，从而产生不同大小的酶切片段（Monteuuis et al，2008；Zhang et al，2006）。

目前，MSAP 技术已逐渐走向成熟，根据得到的品种间甲基化水平差异性可推测其遗传多态性，从表观遗传的角度解释基因的表达调控特征及机制（Noyer et al，2005；Xiong et al，1999）。该技术现在多应用于樟树（*Ocotea catharinensis*）（Lui z et al，2010）、水稻（Sha et al，2005）、大花蕙兰（*Cymbidium hybridium*）（Chen et al，2009）、蝴蝶兰（*Doritaenopsis*）（Park et al，2009）等植物生长发育过程中基因组 DNA 的甲基化检测，在对猪（蒋曹德等，2005）、家鸡（班谦等，2009）、鲤鱼（曹哲明等，2010）及软体动物扇贝（吴彪等，2012）等的研究中也多有涉及，但在甲壳动物中却鲜有研究报道。应用 MSAP 对不同生物体的甲基化研究发现，不同生物体以及同种生物体不同组织的甲基化水平在一定程度上有很大差别，而且在不同生长时期也会有起伏。Lu 等（2008）对玉米、曹哲明等（2009）对背角无齿蚌的组织甲基化修饰水平研究中发现，甲基化可能参与到基因的调控中，并且调控程度不同，同时伴随出现高甲基化的表达抑制。杜盈等（2013）利用 MSAP 从整个基因组水平上对中国对虾 DNA 甲基化水平进行研究，分析具有不同生长优势的中国对虾野生群体和中国对虾“黄海 1 号”肌肉、鳃和血液组织 DNA 甲基化状态差异，进而从表观遗传学的角度为揭示影响中国对虾生长性状的分子机制奠定基础。

5.1 中国对虾 MSAP 的带型分析

中国对虾基因组 DNA 的选扩产物经变性后，在 6% 的聚丙烯酰胺胶上进行电泳，发现所获得条带比较复杂，包括 3 种不同的甲基化类型及多态性类型。

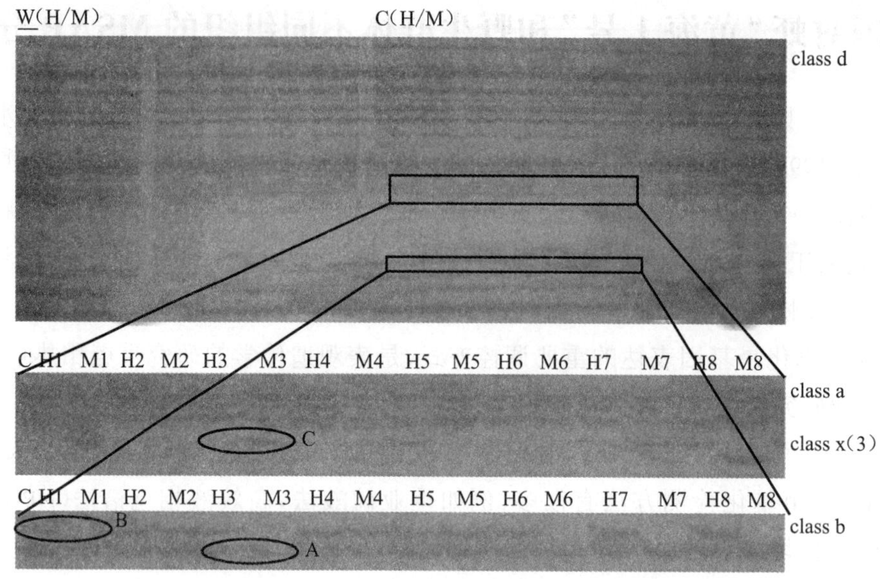

图 8　中国对虾基因组 DNA 的 MSAP 分析图

注：1～8：中国对虾的不同样品；H：Hpa Ⅱ /EcoRI 酶切产物；M：MspI/EcoRI 酶切产物；A，B，C：3 种甲基化类型；A＝ Type I（11），B＝ Type Ⅱ（10），C＝Type Ⅲ（01）；Classes a，b，d：基于两种甲基化类型的多态性带型；Class x（3）：三种甲基化类型的多态性带型。

5.2　中国对虾基因组 DNA 甲基化水平分析

5.2.1　中国对虾不同组织间 DNA 甲基化水平差异

肌肉、鳃和血液 3 种组织在中国对虾野生群体组和中国对虾“黄海 1 号”变化趋势一致，总条带数在 3 个组织中表现为肌肉(1 216)＞血液(1 032)＞鳃(998)；而甲基化百分比从高到低的组织分别是肌肉、鳃、血液；其中，甲基化条带数肌肉最多，野生组和中国对虾“黄海 1 号”中分别为 159 和 139。在甲基化百分比上，中国对虾野生群体组中肌肉(23.1%)大于鳃(22.3%)大于血液(19.7%)，而中国对虾“黄海 1 号”鳃(19.6%)和血液(18.9%)比例接近，都小于肌肉(21.4%)。

对各甲基化比例统计进行了单因素方差分析。结果表明，中国对虾野生群体组中，肌肉和鳃组织甲基化水平差异极显著($P＜0.05$)，而两者与血液组织甲基化水平差异显著($P＜0.01$)；“黄海 1 号”中，鳃组织和血液组织甲基化水平相近，都极显著低于肌肉组织($P＜0.01$)。

5.2.2　两群体间 DNA 甲基化水平差异

甲基化条带数目上，鳃和血液在两种群体间的差别都不明显，明显小于肌肉的数目，但在中国对虾野生群体组中鳃＞血液，分别为 223 和 207，而在“黄海 1 号”组中血液＞鳃，分别为 191 和 186；其中，全甲基化和半甲基化条带数目上，野生组大于“黄海 1 号”组；通过对群体间甲基化水平差异分析得出：鳃组织在两种中国对虾品系差异极显著($P＜0.05$)，肌肉组织在两者差异显著($P＜0.01$)，而血液组织则没有显著性差异。

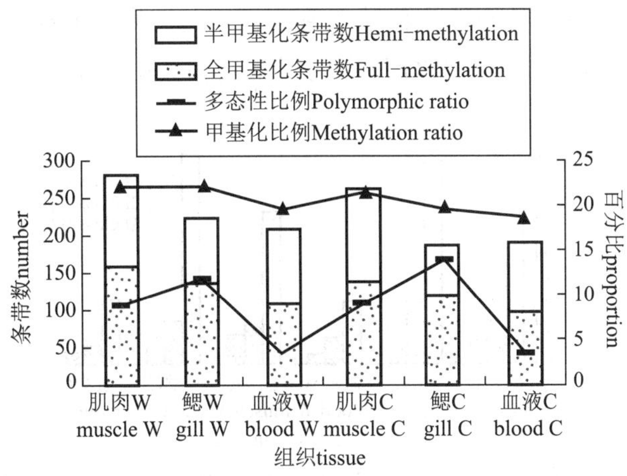

图 9 野生组和中国对虾“黄海 1 号”各组织基因组 DNA 甲基化水平及甲基化多态性水平

5.3 中国对虾的甲基化多态性水平分析

每种组织间的甲基化多态性比例不同，不同群体的中国对虾同种组织间的甲基化多态性比例也不同。甲基化的多态性基于每个样品的甲基化种类建立，由 3 种甲基化种类组成的多态性类型在统计中很少且复杂，小于 1%，本研究未做分析。9 种类型中除了 class a，e 和 h 之外都属于甲基化多态性条带，class e 和 h 只是甲基化位点。在多态性类型中，class d 占据最大比例，class c 和 b 次之，class g，f 和 I 所占比例较少，本研究不予分析。

表 20 野生群体和中国对虾“黄海 1 号”不同组织甲基化比例差异分析

组织	N	中国对虾野生群体	黄海 1 号
肌肉	15	23.16 ± 0.186^{a}	21.63 ± 1.324^{b}
鳃	15	21.97 ± 0.908^{A}	19.61 ± 0.196^{B}
血液	15	19.61 ± 0.485	18.74 ± 0.679

注：不同大写字母表示两个中国对虾品种间差异显著（$P<0.01$）；不同小写字母表示差异极显著（$P<0.05$）

表 21 基于两种甲基化类型建立的甲基化条带链种类

甲基化类型	typeI（11）	type Ⅱ（10）	type Ⅲ（01）	体长 ank（00）
typeI（11）	Class a（11 11）	Class b（11 10）	Class c（11 01）	Class d（11 00）
type Ⅱ（10）	Class b（10 11）	Class e（10 10）	Class f（10 01）	Class g（10 00）
Type Ⅲ（01）	Class c（01 11）	Class f（01 10）	Class h（01 01）	Class i（01 00）

在两群体中，血液基因组 DNA 的甲基化多态性比例无明显区别，肌肉发生轻微变化：class d、c 和 b 分别为 5.37%～5.32%、1.53 %～1.76% 和 0.81%～1.02%。对比之下，鳃甲基化变化比较明显：class c 降低为 2.19%～1.53%、class b 降低为 1.23%～0.95%，而 class d 上升为 7.27%～7.41%。因此，class b 在 3 种组织中变化最明显。

在3种组织中从中国对虾野生群体组到中国对虾“黄海1号”的带型变化趋势可以看出，这些变化趋势可能与CCGG位点的甲基化和去甲基化紧密关系。

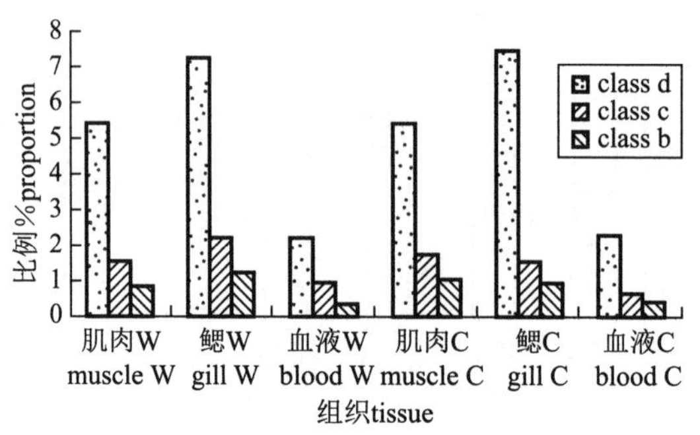

图10 3种甲基化多态性类型在中国对虾3种组织中的比例

Type I在所有甲基化带型中出现频率最大，本研究分析了中国对虾野生群体到“黄海1号”各甲基化多态性种类中type I的含量变化。其中，占比例最大的3种多态性种类Class d, Class b, Class c中type I含量转变。鳃组织在3种多态性种类的构成比例都发生了转变，class d和class c中type I所占比例明显升高，而class b中type I所占比例明显降低；肌肉组织class b中type I所占比例却明显升高；血液组织中的带型稳定。

MSAP技术中由于同裂酶*Hpa* Ⅱ和*Msp* Ⅰ对相同序列CCGG中甲基化修饰的敏感程度不同，导致*Hpa* Ⅱ /*EcoR* Ⅰ和*Msp* Ⅰ /EcoR Ⅰ两种酶切结果经扩增产生条带的多态性，CCGG的甲基化修饰水平可以通过PAGE电泳谱带的差异进行分析。*Hpa* Ⅱ可以识别并切割非甲基化和单链甲基化（^{m}CCGG/GGCC或^{m}CmCGG/GGCC）；而*Msp* Ⅰ能识别并切割非甲基化和内侧甲基化位点（C^{m}CGG/GGCC或C^{m}CGG/GG^{m}CC），而不能切割外侧甲基化位点（Mcclelland et al, 1994）。基于此原理建立的MSAP具有敏感性强，效率高等优点（Reyna-Lopez et al, 1997）。在一定程度上该方法也有局限性，这一点陆光远等（2005）在对油菜的研究中提到。

表22 3种甲基化多态性类型中type Ⅰ在3种组织中从野生组到“黄海1号”的变化趋势

组织	Class d		Class c		Class b	
	type Ⅰ	比例 %	type Ⅰ	比例 %	type Ⅰ	比例 %
肌肉	↔	—	↔	—	↑	54.2
鳃	↑	75.3	↑	66.7	↓	56.1
血液	↔	—	↔	—	↔	—

注：↑代表type Ⅰ所占比例在class d, c and b中呈现上升趋势，↓代表type Ⅰ所占比例在class d, c and b中呈现下降趋势，↔代表type Ⅰ所占比例比较稳定。表中数字代表上升或下降的Type Ⅰ占各class比例。“—”代表无固定统计数字记录。

MSAP技术检出的DNA胞嘧啶甲基化是基于“CCGG/GGCC”序列，而对于“CCGG/GGCC”位点之外的胞嘧啶序列是否进行了修饰，该方法无法检测。事实上，

90%左右的胞嘧啶甲基化修饰发生在“CpG”二核苷酸或“CpNpG”三核苷酸区域内，因此基于“CCGG/GGCC”序列研究基因组DNA或基因胞嘧啶甲基化修饰的MSAP是能够在一定程度上反映物种基因组甲基化修饰水平的(Salmon et al,2005)。

在多种物种的甲基化分析中得到了广泛应用。Zhang等(2007)在对高粱DNA甲基化水平研究中得到，基因组DNA甲基化水平检出率不同，可以反映基因组物种差异性。相对于部分植物例如毛竹(*Phyllostachys pubescens*) 24.44%～32.12%和动物牛45.7%～72.7%、猪40.6%～44.8%、小鼠28.0%～35.7%（唐韶青等，2006)、背角无齿蚌35.5%～56%（曹哲明等，2009)、家鸡39.78%（班谦等，2009)、草鱼(*Ctenopharyngodon idella*) 75.9%（曹哲明等，2007)等来说，本研究得到的中国对虾野生群体和“黄海1号”3种组织基因组DNA甲基化水平总体在20%左右，与栉孔扇贝24.13%（于涛等，2010)比较近似，但明显低于上述动植物的DNA甲基化修饰水平。在生物特异性的MSAP研究中，曹哲明等(2009)发现，背角无齿蚌不同组织间基因组DNA甲基化水平有明显差异，从而表达也发生差异；唐韶青等(2006)利用MSAP技术对猪、牛、羊、小鼠和鸡、鸭基因组的甲基化程度差异性分析得出，不同动物来源相同组织基因组甲基化程度不同，相同动物不同组织基因组的甲基化模式也具有特异性。一般情况下，组织基因组甲基化程度高于血液基因组。本研究检测到的中国对虾野生群体和“黄海1号”3种组织基因组DNA甲基化水平总体呈现出组织差异性，肌肉甲基化水平最大，鳃与血液较低，与唐韶青等得到的结论有一定的相似性。组织甲基化特异性可能与发育过程中去甲基化和甲基化的发生有关，由表达与分化的相互作用决定。甲基化程度与基因表达的活跃程度成反比。这在一定程度上与机体生长中的组织代谢是紧密相关的，但甲基化参与不同组织代谢的分子机制目前还不是很清楚，需要更深入的研究。

在对DNA甲基化研究中，很多分析都表明DNA甲基化修饰与个体基因表达和逆境适应性等都有关系。而外在因素如何影响DNA甲基化和基因表达还不清楚，有些研究结果暗示外在因素能够诱导甲基化状态的稳定改变。本研究得到的中国对虾野生群体和“黄海1号”的甲基化有差别，与崔影影等(2010)对野生稻的研究结论有一致性。Zilberman等(2007)对拟南芥(*Arabidopsis thaliana*)基因组DNA甲基化修饰分析中发现DNA甲基化程度的不同会直接影响相关序列的转录活性，进而改变植株的表观。在银杏(*Ginkgo biloba L.*)(2011)基因组DNA甲基化修饰研究中，一些转座子和反转录转座子序列等功能基因序列中的DNA甲基化修饰参与相关基因的正常表达和维持其基因组水平的稳定结构。在动物甲基化研究中，栉孔扇贝和虾夷扇贝(吴彪等，2012)生长速度与DNA甲基化相关性研究证明，杂交降低DNA甲基化比例，DNA甲基化与生长速度呈负相关。本实验中选育“黄海1号”总体甲基化比例低于中国对虾野生群体组，这在一定程度上是与其体长、体质量的不同存在着联系，环境因子对中国对虾表型的改变与DNA甲基化修饰呈负相关。

通过中国对虾野生群体和“黄海1号”组织对比可以看出，鳃的基因组DNA胞嘧啶甲基化水平和甲基化多态性水平变化幅度都最大，肌肉和血液次之，可能是因为“黄海1号”的选育是基于良好的养殖环境系统，而在本研究中的中国对虾3种组织中，鳃是与外界环境接触最为紧密的，因此养殖环境中的各种因素对鳃的影响也最大，从而影响到基因组DNA甲基化修饰水平的表达，导致鳃组织在两种品系中国对虾的基因组DNA甲基化变化最大。中国对虾野生群体和“黄海1号”基因组DNA甲基化多态性不仅表现在甲基化多态性比例上，还表现在多态性带型变化上。各个组织和相对应的多态性类型中type Ⅰ所占比例的升高和降低可以看作为DNA胞嘧啶甲基化或去甲基化的提前和推迟，鳃在三种组织中变化最明显，在Class d、Class c和Class b都有升高或降低变化，这与上述关于鳃受外界环境影响的推论呈现一致性。各组织以及两种品系间的甲基化水平差异的进一步研究可以依据对甲基化差异性条带进行序列分析，得到甲基化影响基因表达的分析机制。

6. 中国对虾选育群体的微卫星DNA分析

中国对虾主要分布于我国黄海、渤海以及朝鲜半岛沿海，是我国北方重要的渔业对象及海水养殖虾类(邓景耀等，1990)。在1989到1992年养虾业发展的盛期，养殖规模达15 × 10^4 hm^2，年产对虾20多万t (岑丰，1993)。但自从1993年虾病暴发以来，中国对虾的池塘养殖业严重受挫、一蹶不振，迄今未见恢复迹象。因此，培育优质高产抗逆的品种，是对虾养殖业迫切需要解决的问题。

自1997年起，黄海水产研究所开始人工选育计划(李健等，2000)，进行了中国对虾人工选育工作。中国对虾人工选育群体是自山东日照市近海附近海域采捕的中国对虾，后代苗种放于对虾养殖池中，连续六年从染白斑点状综合征病(WSSV)存活的个体中选留大的个体作为亲虾进行选育。在选育过程中，与海捕个体较大的野生群体进行混养。至2002年已进行了六代选育，其生长速度快、发病率低。但是在人工选育过程中，经常发生不确定因素，如近交机率增加，有效群体数目减少等，有可能导致遗传多样性降低，从而降低遗传效应。因此，有必要对其遗传变异进行检测，了解其遗传结构的变化，以制订相应的科学措施从而保证育种工作顺利进行。

微卫星技术，亦称简单重复序列标记(Simple Sequence Repeats, SSR)，作为一种新型的分子标记，其优点是技术简便、快速，稳定性好，检测获得的多态性位点多，遗传变异信息量大，并且遗传标记以孟德尔方式共显性遗传。SSR标记被广泛应用于生物学研究的各个领域。虽然已有其他技术如同工酶(王伟继等，2001；张子平等，1994)、线粒体DNA (邱高峰等，2000)、RAPD (石拓等，1999)技术应用到中国对虾的多态性研究，尚未有中国对虾人工选育群体微卫星分析的报道。张天时等(2005)利用SSR技术分析选育第1代(CP1)和第6代(CP6)的两个群体，跟踪其遗传变异的变化，分析选育过程对其遗传结构的影响。此外，从中国对虾人工选育群体的遗传分析中寻找与其性状相关分子标记并进行深入分析，可以为分子标记辅助育种奠定基础。

本研究对中国对虾人工选育的两个群体 40 个个体进行 10 个微卫星位点扩增，共产生 74 个等位基因。每个位点产生的等位基因数从 3 到 13 不等，产物片段大小为 0.1 ～ 1.5 kb。

衡量一个分子遗传标记的多态性程度的大小与其在群体中能够检测出来类型的多少直接有关，类似于群体遗传多态性。衡量的标准有两个：一是杂合度，它实际上是在群体随机交配的情况下，一个个体的两个等位基因处于杂合状态的概率；另一个常用的指标是多态信息含量（PIC），它是在给定一个后代基因型时，能够判断一个亲本将其哪一个等位基因传递给后代的概率。一般多态性基因的定义是它最频繁出现的等位基因不超过 0.95，这时相应的杂合度和多态信息含量不小于 0.1，这也可以作为一个基因多态性的衡量标准（Ball et al，1998）。

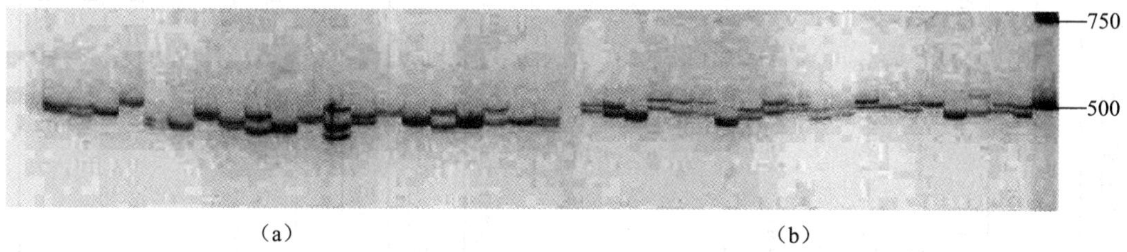

图 11　中国对虾在位点 RS0622 的 SSR 电泳图（a：CP6；b：CP1）

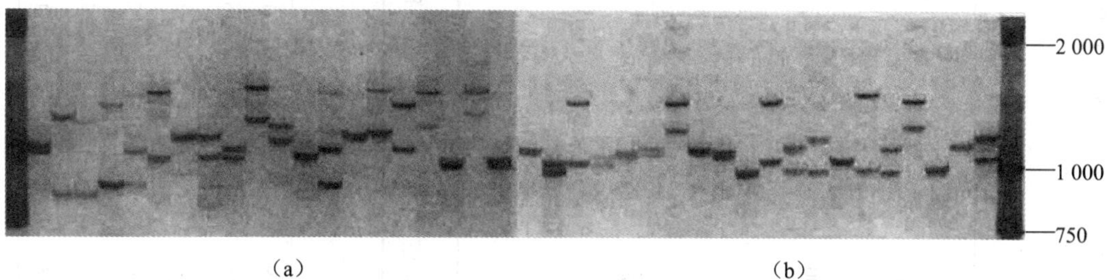

图 12　中国对虾在位点 RS0683 的 SSR 电泳图（ a：CP6；b：CP1）

表 23　中国对虾两个群体 10 个微卫星位点的遗传多态性

位点	CP1							CP6						
	PIC	na	ae	G	Ho	He	P	PIC	na	ae	G	H0	He	P
EN 0018	0.690 0	4.00	3.524 2	8.00	0.350 0	0.734 6	0.000 11	0.758 2	5.00	4.469 3	12.00	0.8	0.796 2	0.166 60
EN 0033	0.856 9	11.00	8.421 1	12.00	0.800 0	0.903 8	0.052 39	0.887 7	13.00	9.302 3	17.00	0.85	0.915 4	0.027 60
RS062	0.851 9	8.00	7.142 9	12.00	0.800 0	0.882 1	0.000 21	0.809 7	6.00	5.555 6	14.00	0.6	0.841 0	0.214 55
RS 0622	0.796 8	7.00	5.263 2	12.00	0.750 0	0.830 8	0.000 03	0.725 5	6.00	3.921 6	12.00	0.4	0.764 1	0.003 05
RS 0653	0.750 3	7.00	4.255 3	10.00	0.700 0	0.784 6	0.027 47	0.771 7	7.00	4.705 9	10.00	0.5	0.807 7	0.000 89
RS0676	0.748 0	6.00	4.278 1	11.00	0.650 0	0.785 9	0.024 97	0.772 1	7.00	6.106 9	10.00	0.3	0.857 7	0.000 00
RS0683	0.831 8	9.00	6.299 2	13.00	0.700 0	0.862 8	0.030 51	0.886 2	11.00	9.195 4	18.00	0.75	0.914 1	0.085 54
RS0859	0.571 3	6.00	4.255 3	10.00	0.800 0	0.784 6	0.341 33	0.733 1	6.00	4.000 0	10.00	0.85	0.769 2	0.151 49
RS0956	0.795 0	6.00	5.228 8	10.00	0.200 0	0.829 5	0.000 00	0.811 6	7.00	5.673 8	13.00	0.55	0.844 9	0.001 59
RS1101	0.735 7	3.00	2.597 4	5.00	0.650 0	0.630 8	0.908 88	0.556 7	3.00	2.446 5	4.00	0.7	0.606 4	0.445 34
平均值	0.762 8	6.70	5.126 5	10.5	0.640 0	0.802 9	0.138 59	0.771 3	7.10	5.537 7	12.00	0.63	0.811 7	0.087 66

表 24　中国对虾在 10 个微卫星位点的 F- 分析及在两个群体间和群体内的遗传多样性分布

位点	fis		Fit	Fst	H'		H_{sp}	H_{pop}	H_{pop}/H_{sp}	$(H_{sp}-H_{pop})/H_{sp}$
	CP6	CP1			CP6	CP1				
EN0018	−0.030 6	0.511 3	0.234 9	0.007 1	1.314 5	1.548 1	1.471 9	1.431 3	0.972 15	0.027 85
EN0033	0.047 6	0.092 2	0.078 2	0.009 1	2.243 9	2.367 0	2.364 0	2.305 45	0.975 23	0.024 77
RS062	0.463 1	0.074 1	0.271 0	0.014 3	1.774 1	1.524 2	1.706 6	1.649 15	0.966 33	0.033 67
RS0622	0.268 3	0.069 8	0.178 0	0.013 6	2.020 5	1.746 4	1.972 1	1.883 45	0.966 33	0.033 67
RS0653	0.365 1	0.085 0	0.242 9	0.020 5	1.606 7	1.676 1	1.706 3	1.641 4	0.961 96	0.038 04
RS0676	0.641 3	0.151 7	0.425 5	0.031 0	1.571 7	1.862 0	1.840 6	1.716 85	0.932 77	0.067 23

续表

位点	fis		Fit	Fst	H'		H_{sp}	H_{pop}	H_{pop}/H_{sp}	（$H_{sp}-H_{pop}$）/H_{sp}
	CP6	CP1			CP6	CP1				
RS0683	0.158 5	0.167 9	0.176 4	0.016 0	1.986 9	2.296 0	2.241 1	2.141 45	0.955 53	0.044 47
RS0859	−0.133 3	−0.045 8	−0.059 4	0.027 3	1.584 9	1.566 1	1.621 2	1.575 5	0.971 81	0.028 19
RS0956	0.332 3	0.752 7	0.547 5	0.015 1	1.716 5	1.807 3	1.809 9	1.761 9	0.973 47	0.026 53
RS1101	−0.183 9	−0.056 9	−0.107 1	0.010 8	1.010 4	0.988 9	1.008 4	0.999 65	0.991 32	0.008 68
平均值	0.203 9	0.182 5	0.206 6	0.016 6	1.683 0	1.738 2	1.774 2	1.710 6	0.964 15	0.035 85

从表 23 中的数据可以看出，在两个群体中，所观察到的等位基因数都比有效等位基因数多。PIC 值从 0.556 7 到 0.887 7。通过计算每个位点的等位基因数（*na*）、有效等位基因数（*ae*）、基因型数目（*G*）等的变化，来确定位点多态性变化规律。其中基因型数从 4 到 18 不等变化，例如在位点 EN0033 不同群体基因型数不同，两个群体分别为 14（CP1），17（CP6）。两个群体的平均杂合度分别为 0.640 0（CP1）和 0.630 0（CP6）。

10 个微卫星位点多态信息含量在 0.556 7～0.887 7 之间，说明本实验所用分离群体群内遗传变异大，信息含量高，符合标记 QTL 连锁分析的基本设计要求，也符合对虾养殖的实际情况。每个位点所有等位基因数从 3 到 13 不等，比同工酶检测到的等位基因数多。杂合度（两个群体的平均杂合度分别为 0.640 0 和 0.630 0）也比同工酶所报道的高。与同工酶等技术相比微卫星位点具有高度多态，共显性遗传等优点，因此 SSR 标记被广泛应用于生物学研究的各个领域。

从表 24 可知，$F_{st}<0.05$ 表明两个群体遗传分化程度较弱。$F_{is}<0$ 表明有 5 个观察杂合度过剩的现象，其中在位点 RS1101 和 RS0859 两个群体都发生了观察杂合度过剩的现象。但对整个群体而言，两个群体均表现为一定程度的杂合子缺失。

通过对 10 个微卫星位点所检测到的表型频率进行遗传多样性计算分析，结果表明，两个群体的 Shannon 多样性指数分别为 1.683 0、1.738 2，整个选育群体（两个群体作为一个群体）的遗传多样性指数为 1.774 2。从 H_{pop}/H_{sp} 比值来看，在位点 RS1101 和 RS0676 分别检测出群体内的最大和最小遗传多样性（H_{pop}/H_{sp} 分别为 0.991 32 和 0.932 77），群体内遗传多样性均值为 0.964 15；而群体间的遗传多样性均值为 0.035 85，可见绝大部分的遗传变异是在群体内检测到的。此外，两个群体间加上偏差矫正后相似性系数（*I*）高达 0.918 7，彼此的遗传距离（*D*）仅为 0.084 8。

表 25　中国对虾两个群体的 Nei 遗传距离及相似性系数

	Nei（1972）		Nei（1978）	
	CP6	CP1	CP6	CP1
CP6		0.875 7		0.918 7
CP1	0.132 7		0.084 8	

注：对角线以下为遗传距离，对角线以上为相似性系数

衡量一个分子遗传标记的多态性程度的大小与其在群体中能够检测出来类型的多少直接有关，类似于群体遗传多态性。衡量的标准有两个：一是杂合度，它实际上是在群体随机交配的情况下，一个个体的两个等位基因处于杂合状态的概率；另一个常用的指标是多态信息含量（PIC），它是在给定一个后代基因型时，能够判断一个亲本将其哪一个等位基因传递给后代的概率。一般多态性基因的定义是它最频繁出现的等位基因不超过 0.95，这时相应的杂合度和多态信息含量不小于 0.1，这也可以作为一个基因多态性的衡量标准（Ball et al，1998）。

杂合度，它实际上是在群体随机交配的情况下，一个个体的两个等位基因处于杂

合状态的概率;在两个选育群体中,都有杂合度的缺失,暗示出无效等位基因的存在,并且我们把这种情况当作纯合子而不是杂合子。另外,在聚合酶链式反应中聚合酶连续重复拷贝模板中的某种核苷酸的现象即“口吃”现象(Nei et al,1978)引起的两个等位基因重叠,应为杂合基因型而被错误地作为纯合基因型的现象,是引起基因型对Hardy-Weinberg 平衡偏离的另一个因素。基于无效等位基因的数据设定,我们还进行了基因型对 Hardy-Weinberg 平衡的偏离程度检验,发现在群体内杂合度过剩的微卫星位点偏离 Hardy-Weinberg 平衡。因此,可能是无效等位基因在一些微卫星位点是出现的,而在这些位点被忽略了。Ball 等(1998)发现无效等位基因是作为解释杂合度缺失现象不可缺少的因素之一。杂合度的缺失或过剩但未偏离 Hardy-Weinberg 平衡,可能是由于人工选育过程中,选择压力造成的结果,但家系混养也可能是出现这种现象的根本原因(Zhen et al,2001)。

十足目甲壳动物遗传变异性较低是其系统发生的一个基本特征(李思发,1988),Hedgecock 等(1982)在总结了 65 种虾蟹类的平均杂合度后也得出相同的结论。根据本研究结果,中国对虾第六代选育群体的平均杂合度(0.630 0)比第一代养殖群体的平均杂合度(0.640 0)略低,本研究的结果与王伟继等(2001)的结果相似。较短的生活史造成的瓶颈效应及缺乏随机漂变被认为是甲壳类遗传变异较低的主要原因,而人为干涉如过度开发、大规模不安全的人工放流等都有可能对对虾的遗传多样性产生影响。本实验中,两群体间的遗传相似度为 0.918 7,彼此间的遗传距离仅为 0.084 8,这与两群体的遗传多样性分析中遗传多样性差异百分比(1.683 0/1.738 2)、群体内遗传多样性均值为 0.964 15,而群体间的遗传多样性均值为 0.035 85 基本吻合,亦即有96.415% 的遗传多样性是来自群体内,只有 3.585% 的遗传多样性来自群体间,这表明,绝大部分的遗传多样性是在群体内检测到的,体现出人工选育群体的遗传多样性没有显著降低。另外,根据 F_{it} 和 F_{st} 值对 2 个世代群体遗传分化程度进行了检验,结果表明 2 个世代群体遗传分化程度较低。它们都说明在选育过程中,近交及瓶颈效应发生的可能性不大,遗传结构的改变主要是由人工选择压力造成的。这首先与选育的世代比较短有关,另外,也与选育过程中采取的措施密不可分。在选育过程中,留取了足够数目的亲虾,每一代的亲虾数量在 1 000 尾以上;其次,在收集虾卵时分批次进行而不是集中采集,因为虾类是高生殖力的生物,这样可以避免由于产卵时间的不同步性而造成的实际有效亲本数量太少;同时,严格控制交尾,选留后代覆盖面广,这些措施都有助于保持有效亲本数量,是育种过程中避免近交衰退的有效手段。总之,结果均说明第六代群体还有较大的选育潜力,可以继续保持遗传效应,最终保证选种育种工作的成功。

7. 中国对虾选育群体不同世代的微卫星分析

近年来，中国对虾的自然资源迅速衰减，尤其是自1993年虾病爆发以来，中国对虾养殖业受到重挫，虾病的流行使抗病品系选育成为必要和需要解决的问题。自1997年起，中国水产科学研究院黄海水产研究所开始进行中国对虾人工选育计划。为了获得高健康中国对虾幼体，对中国对虾快速生长性状和抗病性进行了人工选育（李健等，2000），到2002年年底，经筛选的对虾种群已繁育了6代，显示了良好的生长优势和抗逆能力，现已经在山东省日照、胶南和即墨等地进行了养殖示范。但是伴随人工选育过程，有可能增加近交机率、有效群体数不断减少等情况发生，进而导致遗传变异程度降低和遗传多样性相应减少。因此，有必要对其遗传变异进行检测，了解其遗传结构的变化，以制订相应的科学措施保证育种工作顺利进行。

有关中国对虾群体遗传变异的同工酶分析（李健等，2003；王伟继等，2001；张子平等，1994）、RAPD分析（刘萍等，2000）和线粒体DNA序列分析（邱高峰等，2000）等已有研究，张天时等（2005）利用SSR技术分析对中国对虾“黄海1号”选育群体的5个世代跟踪其遗传变异的变化，分析选育过程对其遗传结构的影响，为分子标记辅助育种提供理论依据。

实验用亲虾分别来自中国对虾“黄海1号”第3～6代群体（CP3、CP4、CP5和CP6），具体选育方法见李健等（2000）。人工选育的基础群体（FP）来自山东日照市近海海域采捕的野生中国对虾。

7.1 各个基因位点的遗传多态性

对中国对虾进行了8个多态性位点的PCR扩增，共得到71个等位基因。每个位点得到的等位基因数从6到16不等，产物片段大小在159～600 bp之间。各个位点PIC值从0.662 8到0.905 1。通过计算每个位点的等位基因数（*na*）、有效等位基因数（*Ae*）、基因型数目（*G*）、最高频率等位基因的频率（*F*）等的变化，来确定位点多态性变化规律。5个群体的平均杂合度分别为017188、0.568 7、0.618 8、0.643 8、0.669 37，其中除第1代群体在位点RS0859、第4代群体在位点RS0018、第5代群体在位点RS06539和第6代群体在位点EN0033以外的7个位点期望杂合度值都比观察杂合度值大。通过计算基因型的*P*值检验，中国对虾的5个世代的Hardy-Weinberg平衡偏离常数均发生了不同程度的偏离。FP有3个群体位点偏离极其显著；CP3有5个群体位点偏离极其显著；CP4有3个群体位点偏离极其显著；CP5有2个相同的群体位点偏离极其显著；CP6仅有1个群体位点偏离极其显著。

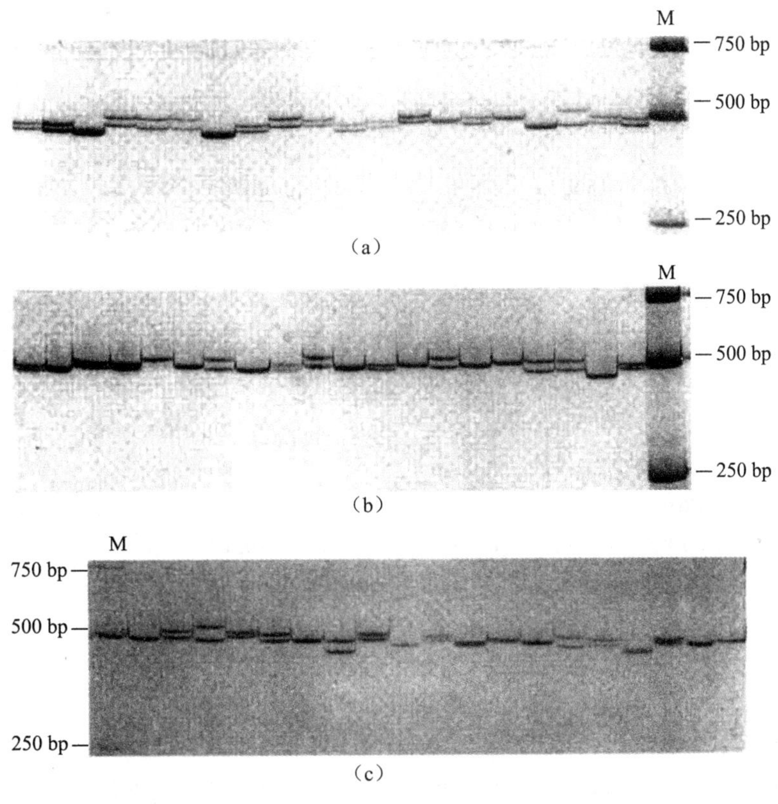

图 13 中国对虾 3 个群体 RS0622 位点的扩增图谱

表 26 中国对虾 5 个群体在 8 个微卫星位点的遗传多态性

项目	位点								平均值
	EN0018	EN0033	RS062	RS0622	RS0653	RS0683	RS0859	RS0956	
FP									
PIC	0.767 8	0.898 6	0.795 7	0.784 4	0.703 6	0.875 6	0.713 9	0.788 2	
na	6.000 0	15.000 0	6.000 0	7.000 0	5.000 0	13.000 0	5.000 0	7.000 0	8.000 0
ae	4.624 3	10.256 4	5.228 8	4.968 9	3.619 9	8.421 1	3.791 5	5.000 0	0.573 9
F	0.325 0	0.175 0	0.300 0	0.300 0	0.425 0	0.200 0	0.350 0	0.350 0	
G	12.000 0	16.000 0	11.000 0	11.000 0	8.000 0	17.000 0	10.000 0	13.000 0	
H0	0.500 0	0.850 0	0.800 0	0.800 0	0.600 0	0.750 0	0.800 0	0.650 0	0.718 8
He	0.803 8	0.925 6	0.829 5	0.819 2	0.742 3	0.903 8	0.755 1	0.820 5	0.825 0
P	0.000 001*	0.360 332	0.016 76	0.037 464	0.000 609*	0.040 456	0.880 801	0.003 351*	
CP3									
PIC	0.780 9	0.903 2	7 686	0.787 4	0.723	0.905 1	7 650	0.759 7	
na	6.000 0	15.000 0	6.000 0	7.000 0	6.000 0	14.000 0	7.000 0	7.000 0	8.500 0
ae	4.908 0	10.666 7	4.651 2	5.031 4	3.902 4	10.958 9	4.519 8	4.819 3	6.182 2
F	0.25（1）	0.150 0	0.300 0	0.300 0	0.300 0	0.125 0	0.375 0	0.325 0	
G	11.000 0	18.000 0	11.000 0	15.000 0	10.000 0	17.000 0	13.000 0	11.000 0	
HO	0.700 0	0.900 0	0.550 0	0.550 0	0.500 0	0.450 0	0.600 0	0.300 0	0.568 7

续表

项目	位点								平均值
	EN0018	EN0033	RS062	RS0622	RS0653	RS0683	RS0859	RS0956	
He	0.816 7	0.929 5	0.805 1	0.821 8	0.762 8	0.932 1	0.798 7	0.812 8	0.834 9
P	0.005 246*	0.105 691	0.001 461*	0.000 058*	0.192 847	0.000 000*	0.051 064	0.000 014*	
CP4									
PIC	0.761 9	0.894 5	0.738 6	0.761 3	0.718 3	0.897 2	0.744 8	0.793 8	
na	6.000 0	13.000 0	6.000 0	6.000 0	5.000 0	15.000 0	6.000 0	6.000 0	7.875 0
ae	4.494 4	9.876 5	4.145 1	4.519 8	3.846 2	10.126 6	4.2328	5.1948	5.804 5
F	0.35（1）	0.175 0	0.300 0	0.300 0	0.350 0	0.150 0	0.300 0	0.275 0	
G	10.000 0	19.000 0	12.000 0	11.000 0	9.000 0	17.000 0	11.000 0	12.000 0	
Ho	0.800 0	0.850 0	0.700 0	0.450 0	0.650 0	0.600 0	0.450 0	0.450 0	0.618 8
He	0.797 4	0.921 8	0.778 2	0.798 7	0.759 0	0.924 4	0.783 3	0.828 2	0.823 9
P	0.160 666	0.488 343	0.803 751	0.034 652	0.299 699	0.000 005*	0.003 660*	0.000 090*	
CP5									
PIC	0.769 2	0.895 8	0.741 4	0.663 1	0.783 7	0.887 7	0.753 1	0.681 0	
na	6.000 0	14.000 0	7.000 0	7.000 0	6.000 0	14.000 0	7.000 0	7.000 0	8.500 0
ae	4.651 2	10.000 0	4.188 5	3.174 6	4.938 3	9.302 3	4.371 6	3.463 2	5.511 2
F	0.300 0	0.175 0	0.275 0	0.475 0	0.325 0	0.150 0	0.300 0	0.425 0	
G	12.000 0	18.000 0	10.000 0	10.000 0	12.000 0	17.000 0	13.000 0	11.000 0	
Ho	0.650 0	0.900 0	0.550 0	0.500 0	0.900 0	0.550 0	0.650 0	0.450 0	0.643 8
He	0.805 1	0.923 1	0.780 8	0.702 6	0.817 9	0.915 4	0.791 0	0.729 5	0.808 2
P	0.174 952	0.294 46	0.445 341	0.630 396	0.361 938	0.000 000*	0.448 449	0.003 129*	
CP6									
PIC	0.792 1	0.886 4	0.798 2	0.772 3	0.6628	0.9015	0.7871	0.7487	
na	6.000 0	13.000 0	6.000 0	7.000 0	5.000 0	15.0000	7.0000	6.0000	8.1250
ae	5.161 3	9.195 4	5.095 5	4.733 7	2.693 6	10.526 3	5.031 4	4.255 3	5.836 6
F	0.275 0	0.175 0	0.250 0	0.275 0	0.500 0	0.200 0	0.300 0	0.375 0	
G	14.000 0	16.000 0	13.000 0	12.000 0	8.000 0	18.000 0	13.000 0	12.000 0	
Ho	0.800 0	0.950 0	0.550 0	0.550 0	0.500 0	0.850 0	0.800 0	0.550 0	0.693 7
He	0.826 9	0.914 1	0.824 4	0.809 0	0.644 9	0.928 2	0.821 8	0.784 6	0.819 2
P	0.573 566	0.633 667	0.128 799	0.000 46*	0.039 334	0.040 63	0.664 422	0.050 213	
所有群体									
na	6.000 0	16.000 0	7.000 0	7.000 0	6.000 0	15.000 0	7.000 0	7.000 0	8.875 0
ae	5.357 6	12.953 4	5.219 2	5.035 2	4.365 9	12.453 3	5.337 6	5.911 9	7.079 3
F	0.250 0	0.115 0	0.235 0	0.270 0	0.285 0	0.120 0	0.240 0	0.210 0	
G	21.000 0	67.000 0	22.000 0	23.000 0	17.000 0	59.000 0	23.000 0	24.000 0	

注：* 表示差异极显著（$P< 0.01$）。

7.2 世代间群体遗传变化

从 F- 检验的数据来看，配对比较 F_{st} 值($F_{st}<0.05$)表明 5 个世代群体间遗传分化程度较弱，而 5 个世代群体内有 3 个位点遗传分化中等。另外，对 F_{is} 值的计算表明，有 5 个群体位点杂合子处于过剩状态，对整个群体而言，5 个世代群体均表现为一定程度的杂合子缺失。FP 有 6 个群体位点处于杂合子缺失状态，CP3 群体位点都处于杂合子缺失状态，CP4 有 7 个群体位点处于杂合子缺失状态，CP5 有 7 个群体位点处于杂合子缺失状态，CP6 有 7 个群体位点处于杂合子缺失状态。

表 27 中国对虾 5 个群体 8 个微卫星位点的 F- 分析

位点	Fis					F_{st}	所有群体
	FP	CP3	CP4	CP5	CP6	CP3, CP4, CP5, CP6	
EN0018	0.362 0	0.120 9	−0.289 0	0.172 0	0.007 8	0.031 2	0.029 0
EN0033	0.058 2	0.006 9	0.054 2	0.000 0	−0.065 9	0.024 2	0.025 0
RS062	0.010 8	0.299 4	0.077 4	0.277 5	0.315 7	0.025 6	0.030 8
RS0622	−0.001 6	0.313 6	0.422 2	0.270 1	0.302 7	0.043 4	0.038 6
RS0653	0.171 0	0.327 7	0.121 6	−0.128 5	0.204 8	0.055 8	0.057 3
RS0683	0.148 9	0.504 8	0.334 3	0.383 8	0.060 8	0.019 0	0.023 9
RS0859	−0.086 6	0.229 5	0.410 8	0.157 2	0.001 6	0.053 8	0.052 2
RS0956	0.187 5	0.621 5	0.442 7	0.367 3	0.281 0	0.069 7	0.066 9
平均值	0.106 4	0.301 3	0.229 7	0.183 0	0.131 5	0.039 7	0.039 9

表 28 中国对虾不同群体间 8 个微卫星位点配对比较的 F_{st} 值

群体	FP	CP3	CP4	CP5	CP6
FP	—	0.021 1	0.016 6	0.0325	0. 022 0
CP3		—	0.021 5	0.030 1	0. 025 4
CP4			—	−0.0338	0.025 5
CP5				—	0. 024 8
CP6					—

采用 Nei (1972,1978)的方法计算群体间的相似性系数和遗传距离。不同世代群体间的相似性系数(Nei,1972)为 0.7283～0.8618，加上偏差矫正后相似性系数(Nei,1978)为 0.809 3～0.963 0。不同的计算方法所得彼此间的遗传距离数值略有不同，但两种不同计算方法的结果都表明 5 个世代群体间的遗传分化程度较低。

表 29 中国对虾 5 个群体的 Nei 相似性系数(对角线以上)及遗传距离

群体	Nei (1972)相似性系数					Nei (1978)相似性系数				
	FP	CP3	CP4	CP5	CP6	FP	CP3	CP4	CP5	CP6
FP	—	0.201 3	0.148 7	0.303 2	0.200 7	—	0.086 1	0.037 7	0.197 5	0.091 3

续表

群体	Nei (1972)相似性系数					Nei (1978)相似性系数				
	FP	CP3	CP4	CP5	CP6	FP	CP3	CP4	CP5	CP6
CP3	0.817 6	—	0.204 6	0.285 1	0.244 0	0.917 5	—	0.089 8	0.175 5	0.130 8
CiM	0.861 8	0.814 9	—	0.317 0	0.236 2	0.963 0	0.914 1	—	0.211 6	0.127 3
CP5	0.738 4	0.751 9	0.728 3	—	0.217 1	0.820 8	0.839 0	0.809 3	—	0.113 4
CP6	0.818 2	0.783 5	0.789 6	0.804 8	—	0.912 8	0.877 4	0.880 5	0.892 8	—

7.3 微卫星位点的高度多态性

一个分子遗传标记多态性程度的大小与其在群体中能够检测出来的类型多少直接有关，类似于群体遗传多态性。衡量的标准有两个：一是杂合度，它实际上是在群体随机交配的情况下，一个个体的两个等位基因处于杂合状态的概率；另一个常用的指标是多态信息含量(PIC)，它是在给定一个后代基因型时，能够判断一个亲本将其某一个等位基因传递给后代的概率。一般多态性基因的定义是其最频繁出现的等位基因不超过 0.95，这时相应的杂合度和多态信息含量不小于 0.1，这也可以作为一个基因多态性的衡量标准。8 个微卫星位点多态信息含量值从 0.662 8 到 0.905 1，这充分说明本实验所用分离群体群内遗传变异大，信息含量高，符合标记 -QTL 连锁分析的基本设计要求，也符合对虾养殖的实际状况。

在本实验中，每个位点的等位基因数从 6 到 16 不等，与同工酶(李健等，2003；王伟继等，2001)检测到的等位基因数(1-5)相比是比较多的。杂合度(5 个群体的平均杂合度分别为 0.718 8、0.568 7、0.618 8、0.643 8 和 0.693 7)也比同工酶所报道的高。与同工酶等技术相比，微卫星位点的高度多态性，以及遗传标记以孟德尔方式共显性遗传等优点，决定了 SSR 标记被广泛应用于生物学研究的各个领域，尤其是亲缘关系相近的或地理位置相近的群体，SSR 标记也是在育种计划中运用分子标记辅助育种进行家系确定的独特工具(Moore et al，1999；Wolfus et al，1997；Wright et al，1994)。

7.4 杂合子缺失和哑等位基因

在所有群体中，都有杂合子的缺失，暗示出哑等位基因的存在，并且笔者把这种情况当作纯合子而不是杂合子。基于哑等位基因的数据设定，笔者还进行了基因型对 Hardy-Weinberg 平衡的偏离程度检验，发现在群体内杂合子过剩的微卫星位点偏离 Hardy-Weinberg 平衡，因此，哑等位基因在一些微卫星位点是可能出现的，但这些位点却被忽略了。Ball 等(1998)发现哑等位基因是作为解释杂合子缺失现象不可缺少的因素之一。

7.5 养殖群体的遗传变化

长期的选育工作需要保持足够的遗传变异水平及一定的遗传响应。由于人工选育是一个复杂的过程，每一代的外部环境及人工选择压力会造成群体遗传变异水平的波动。在日本囊对虾引入意大利后，Sbordoni 等（1986）利用同工酶技术跟踪养殖群体遗传多样性变化，发现第 1 代至第 6 代的平均杂合度从 0.102 持续下降至 0.039。分析原因，可能是人工选育过程中，有效群体过小，导致近交机率增加，引起种群遗传多样性水平下降。为了避免上述现象发生，本实验在中国对虾选育过程中采取了一定的措施。首先，留取了足够数目的亲虾，每一代的亲虾数量在 1 000 尾以上；其次，在收集虾卵时分批次进行而不是集中采集，因为虾类是高生殖力的生物，这样可以避免由于产卵时间的不同步性而造成实际有效亲本数量太少；另外，严格控制交尾，选留后代覆盖面广。这些措施都有助于保持有效亲本数量，是育种过程中避免近交衰退的有效手段。

在人工控制条件下，通过选择、人工诱变、杂交等手段可破坏遗传平衡，从而使基因和基因型频率发生改变，群体内的遗传特性也会随之发生改变，这也是目前动、植物育种工作的重要手段。笔者的研究结果表明，中国对虾经过了 6 个世代的选育后，群体内的遗传结构已经发生了变化，表现在微卫星图谱中某些位点的基因频率和基因型频率在 5 个群体中存在差异。由于遗传学实验中 P 值常以 0.05 为标准，$P>0.05$ 说明差异不显著；$P<0.05$ 说明差异显著；$P<0.01$ 说明差异极其显著。某些位点的基因型频率观察值与理论值差异极其显著，说明群体内的基因型频率发生了改变。5 个群体的遗传相似度为 0.809 3～0.963 0（Nei，1978），彼此的遗传距离（D）为 0.037 7～0.211 6。另外，根据 F_{st} 值和配对比较 F_{st} 值对 5 个世代群体遗传分化程度进行了检验，结果表明，绝大部分的遗传变异是在群体内检测到的，体现出群体间的遗传分化程度较低。

十足目甲壳动物遗传变异性较低是其系统发生的一个基本特征（李思发，1988），Hedgecock 等（1982）在总结了 65 种虾蟹类的平均杂合度后也得出相同的结论。较短的生活史造成的瓶颈效应及缺乏随机漂变被认为是甲壳类遗传变异较低的主要原因，而人为干涉如过度开发、大规模不安全的人工放流等都有可能对对虾的遗传多样性产生影响。根据本研究结果，选育初期平均杂合度世代间呈现递减趋势不明显，第 3 代平均杂合度有略微的下降，而第 4 代平均杂合度有略微的上升，这可能是由于实验中取样误差导致实验结果发生波动，第 5 和第 6 代比前几代偏离减小，预示在这些群体中，近交及瓶颈效应发生的可能性不大，遗传结构的改变主要是由人工选择压力造成的。这首先与选育的世代比较短有关，另外，也与选育过程中采取的措施密不可分。总之，结果说明 5 个世代群体间的遗传分化程度较低，还有较大的选育潜力，可以继续保持遗传响应，保证最终选种育种工作的成功。

8. 对虾抗病性状遗传标记的 RAPD 分析

在世界范围内已经陆续开展中国对虾、蓝对虾、日本囊对虾、斑节对虾和凡纳滨对虾等主要养殖种类的品种选育和健康养殖等研究工作(Pruder et al，1995；Wyban et al，1995；Carr et al，1994)。采用的技术主要以经典的选择育种技术和现代分子生物学技术的有机结合。法国海洋开发研究院已经从蓝对虾种群中找到 10 个微卫星标记，从斑节对虾中找到 3 个微卫星标记，这些标记在识别混养的不同家系时发挥了作用。澳大利亚联邦科学和工业研究院也已经成功地从日本囊对虾中找到 3 个可能与生长表现相关的基因位点，并有可能进一步开发为可预测生长的基因标记。美国在凡纳滨对虾高健康和无特异病原虾品系的培育中运用 RAPD 技术，对各品系的群体遗传变异水平进行了检测，并成功地筛选出一些特异性标记(Carcia et al，1996；Alcivar-Warren et al，1997)。中国对虾是我国的主要海产捕捞对象和水产养殖的重要虾类之一，但近十年来出现的病害肆虐、规格下降等问题已严重制约着养殖业的发展。遗传标记技术的研究目前起步较晚，且大部分为种群遗传多样性的研究。关于对虾群体特异性遗传标记的报道较少，针对对虾经济性状相关的遗传标记的研究尚未见报道。刘萍等(2002)采用随机扩增多态 DNA 技术分析了对虾抗病性状的遗传标记，尝试与经济性状相关的数量性状与 DNA 分子遗传标记建立连锁关系，为进一步将与经济性状有关的基因进行定位、克隆奠定基础。

本研究共对 220 个随机引物进行筛选，得到与抗病性状相关的特异性遗传标记 98 个，其中中国对虾抗病群体特异性片段出现 18 个，片段大小在 460～2 305 bp 之间；凡纳滨对虾抗病群体特异性片段产生 81 个，片段大小在 435～2 287 bp。

在 220 个随机引物中，77 个引物在两种对虾的抗病群体中扩增出特异性遗传标记。4 个引物均获得了 3 个特异性片段；13 个引物获得了两个特异性片段，其余 61 个引物均获得了 1 个特异性片段。

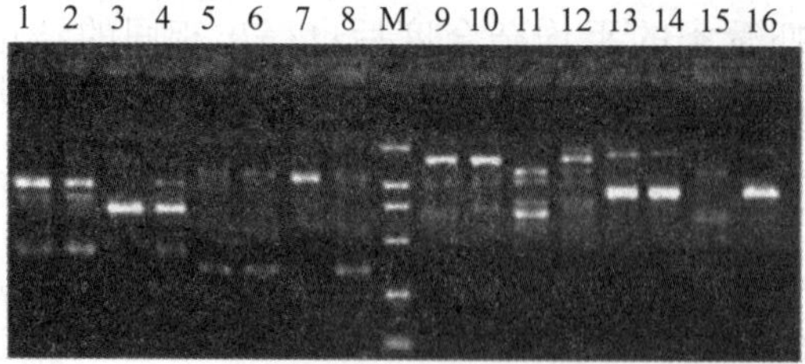

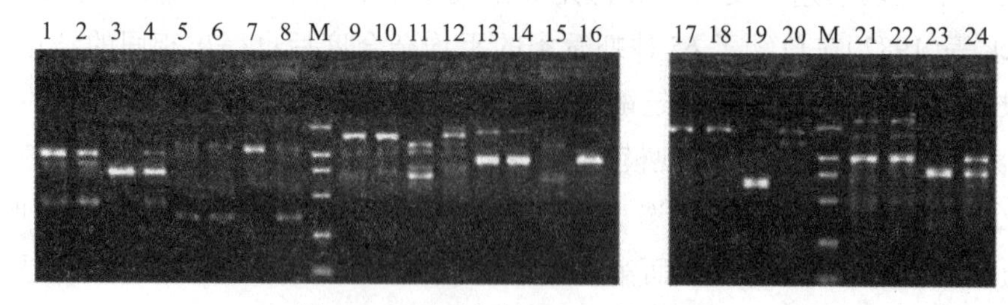

图 14 两种对虾的 RAPD 扩增结果

表 30 RAPD 技术对对虾抗病群体遗传标记的筛选

序号	引物序列	长度(bp)	种类	序号	引物序列	长度(bp)	种类
1	TCGGACGTGA	707	凡纳滨对虾	40	CTCCCTGGAA	925	中国对虾
2	GGAAGTCGCC	1720	凡纳滨对虾	41	CCCCTCACGA	920	中国对虾

续表

序号	引物序列	长度(bp)	种类	序号	引物序列	长度(bp)	种类
3	AGTCGTCCCC	922	凡纳滨对虾	42	CCCCTCACGA	721	凡纳滨对虾
4	GAAACACCCC	985	中国对虾	43	ACGCCCAGGT	656	凡纳滨对虾
5	GAAACACCCC	1 655	中国对虾	44	ACGCCCAGGT	685	中国对虾
6	GAATCGGCGA	771	中国对虾	45	ACGCCCAGGT	1 656	凡纳滨对虾
7	GGTGATCAGG	1 582	中国对虾	46	ACGCCCAGGT	1 721	凡纳滨对虾
8	CCGAATTCCC	460	中国对虾	47	ACGCCCAGGT	839	凡纳滨对虾
9	CCGAATTCCC	760	中国对虾	48	ACGCCCAGGT	938	凡纳滨对虾
10	CCGATATCCC	1083	中国对虾	49	ACGCCCAGGT	553	凡纳滨对虾
11	GGGATATCGG	975	中国对虾	50	ACGCCCAGGT	743	凡纳滨对虾
12	GGAAGCTTGG	660	中国对虾	51	ACGCCCAGGT	1 502	凡纳滨对虾
13	ACGGTACCAG	515	中国对虾	52	ACGCCCAGGT	718	凡纳滨对虾
14	GGCTGCAGAA	435	中国对虾	53	ACGCCCAGGT	1 661	中国对虾
15	CCAGTACTCC	978	中国对虾	54	ACGCCCAGGT	481	凡纳滨对虾
16	CCTCTAGACC	556	中国对虾	55	ACGCCCAGGT	570	凡纳滨对虾
17	TCAGGGAGGT	509	中国对虾	56	ACGCCCAGGT	1 630	凡纳滨对虾
18	AAGACCCCTC	2 000	中国对虾	57	ACGCCCAGGT	2 270	凡纳滨对虾
19	AGATGCAGCC	1 047	中国对虾	58	ACGCCCAGGT	1 568	凡纳滨对虾
20	TCACCACGGT	1 017	中国对虾	59	ACGCCCAGGT	706	凡纳滨对虾
21	CTACTGCCGT	1 158	中国对虾	60	ACGCCCAGGT	2 305	中国对虾
22	GGACTGCAGA	1 165	中国对虾	61	ACGCCCAGGT	1 865	凡纳滨对虾
23	ACCTGGAGAC	2 000	中国对虾	62	ACGCCCAGGT	798	凡纳滨对虾
24	AAGGCGGCAG	765	中国对虾	63	ACGCCCAGGT	977	凡纳滨对虾
25	TTTGCCCGGT	672	中国对虾	64	ACGCCCAGGT	745	凡纳滨对虾
26	ACATGCCGAT	2 000	中国对虾	65	ACGCCCAGGT	1 000	凡纳滨对虾
27	TCATCCGAGG	1 022	中国对虾	66	ACGCCCAGGT	1 039	中国对虾
28	TCTCCGCCCT	447	中国对虾	67	ACGCCCAGGT	652	凡纳滨对虾
29	AATGCGGGAG	1 504	中国对虾	68	ACGCCCAGGT	1 910	凡纳滨对虾
30	CAGAGGTCCC	1 225	中国对虾	69	ACGCCCAGGT	1 640	凡纳滨对虾
31	TTTGGGGCCT	778	中国对虾	70	ACGCCCAGGT	1 505	凡纳滨对虾
32	TCCGATGCTG	943	中国对虾	71	ACGCCCAGGT	702	凡纳滨对虾
33	ACCGTTCCAG	1 622	中国对虾	72	ACGCCCAGGT	1 492	凡纳滨对虾
34	CTGGGTGAGT	1 611	中国对虾	73	ACGCCCAGGT	672	凡纳滨对虾
35	TCCACTCCTG	1 000	中国对虾	74	ACGCCCAGGT	2 215	凡纳滨对虾
36	GGCAGGCTGT	1 568	中国对虾	75	ACGCCCAGGT	957	中国对虾

续表

序号	引物序列	长度(bp)	种类	序号	引物序列	长度(bp)	种类
37	AACGGCGACA	497	中国对虾	76	ACGCCCAGGT	725	凡纳滨对虾
38	AGGACTGCCA	1 058	中国对虾	77	ACGCCCAGGT	701	凡纳滨对虾
39	GGTGAACGCT	1 843	中国对虾	78	ACGCCCAGGT	1 927	凡纳滨对虾

RAPD 技术是一种研究基因组遗传标记的方法，具有相对简便、易于操作，省时省力，无需专门设计引物，产物遗传多样性丰富等优点。模板 DNA 经 94 ℃变性解链后，在较低的温度下(低于 40 ℃)退火，这时形成的单链模板会有许多位点与引物互补配对形成双链结构，完成 DNA 合成，即产生片段大小不等(200～4 000 bp)的扩增产物。扩增产物片段的多态性反映了基因组相应区域的 DNA 多态性，据此可以根据扩增谱带的差异而将同一物种的不同性状区分开来。本试验中使用 220 个随机引物，77 个引物两种对虾的抗病群体扩增出特异性遗传标记，不同的引物所获得的特异性遗传标记数不同，仅仅 4 个引物均获得了三个特异性片段，13 个引物获得了两个特异性片段，其余 61 个引物均获得了 1 个特异性片段。其次，本试验所得到的可能与抗病性状相关的特异性遗传标记 98 个，其中中国对虾抗病群体特异性片段出现了 17 个(片段大小在 460 bp～2 305 bp)，凡纳滨对虾抗病群体特异性片段产生 81 个(片段大小在 435 bp～2 287 bp)，造成两种对虾抗病群体特异性片段数目上产生较大差异的原因，主要是：① 中国对虾野生群体本身遗传多样性低于凡纳滨对虾野生群体(Garcia et al, 1994a, b)，中国对虾朝鲜西海岸群体的多态位点为 39%，黄渤海群体的遗传多样性更低，多态位点为 36.8%，而凡纳滨对虾的多态位点高达 39%～77%。因而，凡纳滨对虾群体间的遗传标记容易筛选，虽然中国对虾经过了第 3 代人工选育，而凡纳滨对虾仅仅进行了第 1 代选育，但这些并不足以影响其本身的遗传多样性；② 凡纳滨对虾抗病组的特异性片段部分是与对虾抗病性状相关的遗传标记，而部分为显示群体间的遗传标记。因而若想得到与对虾抗病性状紧密相关的特异性片段，尚需进行克隆、测序筛选，进一步的研究工作正在进行中。

我们经过近年来的人工选育，现在已经选育出生长速度快的第五代群体和抗 WSSV 病毒病的第 4 代群体，这些人工选育的对虾已显示出良好的生长特征和抗逆性。并应用现代分子生物学技术快速确定优良性状的分子标记，结合遗传学原理，可缩短良种选育周期，在短期内培育出优良品种。筛选生长速度快和抗病力强的对虾品系，是实现集约化养殖的根本基础，也是人们不懈追求的目标。筛选与保存高产、优质、抗逆的种质，是把我国对虾养殖业推向新的台阶必不可少的重要的环节。

9. 中国对虾与生长性状相关遗传标记的筛选与克隆

我国北方地区是最早进行中国对虾养殖的地区之一，曾是我国对虾养殖面积最大和产量最高的地区，但也是遭受对虾病害损失最严重的地区。针对目前中国对虾在养殖过程中出现的苗种抗逆性较差、性状退化严重、苗种培育不稳定，以及中国对虾在养殖过程中生态环境包括养殖池的建造与管理、水质和水温的调控、投喂的饵料以及养殖过程中疾病的防治等方面存在的问题，中国水产科学研究院黄海水产研究所从1997年开始进行中国对虾良种选育研究工作，到2004年已培育出生长快、抗逆能力强的中国对虾选育新品种"黄海1号"。中国对虾新品种选育的成功为我国对虾养殖业起到了示范和带动作用，这对加快我国对虾养殖业的第2次创业具有十分重要的现实意义。

由于大多数经济动物的重要经济性状（如生长、抗病等）受许多数量基因座位和环境因子的共同作用而表现出数量性状的遗传特点，经典的遗传育种研究方法往往无法区别一个重要性状的产生是由哪一个具体的基因控制的。为了达到遗传改良的目的，越来越多的科学家把目光投向筛选和建立有效的遗传标记上，并取得了有意义的进展（Carr et al，1994；Pruder et al，1995；Wyban et al，1995）。刘萍等（2002）曾报道利用RAPD技术筛选了中国对虾18个与抗病相关特异性遗传标记。孟宪红等（2005）也曾对中国对虾抗WSSV的遗传标记进行了筛选，并对5个相关标记进行了克隆和测序。刘萍等（2007）从选育中国对虾"黄海1号"快速生长的第6代群体（CP6）中，选择同一养殖池中生长性状发生分离的群体建立中国对虾体长的正态分布图。淘汰90％大多数中间类型，将生长高值和低值两种极端表型的个体区分开来，分成两组。其中体长15 cm以上的个体为CP-a组；体长11 cm以下的个体为CP-b组。海捕的中国对虾群体（MCP）为对照组，平均体长为16.4 cm。通过采用RAPD技术对上述3个群体进行生长相关分子标记的筛选，以期为数量性状基因座位（QTL）定位奠定基础。

9.1 中国对虾生长性状遗传标记的初步筛选

对S系列的240个RAPD引物进行了筛选，共产生标记数2 156个。通过进行群体（每个群体50个个体）验证，筛选出可能与生长性状相关的遗传标记65个，其中正相关标记55个，负相关标记10个。依据这些标记在群体中出现的频率和变化规律，共筛选出9个特异性标记，其中正相关标记6个，负相关标记两个，遗传标记的相对分子质量范围在500～1 500 bp之间。

9.2 特异片段的回收、纯化和测序

RAPD扩增结果电泳图谱见图15，从图中可以看出，特异性条带的片段大小约为1 000 bp（Marker为DL 2000），在第6代大个体群体（CP-a）中有13个个体具有特异性条带，第6代小个体群体（CP-b）中有10个个体具有特异性条带，而在野生群体（MCP）中只有7个个体具有特异性条带，特异性条带在这3个群体中的组成比例分别为86.67%、66.67%和46.67%。

特异性条带经回收后，作为模板运用相应引物进行特异性扩增，扩增产物纯化，

纯化后的特异性条带所显示的片段长度和群体分析中的片段大小基本一致。通过BLAST分析发现所测序列与数据库中已注册序列的相似性较低，未能找到同源性较高的功能基因。

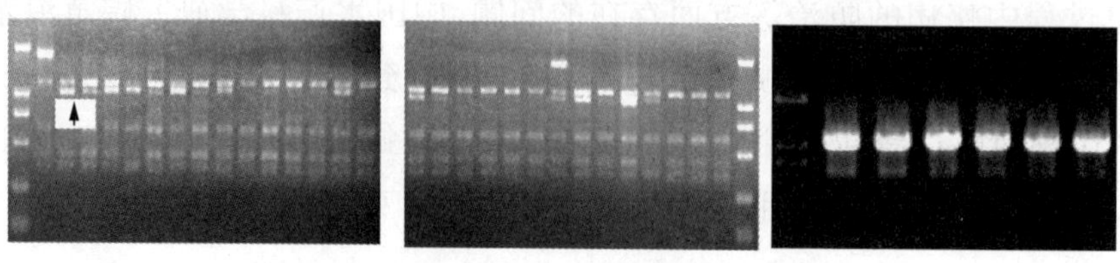

图15 S173标记电泳图谱及特异性标记的回收

对虾养殖是我国海水养殖业中最具有代表性的一个产业，对虾养殖业的发展方向是在原有品种的基础上进行遗传改良和培育新的优良品种。但在选育过程中传统的遗传选育和改良技术存在许多缺陷，如选育效果低、所需周期长等。分子标记辅助育种技术可明显提高选育的进度，尤其是对那些通过表型难以度量的性状。目前在世界范围内已经相继开展了主要养殖虾类的品种选育。美国从20世纪90年代开始将分子标记技术应用到虾类的良种培育上，目前已培育出无特异病原健康虾(SPF)，使美国的养虾业在全球普遍下滑的情况下仍能保持健康发展。在SPF对虾培育的基础上，夏威夷海洋研究所对凡纳滨对虾开始实施遗传改良计划，到1998年已建立起两个品系。法国IFREMER在1999年从蓝对虾种群中找到10个微卫星标记(Emmanuel, 1999)，从斑节对虾中找到了3个微卫星标记，这些标记对识别混养家系发挥了一定的作用，澳大利亚CSIRO的科学家从日本囊对虾中找到3个可能与生长表现相关的基因位点，并有可能进一步开发为可预测生长的基因标记(Hetzel et al, 2000)。对中国对虾遗传标记的研究多属于种群或群体遗传多样性的研究(何玉英等，2004；孟宪红等，2004；马春艳等，2004)，针对某一性状的特异性标记的研究报道较少。

中国对虾是我国重要的经济种类和海水增养殖品种，在世界水产养殖业中占有举足轻重的地位。但是在近十年的养殖生产中，养殖对虾病害肆虐、养殖环境恶化等问题变得越来越突出，成为制约我国对虾养殖业发展的重要因素。黄海水产研究所从1997年开始进行中国对虾的新品种选育工作(李健等，2000 a、2000 b；王清印等，2000)，选育完成的对虾养殖新品种中国对虾“黄海1号”已通过国家原良种审定委员会审定，品种登记号：GS01001-2003，已由中华人民共和国农业部公告第348号公布。本书采用“黄海1号”为实验材料，筛选与生长相关的遗传标记，经过RAPD技术筛选到与生长相关的特异性标记6个，并有两个标记已转换为稳定的SCAR标记。在标记的筛选过程中，主要以该标记在3个群体各50个个体中出现的频率作为验证其是否与生长性状相关的唯一标准，如：用S105标记对MCP、CP-a和CP-b 3个群体进行扩增，获得1条长约500 bp的多态性片段。其中在MCP群体的50个个体中有27个个体扩增出多态片段，在CPa群体中有39个个体扩增出多态片段，而CPb群体有26个个体扩增出多态片段，多态片段在3个群体中的组成比例分别为54%、78%和52%，在选育群体第6代大个体群体(CPa)中出现的频率最高。卡方(χ^2)检验表明，在3个群体的组成比例差异显著($P>0.05$)，可作为中国对虾生长性状进行选择标记。对于筛选的与中国对虾生长相关6个标记的进一步验证以及在各世代中的遗传变化规律等研究工作仍在进行中。

总之，将传统的选择育种结合分子生物学技术手段，筛选与中国对虾生长、抗逆等相关的分子遗传标记并应用于中国对虾的选择育种，不仅可以加快选育进度，也将为中国对虾良种选育提供理论依据。

10. 中国对虾与生长性状相关微卫星DNA分子标记的初步研究

近年来，由于过度捕捞、栖息地生态环境污染等因素，中国对虾的自然资源在迅速衰减(邓景耀等，2001)，其重要的原因之一是养殖所用苗种基本上都没有经过系统的人工定向选育，其遗传基础还是野生型的，生长速度、抗病能力乃至品质质量还未达到良种化的程度，良种问题已成为制约我国对虾养殖业稳定发展的主要瓶颈之一。因此，培育优质高产抗逆的品种，是对虾养殖业迫切需要解决的问题。分子标记技术的出现，为深入研究数量性状的遗传基础提供了可能。而微卫星分子标记技术，由于具有技术简便、快速、稳定性好(徐莉等，2002)、检测获得的多态性位点多和遗传变异信息量大等特点，在海洋生物中被广泛应用于群体遗传结构调查、种质鉴定、遗传连锁图谱的构建和基因差异表达等领域(Ricardo et al，1999；Maureen et al，1998；Xu et al，1999)。

分群分离分析法(Bulked Segregation Analysis，BSA)(Michelmore et al，1991)是从近等基因系(Near Isogenic Line，NIL)分析法演化而来的，它克服了许多作物没有或难以创建相应的近等基因系分析法的限制，在自交和异交物种中均有广泛的应用前景。对于尚无连锁图或连锁图饱和程度较低的植物，该方法也是进行快速获得与目标基因连锁的分子标记的有效方法。利用BSA法已标记和定位了许多重要的质量性状基因，如莴苣抗霜霉病基因(Michelmore et al，1991)、水稻抗瘿蠓基因(Mohan et al，1994)以及水稻抗稻瘟病基因(朱立煌等，1994)等。张天时等(2006)利用微卫星技术对中国对虾第6代养殖群体(CP6)进行研究，采用微卫星引物和所对应的微卫星核心序列以及核心序列见刘萍等(2004)和张天时等(2005)，以期找到生长相关的分子标记，为中国对虾分子标记辅助育种奠定基础。

10.1 微卫星扩增结果

采用的7个微卫星位点对中国对虾第6代群体的大个体组(A组)、小个体组(C组)以及海捕群体对照组(MCP组) 3组各20条中国对虾的基因组DNA样品混合模板 DNA 扩增出的片段中，有 7 条片段在两组中表现差异扩增，片段大小在 0.1～1.0 kb 之间。混合 DNA 模板在部分微卫星位点上进行 PCR 扩增的电泳结果见图 16。从图中可以看出，有些等位基因在某一群体中表现为全隐性，而在另外群体中则以差异的基因频率表现。即在有些位点在 A 组中出现的条带在 C 组中没有出现，如在位点 RS1101 箭头所指的条带在 C 组中国对虾的混合 DNA 模板未出现。反之，在某些位点在 C 组中出现的条带在 A 组中没有出现，如在位点 RS0622 箭头所指的条带在 A 组中国对虾的混合 DNA 模板未出现。

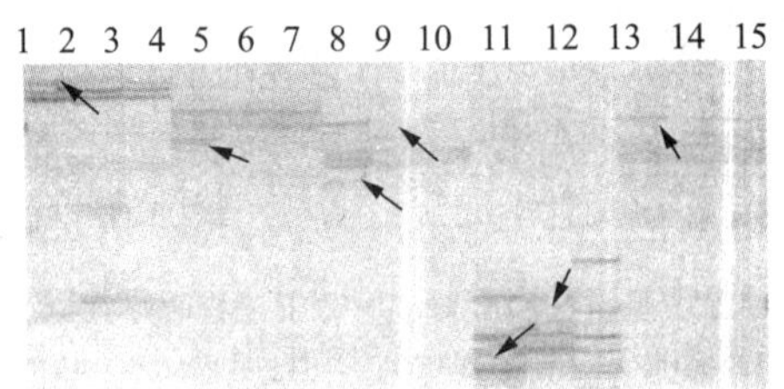

图 16 混合 DNA 模板进行 PCR 扩增的电泳结果

10.2 中国对虾生长快选育群体的微卫星指纹图谱

本研究对中国对虾人工选育的生长快群体 4 个连续世代进行了 7 个微卫星位点扩增。图 17 分别表示了中国对虾人工选育的生长快群体 4 个连续世代在 RS0683 位点的扩增图谱。7 对引物产生清晰可辨的条带，在生长快选育群体 4 个连续世代中大部分的扩增片段在 4 代群体中出现的频率相近，但是有一些扩增片段，在 4 代群体中的频率呈现规律性的递增或递减。发现有 7 个等位基因频率在 4 代群体中表现出差异(表 31)。RS1101-1、EN0033-11 标记的基因频率在 4 个连续世代中呈现递增的趋势；RS0683-2、RS0622-2 和 EN0018-3 标记的基因频率在 4 个连续世代中前 3 个世代呈现递增的趋势，到 CP6 时基因频率出现下降；RS0683-5 标记的基因频率在世代间出现从低到高的反复交错，而 RS0622-5 标记的基因频率则与之相反，出现由高到低的反复交错。

表 31 表现差异的等位基因频率在生长快选育群体 4 个连续世代中等位基因频率的变化

SSR 位点	编号	等位基因频率			
		CP3	CP4	CP5	CP6
RS1101	1	0.166 7	0.176 7	0.121 2	0.228 6
EN0033	11	0.050 0	0.075 0	0.125 0	0.175 0
RS0683	2	0.025 0	0.050 0	0.100 0	0.075 0
	5	0.025 0	0.050 0	0.025 0	0.050 0
RS0622	2	0.050 0	0.100 0	0.200 0	0.175 0
	5	0.300 0	0.150 0	0.475 0	0.225 0
EN0018	3	0.125 0	0.225 0	0.300 0	0.275 0

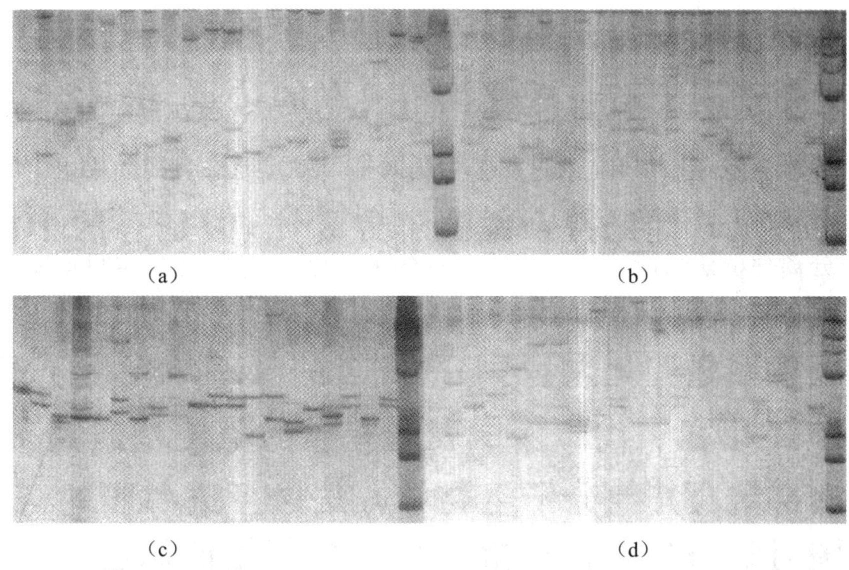

图17 中国对虾在位点RS0683的SSR电泳

作物中大多数重要的农艺性状和经济性状如产量、品质、生育期、抗逆性等都是数量性状。与质量性状不同,数量性状受多基因控制,遗传基础复杂,且易受环境影响,表现为连续变异,表现型与基因型之间没有明确的对应关系。因此,对数量性状的遗传研究十分困难。长期以来,只能借助于数理统计的手段,将控制数量性状的多基因系统作为一个整体来研究,用平均值和方差来反映数量性状的遗传操作特征,无法了解单个基因的位置和效应。这种状况制约了人们在育种中对数量性状的遗传操纵能力(方宣钧等,2001)。分子标记技术的出现,为深入研究数量性状的遗传基础提供了可能。

通常寻找与某一性状相连锁的分子标记的方法是通过分子标记结合分群分离分析法或近等基因系分析法。由于对虾的一年生生物学特性,无法进行回交,并且中国对虾目前所建的连锁图饱和程度较低,因此利用BSA法是进行快速获得预目标基因连锁的分子标记的有效方法。本书以人工连续选育的生长快的群体为材料,通过利用BSA法以及分析位点的基因频率的变化来判断它与生长性状的关系。本实验中,大部分表现差异的微卫星位点的等位基因频率在4代选育群体中相当,但是也有一些位点,它们的等位基因频率在4代群体中呈现规律性的变化。根据群体遗传学理论,选择会使受选择压力的基因型频率发生变化。对于定向选择,选择压力主要作用于与目标性状相关联的位点,因此,这些变化有可能是由于人工选择所造成的,因而与生长性状密切相关,类似的研究在鲇鱼及牡蛎上也有报道。Liu等(1998)在分析鲇鱼的F_2群体及回交群体中发现,大多数的AFLP标记符合孟德尔分离比,但是有两个位点E8-b9和E8-b2,它们的出现频率远远低于预期值,因为实验群体是进行快速生长性状选育的群体,所以推断这两个片段可能是与生长速度负相关的分子标记。English

(2001)通过同工酶分析了针对重量性状选育两代与3代的牡蛎,发现虽然选育群体与对照群体的遗传结构未发生明显变化,但是一些位点的频率却发生了显著变化,指出这些位点的变化是由于人工选择造成的。本实验中,7个在4代群体中表现差异的等位基因频率发生了显著变化,这是否为中国对虾人工定向选育的结果也有待结合其他分子生物学方法进行进一步的综合研究。

分群分离分析法只能对目标基因进行分子标记,但还不能确定目标基因与分子标记间连锁的紧密程度及其在遗传连锁图上的位置,而这些信息对估计该连锁标记在标记辅助选择和图位克隆中的应用价值是十分必需的。因此,笔者将结合其他分子生物学方法在获得与目标基因连锁的分子标记后,进一步利用作图群体将目标基因定位于分子连锁图上,以使分子标记辅助选择发挥最大的作用。

11. 中国对虾与生长性状相关SCAR标记的筛选

中国对虾是我国黄渤海的主要经济虾类,具有较高的经济价值。在养虾业发展盛期(1990年前后)曾占到我国对虾养殖产量的70%。1993年以后,由于品种、病害和环境等因素的影响,养殖产量急剧下降,只占全国对虾养殖产量的1/3。由于缺乏良种,对虾养殖的苗种繁育只得依赖野生亲体。随着养殖世代的增加,出现了遗传多样性减少、生长速度减缓、抗逆能力下降等问题。培育生长速度快、抗逆能力强的新品种成为目前对虾养殖业急需解决的问题。目前中国对虾的选择育种大多是从形态及表型性状进行选择,但形态及表型是遗传因素和环境因素相互作用的综合结果,表型的变异并不能完全或真实地反映遗传变异,因此可信度不高。目前最可靠的方法是运用分子遗传标记的方法进行标记辅助选择(MAS)。MAS不受微环境变化的影响,也可以在生物的早期发育阶段进行选择,从而增加了选择的准确性并缩短时间间隔。

SCAR(Sequence-Characterized Amplified Regions)分子标记是由Paran和Michelmore(1993)提出并应用的,它根据RAPD分子标记的序列分析结果设计较长的特异性引物(一般22～28个碱基)进行PCR扩增得到的,因此特异性和重复性较好。SCAR分子标记另一个优点是其标记可能是共显性的(Paran et al,1993)。目前SCAR分子标记已广泛应用于鱼类不同品种的鉴别(Bardakci et al,1999)、昆虫的分类学及群体生物学(Damodar et al,2003)以及农作物的种质资源鉴定(Behura et al,1999)等,但在对虾研究领域尚未见报道。He等(2009)开展了将中国对虾的RAPD标记转换为SCAR标记的研究工作,以期筛选与生长性状相关的遗传标记,为今后生产实践中实现标记辅助选择奠定基础。

试验动物来自快速生长群体中国对虾“黄海1号”的第6代群体,其中体长15 cm以上的个体为CP-a群体;体长11 cm以下的个体为CP-b群体。同时以海捕的野生群体(WP)为对照组(体长在10～14 cm之间)进行研究,每个群体各取50尾。

11.1 中国对虾的 RAPD 遗传标记

通过对混合模板的分析，筛选出可能与生长性状相关的特异性扩增带 65 个，其中正相关的扩增带 55 个，负相关的扩增带 10 个。

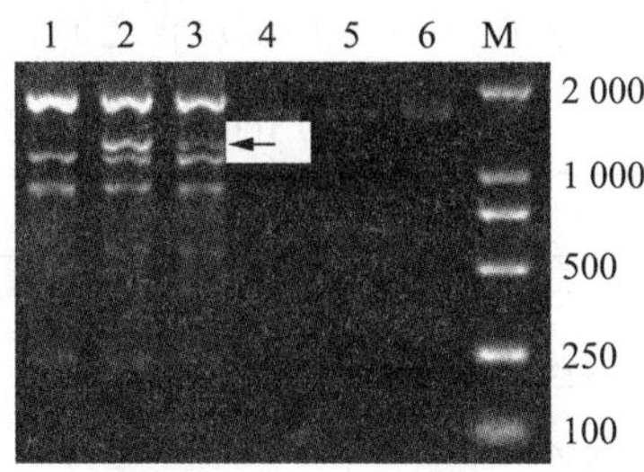

图 18 引物 S186 和 S187 对混合模板的扩增电泳图

注：箭头所示为筛选的特异性扩增带；泳道 1、2 和 3 为 S186 扩增电泳图；泳道 4、5 和 6 为 S187 扩增电泳图。泳道 1 和 4 采用的混合模板来自 WP；2 和 5 来自 CP-b；3 和 6 来自 CP-a。M 为 Marker DL-2000

对筛选出的 RAPD 引物作群体分析，找到 9 个可能与生长性状相关的遗传标记，其中正相关标记 7 个，负相关标记 2 个。遗传标记的相对分子质量范围在 500 ~ 1 500 bp 之间。表 32 给出了 9 个标记在 3 个群体中的组成比例。

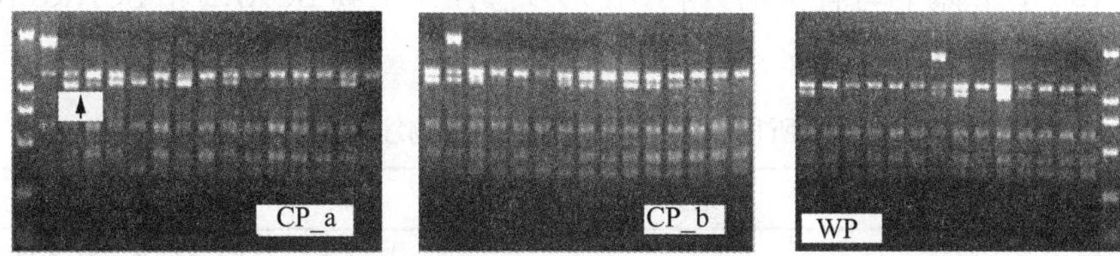

图 19 引物 S173 在 CP-a、CP-b 和 WP 的扩增电泳图谱

注：箭头所示为 RAPD 遗传标记

表 32 9 个标记在 3 个群体中的多态比例

引物	特异性扩增带在 3 个群体中的比例(%)		
	CP-a	CP-b	WP
S105	80.0	33.3	36.7
S124	60.0	26.7	33.3
S157	73.0	53.3	40.0
S159	33.3	46.7	33.3
S173	86.7	66.7	46.7
S203	42.6	33.3	26.7
S203	56.7	93.3	60
S214	33.3	13.3	16.5
S265	53.3	33.3	40.0

11.2 RAPD 标记的克隆、测序

得到的 9 个 RAPD 标记经回收和提纯后，由上海博亚公司克隆测序。测序结果表明，除引物 S159 扩增的特异片段不能被克隆、测序以外，其他 8 个 RAPD 标记均获得完整的序列，获得的序列片段长度在 500～1 000 bp 之间。

表 33　RAPD 标记的引物及序列长度

引物	序列长度(bp)	引物	序列长度(bp)
S105	755	S203	736
S124	823	S203	558
S157	996	S214	1 024
S173	1 007	S265	860

11.3 SCAR 标记的筛选

根据 8 个标记的测序序列，对 CP-a、CP-b 和 WP 各 50 个个体进行 SCAR 标记分析。扩增结果表明，在设计的 8 对引物中，有 6 对引物在 3 个群体中均获得了特异性强且稳定的条带，其中引物 SCAR1、SCAR2、SCAR3 和 SCAR4 获得的特异性条带在 3 个群体共 150 个个体中均有扩增产物，故无多态性。引物 SCAR5 和 SCAR6 在 3 个群体中获得的特异性条带具有多态性。

表 34　试验所用 6 个 SCAR 标记的引物序列及退火温度

RAPD 引物	特异性引物编号	退火温度(℃)	引物序列(5′-3′)
S124	SCAR1	56	F-‘GAAAGAATACGGCAGAATA’ R-‘TTTGACATCGTGCGTTGAG’
S157	SCAR2	50	F-‘CTCATCCCTGCGGCTTAT’ R-‘GAGTAATGGAGGAAACGA’
S203	SCAR3	56	F-‘TATGGAAGAGCATTGTGGC’ R-‘TCCCTGGATTTATCTCCTACT’
S265	SCAR4	55	F-‘AGGATGAGGGGAAGAAAGA’ R-‘AACTCCTCAACTCGCAGAA’
S105	SCAR5	56	F-‘CTTACATTTTCGTTCATTC’ R-‘AGTGTCGCTTGGAGATTGG’
S203	SCAR6	60	F-‘CAGGCGTTCAGTGGTCAGG’ R-‘CAGGCGTTCAGTGGTCAGG’

引物 SCAR5 对 CP-a、CP-b 和 WP 3 个群体进行扩增，获得一条长约 500 bp 的多态性片段。其中在 CP-a 中有 39 个个体扩增出多态片段，CP-b 中有 26 个个体扩增出多态片段，而 WP 的 50 个个体中有 27 个个体扩增出多态片段，多态片段在 3 个群体中的组成比例分别为 78%、52% 和 54%，在 CP-a 中出现的频率最高。卡方(χ^2)检验表明，多态片段在 CP-a 和 WP 之间的组成比例差异显著($P<0.05$)，可作为对中国对虾生长性状进行选择的候选遗传标记。

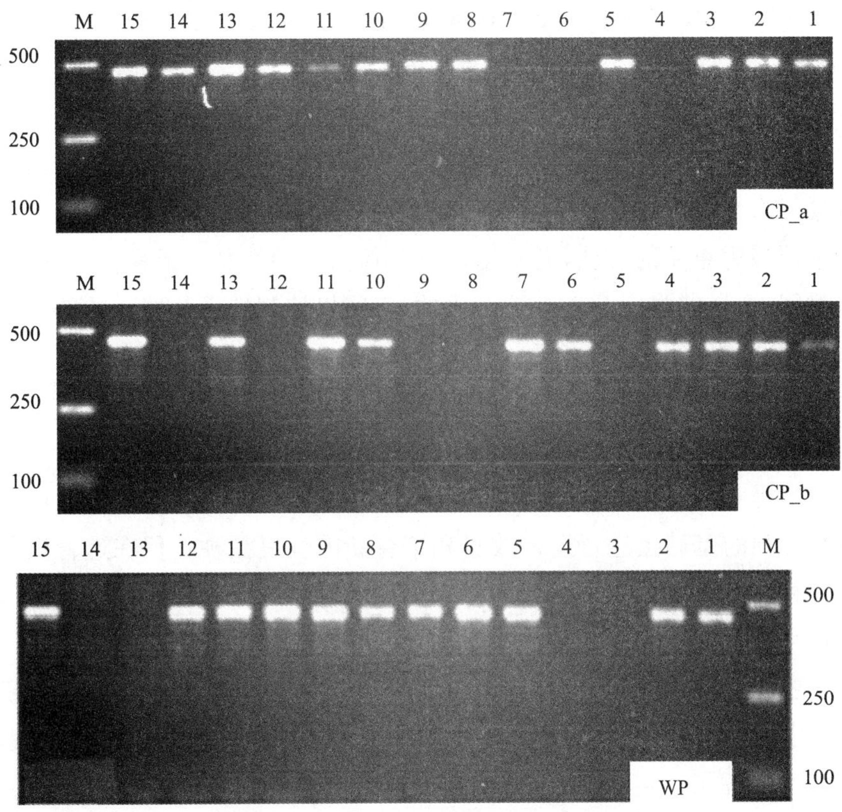

图 20 引物 SCAR5 在 3 群体中的扩增结果

引物 SCAR6 对 CP-a、CP-b 和 WP 3 个群体进行扩增，扩增产物经电泳后，共产生 3 个等位基因，6 种基因型，将最长的特异片段定为等位基因 A，较长片段定为等位基因 B，最短片段定为等位基因 C，3 个群体的基因型和基因频率见表 35。

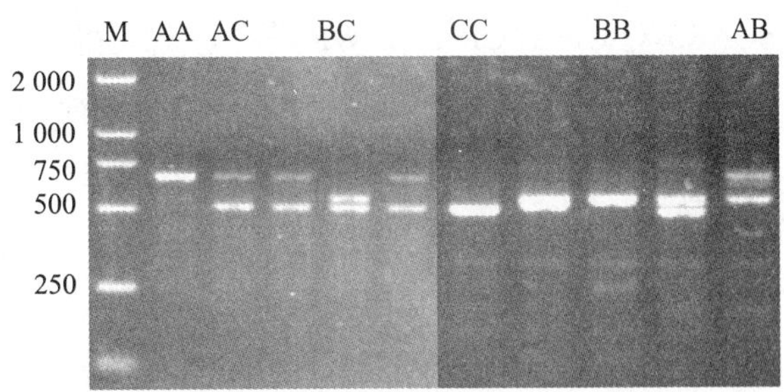

图 21 SCAR6 在 CP-b 中的扩增电泳图谱

表 35 3 个群体在该位点的基因型和基因频率

群体	样品数	基因型频率						基因频率		
		AA	BB	CC	AB	AC	BC	A	B	C
CP-a	50		0.34	0.2			0.46	0	0.57	0.43
CP-b	50	0.04	0.22	0.18	0.08	0.1	0.38	0.13	0.45	0.42
WP	50		0.42	0.22			0.36	0	0.6	0.4

从表中可以看出，WP 和 CP-a 2 个群体不存在等位基因 A，只有 CP-b 存在等位基因 A，CP-b 是中国对虾“黄海 1 号”选育第 6 代的小个体群体，因此，等位基因 A 可能与个体生长速度有关，可作为对中国对虾生长性状进行选择的候选遗传标记。

标记辅助选择是根据与某一性状或基因紧密连锁的标记的出现来推断该基因或性状从而进行选育的方法。MAS 不受环境变化的影响，直接从分子水平进行研究，是对基因型选择最为重要的方法，尤其适用于遗传力低的性状。借助分子标记，通过影响选择的时间、选择的强度及选择的准确性，来间接控制选择某些性状的数量性状座位，而找到与 QTL 相连锁的分子遗传标记是实现 MAS 的关键。目前标记辅助选择技术已广泛应用于畜牧业（Montgomery et al，1993；Otsu et al，1992；Georges et al，1993），在鱼类方面的研究也有报道（Palti et al，2003；李志忠等，2000）。

对虾养殖是我国海水养殖业中最具有代表性的一个产业，对虾养殖业的发展方向是在原有品种的基础上进行遗传改良和培育新的优良品种。但在选育过程中传统的遗传选育和改良技术存在许多缺陷，如选育效果低、所需周期长等。分子标记辅助育种技术可明显提高选育的进度，尤其是对那些通过表型难以度量的性状。目前对养殖对虾主要经济性状的分子标记研究已取得一定的进展。法国海洋开发研究院从蓝对虾种群中找到 10 个微卫星标记，从斑节对虾中找到 3 个微卫星标记，这些标记对识别混养家系发挥了一定的作用，澳大利亚联邦科学和工业研究院从日本囊对虾中找到 3 个可能与生长表现相关的基因位点，并有可能进一步开发为可预测生长的基因标记（王清印等，2001）。美国运用 RAPD 技术从凡纳滨对虾中成功地筛选出一些特异性标记（Carcia et al，1996；Alcivai-Warren et al，1997）。对中国对虾遗传标记的研究仅限于种群或群体遗传多样性的研究（孟宪红等，2004；马春艳等，2004，何玉英等，2004），针对某一性状的特异性标记的研究报道较少（刘萍等，2002；沈琪等，2002）。

本试验中，引物 SCAR5 对 CP-a、CP-b 和 WP 进行扩增获得的多态片段在 3 个群体中的组成比例分别为 78%、52%和 54%，多态片段在中国对虾大个体群体中出现的频率最高，与对照组野生群体相比，二者差异显著（$P<0.05$），在生产中可作为对中国对虾快速生长性状进行选择的候选标记。同时说明经过连续 6 代的选育，中国对虾的遗传结构已发生了一定程度的变化，与生长性状紧密连锁的基因不断“富集”。这些变化在表型上表现为个体间的生长性状如体长的差异。引物 SCAR6 对 CP-a、CP-b 和 WP3 个群体进行扩增共产生 3 个等位基因，6 种基因型，对其基因型和基因频率的分析结果表明，WP 和 CP-a 均不含有等位基因 A，而只有对照群体 CP-b 含有等位基因 A，这说明该位点可能与抑制中国对虾生长性状的基因相关或连锁。WP 不含等位基因 A 的原因一方面可能是 WP 群体在该位点上只存在等位基因 B 和等位基因 C，不存在 A 基因。另一方面可能是在取样过程中，随机取样所取的 50 个个体中恰好不含等位基因 A。下一

步将加大样本的数量结合中国对虾的生长记录作进一步的相关性分析，对找到的2个标记进行验证，为在生产实践中实现标记辅助育种提供理论依据。

12. 中国对虾"黄海1号"与抗逆性状相关SRAP标记的筛选

中国已经或正在开发养殖的海水动植物种类已达到上百种，但由于缺乏良种，海水养殖的绝大部分种类的苗种繁育需要依赖野生亲体。随着养殖世代的增加，海洋生物成活率普遍降低，虽然病害发生是重要原因，但是缺乏经过遗传改良的高产、优质、抗逆性强的优良品种也是重要因素之一。

SRAP（sequence-related amplified polymorphism，序列相关扩增多态性）技术是美国加州大学植物系的Li和Quiros于2001年研究芸薹（*Brassicaceae*）属植物时开发的新型分子标记技术（Li et al，2001）。目前主要应用于遗传多样性分析（Uzun et al，2009；Liu et al，2008）、遗传图谱构建（Gao et al，2008；Sun et al，2007）、杂种优势预测（Jiang et al，2009；Riaz et al，2001）、重要性状标记及基因定位（Jin et al，2007）等研究，具有简便、稳定、产率高、信息量丰富和便于克隆等特点。

大多数经济动物的重要经济性状（如生长性状、抗病性等）受许多数量基因位点以及环境因素的共同影响而表现出数量性状的遗传学特点，传统的经典遗传育种研究手段基本上无法析别一个重要性状的产生究竟是由哪个具体的基因控制。因此越来越多的研究人员筛选和建立有效的遗传分子标记，将分子标记技术与传统选育方法相结合，以期实现遗传改良的目的，并已取得一系列的进展（Carr et al，1994；Wyban et al，1995）。中国水产科学研究院黄海水产研究所自1997年开始进行中国对虾快速生长养殖新品种的选育研究，至2003年成功培育出中国对虾"黄海1号"新品种，其具有明显的生长速度快、抗逆性强等优点，显示出良好的发展前景（李健等，2005）。陈华增等（2011）利用SRAP技术结合分群分析法（BSA）对中国对虾"黄海1号"抗高氨氮和抗高pH性状进行分析，以期筛选出与中国对虾抗逆性状相关的分子遗传标记，为进一步的遗传连锁图谱构建、基因定位以及种质资源保护和最终的分子标记辅助育种提供技术支撑和理论参考。

首先构建了高氨氮和高pH胁迫后的耐受池和敏感池。用110对SRAP引物对耐受池和敏感池进行PCR扩增，PCR产物经8%非变性聚丙烯酰胺凝胶电泳。

通过110对引物的筛选，其中有77对引物在氨氮敏感组和耐受组出现差异条带，102对引物在pH敏感组和耐受组中出现差异条带，或者在产物量上存在不同量的特异条带。条带大小自100～1 500 bp不等，主要在1 000 bp大小内。

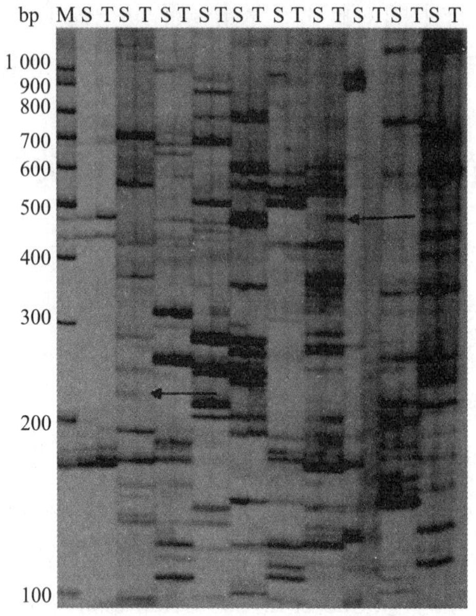

图 22　部分 SRAP 引物的 BSA 分析扩增图

12.1　SRAP 引物在敏感组和耐受组的群体扩增

据 BSA 分池扩增结果获得的出现特异条带的 SRAP 引物，对耐受组和敏感组样品每个个体样本进行群体分析。77 对引物在氨氮敏感和耐受组中共产生 1155 个位点，扩增条带大小自 100～1 500 bp 不等，但多集中在 1 000 bp 内。共获得 6 个可能与高氨氮耐性相关的片段，占标记总数的 0.52%，其中正相关片段 5 个，负相关片段 1 个。102 对引物在 pH 敏感和耐受组共产生 1 530 个位点，其中 7 个为可能与高 pH 耐性相关的核苷酸片段，占标记总数的 0.45%，其中耐受性正相关片段 5 个，负相关片段 2 个。

12.2　特异条带回收、克隆及测序

将特异条带回收，经相应 SRAP 引物扩增回收的模板 DNA 连接转化、培养，提取质粒，酶切确定目的片段后测序。抗高氨氮性状相关特异分子标记测序后，获得序列长度在 166～571 bp 间，与预期片段大小基本一致。抗高 pH 性状相关特异分子标记测序获得序列长度在 104～1 093 bp 间。BLAST 比对发现获得的氨氮或 pH 特异片段序列与数据库中序列相似性均较低(一般小于 15%)，未找到同源性较高的功能基因组。

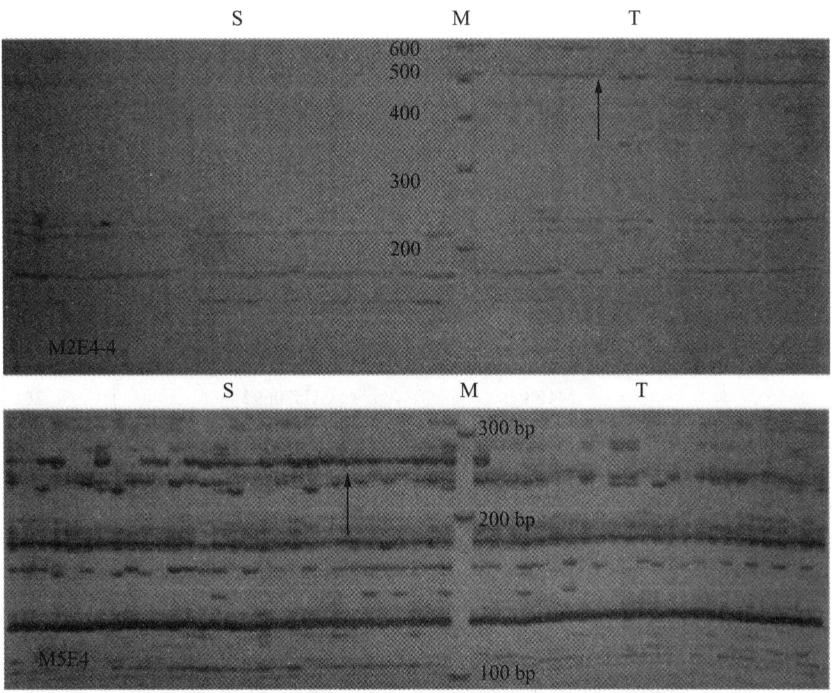

图 23　SRAP 引物扩增获得特异条带(箭头所示)

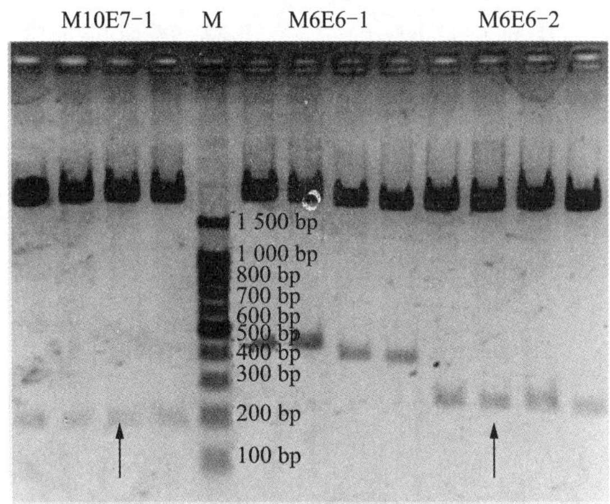

图 24　部分特异片段质粒 DNA 酶切结果

表 36　中国对虾抗逆性状相关特异标记的克隆与测序

序号	引物组合	GenBank 序列号	片段大小 /bp
1	M8E3	GU570681	166
2	M2E4-3	GU570682	571
3	M2E4-4	GU570683	480
4	M6E6-1	GU570684	418
5	M6E6-2	GU570685	243

续表

序号	引物组合	GenBank 序列号	片段大小 /bp
6	M10E7-2	GU570686	198
7	M6E2	GU570687	327
8	M7E9-2	GU570688	104
9	M1E10	GU570689	1 093
10	M2E2-2	GU570690	377
11	M2E4	GU570691	480
12	M4E8	GU570692	381
13	M2E1	GU570693	269

Michelmore（1991）提出了群体分析法（BSA）用于快速筛选与特定基因或者染色体区域连锁的分子标记。一般寻找与某一性状相连锁的分子标记的方法通常是分子标记技术结合 BSA 法或近等位基因系分析法。但由于中国对虾的一年生生物学特性，无法进行回交，并且目前构建的中国对虾连锁图谱的精密度和饱和度还不够高，因此利用 BSA 法是获得与目标性状连锁的分子标记的快捷途径（张天时等，2007）。SRAP 标记技术自提出后已在植物研究领域获得广泛应用，融合传统分子标记技术（如 RAPD、AFLP 等）优点表现出简便、稳定、产率高、信息量丰富等技术特点，但目前该技术在水产动物相关研究中应用甚少。本研究将 SRAP 技术与 BSA 法相结合，依据标记在敏感组和耐受组中出现的频率及变化规律，共筛选出 6 个与抗高氨氮性状相关的特异性遗传标记，占总位点数的 0.52%，标记大小在 166～571 bp 之间；7 个与抗高 pH 性状相关标记，占总位点数的 0.45%，标记大小自 104 bp 至 1 093 bp。不足 1% 的特异标记频率发生改变也说明，本研究进行抗高氨氮和抗高 pH 群体选育的潜力还很大，可为进一步选育研究提供丰富的材料。

研究表明（Le et al，2000），氨氮胁迫影响对虾免疫相关基因的表达。细角滨对虾暴露于氨氮溶液后，酚氧化酶原和细胞黏附蛋白的转录编码量下降了 50%～60%。SRAP 的鲜明特点之一是依靠特定设计的引物结合基因组开放阅读框进行 PCR 扩增。本研究利用 SRAP 对获得特异条带序列进行分析证实了该理论，发现每条序列中至少含有 1 个开放阅读框，多者可达 3～4 个。理论上开放阅读框中是外显子区域，包含大量功能基因，但本研究筛选出的共 13 个特异性遗传标记经 BLAST 比对后未发现与之相似性很高的功能基因组，相似性基本上都低于 15%，这一结果与利用 RAPD 和 AFLP 技术筛选中国对虾生长性状和抗病标记研究中的结论类似（刘萍等，200；孟宪红等，2005；何玉英等，2007；Yue et al，2005）。未发现相似性高的功能基因可能有以下几方面原因：首先，因为抗高氨氮和高 pH 功能由数量性状遗传位点控制，即由许多小的有效基因进行控制，而目前关于氨氮和 pH 的研究主要集中在毒性和免疫等影响方面，对于抗逆性相关基因研究报道很少；其次是目前对中国对虾基因组的功能基因尚未完全清楚，研究中获得的 SRAP 标记所对应功能基因可能未被认识。对于已找到的特异性分子标记进行 BLAST 分析时虽未发现与其同源性较高的功能基因，但可推测其与高氨氮或高 pH 耐受性密切相关。由于抗逆机理的复杂性，抗逆反应中的许多细节尚不清楚，亟须更深入的研究和探索；最后，所获得序列片段长度在 600 bp 内，而在 NCBI 所比对的已知基因序列长度为上万甚至十万级，所以会出现相似性低的现象。实验室正在对获得的 SRAP 序列片段进行大规模群体相关性验证研究，确定合适稳定的序列特征性片段扩增区域遗传标记，同时尽快利用共显性分子标记技术建立高密度、兼容性好的遗传连锁图谱，将获得的性状相关标记定位于连锁图谱，为分子标记辅助育种奠定坚实基础。

与传统育种方法相比，分子标记辅助育种具有缩短育种周期、提高育种效率以及受环境影响小等明显优势。本研究获得的 SRAP 分子标记可为选育适应力更强、适应范围更广的中国对虾新品系提供技术支持和理论参考，对于加速中国对虾的分子标记辅助育种进程具有基础推动作用。植物在逆境(干旱、盐碱、低温、病害胁迫下的生理变化和抗逆反应研究已基本清楚(齐宏飞等，2008)，且随着分子生物学的发展，人们已从基因组成、表达调控和转录表达等方面进行了抗逆机理的研究，已经克隆出一些抗逆相关基因(周宜君等，2006)。而这些都是中国对虾乃至动物关于抗逆研究的方向和重点。

13. 微卫星 DNA 技术用于中国对虾家系构建中的系谱认证

中国对虾是中国水产养殖的重要种类之一，是黄、渤海的重要经济渔业资源。培育优良苗种和通过遗传改良来选育优质、高产、抗病、抗逆的新品种，是加快发展中国对虾养殖业的重要目标之一。在动物良种选育过程中，了解种群的系谱关系，有利于防止种群的近交。但是对于海水养殖动物来讲，由于个体标识、家系标识甚至群体标识一直是难以解决的问题，所以很大程度上限制了遗传育种工作的进程。微卫星 DNA 标记相对于其他分子标记而言，多态性丰富，更适合于亲缘关系较近、多态性相似的个体之间的鉴定，因此，使用微卫星标记进行系谱认证是一种较好的选择。

微卫星标记已被应用于许多生物的野生种群中个体之间的遗传关系分析(Blouin et al，1996；Finch et al，1996；Cronin et al，1999)，并进行谱系和亲缘关系结构分析(Barrous et al，1998)。微卫星标记也已应用于中国对虾不同地理群体、养殖与野生群体之间的遗传多样性及遗传关系分析(刘萍等，2004)。孙昭宁等(2005)采用 6 个微卫星 DNA 标记鉴别中国对虾的 5 个养殖家系，研究各家系的遗传多样性水平，以此验证微卫星 DNA 技术在中国对虾亲缘关系鉴定中应用的可行性，并寻找家系特异性标记，为特异性标记相关的选育和基因定位提供技术支撑。

13.1 中国对虾家系遗传多样性分析

微卫星扩增结果显示，除了 EN0018 位点以外，其他 5 个微卫星位点都是多态的，而且在所有家系中都显示了高度的遗传变异。5 个位点的多态信息含量(PIC)分别为 EN0033 位点 0.8065，RS0683 位点 0.6968，RS0859 位点 0.7287，RS062 和 RS0622 位点 0.7414。由于 EN0018 位点，在所有家系都是单态的，因此，本研究未对其结果进行统计，认为不适合用于家系鉴别。

用 5 个多态性微卫星引物对中国对虾 5 个家系进行遗传多样性分析。运用 TFPGA 软件进行各遗传参数分析。5 个位点的观测杂合度(*Ho*)都很高，各家系在各位点的观察杂合度在 0.450 0 到 1.000 0 之间。除 1# 家系以外，其他 4 个家系在一些微卫星位点显著偏离 Hardy-Weinberg 平衡。2# 和 3# 家系在 RS0859 位点极显著偏离 Hardy-Weinberg 平衡，4# 家系在 RS0683 位点显著偏离 Hardy-Weinberg 平衡，在 EN0033 位点极显著偏离。5# 家系在 RS0683 位点、RS062 和 RS0622 位点都极显著地偏离 Hardy-Weinberg 平衡。

根据 Nei (1972)的方法对 5 个家系间的遗传距离和相似性指数计算，构建 UPGMA 图。结果表明，3# 和 5# 家系之间的遗传距离最小，相似性最高，聚合在一起。1# 和 2# 家系之间的遗传距离次之，聚合在一起，然后与 4# 家系聚合，最后再与 3# 和 5# 家系相聚。

表 37 中国对虾 5 个家系的遗传距离和相似性指数

家系	1#	2#	3#	4#	5#
1#	*****	0.698 7	0.476 7	0.584 9	0.259 0
2#	0.358 5	*****	0.589 6	0.649 2	0.503 3
3#	0.740 9	0.528 3	*****	0.592 6	0.711 2
4#	0.536 4	0.432 0	0.524 3	*****	0.356 4
5#	1.350 9	0.686 5	0.340 8	1.031 6	*****

注：对角线以上为相似性指数，对角线以下为遗传距离

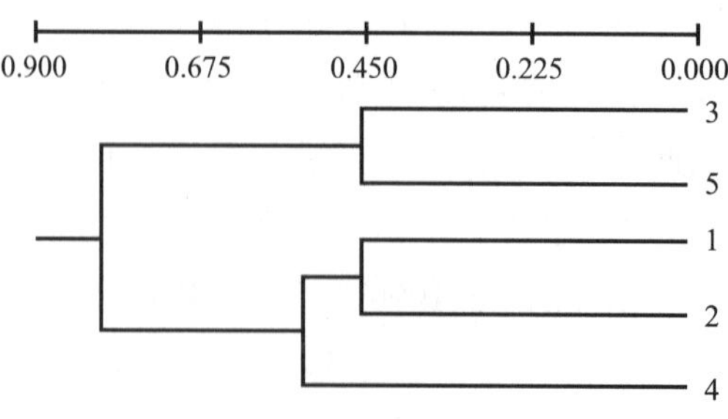

图 25 中国对虾 5 个家系的 UPGMA 图

13.2 家系特异性标记

对于所有家系，所有的位点共发现了30个不同的等位基因。每个位点的等位基因数为5～8个。EN0033位点有8个等位基因，RS0683和RS0859位点各有6个等位基因，RS062和RS0622位点有5个等位基因。总共发现了4个家系特异性等位基因：2#家系中发现1个，4#家系中有1个，5#家系中2个，1#和3#家系未发现特异性等位基因。

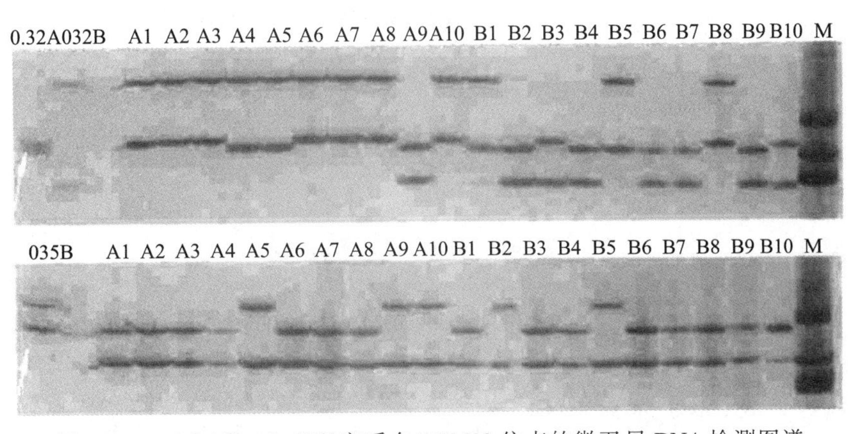

图26 2#（上）和5#（下）家系在RS0683位点的微卫星DNA检测图谱

共检测出60种基因型，EN0033位点有15种基因型，其中只有1种纯合基因型；RS0683位点有10种基因型，只有1种纯合基因型；RS0859位点有13种基因型，有3种纯合基因型；RS062和RS0622位点有11种基因型，有2种纯合基因型。

13.3 推断缺失亲本的基因型

由于缺少3#和5#家系的父本，4#家系的父母本，则根据子代中等位基因的分离对缺失亲本的基因型进行推断。在RS0683位点，有以下两种情况：① 3#家系已知母本，父本缺失。母本基因型检测为6832/6834，子代有4种基因型，分别为：6831/6832；6831/6834；6832/6834；6834/6834。其中等位基因6832、6834来自母本，因此可以确定等位基因6831来自父本，又因为子代中出现了6834/6834纯合基因型，所以可以推断父本还含有等位基因6834。由此可以得出在RS0683位点，3#家系父本的基因型为6831/6834。同样的方法，可以推断出3#家系在其他位点缺失的父本基因型，和5#家系在各位点上缺失的父本基因型。② 在4#家系中，父母本均缺失，未知其基因型。在子代中观察到4种基因型：6831/6832、6831/6834、6832/6836、6834/6836，均为杂合型。因此，可知其亲本基因型只能为6832/6834×6831/6836。同样的方法可以推断出4#家系在其他位点的亲本的基因型。

表 38 每个家系观察到的和推断出的基因型

家系	位点	已知母本	已知父本	基因型(观察到的个数)				推断亲本
				1	2	3	4	推断父本
1#	EN0033	0334/0338	0335/0336	0334/0335 (4)	0334/0336 (4)	0335/0338 (7)	0336/0338 (4)	
	RS0683	6831/6934	6831/6834	6831/6831 (5)	6831/6834 (11)	6834/6834 (3)		
	RS0859	8591/8592	8592/8594	8591/8592 (8)	8591/8594 (3)	8592/8592 (2)	8592/8594 (6)	
	RS062	0624/0625	0624/0625	0624/0624 (9)	0624/0625 (11)			
	RS0622	6224/6225	6224/6225	6224/6224 (9)	6224/6225 (11)			
2#	EN0033	0334/0335	0336/0338	0334/0336 (2)	0334/0338 (5)	0335/0336 (6)	0335/0338 (7)	
	RS0683	6831/6836	6834/6835	6831/6834 (8)	6831/6835 (4)	6834/6836 (2)	6835/6836 (6)	
	RS0859**	8591/8591	8592/8594	8591/8592 (10)	8591/8594 (10)			
	RS062	0621/0624	0621/0623	0621/0621 (4)	0621/0623 (4)	0621/0624 (6)	0623/0624 (6)	
	RS0622	6221/6224	6221/6223	6221/6221 (4)	6221/6223 (4)	6221/6224 (6)	6223/6224 (6)	
3#	EN0033	0332/0338		0332/0334 (9)	0332/0338 (4)	0334/0338 (3)	0338/0338 (4)	0334/0338
	RS0683	6832/6834		6831/6832 (2)	6831/6834 (4)	6832/6834 (4)	6834/6834 (10)	6831/6834
	RS0859**	8593/8595		8591/8593 (8)	8591/8595 (12)			8591/8591
	RS062	0622/0623		0622/0623 (7)	0^2/0624 (4)	0623/0623 (5)	0623/0624 (4)	0623/0624
	RS0622	6222/6223		6222/6223 (7)	6222/6224 (4)	6223/6223 (5)	6223/6224 (5)	6223/6224
4#	EN0033**			0332/0334 (7)	0332/0338 (2)	0333/0334 (5)	0333/0338 (6)	0332/0333 ×0334/0338
	RS0683*			6831/6832 (2)	6831/6834 (4)	6832/6836 (8)	6834/6836 (6)	6832/6834 ×6831/6836
	RS0859			8591/8591 (9)	8591/8596 (9)	8596/8596 (2)		8591/8596 ×8591/8596
	RS062			0621/0622 (5)	0^1/0624 (4)	0622/0625 (3)	0624/0625 (8)	0621/0625 ×0622/0624

续表

家系	位点	已知母本	已知父本	基因型(观察到的个数)				推断亲本
				1	2	3	4	推断父本
5#	RS0622			6221/6222 (5)	6221/6234 (5)	6222/6225 (2)	6224/6225 (8)	6221/6225 ×6222/6224
	EN0033	0333/0334		0331/0333 (6)	0331/0334 (6)	0333/0337 (3)	0334/0337 (5)	0331/0337
	RS0683**	6832/6833		6832/6834 (6)	6833/6834 (14)			6834/6834
	RS0859	8592/8594		8592/8593 (7)	8592/8595 (6)	8593/8594 (5)	8594/8595 (2)	8593/8595
	RS062**	0621/0622		0621/0623 (10)	0622/0623 (10)			0623/0623
	RS0622**	6221/6222		6221/6223 (10)	6222/6223 (10)			6223/6223

注：* 为显著偏离 Hardy-Weinberg 平衡，$0.01 < P < 0.05$；** 为极显著偏离 Hardy-Weinberg 平衡，$P < 0.01$。

13.4 家系鉴别

根据已知亲本及子代基因型，可以推断出 5 个家系中缺失亲本的基因型。根据不同家系亲本间的基因型差异，可以鉴别各个家系。在 EN0033 位点的 0337 等位基因，可以将 5# 家系与其他 4 个家系相区别，在 RS0859 位点的 8595、8596 等位基因，可以将 3# 家系、4# 家系与其他 3 个家系相区分。因此，EN0033 和 RS0859 标记可作为鉴别 5#、3# 和 4# 家系的特异性标记。

EN0033 位点的 0336 等位基因将 1# 家系与 3# 和 4# 家系相区别开来，0335、0336 等位基因可以区别 2# 和 4# 家系；RS0683 位点的 6833 等位基因将 5# 家系与 1#、2# 和 4# 家系相区别，但不能与 3# 家系区别开。在 RS0859 位点的 8593、8595 等位基因，可以将 5# 家系与 1# 和 2# 家系相区别。

在 RS062 的 0625 等位基因和 RS0622 位点的 6225 等位基因可以将 1# 位点与 2#、3# 和 5# 家系相区别，但不能与 4# 家系相区别。由于 RS0859 和 EN0033 两个微卫星标记可以鉴别 3#、4# 和 5# 家系，而 RS062 和 RS0622 标记可以区分 1# 和 2# 家系，因此可以用 5 对微卫星标记对 5 个家系进行鉴别。

微卫星 DNA 具有丰富的多态性和简单的遗传方式，近年来已成为分子生态学的研究热点之一，在遗传多样性的维持、濒危物种的保护、良种选育和基因作图等领域得到了广泛的应用（张亚平等，1995；Xu et al，2000；Wright et al，1994；Moore et al，1999；Lee et al，1969），并应用微卫星标记进行亲缘关系鉴定的研究，为改善繁育计划提供了指导。张亚平等(1995)就曾利用10个微卫星位点引物分析了13只大熊猫的系谱关系，澄清了两组未知的父系关系，从而为建立各地大熊猫系谱和制订有效的繁殖计划提供了有力的帮助。Norris 等(2000)在大西洋鲑中使用 8 个微卫星标记，在超过 12 000 种可能的亲子关系中为 200 个子代中 95.6% 的个体找到它们的亲代。他们还指出，4 个高度多态性的微卫星标记就可以鉴别出 200 个子代种 94.3% 的亲子关系(12 个可能的家系)。Takuma 等(2002)用日本囊对虾 5 个微卫星位点确定了 7 个家系的亲缘关系，证明这 5 个微卫星标记可以用于确定日本囊对虾的亲缘关系。Wolfus 等(1997)将微卫星标记应用于对虾的养殖选育计划，对高健康虾品系中的 6 个地理种群共 16 个家系 312 尾对虾进行了微卫星 M1 的分析，阐明了每一家系的亲代与其后代之间的遗传关系。

但是，Jerrya 等(2004)在 6 个微卫星位点，对由 30 个母本和 150 个假定父本组成的一个日本囊对虾捕获野生群体进行分析，将子代成功地分配给其“真实”母本的概率只有 47%。认为无效等位基因和由于低质量的 DNA 造成的等位基因缺失是产生这种情况的原因。因此，应用 DNA 作为在对虾选择孵化过程中获得谱系信息的方法还有待进一步证实。

在本实验中，除 1# 家系外，其他 4 个家系在一些微卫星位点显著或极显著偏离 Hardy-Weinberg 平衡($P<0.05$)，5 个家系杂合度观测值都比期望值要高。5 个家系在所有位点都表现了杂合过剩($F<0$)。这种现象可能有以下 4 种原因：① 具有无效等位基因的个体，事实上是纯合的；② 这些杂合过剩位点具有很高的突变率，导致许多不同的等位基因；③ 这些家系不是随机交配的，导致杂合过剩，因此，不符合 Hardy-Weinberg 平衡；④ 取样误差造成，Nei 和 Roychoudhury (1974)认为杂合度的理论值或期望值比观测值更适于在小样本中用来评价种群的杂合度水平。

RS062 位点和 RS0622 位点有相同的 GenBank 登录号，属于相同的位点，只是片段大小(bp)不同。因此，在两位点分析的结果完全一致，只是在 4# 家系中的一个个体在这一位点有所区别，我们认为可能是发生了突变。

在 2# 家系中有 1 个家系特异性的等位基因 6835。由于 2# 家系的亲本是杂合的，其子代 20 个个体中有 10 个表现出特异性带；特异性等位基因 8596 在 4# 家系中特有，其子代 20 个个体中有 11 个出现了该家系特异性等位基因；5# 家系中有两个特异性等位基因 0337 和 6833，其子代 20 个个体中分别有 8 个子代和 14 个子代中存在。其他家系中没发现家系特异性等位基因。但这些家系特异性等位基因在家系鉴别中的应用还需要进一步的研究。本研究中发现，在 EN0033 位点，可以将 5# 家系与其他 4 个家系相区别，在 RS0859 位点，可以将 3# 和 4# 家系与其他 3 个家系相区分。因此，EN0033 可以作为 5# 家系的特异性标记用于鉴别 5# 家系，RS0859 标记可以作为 3# 和 4# 家系的特异性标记用于鉴别 3# 和 4# 家系。此外，在本研究中，用 5 对微卫星标记可以完全将 5 个家系两两区别开来，并且最少用 2 对微卫星标记：RS062 或

RS0622 与 RS0859 组合即可将这 5 个家系鉴别开。这对于养殖上不同家系的混养及鉴别具有十分重要的应用意义。同时也表明微卫星标记可以作为对虾选择孵化过程中获得谱系信息的一种有效方法。

表 39 在中国对虾的 5 个微卫星位点的等位基因多样性

家系	项目	位点					平均
		EN0033	RS0683	RS0859	RS062	RS0622	
1 #	A	4	2	3	2	2	26
	F	0.289 5	0.552 6	0.473 7	0.710 5	0.710 5	0.547 3
	U	0	0	0	0	0	
	G	4	3	4	2	2	3
	He	0.763 9	0.507 8	0.652 9	0.422 5	0.422 5	0.553 9
	Ho	1.000 0	0.578 9	0.894 7	0.578 9	0.578 9	0.726 3
	P	0.253 2	0.654 9	0.074 9	0.253 2	0.253 2	0.297 8
	N	19	19	19	19	19	19
2#	A	4	4	3	3	3	34
	F	0.325 0	0.300 0	0.500 0	0.450 0	0.450 0	0.405 0
	U	0	1（6835）	0	0	0	
	G	4	4	2	4	4	36
	He	0.752 6	0.764 1	0.641 0	0.661 5	0.661 5	0.696 1
	Ho	1.000 0	1.000 0	1.000 0	0.800 0	0.800 0	0.920 0
	P	0.056 7	0.118 8	0.000 0	1.000 0	1.000 0	0.435 1
	N	20	20	20	20	20	20
3 #	A	3	3	3	3	3	3
	F	0.375 0	0.700 0	0.500 0	0.550 0	0.550 0	0.535 0
	U	0	0	0	0	0	
	G	4	4	2	4	4	36
	He	0.680 8	0.476 9	0.635 9	0.610 3	0.610 3	0.602 8
	Ho	0.800 0	0.500 0	1.000 0	0.700 0	0.700 0	0.740 0
	P	0.339 4	1.000 0	0.000 0	1.000 0	1.000 0	0.667 8
	N	20	20	20	20	20	20
4 #	A	4	4	2	4	4	36
	F	0.400 0	0.350 0	0.675 0	0.300 0	0.300 0	0.405 0
	U	0	0	1（8596）	0	0	
	G	4	4	3	4	4	38
	He	0.721 8	0.748 7	0.450 0	0.762 8	0.762 8	0.689 2

续表

家系	项目	位点					平均
		EN0033	RS0683	RS0859	RS062	RS0622	
4#	*Ho*	1.000 0	1.000 0	0.450 0	1.000 0	1.000 0	0.890 0
	P	0.005 4	0.042 6	1.000 0	0.118 8	0.118 8	0.257 1
	N	20	20	20	20	20	20
5#	*A*	4	3	4	3	3	34
	F	0.325 0	0.500 0	0.3250	0.500 0	0.500 0	0.430 0
	U	1（0337）	1（6833）	0	0	0	
	G	4	2	4	2	2	28
	He	0.752 6	0.620 5	0.756 4	0.641 0	0.641 0	0.682 3
	Ho	1.000 0	1.000 0	1.000 0	1.000 0	1.000 0	1.000 0
	P	0.057 6	0.000 0	.	0.000 0	0.000 0	0.023 0
	N	20	20	20	20	20	20
所有家系	*A*	6	8	5	5	5	58
	F	0.282 8	0.429 3	0.393 9	0.298 0	0.298 0	0.340 4
	U	1	2	1	0	0	8
	G	15	10	13	11	11	12
	He	0.831 5	0.735 5	0.763 8	0.778 9	0.778 9	0.777 7
	Ho	0.959 6	0.818 2	0.868 7	0.818 2	0.818 2	0.856 5
	P	0.000 0	0.041 4	0.011 2	0.813 0	0.813 0	0.335 7
	N	99	99	99	99	99	99

注：1)期望杂合度(*He*)按公式 $He = 1 - \sum pi2$ 计算。2) *A*-等位基因数；*F*-频率最高等位基因的频率；*G*-基因型数；*Ho*-观察杂合度；*N*-样本数；*P* -HWE 偏离显著性；*U*-特异性等位基因数。3) 括号内为家系特异性等位基因。

14. 微卫星 DNA 技术用于中国对虾亲子关系的鉴定

中国对虾是我国黄、渤海的主要经济虾类。由于中国对虾野生资源的急剧减少，从 1986 年开始，我国每年在渤海、黄海北部和山东半岛南部进行人工培育苗种的放流，年放流规模在 10 亿～30 亿尾(邓景耀等，2001)，由此加剧了中国对虾种质退化、遗传多样性降低。亟须一种方法可以确定中国对虾的亲缘关系，从而为良种选育、系谱追踪提供技术支持。

微卫星 DNA 具有丰富的多态性和简单的遗传方式，近年来已成为分子生态学的研究热点之一，在遗传多样性的维持、濒危物种的保护、良种选育和基因作图等领域得到了广泛的应用(张亚平等，1995；Xu et al，2000；Wright et al，1994；Moore et al，1999；

Lee et al,1996)。近年来,开始应用微卫星标记进行亲缘关系鉴定的研究,从而为改善繁育计划提供指导。张亚平等(1995)利用 10 个微卫星位点引物分析了 13 只大熊猫的系谱关系,澄清了两组未知的父系关系,从而为建立各地大熊猫系谱和制订有效的繁殖计划提供了有力的帮助。但是有关中国对虾亲缘关系鉴定方面的研究还鲜有报道。孙昭宁等(2007)采用两对微卫星引物对 4 个中国对虾家系进行家系鉴别的初步研究。对于微卫星技术在进行遗传关系分析和家系鉴别方面的应用进行初步研究,为进一步的家系特异性遗传标记的开发与应用奠定基础。

14.1 中国对虾 4 家系遗传多样性分析

4 个家系在两个位点共检测出 13 条等位基因,EN0033 位点有 8 个等位基因,RS062 位点有 5 个等位基因。两个微卫星位点共检测出 26 种基因型,EN0033 位点检测出 15 种基因型,其中 1 种纯合基因型,14 种杂合基因型;RS062 位点检测出两种纯合基因型和 9 种杂合基因型,共 11 种基因型。

根据 Nei (1972)的方法对 4 个家系间的遗传距离和相似性指数进行计算,构建 UPGMA 图。结果表明,2# 和 4# 家系之间的遗传距离最小,相似性最高,聚合在一起。1 # 和 3 # 家系之间的遗传距离次之,聚合在一起,然后再与 2# 和 4# 家系相聚。

表 40 中国对虾 4 个家系的遗传距离和相似性指数

家系	1#	2#	3#	4#
1#	/	0.396 5	0.594 1	0.093
2#	0.925 0	/	0.532 3	0.630 9
3#	0.520 7	0.630 6	/	0.489 3
4#	2.375 6	0.460 5	0.714 8	/

注:对角线以上为相似性指数,对角线以下为遗传距离。

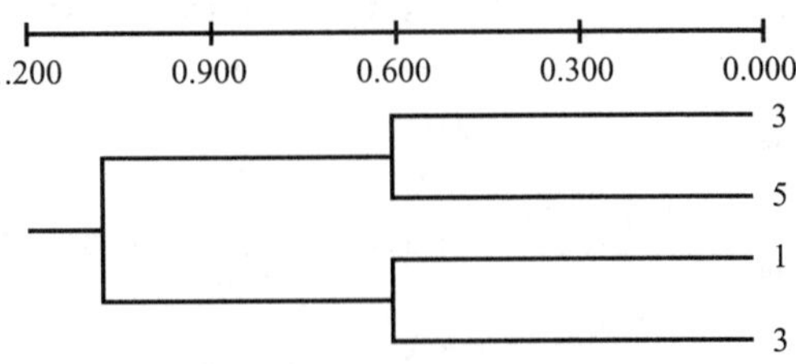

图 27 中国对虾 4 个家系的 UPGMA

14.2 缺失亲本基因型的推断

由于缺少 2 # 和 4 # 家系的父本,3 # 家系的父母本,笔者根据子代中等位基因的分离对缺失亲本的基因型进行推断。对于 1# 家系 Al 个体,出现了亲本不存在的等位基因,认为此个体在这一位点发生突变或为取样错误,因此在下面的分析中排除了此个体。

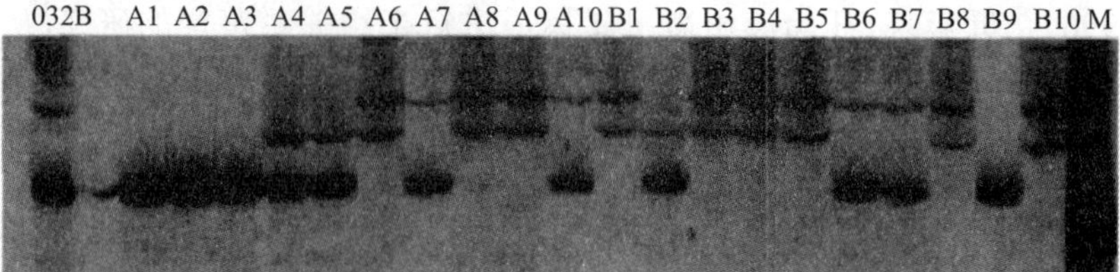

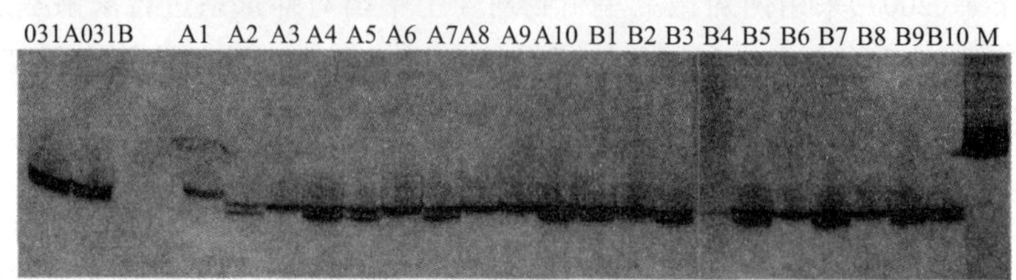

图 28 2＃家系(上)在 EN0033 位点和 1# 家系(下)在 RS062 位点的微卫星 DNA 检测

EN0033 位点，有以下两种情况：① 对于 2# 家系，已知母本，父本缺失。母本基因型检测为 332/338，子代有 4 种基因型，分别为：332/334；332/338；334/338；338/338。其中等位基因 332，338 来自母本，因此可以确定等位基因 334 来自父本，又因为子代中出现了 338/338 纯合基因型，所以可以推断父本 还含有等位基因 338。由此笔者可以得出在 EN0033 位点，2# 家系父本的基因型为 334/338。② 在 3# 家系中，父母本均缺失，未知其基因型。在子代中笔者观察到 4 种基因型：332/334；332/338；333/334；333/338，均为杂合型。因此，可知其亲本基因型只能为 332/333×334/338。按照上述方法可以推断出 RS062 位点各家系缺失父母本的基因型。

表 41 每个家系观察到和推断出的基因型

家系		基因型(观察到的个数)						推断亲本
	位点	已知母本	已知父本	1	2	3	4	推断父本
1#	EN0033	334/338	335/336	334/335 (4)	334/336 (4)	335/338 (7)	336/338 (4)	/
	RS062	624/625	624/625	624/624 (9)	624/625 (11)	/	/	/
2#	EN0033	332/338		332/334 (9)	332/338 (4)	334/338 (3)	338/338 (4)	334/338
	RS062	622/623		622/623 (7)	622/624 (4)	623/623 (5)	623/624 (4)	623/624
3#	EN0033**			332/334 (7)	332/338 (2)	333/334 (5)	333/338 (6)	332/333 ×334/338
	RS062			621/622 (5)	621/624 (4)	622/625 (3)	624/625 (8)	621/625 ×622/624
4#	EN0033	0333/0334		331/333 (6)	331/334 (6)	333/337 (3)	334/337 (5)	331/337
	RS062**	0621/0622		621/623 (10)	622/623 (10)	/	/	623/623

** 为极显著偏离 Hardy-Weinberg 平衡，($P<0.01$)

14.3 家系鉴别

根据已知亲本及子代基因型,我们可以推断出 4 个家系中缺失亲本的基因型。根据不同家系亲本间的基因型差异,可以对各个家系进行鉴别。在 EN0033 位点,除 2# 和 3# 家系之间不能区分,可以将 4 个家系两两区分,在 RS062 位点,除不能区分 1# 和 3# 家系之外,可以区分其他家系。将 EN0033 和 RS062 标记结合起来,可完全鉴别 4 个家系。

表 42 中国对虾家系在两个微卫星位点的等位基因多样性

位点	项目						
EN0033	A	F	G	He	Ho	P	N
1#	4	0.285 9	4	0.7639	1.000 0	0.253 2	19
2#	3	0.375 0	4	0.6808	0.800 0	0.339 4	20
3#	4	0.400 0	4	0.7218	1.000 0	0.005 4*	20
4#	4	0.325 0	4	0.7526	1.000 0	0.057 6	20
位点	项目						
RS0062	A	F	G	He	Ho	P	N
1#	2	0.710 5	2	0.422 5	0.578 9	0.253 2	19
2#	3	0.550 0	4	0.610 3	0.700 0	1.000 0	20
3#	4	0.300 0	4	0.762 8	1.000 0	0.118 8	20
4#	3	0.500 0	2	0.641	1.000 0	0.000 0*	20

注:*He* 为期望杂合度,按公式$H_e=1-\sum p_i^2$计算;*A* 为等位基因数;*F* 为频率最高等位基因的频率;*G* 为基因型数;*Ho* 为观察杂合度;*N* 为样本数;*P* 为 HWE 偏离显著性;* 为极显著偏离 Hardy-Weinberg 平衡($P<0.01$)。

14.4 个体识别率

根据 Fisher 等(1951)方法,计算 EN0033 和 RS062 两对微卫星标记的个体识别率,分别为 0.914 和 0.876,计算其累积个体识别率则高达 0.989。

水产动物亲子关系的鉴定主要依靠合适的遗传标记。早期使用的遗传标记主要是同工酶电泳、RFLP 和 RAPD 等。上述方法除 RAPD 外,多态信息含量普遍较低,而 RAPD 的重复性、稳定性和可比性又较差。微卫星 DNA 变异度极高,是确定人和动物个体间相互关系以及群体遗传学研究最有效的新遗传标记之一(Weber et al,1989; Bowcok et al,1994)。有关对虾类亲缘关系鉴定方面,Sugaya 等(2002)用日本对虾 5 个微卫星位点确定了 7 个家系的亲缘关系,证明这 5 个微卫星标记可以用于确定日本囊对虾的亲缘关系。Wolfus 等(1997)将微卫星标记应用于对虾的养殖选育计划,对高健康虾品系中的 6 个地理种群共 16 个家系 312 尾对虾进行了微卫星 Ml 的分析,阐明了每一家系的亲代与其后代之间的遗传关系。

但是,Dean 等(2004)在 6 个微卫星位点,对由 30 个母本和 150 个假定父本组成的

1个日本囊对虾捕获野生群体进行分析，将子代成功地分配给其“真实”母本的概率只有47%。认为无效等位基因和由于低质量的DNA造成的等位基因缺失是产生这种情况的原因。因此，应用DNA作为在对虾选择孵化过程中获得谱系信息的方法还有待讨论。

与Dean等(2004)的实验结果相比，笔者的研究中用两对微卫星就可以完全区分4个中国对虾家系。一方面由于实验中的80个个体仅来自4个家系，共8个亲本，因此进行鉴别相对容易。另一方面研究种类及微卫星标记不同也是造成这两个结果差距较大的原因之一。笔者将选取更多的家系来更深入地检测EN0033和RS062这两对微卫星引物在中国对虾家系鉴别中的应用性。本研究所得出的结果对于将微卫星标记应用于中国对虾养殖中的家系混养具有重要意义。

在本实验中，仅3#家系在EN0033位点，4#家系在RS062位点极显著偏离Hardy-Weinberg平衡($P<0.01$)，此外均符合Hardy-Weinberg平衡($P>0.05$)。在两个微卫星位点4个家系都表现了杂合过剩($F<0$)。这种现象可能有以下几种原因：①具有无效等位基因的个体，事实上是纯合的；② 这些杂合过剩位点具有很高的突变率，导致许多不同的等位基因；③ 这些家系不是随机交配的，导致杂合过剩，因此，不符合Hardy-Weinberg平衡；④ 取样误差造成。Nei等(1974)认为杂合度的理论值或期望值比观察值更适于在小样本中用来评价种群的杂合度水平。

此外，只在4#家系中发现1个家系特异性等位基因337，仅在4#家系中存在子代，20个个体中有8个子代存在这一特异性等位基因，在亲本中发现的特异性等位基因只在部分子代中出现。Allendorf (1986)认为在等位基因的遗传过程中，特异性等位基因的丢失可能会很严重。据此Motoyuki等(2003)认为应用具有特异性等位基因的微卫星标记来监测孵化群体的遗传多样性是十分有效的。本研究中，由于4#家系在EN0033位点存在家系特异性等位基因，因此可以将4#家系与其他4个家系相区别。EN0033可以作为4#家系的特异性标记用于鉴别4#家系。这对于养殖上不同家系的混养及鉴别具有十分重要的应用意义。也表明家系特异性等位基因对于家系鉴别具有十分重要的作用，但其具体的应用还有待进一步的研究。

个体识别率在法医学上常用作评价遗传标记在个体识别和亲权鉴定中应用价值的重要参数，一般当$DP>0.8$时，表明所研究的遗传标记具有较高的应用价值(2002)，本研究中两个微卫星标记的个体识别率均高于0.8，累积个体识别率则达到0.989，属于高识别力的遗传标记系统，充分证明可以利用它们进行中国对虾的亲缘关系鉴定。关于微卫星标记在中国对虾家系鉴别中的应用，我们将增加微卫星位点和研究家系进行更深入的研究。

15. 中国对虾RAPD和SSR两种标记遗传连锁图谱的构建

中国对虾是我国尤其是黄、渤海的重要经济渔业资源，同时也是我国水产养殖的重要品种之一，但其养殖用苗种基本上都没有经过系统的人工定向选育，其遗传基础还是野生型的，生长速度、抗病能力乃至品质质量还未达到良种化的程度，高效、科学的选育方法已成为制约我国对虾养殖业稳定发展的主要“瓶颈”之一。

分子标记辅助育种是根据与某一性状或基因紧密连锁的标记的出现来推断该基因或性状，从而进行选育。它可以提高选择的准确性。早期鉴定具有优良性状的个体，筛选优良亲本，从而加快育种进程，缩短育种周期。进行分子标记辅助育种，首先要找到与目标性状紧密连锁的分子标记，必须将目标基因定位于分子连锁图上，这就需要构建包含目的基因区域的相对饱和的连锁图谱。孙昭宁等(2006)利用RAPD和SSR标记，初步构建了中国对虾的遗传连锁图谱。

作图家系的雌虾亲本为“黄海1号”选育的第7代个体，雄虾亲本采集于黄海沿海野生个体，2004年杂交产生F_1代。随机采集81尾F_1代样本，平均体长为(8.137±0.746)cm，平均体重为(5.872±1.885)g。亲本及子代样本保存于－80℃待用。

15.1 RAPD和SSR分析

筛选了460个RAPD引物，其中100个用于分析亲本和5个子代。而最终用于所有子代个体的有62个引物，占全部引物的13.48%。扩增产生376条片段。有250条(66.48%)片段在两亲本间呈现多态，平均每个引物扩增出6.06个片段，其中有4.03个为多态标记，在子代中产生了分离。母本分离标记有128个，其中11个偏分离($P<0.05$)，占母本分离标记的8.59%。父本分离标记有109个，其中5个偏分离，占父本分离标记的4.59%。其他引物扩增产物为单态，或者产生的多态片段的重复性和清晰度较差，未做统计。筛选了44对微卫星引物，其中20对为多态引物，用于对全部个体进行PCR扩增和数据分析，经卡方检验，20对引物全部符合孟德尔遗传规律($P>0.05$)。在一个微卫星位点，若一亲本为纯合基因型，另一亲本为杂合基因型，则这一位点仅可用于杂合亲本的作图，而不可用于纯合亲本的作图。因此，20对引物中有16对分别用于父本和母本作图；剩余4对中，2对用于母本作图，2对用于父本作图。

15.2 遗传连锁图谱

分别对146个母本分离标记和127个父本分离标记进行连锁分析，得到中国对虾的雌、雄性连锁图谱。雄性图谱由46个标记构成了10个连锁群，连锁群长度在37.4～113.4 cm，框架图总长度为646.1 cm。各连锁群的标记平均间隔在9.35～17.7 cm，所有标记平均间隔为12.05 cm。另外有12个三联体，7个连锁对。31个标记和其他标记没有连锁关系。连锁图谱总长度为1 144.6 cm。雄性图谱的估计长度为1 845.78 cm，相应的框架图谱的覆盖率为35.00%，图谱总长度覆盖率为62.01%。雌性图谱由49个标记构成了8个连锁群，连锁群长度在42.1～158.5cm，框架图总长度为656.6 cm。各连锁群的标记平均间隔在10.20～16.20 cm，所有标记平均间隔为

11.28 cm。另外有 9 个三联体，14 个连锁对。42 个标记和其他标记没有连锁关系。连锁图谱总长度为 1 173cm。雌性图谱的估计长度为 1 976.20 cm，相应的框架图谱的覆盖率为 33.23%，图谱总长度覆盖率为 59.36%。

理论上，一个完整的遗传连锁图谱的连锁群数目应该与其单倍体染色体数目相等。中国对虾的染色体数目为 $2n=88$，所以完整的连锁图谱应为 44 个连锁群。而本研究中的雌性连锁图谱仅有 8 个连锁群，雄性连锁图谱中仅有 10 个连锁群，雌性和雄性图谱中都存在着大量未连锁的三联体和连锁对，反映了图谱的不完整性，还需要更多的标记来增加中国对虾图谱的覆盖率和密度。

Yue et al (2004)仅用 28 个中国对虾 F_1 个体构建了其 AFLP 图谱，雌性图谱和雄性图谱分别包括 66 和 74 个标记，分布于 22 个雌性连锁群(包括三联体和连锁对)和 25 个雄性连锁群，雌性图谱和雄性图谱的基因组覆盖率分别为 35.6% 和 47.5%。与之相比，本研究中用了更多的 F_1 子代，避免了由于样本数量较少造成的连锁互换无法观察到的现象，得到了 31 个雌性连锁群(包括三联体和连锁对)和 29 个雄性连锁群。此外，本研究定位了更多的标记，雌性图谱和雄性图谱的基因组覆盖率分别提高到 59.36% 和 62.01%。

与其他对虾类的图谱相比，Wilson 等(2002)用 AFLP 和 SSR 共 116 个标记构建了斑节对虾 3 个家系的共同连锁图谱，图谱的长度为 1 412 cm，斑节对虾的基因组估计值为 2 000 cm 左右，日本囊对虾的基因组估计值为 2 300 cm 左右(Moore et al，1999)。Yue 等(2004)对中国对虾的基因组估计值为 2 000 cm。本书的雌性图谱和雄性图谱的估计值分别为 1 976 和 1 845 cm，接近 2 000 cm，与上述研究相近。

从中国对虾雌性和雄性连锁图谱的数据中可以看出，雌性图谱的平均标记距离要略小于雄性图谱，且定位于雌性图谱的标记数目要多于雄性图谱。由于标记间的连锁距离与重组率具有线性相关，表明对于本研究中的中国对虾家系，母本的重组率要略低于父本。

本研究中，首次将微卫星标记定位于中国对虾遗传连锁图谱。雌性和雄性图谱共有的微卫星标记有 9 个，并且发现在雌性图谱中有相连锁的微卫星标记；在雄性图谱中，也相互连锁，雌性和雄性图谱的 4 个连锁组具有共同的微卫星标记。这些标记可用于连接中国对虾的雌性和雄性图谱。随着可用于构建中国对虾连锁图谱的微卫星标记的增多，将会用于构建中国对虾的性别平均图谱。

RAPD 在进行连锁分析时，在许多方面都优于其他方法，只需要少量的 DNA，不需特殊的仪器、昂贵的试剂或复杂的过程。因此，RAPD 适用于以低成本进行大范围的分析，其主要缺陷在于：对于反应条件比较敏感，稳定性较差。在本实验中，我们主要是通过保持稳定的反应条件，并通过多次筛选和分组重复，选择稳定存在的分离带进行统计来保证其准确性。研究结果表明，可以通过高质量的引物获得很好的重复率，RAPD 因其快速、方便、经济的特点，仍然是构建遗传连锁图谱不可缺少的遗传标记。

RAPD 分离标记中，母本有 8.59% 的标记偏分离($P<0.05$)，父本的偏分离标记占父本分离标记的 4.59%。Li 等(2003)构建太平洋牡蛎中 RAPD 标记的偏分离为 21.2%。本研究中的 RAPD 偏分离比例很低，尽管在筛选引物时，已经去除掉只扩增出偏分离标记的引物，但构建作图群体的两亲本的亲缘关系较远是其主要原因。

SSR 标记因其共显性分离、稳定、作图信息量大，可以进行不同家系间图谱的比较，被认为是当前最好的作图标记，但是要发展足够构建中国对虾遗传图谱的 SSR 标记，需要建立相应的文库，进行大量的测序，因此使其应用受到了很大的限制。

在本实验中发现，少数 RAPD 引物扩增的多态带中，如雌性图谱中的 s1043f1000 和 s1043f1735 位点，是由同一个引物扩增产生的两个相邻的位点，它们相互连锁构成一个连锁对。Agresti 等(2000)和 Roupe 等(1997)在 AFLP 标记中也发现过类似的情况。

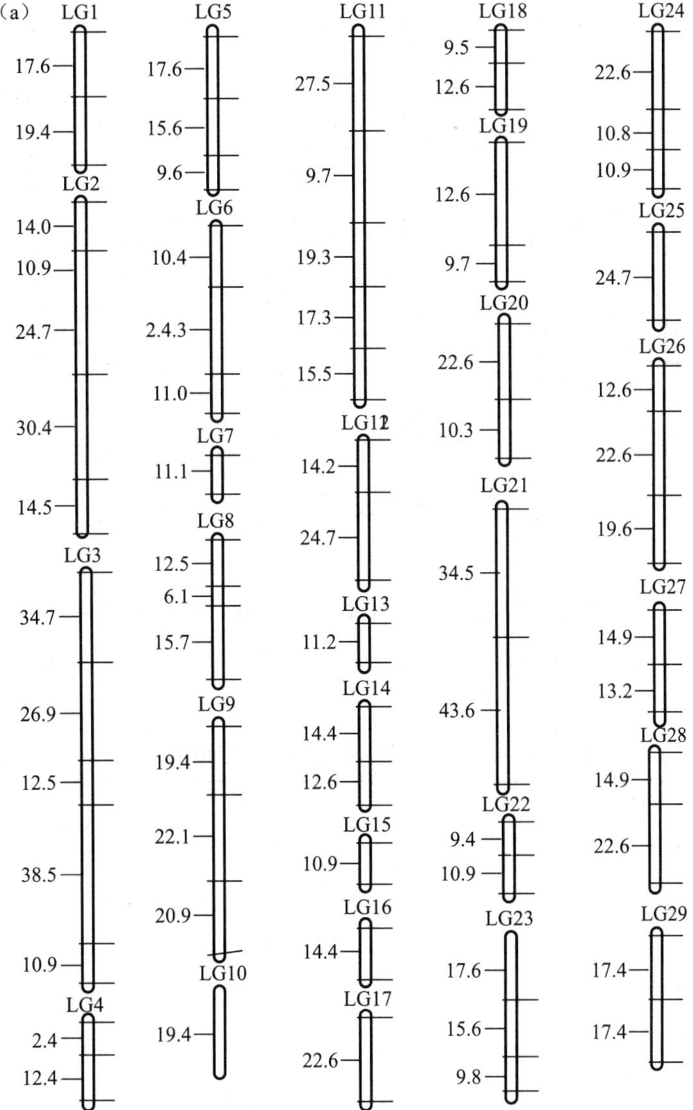

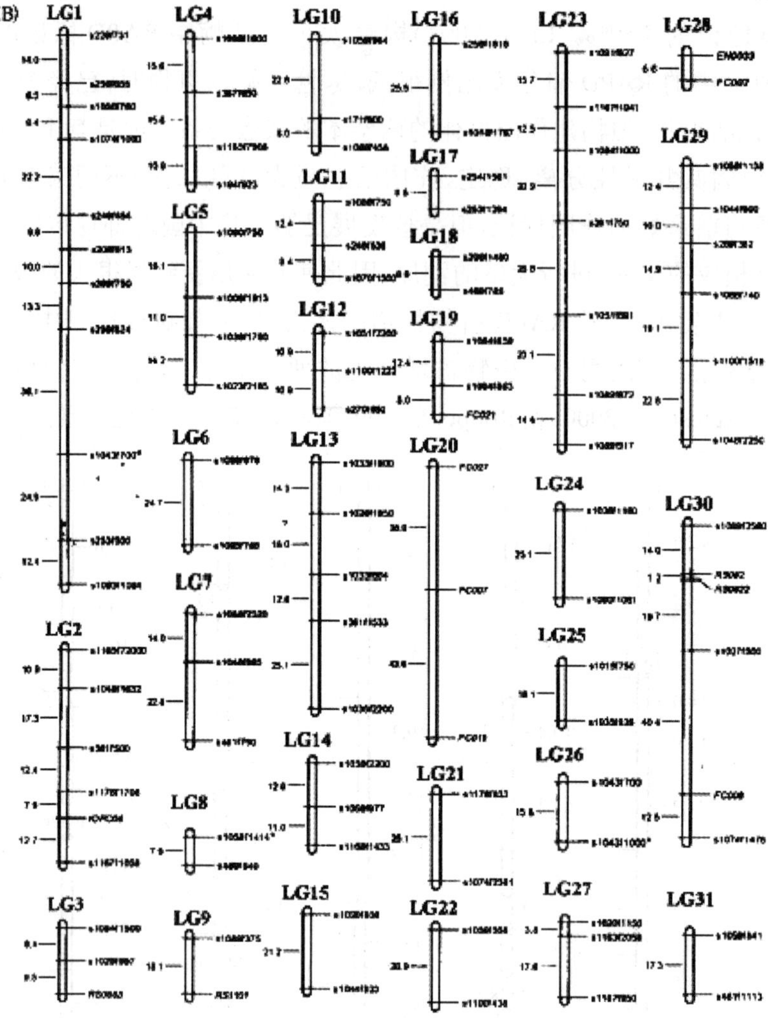

图 29 中国对虾雄性(A)和雌性(B)遗传连锁图谱

注:连锁群右侧为遗传标记名称;左侧为相邻两个标记间的距离单位(cM Kosambi);微卫星标记为斜体,* 为偏分离标记。

表 43 中国对虾雌性和雄性连锁图谱

项目	雌性图谱	雄性图谱
连锁群数	31	28
> 3 个标记的连锁群数	8	10
平均每个连锁群的标记数	3.35	3.42
最小连锁群的标记数	4	4
最大连锁群的标记数	11	6
标记间平均间隔(cm)	11.28	12.05
最大标记间隔(cm)	43.6	43.6

续表

项目	雌性图谱	雄性图谱
最小标记间隔（cm）	1.2	9.4
最小连锁群长度	42.1	37.4
最大连锁群长度	158.5	113.4
观测到的基因组长度		
Gof	656.5	646.1
Goa	1 173	1 144.6
估计的基因组长度（cm）		
Ge1	679.16	670.33
Ge2	2 184.25	2 118.57
Ge3	3 065.19	2 748.10
Ge	1 976.2	1 845.78
基因组覆盖率（%）		
Gof	33.23	35.00
Goa	59.36	62.01

16. 中国对虾遗传连锁图谱的构建

中国对虾是我国重要的水产养殖品种，主要分布于渤海、黄海、东海及南方的部分海域。早在 20 世纪 50 年代，就已开展中国对虾的遗传育种工作，在 1986～1992 年期间，无论在对虾的苗种繁育及养殖方面，中国一直处于世界领先地位。但自从 1993 年对虾病毒病爆发以来，中国对虾养殖产量急剧下降，养殖业受到重挫，开始陷入低谷。其主要原因是养殖用苗种基本上都没有经过系统的人工定向选育，其遗传基础还是野生型的，经过累代养殖，出现了遗传力减弱、抗逆性差，性状退化严重等问题，已成为产业可持续发展的“瓶颈”（刘萍等，1999）。中国水产科学院黄海水产研究所自 1997 年率先实施中国对虾人工选育计划（李健等，2003），进行了中国对虾优良性状人工选育研究。2003 年，选育后的中国对虾快速生长新品种“黄海 1 号”已通过全国水产原良种审定委员会的审定，成为我国第一个人工选育而成的海水养殖动物新品种（李健等，2005）。至 2004 年，快速生长中国对虾群体已进行了 8 代人工选育，其生长速度明显加快，这不仅促进了良种产业化的发展，也为进一步的研究工作提供了材料。

遗传连锁图谱的构建是基因组研究中的重要环节，是基因定位与克隆乃至基因组结构与功能研究的基础，其最主要的应用是数量性状位点（QTL）的定位和分子标记辅助育种（MAS）。近年来，许多重要水产养殖动物的遗传连锁图谱相继报道，包括斑马鱼（*Danio rerio*）（Postlethwait et al，1994；Kelly et al，2000），虹鳟（*Onchorhynchus mykiss*）（Young et al，1998），大西洋鲑（*Salmo MtZar*）（Lundin et al，1999；Norris et al，2000；Moen et al，2004），罗非鱼（*Oreoc/iromii niloticus*）（Kocher et al，1998；Agresti et al，2000），日本青鳉（*Oryzias Iatipes*）（Naruse et al，2000），鲶（*Clarias macrocephalus*）（Liu et al，1999；Waldbieser et al，2001；Poompuang et al，2004），牙鲆（*Paralichthys olivaceus*）（Coimbra et al，2003），牡蛎（*Crassotrea virginica*）（Yu et al，2003；Li et al，2004），栉孔扇贝（*Chlamys farrere*），鲱（*Seriola quinqueradiaM and Seriola*）（Ohara et al，2005）等。至于对虾属，部分品种的遗传连锁图谱已经构建，如日本囊对虾（*Marsupenaeus japonicus*）（Moore et al，1999；Li et al，2003），斑节对虾（*Penaeus monodon*）（Wilson et al，2002），凡纳滨对虾（*Litopenaeus mwwwnei*）（Pérez et al，2004）等，中国对虾遗传连锁图谱的研究进展较慢，其主要限制因素是由于中国对虾难以建立家系。李健等（2008）利用 RAPD、SSR 和 AFLP 三种分子标记方法，初步构建了中国对虾遗传连锁图谱，为构建高密度中国对虾遗传连锁图谱，定位重要经济性状基因和进行标记辅助选育奠定了基础。

16.1 RAPD 和 SSR 分析

筛选了 460 个 RAPD 引物，其中 100 个用于分析亲本和 5 个子代，而最终用于所有子代个体的有 62 个引物，占全部引物的 13.48%。扩增产生 376 条片段。有 250 条（66.48%）片段在两亲本间呈现多态，平均每个引物扩增出 6.06 个片段，其中有 4.03 个为多态标记，在子代中产生了分离。母本分离标记有 128 个，其中 10 个偏分离（$P<0.05$），占分离标记的 7.81%。父本分离标记有 109 个，有 5 个偏分离，占父本分离标记的 4.59%。其他引物扩增产物为单态，或者产生的多态片段的重复性和清晰度较差未做统计。

筛选了 44 对微卫星引物，其中 20 对为多态引物，用于对全部个体进行 PCR 扩增和数据分析，经卡方检验，20 对引物全部符合孟德尔遗传规律（$P>0.05$），可分别用于父本或母本作图，其中有 5 对引物可同时用于父本和母本作图。

16.2 AFLP 标记

采用 88 种引物组合共检测到 5128 条清晰的扩增带，其中 641 条呈现多态性。每个引物对产生的条带数目在 30～105 条，产物相对分子质量在 50～1 300。不同引物对的多态检出率变化较大，C4 引物对的多态检出率仅为 3.1%，而 DQ 引物对的多态检出率却达 27.9%。多态性片段中，254 个母本分离标记，247 个父本分离标记。其中 61 个偏离 1∶1 孟德尔分离规律（$P<0.05$），27 个属于母本，34 个属于父本，偏分离比例为 12.2%。

16.3 遗传连锁图谱

分别对 393 个母本分离标记和 368 个父本分离标记进行连锁分析，构建了中国对虾雌、雄两个连锁图谱。雌性框架图谱含有 266 个标记，构成了 40 个连锁群，各连锁群标记数从 4 到 15 个不等，连锁群长度变化范围在 15.5～161.8 cm，相邻标记间最大间隔为 41.8 cm，平均间隔为 12.5 cm，总长度为 2 835.5 cm。另有 15 个三联体（triplet）和 20 个连锁对（doublet），连锁图谱总长度增至 3 606.0 cm。雌性图谱的预期长度为 3 858.8 cm，其框架图谱覆盖率为 73.5%，图谱总长度覆盖率为 93.4%。

表 44　选择性扩增引物编号及选择性碱基序列；
88 个引物组合产生的 F 总扩增位点、多态位点数目及其多态位点比例

引物对		多态位点数 / 总位点数	多态位点比例(%)	引物对		多态位点数 / 总位点数	多态位点比例(%)
EcoRI	MseI			EcoRI	MseI		
AAC（A）	CAC（2）	9/39	23.1	AGA（H）	CTC（12）	4/49	6.8
AAG（B）	CCT（8）	8/58	13.8	AGC（I）	CAA（1）	4/68	5.9
AAG（B）	CGA（9）	9/72	12.5	AGC（I）	CAC（2）	10/68	14.7
AAG（B）	CGT（10）	6/52	11.5	AGC（I）	CAG（3）	3/42	7.1
AAG（B）	CTA（11）	4/48	8.3	AGC（I）	CAT（4）	7/48	14.6
AAG（B）	CTC（12）	15/56	26.8	AGC（I）	CCA（5）	3/37	8.1
AAG（B）	CTG（14）	7/52	13.5	AGC（I）	CCC（6）	8/45	17.8
AAT（C）	CAA（1）	11/79	13.9	AGC（I）	CCG（7）	1/30	3.3
AAT（C）	CAC（2）	10/74	13.5	AGC（I）	CTT（14）	8/51	15.7
AAT（C）	CAG（3）	11/89	12.4	AGG（J）	CAA（1）	11/77	14.3
AAT（C）	CAT（4）	2/65	3.1	AGG（J）	CAC（2）	4/52	7.7
AAT（C）	CCA（5）	10/62	16.1	AGG（J）	CAG（3）	5/49	10.2
AAT（C）	CCC（6）	7/50	14.0	AGG（J）	CAT（4）	12/72	16.7
AAT（C）	CCG（7）	4/45	7.4	AGG（J）	CCA（5）	7/55	12.7
AAT（C）	CTT（14）	8/51	15.7	AGG（J）	CCC（6）	10/66	15.1
ACA（D）	CCT（8）	12/67	17.9	AGG（J）	CCG（7）	5/34	14.7
ACA（D）	CGA（9）	17/61	27.9	AGT（K）	CCT（8）	12/57	21.1
ACA（D）	CGT（10）	4/46	8.2	AGT（K）	CGA（9）	3/72	4.2
ACA（D）	CTA（11）	5/45	11.1	AGT（K）	CTA（11）	8/61	13.1
ACA（D）	CTC（12）	5/47	10.6	ATA（L）	CAA（1）	6/91	6.6
ACA（D）	CTG（13）	3/43	7.0	ATA（L）	CAC（2）	8/86	9.3
ACC（E）	CAC（2）	7/46	14.3	ATA（L）	CAG（3）	3/58	5.2
ACC（E）	CAG（3）	7/48	14.6	ATA（L）	CAT（4）	4/74	5.4
ACC（E）	CAT（4）	13/55	23.6	ATA（L）	CCA（5）	5/53	9.4
ACC（E）	CCA（5）	8/52	15.4	ATA（L）	CCC（6）	5/58	8.6
ACC（E）	CCC（6）	6/38	15.8	ATA（L）	CCG（7）	3/39	7.7

续表

引物对		多态位点数/总位点数	多态位点比例(%)	引物对		多态位点数/总位点数	多态位点比例(%)
ACC (E)	CCG (7)	3/43	7.0	ATA (L)	CTT (14)	7/84	8.3
ACC (E)	CTT (14)	10/55	18.2	ATC (M)	CCT (8)	7/53	13.2
ACG (F)	CAA (1)	9/66	13.6	ATC (M)	CGA (9)	9/59	15.2
ACG (F)	CAC (2)	7/59	11.9	ATC (M)	CTA (11)	10/46	21.7
ACG (F)	CAG (3)	7/54	13.0	ATC (M)	CTC (12)	11/52	21.2
ACG (F)	CAT (4)	13/59	22.0	ATC (M)	CTG (13)	7/63	11.1
ACG (F)	CCA (5)	8/48	16.7	ATG (N)	CCT (8)	9/54	16.7
ACG (F)	CCC (6)	4/45	8.9	ATG (N)	CGA (9)	6/68	8.8
ACG (F)	CCG (7)	4/48	10.5	ATG (N)	CTA (11)	8/66	12.1
ACG (F)	CTT (14)	5/48	10.4	ATG (N)	CTC (12)	6/50	12.0
ACT (G)	CCT (8)	4/46	8.7	ATG (N)	CTG (13)	8/66	12.1
ACT (G)	CGA (9)	14/54	25.9	ATT (O)	CAA (1)	9/10	58.6
ACT (G)	CGT (10)	3/44	6.8	ATT (O)	CAG (3)	4/69	5.8
ACT (G)	CTA (11)	12/67	17.9	ATT (O)	CAT (4)	6/68	7.0
ACT (G)	CTC (12)	9/51	17.6	ATT (O)	CCA (5)	7/71	9.9
ACT (G)	CTG (13)	6/54	11.1	ATT (O)	CCC (6)	7/56	12.5
AGA (H)	CCT (8)	5/72	6.9	ATT (O)	CCG (7)	8/53	15.1
AGA (H)	CGA (9)	8/70	11.4	ATT (O)	CTT (14)	14/79	14.4

表 45　用于构建中国对虾雌性和雄性连锁图谱的所有分离标记框架图上的标记数目，以及未被等位和未连锁的标记数目（括号中为分离标记数目）

	雌性连锁图(偏分标记)	雄性连锁图(偏分标记)
所有分离标记	404 (38)	379 (39)
参与分析的标记	393 (24)	368 (23)
框架图中的标记	366 (13)	275 (11)
三联体	2 (0)	10 (2)
未连锁的连锁对	45 (3)	18 (3)
未连锁的单个标记	40 (3)	24 (0)
	40 (5)	41 (7)

表 46　中国对虾雌性和雄性连锁图谱

	雌性连锁图	雄性连锁图
连锁群数目	40.0	41

续表

	雌性连锁图	雄性连锁图
平均每个连锁群的标记数目	6.7	6.7
每个连锁群最少标记数目	4.0	4
相邻标记间平均间隔(cm)	12.5	11.9
相邻标记间最大间隔(cm)	41.8	44.3
最短连锁群长度(cm)	15.5	4.9
最长连锁群长度(cm)	161.8	127.7
图谱观察值(cm)		
G_{of}	2835.5	2776.7
G_{on}	3606.0	3077.6
图谱预期长度(cm)		
G_{el}	3835.5	3752.5
G_e	23882.0	3920.5
G_e	3858.8	3786.5
图谱覆盖率(%)		
C_{of}	73.5	73.3
C_{oa}	93.4	81.3

雄性框架连锁图谱含有 275 个标记，分布于 41 个连锁群中，平均每个连锁群含 4～16 个。连锁群长度在 4.9～127.7 cm，相邻标记间最大间隔为 44.3 cm，平均间隔为 11.9 cm，框架图总长度为 2 776.7 cm。另外有 6 个三联体和 12 个连锁对，连锁图谱总长度达 3 077.6 cm。雄性图谱的预期长度为 3 786.5 cm，框架图谱覆盖率为 73.3%，图谱总长度覆盖率为 81.3%。

RAPD 在进行连锁分析时在许多方面都优于其他的方法。只需要少量的 DNA，不需特殊的仪器、昂贵的试剂或复杂的过程，适用于以低成本进行大范围的分析。RAPD 标记的主要缺陷在于对反应条件比较敏感，稳定性较差。在本实验中，通过保持稳定的反应条件，并通过多次筛选和分组重复，选择稳定存在的分离带进行统计来保证其准确性。结果表明，可以通过高质量的引物获得很好的重复性，RAPD 因其快速、方便、经济，仍然是构建遗传连锁图谱不可缺少的遗传标记。

在本实验中发现，少数 RAPD 引物扩增的多态带中，如雌性图谱中的 sl043fl000 和 sl043fl735 位点，是由同一个引物扩增产生的两个相邻的位点，它们相互连锁构成一个连锁对，这两个相邻的位点事实上可能是同一位点的等位基因，但是没有对这些位点进行测序，因此还不能得出这样的结论。Agresti 等(2000)和 Roupe 等(1997)在 AFLP 标记中发现过类似的情况。

SSR 标记因其共显性分离、稳定、作图信息量大，可以进行不同家系间图谱的比较，被认为是当前最好的作图标记，但是要发展足够构建中国对虾遗传图谱的 SSR 标记，需要建立相应的文库，进行大量的测序，因此使其应用受到了很大的限制。

扩增片段长度多态性(AFLP)是一种基于 PCR 基础上的，多位点指纹识别技术，它兼有 RFLP 技术的可靠性和 PCR 技术的高效性，且具有快速、灵敏、稳定、所需 DNA 量少、多态性检出率高、重复性好、可以在不知道基因组序列特点的情况下进行研究等特点，所以被认为是一种十分理想的、有效的、先进的分子标记，因此很适用于构建遗传图谱。由于 AFLP 具有不需预先知道基因组 DNA 情况，即检测出大量的多态性位点，鉴于 AFLP 的高效性，在虾类遗传图谱的构建中得到广泛的应用。本试验采用 88 对 AFLP 引物组合产生的多态位点检测效率为 12.5%，略少于 Moore 等(1999)对日本囊对虾的检测结果，比 Li 等(2003)同样对日本囊对虾的多态检出率要高。在本实验的亲本材料选择中，作图群体的母本来自于人工选择快速生长群体“黄海 1 号”；父本材料为野生型，捕自黄海近海，这种亲本组合，有利于尽可能增加分离群体之间的遗传差异，获得更多的信息量，也为我们进行生长相关的数量性状位点的定位作了准备。

本实验借鉴最初由 Grattapaglia 等(1994)报道的拟测交理论来构建中国对虾的遗传连锁图谱。他们采用此策略结合 RAPD 标记分析，构建了第一张桉树的遗传连锁图谱。这种方法是利用高度杂合的生物，杂交会产生大量类似测交的分离标记，即某些标记在一个亲本中表现为杂合，在另一个亲本中表现为纯合，其后代产生 1∶1 的分离比，与测交方式相同。这种方法最初主要用于林木等多年生异交作物(Marques et al, 1998; Terauchi et al, 1999; Arcade et al, 2000; Scalfi et al, 2004)，由于林木等生命周期长，而其遗传组成高度杂合，且具有自交不亲和和近交衰退现象，因此难以建立近交系。与植物或其他家畜等相比，海洋生物的遗传育种工作的发展比较落后，建立近交系或高世代群体仍需要大量的工作，鉴于这种情况，拟测交理论为构建这类水生生物的遗传连锁图谱提供了一条快速而有效的途径。近年来，采用这种方法构建的遗传连锁图谱不断被报道(Coimbra et al, 2003; Yu et al, 2003; Li et al, 2004; Ohara et al, 2005; Li et al, 2003; Wilson et al, 2002; Pérez et al, 2004)。本试验采用此策略也取得了理想的结果。

岳志芹等(2004)仅用 28 个中国对虾 F_1 个体构建了其 AFLP 图谱，雌雄图谱分别包括 66 和 74 个标记，分布于 22 个雌性连锁群(包括三联体和连锁对)和 25 个雄性连锁群，雌雄图谱的基因组覆盖率分别为 35.6% 和 47.5%。与之相比，本研究中用了更多的 F_1 子代，避免了由于样本数量较少造成的连锁互换无法观察到的现象，得到了 31 个雌性连锁群(包括三联体和连锁对)和 29 个雄性连锁群。

理论上一个完整的遗传连锁图谱的连锁群数目应该与其单倍体染色体数目相等，本实验雌性框架连锁图构成了 40 个连锁群，雄性框架连锁图构成了 41 个连锁群，均少于中国对虾的单倍体染色体数目，另外两个图谱均存在着大量未连锁的三联体和连锁对，反映了图谱的不完整性，还需要更多的标记来增加中国对虾图谱的覆盖率和密度。估计的雌性基因组 DNA 长度为 3 858.8cm ，雄性基因组 DNA 长度为 3 786.5 cm，本试验所估计的中国对虾基因组长度大约为 3 800 cm。Wilson 等(2002)采用 AFLP 方法构建斑节对虾的遗传图谱，20 个连锁群覆盖了 1 412 cm。Moore 等(1999)用 AFLP 构建日本囊对虾的遗传图谱，假设基因组中遗传标记是平均分布的，不同性别的重组率相同的情况下，估计日本囊对虾基因组总长度为 2 300 cm，我们估计的长度均长于上述的研究结果。Li 等(2004)用 RAPD 和 AFLP 两种方法构建太平洋牡蛎的遗传图谱，估计的基因组长度 1 005～1 256，远长于太平洋牡蛎的理论长度 550～650 cm，他们认为两者之间的偏差主要是标记的密度过低造成的，这一结论也适用于我们的实验结果。一般来说，当遗传图谱的覆盖率非常低时，其长度会随着遗传标记的增加而增大，而当覆盖率达到了一定数值后，遗传图谱标记的平均间隔和遗传图谱的总长度会降低。以家蚕为例，1 018 个 RAPD 标记产生的图谱长度为 2 000 cm (Yasukochi et al，1998)，而 356 个 AFLP 标记产生的遗传连锁图谱有 6 512 cm (Tan et al，2001)因此，还需要增添大量标记以增加此图谱的密度和覆盖率。当然，还需要进一步的实验来确定中国对虾基因组的实际长度。

中国对虾基因组单倍体染色体数目为 44，大于许多水产动物。例如，太平洋牡蛎 $n=10$ (Li et al，2004)，栉孔扇贝 $n=19$ (Li et al，2005)，日本牙鲆 $n=23$ (Coimbra et al，2003)。因此，要获得中国对虾高密度遗传连锁图谱需要相当数量的分子标记。在本实验中，雌、雄性图谱连锁群分别是 40 和 41，均小于对虾的单倍体染色体数目，我们认为作图群体较小，以及标记数目少影响了重组的检测，因此，导致连锁群数目与染色体数目不符。

本研究中，首次将微卫星标记定位于中国对虾遗传连锁图谱。雌、雄图谱共有的微卫星标记有 5 个，并且发现在雌性图谱中相连锁的微卫星标记，在雄性图谱中，也相互连锁，雌、雄图谱的 5 个连锁组具有共同的微卫星标记。这些标记，可用于连接中国对虾的雌、雄图谱。随着可用于构建中国对虾连锁图谱的微卫星标记的增多，将用于构建中国对虾的性别平均图谱。

遗传连锁图谱应用于遗传学领域的许多方面，包括 QTL 分析，基于图谱的定位克隆，比较基因作图以及标记辅助选育(MAS)等。本图谱的构建，旨在为以后中国对虾高密度遗传图谱的构建打下基础，并最终用于中国对虾重要及经济性状定位，促进中国对虾的遗传育种工作。

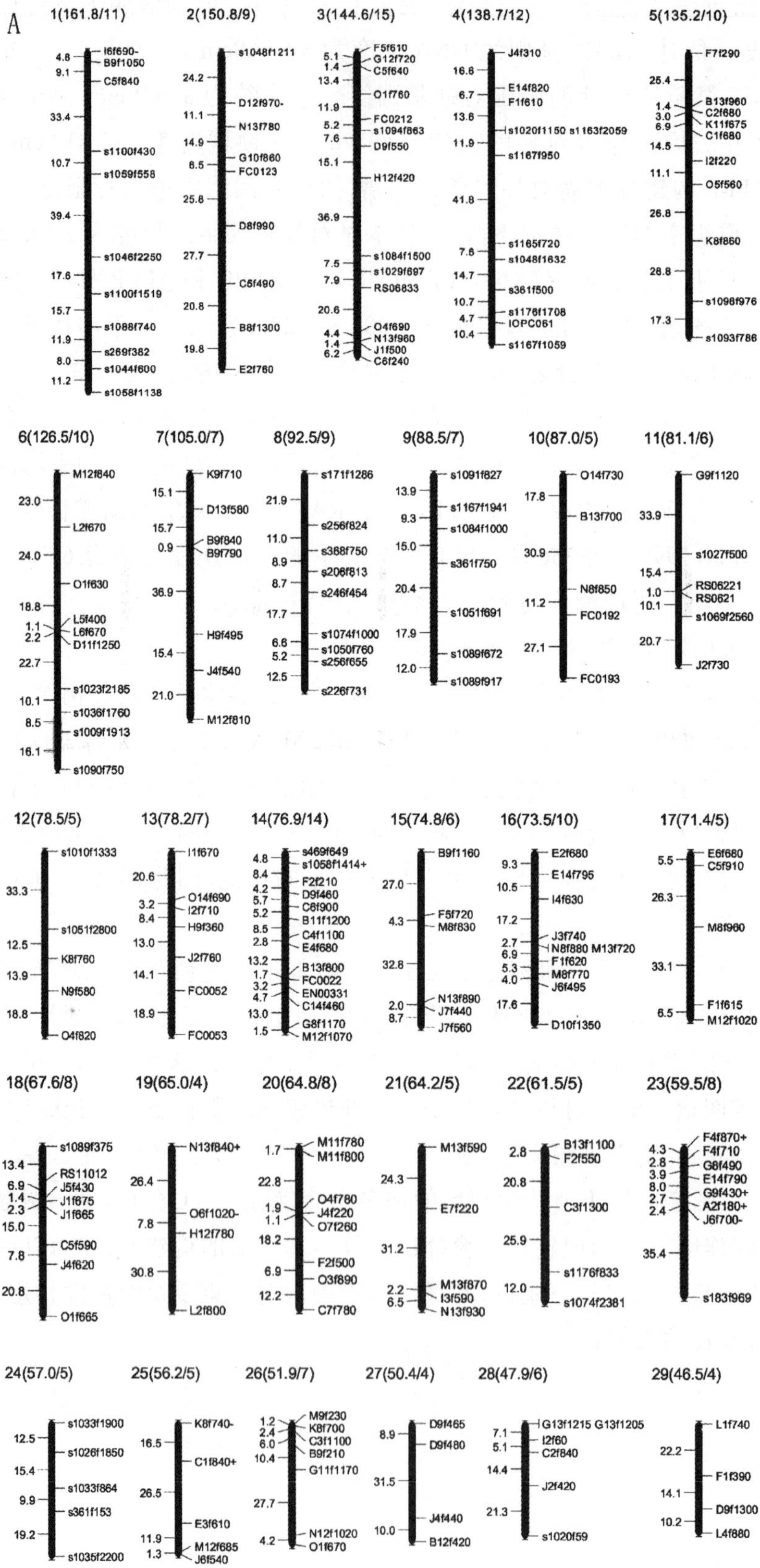

A
1(161.8/11)
I6f690- B9f1050 C5f840 s1100f430 s1059f558 s1046f2250 s1100f1519 s1088f740 s269f382 s1044f600 s1058f1138
2(150.8/9)
s1048f1211 D12f970- N13f780 G10f860 FC0123 D8f990 C5f490 B8f1300 E2f760
3(144.6/15)
F5f610 G12f720 C5f640 O1f760 FC0212 s1094f863 D9f550 H12f420 s1084f1500 s1029f697 RS06833 O4f690 N13f960 J1f500 C6f240
4(138.7/12)
J4f310 E14f820 F1f610 s1020f1150 s1163f2059 s1167f950 s1165f720 s1048f1632 s361f500 s1176f1708 IOPC061 s1167f1059
5(135.2/10)
F7f290 B13f960 C2f680 K11f675 C1f680 I2f220 O5f560 K8f860 s1098f976 s1093f786
6(126.5/10)
M12f840 L2f670 O1f630 L5f400 L6f670 D11f1250 s1023f2185 s1036f1760 s1009f1913 s1090f750
7(105.0/7)
K9f710 D13f580 B9f840 B9f790 H9f495 J4f540 M12f810
8(92.5/9)
s171f1286 s256f824 s368f750 s206f813 s246f454 s1074f1000 s1050f760 s256f655 s226f731
9(88.5/7)
s1091f827 s1167f1941 s1084f1000 s361f750 s1051f691 s1089f672 s1089f917
10(87.0/5)
O14f730 B13f700 N8f850 FC0192 FC0193
11(81.1/6)
G9f1120 s1027f500 RS06221 RS0621 s1069f2560 J2f730
12(78.5/5)
s1010f1333 s1051f2800 K8f760 N9f580 O4f820
13(78.2/7)
I1f670 O14f690 I2f710 H9f360 J2f760 FC0052 FC0053
14(76.9/14)
s469f649 s1058f1414+ F2f210 D9f460 C6f900 B11f1200 C4f1100 E4f680 B13f800 FC0022 EN00331 C14f460 G8f1170 M12f1070
15(74.8/6)
B9f1160 F5f720 M8f830 N13f890 J7f440 J7f560
16(73.5/10)
E2f680 E14f795 I4f630 J3f740 N8f880 M13f720 F1f620 M8f770 J6f495 D10f1350
17(71.4/5)
E6f680 C5f910 M8f960 F1f615 M12f1020
18(67.6/8)
s1089f375 RS11012 J5f430 J1f675 J1f665 C5f590 J4f620 O1f665
19(65.0/4)
N13f840+ O6f1020- H12f780 L2f800
20(64.8/8)
M11f780 M11f800 O4f780 J4f220 O7f260 F2f500 O3f890 C7f780
21(64.2/5)
M13f590 E7f220 M13f870 I3f590 N13f930
22(61.5/5)
B13f1100 F2f550 C3f1300 s1176f833 s1074f2381
23(59.5/8)
F4f870+ F4f710 G8f490 E14f790 G9f430+ A2f180+ J6f700- s183f969
24(57.0/5)
s1033f1900 s1026f1850 s1033f864 s361f153 s1035f2200
25(56.2/5)
K8f740- C1f840+ E3f610 M12f685 J6f540
26(51.9/7)
M9f230 K8f700 C3f1100 B9f210 G11f1170 N12f1020 O1f670
27(50.4/4)
D9f465 D9f480 J4f440 B12f420
28(47.9/6)
G13f1215 G13f1205 I2f60 C2f840 J2f420 s1020f59
29(46.5/4)
L1f740 F1f390 D9f1300 L4f880

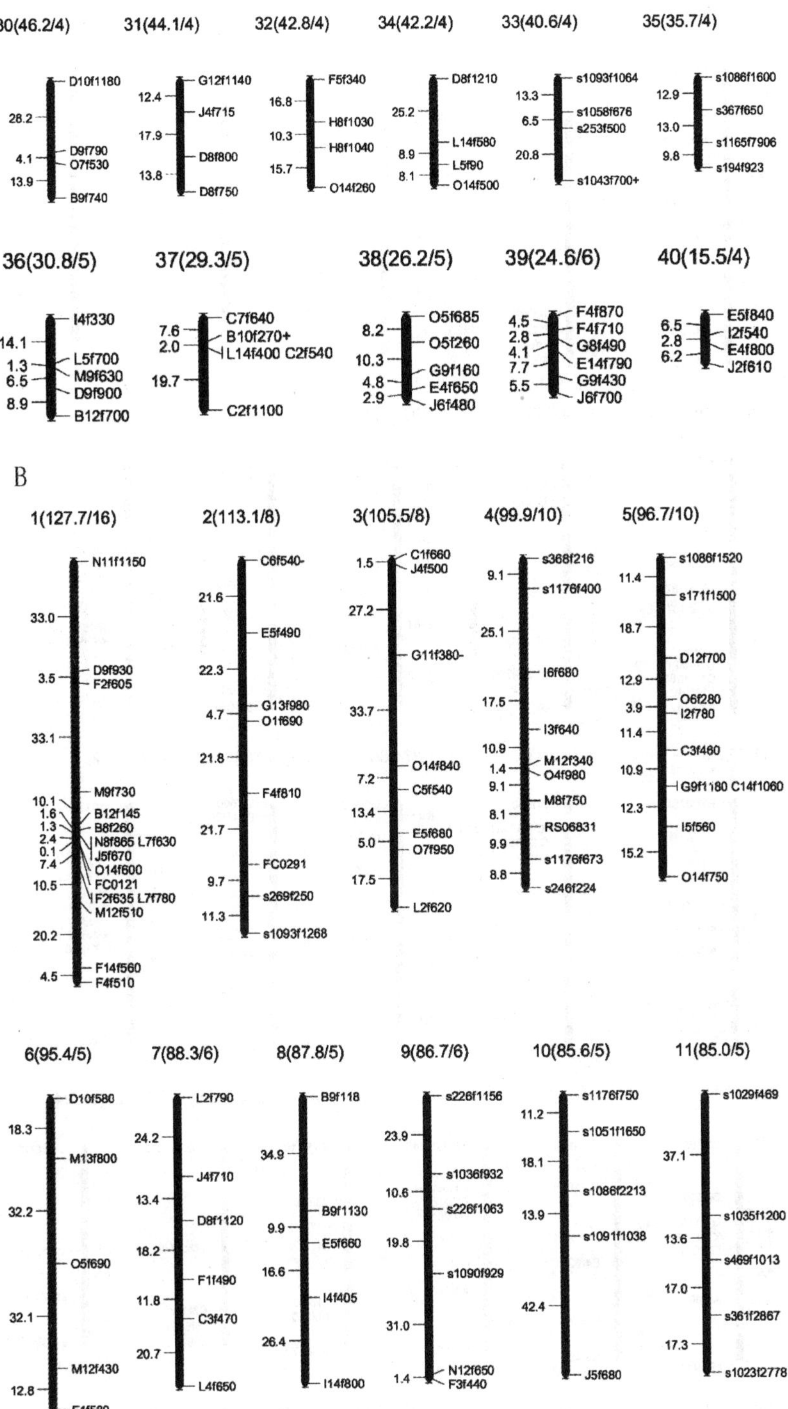

30(46.2/4)
D10f1180
28.2
D9f790
4.1
O7f530
13.9
B9f740
31(44.1/4)
G12f1140
12.4
J4f715
17.9
D8f800
13.8
D8f750
32(42.8/4)
F5f340
16.8
H8f1030
10.3
H8f1040
15.7
O14f260
34(42.2/4)
D8f1210
25.2
L14f580
8.9
L5f90
8.1
O14f500
33(40.6/4)
s1093f1064
13.3
s1058f676
6.5
s253f500
20.8
s1043f700+
35(35.7/4)
s1086f1600
12.9
s367f650
13.0
s1165f7906
9.8
s194f923
36(30.8/5)
I4f330
14.1
L5f700
1.3
M9f630
6.5
D9f900
8.9
B12f700
37(29.3/5)
C7f640
7.6
B10f270+
2.0
L14f400 C2f540
19.7
C2f1100
38(26.2/5)
O5f685
8.2
O5f260
10.3
G9f160
4.8
E4f650
2.9
J6f480
39(24.6/6)
F4f870
4.5
F4f710
2.8
G8f490
4.1
E14f790
7.7
G9f430
5.5
J6f700
40(15.5/4)
E5f840
6.5
I2f540
2.8
E4f800
6.2
J2f610
B
1(127.7/16)
N11f1150
33.0
D9f930
3.5
F2f605
33.1
M9f730
10.1
B12f145
1.6
B8f260
1.3
N8f865 L7f630
2.4
J5f670
0.1
O14f600
7.4
FC0121
10.5
F2f635 L7f780
M12f510
20.2
F14f560
4.5
F4f510
2(113.1/8)
C6f540-
21.6
E5f490
22.3
G13f980
4.7
O1f690
21.8
F4f810
21.7
FC0291
9.7
s269f250
11.3
s1093f1268
3(105.5/8)
C1f660
1.5
J4f500
27.2
G11f380-
33.7
O14f840
7.2
C5f540
13.4
E5f680
5.0
O7f950
17.5
L2f620
4(99.9/10)
s368f216
9.1
s1176f400
25.1
I6f680
17.5
I3f640
10.9
M12f340
1.4
O4f980
9.1
M8f750
8.1
RS06831
9.9
s1176f673
8.8
s246f224
5(96.7/10)
s1086f1520
11.4
s171f1500
18.7
D12f700
12.9
O6f280
3.9
I2f780
11.4
C3f460
10.9
G9f1180 C14f1060
12.3
I5f560
15.2
O14f750
6(95.4/5)
D10f580
18.3
M13f800
32.2
O5f690
32.1
M12f430
12.8
F1f580
7(88.3/6)
L2f790
24.2
J4f710
13.4
D8f1120
18.2
F1f490
11.8
C3f470
20.7
L4f650
8(87.8/5)
B9f118
34.9
B9f1130
9.9
E5f660
16.6
I4f405
26.4
I14f800
9(86.7/6)
s226f1156
23.9
s1036f932
10.6
s226f1063
19.8
s1090f929
31.0
N12f650
1.4
F3f440
10(85.6/5)
s1176f750
11.2
s1051f1650
18.1
s1086f2213
13.9
s1091f1038
42.4
J5f680
11(85.0/5)
s1029f469
37.1
s1035f1200
13.6
s469f1013
17.0
s361f2867
17.3
s1023f2778

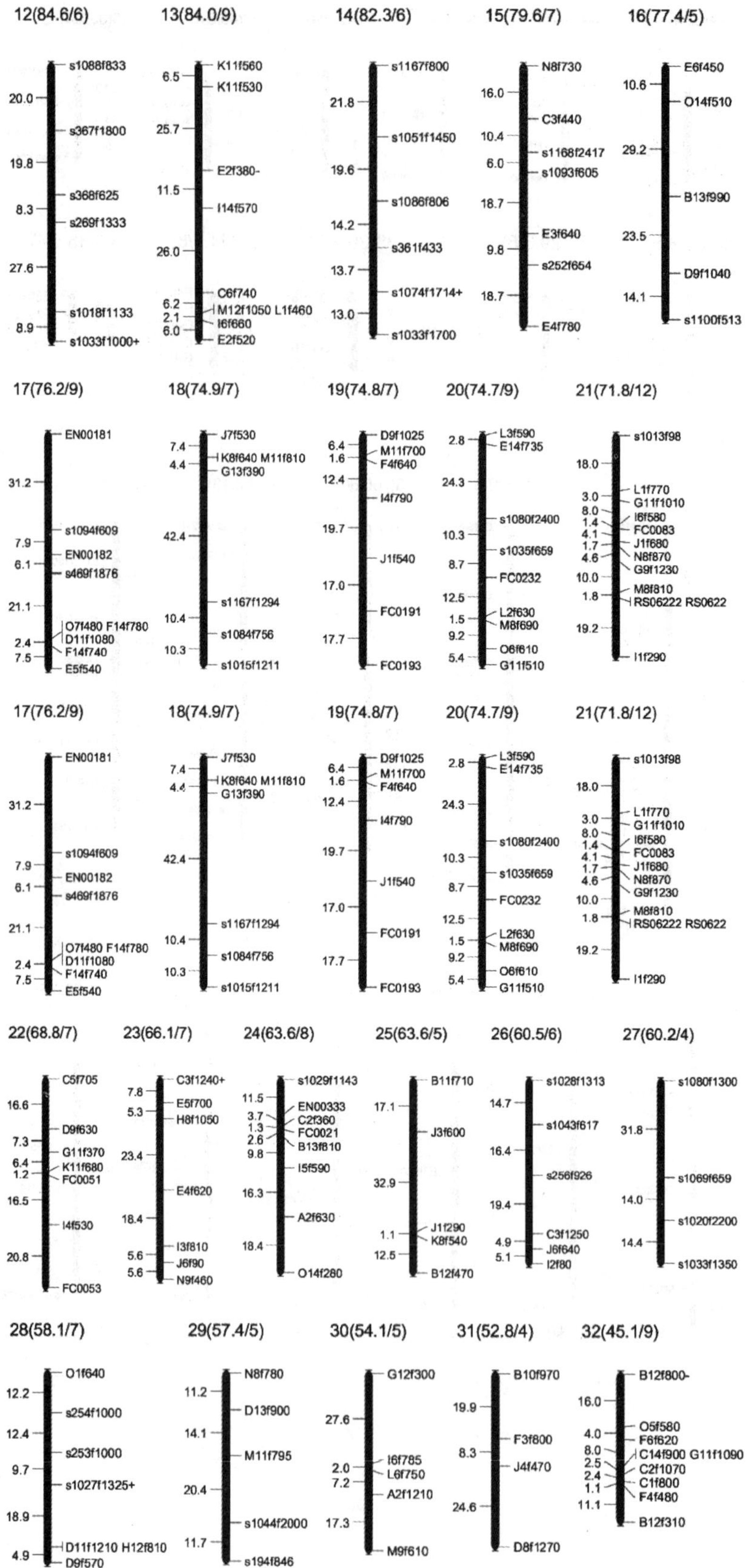

12(84.6/6)
s1088f833
20.0
s367f1800
19.8
s368f625
8.3
s269f1333
27.6
s1018f1133
8.9
s1033f1000+
13(84.0/9)
K11f560
6.5
K11f530
25.7
E2f380-
11.5
I14f570
26.0
C6f740
6.2
M12f1050 L1f460
2.1
I6f660
6.0
E2f520
14(82.3/6)
s1167f800
21.8
s1051f1450
19.6
s1086f806
14.2
s361f433
13.7
s1074f1714+
13.0
s1033f1700
15(79.6/7)
N8f730
16.0
C3f440
10.4
s1168f2417
6.0
s1093f605
18.7
E3f640
9.8
s252f654
18.7
E4f780
16(77.4/5)
E6f450
10.6
O14f510
29.2
B13f990
23.5
D9f1040
14.1
s1100f513
17(76.2/9)
EN00181
31.2
s1094f609
7.9
EN00182
6.1
s469f1876
21.1
O7f480 F14f780
D11f1080
2.4
F14f740
7.5
E5f540
18(74.9/7)
J7f530
7.4
K8f640 M11f810
4.4
G13f390
42.4
s1167f1294
10.4
s1084f756
10.3
s1015f1211
19(74.8/7)
D9f1025
6.4
M11f700
1.6
F4f640
12.4
I4f790
19.7
J1f540
17.0
FC0191
17.7
FC0193
20(74.7/9)
L3f590
2.8
E14f735
24.3
s1080f2400
10.3
s1035f659
8.7
FC0232
12.5
L2f630
1.5
M8f690
9.2
O6f610
5.4
G11f510
21(71.8/12)
s1013f98
18.0
L1f770
3.0
G11f1010
8.0
I6f580
1.4
FC0083
4.1
J1f680
1.7
N8f870
4.6
G9f1230
10.0
M8f810
1.8
RS06222 RS0622
19.2
I1f290
22(68.8/7)
C5f705
16.6
D9f630
7.3
G11f370
6.4
K11f680
1.2
FC0051
16.5
I4f530
20.8
FC0053
23(66.1/7)
C3f1240+
7.8
E5f700
5.3
H8f1050
23.4
E4f620
18.4
I3f810
5.6
J6f90
5.6
N9f460
24(63.6/8)
s1029f1143
11.5
EN00333
3.7
C2f360
1.3
FC0021
2.6
B13f810
9.8
I5f590
16.3
A2f630
18.4
O14f280
25(63.6/5)
B11f710
17.1
J3f600
32.9
J1f290
1.1
K8f540
12.5
B12f470
26(60.5/6)
s1028f1313
14.7
s1043f617
16.4
s256f926
19.4
C3f1250
4.9
J6f640
5.1
I2f80
27(60.2/4)
s1080f1300
31.8
s1069f659
14.0
s1020f2200
14.4
s1033f1350
28(58.1/7)
O1f640
12.2
s254f1000
12.4
s253f1000
9.7
s1027f1325+
18.9
D11f1210 H12f810
4.9
D9f570
29(57.4/5)
N8f780
11.2
D13f900
14.1
M11f795
20.4
s1044f2000
11.7
s194f846
30(54.1/5)
G12f300
27.6
I6f785
2.0
L6f750
7.2
A2f1210
17.3
M9f610
31(52.8/4)
B10f970
19.9
F3f800
8.3
J4f470
24.6
D8f1270
32(45.1/9)
B12f800-
16.0
O5f580
4.0
F6f620
8.0
C14f900 G11f1090
2.5
C2f1070
2.4
C1f800
1.1
F4f480
11.1
B12f310

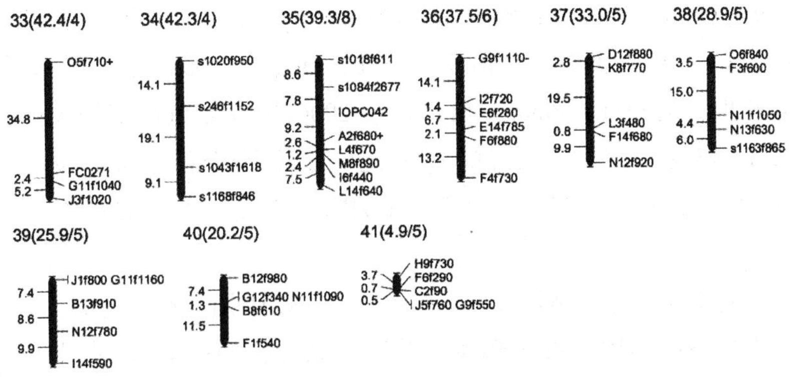

图 30　中国对虾雌性(A)和雄性(B)连锁图谱

注：括号中斜线左侧为连锁群长度(cM)，右侧为标记数目。连锁群右侧为标记名称，左侧为相邻标记间的遗传距离。

17. 中国对虾“黄海 1 号”遗传连锁图谱的构建及生长性状的 QTL 定位

中国对虾是我国重要的水产养殖品种，主要分布于渤海、黄海、东海及南方的部分海域，在海洋捕捞和养殖生产中都占有重要的地位。自 20 世纪七八十年代开始人工养殖以来，已经成为我国北方沿海重要的养殖对象，创造了可观的经济效益(邓景耀等，1990)。但自从 1993 年对虾病毒病爆发以来，中国对虾养殖产量急剧下降，养殖业受到重挫，开始陷入低谷。其主要原因是对虾养殖业缺乏经过人工培育的具有优良性状的新品种，生产多以野生体为亲本进行苗种繁殖，无法保证苗种的规格和质量。中国水产科学院黄海水产研究所自 1997 年率先实施中国对虾人工选育计划，进行了中国对虾优良性状人工选育研究(李健等，2003)。2003 年，选育后的中国对虾快速生长新品种“黄海 1 号”已通过全国水产原良种审定委员会的审定，成为我国第一个人工选育而成的海水养殖动物新品种(李健等，2005)。“黄海 1 号”表现出了更快的生长速度和更好的抗逆性能，加速了良种产业化发展的同时，也为进一步的研究工作提供了材料。

目前中国对虾还是采用常规的方法进行选育。常规的育种方法费时费力，很容易受环境条件的影响。借助现代的分子生物技术，将控制重要经济性状的 QTL 进行定位，找到与 QTL 紧密连锁的分子标记，就能够在育种中对有关的 QTL 遗传动态进行跟踪，从而增强人们对数量性状的遗传操纵能力，提高育种中对数量性状优良基因型选择的准确性和预见性，从而加速育种进程。但受遗传图谱构建的制约，目前有关水生生物 QTL 的研究也主要局限于几种常见的水生生物。在虹鳟中，已定位了几个有关耐热上限，产卵时间及胚胎发育速率的 QTL (Jackson et al，1998；Sakamoto et al，1999；Robison et al，2001)；Ozaki 等(2001)在虹鳟上找到两个与传染性胰腺坏死病毒有关的 QTL；Yu 等（2005）对美洲牡蛎抗 Dermo/summer 病毒的研究中，在雄性和雌性图谱上共找到了 12 个与此病毒抗性相关的 QTL；Wang 等（2006）定位了与舌齿鲈体重、全长及标准长相关的 QTL。Andrey Shirak 等（2006）把罗非鱼性别相关的标记定位在 LG2、LG3 和 LG23 上。但有关对虾的 QTL 定位分析，至今很少看到，刘博等（2010）第一次对中国对虾"黄海 1 号"体重、各腹节长和尾节长等性状的 QTL 定位进行了详细的报道。

实验所用的中国对虾"黄海 1 号" F_2 代家系，以中国对虾"黄海 1 号'为父本和朝鲜半岛野生海捕的中国对虾为母本构建家系杂交得到的 F_1，F_1 自交产生的全同胞 F_2，70 日龄时随机抽取 100 尾子代为样本，并测量体重（g）、各腹节长（mm）和尾节长（mm）。将新鲜样品速冻，运回实验室后 −70 ℃保存。

17.1 性状分布及相关分析

采用 SPSS11.5 软件，选择单样本的 Kolmogorov-Smirnov 函数对各生长指标进行正态性分布检验，检验结果表明各表型性状的频率分布均符合正态分布（$P>0.05$），所有测量的性状都显示出连续变异的特点，显示这些与生长相关的性状都是典型的数量性状，符合进行遗传学分析。

表 47 体重、腹节 1 长、腹节 2 长、腹节 3 长、腹节 4 长、腹节 5 长、腹节 6 长和尾节长的正态分布检验

性 状	平 均	峰度	偏度	最小值	最大值	*P* 值
体重	0.92 ± 0.02	1.68	0.96	0.52	1.76	0.05
腹节 1 长	3.97 ± 0.07	−0.42	0.71	2.65	5.4	0.44
腹节 2 长	3.55 ± 0.07	0.67	0.97	2.37	5.36	0.43
腹节 3 长	4.30 ± 0.07	0.12	0.52	2.69	6.53	0.55
腹节 4 长	3.53 ± 0.09	0.46	1.11	2.18	5.89	0.73
腹节 5 长	3.55 ± 0.07	5.26	1.66	1.76	7.56	0.77
腹节 6 长	4.30 ± 0.07	−0.13	0.03	5.41	9.54	0.77
尾节长	3.53 ± 0.09	1.45	0.66	4.80	8.75	0.44

注：BW －体重，AL －腹节长，TL －尾节长，与各形态性状相对应的代码全文通用

对中国对虾主要数量性状的相关分析结果表明，各性状的表型相关均呈极显著水平（$P<0.01$），Pearson 相关系数从 0.44 到 0.70，尤其 BW 与 A1L、A2L、A6L 相关系数分别达到了 0.67、0.69、0.70，表明所选指标进行相关分析具有重要的实际意义。

表 48 中国对虾各表型性状间相关关系分析

	体重	腹节 1 长	腹节 2 长	腹节 3 长	腹节 4 长	腹节 5 长	腹节 6 长	尾节长
体重	1	0.67**	0.69**	0.44**	0.47**	0.49**	0.70**	0.60**
腹节 1 长		1	0.65**	0.47**	0.55**	0.59**	0.59**	0.47**
腹节 2 长			1	0.47**	0.58**	0.52**	0.59**	0.52**

	体重	腹节 1 长	腹节 2 长	腹节 3 长	腹节 4 长	腹节 5 长	腹节 6 长	尾节长
腹节 3 长				1	0.37**	0.55**	0.30**	0.27**
腹节 4 长					1	0.48**	0.46**	0.36**
腹节 5 长						1	0.40**	0.32**
腹节 6 长							1	0.59**
尾节长								1

注：* 表示相关性显著（$P<0.05$）；** 表示相关性极显著（$P<0.01$）.

17.2 FLP、RAPD 和 SSR 标记信息

经筛选过的 20 条 RAPD 引物在双亲中均呈多态性，扩增共产生 94 条带，多态性片断有 27 条，经 χ^2 检验有 20 条带符合 1∶1 孟德尔分离规律（$\alpha=0.05$）。采用 90 对 AFLP 引物组合共检测到 4 530 条清晰的扩增带，其中 635（14%）条呈现多态性，平均每对引物产生 7.1 条多态性条带；符合孟德尔 1∶1 分离标记的有 467 条，3∶1 分离标记的有 31 条，偏分离标记共 137 条（$\alpha=0.05$）。本试验所采用的 55 对微卫星引物有 53 对为多态性引物，经 χ^2 检验，仅有 7 对引物偏离了 1∶1 孟德尔分离（$P=0.05$）（liu et al, 2009）。

表 49 体重、腹节 1 长、腹节 2 长、腹节 3 长、腹节 4 长、腹节 5 长、腹节 6 长和尾节长等性状在 F_2 中的 QTL 定位

性状	QTL[a]	连锁群	区间标记		置信区间 (cM)	位置[b] (cM)	加性效应值	LOD 值[c]	贡献率[d] (%)
体重	*BW1.1*	LG1	D9f446	F3f600	2.3	0.01	0.06	4.53	3.54
	BW1.2	LG1	D9f446	C2f740	9.2	16.11	0.16	2.57	11.75*
	BW17.3	LG 17	H8f440	I6f400	22.4	81.51	0.1	3.59	5.77
	BW19.4	LG 19	D2f1190	J3f586	25.7	24.01	0.07	3.89	2.93
	BW26.5	LG 26	SX18	J11f300	13.6	0.01	−0.12	2.5	8.21
腹节 1 长	*A1L2.1*	LG 2	D10f1260	Hrd4299-2	27.7	69.91	−0.42	2.76	11.82*
	A1L9.2	LG 9	J4f870	H12f84	4.7	107.61	0.38	2.81	12.38*
	A1L17.3	LG 17	M10f246	B14f490	4.7	0.01	0.48	3.94	12.48*
	A1L26.4	LG 26	J11f300	E7f410	26.2	59.41	0.55	4.81	15.02*
腹节 2 长	*A2L17.1*	LG 17	M10f246	M4f285	19.6	0.01	0.43	2.58	9.5
腹节 3 长	*A3L16.1*	LG 16	M10f400	K7f760	6.9	79.31	0.73	4.56	23.60**
	A3L17.2	LG 17	H8f440	I6f400	21.7	79.51	0.26	3.15	3.53
	A3L18.3	LG 18	J9f275	N10f147	5.6	63.01	−0.35	3.72	5.89

续表

性状	QTL[a]	连锁群	区间标记		置信区间 (cM)	位置[b] (cM)	加性效应值	LOD 值[c]	贡献率[d] (%)
腹节 4 长	*A4L26.1*	LG 26	J11f300	J2f410	39.2	44.51	0.56	3.32	13.58*
腹节 5 长	*A5L1.1*	LG 1	F3f600	C2f740	7.7	16.11	-0.55	4.22	8.68
	A5L5.2	LG 5	K11F674	J9f536	19.9	18.01	0.33	3.72	3.97
	A5L5.3	LG 5	B7f69	B7f174	12.7	75.81	0.37	4.35	4.8
	A5L5.4	LG 5	J3f970	C2f600	16.2	151.01	0.46	5.47	7.82
	A5L7.5	LG 7	D8f98	H9f404	5.1	29.21	0.42	4.53	6.73
	A5L13.6	LG 13	D10f241	G3f500	21.8	37.61	0.25	5.38	2.18
	A5L18.7	LG 18	B11f147	M11f1125	5.3	13.21	0.34	4.69	2.89
	A5L19.8	LG 19	D2f1190	J3f586	23.1	14.01	0.35	5.86	4.86
腹节 6 长	*A6L1.1*	LG 1	D9f446	F3f600	4.8	0.01	0.29	4.07	5.36
	A6L18.2	LG 18	D4f67	M11f1125	11.2	9.21	0.59	2.76	8.93
	A6L20.3	LG 20	IOPC04	N8f537	10.6	28.01	−0.61	3.07	12.70*
尾节长	*TL3.1*	LG 3	K8f470	B11f123	13.9	57.11	0.38	3.1	9.07
	TL16.2	LG 16	D4f147	F5f900	5	73.71	−0.17	3.59	1.79
	TL17.3	LG 17	M10f246	M4f285	26.3	4.01	0.47	3.63	11.14*
	TL30.4	LG 30	B2f260	B2f160	10	0.01	−0.39	2.86	8.34

注：a）QTL 命名：性状名缩写加；b）QTL LOD 峰值所处的位置；c）QTL 的最大或然率；d）单个 QTL 可解释的表型变异；* 表示显著（$P<0.05$）；** 表示极显著（$P<0.01$）.

17.3 遗传连锁图谱分析

通过软件 JoinMap3.0，设置 LOD>4.0 对符合孟德尔分离规律的 566 个标记(498AFLP，12RAPD 和 42 SSR)进行了连锁分析，共 354 个标记(300AFLP，12RAPD 和 42SSR)被定位在 47 个连锁群上，其中 41 个连锁群的标记数在 3 个以上。图谱的总长度为 4580.4 cm，覆盖率为 75.8%，连锁群的长度从 6.6 cm 到 180.1 cm，平均距离为 11.3 cm。最大的连锁群为第 9 连锁群，由 26 个标记组成，图距为 166.0 cm；最小的连锁群是由 3 个标记组成，图距为 6.5 cm。

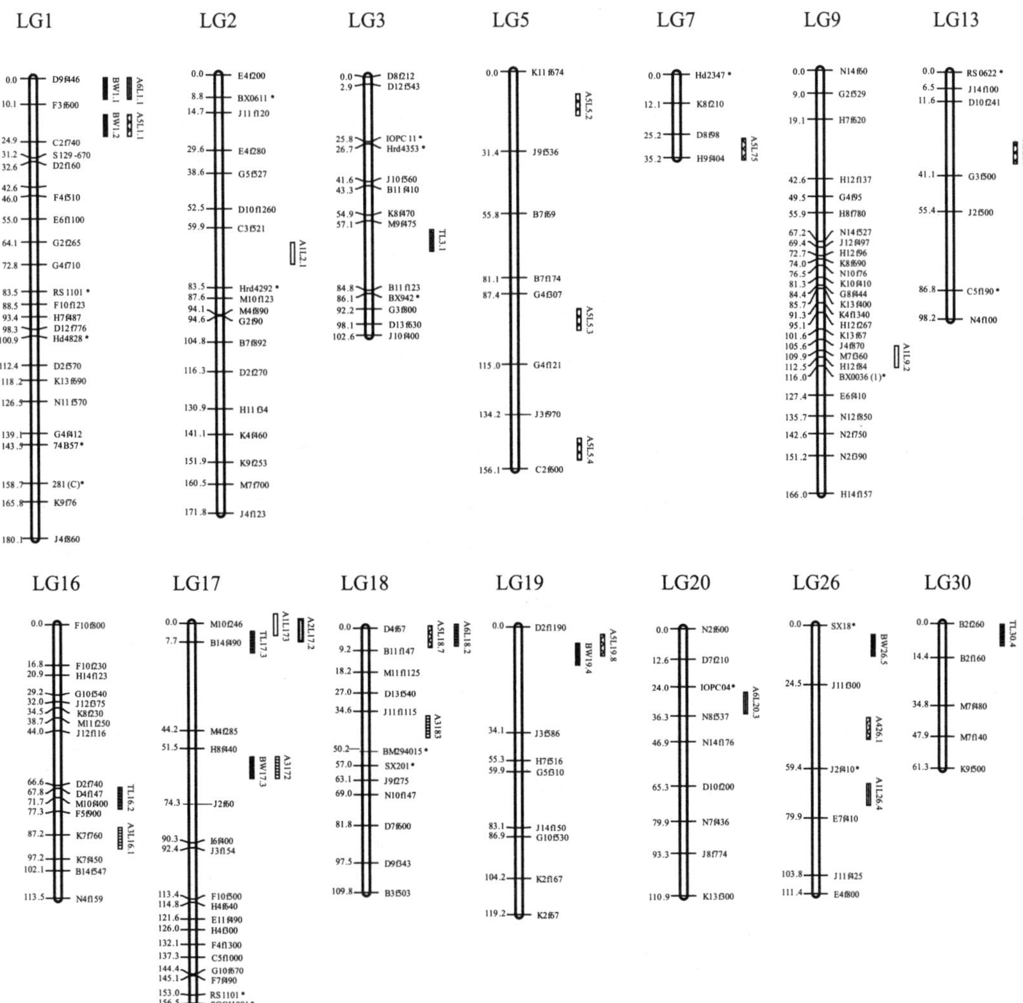

图 31 中国对虾“黄海 1 号”体重、各腹节及尾节相关性状 QTL 在连锁群上的定位

17.4 QTL 定位结果及分布

通过软件 Windows QTL Cartographer 2.5 设定 LOD ≥ 2.5，对体重性状(BW)、6 个腹节性状(AL)和 1 个尾节性状(TL)共 8 个性状进行区间定位分析，共检测到 29 个相关的 QTL；与 BW 相关 QTL 共检测到 5 个，单个 QTL 贡献率从 2.91％到 11.75％，其中 BW2 达到了连锁群显著水平($P=0.05$)；与 6 个腹节长(A1L、A2L、A3L、A4L、A5L 和 A6L)相关 QTL 分析中，共定位了 20 个相关的 QTL，其中与 A2L 和 A4L 相关的 QTL 分别检测到 1 个外，其余均呈现多个 QTL，单个 QTL 贡献率从 2.18% (A5L13.6) 至 23.60% (A3L16.1)，有 7 个 QTL 达到连锁群显著水平($P=0.05$)，其中位于 LG16 79.31 cm 处的 A3L16.1 达到连锁群极显著水平($P=0.01$)；与尾节长(TL)相关的 QTL 测到 4 个，分别位于 LG3、LG16、LG17 和 LG30 上，单个 QTL 贡献率从 1.79% 至 11.14%，其中 TL17.3 (11.14%)达到了连锁群显著水平($P=0.05$)。

本试验结果表明，与体重、各腹节长及尾节长相关的 29 个 QTL 在连锁图上存在成簇分布的特点，主要集中在 14 个连锁群上，尤其在 LG1、LG5、LG17、LG18 和 LG26 上共分布了 18 个相关 QTL。与体重性状相关的 5 个 QTL 的加性效应方向并不一致，4 个 QTL（BW1.1、BW1.2、BW17.3 、BW19.4）区间具有正向加性效应，1 个 QTL（BW26.5）区间具有负向加性效应；其他各性状的部分 QTL 的加性效应也有呈现负值的现象，如 A1L2.1、A3L18.3、A5L1.1、A6L20.3、TL16.2 和 TL30.4。

本试验采用 AFLP、RAPD 和 SSR 三种分子标记，首次构建了中国对虾"黄海 1 号"F_2代的合并图谱，该图谱的总长度为 4 580.4 cm，连锁群的长度从 6.6 cm 到 180.1 cm，平均距离为 11.3 cm，并在此基础上第一次对中国对虾"黄海 1 号"的体重、各腹节长和尾节长 8 个相关性状的 QTL 进行了详细的定位分析，共检测到 29 个与体重、各腹节长和尾节长相关的 QTL（LOD＞2.5），单个 QTL 贡献率从 1.79%到 23.6%。体重、各腹节长和尾节长是中国对虾"黄海 1 号"产量的重要组成部分，也是中国对虾育种中广泛应用的指标。

本试验的 29 个 QTL，主要集中在 14 个连锁群上，其余 33 个连锁群没检测到相关的 QTL，尤其在 LG1，LG5，LG17，LG18 和 LG26 上共检测到 18 个 QTL，这种 QTL 成簇分布的现象在植物（Xue et al，2008；Gang et al，2008）、畜禽（Tuiskula et al，2002）和海洋生物大西洋鲑（Reid et al，2005）中普遍存在。造成 QTL 成簇分布的原因可能有以下两方面：① 可能是图谱本身的覆盖率（75.8%）和密度（标记间平均间隔为 11.3 cm）还不够；② 本实验的试验材料是 70 日龄中国对虾，还没发育完全，一些生长性状的遗传变异表现得不够显著，可能导致了很多连锁群没有检测到相关性状的 QTL。

研究发现影响体重、各腹节长和尾节长的 29 个 QTL 中，有 20 个性状的基因贡献率低于 10%，9 个显著性主效 QTL，其中 A3L16.1 为极显著主效 QTL，基因贡献率为 23.6%。一般认为，对于效应较大的 QTL 定位的准确性及稳定都是可靠的（方宣钧等，2001）。这些贡献率较大并且重复性较好的 QTL，为将来进行 QTL 精细定位提供了参考，同时为进一步研究该性状的分子遗传机理等工作奠定了研究基础。但同一性状不同的 QTL 间存在加性效应方向不一致的现象，29 个 QTL 中 22 个 QTL 呈正向效应，7 个 QTL 为负向效应，其他研究中（Liu et al，2008；Reid et al，2005）也发现了类似现象。对正向效应 QTL 的选择有助于该性状性状值的提高，而负向效应的 QTL 则不利于该性状的改良，由于同一家系中正向效应 QTL 与负向的 QTL 同时存在，因此在育种选择时，要选择正向的 QTL、避开负向 QTL 的选择。

利用与分子标记紧密连锁的 QTL 来提高单性状性能尤其是对一些复合性状的改良，是一种有效的育种方法（Fan et al，2006；sun et al，2006）。在本研究中同样发现了与 QTL 紧密连锁的分子标记，如分子标记 D9f446 与 BW1.1，A6L1.1；分子标记 SX18 与 BW26.5；分子标记 M10f246 与 A1L17.3，A2L17.1；分子标记 B2f260 与 TL30.4 等，这些与 QTL 距离仅为 0.01 cm 的分子标记，将为下一步开展分子标记辅助育种提供准确的锚定位点。

对于性状间相关，经典的遗传学认为这是由于基因连锁或者一因多效所引起的。有研究表明，一些与生长相关的 QTL 常常会集中到连锁群相同或者相邻的区间上（Grattapaglia et al，1996；Verhaegen et al，1997）。位于 LG1 的分子标记 D9f466 与 C2f740 间共分别定位了 BW1.1、BW1.2、A5L1.1 和 A6L1.1 4 个 QTL；在 LG17 的分子标记 M10f246 与 M4f285 之间分别检测到了 A2L17.1、A1L17.3 和 TL17.3 3 个 QTL；在 LG18 的分子标记 D4f67 与 M11f1125 间分别检测到了 A5L18.7 和 A6L18.2；在 LG19 的分子标记 D2f1190 与 J3f586 间检测到了 A5L19.8 及 BW19.4。这可能与各性状间的高度相关有关，与本研究中各性状间相关分析的结果一致。相似的 QTL 定位聚集分布的现象在植物芜菁（Lu et al，2008）、黄瓜（将苏等，2008）及大西洋鲑（Reid et al，2005）的研究中均有出现，这表明聚集在同一个区间里的不同性状的 QTL 既有可能是几个紧密连锁的 QTL，也有可能是一个一因多效的 QTL（Paterson et al，1991）。要进一步确定是几个紧密连锁的 QTL 还是一个一因多效的 QTL，还需要更多样本量的作图群体和更高密度的连锁图谱（Shibaike，1998）。这些 QTL 聚集分布的现象显示中国对虾“黄海 1 号”体重、各腹节长及尾节长等性状间可能存在着共同的遗传基础。因此笔者认为在做选择育种的时候对于紧密连锁的性状可以只需测量其中的一个，用来对体重进行间接选择，同时，借助与生长相关 QTL 紧密连锁的标记对体重进行分子标记辅助选择，这样可以起到事半功倍的效果。

18. 中国对虾 MKK4 基因克隆及其在氨氮胁迫下的表达分析

近年来，随着沿海地区经济社会的发展和陆源污染物的增加，使得养殖环境急剧变化，对虾的适应能力降低（Capy et al，2000），其中残饵、虾体排泄物等有机物在海水中经微生物分解后产生大量的氨氮等物质，而氨氮在高浓度时对虾体有致死作用（Wickens，1976）。孙舰军等（1999）研究表明，氨氮可降低中国对虾与抗病力有关的酶活力，从而降低其免疫能力，增加发生疾病的可能性；吴中华等（1999）研究表明，高浓度的亚硝酸盐和氨可使中国对虾肝胰脏、胃等组织发生异常变化，出现从细胞肿胀到空泡化、坏死等一系列的组织病理学变化；王娟等（2007）的研究表明亚硝酸盐和非离子氨对中国对虾具有一定的毒性，且非离子氨对中国对虾的毒性大于亚硝酸盐；蒋玫等的研究表明，氨氮胁迫抑制糠虾幼体本身的生长代谢过程。由此可见：氨氮对中国对虾免疫及变态等有着不可忽视的影响，深入研究氨氮对中国对虾的影响在理论和实践上都具有重要意义。

丝裂原活化蛋白激酶激酶 4（mitogen-activated protein kinase 4，MKK4，又称 MAP2K4，MEK4，JNKK1 和 SEK1），是 MAPK 信号转导通路的组成部分，最早是在非

洲爪蟾(*Xenopus laevis*)中被克隆出来，并命名为 XMEK2 (Yashar et al, 1993)；随后在小鼠(*Mus musculus*)和人类(*Homo sapiens*)中克隆并最终命名为 MKK4 (Sanchez et al, 1994; Derijard et al, 1995; Lin et al, 1995)。MKK4 能同时激活 p38 和 JNK 两条 MAPK 信号转导通路(Cuenda et al, 2000; Robinson et al, 2003; Davis, 2000)，将细胞外的刺激信号转导至细胞及其细胞核内，并引起细胞凋亡、炎症反应及肿瘤发生(Chang et al, 2001; Liu et al, 2010; Maruyama et al, 2009; Yujiri et al, 1998)。MKK4 参与许多生理及病理过程。研究表明，MKK4 在胚胎发育过程中起着重要作用，在小鼠胚胎发育的前 10 天，MKK4 只在中枢神经系统中有表达(Lee et al, 1999)；到胚胎期第 12 天，MKK4 在多种组织中表达，且在肝脏中表达最高。而缺失 MKK4 基因的小鼠在胚胎第 11.5～13.5 天时死于贫血或非正常的肝脏发育(Ganiatsas et al, 1998)。同样，MKK4 与免疫系统、心脏病及癌症的发生有关。在 MKK4 缺失的小鼠体内，B 和 T 淋巴细胞系均受到损坏(Nishina et al, 1997a, b)。一些研究表明，MKK4 包含于特殊的肿瘤抑制信号通路中，为抑癌基因(Teng et al, 1997; Su et al, 1998)；与此相反，也有研究表明 MKK4 为致癌基因(Wang et al, 2004; Cunningham et al, 2006)。由此可见，MKK4 在生物的生长及免疫过程中起着重要的作用。鉴于 MKK4 在生长和发育中的重要作用，目前已在许多生物中对 MKK4 进行了研究，如人(Derijard et al, 1995)、小鼠(Sanchez et al, 1994)、果蝇(*Drosophila melanogaster*)(Han et al, 1998)、斑节对虾(*Penaeus monodon*)(孙文文等, 2012)等，但在中国对虾中尚未见报道。

姚万龙等(2015)从本实验室构建的中国对虾 cDNA 文库中筛选获得 MKK4 基因的 EST 序列，采用 RACE 技术，克隆得到该基因的全长 cDNA 序列，并对其在氨氮胁迫后的中国对虾组织中的表达特征进行初步研究，以期为中国对虾 MKK4 的生物学功能及其对氨氮抗性机理的研究提供理论依据和技术支持。

18.1 FcMKK4 基因全长 cDNA 克隆及序列分析

利用 Trizol 试剂提取获得的中国对虾肝胰脏总 RNA，经紫外分光光度计检测，其 OD_{260}/OD_{280} 为 1.98，表明 RNA 纯度较高；经 2.0％琼脂糖凝胶电泳检测，18*S* 和 28*S* rRNA 条带清晰，完整性较好，符合实验的要求。以特异性引物 MKK4-F1 和 MKK4-R1 以及 MKK4-F1 和 MKK4-R2 分别与通用引物 UPM 和 NUP 配对，进行 3′RACE 和 5′RACE 扩增，扩增产物分别测序后拼接，获得中国对虾 MKK4 基因的全长 cDNA 序列，命名为 FcMKK4，GenBank 登录号为 KJ023198。该基因全长 2 064 bp，包括 214 bp 的 5′端非编码区(5′UTR)，629 bp 的 3′UTR 和 1 221 bp 的开放阅读框(ORF)。3′端含有 PolyA 尾，但不含多聚腺苷酸的加尾信号 AATAA。

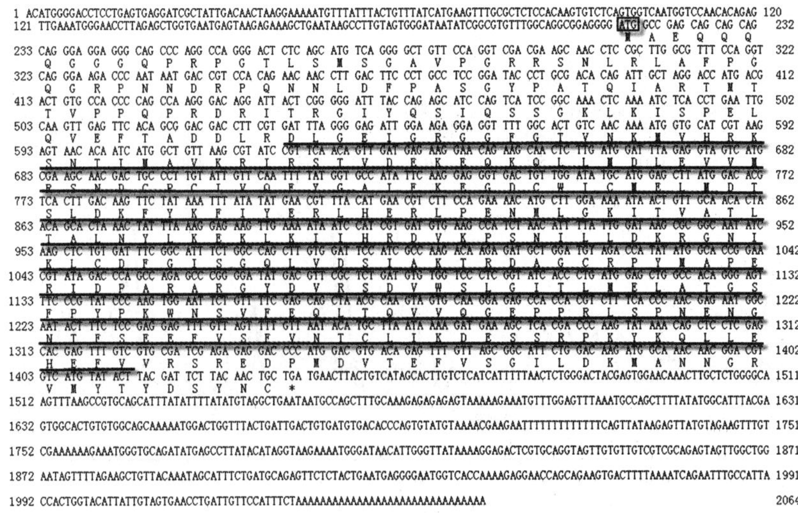

图 32 中国对虾 FcMKK4 基因的核苷酸序列及其推导的氨基酸序列

注:细线方框内的 ATG 为起始密码;终止密码子 TGA 由 * 标出;画线部分为 S-TKc 结构域

18.2 FcMKK4 基因编码蛋白质的预测及生物信息学分析

氨基酸序列分析可知,FcMKK4 基因编码 1 个由 406 个氨基酸残基组成的蛋白质,包括 54 个碱性氨基酸(K, R),50 个酸性氨基酸(D, E),118 个疏水性氨基酸(A, I, L, F, W, V),110 个亲水性氨基酸(N, C, Q, S, T, Y),104 个带电荷氨基酸(D、E、R、K)。其相对分子质量为 45.94×10^3,理论等电点为 8.50,脂溶指数为 76.08,为脂溶性蛋白质。总平均疏水性为 −0.507,为亲水性蛋白,但亲水性不强。

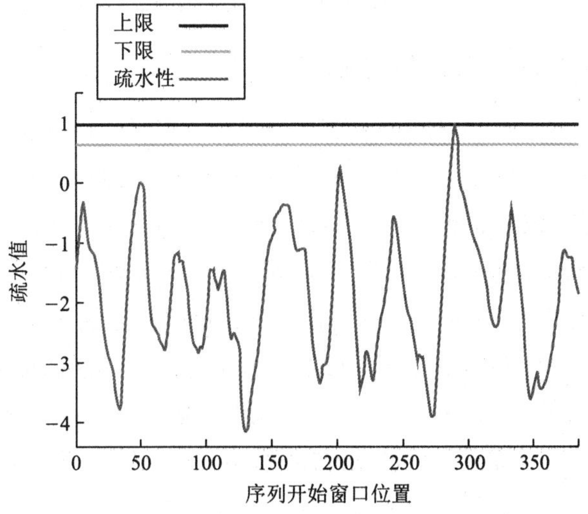

图 33 中国对虾 FcMKK4 蛋白的疏水性分析

利用在线工具 SOPMA 对 FcMKK4 基因编码蛋白质的二级结构进行预测。结果显示,FcMKK4 预测蛋白包含 36.21% 的 α 螺旋,10.59% 的延伸链,4.19% 的 β 转角和

49.01% 的不规则卷曲。

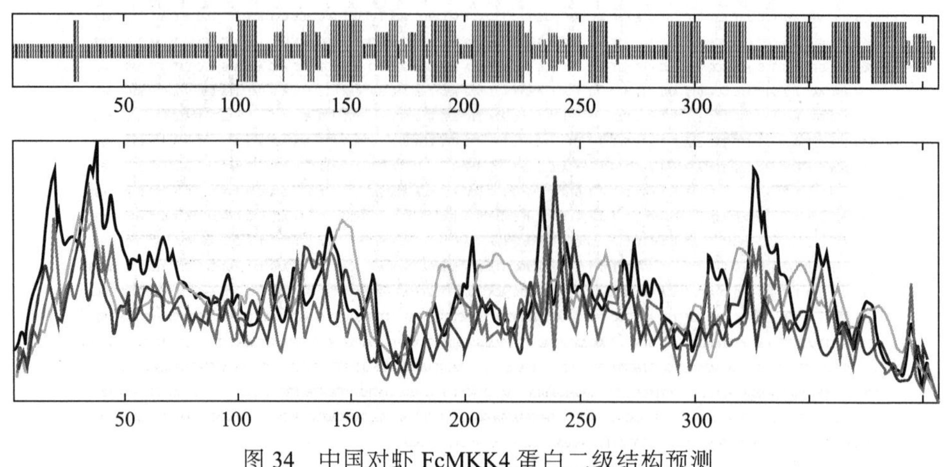

图 34 中国对虾 FcMKK4 蛋白二级结构预测

注：蓝色代表 α 螺旋，红色代表延伸链，绿色代表 β 转角，粉色代表不规则卷曲

应用 SWISS-MODEl 在线软件对 FcMKK4 基因编码蛋白质三级结构进行预测。结果显示该蛋白主要包含不规则卷曲和 α 螺旋结构。应用 TopPred 对 FcMKK4 预测蛋白进行疏水性和拓扑结构分析。结果显示，该预测蛋白为亲水蛋白，有一个不确定的跨膜结构域(位于 210～230 氨基酸序列，共 21 个氨基酸)。同时应用 TMpred 和 SignalP4.1 软件对 FcMKK4 预测蛋白进行拓扑结构及信号肽分析，结果显示，该预测蛋白有一跨膜结构域(位于 292～310 氨基酸序列，共 19 个氨基酸)，不含有信号肽序列。保守结构域分析表明，FcMKK4 基因预测蛋白存在 S-TKc（丝氨酸 / 苏氨酸蛋白激酶催化区)保守结构域，且该蛋白属于 PKc（蛋白激酶 c)超家族，PKc-MKK4 亚族。

18.3 FcMKK4 基因同源性分析

利用 NCBI BLASTP 软件对中国对虾 FcMKK4 基因编码的氨基酸序列进行同源比对。发现该序列与肩突硬蜱(*Ixodes Scapularis*)的同源性最高，为 80%。与其他无脊椎动物如印度跳蚁(*Harpegnathos saltator*)、大红斑蝶(*Danaus plexippus*)、佛罗里达弓背蚁(*Camponotus floridanus*)、意大利蜜蜂(*Apis mellifera*)、切叶蚁(*Acromyrmex echinatior*)和埃及伊蚊(*Aedes aegypti*)的 MKK4 的同源性分别为 78%、75%、74%、71%、68% 和 68%；与其他脊椎动物如非洲爪蟾(*Xenopus laevis*)、鲤(*Cyprinus carpio*)、绿头鸭(*Anas platyrhynchos*)、原鸽(*Columba livia*)、斑马鱼(*Danio rerio*)、裸鼢鼠(*Heterocephalus glaber*)和八齿鼠(*Octodon degus*)的 MKK4 的同源性分别为 70%、69%、69%、69%、64%、64% 和 64%。

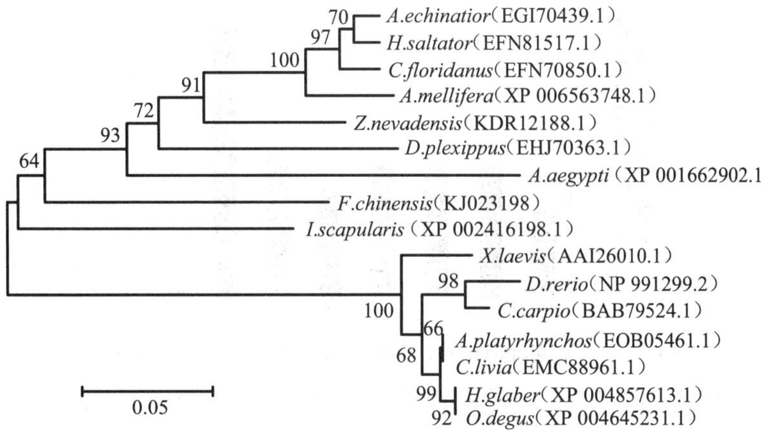

图35 利用MEGA4.1软件构建的基于MKK4氨基酸序列的NJ系统进化树

利用MEGA4.1软件进行系统进化分析表明，中国对虾FcMKK4和其他节肢动物MKK4聚为一支。将中国对虾FcMKK4基因编码的氨基酸序列与肩突硬蜱、意大利蜜蜂、埃及伊蚊、大红斑蝶、斑马鱼、非洲爪蟾和八齿鼠等动物的MKK4基因的氨基酸序列进行比对发现，GYDVRSDVWSLGTTL基因序列高度保守。

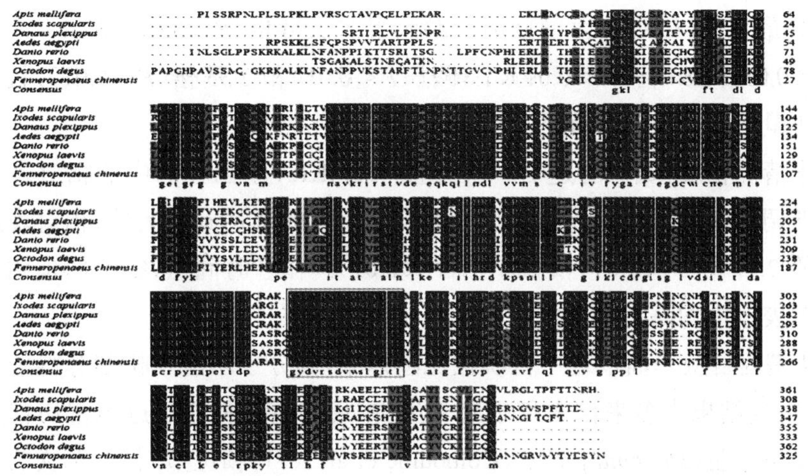

图36 中国对虾FcMKK4氨基酸序列与其他物种MKK4氨基酸序列比对

注：保守基序GYDVRSDVWSLGTTL以方框表示。

18.4 中国对虾MKK4基因的组织表达分析

利用RT-PCR分析中国对虾FcMKK4基因在不同组织中的表达水平，结果表明，FcMKK4基因在肌肉、肝胰腺、淋巴、心脏、胃、鳃、肠、血细胞中均有表达。在肌肉中的表达量最高(为血细胞中表达量的13.47倍)，其次为肝胰腺＞心脏＞鳃＞胃＞淋巴＞肠(分别为血细胞中表达量的7.19倍、6.60倍、6.46倍、6.44倍、5.34倍和4.23倍)，在血细胞中的表达量最少。

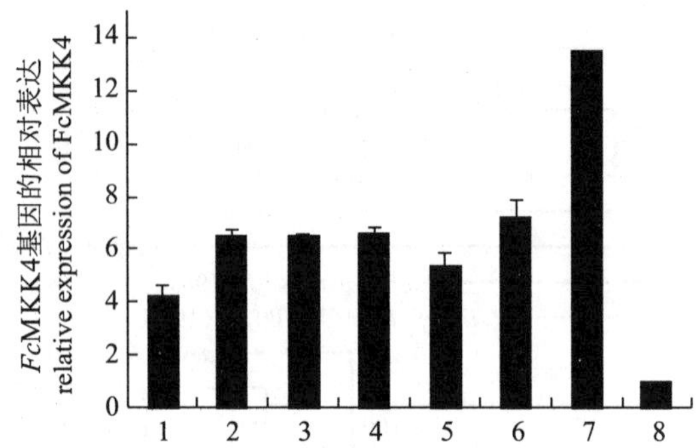

图 37　中国对虾 FcMKK4 基因在不同组织中的表达分布

1:肠;2:鳃;3:胃;4:心脏;5:淋巴;6:肝胰腺;7:肌肉;8:血细胞。

图 37 为氨氮胁迫后,中国对虾 FcMKK4 基因在各组织中的相对表达量变化。结果显示,与对照组相比,FcMKK4 基因相对表达量在鳃、胃、心脏、肝胰腺、肌肉和血细胞中首先表现为下调趋势,其中在鳃、胃、肝胰腺、肌肉和血细胞中的相对表达量在 3 h 最低,分别为对照组的 0.58 倍($P<0.01$)、0.79 倍($P<0.05$)、0.18 倍($P<0.01$)、0.60($P<0.01$)倍和 0.53 倍($P<0.01$);在心脏中的相对表达量在 6 h 最低,为对照组的 0.87 倍($P>0.05$)。随后,FcMKK4 基因的相对表达量出现上调,并分别在 72、72、6、48、72 和 48 h 达到最大值,相对表达量分别为对照组的 3.94 倍($P<0.01$)、3.44 倍($P<0.01$)、1.72 倍($P<0.01$)、1.84 倍($P<0.01$)、1.36 倍($P<0.01$)和 2.35 倍($P<0.01$),且 FcMKK4 的相对表达量总体呈现先下降后上升再下降的变化趋势。

与上述情况相反,氨氮胁迫后,中国对虾 FcMKK4 基因在肠中的相对表达量呈现先上调后下调再上调的变化趋势,且分别在 24 h 和 96 h 达到最大值,相对表达量分别为对照组的 2.17 倍($P<0.01$)和 2.97 倍($P<0.01$)。在各时间点,氨氮胁迫组 FcMKK4 基因的相对表达量均高于对照组。

MKK4 基因自从非洲爪蟾中首次被克隆以来,其分子功能及机制等得到较为深入的研究,但主要结果大多来自人和小鼠等生物,且与生长及免疫过程密切相关。在甲壳动物中仅见水蚤(*Daphnia pulex*)(Colboume et al,2011)和斑节对虾(孙文文等,2012)有报道。本研究从中国对虾 EST 文库中查找比对获得中国对虾 MKK4 基因一段序列,克隆获得其全长,并命名为 FcMKK4。该基因全长 2 064 bp,其开放阅读框 1 221 bp,编码一个由 406 个氨基酸组成的多肽。三级结构预测显示,软件只能预测同源性部分(氨基酸残基范围 98～391)的模型,因此估计,前段几十个氨基酸残基很可能是 loop 区,对整体构型影响不大,和油菜(*Brassica campestris* L.) BnMKK4 预测结果相似(张国腾等,2012)。信号肽预测结果显示,FcMKK4 不含信号肽,与油菜 BnMKK4 结果不同[31],表明 MKK4 基因在植物和动物中表达存在明显差异。保守结构域分析表明,FcMKK4 基因预测蛋白存在 S-TKc 保守结构域,且该蛋白属于 PKc 超家族,PKc-MKK4 亚族。经 BLASTP 比对,FcMKK4 基因编码的蛋白质属于 MKK4 家族,且与其他无脊椎动物的 MKK4 具有高度同源性(68%～80%)。系统进化分析表明,中国对虾 FcMKK4 与无脊椎动物聚为一支。MKK4是一个高度保守的基因，已在多种动植物中分离出MKK4基因的同源序列。同源序列分析表明，FcMKK4基因编码的氨基酸序列与其他物种一样高度保守，且GYDVRSDVWSLGTTL基序在无脊椎和脊椎动物中均高度保守。综上所述，可以确定该序列为中国对虾MKK4基因序列。

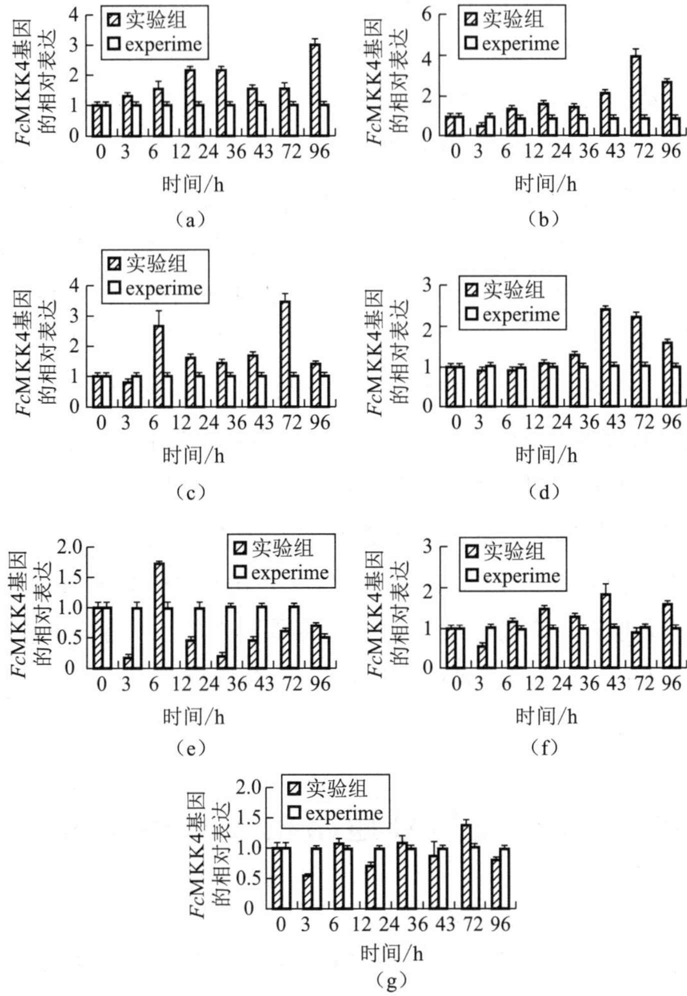

图38 氨氮胁迫后中国对虾FcMKK4基因在不同时间的表达变化

a:肠; b:鳃; c:胃; d:心脏; e:肝胰腺; f:肌肉; g:血细胞

对MKK4在不同物种各组织中的表达情况的研究表明，在成年小鼠(*Mus musculus*)和人类的各组织中MKK4 mRNA均广泛表达，且在骨骼肌和大脑中的表达量较高。在斑节对虾各组织中也均有表达(孙文文等，2012)，且存在明显的组织差异性。与斑节对虾相比，MKK4在中国对虾各组织中均有表达，但表达趋势有所不同。中国对虾FcMKK4基因在肌肉中的表达量最高，其次为肝胰腺、心脏、鳃、胃、淋巴、肠，在血细胞中的表达量最少。而斑节对虾MKK4基因组织相对表达量由高到低依次为肠、鳃、淋巴、肝胰腺、心脏和血细胞，这可能与选取的实验对虾处于不同的生长发育阶段有关，因为MKK4在生物生理过程中起着重要作用，不同的生长发育阶段可能有着不同的组织分布。

由于MKK4基因在生物生理及病理过程中起着重要作用，近年来已在多个物种中进行了研究。对小鼠及人的研究主要集中于MKK4基因在细胞凋亡、炎症反应和肿瘤发生中的重要作用，在植物中则有MKK4基因参与非生物胁迫及病害相关的信号传导的报道。Kong等(2011)的研究表明，玉米(*Zea mays*)中ZmMKK4的转录水平受到冷胁迫、盐胁迫和外源H_2O_2胁迫的影响而出现上调，在拟南芥(*Arabidopsis thaliana*)中，ZmMKK4基因的过表达则可增加对冷胁迫和盐胁迫的抗性。Jonak等(1996)研究发现，冷刺激能够激活紫花苜蓿(*Medicago sativa L.*)中的p44MKK4基因的表达和活性。张国腾等(2012)的研究则表明，油菜(*B.campestris L.*)中BnMKK4基因的表达受低温胁迫和盐胁迫的诱导。为探索中国对虾FcMKK4基因在非生物胁迫应答中的作用，本研究采用64 mg/L的NH_4Cl海水溶液对中国对虾进行氨氮胁迫实验，结果表明，中国对虾鳃、胃、心脏、肝胰腺、肌肉、血细胞和肠中FcMKK4的表达量均有明显的胁迫时间差异。氨氮胁迫后，在鳃、胃、心脏、肝胰腺、肌肉和血细胞中的表达量先下调后上调，在肠中表达量则先上调后下调，且在各组织中各时间点FcMKK4的表达量变化不尽相同，其原因可能是组织器官功能差异性所致(2012)。中国对虾FcMKK4基因在组织中的表达量无论是先下调后上调(如鳃、胃等)，还是先上调后下调(如肠)，其总体趋势呈现出上调和下调波动性反复变化的趋势，由此可推测，中国对虾FcMKK4基因在抵抗持续性氨氮胁迫中起着重要作用。关于MKK4在虾类中的作用机制方面的研究尚未见报道，而虾类MKK4是否具有与其他动物MKK4相似的功能，还有待进一步的研究。

19. 中国对虾Imd免疫信号通路相关基因克隆及表达分析

甲壳动物的免疫系统属于先天性免疫系统，机体受到外界病原刺激后通过激活不同基因编码的抗菌肽，体液中的各种蛋白酶或者吞噬作用等来抵御外界病菌侵染(Bachere，2000；Sderhll et al，1996)。在果蝇体内，Toll通路和Imd通路调控着大约80%在抵御外界感染中起作用的基因，其中Imd信号通路主要通过产生抗革兰氏阴性菌的抗菌肽来发挥其抗菌作用(Manfruelli et al，1999；Lemaitre et al，2007；Rutschmann et al，2000)。由Imd基因编码的IMD蛋白，是一种含有死亡结构域的接头蛋白，在信号通路中起到传导信号分子的作用，当Imd基因发生突变成为突变体后机体则不能产生抵抗革兰氏阴性菌的抗菌肽(Wang et al，2009；Georgel et al，2001)。NF-κB是一类重要的核转录因子，位于下游信号通路的枢纽位置，它可以调节的蛋白包括细胞因子、趋化因子、免疫受体、转录因子、氧化应激相关酶等，参与炎症和免疫反应以及对细菌病毒感染的反应等，在进化上非常保守，其作用方式在脊椎动物和无脊椎动物中存在极大的相似性，在先天性免疫应答中起着核心作用(Busse et al，2007；Matova et al，2006)。

当机体受到革兰氏阴性菌侵染时，细菌细胞壁的肽聚糖被 Imd 通路中的肽聚糖识别蛋白 PGRP-LE 和 PGRP-LC 受体复合体识别后活化接头蛋白 IMD，引起信号级联反应激活 NF-κB 转录因子 Relish，进入细胞核促使抗菌肽及其他免疫相关基因的表达，多酚氧化酶级联反应，还可以诱导 iNOS 等炎症因子启动炎症反应（Huang et al，2009；陈杨等，2010；阎慧等，2008）。

中国对虾是我国重要养殖虾类，但在其养殖环境中时常发现弧菌的存在，致使虾体出现红腿、烂鳃等现象，出现大面积死亡，对虾类养殖业造成严重损失。鳗弧菌（*Vibrio anguillarum*）属于革兰氏阴性菌，广泛存在于自然海水中，导致弧菌病的发生，且具有流行广、发病率高、危害大、死亡率高等特点，给鱼、虾、蟹及贝类等海水动物的养殖造成了巨大的影响。目前有关甲壳动物免疫信号通路的研究主要集中在通路中信号转导及转录激活因子，抗菌肽等单个基因的克隆及其表达，而针对一条通路的各关键位点联合起来的研究甚少（康翠洁等，2002；孙晨等，2011；Li et al，2009；李莉等，2011），葛倩倩等（2014）分析了中国对虾 *Imd* 基因和 Relish 基因的表达变化，结合中国对虾的累积死亡率变化情况探讨其抗菌免疫机制，为对虾弧菌病的防治提供一定理论依据。

19.1 累积死亡率

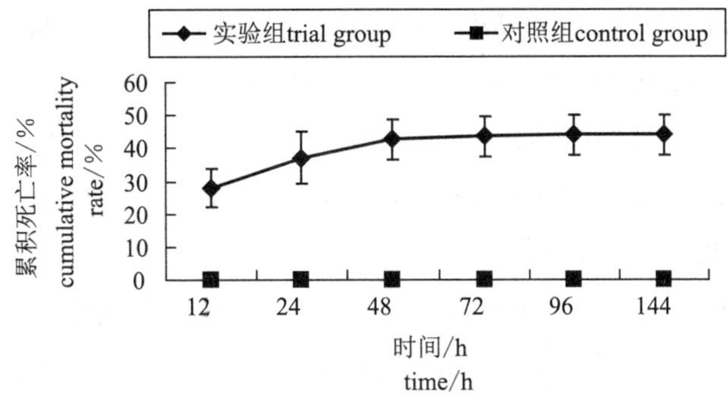

图 39 鳗弧菌注射后中国对虾累积死亡率变化情况

根据公式计算死亡率组和对照组的累积死亡率，注射生理盐水的对照组试验期间没有死亡，注射鳗弧菌的实验组从注射后 1 小时至注射后 48 小时累积死亡率呈线性升高趋势，48 小时后不再死亡，累积死亡率不再发生变化。

19.2 中国对虾 Imd 基因克隆

19.2.1 中国对虾 Imd 基因全长

中国对虾 Imd 基因全长 783 个碱基，其中开放阅读框 483 个碱基，编码 160 个氨基酸，cDNA 全长中包含 5′ 非编码区（5′-UTR）的 45 个碱基，3′ 非编码区（3′-UTR）的 255 个碱基及终止密码子 TGA。*Imd* 蛋白的推导相对分子质量 1 8123.64，理论等电点为 8.022，22 个碱性氨基酸，21 个酸性氨基酸，44 个疏水性氨基酸，39 个亲水性氨基酸。

```
  1 CGTACATTGG GAGTATTCAT CCTGCCGTTG CTGAGGTGTT CCCGGA ATG GAT AAT ATT AAA ACA GAC TCG GCT CCC CTA GGG   82
                                                    M   D   N   I   K   T   D   S   A   P   L   G
 83 TCC GTG CCC AGC GAT TTT CAA CAA GGG AAT CCA TCA CGA CCT CAA CGT CAG ATC TAC AAC ATA ACC GGC GGC TCA  157
     S   V   P   S   D   F   Q   Q   G   N   P   S   R   P   Q   R   Q   I   Y   N   I   T   G   G   S
158 GCG GTC CAC ATC GGC CCC GTA ATC CAC AAC ATA CAT GGC TGT AAC CCT CGC TCG CAG CAC AAA CCC CAG GAT ATG  232
     A   V   H   I   G   P   V   I   H   N   I   H   G   C   N   P   R   S   Q   H   K   P   Q   D   M
233 CCC CTC AAG AAG GAT GTT GAG GAG CTC TTG AAG TGT AGC CGC GAG ATC GAG GAA CGA GAC AAG GTC GAG GTC AGC  307
     P   L   K   K   D   V   E   E   L   L   K   C   S   R   E   I   E   E   R   D   K   V   E   V   S
308 GAA CAC CTG GGC AGC AGC TGG AAG AGT CTG GGC AGG GTC ATG GGC TTC TCG GCG GGT CAG CTG GAG AAC ATG ATA  382
     E   H   L   G   S   S   W   K   S   L   G   R   V   M   G   F   S   A   G   Q   L   E   N   M   I
383 GCT GAT CAC ACG CGT AAT GTC GAC CGA GTG TAC GAG ATG ATG AGT CGT TGG CAT GAC AGA GAG GCT GAA GAT GCT  457
     A   D   H   T   R   N   V   D   R   V   Y   E   M   M   S   R   W   H   D   R   E   A   E   D   A
458 ACT GTG GCC AGA CTC ACT CAG ATG ATC ATT AAG GTT AAG GCT TAT CAT GTG CTG AAG AAA CTT ACA CCC TGA      529
     T   V   A   R   L   T   Q   M   I   I   K   V   K   A   Y   H   V   L   K   K   L   T   P   *
530 AGGCACATAG GTAAGGAAAT TGTAAGGTTA CGTTAATTTG TTTTGTATAT TTTAACTGCT TATGTATTTT CTTCTTTTTC TTCTTCGAAA  619
620 TGATACACTT CTAACTGTAA GGAGAGATAG AAGAGGGAAT AGCACAGGAA AAGAAATGGT CTGGATTACG TTGTTTTATG ACTTGCCGGG  709
710 TTTTGTAATG TGTCAAATAT TTCTTAATTT GTCAGTAAAA GTATTTTCAT CAAAAAAAAA AAAAAAAAAA AAAAA                  784
```

图 40　中国对虾 Imd 基因的 cDNA 序列及其演绎的氨基酸序列

对其进行保守结构域预测得知其氨基酸序列包括一个位于 C 端的死亡结构域，与凡纳滨对虾的 IMD 死亡结构域基本一致。

19.2.2　系统进化树分析

将克隆所得到的中国对虾 Imd 基因的 cDNA 序列经 NCBI 网站基因序列 BLAST 比对，发现中国对虾的 Imd 基因与凡纳滨对虾（*Litopenaeus vannamei*）和日本囊对虾（*Marsupenaeus japonicus*）的同源性最高，分别为 99% 和 88%。与其他无脊椎动物如丽蝇蛹集金小蜂（*nasonia vitripennis*）、沙漠蝗虫（*Schistocerca gregaria*）、赤拟谷盗（*Tribolium castaneum*）、意大利蜜蜂（*Apis mellifera*）、大蜜蜂（*Apis dorsata*）、黑小蜜蜂（*Apis andreniformis*）、果蝇（*Drosophila simulans*）的同源性分别为 24%、27%、23%、28%、28%、27%、27%。与印度跳蚁（*Harpegnathos saltator*）、弗罗里达弓背蚁（*Camponotus floridanus*）、顶切叶蚁（*Acromyrmex echinatior*）等节肢动物及文昌鱼（*Branchiostoma belcheri tsingtauense*）和海象（*Odobenus rosmarus divergens*）、人类（*Homo sapiens*）等脊椎动物的 RIP1 基因也具有一定同源性。选择一些相近物种中与中国对虾 Imd 基因的 cDNA 序列同源性较高的基因，进行氨基酸序列的同源性序列比对，用 MEGA4 软件建立系统进化树，进行分子系统学分析。在构建进化树的基础上研究其保守区的死亡

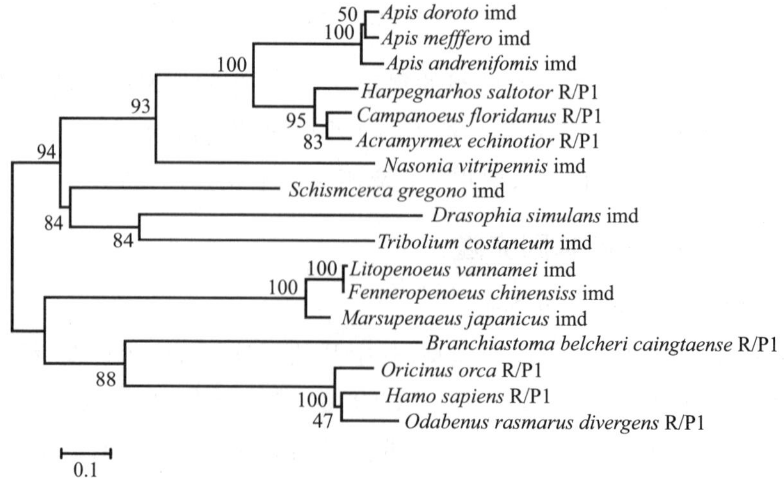

图 41　Imd 氨基酸序列的 NJ 系统进化树

结构域(CDD)与其他物种的死亡结构域(CDD)的进化关系。

Apis dorsata: 大蜜蜂, ACT66899.1; *Apis mellifera*: 意大利蜜蜂, NP_001157189.1; *Apis andreniformis*: 黑小蜜蜂, ACT66898.1; *Harpegnathos saltator*: 印度跳蚁, EFN80203.1; *Camponotus floridanus*: 弗罗里达弓背蚁, EFN61166.1; *Acromyrmex echinatior*: 顶切叶蚁, EGI66844.1; *Nasonia vitripennis*: 蝇蛹金小蜂, NP_001135910.1; *Schistocerca gregaria*: 沙漠蝗虫, AFK75938.1; *Drosophila simulans*: 拟果蝇, AAQ64725.1; *Tribolium castaneum*: 拟谷盗, XP_971829.1; *Litopenaeus vannamei*: 凡纳滨对虾, ACL37048.1; *Fenneropenaeus chinensiss*: 中国对虾, JX867731; *Marsupenaeus japonicus*: 日本囊对虾, BAH86597.1; *Branchiostoma belcheri tsingtauense*: 文昌鱼, AEO79023.1; *Orcinus orca*: 虎鲸, XP_004281119.1; *Homo sapiens*: 人, NP_003795.2; *Odobenus rosmarus divergens*: 海象, XP_004408463.1

从该基因系统进化树分析,中国对虾 Imd 基因与日本囊对虾和凡纳滨对虾 Imd 基因的亲缘关系最近,聚为一支,与文昌鱼、虎鲸、人、海象的 RIP1 基因聚为一类。

19.2.3 鳗弧菌对中国对虾血淋巴 Imd 和 Relish 基因表达的影响

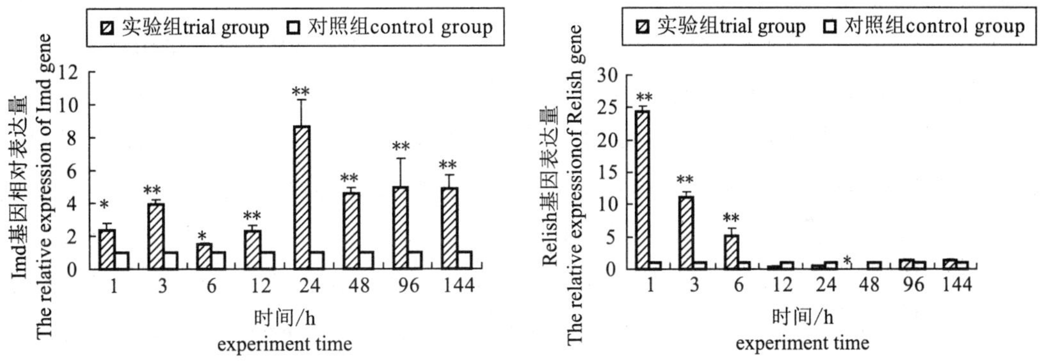

图 42 鳗弧菌侵染后中国对虾 Imd 和 Relish 基因在血淋巴中的表达情况

注:同时间点两组无星号表示差异不显著($P>0.05$),一个星号表示差异显著($P<0.05$),两个星号表示差异极显著($P<0.01$)。

注射鳗弧菌后血淋巴中 *Imd* 基因的表达量相比对照组出现极显著的上调表达($P<0.01$),且实验组的变化趋势为先升高后降低,在注射鳗弧菌后的 24 小时表达量达峰值。注射鳗弧菌后血淋巴中 *Relish* 基因的表达量在前 6 小时出现极显著上调($P<0.01$),注射后 1 小时表达量最高,之后趋于正常,整体变化趋势为逐渐下降。

本研究首次克隆得到中国对虾 *Imd* 基因序列,全长 783 bp,其中开放阅读框 483 bp,编码 160 个氨基酸,序列分析发现,该 *Imd* 基因含有一段高度保守的 CDD 死亡结构域。与其他动物氨基酸序列的比对发现该序列与凡纳滨对虾和日本囊对虾等已知甲壳动物的同源性达 80% 以上,与果蝇的 *Imd* 蛋白及人类肿瘤坏死因子的受体交互作用蛋白 1 (*RIP1*)具有相似性。此类蛋白可能属于死亡结构域超家族的一员,此类超家族充当细胞信号通路的接合体,可募集其他蛋白进入信号复合体。有研究发现,受体相互作用蛋白 1 是一类丝氨酸 / 苏氨酸蛋白激酶,可以通过激活 NF-κB 活化

caspase- 8 参与活性氧的产生等，在细胞凋亡、细胞存活及细胞程序性坏死等信号传导中起关键作用（Lemaitre et al，1995）。在无脊椎动物中 *Imd* 基因编码一种免疫缺陷蛋白 IMD，在抵御革兰氏阴性菌过程中产生突变（郭志勋等，2006），通过一系列级联放大反应诱导激活 NF-κB 转录因子，发挥抗菌作用。

从感染鳗弧菌后 48 小时内中国对虾的累积死亡率呈直线上升，48 小时后再无死亡，说明对虾能迅速清除入侵体内的鳗弧菌，随着感染时间的延长减少的血淋巴细胞在细菌侵入体内后 48 小时得以恢复（Zaidman et al，2006），存活下来的对虾恢复正常生理机能不再死亡。受到鳗弧菌侵染后的中国对虾血淋巴中 *Imd* 基因的表达量呈现先升高后降低的趋势，但整体上相对于对照组表达上调，说明机体对鳗弧菌的入侵产生了响应，而且这种响应一直持续到实验结束，说明受到 *Imd* 基因编码的 IMD 接头蛋白被激活后一直保持防御状态，受侵染 24 小时后其表达量达到最大值，之后逐渐降低，可能是由于 *Imd* 信号通路被激活后导致通路上游肽聚糖识别蛋白的上调，该蛋白能够降解细菌的肽聚糖从而使得 *Imd* 基因表达量相对降低，起到负调控作用（李中海等，2002）。而 *Relish* 基因在受到鳗弧菌侵染后的前 6 小时里血淋巴内基因表达量明显高于对照组，说明受到外界病原菌刺激后中国对虾体内的核转录因子 *Relish* 被激活，与抑制蛋白 IkB 解离，转入细胞核内激活抗菌肽等免疫基因的转录及诱导炎症因子 iNOS 等的表达，这与果蝇体内 *Imd* 信号通路的激活途径相一致（Lindsey et al，2012）。但是其变化趋势是逐渐降低的，直至与对照组无显著差异，出现这种情况的原因可能是受到通路中 *Imd* 接头蛋白下方的 *Casper* 负性调节蛋白的控制，使得信号通路下游的核转录因子 Relish 基因的表达量处于一定的平衡范围之内。*Lindsey* 等（2012）用疟原虫感染疟蚊研究 *Imd* 信号通路的相关因子，通过沉默 Casper 负性调节蛋白或使 *Relish* 过表达后发现抗菌肽大量表达使得疟蚊的抗菌力增强。

综上所述，本研究成功克隆中国对虾 *Imd* 基因全长序列，并在此基础上用鳗弧菌刺激中国对虾，分析 *Imd* 信号通路相关基因的表达情况发现 *Imd* 和 *Relish* 基因的表达与弧菌刺激密切相关，提示 *Imd* 和 *Relish* 基因可能参与了对虾抗革兰氏阴性菌反应的 *Imd* 信号转导通路中，为深入研究 *Imd* 通路在免疫防御中的重要作用奠定了基础。

20. 中国对虾细胞色素 P450 基因的原核表达

细胞色素 P450 酶系（cytochrome P450 monooxygenases，简称 CYP）是广泛存在于几乎所有生物体中的一类代谢酶（冷欣夫等，2001），是一簇结构、性质相似而又有差异，由基因超家族编码的含血红素和硫羟基的结合蛋白，可以代谢多种内源物质（保幼激素及其类似物、蜕皮甾酮、脂肪酸和信息素等）和外源物质（药物、环境毒物等），与生物的生长发育、环境适应密切相关，具有重要的生物学意义（Matthias et al，2008）。虽然海洋无脊椎动物体内细胞色素 P450 酶的含量较之哺乳动物要低很多（Elmamlouk et al, 1976)，但其在海洋无脊椎动物中所起的作用却受到人们极大的关注。

CYP4 家族是细胞色素 P450 酶系中最古老的家族之一，大约起源于 12.5 亿年以前(Simpson, 1997)，目前在人类、大鼠、鱼及多种节肢动物体内均有发现，其功能涉及脂肪酸的 ω- 羟化反应及保幼激素的降解等多种内源性物质的代谢，同时也参与多种外源化合物的代谢。有关无脊椎动物编码 CYP4 蛋白相关基因的研究在昆虫中取得了较好进展，中国学者先后由致倦库蚊溴氰菊酯抗性株及淡色库蚊抗溴氰菊酯品系内克隆得到的细胞色素 P450，经比对均属于 CYP4 家族(腾达等, 2004; 李秀兰等, 2005)，说明 CYP4 家族可能与动物体内溴氰菊酯代谢有关。目前有关海洋无脊椎动物细胞色素 P450 的研究主要集中在基因克隆及功能分析方面。CYP4 基因在许多海洋甲壳动物中都有发现，包括青蟹(*Carcinus maenas*)(Rewitz et al, 2003)、利莫斯螯虾(*Orconectes limosus*)(Chantal et al, 1999)、湖虾(*Penaeus setiferus*)和美洲螯龙虾(*Homarus ameri-canus*)等，并研究了 CYP4 基因对苯并芘、多氯联苯、多环芳烃等环境污染物的响应(Snyder, 1998)。中国对虾主要分布于中国黄渤海和朝鲜西部沿海，是中国主要的养殖虾类，而有关中国对虾细胞色素 P450 基因的相关研究还未见报道。张喆等(2011)根据本室克隆得到的中国对虾 CYP4 基因 cDNA 序列设计引物，构建 CYP4 基因表达载体，实现该基因在大肠杆菌(*Escherichia coli*)中的原核表达，并对表达条件进行优化。为今后制备免疫抗体，建立免疫组化方法对中国对虾 CYP4 基因功能研究奠定了基础。

20.1 中国对虾 CYP4 基因原核表达载体构建

20.1.1 中国对虾 CYP4 基因开放阅读框克隆

由图 43 可知，引物 28aF 和 28aR 扩增得到大约 1 500 bp 片段，与预期大小一致，且片段专一性较好，空白对照无污染，将该片段回收连接 T- 载体测序，证明开发阅读框正确，可进行后续实验。

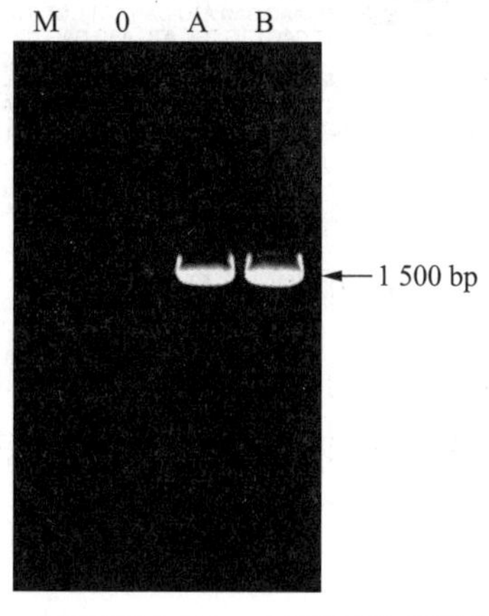

图 43 中国对虾 CYP4 基因开放阅读框克隆

20.1.2 p28a-CYP4 质粒酶切和 PCR 鉴定

图 44 所示为重组载体 p28a-CYP4 双酶切(Xho I/ Nhe I)及 PCR 检测结果。由图中可以看出，p28a-CYP4 双酶切后得到大小分别为 1 500 bp 和 5 200 bp 的片段，且大片段大小与 pET28a 载体双酶切大片段大小一致。PCR 检测结果表明，以 p28a-CYP4 为模板扩增得到大约 1 600 bp 片段，与阳性对照结果一致。重组质粒 p28a-CYP4 送样测序结果表明开放阅读框连接正确，可以进行原核表达。

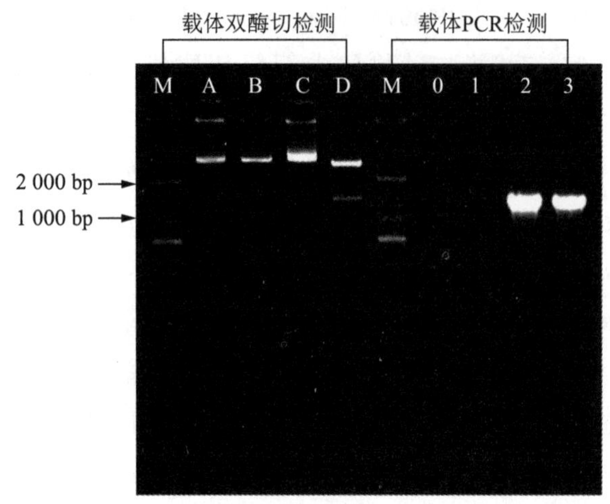

图 44 p28a-CYP4 双酶切及 PCR 检测

注：M：DNA Marker DL2000；A：pET28a 质粒；B：pET28a 双酶切；C：重组质粒 p28a-CYP4；D：p28a-CYP4 双酶切；0：空白对照；1：pET28a PCR 检测；2：阳性对照；3：p28a-CYP4 PCR 检测

20.1.3 CYP4 序列稀有密码子分析

TGG ATT TAC AAA AGA CAG CAA AAG GTG TGG CTG GTG GAG CAG ATG CCC GGG CCC AAG GCG CTG CCG CTC GTC **GGA** AAC TCA CTC TTC TTC TGG **GGA** AGC
CCT GAG GTG CTT TTC CAA CAA CTG TAC AAG GTC ACG GAG TTC GGC GCC GTG GCG **CGG** TTC TGG CTG GGC CCA AAG CCG TAC TGC TTG CTG AGC AGC GCC
AAG GCG GTC GAG GCG ATC CTG AGC AGC CAG AAG CAC CTG CAC AAG AGC TGG GAT TAC TCG CTG CTT CAT CCT TGG CTC GGC GAA **GGA** CTC ATC ACG TCT
GCA **GGA** AAG AAG TGG CAC TCC CGC **AGG** AAG CTC CTG ACG CCC GCC TTC CAC TTC **AGG** ATC CTG GAG GAC TTC CTT GAC GTC TTC ACG TCC CAG ACG GAC
ACG CTG GTG **AGG** **CGG** TTG **AGG** GCG CAG GCG GAC GGG **CGG** CCC TTC GAC GTC TTC CAC TAC ATC ACC CTG TGT GCG CTG GAC ATC AUA TGC GAG ACG
GCG ATG GGG CGT CGC GTC AAC GCC CAG GAG GAT TCC GAG TCG GAC TTC GTG **AGG** GCC GTC CAC GAC CTG TCT TCC CTG ATC CAG TTC **CGG** CAG TTC **CGG**
CCG TGG CTG CAT CCC GAC TTC GTG TTC CAC CTC ACC AGC CAC GGC **AGG** AAG CAC GAC GCC TGC CTC AAG GTC ATC CAC GGC CTC GCC AAA CAG ACG
ATT TCC ATG **AGG** **AGG** AAG GTG **CGG** **CGG** ACA AAG GGC TTC GGG GCG CAG AAG AAG GCC CAG GAG GAT GAC ATC GGC CAG AAG ACC CGC CAG GCC TTC
CTG GAC CTT CTT CUA GAA TAT TCC GAG AAG GAC CCA ACG ATC ATC AAC GAA GAT ATC TTG GAG GAA GTG AAC ACC TTC ATG TTC GCG GGC CAC GAC ACC
ACC ACC GCC GCC ATG AAC TGG TTC CTG TAC GCC ATG GGC ACG CAC AAG GAG ATC CAG ACT CGT GTA CAA GAG GAG CTG GAC GAG GTG TTC CAA GGC TCG
GAT **CGG** CCG CCG ACC ATG GCT GAC CTG CGA GAG CTG AAG TAC CTT GAG CTG TGC ATG AAG GAG TCC CTC **CGG** GTC TTC CCT TCC GTC CCC TCG ATC ATC
AGG GAG ATC AAG GAG GAG ATT CAG ATC AAC AAC TAC CGC ATC CCG GCC GGC ACG TCC ATC GCA ATC CAC GTA TAT **CGG** ATC CAC CGC GAC CCG GAG
CAG TTC CCG AAC CCG GAG GTG TTT GAT CCG GAC CGC TTC CTG CCC GAG AGC TGC AAC AAA CGC CAT CCC TAC GCG TAC ATT CCC TTC AGC GCC **GGA** CCC
AGG AAC TGC ATC GGC CAG AAA TTC GCA CAG TTG GAG ATG AAG GTC GTT CTG AGT TCC ATC CTG **AGG** AAC TTC CGC GTG GAG AGT GAC ATT CCG TGG AAG
GAT ATG AAG GTC CTC GGG GAA CTC ATC CTG CGT CCC AAG GAG **GGA** AAT CCC CUA AAG CTT CAT CCC **AGG** AAA TAG

The Number of Bases in the above Sequence = 1449

The Number of Codons in the above Sequence = 483

图 45 CYP4 开放阅读框稀有密码子结果

CYP4 基因开放阅读框稀有密码子出现频率达到 12.84%，且串联稀有密码子出现次数达到 9 次，其中三联稀有密码子 2 次，推测会影响该基因在大肠杆菌中的表达，故选用 Rosetta 作为宿主菌株。

表 50 稀有密码子统计结果

氨基酸	Arg			Gly			Iso	Leu	Pro	Thr
稀有密码子	CGA	CGG	AGG	AGA	GGA	GGG	AUA	CUA	CCC	ACG
出现次数	1	10	12	1	6	5	1	2	13	11
频率(%)	0.21	2.07	2.48	0.21	1.24	1.04	0.21	0.41	2.69	2.28
总频率(%)	12.84									

表 51 串联稀有密码子统计结果

串联稀有密码子	ACG CCC	AGG CGG	AGG AGG	CGG CGG	GGA CCC	CCC CUA	CCC AGG	CCC GGG CCC	GGG CGG CCC
出现次数	1	1	1	1	1	1	1	1	1

20.1.4 中国对虾 CYP4 基因在 *E.Coli* 中的表达

Rosetta/p28a-CYP4 重组菌株诱导后在 5.6×10^4 处有 1 条显著表达条带，与软件预测大小相一致，表明中国对虾 CYP4 基因实现在 *E.Coli* 中的表达。

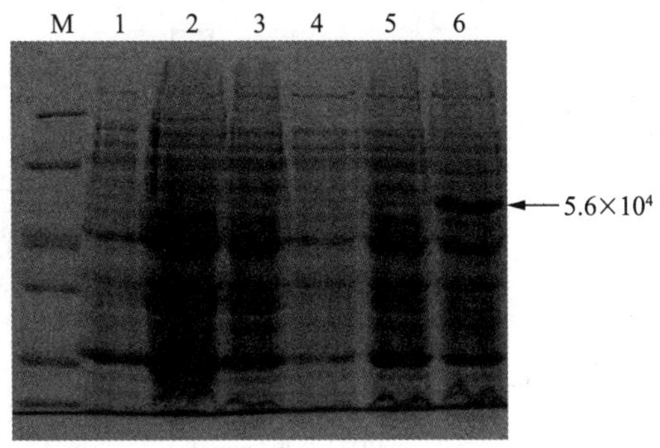

图 46 中国对虾 CYP4 基因在 *E.Coli* 表达的 SDS-PAGE 电泳

注：M- 蛋白 Marker；1-Rosetta 菌株未诱导；2-Rosetta 菌株诱导 6 h；3-pET28a 未诱导；4-pET28a 诱导 6 h；5-p28a-CYP4 未诱导；6-p28a-CYP4 诱导 6 h

20.1.5 CYP4 基因表达条件优化

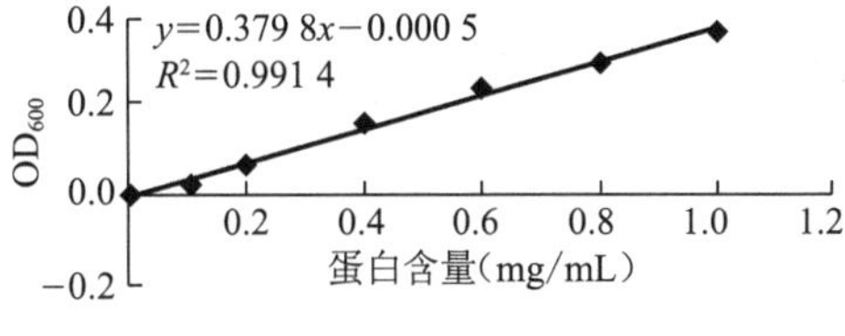

图 47 蛋白质标准曲线

20.1.5.1 不同 IPTG 浓度对蛋白表达量的影响

当 IPTG 浓度为 0.8 mmol/L 时菌体总蛋白含量达到最高，为 39.0 mg/mL，此时目的蛋白含量为 9.95 mg/mL，占总蛋白含量的 25.51%；当 IPTG 浓度为 1.2 mmol/L 时，菌体目的蛋白含量达到 14.32 mg/mL，占到总蛋白含量的 52.41%。

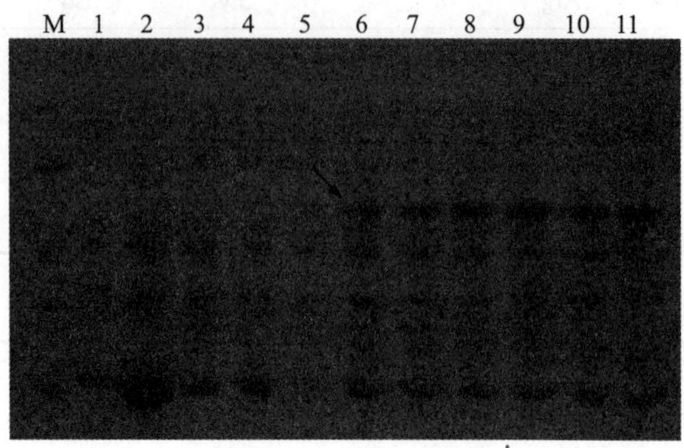

图 48 Rosetta/p28a-CYP4 IPTG 梯度诱导 SDS-PAGE 分析

注：M：蛋白低相对分子质量 Marker；1：Rosetta 未诱导；2：Rosetta 诱导 6h；3：Rosetta/pET28a 未诱导；4：Rosetta/pET28a 诱导 6 h；5：Rosetta/p28a-CYP4 未诱导；6-11：Rosetta/p28a-CYP4 诱导 6 h（IPTG 浓度依次为 0.2、0.4、0.6、0.8、1.0 和 1.2 mmol/L）；白色箭头所指为目的蛋白。

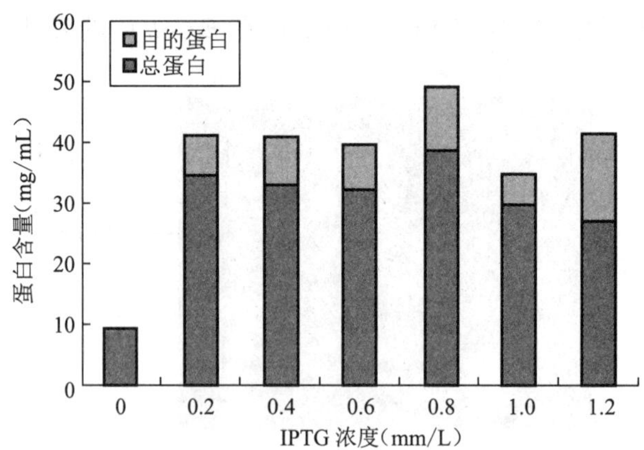

图 49 不同 IPTG 诱导条件下 Rosetta/p28a-CYP4 蛋白含量变化

20.1.5.2 不同菌液浓度对蛋白表达量的影响

当菌液 OD_{600} 为 0.75 时加入 IPTG 诱导菌体总蛋白含量最高，为 46.74 mg/mL，此时目的蛋白占总蛋白的 20.88%；当 OD_{600} 为 0.59 时，总蛋白含量为 40.48 mg/mL，而目的蛋白含量则达到 10.33 mg/mL，占总蛋白的 25.51%。

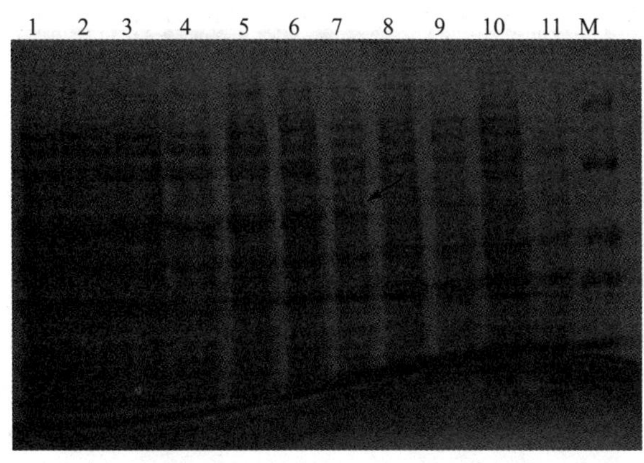

图 50 Rosetta/p28a-CYP4 不同时机诱导 SDS-PAGE 分析

注：M：蛋白低相对分子质量 Marker；1-7：Rosetta/p28a-CYP4 诱导 6 h（OD_{600}依次为 0.75、0.67、0.59、0.51、0.43、0.35 和 0.27）；8：Rosetta/p28a-CYP4 未诱导；9：Rosetta/pET28a 诱导 6 h；10：Rosetta 诱导 6 h；11：Rosetta 未诱导；白色箭头所指为目的蛋白。

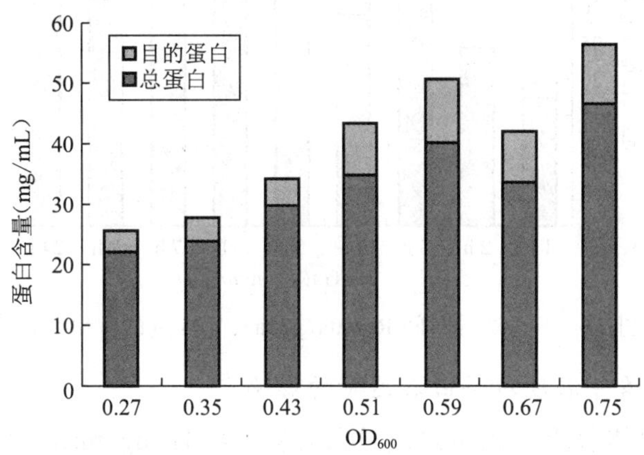

图 51 不同时机诱导 Rosetta/p28a-CYP4 蛋白含量变化

20.1.5.3 不同诱导时间对蛋白表达量的影响

随着诱导时间的推移，菌体总蛋白含量呈现先增加后下降的趋势，在 5h 达到 37.73 mg/mL，此时目的蛋白含量占总蛋白含量的 23.05%；诱导 6 h 时总蛋白含量为 34.72 mg/mL，目的蛋白含量则为 8.86 mg/mL，占总蛋白含量的 25.51%，达到最大值。

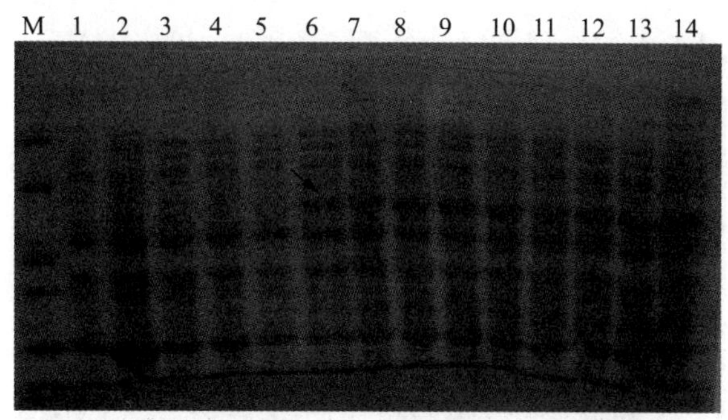

图 52 Rosetta/p28a-CYP4 不同诱导时间 SDS-PAGE 分析

注：M：蛋白低相对分子质量 Marker；1：Rosetta 未诱导；2：Rosetta 诱导 6 h；3：Rosetta/pET28a 未诱导；4：Rosetta/pET28a 诱导 6 h；5：Rosetta/p28a-CYP4 未诱导；6-14：Rosetta/p28a-CYP4 诱导时间依次为 1、2、3、4、5、6、7、8 和 24 h；白色箭头所指为目的蛋白。

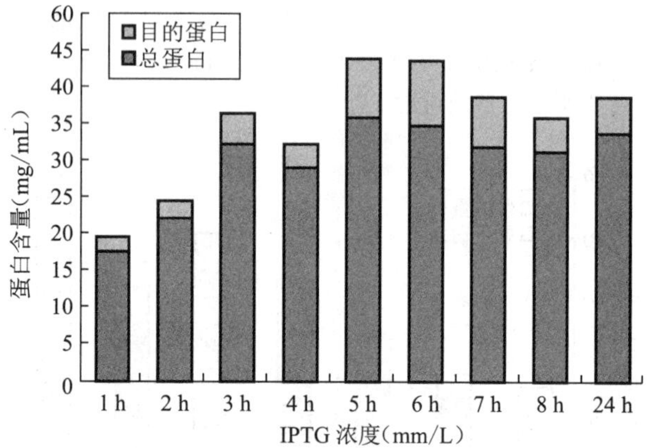

图 53 不同诱导时间 Rosetta/p28a-CYP4 蛋白含量变化

20.1.5.4 不同诱导温度对蛋白表达量的影响

25 ℃诱导时菌体总蛋白含量最高，可以达到 46.41 mg/mL，而此时目的蛋白占总蛋白含量最低仅为 14.72%；37℃诱导时目的蛋白含量达到最高，为 7.93 mg/mL，占总蛋白的 25.50%。

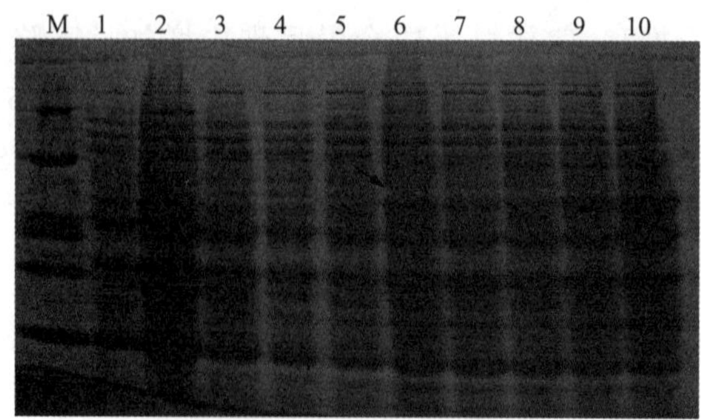

图 54 Rosetta/p28a-CYP4 温度梯度诱导 SDS-PAGE 分析

注：M：蛋白低相对分子质量 Marker；1：Rosetta 未诱导；2：Rosetta 诱导 6 h；3：Rosetta/pET28a 未诱导；4：Rosetta/pET28a 诱导 6 h；5：Rosetta/p28a-CYP4 未诱导；6-10：Rosetta/p28a-CYP4 25、28、31、34、37℃诱导 6 h；白色箭头所指为目的蛋白。

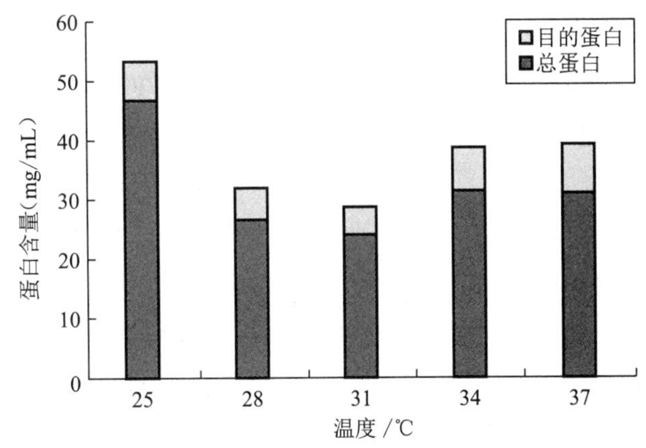

图 55 不同温度诱导条件下 Rosetta/p28a-CYP4 蛋白含量变化

细胞色素 P450 是机体对内、外源物质，尤其是药物进行生物转化的重要酶系，作为细胞色素 P450 最古老的家族之一，CYP4 基因在许多海洋无脊椎动物中都有发现(Snyder et al，1998)，且在海洋软体动物 *Mytilus edulis* 微粒体中检测到了其在蛋白质水平的表达(Peters et al，1998)，而有关海洋甲壳动物 CYP4 基因功能的研究却十分有限。除了参与外源物质的代谢以外，CYP4 基因在节肢动物苛尔蒙代谢中也起着重要作用(Simpson et al，1997)。Aragon 等(2002)发现 CYP4C15 基因在小龙虾(*Orconectes limosus*) Y- 器官中显著表达，提示该基因可能参与了蜕皮激素的生物合成。研究 P450 基因的结构是了解其在生物体生长发育及内外源物质代谢所起功能的重要环节。笔者构建了中国对虾 CYP4 基因重组载体 p28a-CYP4，并首次实现该基因在大肠杆菌的原核表达。张宝等(2007)将 CYP3A4 基因同时接入 pET-22b（+）、pET-28b(+）和 pET-32a（+）3 种载体中，结果只有 pET-32a（+）-CYP3A4 可以表达目的蛋白，该蛋白大约占细菌总蛋白的 40%。本研究表明 pET28a 载体可以实现中国对虾 CYP4 基因的表达，且目的蛋白占总蛋白的含量可以达到 50% 以上，说明 pET28a 是有效的 CYP4 基因表达载体。关桦楠等(2008)克隆了青杨脊(*Xylotechus rusticus*) CYP4G2 基因片段并在 *E.Coli* 中实现原核表达，SDS-PAGE 电泳检测到一条 22.0×10^3 小的外源蛋白表达。李秀兰等(2005)将淡色库蚊(*Culex pipieus*) CYP4E2r6 基因构建重组载体，在 BL21 中实现原核表达，外源蛋白大小约为 42.0×10^3。中国对虾 CYP4 基因编码蛋白质全长 512 氨基酸，表达蛋白大小为 56.0×10^3 左右，与淡色库蚊 CYP4E2r6 表达蛋白大小接近，大于青杨脊虎天牛 CYP4G2 表达蛋白，说明 CYP4 基因在不同物种之间差异较大。

重组菌体的蛋白表达量受到诱导剂浓度、接种量、诱导温度、诱导时间等诸多因素的影响。董元凌等(2008)在进行家蚕 CYP337A1 基因的原核表达研究时发现诱导 1～2 h 随时间推移目的蛋白含量增加，而 2 h 后随着诱导时间的延长，目的蛋白表达量无明显差异；在诱导温度的比较上发现，温度为 25 ℃时，诱导表达蛋白量较低，温度为 32 ℃和 37 ℃时，表达量较高但蛋白量差异不明显；IPTG 浓度为 0.6 mmol/L 时目的蛋白占总蛋白含量最高，而当 IPTG 浓度大于 0.6 mmol/L 时，其诱导表达量不受 IPTG 变化的影响，认为这是由于 IPTG 对细菌生长有一定的抑制作用导致（陆海等，2001）。潘滨等（2007）在进行烟草曲茎病毒复制相关蛋白基因的原核表达条件优化时发现，IPTG 浓度 0.5 mmol/L 时目的蛋白表达量最高，随着 IPTG 浓度增加目的蛋白表达量有下降趋势，诱导时间以 4 h 为宜，过长或过短都会影响蛋白的积累量。岳盈盈等（2010）实现了风疹病毒包膜糖蛋白 E1 的原核表达并对其表达条件进行了优化，发现诱导温度、IPTG 浓度及表达时间均对重组蛋白有较大的影响。

本研究发现诱导温度、IPTG 浓度、诱导时机及时间均可影响重组蛋白及菌体总蛋白的表达量。37 ℃诱导时菌体目的蛋白含量最高，与上述研究结果一致。IPTG 对目的蛋白占总蛋白含量的影响最为显著，IPTG 为 1.2 mmol/L 时，目的蛋白占总蛋白含量最高，与之前的研究结果并不一致，可能是由于表达菌株、重组载体不同导致。诱导时间则对目的蛋白的含量影响最为明显，诱导 5 h 时目的蛋白含量最高，其后呈下降趋势，与有关文献报道一致（潘滨等，2007）。

通过条件优化认为重组菌株 Rosetta/p28a-CYP4 的最佳诱导温度为 37℃，最佳 IPTG 浓度为 1.2 mmol/L，最佳诱导时机及诱导时间分别为 0.59 和 6 h。中国对虾 CYP4 基因的原核表达对进一步在蛋白水平上研究该基因的功能具有一定意义。

参考文献

[1] 安丽，刘萍，李健，等．“黄海 1 号”中国对虾不同世代间的 AFLP 分析 [J]．中国海洋大学学报：自然科学版，2008，38：921-926．

[2] 班谦，赵宗胜，曹体婷．家鸡胚胎发育过程 DNA 甲基化的 MSAP 分析 [J]．安徽农业科学，2009，37（21）：9902-9904.

[3] 曹哲明，丁炜东，俞菊华，等．草鱼全同胞鱼苗不同个体甲基化位点的差异 [J]．动物学报，2007，53（6）：1083-1088.

[4] 曹哲明，杨健．背角无齿蚌不同组织的基因组 DNA 甲基化分析 [J]．生态环境学报，2009，18（6）：2011-2016.

[5] 曹哲明，杨健．不同浓度 Cd^{2+} 对鲤鱼基因组 DNA 的影响 [J]．应用于环境生物学报，2010，16（4）：457-461.

[6] 岑丰．我国水产养殖业的回顾与展望 [J]．现代渔业信息，1993，8（1）：2-6

[7] 陈腾，张琳琳，赖江华，等．中国东乡族 9 个 STR 基因座遗传多态性研究 [J]．遗传，2002，24（3）：247-250.

[8] 陈华增，李健，王清印，等．“黄海 1 号”中国明对虾抗逆性状 SRAP 标记 [J]．中国水产科学，2011，18：1243-1249.

[9] 崔影影，张大明．野生稻 *Oryzanivara* 和 *O.rufipogon* DNA 甲基化多样性 [J]．生物

多样性,2010,18(3):227-232.

[10] 邓景耀,金显仕.渤海越冬场渔业生物资源量和群落结构的动态特征[J].自然资源学报,2001,16(1):42-46.

[11] 邓景耀,叶昌臣,刘永昌.渤、黄海的对虾及其资源管理[M].北京:海洋出版社,1990,36-164.

[12] 邓景耀,朱金声.渤海湾对虾产卵场调查[J].海洋水产研究,2001,5:17-23.

[13] 杜盈,何玉英,李健,等.野生和“黄海1号”中国明对虾不同组织基因组DNA的MSAP分析[J].中国水产科学,2013,20(3):536-543.

[14] 方宣钧,吴为人,唐纪良.作物DNA标记辅助育种[M].北京:科学出版社,2001,35-40.

[15] 方宣钧,吴为人,唐纪良.作物DNA标记辅助育种[M].北京:科学出版社,2001,231-232.

[16] 郭广平,顾小平,袁金玲,等.不同生理年龄毛竹DNA甲基化的MSAP分析[J].遗传,2011,33(7):794-800.

[17] 何玉英,刘萍,李健,等.中国对虾与生长性状相关SCAR标记的筛选[J].海洋与湖沼,2007,38(1):42-48.

[18] 何玉英,刘萍,李健,等.中国明对虾第一代和第六代人工选育群体的遗传结构分析[J].中国水产科学,2004,11(6):572-575.

[19] 何玉英,刘萍,李健,等.中国明对虾快速生长选育群体的RAPD分析[J].海洋水产研究,2005,26(4):8-13.

[20] 将苏,袁晓君,潘俊松,等.利用重组自交系群体对黄瓜侧枝相关性状进行QTL定位分析[J].中国科学,2008,10:982-990.

[21] 蒋曹德,邓昌彦,熊远,等.猪个体DNA甲基化百分差异与酮体性状的关系[J].农业生物技术学报,2005,13(2):179-185.

[22] 雷剑,柳俊.一种与马铃薯青枯病抗病连锁的SRAP标记的筛选[J].中国马铃薯,2006,20(3):150-153.

[23] 李健,高天翔,刘广东,等.中国对虾人工选育群体的同工酶分析[J].海洋水产研究,2003,24(2):1-8.

[24] 李健,刘萍,王清印,等.中国对虾遗传连锁图谱的构建[J].水产学报,2008,32:161-173.

[25] 李健,牟乃海,孙修涛,等.无特定病原中国对虾种群选育的研究[J].海洋科学,2000,25(12):30-33.

[26] 李朝霞,李健,何玉英,等.中国对虾人工选育快速生长群体不同世代间的AFLP分析[J].高技术通讯,2006,16(4):435-440.

[27] 李际红,邢世岩,王聪聪,等.银杏基因组DNA甲基化修饰位点的MSAP分析[J].

园艺学报，2011，38（8）：1429-1436.

[28] 李健，高天翔，柳广东，等. 中国对虾人工选育群体的同工酶分析 [J]. 海洋水产研究，2003，24（2）：1-8.

[29] 李健，刘萍，何玉英，等. 中国明对虾快速生长新品种“黄海 1 号”的人工选育 [J]. 水产学报，2005，29（1）：1-5.

[30] 李健，牟乃海，孙修涛，等. 无特定病原中国对虾种群选育的研究 [J]. 海洋科学，2000，25（12）30-33.

[31] 李健，王清印. 中国对虾高健康养殖品种选育的初步研究 [J]. 中山大学学报，2000，39（增刊）：86-90.

[32] 李思发. 鱼类选育群体遗传性能的保护 [J]. 水产学报，1988，12（3）：283-290.

[33] 李太武，孙修勤，刘艳，等. 栉孔扇贝种群的遗传变异分析 [J]. 高技术通讯，2001：25-27.

[34] 李志忠，吴婷婷，杨弘. 奥利亚罗非鱼和尼罗罗非鱼的遗传标记 [J]. 甘肃农业大学学报，2000，35（1）：29-32.

[35] 李莉，郭希明. 利用 RAPD 和 AFLP 标记初步构建太平洋牡蛎的遗传连锁图谱 [J]. 海洋与湖沼，2003，34（5）：541-551.

[36] 刘博，王清印，李健，等. 中国对虾“黄海 1 号”部分生长相关性状的 QTL 定位分析 [J]. 海洋与湖沼，2010，41：352-358.

[37] 刘萍，孔杰，石拓，等. 中国对虾黄、渤海沿岸地理群的 RAPD 分析 [J]. 海洋学报，2000，22（5）：88-93.

[38] 刘萍，孔杰，李健，等. 对虾抗病性状遗传标记的 RAPD 分析 [J]. 水产学报，2002，26（3）：270-275.

[39] 刘萍，孔杰，石拓，等. 中国对虾黄渤海沿岸群亲本及子一代的 RAPD 分析 [J]. 海洋水产研究，2000，21（1）：13-21.

[40] 刘萍，孟宪红，何玉英，等. 中国对虾黄、渤海 3 个野生地理群遗传多样性的微卫星 DNA 分析 [J]. 海洋与湖沼，2004，35（5）：252-257.

[41] 刘萍，孟宪红，孔杰，等. 中国对虾部分基因组文库构建和微卫星 DNA 的筛选 [J]. 高技术通讯，2004，14（2）：89-90.

[42] 刘萍，徐怀恕. 中国对虾黄、渤海沿岸地理群的 RAPD 分析 [J]. 海洋学报，2000，22（5）：88-93.

[43] 刘仁虎，孟金陵 .Map-Draw：在 Excel 中绘制遗传连锁图的宏 [J]. 遗传，2003，25（3）：317-321.

[44] 刘艳，李太武，孙修勤. 栉孔扇贝稚贝的同工酶的基因表达 [J]. 辽宁师范大学学报：自然科学版，2002，25（2）：174-177.

[45] 刘振辉，孔杰，石拓，等. 中国对虾两个不同地理种群遗传结构的 RAPD 分析 [J].

应用与环境生物学报,2000,6(5):440-443.

[46] 楼允东.鱼类育种学 [M].北京:农业出版社,1999.

[47] 陆光远,吴晓明,陈碧云,等.油菜种子萌发过程中DNA甲基化的MSAP分析 [J].科学通报,2005,50:2750-2756.

[48] 马春艳,孔杰,孟宪红,等.中国对虾5个地理群体的RAPD分析 [J].水产学报,2004,28(3):245-249.

[49] 孟宪红,孔杰,刘萍,等.中国明对虾抗白斑综合症病毒分子标记的筛选 [J].中国水产科学,2005,12(1):14-19.

[50] 孟宪红,马春艳,刘萍,等.黄渤海中国对虾6个地理群的遗传结构及其遗传分化 [J].高技术通讯,2004,4:97-102.

[51] 齐宏飞,阳小成.植物抗逆性研究概述 [J].安徽农业科学,2008,36(32):13943-13946.

[52] 邱高峰,常林瑞,徐巧婷,等.中国对虾16*S* rRNA基因序列多态性的研究 [J].动物学研究,2000,21(1):35-40.

[53] 沈琪,任春华,胡超群,等.凡纳对虾优良性状遗传标记的筛选 [J].海洋科学集刊,2002,44:134-138.

[54] 石拓,孔杰,刘萍,等.用RAPD技术对中国对虾遗传多样性分析——朝鲜半岛西海岸群体的DNA多态性 [J].海洋与湖沼,1999,30(6):609-616.

[55] 石拓,庄志猛,孔杰,等.中国对虾遗传多样性的RAPD分析 [J].自然科学进展,2001,11(4):360-364.

[56] 宋林生,李俊强,李红蕾,等.用RAPD技术对我国栉孔扇贝第一代群体与养殖群体的遗传结构及其遗传分化的研究 [J].高技术通讯,2002,12(7):83-87.

[57] 宋林生,相建海,李晨曦,等.日本对虾野生种群和养殖群体遗传结构的RAPD标记研究 [J].海洋与湖沼,1999,30(3):261-265.

[58] 孙昭宁,刘萍,李健,等.RAPD和SSR两种标记构建的中国对虾遗传连锁图谱 [J].动物学研究,2006,27(3):317-324.

[59] 孙昭宁,刘萍,李健,等.微卫星DNA标记用于中国对虾亲子关系的鉴定 [J].渔业科学进展,2007,28:8-14.

[60] 孙昭宁,刘萍,李健,等.微卫星DNA技术用于中国对虾家系构建中的系谱认证 [J].中国水产科学,2005,12:694-701.

[61] 谭树华,王桂英,艾春香,等.斑节对虾养殖群体遗传多样性的同工酶和RAPD分析 [J].中国水产科学,2005,12(6):702-707.

[62] 唐韶青,张沅,徐青,等.不同动物部分组织基因组甲基化程度的差异分析 [J].农业生物技术学报,2006,14(4):507-510.

[63] 王玲玲,宋林生,李红蕾,等.AFLP和RAPD标记技术在栉孔扇贝遗传多样性研

究中的应用比较 [J]. 动物学杂志，2003，38（4）：35-39.

[64] 王清印，李健，杨爱国. 海水养殖生物的新品种选育，海水养殖生物病害发生与控制 [M]. 北京：海洋出版社，2001.

[65] 王清印，李健，杨爱国. 关于加速我国海水养殖新品种培育工作的几点思考 [J]//1999 年海洋高新技术发展研讨会论文集 [M]. 北京：海洋出版社，2000.

[66] 王维继，孔杰，董世瑞，等. 中国明对虾 AFLP 分子标记遗传连锁图谱的构建 [J]. 动物学报，2006，52（3）：575-584.

[67] 王伟继，高焕，孔杰，等. 利用 AFLP 技术分析中国明对虾的韩国南海种群和养殖群体的遗传差异 [J]. 高技术通讯，2005，15（9）：81-86.

[68] 王伟继，孔杰，包振民，等. 中国对虾 4 个种群的同工酶遗传变异 [J]. 生物多样性，2001，9（3）：241-246.

[69] 王中仁. 植物等位酶分析 [M]. 北京：科学出版社，1998.

[70] 吴彪，杨爱国，刘志鸿，等. 两种扇贝杂交和自交家系早期生长及甲基化的比较分析 [J]. 海洋科学，2012，2（36）：1-6.

[71] 徐莉，赵桂仿. 微卫星 DNA 标记技术及其在遗传多样性研究中的应用 [J]. 西北植物学报，2002，22（3）：714-722.

[72] 杨翠华，王伟继，李鹏飞，等. 红鳍东方鲀 6 种同工酶的组织特异性及基因位点分析 [J]. 海洋水产研究，2006，27（3）：47-51.

[73] 杨东，余来宁.RAPD 和 AFLP 在分析尼罗罗非鱼遗传多样性研究中的应用比较 [J]. 江西农业学报，2006，18（2）：1-4.

[74] 于安，路仁杰，王凤敏，等. "黄海 1 号" 中国对虾 2006 年河北养殖调查报告 [J]. 河北渔业，2007，3：20.

[75] 于涛，杨爱国，吴彪，等. 栉孔扇贝、虾夷扇贝及其自带的 MSAP 分析 [J]. 水产学报，2010，34（9）：1335-1343.

[76] 岳志芹，王伟继，孔杰，等. 用 AFLP 方法分析中国对虾抗病选育群体的遗传变异 [J]. 水产学报，2005，29（1）：13-19.

[77] 岳志芹，王伟继，孔杰，等.AFLP 分子标记构建中国对虾遗传连锁图谱的初步研究 [J]. 高技术通讯，2004，4：88-93.

[78] 岳志芹. 中国对虾抗病选育群体的遗传分析及遗传连锁图谱的构建 [D]. 中国海洋大学博士毕业论文，2003.

[79] 张丽，姜树坤，张喜娟，等. 水稻沈农 606 抗稻瘟病基因遗传分析及 SRAP 标记筛选 [J]. 分子植物育种，2007，5（1）：64-68.

[80] 张全启，徐晓斐，齐洁. 牙鲆野生群体与养殖群体的遗传多样性分析 [D]. 中国海洋大学学报，2004，34（5）：816-820.

[81] 张天时，刘萍，李健，等. 用微卫星 DNA 技术对中国对虾人工选育群体遗传多样

性的研究 [J]. 水产学报, 2005, 29 (1): 6-12.

[82] 张天时, 刘萍, 李健, 等. 中国对虾与生长性状相关微卫星 DNA 分子标记的初步研究 [J]. 海洋水产研究, 2007, 27 (5): 34-39.

[83] 张天时, 王清印, 刘萍, 等. 中国对虾人工选育群体不同世代的微卫星分析 [J]. 海洋与湖沼, 2005, 36 (1): 72-80.

[84] 张天时. 中国对虾人工选育群体的微卫星分析标记技术研究 [D]. 中国海洋大学硕士论文, 2004.

[85] 张亚平, 王文, 宿兵, 等. 大熊猫微卫星 DNA 的筛选及其应用 [J]. 动物学研究, 1995, 16 (4): 301-306.

[86] 张岩, 高天翔, 刘曼红, 等. 钝吻黄盖鲽同工酶组织特异性及群体遗传结构的初步研究 [J]. 中国海洋大学学报自然科学版, 2007, 37 (2): 235-242.

[87] 张志峰, 马英杰, 廖承义, 等. 中国对虾幼体发育阶段的同工酶研究 [J]. 海洋学报, 1997, 19 (4): 63-71.

[88] 张子平, 王艺磊. 中国对虾两个种群的 F_1 的 LDH 和 MDH 同工酶初步分析 [J]. 热带海洋, 1994, 13 (1): 47-90.

[89] 周宜君, 冯金朝, 马文文, 等. 植物抗逆分子机制研究进展 [J]. 中央民族大学学报: 自然科学版, 2006, 15 (2): 169-176.

[90] 朱立煌, 徐吉臣, 陈英. 用分子标记定位一个未知的抗稻瘟病基因 [J]. 中国科学 (B 辑), 1994, 24: 1048-1052.

[91] 庄志猛, 孔杰, 石拓, 等. 日本对虾野生与养殖群体遗传多样性的 RAPD 分析 [J]. 自然科学进展, 2001, 11 (3): 250-255.

[92] Agresti J J, Seki S, Cnaani A, et al. Breeding new strains of tilapia: development of an artificial center of origin and linkage map based on AFLP and microsatellite loci[J]. Aquaculture, 2000, 185 (99): 43-56.

[93] Alcivar-Warren A, Overstreet R M, Dhar A K, et al. Genetic Susceptibility of Cultured Shrimp (*Penaeus vannamei*) to Infectious Hypodermal and Hematopoietic Necrosis Virus and Baculovirus penaei: Possible Relationship with Growth Status and Metabolic Gene Expression[J]. Journal of Invertebrate Pathology, 1997, 70 (3): 190-197.

[94] Allendorf, Fred W. Genetic drift and the loss of alleles versus heterozygosity[J]. Zoo Biology, 1986, 5 (2): 181-190.

[95] Shirak A, Seroussi E, Cnaani A, et al. Amh and Dmrta Genes Map to Tilapia (Oreochromis spp) Linkage Group 23 Within Quantitative Trait Locus Regions for Sex Determination[J]. Genetics, 2008, 174: 1573-1581.

[96] Arcade A, Anselin F, Rampant PF, et al. Application of AFLP, RAPD and ISSR markers to genetic mapping of European and Japanese larch[J]. Theoretical and Applied

Genetics, 2000, 100: 299-307.

[97] Ball A O, Leonard S, Chapman RW. Charaterization of (GT) *n* microsatellites from native white shrimp (*Penaeus setiferus*) [J]. Molecular Ecology, 1998, 7 (9): 1251-1253.

[98] Bardakci F, Skibinski D O F. A polymorphic SCAR-RAPD marker between species of tilapia (*Pisces: Cichlidae*) [J]. Animal Genetics, 1999, 30 (1): 78-79.

[99] Balloux F, Perrin N. Breeding system and genetic variance in the monogamous, semi-social shrew, Crocidura russula[J]. Evolution, 1998, 52 (4): 1230-1235.

[100] Beardmore J A, Mair G C, Lewis R I. Biodiversity in aquatic systems in relation to aquaculture[J]. Aquaculture Research, 1997, 10 (10): 829-839.

[101] Sahu S C, Rajamani S, Devi A. Differentiation of Asian rice gall midge, Orseolia oryzae (Wood-Mason), biotypes by sequence characterized amplified regions (SCARs) [J]. Insect Molecular Biology, 1999, 8 (3): 391-397.

[102] Blouin M S, Parsons M, Lacaille V, et al. Use of microsatellite loci to classify individuals by relatedness[J]. Molecular Ecology, 1996, 5: 393-401.

[103] Botstein D, White R L, Skolnick M, et al. Construction of a genetic linkage map in man using restriction fragment length polymorphisms[J]. American Journal of Human Genetics, 1980, 32 (3): 314-331.

[104] Bowcock A M, Ruiz-Linares A, Tomfohrde J, et al. High resolution of human evolutionary trees with polymorphic microsatellites[J]. Nature, 1994, 368 (6470): 455-457.

[105] Campton D H. Genetic effects of hatchery fish on wild populations of Pacific salmon and steelhead: what do we really know[J]. American Fisheries Society Symposium, 1995, 15: 337-353.

[106] Garcia D K, Dhar A K, Alcivar-Warren A. Molecular analysis of a RAPD marker (B20) reveals two microsatellites and differential mRNA expression in *Penaeus vannamei*[J]. Molecular Marine Biology and Biotechnology, 1996, 5 (1): 71-83.

[107] Carr W, Sweeney J, Swingle J. The Oceanic Institute, SPF shrimp breeding program status[A]. USMSFP (US Marine Shrimp Farming) 10th Anniversary Review[C]. GCRL Special Publication, 1994 (1): 47-54.

[108] Cervera M T, Storme V, Ivens B, et al. Dense genetic linkage maps of three Populus species (*Populus deltoides, P. nigra and P. trichocarpa*) based on AFLP and microsatellite markers[J]. Genetics, 2001, 158 (2): 787-809.

[109] Chakravarti A, Lasher L K, Reefer J E. A maximum likelihood for estimating genome length using genetic linkage data[J]. Genetics, 1991, 128: 175-182.

[110] Chen S P, Bao Z M , Pan J, et al. Genetic diversity and specific markers in four scallop species, *Patinopecten Yessoensis*, *Argopecten irradians*, *Chlamys nobilis* and *C. farreri*[J]. Acta Oceanologica Silica, 2005, 24 (4): 107-113.

[111] Chen X Q, Ma Y, Chen F, et al. Analysis of DNA methylation patterns of PLBs derived from Cymbidium hybridium based on MSAP[J]. Plant Cell Tissue and Organ Culture, 2009, 98 (1): 67-77.

[112] Coimbra M R M, Kobayashi K, Koretsugu S, et al. A genetic linkage map of the *Japanese flounder*, *Paralichthys olivaceus*[J]. Aquaculture, 2003, 220 (41): 203-218.

[113] Congiu L, Dupanloup I, Patarnello T, et al. Identification of interspecific hybrids by amplified fragment length polymorphism: the case of sturgeon[J]. Molecular Ecology, 2000, 10: 2355-2359.

[114] Creasey S, Rogers A D, Tyler P A. Genetic comparison of two populations of the deep-sea vent shrimp Rimicaris exoculata (Decapoda: Bresiliidae) from the Mid-Atlantic Ridge[J]. Marine Biology, 1996, 125 (3): 473-482.

[115] Cronin M , Shideler R, Hechtel J, et al. Genetic relationships of grizzly bears (Ursusarctos)in the Prudhoe bay region of Alaska: Inference from microsatellite DNA , mitochondrial DNA , and field observations[J]. The Journal of Heredity, 1999, 90: 622-628.

[116] Crow A J, Kimura M. Evolution in sexual and asexual population[J]. The American Naturalist, 1965, 99: 439-450.

[117] Damodar R, David B, Tim R et al. Development of SCAR Markers for the DNA-Based Detection of the Asian Long-Horned Beetle, Anoplophora glabripennis (Motschulsky) [J]. Archives of Insect Biochemistry and Physiology, 2003, 52: 193-204.

[118] David J S H, Peter J C, Gerard P D, et al. Response to selection and heiitabilit for growth in the kuruma prawn, *Penaeus jiaponicus*[J]. Aquaculture, 2000, 181: 215-223.

[119] Emmanuel Goyard. IFREME Rs Shrimp Genetic Program[J]. The Advocate, 1999, 2 (6): 26-28.

[120] English L J, Nell J A, Maguire G B et al. Allozyme variation in the three generations of whole weight in Sydney rockoysters (*Saccost reagolmerata*) [J]. Aquaculture, 2001, 193: 213-225.

[121] Fan Z, Robbins M D, Staub J E. Population development by phenotypic selection with subsequent marker-assisted selection for line extraction in cucumber (*Cucumis sativus* L.) [J]. Theoretical and Applied Genetics, 2006, 112 (5): 843-855.

[122] Ferguson M M, Drahushchak L R. Disease resistance and enzyme heterozygosity in rainbow trout[J]. Heredity, 1990, 64: 413-417.

[123] Finch M O, Lambert D M. Kinship and genetic divergence among populations of tuatara Sphenodon punctatus as revealed by minisatellite DNA profiling[J]. Molecular Ecology, 1996, 5 (5): 651-658.

[124] Fisher RA. Standard calculations for evaluating a blood-group system[J]. Heredity, 1951, 5 (1): 95-102.

[125] Fishman L, Kelly A J, Morgan E, et al. A genetic map in the Minudvs guttatus species conplex reveals transmission ratio distortion due to heterospecific interactions[J]. Genetics, 2001, 159: 1701-1716.

[126] Gang L, Cao J, Yu X, et al. Mapping QTLs for root morphological traits in *Brassica rapa* L. based on AFLP and RAPD markers[J]. Journal of Applied Genetics, 2008, 49 (1): 23-31.

[127] Gao L X, Liu N, Huang B H, et al. Phylogenetic analysis and genetic mapping of Chinese Hedychium using SRAP markers[J]. Scientia Horticulturae, 2008, 117 (4): 369-377.

[128] Garcia D K, Benzie J A H. RAPD markers of potential use in penaeid prawn (*Penaeus monodon*) breeding programs[J]. Aquaculture, 1995, 130 (94): 137-144.

[129] Garcia D K, Dhar A K, Alcivar-Warren A. Molecular analysis of a RAPD marker (B20) reveals two microsatellites and differential mRNA expression in *Penaeus vannamei*[J]. Molecular Marine Biology and Biotechnology, 1996, 5 (1): 71-83.

[130] Garcia D K, Faggart M A, Rhoades L, et al. Genetic diversity of cultured *Penaeus vannamei* shrimp using three molecular genetic techniques[J]. Mol Mar Biol Biotechnol, 1994, 3: 270-280.

[131] Garcia Mas J, Oliver M, Gomez Paniagua H, et al. Comparing AFLP, RAPD and RFLP markers for measuring genetic diversity in melon[J]. Theoretical and Applied Genetics, 20 (1), 101: 860-864.

[132] Georges M, Dietz A B, Mishra A, et al. Microsatellite mapping of the gene causing weaver disease in cattle will allow the study of an associated quantitative trait locus[J]. Proc Natl Acad Sci USA, 1993, 90 (3): 1058-1062.

[133] Gooch J L. Allozyme genetics of life cycle stages of brachyurans[J]. Chesapeake Science, 1977, 18 (3): 284-289.

[134] Grattapaglia D, Sederoff R. Genetic linkage maps of Eucalyptus grandis and Eucalyptus urophylla using a pseudo testcross mapping strategy and RAPD marker[J]. Genetics, 1994, 137: 1121-1137.

[135] Harris S E G, Dillion R T, Sandifer P A, et al. Electrophoresis of isozymes in cultured *Penaeus vannamei*[J]. Aquaculture, 1990, 85 (90): 330-330.

[136] Hedgecock D, Tracey M L, Nelson K. The biology of crustacea[M]. New York: Academic Press, 1982: 284-403.

[137] Hulbert S H, Ilott T W, Legg E J, et al. Genetic analysis of the fungus (*Bremia lacrucae*) using restriction fragment length polymorphism[J]. Genetics, 1988, 120: 947-958.

[138] Ikeda M, Kijima A, Fujio Y. Electrophoretic Evidence of Two Types in the Common Freshwater Shrimp Paratya compressa compressa (Decapoda: Atyidae) [J]. Tohoku Journal of Agricultural Research, 1995, 45: 69-77.

[139] Ikeda M, Kijima A, Fujio Y, et al. Genetic differentiation among local populations of common freshwater shrimp Paratya compressa improvisa[J]. Genes and Genetic Systems, 1993, 68 (4): 293-302.

[140] Ikn Y, Wan C, Zhu Y. An anplified fragment length polymcxphism map of the silkwarm[J]. Genetics, 2001, 157: 1277-1284.

[141] Jackson T R, Ferguson M M, Danzmann R G, et al. Identification of two QTL influencing upper temperature tolerance in three rainbow trout (*Oncorhynnchus mykiss*) half-sib families[J]. Heredity, 1998, 80: 143-151.

[142] Jerrya D R, Prestonb N P, Crocosb P J, et al. Parentage determination of Kuruma shrimp Penaeus (*Marsupenaeus japonicus*) using microsatellite markers (Bate) [J]. Aquaculture, 2004, 235: 237-247.

[143] Jiang H F, Ren X P, Huang J Q. Acid components in arachis species and interspecies hybrids with high oleic and low palmitic acids[J]. Acta Agronomica Sinica, 2009, 3 (1): 25-32.

[144] Jin M Y, Li J N, Fu F Y, et al. QTL analysis of the oil content and the hull content in Brassica napus L[J]. Agricultural Sciences in China, 2007, 6 (4): 414-421.

[145] Jones C J, Edwards K J, Castaglione S, et al. Reproducibility testing of RAPD, AFLP, and SSR markers in plants by a network of European Laboratories[J]. Molecular Breeding, 1997, 3: 381-390.

[146] Karl S A, Avise J C. Blancing selection at allozyme loci in oyster: implication for nuclear RFLPs[J]. Science, 1992, 256: 100-102.

[147] Kelly P D, Chu F, Woods L G, et al. Genetic linkage mapping of zebrafish genes and ESrR [J]. Genome Research, 2000, 10: 558-567.

[148] King L M, Schaal B A. Ribosomal DNA variation and distribution in Rudbeckia missouriensis[J]. Evolution, 1989, 42: 1117-1119.

[149] Kocher T D, Lee W J, Sobolewska H, et al. A genetic linkage map of a cichlid fish, the tilapia (*Oreochromis niloticus*) [J]. Genetics, 1998, 148 (3): 1225-1232.

[150] Kosambi D D. The estimation of map distance from recombination values[J]. Ann Eugen, 1944, 12: 172-175.

[151] Lander E S, Green E, Abrahamson J, et al. Mapmaker, an interactive computer package fo constructing primary genetic linkage map of experimental and natural populations[J]. Genomics, 1987, 1: 174-180.

[152] Le M G, Haffner P. Environmental factors affecting immune responses in Crustacea[J]. Aquaculture, 2000, 191 (1-3): 121-131.

[153] Lee W J, Kocher T D. Microsatellite DNA markers for genetic mapping in *Oreochromis niloticus*[J]. Journal of Fish Biology, 1996, 49: 169-171.

[154] Lester L J. Developing a selective breeding program for penaeid shrimp mariculture[J]. Aquaculture, 1983, 33 (83): 41-50.

[155] Levene H. On a Matching Problem Arising in Genetics[J]. Annals of Mathematical Statistics, 1949, 20 (1): 91-94.

[156] Li G, Quiros C F. Sequence-related amplified polymorphism (SRAP), a new marker system based on a simple PCR reaction: its application to mapping and gene tagging in Brassica[J]. Theoretical and Applied Genetics, 2001, 103: 455-461.

[157] Li Li, Guo X. AFLP-based genetic linkage maps of the Pacific oyster Crassostrea gigas Thunberg[J]. Marine Biotechnology, 2004, 6 (1): 26-36.

[158] Li L, Xiang J, Xiao L, et al. Construction of AFLP-based genetic linkage map for Zhikong scallop, Chlamys farreri Jones et Preston and mapping of sex-linked markers[J]. Aquaculture, 2005, 245 (40182): 63-73.

[159] Li Y, Byrne K, Miggiano E, et al. Genetic mapping of the kuruma prawn *Penaeus japonicus* using AFLP markers[J]. Aquaculture, 2003, 219 (02): 143-156.

[160] Li Z, Li J, Wang Q, et al. AFLP-based genetic linkage map of marine shrimp *Penaeus* (*Fenneropenaeus*) *chinensis*[J]. Aquaculture, 2006, 261 (2): 463-472.

[161] Liu B, Wang Q Y, Li J, et al. A genetic linkage map of marine shrimp *Penaeus* (*Fenneropenaeus*) *chinensis* based on AFLP, SSR and RAPD markers[J]. Chinese Journal of Oceanology and Limnology, 2010, 28 (4): 815-825.

[162] Liu L W, Zhao L P, Gong Y Q, et al. DNA fingerprinting and genetic diversity analysis of late-bolting radish cultivars with RAPD, ISSR and SRAP markers [J]. Scientia Horticulturae, 2008, 116 (3): 240-247.

[163] Liu P, Kong J, Shi T, et al. RAPD analysis of wild stock of penaeid shrimp (*Penaeus chinensis*) in the China's coastal waters of Huanghai and Bohai Seas[J]. Acta Oceanologica Sinica, 2000, 7 (2): 86-89.

[164] Liu Y G, Chen S L, Li B F. Assessing the Genetic structure of three Japanese flounder

(*Paralichthys olivaceus*) stocks by microsatellite markers. Aquaculture, 2005, 243: 103-111.

[165] Liu Z, Li P, Argue B J, et al. Randan amplified polymorirfiic WA markers: usefulness for gene mapping and analysis of genetic variation of catfish[J]. Aquaculture, 1999, 174: 59-68.

[166] Liu Z, Nichols A, Li P, et al. Inheritance and usefulness of AFLP markers in channel catfish (*Ictalurus punctatus*), blue catfish (*I. furcatus*), and their F_1, F_2, and backcross hybrids[J]. Molecular and general genetics: MGG, 1998, 258 (3): 260-268.

[167] Lu Y L, Rong T Z, Cao M J. Analysis of DNA methylation in different maize tissues[J]. Journal of Genetics and Genomics, 2008, 35: 41-48.

[168] Luiz R H, Eny I S F, Maria H P F, et al. Methylation Patterns Revealed By Msap Profiling In Genetically Stable Somatic Embryogenic Cultures of Ocotea Catharinensis (*Lauraceae*) [J]. In Vitro Cellular and Developmental Biology-Plant, 2010, 46 (4): 368-377.

[169] Lundin M, Nfikkelsen B, Moran P, et al. Cosirad clones from Atlantic salmon: physical genome mapping[J]. Aquaculture, 1999, 173: 59-64.

[170] Lynch M. The similarity index and DNA fingerprinting[J]. Molecular Biology and Evolution, 1990, 7: 478-484.

[171] Mohan M, Nair S, Bentur J S, et al. RFLP and RAPD mapping of the rice Gm2 gene that confers resistance to biotype 1 of gall midge (*Orseolia oryzae*) [J]. Theoretical and Applied Genetics, 1994, 87 (7): 782-788.

[172] Marques C M, Araujo J A, Ferreria J G, et al. AFLP genetic maps of Eucalyptus globules and E. tereticomis[J]. Theoretical and Applied Genetics, 1998, 90: 1119-1127.

[173] Mcclelland M, Nelson M, Raschke E. Effect of site-specific modification on restriction endonucleases and DNA modification methyltransferases[J]. Nucleic Acids Research, 1994, 22 (17): 3640-3659.

[174] Merril C R, Switzer R C, Keuren M L V. Trace polypeptides in cellular extracts and human body fluids detected by two-dimensional electrophoresis and a highly sensitive silver stain[J]. Proceedings of the National Academy of Sciences of the United States of America, 1979, 76 (9): 4335-4339.

[175] Michelmore R W, Paran I, Kesseli R V. Identification of markers linked to disease-resistance genes by bulked segregant analysis: a rapid method to detect markers in specific genomic regions by using segregating populations[J]. Proc Natl Acad Sci USA, 1991, 88 (21): 9828-9832.

[176] Mocffe S S, Whan V, Davis G P, et al. The development and application of genetic markers for the Kuruma prawn *Penaeus japonicus*[J]. Aquaculture, 1999, 173: 19-32.

[177] Moen T, Hoyheim B, Munck H, et al. A linkage map of Atlantic salmon (*Salmo solar*) reveals an uncommonly large difference in reccanbination rate between the sexes[J]. Animal Genetics, 2004, 35: 81-92.

[178] Monteuuis O, Doulbeau S, Verdeil J L. DNA methylation in different origin clonal off spring from a mature Sequoiadendron giganteum genotype[J]. Trees, 2008, 22: 779-784.

[179] Montgomery G W, Crawford A M, Penty J M, et al. The ovine Booroola fecundity gene (FecB) is linked to markers from a region of human chromosome 4q[J]. Nature Genetics, 1993, 4 (4): 410-414.

[180] Moore S S, Whan V, Davis G P, et al. The development and application of genetic markers for the Kuruma prawn (*Penaeus japonicus*) [J]. Aquaculture, 1999, 173: 19-32.

[181] Motoyuki Hara, and Masashi Sekino. Efficient detection of parentage in a cultured Japanese flounder *Paralichthys olivaceus* using microsatellite DNA marker[J]. Aquaculture, 2003, 217 (1): 107-114.

[182] Mulley J C, Later B D H. Genetic variation and evolutionary relationships within a group of thirteen species of *Penaeid* prawns [J]. Evolution, 1980, 34 (5): 904-916.

[183] Naruse K, Fukamachi S, Mitani H, et al. A detailed linkage map of medaka, Oryzias latipes: comparative genomics and genome evolution[J]. Genetics, 2000, 154 (4): 1773-1784.

[184] Nei M, Roychoudhury A K. Sampling variances of heterozygosity and genetic distance [J]. Genetics, 1974, 76: 379-390 .

[185] Nei M. Genetic distance between populations[J]. American Naturalist, 1972, 106: 283-292.

[186] Nei M. Estimation of average heterozygosity and geneticdistance from a small number of individuals[J]. Genetics, 1978, 89: 583-590.

[187] Nei M. Molecular evolutionary genetics[M]. New York: Columbia university Press, 1987.

[188] Nei M. Estimation of average heterozygosity and genetic distance from a small number of individuals[J]. Genetics, 1978, 89: 583-590.

[189] Nei M, Roychoudhury A K. Sampling variances of heterozygosity and genetic distance[J]. Genetics, 1974, 76: 379-390.

[190] Nelson K, Hedgecock D. Enzyme Polymorphism and Adaptive Strategy in the Decapod

Crustacea[J]. American Naturalist, 1980, 116(2): 238-280.

[191] Norris A T, Bradley D G, Cunningham E P. Parentage and relatedness determination in farmed Atlantic salmon (*Salmo salar*) using microsatellite markers[J]. Aquaculture, 2000, 182: 73-83.

[192] Nevo E, Perl T, Beiles A, et al. Mercury selection of allozyme genotypes in shrimps[J]. Cellular and Molecular Life Sciences Cmls, 1981, 37(11): 1152-1154.

[193] Noyer J L, Causse S, Tamekpe K, et al. A new image of plantain diversity assessed by SSR, AFLP and MSAP markers[J]. Genetica, 2005, 124: 61-69.

[194] Ohara E, Nishimura T, Nagakura Y, et al. Genetic linkage maps of two yellowtails (*Seriola qmnqueradiata and Seriola lakmdi*) [J]. Aquaculture, 2005, 244: 41-48.

[195] Otsu K, Phillips M S, Khanna V K, et al. Refinement of diagnostic assays for a probable causal mutation for porcine and human malignant hyperthermia[J]. Genomics, 1992, 13(3): 835-837.

[196] Ozaki A. Quantitative trait loci (QTLs) associated with resistance/susceptibility to infectious pancreatic necrosis virus (IPNV) in rainbow trout (*Oncorhynchus mykiss*) [J]. Molecular Genetics and Genomics Mgg, 2001, 265(1): 23-31.

[197] Pruder G D, Brown C L, Sweeney J N, et al. High health shrimp systems: Seed supply theory and practice. In: CL Browdy and JS Hopkins (Editore) Swimming Through Troubled Waters Proceedings of the special session on shrimp farming 14 February CA: World Aquaculture Society LA: Baton Rouge, 1995, 40-52.

[198] Palti Y, Danzmann R G, Rexroad C E. Characterization and mapping of 19 polymorphic microsatellite markers for rainbow trout (*Oncorhynchus mykiss*) [J]. Animal Genetics, 2003, 34(2): 153-156.

[199] Paran I, Michelmore R W. Development of reliable PCR-based markers linked to downy mildew resistance genes in lettuce[J]. Theoretical and Applied Genetics, 1993, 85(8): 985-993.

[200] Park S Y, Murthy H N, Chakrabarthy D, et al. Detection of epigenetic variation in tissue-culture-derived plants of Doritaenopsis by methylation-sensitive amplification polymorphism (MSAP) analysis[J]. In Vitro Cellular and Developmental Biology-Plant, 2009, 45(1): 104-108.

[201] Paterson A H, Lander E S, Hewitt J D, et al. Resolution of quantitative traits into Mendelian factors by using a complete linkage map of restriction fragment length polymorphisms[J]. Nature, 1988, 335(6192): 721-726.

[202] Pejic I, Ajmone Marsan P, Morgante M, et al. Comparative analysis of genetic similarity among maize inbred lines detected be RFLPs, RAPDs, SSRs, and AFLPs[J].

Theoretical and Applied Genetics, 1998, 97: 1248-1255.

[203] Perez F, Erazo C, Zhinaula M, et al. A sex-specific linkage map of the white shrimp *Litopenaeus vannamei* based on AFLP markers[J]. Aquaculture, 2004, 242: 105-118.

[204] Poompuang S, Na-Nakorn U. A preliminary genetic map of walking catfish (*Clarias macrocephalus*) [J]. Aquaculture, 2004, 232 (03): 195-203.

[205] Postlethwait J H, ohnson S L, Midson C N, et al. A genetic linkage imp for the zebrafish [J]. Science, 1994, 264: 699-703.

[206] Pruder G D, Brown C L, Sweeney J N, et al. High health shrimp systems: seed supply theory and practice[A]. In: Browdy C L Hopkins J S (Editors) Swimming through troubled waters Proceedings of the special session on shrimp farming[C]. 1-4 February San Diego C A World Aquaculture Society Baton Rouge LA, USA, 1995. 40-52.

[207] Reid D P, Santo A, Glebe B, et al. QTL for body weight and condition factor in Atlantic salmon (*Salmo salar*): comparative analysis with rainbow trout (*Oncorhynchus mykiss*) and Arctic charr (*Salvelinus alpinus*) [J]. Heredity, 2005, 94: 166-172.

[208] Reyna-Lopez G E, Simpsom J, Ruiz-Herrera J. Differences in DNA methylation patterns are detectable during the dimorphic transition of fungi by amplification of restriction polymorphisms[J]. Molecular and General Genetics Mgg, 1997, 253 (6): 703-710.

[209] Riaz A, Li G, Quresh Z. Genetic diversity of oilseed Brassicanapu inbred lines based on sequence-related amplified polymorphism and it's relation to hybrid performance[J]. Plant Breeding, 2001, 120 (5): 411-415.

[210] Ricardo P E, Takagi M, Taniguchi N. Genetic variability and pedigree tracing of a hatchery-reared stock of red sea bream (*Pagrus major*) used for stock enhancement, based on microsatellite DNA markers[J]. Aquaculture, 1999, 173 (1): 413-423.

[211] Robison B D, Wheeler P A, Sundin K, et al. Composite interval mapping reveals a major locus influencing embryonic development rate in rainbow trout (*Oncorhynchus mykiss*) [J]. Journal of Heredity, 2001, 92 (1): 16-22.

[212] Roupe van der Voort J N A M, Zandvoort P M, van Eck H J, et al. Use of allele specificity of comigrating AFLP markers to align genetic maps from different potato genotypes[J]. Molecular Genetics and Genomics, 1997, 255: 438-447.

[213] Sakamoto T, Danzmann R G, Gharbi K, et al. A microsatellite linkage map of rainbow trout (*Oncorhynchus mykiss*) characterized by large sex-specific differences in recombination rates[J]. Genetics, 2000, 155 (3): 1331-1345.

[214] Salmon A, Ainouche M L, Wendel J F. Genetic and epigenetic consequences of recent hybridization and polyploidy in Spartina (*Poaceae*) [J]. Molecular Ecology, 2005, 14

(4):1163-1175.

[215] Sbordoni V, Matthaeis E D, Sbordoni M C, et al. Bottleneck Effects and the Depression of Genetic Variability in Hatchery Stocks of *Penaeus juponicus* (Crustacea, Decapoda) [J]. Aquaculture, 1986, 57:239-251.

[216] Scalfi M, Troggio M, Piovani P, et al. A RAPD, AFLP and SSR linkage map, and QTL analysis in European beech (Fagus sylvatica L.) [J]. Theoretical and Applied Genetics, 2004, 108 (3):433-441.

[217] Sha A H, Lin X H, Huang J B, et al. Analysis of DNA methylation related to rice adult plant resistance to bacterial blight based on methylation-sensitive AFLP (MSAP) analysis[J]. Molecular Genetics and Genomics, 2005, 273 (6):484-490.

[218] Shaklee J B, Allendorf F W, Morizot D C, et al. Gene Nomenclature for Protein-Coding Loci in Fish[J]. Transactions of the American Fisheries Society, 1990, 119 (1): 2-15.

[219] Shaklee J B, Busack C A, Hopley Jr C W. Conservation genetics programs for Pacific salmon at the Washington Department of Fisheries: living with and learning from the past, looking to the future. In: Selective breeding of fisheries in Asia and the United States (Main K L and Reynolds E editors.) [M]. The Oceanic Institute, Honolulu, Hawaii, 1993, 110-114.

[220] Shaklee J B, Salini J, Garrett R N. Electrophoretic characterization of multiple genetic stocks of barramundi perch in Queensland, Australia[J]. Transactions of the American Fisheries Society, 1993, 122: 685-701.

[221] Shibaike H. Molecular genetic mapping and plant evolutionary biology[J]. Journal of Plant Research, 1998, 111 (3):383-388.

[222] Strauss W M, Ausubel F M, Brent R, et al. Preparation of genomic DNA from mammaliam tissues[M]. Current Protocol In Molecular Biology, New York, 1989: 221-222.

[223] Strauss W M. Preparation of genomic DNA from mammalian tissues[M]//Ausubel F M, Brent R, Kingston R E, eds. Current protocol in molecular biology. John Wiley and Sons, New York, 1989: 221-222.

[224] Strauss W M. Preparation of genomic DNA from mammalian tissues[M]//Ausubel F M, Brent R, Kingston R E, eds. Current protocol in molecular biology. John Wiley and Sons, New York, 1989, 221-222.

[225] Sun Z, Staub J E, Chung S M, et al. Identification and comparative analysis of quantitative trait loci associated with parthenocarpy in processing cucumber[J]. Plant Breed, 2006, 125: 281-287.

[226] Sun Z, Wang Z, Tu J, et al. An ultradense genetic recombination map for Brassica napus, consisting of 13551 SRAP markers[J]. Theoretical and Applied Genetics, 2007, 114(1): 305- 317.

[227] Sunden S L F, Davis S K. Evaluation of genetic variation in a domestic populations of Penaeus. Qannamei Boone: a comparison with three natural populations[J]. Aquaculture, 1991, 97: 131-142.

[228] Tassanakajon A, Rosenberg G, Ballment E. Genetic mapping of the black tiger shrimp *Penaeus monodon* with amplified fragment length polymorphism[J]. Aquaculture, 2002, 204(01): 297-309.

[229] Takuma Sugaya, Minoru Ikedat Hideshi Mori, et al. 2002. Inheritance mode of microsatellite DNA markers and their use for kinship estimation in kuruma prawn (*Penaeus japonicus*) [J]. Fisheries Science, 2002, 68: 299-305.

[230] Taniguchi N, Sumantadinata K, Iyama S. Genetic change in the first and second generations of hatchery stock of black seabream[J]. Aquaculture, 1983, 35: 309-320

[231] Tariq M, Paszkowski J. DNA and histone methylation in plant[J]. Trends Genet, 2004, 16(S1): S1-S17.

[232] Terauchi R, Kahl G. Mapping of the dioscorea toloro genome: AFLP markers linked to sex[J]. Genome, 1999, 42: 752-762.

[233] Tonsdotir O D B, Albert K Imsland, Gunnar N03vdal. Population genetic studies of northern shrimp, Pandalus borealis, in Icelandic waters and the Denmark Strait[J]. Canadian Journal of Fisheries and Aquatic Sciences, 1998, 55(3): 770-780.

[234] Tuiskula-Haavisto M, Honkatukia M, Vilkki J, et al. Mapping of Quantitative Trait Loci affecting quality and production traits in egg Layers[J]. Poultry Science. 2002, 81: 919-927.

[235] Uzun A, Yesiloglu T, Aka-Kacar Y, et al. Genetic diversity and relationships within Citrus and related genera based on sequence related amplified polymorphism markers (SRAPs) [J]. Scientia Horticulturae, 2009, 121(3): 306-312.

[236] Van Ooijen J. W, Voorrips R. E. production. In: JoinMap3.0, Software for the Calculation of Genetic Linkage Maps (ed. by J. W. Van Ooijen and R. E. Voorrips), Plant Research International, Wageningen, the Netherlands, 2001, pp. 1-49.

[237] Verhaegen D, Plomion C, Gion J M, et al. Quantitative trait dissection analysis in Eucalyptus using RAPD markers: 1. Detection of QTL in interspecific hybrid progeny, stability of QTL expression across different ages[J]. Theoretical and Applied Genetics, 1997, 95(4): 597-608.

[238] Villaescusa A, Camacho A, Rivalt a V. Phosphoglucose isomomerase and phosphoglucomutase polymorphism in the pink shrimp, *Fenneropenaeus notialis*[C]. Ciencias boilicas, Havana, 1984, 12:23-30.

[239] Voomps R E. chart version2. 0:windows software for the graphical presentation of linkage maps and QTLs[M]. Plant Research International, Wageningen, The Netherlands, 2001.

[240] Voorrips R E. MapChart: Software for the Graphical Presentation of Linkage Maps and QTLs[J]. Journal of Heredity, 2002, 93 (1):77-78.

[241] Vos P, Hogers R, Bleeker M, et al. AFLP: a new technique for DNA fingerprinting[J]. Nucleic Acids Research, 1995, 23 (21):4407-4414.

[242] Wachira F N, Waugh R, Hackett C A, et al. Detection of genelic diversity in tea (*Camellia sinensis*) using RAPD markers[J]. Genome, 1995, 38 (2):201-210.

[243] Waldbieser G C, Bosworth B G, Nonneman D J, et al. A microsatellite-based genetic map for channel catfish[J]. Genetics, 2001, 158:727-434.

[244] Wang C M, Lo L C, Zhu Z Y, et al. A genome scan for uantitative trait loci affecting growth-related traits in an F1 family of Asian seabass (*Lates calarifer*) [J]. BMC Genomics, 2006, 7:273-286.

[245] Wang W J, Kong J f, Bao Z M, et al. Isozyme variation in four population of *Fenneropenaeus chinensis* shrimp[J]. Biodiversity Science, 2001, 9 (3):241-246

[246] Weber J L. In formativeness of human (dC-dA) n (dG-dT) n polymorphisms[J]. Genomics, 1990, 7:524-530.

[247] Weber J L, May P E. Abundant class of human DNA polymorphisms which can be typed using the polymerase chain reaction[J]. American Journal of Human Genetics, 1989, 44 (3):388-396.

[248] Willam Carr et al. The Oceanic Institute's SPF Shrimp Breeding Program Status. U. S. Marine Shrimp Farming Program 10th Anniversary Review, Special Publication[M], 1994, 1:47-54.

[249] Williams J G, Kubelik A R, Livak K J, et al. DNA polymorphisms amplified by arbitrary primers are useful as genetic markers[J]. Nucleic Acids Research, 1990, 18 (22):6531-6535.

[250] Wolfus G M, Garcia D K, Alcivar-Warren A. Application of the microsatellite technique for analyzing genetic diversity in shrimp breeding programs[J]. Aquaculture, 1997, 152 (1):35-47.

[251] Wright J M, Bentzen P. Microsatellites: genetic markers for the future[J]. Reviews in Fish Biology and Fisheries, 1994, 4 (3):384-388.

[252] Wright S. The genetical structure of population[J]. Annals of Eugenics, 1951, 15: 323-334.

[253] Wright S. Variability within and among natural populations[M]. Chicago, The Univ. of Chicago Press, 1978.

[254] Wyban J A, Swingle J S, Sweeney J N, et al. Specific pathogen-free Penaeus vanamei[J]. World Aquaculture, 1995, 24: 39-45.

[255] Xiong L Z, Xu C G, Maroof S. Patterns of cytosine methylation pattern in an elite rice hybrid and its pwerental lines detected by a methylation sensitive amplification polymorphism technique[J]. Molecular Genetics and Genomics, 1999, 261: 439-44.

[256] Xu Z, Primavera J H, Pena L D D L, et al. Genetic diversity of wild and cultured Black Tiger Shrimp (*Penaeus monodon*) in the Philippines using microsatellites[J]. Aquaculture, 2001, 199 (1): 13-40.

[257] Xu Z, Dhar A K, Wyrzykowski J, et al. Identification of abundant and informative microsatellites from shrimp (*Penaeus monodon*) genome[J]. Animal Genetics, 1999, 30 (2): 150-156.

[258] Xue D W, Chen M C, Zhou M X, et al. QTL analysis of flag leaf in barley (*Hordeum vulgare* L.) for morphological traits and chlorophyll content[J]. Journal of Zhejiang Universityence B, 2009, 9 (12): 938-43.

[259] Yasukochi Y. A dense genetic map of the silkwomi I Bombyx mori, covering all chiXMnosome based cmi 1018 molecular markers[J]. Genetics, 1998, 150: 1513-1525.

[260] Yeh F C, Yang R C, Boyle T, POPGENE vereion 1, 3. 1. Microsoft window-bases freeware for population genetic analysis[EB/OL]. http//: www. ualberta. ca/ ~ fyeh/: University of Alberta and the Center for International Forestry Research, 1999.

[261] Young W P, Wheeler P A, COTyell V H, et al. A detidled linkage map of rainbow trout produced using doubled haploids[J]. Genetics, 1998, 48, 839-850.

[262] Yu Z, Guo X. Genetic linkage map of the eastern oyster Crassotrea virginica Gmelin[J]. Biol Bull, 2003, 204: 327-338.

[263] Yue Z Q, Wang W J, Kong J, et al. Isolation, cloning and sequencing of AFLP markers related to disease-resistance trait in *Fenneropenaeus chinensis*[J]. Chinese Journal of Oceanology and slimnology, 2005, 23 (4): 442-447.

[264] Zeng Z B. Theoretical basis for separation of multiple linked gene effects in mapping quantitative trait loci[J]. Proceedings of the National Academy of Sciences of the United States of America, 1993, 90 (23): 10972-10976.

[265] Zhang M S, Yan H Y, Zhao N, et al. Endosperm specific hypo methylation, and

meiotic inheritance and variation of DNA methylation level and pattern in sorghum (*Sorghum bicolor* L.) interstrain bybrids[J]. Theoretical and Applied Genetics, 2007, 115: 195–207.

[266] Zhang X Y, Yazaki J, Sundaresan S, et al. Genome wide high resolution mapping and functional analysis of DNA methylation in Arabidopsis[J]. Cell, 2006, 12: 1189–1201.

[267] Zhen K X, Jurgenne H P, Leobert D, et al . Genetic diversity of wild and cultured black tiger shrimp *Penaeus monodon* in the Philippines using microsatellites[J]. Aquaculture, 2001, 199: 13–40.

[268] Zhuang Z, Meng X, et al. Genetic diversity in the wild population and hat chery stock of *Fenneropenaeus japonica* shrimp by isozyme analysis[J]. Zoological Research, 2000, 21 (4): 323–326.

[269] Zilberman D, Gehring M, Tran R K, et al. Genome wide analysis of Arabidopsis thaliana DNA methylation uncovers an interdependence between methylation and transcription[J]. Nature Genetics, 2007, 39 (1): 61–69.

第4章

中国对虾环境适应性研究

1. 不同溶氧条件下亚硝酸盐和氨氮对中国对虾的急性毒性效应

中国对虾属十足目，对虾总科，对虾科，对虾属。主要分布于我国的黄、渤海海区，是我国对虾的主要养殖品种之一（于春霞等，2001）。在对虾养殖过程中，尤其在高密度养殖模式下，亚硝酸盐和氨氮是制约对虾正常生长的主要因子之一，这是由于随着养殖时间的增加，养殖水体中氨氮和亚硝酸盐会逐渐积累，当其浓度达到一定值时，不仅会对对虾产生直接毒害，而且能够诱发多种疾病，从而影响对虾的生长。因此，国内外许多学者研究了亚硝酸盐和氨氮对对虾的急性毒性效应，得到了多种对虾的半数死亡浓度，并进行了病理学研究及探讨其中毒机理（孙国铭等，2002；姚庆祯等，2002；彭自然等，2004；臧维玲等，1996；吴中华等，1999；周光正，2001；Chen et al，1988，Zang et al，1993；Thurston，1981）。

对虾工厂化养殖是在封闭或半封闭水体中进行高密度集约化养殖的一种新型养殖模式。通过向养殖水体充氧，使水体中维持较高浓度的溶解氧，是该养殖模式水质管理的主要调控措施之一。对虾工厂化养殖过程中水体的高溶解氧必然对亚硝酸盐、氨氮等环境因子的毒性行为和毒力产生影响，但迄今为止尚未见有关高溶解氧条件下亚硝酸盐、氨氮等对于对虾毒性效应方面的研究报道。

王娟等（2007）通过 96 h 半静水试验，研究了正常溶氧与过饱和溶氧条件下亚硝酸盐和非离子氨对中国对虾的急性毒性效应，找出其安全浓度，旨在为加强养殖期的水质管理和促进对虾工厂化养殖生产的健康发展提供科学依据。

1.1 亚硝酸盐对中国对虾的毒性

在同一实验时间内，两种溶氧条件下的中国对虾，随着亚硝酸盐浓度的升高，死亡数也越来越多，说明其毒性作用随之增强；同一浓度组随着实验时间的延长，死亡数也逐渐增加。通过计算得到正常溶氧条件下亚硝酸盐对中国对虾的 48 h LC_{50} 和 96 h LC_{50} 分别为 69.43 mg/L 和 43.80 mg/L，安全浓度为 4.380 mg/L；而过饱和氧条件下亚硝酸盐对中国对虾的 48 h LC_{50} 和 96 h LC_{50} 则分别为 94.80 mg/L，58.64 mg/L，安全浓度为 5.864 mg/L。从实验结果可以看出，过饱和氧的存在使得亚硝酸盐对中国对虾的半致死浓度大幅度提高，安全浓度提高了 1.34 倍，说明过饱和氧水环境能有效降低水中亚硝酸盐对中国对虾的毒性。

表 1　正常溶氧条件下亚硝酸盐对中国对虾的毒性实验结果

组号	浓度(mg/L)	24 h 死亡数	48 h 死亡数	72 h 死亡数	96 h 死亡数
对照	0	0 0 0	0 0 0	0 0 0	0 0 1
1	25	0 0 0	1 0 0	1 0 0	1 0 1
2	35	0 1 0	1 1 2	2 3 3	4 7 4
3	49	2 2 3	4 3 3	4 5 4	5 6 6
4	68.6	4 3 2	6 4 5	7 6 7	9 8 7
5	96.04	4 6 7	6 7 7	9 8 10	10 9 10
6	134.46	6 7 7	8 7 10	10 9 10	10 10 10
7	188.24	7 10 9	9 10 10	10 10 10	10 10 10

表 2　过饱和氧条件下亚硝酸盐对中国对虾的毒性实验结果

组号	浓度(mg/L)	24 h 死亡数	48 h 死亡数	72 h 死亡数	96 h 死亡数
对照	0	0 0 0	0 0 0	0 0 0	0 0 0
1	35	0 1 0	0 1 0	0 1 1	1 2 1
2	49	0 1 2	1 2 2	3 3 4	4 4 6
3	68.6	2 3 4	3 3 6	4 3 6	6 5 7
4	96.04	4 3 3	4 5 4	6 5 7	6 7 9
5	134.46	5 4 7	5 7 8	8 9 10	9 10 10
6	188.24	7 8 7	7 10 9	9 10 10	10 10 10
7	263.53	7 9 9	10 9 10	10 10 10	10 10 10

1.2　非离子氨对中国对虾的毒性

与亚硝酸盐的急性毒性作用相似，对虾死亡数随着浓度的升高以及实验时间的延长逐渐增加。通过计算得到正常溶氧条件下非离子氨对中国对虾的 48 h LC_{50} 和 96 h LC_{50} 分别为 1.36 mg/L 和 0.98 mg/L，安全浓度为 0.098 mg/L；而过饱和溶氧条件下非离子氨对中国对虾的 48 h LC_{50} 和 96 h LC_{50} 分别为 2.45 mg/L 和 1.52 mg/L，安全浓度为 0.152 mg/L。从实验结果可以看出，过饱和溶氧的存在使得非离子氨对中国对虾的半致死浓度大幅度提高，安全浓度提高了 1.55 倍，说明过饱和溶氧水环境同样能有效降低非离子氨对中国对虾的毒性。

表 3 正常溶氧条件下非离子氨对中国对虾的毒性试验结果

组号	NH_3-Nt（mg/L）	NH_3-Nm（mg/L）	24 h 死亡数	48 h 死亡数	72h 死亡数	96 h 死亡数
对照	0	0	0 0 0	0 0 0	0 0 0	0 0 0
1	12.5	0.74	0 1 0	0 1 0	0 1 1	1 2 1
2	16.62	0.98	0 1 2	1 2 2	3 3 4	4 4 6
3	22.11	1.3	2 3 4	3 3 6	4 3 6	6 5 7
4	29.41	1.74	4 3 3	4 5 4	6 5 7	6 7 9
5	39.11	2.31	5 4 7	5 7 8	8 9 10	9 10 10
6	52.02	3.07	7 8 7	7 10 9	9 10 10	10 10 10
7	69.19	4.08	7 6 9	10 9 10	10 10 10	10 10 10

表 4 过饱和氧条件下非离子氨对中国对虾毒性试验的结果

组号	NH_3-Nt（mg/L）	NH_3-Nm（mg/L）	24 h 死亡数	48 h 死亡数	72 h 死亡数	96 h 死亡数
对照	0	0	0 0 0	0 0 0	1 0 0	1 1 0
1	20	1.18	0 0 0	0 1 2	0 1 2	2 3 4
2	27	1.59	0 2 1	2 3 3	3 6 5	4 6 7
3	36.45	2.15	2 3 3	5 6 4	7 6 7	8 7 8
4	49.21	2.9	4 6 4	6 7 6	6 8 7	8 8 9
5	66.43	3.92	5 7 7	7 8 8	9 9 8	10 9 10
6	89.68	5.29	7 6 7	9 9 8	10 10 10	10 10 10
7	121.07	7.14	8 7 7	10 10 10	10 10 10	10 10 10

1.3 溶解氧对亚硝酸盐和氨氮浓度的影响

氨氮随时间的延长损失率逐渐提高而浓度逐渐降低，并且充氧气、充空气和不充气时氨氮浓度损失率依次减少；亚硝酸盐损失情况表现出与氨氮相似的变化规律，但其降低程度比氨氮要小。充氧气、充空气和不充气情况下，24 h 氨氮的损失率分别为 13.60%、12.33%和 9.01%，而亚硝酸盐的损失率则分别为 10.84%，9.21%和 6.38%。一般而言，急性实验中毒物的浓度变化小于 20%就可以用加入浓度来说明该毒物的急性毒性，而在本实验中，每 24 h 换水 1 次能保证毒物的有效浓度维持在 85%以上，尽管依据加入浓度计算的 LC_{50} 值有所偏高，但还基本能够准确反映出中国对虾对亚硝酸盐和氨氮的耐受程度。

表 5 亚硝酸盐、氨氮对中国对虾的半致死浓度 LC_{50} 和安全浓度 Se

项目		正常溶氧			过饱和溶氧		
		NO_2-N (mg/L)	NH_3-Nt (mg/L)	NH_3-Nm (mg/L)	NO_2-N (mg/L)	NH_3-Nt (mg/L)	NH_3-Nm (mg/L)
24 h	LC_{50}	93.93	36.07	2.13	123.52	63.32	3.73
	95%置信区间	78.67～112.14	30.39～42.82	1.79～2.53	102.68～148.59	54.15～74.04	3.19～4.37
48 h	LC_{50}	69.43	23.01	1.36	94.8	40.25	2.37
	95%置信区间	58.53～82.36	19.45～27.23	1.15～1.61	79.77～112.66	34.79～46.59	2.05～2.75
72 h	LC_{50}	53.66	19.59	1.16	71.95	33.26	1.96
	95%置信区间	46.84～61.48	16.72～22.95	0.98～1.36	62.17～83.27	28.91～38.27	1.70～2.26
96 h	LC_{50}	43.8	16.63	0.98～1.36	58.64	25.72	1.52
	95%置信区间	37.57～51.06	14.12～19.58	0.83～1.16	51.40～66.90	21.97～30.10	1.30～1.77
安全浓度(mg/L)		4.38	1.633	0.098	5.864	2.572	0.152

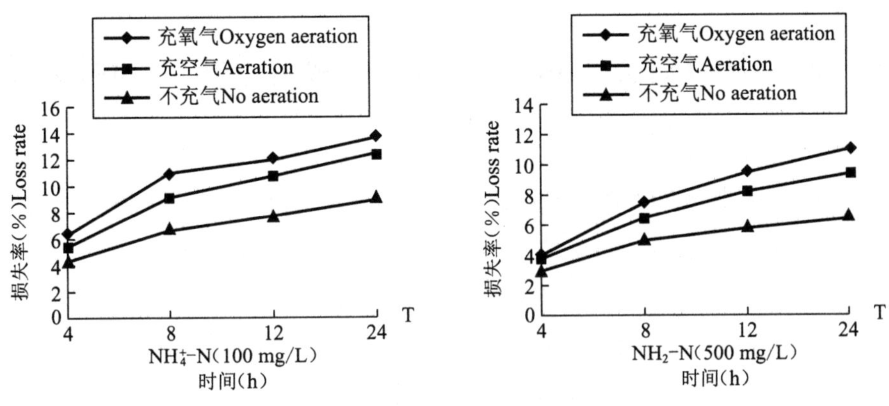

图 1 不同溶氧条件下氨氮和亚硝酸盐浓度随时间的变化情况

1.4 毒性比较

1.4.1 中毒症状

本次实验结果表明，亚硝酸盐和非离子氨对中国对虾均具有一定的毒性，两种毒物的中毒症状相似。其具体表现为，当对虾进入实验最高浓度组的亚硝酸盐和氨氮实验海水中，从 0.5～1 h 开始出现中毒症状，部分虾身体弯曲并呈螺旋状仰泳、在水中上下浮动、频繁碰触杯壁，经约 4 h 后沉入杯底，活力减弱，仅附肢轻微颤动，随时间的延长，开始昏迷，直至死去。在此过程中，对虾的体色由健康的淡紫红色逐渐变白，这与臧维玲等(1996)报道的结果相似。较低浓度组对虾出现上述中毒症状的时间明显滞后，且两种毒物浓度越低滞后时间越长。

1.4.2 毒性差异

研究结果表明，与正常溶氧实验相比，过饱和溶氧(10～12 mg/L)使亚硝酸盐对中国对虾的 48 h LC_{50} 值和 96 h LC_{50} 值分别提高了 1.35 和 1.34 倍；同样地，过饱和溶氧(10～12 mg/L)使非离子氨对中国对虾的48 h LC_{50}值和96 h LC_{50}值分别提高了1.74和1.55倍。因此高浓度溶解氧的存在使中国对虾对亚硝酸盐和非离子氨的耐毒能力得以提高。

从实验结果还可以看出,无论在过饱和溶氧还是在正常溶氧条件下,非离子氨对中国对虾的毒性均高于亚硝酸盐,且过饱和氧对非离子氨毒性的影响程度高于亚硝酸盐,其原因可能与亚硝酸盐和非离子氨对中国对虾的致毒机理有关。已有学者报道了亚硝酸盐和氨氮的致毒机理,NO_2-N的毒性作用是由于NO_2-N进入血液后,将血红蛋白分子的Fe^{2+}氧化成为Fe^{3+},失去的载氧能力,从而造成组织缺氧、代谢紊乱、神经麻痹甚至窒息死亡(黄琪炎,1993;吴中华等,1999)。而非离子氨为非极性化合物,有相当大的脂溶性,半径较小,容易穿透细胞膜毒害组织,其毒性为离子氨的50倍(周光正,1991;Alabaster,1982)。Thurston等(1991)研究证实了非离子氨的毒性与溶解氧浓度呈逆相关。因此高浓度的溶解氧缓解了亚硝酸盐和非离子氨对中国对虾的毒性效应。

2. 氯化铵对中国对虾"黄海1号"免疫相关酶类的影响

对虾养殖业的发展已成为海水养殖业中最具有代表性的产业之一。良种的选择和培育是水产养殖业增产的有效途径。对虾类经济价值很高,受利润和市场需求的驱动,世界对虾渔业发展迅速(邓景耀,1998)。中国水产科学研究院黄海水产研究所自1997年4月开始进行中国对虾快速生长群体的选育研究,得到了生长速度快、抗逆能力强的新品种,并经过国家水产原良种审定委员会的审定,被命名为"黄海1号"。"黄海1号"的选育成功,为中国对虾养殖提供了重要的品种保障,建立的技术和获得的经验也为其他海水养殖动物的育种研究提供了可借鉴的经验和技术(李健等,2005)。自中国对虾进行人工选育的研究工作开展以来,已分别从形态特征(李朝霞等,2006)、同工酶(李健等,2003)、分子标记如RAPD(何玉英等,2004)、SSR(张天时等,2005)和AFLP(李朝霞等,2006))方面对选育群体的遗传结构进行了检测,研究结果为中国对虾重要经济性状的分子标记筛选以及分子标记辅助育种提供了理论依据和指导,但对于其抵抗不良环境的能力尚未做系统的研究。

对虾防御系统由细胞防御和体液防御系统组成,以非特异性免疫为主。氨态氮是对虾生长环境中最常见的毒性物质,Chen等(1994、1992、1991)认为对虾在氨氮浓度不断升高的环境中,其抗病力逐渐下降,对病原体易感性提高,疾病易发生。氨分子具有相当高的脂溶性,能穿透细胞膜毒害组织;虾池中氨的积累会增加虾的蜕皮次数,减缓生长,增加耗氧量,影响对虾的氨排泄系统和渗透调节系统(聂月美等,2006)。

哈承旭等(2009)采用常规毒性实验生物学的方法,以野生群体为对照,对中国对虾"黄海1号"进行氯化铵梯度胁迫,计算其半致死浓度及安全浓度,并对72 h后血清中的溶菌酶(LSZ)及血清、肝胰腺和肌肉中的酚氧化酶(PO)、超氧化物歧化酶(SOD)、碱性磷酸酶(AKP)及酸性磷酸酶(ACP)活力变化进行了测定，以检测选育新品种“黄海 1 号”的抗逆能力，为育种工作的进一步深入开展提供理论依据和数据支持。

2.1 急性攻毒后的半致死浓度

随着氯化铵浓度的升高，对对虾的毒性逐渐加强，统计发现“黄海 1 号”中国对虾的 24 h LC_{50}，48 h LC_{50} 72 h LC_{50} 及安全浓度均高于野生群体。

表 6 野生群体及选育群体“黄海 1 号”的半致死浓度及安全浓度

实验组	24 h LC_{50}（mg/L）	48 h LC_{50}（mg/L）	72 h LC_{50}（mg/L）	Cs（mg/L）
黄海 1 号	69.6	32.3	17.8	0.96
野生群体	65.4	30	16	0.86

2.2 氯化铵对选育群体组织溶菌酶活力的影响

随着氯化铵浓度的升高，选育群体血清中溶菌酶活力均呈下降的趋势，但下降的幅度明显低于野生群体。氯化铵浓度在 16 mg/L 时，随着氯化铵浓度的升高选育群体“黄海 1 号”血清中溶菌酶活力降低了 5.30%，野生群体降低了 9.66%，差异显著（$t=2.89$，$P=0.017<0.05$）；在浓度为 32 mg/L，选育群体和野生群体血清中溶菌酶活力分别降低了 22.76%和 29,14%，差异极显著($t=3.95$，$P=0.003<0.01$)。

2.3 氯化铵对选育群体酚氧化酶(PO)活力的影响

选育群体“黄海 1 号”及野生群体血清酚氧化酶活力随着氯化铵浓度的升高呈现下降的趋势。野生群体下降的幅度要大于选育群体，氯化铵浓度为 32 mg/L 时，差异最大，选育群体和野生群体血清中 PO 活力分别下降了 48.65%和 69.57%，差异极显著（$t=4.304$，$P=0.003<0.01$）。

2.4 氯化铵对选育群体超氧化物歧化酶(SOD)活力的影响

随着氯化铵浓度的上升，两群体血清组织内的 SOD 活力出现差异。两群体 SOD 活力总趋势都表现为先上升后降低，未攻毒时两群体血清组织内的 SOD 活力表现差异不显著；氯化铵浓度分别为 8 mg/L 和 16 mg/L 时，两群体 SOD 活力均上升，未出现显著差异；氯化铵浓度为 32 mg/L 时，选育群体“黄海 1 号” SOD 活力上升，野生群体酶活力值下降，分别升高和降低了 6.01%为 8.17%，差异显著($t=2.91$，$P=0.025<0.05$)；攻毒浓度达到 64 mg/L 时，选育群体和野生群体血清组织内 SOD 活力均开始降低，分别降低了 8.21%和 15.80%（$t=3.494$，$P=0.006<0.01$)差异极显著。

表 7 氯化铵作用条件下中国对虾“黄海 1 号”和野生群体溶菌酶活力

群体	组织	样本数	氯化铵浓度(mg/L)					
			0	8	16	32	64	128
黄海 1 号	血清	6	0.151 ± 0.009^{c}	0.143 ± 0.010^{c}	0.126 ± 0.007^{B}	0.107 ± 0.014^{a}	0.078 ± 0.01^{c}	0.06 ± 0.006^{c}
野生群体		6	0.145 ± 0.006^{c}	0.131 ± 0.010^{c}	0.112 ± 0.009^{b}	0.082 ± 0.004^{A}	0.069 ± 0.010^{c}	0.045 ± 0.008^{c}

注：A 为 $P<0.01$，差异极显著；B 为 $P<0.05$，差异显著；C 为 $P>0.05$，差异不显著

表 8 氯化铵作用条件下中国对虾“黄海 1 号”和野生群体的酚氧化酶活力

群体	组织	样本数	氯化铵浓度(mg/L)					
			0	8	16	32	64	128
黄海 1 号		6	8.9 ± 1.39^{c}	5.89 ± 1.53^{c}	5.13 ± 1.23^{c}	4.57 ± 1.14^{a}	2.18 ± 0.35^{c}	1.64 ± 0.61^{c}
野生群体		6	8.74 ± 2.06^{c}	5.70 ± 1.77^{c}	4.94 ± 1.66^{c}	2.66 ± 0.28^{A}	1.81 ± 0.55^{c}	1.59 ± 0.74^{c}

注：A 为 $P<0.01$，差异极显著；B 为 $P<0.05$，差异显著；C 为 $P>0.05$，差异不显著

表 9 氯化铵作用条件下中国对虾“黄海 1 号”及野生群体的超氧化物歧化酶活力

群体	组织	样本数	氯化铵浓度(mg/L)					
			0	8	16	32	64	128
黄海 1 号	血清	6	102.82 ± 2.82^{c}	104.11 ± 5.45^{c}	106.46 ± 3.41^{c}	107.56 ± 4.89^{B}	93.12 ± 3.37^{A}	87.45 ± 6.04^{c}
野生群体		6	99.59 ± 6.58^{c}	101.30 ± 9.04^{c}	104.25 ± 9.76^{c}	91.45 ± 12.62^{B}	83.85 ± 5.55^{A}	78.96 ± 10.38^{c}

注：A 为 $P<0.01$，差异极显著；B 为 $P<0.05$，差异显著；C 为 $P>0.05$，差异不显著

2.5 氯化铵对选育群体碱性磷酸酶活力(AKP)的影响

随着氯化铵浓度的上升，两群体血清组织内的 AKP 活力逐渐升高，选育群体“黄海 1 号”上升的幅度明显要低于野生群体。氯化铵浓度为 8 mg/L 时，差异最明显，选育群体“黄海 1 号”和野生群体血清组织内 AKP 活力分别上升了 32.94%和 46.28%，差异极显著($t=7.86$，$P=0.001<0.01$)。

表 10 氯化铵作用条件下中国对虾“黄海 1 号”和野生群体的碱性磷酸酶活力

群体	组织	样本数	氯化铵浓度(mg/L)					
			0	8	16	32	64	128
黄海 1 号	血清	6	1.17 ± 0.02^{c}	$.1.56\pm0.03^{A}$	2.02 ± 0.03^{c}	2.04 ± 0.032^{c}	2.16 ± 0.05^{c}	2.20 ± 0.05^{c}
野生群体		6	1.16 ± 0.03^{c}	1.70 ± 0.03^{a}	2.06 ± 0.05^{c}	2.08 ± 0.03^{c}	2.14 ± 0.01^{c}	2.16 ± 0.01^{c}

注：A 为 $P<0.01$，差异极显著；B 为 $P<0.05$，差异显著；C 为 $P>0.05$，差异不显著

2.6 氯化铵对选育群体酸性磷酸酶(ACP)活力的影响

随着氯化铵浓度的上升，两群体血清组织内的 ACP 活力逐渐升高。氯化铵浓度为 8 mg/L 时，选育群体“黄海 1 号”和野生群体血清组织 ACP 活力分别上升了 17.11 % 和 48.7 %，差异极显著($t=4.189$，$P=0.002<0.01$)；氯化铵浓度为 16 mg/L 时，两群体血清组织 ACP 活力分别上升了 152.63 % 和 201.28 % ($t=3.213$，$P=0.027<0.05$)差异显著；氯化铵浓度为 32 mg/L 时，两群体血清组织 ACP 酶活力分别上升了 227.63%和 301.28%，差异显著($t=2.925$，$P=0.02<0.05$)。

表 11 氯化铵作用条件下中国对虾“黄海 1 号”和野生群体的酸性磷酸酶活力

群体	组织	样本数	氯化铵浓度(mg/L)					
			0	8	16	32	64	128
黄海 1 号	血清	6	0.76 ± 0.02^{c}	0.89 ± 0.02^{A}	1.92 ± 0.13^{B}	2.49 ± 0.25^{B}	3.71 ± 0.16^{c}	4.19 ± 0.21^{c}
野生群体		6	0.78 ± 0.02^{c}	1.16 ± 0.15^{A}	2.35 ± 0.29^{B}	3.13 ± 0.47^{b}	3.86 ± 0.19^{c}	4.22 ± 0.19^{C}

注：A 为 $P<0.01$，差异极显著；B 为 $P<0.05$，差异显著；C 为 $P>0.05$，差异不显著

溶菌酶广泛存在于各种动物的血细胞和血液中，在免疫活动中发挥着重要作用(樊甄姣等，2006)。溶菌酶是吞噬细胞杀菌的物质基础，当吞噬细胞对异物颗粒进行吞噬和包囊后，细胞内的溶酶体会与异物进行融合，发生脱颗粒现象，外来入侵的微生物可以被其中的溶菌酶等直接杀死，随后再进一步将它们水解消化，并将水解消化后的残渣排出细胞外。王雷等(1995)在以溶壁微球菌(*Micrococcus 1ysoleikticus*)冻干粉作为底物进行实验时发现，正常中国对虾的血淋巴中具有较强的溶菌活力，而濒死中国对虾血淋巴的溶菌活性基本丧失。由此认为，溶菌活力可以作为检测对虾机体免疫功能状态的一个有价值的参考。王雷等(1995)认为溶菌活力的测定不仅可作为免疫指标，而且对机体功能状态的衡量也是一个有价值的参考。

酚氧化酶原系统是防御中心，具有识别异物、全面启动防御机制的功能，酚氧化

酶是甲壳动物的酚氧化酶原激活系统的产物。Soderhell 等(1990)发现,酚氧化酶还具有将酚催化为黑色素的作用,黑色素及其中间代谢产物可以杀死微生物等,有重要的防御功能。王雷等(1995)、丁美丽等(1997)和刘恒等(1998)以 L-DOPA 为底物,根据酚氧化酶催化的产物在 490 mn 处的吸光值来衡量对虾抗病力的大小。

本实验研究发现"黄海 1 号"及野生群体经氯化铵浓度梯度攻毒后体内的溶菌酶活力及酚氧化酶活力都呈 现下降的趋势,表明对虾在有氨氮胁迫的环境中,影响对虾呼吸、离子调节(NH/Na)和氮代谢等相关生理功能和溶菌能力及酚氧化酶值降低,这也与孙舰军等(1999)的研究结果一致,但姜令绪等(2004)发现,随着氨氮浓度升高,南美白对虾的溶菌活力显著降低($P<0.05$),PO 活力显著升高;吴中华(1999)报道,亚硝酸盐导致对虾体内的 PO、溶菌酶的活性下降,使虾体内的自由基过氧化物增多、抵抗能力下降、代谢紊乱、生理功能失调;Cheng 等(2002、2003)研究也发现,随着氨氮水平的升高,7 d 后罗氏沼虾血细胞酸氧化酶活力和溶菌能力明显降低,对病原菌的易感性提高。分析本实验结果,"黄海 1 号"两项免疫相关指标下降的幅度明显小于野生群体,分析认为虽然"黄海 1 号"并未进行过特定的抗氨氮个体筛选,但首先高强度筛选时,选择的对虾就不仅个体大而且活力强,其次在育苗时还进行了特定病原检测,这样就进一步淘汰了一些活力差的个体,因此选育得到的个体在受到不良胁迫时溶菌能力及酚氧化酶调节机制都强于野生群体。

超氧化物歧化酶(SOD)是重要的抗氧化酶之一,在清除自由基、防止自由基对生物分子损伤方面有十分重要的作用。近年来研究表明,SOD 活性与生物的免疫水平密切相关,可用它们的活性变化作为机体非特异性免疫指标,甚至定量指标(黄鹤忠等,2006)。健康的生物体其体内的自由基处于一动态的平衡状态中,当受到外界的刺激后,其活性会在一定范围内升高,但达到特定强度后降低,因为生物有机体在受到环境胁迫后常能引发应激反应。这是机体在经历了一段应激之后而产生的一种保护机制,但生物若持续地处于应激状态或应激强度加大时,机体的免疫功能会受到抑制,SOD 活性降低,导致生物代谢混乱,正常生理功能失调,体内免疫水平下降对各种病原的敏感性升高(樊甄姣等,2005)。

实验表明,无论是选育群体还是野生群体,当其受到低浓度的氯化铵刺激后其 SOD 活性都会升高,但选育群体在逆境下 SOD 酶调节机制明显要比野生群体强,攻毒浓度达到 32 mg/L,选育群体"黄海 1 号"SOD 活力值上升,野生群体酶活力值下降,浓度再升高两群体内 SOD 活性都下降,但选育群体明显要比野生群体下降速度慢。低幅度的氯化铵浓度作用后,对虾体内的 SOD 活力有所上升,这也支持了 Stebbing(1982)所说的"毒物兴奋效应",即低毒物胁迫下出现的免疫力增益现象,这是机体产生的一种保护性反应,借此维持机体的自身平衡来克服胁迫;而高幅度的氯化铵作用后,对虾体内的 SOD 酶活性显著下降。同时能看出,对虾体内的 SOD 的升高与降低的幅度能反映出虾体的抗病能力差异,即选育群体高于野生群体。

在甲壳动物的免疫反应中，碱性磷酸酶和酸性磷酸酶均为磷酸单酯酶，起着重要的作用。碱性磷酸酶是一种重要的代谢调控酶，直接参与磷酸基团的转移及钙磷代谢，作为甲壳动物溶酶体酶的重要组分在免疫反应中发挥作用。酸性磷酸酶在甲壳动物体内也是吞噬溶酶体的重要组成部分，在血细胞进行吞噬和包囊反应中，会伴随有酸性磷酸酶的释放，可通过水解作用将表面带有磷酸酯的异物破坏或降解（王明等，2005）。吴垠等（1998）研究发现，患病的中国对虾血清碱性磷酸酶活力明显高于正常虾，且不同发病期变化幅度不同，发病初期血清升高幅度为 54.78%，至重症期，病虾碱性磷酸酶活力升高的幅度增至 82.3%～93.7%。王玥等（2005）认为，在氨态氮作用下，罗氏沼虾肝胰腺细胞逐渐坏死，引起细胞和溶酶体破裂，酸性磷酸酶和碱性磷酸酶渗出，因而表现出较高的活力。

随着氯化铵浓度的升高，“黄海 1 号”及野生群体血清组织 AKP、ACP 活性都表现出同样的上升趋势。但研究发现，在低浓度的氯化铵条件下选育群体两种酶上升幅度要比野生群体低，与野生群体出现显著的差异，但当氯化铵浓度达一定的值后两群体体内的酸性磷酸酶和碱性磷酸酶活性值差异并不显著。分析其原因，认为可能既是中国对虾处于突变环境中为维持自身酸碱平衡和离子平衡而采取的一种主动调节措施，既是机体的防御反应，也是一种被动的病理显示。当水体中氯化铵浓度达到一定值后，对虾处于一种病理状态，超出了机体的免疫调节限度，就会导致免疫系统的受损，并最终导致机体死亡，即使是优良的选育品种也表现不出任何优势。

综上所述，通过两群体血清组织中溶菌酶、酚氧化酶、超氧化物歧化酶、酸性磷酸酶和碱性磷酸酶活力的检测，比较发现，在低浓度氯化铵存在的不良水体环境中，选育群体中国对虾“黄海 1 号”几种与抗病力相关的生理指标都表现出了其比野生群体优良的特性，从而也说明了经过种群筛选、种群延续保护及苗种培育和养成，病原检测后所选育出的中国对虾“黄海 1 号”新品种抗氯化铵胁迫的能力较强。

3. pH 胁迫对 3 种对虾存活率、离子转运酶和免疫酶活力的影响

水体 pH 常因养殖过程中大量换水、阴天暴雨、酸雨、浮游动植物种群的突然改变和残饵等因素的影响而变化，其作为养殖水体的一种重要水质理化指标，是水体化学性状和生命活动的综合反映，直接影响虾类的渗透调节、生长和存活等生理机能，pH 突变会对虾体的渗透调节功能造成胁迫，使虾体的免疫能力下降，生长受到抑制，从而影响对虾养殖的经济效益（张林娟等，2008）。

目前，国内外关于 pH 对对虾离子转运酶调控和渗透调节（Allan et al，1992；Morris et al，1995；潘鲁青等，2004；Pequeux，1995；Wang et al，2002）、免疫力（Gilies et al，2000；Cheng et al，2000；潘鲁青等，2002；哈承旭等，2009）等方面已有研究，但有关中国对虾（*Fenneropenaeus chinensis*）、凡纳滨对虾（*Litopenaeus vannamei*）、日本囊对虾

(*Marsupenaeus japonicus*) 3 种对虾相关方面的比较研究还未见报道，人们注意到在实际生产中，中国对虾、凡纳滨对虾或者日本囊对虾对不良环境的抗逆能力有较大差别，这可能与对虾的自身免疫机制及虾体对养殖环境的适应性有关。因此，在同一养殖环境下比较 3 种养殖对虾的生理适应情况、渗透调节能力和免疫能力，对于深入了解对虾的渗透调节机制、免疫协调能力及其虾体对 pH 应激的保护机制具有重大意义，从而为养殖实践中根据水体环境选择合适的放养对虾种类提供理论指导。

赵先银等(2011)以养殖水体 pH 为变化因子，比较了在正常水体 pH 及 pH 胁迫条件下中国对虾、日本囊对虾和凡纳滨对虾的存活率、离子转运酶、免疫酶活指标的变化，探讨 3 种对虾的渗透调节能力和非特异性免疫能力差异，为对虾健康养殖及抗逆性新品种培育的研究提供一定数据支持。

3.1 存活率

对照组(pH 8.2) 3 种对虾在试验期间(96 h)均未出现死亡现象。在低 pH (pH 7.2)条件下，随着时间的逐渐延长，3 种对虾的存活率均呈下降趋势，中国对虾和凡纳滨对虾在 6 h 开始下降，而日本囊对虾则在 24 h 开始下降；96 h 时，中国对虾、凡纳滨对虾和日本囊对虾的存活率分别为 58.6%，60.1%和 96.7%，均显著低于各自的对照组($P<0.05$)；在高 pH (pH 9.2)条件下，中国对虾和凡纳滨对虾的存活率开始出现下降的时间在 3 h，而日本囊对虾则在 48 h；高 pH 胁迫组 96 h 时中国对虾、凡纳滨对虾和日本囊对虾的存活率分别为 13.3%，54.6%和 97.0%，均显著低于各自的对照组($P<0.05$)；两个胁迫组相比，3 种对虾高 pH 胁迫组存活率下降幅度均较低 pH 胁迫组大。

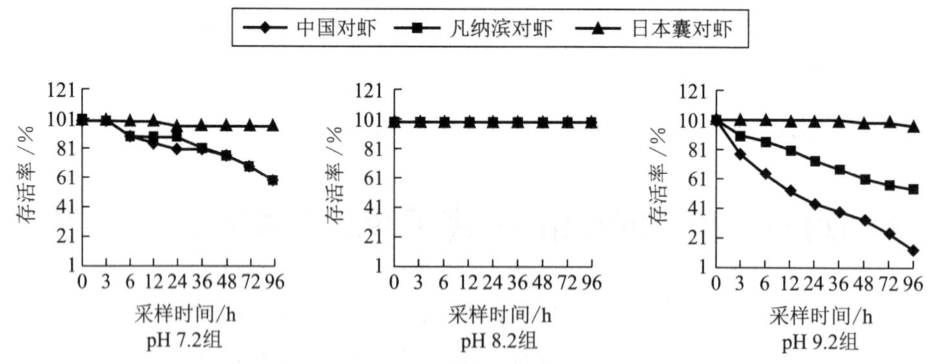

图 2 3 种养殖对虾在不同 pH 水体中的存活率

3.2 对虾鳃 Na^+～K^+-ATPase 活力

对照组中国对虾、凡纳滨对虾和日本囊对虾的鳃 Na^+-K^+-ATPase 活力大小依次为：2.88、7.89、1.41 (μmol/ (mgprot•h))，3 种对虾之间差异极显著($P<0.01$)。与各自的对照组相比，低 pH 组随着时间的延长，3 种对虾鳃 Na^+-K^+-ATPase 活力均呈先增后减的变化规律，且中国对虾、凡纳滨对虾、日本囊对虾分别在 3 h ($P<0.01$)、6 h ($P<0.01$)、2 h ($P<0.01$)达到最大值，分别为：11.28、11.40、3.49 μmol/ (mgprot•h)，随

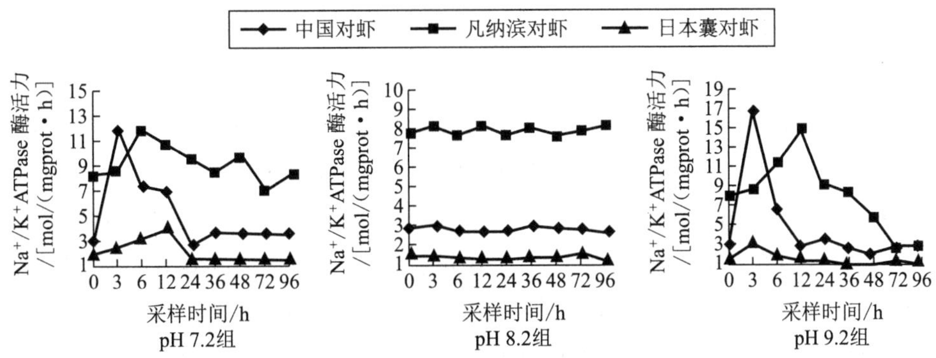

图 3 3 种养殖对虾在不同 pH 水体中的鳃 Na^+-K^+-ATPase 酶活力

后均逐渐下降；高 pH 胁迫组，3 种对虾鳃 Na^+-K^+-ATPase 活力也呈相似的变化趋势，中国对虾、凡纳滨对虾、日本囊对虾分别在胁迫后 3 h（$P<0.01$）、12 h（$P<0.01$）、3 h（$P<0.01$）达到最大值，分别为：16.25、13.95、2.881 μmol/（mgprot•h），随后逐渐下降。低 pH 和高 pH 胁迫条件下，3 种对虾酶活力变化幅度大小为：中国对虾＞凡纳滨对虾＞日本囊对虾；两个 pH 胁迫组相比，高 pH 胁迫组 3 种对虾鳃 Na^+-C^+-ATPase 活力变化幅度均较低 pH 胁迫组大。

3.3 pH 胁迫对 3 种对虾血清免疫酶活力的影响

3.3.1 诱导型一氧化氮合成酶（iNOS）活力

对照组的中国对虾、凡纳滨对虾、日本囊对虾 iNOS 活力大小依次为：8.27、12.96、11.63 U/（mgprot·h），且差异极显著（$P<0.01$）。低 pH 胁迫组与各自的对照组相比，随着胁迫时间的延长中国对虾、凡纳滨对虾、日本囊对虾 3 种对虾血清的 iNOS 均表现出先升高后降低的趋势，且分别在 3 h（$P<0.05$）、4 h（$P<0.05$）、12 h（$P<0.01$）时达到最大值，分别为：11.90、16.41、12.38 U/（mgprot•h），随后逐渐下降；高 pH 胁迫组与各自的对照组相比中国对虾、凡纳滨对虾的 iNOS 活力随着时间延长逐渐下降，而日本囊对虾 iNOS 活力在 3 h（$P<0.01$）达到最大值，为 22.13 U/（mgprot•h），然后随着时间延长呈现降低的变化趋势。pH 条件改变后，3 种对虾血清 iNOS 变化幅度为：中国对虾＞凡纳滨对虾＞日本囊对虾；两个 pH 胁迫组相比，低 pH 胁迫组中国对虾和凡纳滨

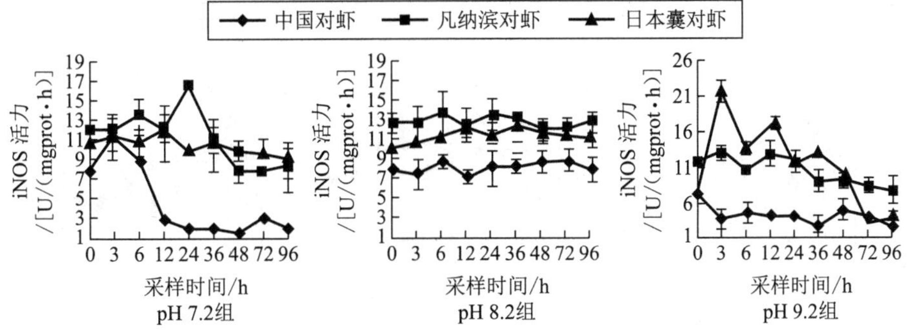

图 4 3 种养殖对虾在不同 pH 水体中的血淋巴 iNOS 酶活力

对虾的血清 iNOS 活力较高 pH 胁迫组变化幅度大，而日本囊对虾的血清 iNOS 活力相反。

3.3.2 酚氧化酶(PO)活力

对照组的中国对虾、凡纳滨对虾、日本囊对虾 PO 活力大小依次为：0.002 7、0.006 7、0.008 2 (U/mg)，且差异极显著($P<0.01$)。与各自的对照组相比，低 pH 胁迫组随着胁迫时间的延长，中国对虾、凡纳滨对虾、日本囊对虾 PO 活力均呈先增后减的变化规律，且峰值都出现在 12h ($P<0.01$)，最大值分别为：0.011 0、0.022 0、0.034 5(U/mg)，之后 PO 活力逐渐下降；高 pH 组 3 种对虾的 PO 活力也呈现先增后减的变化规律，日本囊对虾在 12 h ($P<0.01$)达到最大值(0.048 4 U/mg)，而凡纳滨对虾和中国对虾在 6 h ($P<0.01$)达到最大值，分别为：0.011 9、0.039 0 U/mg，随后均逐渐下降。pH 条件改变后 3 种对虾 PO 活力变化幅度大小依次为：中国对虾 > 凡纳滨对虾 > 日本囊对虾；两 pH 胁迫组相比，高 pH 胁迫组 3 种对虾的 PO 活力均较低 pH 胁迫组变化幅度大。

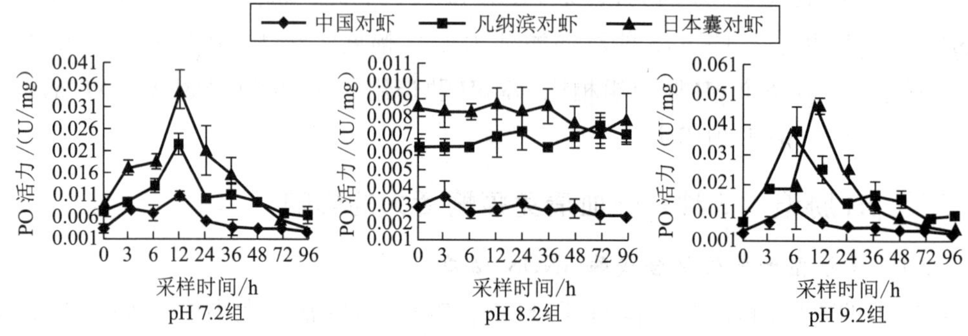

图 5 3 种养殖对虾在不同 pH 水体中的血淋巴 PO 酶活力

3.3.3 溶菌酶(LSZ)

对照组的中国对虾、凡纳滨对虾、日本囊对虾 LSZ 活力大小依次为：0.058、0.086、0.074 (μg/mL)，且差异极显著($P<0.01$)。与各自的对照组相比，低 pH 和高 pH 胁迫组随着胁迫时间的延长，3 种对虾的 LSZ 活力都呈逐渐下降的趋势且差异极显著($P<0.01$)。3 种对虾血清 LSZ 活力在 96 h 内变化幅度依次为：凡纳滨对虾 > 中国对虾 > 日本囊对虾；两个 pH 胁迫组相比，低 pH 胁迫组 3 种对虾的血淋巴 LSZ 活力均较高 pH 胁迫组变化幅度大。

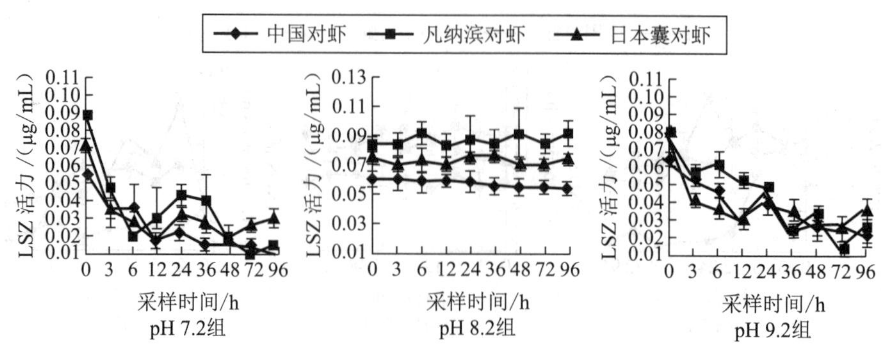

图 6 3 种养殖对虾在不同 pH 水体中的血淋巴 LSZ 酶活力

3.3.4 超氧化物歧化酶(SOD)活力

对照组的中国对虾、凡纳滨对虾、日本囊对虾 SOD 活力大小依次为:94.81、109.69、175.56 (U/mL),低 pH 和高 pH 胁迫组 3 种对虾 SOD 活力随着胁迫时间的延长均呈逐渐下降的趋势,且 96 h 后极显著地($P<0.01$)低于初始水平。另外,高 pH 组日本囊对虾 SOD 活力的变化幅度明显高于低 pH 组,而中国对虾和凡纳滨对虾却相反,表现为低 pH 条件下变化幅度更大的现象。pH 胁迫后 96 h 内 3 种对虾 SOD 变化幅度依次为:中国对虾 > 凡纳滨对虾 > 日本囊对虾;两个 pH 胁迫组相比,中国对虾和凡纳滨对虾的血淋巴 SOD 活力,低 pH 胁迫组变化幅度较高 pH 胁迫组大,而日本囊对虾的血淋巴 SOD 活力高 pH 胁迫组变化幅度较低 pH 胁迫组大。

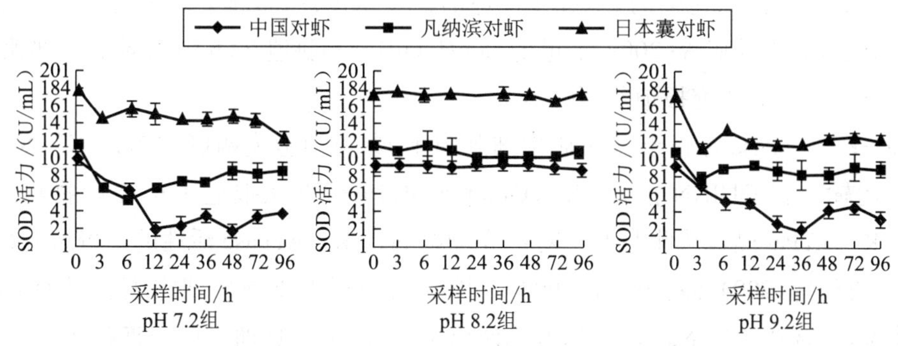

图 7 3 种养殖对虾在不同 pH 水体中的血淋巴 SOD 酶活力

3.3.5 谷胱甘肽过氧化物酶(GSH-PX)

对照组中国对虾、凡纳滨对虾、日本囊对虾的 GSH-PX 活力大小依次为:372.00、295.41、616.53 (U),且三者之间差异极显著($P<0.01$)。两胁迫组 3 种对虾血淋巴 GSH-PX 活力随着胁迫时间的延长均呈逐渐下降的趋势。pH 条件改变后 96 h 内 3 种对虾 GSH-PX 酶活力变化幅度依次为:日本囊对虾 > 中国对虾 > 凡纳滨对虾;两个胁迫组相比,低 pH 胁迫组中国对虾血淋巴 GSH-PX 活力变化幅度较高 pH 胁迫组大,而凡纳滨对虾和日本囊对虾血淋巴的 GSH-PX 活力高 pH 胁迫组较低 pH 胁迫组变化幅度大。

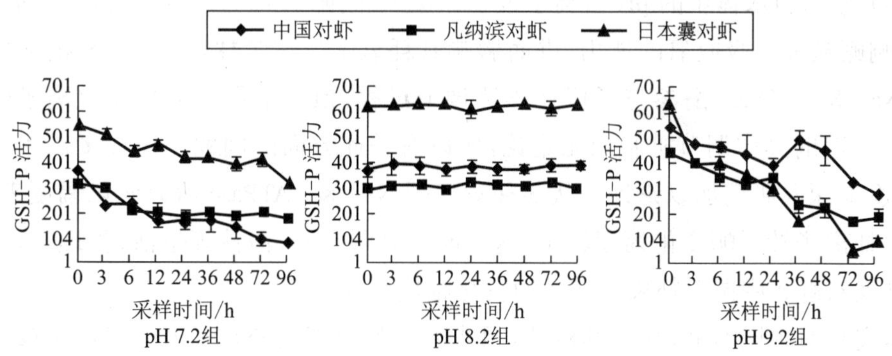

图 8 3 种养殖对虾在不同 pH 水体中的血淋巴 GSH-PX 酶活力

从本研究的结果可以看出，与各自的对照组相比，低 pH 和高 pH 胁迫都会使 3 种对虾的存活率随着 pH 改变时间的延长而逐渐下降，而且中国对虾和凡纳滨对虾出现死亡个体的时间均较日本囊对虾早，高 pH 条件下 3 种对虾存活率下降的幅度大小依次为：中国对虾 > 凡纳滨对虾 > 日本囊对虾；低 pH 条件下表现出同样的现象；两个胁迫组之间相比，高 pH 胁迫组的存活率下降幅度比低 pH 胁迫组大，由此可以推测高 pH 胁迫较低 pH 胁迫危害更大；3 种对虾相比，日本囊对虾对 pH 胁迫的耐受性较强，耐受范围较广，凡纳滨对虾次之，中国对虾耐受性较差，这与目前养殖成活率实际情况相吻合，并且李少菁等(1998)研究报道日本囊对虾仔虾的死亡率与重金属浓度对数呈显著的正相关，但仔虾对离子的调节能力很强，可通过一定的调节机制抵消盐度等理化因子对金属摄入速率的影响，在最适的盐度范围内，日本囊对虾仔虾对重金属的耐受性最强，而哈承旭等(2009)报道的高 pH（pH 9.4)胁迫 72 h 中国对虾全部死亡，以上研究与本实验的研究报道结果一致。

Na^+-K^+-ATPase 存在于一切动物细胞膜上，参与细胞膜两侧的 Na^+，K^+ 离子的跨膜主动运输。自 QUINN 和 LANE（Quinn et al, 1966)首次报道了甲壳动物鳃上皮存在 Na^+-K^+-ATPase 后，从此开始了对甲壳动物 Na^+-K^+-ATPase 活性的研究(房文红等，2001；吴众望等，2004；潘鲁青等，2004)。甲壳动物鳃上皮顶部细胞膜上具有 Na^+/H^+ 交换体系，水环境中的 Na^+ 和细胞内代谢出来的 H^+ 主要是通过此交换体系进行交换；SHAW（1960)研究证实了当外界 H^+ 浓度过高时，河螯虾(*Astacuspallipes*)吸收外界 Na^+ 的能力下降，同时排泄鳃上皮细胞内 H^+ 的能力也下降。

本实验中，3 种对虾鳃 Na^+-K^+-ATPase 活性都随着 pH 胁迫时间的延长而出现先升高后趋于稳定，这与潘鲁青等(2004)报道的凡纳滨对虾鳃丝 Na^+-K^+-ATPase 活力随着 pH 突变时间增加呈峰值变化结果一致。以上研究说明对虾对 pH 的变化具有一定的渗透调节能力，对虾机体为维持体内环境的 pH 平衡，短时间内鳃 Na^+-K^+-ATPase 活力升高，然后通过调节鳃上皮细胞的结构而改变离子的通透性，或者通过调节其他离子转运酶如碳酸酐酶(参与 Na^+/H^+ 和 Cl^+/HCO_3- 的交换运输)活性等机制来适应 pH 变化，而使鳃 Na^+-K^+-ATPase 活力趋于稳定，由此增加了机体的能量消耗。林小涛等(2000)报道当水体中的 pH 值高于或低于某一范围时，都会改变甲壳动物的呼吸活动，影响鳃从外界吸收氧的能力，进而影响其耗氧率。在张林娟等(2008)的研究中也提到 Na^+-K^+-ATPase 酶参与了仔虾渗透调节过程，但对于甲壳动物鳃丝离子转运酶对环境胁迫的具体调节机制尚无定论，所以有关此方面的问题还需在多因素交互条件下，逐步深入研究加以论证。从 3 种对虾鳃 Na^+-K^+-ATPase 活力变化幅度来看，日本囊对虾离子转运酶变化幅度较小，这可能与其耐干露、潜沙等生活、生理习性有关，而凡纳滨对虾和中国对虾离子转运酶变化幅度较大。

本实验对中国对虾、凡纳滨对虾、日本囊对虾血清的 iNOS、PO、SOD、LSZ、GSH-PX 重要免疫因子进行了比较分析。发现低 pH 和高 pH 胁迫下日本囊对虾血清 iNOS

均表现出先增后减的趋势，其中高 pH 条件下酶活变化幅度较低 pH 条件变化大，这与吴无利等(2008)报道的镉胁迫对凡纳滨对虾血清中一氧化氮合成酶的影响结果相似(2002)。凡纳滨对虾和中国对虾的低 pH 条件下 iNOS 活力先上升后下降，而高 pH 条件下 iNOS 活力则逐渐下降，这可能是由于高 pH 胁迫超出了对虾的耐受范围导致的。

本研究中 3 种对虾 pH 胁迫下的 PO 活力均呈现出先升高后降低的趋势，而且三者的高 pH 条件下 PO 活力变化幅度较低 pH 条件下的大，表现出高 pH 变化免疫适应性较差的现象，显然 pH 胁迫激活了对虾的酚氧化酶系统，使得 PO 活力升高，这虽是一种保护性反应，但当这种应激达到一定强度或者长期处于应激状态下时，会导致虾体代谢紊乱，故又出现酶活力下降的趋势，这与 SODERHELL 等(1990)的观点一致。

本实验中，3 种对虾血清的 LSZ、SOD、GSH-PX 活力均随 pH 变化时间的延长而降低。根据结果分析可知，3 种对虾血清的 LSZ 在低 pH 条件下变化幅度较高 pH 条件下的大，且低 pH 和高 pH 条件下 LSZ 都随着 pH 变化时间的延长而下降，这与潘鲁青等(2002)报道的盐度、pH 突变对中国对虾和凡纳滨对虾免疫力的影响结果一致。

本研究中 SOD 活力逐渐下降，与 LI 和 CHEN (Li et al,2008)研究低 pH 和高 pH 条件对凡纳滨对虾免疫因子的影响结果相似，这可能是由于 pH 应激强度过大导致对虾机体代谢紊乱，使得虾体的免疫机能受到抑制，酶活力下降。在哈承旭等(2009)、黄旭雄等(2007)的报道中，SOD 活力总趋势先升高后降低说明当生物体受到外界刺激后，其活性会在一定范围内升高，这是生物体产生的一种保护机制，但若生物体持续地处于应激状态或应激强度加大时，机体的免疫功能会受到抑制，SOD 活性降低(王文博等,2002)，这和本实验结果并不矛盾。

GSH-PX 是机体内广泛存在的一种催化过氧化氢分解的酶，可以起到保护细胞膜结构和功能完整的作用(王雷等,1994;Chen et al,1997)。本实验中 GSH-PX 的下降表明 pH 胁迫后，对虾非特异免疫功能下降，抗氧化能力降低。

综上所述，高 pH 胁迫较低 pH 胁迫对 3 种对虾的存活率影响大，pH 改变后中国对虾鳃 Na^+-K^+-ATPase 活力、血淋巴 PO、SOD 变化幅度较大，并表现高 pH 变化适应性较差的趋势，这种变化趋势与高 pH 胁迫状态下中国对虾高死亡率的结果一致，因此推测对虾 Na^+-K^+-ATPase 活力、PO、SOD 活力与 pH 胁迫更相关，但是 3 种生理指标之间哪个先起作用及详细的协调途径还需更加深入研究;3 种对虾相比，日本囊对虾存活率下降较低，离子转运酶、非特异性免疫酶活力变化幅度较小，对 pH 胁迫耐受性较强，凡纳滨对虾其次，中国对虾最弱。

4. 中国对虾家系幼体对氨氮和 pH 值的耐受性比较

中国对虾是黄、渤海区特有种类，具有品质细嫩、味道鲜美、营养丰富等优点，是我国主要的经济虾类。我国早在 20 世纪 50 年代就对中国对虾的繁殖和发育进行了研究，并陆续开展了大规模的人工育苗和养殖技术的研究工作，到 1978 年我国的对虾养殖业已开始形成规模。但 1993 年以后，由于品种、病害和环境等因素的影响，养殖产量急剧下降，不到全国对虾养殖产量的 1/3（王清印等，1998）。我国目前养殖的中国对虾基本上是未经选育的野生种，经过累代养殖，出现了抗逆性差、遗传力减弱、性状退化严重等问题。另外，"野捕家养"的苗种供应系统也不能满足对虾养殖业可持续发展的需要。因此培育生长快、抗逆能力强的中国对虾新品种(系)成为目前对虾养殖业迫切需要解决的问题。中国水产科学研究院黄海水产研究所自 1997 年开始采用群体选育和现代分子生物技术相结合的方法，经过近 10 年的努力培育出我国第一个海水养殖动物新品种——中国对虾"黄海 1 号"(李健等，2005)，对加速对虾养殖业的发展起到了示范和带动作用。

目前，国内外开展的对虾育种工作大多以群体选育为主(Brad et al，2002；Goyard et al，1999；Hetzel et al，2000)，以家系为研究对象开展选育研究工作的报道较少。而与群体选育相比，家系选育具有选育速度快、选育效果明显、工作效率高、操作灵活以及优良性状突出等优点。何玉英等(2008)在中国对虾"黄海 1 号"快速生长新品种的基础上，通过设计合理的试验梯度对各家系进行抗逆试验，比较各家系抗氨氮和 pH 值的能力，对选育出的抗逆性强的家系进行保种，通过连续选育提高家系内中国对虾抵抗逆境环境的能力，为培育中国对虾抗逆品系奠定基础。

4.1 中国对虾家系不同试验时间对氨氮和 pH 值的耐受性比较

本试验采用人工授精技术建立了 20 个中国对虾家系，通过各家系对氨氮和 pH 值的耐受性试验计算了各家系的回归方程、半数致死量(LD_{50})及 95%的置信区间。

表 12 中国对虾家系对氨氮和 pH 值耐受性的半数致死量及变化百分比

家系	氨氮						pH 值					
	24 h	变化(%)	48 h	变化(%)	72 h	变化(%)	24 h	变化(%)	48 h	变化(%)	72 h	变化(%)
E089×G260	20.82	−66.5	14.69	−51.52	7.59	−51.35	9.73	−2.63	8.83	−6.16	8.79	−3.62
E090×P55	65.82	5.92	24.78	−18.22	15.45	−0.96	9.87	−1.21	9.38	−0.31	9.07	−0.55
E091×P17	56.2	−9.56	16.3	−46.2	8.51	−45.45	8.54	−14.65	8.5	−9.67	8.39	−8
E091×Y82	74.64	20.12	44.08	45.48	18.32	17.44	10.09	1.01	9.75	3.61	9.27	1.64
P266×P246	42.42	−31.73	29.55	−2.48	13.47	−13.65	9.63	−3.64	9.58	1.81	9.49	4.06
Y71×P218	79.72	28.29	28.57	−5.71	15.27	−2.12	11.18	12.02	9.59	1.91	9.03	−0.99

续表

家系	氨氮						pH 值					
	24 h	变化（%）	48 h	变化（%）	72 h	变化（%）	24 h	变化（%）	48 h	变化（%）	72 h	变化（%）
Y71×G182	63.3	1.87	25.53	−15.74	15.11	−3.14	10.59	6.06	9.72	3.29	9.1	−0.22
Y71×G225	69.86	12.42	28.25	−6.77	13.41	−14.04	10.57	5.86	9.64	2.44	9.51	4.28
Y71×P243	33.65	−45.85	17.76	−41.39	10.11	−35.19	9.09	−9.09	8.76	−6.91	8.39	−8
P266×P77	45.65	−26.54	29.14	−3.83	14.35	−8.01	9.94	−0.51	9.34	−0.74	9.09	−0.33
06—7	61.63	−0.82	30.06	−0.79	15.09	−3.26	9.8	−1.92	9.42	0.11	9.11	−0.11
06—8	66.37	6.81	37.2	22.77	14.58	−6.54	10.66	6.77	9.78	3.93	9.35	2.52
06—10	52.19	−16.01	23.07	−23.86	13.41	−14.04	9.85	−1.41	9.38	−0.32	9.02	−1.10
06—15	64.58	3.93	34.74	14.65	18.72	20	10.06	0.71	9.55	1.49	9.21	0.99
06—16	76.35	22.87	42.01	38.65	22	41.03	9.44	−5.56	9.19	−2.34	8.99	−1.43
06—17	71.12	14.45	38.3	26.4	18.43	18.14	10.68	6.97	9.77	3.83	9.37	2.74
06—6	75.31	21.19	31.52	4.03	19.99	28.14	10.02	0.3	9.66	2.66	9.24	1.32
P266×P248	76.19	22.61	37.48	23.7	20.14	29.10	10.07	0.81	9.43	0.21	9.32	2.19
E093×P240	72.28	16.32	36.66	20.99	18.09	15.96	10.08	0.91	9.42	0.11	9.34	2.41
Y382	74.75	20.29	36.40	20.13	20.03	28.40	10.02	0.30	9.52	1.17	9.32	2.19
平均值	62.14		30.30		15.60		9.99		9.41		9.12	

对各家系不同试验时间对氨氮和 pH 值耐受性的 LD_{50} 值，采用 SPSS13.0 软件进行单因子方差分析。结果表明，不同试验时间中国对虾家系对氨氮的耐受能力差异极显著($P<0.01$)，LD_{50} 值随试验时间的延长而减小。其中以 24 h 和 72 h 对氨氮的耐受力差别最大，平均 LD_{50} 值由 24 h 的 62.14 mg/L 下降到 72 h 的 15.60 mg/L，抗氨氮能力下降了 74.90%，其次为 24 h 和 48 h 差别较大，由 24 h 的 62.14 mg/L 下降到 48 h 的 30.30 mg/L 下降了 51.24%，以 48 h 和 72 h 下降幅度最小为 48.51%。建立的 20 个中国对虾家系耐受氨氮的 24 h 的 LD_{50} 变化范围在 20.82～79.72 mg/L 之间，48 h 的 LD_{50} 变化范围在 14.69～44.08 mg/L 之间，而 72 h 的 LD_{50} 变化范围在 7.59～22.00 mg/L 之间。

中国对虾家系对 pH 值耐受性试验的结果分析表明，20 个家系对 pH 值的耐受力差别也很大，24 h、48 h 和 72 h 的 LD_{50} 值变化范围分别在 8.54～11.18、8.5～9.78 和 8.39～9.51 之间，不同试验时间对 pH 值的耐受力不同，其中 24 h 和 48 h 之间以及 24 h 和 72 h 之间对 pH 值的耐受力差异极显著($P<0.01$)，而 48 h 和 72 h 之间对 pH 值的耐受力差异显著($P<0.05$)。20 个家系 24 h 的平均 LD_{50} 值为 9.99，而 48 h 和 72 h 的平

均 LD_{50} 值为 9.41 和 9.12，分别下降了 5.81%和 8.70%，以 48 h 和 72 h 之间下降幅度最小，下降了 3.08%。

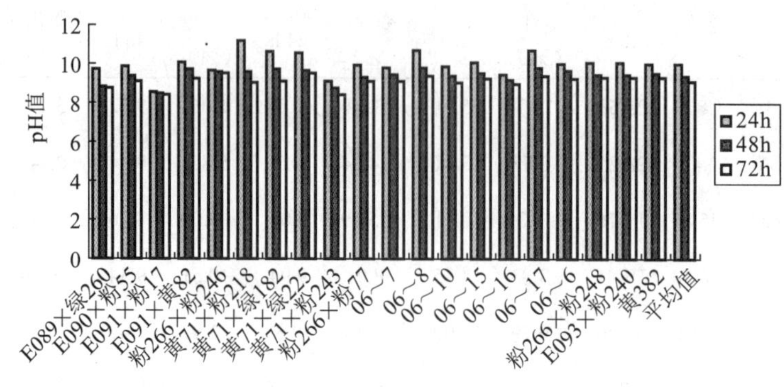

图 9　各家系对氨氮耐受性的 LD_{50} 值分布图

4.2　中国对虾不同家系对氨氮和 pH 值性状的耐受性比较

分别以各家系 24 h、48 h 和 72 h 对氨氮和 pH 值耐受性的平均 LD_{50} 值为筛选标准，各家系在不同试验时间的 LD_{50} 值高于其平均半数致死值的家系可认为对两性状的耐受性较强。从表 12 可以看出同一试验时间不同家系对氨氮和 pH 值的耐受性差别很大。与平均 LD_{50} 值相比，20 个家系 24 h、48 h 和 72 h 对氨氮耐受性变化百分比分别在 −66.50%～28.29%、−51.52%～45.48%和 −51.35%～41.03%之间，对 pH 值耐受性变化百分比分别在 −14.65%～12.02%、−9.67%～3.93%和 −8%～4.28%之间。

根据 24 h、48 h 和 72 h 平均 LD_{50} 值分别筛选出对氨氮耐受性强的家系为 13、9 和 8 个，对 pH 值耐受性强的家系分别为 11、13 和 10 个。综合在 24 h、48 h 和 72 h 平均 LD_{50} 值条件下耐受性均较强的家系，初步筛选出对氨氮耐受性最强的家系 8 个，对 pH 值耐受性最强的家系 10 个，对氨氮和 pH 值耐受性均较强的家系 7 个。

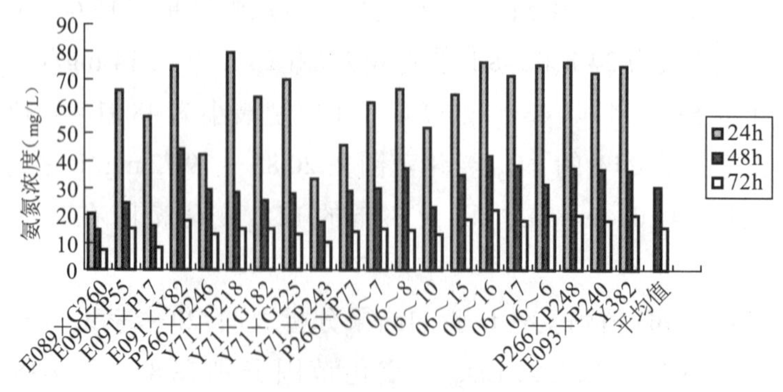

图 10　各家系对 pH 耐受性的 LD_{50} 值分布图

养殖环境中不良水质因子如异常的温度、盐度、氨氮含量、pH 值以及亚硝酸盐等胁迫因子对海水养殖动物的遗传基础、抗病力以及病原微生物的致病力影响均十分显著。目前开展的对虾水质环境方面的研究工作，主要是针对有关水体理化因子包括温度（田相利等，2004；李润寅等，2001；马海娟等，2004；潘鲁青等，1997）、盐度（穆迎春等，2005；房文红等，1995；张硕等，2002；荣长宽等，2000；王兴强等，2005；潘鲁青等，2002）、pH 值（房文红灯，2001；杨富亿等，2005；沈文英等，2004）、氨氮（姜令绪等，2004；孙舰军等，1999；邹栋梁等，1994；张硕等，1999）及亚硝酸盐（罗静波等，2005；高淑英等，1994）等的含量变化对养殖对虾生长、存活、摄食及非特异性免疫因子的影响研究，将遗传育种工作与水质环境相结合进行选育的研究工作尚未见开展。

氨氮是对虾养殖环境中最主要的污染物质，影响对虾的生长、蜕皮、耗氧量、氨氮排泄、渗透压调节、非特异性免疫因子活性及抗病力等多个方面。当水体中氨氮浓度过高时对虾体内氨氮的排泄受到抑制，体内氨积累，造成血淋巴中氨氮浓度升高（Chen et al，1995），使血淋巴中的血蓝蛋白含量降低，游离氨基酸浓度增加。血蓝蛋白含量降低造成血液的载氧能力降低，从而造成对虾耗氧量增加，肌体生理代谢紊乱，抗病力降低（Cheng et al，1999）。邹栋梁等（1994）通过氨对长毛对虾（*Penaeus penicillatus*）各期幼体的毒性试验表明，蚤状幼体对氨最敏感，而仔虾幼体的耐受性最强。无节幼体Ⅲ（N_3）、蚤状幼体Ⅰ期（Z_1）、糠虾Ⅰ期（M_1）和仔虾第5天（P_5）的24 h LD_{50} 的离子氨浓度值分别为13.2、9.97、26.99和60.81 mg/L。本试验以第1天中国对虾仔虾为研究材料，通过耐受性试验，获得其24 h、48 h和72 h的对氨氮的半数致死值分别为62.14、30.30和15.60 mg/L，可见随着试验时间的延长，仔虾对氨氮的耐受力明显降低。主要是因为随着氨氮浓度的升高，中国对虾的血细胞数量和溶菌、抗菌活力明显降低，对病原菌的易感性明显提高，增加发生疾病的可能性。

pH 值作为水环境生态平衡的指标，是水体中化学性状和生命活动的综合反映。王方国等（1992）认为，中国对虾生长在 pH 为 7.6～9.0 的海水中最适宜。Tsai（1989）认为，pH 低于 4.8 或高于 10.5 对中国对虾是致命的。Chen 等（1989）报道，每增加一个 pH 值单位，水体中无机氨的百分浓度就增加10倍，并造成养殖对虾抗病力降低。房文红等[16]研究了碳酸盐碱度、pH 对中国对虾幼虾的致毒效应。研究结果表明，随着 pH 的升高，中国对虾幼虾对碱度的忍受力下降，对虾的死亡速度加快，死亡率急剧上升。杨富亿等（2005）采用急性毒性试验，研究了日本沼虾（*Macrobrachium nipponense*）对 pH 的耐受性表明，pH 对幼虾的 24 h、48 h、72 h 和 96 h 的 LD_{50} 值分别为10.13、9.72、9.67和9.51。本试验中各家系的第1天仔虾 24 h、48 h 和 72 h 对 pH 值的耐受性的 LD_{50} 平均值为9.99、9.41和9.12，比日本沼虾相同试验时间的研究结果偏低，分析其主要原因是日本沼虾采用的试验用幼虾规格较大（体长：2.94 ± 0.74 cm，体重：1.17 ± 0.32 g），随着发育时间的延长，对 pH 值的耐受力增强。

家系选择是以整个家系作为一个选择单位，根据家系性状均值的大小来决定个体是否选留。家系选择适用于一些遗传力较低的性状，如繁殖力，成活率和抗病力等。因为遗传力低的性状，其表型性状受环境因素的影响较大，如果只根据个体选择准确性较差，采用家系选择能比较正确地反映家系的基因型，具有选育速度快、选育效果明显、优良性状突出等优点。本试验以家系对氨氮和pH耐受性的平均半数致死值为评价指标，筛选对不同环境因子抵抗力强的家系，最终筛选出对氨氮耐受性最强的家系8个，对pH值耐受性最强的家系10个，对氨氮和pH值耐受性均较强的家系7个。下一步将继续构建足够数目的家系，筛选出更多的抗逆性强的家系，并对筛选出的抗逆性强的家系进行保种，通过连续选育提高家系内中国对虾抵抗逆境环境的能力。最后，借助分子生物学的技术手段，研究中国对虾在各种逆境环境条件下的分子生物学特征，从DNA水平上揭示生命活动与环境的本质关系，为实际生产中的遗传改良和高健康品种的选育提供技术支撑。

5. 高pH胁迫对中国对虾"黄海1号"免疫相关酶的影响

针对中国对虾养殖业存在的种质退化、疾病发生严重等问题，采用经典育种技术与现代生物技术相结合，对中国对虾进行了连续多年的遗传改良，获得了中国对虾快速生长新品种"黄海1号"，到2007年年底已完成第11代的选育(王清印等，2005)。该新品种具有明显的生长优势，受到养殖业户的普遍欢迎。自"黄海1号"进行人工选育的研究工作开展以来，已分别从形态特征(李朝霞等，2006)、同工酶(李健等，2003)，分子标记如RAPD (何玉英等，2004)、SSR (张天时等，2005)、AFLP (李朝霞等，2006)等方面对黄海1号的遗传结构进行了检测，但对于其抵抗不良环境的能力尚未做系统的研究。

水体pH值升高会直接影响对虾的生长与繁殖。哈承旭等(2009)采用常规急性实验方法，以野生群体为对照，对中国对虾"黄海1号"人工选育群体进行不同pH梯度的影响试验，在高pH胁迫72 h后对两种群体对虾的成活率、血清中的溶菌酶LSZ、酚氧化酶PO、超氧化物歧化酶(SOD)、碱性磷酸酶(AKP)及酸性磷酸酶(ACP)的活力变化进行测定，从而比较分析选育新品种"黄海1号"对高pH的抗逆能力，为育种工作的进一步深入开展提供理论依据和数据支持。

5.1 不同pH胁迫72 h"黄海1号"及野生群体成活率

随着海水pH的升高，中国对虾"黄海1号"及野生群体存活率逐渐降低。"黄海1号"存活率明显高于野生群体，至pH 9.4两群体中国对虾全部死亡。

表13 不同pH胁迫72 h中国对虾"黄海1号"及野生群体存活率

群体	pH						
	8.2	8.4	8.6	8.8	9	9.2	9.4
"黄海1号"	100.0 ± 0.0	98.3 ± 1.1	96.7 ± 1.3	68.3 ± 3.5	45.0 ± 5.0	25.0 ± 7.8	0.0 ± 0.0
野生群体	100.0 ± 0.0	93.3 ± 1.9	91.7 ± 2.3	58.3 ± 5.8	31.7 ± 9.2	16.7 ± 9.8	0.0 ± 0.0

5.2 海水 pH 升高对“黄海 1 号”及野生群体血清各免疫相关酶活力的影响

在 pH 8.8 时，两群体 LSZ 活力都较对照组极显著降低（$P<0.01$）；AKP 和 ACP 活力都较对照组极显著升高（$P<0.01$）；野生群体 PO 和 SOD 活力都较对照组极显著降低（$P<0.01$），“黄海 1 号”PO 和 SOD 活力较对照组则无明显差异。在 pH 9.0～pH 9.2 时，两群体 LSZ、PO 和 SOD 活力都较对照组极显著降低（$P<0.01$），AKP 和 ACP 活力都较对照组极显著升高（$P<0.01$）。

“黄海 1 号”及野生群体体内的 LSZ 活力都随海水 pH 值的升高而下降，说明两群体的溶菌能力明显降低，对病原菌的易感性提高。在 pH 8.6 时，野生群体 LSZ 活力较对照组下降显著（$P<0.05$），而“黄海 1 号”较对照组无明显差异，说明野生群体 LSZ 活力对养殖水体 pH 的升高更敏感。

两群体 PO 活力都随海水 pH 值升高先上升后降低，酚氧化酶活力先上升后下降表明受到低强度的 pH 值升高刺激后，激活了对虾体内的酚氧化酶原系统，当这种胁迫达到一定强度后会导致生物代谢混乱，从而出现下降的趋势，这与 Soderhall 等（1990）的观点一致。在 pH 8.8 时，野生群体 PO 活力较对照组下降极显著（$P<0.01$），而“黄海 1 号”较对照组差异不显著，说明“黄海 1 号”对养殖水体 pH 升高的耐受力要强于野生群体。

表 14　不同 pH 下中国对虾“黄海 1 号”和野生群体免疫相关酶活力

指标	群体	pH					
		8.2	8.4	8.6	8.8	9	9.2
LSZ	“黄海 1 号”	0.150 ± 0.003	0.150 ± 0.009^{c}	0.144 ± 0.008^{c}	0.102 ± 0.010^{a}	0.081 ± 0.005^{a}	0.066 ± 0.004^{a}
	野生群体	0.150 ± 0.009	0.151 ± 0.011^{c}	0.135 ± 0.008^{b}	0.087 ± 0.011^{a}	0.067 ± 0.013^{a}	0.064 ± 0.004^{a}
PO	“黄海 1 号”	8.90 ± 0.86	9.09 ± 0.27^{c}	9.39 ± 0.57^{b}	8.65 ± 0.83^{c}	6.70 ± 1.31^{a}	5.78 ± 0.66^{a}
	野生群体	8.74 ± 1.10	9.07 ± 0.54^{c}	9.23 ± 0.47^{b}	7.53 ± 0.89^{a}	5.33 ± 1.02^{a}	5.31 ± 0.83^{a}
SOD	“黄海 1 号”	101.45 ± 2.82	106.82 ± 3.84^{b}	102.94 ± 4.00^{c}	99.56 ± 3.37^{c}	93.45 ± 3.35^{a}	85.79 ± 5.17^{a}
	野生群体	99.59 ± 6.58	99.98 ± 6.90^{c}	94.63 ± 5.88^{b}	88.12 ± 7.82^{a}	83.52 ± 5.05^{a}	82.69 ± 4.10^{a}
^AKP	“黄海 1 号”	1.17 ± 0.02	1.20 ± 0.11^{c}	1.21 ± 0.13^{c}	1.95 ± 0.05^{a}	2.09 ± 0.12^{a}	2.21 ± 0.06^{a}
	野生群体	1.16 ± 0.03	1.19 ± 0.12^{c}	1.19 ± 0.13^{c}	2.06 ± 0.05^{a}	2.27 ± 0.11^{a}	2.29 ± 0.21^{a}
^ACP	“黄海 1 号”	0.76 ± 0.02	0.77 ± 0.02^{c}	0.77 ± 0.01^{c}	1.12 ± 0.06^{a}	1.37 ± 0.13^{a}	1.79 ± 0.20^{a}
	野生群体	0.78 ± 0.02	0.80 ± 0.04^{c}	0.78 ± 0.01^{c}	1.21 ± 0.07^{a}	1.75 ± 0.23^{a}	1.80 ± 0.22^{a}

注：上标字母表示同一群体各实验组分别与对照组之间酶活力的差异显著性，a 表示差异极显著（$P<0.01$），b 表示差异显著（$P<0.05$），c 表示差异不显著（$P>0.05$）.

在 pH 8.4 时，“黄海 1 号”SOD 活力显著高于对照组，支持了 Stebbing（1982）的“毒物兴奋效应”，这是机体产生的一种保护性反应，借此维持机体的自身平衡来克服胁迫，而野生群体 SOD 活力与对照组差异不显著，推测野生群体 SOD 活性在受到胁迫后也应有升高的趋势，但由于这种兴奋效应持续时间较短，故 72 h 后未检测到；另一方面也反映出“黄海 1 号”的应激保护能力要强于野生群体。随着 pH 值的继续增大，两群体的 SOD 活力都出现下降，这也就是应激强度加大时，机体的免疫功能受到抑制，正常生理功能失调，体内免疫水平下降，导致 SOD 活力降低。但在 pH 8.6 时，野生群体 SOD 活力较对照组下降显著($P<0.05$)，而“黄海 1 号” SOD 活力较对照组无明显差异，说明“黄海 1 号”对 pH 升高的耐受力要强于野生群体。

pH 8.2～8.6 时，两群体 AKP、ACP 活力均与对照组差异不显著，pH 8.8～9.2 时，两群体 AKP、ACP 活力均极显著高于对照组($P<0.01$)，分析其原因，可能是中国对虾处于突变环境中为维持自身酸碱平衡和离子平衡而采取的一种主动调节措施，既是机体的主动防御反应，也是一种被动的病理显示。pH 8.6～9.0 时，“黄海 1 号” AKP 和 ACP 活力升高的幅度要小于野生群体，说明“黄海 1 号”对 pH 升高的耐受力要强于野生群体。

6. pH 胁迫对中国对虾抗氧化系统酶活力及基因表达的影响

pH 值是一种易于变化的养殖水环境因子，对水质及水生生物有多方面的影响，如 pH 值的剧烈变化抑制对虾免疫系统功能，降低对虾的抗感染能力（Bachère，2000；Li et al，2008）。研究认为环境胁迫因子（如水体 pH、温度、盐度等）变化诱导的生理效应可能经由氧化还原途径实现（Ryter et al，2007；Assefa et al，2005；Richier et al，2006），即环境胁迫因子造成生物体内有氧代谢异常，活性氧自由基大量积累而引起机体氧化损伤（Ranby et al，1978）。由此可将抗氧化系统作为评估 pH 胁迫对生物体产生氧化胁迫效应的一类生物标志物。pH 胁迫对水生生物抗氧化系统有较明显的影响。高 pH 值胁迫显著增加海洋褐胞藻和栉孔扇贝体内活性氧自由基含量（Liu et al，2007；樊甄姣等，2006）；高、低 pH 胁迫均导致背角无齿蚌抗氧化酶活性降低（文春根等，2009）、凡纳滨对虾血淋巴活性氧含量、肝胰腺抗氧化酶、铁蛋白基因表达水平的升高及血淋巴细胞的 DNA 损伤（Wang et al，2009；Zhou et al，2008）。

中国对虾是我国重要的经济养殖虾类之一（邓景耀等，1990），与其他水生生物一样，中国对虾养殖过程中也面临众多环境胁迫因子的威胁，目前已证实 pH 胁迫对扇贝、凡纳滨对虾等生长、免疫功能均有不同程度影响，但 pH 胁迫对中国对虾特别是对其抗氧化系统的影响目前尚缺乏相应的基础数据，王芸等（2011）通过分析 pH 胁迫对中国对虾体内 T-AOC、抗超氧阴离子、CAT 活力及 CAT、Prx 基因表达的变化情况，从体内抗氧化系统酶活力和基因表达的角度，探讨不同时间段内中国对虾应对 pH 胁迫的反应机制，以期为健康养殖和抗逆品种选育提供理论依据。

6.1 pH 胁迫对中国对虾抗氧化酶活力的影响

6.1.1 pH 胁迫对中国对虾 T-AOC 的影响

正常 pH 条件下，中国对虾各组织 T-AOC 存在组织差异性，由大到小依次为肝胰腺＞鳃＞肌肉＞血淋巴。pH 胁迫后对虾各组织 T-AOC 整体呈现先升高后降低的变化趋势，其中 pH 7.0 胁迫组，中国对虾肝胰腺 T-AOC 在胁迫后 3 h 即达峰值，肌肉和血淋巴 T-AOC 均在胁迫后 24 h 达最大值（$P < 0.05$），之后逐渐降低；pH 9.0 胁迫组，中国对虾鳃、肌肉 T-AOC 活力达峰时间分别为 12 h 和 3 h，早于肝胰腺和血淋巴。

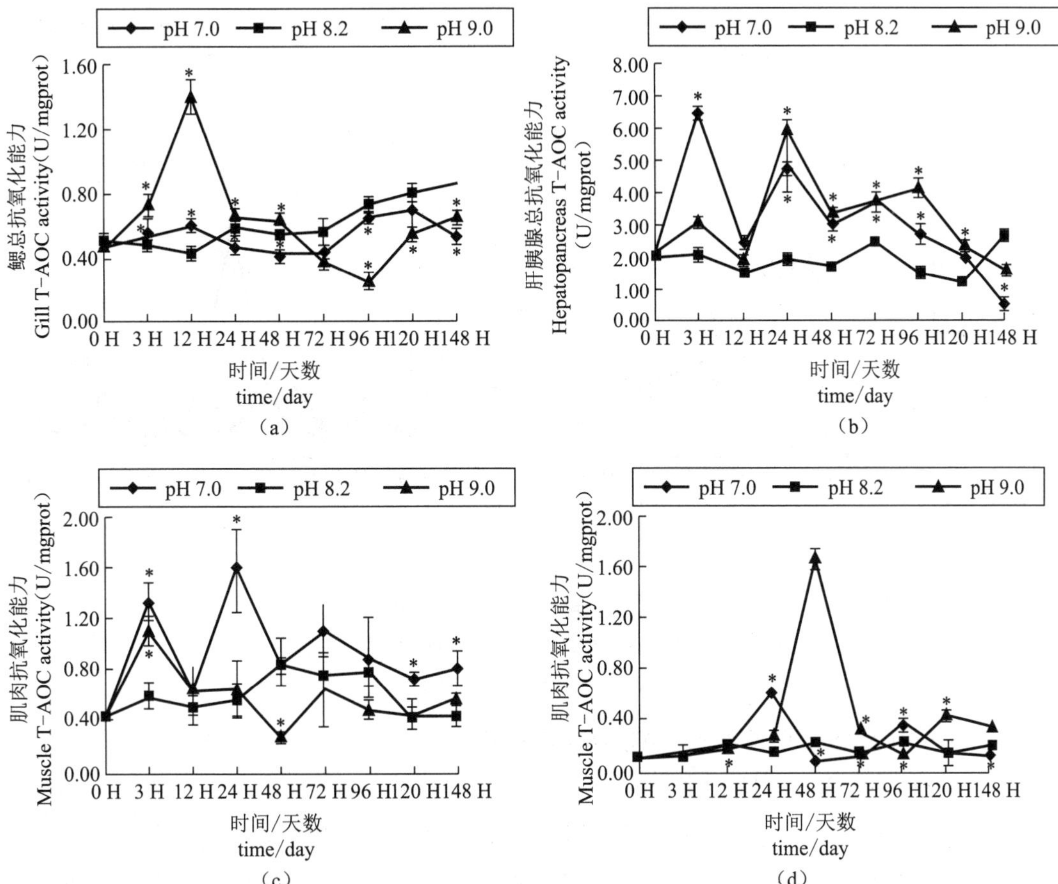

图 11 中国对虾不同组织 T-AOC 随 pH 胁迫时间的变化情况(a)鳃(b)肝胰腺(c)肌肉(d)血淋巴

注：与对照组相比，* 表示差异显著（$P < 0.05$）

6.1.2 pH 胁迫对中国对虾抗超氧阴离子活力的影响

正常 pH 条件下对虾各组织抗超氧阴离子能力从大到小依次为鳃＞肝胰腺＞肌肉＞血淋巴。pH 胁迫后中国对虾各组织抗超氧阴离子活力整体呈现先升高后降低的变化趋势。pH7.0 胁迫条件下，中国对虾肝胰腺、肌肉和血淋巴抗超氧阴离子活力均在 24 h 最高($P<0.05$);pH 9.0 胁迫组,中国对虾鳃、肝胰腺、肌肉组织和血淋巴抗超氧阴离子活力分别于 12 h、24 h、72 h 和 48 h 达峰值($P<0.05$),之后逐渐降低。

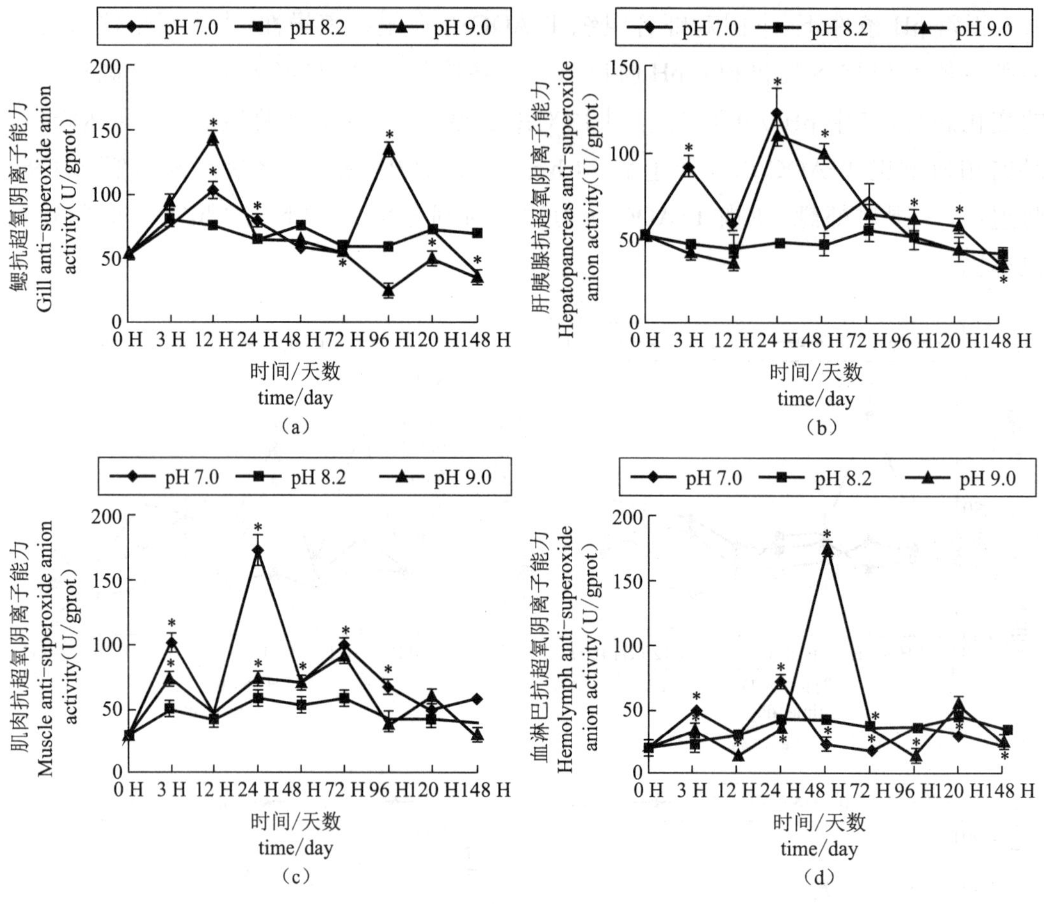

图 12 中国对虾不同组织抗超氧阴离子能力随 pH 胁迫时间的变化情况(a)鳃(b)肝胰腺(c)肌肉(d)血淋巴

注:与对照组相比,* 表示差异显著($P<0.05$)

6.1.3 pH 胁迫对中国对虾 CAT 活力的影响

正常 pH 条件下,中国对虾各组织 CAT 活力从大到小依次为肝胰腺 > 鳃 > 肌肉 > 血淋巴。pH 胁迫后,中国对虾各组织 CAT 活性整体呈现先升高后降低的变化趋势。pH 7.0 胁迫组,中国对虾鳃、肝胰腺、肌肉组织和血淋巴 CAT 活力分别于 96 h、12 h、24 h 和 24 h 达峰值($P<0.05$),之后逐渐降低;pH 9.0 胁迫组,中国对虾鳃、肌肉组织 CAT 活力均在 3 h 最高,而肝胰腺和血淋巴 CAT 活力则在 24 h 达峰值($P<0.05$),之后逐渐降低(图 13)。

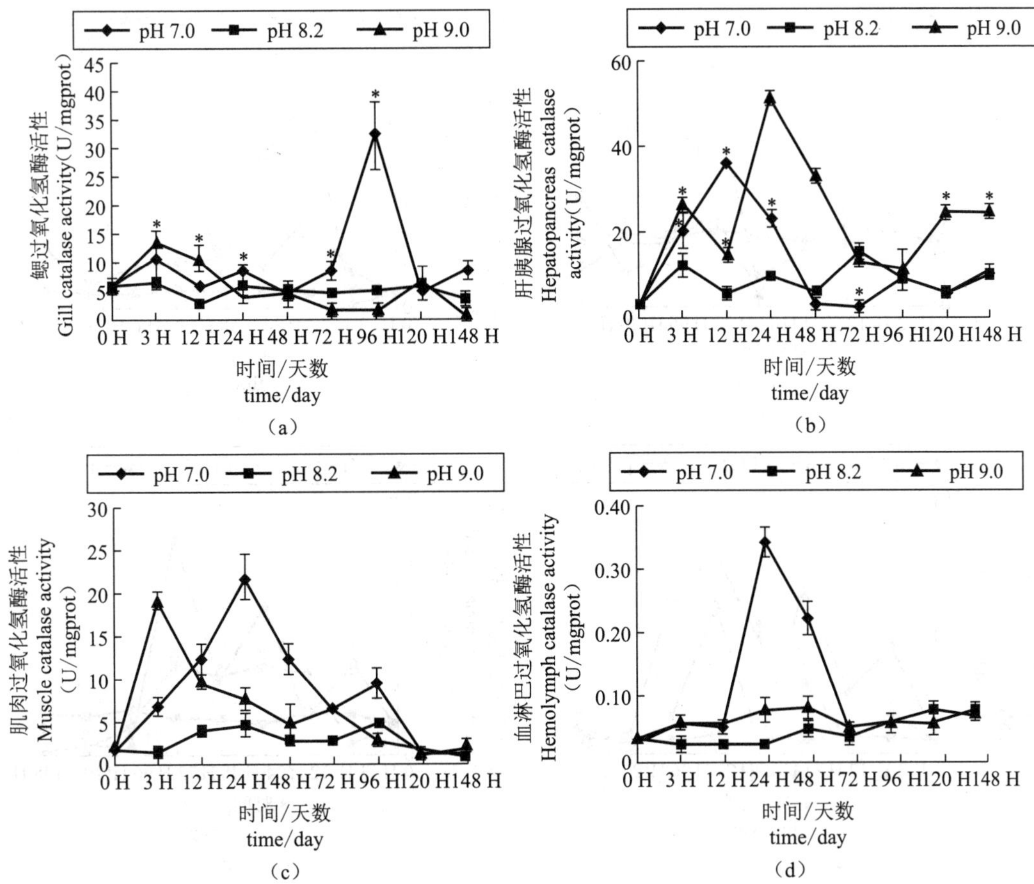

图 13 不同组织 CAT 活性随 pH 胁迫时间的变化情况(a)鳃(b)肝胰腺(c)肌肉(d)血淋巴

注:与对照组相比,* 表示差异显著($P<0.05$)

6.2 pH 胁迫对中国对虾抗氧化酶基因表达的影响

6.2.1 pH 胁迫对中国对虾 CAT 基因表达的影响

pH7.0 胁迫条件下,中国对虾鳃、肌肉和血淋巴 CAT 基因表达整体呈现先升高后降低再升高再降低的波浪式变化趋势,均在 72 h 达峰值($P<0.05$),肝胰腺 CAT 基因表达水平均显著高于对照组($P<0.05$),且于 12 h 达峰值($P<0.05$);pH 9.0 胁迫组,中国对虾鳃、肝胰腺、肌肉组织和血淋巴 CAT 基因表达水平整体呈现先升高后降低再升高的变化趋势,分别于 3 h、72 h、24 h 和 24 h 达峰值($P<0.05$)。

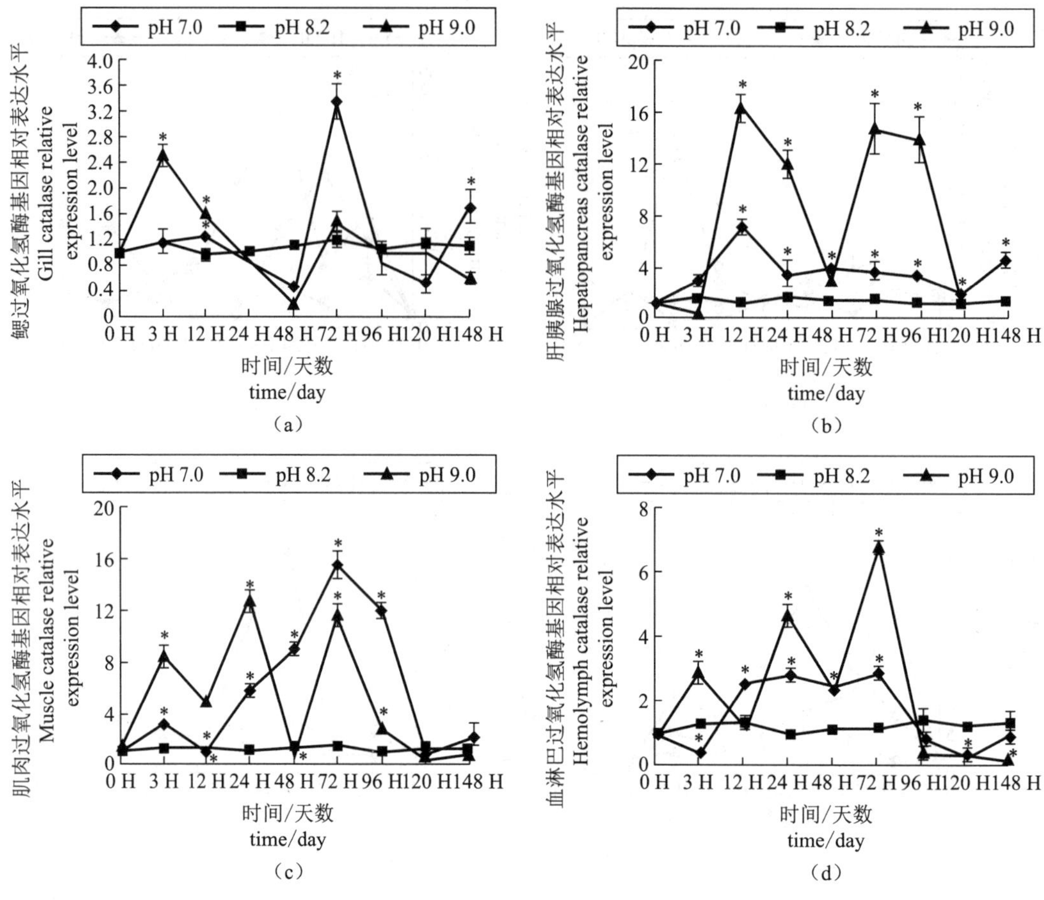

图 14 中国对虾不同组织 CAT 基因相对表达水平随
pH 胁迫时间的变化情况(a)鳃(b)肝胰腺(c)肌肉(d)血淋巴
注：与对照组相比，* 表示差异显著($P<0.05$)

6.2.2 pH 胁迫对中国对虾 Prx 基因表达的影响

pH 7.0 胁迫组，中国对虾鳃和肝胰腺 Prx 基因表达呈现先降低后升高的变化趋势，均在 120 h 达峰值($P<0.05$)，肌肉 Prx 基因表达水平基本显著高于对照组($P<0.05$)，且于 72 h 达峰值($P<0.05$)，血淋巴 Prx 基因表达水平 12 h 达峰值($P<0.05$)，之后逐渐降低；pH 9.0 胁迫组，中国对虾鳃和肌肉组织 Prx 基因表达水平基本呈现先升高后降低的变化趋势，分别于 3 h 和 120 h 达峰值($P<0.05$)，肝胰腺和血淋巴 Prx 基因表达水平呈现先降低后升高的变化趋势，分别于 148 h 和 96 h 达峰值($P<0.05$)。

活性氧(氧自由基)主要包括超氧阴离子(O_2^-)、羟自由基和 H_2O_2，其中超氧阴离子的寿命最长(文春根等，2009)，可以从其生成的位置扩散到较远的靶位置(张庆利等，2007)。正常生理条件下适量的活性氧对机体具有一定的积极作用，但过量的活性氧则导致机体的氧化胁迫(Franco et al，2009)。体内抗氧化系统包括非酶类及酶促体系，后者主要有过氧化氢酶、过氧化物还原酶等，机体通过抗氧化系统清除体内过量的活性氧，保护各组织器官免受活性氧的损伤(Mathew et al，2007)。

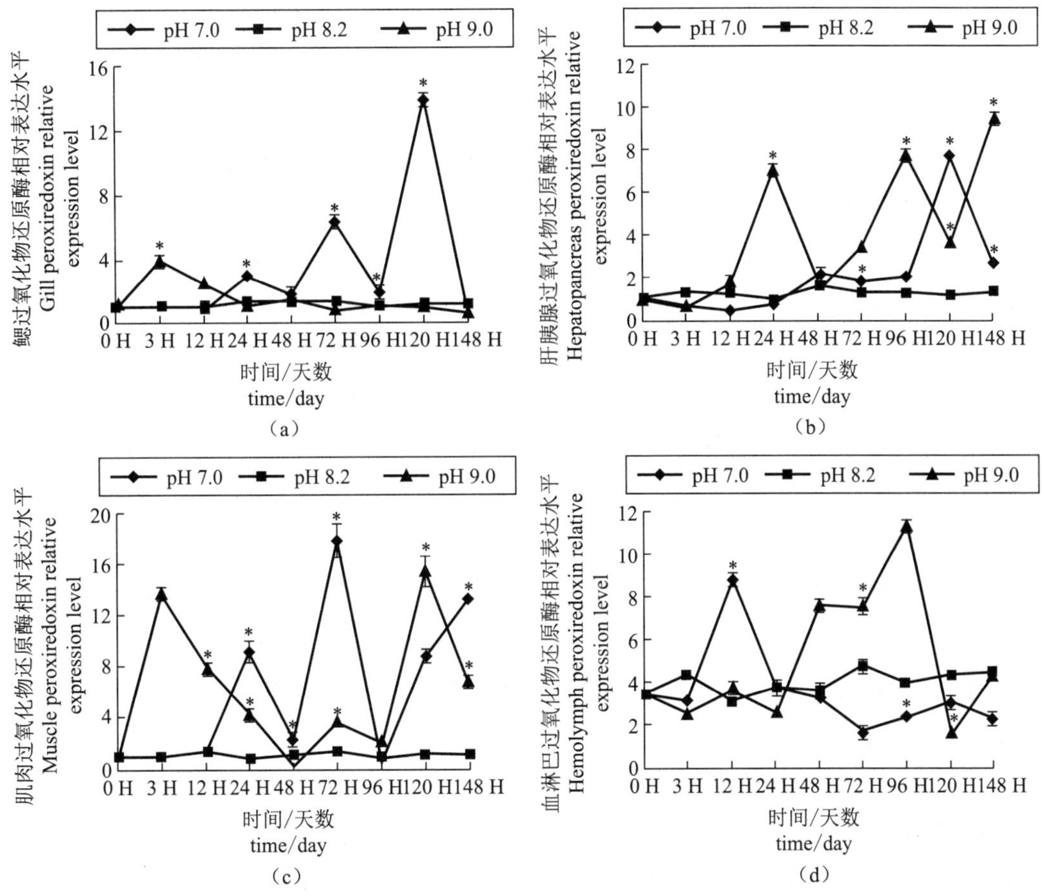

图 15 中国对虾不同组织 Prx 基因相对表达水平随 pH 胁迫时间的变化情况(a)鳃(b)肝胰腺(c)肌肉(d)血淋巴

注:与对照组相比,* 表示差异显著($P<0.05$)

试验发现中国对虾抗氧化酶活力存在组织差异性,肝胰腺 T-AOC 和 CAT 活力明显高于其他三个组织,这与三疣梭子蟹的研究相一致(陈萍等,2009)。这可能与不同组织的功能定位有关。肝胰腺是对虾蛋白、脂类等营养物质的代谢中心,为避免过量活性氧对肝胰腺实质细胞及脂质类物质的破坏,需要较强的抗氧化酶体系确保活性氧在正常的生理水平。

pH 胁迫 3 h 后中国对虾各组织 T-AOC、抗超氧阴离子和 CAT 活力升高,可能是 pH 的急剧变化诱导中国对虾体内活性氧的产生,对虾各组织反馈性增强抗氧化系统酶活力,以清除多余的活性氧,从而保护机体免受损伤;各项指标基本在 12～24 h 达峰值,这与 Stebbing 提出的“毒物兴奋效应”表现类似(Stebbing et al,1982)。但随着胁迫时间的延长,抗氧化酶活力明显降低。pH 胁迫中国对虾 148 h,各组织 T-AOC、抗超氧阴离子和 CAT 活力基本低于对照组,表明长时间 pH 胁迫抑制了对虾抗氧化系统酶活力。据报道,过量活性氧的积累可导致线粒体 DNA 的损伤,破坏细胞电子传递链、线粒体膜电位及 ATP 能量产生,进而导致细胞的呼吸障碍,严重时甚至导致细胞的凋亡或者坏死,机体抗氧化能力明显降低(Dandapat et al, 2003; Ott et al, 2007)。但长时间 pH 胁迫是否造成中国对虾各组织细胞凋亡或坏死,还需要通过进一步组织切片观察确认。

试验还发现,在低 pH (7.0)和高 pH (9.0)胁迫条件下,中国对虾肝胰腺和鳃抗氧化系统酶活力较其他三个组织最早达到峰值,这说明不同组织应对高 pH、低 pH 胁迫时的敏感程度存在差异。低 pH 环境下,对虾血淋巴 pH 降低,血蓝蛋白与氧气的结合能力下降(潘鲁青等, 2008),可能引起组织缺氧,导致参与电子转运的黄素二核腺苷酸(FADH)、半醌辅酶Ⅰ(NADH)得不到氧化而堆积,而 NADH 是有效的电子供体,可使溶解在脂膜中的氧分子单价还原,导致活性氧的大量产生(陈丽芬等, 2006),由此推测作为能量与物质代谢中心的肝胰腺,在缺氧条件下可能较其他组织产生更多的活性氧,因而对低 pH 胁迫比较灵敏。鳃是水产动物的一个多功能器官,具有呼吸、渗透和酸碱平衡等重要功能(Evans et al, 2005)。pH 值升高使水体 OH^- 增多,促使无毒的 NH_4^+ 向有毒的 NH_3 转化,NH_3 主要以扩散方式通过鳃排出(Weihrauch et al, 1998),水体氨氮含量的升高导致细胞内活性氧的增加(肖涛等, 2006; Wang et al, 2008)。高 pH 直接影响中国对虾鳃组织的呼吸功能,增加鳃组织的活性氧积累,所以鳃组织最先表现出抗氧化系统的激活,各项指标基本在 3 h 达峰值,提示中国对虾鳃组织可以作为高 pH 胁迫的敏感组织。

CAT 是一类重要的抗氧化酶类,主要通过还原 H_2O_2 参与机体的生理过程。pH 胁迫初期机体通过增加 CAT 基因表达水平,从而增强抗氧化系统功能,各组织 CAT 基因表达水平一般在 24～72 h 达到最高值。但 pH 7.0 胁迫组肝胰腺和 pH 9.0 胁迫组鳃 CAT 基因表达水平分别在 12 h 和 3 h 达峰值,均早于其他组织,由于 CAT 对于低浓度 H_2O_2 不敏感(Rhee et al, 2005),推测上述两组织在 pH 胁迫初期产生大量 H_2O_2,所以最早出现诱导 CAT 基因表达水平上调,这与 CAT 酶活性变化特性比较吻合。Wang 等研究发现,在低 pH (5.6)胁迫条件下,凡纳滨对虾肝胰腺 CAT 基因表达水平 12 h 达最高值,24 h 后恢复至正常水平;在高 pH (9.3)胁迫条件下,凡纳滨对虾肝胰腺 CAT 基因表达水平没有明显变化(Wang et al, 2009)。这与低 pH 胁迫中国对虾肝胰腺 CAT 基因表达变化相似,但与高 pH 胁迫中国对虾肝胰腺 CAT 基因表达变化差别较大,原因可能与实验动物品种及胁迫水平不同有关。

Prx 具有分解 H_2O_2 和过氧化物的作用,并间接调节细胞内的信号传递(Wood et al, 2003; Lehtonen et al, 2005)。试验结果表明,pH 胁迫中国对虾后,各组织 Prx 基因表达水平 72～148 h 达到峰值,比 CAT 基因表达时间延后 24～72 h,推测长期 pH 胁迫后各组织积累了大量的 H_2O_2,当细胞内 H_2O_2 浓度较高时,部分 Prx 就形成没有过氧化酶活性的环状十聚体,作为分子伴侣保护其他功能蛋白分子(Jang et al, 2006; 郑振华等, 2008),为了降低 pH 胁迫对中国对虾造成的氧化损伤,各组织 Prx 基因转录要保持在一定水平内,所以 pH 胁迫中国对虾 148 h 各组织 Prx 基因表达仍然处于较高水平。

综上所述,pH 胁迫影响中国对虾抗氧化系统酶活力及基因表达水平,并表现出一定的时间规律性。pH 胁迫 3～24 h 能够诱导抗氧化系统的功能，以抵抗 pH 胁迫对机体产生的氧化胁迫，且短期的 pH 胁迫可能具有一定的积极作用，郑振华等认为 pH 周期性向碱性环境方向波动能促进南美白对虾的生长[35]。但长时间 pH 胁迫则会抑制中国对虾抗氧化系统功能，推测可能是长时间 pH 胁迫导致中国对虾机体产生过量的活性氧，超出了机体抗氧化系统所能调节的范围，由此造成氧化损伤，因此在实际养殖生产中要避免中国对虾长期处于 pH 胁迫环境。

7. pH、氨氮胁迫对中国对虾 *HSP90* 基因表达的影响

中国对虾是我国重要的经济养殖虾类之一（邓景耀等，1990）。自 1993 年对虾病毒性疾病暴发以来，对虾的病害问题直接影响对虾养殖业的可持续性发展，其中主要原因之一是对虾高密度集约化养殖而带来的养殖环境的剧烈恶化，降低了对虾的适应性（Capy et al，2000）。养殖水环境的剧烈变化对养殖对虾造成了环境胁迫，降低了对虾的免疫反应功能（Le Moullac et al，2000）。目前已证实高、低 pH 胁迫均导致中国对虾机体的氧化损伤、肝胰腺的细胞凋亡（王芸等，2011；Wang et al，2011），日本囊对虾免疫相关酶活性的降低（赵先银等，2009）和凡纳滨对虾（*Litopenaeus vannamei*）血淋巴细胞的 DNA 损伤（Wang et al，2009）；氨氮胁迫可直接损伤中华绒螯蟹（*Eriocheir sinensis*）的非特异性免疫系统（洪美玲等，2007）、影响三疣梭子蟹（*Portunus trituberculatus*）的血细胞数量、proPO 活力和 mRNA 表达（岳峰等，2010）。

热应激蛋白（*heat shock protein*，HSP）又名热休克蛋白，是自然界普遍存在的高度保守性抗胁迫蛋白家族，作为分子伴侣保护变性蛋白、促进受损伤蛋白质的复性或者水解不能复性的受损伤蛋白质（Hartl，1996）。目前在中国对虾、凡纳滨对虾、斑节对虾、中华绒螯蟹、脊尾白虾中克隆了 *HSP90* 基因（Li et al，2012），且该基因对于环境胁迫如温度和缺氧非常敏感，所以研究者认为中国对虾在应对环境胁迫过程中，*HSP90* 基因发挥着重要的作用（Li et al，2009）。有关多种无脊椎动物的 *HSP90* 研究表明，各种环境胁迫因子如热应激、重金属、渗透压和细菌感染等都能够诱导 *HSP90* 基因的表达（Gao et al，2008；Pan et al，2009；Gao et al，2007），因此 *HSP90* 作为环境胁迫的生物标志物之一（Venn et al，2007）。

pH 是养殖水体中化学性状和生命活动的综合反应。研究表明 pH 值升高或者降低会直接影响水生动物存活、生长和免疫活性（文春根等，2009）。氨氮是水产动物的主要代谢产物，随着养殖水体氨氮浓度的升高，水产动物血淋巴和其他组织的氨浓度升高（Cavalli et al，2000）。分子氨能够以自由扩散的方式通过细胞膜，影响细胞膜的稳定性及酶的活性，甚至导致细胞的死亡（Kaminsky et al，2007）。然而有关 pH 和氨氮胁迫对中国对虾 *HSP90* 基因表达变化的影响还未见报道。王芸等（2013）通过分析 pH、氨氮胁迫前后中国对虾各组织 *HSP90* 基因的表达情况，探讨不同时间段内 *HSP90* 基

因表达与应对 pH 和氨氮胁迫反应的关联机制，为中国对虾的环境适应性调控机制提供重要的数据支持和理论依据。

7.1 pH 胁迫对中国对虾 *HSP90* 基因表达的影响

pH 7.0 胁迫组中国对虾鳃、肌肉和血淋巴细胞 *HSP90* 基因表达呈现先降低后升高再降低的变化趋势，分别于 72 h、72 h 和 12 h 达最大值（$P<0.05$），为对照组的 2.1、1.2 和 1.7 倍，随后基因表达下降，且显著低于对照组（$P<0.05$）；肝胰腺 *HSP90* 基因表达水平则先升高后降低，3 h 达峰值（$P<0.05$），24 h～148 h 显著低于对照组（$P<0.05$）。pH 9.0 胁迫组中国对虾肌肉和血淋巴 *HSP90* 基因表达水平呈现先降低后升高再降低的变化趋势，均于 48 h 达峰值，分别为对照组的 1.6 和 2.4 倍（$P<0.05$）；肝胰腺 *HSP90* 基因表达水平逐渐上升，3 h～148 h 显著高于对照组（$P<0.05$）；鳃组织 *HSP90* 基因表达水平呈现先升高后下降的变化趋势，3 h 达峰值（$P<0.05$），为对照组的 2.2 倍，96～148 h 低于对照组。

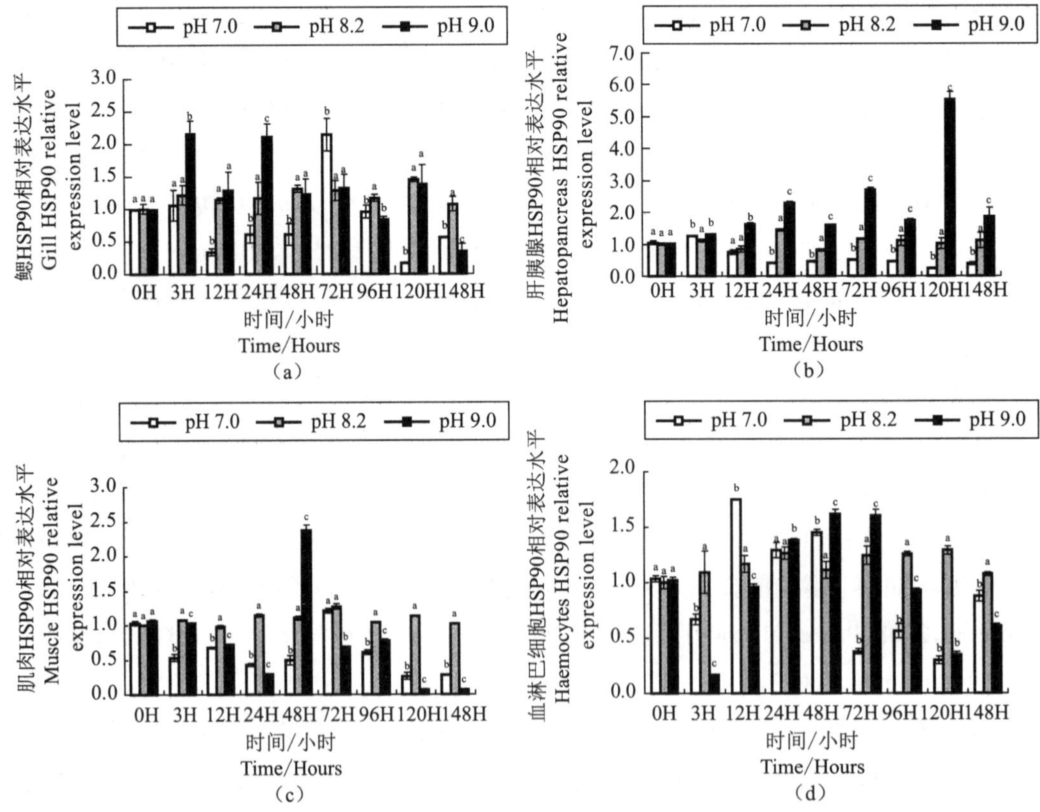

图 16　中国对虾不同组织 HSP90 基因相对表达水平随 pH 胁迫时间的变化情况

（a）鳃；（b）肝胰腺；（c）肌肉；（d）血淋巴

注：同时间点各组没有相同字母者表示差异显著（$P<0.05$）

7.2 氨氮胁迫对中国对虾 HSP90 基因表达的影响

氨氮对中国对虾各组织 *HSP90* 基因表达水平随胁迫时间呈现先升高后降低的变

化过程。6 mg/L 氨氮浓度组鳃组织 *HSP90* 基因表达水平显著高于对照组($P<0.05$)，且在 24 h 达最高值($P<0.05$)，为对照组的 5.46 倍；但当氨氮浓度连续 48～72 h 维持在 2～4 mg/L 时，鳃组织 *HSP90* 基因表达水平显著低于对照组($P<0.05$)。2 mg/L 氨氮胁迫中国对虾 6～24 h，肝胰腺 *HSP90* 基因表达水平与对照组无显著性差异($P>0.05$)；4、6 和 8 mg/L 氨氮浓度组肝胰腺 *HSP90* 基因表达水平 6～24 h 显著高于对照组($P<0.05$)，且 6 h 达最高值，为对照组的 1.33～2.39 倍；氨氮胁迫中国对虾 48～96 h，各组肝胰腺 *HSP90* 基因表达水平均明显降低，甚至显著低于对照组($P<0.05$)。6 mg/L 氨氮胁迫组肌肉 *HSP90* 基因表达水平 6～24 h 显著高于对照组($P<0.05$)，为对照组的 1.55 倍，48 h 后各胁迫组肌肉 *HSP90* 基因表达水平明显降低。各氨氮浓度组中国对虾血淋巴细胞 *HSP90* 基因表达水平呈现先升高后降低的变化过程。2 mg/L 和 4 mg/L 胁迫组对虾血淋巴细胞 *HSP90* 基因表达水平 6 h 略有上升，但与对照组无显著差异($P>0.05$)；当氨氮胁迫中国对虾 24～72 h，各胁迫组血淋巴细胞 *HSP90* 基因表达水平均显著高于对照组($P<0.05$)，且于 48 h 达最高值，为对照组的 2.20～5.43 倍。

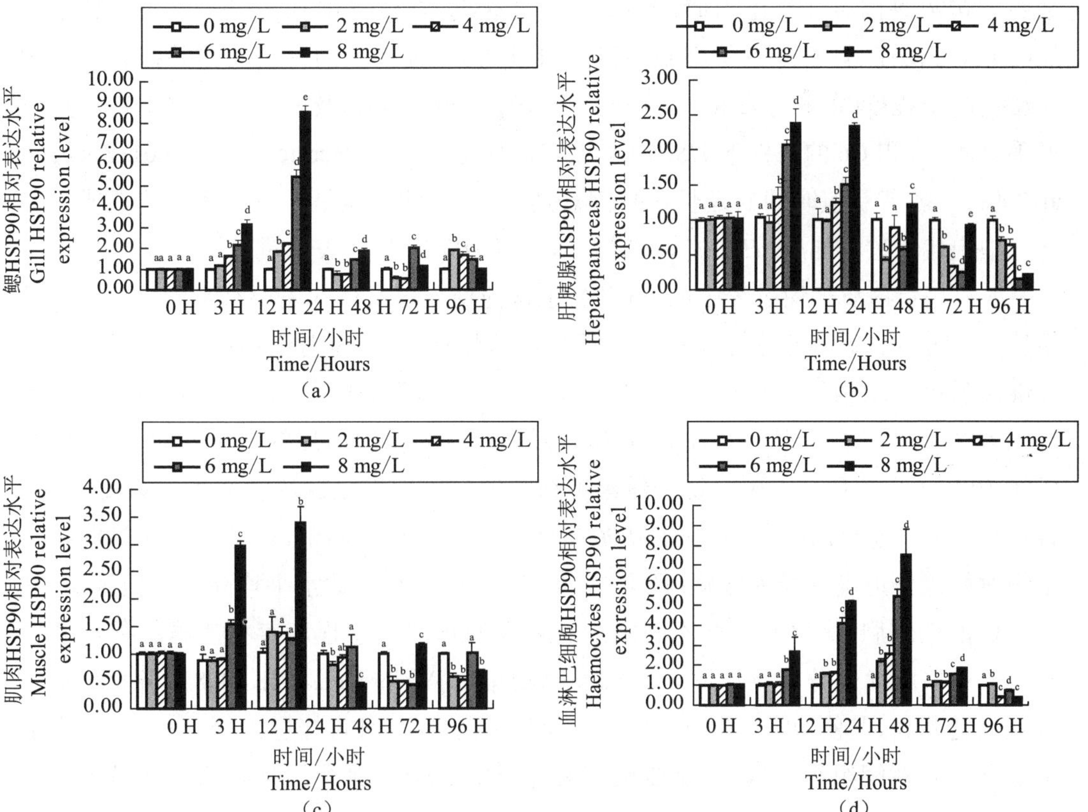

图 17 中国对虾不同组织 HSP90 基因表达水平随氨氮胁迫时间的变化情况

(a) 鳃；(b) 肝胰腺；(c) 肌肉；(d) 血淋巴细胞。

注：同时间点各组没有相同字母者表示差异显著($P<0.05$)

HSP90 蛋白广泛存在于真核细胞中，即使在正常生理状态下也占到组织总蛋白的 1%～2%（Pratt, 1997）。研究发现对虾在酸性或者碱性 pH 胁迫条件下，细胞内产生过量的活性氧自由基，从而严重损害细胞的功能，甚至造成 DNA 的损伤和细胞凋亡（Wang et al, 2009; Wang et al, 2011）。*HSP90* 是一个高度保守的分子伴侣，在环境胁迫条件下可维持细胞的蛋白质空间构象、保护细胞和对于应激源的耐受性（Kregel, 2002）。所以 *HSP90* 基因表达水平的升高是有机体抵抗环境胁迫的重要保护机制。本研究中 pH9.0 胁迫组对虾肝胰腺 *HSP90* 基因表达显著高于对照组，这说明肝胰腺组织能够通过诱导该基因的表达升高而抵抗高 pH 值胁迫，这与高温、缺氧及重金属污染表现的变化相吻合（*Schill et al*, 2003），说明中国对虾的肝胰腺组织对于高 pH 胁迫可能拥有较强的抵抗能力。pH7.0 胁迫组对虾肝胰腺和肌肉组织 *HSP90* 基因在胁迫 3 h 略有升高之后显著降低，直到实验结束时仍显著低于对照组，这说明 pH7.0 胁迫抑制该基因的表达，此结果与盐度胁迫下三疣梭子蟹肝胰腺和肌肉组织 pt*HSP90*-1 基因的表达变化相一致（Zhang et al, 2009），可能是低 pH 值超出了这些组织能够承受的极限从而诱导了细胞的凋亡或者坏死。低 pH（7.0）和高 pH（9.0）胁迫组对虾血淋巴细胞 *HSP90* 基因表达变化相似，当 pH 突然变化时，血淋巴细胞 *HSP90* 基因表达量增加（3 h），可快速、短暂地保护细胞，对抗 pH 胁迫，增强细胞的修复功能并提高细胞对应激的耐受程度（雷蕾等，2008），这与鲤鱼（*Cyprinus carpio*）及三疣梭子蟹暴露于高浓度重金属 Cd 和 Cu 的条件下 *HSP90* 基因表达变化相一致（Hermesz et al, 2001; Zhang et al, 2009）。随着胁迫时间的延长该基因表达下降，推测可能是长时间的胁迫造成了血淋巴细胞代谢过程加剧，*HSP90* 消耗增多，所以 *HSP90* 基因表达量下降。

氨氮是蛋白质代谢过程中的终产物，也是池塘养殖水体的主要有毒因子之一。环境氨氮浓度的升高对于水生动物具有明显的毒性作用，甚至对生物体造成组织损伤，能够引发甲壳动物的急性中毒（孙舰军等，1999）。本研究中氨氮胁迫中国对虾后，各组织 *HSP90* 基因表达水平显著升高，这是对虾受到氨氮胁迫后的应激反应，通过增加机体 *HSP70* 基因的表达水平而达到保护细胞的作用。当氨氮浓度为 4～6 mg/L 时，且在短时间胁迫（6h）时，肝胰腺 *HSP90* 基因表达水平达最高值，可见中国对虾肝胰腺组织对氨氮胁迫表现最为敏感；鳃组织 *HSP90* 基因最高表达水平均高于其他组织，其次为血淋巴细胞，这说明对虾不同组织对氨氮胁迫的敏感程度存在差异。甲壳动物 40%～90%的含氮分泌物以氨氮形式通过鳃排出（Weihrauch et al, 1998），当养殖水体氨氮浓度升高，促使 NH_4^+ 向毒性更强的 NH_3 转化，NH_3 可直接进入鳃上皮细胞，为了降低分子氨对鳃组织的损伤，需要更高表达量的 *HSP90* 保护细胞。这可能是中国对虾鳃组织 *HSP90* 基因表达水平最高的原因之一。研究表明中国对虾 *HSP90* 基因在高温、缺氧和重金属污染胁迫下诱导表达上调，但是一定时间后 *HSP90* 基因表达则下调（Li et al, 2009），这与本研究结果相一致，当水体氨氮浓度 4～6 mg/L 持续 48 h 后，各组织 *HSP90* 基因表达水平显著降低，这说明中国对虾对于氨氮胁迫的调节能力有限，当氨氮胁迫持续一定时间，对中国对虾的机体造成氧化损伤和组织损伤，从而破坏了细胞的功能，导致 *HSP90* 基因表达水平的降低。一些研究证实甲壳动物在高浓度氨氮胁迫条件下机体的免疫功能受到抑制，如日本囊对虾（*Marsupenaeus japonicus*）和凡纳滨对虾（Chen et al，1992；Liu et al，2004），这可能也是导致 *HSP90* 基因表达下调的原因之一。由此可见，当水环境氨氮浓度升高时，中国对虾的肝胰腺是响应氨氮胁迫的敏感器官，同时鳃组织 *HSP90* 基因表达量升高时对虾机体对呼吸器官的一种保护机制，从而适应环境氨氮浓度的变化。

综上所述，pH 和氨氮胁迫均影响中国对虾 *HSP90* 基因表达水平，并表现出一定的时间浓度效应。当中国对虾暴露于 pH 和氨氮胁迫条件下，机体内 *HSP90* 基因表达显著升高，这说明中国对虾对环境胁迫表现敏感，通过上调 *HSP90* 基因的表达水平以增加 *HSP90* 蛋白水平，*HSP90* 作为分子伴侣保护细胞免受氨氮胁迫的毒性损伤（Ovelgonne et al，1995），并参与修复变性蛋白维持细胞内代谢的动态平衡（Ackerman et al，2001）。但随着胁迫时间的延长，各组织 *HSP90* 表达水平显著降低，其中肝胰腺组织尤为明显，这可能是 pH 和氨氮胁迫超出了机体能够承受的极限而诱导了细胞的凋亡或者坏死。

8. 塔玛亚历山大藻对中国对虾肝胰腺及鳃 SOD、GST 和 MDA 的影响

有毒赤潮甲藻塔玛亚历山大藻（*Alexandrium tamarense Balech*）是一种典型的麻痹性贝毒（Paralytic Shellfish Poison，PSP）产毒藻（谭志军等，2002）。塔玛亚历山大藻除产生 PSP 外，还可以产生其他非 PSP 的有毒物质（颜天等，2002；Yan et al，2003）。在我国，虾等甲壳类生物是重要的海产养殖品种，其养殖也受到了这种甲藻赤潮的威胁（林元烧，1996；Liao et al，1993）。环境胁迫因子（水体温度、pH、盐度、重金属等）变化诱导的生理效应可能经由氧化还原途径实现（Ryter et al，2007；Assefa et al，2005；Richier et al，2006），由此可将抗氧化系统作为评估环境胁迫对生物体产生氧化胁迫效应的一类生物标志物（王芸等，2011）。有毒塔玛亚历山大藻作为一种环境胁迫因子能通过多种方式导致海洋生物死亡或发生其他生理变化（Cembella et al，2002；周立红等，2003）。PSP 等有毒物质进入生物体后，能够进行累积，并且发生毒素成分的转化（Castonguay et al，1997；Costa et al，2011）。生物转化的结果，可能伴有大量的活性氧自由基产生。Estrada 等（2007）和 Clemente 等（2010）研究发现 PSP 可诱导海洋生物氧化胁迫。氧自由基大量生成可导致脂质过氧化（1991），丙二醛（MDA）是脂质过氧化的产物，被认为是反映机体氧化应激损伤的代表性指标之一。超氧化物歧化酶（ SOD）是反映机体清除自由基能力的标志性抗氧化酶。谷胱甘肽硫转移酶（GST）不但是解毒系统第二阶段的解毒酶，还是重要抗氧化系统酶，其活性的高低间接反映了机体清除自由基的能

力(汤乃军等,2003)。

中国对虾(*Fenneropenaeus chinensis*)是我国北方主要养殖品种(邓景耀等,1990),目前已发现塔玛亚历山大藻对贝类和鱼类等的生长及免疫功能均有不同程度的影响(谭志军,2006),但其对对虾抗氧化系统的影响目前尚缺乏相应的数据。梁忠秀等(2013)通过分析塔玛亚历山大藻粗提液对中国对虾肝胰腺和鳃 SOD,GST 活性和 MDA 含量的影响,探讨塔玛亚历山大藻毒素是否能通过引发中国对虾的脂质过氧化作用,而发挥其毒性作用,以期为对虾健康养殖提供理论依据。

8.1 塔玛亚历山大藻毒素粗提液对中国对虾肝胰腺和鳃 SOD 活性的影响

肝胰腺和鳃中的 SOD 活性在注射塔玛亚历山大藻毒素粗提液后,整体都呈现先升高后降低的变化趋势,中国对虾肝胰腺 SOD 活性在注射后 6 h 即达峰值,之后逐渐降低,但在实验结束时仍显著高于对照组($P<0.05$)。鳃在注射后 6 h 达最大值,约为对照组的 3.7 倍,之后急剧下降,12 到 48 h SOD 活性受到显著抑制($P<0.05$)。

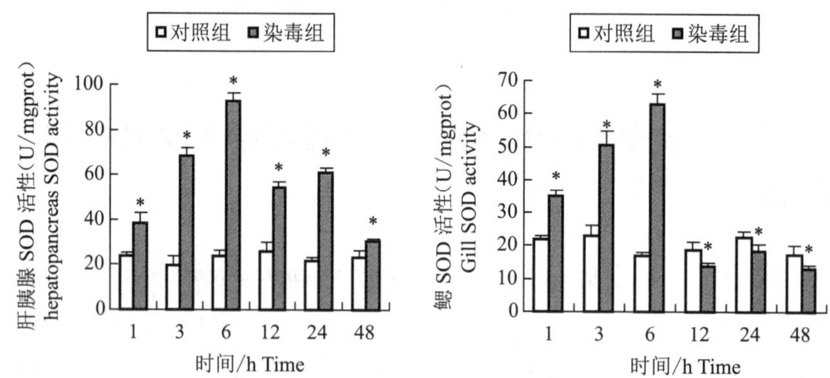

图 18 塔玛亚历山大藻毒素粗提液对中国对虾肝胰腺和鳃组织 SOD 活性的影响

8.2 塔玛亚历山大藻毒素粗提液对中国对虾肝胰腺和鳃 GST 活性的影响

在注射塔玛亚历山大藻毒素粗提液后,肝胰腺和鳃的 GST 活性迅速上升,均在注射后 3 h 达最大值。肝胰腺 GST 活性在 3 h 后虽有所下降,但仍显著高于对照组($P<0.05$)。而鳃中的 GST 活性在达到最大值后急剧下降,在注射后的 12 和 48 h 显著低于对照组($P<0.05$)。

8.3 塔玛亚历山大藻毒素粗提液对中国对虾肝胰腺和鳃 MDA 含量的影响

肝胰腺和鳃的 MDA 含量在注射塔玛亚历山大藻毒素粗提液后表现出不同的变化趋势。肝胰腺 MDA 含量除染毒后的 1 h 被短暂抑制外,其他时间点与对照组相比无显著性差异($P>0.05$)。鳃中 MDA 含量整体呈现上升的变化趋势,除 1 h 外,其他时间点都显著高于对照组 ($P<0.05$)。

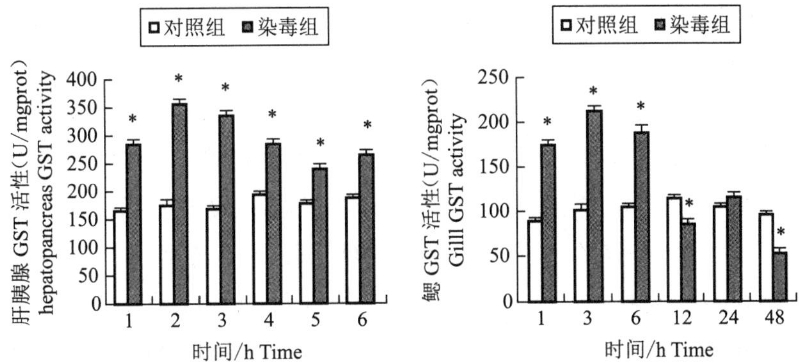

图 19 塔玛亚历山大藻毒素粗提液对中国对虾肝胰腺和鳃组织 GST 活性的影响

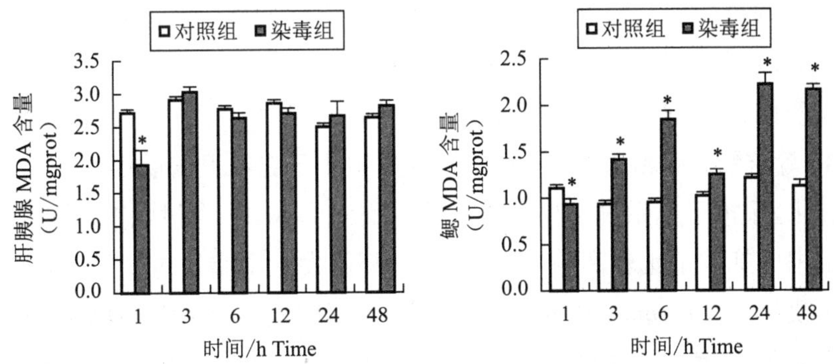

图 20 塔玛亚历山大藻毒素粗提液对中国对虾肝胰腺和鳃组织 MDA 含量的影响

活性氧自由基中的超氧阴离子(O_2^-)的寿命最长(文春根等,2009),可从产生位置扩散至较远的靶位置(张庆利,2007)。SOD 的功能是把 O_2^- 歧化成 H_2O_2 和 O_2,是保护机体免受 O_2^- 毒性的重要抗氧化酶,而 GST 具有清除体内自由基及解毒双重功能,参与催化有机过氧化物为相应的醇。本研究发现,注射塔玛亚历山大藻毒素粗提液后对虾肝胰腺和鳃组织的 SOD 和 GST 活性显著上升,与 Gubbins 等(2000)研究石房蛤毒素(Saxitoxin, STX)以及有毒亚历山大藻(*Alexandrium fundyense*)的提取物对大西洋鲑鱼(*Salmo salar*) GST 影响的结果相似,谭志军(2006)通过对鲈鱼(*Lateolabrax japonicus*)腹腔注射也发现,塔玛亚历山大藻毒素粗提液可以诱导鲈鱼肝脏和鳃的 SOD 和 GST 活性,并且发现塔玛亚历山大藻毒素对 SOD 活性的诱导在鲈鱼肝脏中没有明显的剂量效应,而在鳃中高剂量诱导效应低于低剂量的诱导效应。SOD 和 GST 活性显著上升可能是塔玛亚历山大藻毒素在中国对虾体内的代谢过程中出现过多自由基,对虾组织反馈性增强抗氧化系统酶活性,以清除多余的自由基。同时也表明 GST 可能参与了塔玛亚历山大藻所产有毒物质的代谢及解毒过程(Gehringer et al, 2004; Jeon et al, 2008)。江天久等(2006)发现中国龙虾(*Panulirus stimpsoni*)在对 PSP 代谢过程中可能发生了 GTX2,3 向 GTX1,4 转换的过程,这种还原转化在双壳类和甲壳类的动态代谢中常有发生(Hiroshi et al,2002;Oikawa et al,2005),而这种化学转化可能与生物体内谷胱甘肽诱导相关(江天久等,2006;Hiroshi et al,2002;Oikawa et al,2005)。而 GTX 转换成 STX 也需要谷胱甘肽的参与(Setsuko et al,2000;Sato et al,2000)。中国对虾 GST 的上升是否是因为 PSP 在代谢过程中发生了上述转换引起还有待进一步研究。肝胰脏是藻毒素累积及解毒的主要器官(Montoya et al,1996),在解毒的过程中产生的大量自由基使肝胰腺 SOD 和 GST 活性在实验过程中处于较高的状态。Gehringer 等(2004)研究表明微囊藻毒素进入动物体内,主要通过肝脏的谷胱甘肽还原机制解毒,这可能也是 GST 在实验过程中一直处于较高状态的一个原因。

生物膜(细胞膜、线粒体膜、溶酶体膜和内质网膜)是活性氧攻击的主要部位,膜磷脂富含多价不饱和脂肪酸,易发生脂质过氧化(Yin et al,2005)。MDA 是机体脂质过氧化作用的产物,其含量可间接反映机体的脂质过氧化水平以及机体细胞受自由基攻击的严重程度(陈汉等,2007)。中国对虾肝胰腺 MDA 含量除实验开始后的 1 h 被短暂抑制外,其余时间点与对照组相比均未出现统计学差异,表明中国对虾肝胰腺组织在本实验的注射剂量下没有发生脂质过氧化,诱导生成的活性氧在肝胰腺组织 SOD 和 GST 等抗氧化物酶作用下被有效清除,阻止了它在肝胰腺中过多的积累,阻抑了膜脂过氧化,保护了膜系统及相关酶系统。而鳃中 MDA 含量除 1 h 外,其余各时间点与对照组相比都处于比较高的水平,表明对虾鳃发生了脂质过氧化。陈洋(2008)研究发现米氏凯伦藻(*Karenia mikimotoi*)未知毒素能使哺乳类细胞 MDA 含量明显升高,能够诱导细胞发生脂质过氧化。Creppy 等(2002)研究也发现腹泻性贝毒的主要组分大田软海绵酸(Okadaic acid, OA)能促进人肠内皮细胞发生脂质过氧化。MDA 能与膜上蛋白质反应,使膜通透性增加,引起膜渗漏,从而使细胞器结构与功能发生紊乱(Li et al,2005)。多种功能膜和酶系统遭到破坏,致使组织 SOD 和 GST 等酶活性下降。在本实验中鳃组织 SOD 和 GST 的活性达到峰值后急剧下降,在 12 和 48 h 被显著抑制,可能就是鳃组织酶系统遭到破坏,抗氧化系统功能下降的结果。SOD 和 GST 活性被抑制,间接反映了机体清除自由基的能力降低,能清除活性氧的抗氧化系统功能下降,将导致机体内活性氧更迅速累积,从而加剧膜脂过氧化作用,这可能是鳃中 MDA 含量整体呈现上升的变化趋势的原因。塔玛亚历山大藻对中国对虾的毒理机制之一可能是通过破坏机体氧化 - 抗氧化系统的平衡,引发对虾的脂质过氧化,从而造成组织的氧化损伤。鳃具有呼吸、渗透和酸碱平衡等重要功能(Evans et al,2005),鳃发生脂质过氧化可能引起鳃细胞功能和结构变化,从而影响虾体的正常生理代谢,使虾体的免疫力下降。本实验初步探讨了塔玛亚历山大藻毒素对中国对虾抗氧化酶活性的影响,其对抗氧化酶活性的剂量—效应关系在以后的研究中需进一步阐明,另外生物体内酶活性的变化只能间接反映毒素对生物造成应激效应的程度,要弄清楚塔玛亚历山大藻毒素对中国对虾的致毒机制还有待进一步研究。

9. 塔玛亚历山大藻对中国对虾鳃组织的氧化胁迫和对 Caspase 基因表达的影响

中国对虾是我国北方海水主要养殖品种(邓景耀等,1990),浮游微藻是对虾养殖池塘微生态环境的一个重要成分(李卓佳等,2003),虾池中不同发育时期的对虾均直接或间接地以微藻为饵料(Alonso et al,2003)。但能产生毒素的有害赤潮藻常在对虾养殖池出现(林元烧,1996;Su et al,1993),影响对虾生理、代谢等机能。有毒赤潮甲藻塔玛亚历山大藻(*Alexandrium tamarense*)是一种典型的麻痹性贝毒(Paralytic Shellfish Poison, PSP)产毒藻(谭志军等,2002),能通过多种方式导致海洋生物死亡或发生其他生理变化(Cembella et al,2002;周立红等,2003)。从抗氧化防御系统的角度来研究赤潮有毒藻对养殖动物的毒性作用机制一直是一个备受关注的问题(Fisher et al,2000;Estrada et al,2007),可将抗氧化系统作为评估环境胁迫对生物体产生氧化胁迫效应的一类生物标志物(王芸等,2011)。鳃组织被认为在抗氧化防御能力方面发挥着最弱的作用(Molina et al,2005),从鳃组织来考察有毒藻对养殖生物的氧化胁迫,一直被忽视(宋超等,2010)。超氧化物歧化酶(SOD)是反映机体清除自由基能力的标志性抗氧化酶(Hidalgo et al,2006)。谷胱甘肽硫转移酶(GST)不但是解毒系统第二阶段的解毒酶,而且还是重要抗氧化系统酶,其活性的高低间接反映了机体清除自由基的能力(Ron et al,2003)。丙二醛(MDA)是脂质过氧化的终产物,被认为是反映机体氧化应激损伤的代表性指标之一(Winston et al,1991)。氧化胁迫可诱导细胞凋亡(Franco et al,2009;Ryter et al,2007),Caspases (Cysteinylaspartate Specific Proteinases)是调节细胞凋亡通路中的关键蛋白(Danial et al,2004),其基因在对虾组织的过量表达,导致细胞凋亡形态特征出现(Wang et al,2011)。目前已发现塔玛亚历山大藻对鱼类等生物的抗氧化系统有不同程度影响(谭志军,2006),但其对对虾抗氧化系统的影响,及由此产生的氧化胁迫而导致的凋亡相关基因的表达方面尚缺乏相应的数据。梁忠秀等(2014)通过分析塔玛亚历山大藻对中国对虾鳃 SOD, GST 活性, MDA 含量和 Caspase 基因(FcCasp)表达的影响,探讨塔玛亚历山大藻对中国对虾的致毒机制,以期为对虾健康养殖提供理论依据。

9.1 塔玛亚历山大藻对中国对虾鳃组织 SOD、GST 活性和 MDA 含量的影响

中国对虾鳃的 SOD 活性在 200 cells/mL 和 1 000 cells/mL 塔玛亚历山大藻胁迫下,均迅速上升,分别在 12 h 和 6 h 达最大值,之后 200 cells/mL 塔玛亚历山大藻胁迫组,鳃的 SOD 活性虽有所下降,但仍显著高于对照组($P<0.05$),而 1000 cells/mL 塔玛亚历山大藻胁迫组,鳃的 SOD 活性急剧下降,24～96 h 被显著抑制($P<0.05$)。

中国对虾鳃的 GST 活性在 200 cells/mL 塔玛亚历山大藻胁迫下整体呈现先升高

后降低的变化趋势，24 h 和 72 h 处于对照组水平，96 h 被显著抑制($P<0.05$)，其余时间点均显著高于对照组($P<0.05$)。而在 1 000 cells/mL 塔玛亚历山大藻胁迫下鳃的 GST 活性除 3 h 和 48 h 外均被显著抑制($P<0.05$)。

中国对虾鳃的 MDA 含量在 200 cells/mL 塔玛亚历山大藻胁迫下在 12 h 内无显著增加($P>0.05$)，24～48 h 显著高于对照组($P<0.05$)，72 h 恢复至对照组水平($P>0.05$)后在 96 h 又显著升高($P<0.05$)。在 1 000 cells/mL 塔玛亚历山大藻胁迫下，鳃的 MDA 含量整体呈现时间依赖性增加的现象，除 3 h 外，其他时间点均显著高于对照组($P<0.05$)。

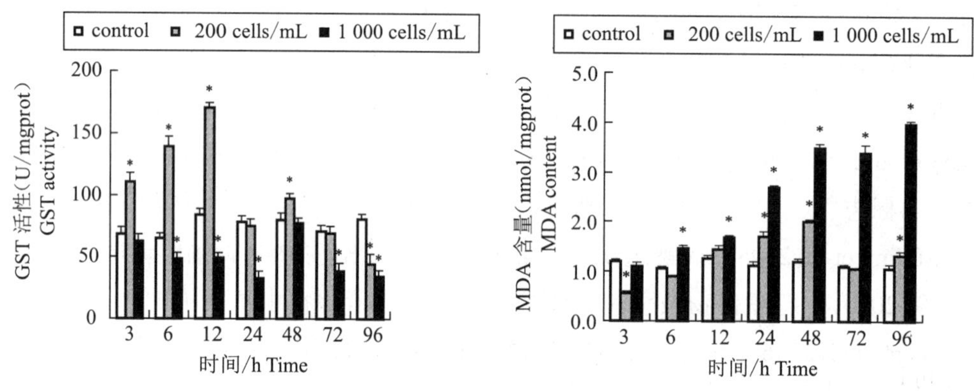

图 21　塔玛亚历山大藻暴露下中国对虾鳃组织 SOD，GST 活性和 MDA 含量

9.2　塔玛亚历山大藻对中国对虾 FcCasp 表达量的影响

暴露在 200 cells/mL 塔玛亚历山大藻中，中国对虾鳃的 FcCasp 表达量整体呈现先升高后降低再升高的变化趋势，即在 48 和 96 h 出现两个表达高峰。而暴露在 200 cells/mL 塔玛亚历山大藻中，鳃的 FcCasp 表达量整体呈现升高的变化趋势，在各时间点均显著高于对照组($P<0.05$)。

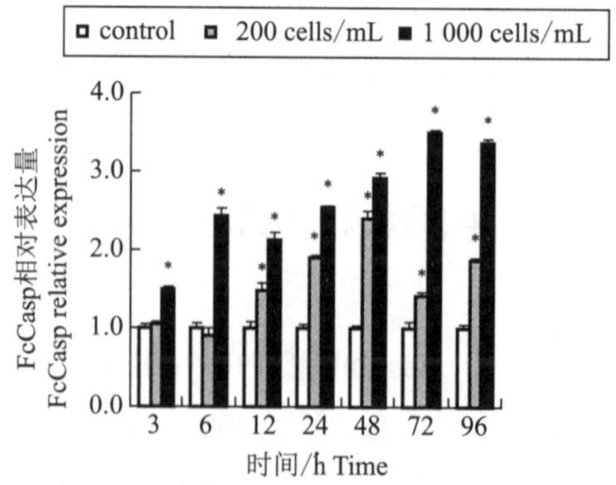

图 22　塔玛亚历山大藻暴露下中国对虾鳃组织 FcCasp 相对表达量

9.3 中国对虾鳃组织 MDA 含量和 FcCasp 相对表达量相关性分析

中国对虾在塔玛亚历山大藻胁迫下鳃组织 MDA 含量和 FcCasp 相对表达量的相关系数(R^2)为 0.866 3，MDA 含量和 FcCasp 相对表达量呈正相关。

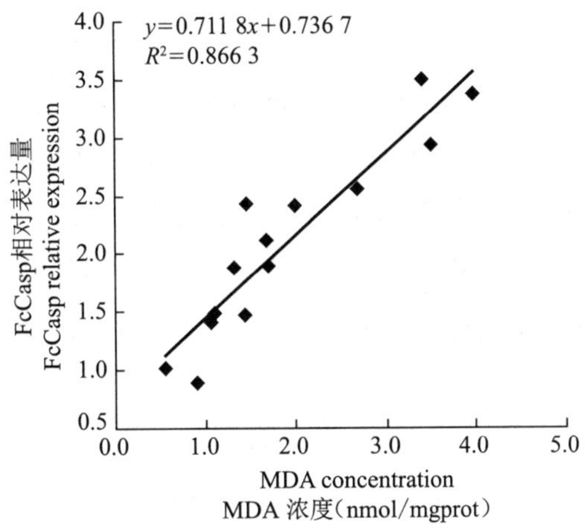

图 23 中国对虾鳃组织 MDA 含量和 FcCasp 相对表达量相关性分析

机体抗氧化防御系统通过清除活性氧自由基，防止组织过氧化损伤，其成分的改变可以作为机体受到氧化胁迫的指示(汪家政等，2000)。超氧阴离子(O_2^-)是主要的自由基，SOD 的功能是把 O_2^- 歧化成过氧化氢(H_2O_2)和 O_2，是保护机体免受 O_2^- 毒性的重要抗氧化酶之一。本实验发现，200 cells/mL 塔玛亚历山大藻胁迫下，中国对虾鳃的 SOD 活性在各时间点均显著增加，1 000 cells/mL 塔玛亚历山大藻胁迫下，SOD 活性也出现先上升的趋势，这表明中国对虾鳃组织在塔玛亚历山大藻胁迫下产生了大量的 O_2^-，从而诱导 SOD 的活性升高。谭志军(2006)通过对鲈鱼(*Lateolabrax japonicus*)腹腔连续注射低剂量的塔玛亚历山大藻毒素粗提液发现，鲈鱼鳃 SOD 酶活性持续升高，毒素粗提液对 SOD 的诱导具有累加效应，这与本研究中 200 cells/mL 塔玛亚历山大藻胁迫下，中国对虾鳃的 SOD 活性变化相似，但 1 000 cells/mL 塔玛亚历山大藻胁迫下，SOD 活性在 24～96 h 被抑制，这可能是随着时间的延长，O_2^- 大量积累，SOD 被快速消耗使得其含量下降，大量 O_2^- 被 SOD 歧化过程中，生成的 H_2O_2，抑制了 SOD 活性(Sun et al，2008)。SOD 活性被抑制可能就是过多 O_2^- 毒害结果(Sun et al，2007)。

GST 具有清除体内自由基及解毒双重功能，参与催化有机过氧化物为相应的醇。本实验中，200 cells/mL 塔玛亚历山大藻胁迫下，中国对虾鳃的 GST 活性先升高后降低。而 1 000 cells/mL 塔玛亚历山大藻胁迫下，GST 活性被显著抑制。此结果表明中国对虾鳃的 GST 活性在塔玛亚历山大藻胁迫下表现一定的剂量效应，这说明塔玛亚历山大藻对鳃组织的 GST 酶活性的诱导是有限度的，超过一定的浓度会抑制 GST 的活性。200 cells/mL 和 1 000 cells/mL 塔玛亚历山大藻对中国对虾鳃的 GST 活性呈现不同的作用效果，可能与塔玛亚历山大藻细胞的密度不同和对两个浓度稀释时加入了不同的培养液有关，梁忠秀（2004）研究发现塔玛亚历山大藻细胞和去藻的培养液都对虾类具有致毒作用，毒性作用随其密度升高而增强，颜天等（2002），谭志军等（2002）和王雪虹等（2007）也得到类似的结果。GST活性的升高，一方面可能是GST参与了塔玛亚历山大藻所产有毒物质的代谢及解毒过程（Gehringher et al，2004；Jeon et al，2008）。所用塔玛亚历山大藻（ATHK）细胞中PSP毒素成分中含有膝沟藻毒素（GTX1、2、3、4），约占PSP毒素总含量的54.84%（Tan et al，2007）。江天久等（2006）发现中国龙虾（*Panulirus stimpsoni*）在对PSP代谢过程中发生了GTX2，3向GTX1，4转换的过程，这种还原转化在双壳类和甲壳类的动态代谢中常有发生（Oikawa et al，2002；2005），而这种化学转化可能与生物体内谷胱甘肽诱导相关。而GTX转换成STX也需要谷胱甘肽的参与（Sakamoto et al，2000；Sato et al，2000）。另一方面可能是塔玛亚历山大藻毒素在中国对虾体内的代谢过程中出现过多自由基，对虾组织反馈性增强抗氧化系统酶活性，以清除多余的自由基。而GST活性的抑制可能是对虾在高浓度塔玛亚历山大藻作用下受到了氧化胁迫所致。GST活性被抑制，可影响机体的解毒功能（张喆等，2012），另外可能增加生物对需经GST代谢的外源性毒物的敏感性（Costa et al，2012）。

MDA作为机体脂质过氧化作用的终产物，其含量可间接反映机体的脂质过氧化水平以及机体细胞受自由基攻击的严重程度（陈汉等，2007）。陈洋（2008）研究发现米氏凯伦藻（*Karenia mikimotoi*）未知毒素能使哺乳类细胞MDA含量明显升高；Creppy等（2002）研究也发现腹泻性贝毒的主要组分大田软海绵酸（Okadaic acid，OA）能促进人肠内皮细胞发生脂质过氧化；Ana等（2007）研究证实微囊藻可导致罗非鱼（*Oreochromis niloticus*）组织出现脂质过氧化的现象；Estrada等（2007）研究显示有毒裸甲藻（*Gymnodinium catenatum*）可诱导扇贝（*Nodipecten subnodosus*）氧化胁迫，导致过氧化脂质（LPO）增加。本实验中，MDA含量和塔玛亚历山大藻暴露表现一定的浓度-效应关系，这可能与塔玛亚历山大藻诱导的氧化应激有关，在200 cells/mL组，MDA含量在12 h内没有显著增加，这可能是因为抗氧化酶被迅速诱导，生成的活性氧被有效清除，但随着抗氧化酶活性下降，活性氧迅速累积，而发生了脂质过氧化，导致MDA含量在24和48 h显著升高。在1 000 cells/mL组，MDA含量表现时间依赖性增加的现象，且24～96 h表现为更为迅速的增加，这与SOD和GST活性被抑制的时间范围相吻合，这可能是因为能清除活性氧的抗氧化酶活性被抑制，导致机体内活性氧更迅速累积，从而加剧膜脂过氧化作用。此外，GST可以与MDA结合，从而保护机体（Yin et al，2005），而1 000 cells/mL组的GST被显著抑制，也可能是MDA增加的一个原因。

MDA能与膜上蛋白质反应，使膜通透性增加，引起膜渗漏，从而使细胞器结构与功能发生紊乱（Li et al，2005），此外MDA还可以和DNA反应，造成DNA损伤（Marnett，2000）。脂质过氧化产物在组织内的积累可诱导细胞发生凋亡（Xu et al，2009；Buttke et al，1994；Ryter et al，2007）。Caspases（cysteinylaspartate specific proteinases）是调节细胞凋亡通路中的关键蛋白（Thornberry，1998）。Phongdara等（2006）研究证实从墨吉对虾

(*Penaeus merguiensis*)克隆得到的 Caspase 基因，经表达得到的 Caspase 蛋白具有与人类相同的 Caspase-3 酶活性，其在细胞凋亡中起着至关重要的作用。Leu 等(2008)研究发现斑节对虾(*Penaeus monodon*) Caspase 基因过量表达导致 SF-9 细胞凋亡的形态学特征出现。本实验中，两个浓度组的中国对虾鳃的 Caspase 基因都呈现一定程度的上调表达，这表明塔玛亚历山大藻胁迫可能会诱导中国对虾鳃组织细胞凋亡。相关性分析显示 MDA 含量和 Caspase 基因表达水平呈线性相关，这表明了 LPO 在细胞凋亡诱导中的作用。

本实验结果提示，塔玛亚历山大藻破坏中国对虾氧化－抗氧化系统的平衡，引发对虾鳃组织的脂质过氧化，造成其氧化损伤，从而导致 Caspase 基因表达的上调。中国对虾鳃组织中 SOD 活性、GST 活性和 MDA 含量对塔玛亚历山大藻的变化有积极的响应，其随藻浓度及其作用时间的不同而发生不同的变化，在作为有毒藻暴露的生物标记物方面有较好的应用前景。ROS 作为反应机体受到氧化胁迫最直接的指标，需在下一步研究中被检测，另外尽管塔玛亚历山大藻胁迫可诱导凋亡相关基因的表达，但能证实细胞凋亡的其他证据如形态学等也是下一步需要研究的。

10. 塔玛亚历山大藻对中国对虾免疫相关基因表达和抗病力的影响

中国对虾是我国北方池塘主要水产养殖品种之一(Wang et al, 2011)，但频繁发生的疾病尤其是白斑病(WSD)及弧菌病，制约了其养殖业持续、健康发展。黄翔鹄等(2002)认为疾病的发生与虾体抗病力及其环境因素有密切的关系，其中环境因素不仅影响病原体的数量，也影响虾体抗病能力。微藻是虾池微生态环境的一个重要成分，虾池中不同发育时期的对虾均直接或间接地以微藻为饵料(Alonso et al, 2003)。但能产生毒素的有害赤潮藻常在对虾养殖池出现(林元烧，1996；李卓佳等，2005)，影响对虾生理、代谢等机能，增加了对虾对存在于养殖环境中的病原微生物的易感性(Púez et al, 2003)，需对其危害进行评价分析。其中赤潮甲藻塔玛亚历山大藻(*Alexandrium tamarense*)是一种典型的麻痹性贝毒(Paralytic Shellfish Poison, PSP)产毒藻(谭志军等，2002)，能通过多种方式导致海洋生物死亡或发生其他生理变化(Cembella et al, 2002；周立红等，2003)。目前已发现塔玛亚历山大藻对鱼类抗病力相关因子有不同程度影响(谭志军，2006)，但其对对虾免疫功能的影响尚缺乏相应的数据。Toll 受体(Toll-like receptors, TLRs)是一类跨膜蛋白，是先天性免疫模式识别的主要受体(Medzhitov, 2001)，国内外已将 TLR 基因的表达水平作为衡量虾类免疫机能的一项重要分子水平指标(黄旭雄等，2012)。Relish 是 Rel/NF-κB 家族蛋白成员之一，是位于细胞浆中重要的核转录因子，作为免疫信号通路的中枢，负责将信号从细胞质转入细胞核，调节通路下游抗菌肽等免疫因子基因的表达(Pal et al, 2008)。TLR (Yang et al, 2008; Han et al,2010)和 Relish（阎慧等,2008)在介导对虾先天性免疫,抵抗外来病原微生物入侵方面起重要作用。

梁忠秀等(2013)通过研究中国对虾在不同浓度的塔玛亚历山大藻胁迫后 TLR 基因和 Relish 基因的表达变化情况及对机体抗 WSSV 和鳗弧菌(*Vibrio anguillarum*)能力的影响,探讨塔玛亚历山大藻对虾类的危害机制,以期更好地了解有害赤潮藻对对虾养殖业造成的影响,为对虾的健康养殖提供理论依据和试验方法参考。

10.1 塔玛亚历山大藻对中国对虾感染 WSSV 的影响

塔玛亚历山大藻胁迫下投喂感染 WSSV 的病虾后,各对照组对虾在实验过程中没有检测到病毒,感染组和感染加藻组虽然都在第 3 天时检测到阳性结果,第 4 天和第 5 天对虾大量死亡,7 天内累积死亡率达 100%,但在同一时间点的累积死亡率感染加藻组高于感染组 1,且感染加藻组 3 高于感染加藻组 2。感染加藻组 3 的累积死亡率 6 天内即达 100%。各组死亡的对虾经试剂盒检测显示 WSSV 阳性,对虾的死亡是由于感染 WSSV 所致。

表 15 取样对虾 WSSV 病毒检测结果

实验天数	检测结果					
	海水对照组 1	加藻对照组 2	加藻对照组 3	感染组 1	感染加藻组 2	感染加藻组 3
1	−	−	−	−	−	−
3	−	−	−	+	+	+
5	−	−	−	+	+	+

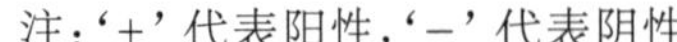
注:'+' 代表阳性,'−' 代表阴性

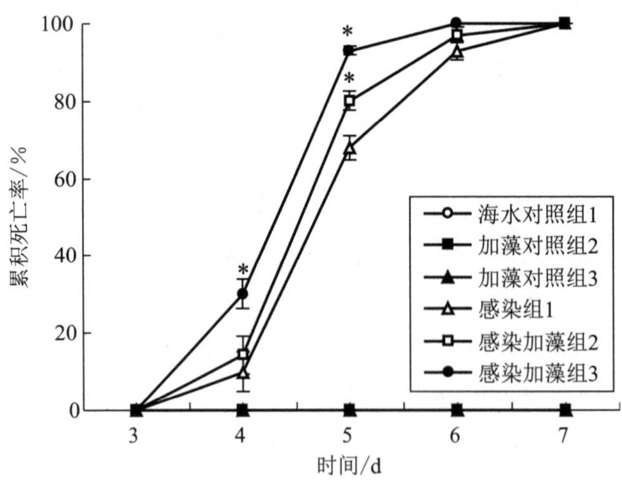

图 24 塔玛亚历山大藻胁迫下的中国对虾经人工感染 WSSV 后的累积死亡率(%)

注:* 表示与感染组 1 相比差异显著($P<0.05$)

10.2 塔玛亚历山大藻对中国对虾肝胰腺、鳃组织和血淋巴 TLR 和 Relish 基因表达的影响

不同浓度塔玛亚历山大藻胁迫下，中国对虾的肝胰腺、鳃组织和血淋巴的 TLR 和 Relish 基因虽然呈现不同的表达模式，但在取样的中后时间点有相似的表达变化：200 cells/mL 塔玛亚历山大藻（加藻对照组 2）胁迫 72～144 h，中国对虾的肝胰腺、鳃和血淋巴的 TLR 和 Relish 基因表达或被显著抑制（$P<0.05$），或恢复至海水对照组的水平（$P>0.05$）。而 1 000 cells/mL 藻（加藻对照组 3）中对虾鳃组织和血淋巴的上述基因表达在 48～144 h 被显著抑制（$P<0.05$），肝胰腺的表达在 72～144 h 被显著抑制（$P<0.05$）。

肝胰腺的 TLR 基因在上述两个浓度的塔玛亚历山大藻胁迫下，基本呈现钟形的表达变化曲线。暴露在 200 cells/mL 藻液中，TLR 基因表达在 6 h 内被显著抑制（$P<0.05$），12～48 h 显著上调（$P<0.05$），72～144 h 恢复至海水对照组 1 的水平。而暴露在 1 000 cells/mL 藻液中，除 24 和 48 h 外，该基因表达在其余时间点的表达均显著低于海水对照组 1 的水平（$P<0.05$）。肝胰腺的 Relish 基因表达在上述两个浓度的塔玛亚历山大藻胁迫下，都在 72～144 h 被显著抑制（$P<0.05$）。暴露在浓度为 200 cells/mL 藻液中肝胰腺的 Relish 基因表达在 6 h 内显著上调（$P<0.05$），12 h 恢复至海水对照组 1 的水平，24～48 h 再次显著上调（$P<0.05$）。暴露在 1 000 cells/mL 藻液中，肝胰腺的 Relish 基因表达在 3 h 被短暂抑制（$P<0.05$），6～48h 显著上调（$P<0.05$）。

鳃的 TLR 基因表达在 200 cells/mL 塔玛亚历山大藻胁迫下，在 3～48 h 显著上调（$P<0.05$），72 h 恢复至海水对照组 1 的水平。96～144 h 被显著抑制（$P<0.05$），在 1 000 cells/mL 塔玛亚历山大藻胁迫下，该基因表达在 3～6 h 显著上调（$P<0.05$），12 h 恢复至海水对照组 1 的水平，24 h 再次上调（$P<0.05$），48～144 h 后被显著抑制（$P<0.05$）。鳃的 Relish 基因表达在 200 cells/mL 塔玛亚历山大藻胁迫下，呈现波浪式变化，在 12 和 48 h 显著上调（$P<0.05$），3，24 和 96 h 显著下调（$P<0.05$），其他时间点，与海水对照组 1 的水平相近。暴露在 1 000 cells/mL 藻液中，其表达在 3 h 显著上调（$P<0.05$），6 h 恢复至海水对照组 1 的水平，12 h 再次显著上调（$P<0.05$），24～144 h 后被显著抑制（$P<0.05$）。

血淋巴的 TLR 基因表达在 200 cells/mL 塔玛亚历山大藻胁迫下，除 6，12 和 24 h 显著上调（$P<0.05$）外，其他时间点与海水对照组 1 的水平相近。而 1 000 cells/mL 塔玛亚历山大藻胁迫下，其表达除 3，6，24 h 外，均被显著抑制（$P<0.05$）。血淋巴的 Relish 基因表达在 200 cells/mL 塔玛亚历山大藻胁迫下，呈现波浪式变化，这和鳃在该浓度胁迫下 Relish 基因表达相似，但血淋巴的该基因在 72～144 h 后被显著抑制（$P<0.05$）。1 000 cells/mL 塔玛亚历山大藻胁迫下，除 12 和 24 h 外，其余时间点 Relish 基因的表达均被显著抑制（$P<0.05$）。

10.3 塔玛亚历山大藻对中国对虾感染鳗弧菌的影响

塔玛亚历山大藻胁迫6天后，经鳗弧菌人工急性感染，注射生理盐水的阴性对照组实验期间累积死亡率为0，其余各实验组均在12 h内大量死亡，其累积死亡率超过整个实验期间累积死亡率的50%，48 h后不再死亡，累积死亡率保持恒定，但两个加藻组在同一时间点的累积死亡率高于海水对照组，且随着藻浓度升高而有升高的趋势。加藻对照组3在第12 h的累积死亡率为40%，显著高于海水对照组(累积死亡率28%)($P<0.05$)。

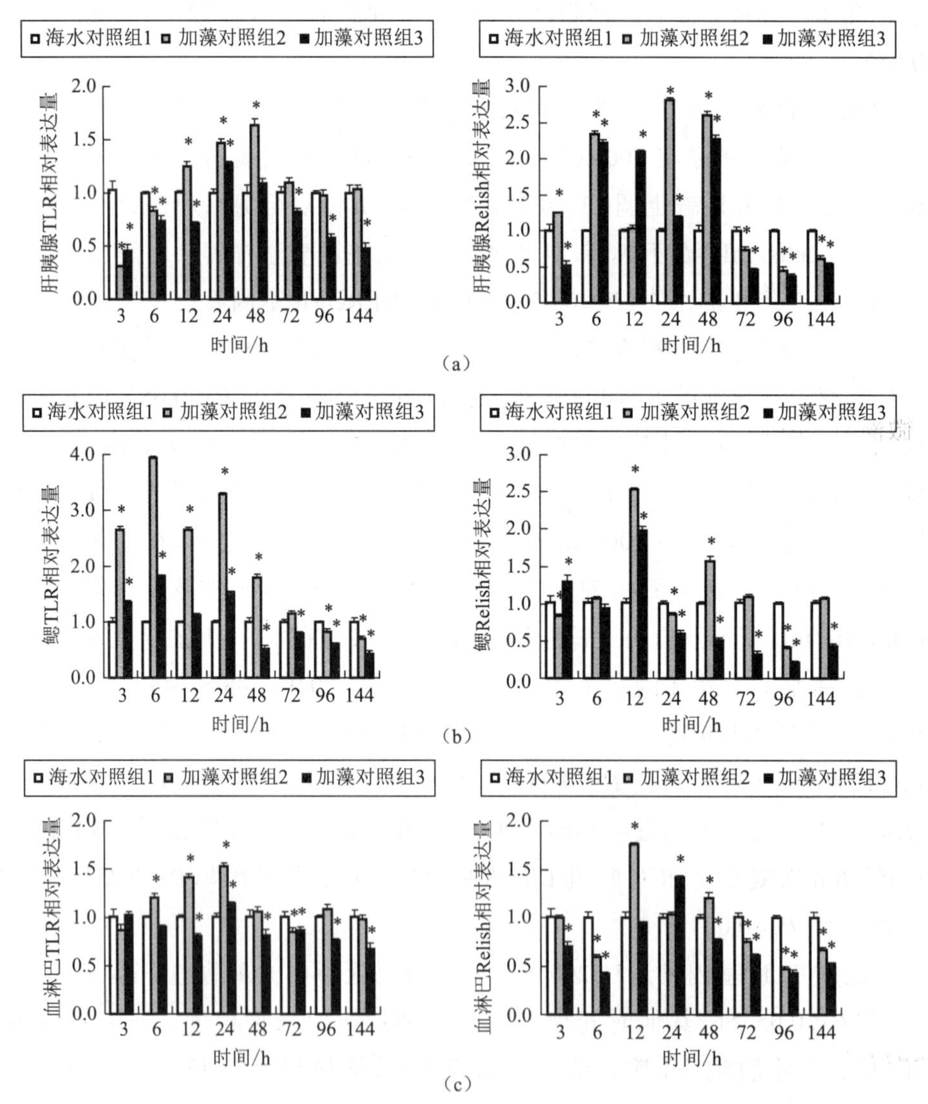

图25 塔玛亚历山大藻暴露下中国对虾肝胰腺、鳃组织和血淋巴TLR和Relish基因相对表达量
注：* 表示与海水对照组1相比差异显著($P<0.05$)

塔玛亚历山大藻是一种典型的PSP产毒藻，对鱼(颜天等，2002)，贝类(Yan et al, 2003)具有致毒效应，对虾类也有急性致死作用，谭志军等(2002)研究发现塔玛亚历

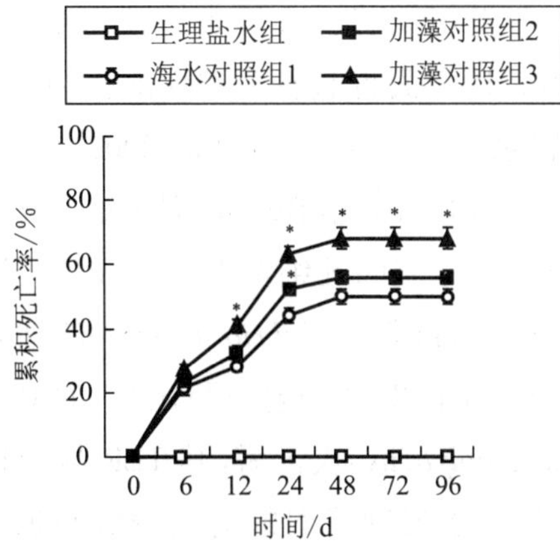

图 26 塔玛亚历山大藻暴露后对中国对虾经注射感染鳗弧菌后的累积死亡率(%)
注: * 表示与海水对照组 1 相比差异显著($P<0.05$)

山大藻(ATHK)对黑褐新糠虾(*Neomysis awatschensis*) 96 h 半致死浓度(96 h LC_{50})为 7 000 cells/mL,王雪虹等(2007)也研究发现塔玛亚历山大藻(ATDHO1)对南美白对虾(*Penaeus vannamei*)蚤状幼体的 96 h LC50 为 7 500 cells/mL。本实验所用的塔玛亚历山大藻 1 000 cells/mL 是在塔玛亚历山大藻对中国对虾急性毒性试验的基础上进行设定的,为 96 h LC_{50} 的 1/10,试验中没有出现对虾的死亡。

微藻与虾病的关系,国内外已有研究报道。对虾多种病毒病的暴发与对虾养殖环境中的微藻密切相关(蔡生力等,1995;孙刚等,1999)。本研究中采用投喂方式对中国对虾进行 WSSV 人工感染,各感染组虽都在第 3 天检测到阳性结果,第 4 天发病出现死亡,但在同一时间点的累积死亡率感染加藻组高于未加藻的感染组,且随着藻浓度升高而升高,这表明塔玛亚历山大藻胁迫,降低了对虾抗 WSSV 感染的能力。

TLR 和 Relish 基因在无脊椎动物抗病力方面的作用,已在研究中得到证实。Wang 等(2012)研究发现凡纳滨对虾在 WSSV 感染后,TLR 基因表达上调。Toll 通路可能通过血细胞内聚合酶链式反应引发其抗病毒免疫机制(Qiu et al,1998)。阎慧等(2008)研究发现注射未灭活 WSSV 病毒能引起中国对虾 Relish 基因的明显上调表达,对虾可通过上调 Relish 基因的表达,抵御外界病毒的侵染。

本研究中 200 cells/mL 塔玛亚历山大藻胁迫 72～144 h,中国对虾的肝胰腺、鳃和血淋巴的 TLR 和 Relish 基因表达或被显著抑制,或恢复至海水对照组的水平。而 1 000 cells/mL 藻中对虾鳃组织和血淋巴的上述基因表达在 48～144 h 被显著抑制,肝胰腺的表达在 72～144 h 被显著抑制。TLR 和 Relish 基因表达被抑制可能降低了中国对虾抗病毒的免疫防御能力,从而导致了同一时间点的感染加藻组的累积死亡率高于未加藻的感染组。

在无脊椎动物先天性免疫系统中发挥重要作用的抗菌肽主要是通过 Toll 信号通路和 *Imd* 信号通路诱导产生。而多数抗菌肽基因的表达是通过 Imd-Relish 途径激活的(Uvell et al,2007)。Lindsey 等(2012)用疟原虫感染疟蚊研究 Imd 信号通路的相关因子，通过使 Relish 过表达后发现抗菌肽大量表达使得疟蚊的抗菌力增强。果蝇的 Relish 在调节抗菌肽基因的表达方面也起着关键性的作用(Hedengren et al，1999)。细菌注射可诱导疟蚊 Relish 转录表达上调(Shin et al，2002)。弧菌刺激下中国对虾淋巴器官的 Relish 基因明显上调表达。因此，Relish 基因表达被抑制，可导致机体抗菌能力下降。Han-Ching 等(2010)研究表明凡纳滨对虾 TLR 基因 RNAi 被敲除后，凡纳滨对虾的死亡率显著增加而其对哈维弧菌(*Vibrio harveyi*)的清除率显著降低，表明 TLR 基因参与抗弧菌的免疫反应。中国对虾注射鳗弧菌后，TLR 基因表达显著上调，凡纳滨对虾在受到溶藻弧菌(*V.alginolyticus*)攻击后，其 TLR 基因也呈现上调表达。因此，对虾 TLR 的表达水平一定程度上反映了对虾对入侵病原识别的灵敏性，而对病原识别的灵敏性是评价机体免疫机能的核心内容之一，国内外已经将 TLR 基因的表达水平作为衡量虾类免疫机能的一项重要分子水平指标。本研究中塔玛亚历山大藻胁迫下，在采样的中后时间点对虾肝胰腺、鳃和血淋巴的 TLR 和 Relish 基因表达被抑制，表明塔玛亚历山大藻暴露会影响中国对虾细胞免疫反应中异物入侵信号的传递，降低对虾对入侵病原识别的灵敏性，导致对虾抵御病原微生物的能力下降。不同浓度塔玛亚历山大藻暴露 6 天后的中国对虾，经鳗弧菌人工急性感染后，两个加藻组在同一取样时间点的累积死亡率高于未加藻的海水对照组，且随着藻浓度升高而有升高的趋势，这表明塔玛亚历山大藻长时间暴露降低了中国对虾抗弧菌能力，其抗菌能力与检测的 TLR 和 Relish 基因表达量变化基本相吻合。

11. 强壮藻钩虾对中国对虾与日本囊对虾生长和抗病力的影响

中国对虾和日本囊对虾是我国对虾养殖的主要品种。由于受病害影响，从 20 世纪 90 年代初开始对虾产量急剧下降，近些年虽有恢复但根本问题仍未解决。对虾发病的主要原因可分为养殖环境的恶化(孙舰军等，1999)和病原的入侵(刘萍等，2000)。王克行(1980)在 20 世纪 80 年代初提出在对虾池中移植和繁殖底栖饵料生物的设想，底栖饵料生物不仅可以摄食养殖池中残饵改良养殖环境(张天时等，2008)，还为养殖动物提供动物性饵料。前人已有关于动物性饵料能够促进对虾生长的研究报道(刘石林等，2006、2008；郑伟等，2010；张明凤等，2000)。

韩永望等(2012)主要研究强壮藻钩虾(*Ampithoe valida*)对中国对虾和日本囊对虾生长和抗病力的影响。钩虾在水产养殖中的重要作用已被证实，申志新等(申志新等，2010)研究发现青海淡水钩虾肌肉必需氨基酸组成中蛋氨酸 + 胱氨酸的含量超过了 FAO/WHO 评估模式和全鸡蛋蛋白质评估模式中的含量，因此认为青海淡水钩虾可作为一种优质饲料。武云飞等(武云飞等，2003)研究发现青海钩虾有利于罗非鱼两品系的生长和增色效果，此外刘艳春等(刘艳春等，2007)认为在对虾养殖池中投放合适比例的青苔、藻钩虾和日本囊对虾，可实现天然生态养殖，至日本囊对虾体长达 6～8 cm

前不用向养殖池投饵料。所以将强壮藻钩虾作为对虾天然饵料来研究其对对虾生长和抗病力的影响有着重大意义。

11.1 特定生长率与成活率

对 SF 组中国对虾分别投喂钩虾与人工配合饲料，前者的特定生长率稍低于后者，MF 组中国对虾表现出相反的结果；对 SM 组日本囊对虾分别投喂钩虾和人工配合饲料，前者的特定生长率高于后者并达到了显著性差异($P<0.05$)。SF 组及 MF 组的中国对虾分别摄食钩虾和人工配合饲料，其存活率之间差异不大；SM 组中日本囊对虾摄食钩虾的存活率要比摄食人工配合饲料高。

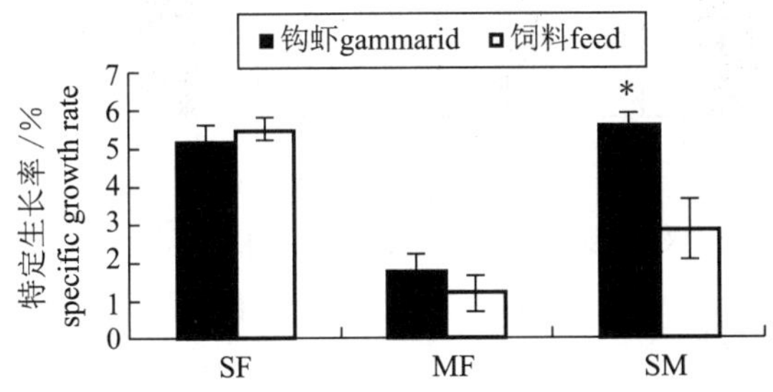

图 27 中国对虾和日本囊对虾的特定生长率

*代表存在显著性差异

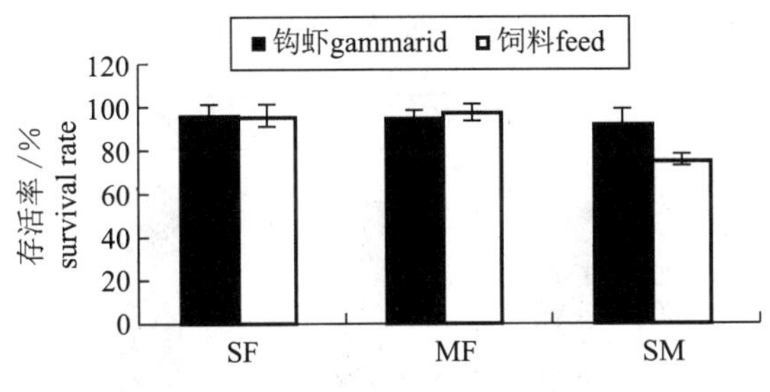

图 28 中国对虾和日本囊对虾的存活率

11.2 对虾血细胞总数

SF 组的中国对虾和 SM 组的日本囊对虾分别摄食钩虾和人工配合饲料，其血清中的血细胞总数差异较大且达到了显著性差异($P<0.05$)，对 MF 组的中国对虾分别投喂钩虾与人工配合饲料，其血清中血细胞总数差异不大($P>0.05$)。

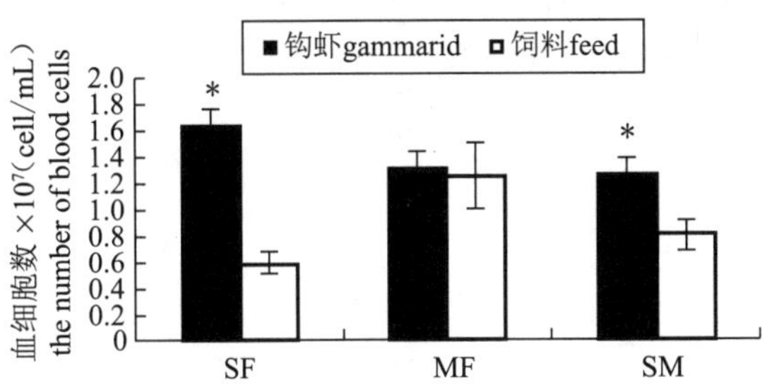

图 29 中国对虾和日本囊对虾血清中血细胞数目

11.3 血清总蛋白与血蓝蛋白含量

SF 组、MF 组及 SM 组中的对虾分别摄食钩虾与对虾人工配合饲料，其血清总蛋白均达到了显著性差异($P<0.05$)；SF 组的中国对虾与 SM 组的日本囊对虾分别摄食钩虾与人工配合饲料，其血清中血蓝蛋白含量差异较大且达到了显著性差异(P<0.05)，MF 组中血蓝蛋白不存在显著性差异($P>0.05$)。

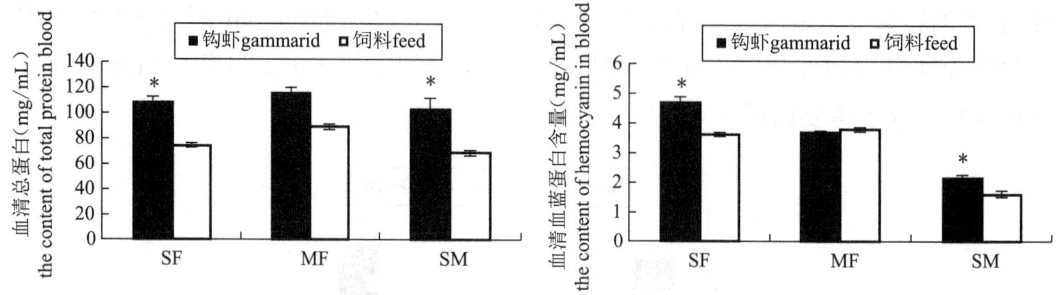

图 30 中国对虾和日本囊对虾血清总蛋白含量和血蓝蛋白含量

11.4 溶菌酶活力

中国对虾和日本囊对虾分别摄食钩虾和人工配合饲料，其血清溶菌酶活性，可以看出 SF 组与 MF 组的中国对虾在溶菌酶活性上不存在显著性差异($P>0.05$)，SM 组的日本囊对虾在溶菌酶活性上存在显著性差异($P<0.05$)。

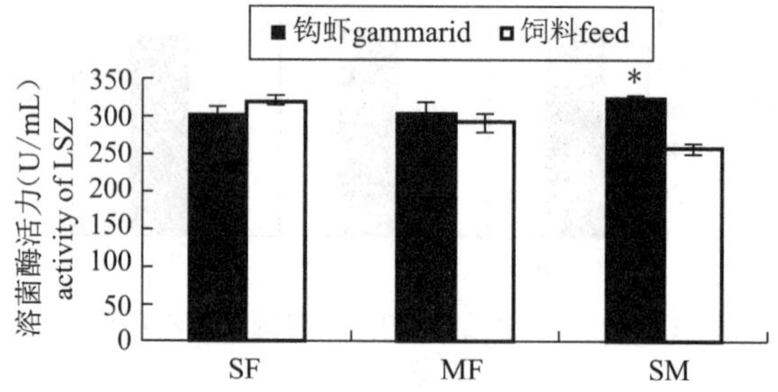

图 31 中国对虾和日本囊对虾血清中溶菌酶活力

11.5 血清酚氧化酶活力

SF 组的中国对虾在酚氧化酶活性上不存在显著性差异($P>0.05$)；MF 组的中国对虾在酚氧化酶活性上存在显著性差异($P<0.05$)；SM 组的日本囊对虾在酚氧化酶活性上差异极显著($P<0.01$)。SF 组不存在显著性差异，可能由于中国对虾幼虾捕食钩虾能力有限所致。

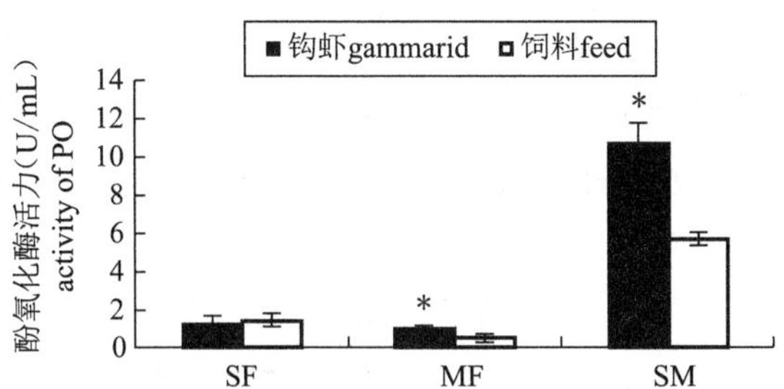

图32　中国对虾和日本囊对虾血清酚氧化酶活力

11.6　血清超氧化物歧化酶活力

SF组的中国对虾与SM组的日本囊对虾在超氧化物歧化酶活性上存在显著性差异($P<0.05$)；MF组的中国对虾在超氧化物歧化酶活性上不存在显著性差异($P>0.05$)。

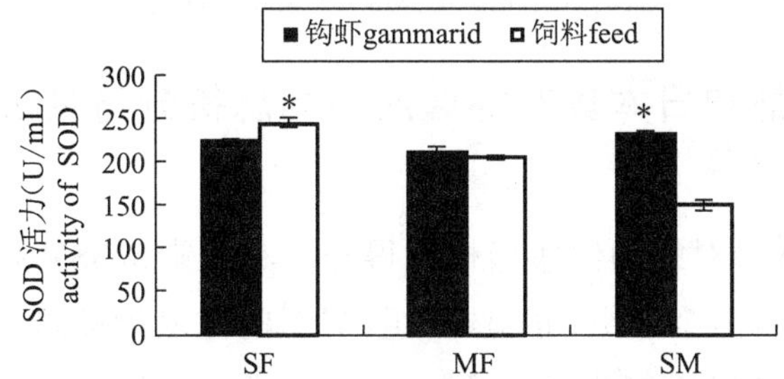

图33　中国对虾和日本囊对虾血清超氧化物歧化酶活力

11.7　血清过氧化物酶相对活力

SF组中国对虾在过氧化物酶相对活力上存在极显著性差异($P<0.01$)；MF组中国对虾在过氧化物酶相对活力上不存在显著性差异($P>0.05$)；SM组日本囊对虾在过氧化物酶相对活力上存在显著性差异($P<0.05$)。

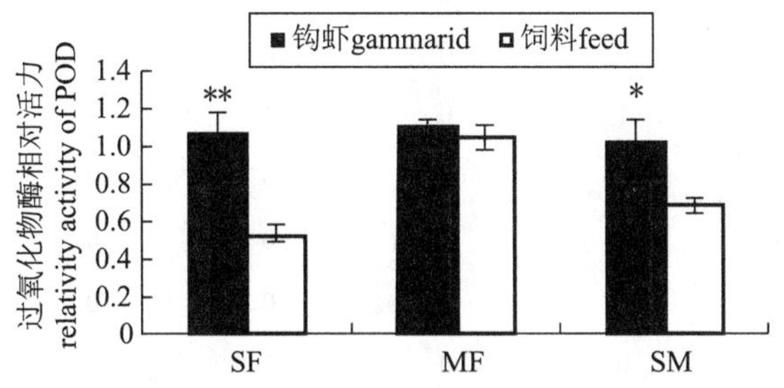

图34　中国对虾和日本囊对虾血清过氧化物酶相对活力

11.8　对虾感染WSSV的累积死亡率

第Ⅰ组中国对虾在36 h 100%致死，第Ⅱ组中国对虾在24 h时100%致死；第Ⅲ、Ⅳ组中国对虾在整个实验过程的累积死亡率的变化趋势比较一致，100%致死时间均为 64 h；第Ⅴ组日本囊对虾的 100%致死为 67 h，而第Ⅵ组的日本囊对虾在 24 h 时即 100%致死。由此可以说明钩虾与人工配合饲料相比可以提高中国对虾和日本囊对虾的幼虾抗 WSSV 能力，尤其是日本囊对虾的幼虾。钩虾对中国对虾幼虾阶段的作用要大于中期阶段。

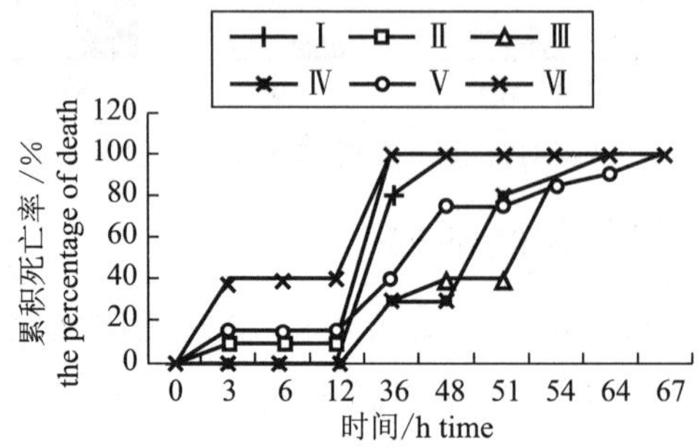

图 35　中国对虾和日本囊对虾感染 WSSV 累积死亡率

11.9　中国对虾和日本囊对虾健康指标总得分与其抗 WSSV 能力之间的关系

中国对虾和日本囊对虾的健康指标总得分与其感染 WSSV 后 100%致死时间，由表 16 中的数据可以看出第Ⅰ组、Ⅱ组、Ⅴ组、Ⅵ组的健康指标总得分排序为Ⅴ＞Ⅰ＞Ⅱ＞Ⅵ，100% 致死时间排序为Ⅴ＞Ⅰ＞Ⅱ＝Ⅵ，第Ⅲ、Ⅳ组健康指标总得分接近，100%致死时间相同。由图 10 可以看出健康指标总得分与感染 WSSV100%致死时间之间存在一定的线性关系（$R^2 = 0.948\,9$）。

表 16　中国对虾和日本囊对虾的免疫指标与其抗 WSSV 能力之间的关系

指标	SF		MF		SM	
	Ⅰ	Ⅱ	Ⅲ	Ⅳ	Ⅴ	Ⅵ
特定生长率 SGR	0	0	0	0	1	0
存活率	0	0	0	0	0	0
总蛋白	1	0	1	0	1	0
血细胞	1	0	0	0	1	0
血蓝蛋白	1	0	0	0	1	0
溶菌酶	0	0	0	0	1	0
酚氧化酶	0	0	1	0	1	0
超氧化物歧化酶	0	1	0	0	1	0
过氧化物酶相对活力	1	0	0	0	1	0
合计	4	1	2	0	8	0
对虾 100% 致死时间 /h	36	24	64	64	67	24

SF 组中钩虾组的特定生长率低于饲料组，MF 组中钩虾组的特定生长率高于饲料组。推测其原因可能在于中国对虾幼虾捕食钩虾的能力相对较低。故使用钩虾作为

中国对虾天然饵料时应注意对虾在幼虾阶段能否捕食到足够的钩虾，必要时应投喂少量人工配合饲料。SM 组钩虾组特定生长率高于饲料组说明日本囊对虾幼虾具有良好捕食钩虾的能力。总体来说，钩虾作为一种天然饵料可以促进对虾的生长，尤其是日本囊对虾。与董世瑞等(2006)、胡贤德等(2009)和王平等(2010)认为天然动物性饵料比人工配合饲料更能促进对虾的生长的结果相一致。

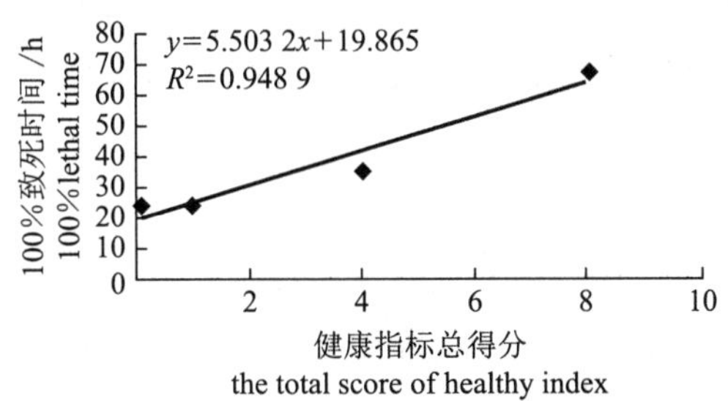

图 36 健康指标得分与 100%致死时间回归曲线

SF 组、MF 组及 SM 组中的对虾分别摄食钩虾和人工配合饲料后，对虾在血细胞总数、血蓝蛋白含量和过氧化物酶相对活力这些指标上均表现出相同的变化趋势即 SF 组和 MF 组在这些指标上存在显著性差异($P<0.05$)，MF 组在这些指标上不存在显著性差异($P>0.05$)。此外，钩虾还可以显著提高中国对虾和日本囊对虾血清总蛋白含量。这说明钩虾与人工配合饲料相比可以显著提高中国对虾和日本囊对虾幼虾的免疫力，这一结果与林少琴等(2002)以蚯蚓投喂小鼠和王娓等(2002)以蝇蛆投喂对虾均可以提高生物体的免疫机能相似。SF 组的中国对虾在所测的 7 个免疫指标中有 5 个指标表现出显著性差异($P<0.05$)；MF 组的中国对虾有 2 个指标表现出显著性差异($P<0.05$)；SM 组中日本囊对虾在 7 个指标上全部表现出显著性差异($P<0.05$)。这也充分说明钩虾与人工配合饲料相比可以显著提高日本囊对虾的免疫力，其次是小规格的中国对虾，对中等规格的中国对虾影响较小。根据日本囊对虾钩虾组与饲料组在生长与抗病指标上产生显著差异，可能由于饵料营养的不同造成对虾体质的差异(殷禄阁，1988)。

对虾感染 WSSV 后 100% 致死时间与其健康指标总得分之间存在良好线性关系($R^2=0.948\ 9$)。分析 100%致死时间可得摄食钩虾的日本囊对虾>摄食钩虾的中国对虾> 摄食饲料的中国对虾=摄食饲料的日本囊对虾，故表现为中国对虾和日本囊对虾摄食钩虾有助于提高自身抗病力。王娓等(2002)认为蝇幼在提高对虾抗杆状病毒感染过程中发挥的重要作用，此外董世瑞等(2006)和胡贤德等(2009)发现不同饵料组中的对虾感染 WSSV 后的成活率表现出显著性差异，这些结论均与本研究结果相似。

目前在水产养殖过程中常被用作对虾天然饵料的有蚯蚓、沙蚕和卤虫等。刘石林等(2006、2008)使用蚯蚓和沙蚕饲养中国对虾，发现蚯蚓和沙蚕均可以提高中国对虾的生长率。单独投喂蚯蚓，对虾成活率不受影响，血细胞数目、抗菌酶活力及酚氧化酶活力均得到显著提高；单独投喂沙蚕，对虾成活率下降并且上述各项免疫指标不存在显著性差异。故刘石林等(2008)认为蚯蚓比沙蚕更适合做中国对虾的天然饵料。王彩理等(2003)研究卤虫对中国对虾生长的影响时指出，卤虫可以提高对虾的生长率但其易受环境、气候的影响不易在水体中稳定存在，难以满足鱼虾育苗的需要。本研究将钩虾作为中国对虾和日本囊对虾的天然饵料，发现钩虾不仅可以提高对虾的生长、免疫指标和抗病力而且钩虾适应性比较强，在养殖池中繁殖速度快，能够形成对虾稳定的天然饵料。

参考文献

[1] 毕庶万，时吉营，刘爱东，等. 沙蚕在养殖中的作用 [J]. 现代渔业信息，1995，10 (4)：25-28.

[2] 蔡生力，黄捷，王崇明，等.1993-1994 年对虾暴发病的流行病学研究 [J]. 水产学报，1995，19 (2)：112-119.

[3] 陈汉，王慧君，李学峰. 甲基苯丙胺对大鼠脑组织中 NO、SOD 和 MDA 的影响 [J]. 中国药物依赖性杂志，2007，16 (2)：102-104.

[4] 陈佳蓉. 水化学实验指导书 [M]. 北京：中国农业出版社，1996，136-139.

[5] 陈丽芬，柳君泽，李兵. 低压缺氧对大鼠脑线粒体腺苷酸转运体特性的影响 [J]. 生理学报，2006，58 (1)：29-33.

[6] 陈萍，李吉涛，李健，等. 溶藻弧菌对三疣梭子蟹抗氧化酶系统的影响 [J]. 海洋科学，2009，33 (5)：59-63.

[7] 陈洋.DSP 等赤潮藻毒素对哺乳类细胞的毒性效应及机制研究 [D]. 青岛：中国科学院海洋研究所，2008.

[8] 邓景耀，叶昌臣，刘永昌. 渤黄海的对虾及其资源管理 [M]. 北京：海洋出版社，1990：36-164.

[9] 邓景耀. 对虾渔业生物学研究现状 [J]. 生命科学，1998，10 (4)：191-196.

[10] 丁美丽，林林，李光友，等. 有机污染对中国对虾体内外环境影响的研究 [J]. 海洋与湖沼，1997，28 (1)：7-11.

[11] 董世瑞，高焕，孔杰，等. 不同饵料对中同对虾幼虾生长及感染 WSSV 存活率影响 [J]. 中国水产科学，2006，13 (1)：52-58.

[12] 樊甄姣，刘志鸿，杨爱国，等.Vc 对栉孔扇贝体内水解酶和抗氧化酶活性的影响 [J]. 海洋水产研究，2006，27 (4)：12-16.

[13] 樊甄姣，刘志鸿，杨爱国. 氨氮对栉孔扇贝血淋巴活性氧含量和抗氧化酶活性的影响 [J]. 海洋水产研究，2005，26 (1)：23-27.

[14] 樊甄姣，杨爱国，刘志鸿，等.pH 对栉孔扇贝体内几种免疫因子的影响 [J]. 中国

水产科学，2006，13（4）：650-654.

[15] 房文红，王慧，来琪芳，等．不同盐度对中国对虾血淋巴渗透浓度和离子浓度的影响 [J]．上海水产大学学报，1995，4（2）：122-127.

[16] 房文红，王慧，来琪芳．碳酸盐碱度、pH 对中国对虾幼虾的致毒效应 [J]．中国水产科学，2001，7（4）：78-81.

[17] 高淑英，邹栋梁．亚硝酸盐对长毛对虾幼体的毒性 [J]．台湾海峡，1994，13（3）：236-239.

[18] 哈承旭，刘萍，何玉英，等．高 pH 胁迫对“黄海 1 号”中国明对虾免疫相关酶的影响 [J]．中国水产科学，2009，16（2）：303-306.

[19] 哈承旭，刘萍，何玉英，等．氯化铵对“黄海 1 号”中国明对虾免疫相关酶类的影响 [J]．渔业科学进展，2009，30：34-40.

[20] 韩永望，李健，李吉涛，等．强壮藻钩虾对中国明对虾与日本囊对虾生长和抗病力的影响 [J]．水产学报，2012，36（9）：1443-1449.

[21] 韩俊英，李健，李吉涛，等．脊尾白虾热休克蛋白 HSP90 基因的原核表达与鉴定 [J]．渔业科学进展，2011，32（5）：44-50.

[22] 何玉英，刘萍，李健．中国明对虾第 1 代和第 6 代人工选育群体的遗传结构分析 [J]．中国水产科学，2004，11（6）：572-575.

[23] 洪美玲，陈立侨，顾顺樟，等．氨氮胁迫对中华绒螯蟹免疫指标及肝胰腺组织结构的影响 [J]．中国水产科学，2007，14（3）：413-418.

[24] 胡贤德，孙成波，丁树军，等．不同饵料对斑节对虾幼虾的生长及对 WSSV 敏感性的影响 [J]．海洋与湖沼，2009，40（3）：296-301.

[25] 黄鹤忠，李义，宋学宏，等．氨氮胁迫对中华绒螯蟹免疫功能的影响 [J]．海洋与湖沼，2006，37（3）：199-203.

[26] 黄琪炎．水产动物疾病学 [M]．上海：上海科学技术出版社，1993.

[27] 黄翔鹄，李长玲，刘楚吾，等．两种微藻改善虾池环境增强对虾抗病力的研究 [J]．水生生物学报，2002，26（4）：342-347.

[28] 黄旭雄，罗词兴，郭腾飞，等．对虾 Toll 受体及其在虾类营养免疫评价中的应用 [J]．水产学报 2012，36（6）：359-371.

[29] 黄旭雄，周洪琪，宋理．急性感染对中国明对虾非特异性免疫水平的影响 [J]．水生生物学报，2007，31（3）：325-330.

[30] 江天久，徐轶肖．华贵栉孔扇贝—中国龙虾的麻痹性贝类毒素传递与代谢研究 [J]．海洋学报，2006，28（6）：169-175.

[31] 姜令绪，潘鲁青，肖国强．氨氮对凡纳滨对虾免疫指标的影响 [J]．中国水产科学，2004，11（6）：537-541.

[32] 姜令绪，潘鲁青，肖国强．氨氮对凡纳对虾免疫指标的影响 [J]．中国水产科学，

2004,11(6):537-541.

[33] 雷蕾,鲍恩东.急性热应激肉鸡组织中HSP90的表达与应激损伤[J].中国农业科学,2008,41(11):3816-3821.

[34] 雷质文,黄捷,杨冰,等.感染白斑综合症病毒(WSSV)对虾相关免疫因子的研究[J].中国水产科学,2001,8(4):46-51.

[35] 雷质文,黄捷,杨冰,等.96孔酶标板法测定中国对虾血淋巴上清液抗菌活力和酚氧化酶活性的初步研究[J].海洋湖沼通报,2001,4:31-37.

[36] 李朝霞,李健,何玉英,等.中国对虾人工选育快速生长群体不同世代间的AFLP分析[J].高技术通讯,2006,16(4):435-440.

[37] 李朝霞,李健,王清印,等.中国对虾"黄海1号"与野生群体的形态特征比较[J].中国水产科学,2006,13(3):384-388.

[38] 李朝霞,李健,王清印,等.中国对虾"黄海1号"选育群体与野生群体的形态特征比较[J].中国水产科学,2006,13(3):384-388.

[39] 李健,高天翔,柳广东,等.中国对虾人工黄海1号的同工酶分析[J].海洋水产研究,2003,24(2):1-8.

[40] 李健,刘萍,何玉英,等.中国对虾快速生长新品种"黄海1号"的人工选育[J].水产学报,2005,29(1):1-5.

[41] 李润寅,陈介康,姜洪亮,等.日本对虾仔虾的温度适宜性实验研究[J].水产科学,2001,20(3):17-18.

[42] 李少菁,王桂忠,翁卫华,等.重金属对日本对虾仔虾存活及代谢酶活力的影响[J].台湾海峡,1998,17(2):115-120.

[43] 李中海,端木德强,王敬泽.NF-κB活化的信号通路及其生理意义[J].生物学杂志,2002,19(4):4-6.

[44] 李卓佳,郭志勋,张汉华,等.斑节对虾养殖池塘藻-菌关系初探[J].中国水产科学,2003,10(3):262-264.

[45] 李卓佳,张汉华,郭志勋,等.虾池浮游微藻的种类组成、数量和多样性变动[J].湛江海洋大学学报,2005,25(3):29-34.

[46] 梁忠秀.塔玛亚历山大藻和赤潮异弯藻对几种渔业生物早期发育的影响[D].青岛:中国海洋大学博士论文,2004.

[47] 梁忠秀,李健,刘萍,等.塔玛亚历山大藻对中国明对虾免疫相关基因表达和抗病力的影响[J].农业环境科学学报,2013,32(11):2271-2277.

[48] 梁忠秀,李健,任海,等.塔玛亚历山大藻对中国明对虾鳃组织的氧化胁迫和对Caspase基因(FcCasp)表达的影响[J].中国水产科学,2014:153-160.

[49] 梁忠秀,塔玛亚历山大藻对中国明对虾肝胰腺和鳃SOD、GST和MDA的影响[J].水产学报,2013,37(6):816-822.

[50] 林少琴，邹开煌．蚯蚓 OY4 对荷瘤小鼠免疫功能及抗氧化酶的影响 [J]．海峡药学，2002，14（1）：10-12.

[51] 林小涛，张秋明，许忠能，等．虾蟹类呼吸代谢研究进展 [J]．水产学报，2000，24（6）：575-580.

[52] 林元烧．有毒赤潮藻—塔玛亚历山大藻在厦门地区虾塘引起赤潮 [J]．台湾海峡，1996，15（1）：16-18.

[53] 刘恒，李光友．免疫多糖对养殖南美白对虾作用的研究 [J]．海洋与湖沼，1998，29（2）：113-116.

[54] 刘建康．中国淡水鱼类养殖学 [M]．北京：科学出版社，1992，733-734.

[55] 刘萍，孔杰，孟宪红，等．白斑综合征病毒（WSSV）在对虾养殖过程中传播途径的调查 [J]．海洋水产研究，2000，21（3）：9-12.

[56] 刘石林，刘鹰，陈慕雁，等．投喂蚯蚓对中国明对虾生长及生化组成的影响 [J]．中国水产科学，2008，15（1）：145-153.

[57] 刘石林，刘鹰，杨红生，等．双齿围沙蚕与赤子爱胜蚓对凡纳滨对虾生长和免疫指标的影响 [J]．中国水产科学，2006，13（4）：561-565.

[58] 刘艳春，苑春亭，蒋万钊，等．藻钩虾在池塘生态养殖中的利用 [J]．齐鲁渔业，2007，24（1）：28-28.

[59] 罗静波，曹志华，温小波，等．亚硝酸盐氮对克氏原螯虾仔虾的急性毒性效应 [J]．长江大学学报（自然版），2005，2（11）：64-66.

[60] 马海娟，臧维玲，崔莹．温度对南美白对虾瞬时耗氧速率与溶氧水平的影响 [J]．上海水产大学学报，2004，13（1）：52-55.

[61] 穆迎春，王芳，董双林，等．不同盐度波动幅度对中国明对虾稚虾蜕皮和生长的影响 [J]．海洋学报，2005，27（2）：122-126.

[62] 聂月美，邵庆均．氨氮对虾的免疫影响及其预防措施 [J]．中国饲料，2006，10：28-31.

[63] 潘鲁青，姜令绪．盐度和 pH 突变对 2 种养殖对虾免疫力的影响 [J]．中国海洋大学学报（自然科学版），2002，32（6）：903-910.

[64] 潘鲁青，金彩霞．甲壳动物血蓝蛋白研究进展 [J]．水产学报，2008，32（3）：484-491.

[65] 潘鲁青，刘志，姜令绪．盐度、pH 变化对凡纳滨对虾鳃丝 Na^{+}-K^{+}-ATPase 活力的影响 [J]．中国海洋大学学报，2004，34（5）：787-790.

[66] 潘鲁青，马甡，王克行．温度对中国对虾幼体生长发育与消化酶活力的影响 [J]．中国水产科学，1997，4（3）：17-22.

[67] 彭自然，臧维玲，高扬，等．氨和亚硝酸盐对凡纳滨对虾幼体的毒性影响 [J]．上海水产大学学报，2004，13（3）：274-278.

[68] 荣长宽，陶丙春，郭立．盐度变化对人工培育的中国对虾仔虾成活率及生长率的影响［J］．中山大学学报（自然科学版），2000，39（增刊）：96–98.

[69] 申志新，王国杰，唐文家，等．青海淡水钩虾的营养分析及评价［J］．青海农牧业，2010（1）：34–39.

[70] 沈文英，胡洪国，潘雅娟．温度和 pH 值对南美白对虾消化酶活性的影响［J］．海洋与湖沼，2004，35（6）：543–548.

[71] 史成银，黄倢，宋晓玲．对虾皮下及造血组织坏死杆状病毒单克隆抗体的 ELISA 快速检测［J］．中国水产科学，1999，6（3）：116–118.

[72] 宋超，胡庚东，瞿建宏，等．微囊藻毒素 -LR 对罗非鱼鳃组织活性氧自由基含量及相关抗氧化酶活性的影响［J］．生态环境学报，2010，19（10）：2430–2434.

[73] 孙刚，国际翔，王振堂，等．对虾杆状病毒暴发式大流行的生态机理初步研究［J］．生态学报，1999，19（2）：283–286.

[74] 孙国铭，汤建华，仲霞铭．氨氮和亚硝酸氮对南美白对虾的毒性研究［J］．水产养殖，2002，1：22–24.

[75] 孙舰军，丁美丽．氨氮对中国对虾抗病力的影响［J］．海洋与湖沼，1999，30（3）：267–272.

[76] 谭志军，颜天，周名江，等．塔玛亚历山大藻对黑褐新糠虾存活、生长和种群繁殖的影响［J］．生态学报，2002，22（10）：1635–1639.

[77] 谭志军．塔玛亚历山大藻（ATHK）对鲈鱼的危害机制研究［D］．青岛：中国科学院海洋研究所博士论文，2006.

[78] 汤乃军，刘云儒，任大林．2，3，7，8- 四氯代二苯并二噁英对 SD 大鼠肝脏 SOD、GST、MDA 影响的实验研究［J］．中国工业医学杂志，2003，16（6）：335–337.

[79] 田相利，董双林，王芳．不同温度对中国对虾生长及能量收支的影响［J］．应用生态学报，2004，15（4）：678–682.

[80] 汪家政，范明．蛋白质技术手册［M］．北京：科学出版社，2000：42–47.

[81] 王彩理，腾瑜，乔向英，等．卤虫虾片对水体 pH 值的影响［J］．海洋水产研究，2003，24（1）：56–59.

[82] 王方国，刘金灿．水体环境因子与对虾疾病的关系［J］．东海海洋，1992，10（4）：37–41.

[83] 王娟，曲克明，刘海英，等．不同溶氧条件下亚硝酸盐和氨氮对中国对虾的急性毒性效应［J］．渔业科学进展，2007，28：1–6.

[84] 王克行．虾蟹增养殖学［M］．北京：中国农业出版社，1997，172.

[85] 王克行．解决大面积养虾饲料的一点设想［C］．全国海水养殖增殖发展途径学术会议论文报告汇编，1980，200–203.

[86] 王雷，李光友，毛远兴．中国明对虾血淋巴中的抗菌、溶菌活力与酚氧化酶活力的

测定及其特性研究 [J]. 海洋与湖沼,1995,26(2):179-185.

[87] 王明,胡义波,姜乃澄. 氨态氮、亚硝态氧对罗氏沼虾免疫相关酶类的影响 [J]. 浙江大学学报(理学版),2005,32(6):698-705.

[88] 王平,孙成波,庄健进,等.5 种饵料对日本囊对虾早期生长及感染 WSSV 存活率的影响 [J]. 热带生物学报,2010,1(4):371-375.

[89] 王清印,李健. 从持续发展角度展望对虾养殖业的发展趋势 [J]. 现代渔业信息,1998,13(3):1-7.

[90] 王清印,杨丛海. 中国对虾健康养殖的发展现状及展望 [J]. 中国水产,2005,1:21-24.

[91] 王娓,冯江,王振堂,等. 对虾爆发性流行病的群体感染及投喂蝇幼的抗病机制研究 [J]. 应用生态学报,2002,13(6):728-730.

[92] 王文博,李爱华. 环境胁迫对鱼类免疫系统影响的研究概括 [J]. 水产学报,2002,26(4):368-374.

[93] 王兴强,马甡,董双林. 盐度和蛋白质水平对凡纳滨对虾存活、生长和能量转换的影响 [J]. 中国海洋大学学报(自然科学版),2005,35(1):33-37.

[94] 王雪虹,马嵩. 塔玛亚历山大藻对南美白对虾幼体毒性效应研究 [J]. 福建师范大学学报(自然科学版),2007,23(3):58-63.

[95] 王芸,李健,李吉涛,等.pH 胁迫对中国明对虾抗氧化系统酶活性及基因表达的影响 [J]. 中国水产科学,2011,18(3):556-564.

[96] 王芸,李健,张喆,等.pH、氨氮胁迫对中国对虾 HSP90 基因表达的影响 [J]. 渔业科学进展,2013,34(5):43-50.

[97] 文春根,代功园,谢彦海,等. 铅对背角无齿蚌抗超氧阴离子能力与抑制羟自由基的影响以及可溶性蛋白分析 [J]. 南昌大学学报(理科版),2009,33(4):380-384.

[98] 文春根,张丽红,胡宝庆,等.pH 对背角无齿蚌 5 种免疫因子的影响 [J]. 南昌大学学报(理科版),2009,33(2):173-176.

[99] 吴无利,李广丽,师尚丽,等. 镉胁迫对凡纳滨对虾血清中一氧化氮合成酶和超氧化物歧化酶活性的影响 [J]. 热海洋学报,2008,27(6):62-65.

[100] 吴垠,邢殿楼,祝国芹. 中国对虾暴发性流行病的血液病理研究 [J]. 中国水产科学,1998,5(3):53-57.

[101] 吴中华,刘昌彬,刘存仁,等. 中国对虾慢性亚硝酸盐和氨中毒的组织病理学研究 [J]. 华中师范大学学报,1999,33(1):119-122.

[102] 吴众望,潘鲁青,张红霞,等. 重金属离子对凡纳滨对虾鳃丝 Na^+-K^+-ATPase 活力的影响 [J]. 海洋环境科学,2004,23(3):27-29.

[103] 武云飞,韩风进,江涛,等. 青海钩虾配合饲料对罗非鱼两品系生长效果的研究 [J]. 青岛海洋大学学报,2003,33(2):199-205.

[104] 阎慧，李富花，王兵，等．中国明对虾 Rel/NF-κB 家族基因在弧菌刺激下的表达［J］．海洋与湖沼，2008，39（6）：628-633.

[105] 阎慧．中国明对虾核转录因子 NF-κB 家族基因的克隆与表达分析［D］．青岛：中国科学研究院海洋研究所，2008.

[106] 颜天，谭志军，于仁成，等．塔玛亚历山大藻对鲈鱼幼鱼毒性效应研究［J］．环境科学学报，2002，22（6）：749-753.

[107] 杨富亿，李秀军，杨欣乔．日本沼虾幼虾对碱度和 pH 的适应性［J］．动物学杂志，2005，40（6）：74-79.

[108] 杨启超，万全，赵俊峰，等.4 种常用鱼药对泥鳅的急性毒性试验［J］．水利渔业，2006，26（2）：93-95.

[109] 姚庆祯，臧维玲，戴习林，等．亚硝酸盐和氨对凡纳滨对虾和日本对虾幼体的毒性作用［J］．上海水产大学学报，2002，11（1）：21-26.

[110] 殷禄阁．日本对虾饵料的应用［J］．饲料研究，1988，（3）：26-28.

[111] 于春霞，王维娜，王安利．中国对虾的研究进展［J］．河北大学学报，2001，12（4）：455-460.

[112] 岳峰，潘鲁青，谢鹏，等．氨氮胁迫对三疣梭子蟹酚氧化酶原系统和免疫指标的影响［J］．中国水产科学，2010，17（4）：761-770.

[113] 臧维玲，江敏，张建达，等．亚硝酸盐和氨对罗氏沼虾幼体的毒性［J］．上海水产大学学报，1996，5（1）：15-22.

[114] 张林娟，潘鲁青，栾治华.pH 变化对日本囊对虾仔虾离子转运酶活力和存活、生长的影响［J］．水产学报，2008，32（5）：758-762.

[115] 张明凤，吴小琴，王健．培养蚊子幼虫作为日本对虾鲜活饵料的研究［J］．福建畜牧兽医，2000（1）：04-05.

[116] 张庆利．中国明对虾免疫系统中抗氧化相关基因的克隆与表达分析［D］．青岛：中国科学院海洋研究所，2007.

[117] 张硕，董双林，王芳．中国对虾氮收支的初步研究［J］．海洋学报，1999，21（6）：81-86.

[118] 张硕，董双林．饵料和盐度对中国对虾幼虾能量收支的影响［J］．大连水产学院学报，2002，17（3）：227-233.

[119] 张天时，孔杰，刘萍，等．饵料和养殖密度对中国对虾幼虾生长及存活率的影响［J］．海洋水产研究，2008，29（3）：41-47.

[120] 张天时，王清印，刘萍，等．中国对虾人工黄海 1 号不同世代的微卫星分析［J］海洋与湖沼，2005，36（1）：72-80.

[121] 张喆，李健，陈萍，等．诺氟沙星对中国明对虾鳃和血清 ECOD、APND 和 GST 活性的影响［J］．中国水产科学，2012，19（3）：514-520.

[122] 赵先银，李健，陈萍，等.pH 胁迫对 3 种对虾存活率、离子转运酶和免疫酶活力的影响 [J]. 上海海洋大学学报，2011，20（5）：720–728.

[123] 赵先银，李健，李吉涛，等.pH 胁迫对日本对虾非特异性免疫因子及 RNA/DNA 比值的影响 [J]. 渔业科学进展，2011，32（1）：60–66.

[124] 郑伟，董志国，王兴强，等. 投喂蝇蛆对中国明对虾生长及生化组成的影响 [J]. 水产科学，2010，29（4）：187–192.

[125] 郑振华，董双林，田相利.pH 不同处理时间的周期性变动对凡纳滨对虾生长的影响 [J]. 中国海洋大学学报，2008，38（1）：45–51.

[126] 周光正. 氨和亚硝酸盐对对虾幼体的毒性 [J]. 海洋湖沼通报，1991，2：95–98.

[127] 周立红，陈学豪. 塔玛亚历山大藻对罗非鱼肝及鳃组织 ATP 酶活性的影响 [J]. 海洋科学，2003，27（12）：75–78.

[128] 邹栋梁，高淑英. 氨对长毛对虾幼体的毒性 [J]. 台湾海峡，1994，13（2）：133–137.

[129] Ackerman P A，Iwama G K.Physiological and cellular stress responses of juvenile rainbow trout to tovibriosis[J].Journal of Aquatic Animal Health，2001，13（2）：174–180.

[130] Alabaster J S.Water quality criteria for freshwater fish[J].Second Edition Published by Butterworths.Cambridge，1982，85–87.

[131] ALLAN G L，MAGUIRE G B.Effect of pH and salinity on survival，growth and osmoregulation in *Penaeus monodon* Fabricius[J].Aquaculture，1992，107（1）：33–47.

[132] Alonso–Rodriguez R，Páez–Osuna F.Phytoplankton and harmful algal blooms in shrimp ponds：a review with special reference to the situation in the Gulf of California[J]. Aquaculture，2003，219（1）：317–336.

[133] Ana I P，Silvia P，Angeles J，et al.Time dependent oxidative stress responses after acute exposure to toxic cyanobaterial cells containing microcystins in tilapia fish（*Oreochromis niloticus*）under laboratory conditions[J].Aquatic Toxicology，2007，84（3）：337–345.

[134] Argue B J，Arce S M，Lotz J M，et al.Selective breeding of Pacific white shrimp（*Litopenaeus vannamei*）for growth and resistance to Taura Syndrome Virus[J]. Aquaculture，2002，204：447–460.

[135] Ashida M.Purification and characterization of pre–phenoloxidase from hemolymph of the silkworm Bombyx mori[J].Archives of Biochemistry and Biophysics，1971，144（2）：749–762.

[136] Assefa Z，Van Laethem A，Garmyn M，et al.Ultraviolet radiation–induced apoptosis in keratinocytes：on the role of cytosolic factors[J].Biochimica Et Biophysica Acta

Reviews on Cancer，2005，1755（2）：90–106.

[137] Bachère E，Chagot D，Grizel H.Separation of Crassostrea gigas hemocytes by density gradient centrifugation and counterflow centrifugal elutriation[J].Developmental and Comparative Immunology，1988，12：549–59.

[138] Evelyne Bachère，Chagot D，Grizel H. Separation of Crassostrea gigas hemocytes by density gradient centrifugation and counterflow centrifugal elutriation[J]. Developmental & Comparative Immunology，1988，12：549–59.

[139] Bachère E.Shrimp immunity and disease control[J].Aquaculture，2000，191（1）：3–11

[140] Browdy C L，Holloway J D，King C O，et al.IHHN virus and intensive culture of *Penaeus vannamei*：effects of stocking density and water exchange rates[J].Journal of Crustacean Biology，1993，13：87–94.

[141] Buttke T M，Sandstrom P A.Oxidative Stress as a Mediator of Apoptosis[J]，Immunology Today，1994，15：7–10.

[142] Capy P，Gasperi G，Biémont C，et al.Stress and transposable elements：co–evolution or useful parasites[J].Heredity，2000，85（2）：101–106.

[143] Castonguay M，Levasseur M，Beaulieu J L，et al.Accumulation of PSP toxins in Atlantic mackerel：seasonal and ontogenetic variations[J].Journal of Fish Biology，1997，50（6）：1203–1213.

[144] Cavalli R O，Berghe E V，Lavens P，et al.Ammonia toxicity as a criterion for the evaluation of larval quality in the prawn *Macrobrachiumrosenbergii*[J]. Comparative Biochemistry and Physiology Part C Toxicology and Pharmacology，2000，125（3）：333–343.

[145] Cembella A D，Qulilliam M A，Lewis N I，et al.The toxigenic marine dinoflagellate Alexandrium tamarense as the probable cause of mortality of caged salmon in Nova Scotia[J].Harmful Algae，2002，1（3）：313–325.

[146] Chen J C，Cheng S Y，Chen C T.Changes of haemocyanin，protein and free amino acid levels in the haemolymph of Penaeus japonicus exposed to ambient ammonia[J]. Comparative Biochemistry and Physiology Part A Physiology，1994，109（94）：339–347.

[147] CHEN J C，CHIA P G.Osmotic and ionic concentration of Scylla serrata（Forskal）subjected to different salinity levels[J].Comparative Biochemistry and Physiology，1997，117：239–244.

[148] Chen J C，Kou Y Z.Effects of ammonia on growth and molting of *Penaeus japonicus* juveniles.Aquaculture，1992，104（3–4）：249–260.

[149] Chen J C，Nan F H，Kuo C M.Oxygen comsumption and ammonia–Nexcretion of

prawns (*Penaeus chinensis*) exposed to ambient ammonia[J].Arch.Environ.Comtam.Toxicol.1991,21:377-382.

[150] Chen J C, Nan F H.Oxygen Consumption and Ammonia-n eXcretion of Penaeus Chinensis (Osbeck, 1765) Juveniles at Different Salinity Levels (Decapoda, Penaeidae) [J].Crustaceana, 1995, 68(3):712-719.

[151] Chen J C, Sheu T S.Effect of ammonia at different pH on P.japonieas postlarve[C].In: J.L.Mclean, L.B.Dizon and L.V.Hosillo (Editors).2nd Asian Fish.Asian Fish.Soc., Pilippines, 1989, 61-64.

[152] Chin C T S.Acute toxicity of nitrite to tiger prawn, *Penaeus monodon*, larvae[J].Aquaculture, 1988, 69(88):253-262.

[153] Cheng W, Chen J C.Effects of pH, temperature and salinity on immune parameters of the freshwater prawn Macrobrachium rosenbergii[J].Fish Shellfish Immunol, 2000, 10(4):387-391.

[154] Cheng S Y, Chen J C.Haemocyanin oxygen affinity and the fractionation of oxyhemocyanin and deoxyhemocyanin for *Penaeus monodon* exposed to elevated nitrite[J].Aquatic Toxicology, 1999, 45:35-46.

[155] Cheng W, Chen J C.The vindence of Enteroceccus to freshwater prawn Macrobrachium rosenbergii and its immune resistance and ammonia stress[J].Fish Shellfish immunol, 2002, 12:97-109.

[156] Cheng W, Chen S M, Wang F I, et al.Effects of temperature, pH, salinity and ammonia on the phagocytic activity and clearance efficiency of giant freshwater prawn Macrobrachium rosenbergii to Lactococcus garvieae[J].Aquaculture, 2003, 219:111-121.

[157] Clemente Z, Busato R H, Ribeiro C A O, et al.Analyses of paralytic shellfish toxins and biomarkers in a southern Brazilian reservoir[J].Toxicon, 2010, 55(2-3):396-406

[158] Costa P R, Lage S, Barata M, et al.Uptake, transformation, and elimination kinetics of paralytic shellfish toxins in white seabream (*Diplodus sargus*) [J].Marine Biology, 2011, 158(12):2805-2811.

[159] Costa P R, Pereira P, Guilherme S, et al.Hydroxybenzoate paralytic shellfish toxins induce transient GST activity depletion and chromosomal damage in white seabream (*Diplodus sargus*) [J].Marine Environmental Research, 2012, 79:63-69.

[160] Creppy E E, Traore A, Baudrimont I, et al.Recent advances in the study of epigenetic effects induced by the phycotoxin okadaic acid[J].Toxicology, 2002, 181-182:433-439.

[161] Dandapat J, Chainy G B N, Rao K J.Lipid peroxidation and antioxidant defence

status during larval development and metamorphosis of giant prawn, Macrobrachium rosenbergii[J].Comp Biochem Physiol C Toxicol Pharmacol, 2003, 135(3):221-233.

[162] Danial N N, Korsmeyer S J.Cell death: critical control points[J].Cell, 2004, 116(2):205-219.

[163] Estrada N, Romero M J, Campa-Córdova A, et al.Effects of the toxic dinoflagellate, Gymnodinium catenatum on hydrolytic and antioxidant enzymes, in tissues of the giant lions-paw scallop Nodipecten subnodosus[J].Comparative Biochemistry and Physiology, 2007, 146(4):502-510.

[164] Evans D H, Piermarini P M, Choe K P.The multifunctional fish gill: dominant site of gas exchange, osmoregulation, acid-base regulation, and excretion of nitrogenous waste[J].Physiological Reviews, 2005, 85(1):97-177.

[165] Fischer W J, Dietrich D R.Pathological and Biochemical Characterization of Microcystin-Induced Hepatopancreas and Kidney Damage in Carp (*Cyprinus carpio*)[J].Toxicology and Applied Pharmacology, 2000, 164(1):73-81.

[166] Franco R, Sánchez-Olea R, Reyes-Reyes E M, et al.Environmental toxicity, oxidative stress and apoptosis: Ménage à Trois[J].Mutation Research/genetic Toxicology and Environmental Mutagenesis, 2009, 674: 3-22.

[167] Gao Q, Song L, Ni D, et al.cDNA cloning and mRNA expression of heat shock protein 90 gene in the haemocytes of Zhikong scallop Chlamys farreri[J].Comparative Biochemistry and Physiology Part B Biochemistry and Molecular Biology, 2007, 147(4):704-715.

[168] Gao Q, Zhao J, Song L, et al.Molecular cloning, characterization and expression of heat shock protein 90 gene in the haemocytes of bay scallop Argopecten irradians[J].Fish and Shellfish Immunology, 2008, 24(4):379-385.

[169] Gehringher M M, Shephard E G, Downing T G, et al.An investigation into the detoxification of microcystin-LR by the glutathione pathway in Balb/c mice[J].Cell Biology, 2004, 36(5):931-941.

[170] Goyard E, Patrois J, Reignon, et al.IFREMER's shrimp genetics program[J].Global Aquacult.Advocate, 1999, 2(6):26-28.

[171] Gubbins M J, Eddy F B, Gallacher S, et al.Paralytic shellfish poisoning toxins Induce xenobiotic metabolishing enzymes in Atlantic salmon (*Salmo salar*) [J].Marine Environmental Research, 2000, 50(1-5):479-483.

[172] Han-Ching W K, Tseng C W, Lin H Y, et al.RNAi knock-down of the Litopenaeus vannamei Toll gene (LvToll) significantly increases mortality and reduces bacterial clearance after challenge with Vibrio harveyi[J].Developmental and Comparative

Immunology, 2010, 34 (1): 49-58.

[173] Hartl F U.Molecular chaperones in cellular protein folding[J].Nature, 1996, 381 (6583): 571-579.

[174] Hedengren M, Asling B, Dushay M S, et al.Relish, a central factor in the control of humoral but not cellular immunity in Drosophila[J].Molecular Cell, 1999, 4 (5): 827-837.

[175] Hermesz E, 09brahám M, Nemcsók J.Identification of two hsp90 genes in carp[J]. Comparative Biochemistry and Physiology, 2001, 129 (4): 397-407.

[176] Hetzel D J S, Crocos P J, Davis G P, et al.Response to selection and heritability for growth in the Kuruma prawn, *Penaeus japonicus*[J].Aquaculture, 2000, 181 (99): 215-223.

[177] Hidalgo C, Garcı'a-Gallego M C, Morales M, et al.Antioxidant enzymes and lipid peroxidation in sturgeon Acipenser naccarii and trout *Oncorhynchus mykiss*.A comparative study[J].Aquaculture, 2006, 254 (1-4): 758-767.

[178] Hultmark D, Steiner H, Rasmuson T, et al.Insect immunity. Purification and properties of three inducible bactericidal proteins from hemolymph of immunized pupae of Hyalophora cecropia[J].Eur J Biochem, 1980, 106 (1): 7-16.

[179] Jang H H, Sun Y K, Park S K, et al.Phosphorylation and concomitant structural changes in human 2-Cys peroxiredoxin isotype I differentially regulate its peroxidase and molecular chaperone functions[J].Febs Letters, 2006, 580 (1): 351-355.

[180] Jeon J K, Lee J S, Shim W J, et al.Changes in activity of hepatic xenobiotic-metabolizing enzymes of tiger puffer (*Takifugu rubripes*) exposed to paralytic shellfish poisoning toxins[J].Journal of Environmental Biology, 2008, 29 (4): 599-603.

[181] Kaminsky Y G, Kosenko E A, Venediktova N I, et al.Apoptotic markers in the mitochondria, cytosol, and nuclei of brain cells during ammonia toxicity[J]. Neurochemical Journal, 2007, 1 (1): 78-85.

[182] Kang S W, Rhee S G, Chang T S, et al.2-Cys peroxiredoxin function in intracellular signal transduction, therapeutic implications[J].Trends Mol Med, 2005, 11 (12): 571-578.

[183] Kenneth W. Nickerson, Kensal E. Van Holde. A comparison of molluscan and arthropod hemocyanin-I.Circular dichroism and absorption spectra[J].Comparative Biochemistry and physiology Part B: comparative Biochemistry, 1971, 39: 855-872.

[184] Kevin C, Kregel.Heat shock proteins: modifying factors in physiological stress responses and acquired thermotolerance[J].Journal of Applied Physiology, 2002, 92 (5): 2177-2186.

[185] Le Moullac G, Haffner P.Environmental factors affecting immune responses in Crustacea[J].Aquaculture, 2000, 191: 121-131.

[186] Lehtonen S T, Markkanen P M H, Mirva P, et al.Variable overoxidation of peroxiredoxins in human lung cells in severe oxidative stress[J].Am J Physiol Lung Cell Mol Physiol, 2005, 288 (5): 997-1001.

[187] Leu J H, Wang H C, Kou G H, et al.*Penaeus monodon* Caspase is targeted by a white spot syndrome virus anti-apoptosis protein[J].Developmental and Comparative Immunology, 2008, 32 (5): 476-486.

[188] Li C C, Chen J C.The immune response of white shrimp *Litopenaeus vannamei* and its susceptibility to Vibrio alginolyticus under low and high pH stress[J].Fish Shellfish Immunol, 2008, 25 (6): 701-709.

[189] Li F H, Luan W, Zhang C S, et al.Cloning of cytoplasm heat shock protein 90 (FcHSP90) from *Fenneropenaeus chinensis* and its expression response to heat shock and hypoxia[J].Cell Stress and Chaperones, 2009, 14 (2): 161-172.

[190] Li G, Li L, Yin D.A novel observation: melatonin's interaction with malondiadehyde[J].Neuro Endocrinology Letters, 2005, 26 (1): 61-66.

[191] Li J, Han J, Ping C, et al.Cloning of a heat shock protein 90 (HSP90) gene and expression analysis in the ridgetail white prawn Exopalaemon carinicauda[J].Fish and Shellfish Immunology, 2012, 32 (6): 1191-1197.

[192] Lindsey S Garver, Ana C Bahia, Suchismita Das, et al.Anopheles Imd pathway factors and effectors in infection intensity dependent anti-plasmodium action[J].PLoS Pathogens, 2012, 8 (6): e1002737.

[193] Liu W, Au D W T, Anderson D M, et al.Effects of nutrients, salinity, pH and light: dark cycle on the production of reactive oxygen species in the alga Chattonella marina[J].Journal of Experimental Marine Biology and Ecology, 2007, 346: 76-86.

[194] Liu C H, Chen J C.Effect of ammonia on the immune response of white shrimp *Litopenaeus vannamei* and its susceptibility to Vibrio alginolyticus[J].Fish and Shellfish Immunology, 2004, 16 (3): 321-334.

[195] Marnett L J.Oxyradicals and DNA damage[J].Carcinogenesis, 2000, 21: 361-370.

[196] Mathew S, Kumar K A, Anandan R, et al.Changes in tissue defence system in white spot syndrome virus (WSSV) infected *Penaeus monodon*[J].Comparative Biochemistry and Physiology Part C Toxicology and Pharmacology, 2007, 145 (3): 315-320.

[197] Medzhitov R.Toll-like receptors and innate immunity[J].Nature Reviews Immunology, 2001, 1 (2): 135-145.

[198] Molina R, Moreno I, Pichardo S, et al.Acid and alkaline phosphatase activities and pathological changes induced in Tilapia fish (*Oreochromis* sp.) exposed subchronically to microcystins from toxic cyanobacterial blooms under laboratory conditions[J]. Toxicon, 2005, 46 (7): 725-735.

[199] Montoya N G, Akselman R, Franco J, et al.Paralytic shellfish toxins and Mackerel (*Scomber japonicus*) mortality in the Argentine sea[A].Harmful and Toxic Algal Blooms[C].Paris: the United Nations Educational, Scientific and Culture Organization, 1996.417-420.

[200] Morris S, Edwards T.Control of osmoregulation via regulation of Na^+-K^+-ATPase activity in the amphibious purple shore crab *Leptograpsus variegatus*[J].Comparative Biochemistry and Physiology Part C: Pharmacology, 1995, 112 (2): 129-136 (8).

[201] Moullac G L, Haffner P.Environmental factors affecting immune responses in Crustacea[J].Aquaculture, 2000, 191: 121-131.

[202] Oikawa H, Fujita T, Satomi M, et al.Accumulation of paralytic shellfish poisoning toxins in the edible shore crab Telmessus acutidens[J].Toxicon, 2002, 40 (11): 1593-1599.

[203] Oikawa H, Satomi M, Watabe S, et al.Accumulation and depuration rates of paralytic shellfish poisoning toxins in the shore crab Telmessus acutidens by feeding toxic mussels under laboratory controlled conditions[J].Toxicon, 2005, 45 (2): 163-169.

[204] Ott M, Gogvadze V, Orrenius S, et al.Mitochondria, oxidative stress and cell death[J]. Apoptosis, 2007, 12 (5): 913-922 (10).

[205] Ovelgonne J H, Souren J E, Wiegant F A, et al.Relationship between cadmium-induced expression of heatshock genes, inhibition of protein synthesis and cell death[J].Toxicology, 1995, 99 (1-2): 19-30.

[206] Páez-Osuna F, Gracia A, Flores-Verdugo F, et al.Shrimp aquaculture development and the environment in the Gulf of California ecoregion[J].Marine Pollution Bulletin, 2003, 36 (7): 806-815.

[207] Pal S, Wu J L, Wu L P.Microarray analyses reveal distinct roles for Rel proteins in the Drosophila immune response[J].Developmental and Comparative Immunology, 2008, 32 (1): 50-60.

[208] Pan F, Zarate J G, Bradley T.Cloning and characterization of salmon hsp90 cDNA: upregulation by thermal and hyperosmotic stress[J].Journal of Experimental Zoology, 2000, 287 (3): 199-212.

[209] Pequeux A.Osmotic regulation in crustaceans[J].J Crust Biol, 1995, 15: 1-60.

[210] Phongdara A, Wanna W, Chotigeat W.Molecular cloning and expression of Caspase

from white shrimp *Penaeus merguiensis*[J].Aquaculture, 2006, 252 (2-4): 114-120.

[211] Pratt W B.The role of the hsp90-based chaperone system in signal transduction by nuclear receptors and receptors signaling via map kinase[J].Annu.Rev. Pharmacol.1997, 37: 297-326.

[212] Qiu P, Pan P C, Govind S.A role for the Drosophila Toll/Cactus pathway in larval hematopoiesis[J].Development, 1998, 125 (10): 1909-1920.

[213] Quinn D J, Lane C E.Ionic regulation and Na^{+}-K^{+} stimulated ATPase activity in the land crab, Cardisoma guanhumi[J].Comparative Biochemistry and Physiology, 1966, 19 (3): 533-543.

[214] Ranby B, Rabek J E.Singlet Oxygen[M].England: InWiley, 1978, 331.

[215] Rhee S G, Kang S W, Jeong W, et al.Intracellular messenger function of hydrogen peroxide and its regulation by peroxiredoxins[J].Current Opinion in Cell Biology, 2005, 17 (2): 183-189.

[216] Richier S, Sabourault C, Courtiade J, et al.Oxidative stress and apoptotic events during thermal stress in the symbiotic sea anemone, Anemonia viridis[J].Federation of European Biochemical Societies Journal, 2006, 273 (18): 4186-4198.

[217] Ron V D O, Jonny B, Nico P E V.Fish bioaccumulation and biomarkers in environmental risk assessment: a review[J].Environmental Toxicology and Pharmacology, 2003, 13 (2): 57-149.

[218] Ryter S W, Kim H P, Hoetzel A, et al.Mechanisms of cell death in oxidative stress[J]. Antioxidants and Redox Signaling, 2007, 9 (1): 49-89.

[219] Sakamoto S, Sato S, Ogata T, et al.Formation of intermediate conjugates in the reductive transformation of gonyautoxins to saxitoxins by thiol compounds[J].Fisheries Science, 2000, 66 (1): 136-141.

[220] Sato S, Sakai R, Kodama M.Identification of thioether intermediates in the reductive transformation of gonyautoxins into saxitoxins by thiols[J].Bioorganic and Medicinal Chemistry Letters, 2000, 10 (16): 1787-1789.

[221] Schill R O, G02rlitz H, K02hler H R.Laboratory simulation of a mining accident: acute toxicity, hsc/hsp70 response, and recovery from stress in *Gammarus fossarum* (Crustacea, Amphipoda) exposed to a pulse of cadmium[J].Biometals, 2003, 16 (3): 391-401.

[222] Shaw J.The absouption of sodium ions by the crayfish Astacus pallipes lereboullet[J]. Journal of Experimental Biology, 1959, 37 (3): 534-547.

[223] Shin S W, Kokoza V, Ahmed A, et al.Characterization of three alternatively spliced isoforms of the Rel/NF-κB transcription factor Relish from the mosquito Aedes

aegypti[J].Proceedings of the National Academy of Sciences, 2002, 99 (15): 9978-9983.

[224] Söderhäll K, Aspán A, Duvic B.The proPO-system and associated proteins: Role in cellular communication in arthropods[J].Research in Immunology, 1990, 141 (9): 896-907.

[225] Stebbing A R.Hormesis--the stimulation of growth by low levels of inhibitors[J]. Science of the Total Environment, 1982, 22 (3): 213-234.

[226] SU H M, Liao I C, Chiang Y M.Mass mortality of prawn caused by Alexandrium blooming in a culture pond in southern Taiwan[A]//Toxic Phytoplankton Blooms in the sea[C].Amsterdam: Elsevier Science Publishers B V, 1993, 329-333.

[227] Sun Y H, Tang R, Li D P, et al.Acute effects of microcystins on the transcription of antioxidant enzyme genes in crucian carp *Carassius auratus*[J].Environmental Toxicology, 2008, 23 (2): 145-152.

[228] Sun Y, Yin G, Zhang J, et al.Bioaccumulation and ROS generation in liver of freshwater fish, goldfish Carassius auratus under HC Orange No.1 exposure[J]. Environmental Toxicology, 2007, 22 (3): 256-263.

[229] Tan Z J, Yan T, Yu R C, et al.Transfer of Paralytic Shellfish Toxins via Marine Food Chains: A Simulated Experiment[J].Biomedical and Environmental Sciences, 2007, 20 (3): 235-241.

[230] Thornberry N A.Caspases: key mediators of apoptosis[J].Chemistry and Biology, 1998, 5 (5): 97-103.

[231] Thurston R V.Effect of pH on the toxicity of the unionized ammonia specie. Environmental Science and Technology.1981, 15 (7): 837-840.

[232] Trezado Stein J E, Collier T K, Reichert W L, et al.Bioindicators of contaminant exposure and sublethal effects: studies with benthic fish in Puget sound[J].Washington Environment and Chemistry, 1992, 11 (5): 701-714.

[233] Tsai C K.Water quality management.Southeast Asia Shrimp Farm Management Workshop, Philippines, Indonesia, Thailand.Singapore: American Soybean Association[C], 1989, 56-63.

[234] Uvell H, Engstrom Y.A multilayered defense against infection: combinatorial control of insect immune genes[J].Trends in Genetics, 2007, 23 (7): 342-349.

[235] Venn A A, Quinn J, Jones R, et al.P-glycoprotein (multi-xenobiotic resistance) and heat shock protein gene expression in the reef coral Montastraea franksi in response to environmental toxicants[J].Aquatic Toxicology, 2009, 93 (4): 188-195.

[236] Wang C, Zhang S H, Wang P F, et al.Metabolic adaptations to ammonia-induced

oxidative stress in leaves of the submerged macrophyte Vallisneria natans (Lour.) Hara[J].Aquatic Toxicology, 2008, 87 (2): 88-98.

[237] Wang P H, Liang J P, Gu Z H, et al.Molecular cloning, characterization and expression analysis of two novel Tolls (LvToll2 and LvToll3) and three putative Spätzle-like Toll ligands (LvSpz1 - 3) from *Litopenaeus vannamei*[J].Developmental and Comparative Immunology, 2012, 36 (2): 359-371.

[238] Wang W N, Zhou J, Peng W, et al.Oxidative stress, DNA damage and antioxidant enzyme gene expression in the Pacific white shrimp, *Litopenaeus vannamei* when exposed to acute pH stress[J].Comp Biochem Physiol C Toxicol Pharmacol, 2009, 150 (4): 428-435.

[239] Wang Y, Li J, Liu P, et al.The responsive expression of a caspase gene in Chinese shrimp *Fenneropenaeus chinensis* against pH stress[J].Aquaculture Research, 2011, 42 (8): 1214-1230.

[240] Weihrauch D, Becker W, Postel U, et al.Active excretion of ammonia across the gills of the shore crab Carcinus maenas and its relation to osmoregulatory ion uptake[J]. Journal of Comparative Physiology B, 1998, 168 (5): 364-376.

[241] Winston G W, Di Giulio R T.Prooxidant and antioxidant mechanisms in aquatic organisms[J].Aquatic Toxicology, 1991, 19 (2): 137-161.

[242] Winston G W.Oxidants and antioxidants in aquatic animals[J]. Comparative Biochemistry and Physiology C Comparative Pharmacology and Toxicology, 1991, 100 (1-2): 173-176.

[243] Wood Z A, Schröder E, Robin H J, et al.Structure, mechanism and regulateon of peroxiredoxins[J].Trends in Biochemical Sciences, 2003, 28 (1): 32-40.

[244] Xu W N, Liu W B , Liu Z P.Trichlorfon-induced apoptosis in hepatocyte primary cultures of Carassius auratus gibelio[J].Chemosphere, 2009, 77: 895-901.

[245] Yan T, Zhou M J, Fu M, et al.Effects of the dinoflagellate Alexandrium tamarense on early development of the Scallop *Argopecten irradians* concentricus[J].Aquaculture, 2003, 217 (1): 167-178.

[246] Yang C J, Zhang J Q, Li F H, et al.A Toll receptor from Chinese shrimp *Fenneropenaeus chinensis* is responsive to Vibrio anguillarum infection[J].Fish and Shellfish Immunology, 2008, 24 (5): 564-574.

[247] Yin L Y, Huang J Q, Huang W M, et al.Responses of antioxidant system in Arabidopsis thaliana suspension cells to the toxicity of microcystin-RR[J].Toxicon, 2005, 46 (8): 859-864.

[248] Zang W, Xu X, Dai X, et al.Toxic effects of Zn^{2+}, Cu^{2+}, Cd^{2+} and NH_3 on Chinese

prawn[J].Chinese Journal of Oceanology and Limnology, 1993, 11(3): 254-259.

[249] Zhang X Y, Zhang M Z, Zheng C J, et al.Identification of two hsp90 genes from the marine crab, Portunus trituberculatus and their specific expression profiles under different environmental conditions[J].Comparative Biochemistry and Physiology Toxicology and Pharmacology, 2009, 150(4): 465-473.

[250] Zhou J, Wang W N, Ma G Z, et al.Gene expression of ferritin in tissue of the Pacific white shrimp, *Litopenaeus vannamei* after exposure to pH stress[J].Aquaculture, 2008, 275(1-4): 356-360.

第5章

三疣梭子蟹种质资源研究

1. 三疣梭子蟹4个野生群体形态差异分析

三疣梭子蟹(*Portunus trituberculatus*)是一种重要的海洋经济动物,隶属甲壳纲(Crustacea)、十足目(Decapoda)、梭子蟹科(Portunidae),分布于中国、朝鲜、日本等海域(戴爱云等,1977),是中国重要的渔业资源。由于三疣梭子蟹具有独特的经济价值,自20世纪50年代起国内有关三疣梭子蟹的养殖习性、生理生态、胚胎发育、组织学等方面的研究较多。如孙颖民等(1984)对三疣梭子蟹的生长发育方面进行了研究,李太武等(1996)对三疣梭子蟹胚胎发育和组织学方面进行了研究,堵南山等(1993)对三疣梭子蟹的活体胚胎发育方面进行了研究,宋海棠等(1988)对浙江近海三疣梭子蟹生殖习性进行了研究等,但有关分子遗传特性的研究刚刚开展。余红卫等(2005)分析了三疣梭子蟹雌性成体6种组织中的10种同工酶的分化表达模式,结果发现三疣梭子蟹同工酶系统具有明显的组织特异性。朱冬发等(2005)研究了三疣梭子蟹个体发育早期11种同工酶酶谱的变化,结果表明三疣梭子蟹EST、ME、MDH、SDH、GOT、ACP和AMY等7种同工酶电泳图谱显示了明显的发育阶段差异性,大都随发育渐趋复杂。有关三疣梭子蟹基础生物学研究,如形态学、幼体实验生态、生理及资源保护方面都有许多工作尚待开展(薛俊增等,1997)。不同群体是否由于地理隔离产生了形态方面差异的研究尚未见报道。因此,本书运用聚类、判别、单因子方差等方法对4个野生群体三疣梭子蟹形态特征进行比较分析,以期为三疣梭子蟹地理种群的识别、亲缘关系的比较、种质资源保护和遗传育种提供数据支持。

2005年10月中旬,采集3海区4个野生自然群体各50只,体质量(平均值±标准差)176.7±30.2 g,雌雄比例1∶1。4个群体分别为渤海的莱州湾群体;黄海的鸭绿江口群体、海州湾群体;东海的舟山群体。所有三疣梭子蟹活体空运带回实验室后,直接测量并观察背部颜色及斑点。采用游标卡尺，精确到 0.1 mm，测量全甲宽(A)、甲长(B)、第一侧齿间距(C)、第二侧齿间距(D)、额宽(E)、大螯不动指长(F)、大螯不动指宽(G)、大螯不动指高(H)、大螯长节的长(I)、第一步足长节的长(J)、第一步足长节的宽(K)、体高(L)、甲宽(M)共 13 项长度指标。用 0.01 g 的电子天平称量体质量(N)。

采用 SPSS 软件，对各群体进行聚类分析、判别分析并建立判别公式，根据单因素方差分析的结果对群体间差异较大的形态比例参数进行差异系数(CD)的计算。

1.1 三疣梭子蟹形态特征比较

各群体三疣梭子蟹形态特征比较如表 1 所示。

表 1 4 群体三疣梭子蟹头胸甲表面特征比较

头胸甲特征	鸭绿江口(YL)	莱州湾(LZ)	海州湾(HZ)	舟山(ZS)
头胸甲颜色	深黄褐色	浅黄褐色	紫褐色	深黄褐色
头胸甲斑点	白色斑点较少	白色斑点很少	白色斑点较少	白色斑点很多

由表 1 可知：不同群体由于生活环境的不同，头胸甲表面的特征已经发生了一些变化，主要表现在颜色和斑点的差异上。

1.2 聚类分析

聚类分析把 4 个群体的蟹分为 2 组，第 1 组为舟山群体和海州湾群体，2 群体距离最短，形态最为接近；第 2 组为莱州湾群体和鸭绿江口群体，2 群体之间距离比较近；最后，这 2 组再聚合。如图 1 所示。

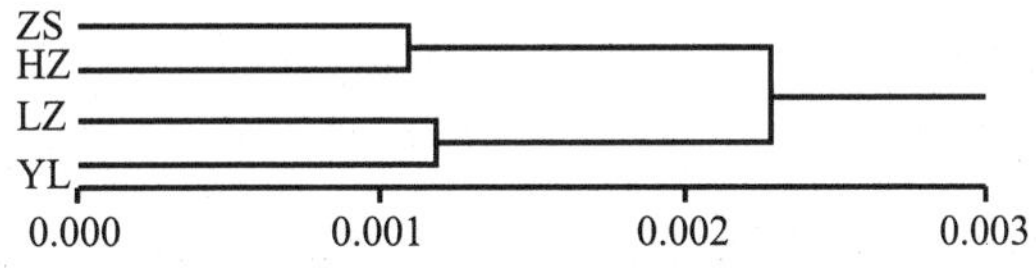

图 1 4 群体三疣梭子蟹聚类分析图

HZ- 海州湾；LZ- 莱州湾；YL- 鸭绿江口；ZS- 舟山 .

1.3 判别分析

由于聚类分析尚不能判别样本的群体所属，故进一步进行判别分析。由于雌蟹和雄蟹之间有显著的差异所以将它们分开后分别判别。表 2 是 4 个群体雌蟹采用 16 项形态比例参数的判别结果，各群体的判别准确率：鸭绿江口群体为 88.0%，莱州湾群体为 92.0%，舟山湾群体为 88.0%，海州湾群体为 80.0%。综合判别率为 87.0%。

表 2 四个群体雌蟹的判别结果

群体类型(*n*)	预测分类				判别准确率(%)	综合判别率(%)
	YL	LZ	ZS	HZ	P_1	P_2
YL (25)	22	2	1	0	88.0	87.0

续表

群体类型(*n*)	预测分类				判别准确率(%)	综合判别率(%)
	YL	LZ	ZS	HZ	P_1	P_2
LZ (25)	2	23	0	0	92.0	87.0
ZS (25)	3	0	22	0	88.0	
HZ (25)	2	2	1	20	80.0	

4个群体雄蟹采用16项形态比例参数的判别结果，各群体的判别准确率：鸭绿江口群体为96.0%，莱州湾群体为79.2%，舟山群体为76.0%，海州湾群体为72.0%。综合判别率为80.8%。

表3 四个群体雄蟹的判别结果

群体类型	预测分类				判别准确率(%)	综合判别率(%)
	YL	LZ	ZS	HZ	*P1*	*P2*
YL	24	1	0	0	96.0	80.8
LZ	1	19	2	3	79.2	
ZS	0	3	19	3	76.0	
HZ	2	3	2	18	72.0	

以上判别准确率比较高，是用了16项形态比例参数计算的结果。为了建立简便实用的判别公式，在确保一定判别准确率的前提下，进一步筛选出贡献较大的形态比例参数，并建立判别公式。判别公式包括2组。一组是4个群体雌性蟹的判别公式，只选用4个形态比例参数，各群体的判别准确率：鸭绿江口群体为76.0%，莱州湾群体为84.0%，舟山群体为92.0%，海州湾群体为82.6%，综合判别率为83.7%，较使用16项数据下降了3.3个百分点。一组是四个群体雄性蟹的判别公式，也选用4个形态比例参数，各群体的判别准确率：鸭绿江口群体为92.0%，莱州湾群体为70.8%，舟山群体为75.0%，海州湾群体为55.6%，综合判别率为72.9%，较使用16项数据下降了7.9个百分点。简化的判别公式虽然判别正确率有所降低但依然在72.9%以上，测量的数据减少，故认为可实际运用于初判。

雌性判别公式：

鸭绿江口 $F_1 = 2\,538.239\,X_1 + 703.846\,X_2 + 644.689\,X_3 + 1\,307.252\,X_4 - 690.233$

莱州湾 $F_2 = 2\,428.85\,X_1 + 826.715\,X_2 + 673.139\,X_3 + 1\,223.180\,X_4 - 674.836$

舟山 $F_3 = 2\,545.118\,X_1 + 871.935\,X_2 + 595.270\,X_3 + 1\,245.158\,X_4 - 697.466$

海州湾 $F_4 = 2\,764.409\,X_1 + 705.309\,X_2 + 783.671\,X_3 + 1\,177.347\,X_4 - 770.991$

雄性判别公式：

鸭绿江口 $F_1 = 387.056X_5 + 1\,507.520X_2 + 2\,916.864X_3 + 1\,441.907X_6 - 1\,228.836$

莱州湾 $F_2 = 351.363X_5 + 1\,537.100X_2 + 2\,801.349X_3 + 1\,541.764X_6 - 1\,198.176$

舟山 $F_3 = 345.960X_5 + 1\,644.258X_2 + 2801.638X_3 + 1\,647.787X_6 - 1\,266.190$

海州湾　$F_4 = 349.747X_5 + 1\ 538.884X_2 + 2\ 830.044X_3 + 1\ 649.130X_6 - 1\ 255.596$

式中，X_1 代表第一侧齿间距/全甲宽、X_2 代表第一步足长节长/全甲宽、X_3 代表额宽/第一侧齿间距、X_4 代表体高/全甲宽、X_5 代表体质量/全甲宽、X_6 代表甲长/全甲宽。

要判断某只三疣梭子蟹群体的归属，只需要测出 4 个形态比例参数，分别带入 4 个判别公式，哪个公式得到的 F 值最大，该蟹就属于哪个群体。

1.4 单因子方差分析

在 0.05 水平，鸭绿江口群体和莱州湾群体之间有 3 个参数存在差异：E/C、N/A、L/A；鸭绿江口群体和海州湾群体之间有 5 个参数存在差异：E/C、N/A、B/A、C/A、D/A；鸭绿江口群体和舟山群体之间有 8 个参数存在差异：E/C、N/A、J/A、C/A、D/A、B/A、M/A、K/J；莱州湾群体和海州湾群体之间有 7 个参数存在差异：E/C、N/A、C/A、D/A、B/A、E/A、L/A；莱州湾群体和舟山群体之间有 8 个参数存在差异：E/C、N/A、C/A、D/A、B/A、M/A、L/A、J/A；舟山群体和海州湾群体之间有 4 个参数存在差异：E/C、N/A、M/A、J/A。在 0.01 水平，鸭绿江口群体和莱州湾群体之间有 3 个参数存在差异：E/C、N/A、L/A；鸭绿江口群体和海州湾群体之间有 5 个参数存在差异：E/C、N/A、B/A、C/A、D/A；鸭绿江口群体和舟山群体之间有 5 个参数存在差异：J/A、C/A、D/A、B/A、M/A；莱州湾群体和海州湾群体之间有 5 个参数存在差异：E/C、N/A、C/A、D/A、B/A、；莱州湾群体和舟山群体之间有 7 个参数存在差异：E/C、N/A、C/A、D/A、B/A、M/A、L/A、；舟山群体和海州湾群体之间有 3 个参数存在差异：E/C、N/A、M/A。

1.5 差异系数(CD)的检验

经单因子方差检验，4 群体三疣梭子蟹之间有 8 项形态比例参数差异极显著($P < 0.01$)，通过计算得其差异系数(表 4)。

表 4　4 群体三疣梭子蟹之间差异较大的特征

形态比例参数	群体类型				差异系数
	YL	LZ	ZS	HZ	
N/A	1.336±0.103	1.087±0.180	1.329±0.326	1.070±0.235	0.787
L/A	0.247±0.009	0.240±0.011	0.247±0.009	0.245±0.012	0.350
B/A	0.440±0.011	0.436±0.012	0.454±0.022	0.449±0.016	0.529
C/A	0.275±0.007	0.272±0.012	0.287±0.009	0.288±0.012	0.667
D/A	0.349±0.031	0.350±0.013	0.363±0.012	0.365±0.016	0.340
J/A	0.220±0.017	0.220±0.015	0.231±0.020	0.224±0.015	0.314
M/A	0.513±0.016	0.511±0.016	0.528±0.020	0.513±0.018	0.472
E/C	0.320±0.011	0.352±0.021	0.319±0.039	0.385±0.044	0.795

注：差异系数是指差别最大的两种群间的 CD 值。

从上面的结果可知：4群体三疣梭子蟹之间存在极显著差异($P<0.01$)的8项形态比例参数差异系数均小于1.28（表4)，说明各群体间的形态差异尚未达到亚种水平，属于不同地理群体之间的差异。

近年来关于三疣梭子蟹种质资源的研究较少，有人认为北方莱州湾的三疣梭子蟹头胸甲上没有白色斑点，而南方舟山的三疣梭子蟹头胸甲上有白色斑点并以此作为群体区别的标准。笔者通过大量观察研究发现此方法并不可靠，有的莱州湾三疣梭子蟹头胸甲上也有白色斑点不过比舟山的要少一些。关于它们头胸甲颜色的差别也是很细微的，并不能作为群体判别的科学依据。本书通过多种分析，从不同角度反映群体间的形态学差异，并且建立判别公式可以对不同群体进行判别。群体形态之间的差异和地理位置有关，北方两群体（莱州湾、鸭绿江口)内部之间的差异远远小于它们和南方两群体（海州湾、舟山)之间的差异。同样南方两群体内部之间的差异远远小于它们和北方两群体之间的差异。但差异均未达到亚种水平，只是地理群体间的差异。

形态学的特征是受遗传因子和环境因子共同影响的。莱州湾群体生活于渤海，渤海封闭性强，该群体的三疣梭子蟹是个地方性种群，越冬后，在4月上中旬开始生殖洄游，游至渤海湾和莱州湾近岸浅水区河口附近产卵；12月初开始越冬洄游，至渤海深水区蛰伏越冬，至翌年3月（邓景耀等，2001)，整个生命活动完全局限于渤海之内，与南方两个群体之间产生了地理隔离。根据本实验得到的结果，笔者推测鸭绿江口群体与南方两个群体之间也没有基因交流，这还需要其他资源工作者做进一步的考察验证。另外由于不同海域环境所造成的生长温度和栖息底质等不同，以及它们生活的不同海区盐度和饵料不同导致的形态差异，造成南北群体之间差异比较大。

鸭绿江口群体和莱州湾群体差异之所以比较小，是因为它们生活的海域同属于暖温带，生长环境比较接近。南方两群体内部差异比较小，除了环境方面比较相似外，另外舟山群体三疣梭子蟹活动范围比较广，北可达黄海南部的吕泗、大沙鱼场（宋海棠等，1989)，根据本实验得到的结果笔者推测舟山与海州湾的三疣梭子蟹存在基因交流，这需要其他资源工作者做进一步的考察验证。

李晨虹等（1999)利用32个外部形态特征对中国大陆沿海六水系绒螯蟹作了形态差异分析，结果发现辽河、长江、黄河、瓯江四个北方水系聚为一组，珠江和南流江两个南方水系聚为一组。这与本实验得到的结果基本相同，南北群体之间的差异比较大，南方群体内部差异比较小，北方群体内部差异也比较小。由此我们可以推断：由于我国幅员辽阔造成南北水系之间气候、水质环境等方面的差异，导致在其水体中长期生活的物种产生形态方面的差异，最终导致遗传变异。这应当引起我们的注意，同时对其他物种也应当作类似的分析，从而为我国种质资源的保护提供理论依据。

（作者：高保全，刘萍，李健，迟恒，戴芳钰）

2. 三疣梭子蟹4个野生群体肥满度的初步研究与比较分析

自 Fulton（1902）提出肥满度（Relative fatness）后，就被作为一个判定动物对环境适应的生理状态和营养状况的综合指标，广泛用于动物生长状况与年龄、性别、环境、季节、种群密度关系和种间、种内关系的研究（王寿兵等，1999）。目前在鱼类中也已广泛开展关于肥满度的研究，如雅罗鱼（*Leuciscus merzbacheri*）、中华鲟（*Acipenser sinensis*）、大黄鱼（*Pseudosciaena crocea*）（郭炎等，2005；毛翠凤等，2005；王可玲，1989）等；同时还在其他水产动物中开展相关的研究，如海湾扇贝（*Argopectens irradias*）、青蛤（*Cyclina sinensis*）、大竹蛏（*Solen grandis Dunker*）、口虾蛄（*Oratosquilla oratoria*）等（张福绥等，1991；白胡木吉力图等，1998；肖国强等，2009；徐海龙等，2010）。通过肥满度研究评价物种生长环境变化，确定物种最佳收获季节，可为捕捞利用、保护以及开展人工繁育提供参考。因此，肥满度也是评价三疣梭子蟹（*P.trituberculatus*）的重要指标，与其成活率、蜕壳、肉质、口味等有较大的相关性，甚至直接决定其上市价格。但关于三疣梭子蟹肥满度的研究，至今未见报道。肥满度指数有多种计算方法，从计算公式结构来看可分为比值法和残差法两大类，而综合比较发现 Le Cren 相对状态指数 *Kn* 作为肥满度指数系统误差较小（戴强等，2006）。本书采用 Le Cren 相对状态指数 *Kn* 作为肥满度指数系数，比较4个野生群体（鸭绿江口、莱州湾、海州湾、舟山）三疣梭子蟹的肥满度情况，研究三疣梭子蟹肥满度与其生长过程中其营养、发育情况的相关性，以期为其育种、养殖、收获等提供理论依据。

实验用三疣梭子蟹的莱州湾野生种群（LZ）采自山东省昌邑市下营港近海；舟山野生种群（ZS）采自浙江舟山群岛近海，海州湾野生种群（HZ）采自连云港海州湾，鸭绿江口种群（YL）采自丹东鸭绿江口。中国水产科学研究院黄海水产研究所自2005年起，采用群体间自交和杂交方式建立家系，然后通过群体、家系选育方式，2008年选育出1个具有明显生长优势的三疣梭子蟹快速生长品系，建立快速生长品系的核心育种群体。

分别于2006年10月中旬和2007年3月中旬对三疣梭子蟹4个野生群体（莱州湾、舟山、海州湾、鸭绿江口），每个群体随机采集100个个体进行测量。用游标卡尺测量甲长（精确到0.1 mm），用电子天平测量体质量（精确到1g）。

三疣梭子蟹核心育种群体生长环境：盐度32～35，pH值7.8～8.1，温度20～27℃；以鲜活蓝蛤为饵料。待长到80、100和120日龄时，从养殖池中随机取100个个体。用游标卡尺测量甲长（精确到0.1 mm），用电子天平测量体质量（精确到1 g）。利用 SPSS13.0 进行数据统计和方差分析。肥满度采用 Le Cren 相对状态指数 *Kn*：$Kn = W/(aL^b)$，其中 W 为体质量，L 为甲长，a 和 b 依据公式 $\log_{10}W = \log_{10}a + b\log_{10}L$ 回归求得。

2.1 4个野生群体肥满度的计算并比较

三疣梭子蟹每个群体各测定100个个体的甲长和体质量，利用回归法求得Le Cren相对状态指数*Kn*公式中的*a*、*b*值，计算4个野生群体的肥满度指数（表5）。

表5 三疣梭子蟹4个野生群体肥满度比较

时间	每个群体样本数量/只	系数	肥满度(*Kn*)			
			莱州湾	鸭绿江口	海州湾	舟山
2006年10月中旬	100	a = 0.59 b = 3.00	1.021 ± 0.046	1.043 ±0.041	1.002 ± 0.089	0.995 ± 0.055
2007年3月中旬	100	a = 0.75 b = 2.90	1.000 ± 0.052	1.030 ± 0.071	0.990 ±0.051	0.970 ± 0.058

由表5可知，4个野生群体肥满度依次为：鸭绿江口＞莱州湾＞海州湾＞舟山，每个野生群体10月中旬的肥满度大于3月中旬肥满度。10月中旬三疣梭子蟹舟山群体与鸭绿江口群体和莱州湾群体、海州湾群体与鸭绿江口群体肥满度存在显著差异（$P<0.05$）；3月中旬三疣梭子蟹鸭绿江口群体与莱州湾群体、海州湾群体、舟山群体之间存在显著差异（$P<0.05$）；但10月中旬鸭绿江口群体与舟山群体肥满度存在极显著差异（$P<0.01$）（表5）。3月中旬与10月中旬相比，三疣梭子蟹肥满度有下降趋势，但不存在显著性差异。

2.2 4个野生群体雌雄个体肥满度比较分析

由表5可得公式 $Kn = W/(0.59\ L^{3.00})$，利用公式分别计算4个野生群体雌雄个体10月中旬的肥满度（表6）。由结果可知，10月中旬，4个群体雄性个体肥满度均大于雌性个体，但雌雄个体肥满度不存在显著差异（$P>0.05$）。

表6 三疣梭子蟹4个野生群体雌雄个体肥满度比较

性状	群体			
	莱州湾	海州湾	鸭绿江口	舟山
雌性样本数/*n*	50	50	50	50
肥满度 *Kn*	1.016 ± 0.044	1.001 ± 0.068	1.034 ± 0.045	0.966 ± 0.052
雄性样本数/*n*	50	50	50	50
肥满度 *Kn*	1.026 ± 0.059	1.004 ± 0.075	1.053 ± 0.057	1.013 ± 0.063

2.3 三疣梭子蟹核心育种群体不同生长阶段肥满度比较分析

计算三疣梭子蟹快速生长品系核心育种群体不同发育阶段的肥满度，结果如表7所示。三疣梭子蟹不同时期肥满度为120日龄＞100日龄＞80日龄，但无显著差异（$P>0.05$）。

表7 三疣梭子蟹核心育种群体不同发育阶段肥满度比较

性状	发育阶段		
	80日龄 80 d	100日龄 100 d	120日龄 120 d
系数	$a=0.75$, $b=2.84$	$a=0.93$, $b=2.70$	$a=1.17$, $b=2.61$
肥满度(*Kn*)	1.007±0.062	1.011±0.054	1.012±0.088

肥满度指数常用于分析不同环境(如生境、气候、环境污染)对动物营养状况的影响,或不同营养状况的动物个体的生存、繁殖能力;用于研究不同生理、生化、遗传背景与动物营养状况之间的关系;用于分析不同饵料对动物的生长状况或繁殖能力与个体营养之间的关系。从最早的Fulton状态指数以来,已经有各种不同的肥满度指数提出。但是如果选用的肥满度指数存在系统偏差,则会导致整个研究结论也出现系统偏差。本文采用Le Cren相对状态指数研究三疣梭子蟹,求出了各个生长阶段的系数a、b,这样消除了不同生长阶段的个体体质量随体长的增长率不恒定的问题。

肥满度指数是衡量三疣梭子蟹品质、生长状况的重要指标之一,与其成活率、肉质等有相关性,且受生活环境、生长阶段、饵料的影响。本实验通过对2006年10月中旬和2007年3月中旬收集的我国4个三疣梭子蟹野生群体肥满度指数Kn的统计分析,研究野生资源不同季节生长状况及不同群体生长环境的差异。其中鸭绿江口的肥满度最大,与舟山群体之间存在极显著差异($P<0.01$),这一结果可以为利用杂交优势育种提供数据支持。总体来说,北方群体(鸭绿江口、莱州湾)肥满度大于南方群体(海州湾、舟山),这可能与南北海域水环境差别较大有关,如温度、盐度、饵料。与10月相比,三疣梭子蟹4个野生群体3月肥满度均有下降的趋势,推测是由越冬期间能量收支不平衡造成的。且10月肥满度,雄性均大于雌性。这可能是由于雌性在性成熟后,生殖蜕壳,需要消耗较大的能量,而雄蟹比雌蟹蜕壳次数可能少1次。

进一步研究三疣梭子蟹肥满度指数与发育阶段的关系,发现三疣梭子蟹快速生长新品系核心育种群体肥满度120日龄>100日龄>80日龄,这种变化可能主要与性腺发育有关。随着日龄增加,三疣梭子蟹蜕壳周期的延长,甲长增长缓慢,但因性腺不断发育,体质量大幅度增加(沈嘉瑞等,1965;孙颖民等,1984)而导致肥满度增大。肥满度指数的研究对三疣梭子蟹养殖及育种具有一定指导意义,本书只是初步探讨,今后还将进一步深入研究三疣梭子蟹肥满度指数与生长环境、饵料等的相关性,为其育种及养殖提供理论依据。

(作者:高保全,刘萍,李健,戴芳钰,王清印)

3. 三疣梭子蟹4个野生群体遗传差异的同工酶分析

由于三疣梭子蟹(*P.trituberculatus*)具有独特的经济价值,因此自20世纪50年代起国内有关三疣梭子蟹的养殖习性、生理生态、胚胎发育等方面的研究较多，迄今三疣梭子蟹仅限于人工苗种培育、人工养殖方法研究。对其遗传特性的研究仅仅在近一二年有一些工作，不同群体生化遗传方面差异的研究尚未见报道。因此，本书采用聚丙烯酰胺不连续凝胶垂直电泳技术对三疣梭子蟹4个野生群体（鸭绿江口、莱州湾、海州湾、舟山）的同工酶进行检测，分析群体间的生化遗传差异，以期为三疣梭子蟹地理种群的识别、亲缘关系、种质资源保护和遗传育种提供数据支持。

三疣梭子蟹4个群体的样品于2005年10月中旬分别取自：丹东鸭绿江口（YL）、渤海莱州湾（LZ）、连云港海州湾（HZ）、浙江舟山群岛（ZS）。每个群体各48只。活体解剖取适量肌肉组织，编号，迅速放入 -70℃保存。同工酶电泳采用不连续聚丙烯酰胺凝胶垂直电泳。对凝胶浓度、电压、电极缓冲液、点样量的多少和染色条件进行摸索和优化，最终确立电泳参数。凝胶浓度（T）：$T_{浓缩胶}=3.6\%$（pH6.7），$T_{分离胶}=8.2\%$（pH8.9）；电压：Tris- 甘氨酸（TG，pH 8.3）系统，恒压280 V；电泳时间5–7 h，点样量视不同种酶类而异。从所做的17种同工酶中选出显带清晰的11种同工酶用于常规的分析。

同工酶的缩写、基因座位和等位基因的命名基本参照Shaklee等（1990）和Whitmore（1990）方法。以同工酶缩写的名称的大写代表酶蛋白，小写代表编码基因。控制同一种酶的不同基因座位按照从阳极到阴极的顺序依次标记为1、2、3…，同一基因座位的不同等位基因按照从阳极到阴极的顺序依次标记为a、b、c…。采用王中仁（1998）和曾呈奎（1998）的数理统计方法。

表8　三疣梭子蟹11种同工酶及电泳情况

同工酶	酶国际代码	组织	缓冲系统
苹果酸脱氢酶 MDH	E.C.1.1.1.37	肌肉	TG
乳酸脱氢酶 LDH	E.C.1.1.1.27	肌肉	TG
苹果酸酶 ME	E.C.1.1.1.40	肌肉	TG
超氧化物歧化酶 SOD	E.C.1.15.1.1	肌肉	TG
酯酶 EST	E.C.3.1.1.1	肌肉	TG
山梨醇脱氢酶 SDH	E.C.1.1.1.14	肌肉	TG
异柠檬酸脱氢酶 IDH	E.C.1.1.1.42	肌肉	TG
乙醇脱氢酶 ADH	E.C.1.1.1.1	肌肉	TG
过氧化物脱氢酶 POD	E.C.1.11.1.7	肌肉	TG
过氧化氢酶 CAT	E.C.1.11.1.6	肌肉	TG
天冬氨酸脱氢酶 AAT	E.C.2.6.1.1	肌肉	TG

3.1　三疣梭子蟹4个群体同工酶表达

三疣梭子蟹同工酶电泳图谱见图2。如果4个群体同一种酶的表型相同，为节约篇幅，则刊登一个群体的电泳图谱。

3.1.1 苹果酸酶(ME)四聚体酶

在三疣梭子蟹 4 个群体中均观察到 3 个基因座位。*Me*–1、*Me*–3 都观察到 1 种等位基因 a 和 1 种基因型 aa。*Me*–2 是个多态座位，由 a、b 1 对等位基因编码。电泳图谱见图 2–A。

3.1.2 苹果酸脱氢酶(MDH)二聚体酶

在三疣梭子蟹 4 个群体中均观察到线粒体型(m–Mdh)和上清液型(s–Mdh)。两种类型均有一个基因座位编码，而且每个座位都观察到 1 种等位基因 a 和 1 种基因型 aa。电泳图谱见图 2–B。

3.1.3 乙醇脱氢酶(ADH)二聚体酶

在三疣梭子蟹 4 个群体中均观察到 1 个基因座位。在莱州湾、鸭绿江口、舟山 3 个群体中观察到 1 种等位基因 a 和 1 种基因型 aa。而海州湾群体观察到 1 对等位基因 a、b 和两种基因型 aa、ab。此位点可作为海州湾群体的生化遗传标记。莱州湾、鸭绿江口、舟山 3 个群体的 ADH 图谱见图 2–C。海州湾群体的图谱见图 2–D。

3.1.4 超氧化物歧化酶(SOD)二聚体和四聚体酶

三疣梭子蟹的超氧化物歧化酶表现为二聚体酶。三疣梭子蟹 4 个群体中均观察到 3 个基因座位。Sod–1、Sod–2 均观察到 1 种等位基因 a 和 1 种基因型 aa。Sod–3 是个多态座位，观察到 1 对等位基因 a、b 和 1 种基因型 ab。电泳图谱见图 2–E。

3.1.5 乳酸脱氢酶(LDH)四聚体酶

三疣梭子蟹 4 个群体中均观察到 2 个基因座位，其中 Ldh–2 为多态座位，4 个群体均有 aa、ab 两种基因型。Ldh–1 4 个群体均有 1 种等位基因 a 编码。电泳图谱见图 2–F。

3.1.6 异柠檬酸脱氢酶(IDH)二聚体酶

三疣梭子蟹 4 个群体中均观察到 1 个基因座位，此位点由 1 种等位基因 a 编码。电泳图谱见图 2–G。

3.1.7 山梨醇脱氢酶(SDH)单聚体酶

三疣梭子蟹 4 个群体中均观察到 1 个基因座位，此位点由 1 种等位基因 a 编码。电泳图谱见图 2–H。

3.1.8 过氧化物酶(POD)二聚体酶

三疣梭子蟹 4 个群体中均观察到 1 个基因座位，1 种等位基因 a 和 1 种基因型 aa。电泳图谱见图 2–I。

3.1.9 天冬氨酸脱氢酶(AAT)二聚体酶

三疣梭子蟹 4 个群体中均观察到 1 个基因座位，此位点由 1 种等位基因 a 编码。电泳图谱见图 2–J。

3.1.10 过氧化氢酶(CAT)四聚体酶

三疣梭子蟹4个群体中均观察到3个基因座位,其中Cat-1为多态,检测到a、b是一对等位基因,鸭绿江口(YL)、莱州湾(LZ)、舟山(ZS)三个群体检测到aa、ab两种基因型,而海州湾(HZ)检测到ab 1种基因型。Cat-2和Cat-3 2个基因座位四个群体均由1种等位基因a编码。电泳图谱见图2-K。

3.1.11 酯酶(EST)二聚体酶

三疣梭子蟹4个群体中均观察到2个基因座位,Est-1、Est-2 2个基因座位均只有1种等位基因a和1种基因型aa。电泳图谱见图2-L。

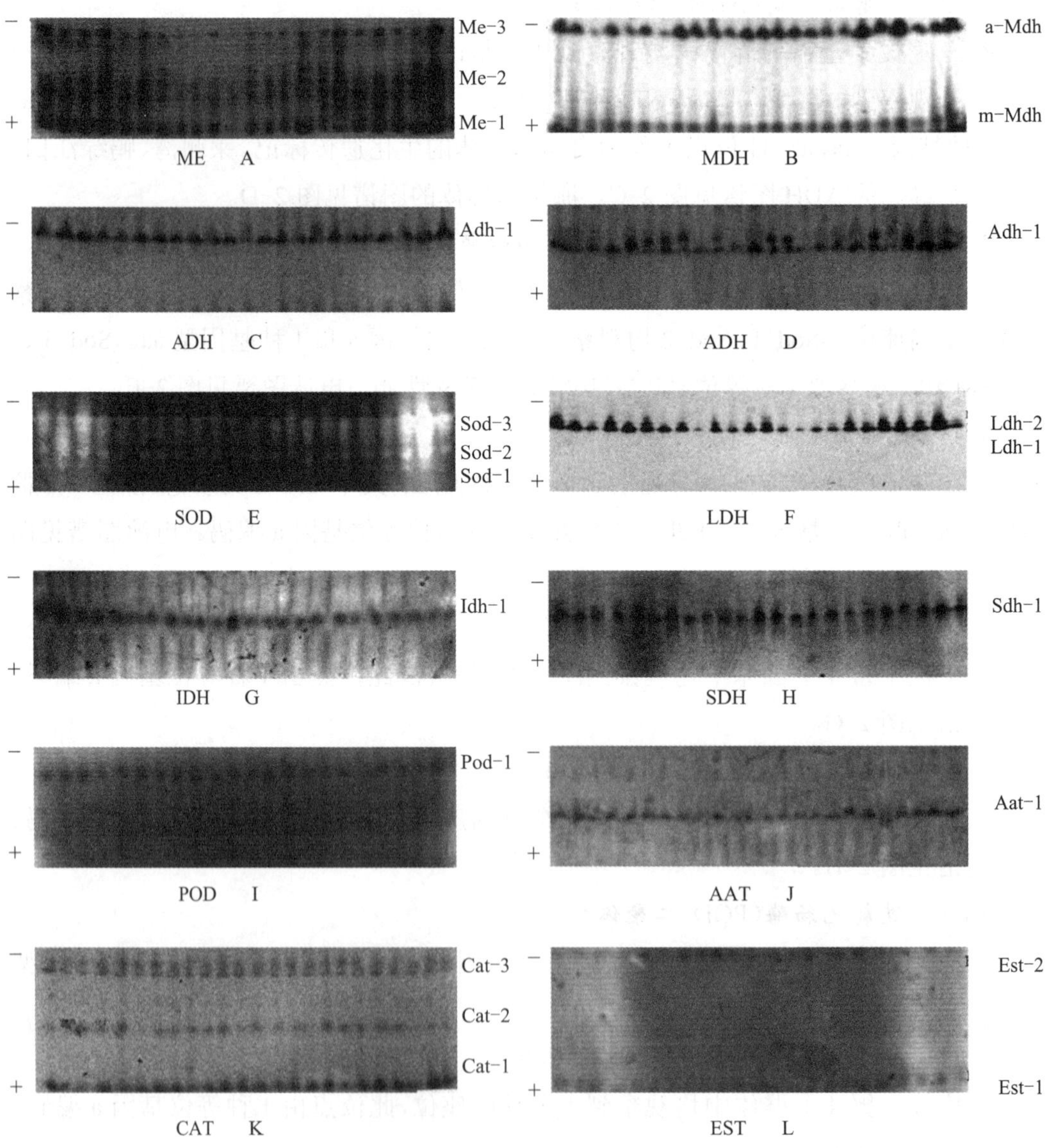

图2 三疣梭子蟹同工酶的电泳图谱

3.2 三疣梭子蟹 4 个群体的遗传参数

3.2.1 三疣梭子蟹 4 个群体同工酶的等位基因频率

三疣梭子蟹 4 个野生群体共检测到 20 个基因座位。所测基因座位及其等位基因频率见表 9

表 9 4 个三疣梭子蟹群体实测基因位点及其等位基因频率

基因位点	等位基因	群体			
		YL	LZ	ZS	HZ
Pod-1	a	1.000	1.000	1.000	1.000
s-Mad-1	a	1.000	1.000	1.000	1.000
m-Mad-1	a	1.000	1.000	1.000	1.000
Sdh-1	a	1.000	1.000	1.000	1.000
Ldh-1	a	1.000	1.000	1.000	1.000
Ldh-2	a	0.906	0.938	0.750	0.885
	b	0.094	0.062	0.250	0.115
Sod-1	a	1.000	1.000	1.000	1.000
Sod-2	a	1.000	1.000	1.000	1.000
Sod-3	a	0.500	0.500	0.500	0.500
	b	0.500	0.500	0.500	0.500
Est-1	a	1.000	1.000	1.000	1.000
Est-2	a	1.000	1.000	1.000	1.000
Cat-1	a	1.000	1.000	1.000	1.000
Cat-2	a	1.000	1.000	1.000	1.000
Cat-3	a	0.948	0.687	0.550	0.500
	b	0.052	0.313	0.450	0.500
Adh-1	a	1.000	1.000	1.000	0.875
	b	0.000	0.000	0.000	0.125
Idh-1	a	1.000	1.000	1.000	1.000
Me-1	a	1.000	1.000	1.000	1.000
Me-2	a	0.500	0.500	0.500	0.500
	b	0.500	0.500	0.500	0.500
Me-3	a	1.000	1.000	1.000	1.000

根据表 9 的统计结果，经计算得到 4 个三疣梭子蟹群体的多态座位比例(P)、平均每个座位的等位基因的有效数目(Ae)、平均每个座位的实际杂合度 Ho 和预期值 He 4 项遗传参数，如表 10 所示。

表 10　4 个群体的遗传参数估算值

遗传参数	群体			
	YL	LZ	ZS	HZ
P（%）	20	20	20	25
Ae	1.116	1.144	1.230	1.225
Ho	0.115	0.138	0.175	0.184
He	0.064	0.078	0.094	0.096

由表 10 可知 4 个群体的多态位点为 20%～25%，平均每个座位等位基因的有效数目为 1.116～1.230，平均每个座位的实际杂合度为 0.115～0.184，平均每个座位的预期杂合度为 0.064～0.096。

3.2.2　三疣梭子蟹 4 群体间的遗传距离

表 11 列出了 4 群体的遗传相似度和遗传距离值。对角线上面的部分表示各群体之间的遗传距离，对角线下面的部分表示各群体之间的遗传相似度。其中海州湾和舟山两群体之间遗传距离最小为 0.001 45，其次为鸭绿江口和莱州湾之间为 0.00198。

表 11　4 群体的遗传相似度和遗传距离

群体	YL	LZ	ZS	HZ
YL		0.001 98	0.009 71	0.011 79
LZ	0.998 03		0.002 93	0.002 86
ZS	0.990 34	0.997 07		0.001 45
HZ	0.988 27	0.997 14	0.998 55	

根据遗传距离值，用 UPGMA 软件进行聚类分析。如图 3 所示。

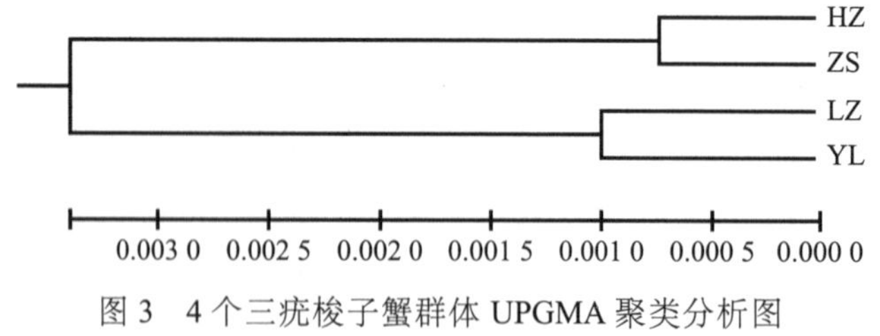

图 3　4 个三疣梭子蟹群体 UPGMA 聚类分析图

分为两组，一组为南方的海州湾和舟山两群体，另一组为北方莱州湾和鸭绿江口两群体。王家玉(1975)提出种群间遗传距离的范围是 0～0.05，亚种间遗传距离是 0.02～0.2；Hedgecock 等(1982)提出甲壳动物同种不同种群间的遗传距离是 0.05～0.11。本研究结果是：三疣梭子蟹鸭绿江口、莱州湾、舟山、海州湾 4 群体间的遗传相似度较高(*I* = 0.990 34～0.998 55)，遗传距离小(*D*nei = 0.001 45～0.011 79)。按上述水准，4 群体同属三疣梭子蟹的不同地理群体。另外舟山和海州湾 2 个群体遗传距离最短，为 0.001 45。其次为鸭绿江口和莱州湾 2 群体，遗传距离为 0.001 98。

莱州湾群体生活于封闭性强的渤海（薛俊增等，1997），该群体的三疣梭子蟹是个地方性种群，越冬后，在 4 月上中旬开始生殖洄游，游至渤海湾和莱州湾近岸浅水区河口附近产卵；12 月初开始越冬洄游，至渤海深水区蛰伏越冬，至翌年 3 月（邓景耀等，2001）。整个生命活动完全局限于渤海之内。这就同南方两个群体之间产生了地理隔离。由于不同海域环境所造成的生长温度和栖息底质等不同，以及盐度和饵料的不同，造成莱州湾和南方群体之间差异比较大。根据本研究结果推测鸭绿江口群体的三疣梭子蟹与南方两群体间无基因交流，这还需要其他方面的研究进一步确认。鸭绿江群体和莱州湾群体差异之所以比较小，是因为它们生活的海域同属于暖温带，生长环境比较接近。除了环境比较相似的原因，南方两群体内部差异比较小是因为舟山群体三疣梭子蟹活动范围比较广，北可达黄海南部的吕泗、大沙鱼场（宋海棠等，1989），与海州湾的梭子蟹存在基因交流。

常用的表示群体内变异水平的指标主要有多态位点的百分数、平均每个座位等位基因的有效数目、平均每个座位的实际杂合度和预期值。4 个群体的多态位点为 20%～25%，平均每个座位等位基因的有效数目为 1.116～1.230，平均每个座位的实际杂合度为 0.115～0.184，平均每个座位的预期杂合度为 0.064～0.096。Gao 等（1998）研究结果表明，日本绒螯蟹的多态座位比例为 13.6%，中华绒螯蟹为 18.2%。野泽对 123 种甲壳类的研究表明，其预期杂合度在 0.040 左右（野泽，1994）。对比可知：三疣梭子蟹的多态比例在亲缘关系较近的物种中处于较高水平，平均每个座位的实际杂合度和预期值也比较高。综合这些数据表明三疣梭子蟹遗传多样性较高，可认为三疣梭子蟹还处于种质资源维持较好的状态。

（作者：樊祥国，高保全，刘萍，李健）

4. 三疣梭子蟹 3 个野生群体线粒体基因片段的比较分析

三疣梭子蟹（*P.trituberculatus*）大规模人工养殖已经在我国沿海地区广泛展开，这不仅增加了个体间的基因交流，而且随着养殖规模的发展和环境恶化，对野生资源的影响越来越大，造成了种质退化和遗传多样性降低等问题。因此对三疣梭子蟹种质资源保护和种群遗传结构的研究逐渐深入，国内海洋生物工作者完成了许多关于三疣梭子蟹遗传多样性的研究工作（高保全等 2007；郭天慧等 2004；冯冰冰等 2008；王敏强等 2008）。由于我国三疣梭子蟹人工养殖亲本主要为天然海捕亲蟹，因此尽可能避免野生群体遗传多样性降低方面的研究显得十分重要。本研究利用线粒体 16*S* rRNA 和 COI 基因 2 个基因片段，对采自我国即墨市会场村、日本北海道和韩国东海岸的三疣梭子蟹野生群体进行了遗传分析。目的是搞清不同地区三疣梭子蟹的 DNA 变异水平，探明会场村三疣梭子蟹的遗传多样性水平，为确定会场村三疣梭子蟹的分类地位、进而对其进行资源保护提供基础资料。

试验用三疣梭子蟹系 2007 年分别取自我国即墨市会场村、日本北海道以及韩国东海岸，带回实验室后 -80℃保存。提取肌肉基因组 DNA。用 DNA 定量仪测定样品 DNA 的浓度和纯度，-20℃保存备用。16*S* rRNA 基因片段扩增的引物为：16*S* AR：5′-CGCCTGTTTATCAAAAACAT-3′，16*S* BR：5′-CCGGTCTGAACTCAGATCACG-3′；COI 基因片段扩增的引物为：COIL1490：5′-GGTCAACAAATCATAAAGATATTGG-3′，COIH2198：5′-TAAACTTCAGGGTGACCAAAAAATCA-3′。

4.1 线粒体 16*S* rRNA 基因片段序列分析

对 3 个群体 27 个样品的线粒体 16*S* rRNA 基因片段进行 PCR 扩增和序列测定（图 4），得到长度为 523 bp 的基因片段，共出现 3 种单倍型（Haplotype1，2，3），其中一种单倍型与 GeneBank 中的序列完全相同，另外 2 种单倍型序列在 GeneBank 中注册（登陆号码为 GU321227 和 GU321228）。我国会场群体中检测到 2 个单倍型（Haplotype2，Haplotype3），日本北海道群体中检测到 2 个单倍型（Haplotype1，Haplotype3），韩国东海岸群体 1 个单倍型（Haplotype3），其中 Haplotype3 为 3 个群体共享。共检测到 4 个变异位点，包括 1 个单一变异位点、1 个简约信息位点和 2 个插入 / 缺失位点。韩国东海岸群体没有检测到多态位点，我国会场村群体检测到 2 个多态位点：251 位出现 1 个 C-T 转换，403 位出现 1 个 A-T 颠换，2 个插入 / 缺失位点：255 位插入 1 个 T，406 位插入 1 个 A。日本北海道群体检测到 1 个多态位点，1 个插入 / 缺失位点。251 位出现 1 个 C-T 的转换，255 位插入 1 个 T。统计发现，三疣梭子蟹种内的单倍型多态性（Hd：0.145）、平均核苷酸差异数（K：0.217）和核苷酸多样性指数（Pi：0.000 14）均较低，而与拟穴青蟹、锯缘青蟹、远海梭子蟹、塞氏梭子蟹及日本蟳间的平均核苷酸差异数均为 1.333 33，核苷酸多样性指数分别为 0.002 62、0.002 58、0.002 57、0.002 56 和 0.002 68。显然，利用 16*S* rRNA 基因片段可发现种间的较大差异，但没有明显差异。经分析，不同群体的碱基含量基本一致，A、T、G、C 含量平均为 35%、35.7%、17.8%、11.5%，A+T 含量明显高于 G+C 含量，符合无脊椎动物线粒体 DNA 序列特征。

Hap-1 —— TCATTA- AGGTTTATGT TAAATTTAA TTAATGAACT CTTTCATAAA TGATTACTCT [240]
Hap-2 ——....A- ..G..T....T...T..................C..A.....T...... [240]
Hap-3 ——....A- ..G..T....T...T..................C..A.....T...... [240]
S.paramamosain ——TCATT-..T..G....C...-..................T..T.....A...... [240]
S.serrata AAAT.....-.....T........G......................A............ [240]
S.olivacea AAAT....A- .AG..T......G.-.....................A............ [240]
P.pelagicus ——....AT .A...T....T...T..A................C..A.....T...... [240]
P.sayi ——..TA.A .TA..T....T.G.T.....C...............A.....T...... [240]
Ch.japonica AAATG...AT CGCTTTAAAA AAATG...AT ..G..G.......C...AC....T....T. [240]
Hap-1 .—.A.T..TA TTTTTATATG -..GATACAT GTTTGTATA.AAAT.GTGTC C.AAGGATAA [480]
Hap-2 .—.A.T..T.....T...TG -..GATA...G....TATA...AT.G....C.AAG..... [480]
Hap-3 .—.A.T..T.....T...TG -..GATA...G....TATA...AT.G....C.AAG..... [480]
S.paramamosain GTAG....TA....TA.......AATAG........--ATA AATA......TTT....... [480]
S.serrata A..A....G....-G.......GG..A........--G.- G..G.......CC....... [480]
S.olivacea ..GA...C......G........T..A........--.A....-........A.AA.... [480]
P.pelagicus A-GA.T..T.....T...TG -..GATA........TATA- ..AGTG.....CAAG..... [480]
P.sayi A-GA.T.CT...A.CT..TG -...A.A........T-GGG T.AT.G....C.AAA..... [480]
Ch.japonica A-GA.T..T....-.T..........A........T-TAT T.A-........A.A...TT [480]
Hap-1 ATTTAATAAA GTTTATGTCA CACTTAAAAA GTTGTCACTT AATTTT—— ——— —— [576]
Hap-2 ....C..................AATTTT—— —— —— [576]
Hap-3 ....C..................AATTTT—— ——— —— [576]
S.paramamosain ....A..................——— ———— —— [576]
S.serrata ....AATTTTCGGA CTAGTCGACG —— [576]
S.olivacea ....C..................AATTTTCGGA CTAGTCGACG —— [576]
P.pelagicus ....C..................AATTTT—— ——— —— [576]
P.sayi .............G.....C...C..............AATTTT——— ——— —— [576]
Ch.japonica ....C..........——— ——— ——— —— [576]

图 4 三疣梭子蟹不同单倍型及其他 6 种蟹的 16*S* rRNA 基因序列比较
注:"-"表示插入或缺失;"."表示相同的碱基

用 MEGA4.0 软件,将 3 群体的 3 个单倍型分别与远海梭子蟹等 5 种蟹和 1 种蟳的对应 16*S* rRNA 基因片段序列做 NJ 聚类分析,经 1 000 次 bootsrap 检验后获得置信度,再用 Kimura 双参法算出个体间遗传距离(表 12)。从表中可以看出三疣梭子蟹的种内遗传距离为 0.002～0.004,而与远海梭子蟹、塞氏梭子蟹间的遗传距离为 0.072～0.074 和 0.095～0.111,与青蟹属和日本蟳间的遗传距离为 0.122～0.150 和 0.120～0.125。图 5 为基于 16*S* rRNA 基因片段构建的系统树,可见梭子蟹科的 3 个属聚为两大支:三疣梭子蟹不同的单倍型先聚在一起,再和梭子蟹属的远海梭子蟹及塞氏梭子蟹聚为一支;青蟹属的三种蟹先聚在一起,再和日本蟳聚为一支。

表 12 基于 16*S* rRNA 基因片段计算的三疣梭子蟹各单倍型及外群间的遗传距离

物种 Species	1	2	3	4	5	6	7	8
1、Hap-1								
2、Hap-2	0.002							
3、Hap-3	0.002							

续表

物种 Species	1	2	3	4	5	6	7	8
4、*P.pelagious*	0.074	0.004						
5、*P.sayi*	0.097	0.076	0.072					
6、*S.paramamosain*	0.125	0.100	0.095	0.111				
7、*S.serrata*	0.147	0.127	0.122	0.155	0.165			
8、*S.olivacea*	0.130	0.150	0.145	0.163	0.168	0.072	0.100	
9、*Ch.japonica*	0.123	0.125	0.120	0.142	0.128	0.155	0.130	0.145

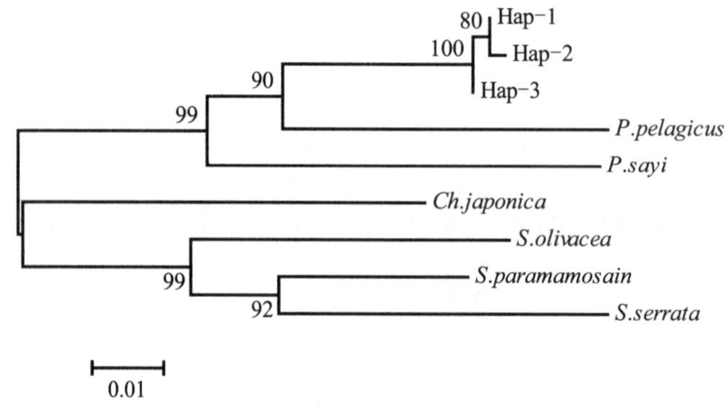

图 5　三疣梭子蟹 16*S* rRNA 基因序列进化树

本书利用 16*S* rRNA 和 COⅠ基因片段序列分析方法，证明 3 个群体间 16*S* rRNA 基因相对于 COⅠ基因来说差异不明显，这与该基因片段的保守性有关。16*S* rRNA 基因共检测到 3 种单倍型，各项遗传多样性参数较低，而 COⅠ基因片段，共检测到 19 种单倍型，各项遗传多样性参数均较高。研究结果显示我国会场群体和韩国东海岸群体、日本北海道群体都有共享单倍型，说明我国的三疣梭子蟹野生群体和国外的两个群体之间遗传相似度很高。遗传多样性参数显示我国会场群体的核苷酸多样性指数低于国外两个群体，而单倍型多态性指数比国外两个群体略低、差异不大。会场群体核苷酸多样性指数 0.00412 高于戴艳菊等所研究的核苷酸多样性指数最高的莱州湾群体（0.0017）、低于冯冰冰等（2008）研究的核苷酸多样性指数最高的连云港群体 0.00509 ± 0.00123，但是对比日本北海道群体和韩国东海岸群体，本实验结果综合戴艳菊等以及冯冰冰等所作研究，我国三疣梭子蟹野生群体核苷酸多样性指数较低，表明我国三疣梭子蟹野生群体遗传多样性水平较低，原因可能是由于近年来我国沿海地区大规模的开发、人为干扰、捕捞强度增大使得三疣梭子蟹野生资源急剧下降，或者是由于盲目的人工移植和引种造成的，具体原因有待进一步研究。

4.2　线粒体 COⅠ基因片段序列分析

表 13 为三疣梭子蟹 3 个野生群体 COI 基因片段的遗传多样性参数结果，可见

日本北海道群体的各项遗传多样性参数值较高，韩国东海岸群体次之，我国会场群体的遗传多样性参数值较低，表明我国会场野生三疣梭子蟹的遗传多样性水平较低。表 14 为三疣梭子蟹不同群体单倍型数量及分布，可见共出现 19 种单倍型（已在 GeneBank 中注册，注册号为 GU321229–GU321244）。在 3 个群体中共检测到 33 个变异位点，包括 17 个单一变异位点、15 个简约信息位点和 1 个插入 / 缺失位点。共有转换 21 个，颠换 11 个，转换 / 颠换为 1.909。不同群体各碱基含量基本一致，A、T、G、C 含量平均为 26.3%、36.6%、16.5%、20.6%，A+T 含量明显高于 G+C 含量，符合无脊椎动物线粒体 DNA 序列特征。表 15 为基于 COⅠ基因片段计算的三疣梭子蟹种内和种间遗传距离结果，可见三疣梭子蟹种内遗传距离为 0.000–0.020，平均遗传距离为 0.006，种间的遗传距离在 0.168–1.538 之间。图 7 为三疣梭子蟹 COⅠ基因序列分子进化树，可见三疣梭子蟹不同的单倍型先聚在一起，再和梭子蟹属的远海梭子蟹及塞氏梭子蟹相聚，然后和青蟹属的 2 种蟹相聚，最后和日本蟳聚在一起。

Hap-1 ATTTTATTTG AGATATAGAA ACC-GTCTTT TTACATTTTA TT-TGTATCC ATATATGGGG [210]
Hap-2 ......C...............-.................-................ [210]
Hap-3 .....................-.................-..........T...TT [210]
Hap-4 ...C.C..C.............-.................-..............T. [210]
Hap-5 .....................-.................-................ [210]
Hap-6 .....................-.................-................ [210]
Hap-7 .....................-.................-................ [210]
Hap-8 .....................-.................-................ [210]
Hap-9 ....................-.................-................ [210]
Hap-10 .....................-.........T........-................ [210]
Hap-11 .....................-.................-................ [210]
Hap-12 .....................TA.................-................ [210]
Hap-13 .....................-.................-................ [210]
Hap-14 .....................-.........T........-..........T...TT [210]
Hap-15 ......C.C.............-.................-................ [210]
Hap-16 ......C...............-.................-................ [210]
Hap-17 .....................-.................-................ [210]
Hap-18 .....................-.................-................ [210]
Hap-19 .....................-.................-................ [210]
P.sanguinolentus ....C............G.G.A-.A.......T.C...T ..-................ [210]
P.pelagicus .....................T-.C........C......-................ [210]
S.serrata ---------- -AT..C...T .T----T.GG .C.--CC...GAC.A..CT- T..CG...AT [210]
S.paramamosain ---------- ---------- .T----T.GG .C.--.C...GAC.A...T- T..CG...AT [210]
Ch.japonica .GA.CCACCC ...GG.GAG..GT-AC.AGA GATGCA.A..C.-.C......AGACGATTT [210]

Hap-1 TTGGAATGTT TGACTCTCTC TTAT--ACCT TCTTTGCGAA TGCCTGCGTG A-TCGTGATT [420]
Hap-2 ......................--.........................-........ [420]
Hap-3 ......................--.........................-........ [420]
Hap-4 ......................--.........................-........ [420]
Hap-5 ......................--.........................-........ [420]
Hap-6 ......................--.........................-........ [420]

Hap-7	........................––..........................–........	[420]
Hap-8	........................––..........................–........	[420]
Hap-9	........................––..........................–........	[420]
Hap-10	........................––..........................–........	[420]
Hap-11	......................G.––..........................–........	[420]
Hap-12	........................––..........................–........	[420]
Hap-13	........................––..........................–........	[420]
Hap-14	...C....................––..........................–........	[420]
Hap-15	................C.......––..........................–........	[420]
Hap-16	........................––..........................–........	[420]
Hap-17	........................––..........................–........	[420]
Hap-18	........................––..........................–........	[420]
Hap-19	................C.......––..........................–........	[420]
P.sanguinolentus	........C.....C.....C..C––.......G....T.....C.T.A.T–........	[420]
P.pelagicus	........C.......C.....T.––........G.A.G.C.T...A.A.T–......C.	[420]
S.serrata	GA.TG.ACCG .....AAA..CCTG––...A .G.C.AT..G ..TTA.TA.T G–..A...A.	[420]
S.paramamosain	GA.TG.ACCG ....AAAA...CTG––...A GG.C.AA..G ..TTA.TA.T .–..A...A.	[420]
Ch.japonica	A.ACGTGTA..C..GAG.C.GCTGGC.TGC .A.A.ATA.G .AAGA.A.GA .A...ATC.A	[420]
Hap-1	GGATTTTCCT CA––TTAGAG TATAACATTT TGATATGGAT TATATGAATC TCTCTTATTC	[630]
Hap-2	...........––..........G....................................	[630]
Hap-3	...........––..	[630]
Hap-4	...........––..........G.........................C.........	[630]
Hap-5	...........––..........G....................................	[630]
Hap-6	...........––..........G.........................C.........	[630]
Hap-7	...........––..	[630]
Hap-8	...........––..	[630]
Hap-9	...........––..	[630]
Hap-10	...........––.........................G.......G.............	[630]
Hap-11	..........––..........G....................................	[630]
Hap-12	...........––..........G....................................	[630]
Hap-13	...........––..	[630]
Hap-14	...........––.........................G.....................	[630]
Hap-15	...........––..	[630]
Hap-16	...........––..	[630]
Hap-17	...........––..	[630]
Hap-18	...........––..	[630]
Hap-19	...........––..	[630]
P.sanguinolentus	........T...––....T...C.....C...G...A.C.C...C.T...G.C..CC.C.	[630]
P.pelagicus	........T...––.C........G.....C.T...A.G...C...T.C...C.C.....	[630]
S.serrata	A–––.C..TG ..––CA.T.T .G..––––...A.GT.ATTC ..–C.A.TAA AAAA.CT..T	[630]
S.paramamosain	A–––.CC..G T.––CA.C.T .G..––––...ACGT.ATTC A..C.A.TAA AAAACCC..T	[630]
Ch.japonica	AT...A..AG G.TG.A.T....G.–––––– ..G..GT..A ..A.AT.TAA .TATA.GCAA	[630]
Hap-1	TTAATATTAT CTCGCCTGCG GGTGAGCCCG TCTTCCACTC CTC––––––– ––––––––––	[720]
Hap-2	....––––––– ––––––––––	[720]
Hap-3	....––––––– ––––––––––	[720]
Hap-4	....––––––– ––––––––––	[720]
Hap-5	....––––––– ––––––––––	[720]
Hap-6	....––––––– ––––––––––	[720]
Hap-7	....––––––– ––––––––––	[720]

Hap-8	....-------- -----------	[720]
Hap-9	....-------- -----------	[720]
Hap-10	....-------- -----------	[720]
Hap-11	....-------- -----------	[720]
Hap-12	....-------- -----------	[720]
Hap-13	....-------- -----------	[720]
Hap-14	....-------- -----------	[720]
Hap-15	....-------- -----------	[720]
Hap-16	....-------- -----------	[720]
Hap-17	....-------- -----------	[720]
Hap-18	..............T............................-------- -----------	[720]
Hap-19	....-------- -----------	[720]
P.sanguinolentus	CCC.C.C.C...T.T...A.T.......T..TA.T...CT A..TATTTTG TCCCTGAGTT	[720]
P.pelagicus	.CC.....G...T.......T...T...T.A.C.....CT G.T-------- -----------	[720]
S.serrata	----------- ----------- ----------- ----------- ----------- -----------	[720]
S.paramamosain	----------- ----------- ----------- ----------- ----------- -----------	[720]
Ch.japonica	.GCG.CAATA TCT.T.A.TC .AAA.AA-TA AGG....T..T.TGTTGTGA CA--------	[720]

图 6 三疣梭子蟹不同单倍型及其他 5 种蟹的 COI 基因序列比较

注:“-”表示插入或缺失;“.”表示相同的碱基。

表 13 三疣梭子蟹 3 个野生群体 COI 基因片段的遗传多样性参数

群体	样本数 *N*	多态位点数 *P*	单倍型数 *H*	单倍型多态性 *Hd*	平均核苷酸差异数 *K*	核苷酸多样性指数 *Pi*
韩国东海岸(KK)	9	16	7	0.944	4.389	0.00667
日本北海道(JJ)	8	17	7	0.964	4.964	0.00754
我国会场村(HC)	10	13	7	0.867	2.711	0.00412
总计	27	33	19	0.946	3.966	0.00603

表 14 三疣梭子蟹不同群体单倍型数量及分布

群体	单倍型	数量
韩国东海岸(KK)	Hap-1、Hap-2、Hap-3、Hap-4、Hap-5、Hap-6、Hap-7、	7
我国会场村(JJ)	Hap-7、Hap-8、Hap-9、Hap-10、Hap-11、Hap-12、Hap-13	7
日本北海道(HC)	Hap-11、Hap-14、Hap-15、Hap-16、Hap-17、Hap-18、Hap-19	7

表 15 基于 COI 基因片段计算的三疣梭子蟹种内和种间遗传距离

物种 Species	1	2	3	4	5
1.*P.trituberculatus*	0.008				
2.*P.pelagicus*	0.168				
3.*P.sanguinolentus*	0.224	0.255			
4.*S.serrata*	1.053	1.210	1.302		
5.*S.paramamosain*	1.135	1.202	1.266	0.130	
6.*Ch.japonica*	1.197	1.390	1.538	1.230	1.213

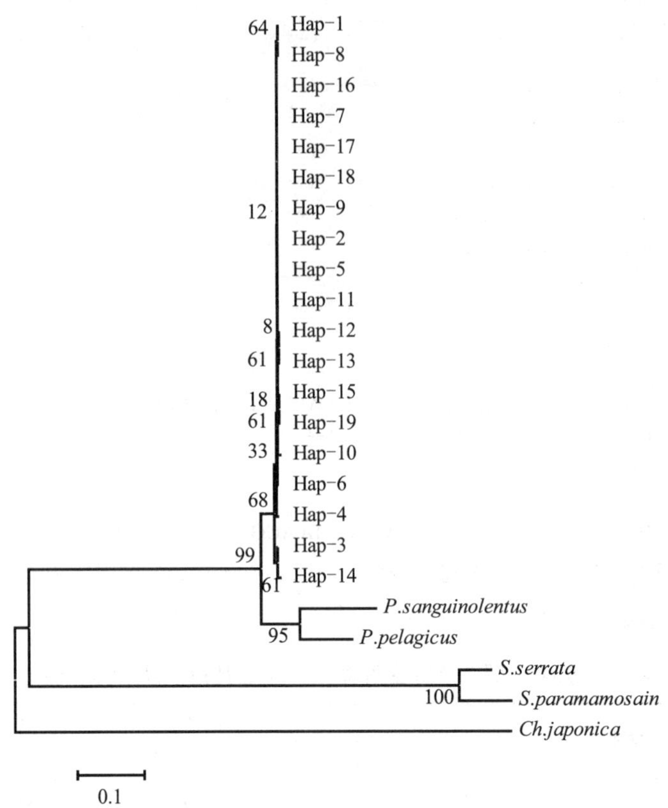

图 7　三疣梭子蟹 COⅠ基因序列分子进化树

本实验得到的三疣梭子蟹 3 个群体 2 个基因片段各碱基组成基本一致，A+T 比例也相差不大，分别为 70.7%、62.9%，相差不大。A+T 的含量明显高于 G+C。该结果与许多研究者在贝类、甲壳类、头足类等线粒体基因中观察到的结论一致(孔晓瑜等 2001；高天翔等 2000)。线粒体上的不同基因具有不同的解析能力，同一基因在不同的物种间解析能力也不同(李咏梅等 2009)。在线粒体基因组中，12*S* rRNA 和 16*S* rRNA 基因进化速率低、比较保守，而 COⅠ基因在不少无脊椎动物中检测到了较大的变异(Howland et al.1995；Spicer et al.1995)。Meyran 等(1997)认为，在近缘种类的鉴定上，COⅠ序列比 16*S* rRNA 基因序列更灵敏。从本实验结果可以看出，在 16*S* rRNA 基因中，3 个群体共检测到 4 个变异位点，而 COⅠ基因检测到 33 个变异位点，由此可见，COⅠ序列呈现较丰富的变异，可用于群体内遗传多样性分析。同时 COⅠ基因也更适于种群遗传学和种间差异的研究。

本书对 3 个群体进行了聚类分析，从遗传距离分析来看，我国会场群体和日本北海道群体的平均遗传距离为 0.006，与韩国东海岸群体的平均遗传距离为 0.005，韩国东海岸群体与日本北海道群体的平均遗传距离为 0.007。单倍型研究发现，16*S* rRNA 基因片段产生 3 个单倍型，COI 基因片段产生 19 种单倍型，从所产生的单倍型及与其他种的分子进化树可以看出，3 个群体的所有单倍型先聚在一起，再与红星梭子蟹(*Portunus sanguinolentus*)和远海梭子蟹(*Portunus pelagicus*)聚在一起，然后与锯缘青蟹(*Scylla serrat*)和拟穴青蟹(*Scylla paramamosain*)聚在一起，最后与日本蟳(*Charybdisjaponica*)聚在一起，该结果与传统分类学一致(戴爱云等 1986;金珊等 2004)。而基于 16*S* rRNA 基因片段构建的 NJ 系统树所反映的分类关系与基于 COI 基因片段构建的系统树并不一致，主要不同在于蟳的分类关系上，基于 16*S* rRNA基因片段构建的 NJ 系统树显示出梭子蟹科的 3 个属聚为两大支：三疣梭子蟹不同的单倍型先聚在一起，再和梭子蟹属的远海梭子蟹及塞氏梭子蟹(*Portunus sayi*)聚为一支。而青蟹属的三种蟹先聚在一起，再和日本蟳聚为一支。在本研究中，16*S* rRNA 和 COⅠ基因片段得到的系统树，种内与外群的趋势出现了不一致。原因可能是两个片段的进化速率不一样造成的，因此今后应选择线粒体 DNA 的其他基因区域(如 COⅡ、ND5 等)进行研究，以得到更多的 DNA 序列数据。另外从本实验结果可以看出，利用线粒体 COⅠ基因检测到的三疣梭子蟹群体遗传多样性水平显著高于基于线粒体 16*S* rRNA 的结果，可见由于分子标记进化速度不同所能检测到的多样性水平有一定的差异。今后，笔者拟通过微卫星或 AFLP 技术进一步在核基因水平上进行群体遗传结构的研究，为三疣梭子蟹优良种质的筛选提供更全面的理论基础。

(作者：高俊娜，刘萍，李健，潘鲁青，高保全，陈萍)

5. 三疣梭子蟹 4 个野生群体线粒体基因片段的比较分析

多细胞动物体线粒体 DNA (mitochondrial DNA，mtDNA)是共价闭合环状分子(Warrior et al，1985；Raimond et al，1999)，长度在 14～17 kb 之间(Wolstenholme，1992)。由于它具有母系遗传、进化速度快、核苷酸替代率高等特点，已成为群体遗传学以及系统发育等研究的有效遗传标记(Hallerman，2003)。本研究利用 mtDNA 16*S* rRNA 和 COⅠ基因片段分析了我国三疣梭子蟹 4 个野生群体的遗传多样性，并探讨了梭子蟹科的系统进化关系，以期为我国三疣梭子蟹种质资源保护及可持续利用提供基础性依据，同时为梭子蟹科系统发育重建工作提供重要参考。

实验材料于 2005 年 10 月，从辽东湾(DD)、莱州湾(LZ)，海州湾(HZ)，东海海域舟山(ZS)采集野生三疣梭子蟹各 50 只，雌雄比例 1∶1。空运回实验室后，迅速提取大螯肌肉，-80℃超低温冰柜保存备用。每个群体随机选取 4 个个体，取肌肉 DNA 用于研究。

16*S* rRNA 基因片段扩增所用引物为：16*S* AR：5，-CGCCTGTTTATCAAAAACAT-3′，16S BR：5，-CCGGTCTGAACTCAGATCACG-3′；COⅠ基因片段扩增所用引物为：COⅠ L1490：5′-GGTCAACAAATCATAAAGATATTGG-3′，COⅠ H2198：5′-TAAACTTCAGGGTGACCAAAAAATCA-3′。通过 Bioedit 软件对 DNA 序列进行编辑并辅以人工核查，用 Clutal X 软件对 DNA 序列进行比对，并确定序列长度。用 DnaSp4.0 计算群体的单

倍型数(H)、平均核苷酸差异(K)及核苷酸多样性指数(Pi)。MEGA4.0 软件计算序列的碱基组成、变异位点、简约信息位点、转换/颠换以及种间的 Kimura2-paramter 遗传距离,以中华绒螯蟹(*E.sinensis*)为外群,用 NJ 法构建系统树,系统树各结点的支持率以序列数据集 1 000 次重复抽样检验的自引导值(Bootstrap value)表示。

5.1 三疣梭子蟹 16*S* rRNA 和 COⅠ基因片段碱基组成

对 4 个群体的三疣梭子蟹总 DNA 进行扩增,均获得了特异性很好的 PCR 产物。通过 BLAST 分析比较,确认所得片段为 16*S* rRNA 和 COⅠ基因片段。经 Clutal X 同源排序,除去引物及部分端部序列,分别得到了 523 bp 的 16*S* rRNA 基因片段和 658 bp 的 COⅠ基因片段。

利用 MEGA4.0 软件计算 4 个群体 16*S* rRNA 和 COⅠ基因片段碱基组成。16*S* rRNA 基因片段碱基组成平均为 35.8% T、11.5% C、35.0% A、17.8% G 和 70.8%(A+T)。COⅠ基因片段碱基组成平均为 36.6% T、20.5% C、26.4% A、16.4% G 和 63%(A+T)。两个片段 A+T 含量均显著高于 G+C 含量,这一结果与果蝇、虾类、蟹类等无脊椎动物的 16*S* rRNA 和 COⅠ基因片段研究结果相似。

线粒体基因已成为群体遗传学和进化生物学研究中的重要分子标记。目前蟹类中用得最多的线粒体基因为 12*S* rRNA、16*S* rRNA 和 COⅠ等基因。线粒体基因上的不同基因具有不同的解析功能,同一基因在不同的物种间也具有不同的解析能力。一般来说,16*S* rRNA 和 COⅠ基因在同一种群变异程度较低,但不同种群之间 16*S* rRNA 基因较 COⅠ基因明显保守(郭天慧等,2004;陈丽梅等,2005),本实验研究结果也证实了这一观点。由此可见,COⅠ更适于种群遗传学及种间差异的研究(马凌波等,2006;杨学明等,2006),而 16*S* rRNA 基因在系统发育研究中的适用性较好,被广泛应用于研究不同阶元的系统发育关系。本研究中,16*S* rRNA 基因 A+T 平均含量为 70.8%,COⅠ基因 A+T 平均含量为 63%,两种基因片段均显示较高的 A+T 比例。

5.2 三疣梭子蟹群体遗传多样性分析

对 4 个群体的序列用 Clutal X 比对后,选取有差异的一段,分别见图 8 和图 9。利用 DnaSp4.0 软件计算群体遗传多样性参数,见表 16。由图 8 看出,16*S* rRNA 基因片段的遗传变异很小,16 个三疣梭子蟹个体共检测到 2 种单倍型,1 个变异位点。丹东的两个个体序列相同,为 1 种单倍型。其他个体序列完全相同,在 255 位点处存在一个 T 插入/缺失位点,共享 1 种单倍型。平均核苷酸差异和平均核苷酸多样性指数均为 0。由图 9 和表 16 可以看出,COⅠ基因片段序列变异稍大一些,16 个三疣梭子蟹个体中共检测到 5 种单倍型,除舟山群体外,其他三个群体都有各自的单倍型,4 个群体有 1 个共享单倍型。存在 4 个核苷酸变异位点,包括 2 个单一变异位点,2 个简约信息位点,均为转换位点,无插入/缺失和颠换现象。平均核苷酸差异为 0.717,核苷酸多样性指数为 0.001 09，舟山群体遗传多样性参数较高。总体来讲，群体内和群体间都没有显著差异。

DD1 TTATATATTT TTTTTAATAA TGATAATCTT TTGAAAATTT
ATTGGGTTGG GGCAACAAAA [300]
DD2 ....–... [300]
DD3 ....–... [300]
DD4 .... [300]
HZ1 ....–... [300]
HZ2 ....–... [300]
HZ3 ....–... [300]
HZ4 ....–... [300]
LZ1 ....–... [300]
LZ2 ....–... [300]
LZ3 ....–... [300]

图 8 4 个群体三疣梭子蟹 16*S* rRNA 基因序列变异位点

Fig · 1 Variation sites in 16*S* rRNA gene fragments among 4 wild populations of *P.trituberculatus*

DD1 AGGATTCGGT AATTGATTAG TACCCCTAAT ATTAGGAGCT
CCTGATATAG CCTTCCCCCG [240]
DD2 .... [240]
DD3 .... [240]
DD4 .... [240]
HZ1 .... [240]
HZ2 .... [240]
HZ3 .... [240]
HZ4 .... [240]
LZ1 .... [240]
LZ2 .... [240]
LZ3 ....G...................... [240]
LZ4 .... [240]
ZS1 .... [240]
ZS2 .... [240]
ZS3 ....G...................... [240]
ZS4 .... [240]

DD1 ATCTATTTTA GGTGCAGTAA ATTTTATAAC CACTGTTATT
AATATACGAT CTTTTGGTAT [480]
DD2 .... [480]
DD3 .... [480]
DD4 .... [480]
HZ1 .... [480]
HZ2 ....G............. [480]
HZ3 .... [480]
HZ4 .... [480]
LZ1 .... [480]
LZ2 .... [480]
LZ3 .... [480]
LZ4 .... [480]
ZS1 .... [480]

ZS2 .... [480]
ZS3 .... [480]
ZS4 .... [480]

DD1 AAGAATAGAC CAAATACCAC TATTTGTATG ATCGGTATTT
ATTACTGCAA TTCTTCTTCT [540]
DD2 .... [540]
DD3 .... [540]
DD4 .... [540]
HZ1 .... [540]
HZ2 .... [540]
HZ3 .... [540]
HZ4 .... [540]
LZ1 ....A......................... [540]
LZ2 ....A......................... [540]
LZ3 .... [540]
LZ4 .... [540]
ZS1 .... [540]
ZS2 .... [540]
ZS3 .... [540]
ZS4 .... [540]

DD1 TACTTCATTC TTCGACCCTG CCGGGGGTGG
AGACCCCGTT CTTTACCAAC ATCTCTTC [658]
DD2 ....T... [658]
DD3 .... [658]
DD4 .... [658]
HZ1 .... [658]
HZ2 .... [658]
HZ3 .... [658]
HZ4 .... [658]
LZ1 .... [658]
LZ2 .... [658]
LZ3 .... [658]
LZ4 .... [658]
ZS1 .... [658]
ZS2 .... [658]
ZS3 .... [658]
ZS4 .... [658]

图 9　4 个群体三疣梭子蟹 CO Ⅰ 基因序列变异位点

表 16　三疣梭子蟹 4 个群体 CO Ⅰ 基因片段遗传多样性参数

群体	样本数 *N*	单倍型数 *H*	单倍型多态性 *H*d	平均核苷酸差异数 *K*	核苷酸多样性指数 *Pi*
丹东(DD)	4	2	0.500	0.500	0.000 76
海洲(HZ)	4	2	0.500	0.500	0.000 76
莱州(LZ)	4	3	0.833	1.167	0.001 77
舟山(ZS)	4	2	0.500	0.500	0.000 76
总计 Total	16	5	0.608	0.717	0.001 09

利用 BLAST 在 GeneBank 中收集到梭子蟹科 5 个属(梭子蟹属、美青蟹属、青蟹属、蟳属和圆趾蟹属)共 9 种 16*S* rRNA 基因片段(表 17),与本研究的三疣梭子蟹 16*S* rRNA 基因片段进行比对,得到 531bp 的同源序列。检测到 161 个变异位点,包括 40 个单一变异位点,121 个简约信息位点,25 个插入/缺失位点,碱基转换与颠换的平均比值 $R=0.748$。平均核苷酸差异数为 71.400,核苷酸多样性指数为 0.14。

在 GeneBank 中收集到梭子蟹科 3 个属(梭子蟹属、美青蟹属和蟳属)共 8 种 COⅠ基因片段(表 18),与本研究的三疣梭子蟹 COⅠ基因片段进行比对,得到 657 bp 的同源序列。检测到 220 个变异位点,包括 48 个单一变异位点,172 个简约信息位点,没有插入/缺失位点,碱基转换与颠换的平均比值 $R=1.272$。平均核苷酸差异数为 111.667,核苷酸多样性指数为 0.169 96。

表 17 用于比对的梭子蟹科 16S rRNA 基因序列信息

种名	属名	序列来源	片段长度(bp)
P.pelagicus(远海梭子蟹)	梭子蟹属	DQ388052	520
Callinectes sapidus(美洲蓝蟹)	美青蟹属	AJ298190	547
Callinectes bocourti(巴西蓝蟹)	美青蟹属	AJ298180	547
Scylla serrata(锯缘青蟹)	青蟹属	AF109318	562
Scylla olivacea(榄绿青蟹)	青蟹属	AF109321	562
Charybdis feriatus(斑纹蟳)	蟳属	DQ062727	520
Charybdis helleri(钝齿蟳)	蟳属	DQ407666	546
Ovalipes punctatus(细点圆趾蟹)	圆趾蟹属	DQ062733	525
Ovalipes trimaculatus(三点圆趾蟹)	圆趾蟹属	DQ388049	521

表 18 用于比对的梭子蟹科 COI 基因序列信息

种名	属名	序列来源	片段长度(bp)
Portunus pelagicus(远海梭子蟹)	梭子蟹属	DQ889124	657
Portunus sanguinolentus(红星梭子蟹)	梭子蟹属	EU284144	709
Callinectes arcuatus	美青蟹属	AY465913	657
Callinectes bellicosus(巴西蓝蟹)	美青蟹属	AY465907	657
Callinectes sapidus(美洲蓝蟹)	美青蟹属	AY682078	1534
Charybdis variegata(变态蟳)	蟳属	EU284142	709
Charybdis acuta(锐齿蟳)	蟳属	EU284143	709
Charybdis feriatus(斑纹蟳)	蟳属	EU284140	709

三疣梭子蟹 4 个群体线粒体 DNA 16*S* rRNA 只有一个碱基的变异,核苷酸多样性指数为 0,印证了 16*S* rRNA 基因的高度保守性,同时也说明 16*S* rRNA 基因不适于做三疣梭子蟹种群的遗传多样性研究。

COⅠ基因片段出现了4个转换位点，核苷酸多样性指数为0.001 09。核苷酸多样性指数高于中国对虾COⅠ基因片段核苷酸多样性指数（0.000 40）（Quan et al.，2001），以及保罗美对虾、巴西美对虾两种虾的COⅠ基因片段核苷酸多样性指数（0.000 00，0.000 40），低于南方凡纳滨对虾的COⅠ基因片段核苷酸多样性指数（0.004 70）（Gusnulo et al.，2000），说明我国沿海野生三疣梭子蟹遗传多样性在亲缘关系较近的海洋生物中处于相对较高水平。十足目甲壳纲动物遗传变异性较低是其系统发生的一个基本特征（李思发，1988），较短的生活史造成的瓶颈效应及缺乏随机漂变被认为是甲壳类遗传变异较低的主要原因，且远低于无脊椎动物的平均水平（刘萍等，2004）。三疣梭子蟹作为我国主要海洋经济蟹类，是沿海蟹类的主要捕捞对象。近些年来我国沿海大规模的开发，人为干扰，捕捞强度增大，使得三疣梭子蟹资源急剧下降，导致遗传多样性较低；也可能是由于野生种群缺乏遗传漂变或由于盲目的人工移植和引种，使得不同地区的种群基因流动过快造成的，需要进一步研究。本研究中，虽然发现这4个群体三疣梭子蟹存在一定的差异，但是由于变异位点较少，群体间遗传多样性不高，除上述原因外，可能是由于三大海域距离较近，而不可避免地发生了基因交流，也可能是样本数过少，不足以区分4群体的遗传多样性。有待于扩大样本数并从线粒体其他变异较大的基因（如D-loop）上进一步分析，以得到更多的信息。另外，还可以把线粒体DNA序列数据与RFLP、AFLP、SSR等分子标记结合起来，在方法上相互补充，则能更客观、全面地反映遗传变异的水平。

5.3 梭子蟹科遗传距离和聚类分析

利用MEGA4.0软件中的Kumara2-parameter模型计算相对遗传距离和标准误差，分别见表19和表20。表19中，基于16*S* rRNA基因片段的遗传距离介于0.028～0.228之间，其中美洲蓝蟹和巴西蓝蟹的遗传距离最小，为0.028，远海梭子蟹和三点圆趾蟹的遗传距离最大，为0.228。

表19 基于的Kumara2-parameter遗传距离（左下）

物种 species	1	2	3	4	5	6	7	8	9	10
Po.trituberculatus	—	0.012	0.016	0.018	0.017	0.017	0.017	0.016	0.021	0.022
Po.pelagicus	0.073	—	0.017	0.017	0.018	0.018	0.019	0.018	0.024	0.024
Ca.sapidus	0.129	0.129	—	0.008	0.019	0.017	0.018	0.017	0.022	0.023
Ca.bocourti	0.137	0.132	0.028	—	0.019	0.018	0.019	0.017	0.023	0.023
Ch.feriatus	0.129	0.146	0.178	0.176	—	0.013	0.018	0.018	0.021	0.021
Ch.helleri	0.139	0.148	0.163	0.171	0.079	—	0.018	0.017	0.021	0.022
Sc.serrata	0.139	0.151	0.161	0.166	0.151	0.149	—	0.015	0.020	0.021
Sc.olivacea	0.120	0.149	0.151	0.146	0.158	0.141	0.107	—	0.021	0.021
Ov.punctatus	0.191	0.222	0.209	0.208	0.183	0.201	0.179	0.184	—	0.008
Ov.Trimaculatus	0.207	0.228	0.214	0.214	0.198	0.217	0.200	0.191	0.031	—

表 20 中基于 CO Ⅰ 基因片段遗传距离介于 0.162～0.237 之间，其中巴西蓝蟹和美青蟹属（*Callinectes arcuatus*）的遗传距离最小，为 0.162，远海梭子蟹和锐齿蟳的遗传距离最大，为 0.237。

表 20 基于 CO Ⅰ 基因片段的 Kumara2-parameter 遗传距离（左下）

物种 species	1	2	3	4	5	6	7	8	9
1.*Po.trituberculatus*	—	0.017	0.020	0.020	0.018	0.019	0.019	0.019	0.019
2.*Po.pelagicus*	0.163	—	0.020	0.022	0.020	0.021	0.020	0.022	0.019
3.*Po.sanguinolentus*	0.201	0.202	—	0.021	0.020	0.021	0.022	0.022	0.020
4.*Ca.arcuatus*	0.185	0.216	0.207	—	0.018	0.019	0.021	0.022	0.022
5.*Ca.bellicosus*	0.164	0.190	0.195	0.162	—	0.018	0.019	0.021	0.018
6.*Ca.sapidus*	0.178	0.213	0.200	0.177	0.166	—	0.020	0.021	0.022
7.*Ch.variegata*	0.185	0.202	0.224	0.199	0.178	0.195	—	0.019	0.017
8.*Ch.acuta*	0.197	0.237	0.235	0.232	0.216	0.214	0.171	—	0.021
9.*Ch.feriatus*	0.183	0.187	0.210	0.220	0.164	0.219	0.147	0.192	—

以中华绒螯蟹为外群，利用 MEGA4.0 软件中的 NJ 法构建分子进化树（图 10，图 11），进化树各分支的置信度由 Boot Strap1000 循环检验。中华绒螯蟹 16*S* rRNA 和 CO Ⅰ 两个序列来自 Genebank（AF105243，AF105247）。

基于 16*S* rRNA 片段的分子进化树（图 10）显示，梭子蟹科 5 个属分为两大支，梭子蟹属与美青蟹属先聚在一起，然后与青蟹属聚在一起，再与蟳属聚在一起，三个属聚为一大支，圆趾蟹属的两个种聚为另一支。

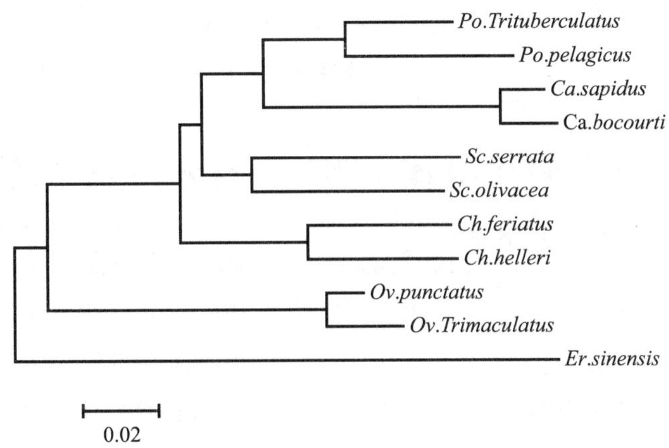

图 10 基于 16*S* rRNA 基因片段的 10 种梭子蟹的 NJ 分子进化树

基于 CO Ⅰ 片段的分子进化树（图 11）显示，梭子蟹科 3 个属也分为两大支，梭子蟹属和美青蟹属聚为一支，蟳属三个种类聚为另一支。

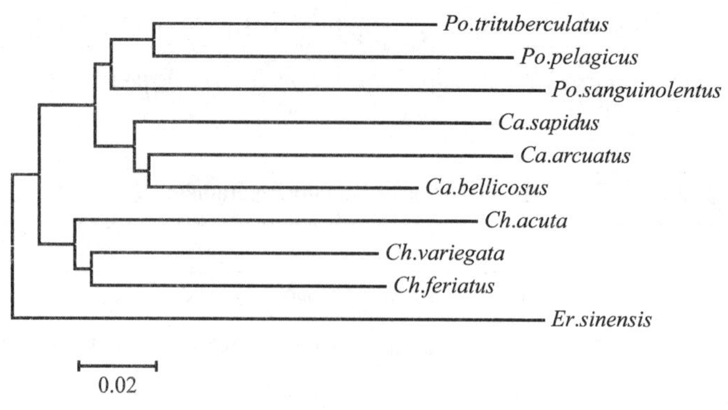

图 11 基于 COⅠ基因片段的 10 种梭子蟹的 NJ 分子进化树

可以看出，基于 16*S* rRNA 和 COⅠ片段的聚类结果具有一致性，同一个属的种类首先聚在一起，梭子蟹属与美青蟹属亲缘关系最近，聚为一支，然后再与蟳属聚在一起，最后才与外群中华绒螯蟹聚在一起。这与传统分类基本一致。由于 Genbank 中 16*S* rRNA 和 COⅠ基因片段的数据资源有限，或是有的物种片段较短，本研究收集的基于 16*S* rRNA 和 COⅠ两个片段的序列不完全一致，不能完美地体现二者之间的一致性。但本研究仍正确地反映了系统间的进化关系，基于 16*S* rRNA 和 COⅠ片段的聚类结果均显示同一个属的种类分别聚在一起，梭子蟹属与美青蟹属亲缘关系最近，先聚在一起，然后再与蟳属聚在一起，最后才与外群中华绒螯蟹聚在一起，符合传统分类学的结果。金姗等(2004)对梭子蟹科六种海产蟹的 RAPD 标记研究也得出类似的结论。

分子标记不受外界条件影响，遗传稳定，结合 Genbank 中丰富的基因序列信息，线粒体基因作为分子标记在蟹类系统发育重建以及分类学鉴定等方面有很好的应用前景。

（作者：戴艳菊，刘萍，高保全，李健，王清印）

6. 三疣梭子蟹 4 个野生群体 ITS1 序列分析及系统进化分析

有效地管理、利用和保护三疣梭子蟹的种质资源，以便为今后的优质良种培育提供帮助，对三疣梭子蟹的遗传结构和遗传变异水平进行研究显得尤为重要。第 1 转录间隔区(internal transcribed spacer 1，ITS-1)位于 18*S* rRNA 和 5.8*S* rRNA 基因之间的非编码间隔区，第 2 转录间隔区(ITS-2)是介于 5.8*S* 和 28*S* rRNA 基因之间的非编码间隔区(何毛贤等，2004)。ITS1 序列具有较大的变异性、信息量丰富、序列短和易于扩增的特点，在海洋动物系统进化、分类和种质鉴定、遗传多样性研究等方面具有广泛的应用(Kenehington et al，2002；Insua et al，2003；King et al，1999)，本研究利用 ITS1 序列变异来分析 4 个野生群体的遗传多样性和亲缘关系，以期揭示三疣梭子蟹的遗传多样性水平，为我国的种质保护和生产实践提供基础资料。

实验用野生三疣梭子蟹共 60 个个体，4 个野生群体分别为鸭绿江口野生群体

(YL)采自辽宁省鸭绿江口近海、莱州湾野生群体(LZ)采自山东省昌邑市下营港近海、海州湾野生群体(HZ)采自江苏连云港市海州湾近海、舟山野生群体(ZS)采自浙江舟山群岛近海、活体带回实验室后 −80℃保存备用,提取与检测基因组 DNA。ITS1 序列 PCR 扩增正向引物为:5′-GTAACAAGGTTTCCGTAG GTG-3′,反向引物为:5′-TTGCTGCGGTCTTCATCG-3′。由上海生工生物工程技术有限公司合成。将测得的序列用 Bioedit 软件进行编辑并辅以人工核查,用 ClustalX 1.83 软件比对,并确定序列长度。用 DnaSp5.0 软件计算各个群体的单倍型,单倍型多态性,多态位点数,平均核苷酸差异数,核苷酸多样性指数,用 SSRHunter3.1 软件查找简单重复序列,用 Arlequin3.1 (Excoffier et al,2005)中的分子变异分析(AMOVA)方法估算遗传变异在群体内和群体间的分布及遗传分化系数(*F*-statistics, Fst),计算并用排列测验法(permutation test)检验 Fst 的显著性(重复次数为 1000)。MEGA4.0 软件计算序列的碱基组成、变异位点、简约信息位点、转换 / 颠换、不同群体间的 Kimura2-paramter 遗传距离,用邻接法(NJ)构建系统树,系统树各结点的支持率以序列数据集 1 000 次重复抽样检验的自引导值(Bootstrap value)表示。

6.1 序列分析

将 PCR 产物进行克隆、测序,去掉两侧 18*S* rRNA 与 5.8*S* rRNA 基因序列,利用 MEGA4.0 软件分析显示,ITS1 序列长度介于 515～571 bp 之间,具有长度多态性。各群体样品 ITS1 序列 4 种碱基平均含量见表 21,ITS1 序列表现出一定的反 G 偏倚(即 G 的含量低于其他 3 种碱基的含量)。ITS1 序列 GC 平均含量在 50%左右,稍高于脊椎动物全基因组 40%～45%的平均含量。4 个群体共检测到变异位点 56 个,多态位点比例为 9.5%,其中简约信息位点 25 个,单一变异位点 31 个,56 个变异位点中 C/T 转换为 21 个,A/G 转换为 17 个,A/T 颠换为 7 个,T/G 颠换为 4 个,A/C 颠换为 6 个,A/C/T 颠换位点 1 个,ITS1 变异位点中转换位点高于颠换位点。从 GenBank 数据库中提取梭子蟹 5 属 12 种 ITS1 序列,绒螯蟹属的 GC 含量显著高于 AT 含量,其他 4 属 GC 含量都在 50%左右,其详细资料见表 22。

微卫星序列(SSR)是由 1～6 个核苷酸的串联重复片段构成,在三疣梭子蟹 ITS1 序列中发现多种类型微卫星位点,共有(AATC) 3-4、(ACA) 3、(TC) 3、(TAC) 3-6、(ACT) 3 等 5 种微卫星位点,它们出现的位点分别为(70)、(141)、(217)、(277、462)、(278)。

利用 DnaSp5.0 计算群体遗传多样性参数见表 23,由平均核苷酸差异数和核苷酸多样性指数显示,4 群体中舟山湾群体多样性指数最高,其次是鸭绿江口群体、海洲湾群体,莱州湾群体最低。共检测到 40 种单倍型,多态位点的分布见表 24,Hap_9 为 3 个群体共享,Hap_2 为海州湾群体和莱州湾群体共享,Hap_18、Hap_35 为海州湾群体和舟山群体共享,Hap_17 为鸭绿江口群体、海州湾群体和莱州湾群体共享,Hap_20 为鸭绿江口群体、莱州湾群体和舟山湾群体共享,其余单倍体为各群体所特有。

表 21　4 个野生群体三疣梭子蟹 ITS1 序列的碱基组成

群体	T%	C%	A%	G%	C1G%	序列长度(bp)
鸭绿江口(YL)	24.2	27.8	26.0	21.9	49.7	539—571
莱州湾(LZ)	24.0	28.0	25.6	22.4	50.4	542—558
海州湾(HZ)	24.2	27.9	25.8	22.1	50.0	515—561
舟山(ZS)	24.2	27.9	25.7	22.2	50.1	536—565

表 22　外源序列物种名称、来源和微卫星类型

科 / 属名	种名	登录号	微卫星类型	C1G%
梭子蟹科 / 梭子蟹属	纤手梭子蟹 *Portunus gracilimanus*	AM410548.1	(ACA)(3,5),(GCT)3(GA) 3,(TC) 3,(AT) 3	52.4
Portunidae/*Portunus*	红星梭子蟹 *Portunus sanguinolentus*	AM410544.1	(GCTA) 3,(TAC) 6 (TG) 3,(TA) 3,(AG) 3	48.6
方蟹科 / 绒螯蟹属	中华绒螯蟹 *Eriocheir sinensis*	HQ534060	(CA) 3	57.1
Grapsidae/*Eriocheir*	狭颚绒螯蟹 *Eriocheir leptognathus*	AF253519	(CG) 3	61.1
	日本绒螯蟹 *Eriocheir japonica*	AF517680	(CA) 3	59.8
	台湾绒螯蟹 *Eriocheir formosa*	AF517681	(CAT) 4,(CA) 3	59.7
	合浦绒螯蟹 *Eriocheir hepuensis*	AF517679	(CA) 3	59.9
	拜氏雪蟹 *Chionoecetes bairdi*	AB193502	(AC) 3	49.7
	远东海域雪蟹 *Chionoecetes opilio*	AB193500	(TAC) 4,(AC) 3;(GGT) 4	49.4
	日本雪蟹 *Chionoecete japonicus*	AB193505	(AC) 3,(GGT) 4	50.1
石蟹科 / 拟石蟹属 Lithodidae/*Paralithodes*	勘察加拟石蟹 *Paralithodes camtschaticus*	AB194391	(GT) 4	52.8
石蟹科 / 石蟹属 Lithodidae/*Lithodes*	金霸王蟹 *Lithodes aequispinus*	AB236928	(GT) 4	51.4

表 23　三疣梭子蟹 4 个野生群体 ITS1 基因片段的遗传多样性参数

群体	样本数 *N*	单倍型数 *H*	单倍型多态性 *H*d	平均核苷酸差异数 *K*	核苷酸多样性指数 *Pi*
YL	15	12	0.962	8.019	0.015 36
LZ	15	14	0.990	6.267	0.012 11
HZ	15	11	0.905	6.438	0.013 03
ZS	15	13	0.981	8.210	0.015 73
总计	60	40	0.962	5.218	0.010 71

遗传多样性是指种内不同种群间或一个种群内部不同个体的遗传变异，即一方面，遗传多样性是物种多样性和生态多样性的基础（施立明，1990），另一方面，物种多样性和遗传多样性是生态系统多样性的基础（陈灵芝，1993）。遗传多样性的研究越来越受到国内外学者的关注，核糖体 RNA 基因以其序列上的特殊性在海洋动物的遗传多样性研究中具有不可替代的作用。ITS1 为核基因组序列，由于该序列属于非编码的间隔区，没有自然选择的压力，具有较大的变异性，使得该序列成为较好的分子系统学手段，目前，ITS1 已广泛应用于系统发生关系和群体遗传多样性等方面的研究（俞海菁等，2000；Schilthuizen et al，1995；凌去非等，2006）。

从本实验序列比对的变异位点数看，三疣梭子蟹 ITS1 序列的进化速率比线粒体 CO Ⅰ 基因进化速率快，群体间的变异程度也较大，说明 ITS1 序列也适合三疣梭子蟹群体间遗传分析。Kinght 等（1993）认为，如果转换 / 颠换的比值小于 2.0，此基因的突变可能已达到饱和状态，受进化噪音影响的可能性较大，本研究 ITS1 序列转换 / 颠换比约为 2.17，说明三疣梭子蟹未出现颠换 / 转换饱和现象。此外，三疣梭子蟹 ITS1 序列具有长度多态性，长度的变化范围不大，为 515～571 bp，插入 / 缺失位点丰富，最长的插入 / 缺失序列达 28 bp，这些插入 / 缺失位点主要位于重复区，所以微卫星 DNA 简单重复序列的重复次数不同是这种长度多态性产生的主要原因。本研究三疣梭子蟹 ITS1 序列共发现（AATC）3-4、（ACA）3、（TC）3、（TAC）3-6、（ACT）3 等 5 种微卫星位点，结合 GenBank 数据库中梭子蟹科其他属的 ITS1 序列（表 23），发现同属的种类大多会有同样的微卫星类型，例如梭子蟹属的$(ACA)_n$、绒螯蟹属的$(CA)_n$，这些位点能否作为鉴别属间的分子标记还需要更多的数据加以证实。

对果蝇所进行的相关研究表明，高 GC 含量是一个比较原始的特征（Rodriguez et al，2000）。对 4 个群体三疣梭子蟹的 ITS1 序列碱基组成分析发现，GC 含量在 50%左右，GenBank 数据库中下载的 5 属中除绒螯蟹属外其他属 GC 含量也在 50%左右，绒螯蟹属 GC 含量较高，在 60%左右，可以推测绒螯蟹属在进化上较其他几个属更原始。

6.2 群体间的遗传结构分析

群体间的分子变异等级分析（AMOVA 分析），将每个群体作为一组进行 AMOVA 分析，具体结果见表 25，AMOVA 分析结果显示群体间的分子变异不显著（$F\text{st}=0.004\ 23$，$P>0.05$），表明在整个遗传变异中群体间的变异占 0.423%，99.577%的遗传变异来自于群体内部，群体间的遗传分化系数从 0.424 80～0.750 00（$F\text{st}<0.05$）。群体间的遗传距离，鸭绿江口群体和莱州湾群体的遗传距离最大为 0.012 32，其次是莱州湾群体和舟山湾群体 0.011 21，海州湾群体和舟山湾群体遗传距离最小，为 0.010 16，莱州湾群体和海州湾群体遗传距离也较小，为 0.011 21（表 26）。

表 24　ITS1 基因核苷酸多态位点及各单倍型在群体中的分布

核苷酸多态	111 1112222222 2222222222 2333333333 3444444445 555555	群体单倍型数总计			
位点	2226667111 9990122333 3456777788 8124455667 9012478892 466888	YL	LZ	HZ	ZS
	5682346014 2363317123 9648057934 5384659364 7816104919 926038				
Hap_1	AATATTTATT TTCAATA-TA CGTACCTATA CCTCTACAGG CCCAACTACA ATACAT	1	0	0	0
Hap_2	.................-..................................G..C	0	1	1	0
Hap_3	.................-...A..................TA....C.....G..C	0	0	1	0
Hap_4	.................-...A.....................G........G..C	0	0	0	1
Hap_5	...........C....G-..............A...................G..C	1	0	0	0
Hap_6	...T.............-..............A....G.............G..C	0	1	0	0
Hap_7	...T...........C.-.........................G........G..C	2	0	0	0
Hap_8	...T.......C.....-.........................G........G..C	1	0	0	0
Hap_9	...T.............-.........................G........G..C	3	1	5	2
Hap_10	...T.............-..T....................G........G..C	0	0	0	1
Hap_11	...T.............-....C...................TG........G..C	0	1	0	0
Hap_12	...T.............-..........................G....T...G..C	0	0	0	1
Hap_13	...T.............-AT ..C.............T...............G..C	0	0	1	0
Hap_14	G..T.............-AT ..C............GT...............G..C	0	0	1	0
Hap_15	...TC............-AT ..C............GT...............G..C	0	1	0	0
Hap_16	...T..........G..-....C............GT....T..........G..C	0	1	0	0
Hap_17	...TC...GC .......A....C.............T...............G..C	1	1	1	0
Hap_18	...TC...GC .......A....C............GT...............G..C	0	0	1	1
Hap_19	...TC.G.GC .......G....C.............T...............G..C	0	1	0	0
Hap_20	...TC...GC .......A....C..........T..T...............G..C	1	1	0	1
Hap_21	...TC...GC .......A....C.............T............G ..G..C	0	1	0	0
Hap_22	...TC....C ..T....A....C..........T..T...............G..C	0	0	0	1
Hap_23	...TC...GC .......A....CG............T...............G..C	0	0	0	1
Hap_24	...TC...GC .......A....C............GT.......G.......CG..C	0	0	1	0
Hap_25	...TC...GC .......A....C............GT.............C.G..C	0	0	1	0
Hap_26	...TC...GC ...G...A....C............GT...............G..C	0	1	0	0
Hap_27	...TC...GC .......A....C..--CCT A....GT...............G..C	0	2	0	0
Hap_28	...TC...GC .......A....C..AGCCT A....GT.........T......G..C	0	0	0	1
Hap_29	.G.TC...GC .......A....C.............T...............G..C	0	0	0	1
Hap_30	...TC...GC .......A....C.........A...................G..C	0	0	1	0
Hap_31	...TC...GC .......T.............TA...................G..C	0	1	0	0

续表

核苷酸多态	111 1112222222 2222222222 2333333333 3444444445 555555	群体单倍型数总计			
Hap_32	...TC...GC C......−.........................G........G..C	1	0	0	0
Hap_33	...TC...GC ....−.........................G..C.....G..C	0	0	0	1
Hap_34	...T............−................A....T TA.........G.GC	1	0	0	0
Hap_35	...T............−................A....T TA.........G..C	0	0	1	2
Hap_36	...T............−......T.........A....T TA.........G..C	1	0	0	0
Hap_37	...T.C..........−....................A− TA.........G..C	1	0	0	0
Hap_38	..AT............C.....................− TA.........G..C	0	0	0	1
Hap_39	...T............−.....................− TA.........G..C	0	1	0	0
Hap_40	...TC...GC .......A....C...........A....− TA.....G....GA.C	1	0	0	0

注:"."表示与第一行序列碱基相同

表 25　群体间的遗传变异的分子变异等级分析(AMOVA)

变异来源	自由度 df	平方和	方差组分	方差比例(%)
群体间	3	41.317	0.054 97	42.279
群体内	56	725.067	12.947 62	
总变异	59	766.383	13.002 59	

表 26　群体间的相对遗传距离(左下方)和 Fst (右上方)

群体	鸭绿江口 YL	莱州湾 LZ	海州湾 HZ	舟山 ZS
YL	—	0.750 00**	0.616 21**	0.539 06**
LZ	0.012 32	—	0.424 80**	0.616 21**
HZ	0.010 39	0.010 47	—	0.058 59**
ZS	0.010 82	0.011 21	0.010 16	—

本研究分析了三疣梭子蟹 4 个群体的 ITS1 序列,结果表明舟山湾群体遗传多样性指数最高,这与高保全等(2007)利用同工酶研究的舟山湾群体遗传多样性较高的结果比较一致。莱州湾群体最低,这与樊祥国等(2009)研究的莱州湾群体遗传多样性较低的结果一致,4 个群体单倍型多态性都在 0.90 以上,接近于姜志勇等(2007)研究的福建缢蛏(*Sinonovacula constric*)野生群体与养殖群体的单倍型多态性(1.0),核苷酸多样性指数和单倍型多态性均高于吴琪等(2007)研究的硬壳蛤(*Mercenaria mercenaria*)养殖群体核苷酸多样性指数(0.003 0)、单倍型多态性(0.4),且大多数个体具有自己独特的单倍型,说明 4 个群体遗传多样性还较丰富,这与李晓萍等(2011)利用微卫星研究的结果相一致。

群体遗传学认为,*F*st 值可以表示群体间的遗传分化程度,一般 *F*st 值接近 0 时,说明群体间没有发生遗传分化。*F*st 值在 0.00～0.05 之间表示分化较弱,0.05～0.25 之间表示分化中等,在 0.25 以上表示遗传分化极大(宋春妮等,2011),4 个群体间的遗传分化达到中等或分化极大，并且分化程度都达到了极显著水平。

分析其原因，莱州湾群体与其他群体遗传距离较大，莱州湾群体生活于封闭性强的渤海，该群体是个地方性种群，越冬后，在4月上中旬开始生殖洄游，繁殖场所为渤海湾和莱州湾近岸浅水区河口附近；12月初开始越冬洄游，越冬场所为渤海深水区，至来年3月（邓景耀等，1986）。整个生命活动主要局限于渤海之内，这可能造成了莱州湾群体与其他群体间产生了地理隔离。海州湾群体和舟山群体遗传距离较小，是因为这两个群体生活于东海水域，两个水域处于一种开放状态，舟山群体三疣梭子蟹活动范围比较广，北可达黄海南部的吕泗、大沙渔场（宋海棠等，1989），海州湾和舟山群体的三疣梭子蟹可能存在基因交流。现代杂种优势理论认为，杂种优势的大小在一定程度上取决于亲本间遗传差异的大小，即遗传距离的大小，可以说差别愈大的群体间杂交，所产生的杂种优势愈大，将亲缘关系较远的群体进行杂交，以获得养殖性能较好的优势品种（孙少华等，2000），从而增强群体对环境的适应能力，所以本结果为人工优良繁育提供了数据参考。

6.3 遗传距离与系统进化关系

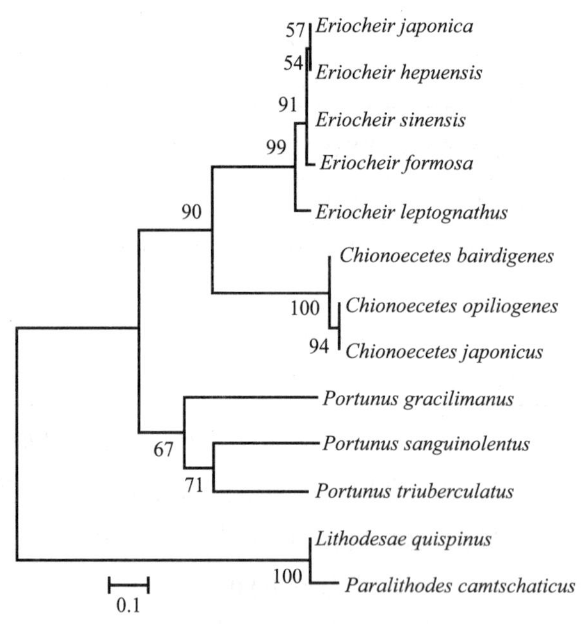

图12 ITS1基因序列构建的NJ分子进化树

将扩增获得的三疣梭子蟹ITS1序列结合GenBank中检索到的5属12种蟹ITS1序列，利用MEGA4.0软件计算种间的遗传距离，勘察加拟石蟹与日本雪蟹间的遗传距离最大为1.672 67，拜氏雪蟹与日本雪蟹的遗传距离最小为0.024 80，三疣梭子蟹与金霸土蟹的遗传距离最大为1.450 39，红星梭子蟹的遗传距离最小为0.654 63。对其构建NJ系统发生树，用Bootstrap法检验，1 000次重复抽样得到结点的置信度如图12所示，从系统树可以看出，同属的不同种聚在一起，物种间的界限非常明晰，符合形态学的分类关系。

在研究生物间的系统进化关系时，最重要的途径是构建分子系统进化树。分子系统树就是在生物大分子进化速率相对恒定的理论基础上利用生物大分子间的序列差异或结构的比较而构建出来的，可以很直观地揭示出不同生物的各类群间及种群间的系统进化关系（毕相东等，2005）。利用核基因组序列ITS1差异性构建的分子系统树已经解决了很多物种间系统发生关系的问题，许志强等（2009）构建了蚌科6种类的系统发生关系，为蚌科系统分类研究提供更多的信息。本书结合GenBank数据库中十足目的5属构建NJ分子进化树（图12），聚类结果显示，同属的不同种各自聚支，与形态学分类吻合。*Eriocheir* 与 *Chionoecetes* 以89%的置信度聚为一支，然后与 *Portunus* 聚为一支，*Paralithodes* 与 *Lithodes* 以100%的置信度聚为一支，说明 *Eriocheir* 与 *Chionoecetes*、*Paralithodes* 与 *Lithodes* 亲缘关系较近。

综上所述，本研究的4个野生群体的遗传多样性还较丰富，但近年来我国沿海开展了大规模的三疣梭子蟹人工养殖、半人工采苗、人工育苗等养殖活动，增加了个体间的基因交流，从三疣梭子蟹资源的可持续开发利用角度出发，制定科学的保护措施，建立有效的监控体系，加强野生群体遗传多样性监测，在人工养殖和育种过程中，应该采取增大繁殖群体、定期筛选等措施来防止因近交衰退和遗传漂变等导致的遗传多样性水平降低，以保护我国具有较高经济价值的三疣梭子蟹优良种质资源。

（作者：李远宁，马朋，刘萍，李琪）

7. 三疣梭子蟹5个野生地理群的多样性分析

随着分子标记技术的飞速发展，对三疣梭子蟹的群体遗传学分析得到深入开展，主要包括同工酶标记、线粒体DNA分子标记、AFLP标记和RAPD标记（王国良等，2005；余红卫等，2005；刘爽等，2008；罗云等，2009），但目前尚未有利用SSR技术分析野生三疣梭子蟹群体遗传结构的研究报道。微卫星分子标记（SSR），由于具有共显性、多态信息含量高、遗传稳定、重复性好、较易操作等优势，在家系鉴定、遗传作图、群体遗传分析、育种计划及系统发生研究等多个领域得到广泛应用（Nichols et al，2003）。三疣梭子蟹作为我国重要的渔业经济品种，由于人工蟹苗短缺，长期过度捕捞野生资源导致环境日益恶化，各种病害相继爆发，出于保护野生资源及种质开发的需要，本书拟采用SSR标记对三疣梭子蟹野生群体的遗传多样性进行分析，同时也为人工选择育种提供数据支持。

本实验所用5个群体野生的三疣梭子蟹样品共120个个体，分别取自我国沿海的五个不同区域（图13）。舟山野生群体（ZS）采自浙江舟山群岛近海、海州湾野生群体（HZ）采自江苏连云港市海州湾近海、莱州湾野生群体（LZ）采自山东省莱州、鸭绿江口野生群体（YL）采自辽宁省鸭绿江口近海，每个群体24只，活体运回实验室，取大螯于−80 ℃冰箱中保存用于提取DNA。

表 27　8 对微卫星引物的特征

位点名称	引物序列（5′-3′）	退火温度（℃）	核心重复序列	等位基因数目	等位基因大小范围	*P* 检验值	PIC 值	观测杂合度 Ho	期望杂合度 He	注册号
PTR33a	F: ACAACGCCAACAATAGCA R: CACCGCACTTTACAGCAC	63.0	（CT）16… （GT）39	10	359～442	0.791 0	0.817	0.866 7	0.850 3	GQ466030
PTR45	F: AGAGGAGTGACTGGAGGGTA R: TAAGGCTAAGGACAGGATGA	63.0	（AC）15… （CA）11	9	250～317	0.384 5	0.807	0.800 0	0.840 1	GQ466032
PTR93	F: AAGACAAAGCGACAAGCC R: CGCAATAACTCCCAACAA	56.0	（TG）9… （TG）33	7	250～321	0.651 0	0.784	0.833 3	0.824 3	GQ466039
PTR95	F: CCTTGCCTTTCACTATACAC R: GACCCACTTGTTATCGTTTT	58.7	（GT）31.. （CCT）5… （TCA）5 （TCT）6	7	312～359	0.588 0	0.782	0.833 3	0.823 7	GQ466041
PTR98a	F: GGATGAAGAGGAGGACTG R: TGGTGGAGGATTATGAGA	56.0	（CTA）7… （CTA）14… （TC）31	8	169～204	0.036 2	0.738	0.666 7	0.778 5	GQ466042
PTR103b	F: GGAGTGTTGGTGGTGGGT R: AGGATTGGTATGCCGAGA	61.5	（GT）28… （TGT）8	4	258～283	0.692 5	0.449	0.566 7	0.543 5	GU177171
PTR112	F: AGGACCAGTGCCAACCAA R: TTCACGCAGCCCATCTTC	61.5	（GT）34… （CT）28	6	308～375	0.221 1	0.739	0.733 3	0.785 3	GU177179
PTR145	F: ATCGTCATCGCCGAATAA R: GAGTGAGGAAGCCCAACC	56.0	（ATC）7… （TC）23	8	310～388	0.283 2	0.799	0.800 0	0.836 2	GU177204

微卫星引物 8 对，来自本实验室筛选的微卫星序列，引物序列见表 27，引物由上海生工生物工程有限公司合成。采用 PopGene（Version 3.2）、Cervus、Genepop V4 软件统计各微卫星位点的等位基因数(A)、有效等位基因数(Ne)、观测杂合度(Ho)、期望杂合度(He)、Hardy-Weinberg 平衡 χ^2 检验概率值(P)、遗传距离(genetic distance, D)、遗传相似性指数(I)。参照 Botstein 等(1980)的方法计算多态性信息含量(PIC)：$PIC=1-\sum_{i=1}^{m}P_i^2-\sum_{i=1}^{m-1}\sum_{j=i+1}^{m}P_i^2P_j^2$，式中：$p_i$、$p_j$ 分别为群体中第 i 个和第 j 个等位基因频率，m 为等位基因数。群体遗传分化指数(Fst 值)使用软件 FSTAT2.9.2 完成，根据遗传距离采用 Mega3.1 构建 5 个群体的 UPGMA 聚类树。

7.1 PCR 扩增结果

8 对微卫星引物在 5 个群体中均能扩增出清晰稳定的带谱，图 13 为位点 PTR33a 在 5 个群体中的扩增情况。

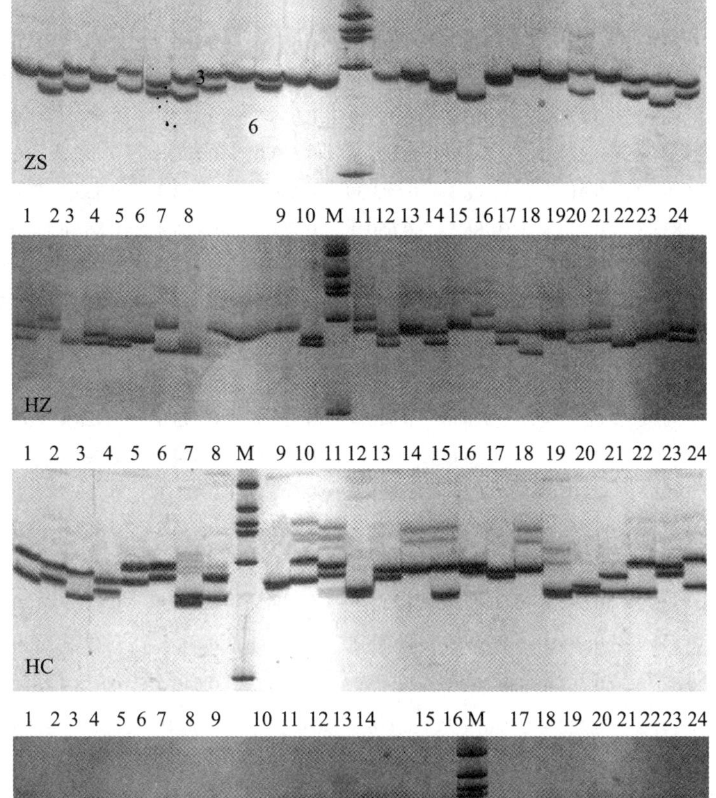

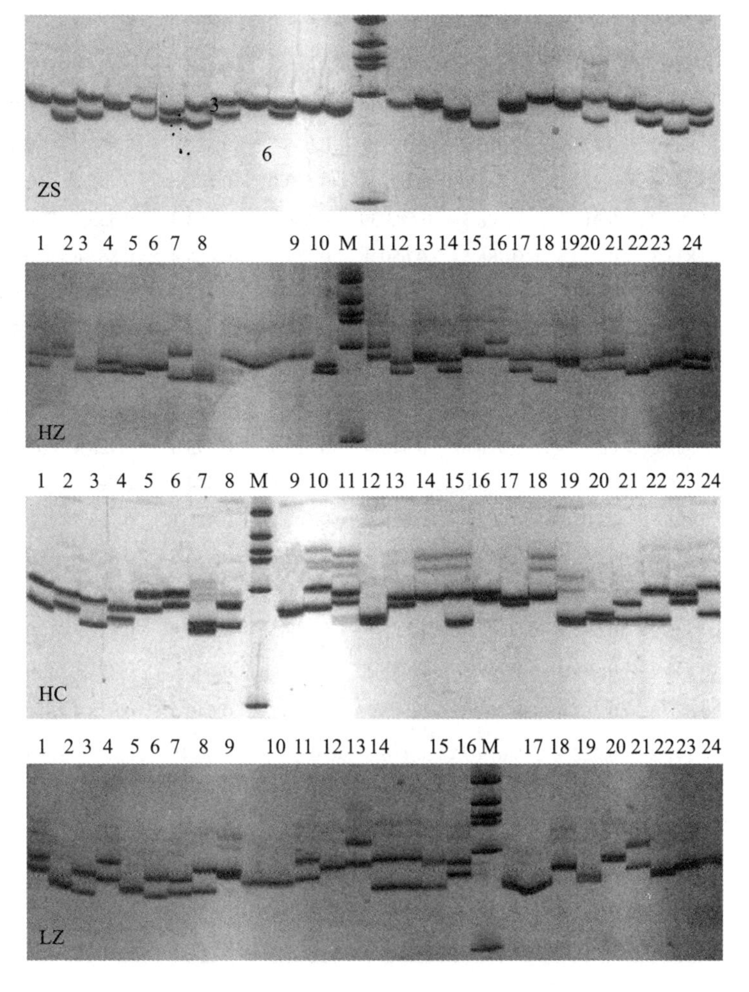

图 13 位点 PTR33a 在三疣梭子蟹 5 个群体中的扩增情况（Ⅰ）

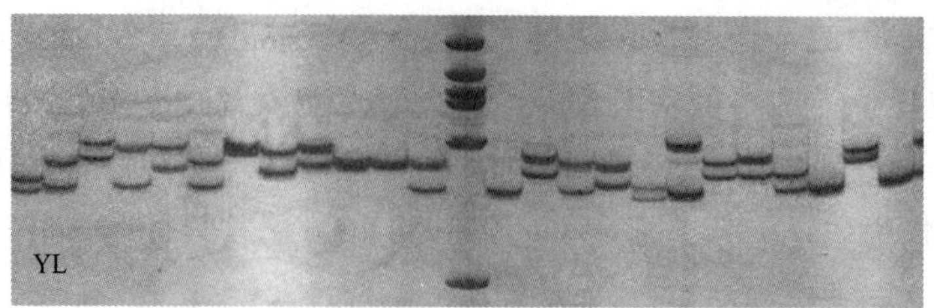

图 13　位点 PTR33a 在三疣梭子蟹 5 个群体中的扩增情况(Ⅱ)

(M 由上至下分别为 267bp,234bp,213bp,192bp,184bp,124bp)

表 28　三疣梭子蟹 5 个群体 8 个微卫星座位的等位基因数、有效等位基因数、多态信息含量、各个群体观测杂合度、期望杂合度

位点编号		PTR33a	PTR45	PTR93	PTR95	PTR98a	PTR103b	PTR112	PTR145	平均值
等位基因数 No.		11	8	9	6	10	6	12	10	9
有效等位基因数 Ne		6.693 0	5.933 3	4.692 2	3.542 4	6.213 6	2.905 8	7.790 1	5.971 4	5.467 7
YL	Ho	0.833 3	0.791 7	0.833 3	0.666 7	0.583 3	0.666 7	0.791 7	0.791 7	0.744 8
	He	0.802 3	0.818 3	0.797 0	0.680 0	0.720 7	0.654 3	0.803 2	0.766 0	0.755 2
	P	0.809 3	0.426 0	0.675 5	0.377 5	0.055 7	0.387 0	0.364 4	0.530 6	0.453 3
	PIC	0.754 8	0.774 2	0.746 2	0.603 9	0.673 0	0.580 6	0.752 2	0.710 1	0.699 4
LZ	Ho	0.791 7	0.916 7	0.708 3	0.583 39	0.666 7	0.583 3	0.833 3	0.625 0	0.713 5
	He	0.833 3	0.770 4	0.785 5	0.680 0	0.781 0	0.668 4	0.862 6	0.781 9	0.770 4
	P	0.190 4	0.983 0	0.134 1	0.181 5	0.137 1	0.162 3	0.366 4	0.004 5**	0.269 9
	PIC	0.791 3	0.711 8	0.731 4	0.602 2	0.724 9	0.594 5	0.825 6	0.728 8	0.713 8
HC	Ho	0.833 3	0.750 0	0.750 0	0.666 7	0.791 7	0.708 3	0.875 0	0.708 3	0.760 4
	He	0.821 8	0.796 1	0.770 4	0.586 9	0.810 3	0.642 7	0.836 9	0.805 0	0.758 8
	P	0.553 6	0.293 4	0.520 8	0.918 0	0.527 7	0.593 3	0.428 4	0.044 6*	0.485 0
	PIC	0.775 3	0.743 0	0.713 6	0.528 7	0.763 6	0.564 4	0.794 4	0.757 0	0.705 0
HZ	Ho	0.791 7	0.708 3	0.608 7	0.625 0	0.666 7	0.409 1	0.708 3	0.666 7	0.648 1
	He	0.828 9	0.745 6	0.740 1	0.662 2	0.852 8	0.436 6	0.868 8	0.797 0	0.741 5
	P	0.119 0	0.219 5	0.093 2	0.367 4	0.014 5*	0.445 0	0.015 9*	0.103 6	0.172 3
	PIC	0.786 9	0.690 7	0.682 3	0.586 0	0.813 5	0.379 4	0.834 9	0.749 3	0.690 4
ZS	Ho	0.541 7	0.708 3	0.708 3	0.458 3	0.750 0	0.565 2	0.791 7	0.833 3	0.669 6
	He	0.683 5	0.762 4	0.759 8	0.525 7	0.835 1	0.640 6	0.836 9	0.782 8	0.728 3
	P	0.141 2	0.222 9	0.079 7	0.116 3	0.035 9*	0.000 4**	0.266 8	0.280 1	0.142 9
	PIC	0.634 5	0.710 1	0.700 2	0.456 3	0.793 1	0.578 1	0.794 6	0.732 0	0.674 8
平均值	Ho	0.758 3	0.775 0	0.721 7	0.600 0	0.691 7	0.586 5	0.800 0	0.725 0	0.707 3
	He	0.794 0	0.778 6	0.770 6	0.627 0	0.800 0	0.608 5	0.841 7	0.786 5	0.750 8
	P	0.362 7	0.429 0	0.300 7	0.392 1	0.240 2	0.396 9	0.356 5	0.304 8	0.347 8
	PIC	0.748 6	0.726 0	0.714 7	0.555 4	0.753 6	0.539 4	0.800 3	0.735 4	0.696 7

注:$^*P < 0.05$ 显著;$^{**}P < 0.01$ 极显著

7.2 遗传多样性分析

8个位点在5个群体中的遗传多样性参数见表28,共得到72个等位基因,不同引物获得的等位基因数从6～12不等,平均每个位点获得的等位基因数目为9.0个,其中位点PTR112获得了12个等位基因,等位基因数最多;PTR33a获得的等位基因数次之,为11个;位点PTR95和PTR103b都获得了6个等位基因。有效等位基因数在2.905 8～7.790 1之间,平均每个位点检测的有效等位基因数目为5.4677个。8个位点的观测杂合度(Ho)为0.586 5～0.800 0,平均为0.707 3;期望杂合度(He)为0.6085～0.8417,平均为0.7508。8个位点的PIC值均大于0.5,表现出高度多态性。各群体的平均观测杂合度(Ho)在0.648 1～0.760 4之间,平均期望杂合度(He)以LZ群体的最高He=0.770 4,ZS群体的最低He=0.728 3;平均多态信息含量(PIC)从0.674 8～0.713 8,均大于0.5。

戴艳菊(2010)等对辽东湾、莱州湾、海州湾和舟山的三疣梭子蟹群体的16*S* rRNA和COⅠ基因比较研究中发现,莱州湾群体的遗传多样性最为丰富;冯冰冰(2008)等利用线粒体控制区基因片段分析了我国四大海域三疣梭子蟹的群体遗传结构,发现潍坊和黄骅群体遗传多样性参数较高,青岛和象山群体的多样性较低。

对我国沿海5个地方的三疣梭子蟹群体遗传结构进行分析,8个位点的平均等位基因数为9.0,平均期望杂合度He为0.750 8。表明三疣梭子蟹群体的遗传多样性较为丰富。根据He大小,5个群体遗传多样性由高到低依次为:LZ(0.770 4)>HC(0.758 8)>YL(0.755 2)>HZ(0.741 5)>ZS(0.728 3),这一结果同戴艳菊等(2009)的结果一致。本研究中所用的8个位点在5个群体中的平均多态信息含量均大于0.5,表现出高度多态性,说明以上标记可提供丰富的遗传信息,可应用于未来三疣梭子蟹遗传连锁图谱的构建。

7.3 Hardy-Weinberg平衡分析

通过对40个群体位点组合(8位点×5群体)的卡方检验可知,LZ群体和HC群体的PTR145位点、HZ群体的PTR98a和PTR112位点以及ZS群体的PTR98a和PTR103b位点,共6个位点表现为显著和极显著偏离Hardy-Weinberg平衡,占总数的15%;剩余34个群体位点组合均符合Hardy-Weinberg平衡,占总数的85%。由Hardy-Weinberg平衡定律可知,如果没有选择、突变和迁移等情况的发生,一个大的随机交配群体内,等位基因频率和基因型频率随世代的增加而保持不变。通过对5个群体中各位点的卡方检验可知,平均*P*检验值在0.142 9～0.485 0之间,均大于0.05,没有偏离Hardy-Weinberg平衡,说明5个群体受到外来因素干扰较小,群体遗传结构尚处于比较稳定的状态中。

7.4 群体间遗传分化分析

对5个群体的遗传分化指数Fst进行计算(表29),8个位点的遗传分化指数在 0.054 8～0.108 3 之间，LZ-ZS 群体分歧最大(0.108 3)，HC-HZ 群体分歧最小(0.054 8)。从 Fst 值的大小可以看出，群体间的遗传分化程度达到了极显著水平(0.05＜Fst＜0.15)。

表 29 三疣梭子蟹 5 个群体之间的遗传分化指数(Fst)

群体	鸭绿江口 YL	莱州 LZ	会场 HC	海州 HZ	舟山 ZS
鸭绿江口 YL	—				
莱州 LZ	0.066 6**	—			
会场 HC	0.062 5**	0.061 0**	—		
海州 HZ	0.104 2**	0.087 1**	0.054 8**	—	
舟山 ZS	0.076 4**	0.108 3**	0.055 0**	0.081 0**	—

注：$^{*}P < 0.05$ 显著；$^{**}P < 0.01$ 极显著

根据 Nei (1972)的标准利用软件 PopGene 计算种群间遗传距离和遗传相似性指数(表 30)，结果表明，三疣梭子蟹 5 个群体间的遗传距离在 0.245 1～0.517 9 之间，遗传相似性指数从 0.595 8～0.782 6，其中 HC-HZ 群体的遗传距离最小，相似性最高，LZ-ZS 群体的遗传距离最远，相似性最小。根据遗传距离得出 5 个群体的 UPGMA 聚类树(图 14)，HC 和 HZ 两个群体遗传距离最近先聚到一起，再与 ZS 群体相聚，之后与 YL 群体相聚，LZ 群体与这 4 个群体的遗传距离较远，最后聚在一起。

表 30 三疣梭子蟹 5 个群体间的遗传相似性指数及遗传距离

群体	鸭绿江口 YL	莱州 LZ	会场 HC	海州 HZ	舟山 ZS
鸭绿江口 YL	--	0.719 5	0.743 8	0.610 9	0.717 1
莱州 LZ	0.329 2	—	0.736 6	0.655 1	0.595 8
会场 HC	0.295 9	0.305 6	—	0.782 6	0.773 2
海州 HZ	0.492 9	0.422 9	0.245 1	—	0.707 7
舟山 ZS	0.332 6	0.517 9	0.257 2	0.345 7	—

注：数字距阵对角线以上的数表示群体间的遗传相似性指数，数字距阵对角线以下的数表示群体间的遗传距离

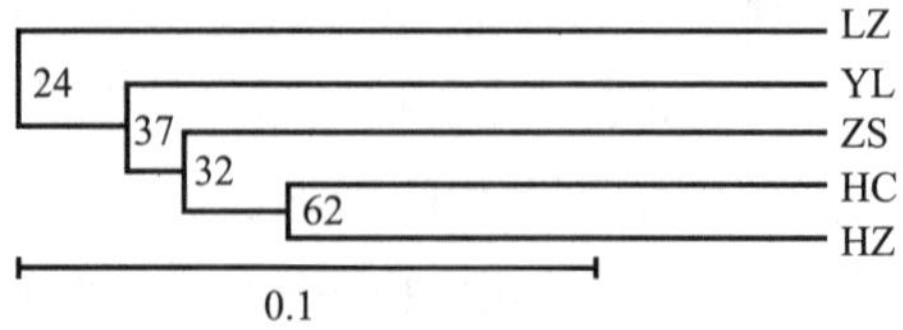

图 14 三疣梭子蟹 5 个群体的聚类分析图

Fst 值是用来测量群体间遗传分化程度的主要指标，张天时等(2008)在研究中国对虾的遗传结构时认为：Fst 值在 0～0.05 时，群体分化较弱；0.05～0.15 时群体分化中等；0.15～0.25 时表示群体遗传分化较大；当 Fst 大于 0.25 时，表示分化极大。冯建

彬等(2008)发现五大淡水湖青虾群体遗传分化系数Fst高达0.318 7,表明湖泊青虾群体间遗传分化较大。本研究所得三疣梭子蟹的遗传分化指数在0.0548～0.1083之间(0.05＜Fst＜0.15),达到中等程度的分化,且分化程度都达到了极显著水平。HC、HZ和ZS 3个群体的遗传分化程度最弱,其次是YL、LZ和HC的分化程度较弱,LZ、HZ和ZS的分化程度较大。分析其原因,可能是青岛HC群体生活于黄海水域,HZ和ZS群体生活于东海水域,两个水域处于一种开放状态,舟山群体三疣梭子蟹活动范围比较广,北可达黄海南部的吕泗、大沙渔场(宋海棠等,1989),可能与HC和HZ群体的三疣梭子蟹存在基因交流。LZ群体三疣梭子蟹群体生活于封闭性强的渤海(薛俊增等,1997),该群体是个地方性种群,越冬后,在4月上中旬开始生殖洄游,繁殖场所为渤海湾和莱州湾近岸浅水区河口附近;12月初开始越冬洄游,越冬场所为渤海深水区,至来年3月。整个生命活动主要局限于渤海之内。这就同南方两个群体(舟山、海州湾)之间产生了地理隔离。由于不同海域环境所造成的生长温度和栖息底质等不同,以及盐度和饵料的不同,造成莱州湾和南方群体之间差异比较大。YL、LZ和HC群体遗传距离较小,可能因为它们生活的海域同属于暖温带,生长环境比较接近。

遗传距离是利用基因频率的函数表示群体间的差异,根据遗传距离大小可以确定群体间亲缘关系的远近。遗传相似性指数也可以说明群体间在进化上的亲缘关系。两个群体的遗传距离越大,则基因型差异越大,也可以说明两个群体的亲缘关系越远,遗传相似性越小;反之,若遗传距离小,则群体遗传差异小,群体间的遗传相似就越大,亲缘关系越近。本研究所得5个群体间的遗传距离在0.2451～0.5179之间,遗传相似性指数从0.5958～0.7826,HC和HZ的遗传距离最小,LZ和ZS的遗传距离最远。此结果与5个群体的地理分布相吻合,UPGMA聚类表明,HC和HZ两个群体遗传距离最近,先聚到一起,LZ群体与这4个群体的遗传距离较远,最后聚在一起。

从本研究对三疣梭子蟹5个群体的多样性分析可知,目前三疣梭子蟹野生资源还保持较高的遗传多样性,出现了中等程度的遗传分化,但是从三疣梭子蟹资源的可持续开发利用角度出发,必须制定科学合理的保护措施,建立有效的监控体系,加强野生群体遗传多样性监测,采用更为有效合理的增养殖模式和放流程序,防止盲目的人工移植和引种导致的种质退化和优良性状的丧失,保证三疣梭子蟹野生种质资源得到有效保护和合理的利用。

(作者:李晓萍,刘萍,李健,高保全)

8. 三疣梭子蟹4个野生群体非特异性免疫酶活的比较

近年来,由于种质资源的破坏、养殖环境的污染等因素损害了三疣梭子蟹免疫防御系统,导致自身的免疫抗病力下降,疾病频繁发生,因此有必要对我国不同地域的三疣梭子蟹资源进行系统的研究,开发出各方面品质都较优良的品种,带动三疣梭子蟹养殖业发展。有关三疣梭子蟹种质方面的研究报道很少，其中高保全等(高保全等，2007)用聚类分析、判别分析发现海州湾、舟山2个群体形态最为接近，鸭绿江口和莱州湾2个群体形态较为接近，这说明我国三疣梭子蟹不同群体中，必然存在养殖生产和遗传选育可以利用的种质差异，因此为了系统地研究三疣梭子蟹的不同群体种质遗传特性，本书以海州湾、舟山、鸭绿江口和莱州湾4个野生群体的三疣梭子蟹为试验材料，探讨不同群体的三疣梭子蟹在免疫功能上的差异，为科学地开发、利用和保护三疣梭子蟹种质资源，促进抗逆品种的选育提供科学依据。

采集海州湾、舟山沿海、辽东湾、莱州湾4个地理群体的野生三疣梭子蟹饲养于潍坊昌邑养殖实验基地，于2007年5月～6月进行孵化，选择养殖条件一致的蟹池进行饲养，采用随机区组设计，每个群体4个养殖池，2007年11月从各群体随机取健康蟹20只(每个群体每个养殖池取5只)用于试验，体重平均为168.5±27.4g。用注射器从试验蟹第三或第四步足基部取血淋巴，迅速放入液氮中保存，回实验室后冷冻高速离心吸出血清待测。分别迅速取试验蟹的肌肉和肝胰腺液氮冷冻保存，测定时取组织样称重，肌肉和肝胰腺样品分别加入3.5倍和10倍的0.1mol/L磷酸钾盐缓冲液(pH6.4)，低温匀浆、离心(4℃，5 000 rpm，10 min)，取上清液用于酶活测定。试验数据采用SAS的GLM方差分析程序进行均值多重比较，采用Duncan氏法进行，以$P<0.05$表示差异显著。

8.1 群体间超氧化物歧化酶(SOD)活性的比较

由表31可以看出，三疣梭子蟹SOD酶活在不同组织中分布不同，顺序从大到小依次为肝胰腺＞血淋巴＞肌肉。各群体间梭子蟹肝胰腺组织SOD酶活从高到低依次为海州湾、辽东湾、舟山沿海和莱州湾群体，且海州湾群体显著高于莱州湾群体39.64％($P<0.05$)。血淋巴SOD酶活以莱州湾群体较低，其他3个群体SOD酶活较高，但是群体间差异不显著($P>0.05$)；肌肉组织SOD酶活各个群体间差异不显著($P<0.05$)。

表31 三疣梭子蟹4个不同地理群体间SOD酶活的比较

群体	海州湾群体	辽东湾群体	舟山沿海群体	莱州湾群体
血淋巴/(NU/mL)	75.51±16.42	76.63±11.03	70.03±60.33	56.56±24.59
肌肉/(NU/mg prot)	58.62±5.22	58.23±3.49	60.90±4.84	55.19±2.82
肝胰腺/(NU/mg prot)	101.81±16.96[a]	95.04±17.74[ab]	92.54±13.67[ab]	72.91±11.06[b]

注：a，b同行肩注不同小写字母表示差异显著($P<0.05$)无肩注或肩注相同字母表示差异不显著。下表同。

8.2 群体间谷胱苷肽过氧化物酶(GSH)活性的比较

不同地理群体三疣梭子蟹各组织GSH-px酶活见表32，三疣梭子蟹不同组织GSH-px酶活以肝胰腺中分布最高，肌肉组织中分布最低。海州湾群体的三疣梭子蟹血淋巴和肝胰腺组织中 GSH-px 酶活最高，且均显著高于莱州湾群体（$P<0.05$）；肌肉组织中 GSH-px 酶活也是以海州湾群体较高，但与其他 3 个群体间差异不显著（$P>0.05$）。

表 32　三疣梭子蟹 4 个不同地理群体间 GSH-px 酶活的比较

群体	海州湾群体	辽东湾群体	舟山沿海群体	莱州湾群体
血淋巴 /（NU/mL）	80.55 ± 8.42a	73.75 ± 6.36ab	76.70 ± 17.38ab	65.53 ± 4.98b
肌肉 /（NU/mg•prot）	60.65 ± 9.68	48.18 ± 2.93	40.27 ± 1.58	44.82 ± 7.11
肝胰腺 /（NU/mg•prot）	850.69 ± 76.61a	791.31 ± 67.34ab	740.62 ± 50.28ab	723.32 ± 39.24b

8.3　群体间丙二醛（MDA）含量的比较

三疣梭子蟹不同组织中 MDA 含量分布不同（表 33），从大到小依次为肝胰腺 > 肌肉 > 血淋巴。海州湾群体三疣梭子蟹肝胰腺组织 MDA 的含量在数值上低于辽东湾、舟山沿海和莱州湾群体，但 4 个群体间差异不显著（$P>0.05$），各群体间血淋巴和肌肉组织中 MDA 含量差异不大（$P>0.05$）。

表 33　三疣梭子蟹 4 个不同地理群体间 MDA 含量的比较

群体	海州湾群体	辽东湾群体	舟山沿海群体	莱州湾群体
血淋巴 /（nmol/mL）	9.09 ± 2.76	9.12 ± 2.47	9.32 ± 2.02	9.34 ± 1.81
肌肉 /（nmol/mg•prot）	294.03 ± 25.21	304.17 ± 18.87	327.20 ± 29.91	316.01 ± 20.75
肝胰腺 /（nmol/mg•prot）	701.89 ± 104.40	815.57 ± 91.07	809.48 ± 73.66	790.61 ± 94.45

8.4　群体间溶菌酶（LSZ）活性的比较

由表 34 可见，三疣梭子蟹 LSZ 酶活在体内各组织中分布不同，血淋巴和肌肉组织中的 LSZ 酶活稍高于肝胰腺中的酶活。不同地理群体间各组织 LSZ 酶活差异均不显著（$P>0.05$）；只是在数值上血淋巴和肌肉组织 LSZ 酶活以海州湾群体较高；而肝胰腺组织 LSZ 酶活以辽东湾群体较高。

表 34　三疣梭子蟹 4 个不同地理群体间 LSZ 酶活的比较

群体	海州湾群体	辽东湾群体	舟山沿海群体	莱州湾群体
血淋巴 /（U/mL）	0.0386 ± 0.0075	0.0359 ± 0.0108	0.0324 ± 0.0067	0.0315 ± 0.0051
肌肉 /（U/g•prot）	0.0429 ± 0.0105	0.0321 ± 0.0078	0.0319 ± 0.0082	0.0336 ± 0.0059
肝胰腺 /（U/g•prot）	0.0247 ± 0.0097	0.0276 ± 0.0101	0.0246 ± 0.0129	0.0244 ± 0.0302

8.5　群体间酸性磷酸酶（ALP）活性的比较

三疣梭子蟹 ALP 酶活在各组织中分布不同，由表 35 可以看出，ALP 酶活在肌肉和肝胰腺组织中的分布高于血淋巴。不同地理群体间的三疣梭子蟹各组织 ALP 酶活差异均不显著，且变化趋势也没有规律性（$P>0.05$）。

表 35 三疣梭子蟹 4 个不同地理群体间 ALP 酶活的比较

群体	海州湾群体	辽东湾群体	舟山沿海群体	莱州湾群体
血淋巴 /（U/100mL）	2.28 ± 0.78	2.43 ± 0.49	2.51 ± 0.34	2.38 ± 0.47
肌肉 /（U/g•prot）	4.76 ± 0.54	4.68 ± 0.44	4.97 ± 0.70	4.90 ± 0.65
肝胰腺 /（U/g•prot）	5.55 ± 1.17	5.24 ± 0.75	4.96 ± 1.06	5.49 ± 1.53

SOD、GSH-px 是机体抗氧化系统的重要组分，在正常生理情况下，这两种保护酶联合清除活性自由基，保护动物免受自由基的伤害（Winston 等，2004）。因此抗氧化酶是甲壳动物机体非特异性免疫的一个重要方面，在一定程度上反映了机体的健康状况。本试验结果表明，海州湾群体梭子蟹的 SOD 和 GSH-px 活性最高，而莱州湾群体这两种抗氧化酶活性较低，由此推测在受到外界因素影响时，海州湾群体三疣梭子蟹抗氧化免疫酶活较高，因而它的抵抗力较强，辽东湾和舟山沿海群体的抵抗力次之，而莱州湾群体则易感性较强。另外，研究发现 SOD、GSH-px 活性在三疣梭子蟹不同组织中含量不同，均以肝胰腺较高，这与艾春香等（2004）在锯缘青蟹上的研究结果相似，是由于肝胰腺是梭子蟹的脂类代谢中心，该组织积累了较多的脂肪酸，需要较强的抗氧化酶体系，以保证肝胰腺的正常生理功能。

MDA 是膜脂质过氧化作用的产物，是生物体膜系统受伤害的重要指标之一，其含量可间接地反映出细胞受损的程度，抗氧化系统失败与脂质过氧化和由此引发的组织损害有着密切的关系（Mathew et al.，2007）。本试验发现海州湾群体梭子蟹 MDA 含量比其他三个群体的低，说明海州湾群体细胞受损的程度较低，生物膜系统的防御能力较强，这与海州湾群体抗氧化能力较强的结果一致。

LSZ 是生物体内重要的非特异免疫因子之一，在机体免疫过程中不仅能催化水解细菌细胞壁而导致细菌溶解死亡，还可诱导调节其他免疫因子的合成与分泌，是甲壳动物机体免疫状态的重要指标之一（郑清梅等，2006）。本研究中 4 个群体不同组织器官中溶菌酶活性虽然差异不大，但在数值上海州湾和辽东湾群体的活性较高，从这一方面也说明这两个地理群体三疣梭子蟹的免疫能力稍高。

ALP 是生物体内的一种重要的代谢调控酶，它催化磷酸单脂的水解及磷酸基团的转移反应，在生物体内的磷代谢过程中起着重要的作用，它对甲壳动物钙质的吸取、磷酸钙的形成、甲壳素的分泌及形成均具有重要的作用，是甲壳动物赖以生长、生存的重要酶类之一，同时也是甲壳动物溶酶体酶的重要组成部分，可以作为检出细胞中溶酶体的一种标志酶，在免疫反应中发挥作用（Yukio et al，1982）。本试验中发现不同群体的三疣梭子蟹各个组织中的 ALP 活性差异较小，说明 4 个群体的三疣梭子蟹机体内溶酶体酶的免疫功能相差不大。

非特异性免疫是生物在进化过程中逐步形成的，是对病原体的天然抵抗力。对于三疣梭子蟹来说，非特异性免疫能力在抵抗生存环境中的各种病原体上起着十分重要的作用。不同群体的梭子蟹由于其生活环境的差异，在长期与自然界病原体斗争过程中，形成的免疫力可能会有差异并逐代地积累而遗传下来。本试验的 4 个群体三疣梭子蟹在同一养殖条件中养成，可以排除环境条件对它们非特异性免疫能力的影响。结果发现海州湾群体的抗氧化防御能力较强，其次为辽东湾和舟山沿海群体，而莱州湾群体的免疫防御能力较弱，这可能是由于遗传造成的，因此，本试验结果为寻找三疣梭子蟹抗病基因和良种培育的进一步研究提供了基本的理论依据。

（作者：陈萍，李健，李吉涛，刘萍，高保全）

参考文献

[1] Botstein D, White R L, Skolnick M, et al.Construction of a genetic linkage map in man using restricted fragment length polymorphisms [J]. American Journal of Human Ge, 1980, 32(3): 314-331.

[2] Bradford M M.A rapid and sensitive method for the quantitation of microgram quantities of protein-dye binding [J].J.Anal Biochem, 1976, 72(7): 248-254.

[3] Excoffier L, Laval G, Schneider S.Arlequin ver.3.01: An integrated software package for population genetics data analysis [J]. Evolutionar Bioinformatics Online, 2005, 1: 47-50.

[4] Fulton T.Rate of growth of seashes [J]. Fish.Scotl.Sci.Invest.Rept, 1902, 20: 1035-1039.

[5] Gao T, Watanabe S.Genetic Variation among local populations of the Japanese mitten crab *Eriocheir japonica De Haan* [J].Fisheries Science, 1998, 64(2): 198-205.

[6] Gusnulo J, Lazoski C, Sole-Cava A M.A new species of Penaeus (*Crustacea*: *Penaeidae*) revealed by allozyme and cytochrome oxidase I analyses [J].Marine Biology, 2000, 137: 435-446.

[7] Hedgecock D, Tracey M L, Nelson K.Genetics.In L.G.Abele (Editor).The Biology of Crustacea [M].New York: Academic Press, 1982(2): 283-403.

[8] Hultmark D, Steiner H.Studies on the method of lysozyme measurement in serum [J].Eur J Biochem, 1980, 106(6): 7-16.

[9] Insua A, Lopez-Pinon M, Freire R, et al.Sequence analysis of the ribosomal DNA internal transeribed spacer region in some scallop species (Mollusea: Bivalvia: Pectinidae) [J]. Genome, 2003, 46(4): 595-604.

[10] Kenehington E, Bird C J, Osbom J, et al.Novel repeat elements in the nuclear ribosomal RNA operon of the flat oysters Ostrea edulis *C Linnaeus* and *O.angasi* Sowerby [J]. Shell Research, 2002, 21: 697-705.

[11] King T L, Eakles M S, Gjetvaj B, et al.Intraspecific phylogeography of Lasmigona subviridis (Bivalvia: *Unionidae*): conservation implications of range discontinuity [J].

Molecular Ecology, 1999, 8(12): S65-S78.

[12] Kinght A, Mindell D P.Substitution bias, weighting of DNA sequence evolution, and the phylogenetic positions of Fea's viper [J].Systematic Biology, 1993, 42(1): 18-31.

[13] Lee S Y, Soderhall K.Early events in crustacean innate immunity [J].Fish Shellfish Immunol, 2002, 12(5): 421-437.

[14] Liu P, Kong J, Shi T, et al.RAPD analysis of wild stock of penaeid shrimp(*Penaeus chinensis*) in Chinese coastal waters of the Huanghai Sea and coastal waters of the Bohai Sea [J].Oceanologica Sinica, 2000, 7(2): 86-89.

[15] Mathew S, Ashok K K, Anandan R, et al.Changes in tissue defence system in white spot syndrome virus(WSSV) infected *Penaeus monodon* [J].Comp.Biochem.Physiol, 2007, 145(3): 315-320.

[16] Mayr E, Linsley E G, Usinger R L.Methods and principles of systematic zoology [M]. New York: McGraw Hill, 1953, 23-39, 125-154.

[17] Muta T, Iwanaga S.The role of hemolymph coagulation in innate immunity [J].Curr Opin Immunol, 1996, 8(1): 7-41.

[18] Nichols K M, Young W P, Danzmann R G, et al.A consolidated linkage map for rainbow trout(*Oncorhynchus mykiss*) [J].Anita Genet, 2003, 34(2): 102-115.

[19] Nielsen E, Heino M B.Looking for a needle in a haystack: discovery of indigenous Atlantic salmon(*Salmo salar L.*) in stocked population [J].Conservation Genetics, 2001, 2(3): 219-232.

[20] Quan J X, Zhuang Z M, Deng J Y, et a1. Low genetic variation of *Penaeus chinensis* as revealed by mitochondrial DNA COIand 16*S* rRNA gene sequences [J].Biochemical Genetics, 2001, 39: 279-284.

[21] Raimond R, Marcade I, Bouehon D, et al. Organization of the large mitochondrial genome in the isopod Armadillidium vulgare [J].Genetics, 1999, l5l: 203-210.

[22] Rodriguez T F, Tarrio R, Ayala F J.Evidence for a high ancestral GC content in Drosophila [J].Molecular Biology and Evolution, 2000, 17(11): 1710-1717.

[23] SAS Institute Inc.SAS User's Guide: Statistics.Version 8 Ed.SAS Inst., Inc., Cary, NC.1999.

[24] Schilthuizen M, Gittenberger E, Gultyaev A P.Phylogenetic relationships inferred from the sequence and secondary structure of ITS1 rRNA in Albinaria and putative Isabellaria species(Gastropoda, Pulmonata, Clausiliidae) [J].Mol Phylogenet Evol, 1995, 4(4): 457-462.

[25] Shaklee J B, Allendorf F W, Morizot D C, et al.Genetic Nomenclature for Protein-Coding Loci in Fish[J].Trans Am Fish Soci, 1990.119: 2-15.

[26] Warrior R, Gall J.The mitochondrial DNA of Hydra attenual and Hydra littoralis consists of two linear molecules [J].Arch Sci, 1985, 38: 439-445.

[27] Whitmore D G.Electrophoretic and isoelectric focusing technique in fisheries management [M].Boston: CPC Press, 1990.28-30.

[28] Winston G W, Giulio R T D.Prooxidant and antioxidant mechanism in aquatic organism [J].Aquat Toxicol, 1991, 24: 143-152.

[29] Wolstenholme D R. Animal mitochondrial DNA: structure and evolution [J]. Intererrnational Review of Cytology, 1992, 141: 173-216.

[30] Yukio Y, Eizo N.Comparative studies on particulate acid phosphatases in sea urchin eggs [J].Comp.Biochem.Biophys, 1982, 71B: 563-567.

[31] 艾春香.铜、锌对锯缘青蟹体液免疫因子的影响 [D].厦门大学博士论文,2004.

[32] 白胡木吉力图,马汝河,高悦勉,等.大连海区青蛤的性腺发育和生殖周期 [J].大连水产学院学报,2008,23(3):196-199.

[33] 毕相东,侯林,刘晓惠,等.核糖体 RNA 基因在海洋动物分子系统学中的应用 [J].应用与环境生物学报,2005,11(6):779-783.

[34] 曾呈奎,相建海.海洋生物技术 [M].济南:山东科技出版社,1998.

[35] 陈丽梅,孔晓瑜,喻子牛,等.3 种蛏类线粒体 16*S* rRNA 和 COⅠ基因片段的序列比较及其系统学初步研究 [J].海洋科学,2005,29(8):27-32.

[36] 陈灵芝.中国的生物多样性现状及其保护对策 [M].北京:科学出版社,1993.

[37] 陈石林,吴旭干,成永旭,等.三疣梭子蟹胚胎发育过程中主要生化组成的变化及其能量来源 [J].中国水产科学,2007,14(2):230-235.

[38] 戴爱云,冯钟琪,宋玉枝,等.三疣梭子蟹渔业生物资源的初步调查 [J].动物学杂志,1977,(2):30-33.

[39] 戴爱云,杨思谅,宋玉枝,等.中国海洋蟹类 [M]. 北京:海洋出版社,1986.

[40] 戴艳菊,刘萍,高保全,等.三疣梭子蟹四个野生群体线粒 16*S* rRNA 和 COⅠ片断的比较分析 [J].中国海洋大学学报,2010,40(3):1-7.

[41] 邓景耀,康元德,朱金声,等.渤海三疣梭子蟹的生物学 [M]// 甲壳动物学论文集 [G].北京:科学出版社,1986.

[42] 邓景耀,金显仕.渤海越冬场渔业生物资源量和群落结构的动态特征 [J].自然资源学报,2001,16(1):42-46.

[43] 堵南山.甲壳动物学(下) [M].北京:科学出版社,1993.

[44] 樊祥国,高保全,刘萍,等.三疣梭子蟹 4 个野生群体遗传差异的同工酶分析 [J].渔业科学进展,2009,30(4):84-89.

[45] 冯冰冰,李家乐,牛东红,等.我国四大海域三疣梭子蟹线粒体控制区基因片段序列比较分析 [J].上海水产大学学报,2008,17(2)134-139.

[46] 冯建彬，孙悦娜，程熙，等. 我国五大淡水湖日本沼虾线粒体 CO Ⅰ 基因部分片段序列比较 [J]. 水产学报，2008，32（4）：517-525.

[47] 高保全，刘萍，李健，等. 三疣梭子蟹野生群体同工酶的遗传多态性分析 [J]. 水产学报，2007，31（1）：1-6.

[48] 高保全，刘萍，李健，等. 三疣梭子蟹 4 个野生群体形态差异分析 [J]. 中国水产科学，2007，14（2）：223-228.

[49] 郭天慧，孔晓瑜，陈四清，等. 三疣梭子蟹线粒体 DNA16*S* rRNA 和 CO Ⅰ 基因片段序列的比较研究 [J]. 中国海洋大学学报，2004，34（1）：230-236.

[50] 郭焱，蔡林钢，张人铭，等. 新疆塞里木准噶尔雅罗鱼生物学特征观测 [J]. 干旱区研究，2005，22（2）：197-200.

[51] 何毛贤，黄良民. 长耳珠母贝核 rRNA 基因 ITS-2 序列分析 [J]. 热带海洋学报，2004，23（5）：81-84.

[52] 胡能书，万贤国. 同工酶技术及其应用 [M]. 长沙：湖南科学技术出版社，1985.

[53] 胡毅，潘鲁青. 三疣梭子蟹消化酶的初步研究 [J]. 中国海洋大学学报，2006，36（4）：621-626.

[54] 姜志勇，牛东红，陈慧，等. 福建缢蛏野生群体与养殖群体的 ITS-1 和 ITS-2 分析 [J]. 海洋渔业，2007，29（4）：314-318.

[55] 金珊，赵青松，王春琳，等. 梭子蟹科六种海产蟹的 RAPD 标记 [J]. 动物学研究，2004，25（2）：172-176.

[56] 金珊，王国良，陈寅儿. 三疣梭子蟹乳化病血液生化指标诊断技术的研究 [J]. 台湾海峡，2006，25（4）：473-478.

[57] 李晨虹，李思发. 中国大陆沿海六水系绒螯蟹（中华绒螯蟹和日本绒螯蟹）群体亲缘关系：形态判别分析 [J]. 水产学报，1999，23（4）：337-342.

[58] 李思发. 鱼类繁育群体遗传性能的保护 [J]. 水产学报，1988，12（3）：283-290.

[59] 李太武. 三疣梭子蟹肝脏的结构研究 [J]. 海洋与湖沼，1996，27（5）：471-477.

[60] 李晓萍，刘萍，宋协法. 三疣梭子蟹微卫星富集文库的构建与群体遗传分析 [J]. 中国水产科学，2011，18（1）：194-201.

[61] 凌去非，李思发，张海军，等. 丁鲅不同群体 ITS1 区序列分析 [J]. 水利渔业，2006，26（6）：24-25.

[62] 刘萍，孟宪红，何玉英，等. 中国对虾 *Frenneropenaeus chinensis* 黄、渤海个野生地理群体遗传多样性的微卫星 DNA 分析 [J]. 海洋与湖沼，2004，5（3）：252-257.

[63] 刘爽，薛淑霞，孙金生. 黄海和东海三疣梭子蟹（*Portunus triuberbuculatus*）的 AFLP 分析 [J]. 海洋与湖沼，2008，39（2）：152-156.

[64] 罗云，高保全，刘萍，等. 三疣梭子蟹莱州湾、舟山野生个体定向交配产生 F_2 代家系的 AFLP 分析 [J]. 渔业科学进展，2009，30（6）：48-55.

[65] 马凌波，张凤英，乔振国，等．中国东南沿海青蟹线粒体 DNA CO Ⅰ 基因部分序列分析 [J]．水产学报，2006，30（4）：463-468.
[66] 毛翠凤，庄平，刘健，等．长江口中华鲟幼鱼的生长特性 [J]．海洋渔业，2005，27（3）：177-181.
[67] 沈嘉瑞，刘瑞玉．我国的虾蟹 [M]． 北京：科普出版社，1965.
[68] 施慧，许文军，徐汉祥，等．引起三疣梭子蟹“牛奶病”的酵母菌 18*S* rRNA 序列测定与分析 [J]．海洋水产研究，2008，29（4）：34-38.
[69] 施立明．遗传多样性及其保存 [J]．生物科学信息，1990，（2）：158-164.
[70] 宋春妮，李健，刘萍，等．日本蟳微卫星富集文库的建立与多态性标记的筛选 [J]．水产学报，2011，35（1）：35-42.
[71] 宋海棠，丁耀平，许源剑．浙江近海三疣梭子蟹洄游分布和群体组成特征 [J]．海洋通报，1989，8（1）：66-74.
[72] 孙颖民，宋志乐，严瑞深．三疣梭子蟹生长的初步研究 [J]．生态学报，1984，4（1）：57-64.
[73] 王国良，金珊，李政，等．三疣梭子蟹养殖群体同工酶的组织特异性及生化遗传分析 [J]．台湾海峡，2005，24（4）：474-480.
[74] 王家玉（译）．分子群体遗传学和进化论 [M]．北京：农业出版社．1975.
[75] 王可玲．大黄鱼含脂量与肥满度的关系及其在渔业研究中应用的探讨 [J]．海洋与湖沼，1989，20（5）：460-465.
[76] 王敏强，崔志峰，等．2 种三疣梭子蟹居群线粒体 Cytb 和 S-rRNA 基因片段序列变异研究 [J]．烟台大学学报（自然科学与工程版），2008，21（3）：192-196.
[77] 王寿兵，蒋朝光，屈云芳，等．野生和人工养殖辽宁中国林蛙肥满度和重 / 长指标的初步研究 [J]．应用生态学报，1999，10（1）：91-94.
[78] 王中仁．植物等位酶分析 [M]．北京：科学出版社，1998.
[79] 吴琪，潘鹤婷，潘宝平．帘蛤科两种经济贝类种群的 ITS-1 序列遗传多样性分析 [J]．天津师范大学学报，2007，27（1）：20-23.
[80] 吴常文，虞顺成，吕永林．梭子蟹渔业技术 [M]．上海：上海科学技术出版社，1996.
[81] 肖国强，柴雪良，邵艳卿，等．大竹蛏的繁殖生物学 [J]．海洋科学，2009，33（10）：21-25.
[82] 徐海龙，张桂芬，乔秀亭，等．黄海北部口虾蛄体长及体质量关系研究 [J]．水产科学，2010，29（8）：451-454.
[83] 许志强，葛家春，李晓晖，等．基于 rDNA ITS 序列研究蚌科 6 种类的系统发生关系 [J]．淡水渔业，2009，39（1）：16-20.
[84] 薛俊增，堵南山，赖伟．中国三疣梭子蟹 *Portunus trituberbuculatus Miers* 的研究

[J]. 东南海洋,1997,15(1):60-65.

[85] 杨学明,郭亚芬,陈福艳,等. 罗氏沼虾 3 个群体线粒体 CO Ⅰ 基因的序列差异和遗传标记研究 [J]. 遗传,2006,28(5):540-544.

[86] 野泽. 动物群体遗传学 [M]. 名古屋:名古屋大学出版社,1994.

[87] 余红卫,朱东发,韩宝芹. 三疣梭子蟹不同组织同工酶的分析 [J]. 动物学杂志,2005,40(1):84-87.

[88] 俞海菁,张亚平,林飞栈,等. 探讨 rDNA ITS 区作为果蝇 *Droso philanasuta* 分子系统发育研究的价值 [J]. 遗传学报,2000,27(1):18-25.

[89] 张福绥,马江虎,何义朝,等. 胶州湾海湾扇贝肥满度的研究 [J]. 海洋与湖沼,1991,22(2):97-103.

[90] 张天时,王清印,刘萍,等. 中国对虾人工选育群体不同世代的微卫星分析 [J]. 海洋与湖沼,2005,36(1):72-79.

[91] 张研,梁利群,常玉梅,等. 鲤鱼体长性状的 QTL 定位及其遗传效应分析 [J]. 遗传,2007,29(10):1243-1248.

[92] 张于光,李迪强,饶力群,等. 东北虎微卫星 DNA 遗传标记的筛选及在亲子鉴定中的应用 [J]. 动物学报,2003,49(1):118-123.

[93] 郑清梅,吴锐全,叶星. 水生动物溶菌酶的研究进展 [J]. 上海水产大学学报,2006,15(4):483-487.

[94] 朱冬发,余红卫,王春琳. 三疣梭子蟹个体发育早期的同工酶谱变化 [J]. 水产学报,2005,29(6):751-756.

第6章

三疣梭子蟹新品种选育

1. 三疣梭子蟹3个地理种群杂交子一代生长和存活率的比较

近年来，随着三疣梭子蟹（*P.trituberculatus*）养殖规模的不断扩大，各种病害也开始肆虐，给产业和区域经济的发展造成严重阻碍（王国良等，2006）。杂交是动、植物遗传改良的重要手段，其作用是直接利用杂种优势或为育种制备中间材料。杂种优势是指两个遗传背景不同的亲本杂交产生的子一代在生长速度、繁殖力、抗逆性、产量和品质上比亲本的一方或双亲优越的现象，对改良生物的性状有重要作用。目前，扇贝、贻贝、海胆、太平洋牡蛎和虾类的杂交育种已取得巨大进展（Cruz et al，1997；常亚青等，2002；Miguel et al，2000；Benzie et al，1995）。高保全等（2007）发现三疣梭子蟹不同地理种群在形态上出现了一定分化。例如，莱州湾种群头胸甲为浅黄色，白色斑点很少；海州湾种群头胸甲为紫褐色，白色斑点较少；而舟山种群头胸甲为深黄褐色，白色斑点较多。本书探索了三疣梭子蟹3个不同地理种群在相同育苗、养殖条件下的差异和杂交效果，评价杂种优势，为三疣梭子蟹新品系的建立提供依据。

实验所用三疣梭子蟹的莱州湾野生种群（LZ）采自山东昌邑市下营港近海；舟山野生种群（ZS）采自浙江舟山群岛近海，海州湾野生种群（HZ）采自江苏连云港市海州湾近海。

2006年9月下旬，挑选发育良好的亲蟹进行交配。交配设计如下：

	交配组合	子一代标记
自繁群体：	ZS（1♂）×ZS（3♀）	ZZ_1
	LZ（1♂）×LZ（3♀）	LL_1
	HZ（1♂）×HZ（3♀）	HH_1
杂交群体：	ZS（1♂）×LZ（3♀）	ZL_1
	ZS（1♂）×HZ（3♀）	ZH_1

LZ（1♂）×HZ（3♀）　　　　LH_1

LZ（1♂）×ZS（3♀）　　　　LS_1

HZ（1♂）×LZ（3♀）　　　　HL_1

HZ（1♂）×ZS（3♀）　　　　HZ_1

以上每种搭配组合各建立5组，每组分别在一个单独水泥池中交配。经过交尾、越冬，2007年4月10号～4月15号，7个组合的亲蟹成功排幼，得到子一代ZZ_1、LL_1、HH_1、ZL_1、LS_1、HL_1、HZ_1；其中ZZ_1群体数量最少，只有3只亲蟹成功排幼。从每只亲蟹的后代即每个家系中各取9×10^4尾I期溞状幼体单独放入1个6 m^3水泥池中，使用常规方法培育。不同家系的同一阶段的培育条件一致。幼体和幼苗以褶皱臂尾轮虫(*Brachinonus plicatilis*)、卤虫(*Brine Shrimp*)为主要饵料，每天换水10%，持续充气培养。幼体达到Ⅱ期幼蟹时，每个家系各取出1 500尾蟹苗，转移到室外养殖。室外养殖池2 400 m^2，用纱网将其平均分割成12个小格，使每个小格的水环境尽量保持一致。当幼蟹成长到120日龄时，从每个子一代群体中随机取90个个体，用游标卡尺测量全甲宽、甲宽、甲长、体高，用电子天平测量体重。利用SPSS13.0软件计算平均值、标准差并进行方差分析。杂交子一代的杂种优势率H采用以下公式计算：$H(\%)=\dfrac{\overline{F}_1-\frac{1}{2}(\overline{P}_1+\overline{P}_2)}{\frac{1}{2}(\overline{P}_1+\overline{P}_2)}$，其中，$\overline{F}_1$、$\overline{P}_1$、$\overline{P}_2$分别代表杂种一代、亲本1和亲本2相关性状的平均值，$H(\%)$代表杂交一代代的杂种优势率。

1.1 子一代7个群体各性状比较

三疣梭子蟹不同地理种群内自繁和种群间杂交子一代的主要性状和变异参数见表1。

表1 三疣梭子蟹不同地理种群内自繁和种群间杂交子一代的主要性状和变异参数

性状	子一代	平均数	方差	标准差 S.D	变异系数(%)
全甲宽(mm)	ZL_1	118.64	171.88	13.11	11.05
	LL_1	113.46	53.24	7.29	6.42
	ZZ_1	118.53	62.83	7.93	6.69
	HH_1	103.18	96.41	9.82	9.52
	LS_1	118.18	77.26	8.79	7.44
	HL_1	108.89	64.61	8.04	7.38
	LH_1	110.78	51.52	7.18	6.48
甲宽(mm)	ZL_1	56.59	50.00	7.11	12.56
	LL_1	55.00	15.15	3.89	7.07
	ZZ_1	57.81	14.88	3.86	6.68
	HH_1	52.04	22.32	4.72	9.07
	LS_1	56.65	17.02	4.13	7.29
	HL_1	52.15	14.65	3.83	7.34
	LH_1	54.15	10.66	3.26	6.02

续表

性状	子一代	平均数	方差	标准差 S.D	变异系数(%)
甲长(mm)	ZL_1	53.93	32.01	5.65	10.10
	LL_1	51.92	10.40	3.23	6.22
	ZZ_1	55.27	10.59	3.25	5.88
	HH_1	48.94	14.68	3.83	7.83
	LS_1	53.54	13.88	3.72	6.95
	HL_1	50.17	12.56	3.54	7.06
	LH_1	51.29	8.00	2.82	5.50
体高(mm)	ZL_1	30.10	9.03	3.00	9.96
	LL_1	28.79	5.58	2.36	8.20
	ZZ_1	29.60	3.66	1.91	6.45
	HH_1	27.07	5.90	2.43	8.98
	LS_1	30.10	4.74	2.18	7.24
	HL_1	28.10	3.25	1.80	6.46
	LH_1	28.55	4.37	2.09	7.32
体重(g)	ZL_1	101.1	181.01	17.80	17.61
	LL_1	88.94	180.34	15.08	16.96
	ZZ_1	104.80	179.23	17.38	16.58
	HH_1	72.13	140.72	12.67	17.57
	LS_1	97.67	162.74	18.41	19.04
	HL_1	81.50	180.85	13.45	17.62
	LH_1	83.21	172.60	13.14	15.79

三疣梭子蟹不同地理种群内自繁和种群间杂交子一代的多重分析结果见表 2。

表 2 三疣梭子蟹不同地理种群内自繁和种群间杂交子一代主要性状多重分析(LSD 法)

性状	子一代 F_1	差异显著性					
		LL_1	ZZ_1	HH_1	LS_1	HL_1	LH_1
全甲宽	ZL_1	6.90**	1.83	17.18**	2.19	11.47**	9.58**
	LL_1		5.07**	10.28	4.71**	4.57**	2.68
	ZZ_1			15.35**	0.35	9.64**	7.75**
	HH_1				14.99**	5.71**	7.60**
	LS_1					9.28**	7.39**
	HL_1						1.88
	LH_1						
甲宽	ZL_1	2.04**	0.77	5.00**	0.39	4.89**	2.89**
	LL_1		2.81**	2.96	1.65*	2.85**	0.84
	ZZ_1			5.77**	1.16	5.66**	3.65**
	HH_1				4.61**	0.11**	2.11
	LS_1					4.50**	2.50*
	HL_1						2.00
	LH_1						

续表

性状	子一代 F_1	差异显著性					
		LL_1	ZZ_1	HH_1	LS_1	HL_1	LH_1
甲长	ZL_1	2.50**	0.85	5.48**	0.89	4.25**	3.13**
	LL_1		3.35**	2.98**	1.62**	1.75*	0.63
	ZZ_1			6.33**	1.74**	5.10**	3.98**
	HH_1				4.60**	1.23	2.35*
	LS_1					3.37**	2.25*
	HL_1						1.12
	LH_1						
体高	ZL_1	2.05**	1.24	3.77**	0.74*	2.99**	2.29**
	LL_1		0.81*	1.72**	1.31**	0.95*	0.24
	ZZ_1			2.53**	0.50	1.76**	1.05**
	HH_1				3.03**	0.78	1.48*
	LS_1					2.25**	1.55**
	HL_1						0.70
	LH_1						
体重	ZL_1	2.50**	0.85	5.48**	0.89	4.25**	3.13**
	LL_1		3.35**	2.98**	1.62**	1.75*	0.63
	ZZ_1			6.33**	1.74**	5.10**	3.98**
	HH_1				4.60**	1.23	2.35*
	LS_1					3.37**	2.25*
	HL_1						1.12
	LH_1						

注：** 表明差异极显著（$P<0.01$）；* 表明差异显著（$P<0.05$）

1.1.1 子一代全甲宽的比较

由表 1 可知，7 个子一代群体平均全甲宽范围为 103.18～118.64 mm，其中种群内自繁组的平均全甲宽范围为 103.18～118.53 mm，种群间杂交组的平均全甲宽范围为 108.89～118.64 mm；在变异系数上，ZL_1 变异系数最大，为 11.05%；LL_1 变异系数最小，为 6.42%。

方差分析表明子一代不同群体间全甲宽差异极显著（$P<0.01$）。多重分析表明，ZL_1 与亲本之一的子一代 LL_1 存在极显著差异，与 ZZ_1 不存在显著差异；LS_1 与亲本之一的子一代 LL_1 存在极显著差异，与 ZZ_1 不存在显著差异；HL_1 与亲本的子一代 LL_1、HH_1 均存在极显著差异，LH_1 与亲本之一的子一代 HH_1 存在极显著差异，与 LL1 不存在显著差异。

1.1.2 子一代甲宽的比较

从表 1 可以看出，7 个子一代群体平均甲宽的范围为 52.04～57.81 mm，其中种群内自繁组的平均甲宽在 52.04～57.81 mm 之间，种群间杂交组的平均甲宽在

52.15～56.65 mm之间；在变异系数上，ZL_1的变异系数最大，为12.56%；LH_1变异系数最小，为6.02%。

方差分析表明子一代不同群体间甲宽差异极显著（$P<0.01$）。多重分析表明，ZL_1与亲本之一的子一代LL_1存在极显著差异，与ZZ_1不存在差异；LS_1与亲本之一的子一代LL_1存在显著差异，与ZZ_1不存在显著差异；HL_1与亲本的子一代LL_1、HH_1均存在极显著差异，LH_1与亲本的子一代均不存在显著差异。

1.1.3 **子一代甲长的比较**

从表1可以看出，7个子一代群体平均甲长的范围为：48.94～55.27 mm，其中种群内自繁组的平均甲长在48.94～55.27 mm之间，种群间杂交组的平均甲长在50.17～53.93 mm之间；在变异系数上，ZL_1的变异系数最大，为10.10%；LH_1变异系数最小，为5.50%。

方差分析表明子一代不同群体间甲长差异极显著（$P<0.01$）。多重分析表明，ZL_1与亲本之一的子一代LL_1存在极显著差异，与ZZ_1不存在显著差异；LS_1与亲本的子一代LL_1、ZZ_1均存在极显著差异；HL_1与亲本之一的子一代LL_1存在显著差异，与HH_1不存在显著差异；LH_1与亲本之一的子一代HH_1存在差异，与LL_1不存在显著差异。

1.1.4 **子一代体高的比较**

从表1可以看出，7个子一代群体平均体高的范围为27.07～30.10 mm，其中种群内自繁组的平均体高在27.07～29.60 mm之间，种群间杂交组的平均体高在28.10～30.10 mm之间；在变异系数上，ZL_1的变异系数最大，为9.96%；ZZ_1变异系数最小，为6.45%。

方差分析表明，子一代不同群体间体高差异极显著（$P<0.01$）。多重分析表明，ZL_1与亲本之一的子一代LL_1存在极显著差异，与ZZ_1不存在显著差异；LS_1与亲本之一的LL_1存在极显著差异，与ZZ_1不存在显著差异；HL_1与亲本之一的子一代LL_1存在显著差异，与HH_1不存在显著差异；LH_1与亲本之一的子一代HH_1存在显著差异，与LL_1不存在显著差异。

1.1.5 **子一代体重的比较**

从表1可以看出，7个子一代群体平均体重的范围为72.13～104.80 g，其中种群内自繁组的平均体重在72.13～104.8 g之间，种群间杂交组的平均体重在81.50～101.1 g之间；在变异系数上，LS_1的变异系数最大，为19.04%；LH_1变异系数最小，为15.79%。方差分析表明，子一代不同群体间体高差异极显著（$P<0.01$）。多重分析表明，ZL_1与亲本之一的子一代LL_1存在极显著差异，与ZZ_1不存在显著差异；LS_1与亲本的子一代LL_1、ZZ_1存在极显著差异；HL_1与亲本之一的子一代LL_1存在显著差异，与HH_1不存在显著差异；LH_1与亲本之一的子一代HH_1存在显著差异，与LL_1不存在显著差异。

杂种优势的产生，主要是由于优良显性基因的互补作用和群体中杂合子频率的增加，抑制和减弱了不良基因的作用，提高了整个群体的平均显性效应和上位效应。

杂种优势从整个有机体来看，主要表现在生活力、耐受力、抗病力和繁殖性能提高，饵料转化率和生长速度加快；从质量性状来看，主要表现在畸形、缺陷、致死、半致死现象减少；从数量性状来看，群体各项指标的平均值提高。但个别时候，某些等位基因间的相互作用会产生负的显性效应，杂种群体在个别性状上表现出均值低于双亲均值或双亲中的任何一方现象。相对于杂种优势而言，即所谓的“劣势”。本研究结果显示，大多数杂交组合表现出不同程度的杂种优势，但 LS_1 的甲长、存活率和 HL_1 的甲宽、甲长表现出杂种劣势。原因可能是本实验所选择的亲本都是未经过选择的野生种群，这些亲本的遗传差异很大，因此用这些亲本进行杂交所得的 F_1 表型参差不齐，出现杂种优势减弱甚至劣势。

1.2 杂交子一代的杂交优势率

杂种优势在不同性状不同组合间存在差异，除 LS_1 的甲长、存活率和 HL_1 的甲宽、甲长表现出杂种劣势外，其他的杂交子一代各个性状均表现出一定程度的杂种优势（0.33%～46.12%）。

表 3 三疣梭子蟹不同地理种群间杂交子一代主要性状的杂交优势率

子一代 F_1	主要性状杂交优势率(%)					
	全甲宽	甲宽	甲长	体高	体重	存活率
ZL_1	2.28	0.33	0.63	3.10	4.37	46.12
LS_1	1.88	0.43	−0.10	3.10	0.83	−7.85
HL_1	0.53	−1.91	−0.52	0.61	1.20	36.00
LH_1	2.27	1.18	1.71	2.22	3.32	3.75

种间杂交和种内杂交可以通过非加性效应改善养殖品种的性状，无论两个亲本的等位基因差异如何，杂交后代都会表现出不同程度的杂种优势。不过，数量性状的杂交优势与杂交群体的基因频率直接相关。现在的杂种优势理论认为，两杂交群体在控制某一性状的一些基因频率上差异愈大，这个性状所表现出的杂种优势也愈大。两个群体间的基因频率相差越大，群体选育的纯化程度越高，所获得的杂种优势就越大。综合比较得知 ZL_1 群体比其他 3 个群体杂种优势又大一些，这在一定程度上说明舟山和莱州湾两个种群之间基因频率差别最大，这和高保全等(2007)三疣梭子蟹 4 个野生群体形态差异分析的结果一致。

本研究结果清楚地表明，在相同环境和同期育苗的条件下，4 个杂交子一代群体在存活率和 5 个生长指标方面，与 3 个自繁子一代群体存在极显著差异，所获得的 7 个子一代群体均产生了一定程度的形态差异，而且 4 个杂交子一代群体均不同程度表现出的杂交优势，这些杂交子一代群体有望成为进一步选育的基础群体。

（作者：高保全，刘萍，李健）

2. 三疣梭子蟹形态性状对体重影响的效果分析

三疣梭子蟹全甲宽、体重是遗传育种、苗种繁育及科学研究的重要依据。其中体重是最直接的育种目标性状之一。在选择育种中，由于体重称重必须等待并需要合适的工具，现场操作困难，而形态指标则容易准确度量、简易直观。因此利用相关分析、通径分析、回归分析，弄清形态性状与体重之间的相互关系、形态性状对体重直接影响的大小，从而通过测量形态性状达到选种目的，具有非常重要的实际意义。

三疣梭子蟹成体样本于 2005 年 10 月中旬取自辽东湾、莱州湾、海州湾、舟山群岛四个采样地点，全甲宽 125.13～205.19 mm。每个采样点随机选取 50 只共计 200 个个体。采用游标卡尺，测量全甲宽、甲长、第一侧齿间距、第二侧齿间距、大螯不动指长、大螯不动指宽、大螯不动指高、大螯长节的长、第一步足长节的长、第一步足长节的宽、厚、甲宽共 12 项长度指标。用电子天平，测量体重。全甲宽(X_1)、甲长(X_2)、甲宽(X_3)、体高(X_4)、第一侧齿间距(X_5)、第二侧齿间距(X_6)、大螯不动指长(X_7)、大螯不动指宽(X_8)、大螯不动指高(X_9)、大螯长节长(X_{10})、第一步足长节长(X_1)、第一步足长节宽(X_{12})、体重(Y)测定结果经初步统计整理，获得各项表型参数统计量后，分别进行表型相关分析、形态性状各指标对体重影响的通径分析和决定系数的计算，进而分析了这些性状对体重的直接作用和间接影响，建立了回归方程。相关系数计算公式为：

$$r_{xy}=\frac{\sum_{i=1}^{n}(\mathrm{x_i}-\overline{\mathrm{x}})(y_i-\overline{y})}{\sqrt{\sum_{i=1}^{n}(\mathrm{x_i}-\overline{\mathrm{x}})^2\sum_{i=1}^{n}(y_i-\overline{y})^2}}$$

通径系数 $P_{xi},_y$ 简写为 P_i，是标准化变量后的偏回归系数，也称为标准偏回归系数；决定系数又区分为两种，单个自变量对依变量的决定系数为 $d_{xi},_y$，简写为 d_i，两个性状对体重的共同决定系数 $d_{xixj},_y$ 简写为 d_{ij}，计算公式分别为：$p_i=b_i\frac{s_{xi}}{S_y}$，$b_i$ 为偏回归系数，s_{xi} 为 x_i 的标准差、s_y 为 y 的标准差。$d_i= p_i2$，$d_{ij}=2\mathrm{r_y}\times p_i\times p_j$。

2.1 各性状表型参数统计量

所测形态和体重的数据资料，初步整理后的表型统计量列于表 4。

表 4 所测各性状的表型统计量

性状	平均数	标准差	变异系数(%)
全甲宽(mm)	147.81	19.452	13.16
甲长(mm)	65.67	8.792	13.39
甲宽(mm)	76.27	10.258	13.45
体高(mm)	36.15	4.900	13.55
第一侧齿间距(mm)	41.38	4.946	11.95

续表

性状	平均数	标准差	变异系数(%)
第二侧齿间距(mm)	52.74	6.457	12.24
大螯不动指长(mm)	77.74	11.542	14.85
大螯不动指宽(mm)	12.81	2.069	16.15
大螯不动指高(mm)	18.61	3.022	16.23
大螯长节长(mm)	55.69	8.954	16.08
体重(g)	176.74	65.765	37.20
第一步足长节长(mm)	33.01	4.301	13.03
第一步足长节宽(mm)	9.25	1.187	12.83

2.2 性状间的相关系数

三疣梭子蟹各性状相互之间的表型相关系数列于表 5

表 5 性状间表型相关系数

性状	FCW	CL	CW	BH	FOMW	SOMW	FFLC	FFWC	FFHC	MLC	MWFP	MLFP	BW
FCW	1	0.952	0.964	0.950	0.946	0.958	0.733	0.823	0.853	0.683	0.933	0.829	0.955
CL		1	0.969	0.867	0.956	0.960	0.764	0.833	0.867	0.703	0.924	0.847	0.957
CW			1	0.940	0.955	0.960	0.789	0.830	0.857	0.738	0.940	0.880	0.958
BH				1	0.930	0.937	0.681	0.814	0.835	0.618	0.915	0.785	0.942
FOMW					1	0.965	0.754	0.828	0.851	0.686	0.930	0.854	0.958
SOMW						1	0.724	0.831	0.868	0.663	0.930	0.826	0.956
FFLC							1	0.640	0.600	0.930	0.736	0.920	0.763
FFWC								1	0.895	0.581	0.817	0.702	0.844
FFHC									1	0.540	0.825	0.696	0.864
MLC										1	0.682	0.863	0.687
MWFP											1	0.838	0.930
MLFP												1	0.844
BW													1

注：全甲宽，FCW；甲长，CL；甲宽，CW；体高，BH；第一侧齿间距，FOMW；第二侧齿间距，SOMW；大螯不动指长，FFLC；大螯不动指宽，FFWC；大螯不动指高，FFHC；大螯长节长，MLC；体重，BW；第一步足长节长，MLFP；第一步足长节宽，MWFP；下同。

由表 5 可见，所列各性状间的表型相关性都呈极显著水平，表明所选指标进行相关分析具有重要的实际意义。体重与其他性状间均为正相关，相关程度大小依次为：$r_{5y} > r_{3y} > r_{2y} > r_{6y} > r_{1y} > r_{4y} > r_{13y} > r_{9y} > r_{12y} > r_{8y} > r_{7y} > r_{10y}$。

有的自变量和依变量的相关系数很大，但是它对依变量的直接影响并不一定很大，因为相关系数是两个变量间的综合，包含两者的直接影响和通过其他变量的间接影响。直接影响反映两者的本质关系，是我们在错综复杂的关系中抓住主要矛盾的依据。还有的情况是，自变量与依变量的相关系数不显著，但是通径系数却达到显著水平。本研究表明：所测 12 项形态间的相关系数均为极显著水平，大螯不动指长与体重的相关系数为 0.730，通径系数为 0.193，甲宽与体重的相关系数为 0.958，但通径系数为 0.044 并没有达到显著性水平。这充分说明，相关分析并不一定能确切阐述两个变量之间的真实关系，相关分析只是进行多元分析的基础。

2.3 形态性状对体重的通径系数

根据通径分析原理，利用 EXCEL 软件得到各性状对体重的通径系数，经显著性检验，保留了达到显著水平的全甲宽、甲长、体高、第一侧齿间距、第二侧齿间距、大螯不动指长 6 个变量。这 6 个变量的通径系数分别为全甲宽 $P_1=0.163\ 3$、$P_2=0.132\ 4$、体高 $P_4=0.176\ 2$、第一侧齿间距 $P_5=0.237\ 9$、第二侧齿间距 $P_6=0.061\ 3$、大螯不动指长 $P_7=0.193\ 2$。进而得到相关指数 $R_2=0.882\ 6$。

通径系数反映自变量对依变量的直接影响。在保留的形态性状中，第一侧齿间距对体重的直接影响最大，第二侧齿间距对体重的直接影响最小。

通径分析中，通径系数表示自变量对依变量的直接影响的大小，随着所选择的变量个数和性质的不同而不同，如果增减自变量的个数或者更换自变量，通径系数都会发生改变，考虑的性状越多，分析结果就越可靠，但统计分析就越复杂。一般情况下，以自变量对依变量的表型相关系数达到显著水平为自变量入选条件，表型相关系数不显著者予以剔除。入选的形态性状中全甲宽、甲长、体高、第一侧齿间距、第二侧齿间距、大螯不动指长 6 个变量达到显著水平。

2.4 各形态性状对体重的作用

根据相关系数的组成效应，可将形态各性状与体重的相关系数剖分为各性状的直接作用（通径系数 P_i）和各性状通过其他性状的间接作用两部分 $r_{xiy}=p_i+\sum r_{ij}p_j$，结果见表 6。

表 6 三疣梭子蟹形态性状对体重的影响

性状	相关系数	直接作用	间接作用					
			第一侧齿间距 FOMW	大螯不动指长 FFLC	体高 BH	全甲 FCW	宽甲长 CL	第二侧齿间距 SOMW
第一侧齿间距	0.958 0	0.237 9	0.683 4	0.179 4	0.163 9	0.154 4	0.126 6	0.059 1
大螯不动指长	0.763 0	0.193 2	0.564 4	0.145 7	0.131 6	0.141 6	0.101 2	0.044 3
体高	0.942 0	0.176 2	0.623 5	0.163 9	0.120 0	0.167 4	0.114 8	0.057 4
全甲宽	0.955 0	0.163 3	0.718 6	0.225 1	0.141 6	0.167 2	0.126 1	0.058 6
甲长	0.957 0	0.132 4	0.742 0	0.227 4	0.147 6	0.152 8	0.155 4	0.587 0
第二侧齿间距	0.956 0	0.061 2	0.818 0	0.229 6	0.139 7	0.165 1	0.156 4	0.127 1

由表6可以看出，形态性状对体重的间接作用均大于直接作用。与体重相关系数最大的第一侧齿间距，对体重的直接作用也最大。第二侧齿间距对体重的直接作用较小，其间接作用最大，主要通过第一侧齿间距、体高、全甲宽间接地影响体重。

2.5 形态各性状对体重的决定程度分析

根据单个性状对体重的决定系数为 $d_i=p_i^2$，两个性状对体重的共同决定系数 $d_{ij}=2r_{ij}p_ip_j$，计算出形态性状间协同对体重的决定系数，见表7。

表7 三疣梭子蟹形态性状对体重的决定系数

性状	第一侧齿间距 FOMW	大螯不动指长 FFLC	体高 BH	全甲宽 FCW	甲长 CL	第二侧齿间距 SOMW
第一侧齿间距	0.056 6	0.069 3	0.077 9	0.073 6	0.060 4	0.028 1
大螯不动指长		0.037 2	0.046 4	0.046 3	0.039 3	0.017 2
体高			0.031 0	0.054 7	0.041 0	0.020 2
全甲宽				0.026 7	0.041 2	0.019 1
甲长					0.017 5	0.015 6
第二侧齿间距						0.003 7

表7的对角线上给出了每个形态性状单独对体重的决定系数，对角线以上给出了两两性状共同对体重的决定系数。6个单独的决定系数和15个两两共同决定系数的总和为0.823 0。通过分析，第一侧齿间距、大螯不动指长、体高、全甲宽、甲长、第二侧齿间距对体重的相对决定程度分别为5.66%、3.72%、3.10%、2.67%、1.75%、0.37%，其中第一侧齿间距的决定程度最大，第二侧齿间距的决定程度最小。共同决定系数中第一侧齿间距与体高和全甲宽对体重的共同决定程度最大，分别为7.79%和7.36%。

进行通径分析和决定系数分析时，只有当相关指数 R^2 或各个自变量对依变量的单独决定系数及两两共同决定系数的总和在数值上大于或等于0.85时候，才表明依变量的主要自变量已找到。本研究得到 $R^2=0.882\ 6$，说明所保留的三疣梭子蟹形态形状是影响体重的重点性状，进一步说明通径系数分析结果能够反映形态性状与体重之间的真实关系。在选择育种中，全甲宽、甲长、体高、第一侧齿间距、第二侧齿间距、大螯不动指长是理想的测度指标。

2.6 多元回归方程的建立

运用逐步回归法，建立以体重为依变量、以全甲宽、甲长、体高、第一侧齿间距、大螯不动指长为自变量的最优回归方程。$Y=4.117X_5+2.939X_4+1.592X_2+0.67X_1+0.417X_7-335.862$，其中 Y 为体重(g)、X_1 为全甲宽(mm)、X_2 为甲长(mm)、X_4 为体高(mm)、X_5 为第一侧齿间距(mm)、X_7 为大螯不动指长(mm)。由多元回归方程的方差分析(表8)，可知回归关系达到极显著水平($P<0.01$)。经各个偏回归系数的显著性检验(表9)表明所有偏回归系数均达到极显著水平($P<0.01$)。

表 8 多元回归方程的方差分析

自变量个数			5个变量		
指数	自由度 *df*	总平方和 *ss*	均方 *SS*	*F* 值	显著性 sig
回归	5	819 158.0	163 831.1	765.3	0.000
残差	194	41 526.1	214.1		
总计	199	860 684.1			

表 9 偏回归系数检验

参数	常量	第一侧齿间距	体高	甲长	全甲宽	大螯不动指长
偏回归系数	−335.862	4.117	2.939	1.592	0.670	0.417
t 值	−37.270	5.172	4.054	3.272	3.036	2.910
显著性 sig	0.000	0.000	0.000	0.000	0.000	0.000

为验证所得回归方程的可靠性，又重新测了 50 只三疣梭子蟹五项形态性状：全甲宽、甲长、体高、第一侧齿间距、大螯不动指长及体重。把 5 项形态性状代入方程得出的体重值和观察值进行单因素方差分析，差异不显著，说明该方程可以运用于实际生产中。数量性状的指标一般分为两类：以长度来度量的生长指标和以重量来度量的生长指标。本研究用三疣梭子蟹的长度性状和重量性状来共同探讨三疣梭子蟹数量性状间的关系。把形态作为自变量，其对重量性状的回归相关性极显著，可见对三疣梭子蟹而言，形态性状作为自变量是恰当的，这一现象在栉孔扇贝、中国对虾等中得到了证实。结果说明在三疣梭子蟹的选择育种中全甲宽、甲长、体高、第一侧齿间距、第二侧齿间距、大螯不动指长是理想的测度指标。

（作者：高保全，刘萍，李健，迟恒，戴芳钰）

3. 三疣梭子蟹不同日龄生长性状相关性及其对体重的影响

目前，三疣梭子蟹养殖业主要依靠捕捞野生蟹来育苗繁殖。通过定向选育，培育生长快的三疣梭子蟹新品种是目前迫切的任务。三疣梭子蟹的全甲宽、甲宽、甲长、体高和体重等生长性状是遗传选育的重要数量性状，具有直观性和可度量性，明确各性状之间的相关性和紧密程度，对于三疣梭子蟹的选育具有重要意义。

对性状间的相关关系进行研究，可以对两性状间的关系进行明确的定量，有利于制订合理的多性状选择方案。例如，重要经济对虾、沼虾、大西洋鲑、鲤鱼、贝类、大菱鲆幼鱼等（刘小林等，2004；罗坤等，2008；Ahmed et al，2000；李思发等；2006；张存善等，2009）研究表明，生长性状和体重之间具有重要的直接相关和间接相关。有关三疣梭子蟹数量性状相关性研究较少，仅高保全等（2008）开展了三疣梭子蟹形态性状对体重影响的效果分析。本研究利用人工定向交尾技术构建 38 个三疣梭子蟹家系，测量了它们不同日龄的生长性状参数，并通过遗传相关和表型相关的计算分析了各生长性状之间的相关性。旨在为三疣梭子蟹的选择育种提供可靠的依据和指导。

自 2005 年在昌邑海丰养殖公司通过构建家系进行选择育种，冬季室内越冬，次年 3 月底采用人工控温方法促使亲蟹排幼，每年 8 月底挑选发育比较好的个体，通过自交构建传代家系。至 2008 年已选育至第三代(F_3)。2007 年 10 月，采用定向交尾技术，挑选每个家系内性腺发育良好的个体，用标记笔于蟹背部编号做标记，放入室内水泥池规格为 0.5 m×0.5 m×0.5 m 的网箱中，每箱放入亲蟹 1 雄 3 雌，每个池子共 15 个网箱。注水量约为 0.1 立方米 / 箱，水温 23℃ ～25℃。交配成功的亲蟹越冬后，挑选健壮、性腺发育成熟、无外伤的个体作为待产蟹。培育条件(水的盐度和温度、幼体密度、饲料和溶氧等)尽量一致。生长至Ⅱ期幼蟹 3～5 d 内，人工计数和天平称量相结合，每个家系随机取 1 500 尾蟹苗，转移到室外养殖。室外养殖采用每个家系 200 m^2 养殖围格，使每个小格的水环境尽量保持一致。用游标卡尺(精确到 0.1 mm)测量全甲宽、甲宽、甲长和体高，用天平(精确到 1 g)测量体重。

采用 EXCEL，SPSS11.0 软件分析和处理数据，父系半同胞组内相关法计算表型相关和遗传相关。① 表型相关：$r_P = C_P\big/\sqrt{V_{P(X)}+V_{P(Y)}}$，$C_P$ 为性状 X 和性状 Y 的表型协方差，V_P(X)和 V_P(Y)分别为性状 X 和性状 Y 的表型方差。② 遗传相关：$r_G = C_G\big/\sqrt{V_{G(X)}+V_{G(Y)}}$，$C_G$ 为性状 X 和性状 Y 的遗传协方差，V_G(X)和 V_G(Y)分别为性状 X 和性状 Y 的遗传方差。③ 通径系数 $P_{x_i,y}$ 简写为 P_i 是标准化变量后的偏回归系数，也称为标准偏回归系数；决定系数又区分为两种，单个自变量对依变量的决定系数为 $d_{x_i,y}$，简写为 d_i，两个性状对体重的共同决定系数 $d_{x_ix_j,y}$ 简写为 d_{ij}，计算公式分别为：$P_i = b_i \times \frac{Sxi}{Sy}$，$b_i$ 为偏回归系数，s_{x_i} 为 x_i 的标准差、s_y 为 y 的标准差。$d_i = P_{i2}$，$d_{ij} = 2ry \times P_i \times P_j$。

3.1 三疣梭子蟹不同日龄生长性状的表型参数统计量

不同日龄的全甲宽、甲宽、甲长、体高和体重的平均值、标准差和变异系数见表 10。由表 10 可见，不同日龄体重性状的变异幅度最大，80 d、100 d 和 120 d 的变异系数分别为 47.76%，40.46%和 28.9%，100 d 时，甲宽(30.5%)和甲长(30.5%)变异幅度较大而全，甲宽(14.56%)和体高(15.67%)变异幅度相对较小。

表 10　三疣梭子蟹不同日龄 5 个生长性状的表型参数统计量

性状	80 d (n = 1 209)			100 d (n = 1 209)			120 d (n = 1 209)		
	平均数	标准差 SD	变异系数 CV	平均数	标准差 SD	变异系数 CV	平均数	标准差 SD	变异系数 CV
全甲宽(mm)	83	15	17.61	107.7	15.68	14.56	122.7	12.8	10.4
甲宽(mm)	40	7.5	18.51	54.37	16.59	30.5	61.38	6.71	10.9
甲长(mm)	37	6.5	18.51	54.37	16.59	30.5	31.38	6.71	10.9
体高(mm)	21	3.6	17.49	26.89	4.215	15.67	29.98	3.34	11.2
体重(mm)	34	16	47.76	70.66	28.59	40.46	99.75	28.8	28.9

3.2 三疣梭子蟹不同日龄生长性状的表型相关系数和遗传相关系数分析

三疣梭子蟹不同日龄各性状间的表型相关系数和遗传相关系数见表 11。由表 11 可以看出，所列 5 个性状两两间的表型相关系数在同一测量阶段都呈极显著水平（$P<0.01$）。不同日龄，各性状的表型相关系数大小排列顺序不同，80 d：$a_1>a_2>a_4=a_5>a_7>a_3=a_9>a_6>a_8>a_{10}$，100 d：$a_2>a_4>a_9>a_1>a_5>a_7>a_3>a_8>a_6>a_{10}$，120 d：$a_2>a_5>a_1>a_9>a_7>a_4>a_8>a_3>a_6>a_{10}$。各性状在各期对体重的表型相关系数均达到极显著水平，经偏相关系数检验都为正相关，且除 100 d 体高与体重和 120 d 全甲宽与体重成弱正相关外，其他都为强正相关。

表 11 三疣梭子蟹不同日龄 5 个生长性状间的表型相关系数和遗传相关系数

不同日龄	80 d		100 d		120 d	
	a	b	a	b	a	b
全甲宽—甲宽（a_1, b_1）	0.972**	0.794**	0.958**	0.916**	0.921**	0.936**
全甲宽—甲长（a_2, b_2）	0.960**	0.822**	0.965**	0.932**	0.949**	0.950**
全甲宽—体高（a_3, b_3）	0.934**	0.906**	0.820**	0.964**	0.811**	0.975**
全甲宽—体重（a_4, b_4）	0.954** （0.3037**）	0.756**	0.960** （0.3113**）	0.699**	0.858** （0.0387）	0.508**
甲宽—甲长（a_5, b_5）	0.954**	0.174**	0.955**	0.579**	0.923**	0.490**
甲宽—体高（a_6, b_6）	0.929**	0.773**	0.813**	0.906**	0.781**	0.934**
甲宽—体重（a_7, b_7）	0.949** （0.2244**）	0.210**	0.953** （0.2886**）	0.567**	0.865** （0.2502**）	0.665**
甲长—体高（a_8, b_8）	0.916**	0.752**	0.817**	0.891**	0.815**	0.928**
甲长—体重（a_9, b_9）	0.934** （0.1231**）	0.170**	0.959** （0.3204**）	0.610**	0.878** （0.2669**）	0.715**
体高—体重（a_{10}, b_{10}）	0.913** （0.1244**）	0.348**	0.810**	0.765**	0.759** （0.1153**）	0.842**

注：表中 a－表型相关系数，b－遗传相关系数。** 表示（偏）相关系数极显著（$P<0.01$），* 表示（偏）相关系数显著（$P<0.05$），括号（）内为偏相关系数。

由表 11 可知，不同日龄各性状遗传相关系数在 0.170～0.975 之间，大小排列顺序不同，80 d：$b_3>b_2>b_1>b_6>b_4>b_8>b_{10}>b_7>b_5>b_9$，100 d：$b_3>b_2>b_1>b_6>b_8>b_{10}>b_4>b_9>b_5>b_7$，120 d：$b_3>b_2>b_1>b_6>b_8>b_{10}>b_9>b_7>b_4>b_5$，各性状在各期对体重的表型相关系数均达到极显著水平，其中全甲宽在不同日龄都与体高的遗传相关最大，各性状在不同日龄对体重的平均遗传相关分别为：$b_4=0.654$，$b_{10}=0.652$，$b_9=0.489$，$b_7=0.481$。

遗传相关可以用来描述不同性状之间由于遗传原因造成的相关程度大小，实际为两性状基因型值间的相关。本书通过计算，所选 5 个性状的遗传相关系数在 0.170～0.975（$P<0.01$）之间，表明所选性状均是影响三疣梭子蟹生长的主要性状。不

同性状间的遗传相关系数差异较大，说明结果可作为间接选择的重要依据。例如不同日龄全甲宽和体高的遗传相关系数在0.906～0.975之间，如对全甲宽进行选择，体高也会获得较大提高。不同日龄中全甲宽和体重的遗传相关系数为0.508，0.699和0.756，与其他所选性状相比，平均遗传相关最大，且在3个日龄中差异最小。表明所选性状中，全甲宽对选育具有最重要的指导作用。所有性状平均遗传相关系数随着生长日龄增大而增大，为0.571＜0.783＜0.794。表型参数的变异系数可以看出，体重的变异系数在5个性状中最高，分别为47.76%，40.46%和28.9%，如确定其他的4个性状为选育指标，可对体重进行间接选育，而对后者进行选择时，前者也可获得较大提高。可对任意两性状进行间接选择。

与遗传相关相比，表型相关还包括环境因素。本书所列各性状的表型相关系数都呈极显著水平($P<0.01$)。其中全甲宽与甲宽、全甲宽与甲长、甲宽与甲长的表型相关系数在各期都较大，而体高与各性状的表型相关系数相对较小。各性状在各期对体重的表型相关系数均达到极显著水平，经偏相关系数检验都为正相关，且除100 d时体高与体重、120 d时全甲宽与体重成弱正相关外，其他都为强正相关，其中全甲宽100 d时与体重的表型相关系数最大，达到0.960。

3.3 三疣梭子蟹不同日龄生长性状对体重的作用

由表12可知，100 d时全甲宽对体重的直接影响明显大于间接影响，120 d时甲长对体重的直接影响也大于间接影响，不同生长时期体高对体重的直接影响都较小，主要通过全甲宽间接地影响体重。120 d时甲宽和甲长对体重的直接影响相对较大，全甲宽和体高对体重的直接影响较小，主要通过甲宽和甲长间接地影响体重。说明不同日龄影响体重的形态性状不同，对选育和实际生产具有重要的指导意义。

表12 三疣梭子蟹不同日龄生长性状对活体重的影响

	性状	相关系数 r_{ij}	直接影响 P_i	Σ	间接影响 $r_{ij}P_j$ 全甲宽 x_1	甲宽 x_2	甲长 x_3	体高 x_4
80d	全甲宽(X_1)	0.954**	0.4458	0.509		0.287	0.126	0.096
	甲宽(X_2)	0.949**	0.2948	0.653	0.433		0.125	0.095
	甲长(X_3)	0.934**	0.1314	0.803	0.428	0.281		0.094
	体高(X_4)	0.913**	0.1025	0.810	0.416	0.274	0.120	
100d	全甲宽(X_1)	0.960**	0.9092	0.080		0.050	0.039	−0.009
	甲宽(X_2)	0.953**	0.0526	0.900	0.871		0.038	−0.009
	甲长(X_3)	0.959**	0.0402	0.918	0.877	0.050		−0.009
	体高(X_4)	0.810**	−0.0111	0.822	0.746	0.043	0.033	
120d	全甲宽(X_1)	0.858**	0.0608	0.796		0.302	0.419	0.075
	甲宽(X_2)	0.865**	0.3284	0.537	0.056		0.408	0.073

续表

性状	相关系数 r_{ij}	直接影响 P_i	间接影响 $r_{ij}P_j$				
			$\sum$	全甲宽 x_1	甲宽 x_2	甲长 x_3	体高 x_4
甲长(X_3)	0.878**	0.4420	0.434	0.058	0.303		0.073
体高(X_4)	0.759**	0.0929	0.650	0.049	0.256	0.345	

3.4 三疣梭子蟹不同日龄生长性状对体重的决定程度分析

由表 13 可知，80 d 和 100 d 时全甲宽对体重的决定系数最大，相对决定程度分别为 19.87%，82.67%，120 d 时甲长和甲宽对体重的决定系数较大，相对决定程度分别为 19.53%，10.78%，其结果与前面直接影响和间接影响的计算结果相一致。不同日龄，体高对体重的决定系数最小，100 d 时成微弱的负效应。

表 13 三疣梭子蟹不同日龄 4 个生长性状对体重的决定系数

	性状	全甲宽	甲宽	甲长	体高
80 d	全甲宽(X_1)	0.198 7			
	甲宽(X_2)	0.255 5	0.086 9		
	甲长(X_3)	0.074 4	0.073 9	0.017 3	
	体高(X_4)	0.085 4	0.056 1	0.024 7	0.010 5
100 d	全甲宽(X_1)	0.826 7			
	甲宽(X_2)	0.091 7	0.002 8		
	甲长(X_3)	0.040 2	0.004 0	0.001 6	
	体高(X_4)	−0.016 6	−0.000 9	−0.000 7	0.000 1
120 d	全甲宽(X_1)	0.003 7			
	甲宽(X_2)	0.036 8	0.107 8		
	甲长(X_3)	0.051 0	0.267 9	0.195 3	
	体高(X_4)	0.009 2	0.047 1	0.066 9	0.008 6

3.5 多元回归方程的建立和相关分析

建立以各测量时期活体体重为依变量、以形态指标为自变量的回归方程如下：不同日龄回归方程 R^2 80 d 回归方程：$Y=-54.113+0.491X_1+0.632X_2+0.325X_3+0.451X_{40.921}$；100 d 回归方程：$Y=-123.484+0.627X_1+0.928X_2+1.433X_3+0.152X_{40.922}$；120 d 回归方程：$Y=-158.239+0.137X_1+1.410X_2+2.370X_3+0.800X_{40.759}$；回归方程中，$Y$ 为活体体重(g)；X_1 为全甲宽(mm)；X_2 为甲宽(mm)；X_3 为甲长(mm)；X_4 为体高(mm)，R^2 为方程判定系数，由 SPSS 软件直接计算得出。不同时期的 R^2 分别为 0.921，0.942，0.795，说明变量体重和自变量全甲宽、甲宽、甲长和体高之间的线性相关程度较大。

多元回归方程的方差分析见表 14，由表 14 可知，体重与各形态性状的回归关系达到极显著水平（$P<0.01$）。偏回归系数的检验见表 15，由表 15 可知，所有偏回归系数均达到极显著水平（$P<0.01$）。经回归预测，估计值与观察值差异不显著，说明所列方程可以简便可靠地应用于实际生产中。

表 14　多元回归方程的方差分析

自变量个数	指标	发育阶段	回归	残差	总计
5 个自变量	*F*	80 d	3 530.001		
		100 d	4 641.37		
		120 d	8 80.274		
	p	80 d	0		
		100 d	0		
		120 d	0		

表 15　偏回归系数检验

	参数	常数	全甲宽	甲宽	甲长	体高
80 d	偏回归系数	−54.113	0.491	0.632	0.325	0.451
	标准误差	0.784	0.044	0.0791	0.075	0.104
	t 值	−69.008	11.059	7.99	4.303	4.352
	p	0	0	0	0	0
100 d	偏回归系数	−123.484	0.627	0.982	1.433	0.152
	标准误差	1.486	0.057	0.096	0.125	0.086
	t 值	−83.099	11.071	10.185	11.43	1.768
	p	0	0	0	0	0.077
120 d	偏回归系数	−158.239	0.137	1.41	2.37	0.8
	标准误差	4.505	0.118	0.181	0.284	0.229
	t 值	−35.127	1.167	7.788	8.345	3.498
	p	0	0.244	0	0	0.000 5

3.6　三疣梭子蟹不同日龄生长性状的相关性分析

不同日龄各家系平均全甲宽间的相关性分析见图 1- 图 3，不同日龄各家系平均全甲宽存在遗传相关，且每个家系平均全甲宽两两之间存在正相关。甲宽、甲长、体高、体重在不同日龄的相关性分析与全甲宽基本一致。

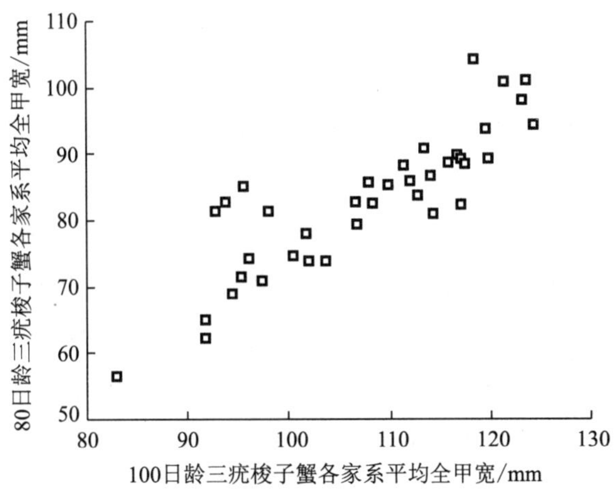

图 1 80 日龄和 100 日龄三疣梭子蟹各家系平均全甲宽间相关性分析

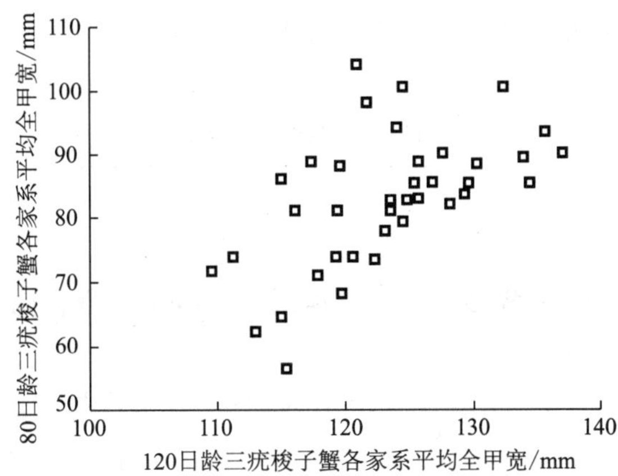

图 2 80 日龄和 120 日龄三疣梭子蟹各家系平均全甲宽间相关性分析

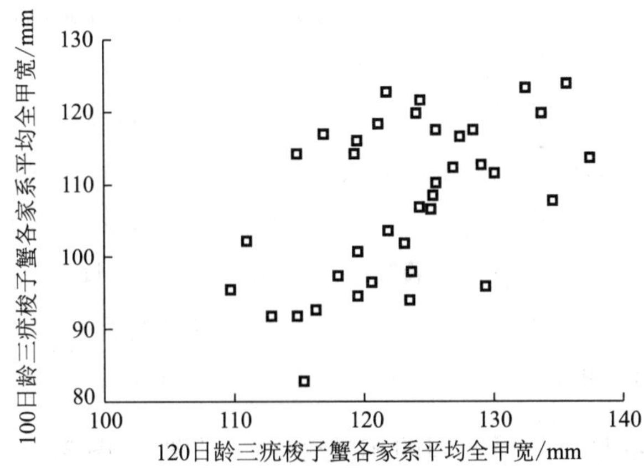

图 3 100 日龄和 120 日龄三疣梭子蟹各家系平均全甲宽间相关性分析

体重是海洋经济动物选育的一项重要指标，实际选育中常常通过选育其他性状达到间接选育体重的目的。通过通径分析和多元回归分析建立以体重为依变量，以其他相关形态性状为自变量的多元回归方程是研究间接选育的重要方法。高保全等(2007)研究了不同地理群体三疣梭子蟹形态性状对体重的影响。本书多元分析结果与高保全等结果基本一致，与前者相比，本书计算了5个性状之间的遗传相关系数，得出全甲宽是间接选育体重的重要指标，且选取不同日龄的家系选育三疣梭子蟹为材料，更能满足在不同日龄进行选择留种的要求。全甲宽对体重的直接影响最大(0.471 9)，是影响体重的主要因素，甲宽和甲长对体重的直接影响(0.225 3，0.204 5)较小，主要通过全甲宽间接影响体重，体高对体重的直接影响(0.061 4)最小。只有当相关指数 R^2 或各自变量对依变量的单独决定系数及两两共同决定系数的总和 $\sum d$（在数值上 $R^2=\sum d$)大于或等于0.85（即85%)时，表明影响依变量的主要自变量已经找到。本研究中，三个不同日龄 $R^2=0.886$，$\sum d=0.851$，在误差允许的范围内，表明所列的性状是影响体重的重点性状，其他尚未测度的性状的影响相对较小，进一步说明通径系数分析结果能够反映各性状与体重之间的真实关系。多元回归方程经偏相关系数检验，偏回归系数均达到极显著水平($P<0.01$)。由图1～图3可知，平均全甲宽离散程度逐渐加大，说明不同家系在同一生长时期同一性状变异较大，各家系的选育已经初见成效。

（作者：刘磊，高保全，李健，刘萍，戴芳钰，潘鲁青）

4. 近交对三疣梭子蟹若干经济性状衰退的影响

三疣梭子蟹已发展成我国海水养殖主导种类之一，也是我国重要的出口畅销品之一。为满足水产养殖的需要，越来越多的苗种将由人工蓄养的亲本群体提供，在苗种生产过程中，捕获的亲本数量有限，由此不可避免地会造成群体内的近交，加之累代养殖所造成的种质退化、遗传多样性降低的可能性大大增加，近交到底能否引起群体的近交衰退也日益成为人们关注的焦点(张洪玉等，2009)。

在自然条件下和人工养殖的条件下都能产生近交，近交会使物种的一些表型性状降低(Frankham et al，2001)，称为近交衰退。相比之下，存活、繁殖和竞争能力等与适应性相关的综合性状一般比形态学性状更容易受到近交的影响造成近交衰退(马大勇等，2005)。目前对各物种近交的研究多是围绕遗传多样性、有效群体大小、繁殖力、生长、存活、产量、抗逆性状等方面进行。近交衰退的程度随着物种的不同、近交程度的差异、实验测量指标的特性等而产生差异(Bensten et al，2002)。目前有关近交的研究中，并不是所有的研究结果都表现出明显的近交衰退，Crnokrak 等(1999)通过统计大量的植物近交研究结果发现，只有约54%植物近交的研究显示了显著的近交衰退，水产动物中近交的研究结果也显示不是所有研究都表现出明显的近交衰退，结果因物种、近交程度、测量指标等的差异而有明显不同。Moss 等(2007)研究近交对凡纳滨对虾(*L.vannamei*)生长和存活的影响表明在近交系数每增加10%就会引起生长产生2.6%～3.9%的衰退，且差异显著；张洪玉等(2009)等的研究则表明近交对中国对虾（*F.chinensis*）对耐盐力、耐温力和抗 WSSV 感染能力等抗逆性状上没有显著的影响，但对体长、体质量和存活等性状产生了显著的衰退；Moss 等（2007）研究近交对凡纳滨对虾生长和存活的影响表明在没有胁迫的人工养殖条件下，近交对凡纳滨对虾的存活并没有产生明显的影响。

关于近交对人工养殖的三疣梭子蟹的生长、存活以及与存活相关的产量等若干经济性状方面是否有影响、是否会使各代间的各个形态学指标产生显著差异、是否会产生近交衰退的研究还未见报道，鉴于此，笔者系统地对人工养殖的三疣梭子蟹近交六代家系的生长、存活以及与存活相关的产量等方面进行了比较，从而评估近交对三疣梭子蟹若干经济性状的影响，以期为三疣梭子蟹以后的选择育种工作提供一定的数据支持。

自 2005 年至今，本实验室收集了莱州湾海区、鸭绿江口海区、海州湾海区、舟山海区 4 个不同地理群体作为基础群体，利用人工定向交尾方法，建立了全同胞兄妹交传代家系。2005 年建立的近交家系至今传至第六代（F_6）。本实验选用 F_1 至 F_6 代，每个世代随机选取三个家系作为实验材料。梭子蟹室内人工控制定向交尾方法可用于梭子蟹的繁殖和杂交育种。本方法是用 20 目直板网将室内水泥池分割成若干个面积 1～3 m^2 的围隔，从室外人工养殖池将体重达到 180 g 以上的梭子蟹移入围隔中。每个围隔放入雄蟹 1 尾和雌蟹 1～3 尾，定时换水、充气、投饵，待雌蟹蜕皮后即可进行交尾，交尾成功后，可在雌蟹甲壳上编号作出标记。使用本方法，梭子蟹交尾率超过 80%，越冬成活率达到 80%。

每个家系 80 日龄、100 日龄、120 日龄、收获（150 日龄）时随机捕捞 30 个个体，用游标卡尺测量其全甲宽、甲宽、甲长、体高等形态学指标，精确到 0.01 mm，用电子天平测体重，精确到 1 g，统计收获时各个家系的成活个数及产量。

根据 Keller 和 Waller（2002）的观点，依据计算近交系数时所参照的亲本来源不同，本实验建立的是连续多代兄妹近亲交配的家系。

衡量被选择物种近交衰退情况的指标称为近交系数（Inbreeding coefficient，FX）。近交系数数值越大即表明个体的基因越纯合，某个体任一基因位点的两个等位基因来源于同一个祖先基因的概率越高（马大勇等，2005）。近交系数（FX）通过以下公式进行估计：

$Fx=\sum\{(\frac{1}{2})^{(n_1+n_2+1)}(1+\mathrm{FA})\}$；其中 n_1 是共同祖先与该个体父本间的世代间隔数，n_2 是共同祖先与该个体母本间的世代间隔数，FA 是共同祖先本身的近交系数。

各个表型性状与 F_1 代相比较的衰退系数（Inbreeding depression coefficient，IDC）通过以下的计算公式进行估计：$IDC=\frac{1-\frac{\overline{W}_{\mathrm{Inbred}}}{\overline{W}}}{(F-F_{\mathrm{Inbred}})}$；其中 $\overline{W}_{\mathrm{Inbred}}$ 和 $\overline{W}$ 分别指近交家系和 F_1 代家系各个观测指标的均值，F_{Inbred} 和 F 分别表示近交家系的近交系数和 F_1 代家系的

近交系数，根据计算需要相应代入。

获得各个家系各形态性状的表型参数的数据，采用统计分析软件 SPSS17.0 对各性状的平均数、标准差和变异系数进行描述统计分析，对各代间不同日龄的各指标进行单因素方差分析(One - Way ANOVA)，显著性水平设为 $\alpha=0.05$，并对差异显著的各代间进行最小显著差法(LSD)多重比较分析。

将各个实验近交家系人工养殖在相同的平行养殖条件下，统计收获时各个家系成蟹的个数，根据各个家系放苗量为 1 500，计算存活率：$S=N/1\ 500$；N 为每个家系的收获成蟹个数，分家系计算。先将全部存活率的 S 值转换成 θ 角度再进行方差分析，即 $\theta=\sin^{-1}\sqrt{S}$。收获时各代各个家系的平均体重和各个家系的存活决定着收获时的产量为：$Y=N\cdot\overline{W}_{p150}$

Y 表示家系的产量；N 为每个家系的收获成蟹个数；$\overline{W}_{p150}$ 表示家系收获时的平均体重。

各个世代家系的整齐度通过各个形态性状的变异系数进行比较，变异系数反映总体各单位标志值的差异程度或离散程度，是反映数据分布状况的指标之一，变异系数越大，说明离散程度越大，记为 CV (Coefficient of Variance)，计算公式：$CV=\frac{sd}{M}$；其中 sd 为所观测指标的标准差，M 为所观测指标的平均数。

4.1 三疣梭子蟹近亲繁殖的遗传效应

近交系数(FX)通过(马大勇等，2005)中的近交系数计算公式进行估计，本实验假设原始祖先的“祖父本”和“祖母本”来源，地理位置较远没有近交的可能，即原始祖先的近交系数为 0。所得结果如表 16 所示，通过定向交尾方法可以控制亲蟹父母本，通过连续多代兄妹交，近交系数数值增大迅速，可以快速得到越来越纯合的三疣梭子蟹家系，从而缩短选育时间。

表 16 三疣梭子蟹近亲繁殖过程中不同世代的近交系数

代数	F_1	F_2	F_3	F_4	F_5	F_6
近交系数	0.000 0	0.250 0	0.375 0	0.500 0	0.593 7	0.671 8

将收获时所得各个参数值作为最终结果，以 F_1 作为对比组，计算各个表型性状与 F_1 相比较的衰退系数(IDC)。衰退系数的计算参照 Keys 等(2008)采用的方法进行估算，并计算出在各世代的近交水平下各指标的衰退量，结果如表 17 所示，表明收获时无论是在全甲宽、体重、存活还是与存活相关的产量方面 F_3 与 F_1 相比都没有衰退，即近交系数为 0.375 0 的 F_3 没有受到近交的影响；F_2 在收获时个体平均体重上相比于 F_1 没有衰退；但其他各代在全甲宽、体重、存活及收获产量上都相比于 F_1 有不同程度的衰退；结果显示近交系数每增加 10%，就会引起全甲宽 −2.4%～−5.1%的衰退，体重 -0.8%～ −3.5%的衰退，存活 −34.4%～ −69.9%的衰退，与存活相关的产

量 -14.1% ～ -35.4%的衰退，其中全甲宽和个体平均体重的衰退程度较低，存活以及与存活相关的产量的衰退程度较高。

表 17 三疣梭子蟹近亲繁殖过程中若干数量性状的衰退系数

代数	全甲宽衰退系数	全甲宽衰退量	体重衰退系数	体重衰退量	存活衰退系数	存活衰退量	产量衰退系数	产量衰退量
F_2	−0.024 4	0.006 1	0.076 2	−0.019 1	−0.699 8	0.175 0	−0.562 6	0.140 6
F_3	0.005 5	−0.002 1	0.185 5	−0.069 6	0.113 0	−0.042 4	0.365 9	−0.137 2
F_4	−0.029 8	0.014 9	−0.008 1	0.004 0	−0.699 8	0.349 9	−0.708 7	0.354 4
F_5	−0.050 7	0.030 1	−0.030 1	0.017 9	−0.344 3	0.204 4	−0.330 2	0.196 1
F_6	−0.026 8	0.018 0	−0.035 5	0.023 9	−0.389 2	0.261 5	−0.395 7	0.265 9

虽然并不是所有的种群近交都能引起近交衰退，但是近交降低种群的杂合度，限制了选育良种后代的可能性，还增加了近交衰退的可能性，在封闭群体中，尤其是人工养殖条件下的封闭群体中近交是不可避免的（Falconer et al，1996；Pante et al，2001）。根据本实验结果可以看出，随着近交代数的递增、近交程度的增加，从总体上看，近交对三疣梭子蟹个体的规格大小、存活以及收获时的产量都产生了不同程度的影响，造成了一定程度的近交衰退。

近交衰退的程度随着物种的不同、近交程度的差异、实验测量指标的特性等而产生差异（Bensten et al，2002），对于水产物种的总体适应性性状来说，10%的近交能引起 3% ～50%的衰退（马大勇等，2006），本研究结果认为近交使三疣梭子蟹六代家系的生长、存活和产量都产生了不同程度的衰退，结果显示近交系数每增加 10%，就会引起全甲宽 −2.4% ～ −5.1%的衰退，体重 −0.8% ～ −3.5%的衰退，存活 −34.4% ～ −69.9%的衰退，与存活相关的产量 −14.1% ～ −35.4%的衰退，可以发现全甲宽和个体平均体重的衰退程度较低，存活以及与存活相关的产量的衰退程度较高，据此笔者推测，由于近交对三疣梭子蟹形态指标的影响程度较小，近交与非近交的三疣梭子蟹成蟹大小、体重等指标间差异可能不明显，但由于近交对总体的存活量和与存活相关的产量的影响较大，从而可能影响总体的经济效益。本研究还发现，随着近交代数的增加，五个测量指标的变异系数有缓慢地越来越大的趋势，在 F_6 时体重的变异系数已经是最大的，这一代的成蟹大小不均一程度最大，整齐度也最差，笔者推测可能与近交造成基因分离，基因纯合度增加，隐性有害基因突显有关，可以为选择育种提供一定的参考。

马大勇（2006）等研究了不同近交速率对鱼类生长性状的影响发现，每世代近交率＞10%的快速近交产生的平均近交衰退量（−7.3%）比每世代近交率＜2.5%的缓慢近交产生的平均近交衰退量（−2.4%）大许多，一般来说，全同胞近交比育种群体的缓慢近交引起的生长指标的衰退高 3 倍以上。本研究的近交属于兄妹近亲交配引起的全同胞近交，每世代近交率均大于 10%，属于快速近交，而且近交传至六代，近交程度很高，因此近交系数每增加10%而产生的存活以及与存活相关的产量的衰退量较大，应与这两个因素相关。Keys等(2004)关于近交对日本囊对虾(*M.japonicus*)的影响表明，当近交系数为28% −31%时，会引起日本囊对虾生长和存活分别为 −3.34%（近交系数每增加10%）和 −3.43%的近交衰退，虽然近交会对日本囊对虾的生长、存活和产量产生不利影响，但是通过分析软件分析得出其差异并不显著。Moss等(2007)研究近交对凡纳滨对虾生长和存活的影响表明在近交系数每增加10%就会引起生长产生2.6%～3.9%的衰退，且差异显著。张洪玉(2009)等的研究也表明近交使中国对虾在体长、体质量和存活等性状上产生显著的衰退，而对耐盐力、耐温力和抗WSSV感染能力等抗逆性状上没有显著的影响。在凡纳滨对虾近交的研究中也发现兄妹交的近交一代家系受近交的影响并不显著。

4.2 近亲繁殖各世代个体形态学参数及其变异幅度

4.2.1 三疣梭子蟹近亲繁殖过程各世代在不同日龄的生长特性参数

三疣梭子蟹近亲繁殖过程各世代在不同日龄的生长特性参数结果见图4至图8。图4至图8分别为三疣梭子蟹近亲繁殖过程各世代从80日龄至150日龄时的全甲宽、甲宽、甲长、体高和体重的差异性分析图示。图4全甲宽的比较分析中，80日龄、100日龄、120日龄时，F_2全甲宽最大，且比其他五代有显著的差异($P<0.05$)，F_1全甲宽最小，与其他五代也存在显著差异($P<0.05$)，但到150日龄时，各代间的这种优劣差异已经不明显($P>0.05$)，只有F_3与F_5间存在显著差异($P<0.05$)，F_5全甲宽最小，F_3最大；图5甲宽的比较分析中，F_1甲宽最小，且在80、100、120日龄时，显著小于其他5代($P<0.05$)，F_2和F_6的甲宽普遍较大，但到150日龄时，6代甲宽之间的差异已经不明显($P>0.05$)；图6甲长的比较分析中，在80、100、120日龄时，F_1甲长最小，F_2最大，各代之间的差异均显著($P<0.05$)，但到150日龄时，F_1甲长最大，F_6最小，且差异显著($P<0.05$)，从F_1至F_6，甲长呈显著的下降趋势；图7体高的比较分析中，早80、100、120日龄时，F_1体高最小，F_2代和F_6代一直较大，且差异显著($P<0.05$)，但到150日龄时，F_1体高最大；图8体重的比较分析中，在80、100、120日龄，F_1的体重最小，F_2、F_6的体重最大，且都与其他五代差异显著($P<0.05$)，但在150日龄时，这种差异几乎不存在，F_1的平均体重比F_6大，但差异不显著($P>0.05$)。总体分析发现：在80、100、120日龄时，对各代全甲宽、甲宽、甲长、体高、体重的比较分析中，F_1在这三个阶段的生长并没有优势，F_2和F_3一直表现较好的生长状况；但在150日龄收获时，近交程度低的F_1生长明显较好，且在全甲宽、甲长、体高、体重中与其他几代相比表现出显著的生长优势($P<0.05$)，F_2的生长优势已经不明显，在全甲宽、甲长、体高、体重的比较分析中，随着近交系数的增加，生长逐渐变差的趋势也逐渐明朗。

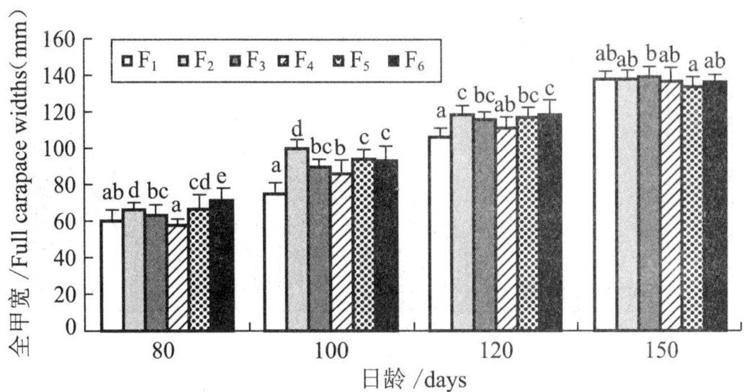

图4 全甲宽的比较分析

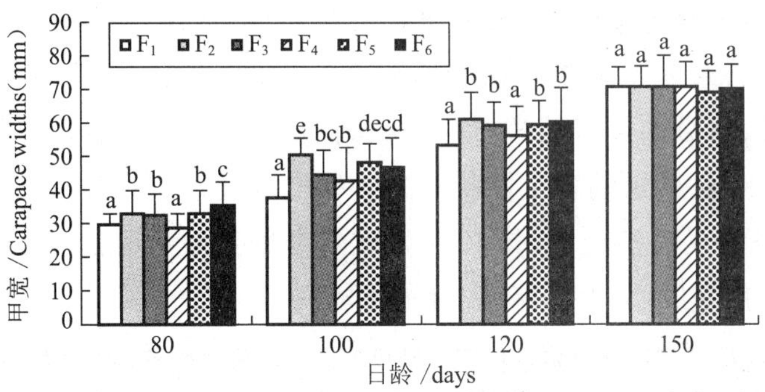

图5 甲宽的比较分析

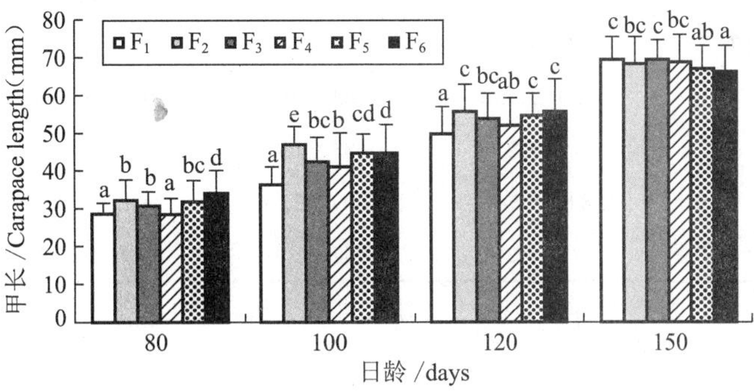

图6 甲长的比较分析

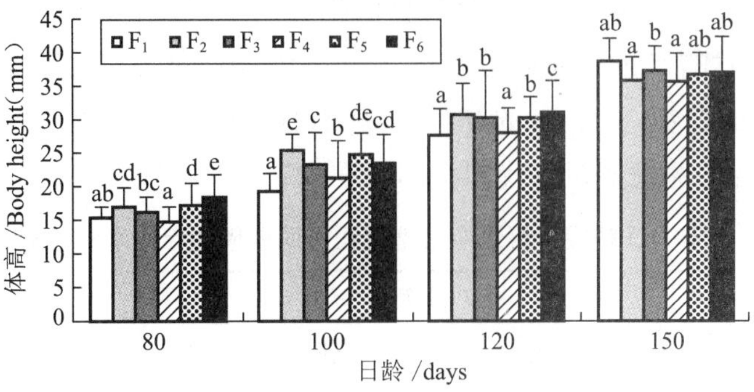

图7 体高的比较分析

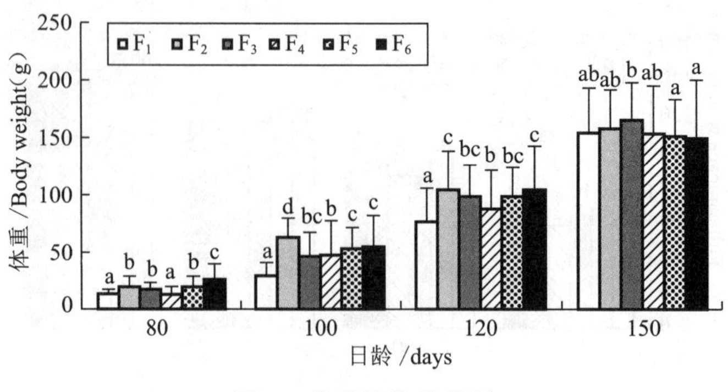

图 8 体重的比较分析

4.2.2 三疣梭子蟹近亲繁殖过程不同世代群体 150 日龄生长特性参数的变异幅度

分析各代收获时各个形态学指标的变异系数，如表 19 所示，可知收获时各代全甲宽、甲宽、甲长、体高的变异系数有几乎相同的变化趋势，随着近交代数的递增全甲宽、甲宽、甲长、体高、体重的各个性状的离散程度越大、整齐度越差，近交程度最高的 F_6 五个指标的变异系数都较大，其中 F_6 体重的变异系数最大，表明 F_6 在收获时家系内个体大小的整齐度最差，大小不均一程度最大。

表 18 三疣梭子蟹近亲繁殖过程不同世代群体 150 日龄生长特性参数的变异幅度

代数	全甲宽变异系数	甲宽变异系数	甲长变异系数	体高变异系数	体重变异系数
F_1	10.41 ± 4.21	8.40 ± 0.25	8.79 ± 2.76	9.02 ± 3.04	24.79 ± 3.47
F_2	8.21 ± 0.67	8.01 ± 0.37	10.31 ± 4.37	9.62 ± 0.63	21.34 ± 0.39
F_3	7.15 ± 0.51	12.45 ± 7.01	7.64 ± 0.49	9.77 ± 1.35	19.39 ± 1.79
F_4	9.45 ± 2.77	10.28 ± 2.16	9.83 ± 1.44	11.48 ± 2.23	27.03 ± 4.25
F_5	9.05 ± 0.55	8.83 ± 0.46	9.09 ± 2.29	9.09 ± 1.29	21.37 ± 0.63
F_6	10.57 ± 2.19	10.79 ± 2.40	9.52 ± 1.91	14.21 ± 1.75	32.81 ± 8.37

注：*CV* 表示变异系数，所有变异系数化为百分数进行分析，表中各个数值均为平均值 ± 标准差，$n = 90$。

4.3 近亲繁殖各世代群体的存活与产量

分析各代各个家系的存活率以及与存活相关的产量，结果如表 19 所示，分别为各代存活率和收获时的产量的比较分析结果，可以看出各代的存活随着近交代数的递增存在明显下降的趋势，其中 F_3 的存活最好，但分析各代的存活率并不存在显著差异（$P > 0.05$），与存活相关的产量各代间也不存在显著差异（$P > 0.05$）。

表 19 三疣梭子蟹近亲繁殖过程不同世代的存活率和产量

代数	存活率(%)	产量(g)
F_1	12.07 ± 2.88	27102.87 ± 3834.44
F_2	9.96 ± 1.89	23291.16 ± 4048.80

续表

代数	存活率(%)	产量(g)
F_3	12.58 ± 3.02	30821.46 ± 3533.72
F_4	7.84 ± 1.60	17498.59 ± 1482.05
F_5	9.60 ± 1.27	21789.31 ± 3841.68
F_6	8.91 ± 0.62	19897.51 ± 4781.26

注:表中各个数值均为平均值 ± 标准差,$n = 90$。

优良家系的良种选育可能降低近交最初几代的近交衰退的影响(Su et al,1996),本实验的家系都是在繁育季节经良种选育得到的,存活率和产量的差异不显著可能是多年良种选育的结果。本实验结果中近交系数每增加 10%,对全甲宽(引起 -2.4~% -5.1%的衰退)和平均体重的影响(引起 -0.8% ~-3.5%的衰退)比对存活(引起 -34.4% ~-69.9%的衰退)以及与存活相关的产量(引起 -14.1%~-35.4%的衰退)的影响低很多,Falconer (1996)等认为存活是一种适应特性,近交系数每增加 10%产生的对存活的影响比对生长的影响大很多,本实验的结果也证实了这一点。

Keys 等(2004)的研究表明近交对近交系数为 28%的日本囊对虾生长的影响比对近交系数为 31%更大,表明近交系数为 31%的日本囊对虾比近交系数为 28%的日本囊对虾生长更好,对近交的耐受力更强。本实验的 6 代家系中,在 120 日龄前,近交系数小的 F_1 并没有表现出比近交系数大的其余五代更好得生长,相反 F_3 无论在生长、存活还是产量上并没有比 F_1 衰退,也比 F_2 生长得好,且 F_1 至 F_6 也并不是随着近交系数的增大,近交衰退程度就随之增大的,这说明近交与近交衰退不一定是正相关的关系,笔者推测可能是在 F_3 的近交程度下三疣梭子蟹表现出了最佳的耐受能力,Ramsey 等(2003)认为出现这种近交衰退程度大小不一的原因可能是不同个体进化历史的不同,导致有的个体在进化过程中把有害等位基因淘汰了,而另一些个体在进化过程中可能出现了新的有害突变,而使后代出现较大程度的近交衰退。

近交衰退的程度随着物种的不同、近交程度的差异、实验测量指标的特性等而产生差异,而且衰退通常表现在繁殖能力(如繁殖力、卵大小、孵化率)和生物效率(如苗种残疾率、生长速率、食物转化率、存活率)方面。因此在实际的养殖生产中,应当尽量避免近交的发生,近交应当在动物育种工作需要时才使用,只适宜在培育新品种、建立新品系、种群提纯与保纯的过程中采用,在无目的或目的性不明确的情况下,一般应避免近交。

(作者:王好锋,刘萍,高保全,潘鲁青)

5. 三疣梭子蟹家系的建立及生长性状比较

近年来,随着三疣梭子蟹养殖规模的不断扩大,各种病害也开始接踵而至,并出现大规模发生和暴发性流行的趋势，给产业和区域经济的发展造成重大损失（王国良等，2006）。选育生长速度快、抗病能力强的优质种苗已成为三疣梭子蟹养殖业健康发展的关键。而建立家系并进行家系内选择和家系间选择也是选育的重要方法之一（何毛贤等，2007）。利用家系选育不断进行遗传结构改良，使经济性状不断改良，增强抗逆能力，避免在养殖过程中其经济性状衰退，同时家系也是进行遗传分析的重要试验材料，如 Boliver（2002）通过家系内选择培育尼罗罗非鱼新品系。

三疣梭子蟹家系构建方法采用人工控制亲蟹定向交尾技术。本书将报道采用该方法所培育的 10 个三疣梭子蟹 F_2 代家系的生长发育情况，为通过家系选择培育优良的三疣梭子蟹新品系提供理论数据。

三疣梭子蟹的莱州湾野生种群（LZ）采自山东省昌邑市下营港近海；舟山野生种群（ZS）采自浙江舟山群岛近海。2005 年 8 月下旬，挑选发育良好的亲蟹进行交配搭配，交配设计如下：交配组合：ZS（1♂）×ZS（3♀）；LZ（1♂）×LZ（3♀）；ZS（1♂）×LZ（3♀）；LZ（1♂）×ZS（3♀）；以上每种搭配组合各建立 10 组，每组分别在一个单独水泥池中交配。每组的 3 个雌蟹发育不同步，有一定的时间间隔，不同时生殖蜕壳。

经过交尾、越冬，2006 年成功排幼后得到 F_1 代，经过幼体培育，室外养殖，2006 年 8 月下旬，性成熟之后，每个家系挑选一些个体比较大、无任何机械损伤或疾病、发育良好、活力比较强的个体，家系内自交，交配方式：1♂×3♀，每个家系再建立 10 组。经过交尾、越冬，2007 年 4 月 10 日至 4 月 15 日 10 个个体成功排幼，得到 F_2 代家系 10 个，分别记为 J1～J10，其亲本数据见表 20。当家系生长到 80 日龄、100 日龄、120 日龄时，从每个家系中随机取 30 个个体，用游标卡尺测量全甲宽、甲宽、甲长、体高，精确到 0.1 mm，用电子天平测量体重，精确到 1 g。

利用 SPSS13.0 和 Excel 软件计算平均值、标准差（S.D）以及方差分析，差异性显著分析采用最小显著差法（LSD）。变异系数公式：$CV=\sigma/\mu$，σ 表示标准差，μ 表示平均值。

本实验通过摸索建立了三疣梭子蟹人工控制定向交尾技术，交尾成功率 68.27%，交尾亲蟹越冬成活率 80.63%，排幼成功率 75.00%，基本上保证了三疣梭子蟹全同胞及半同胞家系的构建。由于不同亲蟹排幼时间的不确定性，导致家系间幼体生长发育的不同步，这样幼体的生长发育受外部环境影响差异较大。因此本实验中选取了排幼时间间隔在 5 天之内的 10 个家系进行分析，而且各个家系幼体的培育及养成阶段都严格按照统一标准进行。这样尽量减少了各个家系受外界条件差异的影响，生长方面的差异主要是由于遗传背景的不同造成的。

5.1 家系间的生长比较

3 个测量阶段的全甲宽、甲宽、甲长、体高和体重的生长发育情况见图 9。由图 9 可知：10 个家系各个性状平均值的排名在 100 日龄、120 日龄基本一致，但是和 80 日龄的排名有一定的差异，大致的趋势是一致的；而且同一个家系在同一日龄时各个性状平均值的名次绝大多数是一样的，说明各个性状之间是正相关，而且相关系数比较大。120 日龄时各家系体重平均值大小顺序为：J9＞J10＞J1＞J8＞J4＞J3＞J2＞J5＞J7＞J6，全甲宽平均值大小顺序为：J9＞J10＞J1＞J4＞J8＞J3＞J2＞J5＞J7＞J6，甲宽平均值大小顺序为：J9＞J10＞J1＞J8＞J4＞J3＞J2＞J5＞J7＞J6，甲长平均值大小顺序为：J9＞J10＞J1＞J8＞J4＞J3＞J2＞J5＞J7＞J6，体高平均值大小顺序为：J9＞J10＞J1＞J8＞J4＞J3＞J2＞J5＞J7＞J6。

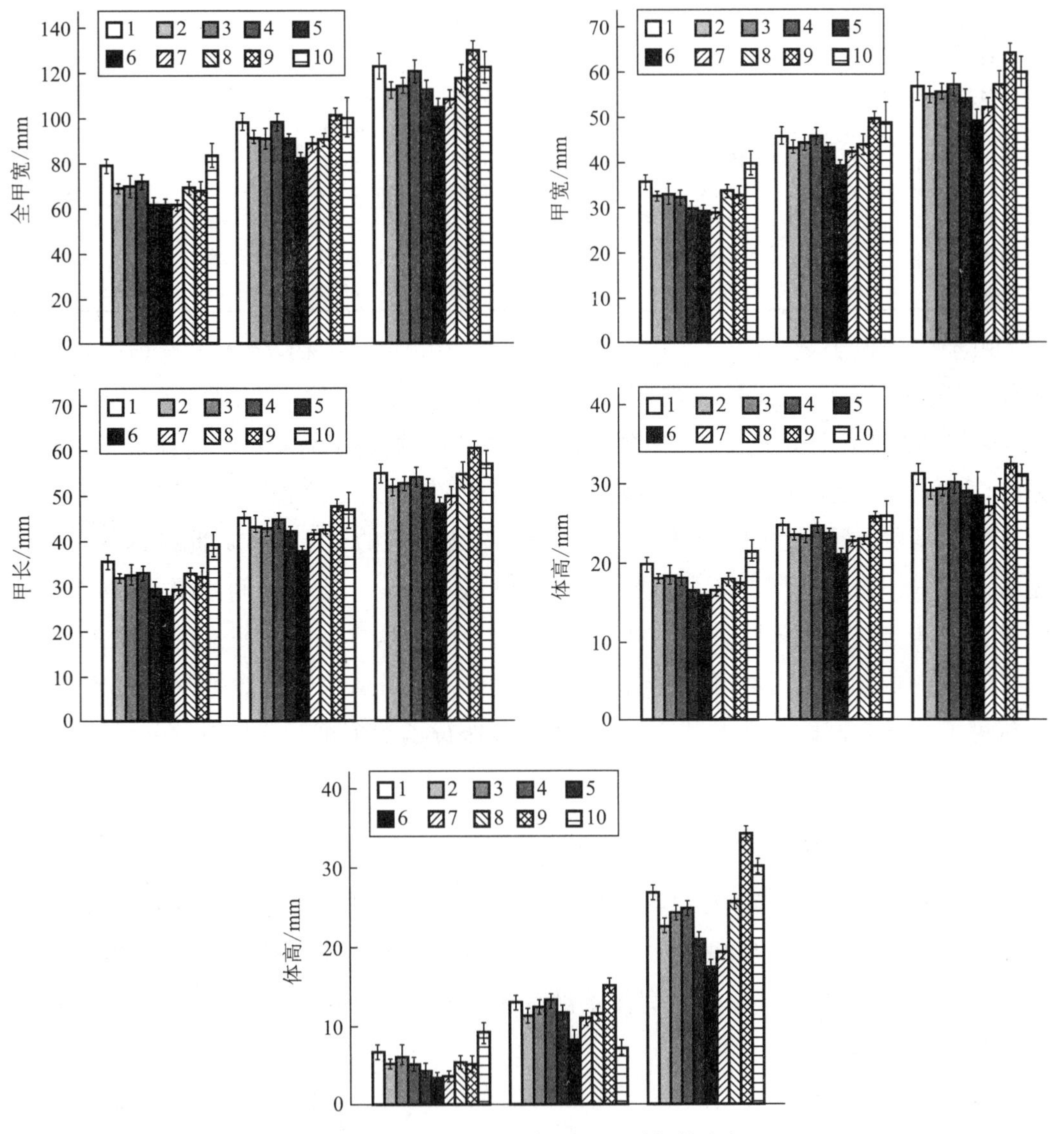

图 9　三疣梭子蟹各家系不同时期的生长

对比各个家系的成活率可知：生长具有优势的家系，其成活率排名也比较靠前，因此具有生长优势的家系并非是由于密度小的原因，而确实是其具有快速生长的优良性状。与亲本各性状的数据(表 20)对照分析可知：子代各性状的大小和亲本性状的大小有一定的正相关性，但并非绝对的；如 J3 雌性亲本各个性状均要大于 J4 雌性亲本各性状，但是 J4 的各个性状均大于 J3。分析雌性亲本的抱卵量和全甲宽，发现两者之间正相关。

表 20　三疣梭子蟹家系基本情况

家系编号	成活率（%）	雌性亲本					
		全甲宽 mm	甲宽 mm	甲长 mm	体高 mm	体重 g	排幼量 3105
J1	7.00	161.80	77.61	73.82	44.89	298	54.21
J2	4.80	154.83	72.83	70.38	40.94	259	30.18
J3	4.93	143.85	73.63	64.88	38.23	206	27.15
J4	3.67	137.51	67.02	64.87	37.78	200	15.84
J5	4.87	152.84	72.58	70.56	42.49	264	28.61
J6	5.21	145.95	68.79	67.10	38.08	224	22.31
J7	4.93	152.94	71.80	68.78	38.34	227	27.61
J8	5.20	146.81	70.62	69.80	38.81	248	36.25
J9	6.07	158.98	79.83	74.21	74.59	282	53.42
J10	4.94	158.06	72.65	71.24	40.14	283	48.27

由于三疣梭子蟹在甲壳动物中具有相对复杂的生殖结构，全人工授精技术一直未能获得成功，导致人工控制的定向交尾技术有一定的难度。本研究通过长期实验摸索，首次创建了亲蟹 1♂×3♀ 单独养殖的交配模式构建家系。由于要保证半同胞家系的建立，所以必须探索 1 雄对多雌交配的模式，考虑到三疣梭子蟹特殊的交尾行为及雄蟹的体质，经过摸索最终确立了 1♂×3♀ 较为合理的交配模式。此技术的难点就是保证与同一雄蟹交尾的 3 个雌蟹发育的不同步性，有一定的时间间隔，这样才能保证雄蟹均能与之交尾。除去正常死亡的一部分个体外，本实验所建立的家系，基本保证了交尾的成功。而且由于同一水体空间内三疣梭子蟹个体的数量及搭配模式，基本避免了个体之间的打斗及残杀，使越冬雌蟹保持了一个良好的体质，在一定程度上使越冬成活率保持了较高的水平。

5.2　家系间差异分析

由单因素方差检验可知：家系间存在显著差异，经 LSD 分析，在 80 日龄、100 日龄、120 日龄 3 个测量阶段，各个家系之间 5 个生长性状大多数存在极显著差异($P<0.01$)。在 120 日龄天时，J9、J10 家系之间体重没有显著差异($P<0.05$)，但是和其他 8 个家系之间存在极显著差异($P<0.01$)。

定向选择育种的基本原理是假定经济性状（如生长速度、抗逆能力等）是由多个微效基因决定并受环境条件影响而相互作用的结果，在进行性状的选择时，首先需建立遗传变异丰富的基础群体，利用全同胞和半同胞家系估算该性状的遗传力，特别是由多个基因的加性效应所产生的遗传力，在此基础上确定选育参数，通过选育每代所获得的进展称做遗传获得量。本研究所用实验材料为两个不同地理群体，能保证基础群体遗传变异有一定多样性。

从家系生长对照可以看出：10 个家系各个性状平均值的排名在 100 日龄、120 日龄基本一致，但是和 80 日龄的排名有一定的差异。可能与母性效应有关，如：母体的肥满度、健康状况、产卵质量的差别。同一个家系各个性状的平均值的名次是一样的，说明各个性状之间是正相关，而且相关系数比较大，这与高保全等(2008)关于三疣梭子蟹形态性状对体重影响的效果分析的结论是一致的。120 日龄时：J9、J10 与其他家系体重差异极显著($P \leqslant 0.01$)，远远大于其他家系，而且其成活率也比较高，因此可以认为 2 个家系具有较强的生长优势，可以作为优良家系进一步纯化培育。而 J5、J6、J7 家系的生长速度相对来说比较慢，成活率比较低，可以淘汰掉，继续培育其他优良家系，增加优良家系数量，为下一步选育培养足够的材料。

5.3 家系内个体变异

为观测三疣梭子蟹家系内个体的变异，计算 120 日龄时各家系全甲宽和体重的变异参数。J9 体重比 J6 大 96.10%，比 J7 大 76.87%；J10 体重比 J6 大 72.77%，比 J7 大 55.76%；表现出明显的生长优势，是两个生长性状良好的家系。而且 J9 的成活率为 6.07%，J10 成活率为 4.94%，J7 成活率为 4.93%，J6 的成活率为 5.21%，可以看出家系 J9、J10 的经济效益远远高于 J6、J7，特别是 J9 是个非常优良的家系。

家系内的变异系数为：全甲宽 J5＞J2＞J3＞J10＞J6＞J4＞J9＞J1＞J8＞J7，体重 J5＞J10＞J4＞J6＞J3＞J2＞J7＞J1＞J9＞J8，家系内已经产生了不同程度的变异。见表 21。

表 21 三疣梭子蟹 10 个家系的主要性状和变异参数

性状	家系	平均数	方差	标准差	变异系数(%)
全甲宽(mm)	J1	123.05	51.64	7.19	5.84
	J2	112.26	101.58	10.08	8.98
	J3	114.37	96.17	9.81	8.58
	J4	120.68	62.88	7.93	6.57
	J5	112.70	111.32	10.55	9.36
	J6	104.71	60.51	7.78	7.43
	J7	108.60	28.08	5.37	4.94
	J8	117.39	40.02	6.33	5.39
	J9	129.93	64.45	8.03	6.18
	J10	122.41	97.25	9.86	8.05
体重(g)	J1	106.23	276.15	16.62	15.64
	J2	88.12	180.34	15.08	17.11
	J3	95.97	266.09	16.31	17.00
	J4	97.43	297.98	17.26	17.72
	J5	82.50	388.31	19.71	23.89
	J6	68.49	156.85	12.52	18.28
	J7	75.97	143.68	11.99	15.78
	J8	101.21	179.28	13.39	13.23
	J9	134.31	319.98	17.89	13.32
	J10	118.33	481.65	21.95	18.55

5.4 三疣梭子蟹体重生长

在 80 日龄、100 日龄、120 日龄 3 个生长阶段，三疣梭子蟹的体重增长速度为：100 日龄 −120 日龄＞80 日龄 −100 日龄＞1–80 日龄，100–120 日龄时为三疣梭子蟹体重增长高峰期，体重将近增加 1 倍，此时养殖池塘海水盐度 36～39，温度 25.2～32.5 ℃。

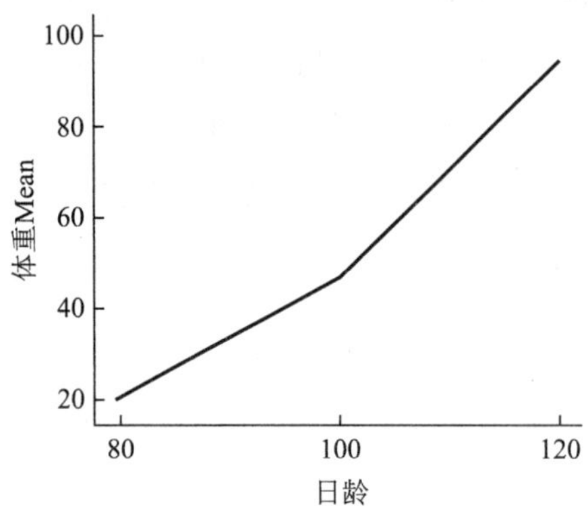

图 10 三疣梭子蟹不同生长时期体重增长情况

由 ANOVA 分析可知，经过两代选育，10 个 F_2 代家系间产生了不同程度的遗传变异，通过计算变异系数，家系内也有不同程度的变异；J9、J10、J1 家系非常明显地积累了优良的与快速生长相关的基因，初步达到家系选育的目标。三疣梭子蟹生长到 120 日龄时，体重比 100 日龄时增加了 1 倍，在水温在 20～31℃范围内，Ⅰ期幼蟹至性成熟可能需要 3 个月（孙颖民等，1984），即 120 日龄时三疣梭子蟹性成熟，而三疣梭子蟹在 100 日龄 -120 日龄这一段时间内，为了完成生殖脱壳需要大量的能量和营养，就大量摄食食物，因此这一期间，体重增加比较大，将近 1 倍。

（作者：高保全，刘萍，李健，戴芳钰，王学忠）

6. 三疣梭子蟹自交与杂交家系子一代生长和存活的比较

杂交是水产生物育种的重要途径之一，其通过直接利用杂种优势或制备育种中间材料的方法来改良动植物遗传特性（高保全等，2008），已经在水产生物的品种改良和生产中发挥了重大的作用（吴仲庆等，2000）。生物的生长速度、抗病能力等一些生产性状与其遗传变异水平是紧密相关的（Ferguson et al，1990；宋林生等，2002）。近交增加了基因的纯合度，极容易引起隐性或近隐性有害基因的暴露，导致生物的一些繁殖性能和生产性能的近交衰退（Davenport et al，1908；East et al，1952），杂交是一种通过不同近交群体间的交配掩盖因为近交而暴露的隐性有害等位基因，从而达到补偿近交衰退的目的，但若相同的隐性有害等位基因被累积传代，那么杂交后代可能也不会表现出杂种优势，甚至有可能表现为杂交劣势（马大勇等，2005；刘小林等，2003）。来自不同遗传背景的两个亲本杂交产生的杂种子代在生长优势、生殖力、抗逆性、存活及产量上比一方亲本或双亲优越的现象称为杂种优势(高保全等,2008;王亚馥等,1999)。杂交产生的杂种优势或杂种活力能迅速和显著地体高杂种的产量和生活力(Newkirk et al,1980)。利用杂交提高水产动物生产性能和遗传多样性的研究已有许多。范兆廷(范兆廷等,2005)指出,在水产动物杂交育种中,自交系间杂交种的杂种优势比品种间的杂种优势更强。姚雪梅(姚雪梅等,2006;姚雪梅等,2007)、杨章武(杨章武等,2012)、林红军(林红军等,2010)等利用不同的方法研究凡纳滨对虾自交与杂交生长实验表明,凡纳滨对虾杂交组较自交组有不同程度的生长杂交优势和较强的抗逆性。于飞(于飞等,2008)等对不同进口大菱鲆群体间杂交后代的早期生长作了比较,认为大部分杂交组合的生长性能都有不同程度的提高。Cruz 等(Cruz et al,1997)对两群体海湾扇贝的双列杂交后代的幼虫的生长与存活进行了比较。

生长是育种上评价品种优劣的重要数量性状,本研究报道两个经过人工选择和自交传代的三疣梭子蟹家系的自交组与两家系间杂交组子一代的生长、存活的比较实验,不仅为三疣梭子蟹杂交育种、改良三疣梭子蟹种质资源奠定了一定基础,可以满足广大企业收回投资的需求,对于提高养殖户的收入也有积极意义。

本实验于 2012 年 5 月 -11 月在潍坊昌邑海水养殖有限责任公司进行。自 2005 年至今,本实验室利用人工定向交尾技术,建立了三疣梭子蟹近交家系,目前已传至 F_6,根据 2011 年近交家系研究结果,选择繁殖较好的近交 A 家系(F_6)和生长存活较好的 B 家系(F_3),于 2011 年 9 月对 A 家系与 B 家系进行双列杂交设计,分别为自交组 F_{66} (A♀×A♂)、F_{33} (B♀×B♂)和杂交组 F_{63} (A♀×B♂)、F_{36} (B♀×A♂) 4 个实验组组成。2011 年 9 月下旬,设计双列杂交组合,交配设计见表 22,其中每种搭配的组合各设 4 个平行组。

表 22 亲蟹交配设计表

家系类别	交配组合	子一代标记
自交家系	A (1♂)×A (3♀)	F_{66}
	B (1♂)×B (3♀)	F_{33}
杂交家系	A (1♂)×B (3♀)	F_{63}
	B (1♂)×A (3♀)	F_{36}

在育苗培育阶段,每个家系的培育条件一致。幼体达到Ⅱ期幼蟹,每个家系各取出 2 000 尾蟹苗,转移到室外养殖。室外养殖模式:2 400 m^2 养殖池,用纱网平均分割成 12 个小格,使每个小格的水环境尽量保持一致,每小格布一个家系。

在每个家系 80 日龄、100 日龄、120 日龄时,随机捕捞 30 个个体,用游标卡尺测量其全甲宽、甲宽、甲长、体高、体长等形态学指标,精确到 0.01 mm,用电子天平测体重,精确到 1 g;在收获时(150 日龄),每个家系随机测 30 个个体的各个形态学指标,分析各个家系的整齐度,电子天平测体重,精确到 1 g,统计各个家系的产量及成活个数。

获得各个家系各形态性状的表型参数的数据,采用统计分析软件 SPSS17.0 对各性状的平均数、标准差和变异系数进行描述统计分析，用实验组间进行单因素方差分析(One - Way ANOVA)，并对差异显著的实验间进行多重比较分析(LSD)。分析各个实验组三疣梭子蟹 80 日龄、100 日龄、120 日龄、150 日龄时全甲宽、甲宽、甲长、体高、体重五个指标之间的差异性。

计算杂交子代的杂种优势率 H（%），参照文献(Cruz，1997；高保全等，2008；姚雪梅等，2006)公式：

$$H\% = \frac{(F_{63}+F_{36})-(F_{66}+F_{33})}{F_{66}+F_{33}} \times 100\% \qquad (1)$$

$$H(A)\% = \frac{F_{63}-F_{66}}{F_{66}} \times 100\% \qquad (2)$$

$$H(B)\% = \frac{F_{36}-F_{33}}{F_{33}} \times 100\% \qquad (3)$$

式中，F_{66}、F_{33}、F_{63}、F_{36} 分别表示 4 个实验组各指标的不同表型值，公式(1)、(2)、(3)分别计算 A、B 两个近交系总的杂种优势以及 A 近交系和 B 近交系各自的杂种优势。

统计收获时各个家系成蟹的个数，根据各个家系放苗量为 2000，计算存活率：$S=N/2\,000$；N 为收获成蟹个数。先将全部存活率的 S 值转换成 θ 角度，即 $\theta=\sin^{-1}\sqrt{S}$ 再进行方差分析。与存活相关的产量计算公式：$Y=N\times \overline{W}_{p150}$，$Y$ 表示家系的产量；N 为收获成蟹个数；$\overline{W}_{p150}$ 表示家系收获时的平均体重。

通过各个形态性状的变异系数，对各个世代家系的整齐度进行比较，变异系数反映总体各单位标志值的差异程度或离散程度，变异系数越大，说明整体整齐度越差，记为 CV(Coefficient of Variance)，计算公式：$CV=\frac{sd}{M}$；其中 sd 为所观测指标的标准差，M 为所观测指标的平均数。

6.1 自交组和杂交组室外养殖阶段生长性能比较

自交组与杂交组四个实验组室外养殖阶段生长性能 5 项指标的统计结果以及杂种优势率的计算结果见表 23 至表 27。由表 23- 表 27 可见，实验初始 80 日龄时，四个实验组的 5 个生长指标间的差异都不显著($P>0.05$)，在 100 日龄时，杂交组在生长性能的 4 个指标上都没有表现出杂种优势，自交组生长较好，且多为差异极显著($P<0.01$)，在 120 日龄时，杂交组比自交组的杂种优势显现，多为差异显著($P<0.05$)，在 150 日龄时，杂交组在生长性能的 4 个指标上都没有表现出杂种优势，自交组生长较好。其中在生长的四个阶段，自交组形态性状 4 个指标全甲宽、甲宽、甲长和体高的比较一直为 $F_{33}>F_{66}$。

子一代全甲宽的生长性能分析结果见表 23，可知，实验阶段全甲宽总体的杂种优势率在 -11.89%～3.92%之间，F_{63} 相对于 F_{66} 的杂种优势率在 −8.18%～16.31%之间，F_{36} 相对于 F_{33} 的杂种优势率在 -15.84%～8.21%之间，四个实验组全甲宽的生长速度高低排列顺序为 $F_{33}>F_{63}>F_{66}>F_{36}$，总体表现杂种劣势，只有 F_{63} 相对于 F_{66} 有杂种优势，杂种优势率为 1.12%。

表 23 各实验组生长阶段全甲宽(mm)和杂种优势(%)的比较分析

实验组		生长阶段				全甲宽生长速度(mm/d)
		80 日龄 /d	100 日龄 /d	120 日龄 /d	150 日龄 /d	
X	F_{66}	66.17 ± 6.08a	101.03 ± 5.98Bb	120.79 ± 4.37A	154.79 ± 13.15Bb	1.428
	F_{33}	62.76 ± 5.51a	94.24 ± 6.17B	135.07 ± 3.94Bb	150.03 ± 11.66AB	1.513
	F_{36}	67.91 ± 9.83a	79.31 ± 8.67A	125.41 ± 4.62Aa	145.49 ± 14.38A	1.394
	F_{63}	62.76 ± 5.51a	92.77 ± 6.35Ba	140.49 ± 2.41Bb	145.84 ± 11.93ABa	1.444
Y	*H*%	1.35	−11.89	3.92	−4.43	−3.50
	H(A)%	−5.15	−8.18	16.31	−5.78	1.12
	H(B)%	8.21	−15.84	−7.15	−3.03	−7.87

注：表中各个数值均为平均值 ± 标准差。同一列中上标相同字母表示没有显著性差异($P > 0.05$)；下同。

子一代甲宽的生长性能分析结果见表 24，可知，实验阶段甲宽总体的杂种优势率在 -11.18%～5.31%之间，F_{63} 相对于 F_{66} 的杂种优势率在 -7.93%～17.69%之间，F_{36} 相对于 F_{33} 的杂种优势率在 -14.74%～7.82%之间，四个实验组甲宽的生长速度高低排列顺序为 $F_{33} > F_{63} > F_{36} > F_{66}$，总体杂种优势率为 2.14%，$F_{63}$ 相对于 F_{66} 有杂种优势，杂种优势率为 7.81%，F_{36} 组相对于 F_{33} 组表现为杂种劣势。

表 24 各实验组生长阶段甲宽(mm)和杂种优势(%)的比较分析

实验组		生长阶段				甲宽生长速度(mm/d)
		80 日龄	100 日龄	120 日龄	150 日龄	
X	F_{66}	32.07 ± 5.51^{a}	51.21 ± 8.04^{Bb}	59.47 ± 3.97^{A}	75.39 ± 4.85^{a}	0.691
	F_{33}	30.55 ± 7.81^{a}	46.75 ± 5.75^{Ba}	68.52 ± 4.77^{BCbc}	73.76 ± 6.49^{a}	0.757
	F_{36}	32.94 ± 4.96^{a}	39.86 ± 5.34^{A}	64.79 ± 5.13^{Ba}	73.50 ± 6.96^{a}	0.734
	F_{63}	30.55 ± 6.66^{a}	47.15 ± 6.36^{Ba}	69.99 ± 5.80^{Cc}	73.49 ± 5.97^{a}	0.745
Y	*H*%	1.39	−11.18	5.31	−1.45	2.14
	$H_{(A)}$%	−4.74	−7.93	17.69	−2.52	7.81
	$H_{(B)}$%	7.82	−14.74	−5.44	−0.35	−3.04

子一代甲长的生长性能分析结果见表 25，可知，实验阶段甲长总体的杂种优势率在 -10.99%～4.52%之间，F_{63} 相对于 F_{66} 的杂种优势率在 -8.69%～16.05%之间，F_{36} 相对于 F_{33} 的杂种优势率在 -13.47%～7.54%之间，四个实验组甲长的生长速度高低排列顺序为 $F_{33} > F_{63} > F_{36} > F_{66}$，总体杂种优势率为 1.11%，$F_{63}$ 相对于 F_{66} 有杂种优势，杂种优势率为 8.31%，F_{36} 组相对于 F_{33} 组表现为杂种劣势。

表 25　实验组生长阶段甲长(mm)和杂种优势(%)的比较分析

实验组		生长阶段				甲宽生长速度(mm/d)
		80 日龄	100 日龄	120 日龄	150 日龄	
X	F_{66}	31.86 ± 5.00^{a}	47.27 ± 6.90^{Cb}	54.83 ± 3.37^{A}	69.45 ± 8.03^{a}	0.602
	F_{33}	30.52 ± 7.04^{a}	43.65 ± 4.49^{BCa}	62.33 ± 6.48^{Ca}	68.54 ± 4.94^{a}	0.664
	F_{36}	32.82 ± 4.53^{a}	37.77 ± 3.44^{A}	58.82 ± 4.46^{B}	67.65 ± 5.49^{a}	0.628
	F_{63}	30.52 ± 7.04^{a}	43.16 ± 6.31^{B}	63.63 ± 5.23^{Ca}	68.19 ± 5.36^{a}	0.652
Y	$H\%$	1.54	−10.99	4.52	−1.56	1.11
	$H_{(A)}\%$	−4.21	−8.69	16.05	−1.81	8.31
	$H_{(B)}\%$	7.54	−13.47	−5.63	−1.30	−5.42

子一代体高的生长性能分析结果见表 26，可知，实验阶段体高总体的杂种优势率在 -10.87％～2.74％之间，F_{63} 相对于 F_{66} 的杂种优势率在 -7.06％～15.48％之间，F_{36} 相对于 F_{33} 的杂种优势率在 −14.85％～6.07％之间，四个实验组体高的生长速度高低排列顺序为 $F_{63}>F_{36}>F_{33}>F_{66}$，总体杂种优势率为 1.64％，$F_{63}$ 相对于 F_{66} 有杂种优势，杂种优势率为 26.13％，F_{36} 组相对于 F_{33} 组表现为杂种优势，杂种优势率为 5.53％。

表 26　各实验组生长阶段体高(mm)和杂种优势(%)的比较分析

实验组		生长阶段				甲宽生长速度(mm/d)
		80 日龄	100 日龄	120 日龄	150 日龄	
X	F_{66}	17.54 ± 2.68a	25.77 ± 3.18Bb	31.33 ± 1.87Aa	37.93 ± 3.63ab	0.333
	F_{33}	16.48 ± 3.93a	24.72 ± 2.81B	35.51 ± 3.77Bb	38.19 ± 4.62ab	0.380
	F_{36}	17.48 ± 2.59a	21.05 ± 2.91A	32.49 ± 3.28Aa	40.37 ± 5.66b	0.401
	F_{63}	16.48 ± 3.93a	23.95 ± 4.32Ba	36.18 ± 2.71Bb	37.44 ± 3.74a	0.420
Y	$H\%$	−0.18	−10.87	2.74	2.22	1.64
	H (A) %	−6.04	−7.06	15.48	−1.29	26.13
	H (B) %	6.07	−14.85	−8.50	5.71	5.53

子一代体重的生长性能分析结果见表 27，可知，实验阶段体重总体的杂种优势率在 -36.18％～11.42％之间，F_{63} 相对于 F_{66} 的杂种优势率在 −29.32％～53.96％之间，F_{36} 相对于 F_{33} 的杂种优势率在 -44.08％～13.46％之间，四个实验组体重的生长速度高低排列顺序为 $F_{36}>F_{66}>F_{63}>F_{33}$，总体杂种优势率为 19.47％，$F_{63}$ 相对于 F_{66} 表现为杂种劣势，F_{36} 组相对于 F_{33} 组有杂种优势，杂种优势率为 40.34％。

表 27　各实验组生长阶段体重(g)和杂种优势(%)的比较分析

实验组		生长阶段				甲宽生长速度(mm/d)
		80 日龄	100 日龄	120 日龄	150 日龄	
X	F_{66}	22.11 ± 7.59^{a}	61.49 ± 2.75^{C}	98.70 ± 2.34^{F66}	210.15 ± 45.97^{a}	3.007
	F_{33}	17.83 ± 3.53^{a}	53.42 ± 5.92^{BCb}	141.04 ± 4.36^{Bc}	186.40 ± 34.93^{a}	2.967
	F_{36}	20.23 ± 7.65^{a}	29.87 ± 3.49^{A}	115.15 ± 3.59^{AB}	183.20 ± 51.10^{b}	4.164
	F_{63}	17.83 ± 6.02^{a}	43.46 ± 3.11^{Ba}	151.96 ± 3.13^{Bc}	179.17 ± 42.37^{a}	2.973

续表

实验组		生长阶段				甲宽生长速度(mm/d)
		80 日龄	100 日龄	120 日龄	150 日龄	
Y	H%	−4.71	−36.18	11.42	−8.62	19.47
	$H_{(A)}$ %	−19.36	−29.32	53.96	−14.69	−1.13
	$H_{(B)}$ %	13.46	−44.08	−18.36	−1.72	40.34

6.2 室外养殖期间各实验组的存活、产量及杂种优势比较

自交组与杂交组四个实验组室外养殖阶段存活、产量的统计结果以及杂种优势率的计算结果见表 28。可见，在一个养殖阶段结束 150 日龄收获时，自交组和杂交组的存活率有极显著差异($P<0.01$)，杂交组比自交组的总体存活率杂交优势明显，总体杂种优势率为 24.81%，杂交组 F_{63} 组比与之对应的自交组 F_{66} 组存活率高，但杂交组 F_{36} 比与之对应的自交组 F_{33} 没有杂交优势。自交组和杂交组的产量有极显著差异($P<0.01$)，杂交组比自交组的总体产量杂交优势明显，总体杂种优势率为 15.99%，杂交组 F_{63} 组比与之对应的自交组 F_{66} 组存活率高，但杂交组 F_{36} 比与之对应的自交组 F_{33} 没有杂交优势。

表 28　各实验组生长阶段存活(%)、产量和杂种优势(%)的比较分析

实验组		存活率	产量
X	F_{66}	4.81 ± 0.61^{A}	20227.78 ± 2551.91^{A}
	F_{33}	9.58 ± 0.42^{Ca}	35739.21 ± 1825.26^{Ca}
	F_{36}	7.27 ± 0.50^{B}	26617.92 ± 1548.71^{B}
	F_{63}	10.69 ± 0.75^{Ca}	38295.48 ± 2678.07^{Ca}
Y	*H*%	24.81	15.99
	$H_{(A)}$ %	122.25	89.32
	$H_{(B)}$ %	-24.11	-25.52

实验初始 80 日龄时，四个实验组的 5 个生长指标间的差异都不显著($P>0.05$)，在 100 日龄时，杂交组在生长性能的 4 个指标上都没有表现出杂交优势，自交组生长较好，在 120 日龄时，杂交组比自交组的杂交优势显现，在 150 日龄时，杂交组在生长性能的 4 个指标上都没有表现出杂交优势，自交组生长较好。通过比较 80 日龄、100 日龄、120 日龄、150 日龄时的杂交优势发现，杂交优势具有不平衡性，即测定同一日龄阶段，同一实验组在全甲宽、甲宽、甲长、体高、体重这几个不同性状上所表现出来的杂交优势大小上有很大差异；杂交优势具有不恒定性，表现在就同一性状而言，其在不同日龄，即不同的生长发育阶段，所表现出来的杂交优势也同样有差异，这种现象在三疣梭子蟹(高保全等，2008)、鱼类(Cruz et al，1997；Barttley et al，2001)、海胆(*Echinoidea*)(Rahman et al，2005)中均有发现。其中在生长的四个阶段，自交组形态性

状4个指标全甲宽、甲宽、甲长和体高的比较一直为$F_{33} > F_{66}$，杂交组比自交组的生长性状生长速度具有不同程度的总体杂交优势，对凡纳滨对虾（杨章武等，2012；林红军等，2010），海胆（*Echinoidea*）（Rahman et al，2005），海湾扇贝（*Argopecten irradias*）（郑怀平等，2004）的杂交研究也表明杂种生长速度明显比其双亲有一定的杂交优势。

150日龄收获时，自交组和杂交组的存活率有极显著差异，杂交组比自交组的总体存活率杂交优势明显，总体杂交优势率为24.81%，杂交组F_{63}组比与之对应的自交组F_{66}组存活率高，但杂交组F_{36}比与之对应的自交组F_{33}没有杂交优势。自交组和杂交组的产量有极显著差异（$P < 0.01$），杂交组比自交组的总体产量杂交优势明显，总体杂交优势率为15.99%，杂交组F_{63}组比与之对应的自交组F_{66}组存活率高，但杂交组F_{36}比与之对应的自交组F_{33}没有杂交优势。研究发现，无论是生长性状还是存活率，杂交使A家系获得的改良效果比B家系的好，同时多数差异显著，尤其在生长各个阶段十分明显，郑怀平等（2004）等对海湾扇贝的研究也发现同样的正反交结果不同现象，其认为这可能是由于A群体的杂合度得到更大的提高所致。许多研究表明，群体杂合度与其生长和适合度有正相关。也有研究（高保全等，2008）认为这种正反交结果不同的现象可能与母性效应、性别连锁、细胞质遗传和父本效应有关。

（作者：王好锋，刘萍，高保全，潘鲁青）

7. 三疣梭子蟹家系自交与杂交对繁殖和子代早期生长的影响

杂种优势是指两个遗传背景不同的亲本杂交产生的杂种F_1在生长优势、生殖力、抗逆性、产量很品质上比亲本的一方或双亲优越的现象（高保全等，2008）。杂交是一种通过不同近交群体间的交配掩盖因为近交而暴露的隐性有害等位基因，从而达到补偿近交衰退的目的，但若相同的隐性有害等位基因被累积传代，那么杂交后代可能也不会表现出杂种优势，甚至有可能表现为杂交劣势（马大勇等，2005；刘小林等，2003）。范兆廷（2005）指出，在水产动物杂交育种中，自交系间杂交种的杂种优势比品种间的杂种优势更强。姚雪梅（2007）等的研究表明，大规模养殖种近交组F_1代较杂交组生长快，但存活率却显著低于杂交组。于飞（2008）等对不同进口大菱鲆群体间杂交后代的早期生长做了比较，认为大部分杂交组合的生长性能都有不同程度的提高。杨章武（2012）的研究表明凡纳滨对虾的杂交子代的抗逆性较自交组强，在低温、低盐的条件下，杂交组较自交组生长快，认为杂交优势与亲本的提纯、选优紧密相关。林红军等（2010）的研究也表明凡纳滨对虾双列杂交的杂交后代杂交优势明显。Cruz等（1997）对两群体海湾扇贝（*Argopectenc ircularis*）的双列杂交后代的幼虫的生长与存活进行了比较。

我们以本实验室2005年收集的莱州湾海区、鸭绿江口海区、海州湾海区、舟山海区4个不同地理群体作为三疣梭子蟹基础群体，利用人工定向交尾技术，建立了全同胞的近交系，选择差异较大的近交家系杂交建立杂交系，以研究近交家系和杂交家系的生物学效应，如繁殖性能、早期生长和存活等方面的杂种优势，为其种质改良，培育新品种提供理论依据。本研究报道两个经过人工选择和自交传代的三疣梭子蟹家系，自交与两家系间杂交的繁殖性能和子一代的早期生长比较实验。

本实验于 2012 年 3 月 -6 月在潍坊昌邑海水养殖有限责任公司进行。自 2005 年至今，本实验室收集了莱州湾海区、鸭绿江口海区、海州湾海区、舟山海区 4 个不同地理群体作为三疣梭子蟹基础群体，利用人工定向交尾技术，建立了三疣梭子蟹多个近交家系，根据 2011 年近交家系研究结果，选择差异较大的近交家系 A 家系和 B 家系，于 2011 年 9 月建立 A 家系与 B 家系的自交组和正、反杂交组，分别为自交组 F_{66}（A♀×A♂）、F_{33}（B♀×B♂）和杂交组 F_{63}（A♀×B♂）、F_{36}（B♀×A♂）4 个实验组组成。

2011 年 9 月下旬，根据对本实验室建立的多代近交系的比较分析结果，设计繁殖、生长及存活差异较大的家系间进行杂交，各个家系挑选发育良好的亲蟹进行交配搭配，交配设计见表 29，亲蟹规格见表 30，其中每种搭配的组合各设 4 个平行组。

表 29　亲蟹交配设计表

家系类别	交配组合	子一代标记
自交家系	A（1♂）×A（3♀）	F_{66}
	B（1♂）×B（3♀）	F_{33}
杂交家系	A（1♂）×B（3♀）	F_{63}
	B（1♂）×A（3♀）	F_{36}

表 30　亲蟹规格表

家系类别	产前重 /g	产后重 /g	全甲宽 /mm	甲宽 /mm	甲长 /mm	体高 /mm	大螯不动指长 /mm	大螯长节长 /mm	第 I 步足长节长 /mm
F_{66}	241.3	184.5	150.98	71.62	69.86	39.37	65.8	44.71	31.72
	278.9	209.8	150.73	76.24	66.96	39.51	71.96	50.69	32.85
	275.3	220.9	155.08	79.94	71.65	39.39	77.29	49.75	30.82
F_{33}	276.5	222.4	153.9	81.13	75.25	40.61	74.9	51.71	34.52
	216.4	166.0	139.65	71.94	65.62	40.80	65.66	39.87	29.52
	311.5	246.8	159.17	85.77	74.88	44.46	79.24	48.70	34.37
F_{63}	183.6	154.7	135.75	64.24	65.17	36.70	61.63	45.26	31.16
	179.9	145.7	133.78	72.50	62.72	37.84	65.73	38.16	27.61
	171.4	144.2	132.66	69.54	63.79	39.06	63.04	36.97	29.79
F_{36}	253.3	203.3	145.01	79.12	70.05	38.60	69.71	45.80	31.60
	232.5	192.4	145.63	75.24	71.07	40.95	67.42	44.13	30.75
	218.2	183.9	145.81	76.8	68.83	37.39	68.28	41.68	30.62

本实验养殖基地在潍坊市昌邑海丰水产养殖有限责任公司，亲蟹于 2011 年 9 月

在室内设计定向交尾，观察越冬亲蟹的卵块发育情况，选定测定实验亲蟹形态学指标，用游标卡尺测所选定亲蟹的全甲宽、甲宽、甲长、体高，精确到 0.1 mm，本实验根据观测卵块发育颜色和镜检卵膜内幼体每分钟心跳次数来确定亲蟹布入单独育苗池时间和预估亲蟹排幼时间。

杂交子代在生长、成活、繁殖能力或生产性能等方面可能优于亲本的一方或者均优于双亲的均值。计算杂交子代的杂种优势率 H（%），计算公式按如下方法：

$$H\% = \frac{(F_{63} + F_{36}) - (F_{66} + F_{33})}{F_{66} + F_{33}} \times 100\% \quad (1)$$

$$H(A)\% = \frac{F_{63} - F_{66}}{F_{66}} \times 100\% \quad (2)$$

$$H(B)\% = \frac{F_{36} - F_{33}}{F_{33}} \times 100\% \quad (3)$$

式中，F_{66}、F_{33}、F_{63}、F_{36} 分别表示 4 个实验组的不同表性值，公式(1)、(2)、(3)分别计算 A、B 两个近交系总的杂种优势以及 A 近交系和 B 近交系各自的杂种优势。获得各个家系各形态性状的表型参数的数据，采用统计分析软件 SPSS17.0 对各性状的平均数、标准差进行描述统计分析，用各代间进行单因素方差分析(One - Way ANOVA)，显著性水平设为 $\alpha = 0.05$，并对差异显著的各代间进行多重比较分析(LSD)。

7.1 实验蟹抱卵量、排幼量、孵化率数据分析

为检验本实验挑选的 4 组亲蟹的规格大小对实验测量数据是否有影响，以实验组类别为分组依据，分别以亲蟹的全甲宽和体重为协变量，对所测得的抱卵量、排幼量、孵化率等繁殖性能进行协方差分析，结果如表 31 所示，由结果可知，无论是以实验所选亲蟹的全甲宽还是体重作为协变量，各个因变量的 F 统计量的相伴概率值都大于显著性水平 0.05，说明本实验所选亲蟹的规格大小对各测量数据的大小并没有显著的影响。

表 31 各组的抱卵量、排幼量、孵化率的协方差分析

体重	抱卵量	2.895	0.133
	排幼量	4.851	0.063
	孵化率	2.393	0.166
	单位体重抱卵量	1.326	0.287
	单位体重排幼量	0.424	0.536
全甲宽	抱卵量	0.865	0.383
	排幼量	1.025	0.345
	孵化率	0.336	0.580
	单位体重抱卵量	2.983	0.128
	单位体重排幼量	0.047	0.835

7.2 室内培育期间繁殖力各项指标比较分析

各个实验组在育苗阶段繁殖力各项指标比较分析结果见表 32。从表 32 可以看出，单位体重的抱卵量上的高低排列顺序为 $F_{66}>F_{33}>F_{36}>F_{63}$，单位体重的排幼量上的高低排列顺序为 $F_{33}>F_{66}>F_{36}>F_{63}$，抱卵量上的高低排列顺序为 $F_{66}>F_{33}>F_{36}>F_{63}$，排幼量上的高低排列顺序为 $F_{33}>F_{66}>F_{36}>F_{63}$，孵化率上的高低排列顺序为 $F_{33}>F_{36}>F_{63}>F_{36}$，可知在抱卵量、排幼量以及单位体重的抱卵量方面近交组都比杂交组大，而且具有显著的差异($P<0.05$)，其中抱卵量之间有极显著的差异($P<0.01$)；但在单位体重的排幼量和孵化率方面，虽然近交组也比杂交组大，但差异并不显著($P>0.05$)，表明在繁殖性能上，杂交组并没有表现出杂交优势。

表 32 各实验组繁殖力的分析结果

组别	单位体重的抱卵量(10^4 粒 /g)	单位体重的排幼量(10^4 粒 /g)	抱卵量(10^4 粒)	排幼量(10^4 粒)	孵化率(%)
F_{66}	0.39 ± 0.06^{bc}	0.26 ± 0.07^{a}	79.75 ± 10.47^{B}	53.69 ± 16.95^{b}	66.53 ± 13.69^{a}
F_{33}	0.36 ± 0.04^{c}	0.27 ± 0.02^{a}	74.83 ± 9.85^{Bb}	57.43 ± 13.32^{b}	76.11 ± 8.45^{a}
F_{63}	0.27 ± 0.04^{a}	0.17 ± 0.03^{a}	39.94 ± 4.84^{A}	25.45 ± 3.78^{a}	64.17 ± 11.33^{a}
F_{36}	0.28 ± 0.04^{ab}	0.18 ± 0.08^{a}	55.15 ± 10.74^{ABa}	35.17 ± 17.47^{ab}	61.33 ± 21.48^{a}

7.3 室内培育期间各阶段三疣梭子蟹的存活及杂种优势比较

室内培育期间各阶段三疣梭子蟹的存活及杂交优势比较分析结果见表 33。由表 33 可知，在 Z_1 至 Z_4 阶段，其存活率的高低排列顺序为 $F_{33}>F_{66}>F_{36}>F_{63}$，只有 F_{33} 组和 F_{63} 组的变态率差异显著($P<0.05$)，其他各实验组之间的差异并不显著($P>0.05$)，不存在杂交优势；在 Z_4 至Ⅱ期幼蟹阶段，其存活率的高低排列顺序为 $F_{63}>F_{36}>F_{66}>F_{33}$，只有 F_{33} 组和 F_{63} 组的变态率差异显著($P<0.05$)，F_{63} 组存活率高于 F_{66} 组 14.09%，F_{36} 组存活率高于 F_{33} 组 3.71%；在 Z_1 至Ⅱ期幼蟹阶段，F_{66} 组存活大于 F_{63} 组，F_{33} 组和 F_{36} 组存活一样，所有的实验组之间差异都不显著。

表 33 室内培育期间各实验组各阶段存活的百分数和杂交优势

组别	Z_1 至 Z_4 变态率(%)	Z_4 至Ⅱ期幼蟹变态率	Z_1 至Ⅱ期幼蟹变态率(%)
F_{66}	59.58 ± 6.50^{ab}	8.46 ± 1.49^{ab}	4.92 ± 0.99^{a}
F_{33}	74.90 ± 3.54^{b}	5.79 ± 1.62^{a}	4.19 ± 0.41^{a}
F_{63}	27.34 ± 1.97^{a}	25.55 ± 5.91^{b}	4.85 ± 0.14^{a}
F_{36}	45.09 ± 9.57^{ab}	9.50 ± 2.22^{ab}	4.19 ± 0.66^{a}

7.4 实验组早期生长阶段的生长、存活比较及杂种优势

对 4 个实验组自交组 F_{66}、F_{33} 和杂交组 F_{63}、F_{36} 从Ⅱ期幼蟹至Ⅴ期幼蟹四个时期的生长、存活数据分析，4 个实验组幼体在Ⅱ期、Ⅲ期、Ⅳ期、Ⅴ期时的平均体重、体重

生长速度以及杂交优势见表34，平均全甲宽、全甲宽生长速度以及杂交优势见表35，各期存活率及其杂交优势见表36。

表34　各实验组早期生长阶段存活（%）和杂交优势（%）的比较分析

实验组		生长阶段				体重(g)
		Ⅱ期幼蟹	Ⅲ期幼蟹	Ⅳ期幼蟹	Ⅴ期幼蟹	
X	F_{66}	0.0320 ± 0.0093^{B}	0.1030 ± 0.0471^{B}	0.2507 ± 0.0455^{B}	0.6617 ± 0.1914^{B}	0.034
	F_{33}	0.0258 ± 0.0077^{A}	0.0666 ± 0.0161^{A}	0.2040 ± 0.0462^{A}	0.5137 ± 0.1284^{A}	0.025
	F_{36}	0.0313 ± 0.0082^{B}	0.1000 ± 0.0172^{B}	0.2869 ± 0.0358^{C}	0.6567 ± 0.1239^{B}	0.029
	F_{63}	0.0350 ± 0.0073^{B}	0.0953 ± 0.0138^{B}	0.2817 ± 0.0452^{C}	0.6877 ± 0.1166^{B}	0.035
Y	$H\%$	14.71	15.15	25.05	14.38	8.47
	$H_{(A)}\%$	9.38	−7.48	12.37	3.93	2.94
	$H_{(B)}\%$	21.37	50.15	40.64	26.63	16.00

从表34中可知，杂交组F_{63}和F_{36}在早期生长阶段相对于自交组F_{66}和F_{33}体重的总体杂交优势为14.38%～25.05%，体重生长速度的总体杂交优势为8.47%；F_{63}组相对于F_{66}组的体重生长杂交优势为−7.48%～12.37%，体重生长速度的杂交优势为2.94%；F_{36}组相对于F_{33}组的体重生长杂交优势为21.37%～50.15%，体重生长速度的杂交优势为16%，体重增长速度：$F_{63}>F_{66}>F_{36}>F_{33}$，$F_{36}$组相对于$F_{33}$组的杂交优势大于$F_{63}$相对于$F_{66}$组的杂交优势，且有极显著的差异（$P<0.01$），$F_{66}$组体重增长速度大于$F_{33}$组。

表35　各实验组早期生长阶段全甲宽和杂交优势(%)的比较分析

实验组		生长阶段				全甲宽生长速度
		二期幼蟹	三期幼蟹	四期幼蟹	五期幼蟹	
X	F66	7.7530±0.6595Ba	11.8630±1.6708B	16.7020±1.2195B	23.1238±2.4691B	0.831
	F33	7.2597±0.6235A	10.5303±0.8286A	15.2127±1.0788A	20.8974±1.8588A	0.742
	F36	7.9330±0.4716B	11.8375±0.6536B	16.9231±0.8895B	22.9823±1.5209B	0.748
	F63	8.1410±0.5000Bb	11.8023±0.6767B	16.9607±0.9832B	23.3530±1.3966B	0.834
Y	H%	7.07	5.57	6.17	10.27	0.57
	H(A)%	5.00	-0.51	1.55	0.99	0.36
	H(B)%	9.27	12.41	11.24	9.98	0.81

从表35中可知，杂交组F_{63}和F_{36}在早期生长阶段相较于自交组F_{66}和F_{33}全甲宽的总体杂交优势为5.57%～10.27%，全甲宽生长速度的总体杂交优势为0.57%；F_{63}组相对于F_{66}组的全甲宽生长杂交优势为−0.51%～5%，全甲宽生长速度的杂交优势为0.36%；F_{36}组相对于F_{33}组的全甲宽生长杂交优势为9.27%～12.41%，全甲宽生长速度的杂交优势为0.81%，全甲宽增长速度：$F_{63}>F_{66}>F_{36}>F_{33}$，$F_{36}$组相对于$F_{33}$组的杂交优势大于$F_{63}$相对于$F_{66}$组的杂交优势，且有极显著的差异（$P<0.01$），$F_{66}$组的全甲宽增长速度大于$F_{33}$组。

表 36 各实验组早期生长阶段存活(%)和杂交优势(%)的比较分析

实验组		生长阶段		
		三期幼蟹	四期幼蟹	五期幼蟹
X	F66	69.33±6.11Aa	57.33±6.11A	36.67±1.15Aa
	F33	67.33±9.02Aa	55.33±9.02A	46.00±6.58Aab
	F36	82.00±5.29ABb	58.00±3.46A	55.33±5.03ABb
	F63	92.00±2.00B	80.00±2.00B	67.33±8.08B
Y	H%	27.32	22.49	36.67
	H(A)%	32.70	39.54	83.61
	H(B) %	21.79	4.83	20.28

从表 36 可知，杂交组 F_{63} 和 F_{36} 在早期生长阶段相对于自交组 F_{66} 和 F_{33} 存活的总体杂交优势为 22.49%～36.67%；F_{63} 组相对于 F_{66} 组存活的杂交优势为 32.70%～83.61%；F_{36} 组相对于 F_{33} 组存活的杂交优势为 4.83%～21.79%，从Ⅱ期到Ⅳ期阶段存活表现为 $F_{63}>F_{36}>F_{66}>F_{33}$，但到实验结束Ⅴ期幼蟹阶段时，$F_{33}$ 组的存活大于 F_{66} 组的存活，其中 F_{63} 组相对于 F_{66} 组的杂交优势大于 F_{36} 相对于 F_{33} 组的杂交优势，且有极显著的差异($P<0.01$)。

无论是在植物还是动物中，杂种优势都十分普遍，杂交是通过直接利用杂种优势或为育种制备中间材料而改良动植物遗传特性的。为了获得杂种优势，一般会首先对亲本间的遗传差异进行评估，只有两个基础群体的基因频率不同，它们杂交的后代才有表现出杂种优势的可能(郑怀平等，2004)，无论两个不同的纯种群等位基因的差异如何，经过中间杂交和种内杂交的杂交后代都会表现出不同程度的杂种优势(Misamore et al，1997)。杂种优势来源与杂交亲本之间遗传类型的差异越大，后代的杂种优势就可能越明显(杨章武等，2012)。非加性效应改善养殖品种的理论认为，增加非加性效应是提高杂种优势的基础，可以通过加大两个群体间的基因频率、提高群体的纯合程度来增加杂种优势。也就是说就同一物种而言，群体内的基因纯合程度越高，会造成群体间的基因频率差异增大，遗传距离也会越远，从而使其杂交后代产生较大杂种优势的可能性增大。杨章武等(2012)的研究表明凡纳滨对虾杂交子代的抗逆性较自交组强，在低温、低盐的条件下，杂交组较自交组生长快，认为凡纳滨对虾的杂交优势与亲本的提纯、选优紧密相关。自 2005 年至今，本实验室收集了莱州湾海区、鸭绿江口海区、海州湾海区、舟山海区 4 个不同地理群体作为基础群体，利用人工定向交尾方法，建立了全同胞兄妹交传代家系。蟹类的杂交育种目前还仅限于种内杂交，本实验材料 A 家系为 F_3，B 家系为 F_6，为基因纯化程度不同的两个家系，相比利用不同地理种群野生种进行种内杂交的种群，基因纯合程度较高，可能有更大的杂交优势。

近交造成物种内群体的基因越来越纯合，遗传差异增大，固定了优良性状，保持优秀个体的血统，提高育种群体的一致性和整齐度，但同时也暴露有害基因，使群体对环境的敏感性增加，极易造成近交衰退。从近交使隐性有害等位基因暴露的因素考虑，杂种优势只是一种对近交衰退的补偿。通过不同近交程度亲本间的杂交，原本因为近交而暴露的隐性有害等位基因被掩盖，将使后代遗传到两个亲本各自的某些优良性状，用取长补短的方式培育出一个优良品种（姚雪梅等，2007）。本实验通过包含两亲本所有可能配成的杂交组合的双列杂交设计不同近交程度家系间的杂交组合，比较分析了各组合繁殖性能和生长、存活的差异，为优良三疣梭子蟹苗种的培育，杂交育种和选择育种提供了十分重要的基础资料和理论依据，为三疣梭子蟹最终的种质改良和新品种培育奠定了重要的基础。

（作者：王好锋，刘萍，李健，高保全）

8. 三疣梭子蟹体重遗传力的估计

遗传参数估计是水产动物选择育种的一项基础工作，主要用来估计育种值，制定选择指数，预测选择反应，比较选择方法以及进行育种规划（盛志廉等，2001）。国际上关于水产动物性状遗传力的研究比较晚，自20世纪70年代以来，才陆续开展了虹鳟（*Salmo gairdneri*）（Aulstad et al，1972；Gall，1975）、尼罗罗非鱼（*Tilapia nilotica*）（Tave et al，1980）、大西洋鲑（*Salmo salar*）（Gunnes et al，1978）、太平洋牡蛎（*Crassostrea gigas*）（Langdon et al，2000）、海湾扇贝（*Argopecten irradians concentricus*）（Grenshaw et al，1991）、马氏珠母贝（*Pinctada fucata martensi*）（Wada，1986）等经济鱼类和贝类的遗传力研究。遗传参数估计涉及的性状参数多种多样，包括体长、体质量、食物转化率、生长率、耗氧量和抗病力等重要的经济性状，以及产卵量、孵化率等繁殖性状。采用的方法多为同胞分析法。我国水产动物数量遗传学方面的研究虽然开展较晚，但是进展较快。比如海胆（*Strongy locentrotus intermedius*）（刘小林等，2003）、刺参（*Apostichopus japonicus Selenka*）（栾生等，2006）、鲤（*Cyprinus carpio*）（张建森等，1994）、长毛对虾（*Penaeus peniciliatus*）（吴仲庆等，1990）、罗氏沼虾（*Macrobrachium rosenbergii*）（陈刚等，1996；罗坤等，2008）、中国对虾（*Fenneropenaeus chinensis*）（田燚等，2008；黄付友等，2008）、大菱鲆（*Scophthalmus maximus L.*）（张庆文等，2008）等相关遗传参数的计算和估计。本研究通过巢式设计建立全同胞家系，通过方差分析法估计三疣梭子蟹80日龄、120日龄的体重遗传力。国内外首次对三疣梭子蟹遗传力进行探讨，为三疣梭子蟹选择育种提供必要的基础依据和技术参数。

本实验400只亲蟹（100只雄蟹，300只雌蟹）来自选育的基础群体。2007年8月下旬，挑选发育良好的亲蟹，采用群体间杂交的方式进行交尾搭配。其中1♂对3♀。经过交尾、越冬，2008年4月15～25日成功排幼得到的子一代亲蟹有37只，即37个全同胞家系，其中包括 13 个半同胞家系。每只亲蟹的后代即每个家系各取 9×10^4 尾 I 期溞状幼体单独放入 1 个 6 m^3 水泥池中培育，培育采用常规方法，不同家系同一阶段的培育条件一致。从 37 个家系中，每个家系随机取 30 个左右的个体，用电子天平测量体重，精确到 1 g，在 80 日龄、120 日龄各测量一次。

对数据的方差分析，通过 SPSS 软件的一般线性模型（General Linear Model）过程实现，全同胞资料表型变量的方差组成见表 37。

表 37　全同胞资料表型变量组成的方差分析

变异来源	自由度	平方和	均方	期望均方
雄性间	$S-1$	SS_S	MS_S	$\sigma_e^2+K_2\times\sigma_D^2+K_3\times\sigma_S^2$
雄内雌间	$D-S$	SS_D	MS_D	$\sigma_e^2+K_1\times\sigma_D^2$
雌雄内后代个体间	$N-D$	SS_e	MS_e	σ_e^2
总和	$N-1$	SS_T		

其中，N、S、D 分别为后代个体总数、雄性亲本数和雌性亲本数；σ_s^2 为父系半同胞方差；σ_D^2 为母系半同胞方差；σ_e^2 为全同胞个体间方差；K_1、K_2 分别为雄性亲本内与配的雌性亲本平均后代数、每个雌性亲本的平均后代数；由于每个雄性亲本的后代数目（K_3）不相等，故需要进行加权校正。计算公式如下：

$$K_3=\frac{1}{S-1}\left(N-\frac{1}{N}\sum_{i=1}^{S}n_i^2\right)$$

式中，n_i 为指第 i 个雄性亲本后代个体数。

遗传力计算及显著性检验。根据全同胞资料作二因素系统分组方差分析可以得到 3 个遗传力估计值（盛志廉等，2001）。

半同胞估计的狭义遗传力为半同胞组内相关系数的 4 倍，即：

父系半同胞，$h_S^2=4\times\dfrac{\sigma_S^2}{\sigma_S^2+\sigma_D^2+\sigma_e^2}$；母系半同胞，$h_D^2=4\times\dfrac{\sigma_D^2}{\sigma_S^2+\sigma_D^2+\sigma_e^2}$；全同胞估计的狭义遗传力为全同胞组内相关系数的 2 倍，即：

$$h_{SD}^2=2\times\frac{\sigma_S^2+\sigma_D^2}{\sigma_S^2+\sigma_D^2+\sigma_e^2}$$

式中，h_s^2、h_D^2、h_{sD}^2分别为父系半和全同胞估计的狭义遗传力。

遗传力的估计值来自样本，对于其是否能够代表总体参数，需要进行显著性检验。遗传力的显著性检验采用 t 检验。

8.1　三疣梭子蟹 80 日龄和 120 日龄的体重

三疣梭子蟹 80 日龄和 120 日龄体重的平均数和标准差见表 38。

表 38　三疣梭子蟹 80 日龄和 120 日龄的体重

生长阶段	个体数	平均体重(g)	标准差
80 日龄	914	30.28	8.11
120 日龄	914	102.00	19.84

本研究估计了 80 日龄和 120 日龄的体重遗传力，选择这两个发育阶段的原因主要有以下两点：第一，小于 80 日龄时，个体太小，测量不精确且不方便；第二，个体 120 日龄时，三疣梭子蟹在我国北方已经逐渐性成熟，根据实验进度，个体 120 日龄后要取回室内定向交尾。

根据半同胞资料估计遗传力时，用雄性亲本遗传方差组分估计的遗传力较小，且变异程度较小，而用雌性亲本遗传方差组分估计的遗传力较大，且变异程度较大，可能存在母系效应。但是经过 t 检验，依据父系半同胞、母系半同胞方差组分估计的遗传力均未达到显著水平，可认为，依据全同胞方差组分估计的遗传力是遗传力的无偏估计值，即 80 日龄为 0.53，120 日龄为 0.32。

8.2　三疣梭子蟹体重的方差分析

三疣梭子蟹 80 日龄和 120 日龄体重的方差分析见表 39。方差分析表明，雄性亲本间和雄蟹内雌蟹间 80 日龄和 120 日龄体重的 F 检验 $P<0.01$，差异极显著。

三疣梭子蟹 80 日龄和 120 日龄，雄性亲本和雌性亲本间的有效平均后代数目计算结果：雄性亲本内与配的雌性亲本的后代数 $K_1=20.19$；每个雌性亲本的后代数 $K_2=24.58$；每个雌性亲本的平均后代数目 $K_3=36.30$。

表 39　三疣梭子蟹 80 日龄和 120 日龄表型变量组成的方差分析

生长阶段	变异来源	体重		
		自由度	均方	均方比 F
80 日龄体重	雄间	24	561.35	11.46**
	雄内雌间	12	263.82	5.39**
	全同胞间	877	48.99	
	总和	913		
120 日龄体重	雄间	24	2 179.78	6.50**
	雄内雌间	12	1 115.05	3.33**
	全同胞间	877	335.24	
	总和	913		

注：** 表示差异极显著($P<0.01$)

本研究得到 120 日龄体重遗传力估计值比 80 日龄的要小，主要是环境差异引起的。遗传力不仅是一个性状本身的特征，而且它与群体和环境条件的特征有关。环境差异大，遗传力相对降低，环境一致则遗传力的估计值提高(赵存发等，1999)。国内外一直没有很好地解决三疣梭子蟹标记问题，因此本研究中 37 个全同胞家系不能混养，而只能采用微格单独养殖，虽然开始放投的苗种密度一致，但是由于各家系优劣程度不同，在生长过程中，密度差别越来越大，导致环境差异越来越大，最终导致 120 日龄的遗传力估计值要小于 80 日龄的值。

表 40 表型变量的原因方差组分

方差组分	80 日龄体重	120 日龄体重
σ_S^2	6.91	24.66
σ_D^2	10.64	38.62
σ_e^2	48.99	335.24
$\sigma_T^2=\sigma_S^2+\sigma_D^2+\sigma_e^2$	66.54	398.52
$\sigma_S^2+\sigma_D^2$	17.55	63.28

表 41 三疣梭子蟹 80 日龄和 120 日龄的体重遗传力及 t 检验

遗传力估计方法	80 日龄体重遗传力	t 检验	120 日龄体重遗传力	t 检验
父系半同胞	0.42	1.26	0.25	1.16
母系半同胞	0.64	1.99	0.39	1.72
全同胞	0.53	3.48**	0.32	3.17**

8.3 表型变量的原因方差组分

根据各亲本后代数及方差分析的结果，计算了三疣梭子蟹 80 日龄和 120 日龄雄性亲本，雄性亲本和雄雌内全同胞间组分的方差（表 40），其中雌性亲本的方差大于雄性亲本的方差，表明雌性亲本间半同胞个体具有较大的变异程度，存在着较大的母性效应。

8.4 三疣梭子蟹体重遗传力的估计

依据表 40 父系半同胞、母系半同胞和全同胞的方差组分，估计了三疣梭子蟹 80 日龄和 120 日龄体重的遗传力（表 41）。80 日龄体重遗传力的估计值在 0.42～0.64 内；120 日龄体重遗传力的估计值在 0.29～0.39 内。三疣梭子蟹 80 日龄和 120 日龄体重的遗传力显著性 t 检验结果为：依据父系半同胞、母系半同胞方差组分估计的遗传力均未达到显著水平，依据全同胞方差组分估计的遗传力达到极显著水平。

目前还没有参考三疣梭子蟹遗传参数估计的数据，不过在其他鱼类和甲壳类方面已经获得了一些性状的遗传参数。Quinton 等（2005）对大西洋鲑全同胞家系的收获体重遗传力估计值为 0.10～0.20；Fishback 等（2002）利用 Mtdfreml 方法得到虹鳟鱼的体长、体重等生长遗传力为 0.36～0.72；张庆文等（2008）利用 Mtdfreml 方法得到大菱鲆 25 d 仔鱼体长的遗传力为 0.20；Benzie 等（1997）利用半同胞资料对斑节对虾 42 d 和 70 d 生长性状的遗传力进行估计，总体长和湿重的父系半同胞遗传力为 0.1，母系半同胞遗传力为 0.39；Argue 等（2002）得到的凡纳滨对虾生长性状的半同胞遗传力为 0.84；田燚等（2008）采用混合家系材料，利用 Mtdfreml 软件中的动物模型进行分析，得到中国对虾

145 d 的体重遗传力为 0.14；罗坤等（2008）采用动物模型，借助 DFREML 方法估计罗氏沼虾 5 月龄体重的遗传力为 0.07；栾生等（2006）采用全同胞组内相关法估计刺参耳状幼体初中期体长的遗传力分别为 0.74 和 0.75。影响估计结果的因素有很多，同一品种的不同群体具有不同的遗传背景和遗传结构组成，群体所处生长环境的不同可能引起结果有所不同。总体来说，三疣梭子蟹体重属于中度遗传力，对三疣梭子蟹选择育种具有较大的潜力，可以获得快的遗传进展，为三疣梭子蟹选择育种提供了理论依据。

准确可靠的群体遗传参数和个体育种值估计是育种实践的前提（王金玉等，2004）。但遗传参数和个体育种值无法直接测定，只能根据不同来源资料以及科学的统计学方法得到遗传参数的估计值。准确估计遗传力的条件主要有两个，一是资料的来源和数量，二是遗传参数估计所用的统计方法。因此还有必要通过以下措施更精确地估算三疣梭子蟹遗传力：第一，进一步增加家系数量及每个家系的样本数；第二，采用更合理的方差组分估计方法；第三，研究合适的三疣梭子蟹个体识别标记，采取家系混养，剔除环境差异。

（作者：高保全，刘萍，李健，刘磊，戴芳钰，王学忠）

9. 三疣梭子蟹新品种“黄选 1 号”的选育

三疣梭子蟹（*P.trituberculatus*）已成为我国重要的渔业捕捞对象和海水养殖对象（吴常文，1996），2010 年我国三疣梭子蟹养殖产量达 9 万余吨。目前，三疣梭子蟹养殖业主要还是依靠捕捞野生蟹来满足生产育苗的需要，这种状态限制了其发展。一方面，这些捕捞的野生三疣梭子蟹可能携带感染性病毒。据报道，近年来，随着三疣梭子蟹养殖规模的不断扩大，各种病害也接踵而至，并出现大规模发生和暴发性流行的趋势，给产业和区域经济的发展造成重大损失。另一方面，生长速度是重要的经济性状，大规格三疣梭子蟹的经济价值明显要高。因此培育生长速度快、抗逆能力强的优良品种是实现三疣梭子蟹产业可持续性发展的重要保障。

水产养殖品种培育的基础理论研究一直是发达国家优先发展的研究方向，如美国、英国、日本、澳大利亚等国纷纷将水产生物，尤其是经济海洋生物（鱼、虾、贝、藻）的遗传育种研究列为重点发展方向。在海水动物育种研究中，自 20 世纪 30 年代开始，美国学者道纳尔逊首先对虹鳟鱼进行数代的家系选育，成功地选育出优质虹鳟道氏品系；挪威的大西洋鲑和 GIFT 罗非鱼良种工程体系堪称典范，实现了生长速度、饲料转化率、性成熟年龄等重要经济性状的复合选育，有力地促进了养殖业的可持续发展。澳大利亚联邦科学和工业研究院对日本囊对虾进行选育，结果选育的日本囊对虾生长速度提高 11%～15%（陈锚，2006）；1995 年，美国国家农业部（USDA）和海洋研究所（OI）共同进行了凡纳滨对虾（*L.vannamei*）的选择育种，采用综合选择指数对生长性能和桃拉综合病毒（TSV）2 个指标进行选育（Brock et al，1997），1998 年两个独立的育种品系建立起来，一个是完全选择生长性能，另一个是以 70%为权重选择 TSV 抗病性和 30%为权重选择生长性能，结果选育品种生长速度提高 21.1%，成活率提高 18.4%。中国水产科学研究院黄海水产研究所通过 6 代群体选育，培育出了我国第一个人工选育而成的海水养殖动物新品种中国对虾“黄海 1 号”。与对照相比，体长平均增长 8.40%，体重增长 26.86%，抗逆性强，发病率不足 10%（李健等，2005）；另外采用多性状复合育种技术，以生长速度、抗 WSSV 存活时间及存活率为选育目标，通过构建大规模家系，从遗传学角度确定出经济性状优势的家系及个体，选育出中国对虾“黄海 2 号”，收获体质量比未经选育的野生种提高 30%以上，具有明显抗病性，染病死亡时间延长 10%以上（孔杰等，2012）。

中国水产科学研究院黄海水产研究所在国家“863”计划等项目支持下，采用群体选育的方法进行了三疣梭子蟹新品种选育。2005 年收集我国沿海 4 个地理群体三疣梭子蟹，进行遗传结构分析、配合力测试，建立基础群体（高保全等，2007；樊祥国等，2009）。2006 年从基础群体中选择个体大、活力强、健康交尾雌蟹构建育种核心群体，以生长速度为选育指标，进行群体选育。核心群体每年进行 1 代选育，每代 5%左右的留种率，分别挑选个体大，活力强，健康雌、雄蟹各 2 000 只以上，按 1∶1 性比进行室内交尾，交尾雌蟹进行室内越冬。翌年春季选择 1 200 只亲蟹进行苗种繁育，收集 500 只以上亲蟹的部分子代进行等比例混合池塘养殖，作为保种群体。至 2010 年已连续进行了 5 代群体选育，形成了特征明显、性状稳定的三疣梭子蟹新品种，将其命名为“黄选 1 号”。在同样条件下进行养殖，与对照组相比，新品种收获时平均个体体重提高 20.12%，成活率提高 32.00%，全甲宽变异系数＜5%。

2010～2012 年进行了新品种中试养殖，中试养殖 3000 余亩*，结果显示新品种收获时个体规格大、成活率高、整齐度好，平均单产提高 30%；辐射到山东潍坊、日照、青岛、烟台、河北沧州、唐海及浙江象山等地，累计养殖面积 9 万亩，获得较显著的经济效益和社会效益。2012 年该品种已通过全国水产原种和良种审定委员会审定。

9.1 选育的材料及方法

通过对我国沿海三疣梭子蟹种质资源调查与评估（高保全等，2007；樊祥国等，2009；李鹏飞等，2007），确定鸭绿江口、莱州湾、海州湾、舟山 4 个地理群体为育种基础群体。2005 年 9 月份进行种质资源收集，其中三疣梭子蟹鸭绿江口野生种群采自辽宁省丹东市鸭绿江入海口近海，莱州湾野生种群采自山东省昌邑市下营港近海，舟山野生种群采自浙江舟山群岛近海，海州湾种群采自江苏连云港市海州湾近海。2006 年 3 月份从基础群体中选择个体大、活力强、抱卵雌蟹构建育种核心育种群体。核心育种群体的标准化培育：当亲蟹腹部卵块呈黑灰色，镜检膜内无节幼体心跳达 200 次 / 分钟左右，及时捞出亲蟹，每笼 5 只亲蟹，吊入培育池，按满水体计算幼体密度，密

*亩为非法定单位。考虑到生产实际，本书继续保留，1 亩 = 666.73。

度控制在 3 万尾 / 立方米，当一个苗种培育池幼体数量达到要求后，迅速将亲蟹笼转移至下一育苗池。培育同常规方法，不同培育池同一阶段的培育条件一致。幼体达到Ⅱ期幼蟹，采用等比例混合方式进行放苗，每个亲蟹各取 1 000 尾蟹苗，转移到室外保种池养殖。根据 Doyle 和 Talbot 提出的计算有效群体含量的计算公式，对 2008 年核心育种群有效群体含量评估，制定合理的保种模式，既节约越冬成本，又要避免近交衰退。

$$SS_f = N_{of}\left(\frac{N_t}{N_{nf}}\right)^2 + N_{xf}\left(\frac{N_t}{N_{rf}} - \frac{N_t}{N_{nf}}\right)^2 + N_t$$

$$N_t = N_{nm} + N_{nf}$$

$$N_{of} = N_{nf} - N_{rf}V_f = \frac{SS_f}{N_{nf}}$$

群体有效含量（Ne）：

$$\frac{1}{Ne} = \frac{1}{16N_{nm}L}(2 + V_m) + \frac{1}{16N_{nf}L}(2 + V_f) \tag{1}$$

式中，T：保种场父母本留种的总数，S：苗种生产中产卵的父母本个体数，N_n：新补充到保种群中的亲本数目。其中，N_{nm}：雄性亲本，N_{nf}：雌性亲本，N_r：新补充到保种群中产卵的亲本数目。其中，N_{rm}：雄性亲本，N_{rf}：雌性亲本，L：为世代间隔。

近交系数增量的计算公式

$$\Delta F = \frac{1}{2Ne} \tag{2}$$

采用随机留种计算群体有效含量的公式：

$$Ne = \frac{4Nsnd}{Ns + Nd} \tag{3}$$

式中，Ns 为保种群中雄蟹的个数，Nd 为保种群中雌蟹的个数

采用随机留种方法，计算需要雄蟹的公式：

$$Ns = \frac{n+1}{\Delta F + 8n} \tag{4}$$

近交系数 Ft 与近交增量 ΔF 的关系式：

$$F = 1 - (1 - \Delta F)^n \tag{5}$$

为评估选择后的累计进展，利用普通商品苗种，建立同步对照组，每口池塘 5 亩，各放养 5 口，同步放养Ⅱ期蟹苗，密度 3 500 尾 / 亩，同样条件下进行养殖。收获时从核心育种群体、野生对照群体中随机取 100 个个体，用游标卡尺测量全甲宽精确到 0.1 mm，用电子天平测量体重，精确到 1 g，统计成活率。

为增加核心种质的遗传多样性，每代大约在 5%留种率下，选择大规格、健康个体，采用人工定向交尾技术，按照 1♂×1♀ 进行配种，在室内完成交尾。交尾后的雌蟹，转移至越冬池，采用地下水节能技术进行室内越冬。

9.2 三疣梭子蟹核心育种群体构建结果

为减少由于环境差异而造成的个体发育不同，导致选育出现偏差，在苗种培育过程中，采用标准化的培育方式进行苗种培育，主要包括环境条件标准化和幼体密度标准化。环境条件标准化主要包括：亲蟹越冬、亲蟹排幼、幼体培育，在各阶段的培育条件尽量一致，包括布池密度、水温、盐度、饵料、充气和管理等。2005–2010 年建立的三疣梭子蟹核心育种群体情况见表 42。

表 42 三疣梭子蟹每年核心育种群体构建情况

年份	群体世代	留种率	越冬亲蟹(只)	扩繁群体亲蟹(只)	保种群体亲蟹(只)
2005 年	原代	—	1 261	682	200
2006 年	核心群体 1 代	5.1%	2 800	1 340	520
2007 年	核心群体 2 代	5.0%	2 670	1 383	551
2008 年	核心群体 3 代	4.7%	2 880	1 421	512
2009 年	核心群体 4 代	4.9%	2 940	1 495	502
2010 年	核心群体 5 代	4.6%	3 590	1 500	578

9.3 核心群体有效群体含量评估

2008 年三疣梭子蟹核心育种群体采用的是随机留种方式，根据公式(1)得出实际群体有效含量：$Ne = 213$；根据公式(2)得出实际近交增量：$\Delta F = 0.002\ 3$；根据公式(3)得出理论群体有效含量为：$Ne = 587$；根据公式(2)得出理论近交增量：$\Delta F = 0.000\ 85$。

9.4 近交系数的预测

对于三疣梭子蟹良种选育，采用 10 代以上的选育标准，根据公式(5)，计算 10 代以后近交系数 Ft。由表 43 可以看出，随着选育世代的增加，近交增量即使保持不变，近交系数依然增加。因此可以推测三疣梭子蟹核心种质会逐渐衰退，但是增大保种量可以减小近交系数的上升，如果保持合适的保种数量，使近交系数在一定时期内维持在一个较低的水平，可以减缓三疣梭子蟹核心种质的衰退。

表 43 三疣梭子蟹选育世代与近交系数 Ft 的关系

世代	$\Delta F = 0.04$ $Ft = 1 - (1 - \Delta F)^n$	$\Delta F = 0.005$ $Ft = 1 - (1 - \Delta F)^n$	$\Delta F = 0.0025$ $Ft = 1 - (1 - \Delta F)^n$
1	0.01	0.005	0.002 5
2	0.02	0.01	0.005
3	0.03	0.015	0.007 5
4	0.039	0.02	0.01
5	0.049	0.025	0.012
6	0.059	0.03	0.015
7	0.068	0.034	0.017
8	0.077	0.039	0.02
9	0.086	0.044	0.022
10	0.096	0.049	0.025

近交系数增量控制在0.5%，假设交配成功率60%，越冬存活率为85%，最终排幼率为75%，最佳保种模式为：随机留种，采用雌雄比例1∶1定向交配，越冬前保种需要的雌蟹数量为131只，与之成功交配雄蟹数量131只。将近交系数增量控制在0.25%，假设交配成功率60%，越冬存活率为85%，最终排幼率为75%，最佳保种模式为：随机留种，采用雌雄比例1∶1定向交配，越冬前保种需要的雌蟹数量为262只，成功交配雄蟹数量262只。

9.5　三疣梭子蟹“黄选1号”与商品苗种对比测试结果

为评估选育后的累计进展，2006～2012年，将山东潍坊商业育苗场培育的三疣梭子蟹商品苗种作为对照，与“黄选1号”进行养殖对比测试，放苗密度均为3500尾/亩。生长速度、成活率及整齐度对比分析结果显示“黄选1号”生长速度快(图11)、成活率高(图12)，2012年收获时体质量提高21.35%，成活率提高35%，全甲宽变异率＜5%，整齐度好(表44)。

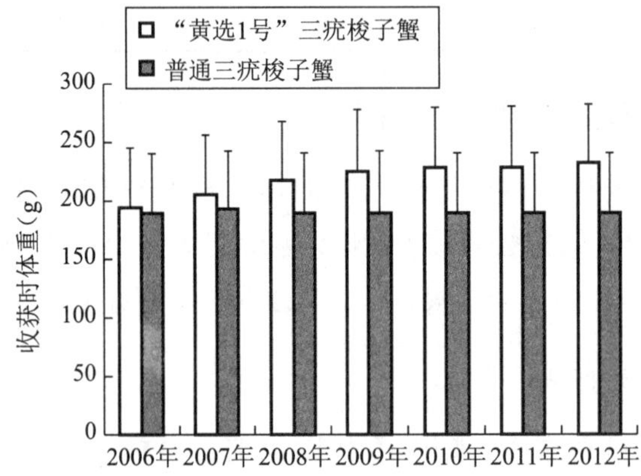

图11　“黄选1号”与普通三疣梭子蟹生长速度比较

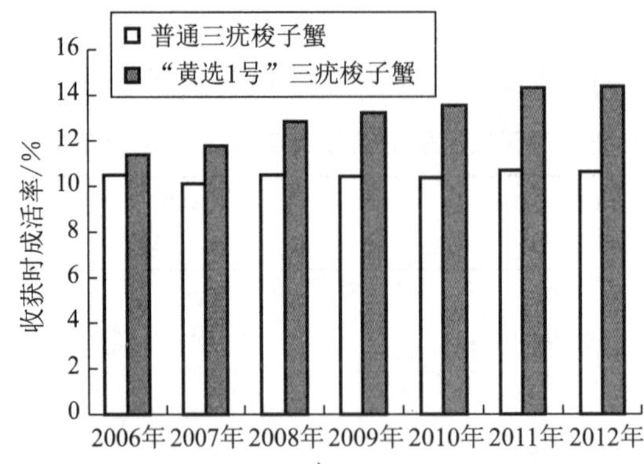

图12　收获时“黄选1号”与普通三疣梭子蟹成活率比较

9.6 三疣梭子蟹“黄选 1 号”选育进展

表 44 “黄选 1 号”与普通三疣梭子蟹相比选育进展

时间	收获时体质量提高(%)	收获时成活率提高(%)	全甲宽变异系数	
			普通三疣梭子蟹	“黄选 1 号”
2006 年	2.91	8.65	9.58	5.42
2007 年	7.42	16.09	9.46	5.34
2008 年	13.89	22.55	9.40	5.12
2009 年	18.56	26.65	9.45	5.00
2010 年	20.12	32.00	9.54	4.95
2011 年	21.11	34.30	9.47	4.79
2012 年	21.35	35.00	9.49	4.71

在过去 20 年里,海水动物选择育种在国内外陆续展开,并取得丰硕成果。位于夏威夷 Kona 的高健康水产养殖公司致力于抗 Taura 综合征病毒(TSV)的凡纳滨对虾选育研究,经过 3 代的选育,对照群体的对虾养殖成活率只有 31%,而选育群体的成活率达到 69%,且呈逐年增加的趋势(Paul et al,2001)。法国海洋开发研究院自 1992 年起,采取群体选育方法,开展对虾育种计划,F_4、F_5 代生长率分别提高了 18%、21%(Goyard et al,1999)。近几年我国水产动物育种工作得到蓬勃发展,取得一批优良品种,如凡纳滨对虾新品种:“中兴 1 号”、“中科 1 号”、“科海 1 号”,扇贝新品种“蓬莱红”、“海大金贝”等。新品种的推广养殖,推动了我国海水养殖业持续、健康、稳定发展。但海水蟹类良种培育工作,除本课题组外,目前国内外文献未见其他报道。

数量遗传参数的估计将有助于更好地理解遗传因素对特定群体某一性状的表型影响程度,遗传参数估计的准确程度会直接影响选择育种的进展。准确合理的遗传参数是制订育种计划的理论基础和前提。遗传参数估计涉及的性状参数多种多样,包括体长、体质量、食物转化率、生长率、耗氧量和抗病力等重要的经济性状,以及产卵量、孵化率等繁殖性状。采用的方法多为同胞分析法。我国水产动物数量遗传学方面的研究虽然开展较晚,但是进展较快。比如海胆(*Strongy locentrotus intermedius*)、刺参(*Apostichopus japonicus Selenka*)、鲤(*Cyprinus carpio*)、长毛对虾(*Penaeus peniciliatus*)、罗氏沼虾(*Macrobrachium rosenbergii*)、中国对虾(*F.chinensis*)、大菱鲆(*Scophthalmus rnaxirnus L.*)(刘小林等,2003;栾生等,2006;张建森等,1994;吴仲庆等,1990;罗坤等,2008;田燚等,2008;黄付友等,2008;张庆文等,2008;高保全等,2010)。三疣梭子蟹在 80 日龄、120 日龄狭义遗传力的无偏估计值,分别为 0.53 和 0.35,证实三疣梭子蟹采用群体选育方法进行新品种培育是合理的。

本项目采用群体选育方法,以生长速度作为主要选育指标,结果显示池塘养殖成活率选育提高值大于生长速度选育提高值,笔者推测三疣梭子蟹成活率低主要是由于性格凶猛、自残严重导致,而本项目进行中,对其连续多代进行驯化,使其性格“温顺”,自残减少,最终使养殖成活率大幅度提高。三疣梭子蟹由于自身特殊的习性,给育种工作带来一定困难。首先个体标记问题没有完全解决,导致遗传参数、选育效果不能精确评估;其次同步排幼技术不成熟,为育苗、混合养殖带来一定困难;最后三疣梭子蟹潜沙习性,对室内育种辅助实验的开展,造成一定困难。结合三疣梭子蟹物种特性,今后应加强这几方面的研究工作,为更科学地开展三疣梭子蟹育种工作提供技术保障。

（作者：李健，刘萍，高保全，陈萍）

10. 三疣梭子蟹快速生长品系核心种质有效群体含量

保持有效群体大小对育种核心种质延续具有指导意义。有效群体大小(*Ne*)为群体内所具有的相当于理想群体繁殖个体的数目(Nei,1975),在群体遗传学中占有十分重要的地位,这方面的研究在国外已有很多报道(Eknath et al,1990)。早期研究表明,为了避免近交衰退,确保群体短期内的生存能力,最小的 *Ne* 值应为 50;如果要维持适当的遗传变异,进而确保长期的生存能力,*Ne* 数量不应小于 500 (Soule et al,1980)。

对于水产物种总体适应性性状来说,10%的近交能引起 3%～5%的衰退(马大勇等,2005)。迄今,水产养殖种类关于近交和近交衰退的研究主要集中在鱼类(Wang et al,2002)。在贝类养殖方面也有一些研究,如张海滨(2004)对海湾扇贝(*Argopecten irradians*)报道中,不同有效群体大小对海湾扇贝 F_1 的生长和存活的影响,认为自交的确能对海湾扇贝的生长和存活带来明显不利的影响。因此在 2008 年经过家系选育结合群体选育建立了三疣梭子蟹快速生长品系,为了科学地指导种质保存和更新,以留种的有效繁殖群体为材料探讨三疣梭子蟹核心种质的保种数量,为今后核心育种群的种质可持续利用提供依据。

本实验在2008年9月选择发育良好快速生长品系第3代亲蟹696只,最小的158 g,最大的 380 g,平均体重为 240 g ± 12.4 g。亲蟹交配池的规格为:5 m×5 m×1.5 m,每个池子平均分为 16 个小网格,将挑选出的亲蟹按雌雄 3:1 的比例放到交配池中。雌蟹 486 只,雄蟹 165 只,交尾过程中由于雄蟹死亡,又补充 45 只。最终成功交配的雌蟹为 292 只,实际交配的雄蟹数为 198 只。亲蟹交配后,将交配成功的雌蟹转入越冬池中。越冬池规格为:4 m×2 m×1 m,池底部分铺 10 cm 厚细沙,部分作为投饵区。每个水泥池放养 50 只,越冬饵料主要为沙蚕,投饵量按体重的 5%。最终挑选 186 只抱卵亲蟹排幼,与之相对应的雄蟹为 164 只,产生 22 个半同胞家系。亲蟹排幼后,培育同常规方法。幼体达到Ⅱ期幼蟹,每个亲蟹培育的幼体等比例随机转移到室外 120 亩池塘中养殖。

计算公式:核心基础群体有效含量的计算公式(Eknath et al,1990):

家系含量的均方和方差

$$SS_f = N_{of}\left(\frac{N_t}{N_{nf}}\right)^2 + N_{rf}\left(\frac{N_t}{N_{rf}} - \frac{N_t}{N_{nf}}\right)^2 + N_t$$

$$N_t = N_{nm} + N_{nf}$$

$$V_f = \frac{SS_f}{N_{nf}} \qquad N_{of} = N_{nm} + N_{rf}$$

群体有效含量(Ne)(Doyle and Talbot，1986)

$$\frac{1}{Ne} = \frac{1}{16N_{nm}L}(2 + V_m) + \frac{1}{16N_{nf}L}(2 + V_f) \tag{1}$$

式中：T：保种场父母本留种的总数，S：苗种生产中产卵的父母本个体数，N_n：新补充到保种群中的亲本数目。其中，N_{nm}：雄性亲本，N_{nf}：雌性亲本，N_r：新补充到保种群中产卵的亲本数目。其中，N_{rm}：雄性亲本，N_{rf}：雌性亲本，L：为世代间隔

近交系数增量的计算公式：

$$\Delta F = \frac{1}{2Ne} \tag{2}$$

采用随机留种计算群体有效含量的公式：

$$Ne = \frac{4Nsnd}{Ns + Nd} \tag{3}$$

其中：Ns 为保种群中雄蟹的个数，Nd 为保种群中雌蟹的个数

采用随机留种方法，计算需要雄蟹的公式：

$$Ns = \frac{n + 1}{\Delta F + 8n} \tag{4}$$

近交系数 Ft 与近交增量 ΔF 的关系式：

$$F = 1 - (1 - \Delta F)^n \tag{5}$$

在畜禽保种中，采用的留种方式有两种，随机留种和各家系等量留种。所谓随机留种就是将群体内所有公畜的后代放在一起，根据个体的表型值高低来选留后备种畜。而各家系等量留种是在每世代中，各家系选留的数量相等，而雌、雄保持原比例。群体雌、雄比例是影响保种效率的一个重要因素。对于一个保种数量一定的保种群，根据公式(3)，当雌雄比例为 1∶1 时群体有效含量最大。

根据关系式(5)可以看出，在近交系数增量(ΔF)不变的情况下，延长世代间隔，可以使近交系数(Ft)变小。这一点对家畜、家禽来说比较重要，但是对三疣梭子蟹这些只能人工养殖一年的水产动物来说，延长世代间隔是不可能的。

10.1 群体有效含量的估计

2008 年三疣梭子蟹快速生长品系采用的是随机留种方式：

根据公式(1)得出实际群体有效含量：$Ne = 213$

根据公式(2)得出实际近交增量：$\Delta F = 0.002\,3$

根据公式(3)得出理论群体有效含量为：$Ne = 587$

根据公式(2)得出理论近交增量：$\Delta F = 0.000\,85$

10.2 保种需要的最少雄蟹数量

根据畜禽每世代近交系数的增量(ΔF)不超过0.25%～1%时,近交引起的衰退不明显;当$\Delta F=0.01$,$\Delta F=0.005$,$\Delta F=0.002\,5$时,三疣梭子蟹保种需要的最少雄蟹数量为:① 保种群的近交系数的增量$\Delta F=0.01$时,根据公式(2),得出实际群体有效含量$Ne=50$,根据公式(4),得出最少雄蟹数量$Ns=25$。② 保种群的近交系数的增量$\Delta F=0.005$时,根据公式(2),得出实际群体有效含量$Ne=100$,根据公式(4),得出最少雄蟹数量$Ns=50$。③ 对于保种群的近交系数的增量$\Delta F=0.002\,5$时,根据公式(2),得出实际群体有效含量$Ne=200$,根据公式(4),得出最少雄蟹数量$Ns=100$。

10.3 近交系数的预测

对于三疣梭子蟹良种选育,采用10代以上的选育标准,根据公式(5),计算10代以后近交系数Ft如下:

表45 三疣梭子蟹选育世代与近交系数Ft的关系

世代	$\Delta F=0.04$ $Ft=1-(1-\Delta F)^n$	$\Delta F=0.005$ $Ft=1-(1-\Delta F)^n$	$\Delta F=0.0025$ $Ft=1-(1-\Delta F)^n$
1	0.01	0.005	0.002 5
2	0.02	0.01	0.005
3	0.03	0.015	0.007 5
4	0.039	0.02	0.01
5	0.049	0.025	0.012
6	0.059	0.03	0.015
7	0.068	0.034	0.017
8	0.077	0.039	0.02
9	0.086	0.044	0.022
10	0.096	0.049	0.025

由表45可以看出,随着选育世代的增加,近交增量即使保持不变,近交系数依然增加。因此可以推测三疣梭子蟹核心种质会逐渐衰退,但是增大保种量可以减小近交系数的上升,如果保持合适的保种数量,使近交系数在一定时期内维持在一个较低的水平,可以减缓三疣梭子蟹核心种质的衰退。

10.4 三疣梭子蟹快速生长品系保种模式

将近交系数增量控制在0.5%,假设越冬交配率60%,存活率为85%,最终排幼率为75%,最佳保种模式为:随机留种,采用雌雄比例1:1定向交配,越冬前保种需要的雌蟹数量为131只,与之成功交配雄蟹数量131只。将近交系数增量控制在0.25%,假设越冬交配率60%,存活率为85%,最终排幼率为75%,最佳保种模式为:随机留种,采用雌雄比例1:1定向交配,越冬前保种需要的雌蟹数量为262只,与之成功交配雄蟹数量262只。

保种一般认为就是妥善地保存现有家畜、家禽种群,使之免遭混杂和灭绝。广义的概念是保存现有家畜、家禽种群的基因库(gene pool),使其中的每种基因都不至于丢失,不论目前是有益的,还是有害的。Frankel 等(1981)认为,生物资源的“保存(conservation)”是指在允许持续进化的环境条件下使得生物资源以自然群落形式长期保留的措施和方案。对品种资源的保种工作,引起全世界的重视,但也出现了偏差。如注重了对陆生物种的保护,忽略了对水产动物品种保护;注重地方品种保护,忽略培育品种的保护。在保种观念上,地方品种、培育品种注重单纯保种,忽略选育,忽略利用,造成保种工作难以持续有效,保种群体生产性能不能提高,相反如繁殖性能等下降严重。

为了便于比较各种实际群体的遗传漂变效应,Wright 在 1931 年提出了有效群体(effective population size)的概念,即与实际群体有相同基因频率方差或相同杂合度衰减的理想群体含量,记为 *Ne*。对水产动物有效群体的研究主要集中在贝类和鱼类。Hedgecock 等(1992)估计了牡蛎(*Crassostrea gigas* 及 *C.virginica*)和硬壳蛤(*Mercenaria mercenaria*)等 16 个人工养殖条件下的贝类群体的有效群体大小。结果显示,所有这些群体的有效群体大小都少于 100,其中 13 个群体少于 50,都存在着不同程度的近交现象。

本研究得到 2008 年三疣梭子蟹快速生长品系核心基础群体理论有效群体含量为 587,理论近交系数增量:$\Delta F = 0.000\ 85$,实际群体有效含量为 213,实际近交系数增量为 $\Delta F = 0.0023$。理论有效群体含量与实际群体有效含量差别比较大,主要因为三疣梭子蟹交配成功率、越冬成活率、排幼率均无法达到 100%,如 2008 年三疣梭子蟹快速生长品系:交配成功率为 60%,越冬存活率为 85%,排幼率为 75%。

Franklin 和 Soule (1985)认为,近交增量 1%时对家畜比较安全,目前近交增量 1%原则已为广大家畜保种学家所接受,被称为保种遗传学基本法则(basic rule of conservation genetics)。参考畜禽的保种标准和影响保种效率的五个主要因素,结合蟹类与畜禽等高等动物的不同,例如:蟹类有较高的表型变异、较低的遗传力,加上性产物数量大,后代的差异颇大。因此采用 $\Delta F = 0.005$ 的选育标准,10 代后近交系数为 4.9%,需要收集子代的雄蟹数量为 50 只,越冬前保种需要的雌蟹数量为 131 只,与之成功交配雄蟹数量 131 只。10 代后的近交系数也是比较好的,可以有效地减小近交衰退,使保种成本维持在一个合理水平。采用 $\Delta F = 0.002\ 5$ 的选育标准,10 代后近交系数为 2.5%,基因丢失的概率小,可以保证基因的杂合状态。但是需要收集与越冬后雌蟹交尾的雄蟹数量为 100 只,越冬前保种需要的雌蟹数量为 262 只,与之成功交配雄蟹数量 262 只。这样无疑会增加保种成本。而 2008 年三疣梭子蟹快速生长品系实际近交系数增量 $\Delta F = 0.002\ 3$,如果采用此选育标准,保种成本更大,显然是不可取的。

实际生产中如果要维持 $\Delta F = 0.005$,据公式(2),得出 $Ne = 100$。实际生产中雌雄比例为 3:1,根据公式(3),得出需要的雄蟹为 34 只,雌蟹数为 100 只(按照上述的交尾率,越冬死亡率,排幼率),越冬前保种需要的雌蟹数量为 262 只,与之成功交配雄蟹数量 87 只。总共需要保种亲蟹数为 349 只，而改进后的保种模式，需要保种亲蟹数为 262 只，使保种亲蟹数量大大减少，更加利于节约保种成本。

通过对 2008 年三疣梭子蟹快速生长品系核心基础群有效群体估算，得出实际群体有效含量为 213，实际近交系数为 0.002 3，其近交系数处在较低的水平，能有效防止近交衰退，但 2008 年为三疣梭子蟹快速生长品系核心基础群保种花费大量人力、物力、财力。因此，借鉴畜禽的保种模式，从留种方式、雌雄比例、保种数量等方面对三疣梭子蟹快速生长品系核心基础群进行保种研究，制定保种模式：采用随机留种，雌雄 1:1 的比例交配，雌雄各 131 只。此保种模式既能保证三疣梭子蟹快速生长品系核心基础群遗传多样性处于较高，使其具有较大的选育潜力，又能使保种成本维持在一个合理水平。同时为三疣梭子蟹种质资源的保护提供理论依据。这一保种模式也是一个理论的保重模式，需要在以后的实际保种过程中不断改进，逐步完善。

（作者：任宪云，高保全，刘萍，韩智科，李健）

参考文献

[1] Abrttley D M, Rana K, Immink A J. The use of inter-specific hybrids in aquaculture and fisheries [J]. Rev Fish Biol Fish, 2001, 10: 325-337.

[2] Ahmed M, Abbas G. Growth parameters of finfish and shellfish juvenile in the tidal waters of Bhanbbore, Korangi Creek and MianiHor Lagoon [J]. Pakistan Journal of Zoology, 2000, 32 (3-4): 321-330.

[3] Anderson W W, Lindner M J. Length-weight relation in the common or white shrimp, *Penaeus setifenus* [J]. U S Dept Int Fish Wild Serv, Special Sci Rp, 1958, 256: 1-13.

[4] Argue B J, Arce S M, Lotz J M, et al. Selective breeding of Pacific white shrimp (*Litopenaeus vannamei*) for growth and resistance to Taura Syndrome Virus [J]. Aquaculture, 2002, 204: 447-460.

[5] Aulstad D, Gjedrem T, Skjervold H. Genetic and environmental sources of variation in length and weight of rainbow trout (*S. gairdneri*) [J]. Fish Res Board Can, 1972, 29: 237-341.

[6] Bensten H B, Olesen I. Designing aquaculture mass selection programs to avoid high inbreeding rates [J]. Aquaculture, 2002, 204: 349-359.

[7] Benzie J A H, Kenway M, Trott L. Estimates for the heritability of size in juvenile *Penaeus monodon* prawns from half-sib matings [J]. Aquaculture, 1997, 152: 49-53.

[8] Benzie J A H, Kenway M, Ballment E, et al. Interspecific hybridization of the tiger prawns *Penaeus monodon* and *Penaeus esculentus* [J]. Aquaculture, 1995. 133: 103-111.

[9] Boliver R B, Newkirk G Y. Response to within family selection for body weight in Nile tilapia (*Oreochromis niloticus*) using a single-trait animal model [J]. Aquaculture, 2002, 204: 371-381.

[10] Brock J A, Gose R B, Lightner D V, et al. Recent developments and an overview of Taura Syndrome of farmed shrimp in the Americas [M]//Flegel T W, Macrae I H. eds. Diseases in Asian aquaculture Ⅲ [J]. Fish health section, Manila: Asian Fisheries Society, 1997: 275-283.

[11] Crnokrak P, Roff D A. Inbreeding depression in the wild [J]. Heredity, 1999, 83: 260-270.

[12] Cruz P, Ibarra A M. Larval growth and survival of two catarina scallop (*Argopecten circularis*, Sowerby, 1835) population and the irreciprocal crosses [J]. J Exp Marin Biol Ecol, 1997. 212: 95-110.

[13] Davenport C B. Degeneration, albinism and inbreeding [J]. Science, 1908, 28: 454-455.

[14] East E M. Inbreeding in corn. [J] Report Conn Agric Expsta, 1908, 419- 428.

[15] Eknath A E, Doyle R W. Effective population size and rate of inbreeding in aquaculture of Indian major carps [J]. Aquaculture, 1990, 85 (1-4): 293-305.

[16] Falconer D S, Mackay T F C. Introduction to Quantitative Genetics [M]. 4th ed. Logman, Essex, England. 1996: 64.

[17] Famer A S D. Morphometric relationships of commercially important species of shrimp from the Arabian Gulf [J]. Kuwait Bull Mar Sci, 1986, 7: 1-21.

[18] Ferguson M M, Drahushchak L R. Disease resistance and enzyme heterozygosity in rainbow trout [J]. Heredity, 1990, 64: 413-417.

[19] Fishback A G, Danzmann R G, Ferguson M M, et al. Estimates of genetic parameters and genotype by environment interactions for growth traits of rainbow trout (*Oncorhynchus mykiss*) as inferred using molecular pedigrees [J]. Aquaculture, 2002, 206: 137-150.

[20] Fontaine C T, Neal R A. Relation between tail length and total length for the three commercially important penaeid shrimp [J]. Fish Bull, 1968, 67: 125-126.

[21] Fontaine C T. Neal R A. Length-weight relation for the three commercially important penaeid shrimp of the Gulf of Mexico [J]. Trans Am. Fish Soc, 1971, 100: 584-586.

[22] Frankel O H, Soul M E. Conservation and evolution [M]. Cambrige: Cambrige University Press, 1981.

[23] Frankham R, Gilligan D M, Morris D, et al. Inbreeding and extinction: effects of purging [J]. Conservation Genetics, 2001, 2: 279-285.

[24] Franklin I R. Evolutionary changes in small populations-Soule M E, Wilodx B. Conservation biology: an evolutionary-ecological perspective [J]. Sunderland: Sinauer Associates, 1980, 135-150.

[25] Gall G A E. Genetics of reproduction in domesticated rainbow trout [J]. J Fish Sci, 1975, 40: 19-28.

[26] Goyard E, Patrois J, Peignon J M, et al. IFREMER's shrimp genetics program [J]. Global Aquaculture Advocate, 1999, 2 (6): 26-28.

[27] Grenshaw J W, Heffernan P B, Walker R L. Heritability of growth rate in the southern Bay scallop, *Argopecten irradians concentricus* [J]. Journal of Shellfish Research, 1991, 10: 55-63.

[28] Gunnes K, Gjedrem T. Selection experiments with salmon Ⅳ Growth of Atlantic salmon during two years in the sea [J]. Aquaculture, 1978, 5: 19-23.

[29] Harue K, Mutsuyshi T, Katsuya M. Estimation of body fat content from standard body length and body weight on cultured Red Sea bream [J]. Fisheries Science Tokyo, 2000, 66 (2): 365-371.

[30] Heath D D, Fox C W, Heath J W. Maternal effects on offspring size: variation through early development of Chinook salmon [J]. Evolution, 1999, 53: 1605-1611.

[31] Hedgecock D, Chow V, Waples R S. Effective population numbers of shellfish broodstocks estimated from temporal variance in allelic frequencies [J]. Aquaculture, 1992, 108: 215-232.

[32] Ibarra A M. Correlated reponses at age 5 months and 1 year for a number of growth traits to selection for total weight and shell width in catarina scallop (*Argopecten ventricosus*) [J]. Aquaculture, 1999, 175: 243-254.

[33] Keys S J, Crocos P J, Burridge C Y, et al. Comparative growth and survival of inbred and outbred *Penaeus* (*Marsupenaeus*) *japonicus*, reared under controlled environment conditions: indications of inbreeding depression [J]. Aquaculture, 2004, 241: 151-168.

[34] Langdon C J, Jacobson D P, Evans F et al. The molluscan broodstock program improving *Pacific oyster* broodstock through genetic selection [J]. Journal of Shellfish Research, 2000, 19 (1): 616.

[35] Miguel A, Rio-Portilla D, Andy R B. Larval growth, juvenile size and heterozygosity in laboratory reared mussels, *Mytilus edulis* [J]. J Exp Marine Biol Ecol, 2000, 254: 1-17.

[36] Misamore M, Browdy C L. Evaluating hybridization potential between *Penaeus setiferus* and *Penaeus vannamei* through natural mating, artificial insemination and in vitro Fertilization [J]. Aquaculture, 1997, 150: 1-10.

[37] Moss D R, Arce S M, Otoshi C A, et al. Effects of inbreeding on survival and growth of Pacific white shrimp *Penaeus* (*Litopenaeus*) *vannamei* [J]. Aquaculture, 2007, 272S1: S30-S37.

[38] Nei M. Molecular population genetics and evolution [M]. Amsterdam and New York: North-Holland, 1975: 88-89.

[39] Newkirk G F. Review of the genetics and the potential for selective breeding of

commercially important bivalves [J]. Aquaculture, 1980, 19: 209-228.

[40] Pante M J R, Gjerde B, McMillan I, et al. Inbreeding levels in selected populations of rainbow trout, *Oncorhynchus mykiss* [J]. Aquaculture, 2001, 192: 213-224.

[41] Paul K, Bienfang. Sweeney N J. The use of SPF broodstock to prevent disease in shrimp farming [J]. Aquaculture Asia, 2001, 6 (1): 12-14.

[42] Quinton C D, McMillan I, Glebe B D. Development of an Atlantic salmon (*Salmo salar*) genetic improvement program: Genetic parameter of harvest body weight and carcass quality traits estimated with animal models [J]. Aquaculture, 2005, 30: 211-217.

[43] Rahman M A, Uehara T and Lawrence J M. Growth and heterosis of hybrids of two closely related species of Pacific sea urchins (*Genus Echinometra*) in Okinawa [J]. Aquaculture, 2005, 245: 121-298.

[44] Ramsey M, Seed L, Vaughton G, et al. Delayed selfing ang low levels of inbreeding depression in Hibiscus trionum (Malvaceae) [J]. Australian Journal of Botany, 2003 (51): 275-281.

[45] Soule M E. Thresholds for survival: maintaining fitness and evolutionary potential [C]// Soule M E, Wilcox B. Conservation biology: an evolutionary-ecological perspective [J]. Sunderland: Sinauer Associates, 1980: 151-169.

[46] Su G S, Liljedahl L E, Gall G A E, et al. Effects of inbreeding on growth and reproductive traits in rainbow trout (*Oncorhynchus mykiss*) [J]. Aquaculture, 1996, 142: 139-148.

[47] Tave D, Smitherman R O. Predicted response to selection for early growth in *Tilapia nilotica* [J]. Trans Am Fish Soc, 1980, 109: 439-455.

[48] Thomas M M. Age and growth, Length-weight relation and relative condition factor of *Penaeus sensulcatus* [J]. DeHaan Ind. J. Fish, 1975, 22: 133-142.

[49] Wada K T. Genetic selection for shell traits in *Japanese pear oyster*, *Pinctada fucata martensi* [J]. Aquaculture, 1986, 57: 171-176.

[50] Wang S Z, Hard J J, Utter F, et al. Salmonid inbreeding: a review [J]. Rev F Biol Fish, 2002, 11: 301-319.

[51] Wright S. Evolution in mendelan populations [J]. Genetics, 1931, 16: 97-159.

[52] 常亚青，刘小林，相建海，等. 栉孔扇贝中国种群与日本种群杂交一代的早期生长发育 [J]. 水产学报，2002，26(5)：385-390.

[53] 陈刚，蔡华紧，林晓文. 罗氏沼虾体长和体重的一些遗传参数分析 [J]. 湛江水产学院学报，1996，16(1)：25-30.

[54] 陈锚. 凡纳滨对虾(*Litopenaeus vannamei*)生长性状家系选育和雌性化诱导技术 [D]. 广州：中山大学，2006.

[55] 戴爱云，冯钟琪，宋玉枝，等. 三疣梭子蟹渔业生物资源的初步调查 [J]. 动物学杂志，1977，12（2）：30-33.

[56] 戴爱云，杨思谅，宋玉枝，等. 中国海洋蟹类 [M]. 北京：海洋出版社，1986.

[57] 樊祥国，高保全，刘萍，等. 三疣梭子蟹 4 个野生群体遗传差异的同工酶分析 [J]. 渔业科学进展，2009，30（4）：96-101.

[58] 范兆廷. 水产动物育种学 [M]. 北京：中国农业出版社，2005.

[59] 高保全，刘萍，李健，等. 三疣梭子蟹 4 个野生群体形态差异分析 [J]. 中国水产科学，2007，14（2）：215-220.

[60] 高保全，刘萍，李健，等. 三疣梭子蟹体重遗传力的估计 [J]. 海洋与湖沼，2010，41（3）：1-5.

[61] 高保全，刘萍，李健，等. 三疣梭子蟹（*Portunus trituberculatus*）不同地理种群内自繁和种群间杂交子一代生长性状的比较 [J]. 海洋与湖沼，2008，39（3）：291-296.

[62] 高保全，刘萍，李健. 三疣梭子蟹 3 个地理种群杂交子一代生长和存活率的比较 [J]. 大连水产学院学报，2008，23（5）：325-329.

[63] 何毛贤，管云雁，林岳光，等. 马氏珠母贝家系的生长比较 [J]. 热带海洋学报，2007，26（1）：39-43.

[64] 黄付友，何玉英，李健，等. "黄海 1 号"中国对虾体长遗传力的估计 [J]. 中国海洋大学学报，2008，38（2）：269-274.

[65] 孔杰，罗坤，栾生，等. 中国对虾新品种"黄海 2 号"的培育 [J]. 水产学报，2012，36（12）：1854-1862.

[66] 李健，刘萍，何玉英，等. 中国对虾快速生长新品种"黄海 1 号"的人工选育 [J]. 水产学报，2005，29（1）：1-5.

[67] 李鹏飞，刘萍，李健，等. 莱州湾三疣梭子蟹的生化遗传分析 [J]. 海洋水产研究，2007，28（2）：90-96.

[68] 李思发，王成辉，刘志国，等. 三种红鲤生长性状的杂种优势与遗传相关分析 [J]. 水产学报，2006，30（2）：175-180.

[69] 林红军，沈琪，张吕平，等. 凡纳滨对虾生长性状的双列杂交分析 [J]. 热带海洋学报，2010，29（6）：51-56.

[70] 刘荣宗，罗玉英. 家畜遗传资源保护的新途径 [J]. 畜牧兽医杂志. 1998，17（2）16-19.

[71] 刘小林，常亚青，相建海，等. 栉孔扇贝不同种群杂交效果的初步研究 [J]. 海洋学报，2003，25（1）：93-99.

[72] 刘小林，吴长功，张志怀. 凡纳对虾形态性状对体重的影响效果分析 [J]. 生态学报，2004，24（4）：857-862.

[73] 楼允东. 鱼类育种学 [M]. 中国农业出版社，1998.

[74] 栾生，孙慧玲，孔杰．刺参耳状幼体体长遗传力的估计 [J]．中国水产科学，2006，13（3）：378-383.

[75] 罗坤，孔杰，栾生，等．罗氏沼虾生长性状的遗传参数及其相关 [J]．海洋水产研究，2008，29（3）：80-84.

[76] 马大勇，胡红浪，孔杰．近交及其对水产养殖的影响 [J]．水产学报，2005，29（6）：849-856.

[77] 芒来，布和．随机保种理论的可行性分析 [J]// 中国动物遗传育种研究进展 [M]．北京：中国农业科技出版社，2001.

[78] 盛志廉，陈瑶生．数量遗传学 [M]．北京：科学出版社，1990.

[79] 宋林生，李俊强，李红蕾．用 RAPD 技术对我国栉孔扇贝第一代群体与养殖群体的遗传结构及其遗传分化的研究 [J]．高技术通讯，2002，12（7）：83-87.

[80] 孙颖民，宋志乐，严瑞深，等．三疣梭子蟹生长的初步研究 [J]．生态学报，1984，4（1）：57-64.

[81] 孙颖民，闫愚，孙进杰．三疣梭子蟹的幼体发育 [J]．水产学报，1984，8（3）：219-226.

[82] 田燚，孔杰，栾生，等．中国对虾生长性状遗传参数的估计 [J]．海洋水产研究，2008，29（3）：1-6.

[83] 王国良，金珊，李政，等．三疣梭子蟹（*P. trituberculatus*）乳化病的组织病理和超微病理研究 [J]．海洋与湖沼，2006，37（4）：297-303.

[84] 王金玉，陈国宏，杨章平，等．数量遗传与动物育种 [M]．南京：东南大学出版社，2004.

[85] 王新安，马爱军，许可，等．大菱鲆幼鱼表型形态性状与体重之间的关系 [J]．动物学报，2008，54（3）：540-545.

[86] 王亚馥，戴灼华．遗传学 [M]．北京：高等教育出版社，1999.

[87] 吴常文，虞顺成，吕永林．梭子蟹渔业技术 [M]．上海：上海科学出版社，1996.

[88] 吴仲庆，徐福章，周雪芳．长毛对虾体长、体重的一些遗传参数 [J]．厦门水产学院学报，1990，12（2）：5-14.

[89] 吴仲庆．水产生物遗传育种学 [M]．第 3 版．厦门大学出版社，2000.

[90] 杨章武，郑雅友，李正良，等．凡纳滨对虾群体自交与杂交子代对幼体低温、低盐抗逆性与生长比较 [J]．水产学报，2012，36（2）：284-289.

[91] 姚雪梅，黄勃，赖秋明，等．凡纳滨对虾自交系与杂交系早期生长和存活的比较 [J]．水产学报，2006，30（6）：791-795.

[92] 姚雪梅，黄渤，张继涛，等．SPF 凡纳滨对虾 F_1、F_2 及杂交代生长和存活比较研究 [J]．中国水产科学，2007，14（2）：327-330.

[93] 于飞，张庆文，孔杰，等．大菱鲆不同进口群体杂交后代的早期生长差异 [J]．水产科学，2008，32（1）：58-64.

[94] 张存善，常亚青，曹学彬，等. 虾夷扇贝体形性状对软体重和闭壳肌重的影响效果分析 [J]. 水产学报，2009，33(1)：87-94.

[95] 张海滨，刘晓，张国范，等. 不同有效繁殖群体数对海湾扇贝 F_1 生长和存活的影响 [J]. 海洋学报，2004，27(2)：177-180.

[96] 张洪玉，罗坤，孔杰，等. 近交对中国明对虾生长、存活及抗逆性的影响 [J]. 中国水产科学，2009，16(5)：744-750.

[97] 张建森，孙小异，施永红，等. 建鲤品种特性的研究 [J]// 建鲤育种研究论文集 [A]. 北京：科学出版社，1994.

[98] 张庆文，孔杰，栾生，等. 大菱鲆 25 日龄 3 个经济性状的遗传参数评估 [J]. 海洋水产研究，2008，29(3)：53-56.

[99] 赵松山，白雪梅. 关于偏回归系数的讨论 [J]. 统计与信息论坛，2003，18(3)：8-9.

[100] 郑怀平，张国范，刘晓，等. 海湾扇贝杂交家系与自交家系生长和存活的比较 [J]. 水产学报，2004，28(3)：267-272.

第7章

三疣梭子蟹分子辅助育种研究

1. 蟹类微卫星 DNA 标记的筛选及其在遗传学研究中的应用

微卫星 DNA 标记具有密度大、多态性丰富、高度杂合、稳定性好、遵循孟德尔分离定律、共显性遗传、易于 PCR 扩增等特点，已成为遗传学、生态学和进化研究的有力工具。相关的研究主要集中在评价不同群体(种群)的遗传多样性和遗传结构；人工干预(养殖、繁育和遗传操作)对群体遗传多样性的影响；群体亲缘关系研究。另外，微卫星标记在不同群体中存在差异，有的等位基因为个别群体所特有，还可作为群体遗传差异的特异标记(王杰等，2006)。本书就蟹类微卫星的相关特征、保守性、应用及存在问题和展望等方面进行了概述。

1.1 蟹类微卫星的筛选

Jensen 等(2004)在设计了 99 条扩增邓杰内斯蟹(*C. magister*)微卫星 DNA 序列的引物，并用其中的 9 条进行了 PCR 扩增。根据其扩增产物的多态性、等位基因大小和是否易于计数等特点选取了 6 个引物应用于进一步的研究。Gopurenko 等(2002)在青蟹(沙蜎)中筛选到的 60 个微卫星位点中，只有 8 个含适当的侧翼序列能进行微卫星引物的设计。在符合最大的退火温度和最小的侧翼序列的前提下，设计出 5 个引物对。经 PCR 可扩增出符合需要的微卫星序列。Steven 等(2005)在美洲蓝蟹(*C. sapidus*)的研究中，根据筛选到的二核苷酸重复序列的侧翼序列设计了 15 个引物对，根据四核苷酸重复序列的侧翼序列设计了 18 个引物对，并选择了其中的 10 对进行了引物的合成与进一步的研究(表 1)。

表 1　蟹类微卫星引物的设计

蟹类	位点名称	引物序列(5′-3′)	重复单元	文献出处
青蟹（沙蜎）（*Scylla serrata*）	*Ss*-101	F: ATTCAACACGCGCGCGTACGC R: GCAGTTTACCATATGCTTGGG	（AG）36	Gopurenko et al（2002）
	Ss-103	F: GTTATATAAGAAATAATGTCC R: GTTCCTGCTATGTAATCCCG	（GA）36	
	Ss-112	F: TCATTCTCAGTACCTTTAATC R: GTTATCGTCTGCTGGGACC	（GA）37	
	Ss-403	F: GACAAAGGAGCACTCAGCCAC R: GAAGGATTCACTTGTCCACGC	（CT）24	
	Ss-513	F: GGCCGGGTGAGGGATGAGCC R: CGTTTCCGCAACCAACAGATG	（CT）14	
邓杰内斯蟹（*C. magister*）	*Cma*1	F: CGAGCACAACTTAGGACGAATG R: CTCTGCCATAACATCGACACAAC	（GT）23X164 （TTG）12	Jensen et al（2004）
	*Cma*2	F: TTCTGAACTTAGCCTCACCAGCAGG R: GGTTGTGGAGGAGATGGAAAATGC	（CTGT）32	
	*Cma*3	F : ATCGTTCCTATACTCAGCATTCATCCAG R: CATCCGCATCCGTCACCTTC	（(CAGT）4 （CGGT）1）4 （CAGT）3	
	*Cma*4	F: TCAAGTGTCCTCGCGTACCTCAAG R: GGCGGGAGATGTGAAGGAATAGG	（CTG G/T）37	
	*Cma*5	F: TGTCATTCCTTCCTTATTTATCTCATC R: TAAGAATCCTAATTATAGCGCATGT	（GACA）12	
	*Cma*6	F: CACTCCGTGGTTTTAAGCCAAGTTG R: GGCGGGAATGGTTCAGTAAGTCTG	（ACT）12	
美洲蓝蟹（*C. sapidus*）	*CSC*-001	F: ATTGGGTGGTTGCTTCAT R: ACGAGGAGAAAGTTGAGATTGC	（CCTT）14	Steven et al（2005）
	CSC-004	F: AAACAACGGTAATTGTACGAGAAA R: AGGCTAATGCCACCATCATC	（TG）16	
	CSC-007	F: GGGACAAACAACATGAAAGTGG R: GAAAACCTATTCCGGGAAGC	（GA）35	
	CSC-074	F: ATGAGTACTGTGGCGTGTTTGG R: CAAAGATGCCCCCTTATTTACC	（GT）6	
	CSC-094	F: TGTATCCACAACTGACTTTTCTCC R: GGAGAAACACCCTCAGAAAACC	（TCTG）6	
	CSA-035	F: GACTGGAGAAACGATAGGTG R: GAACAAGGAGATTACACGGATTC	（GT）29	
	CSA-073	F: GCCTATTTGCCTCGCTACCCC R: GTCACCAAAGTTGAGCAAGACTCTCT	（GT）57	

续表

蟹类	位点名称	引物序列(5′-3′)	重复单元	文献出处
美洲蓝蟹(*C. sapidus*)	*CSA*-092	F:GTCAGTTTATTGGGAATCTCTTG R:CTTCCATCCTAAACCACACCTGC	(GT) 13	Steven et al (2005)
	CSA-121	F:GAATAAGAGAACAAACACACGGGG R:AACTGCTTGCCTTCCTTCCATC	(AGAC) 9	

1.2 蟹类微卫星的特征

依据 Weber (1990)提出的微卫星序列分类标准,可以把微卫星序列划分为完美型(perfect)、不完美型(imperfect)和复合型(compound) 3类。完美型的微卫星是指没有中断的重复序列;不完美型的微卫星指具有1个或多个中断的重复序列;复合型的微卫星则指不同种重复序列被3个以下的非重复碱基间隔。在邓杰内斯蟹的99个含有侧翼的微卫星序列中,19个为完美型,48个是不完美型,32个是复合型。在美洲蓝蟹中,通过二核苷酸筛选,在18个含有重复序列的克隆中,78%的序列片段含有二核苷酸重复,其中大部分能与筛选用的(AC) 17探针匹配。2个克隆含有四核苷酸重复序列,3个克隆含有复合重复序列。其中,72%为完美型,11.1%为非完美型,16.7%为复合型。重复单位数范围为7到61 (Steven, et al, 2005)。通过混合的四核苷酸重复序列探针进行筛选,在20个含有重复序列的克隆中,9个含有简单的二核苷酸重复,5个包含四核苷酸重复,1个含有五核苷酸重复,另外5个包含有复合重复序列。这些重复序列中,60%为完美型,15%为非完美型,余下的25%为复合型。重复单元数目范围为3～49。

1.3 引物的保守性

微卫星大多存在于基因组中碱基置换率较高的非编码区,无法像线粒体DNA一样,针对微卫星DNA设计所谓的"通用引物"(universal primer),因而大部分物种的微卫星都必须重新分离,这也是微卫星应用上的最困难之处。尽管如此,近年来在鱼类、贝类、甲壳类等海洋生物中都报道了近缘种之间微卫星高度保守侧翼区的存在,指出部分微卫星位点种间扩增的可行性。

Gopurenko等(2002)利用在青蟹(沙蚂)中筛选到的5个微卫星位点对青蟹属另外3种蟹的少量样品进行了分析,包括 *S. olivacea* ($n=5$), *S. paramamosain* ($n=2$)和 *S. tranquebarica* ($n=4$),结果显示,这5个微卫星位点不仅能运用到青蟹(沙蚂)的遗传分析上,同样能广泛地应用在青蟹属的其他品种的遗传问题探寻上。Jensen等(2004)利用在邓杰内斯蟹的研究中筛选的6个微卫星引物,在9种同属的蟹类中进行检测分析。这9种蟹为 *C. antennarius*, *C. branneri*, *C. gracilis*, *C. oregonensis*, *C. productus* (北美太平洋海岸), *C. borealis*, *C. irroratus* (北美大西洋沿岸), *C. setosus* (智利)和 *C.*

pagurus（欧洲）。除了一个位点（*Cma*2）在 *C. irroratus* 中未扩增出微卫星位点，在所被检测的所有其他同类中，6 个引物对都产生了与在邓杰内斯蟹中观测到的大小范围类似的微卫星位点。

1.4 种群遗传多样性

在一些物种种群遗传多样性分析中，运用同工酶技术没被发现的多态性，利用微卫星标记技术却揭示出了广泛的遗传多态性。微卫星标记在遗传分析上的多态性在克氏原螯虾（*Procambarus clarkii*）（Belfiore et al，2000），大西洋鳕鱼（*G. morhua*）（Bentzen et al，2000），灰海豹（*H. grypus*）（Allen et al，1995）和澳洲淡水龙虾（*C. quadricarinatus*）（Baker et al，2000）等海洋生物中已经得到验证。

在蟹类的研究中，邓杰内斯蟹 6 个微卫星位点在野生的蟹中都具有非常高的多态性。在 120 个蟹样中，每个位点的等位基因数目变化范围是 7～31（平均值＝18.2）。期望杂合度的范围是 0.42～0.95（平均值＝0.76），为邓杰内斯蟹中可能存在种群构成的分化研究提供了基础资料。锯缘青蟹（正蟳）（Masatsugu et al，2005）5 个微卫星位点，每一个位点的等位基因数变化范围是 24～44。位点间的期望杂合度范围是 0.900～0.999，同一性概率（probability of identity，PI）变化范围是 $2.8\times10^{-3}\sim1.7\times10^{-2}$。因此，这些微卫星标记位点将可能在其群体遗传结构的研究中发挥作用。对采自切萨皮克海湾不同区域的 102 只美洲蓝蟹 DNA 样品 10 个位点的基因型进行分析。结果显示，其杂合度范围是 0.26～0.97，表明筛选到的大部分位点最终能够成为种群遗传研究中有用的遗传标记，为揭示切萨皮克海湾美洲蓝蟹种群之间的差异性提供了证据（Steven et al，2005）。

在青蟹（沙蟳）（Gopurenko et al，2002）中对一个澳大利亚种群的 36 个样本的研究发现，其平均的观测杂合度为 0.875，位点间的任意杂交期望值没有表现出位点连锁或是显著的背离现象。蛛雪蟹（Puebla et al，2003；Chang et al，2006）5 个微卫星位点对采集自西北大西洋 11 个采样点的 449 个样品进行分析。这些微卫星位点都表现出高度的多态性（每个位点平均有 34 个等位基因，平均观测杂合度为 0.76），揭示出其在研究蛛雪蟹种群不同时间、不同空间方面遗传分析中的作用。

1.5 亲缘关系鉴定

通过亲缘关系鉴定，开展家系分析研究可以阐明精子竞争、繁殖成功、幼体扩散等许多有关繁殖生态学和遗传学方面的科学问题。在水产动物生产和育种中，准确的系谱鉴定对于确定个体选留、培育优良苗种也非常重要。微卫星标记的多态性丰富、共显性遗传、服从孟德尔遗传规律的优点已使微卫星成为亲缘关系鉴定的重要工具。

邓杰内斯蟹（Pamela et al，2004）6 个微卫星位点为一对亲蟹及其 120 个卵成功地确定出基因型，除了 *Cma*4 存在上游等位基因缺失（upper allelic drop out）外，其余 6 个位点均遵循孟德尔遗传规律。在对捕获的配对美洲蓝蟹亲蟹和它们的 30 个子代个体的研究中发现，两只亲蟹在位点 *CSC*-004，*CSC*-007，*CSA*-035 和 *MIH-SSR* 上都是杂合的。四个等位基因均存在于亲蟹中，每一个等位基因出现在子代基因型中的概率接近 25%，且等位基因在子代基因型中分布是独立的。在位点 *CSA*-073，两个亲蟹都有不同的三个等位基因，其子代的基因型比率接近 1∶2∶1。在位点 *CSC*-001（331 bp），*CSC*-074（100 bp），*CSA*-092（182 bp），*CSC*-094（237 bp）和 *CSA*-121（202 bp）上，两个亲蟹都具有一个纯合基因。这两个位点的基因型反映到了其子代中，所有的子代同亲蟹一样均具有相同的等位基因型。

1.6 微卫星分析存在的问题及展望

1.6.1 微卫星标记的开发费时，成本较高，效率较低

微卫星标记最大的短处就是在着手研究某生物种群之前，必须首先开发其微卫星标记。检测微卫星的多态性，需要设计引物，用 PCR 扩增含重复序列的区域。引物的长度虽然仅有 20 bp 左右，但要获得特异性强、扩增效率高的引物，微卫星侧翼区的碱基序列必须满足若干条件。因此，为设计引物往往需要知道包含微卫星部分在内的数百碱基的连续序列。蟹类等海洋生物微卫星标记开发，需要按照 DNA 抽提、文库构建、筛选、测序、引物设计的步骤开发微卫星标记。这个过程往往至少需要 1～2 个月，与 RAPD 和 AFLP 标记开发相比花费时间多。此外，文库构建、测序、引物合成等必须的步骤也大大提高了开发微卫星标记的成本。在邓杰内斯蟹(Pamela et al，2004)的微卫星分离中，对 436 个含有插入序列的克隆进行筛选，仅开发出 6 对微卫星引物。所获得的有用引物仅占阳性克隆种数的 1.38%。由此可见，微卫星的开发效率相对较低。

1.6.2 无效等位基因(null allele)的存在

一般来说，微卫星是中性标记，遵循孟德尔遗传定律，即等位基因独立分离且自由组合。但如果在家系中有无效等位基因存在，则能够导致个体的基因型与经典的孟德尔遗传明显不一致(Callen et al，1993)。无效等位基因是指不被 PCR 扩增的等位基因，常常是由引物结合部位的点突变、插入或缺失引起(Pemberton et al，1995)。因此，微卫星标记在用于种群或家系研究之前需要验证其是否符合孟德尔遗传。

1.6.3 “结巴”带(stutter bands)

在用变性聚丙酰胺凝胶检测微卫星位点的 PCR 扩增产物时，有时 1 个等位基因不是 1 条带，而是由 1 个主带和数条附加带组成，这些附加带称作“结巴”带或“阴影”带(shadow bands)。“结巴”带大多出现在重复单位为 2 碱基的微卫星位点，并且通常比主带(长度 n)短数个重复单位($n-2$，$n-4$，…)，强度随着离主带距离的加大而减弱，出现几率则随重复次数的增多而增大(Murray et al，1993)。青蟹(沙蚂)(Gopurenko et al，2002) 3 个微卫星位点(Ss513，Ss403 和 Ss112)能产生非常微弱的“结巴”带，但是

剩余的 2 条带(Ss101 和 Ss103)产生的“结巴”带却很明显。

1.6.4 上游等位基因扩增丢失(upper allele drop out)

上游等位基因扩增丢失是指,当等位基因的大小存在差异时,较大的等位基因在杂合体中无法检测到。邓杰内斯蟹 2 个位点,*Cma*2 和 *Cma*4,具有较宽的等位基因大小变化范围,比预期的孟德尔遗传平衡显示出更少的杂合性。但是,通过多次检测并纠正反应的误差发现,只有位点 *Cma*4 极显著地背离孟德尔遗传平衡。在一些样品中,用 *Cma*2 和 *Cma*4 2 个位点对外观上的纯合体进行重复性的扩增,产生另一个片段较大、条带较弱的扩增等位基因片段,揭示出杂合度缺失的趋势有可能是这些位点某些上游等位基因扩增丢失造成的。

1.6.5 展望

微卫星作为一种新型 DNA 标记,具有密度大、多态性丰富、高度杂合、稳定性好、遵循孟德尔分离定律、共显性遗传、易于 PCR 扩增等特点,已成为遗传学、生态学和进化研究的有力工具。针对微卫星存在的问题和不足,可以通过实验技术理论和方法的创新不断加以改进。蟹类的种类很多,目前仅在小部分蟹类中有微卫星分离的报道,微卫星标记在蟹类遗传学研究中的应用还处于初级阶段。但随着研究方法和手段的不断改进,再加上新的蟹类微卫星标记的不断发现,蟹类微卫星标记在遗传学中的研究将日益加强。蟹类染色体数目较多,将会对其遗传图谱的构建和 QTL 定位等方面的研究带来挑战。不过,相信随着蟹类分子遗传学研究和分子生物学技术的飞速发展,微卫星技术在蟹类种群遗传、品系亲缘关系分析、家系分析、亲子鉴定、个体识别、遗传图谱构建、基因连锁分析、QTL 解析、引入种类遗传影响评价、遗传多样性保护等研究领域的应用将更加广泛而深入。

(作者:刘萍,宋来鹏,李健,刘振辉)

2. 三疣梭子蟹微卫星文库的构建及特征分析

微卫星标记具有多态性丰富、遵循孟德尔分离定律、共显性遗传、易于 PCR 扩增、条带易于识别等突出特点,所以微卫星标记被认为是生物群体遗传结构与变异的研究中极有价值的分子遗传标记。因此被广泛应用于群体遗传学分析、物种进化、系谱认证、生物遗传变异、遗传图谱构建以及 QTL 定位等多方面的研究(胡则辉等,2006)。对于大多数物种而言,在第一次开展微卫星研究时首先需要分离微卫星序列,开发特异性扩增引物。刘萍等(2008)总结了蟹类微卫星分离的几种方法:经典法(Routine protocols)、杂交选择法(Hybridization selection)和 FIASCO 法(Fast Isolation by AFLP of Sequences Containing Repeats)。

2.1 微卫星富集文库的构建与群体遗传分析

微卫星是真核生物基因组中广泛分布的简单重复 DNA 片段，一般由 1～6 个核苷酸为基本单位组成。与其他分子标记相比，微卫星标记具有多态性丰富、遵循孟德尔分离定律、共显性遗传、易于 PCR 扩增、条带易于识别等特点，因此，广泛应用于群体遗传学分析、系谱认证、QTL 定位、遗传图谱的构建及种质鉴定等多方面的研究(胡则辉等，2006)。本研究采用富集文库—菌落原位杂交法对三疣梭子蟹微卫星位点进行筛选，开发了微卫星标记，并估算了这些位点的主要遗传学参数，为后继大量开发三疣梭子蟹微卫星标记提供了一种可行性方法，同时为开展三疣梭子蟹群体遗传多样性分析、遗传连锁图谱的构建和 QTL 定位奠定了基础。

2.1.1 微卫星富集文库的构建

实验所用样品是于 2005 年取自辽宁省鸭绿江口附近海域的野生三疣梭子蟹，共 30 只，取其大螯，−80 ℃保存。提取三疣梭子蟹大螯部肌肉基因组 DNA，采用限制性内切酶 Sau3AI 进行酶切反应，回收 400～1 500 bp 左右的片段，与接头进行连接，经杂交与洗膜、TA 克隆及转化，菌落重排后，进行转膜及洗膜，获得阳性信号后挑选阳性克隆，进行测序。

通过对基因组文库 DNA 克隆随机测序，共获得了 4 164 个 DNA 随机克隆源序列。利用软件进行序列处理和拼接，最终得到的 709 个 DNA 克隆，每个序列的长度从 500～1 500 bp 不等，代表着 622 409 个碱基的基因组总长度。

对拼装后的序列进行分析，查找微卫星序列。共找到了 827 个重复序列，微卫星重复序列(1～6 bp 重复)为 697 个，占重复序列总数目的比例为 84.28%。统计微卫星重复类型，以两碱基重复数目最多为 445 个，占微卫星序列总数目的 63.84% (图 1)。

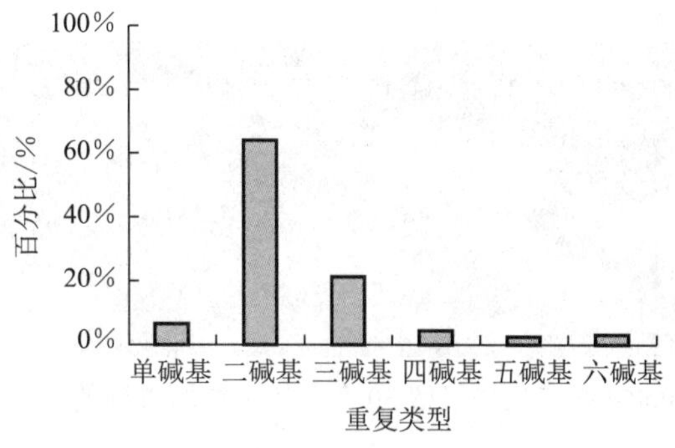

图 1 不同重复类型的微卫星序列数目及其百分比

在同类型的重复序列中，各重复拷贝类别占的比例也各不相同。在 46 个单碱基重复类型中，重复拷贝类别全部为 A 型，没有发现核心序列为 C 型的重复拷贝类别。两碱基中，AG 重复拷贝类别最多，为 214 个，占两碱基总重复序列数目的 48.09%；其次是 AC 和 AT，各为 187 (42.02%)和 43 (9.66%)个。只发现 1 个核心序列为 GC 的重复拷贝类别，即(GC) 14，占两碱基总重复序列数目的0.23%。三碱基重复中，共发现8种重复拷贝类别(表2)。

表2 1-3碱基重复类型中重复拷贝类别及其在所属重复类型中的百分比

	单碱基	两碱基				三碱基							
重复类型	A	AG	AC	AT	GC	ACT	AGG	AAT	ACC	AAG	ATC	AAC	AGC
重复数目	45	214	187	43	1	42	35	28	21	9	7	7	3
总　计	45	445	152										
百分比(%)	100	48.09	42.02	9.66	0.23	27.63	23.03	18.42	13.82	5.92	4.61	4.61	1.97

四碱基重复类型中，AGAC重复拷贝类别最多，共14个；五碱基重复类型中，AACCT重复拷贝类别最多，共6个；六碱基重复类型中，AGGGGA重复拷贝类别最多，共3个。其他分别是：CTCTCC共2个；TCTTCC共2个；TCCTCG共1个；AAAAGA共1个；TACTGC共1个。使用引物设计软件在其核心序列的两端设计相应的PCR引物，共合成微卫星引物52对。选择了27对引物进行合成，引物的核心序列已经在GenBank进行了注册，登录序列号分别为EU267680～EU267706（表2)。

2.1.2 部分基因组文库SSR的筛选与评价

2.1.2.1 菌落原位法筛选的多态性SSRs群体评价

利用菌落原位杂交法，采用(AC) 15和(AG) 15两种探针，共筛选得到269个克隆。从中任意选取150个克隆进行测序，得到124个克隆的序列，106个含重复序列的克隆中全部只含有微卫星位点(100%)，阳性克隆率为85.48%。利用软件进行序列拼接和识别，得到103个独立克隆序列，共176个微卫星位点。GenBank注册号为GQ466018-GQ466043和GU177130-GU 177207。(105个)

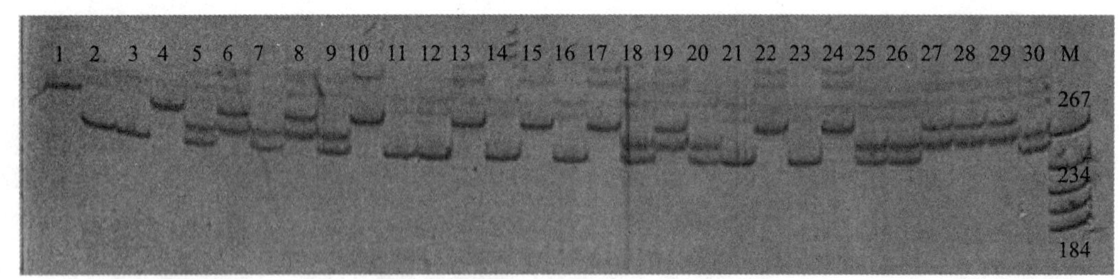

图2 微卫星位点Pot54在三疣梭子蟹30个个体中扩增得到的聚丙烯酰胺凝胶电泳图

应用30个野生三疣梭子蟹个体对30个位点进行多态性评价，结果显示几乎每个实验个体在各个微卫星位点上都产生了较为清晰的扩增条带，其中30个(53.6%)位点具有多态性。读取全部位点在所有个体中的基因型，30个位点共获得了238个等位基因，平均每个多态性位点扩增得到8.0个等位基因。每个微卫星位点的等位基因数、核心序列、*Tm*值、*PIC*值、*Ho*、*He*、GenBank注册号见表3。

表3 三疣梭子蟹30个微卫星标记的基本特征及主要遗传学数据的估算

位点名称	引物序列（5′-3′）	核心重复序列	等位基因数目	等位基因大小范围	PIC值	观测杂合度	期望杂合度	GenBank注册号
PTR5b	F: CTCCCATTGCTTCTTCCC R: TCCACGCCCTAGTATCCC	$(CCT)_5\cdots(TC)_{23}\cdots(CT)_{16}$	8	224～283	0.048 4	0633 3	0.728 8	GQ466018
PTR6b	F: CAGGCCAACCTCTAAATT R: TTCGGCATCACTCTTCTC	$(AC)_{33}\cdots(CA)_{11}$	11	241～366	0.249 0	0.733 3	0.826 0	GQ466019
PTR8a	F: AAGGACAGACCGAGGAT R: TTCAGGGCATAAACAAGG	$(TG)_{22}\cdots(GT)_{21}$	11	202～233	0.009 5	0.633 3	0.819 8	GQ466021
PTR10	F: TGGTGTTATGCCGCAACT R: CAAACGAAGGGTTAATGT	$(TC)_{14}(TG)_{35}\cdots(GT)_{30}(TG)_{14}$	8	195～245	0.001 6*	0.433 3	0.778 5	GQ466023
PTR16a	F: TTGCGGAAGTAAATAACG R: TGACGGAGATCGGTTGTG	$(CA)_{23}\cdots(AC)_{19}\cdots(AG)_{21}$	9	112～154	0.000 0*	0.300 0	0.791 5	GQ466024
PTR23b	F: AGAGGAGGAGGTATAAGGA R: TGAGCGTGCTAACCACTA	$(AG)_{14}\cdots(CA)_{30}\cdots(CA)_7$	8	209～234	0.077 0	0.700 0	0.791 0	GQ466025
PTR30	F: CCATTCTGCCTTGTCTTC R: TCTTACCCATTACGGAGC	$(AC)_{11}(AC)_{28}$	7	246～367	0.018 3	0.700 0	0.806 8	GQ466028
PTR33a	F: ACAACGCCAACAATAGCA R: CACCGCACTTTACAGCAC	$(CT)_{16}\cdots(GT)_{39}$	10	353～422	0.791 0	0.866 7	0.850 3	GQ466030
PTR33b	F: ACAAGAATCTTTCAGCCGTGAT R: AGGGAGTCGTCGGGCAGCAT	$(CT)_{16}\cdots(GT)_{39}$	8	283～374	0.193 3	0.777 8	0.840 0	GQ466030
PTR39a	F: CTTGGCGTGGCTTGTGCT R: ATGCGATCTAAAGTGACTGA	$(GA)_{19}\cdots(AGG)_{10}\cdots(AG)_{18}$	8	147～186	0.000 0*	0.300 0	0.840 1	GQ466031
PTR45	F: AGAGGAGTGACTGGAGGGTA R: TAAGGCTAAGGACAGGATGA	$(AC)_{15}\cdots(CA)_{11}$	9	250～317	0.384 5	0.800 0	0.840 1	GQ466032
PTR54	F: TGAGCTGGATGGATTGAA R: GGTCCTCTGGCTTGTGAA	$(AC)_{32}$	8	250～353	0.914 0	0.900 0	0.800 6	GQ466033

续表

位点名称	引物序列(5′-3′)	核心重复序列	等位基因数目	等位基因大小范围	PIC 值	观测杂合度	期望杂合度	GenBank 注册号
PTR65	F: CTCAGTCCTACCCGAAGA R: AATTGCCAGTTCCCTTAC	$(CA)_{15}\cdots(AC)_{18}$	8	206～238	0.5529	0.7000	0.7311	GQ466034
PTR70	F: CAACAATACAGAACCCAC R: TGTAGTCCTAACAGTGCC	$(CA)_{29}$	9	283～350	1.000 0	1.000 0	0.818 1	GQ466035
PTR76	F: ACATCACCGTCAGGGACA R: ATTTGCCTCGTGCTAACC	$(CA)_{21}$	8	203～283	0.000 0*	0.448 3	0.851 2	GQ466036
PTR81	F: GCAAAGGTGCCACAGTCC R: TCACCCAGCCAGTCTTCC	$(AC)_{35}$	13	367～438	1.000 0	1.000 0	0.909 9	GQ466037
PTR93	F: AAGACAAAGCGACAAGCC R: CGCAATAACTCCCAACAA	$(TG)_{9}\cdots(TG)_{33}$	7	250～321	0.651 0	0.833 3	0.824 3	GQ466039
PTR95	F: CCTTGCCTTTCACTATACAC R: GACCCACTTGTTATCGTTTT	$(GT)_{31}\cdots(CCT)_{5}\cdots(TCA)_{5}(TCT)_{6}$	7	312～359	0.588 0	0.833 3	0.823 7	GQ466041
PTR98a	F: GGATGAAGAGGAGGACTG R: TGGTGGAGGATTATGAGA	$(CTA)_{7}\cdots(CTA)_{14}\cdots(TC)_{31}$	8	165～199	0.036 2	0.666 7	0.778 5	GQ466042
PTR100	F: ACCTATTTATTGCTAAGTGA R: CAAGTGATTGTGCTGTCT	$(GT)_{9}(GT)_{8}(GT)_{21}$	9	250～367	0.000 2*	0.566 7	0.825 4	GQ466043
PTR103b	F: GGAGTGTTGGTGGTGGGT R: AGGATTGGTATGCCGAGA	$(GT)_{28}\cdots(TGT)_{8}$	4	258～283	0.692 5	0.566 7	0.5435	GU177171
PTR112	F: AGGACCAGTGCCAACCAA R: TTCACGCAGCCCATCTTC	$(GT)_{34}\cdots(CT)_{28}$	6	308～375	0.221 1	0.733 3	0.785 3	GU177179
PTR113	F: GCCAACTGTTCTTATGTG R: AGTCTTAGCACTTTACCG	$(CA)_{7}(AC)_{16}$	5	336～445	0.000 0*	0.222 2	0.649 2	GU177180
PTR124	F: GTAAATACCCACAACAAATCC R: AGTAGGTCGTTCGCTTCG	$(CA)_{29}(AC)_{10}$	7	220～250	0.1249	0.851 9	0.784 1	GU177188

续表

位点名称	引物序列(5′-3′)	核心重复序列	等位基因数目	等位基因大小范围	PIC值	观测杂合度	期望杂合度	GenBank注册号
PTR125	F: TAACGCAGATAGTCATAAT R: TGAGGTAAGCAACAAAGC	$(AG)_{21}\cdots(AG)_{11}\cdots(GT)_{29}$	9	345～431	0.000 0*	0.413 8	0.840 9	GU177189
PTR131	F: GTGGAACAGTAGGCAAACG R: AACCCAAACAAAGGTAGTGAAG	$(AC)_{16}$	3	375～404	0.231 3	0.366 7	0.436 7	GU177193
PTR135	F: TTACACTCTTGGCTCCTG R: ATTGGCTTATGTCACCTC	$(TG)_{14}\cdots(AG)_{12}$	7	227～268	0.000 4*	0.466 7	0.781 9	GU177196
PTR145	F: ATCGTCATCGCCGAATAA R: GAGTGAGGAAGCCCAACC	$(ATC)_{7}\cdots(TC)_{23}$	8	310～388	0.283 2	0.800 0	0.836 2	GU177204
PTR148	F: AGTGGAAGGTCGTGGATG R: GTGGGATTGTGAAATGCTTA	$(GA)_{38}\cdots(CA)_{16}\cdots(CA)_{28}$	7	400～450	0.787 6	0.857 1	0.797 4	GU177206
PTR149	F: GCCATGACACCGAAACTC R: AGAATCGCAAACAGGACA	$(TG)_{30}$	8	195～225	0.052 8	0.666 7	0.796 0	GU177207

注：* 表示严重偏离哈代－温伯格平衡的位点

不同的位点获得的等位基因数差异较大，从 3～13 个不等，呈现较高的多态性。获得的 30 个多态性基因座位中有 8 个座位的观测杂合度和期望杂合度有显著的差异；哈代—温伯格平衡检验发现，这些位点的偏离是由于杂合子的严重缺乏（$P<0.005$ 表中 * 所示）造成的。相关分析指出杂合子缺失大多是由于无效等位基因引起的。微卫星在进行 PCR 扩增时偶尔会出现无效等位基因（null allele）的现象，即无特异性的扩增产物。这可能是微卫星引物的结合部位的点突变、插入或缺失阻碍微卫星的扩增，而且这种突变并没有在群体中被固定，则只有一部分等位基因没有被扩增出来，因此在电泳时，实际为杂合的位点，仅出现单条电泳带而呈现纯合现象，另一部分个体则可能由于含有两个无效等位基因而得不到相应的扩增产物。所以无效等位基因如果不被识别出来，则会导致群体中纯合子过剩或杂合子缺失的现象，从而出现观测杂合度与期望杂合度偏离的现象。

2.1.2.2 FIASCO 菌落原位法筛选的多态性 SSRs 群体评价

利用 Primer Premier 5.0 根据测序所得微卫星序列设计了 105 对微卫星引物，其中 81 对引物能够得到清晰的预期长度的扩增片段，其中 56 对引物表现出多态性（图 3）。

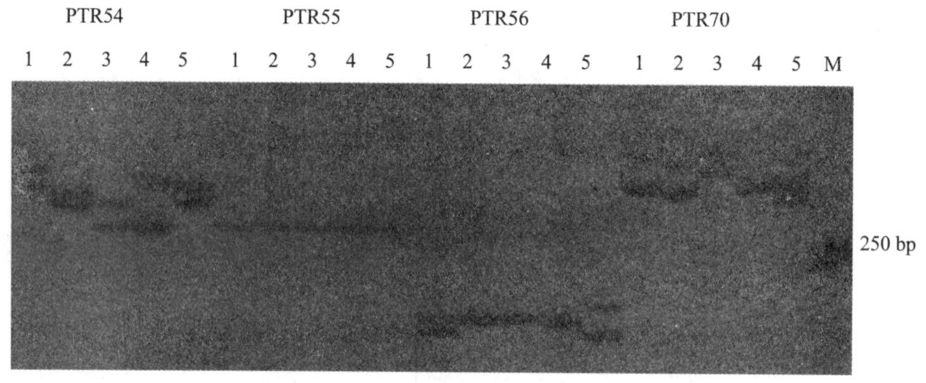

图 3 部分引物多态性筛选结果

利用 FIASCO 方法构建的三疣梭子蟹微卫星富集文库，对含微卫星的 DNA 序列设计了 71 对引物并对其进行了多态性筛选，筛选出 21 对多态的微卫星引物，已在 GenBank 注册。

利用微卫星引物对三疣梭子蟹海州湾群体 30 个个体进行遗传多样性分析。对每一个微卫星位点的等位基因数目（其中纯合个体的等位基因按两次计算）进行统计。根据各个微卫星位点各种基因型频率计算其观察杂合度，根据各个微卫星位点的等位基因频率，分别计算它们的期望杂合度和多态信息含量（PIC）。在三疣梭子蟹 30 个样本的 21 个微卫星位点中，共获得了 188 个等位基因，平均每个位点扩增得到 8.9 个等位基因。不同引物获得的等位基因数差异较大，从 3～13 个不等，其中 Pot8、Pot37、Pot48、Pot53、Pot54、Pot66 等 6 个位点分别获得了 11、12、12、11、13、11 个等位基因，而 Pot46 只获得了 3 个等位基因，等位基因的大小为 131～312 bp，基本符合引物设计时理论产物长度。期望杂合度的范围从 0.716 到 0.913，表明它们都有较高的杂合度。PIC 值为 0.659～0.889，21 个位点的 PIC 值高于 0.5，表明这些微卫星位点在三疣梭子蟹中均具有较高的信息含量。位点 Pot66 的观察杂合度与期望值有较大的出入，其他微卫星位点的这两值均基本相符。

2.1.3 不同地理群体三疣梭子蟹的遗传结构分析

从筛选引物中根据遗传学信息评价，选择多态性适中、扩增产物稳定、条带清晰的标记选取 8 对引物(PTR33a，PTR45，PTR93，PTR95，PTR98a，PTR103b，PTR112，PTR145)。选取我国由南到北 5 个不同地理区域的三疣梭子蟹：舟山野生群体(ZS)采自浙江舟山群岛近海、海州湾野生群体(HZ)采自江苏连云港市海州湾近海、莱州湾野生群体(LZ)采自山东省昌邑市下营港近海、鸭绿江口野生群体(YL)采自辽宁省鸭绿江口近海，会场野生群体(HC)采自青岛即墨会场，每个群体 24 只，用于三疣梭子蟹的遗传多样性分析。

2.1.3.1 8 个位点在群体中的扩增结果

8 个位点在五个群体中都扩增出清晰稳定的带谱，如图 4 为位点 PTR33a 在三疣梭子蟹 5 个群体中的扩增情况。

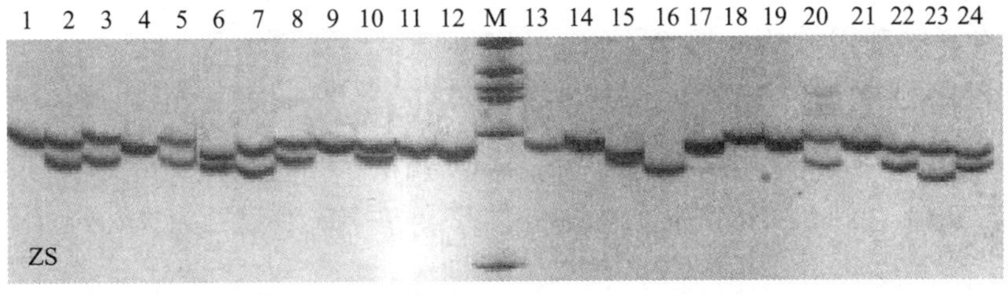

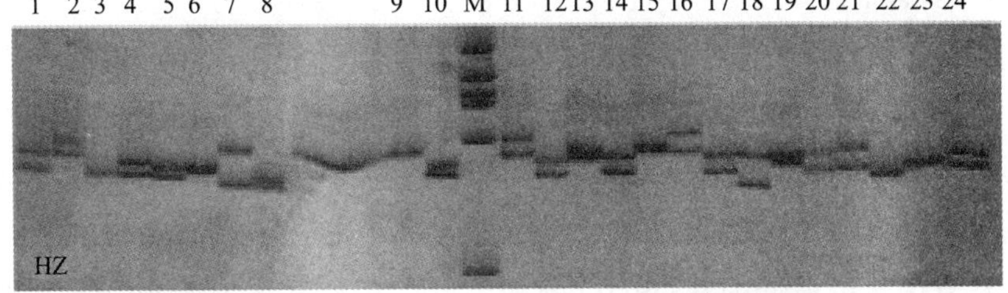

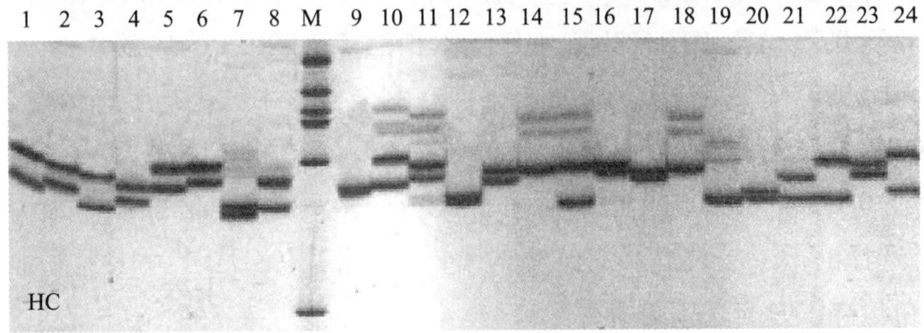

图 4 位点 PTR33a 在三疣梭子蟹 5 个群体中的扩增情况(Ⅰ)

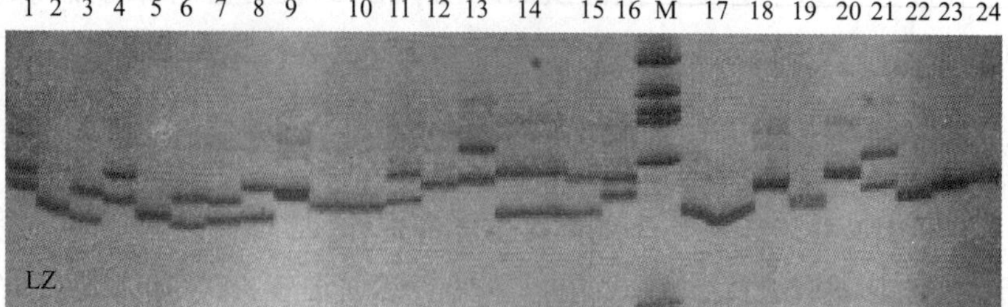

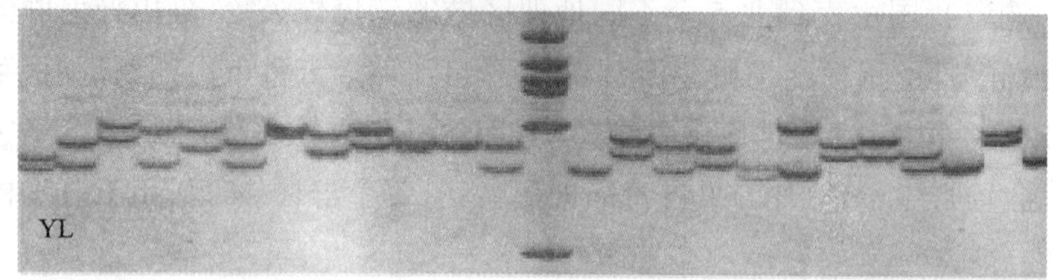

图 4 位点 PTR33a 在三疣梭子蟹 5 个群体中的扩增情况（Ⅱ）

（M 由上至下分别为 267 bp，234 bp，213 bp，192 bp，184 bp，124 bp）

2.1.3.2 等位基因数和有效等位基因数

8 个位点在 5 个三疣梭子蟹群体的 120 个个体中共扩增得到 72 个等位基因，不同引物获得的等位基因数从 6～12 不等，平均每个位点获得的等位基因数目为 9.0 个，其中位点 PTR112 获得了 12 个等位基因，等位基因数最多；PTR33a 获得的等位基因数次之，为 11 个；位点 PTR95 和 PTR103b 都获得了 6 个等位基因。有效等位基因数在 2.905 8～7.790 1 之间，平均每个位点检测的有效等位基因数目为 5.4677 个，如表 4 所示。

2.1.3.3 多态信息含量

多态信息含量是衡量微卫星位点变异程度高低的一个标准，当 PIC＞0.5 时，该位点为高度多态性位点；当 0.25＜PIC＜0.5 时，为中度多态性位点；当 PIC＜0.25 时，为低度多态性位点。8 个位点在 5 个群体中得到的多态信息含量有所不同，其中位点 PTR112 在 HZ 群体中获得的多态信息含量最高为 0.834 9，而位点 PTR103b 在 HZ 群体中的多态信息含量最低为 0.379 5。统计各位点在各群体中的 PIC 值发现，只有两个 PIC 值低于 0.5（位点 PTR103b 在 HZ 群体和位点 PTR95 在 ZS 群体），属于中度多态性位点，其他 PIC 值均大于 0.5。从 8 个位点在每个群体中的平均多态信息含量来看，PIC 值从 0.674 9～0.713 9 不等，均大于 0.5；从各微卫星位点的平均多态信息含量来看，PIC 值在 0.539 4～0.800 3 之间，同样都大于 0.5，平均多态信息含量为 0.696 7。由此可见，所选择的微卫星位点具有丰富的多态性，能够在分子水平上很好地反映 5 个地理群体间和群体内的遗传关系。

表 4 三疣梭子蟹 5 个群体 8 个微卫星座位的等位基因数、有效等位基因数、多态信息含量、各个群体观测杂合度、期望杂合度

位点编号		PTR33a	PTR45	PTR93	PTR95	PTR98a	PTR103b	PTR112	PTR145	平均值 Mean
注册序列号		GQ466 030	GQ466 032	GQ466 039	GQ466 041	GQ466 042	GU177 171	GU177 179	GU177 204	
等位基因数 Na		11	8	9	6	10	6	12	10	9
有效等位基因数 Ne		6.693 0	5.933 3	4.692 2	3.542 4	6.213 6	2.905 8	7.790 1	5.971 4	5.467 7
YL	*Ho*	0.833 3	0.791 7	0.833 3	0.666 7	0.583 3	0.666 7	0.791 7	0.791 7	0.744 8
	He	0.802 3	0.818 3	0.797 0	0.680 0	0.720 7	0.654 3	0.803 2	0.766 0	0.755 2
	P	0.809 3	0.426 0	0.675 5	0.377 5	0.055 7	0.387 0	0.364 4	0.530 6	0.453 3
	PIC	0.754 8	0.774 2	0.746 2	0.603 9	0.673 0	0.580 6	0.752 2	0.710 1	0.699 4
LZ	*Ho*	0.791 7	0.916 7	0.708 3	0.583 3	0.666 7	0.583 3	0.833 3	0.625 0	0.713 5
	He	0.833 3	0.770 4	0.785 5	0.680 0	0.781 0	0.668 4	0.862 6	0.781 9	0.770 4
	P	0.190 4	0.983 0	0.134 1	0.181 5	0.137 1	0.162 3	0.366 4	0.004 5**	0.269 9
	PIC	0.791 3	0.711 8	0.731 4	0.602 2	0.724 9	0.594 5	0.825 6	0.728 8	0.713 8
HC	*Ho*	0.833 3	0.750 0	0.750 0	0.666 7	0.791 7	0.708 3	0.875 0	0.708 3	0.760 4
	He	0.821 8	0.796 1	0.770 4	0.586 9	0.810 3	0.642 7	0.836 9	0.805 0	0.758 8
	P	0.553 6	0.293 4	0.520 8	0.918 0	0.5277	0.593 3	0.428 4	0.044 6*	0.485 0
	PIC	0.775 3	0.743 0	0.713 6	0.528 7	0.763 6	0.564 4	0.794 4	0.757 0	0.705 0
HZ	*Ho*	0.791 7	0.708 3	0.608 7	0.625 0	0.666 7	0.409 1	0.708 3	0.666 7	0.648 1
	He	0.828 9	0.745 6	0.740 1	0.662 2	0.852 8	0.436 6	0.8688	0.797 0	0.741 5
	P	0.119 0	0.219 5	0.093 2	0.367 4	0.014 5*	0.445 0	0.015 9*	0.103 6	0.172 3
	PIC	0.786 9	0.690 7	0.682 3	0.586 0	0.813 5	0.379 4	0.834 9	0.749 3	0.690 4
ZS	Ho	0.541 7	0.708 3	0.708 3	0.458 3	0.750 0	0.565 2	0.791 7	0.833 3	0.669 6
	He	0.683 5	0.762 4	0.759 8	0.525 7	0.835 1	0.640 6	0.836 9	0.782 8	0.728 3
	P	0.141 2	0.222 9	0.079 7	0.116 3	0.035 9*	0.000 4**	0.266 8	0.280 1	0.142 9
	PIC	0.634 5	0.710 1	0.700 2	0.456 3	0.793 1	0.578 1	0.794 6	0.732 0	0.674 8
平均值 Mean	PIC	0.748 6	0.726 0	0.714 7	0.555 4	0.753 6	0.539 4	0.800 3	0.735 4	0.696 7

注：$^{*}P < 0.05$ 显著；$^{**}P < 0.01$ 极显著

2.1.3.4 观测杂合度、期望杂合度及 Hardy-Weinberg 平衡检验

由表 5 可知，8 个位点在 5 个群体中所反映的群体杂合度有较大差异，其中位点 PTR45 在 LZ 群体的观测杂合度最高为 0.916 7，位点 PTR103b 在 HZ 群体的观测杂合度最低为 0.409 1。在某一个群体中的各位点的观测杂合度也差异较大，如在 HZ 群体，位点 PTR33a 的结果是 $Ho = 0.791\ 7$，而位点 PTR103b 得到的仅为 $Ho = 0.409\ 1$，表明用

单个位点进行群体杂合度的检测，其结果并不一定能够代表群体的真实杂合度水平，通常取多个位点杂合度的平均值。根据所得的杂合度平均值可知，5个群体的平均期望杂合度相差不大，以LZ群体的最高 $He = 0.7704$，ZS群体的杂合度最低 $He = 0.7283$；平均观测杂合度在0.648 1～0.760 4之间。观察5个群体的观测杂合度和期望杂合度发现，两者均相差较小，说明每个群体内的等位基因频率都未偏离Hardy-Weinberg平衡。通过对5个群体中各位点的卡方检验可知，除了LZ群体和HC群体的PTR145位点，HZ群体的PTR98a和PTR112位点以及ZS群体的PTR98a和PTR103b位点表现为显著和极显著偏离Hardy-Weinberg平衡外，其余位点均符合Hardy-Weinberg平衡。

表5　三疣梭子蟹5个群体间的遗传相似性指数及遗传距离

群体	鸭绿江口 YL	莱州 LZ	会场 HC	海州 HZ	舟山 ZS
鸭绿江口 YL	—	0.719 5	0.743 8	0.610 9	0.717 1
莱州 LZ	0.329 2	—	0.736 6	0.655 1	0.595 8
会场 HC	0.295 9	0.305 6	—	0.782 6	0.773 2
海州 HZ	0.492 9	0.422 9	0.245 1	—	0.707 7
舟山 ZS	0.332 6	0.517 9	0.257 2	0.345 7	—

注：数字距阵对角线以上的数表示群体间遗传相似性指数，数字距阵对角线以下的数表示群体间遗传距离

2.1.3.5　遗传距离和聚类分析

通过遗传距离可以估计群体遗传分化程度，根据Nei (1972)的标准利用软件POPGENE计算种群间的遗传距离和遗传相似性指数，由表6可以看出，三疣梭子蟹5个群体间的遗传距离在0.245 1～0.517 9之间，遗传相似性指数从0.595 8～0.782 6，其中HC和HZ的遗传距离最小，相似性最高，LZ和ZS的遗传距离最远，相似性最小。根据遗传距离得出5个群体的UPGMA聚类树(图4)，HC和HZ两个群体遗传距离最近先聚到一起，再与ZS群体相聚，之后与YL群体相聚，LZ群体与这4个群体的遗传距离较远，最后聚在一起。

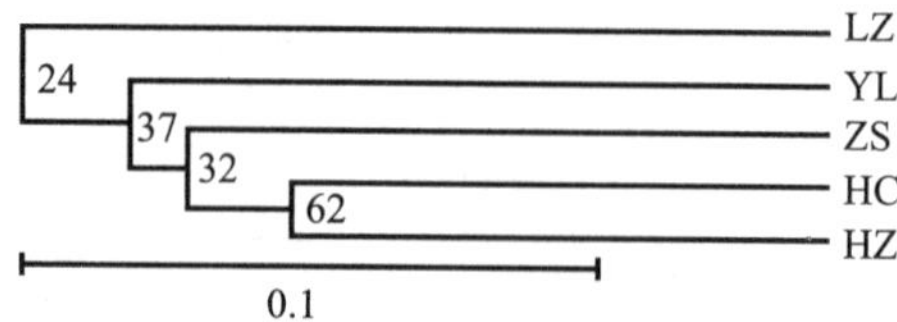

图5　三疣梭子蟹5个群体的聚类分析图

2.1.3.6　群体遗传变异分析

F_{st} 值可以用来测量群体间的遗传分化程度，采用软件FASTA对5个群体的遗传分化指数 F_{st} 进行计算(表6)，8个位点的遗传分化指数在0.054 8～0.108 3之间。从

F_{st} 值的大小可以看出，5 个群体间产生了中等程度的遗传分化（$0.05<F_{st}<0.15$），并且分化程度都达到了极显著水平。

表 6 三疣梭子蟹 5 个群体之间的遗传分化指数（F_{st}）

群体	鸭绿江口 YL	莱州 LZ	会场 HC	海州 HZ	舟山 ZS
鸭绿江口 YL	—				
莱州 LZ	0.066 6**	—			
会场 HC	0.062 5**	0.061 0**	—		
海州 HZ	0.104 2**	0.087 1**	0.054 8**	—	
舟山 ZS	0.076 4**	0.108 3**	0.055 0**	0.081 0**	—

注：*$P<0.05$ 显著；** $P<0.01$ 极显著

2.1.3.7 群体间的遗传结构变化

通过 POPGENE 软件对各家系进行 F- 检验，结果（表 7）显示，根据遗传分化指数的界定，各家系之间存在轻度遗传分化（$F_{st}<0.05$）的位点为 0 个；有中度遗传分化（$0.05<F_{st}<0.15$）的位点为 8 个；有较大遗传分化（$0.15<F_{st}<0.25$）的位点为 3 个；有很大遗传分化（$F_{st}<0.25$）的位点为 6 个。F_{st} 值均大于 0.05，表明 4 个家系之间遗传分化较强。各家系的平均基因分化系数为 0.190 7，表明 19.07%的遗传分化来自群体间，80.93%的遗传分化来自群体内。另外，对 F_{is} 值的计算显示，4 个家系在整体上均表现为一定程度的杂合子缺失，其中 F_4 有 4 个位点、F_3 有 10 个位点、F_2 有 13 个位点、F_1 有 8 个位点处于杂合子缺失状态。F_{is} 值（近交系数，值大于零表示观测杂合子缺失，值小于零表明杂合子过剩，值等于 1 时表明杂合体完全缺失）的计算结果表明，就平均数而言 4 个家系除 F_4 代表现杂合子缺失外，其他家系均表现为一定程度的杂合子过剩。说明到了 F_4 后，近交作用开始体现，使很多基因出现流失。

表 7 16 个微卫星位点在三疣梭子蟹 4 个家系中的 F- 分析

位点	F_{is}				F_{st}
	F_4	F_3	F_2	F_1	
Pot17	0.198 7	−0.209 9	−0.636 4	−0.343 5	0.087 5
Pot46	−0.199 5	−0.137 3	0.218 7	0.156 8	0.267 7
Pot62	−0.005 8	−0.375 1	−0.605 7	0.038 3	0.062 6
Pot66	0.467 8	−0.346 3	−0.238 2	−0.568 9	0.056 5
Pot7	0.298 7	0.215 6	0.321 7	0.134 2	0.375 8
Pot37	0.136 7	0.616 7	−0.535 8	0.141 5	0.620 3
Pot50	0.804 0	0.634 9	−0.238 2	0.241 4	0.401 0
Pot4	0.410 5	0.252 7	−0.696 5	0.133 3	0.068 3
Pot10	0.198 0	−0.612 9	0.294 5	−0.295 9	0.111 7
Pot28	0.259 1	−0.008 4	−0.501 4	−0.131 4	0.163 8

续表

位点	F_{is}				F_{st}
	F_4	F_3	F_2	F_1	
Pot41	0.216 8	−0.305 5	−0.636 4	−0.294 1	0.269 9
Pot47	0.543 5	0.171 4	−0.600 4	0.085 5	0.346 4
Pot48	0.229 9	−0.623 1	−0.174 5	−0.033 6	0.142 6
Pot51	0.511 7	0.283 3	−0.276 6	0.180 1	0.103 7
Pot53	−0.059 5	−0.463 4	−0.276 6	−0.227 1	0.057 5
Pot54	−0.062 4	−0.323 2	−1	−0.355 9	0.205 5
平均数	0.246 8	−0.076 9	−0.348 9	−0.071 2	0.190 7

采用 Nei 的方法计算群体间的遗传相似性和遗传距离，结果(表 8)表明，最大遗传距离在 F_4 与 F_3 之间，为 0.454 9，最小遗传距离在 F_3 与 F_1 之间，为 0.117 8。F_3 与 F_1 之间的遗传相似性为 0.888 9，表明两个家系亲缘关系最近。

表 8　三疣梭子蟹 4 个群体的相似性及遗传距离

群体	F_4	F_3	F_2	F_1
F_4	****	0.634 5	0.692 2	0.715 7
F_3	0.454 9	****	0.794 0	0.888 9
F_2	0.367 8	0.230 6	****	0.794 8
F_1	0.334 5	0.117 8	0.229 7	****

注：对角线以下为遗传距离。对角线以上为遗传相似性。

2.2　基因组小卫星特征分析

基因组中的卫星序列一般可以分为两类：微卫星序列(microsatellite sequence)和小卫星序列(minisatellite sequence, Ramel, 1997)。一般微卫星序列是指由 1～6 bp 重复单位组成的重复序列，小卫星序列是指由 7～100 bp 的重复单位组成的重复序列(Jauert et al, 2002)。其中小卫星序列，由于其串联重复单位的数目在不同个体基因组的不同位点上数目都不同，被称为可变数目串联重复序列(Variable number tandem repeats, VNTRs)(Nakamura et al, 1987)。这些小卫星序列不仅大量分布于真核生物的基因组中，也大量存在于许多原核生物的基因组中(Klevytska et al, 2001)，因而这些序列在基因组中的生物功能越来越受重视。

鉴于小卫星序列在了解整个基因组序列特征及其遗传进化方面的重要作用，因而在目前仍没有开展三疣梭子蟹基因组大规模系统测序的前提下，通过对随机测序获得的 DNA 序列中的小卫星重复序列的分析，对于初步了解三疣梭子蟹基因组序列的特征，以及开发抗病、抗逆方面的小卫星标记等具有重要的指导意义。

本研究所用的三疣梭子蟹 2005 年 10 月中旬采集自黄海的海州湾。提取三疣梭子蟹基因组 DNA,用 Sau3AI 酶切后,经低融点琼脂糖凝胶电泳回收 500～1 500 bp 的片段,与 PUC19 质粒连接后,将重组 DNA 转化到大肠杆菌 DH5α 中,从而建立三疣梭子蟹部分基因组文库。

通过软件 Tandem Repeats Finder（Version 3.21)对拼装后的克隆序列进行分析,查找小卫星序列。Tandem Repeats Finder 的查找参数如下:alignment parameters（match, mismatch, indel)=（2,7,7),minimum Alignment score to Report Repeat = 50, Maximum Period size = 1000。利用本实验室编写的 Excel 宏程序对 Tandem Repeats Finder 的初步分析结果进行细化和汇总分析。判定是否为小卫星重复序列的人工细化分析的标准如下:重复序列中重复单位的长度在 7～80 bp,拷贝数目 ≥2 个。设定一个小卫星序列中的最高众数重复单位序列作为标准重复单位,且与标准重复单位相比较,各重复单位平均碱基匹配率(即一致性)在 70% 以上。

使用变异系数来衡量小卫星重复类型的变异水平高低,变异系数的计算公式为:$CV=\frac{s}{\bar{x}}$,其中 s 为小卫星拷贝数的标准差,$\bar{x}$ 为小卫星序列拷贝数平均值。变异系数 CV 可以消除单位和(或)平均数不同对两个或多个资料变异程度比较的影响,能够真实地反映重复类型变异能力的大小,便于进行类型间的比较。

2.2.1 小卫星重复序列在基因组中的分布特征

通过软件分析,从 622 409 个碱基长度的序列中共找到了 827 个重复序列,小卫星重复序列为 130 个,占重复序列总数目的比例为 15.72%。平均每 10 万碱基所具有的小卫星重复序列数目约为 21 个。

130 个小卫星重复序列中,总共筛选到了 123 种重复类型,平均 1.06 个重复序列中就能够发现一种重复类型。不同长度重复单位的重复序列数目分布情况为:以 12 bp 重复单位的序列数目最多(14 个),占小卫星重复序列总数目的 10.77%（图 6), 20 bp 重复单位次之(11 个),比例为 8.46%,总体趋势表现为随着重复单位长度的增加,相应的重复序列数目降低,统计相关分析结果表明两者间存在着显著负相关（$r=-0.663$, $P<0.01$)。小卫星序列总长度为 15 892 bp,不同长度重复单位类型的重复序列累计长度以 26 bp 重复单位的序列长度为最高(2 082 bp),其次为 8 bp 重复单位（1 120 bp),12 bp 重复单位(1 067 bp),31 bp 重复单位(1 005 bp),20 bp 重复单位(995 bp),统计相关检验表明两者存在着负相关关系,但是相关系数较小($r=-0.458$, $P<0.01$)。

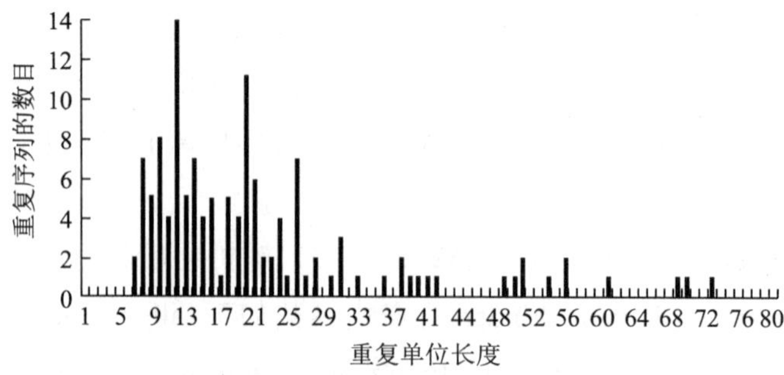

图 6 不同长度重复单位组成的重复序列的数量分布

2.2.2 小卫星重复单位拷贝数分布及变异能力分析

根据重复单位长度划分的小卫星各种序列类型的重复单位拷贝数、平均拷贝数和拷贝数范围统计结果见表 9。130 个小卫星重复序列中，重复单位拷贝数以 8 bp 范围最广，为 3.9～66.5；其次是 13 bp 重复，范围在 2.0～40.6；再次是 26 bp 重复，范围在 2.3～21.0。平均拷贝数最高的三种重复类型分别为 8 bp 重复(19.96)、25 bp 重复(16.00)和 22 bp 重复(15.85)。

表 9 小卫星重复序列的频率和分布特征

重复单位长度类型	重复类型数量	小卫星数量	占小卫星总数百分比 %	序列长度	占小卫星总长度百分比 %	拷贝数范围	累积拷贝数	平均拷贝数	拷贝数变异系数 *CV*
7	2	2	1.54	92	0.58	4.7～8.9	13.60	6.80	43.67
8	7	7	5.38	1120	7.05	3.9～66.5	139.70	19.96	108.85
9	5	5	3.85	255	1.60	3.3～7.4	27.90	5.58	39.12
10	7	8	6.15	367	2.31	3.1～9.1	36.40	4.55	45.92
11	4	4	3.08	526	3.31	3.7～20.8	49.80	12.45	73.54
12	14	14	10.77	1067	6.71	2.1～16.5	89.50	6.39	79.50
13	5	5	3.85	681	4.29	2.0～40.6	51.30	10.26	165.43
14	3	7	5.38	224	1.41	2.3～2.3	16.10	2.30	0.00
15	4	4	3.08	264	1.66	2.3～8.8	18.00	4.50	67.57
16	5	5	3.85	217	1.37	1.9～4.3	13.70	2.74	35.81
17	1	1	0.77	35	0.22	2.1	2.1	2.1	
18	5	5	3.85	244	1.54	1.9～3.6	13.20	2.64	29.78
19	4	4	3.08	235	1.48	2.5～4.7	14.30	3.58	29.91
20	11	11	8.46	995	6.26	1.9～17.2	49.20	4.47	97.94
21	5	6	4.62	614	3.86	2.0～10.6	29.20	4.87	82.37
22	1	2	1.54	695	4.37	8.4～23.3	31.70	15.85	66.47
23	2	2	1.54	286	1.80	2.0～10.2	12.20	6.10	95.05

续表

重复单位长度类型	重复类型数量	小卫星数量	占小卫星总数百分比 %	序列长度	占小卫星总长度百分比 %	拷贝数范围	累积拷贝数	平均拷贝数	拷贝数变异系数 *CV*
24	4	4	3.08	272	1.71	2.3～3.1	11.30	2.83	12.70
25	1	1	0.77	390	2.45	16.0	16.00	16.00	
26	7	7	5.38	2082	13.10	2.3～21.0	81.60	11.66	61.93
27	1	1	0.77	62	0.39	2.3	2.30	2.30	
28	2	2	1.54	143	0.90	2.2～2.9	5.10	2.55	19.41
30	1	1	0.77	182	1.15	6.1	6.10	6.10	
31	3	3	2.31	1005	6.32	2.3～17.4	32.50	10.83	71.47
33	1	1	0.77	64	0.40	1.9	1.90	1.90	
36	1	1	0.77	189	1.19	5.3	5.30	5.30	
38	2	2	1.54	265	1.67	2.6～4.4	7.00	3.50	36.37
39	1	1	0.77	118	0.74	3.0	3.00	3.00	
40	1	1	0.77	414	2.61	10.4	10.40	0.40	
41	1	1	0.77	111	0.70	2.7	2.70	2.70	
42	1	1	0.77	93	0.59	2.2	2.20	2.20	
49	1	1	0.77	369	2.32	7.6	7.60	7.60	
50	1	1	0.77	100	0.63	2.0	2.00	2.00	
51	2	2	1.54	433	2.72	2.5～5.9	8.40	4.20	57.24
54	1	1	0.77	129	0.81	2.4	2.40	2.40	
56	2	2	0.77	224	1.41	2.0～2.0	2.00	2.00	0.00
61	1	1	0.77	272	1.71	4.5	4.50	4.50	
69	1	1	0.77	352	2.21	5.0	5.00	5.00	
70	1	1	0.77	159	1.00	2.3	2.30	2.30	
73	1	1	0.77	547	3.44	7.6	7.60	7.60	

变异系数是衡量观测值变异程度的一个统计量，变异系数越大，这种重复类型的变异能力越大。我们计算了小卫星各种类型重复单位拷贝数的变异系数。变异能力最强的前 5 种类型分别是：13 bp（165.43）、8 bp（108.85）、20 bp（97.94）、23 bp（95.05）、21 bp（82.37）。小卫星序列重复单位长度与变异系数相关，分析表明，尽管两者的相关性表现为显著，但是相关系数较小（$r=-0.309$，$P<0.01$）。小卫星序列中各重复单位的拷贝数分布范围 2～66.5，集中分布在 2～25，不同拷贝数目所对应的重复序列数量的分布情况为：拷贝数目为 3 的重复单位所组成的重复序列数目最多（43 个），其次是拷贝数目为 4 的重复序列（15 个），随着拷贝数目的增加，由其所组成的重复序列的数

目呈递减的趋势，二者呈显著的负相关（$r=-0.592$，$P<0.01$）（图 7）。

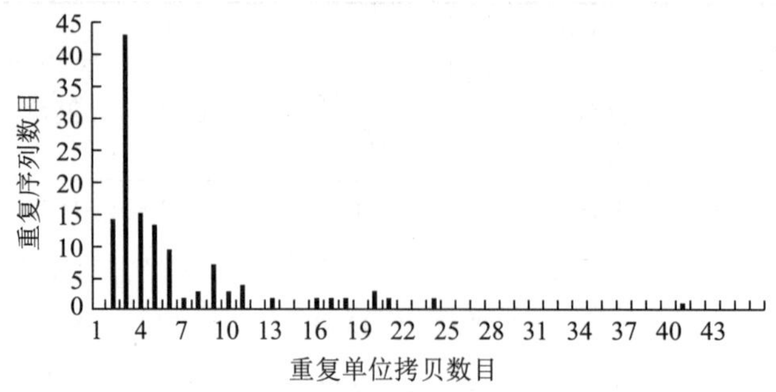

图 7　不同拷贝数目所对应的重复序列数目

本研究获得了代表着 622 409 个碱基的基因组总长度。在这些基因组序列中，共筛选到了 130 个小卫星序列，序列总长度为 15 892 bp，约占基因组测序串联重复序列总长度的 15.72%，约占测序序列总长度的 2.55%，即平均每 1 000 bp 核苷酸序列中包含 25.5 bp 的小卫星序列。

从结果中可以发现，三疣梭子蟹部分基因组文库中的小卫星序列的分布有两个较为显著的特点，一是随着重复单位长度的增加，其所对应的重复序列的数目在减少；另一个特点是小卫星序列重复单位拷贝数主要集中在低拷贝区（2～22），而且重复单位拷贝数目与小卫星序列数目间存在着较为显著的负相关。高焕等（2004）对中国对虾随机基因组小卫星序列特征分析结果表明，重复单位长度与其重复序列数目间存在着负相关，小卫星序列中以 12 bp 重复单位的序列数目为最多，在重复单位低拷贝数（2～21）范围内分布着大部分的小卫星序列。栾生等（2007）对日本囊对虾小卫星序列的特征分析表明，随着重复单位长度的增加，相应的重复序列数目降低，统计相关分析结果表明二者间存在着极显著负相关（$r=-0.826$，$P<0.01$）。不同长度重复单位类型的重复序列累计长度的分布情况与序列数目的分布趋势类似，也以 12 bp 重复单位的序列长度为最高。考虑到中国对虾、日本囊对虾与三疣梭子蟹一样都同属于甲壳纲动物，这个分析结果显示出小卫星在进化上存在着一致性。

Hancock（2002）认为重复序列的数量与基因组大小是有关联的，重复序列越多，基因组越大。在基因组很小的噬菌体 M13 中，已经有了小卫星重复序列的存在（Meyer et al，2001）。在水生动物甲壳类中，高焕等（2004）对中国对虾的基因序列分析表明其每万碱基约含有 6.2 个小卫星序列。栾生等（2007）对日本囊对虾的基因序列分析表明其每 1 000 bp 核苷酸序列中包含 37.9 bp 的小卫星序列。在本研究中，三疣梭子蟹平均每 1 000 bp 核苷酸序列中包含 25.5 bp 的小卫星序列。

2.2.3　小卫星重复单位的碱基组成特征

在查找到的 130 个小卫星重复序列中，有 4 个同一个重复单位所组成的不同拷贝数的重复序列（如重复单位 TGTATTTACCTAGT 与 TACAACTAGGTAAA 被归为一类），即在这些重复序列中，130 个重复序列代表了 123 种重复单位所组成的重复序列。对这些序列按照材料和方法中的统计原则进行分类(表 10)。

表 10 小卫星重复序列的碱基组成及其分类

两碱基组成类别		三碱基组成类别		四碱基组成类别	
亚类型	数目	亚类型	数目	亚类型	数目
AT/TA	1	ATC/TAG	3	ATCG/TAGC	13
AC/TG	4	ATG/TAC	6	ATGC/TACG	15
AG/TC	3	ACT/TGA	5	ACTG/TGAC	10
CT/GA	3	AGT/TCA	1	AGTC/TCAG	9
CA/GT	2	ACG/TGC	1	ACGT/TGCA	1
		AGC/TCG	1	AGCT/TCGA	2
		CAT/GTA	2	CTAG/GATC	10
		CTA/GAT	2	CTGA/GACT	4
		CTG/GAC	3	CGTA/GCAT	1
		CAT/GTA	1	AGAC/TCTG	1
				TACG/ATGC	15
				CATG/GTAC	10
				TCGC/AGCG	1
总计	13		25		92
百分比	10.0%		19.23%		70.7%

从表 10 中可以看出,三疣梭子蟹基因组小卫星序列主要以四碱基组成类别构成,达到 70.77%。两碱基组成类别最少,只有 10.00%。在二碱基组成类别的重复序列中,富含 A/T 的序列为 AT + AC + AG = 1 + 4 + 3 = 8,富含 G/C 的序列为 CT + CA = 5 (高焕等,2004),富含 A/T 的序列大于富含 G/C 的序列;在三碱基组成类别的序列中,富含 A/T 序列数目可以保守地估计为 ATC + ATG + ACT + AGT = 3 + 6 + 5 + 1 = 15,远远大于富含 G/C 的序列数目(约 CTG = 3);在四碱基组成类别的重复序列中,富含 A/T 的序列约为 ATCG + ATGC + ACTG + AGTC = 13 + 15 + 10 + 9 = 47,也明显大于富含 G/C 的序列,因而总体上,三疣梭子蟹基因组中的小卫星是富含 A/T 的重复序列,主要以 ATN 和 ATNN (N 代表 G 或 C)类别为主。

三疣梭子蟹基因组 130 个小卫星重复序列中,四碱基组成类别的序列占 70.07%,可见三疣梭子蟹基因组小卫星重复序列主要是四碱基组成类别构成的。简纪常等(2002)对单个小卫星中的序列进一步归类说明时,根据其碱基组成的特点,将其分成富含 A、T 和其他等三类。而在基于基因组调查性质的小卫星序列的描述上,这些归类明显不能全面描述基因组小卫星的特征。相对来讲,此归类有以下几点好处:① 可以初步看出重复序列中碱基的组成种类;② 可以对整体小卫星序列中的各碱基含量进行估计;③ 由此而分出的类别较为简单明了。

2.3 基因组微卫星特征分析

虽然微卫星标记技术建立的时间不长，但已经在包括人类到细菌的基因组研究中得到广泛应用，并取得了许多重要成果。由于它具有多态性高、共显性、容易用PCR检测和结果稳定可靠等特点，同时，由于微卫星DNA在生物基因组中具有丰富的长度多态性信息，在群体间和群体内变异大，杂合性高、种类多、分布广以及重组率低、容易筛选等优点，因而在甲壳动物蟹类的物种遗传多样性研究中也得到日益广泛的应用。蟹类的种类很多，目前仅在小部分蟹类中有微卫星分离的报道（Gopurenko et al，2002；Yap et al，2002），微卫星标记在蟹类遗传学研究中的应用还处于初级阶段。

本研究所用的三疣梭子蟹2005年10月中旬采集自黄海海州湾。提取三疣梭子蟹基因组DNA，用Sau3AI酶切后，经低融点琼脂糖凝胶电泳回收500～1500 bp的片段，与PUC19质粒连接后，将重组DNA转化到大肠杆菌DH5α中，从而建立三疣梭子蟹部分基因组文库。

根据重复类型、重复数目（repeat number）、重复拷贝数（repeat copy number）和重复拷贝类别对序列进行分类。通过软件Tandem Repeats Finder（Version 3.21）对拼装后的克隆序列进行分析，查找微卫星序列。Tandem Repeats Finder的查找参数如下：alignment parameters（match，mismatch，indel）=（2，7，7），minimum Alignment score to Report Repeat = 50，Maximum Period size = 1000。利用本实验室编写的Excel宏程序对Tandem Repeats Finder的初步分析结果进行细化和汇总分析（表11）。

通过对此基因组文库DNA克隆随机测序，共获得了4 164个DNA随机克隆源序列。利用Seqman Ⅱ（DNASTAR 5.0）软件，除去PUC19质粒中的载体序列和克隆DNA序列两段出现杂峰的污染序列后装配输出。其中拼接序列时，如果两个克隆重合部分的序列为重复序列，则分别按单个克隆处理，即只有重合部分的序列不是重复序列时，才把这些克隆序列拼接成一个序列来处理。最终得到的709个DNA克隆，每个序列的长度从500～1 500 bp不等，代表着622 409个碱基的基因组总长度。

2.3.1 微卫星序列的总类、数目和相应的百分比

通过软件分析，从622 409个碱基长度的序列中共找到了827个重复序列，微卫星重复序列（1-6 bp重复）为697个，占重复序列总数目的比例为84.28%；小卫星重复序列为130个，占重复序列总数目的比例为15.72%。平均每10万碱基所具有的微卫星重复序列数目约为112个。统计微卫星重复类型，以两碱基重复数目最多为445个，占微卫星序列总数目的63.84 %；其次是三碱基152个，占21.81%；再次分别是单碱基45个，占6.46%；四碱基31个，占4.45%；五碱基14个，占2.01%；六碱基10个，占1.43%（图8）。

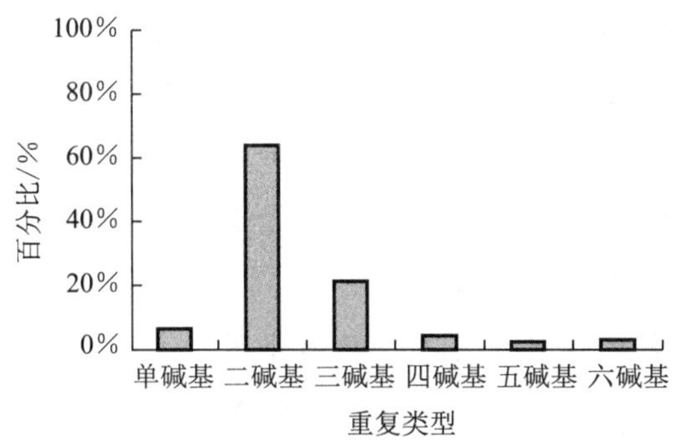

图 8 不同重复类型的微卫星序列数目及其百分比

在同类型的重复序列中，各重复拷贝类别占的比例也各不相同。在 46 个单碱基重复类型中，重复拷贝类别全部为 A 型，没有发现核心序列为 C 型的重复拷贝类别。两碱基中，AG 重复拷贝类别最多，为 214 个，占两碱基总重复序列数目的 48.09%；其次是 AC 和 AT，各为 187（42.02 %）和 43（9.66%）个。只发现 1 个核心序列为 GC 的重复拷贝类别，即(GC) 14，占两碱基总重复序列数目的 0.23%。该序列已经在 GenBank 注册，注册号为 EU113241。三碱基重复中，共发现 8 种重复拷贝类别，它们分别是 ACT（42 个）、AGG（35 个）、AAT（28 个）、ACC（21 个）、AAG（9 个）、ATC（7 个）、AAC（7 个）和 AGC（3 个），其中，以 ACT 最多，其次是 AGG 和 AAT（表 11）。

表 11 1～3 碱基重复类型中重复拷贝类别及其在所属重复类型中的百分比

	单碱基	两碱基				三碱基							
重复类型	A	AG	AC	AT	GC	ACT	AGG	AAT	ACC	AAG	ATC	AAC	AGC
重复数目	45	214	187	43	1	42	35	28	21	9	7	7	3
总计	45	445				152							
百分比(%)	100	48.09	42.02	9.66	0.23	27.63	23.03	18.42	13.82	5.92	4.61	4.61	1.97

在四碱基重复类型中，AGAC 重复拷贝类别最多，共 14 个(重复拷贝数范围是 7.3～102.5，平均拷贝数是 28.35)；其次是 AGAT，共 4 个(重复拷贝数范围是 8.3～43，平均拷贝数是 22.52)。其他的分别是：AAAT，共 3 个(重复拷贝数范围是 6.3～25.8，平均拷贝数是 16.13)；ACTG，共 3 个(重复拷贝数范围是 12.3～43.5，平均拷贝数是 30.87)；CACT 共 2 个(重复拷贝数范围是 17.8～21.5，平均拷贝数是 19.65)；ACTA 共 1 个(重复拷贝数是 52.8)；ATGA 共 1 个(重复拷贝数是 24.5)；CCTT 共 1 个(重复拷贝数是 13.8)；CTCC 共 1 个(重复拷贝数是 10.0)；CAGG 共 1 个(重复拷贝数是 8.8)。

在五碱基重复类型中，AACCT 重复拷贝类别最多，共 6 个(重复拷贝数范围是 8.4～62.6，平均拷贝数是 22.27)；其次是 TAACA，共 2 个(重复拷贝数范围是 7～9.6，平均拷贝数是 8.3)和 AGGTG，共 2 个(重复拷贝数范围是 7.8～10.8，平均拷贝数是 9.3)。其他的分别是：CCTTG，共 1 个(重复拷贝数是 48.2)；CACCA，共 1 个(重复拷贝数是 14.2)；AAATT，共 1 个(重复拷贝数是 6.2)；TCCAC，共 1 个(重复拷贝数是 5.6)。

在六碱基重复类型中，AGGGGA 重复拷贝类别最多，共 3 个(重复拷贝数范围是 5～8.5，平均拷贝数是 6.40)。其他的分别是：CTCTCC 共 2 个(重复拷贝数范围是 6.7～33.7，平均拷贝数是 20.2)；TCTTCC 共 2 个(重复拷贝数范围是 5.2～11.3，平均拷贝数是 8.25)；TCCTCG 共 1 个(重复拷贝数是 10.8)；AAAAGA 共 1 个(重复拷贝数是 6.5)；TACTGC 共 1 个(重复拷贝数是 5.3)。

2.3.2 6 种重复类型中各种重复拷贝数的分布

三疣梭子蟹基因组微卫星的不同重复拷贝类别的重复拷贝数的变化范围较大，从 5～280 都有分布，但其主要分布在 12～70 之间，占全部拷贝数范围的 82.64%。与拷贝数的分布趋势相对应，微卫星序列长度主要分布在 24～72 个碱基的长度范围内。单碱基重复拷贝数主要分布在 28～40 和 68～76 两范围之间，两者共 36 个，占单碱基重复类型 45 个的 80.00%（图 9）；两碱基主要分布在 12～36 之间，共 285 个，占两碱基重复类型 445 个的 64.04%（图 10）；三碱基主要分布在 8～24 之间，共 88 个，占三碱基重复类型 152 个的 57. 90 %（图 11）；四碱基主要分布在 7～26 之间，共 23 个，占四碱基重复类型 31 个的 74.19 %（图 12)；五碱基主要分布在 5～12 之间，共 10 个，占五碱基重复类型 14 个的 71.43%（图 13）；六碱基主要分布在 4～12 之间，共 9 个，占六碱基重复类型 10 个的 90.00 %（图 14)。

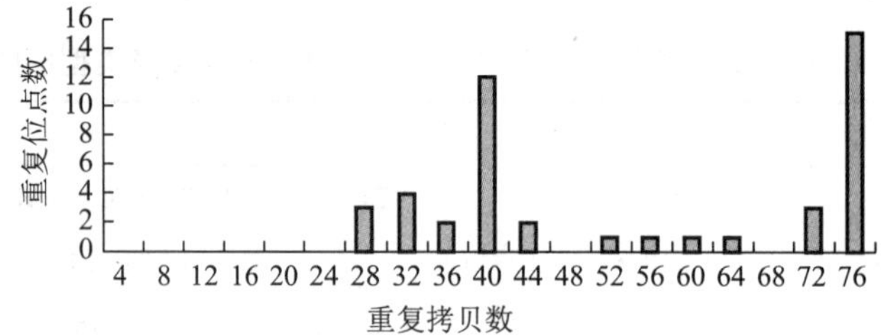

图 9 单碱基重复类型中不同的重复拷贝数所对应的重复位点数

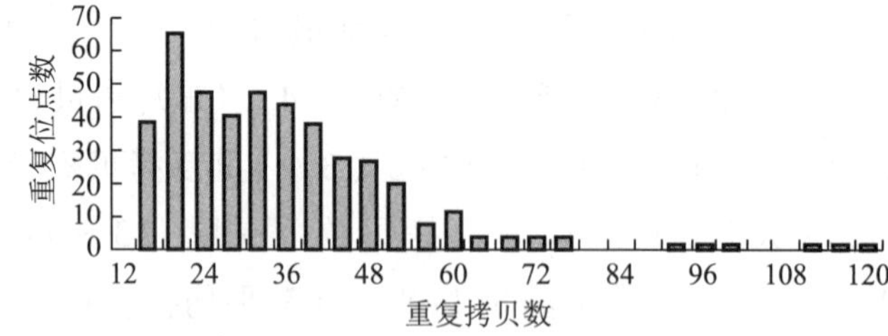

图 10 二碱基重复类型中不同的重复拷贝数所对应的重复位点数

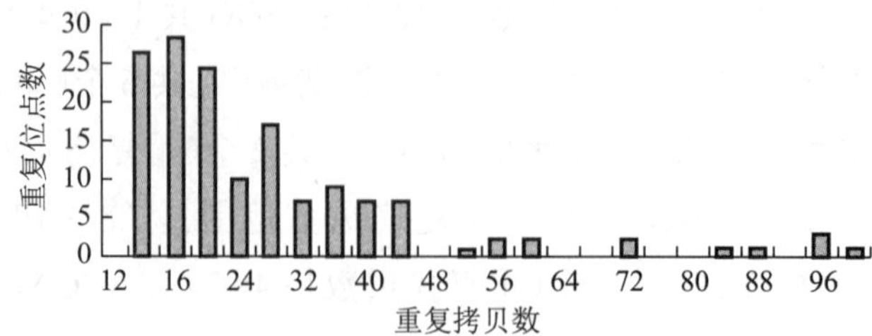

图 11 三碱基重复类型中不同的重复拷贝数所对应的重复位点数

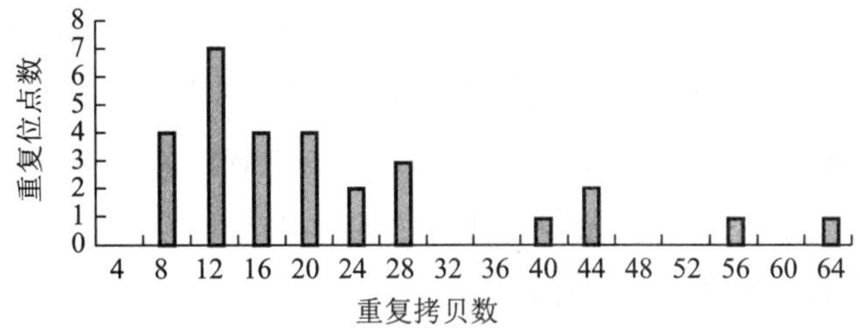

图12 四碱基重复类型中不同的重复拷贝数所对应的重复位点数

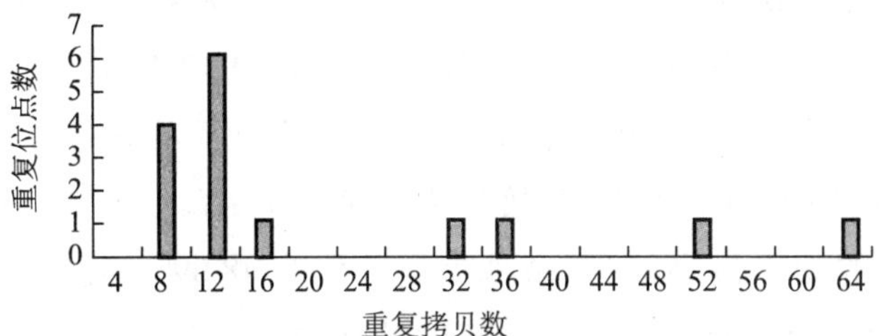

图13 五碱基重复类型中不同的重复拷贝数所对应的重复位点数

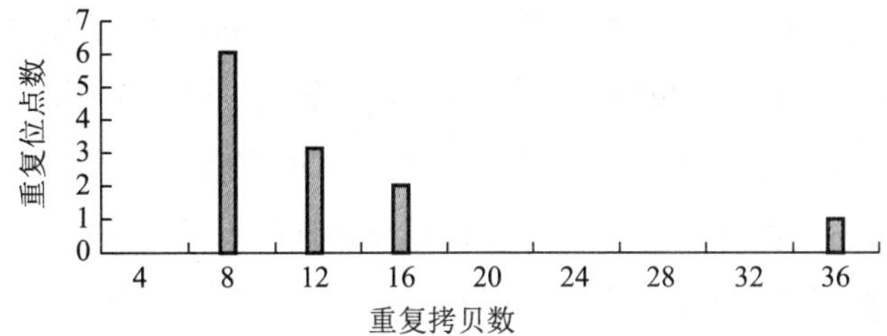

图14 六碱基重复类型中不同的重复拷贝数所对应的重复位点数

在三疣梭子蟹基因组单碱基重复类型中，46个单碱基重复类型中，重复拷贝类别全部为A型，没有发现核心序列为C型的重复拷贝类别。A重复拷贝类别最多，这与中国对虾（高焕等，2004）和其他物种中研究的结果相一致。两碱基重复类型中，以AG重复拷贝类别最为丰富，这与中国对虾的AT、红鳍东方鲀（*T. rubripes*）的AC（余红卫等，2005）重复拷贝最多不同，与有胚植物和真菌类生物也不同（Katti et al，2001；Thth Gspri et al，2000）。三碱基重复类型中，共发现8种重复拷贝类别，其中以ACT最多，其次是AGG和AAT。中国对虾以AAT最多，其次是AAG和ATC（高焕等，2004）。四碱基重复类型中，AAAY（AAAT、AAAG、AAAC）重复拷贝类别在灵长类和啮齿类中最丰富（Thth Gspri et al，2000）。在中国对虾中，AGAT重复拷贝类别最丰富，AAAY重复拷贝类别的数量总体上也很多（高焕等，2004）。在河豚基因组中，AGAT重复拷贝类别最丰富，接下来是ACAG、AGGT、ACCT，AAAY的数量总体上不是很丰富（崔建洲等，2006）。在三疣梭子蟹四碱基重复类型中，AGAC重复拷贝类别最多，共14个。其次是AGAT，共4个。AAAT，共3个，总体数量不是很丰富。五碱基重复类型的种类和数量都比较少。在河豚基因组中五碱基重复类型的微卫星数量比较少，AGAGG的分布最为丰富，占到五碱基重复总数的46.3%（崔建洲等，2006）。在本研究五碱基重复类型中，AACCT 重复拷贝类别最多，共 6 个；其次是 TAACA 和 AGGTG 各 2 个。六碱基重复类型中发现了 6 种重复拷贝类别，其中 AGGGGA 重复拷贝类别最多，共 3 个，但各种重复拷贝类别的拷贝数都很少。在其他生物中对此研究的也较少，而且重复拷贝类别也不完全相同(王国良等，2005)。由此可见，不同生物中各种重复类型中的重复拷贝类别和其重复数目是不同的。

Xu 等(1999)研究斑节对虾(*P. monodon*)基因组中两碱基重复类型时得到的初步结果是$(CT)_n$(即 AG)最多，其次才是$(AT)_n$。高焕等(2004)在对中国对虾的研究中发现 AT 重复拷贝类别的频率最高，占两碱基重复总数的 42.44%，其次是 AC，占两碱基重复数的 34.42 %。崔建洲等(2006)在对河豚的微卫星序列研究中发现两碱基重复类型中，以 AC 重复拷贝类别最为丰富，接下来是 AG 和 AT。由表 12 可知，在本研究中 AG 重复拷贝类别的频率最高，占两碱基重复总数的 48.09%，其次是 AC，占两碱基重复数的 42.02 %。AG 重复拷贝类别含量高的特性与斑节对虾一致。

GC 两碱基的重复拷贝类别在所有已经研究过的生物基因组中的含量都很少。到目前为止，在中国对虾基因组的研究中，除了徐鹏(2001)等发现了一个(GCG) 3 的重复(Genbank 登录号：AF295791)外，还未发现完全由 GC 重复拷贝类别组成的重复序列的存在。在本研究中只发现 1 个核心序列为 GC 的重复拷贝类别，占两碱基总重复序列数目的 0.23% (注册号为 EU113241)。Schorderet 等(1992)研究了 6 种脊椎动物基因组后，对此的解释是：由于基因组 DNA 中的 CpG 的甲基化，使之成为一个突变的热点，因为甲基化的胞苷酸 C 很容易经过脱氨基作用转变成胸腺嘧啶 T，而少量的 GC 又是维持 DNA 热力学稳定性所必须的。这样的结果是 GC 重复减少，同时突变后的序列 TG (即 AC 类型)相应增加，这可以一定程度上解释人类基因组中 AC 重复最多的现象。三疣梭子蟹基因组中 GC 含量如此稀少，笔者认为可能与此有关，因为与之相对应的突变类型 AC 重复的量仅次于 AG 重复。

2.4 三疣梭子蟹 I 型微卫星标记的发掘及多态性分析

I 型微卫星标记，即位于基因组外显子区域的简单重复序列，是微卫星标记(Microsatellite)中的重要成员。相比 II 型微卫星标记而言(位于基因组内含子区简单重复序列)，I 型微卫星除具有多态性高、共显性遗传、符合孟德尔分离方式等微卫星标记共有的优点外(李莉好等，2007)，还具有其独特的、极具应用价值的特点：① I 型微卫星为功能基因提供直接的分子标记，其多态性能够更好地解释个体的性状差异 (Chen et al，2001；Thiel et al，2003)；② I 型微卫星标记具有更好的种间通用性(Cordeiro et al，2001)，利于标记的种间通用以及种间比较作图等研究；③ 在物种 EST 序列数据丰富的前提下，I 型微卫星发掘相对便捷。

为发掘三疣梭子蟹 I 型微卫星标记，本研究运用生物信息学方法，从 NCBI 数据库下载 13985 条 EST 序列，经过拼接获得 2612 条 unigene。在上述 unigene 中共搜索到

287个微卫星位点，表明三疣梭子蟹EST微卫星丰度为11.0%（287/2612）。核心序列为二核苷酸至六核苷酸，重复次数不少于五次，其中127个微卫星位点（44.3%）属于没有插入删除或错配的完美型微卫星位点。

三疣梭子蟹EST微卫星位点主要为二核苷酸重复序列，287个微卫星位点中共有173个位点为二核苷酸重复序列，占总数的60.3%；其次为三核苷酸重复序列，共有79个位点，占总数的27.5%；四核苷酸、五核苷酸和六核苷酸重复序列则出现较少（图15）。微卫星位点核心序列重复次数的分析显示，大多数位点的重复次数为10～30，占总数的68.3%。随着重复次数的增高，位点数依次减少。平均重复次数为25次（图16）。在二核苷酸重复类型中，出现最多的是AC/GT类型，共有93个位点，占总数的53.8%；其次为AG/CT类型，共64个位点，占总数的37.0%；而AT与GC类型均较少出现（图17）。

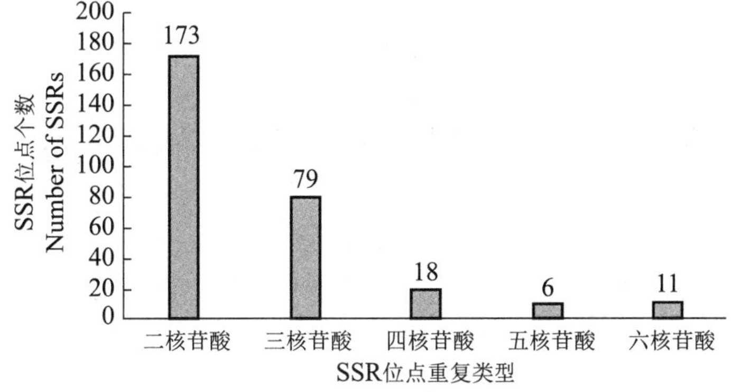

图15 微卫星位点类型（核苷酸碱基数目）分布

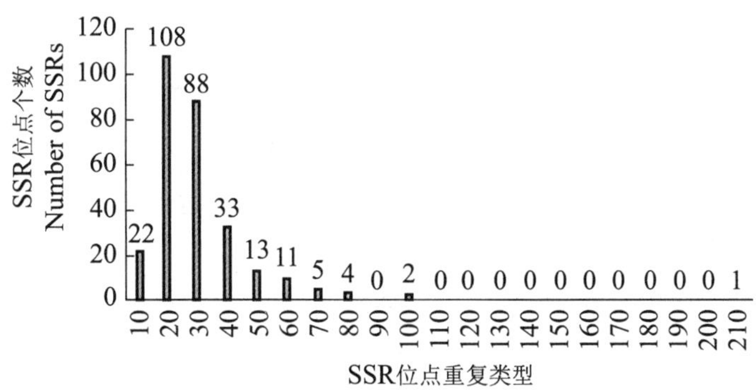

图16 微卫星位点类型（重复次数）分布

选取14个完美型二核苷酸重复序列微卫星位点进行多态性检测，所选位点核心序列重复次数在11～67次之间。在三疣梭子蟹胶洲湾野生群体（30只）中的多态性检测结果显示9个座位获得清晰扩增条带，其中8个座位呈现多态性，占检测位点总数的57.1%。8个多态性位点在测试群体中共检测到33个等位基因，位点平均等位基因数为4.13。这些多态性位点的平均多态信息含量（*PIC*）、平均遗传杂合度（*H*）和平均有效等位基因数（*N*e）分别为0.57、0.63和3.1，其中6个位点的*PIC*值都大于0.5，呈现高度多态性特征。利用 spss13.0 软件对所选位点核心序列重复次数和 *PIC* 值进行相关性分析，结果显示所选位点核心序列重复次数与 *PIC* 值不存在相关性（$P>0.05$）。

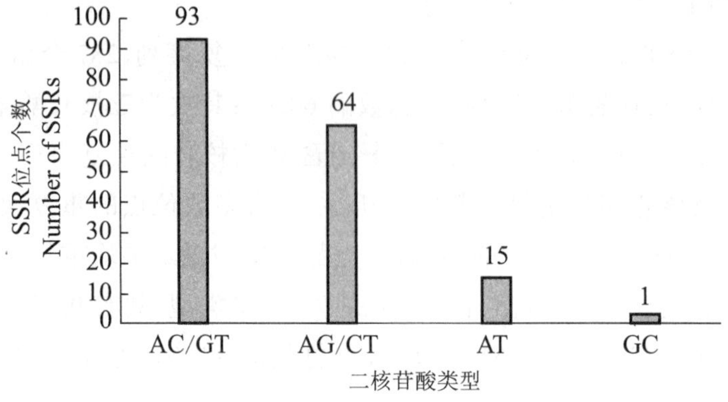

图 17　二核苷酸型微卫星位点碱基类型分布

（作者：李晓萍，宋来鹏，吕建建，刘萍，李健，高保全，刘振辉，宋协法）

3. 三疣梭子蟹多态性微卫星 DNA 标记的筛选及评价

自 20 世纪 90 年代以来，微卫星标记已经广泛应用于人类和一些重要种类动植物连锁群的构建和物理图谱的绘制。在海洋生物中，中国对虾（*F. chinensis*）、大西洋鲑（*S. salar*）、雪蟹（*C. opilo*）和真鲷（*P. major*）等已经利用微卫星标记进行了许多工作（刘萍，2004）。宋来鹏（2008）等对三疣梭子蟹微卫星特征做了分析。近年来，许多海洋生物工作者开始进行蟹类微卫星标记的开发和应用等研究，取得了一定进展，但是由于微卫星 DNA 序列在甲壳动物不同种之间的通用性较差，因此就每种蟹来说，目前可用微卫星标记还不是非常丰富。本实验开展了三疣梭子蟹部分基因组文库的构建工作，开发了三疣梭子蟹微卫星标记引物。在筛选了具有多态性的微卫星核心序列引物的基础上，设计并筛选出 21 对微卫星多态性引物，并对这 21 对引物的多态性信息含量进行了评估，以期为三疣梭子蟹的品种选育、种系评估以及连锁图谱的构建提供信息。

本研究所用三疣梭子蟹样品是于 2005 年 10 月中旬取自江苏省连云港海州湾的野生群体亲蟹 200 只，随机取 30 只，样品运回实验室后，取大螯肌肉，置于灭菌的 1.5 mL Eppendorf 管中，−80 ℃超低温冰箱中保存备用。

利用 Popgene 32 version 1.3 1 和 Genepop V4 对所获得微卫星引物对三疣梭子蟹群体（30 个个体）进行遗传分析：对每一个微卫星位点的等位基因的数量进行统计，计算每个等位基因的频率。并计算下列统计量：

参照 Botstein 等（1980）的方法计算多态性信息含量（Polymorphism Information Content，PIC）：

$$PIC = 1 - \sum_{i=1}^{m} P_i^2 - \sum_{i=1}^{m-1} \sum_{j=i+1}^{m} 2P_i^2 P_j^2$$

式中 P_i、P_j 分别为群体中第 i 和第 j 个等位基因频率，m 为等位基因数。

多态位点杂合度（观测值）：

Ho 为杂合子观察数与观察个体总数之比。

多态位点杂合度（期望值）：

$$He = 1 - \sum P_i^2$$

P_i 为该位点上第 i 个等位基因的频率。

3.1 引物初步筛选结果

首先进行初步筛选，对所设计的 71 对引物的 PCR 扩增产物经 1.0% 琼脂糖凝胶电泳，筛选出有条带清晰的产物的标记。

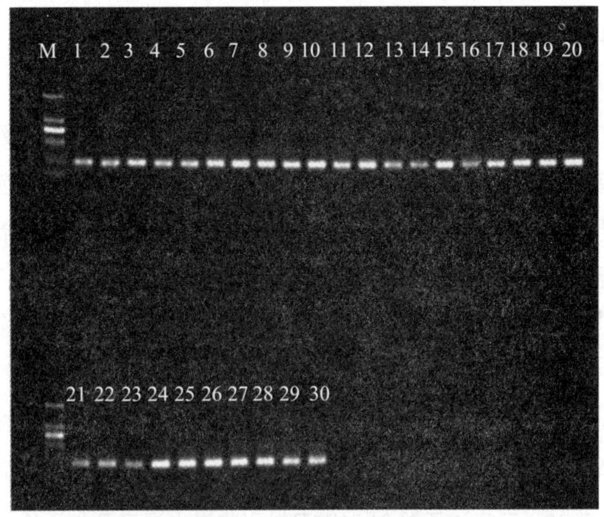

图 18 Pot34 引物以 DNA 为模板进行 PCR 扩增的琼脂糖电泳结果

3.2 多态性微卫星引物的筛选结果

经过 PCR 扩增、聚丙烯酰胺电泳和硝酸银染色，单态的标记有 17 个；多态性的标记有 53 个，其中适合进行微卫星多态性分析的有 21 对，其余 33 对引物多态性太低而未被采用。图 19 为 Pot54 位点在三疣梭子蟹 30 个个体中扩增得到的电泳图谱的聚丙烯酰胺凝胶电泳图。

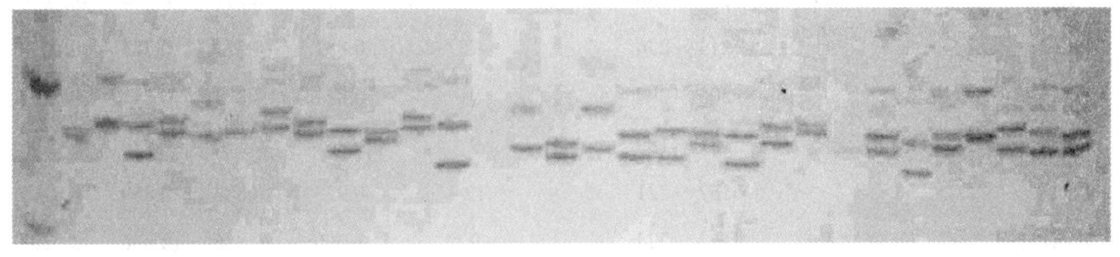

图 19 Pot54 位点在三疣梭子蟹 30 个个体中扩增得到的电泳图谱的聚丙烯酰胺凝胶电泳图

在微卫星标记的引物设计中微卫星序列的选取是非常重要和关键的。微卫星的核心序列有各种各样的类型，关于何种类型核心序列的微卫星筛选出微卫星标记的的可能性较大，一直以来众说纷纭。张天时等(2004)对各种类型核心序列进行了部分研究。结果表明，在扩增出 PCR 产物中的微卫星引物中，多态性的比例相对来说还是比较高的。筛选出的微卫星标记的核心序列是 2 个碱基、3 个碱基或 4 个碱基为基本重复单位的序列，这与 Pongsomboond 等(2000)和 Xu 等(2001)斑节对虾(*P. monodon*)中以三碱基和四碱基为基本重复序列的微卫星标记筛选效果较好的结果相符。同样，在本实验中，21 对微卫星引物的核心序列以 2 个碱基、3 个碱基为基本重复单位的序列，21 个微卫星位点的杂合度、多台信息含量均很高，显示出丰富的多态性，实验结果与以上研究成果相符合。

在微卫星核心序列的重复次数方面，Weber (1990)认为，只有在双碱基重复序列次数大于 12 次时，微卫星标记才有可能表现出较高 PIC 值，才可以进行相应的多态性分析。如位点 Pot46 和位点 Pot47，以(GA)为基本重复单位，最多重复次数只有 8 次，所以等位基因数目少，分别为 3 个和 9 个，杂合度和 PIC 值也偏低。Xu 等曾在斑节对虾进行微卫星引物设计，最后的结果也表明，凡是核心序列重复次数较少的微卫星标记，其结果或单太或等位基因数目非常少，PIC 值也偏低。因此在选用的微卫星序列的核心序列的重复次数上应在一个较高的水平上，避免出现由于微卫星核心序列过短，造成微卫星标记筛选中多态性引物比较低而造成浪费。

利用微卫星引物对三疣梭子蟹海州湾群体 30 个个体进行遗传多样性分析。对每一个微卫星位点的等位基因数目(其中纯合个体的等位基因出现两次计算)进行统计。根据各个微卫星位点各种基因型频率计算其观察杂合度，根据各个微卫星位点的等位基因频率，分别计算它们的期望杂合度和多态信息含量(PIC)，计算结果列于表 12。

表 12　三疣梭子蟹 21 对微卫星引物退火温度及其评价

克隆编号	退火温度 /℃	扩增片段长度范围 /b	等位基因数	*Ho*	*He*	*PIC*	*P*
Pot4	60	167～236	7	0.0141	0.704	0.767	0.714
Pot7	58	178～246	6	0.926	0.859	0.826	0.007 1
Pot8	60	174～239	11	1.000	0.89	0.862	0.503 4
Pot10	60	165～247	9	0.963	0.853	0.817	0.009 0
Pot13	58	172～243	9	0.926	0.884	0.853	0.000 0*
Pot17	55	216～256	10	0.778	0.811	0.774	0.003 9*
Pot18	60	214～276	7	0.857	0.821	0.782	0.103 0
Pot25	60	205～297	9	0.821	0.873	0.841	0.020 4
Pot28	60	131～189	9	0.852	0.871	0.839	0.014 5
Pot37	58	167～221	12	0.923	0.888	0.859	0.010 6
Pot41	60	154～224	9	1.000	0.886	0.856	0.028 3
Pot42	60	183～265	6	1.000	0.716	0.659	0.440 0

续表

克隆编号	退火温度 /℃	扩增片段长度范围 /b	等位基因数	*Ho*	*He*	*PIC*	*P*
Pot46	55	231～312	3	0.778	0.723	0.679	0.684 7
Pot47	60	227～307	9	0.778	0.892	0.862	0.000 0*
Pot48	60	152～205	12	1.000	0.854	0.819	0.000 0*
Pot50	58	173～257	9	0.792	0.798	0.755	0.000 0*
Pot51	60	216～258	9	0.885	0.857	0.822	0.001 0*
Pot53	60	234～281	11	0.862	0.891	0.863	0.546 3
Pot54	60	206～247	13	1.000	0.913	0.889	0.866 5
Pot62	57	143～241	9	0.821	0.873	0.842	0.523 2
Pot66	57	136～239	11	0.464	0.889	0.859	0.000 0*

注：* 表示严重偏离哈迪 - 温伯格平衡的位点

从表中可以看出，在三疣梭子蟹 30 个样本的 21 个微卫星位点中，统计 21 个位点共获得了 188 个等位基因，平均每个位点扩增得到 8.9 个等位基因。不同引物获得的等位基因数差异较大，从 3～13 个不等，其中 Pot8、Pot37、Pot48、Pot53、Pot54、Pot66 等 6 个位点分别获得了 11、12、12、11、13、11 个等位基因，而 Pot46 只获得了 3 个等位基因，等位基因的大小在 131～312 bp，基本上符合引物设计时理论产物长度。期望杂合度的范围从 0.716 到 0.913，表明它们都有较高的杂合度。PIC 值从 0.659～0.889，21 个位点的 PIC 值高于 0.5，表明这些微卫星位点在三疣梭子蟹中均具有较高的信息含量。位点 Pot66 的观察杂合度与期望值有较大的出入，其他微卫星位点的这两值均基本相符。

在筛选出来的 21 对引物中，5 对引物分别在 3 个个体中未扩增出谱带。这可能是因为在该位点上出现了无效等位基因(null allele)所引起的。无效等位基因的出现是因群体中个别个体引物结合位点的碱基出现缺失、突变或插入，在进行 PCR 扩增时引物与模版 DNA 无法结合，从而不能扩增目的片段。Ardren (1999)和李莉(2003)分别在虹鳟(*S. gairdneri*)和长牡蛎(*O. gigas*)的微卫星遗传标记中发现过无效等位基因。分析结果发现 7 个座位的观测杂合度和期望杂合度存在较大差异，经哈迪 - 温伯格平衡检验，是由于杂合子的严重缺乏($P<0.005$ 表中 * 所示)造成的。相关分析指出杂合子缺失大多由于无效等位基因引起。由于微卫星序列点突变频率(10^{-2}～10^{-5})和复制滑脱频率(10^{-3}～10^{-4})很高，无效等位基因存在包括哺乳类、鱼类、甲壳类在内的许多生物中。所以在种群研究中，如果无效等位基因存在而不被考虑，就会导致群体中纯合子过剩或杂合子缺失的现象，从而出现观测杂合度与期望杂合度偏离的现象。

遗传标记的多态性程度及其应用价值一般可用杂合度(*H*)、多态信息含量(*PIC*)、个体识别力(*DP*)和非父排除率(*PPE*)来衡量。根据 Bostein 等(1980)提出的衡量基因变异程度高低的多态信息含量指标，当 $PIC>0.5$ 时，该基因座为高度多态基因座；当 $0.25<PIC<0.5$ 时，为中度多态基因座；当 $PIC<0.25$ 时，则为低度多态基因座。本实

验结果显示21个微卫星位点多态信息含量 $PIC>0.5$，为高度多态性，在三疣梭子蟹群体遗传学研究中能提供确切的遗传信息。

本实验21个微卫星标记在30个样本中观测到3～13个等位基因，而与Pongsombóond等（2000）和Xu等（2001）在斑节对虾中筛选得到多态性最高的微卫星标记，其等位基因最多分别达到29和25个，大大高出本研究中所得到的最大等位基因数，可能是聚丙烯酰胺电泳以及在微卫星位点的等位基因统计中出现的偏差对分析微卫星电泳结果可能有局限性。由于微卫星的较强多态性，常常使得两条电泳带（等位基因）之间仅仅只有几个碱基的差别，反映在电泳胶上可能非常近，在区分两条带时很可能造成误判，将两条非常近的带认为是1条。因此，建议使用测序仪的毛细管电泳结合荧光标记再利用其中的Genescan功能进行分析。

SSR标记在不同的群体中存在差异，有的等位基因为个别群体所特有，可作为群体遗传差异的特异带（王杰等，2006）。Barker（1994）研究指出，在利用SSR标记进行遗传距离分析时，要求SSR标记的等位基因数不少于4个，少于4个或没有扩增条带的SSR标记应该排除。基于这一理论，本实验筛选出的21对引物中有20对引物的等位基因数大于4，可利用这些位点来进行不同群体三疣梭子蟹的群体间遗传距离分析。罗云等（2010）利用SSR标记技术结合"拟测交"策略，以三疣梭子蟹莱州湾、舟山野生群体杂交产生的 F_2 代家系为作图群体，初步构建了三疣梭子蟹雌、雄性遗传连锁图谱，图谱中遗传标记分布比较均匀，充分说明了SSR标记应用的合理性。

（作者：韩智科，刘萍，李健，高保全，陈萍）

4. 三疣梭子蟹微卫星标记与生长相关性状的相关性分析

遗传改良的快速方法是找到控制经济性状的主效基因或遗传标记，进而通过分子标记辅助选择（Marker-Assisted Selection，MAS）缩短世代间隔，提高新品种选择的效率和准确性。进行分子标记辅助选择，首先要实现标记和性状的连锁分析或QTL定位。微卫星是近年来发展迅速的分子标记，在水产动物的研究中应用广泛（Chistiakovet al，2008；Guyomardet al，2006），鱼类育种中借助微卫星进行性状连锁分析或QTL定位已有报道（Cnaani et al，2003；Rodriguez et al，2004；孙新等，2008；李建林等，2009）。目前，已有微卫星标记应用于三疣梭子蟹遗传多样性分析（李晓萍等，2010）、家系鉴定（刘磊等，2010）、遗传连锁图谱的构建（罗云等，2010）等方面，但未实现QTL定位和连锁分析。本实验选择35个微卫星标记，探讨这些标记与三疣梭子蟹生长相关性状（全甲宽、甲宽、甲长、体高、体重、第Ⅱ侧齿间距、第Ⅰ步足长节长、大螯长节长）之间的相关性，试图找到与这些性状有关的标记位点，为QTL定位和MAS提供数据支持。

2007年从三疣梭子蟹海州湾野生群体中挑选个体大，发育良好的30只未交尾雌蟹，10只未交尾雄蟹，进行雌雄比3∶1交配。2008年4月培育出 F_1 代家系。2009年8

月从 F_1 代家系中挑选符合上述条件的雌、雄蟹。按照雌雄比 3∶1 的方式进行家系内交配，越冬后于 2010 年 4 月培育出 F_2 代家系，家系父母本保存。同年 7 月上旬，当 F_2 代幼蟹长至 100 日龄时（平均体质量 = 100 ± 0.5 g），采用地笼捕获法，随机取一个家系的 110 个个体，生长性状测量完毕后编号，取新鲜大螯部肌肉，样品收集后保存于 −80 ℃ 超低温冰箱中。

提取基因组 DNA，进行 PCR 扩增（微卫星引物序列见表 13），产物在 SDS-PAGE 中分离，银染法显色，定影。凝胶干燥后扫描仪扫描记录凝胶图像。利用 POPGENE（Version 3.2）软件进行数据处理、遗传多样性分析，计算等位基因数（Numbers of the alleles, Na），有效等位基因数（Numbers of the effective alleles, *N*e），Hardy-Weinberg 平衡检验（*P* 值），期望杂合度（Expected heterozygosity, *H*e）及观测杂合度（Observed heterozygosity, *H*o）。参照 Botstein 等（1980）的方法计算多态性信息含量（Polymorphism Information Content, *PIC*）：

$$PIC = 1 - \sum_{i=1}^{n} P_i^2 - \sum_{i=1}^{n-1} \sum_{j=i+1}^{n} 2P_i^2 P_j^2$$

式中，P_i、P_j 分别为群体中第 i 和第 j 个等位基因频率，n 为等位基因数。

表 13　三疣梭子蟹微卫星引物信息

位点	引物序列(5′−3′)	重复序列	片段长度（bp）	退火温度(℃)	GenBank 登录号
Pot07	F: ATCGTGACCTGAGAAGAGCA R: CCCAAACTGGCTAATCAATG	$(TCA)_8(GCA)_5\cdots(TAG)_4CAG(TAG)_6$	185～215	58	GQ463626
Pot08	F: CCACACGAAAAATGCAACTG R: TCACCGTGCAGAATTGAAAG	$(GA)_{12}$	200～215	60	GQ463627
Pot09	F: CTTTCAATTCTGCACGGTGA R: ACCTAACCCTGCCCCTATCC	$(TAGGT)_7$	190～205	60	GQ463628
Pot10	F: GAACGAAAGGCTGGGTAAAT R: TTCTTGTACACCTGCCATCA	$(CA)_{31}$	180～225	60	GQ463629
Pot12	F: TTGTGTGCGAAATGAGGAAG R: CAACAACACCAGCAACAACA	$(AG)_{35}$	175～246	60	GQ463631
Pot14	F: AGCGTCTGTCAAAGGAAGGA R: CCAACAAGAAGCGAGTCTCC	$(TG)_{22}$	154～167	60	GQ463633
Pot16	F: CACCAAAACTGCCATCCTTA R: TTAGGTGCGCTATGTCATCC	$(CAG)_5(CAA)_2$	135～189	59	GQ463635
Pot17	F: TTTGCTCTTACCTTCTCACC R: ATGCAATCATGTTTTCGTCT	$(TAG)_{16}\cdots(TAG)_{14}$	215～242	55	GQ463636
Pot18	F: CGCTGTATCATAGCCCTTGC R: GGGCTTTGGAAAAGATGTGA	$(AC)_9AT(AC)_{22}AT(AC)_4GG(AC)_{15}$	202～243	60	GQ463637
Pot25	F: AGGAAAATGAGACGCACAGG R: CGAAAACACCAACTTCACAGG	$(TTA)_{16}$	176～238	60	GQ463644
Pot30	F: GTCTAGTGATTCGTCCCGTA R: CCACCACCACTACTACCAAT	$(GTA)_{10}$	135～206	55	GQ463649
Pot31	F: TGCCTTCCCCATCTGATAAC	$(GT)_3GC(GT)_4\cdots(AG)_9$	187～244	60	GQ463650

续表

位点	引物序列(5′-3′)	重复序列	片段长度(bp)	退火温度(℃)	GenBank 登录号
	R:AGCCATAAAGGAAACCAGCA				
Pot34	F:AGGAATGGTTGCAAAGATCG	$(GT)_{10}AT(GT)_{7}AT(GT)_{21}$	156～239	60	GQ463653
	R:TGCGACTTGACACTCACCTC				
Pot42	F:TCATCACACAGGCTCACTCA	$(CT)_{10}$	164～226	60	GQ463661
	R:CATCTTCCACCTTCCTCCAA				
Pot44	F:ATTCACTTATTCGCACTGCT	$(CACT)_{8}$CAAC(CACT)4CAGC $(CACT)_{3}CATT(CACT)_{4}$	178～237	55	GQ463663
	R:GCAAGGGAAAATAGAAGACA				
Pot48	F:CTTCACGTTTCCGTTTTTCG	$(CT)_{12}$	134～173	60	GQ463667
	R:GGTGGGAGACAATCTTGACC				
Pot53	F:TTGCTGCTGCTGTTACTGCT	$(TAC)_{10}\cdots(TAC)_{18}$	180～241	60	GQ463672
	R:CCTCCTCGTAACTTGGGATG				
Pot54	F:CGTCGTATGCCTGAAGTGAG	$(GT)_{30}$	164～211	60	GQ463673
	R:TCCTCTTCCTCCAACCAAGA				
Pot56	F:TCACAGGACATTCATACACC	$(GT)_{38}$	167～230	54	GQ463675
	R:CAGACAATATTTCTTACCTACCC				
Pot57	F:TCTCATTTTCTCCCCCTCCT	$(CCA)_{3}TTG(CCA)_{7}TCA(CCA)_{2}$	153～206	60	GQ463676
	R:TCCTCCTTTCTGCTGACCAC				
PTR8a	F:AAGGACAGACCGAGGAT	$(TG)_{22}\cdots(GT)_{21}$	202～233	55	GQ466021
	R:TTCAGGGCATAAACAAGG				
PTR10	F:TGGTGTTATGCCGCAACT	$(TC)_{14}(TG)_{35}\cdots(GT)_{30}(TG)_{14}$	195～245	54	GQ466023
	R:CAAACGAAGGGTTAATGT				
PTR16a	F:TTGCGGAAGTAAATAACG	$(CA)_{23}\cdots(AC)_{19}\cdots(AG)_{21}$	112～154	53	GQ466024
	R:TGACGGAGATCGGTTGTG				
PTR30	F:CCATTCTGCCTTGTCTTC	$(AC)_{11}(AC)_{28}$	246～367	58	GQ466028

续表

位点	引物序列(5′-3′)	重复序列	片段长度(bp)	退火温度(℃)	GenBank 登录号
	R: TCTTACCCATTACGGAGC				
PTR33a	F: ACAACGCCAACAATAGCA	$(CT)_{16}\cdots(GT)_{39}$	359～442	63	GQ466030
	R: CACCGCACTTTACAGCAC				
PTR45	F: AGAGGAGTGACTGGAGGGTA	$(AC)_{15}\cdots(CA)_{11}$	250～317	63	GQ466032
	R: TAAGGCTAAGGACAGGATGA				
PTR54	F: TGAGCTGGATGGATTGAA	$(AC)_{32}$	250～353	57	GQ466033
	R: GGTCCTCTGGCTTGTGAA				
PTR81	F: GCAAAGGTGCCACAGTCC	$(AC)_{35}$	367～438	61	GQ466037
	R: TCACCCAGCCAGTCTTCC				
PTR93	F: AAGACAAAGCGACAAGCC	$(TG)_{9}\cdots(TG)_{33}$	250～321	56	GQ466039
	R: CGCAATAACTCCCAACAA				
PTR95	F: CCTTGCCTTTCACTATACAC	$(GT)_{31}\cdots(CCT)_{5}\cdots(TCA)_{5}(TCT)_{6}$	312～359	58	GQ466041
	R: GACCCACTTGTTATCGTTTT				
PTR98a	F: GGATGAAGAGGAGGACTG	$(CTA)_{7}\cdots(CTA)_{14}\cdots(TC)_{31}$	169～204	56	GQ466042
	R: TGGTGGAGGATTATGAGA				
PTR100	F: ACCTATTTATTGCTAAGTGA	$(GT)_{9}(GT)_{8}(GT)$	250～367	53	GQ466043
	R: CAAGTGATTGTGCTGTCT				
PTR103b	F: GGAGTGTTGGTGGTGGGT	$(GT)_{28}\cdots(TGT)_{8}$	258～283	61	GU177171
	R: AGGATTGGTATGCCGAGA				
PTR131	F: GTGGAACAGTAGGCAAACG	$(AC)_{16}$	375～404	65	GU177193
	R: AACCCAAACAAAGGTAGTGAAG				
PTR135	F: TTACACTCTTGGCTCCTG	$(TG)_{14}\cdots(AG)_{12}$	227～268	56	GU177196
	R: ATTGGCTTATGTCACCTC				

用SAS 9.1软件中的一般线性模型(GLM)对三疣梭子蟹生长相关性状与35个微卫星标记相关性进行分析。

4.1 微卫星PCR扩增结果

35个微卫星位点在110个个体中经过PCR扩增和变性聚丙烯酰胺凝胶电泳检测,均能扩增出清晰的条带,且均具多态性。部分电泳结果见图20和图21。

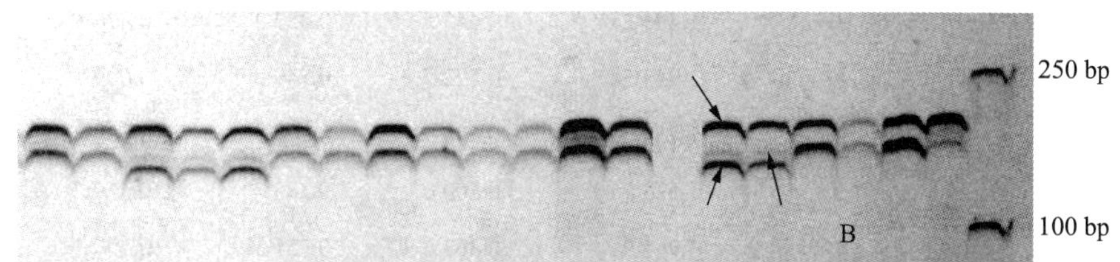

图20 PTR8a在三疣梭子蟹F_2家系部分个体的聚丙烯电泳图谱

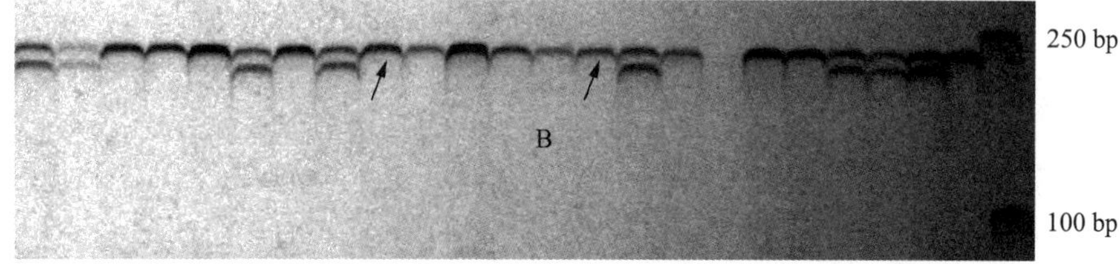

图21 Pot57在三疣梭子蟹F_2家系部分个体的聚丙烯电泳图谱

4.2 遗传多样性分析

用POPGENE软件进行数据处理、遗传多样性分析,结果显示,35个微卫星位点等位基因数在2~4之间,平均*Ne*为2.2个。*Ho*为0.247 2~0.667 7,平均值为0.487 0,*He*为0.332 3~0.752 8,平均值为0.513 0,*PIC*为0.283 0~0.702 4,平均值为0.449 1。经卡方检验,大部分位点显著($P<0.05$)或极显著($P<0.01$)偏离Hardy-Weinberg平衡,位点PTR54,PTR131,PTR135符合Hardy-Weinberg平衡。*Ne*、*H*和*PIC*都是度量群体遗传变异的参数。等位基因在群体中分布得越均匀,即各个等位基因的频率越接近,有效等位基因数是反映群体遗传变异大小的一个指标,等位基因在群体中分布越均匀,其数值越接近所检测到的等位基因的绝对数(Hines等,1981)。本研究中,35个位点共检测出87个等位基因,统计有效等位基因数为77,接近于实际等位基因数,表明所检测的基因座位的等位基因在群体中分布较均匀。表明在短期三疣梭子蟹选育过程中,选择压力还不足以使所选择的基因座位等位基因在群体中分布不均匀。多态性信息含量(PIC)是等位基因频率和等位基因数的变化函数,是衡量一个遗传标记所包含的或能提供的遗传信息容量的较好指标(朱广琴等,2008)。

表 14　35 个微卫星位点在家系中的检测值

位点	等位基因数	基因型数	有效等位基因数	观测杂合度	期望杂合度	多态信息含量	PHWE
Pot07	2	2	1.796 7	0.763 6	0.445 5	0.345 1	**
Pot08	3	4	2.408 2	0.454 5	0.587 4	0.516 4	**
Pot09	3	3	2.346 8	0.481 8	0.576 5	0.510 8	**
Pot10	2	2	1.680 1	0.472 7	0.406 6	0.322 9	**
Pot12	2	2	1.494 2	0.445 5	0.332 3	0.276 1	**
Pot14	4	4	3.943 3	0.572 7	0.749 8	0.699 1	**
Pot16	2	2	1.756 0	0.690 9	0.432 5	0.337 8	**
Pot17	2	2	1.623 2	0.800 0	0.385 7	0.310 2	**
Pot18	4	4	3.965 9	0.363 6	0.751 3	0.700 7	**
Pot25	3	2	2.662 0	0.472 7	0.627 2	0.533 8	**
Pot30	2	2	1.657 5	0.363 6	0.398 5	0.318 0	**
Pot31	3	4	2.466 1	0.781 8	0.597 2	0.527 2	**
Pot34	2	2	1.691 2	0.436 4	0.410 6	0.325 2	**
Pot42	3	4	2.611 4	0.545 5	0.619 9	0.547 3	**
Pot44	3	4	2.581 3	0.309 1	0.615 4	0.543 8	**
Pot48	3	2	2.648 0	1.000 0	0.625 2	0.551 0	**
Pot53	4	4	3.990 1	0.754 5	0.752 8	0.702 4	**
Pot54	2	2	1.611 6	0.572 7	0.381 2	0.307 5	**
Pot56	3	3	2.767 9	0.518 2	0.641 6	0.564 1	**
Pot57	2	2	1.541 4	1.000 0	0.352 8	0.289 6	**
PTR8a	3	4	2.599 1	0.663 6	0.618 1	0.546 1	**
PTR10	2	3	1.936 0	0.681 8	0.485 7	0.366 6	**
PTR16a	3	4	2.798 0	0.736 4	0.645 5	0.569 6	**
PTR30	2	2	1.541 4	0.545 5	0.352 8	0.289 6	**
PTR33a	2	3	1.936 0	0.509 1	0.485 7	0.366 6	**
PTR45	3	4	2.530 3	1.000 0	0.607 6	0.537 1	**
PTR54	2	3	1.999 8	0.563 6	0.502 2	0.375 0	NS
PTR81	2	2	1.517 8	1.000 0	0.342 7	0.283 0	**
PTR93	2	2	1.657 5	0.454 5	0.398 5	0.318 0	**
PTR95	2	3	1.786 8	1.000 0	0.442 3	0.343 4	**
PTR98a	3	4	2.787 1	1.000 0	0.644 1	0.568 3	**
PTR100	2	3	1.657 5	0.790 9	0.398 5	0.318 0	*
PTR103b	2	2	1.564 9	0.418 2	0.362 6	0.295 9	**
PTR131	2	3	1.929 7	0.836 4	0.484 0	0.365 7	NS

续表

位点	等位基因数	基因型数	有效等位基因数	观测杂合度	期望杂合度	多态信息含量	PHWE
PTR135	2	3	1.963 5	0.627 3	0.492 9	0.370 3	NS
Mean	2.5143	2.8857	2.212 8	0.646 5	0.513 0	0.449 1	

注:PHWE 为 Hardy-Weinberg 平衡的卡方检验;** 表示偏离极显著($P<0.01$),* 表示偏离显著($0.01<P<0.05$)

根据 Botstein 等(1980)提出的多态信息含量(*PIC*)是衡量基因变异程度的指标,本实验 35 个多态位点中,15 个位点为高度多态位点($PIC>0.5$),其余 20 个位点为中度多态位点($0.25<PIC<0.5$),多态信息含量平均值 0.449 1。表明所选微卫星标记多态性较丰富,可作为有效的遗传标记用于三疣梭子蟹遗传多样性分析和相关分析。杂合度是评价遗传变异的参数之一,本实验 35 个多态位点中,观测杂合度平均值为 0.646 5,期望杂合度平均值为 0.513 0,说明该家系还具有较大的遗传变异和遗传多样性,选择潜力大。经卡方检验,多数位点显著($P<0.05$)或极显著($P<0.01$)偏离 Hardy-Weinberg 平衡,结果与陈蒙等(2009)研究结果一致。原因可能是家系个体间都存在亲缘关系,导致标记偏离平衡的现象。同时也说明群体内的基因型频率发生了较大的改变,这种改变与杂交、选择等因素有着密切的关系(朱晓东等,2007)。

4.3 三疣梭子蟹微卫星标记与生长相关性状的相关性分析

标记和性状连锁分析是根据标记位点的基因型以及数量性状的表型对个体进行显著性检验,差异显著则说明标记与数量性状存在关联。因此,如果一个群体的性状差异显著,或两个群体的差异很大,就可以通过标记与性状的相关分析,找出性状与一个或多个标记的遗传相关,一旦发现显著相关,即可认为存在一个数量性状位点,从而实现从表型到基因型选择育种的转变(钟金城和陈智华,2001)。本实验中,Pot08 位点与体重、全甲宽、甲长、体高、第Ⅱ侧齿间距显著相关($P<0.05$),Pot42 位点与体重、甲长、大螯长节长、第Ⅰ步足长节长显著相关($P<0.05$),Pot53 位点与全甲宽、甲宽、大螯长节长显著相关($P<0.05$),与第Ⅱ侧齿间距极显著相关($P<0.01$),Pot57 位点与第Ⅰ步足长节长显著相关($P<0.05$),PTR8a 位点与第Ⅰ步足长节长、体高、甲长显著相关($P<0.05$),与体重、第Ⅱ侧齿间距、全甲宽、甲宽极显著相关($P<0.01$),PTR30 位点与体重和甲长显著相关($P<0.05$),PTR131 位点与体重、全甲宽、甲宽显著相关($P<0.05$)。显著性和极显著相关结果中,与体重相关的位点有 5 个,与全甲宽、甲长相关的位点分别有 4 个,与甲宽、第Ⅰ步足长节长、第Ⅱ侧齿间距相关的位点分别有 3 个,与体高、大螯长节长相关的位点分别有 2 个。在这些关联中,出现了一个标记同几个性状相关,或者几个标记同一个性状相关,说明这些位点存在一因多效或多因一效的现象。这些现象符合数量性状位点(QTL)的定义。也说明这些性状可能是由一个以上的 QTL 所控制。遗传相关可以用来描述不同性状之间由于遗传原因造成的相关

程度大小，实际为两性状基因型值间的相关。刘磊等(2009)遗传相关研究表明，三疣梭子蟹全甲宽、甲宽、甲长、体高分别与体重遗传相关较大，说明它们之间的基因型值相关较大。本研究中与体重相关的位点 Pot08，Pot42，PTR8a，PTR30 和 PTR131 与全甲宽、甲宽、甲长和体高等性状皆都存在显著的相关性，说明本研究结果和形态数据分析的研究结果一致，符合一因多效或多因一效的现象。PTR8a 位点与体重、第Ⅱ侧齿间距、全甲宽、甲宽极显著相关($P<0.01$)，有可能作为以体质量为选育目标的首选标记。

（作者：刘磊，李健，刘萍，赵法箴，高保全，杜盈，马春艳）

5. 三疣梭子蟹选育家系微卫星分析

随着分子标记技术的发展，微卫星由于数量多、分布广、多态性丰富、易于检测、共显性遗传及鉴别纯合子、杂合子等优点，已经成为一种广泛应用的分子标记。目前为止，研究者们已经运用微卫星标记开展了不少海洋物种选育群体的工作，如大黄鱼(*Pseudosciaena crocea*)连续 4 代选育群体遗传多样性与遗传结构的微卫星分析（赵广泰等，2010)，凡纳滨对虾(*Litopenaeus vannamei*) 4 个选育群体遗传多样性的 SSR 分析（谢丽等，2009)，吉富罗非鱼不同选育群体的遗传多样性（李莉好等，2007)，鲤(*Cyprinus carpio*)易捕性状选育群体不同世代微卫星分析（池喜峰等，2010)，罗非鱼 4 个选育群体遗传结构 SSR 分析（蒋家金等，2008)，中华鳖(*Mauremys mutica*)黄河群体选育世代 F_1、F_2 及 F_3 遗传变异微卫星分析（张志允等，2011)，中华绒螯蟹(*Eriocheir sinensis*)人工选育群体的遗传多样性（李晓晖等，2010)。但是，三疣梭子蟹(*Portunus trituberculatus*)的研究工作只限于几个方面，如对三疣梭子蟹构建微卫星富集文库并对野生群体进行了遗传分析（李晓萍等，2010)，将微卫星 DNA 标记用于三疣梭子蟹家系亲子关系的鉴定（刘磊等，2010)，用微卫星标记对三疣梭子蟹遗传连锁图谱作了初步构建（罗云等，2010)，有关三疣梭子蟹家系选育工作仍旧没有开展。本实验即以此为研究出发点，分析了 4 个不同世代家系的遗传结构，从分子水平了解三疣梭子蟹家系的遗传背景和遗传多样性，以期为良种选育提供基础。

本实验所用三疣梭子蟹共 120 只。其中，05-A2-1 是实验室培育兄妹连续近交第四代家系，用 F_4 表示；06-U-1 为自交第三代家系，用 F_3 表示；07-DZ4-1 为自交第二代家系，用 F_2 表示；08-LZ2-2 为自交第一代家系，用 F_1 表示，每个家系数量均为 30 只。样品运回实验室后，取大螯肌肉，置于灭菌的 1.5 mLEppendorf 管中，编号，-80 ℃超低温冰箱中保存备用。

微卫星 PCR 扩增所用引物如表 15 所示。PCR 产物经 8%非变性聚丙烯酰胺凝胶电泳检测和 1.5% 硝酸银染色，根据产物的条带判断个体的基因型，数据处理用 POPGENE 和 MEGA4 软件进行。计算 4 个家系每个位点的多态信息含量(*PIC*)、等位基因数(*Na*)、有效等位基因数(*Ae*)、多态位点杂合度(*H*)以及固定指数 F_{is}、F_{st} 值的

F-分析等，并计算 Nei 氏群体间的遗传相似性系数 I（Nei，1972）和遗传距离 D（Nei，1978）。

表 15 三疣梭子蟹 16 对微卫星引物序列

克隆编号	引物序列(5′-3′)	微卫星核心序列	GenBank 登录号	退火温度 / ℃
Pot17	F: TTTGCTCTTACCTTCTCACC	$(TAG)_{16}\cdots(TAG)_{14}$	GQ463636	55
	R: ATGCAATCATGTTTTCGTCT			
Pot46	F: GATGAAAAGACGTGATGGAT	$(GA)_{8}$	GQ463665	55
	R: ACCTCTACTTCCCTCTCTTTCT			
Pot62	F: CGCTACAGCGACGTAAATA	$(AC)_{26}$	HQ201381	57
	R: TGCTAGATGAACTGCGACTA			
Pot66	F: TGACAACTCAGCCATTGAGC	$(GA)_{16}$	HQ201385	57
	R: CATCACCTCCCTTCCTCTTG			
Pot7	F: ATCGTGACCTGAGAAGAGCA	$(TCA)_{8}(GCA)_{5}$	GQ463626	58
	R: CCCAAACTGGCTAATCAATG	$(TAG)_{4}CAG(TAG)_{6}$		
Pot37	F: CACCACTAAATTGGCCTGTC	$(AG)_{23}$	GQ463656	58
	R: CCTTCCTGAGCTTTGGCTTA			
Pot50	F: CTGTTTATGGCGTTTTTGGT	$(AG)_{26}$	GQ463669	58
	R: CATTTTGTTTCCCAGTTGCT			
Pot4	F: ATGTAACCCTACGCCACACG	$(TC)_{25}$	GQ463623	60
	R: GGACAGATACATACAGAACCAGTTG			
Pot10	F: GAACGAAAGGCTGGGTAAAT	$(CA)_{31}$	GQ463629	60
	R: TTCTTGTACACCTGCCATCA			
Pot28	F: TAACTGCCACGAAACCCATC	$(CT)_{23}$	GQ463647	60
	R: CAAAAAGGGGAGTAGCGAAA			
Pot41	F: AAAGAACGCGGTCACTGAAT	$(GA)_{12}$	GQ463660	60
	R: ACACTGAAATTCCGCCAAAG			
Pot47	F: TGATTTCAAATGCCGACAAG	$(GA)_{8}$	GQ463666	60
	R: ATGATGGAGTGGATGGGAAA			
Pot48	F: CTTCACGTTTCCGTTTTTCG	$(CT)_{12}$	GQ463667	60
	R: GGTGGGAGACAATCTTGACC			
Pot51	F: ACACTGAACCGAAAGGCAAT	$(AG)_{16}$	GQ463670	60
	R: TTTATCGGGCAAAGGAAAGA			
Pot53	F: TTGCTGCTGCTGTTACTGCT	$TAC)_{10}\cdots(TAC)_{18}$	GQ463672	60
	R: CCTCCTCGTAACTTGGGATG			
Pot54	F: CGTCGTATGCCTGAAGTGAG	$(GT)_{30}$	GQ463673	60
	R: TCCTCTTCCTCCAACCAAGA			

参照 Botstein 等的方法计算多态性信息含量(Polymorphism Information Content, PIC)：

$$PIC = 1 - \sum_{i=1}^{n} P_i^2 - \sum_{i=1}^{n-1} \sum_{j=i+1}^{n} 2P_i^2 P_j^2$$

式中，P_i、P_j 分别为群体中第 i 和第 j 个等位基因频率，n 为等位基因数。

多态位点杂合度(观测值)：Ho 为杂合子观察数与观察个体总数之比。

多态位点杂合度(期望值)：$Hc = 1 - \sum p_i^2$，P_i 为该位点上第 i 个等位基因的频率。

$F_{is} = 1 - Hc/Hg$，P 为某等位基因在群体中的平均频率；为该等位基因在群体之间的方差；平衡偏离指数 $d = -F_{is}$。

群体间遗传距离：$D_A = -\ln I$。并用 MEGA4 软件的 UPGMA 法对三个群体进行聚类分析。

5.1 三疣梭子蟹近交家系的遗传多样性分析

由于微卫星标记具有较高的多态性，在检测种群异质性方面有明显优势，能更多地揭示群体的遗传变异水平。Botstein 等(1980)首先提出了衡量基因变异程度高低的多态信息含量指标：当 $PIC > 0.5$ 时，表明该遗传标记可提供丰富的遗传信息；当 $0.25 < PIC < 0.5$ 时，表明该遗传标记能够较为合理地提供遗传信息，而当 $PIC < 0.25$ 时，表明该遗传标记可提供的遗传信息较差。一般认为，用于检测遗传变异的微卫星标记在群体中的平均杂合度范围应在 0.3～0.8之间才有实际意义。战爱斌等(2006)检测了仿刺参 6 个微卫星位点的平均观测杂合度(0.361 1)和平均期望杂合度(0.641 2)。从本研究的结果(表 16)来看，本研究所用的 16 个微卫星标记，位点的 PIC 值均大于 0.25，表明这些标记均可用作实验群体遗传分析。杂合度作为反映群体遗传变异的重要参数，其大小可反映群体遗传变异程度的高低。通常杂合度高的生物群体更容易适应环境变化，忍受自然选择压力并可能具有更多的优良经济性状。本次研究结果显示：4 个三疣梭子蟹家系的平均观测杂合度为 0.477 4～0.643 5，平均期望杂合度为 0.448 2～0.604 7，杂合度的平均观测值都高于杂合度的平均期望值，说明这 4 个家系的遗传多样性较高，可能与引进当初的野生亲本数量较多有关；平均等位基因数从 F_1 的 3.5 个减少到 F_4 的 2.133 3 个；平均基因纯合率由 F_1 的 40.24% 增加到 F_4 的 56.69%。说明人工选育对选育群体的遗传结构产生了显著影响，群体的平均观测杂合度、等位基因数、Shannon 多样性指数等遗传参数都随着选育的进行而逐步降低，反映出选育群体遗传基础逐步趋向纯化。

表 16 三疣梭子蟹 4 个群体的遗传多态性

家系	F_4	F_3	F_2	F_1
平均多态信息含量	0.406 1	0.491 2	0.568 2	0.675 3
平均等位基因数	2.133 3	2.267 5	2.437 5	3.5

续表

家系	F_4	F_3	F_2	F_1
平均有效等位基因数	2.039 4	2.125	2.245 5	2.783
平均观测杂合度	0.477 4	0.514 1	0.559 8	0.643 5
平均期望杂合度	0.448 2	0.453 6	0.465 8	0.604 7
平均基因纯合率	0.566 9	0.497 5	0.431 8	0.402 4

5.2 群体间的遗传结构变化

在各群体中,采用卡方检验对 16 个微卫星位点进行 Hardy-Weinberg 平衡检验,结果如表 17 所示。三疣梭子蟹 4 个家系的各位点不同程度地偏离了 Hardy-Weinberg 平衡,其中 F_4 有 6 个位点偏离极显著,2 个位点偏离显著;F_3 有 5 个位点偏离极显著,3 个位点偏离显著;F_2 有 11 个位点偏离极显著,有 1 个位点偏离显著;F_1 有 4 个位点偏离极显著,有 4 个位点偏离显著。从总体上来看,这些位点均符合 Hardy-Weinberg 平衡,适合用于本研究的分析。

表 17 16 个微卫星位点在各家系中的 Hardy-weinberg 平衡检验

位点	F_4	F_3	F_2	F_1
Pot17	0.249 1	0.036 6	0.000 2	0.023 2
Pot46	0.006 8	0.004 1	0.348 8	0.040 5
Pot62	0.007 1	0.036 6	0.000 1	0.246 8
Pot66	0.094 1	0.000 0	0.001 1	0.313 1
Pot7	0.733 7	0.372 8	0.213 5	0.192 8
Pot37	0.000 0	0.057 1	0.000 8	0.000 1
Pot50	1.000 0	0.193 7	0.001 1	0.036 6
Pot4	0.023 7	0.084 3	0.000 0	0.009 2
Pot10	0.002 7	0.023 2	0.0035	0.302 1
Pot28	0.031 4	0.000 1	0.0003	0.215 4
Pot41	0.194 3	0.110 3	0.000 0	0.055 8
Pot47	0.469 9	0.181 5	0.000 0	0.002 3
Pot48	0.059 7	0.000 0	0.000 0	0.005 3
Pot51	0.000 0	0.000 1	0.036 0	0.155 2
Pot53	0.000 0	0.110 3	0.148 0	0.023 2
Pot54	0.111 8	0.519 3	0.148 0	0.040 5
平均数	0.186 6	0.108 2	0.056 3	0.164 9

通过 POPGENE 软件对各家系进行 *F*- 检验,结果(表 18)显示,根据 Wright (1978) 对遗传分化指数的界定,各家系之间存在轻度遗传分化(F_{st}<0.05)的位点为 0 个;有

中度遗传分化（0.05＜F_{st}＜0.15）的位点为 8 个；有较大遗传分化（0.15＜F_{st}＜0.25）的位点为 3 个；有很大遗传分化（0.25＜F_{st}）的位点为 6 个。F_{st} 值均大于 0.05，表明 4 个家系之间遗传分化较强。各家系的平均基因分化系数为 0.190 7，表明 19.07%的遗传分化来自群体间，80.93%的遗传分化来自群体内。另外，对 F_{is} 值的计算显示，4 个家系在整体上均表现为一定程度的杂合子缺失，其中 F_4 有 4 个位点、F_3 有 10 个位点、F_2 有 13 个位点、F_1 有 8 个位点处于杂合子缺失状态。F_{is} 值（近交系数，值大于零表示观测杂合子缺失，值小于零表明杂合子过剩，值等于 1 时表明杂合体完全缺失）的计算结果表明，就平均数而言，4 个家系除 F_4 代表现杂合子缺失外，其他家系均表现为一定程度的杂合子过剩。说明到了 F_4 后，近交作用开始体现，使很多基因出现流失。

人工定向选育是一个复杂的过程，累代选育的人工压力及人控环境势必会造成群体遗传水平的波动，因此要保证选育工作的顺利进行必须保持群体有足够的遗传变异水平（Vandeputte，2003）。意大利在引入日本对虾（*Penaeus japonicus*）后由于有效群体过小导致近交几率增加，使得第一代至第六代的杂合度下降了 61.8%（Sbordoniet al，1986）。在定向选育时为避免类似情况发生，采取一定措施保证足够大的有效亲本数量，能有效防止近交衰退。本实验杂合度的数据变化情况显示，从开始的 F_1 观测杂合度就保持了较高的 0.643 5，到 F_4 降至 0.477 4，下降了 25.81%，选育家系开始出现近交及瓶颈效应。

（作者：韩智科，刘萍，李健，高保全，陈萍）

表 18　16 个微卫星位点在三疣梭子蟹 4 个家系中的 F- 分析

位点	F_{is}				F_{st}
	F_4	F_3	F_2	F_1	
Pot17	0.198 7	−0.209 9	−0.636 4	−0.343 5	0.087 5
Pot46	−0.199 5	−0.137 3	0.218 7	0.156 8	0.267 7
Pot62	−0.005 8	−0.375 1	−0.605 7	0.038 3	0.062 6
Pot66	0.467 8	−0.346 3	−0.238 2	−0.568 9	0.056 5
Pot7	0.298 7	0.215 6	0.321 7	0.134 2	0.375 8
Pot37	0.136 7	0.616 7	−0.535 8	0.141 5	0.620 3
Pot50	0.804	0.634 9	−0.238 2	0.241 4	0.401
Pot4	0.410 5	0.252 7	−0.696 5	0.133 3	0.068 3
Pot10	0.198	−0.612 9	0.294 5	−0.295 9	0.111 7
Pot28	0.259 1	−0.008 4	−0.501 4	−0.131 4	0.163 8
Pot41	0.216 8	−0.305 5	−0.636 4	−0.294 1	0.269 9
Pot47	0.543 5	0.171 4	−0.600 4	0.085 5	0.346 4
Pot48	0.229 9	−0.623 1	−0.174 5	−0.033 6	0.142 6
Pot51	0.511 7	0.283 3	−0.276 6	0.180 1	0.103 7
Pot53	−0.059 5	−0.463 4	−0.276 6	−0.227 1	0.057 5

续表

位点	F_{is}				F_{st}
	F_4	F_3	F_2	F_1	
Pot54	−0.062 4	−0.323 2	−1	−0.355 9	0.205 5
平均数	0.246 8	−0.076 9	−0.348 9	−0.071 2	0.190 7

通过选育手段对家系基因库进行选择可能会造成家系基因水平上的多样性在一定程度上降低。目标性状相关基因纯合化有利于选育性状的稳定和品种特性的形成，但与适应性相关基因位点多样性的降低，可能会导致家系适应性下降。因此，在选育过程中如何使与目标性状相关的基因尽快纯合固定，而其他基因位点尽可能保持多态，从而保证群体有较高的适应性和进一步改良的潜力，是一个非常值得探讨的问题。

Crawford等（1998）指出由微卫星得出的遗传距离更能反映分化时间的长短，可客观反映群体间的遗传变异和分化。本研究用微卫星标记分析4个家系间的遗传距离，结果表明，F_4与F_3家系间遗传距离最大（0.454 9），F_4与F_2家系间遗传距离其次（0.367 8），F_3与F_1间的遗传距离最小（0.117 8），这个结果提示人们在人工选育时，可进行杂交优势作用来培育出新优良品种。现代杂交优势理论认为：杂交优势的大小在一定程度上取决于亲本间遗传差异的大小，遗传距离愈大所产生的杂交优势愈大。所以可选择遗传距离较大而又具有良好性状的三疣梭子蟹进行杂交实验，并评估最优杂交组合，可以进行优良新品种的培育（孙少华等，2000）。

（作者：韩智科，刘萍，李健，高保全，陈萍）

6. 三疣梭子蟹SNP发掘及生长相关SNP鉴定

核苷酸多态性（Single nucleotide polymorphism，SNP）标记被称为第三代DNA分子标记。它是指染色体基因组水平上由于单个核苷酸的变异引起的DNA序列多态性，其最少一种等位基因在群体中的频率不少于1%。作为最新一代的分子标记技术，SNP具有很多优点：① 分布广泛，位点丰富，几乎遍布于整个基因组；② 在种群中是二等位基因型的，在任何种群中其等位基因频率都可估计出来；③ 遗传稳定性高；④ 部分位于基因内部的SNP可能会直接影响蛋白质的结构或基因表达水平，因此它们本身可能就是疾病遗传机制的候选改变位点；⑤ 由于其二态性，非此即彼，在基因组筛选中往往只需做+/-的分析，易于进行自动化分析。

我们使用SOAPsnp软件从三疣梭子蟹转录组数据中发掘SNP标记，经过过滤条件筛选，去除潜在的假阳性位点。软件参数设置如下：① 一致性序列质量值小于20的位点；② 侧翼序列在基因组上拷贝数大于3的；③ SNP之间的最小距离小于5；④ reads覆盖深度小于5或大于10 000。

通过分析，最终共获得 66 191 个 SNP 座位，平均 809 个碱基 1 个 SNP 位点。23 734 个为转换型 SNP（Ts），42 457 个为颠换型 SNP（Tv）。Ts∶Tv 为 1∶1.79。有报道显示在罗氏沼虾和日本沼虾中，Ts∶Tv 的比值分别为 1.32∶1.00 和 1.99∶1.00，与本研究结果存在显著差异，说明 Ts∶Tv 比值在甲壳动物中可能存在显著物种特异性，尚需进一步研究揭示其原因。获得 SNP 中 AT/TA，AG/GA 和 CT/TC 类型占绝大多数，而 GC/ CG 类型占的比例最低(图 22)。

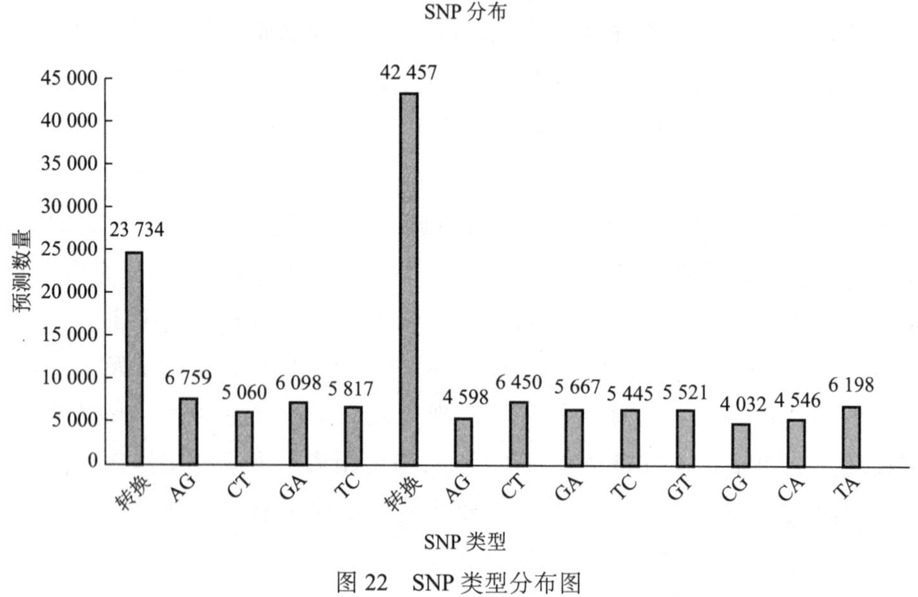

图 22　SNP 类型分布图

为了筛选生长相关 SNP 标记，我们从同一养殖池塘中挑选体重具体显著差异的个体各 45 只(小个体 SG，大个体 LG)，建立生长性状差异群体。结合候选基因法从差异表达基因中筛选 19 条 unigene 序列，根据序列设计 20 对引物，以混合 DNA 为模板进行 PCR 扩增，将 PCR 产物进行双向末端测序，并与转录组 unigene 序列进行比对，通过分析测序峰图筛选潜在 SNP 位点(图 23)。根据序列及 SNP 座位所在位置信息，利用 SpectroDE- SIGNER 软件设计引物(表 19)，利用 Mass ARRAY iPLEXTM 基因变异技术，采用先进的 MALDI-TOF 质谱技术和 spectrochip 芯片技术，在生长性状差异群体中对 SNP 基因型进行分析。

最终我们成功扩增了 17 387 bp 长的 DNA 片段，筛选出 74 个 SNP 位点，SNP 分布频率为 0.43/100 bp。转换突变的比例为 80%，颠换的比例为 20%，转换的比例远远大于颠换，符合“transition bias”原理。C/T (G/A)突变所占比例为 60%，所占比例最大，G/T (C/A)为 20%，A/T 为 9.33%，G/C 为 10.67%。在其他物种中也同样发现了上述的规律。出现这种规律一是因为 C 碱基容易发生 5- 甲基化转换突变为 T 碱基，突变频率是其他碱基突变的 10 倍；第二个原因是 CpG 岛 5- 甲基胞嘧啶非常频繁发生的脱氨基作用。通过分析突变前后的碱基比例发现，A+T 所占的比例在突变之后增加了，A/T 突变的频率高于 G/C，这种现象可以用热力学原理来进行解释：在 DNA 中，碱基之间是通过氢键来进行连接的，G 和 C 碱基之间有三个氢键，而 A 和 T 之间只有两个，所以 GC 碱基配对比 AT 更加坚固，更加不易发生突变。在果蝇（*Drosophila melanogaster*）和哺乳动物中同样发现在碱基替换之后 A+T 的比例增加。另外还发现内含子中突变发生的频率远远高于外显子（内含子为 1.34/100 bp，外显子上为 0.17/100 bp），表明外显子中的碱基更加保守。

利用飞行质谱法分型，并通过一般线性模型多元方差分析和卡方检验分析发现 3 个与生长性状显著相关的位点，其中包含一个错义突变，一个同义突变，还有一个未知的突变（表 20）。众所周知，大约 20% 的错义突变会改变最终合成的蛋白质。错义突变改变性状的机理是通过改变氨基酸从而改变最终合成的蛋白质。而同义突变改变性状的机理就比较复杂：① 改变蛋白质的二级结构以及 mRNA 的翻译速度，② 使常规密码子突变为稀有密码子从而改变合成蛋白质的效率，③ 产生一个隐藏的 mRNA 剪接位点和尾序列，④ 位于重叠基因区域的突变可能影响其他的基因表达。本研究中的 SNP 位点导致性状改变的机制还需要进一步的研究阐明。

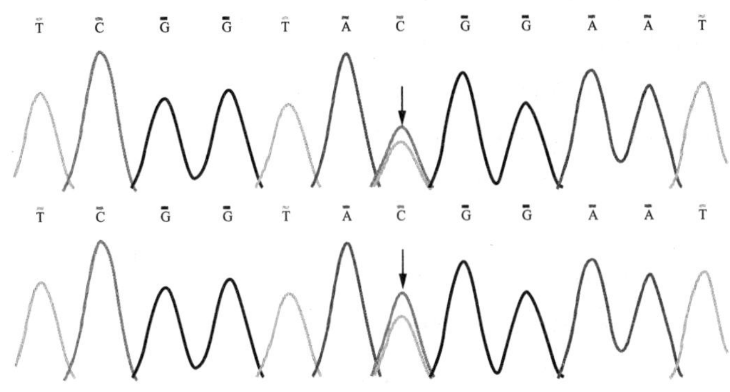

图 23 测序峰图：叠峰代表 SNP 座位

表 19 引物设计列表

基因编号	引物序列（5′－3′）	设计长度 / bp	产物长度 / bp	是否有内含子
comp 54958	F: AACTCCCCACCTGATAATGTCCTCG R: CGTAACTTCGGGATAAGGATTGGC	1 000	1 200	是
comp 54958	F: ATTGAACTGGTCCCGAGGTTGGC R: CCCGAAAGATGGTGAACTATGCCTG	1 275	1 275	否
comp 55883	F: AGGCTTTCAGGCATAATCCCACG R: ACTTACTCGGTGAGACGGAATCGG	700	700	否
comp 58070	F: CCTTCGTGGGCAACGCTGCTTT R: CTCCTTGCCTTGAATGCCACAGTAT	1 531	1 700	是

续表

基因编号	引物序列(5′－3′)	设计长度/bp	产物长度/bp	是否有内含子
comp 58769	F: GAAGTTGGAGACGCCAGTGATGATG R: GAGCACAAGGACAGTCTTACCCCC	843	843	否
comp 48505	F: ATCTTGATTTTGATGGTGGAGGGAGC R: TGGACTCTGGTGACGGCGTAACTC	528	600	否
comp 45541	F: GCCTTAGAACTTGATGCCAGCCTG R: TGGCTCCCGCCTGTGTATTGTG	741	800	否
comp 55595	F: AAAGCCCCAGACACGACAACAGG R: CTCCTGTGGTCCAAAAGGTGCG	794	0	
comp 56676	F: CCAGAATGTGTTGTCACCGAGCC R: GACACCTGGATGGGCTGCTCAA	1 319	800	否
comp 58769	F: CTGGGAAACCTTCGCTGGCAAC R: ACGCCGTCCACATCCTCAAAGT	566	700	是
comp 57303	F: CTCCGTTGGTTGGTGTCTTCCTC R: TTTGTCAGCATCTCCAGATAGCG	670	1200	是
comp 50558	F: GTAGTCCATCTTGATCTTGAGGCTGTC R: CTAACGGTTATCGCCGGTTTGTG	833	0	
comp 17448	F: AGGATACCCAAGGGCTTCTCAAT R: TCTACCAGCTCATGTCCAACCAG	736	1 600	是
comp 40819	F: TGTAGACGGTCTGCCAGCCTTTG R: GCGATACCATCCCGCTTACTCCC	1 208	2 500	是
comp 52896	F: AGTTGGCTCGGTGGAATCTTGTG R: ATCGCTGTAGTCTATCCTGAACTTGG	760	0	
comp 32720	F: AAGGGCAAGCAAATACCAGAAAG R: ACAGGCACGGATACCGCATCGTC	569	569	否
comp 57375	F: TTGGAAACCGAGGCTTCTGGACC R: CCCACCGAAGTATCCTCCGACAT	815	900	否
comp 46623	GCCGCTCGTGTTCAACCTCTGTC CGAATCCGCTAACATGACTTTACT	761	800	否
comp 49193	ATTCATTTATTATTCAAGGGCAATC GTGACAGTCGCCTTGTTGGTGCT	522	1200	是
comp 54937	AGGCATCATGGTTGGAATGGACC CATTTGCGATGAACGATAGTGGG	999	0	

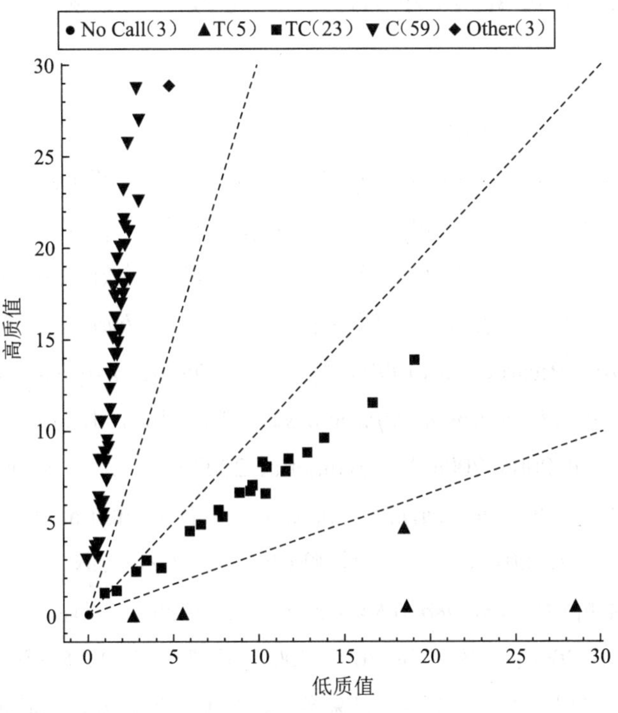

图 24 SNP 分型 PLOT 图

表 20 SNP 位点与生长性状的关联分析

SNP	突变碱基	位置	突变类型	卡方检验 χ^2(p)	一般线性模型多元方差分析				
					体重	全甲宽	甲宽	体长	体高
comp55883-R42	C-T	内含子	N	0(1.000)	0.752	0.464	0.985	0.953	0.696
comp58070-R31	G-A	编码区	同义突变	9.792(0.007)**	0.001**	5.58E-05**	2.38E-04**	0.011*	0.033*
comp57303-F54	A-G	编码区	同义突变	1.453(0.484)	0.167	0.281	0.229	0.494	0.607
comp57303-F352	G-A	内含子	N	1.453(0.484)	0.167	0.281	0.229	0.494	0.607
comp32720-F129	A-C	非编码区	N	0.110(0.741)	0.487	0.478	0.649	0.964	0.391
comp32720-F318	G-C	非编码区	N	0.413 (0.521)	0.519	0.54	0.622	0.571	0.841
comp46623-F49	C-T	编码区	未知	4.981 (0.083)	0.157	0.073	0.05*	0.366	0.158
comp46623-F358	C-T	编码区	未知	3.875 (0.144)	0.397	0.226	0.36	0.439	0.2
comp46623-F511	C-T	编码区	未知	2.604 (0.272)	0.261	0.358	0.268	0.407	0.323
comp49193-R333	G-A-C	编码区	错义突变(G-S-R)	6.090 (0.107)	0.155	0.199	0.032*	0.298	0.29

注：* 表示显著相关($P<0.05$)；** 表示差异极显著($P<0.01$)。

（作者：张德宁，吕建建，刘萍，冯艳艳，高保全，李健）

7. 微卫星 DNA 标记技术用于三疣梭子蟹家系构建中的系谱认证

开展家系选育工作必须清楚家系系谱关系。水产动物系谱关系的追踪主要依靠合适的遗传标记，三疣梭子蟹具有蜕皮的生理特性，物理标记不适用于对其进行标记，而同工酶电泳、RFLP、RAPD 等标记技术多态信息含量较低，重复性、稳定性和可比性也较差。微卫星标记具有多态性丰富、稳定性好等优点，在海洋动物中，微卫星标记应用于亲缘关系鉴定的研究在大西洋鲑(*Salmo salar*)(Ashie et al，2000)、真鲷(*Pagrus major*)(Ricardoet al，1999)、白鲟(*Acipenser transmontanus*)(Rodzenet al，2004)、大西洋比目鱼(*Hippoglossus hippoglossus*)(Timothyet al，2004)、牙鲆(*Paralichthys olivaceus*)(Sekino et al，2003，2004；Motoyukiet al，2003)、大菱鲆(*Scophthalmus maximus*)(Jaime et al，2004)、虹鳟(*Oncorhynchus mykiss*)(McDonald et al，2004)、鲍鱼(*Haliotis asinina*)(Selvamaniet al，2001)、日本对虾(*Penaeus japonicus*)(Denaet al，2004；Jerryet al，2006)、斑节对虾(*Penaeus monodon*)(Jerryet al，2006)、中国对虾(*Fenneropenaeus chinensis*)(Donget al，2006；孙昭宁等，2005，2007；王鸿霞等，2008)等有相关报道。三疣梭子蟹微卫星标记的开发已有报道(宋来鹏等，2008a，b；Perez-Enriquez et al，1999)，但在三疣梭子蟹亲缘关系鉴定中的应用还未见报道。本实验应用 6 对多态性好的微卫星引物对 6 个三疣梭子蟹家系进行鉴别的初步研究。为三疣梭子蟹的选育提供必要的分子生物学工具，为进一步的家系特异性遗传标记的开发与应用奠定基础。

实验所用三疣梭子蟹取自昌邑市水产养殖有限责任公司 2007 年随机交配的 6 个养殖家系，统计情况见表 21。1#、2#、4# 家系含父母本样本，5# 家系仅含父本样本，6# 家系仅含母本样本，3# 家系无亲本样本。样品收集后保存于 −80 ℃超低温冰箱中。

表 21　家系编号及个体数目统计

家系名	HL3-1	U2-2-3	G3-3-2	DZ1-2	HL3-3	A4-4-2	总计
编号	1#	2#	3#	4#	5#	6#	6
子代个体数	22	22	24	22	25	19	134
父母本个体数	2	2	0	2	1	1	8

PCR 产物在变性聚丙烯酰胺凝胶中分离(微卫星引物序列见表 22)，银染法显色，定影。统计各基因座的等位基因数目，将每一基因座位上的等位基因按照相对分子质量由大到小编号，前面加上各位点后两位数字，如 081 表示位点 Pot08 位点相对分子质量最大的等位基因 1。用 POPGENE 软件进行数据处理、聚类分析，计算群体间遗传距离、相似性指数、Hardy-Weinberg 平衡检验(*P* 值)及杂合度。群体遗传分化指数(F_{st} 值)和遗传变异组分分析利用 Arlequin 软件的 AMOVA 分析完成。

表 22 微卫星引物序列

克隆编号	引物序列(5′-3′)	退火温度 /℃
Pot08	F: CCACACGAAAAATGCAACTG R: TCACCGTGCAGAATTGAAAG	60 ℃
Pot09	F: CTTTCAATTCTGCACGGTGA R: ACCTAACCCTGCCCCTATCC	60 ℃
Pot14	F: AGCGTCTGTCAAAGGAAGGA R: CCAACAAGAAGCGAGTCTCC	60 ℃
Pot17	F: TTTGCTCTTACCTTCTCACC R: ATGCAATCATGTTTTCGTCT	55 ℃
Pot18	F: CGCTGTATCATAGCCCTTGC R: GGGCTTTGGAAAAGATGTGA	60 ℃
Pot25	F: AGGAAAATGAGACGCACAGG R: CGAAAACACCAACTTCACAGG	60 ℃
Pot42	F: TCATCACACAGGCTCACTCA R: CATCTTCCACCTTCCTCCAA	60 ℃

参照 Botstein 等(1980)的方法计算多态性信息含量(Polymorphism Information Content, PIC)：

$$PIC = 1 - \sum_{i=1}^{n} P_i^2 - \sum_{i=1}^{n-1} \sum_{j=i+1}^{n} 2P_i^2 P_j^2$$

式中，P_i、P_j 分别为群体中第 i 和第 j 个等位基因频率，n 为等位基因数。

7.1 遗传多样性分析

微卫星扩增结果显示，所用 6 对引物都是多态的，在所有家系中都显示了高度的遗传变异。6 个位点在 6 个家系中共检测出 32 个等位基因，检测出的基因型平均为 19 个。6 个位点的多态性信息含量(PIC)分别为 Pot09 位点 0.604 5，Pot14 位点 0.607 2，Pot17 位点 0.813 0，Pot18 位点 0.6870，Pot25 位点 0.7839，Pot42 位点 0.633 0。运用 POPGENE 软件进行家系遗传多样性分析，结果表明，6 个位点在 6 个家系的观测杂合度在 0.663～0.837 之间。各位点在各家系检测出的纯和个体在所有个体中所占比例较高，微卫星位点的观测杂合度都低于期望杂合度，且平均杂合度都较低。笔者认为是家系近交导致纯和个体增加的原因，说明三疣梭子蟹近交家系的选育已经初见成效。各家系在 Pot09 位点符合 Hardy-Weinberg 平衡，在其他位点均偏离 Hardy-Weinberg 平衡。这种现象的可能原因主要是：① 无效等位基因的存在。② 取样造成的误差。③ 实验数据统计误差，1# 家系中个体 7 和 8 变性胶结果显示 3 条带，统计时将颜色较浅的条带去掉，统计其余两条带。

表 23　三疣梭子蟹 6 个家系的遗传距离和相似性指数

家系	1#	2#	3#	4#	5#	6#
1#	****	0.451 6	0.501 7	0.389 7	0.771 9	0.604 2
2#	0.794 9	****	0.313 6	0.589 0	0.544 7	0.367 5
3#	0.689 8	1.159 6	****	0.403 5	0.403 8	0.402 2
4#	0.942 5	0.529 3	0.907 6	****	0.443 6	0.386 2
5#	0.258 9	0.607 5	0.906 8	0.812 8	****	0.512 7
6#	0.503 8	1.001 2	0.910 8	0.951 5	0.668 0	****

注：对角线以上为相似性指数，对角线以下为遗传距离。

根据 Nei（Nei，1972）的方法计算 6 个家系间的遗传距离和相似性指数（表 24），构建 UPGMA（图 25）。结果表明，1# 和 5# 家系之间的遗传距离最小，相似性最高，聚合在一起，然后与 6# 家系聚在一起，再与 3# 聚合在一起。2# 和 4# 遗传距离较近，聚合在一起，最后再与家系 3#，6#，1# 和 5# 相聚。

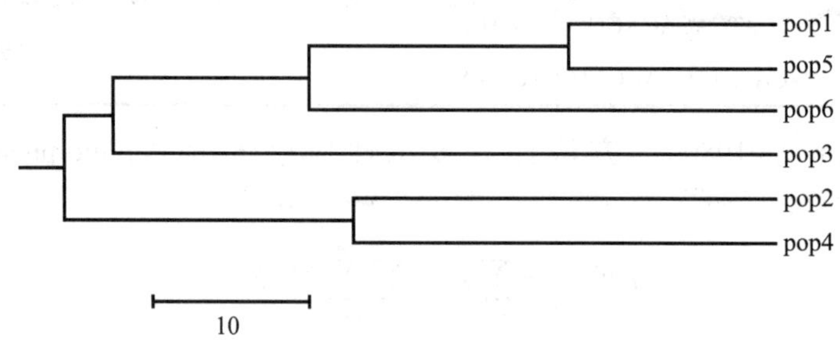

图 25　三疣梭子蟹 6 个家系的 UPGMA 图

表 24　6 个微卫星座位在混养家系中的检测值

基因座位	*N*	*A*	*S*	*G*	*Homs*	*Hets*	*He*	*Ho*	*PIC*	*HWE*
Pot09	142	4	0.4648	19	48	94	0.665	0.634	0.6045	NS
Pot14	142	4	0.4859	16	57	85	0.663	0.585	0.6072	**
Pot17	142	8	0.2148	17	24	118	0.837	0.831	0.8130	**
Pot18	142	5	0.3768	21	43	99	0.735	0.697	0.6870	**
Pot25	142	6	0.2711	21	46	96	0.814	0.669	0.7839	**
Pot42	142	5	0.4542	20	61	81	0.687	0.570	0.6330	**

注：样本数（*N*），等位基因数（*A*），频率最高等位基因的频率（*S*），基因型数（*G*），纯合子（*Homs*），杂合子（*Hets*），期望杂合度（*He*），观测杂合度（*Ho*），多态信息含量（*PIC*），哈迪温伯格平衡检验（*HWE*），NS 表示符合，** 表示偏离极显著。

7.2　亲缘关系的确定

每个家系的等位基因信息列于表 25，亲本及子一代的微卫星 DNA 电泳图谱见图 26。可根据子代中等位基因的分离对缺失亲本的基因型进行推断。5# 家系仅含父本样本，可推断家系母本；6# 家系仅含母本样本，可推断家系父本；3# 家系无亲本样本,可推断家系父母本。在Pot09位点:① 5#家系缺失母本。父本基因型检测为093/094,子代有3种基因型,分别为:093/093;093/094;094/094。因为有093/093和094/094两种纯和基因型,所以推断其父本含有等位基因093和094。由此可得出在Pot09位点,5#家系母本的基因型为093/094。同样的推断方法可以得出5#家系在其他位点缺失的母本基因型,和6#家系在各位点上缺失的父本基因型。② 3#家系缺失父母本。子代有4种基因型,分别为:091/093;091/094;093/094;094/094,其中由纯和基因型094/094可推知,其父母本各含有等位基因094。又由基因型091/093和093/094推知其亲本基因型为093/094×091/094。同样的推断方法可以得出3#家系在其他位点亲本的基因型。

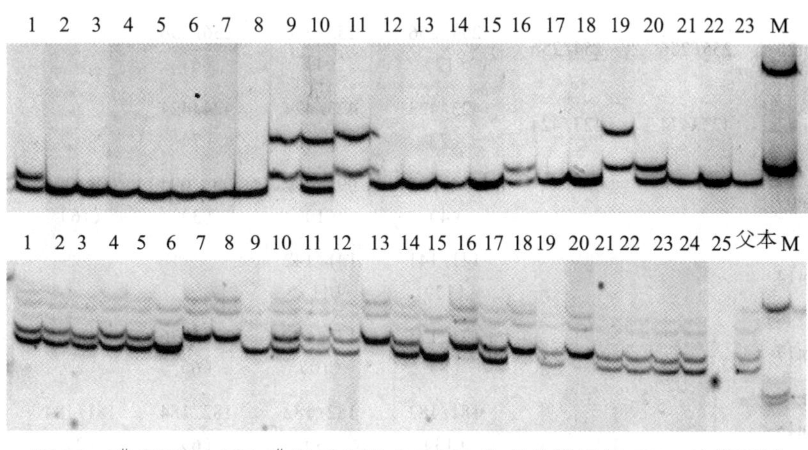

图26 3#家系(上)和5#家系(下)在Pot09位点的微卫星DNA扩增图谱
M为marker,1-25为家系个体

表25 每个家系观察到的和推断出的基因型

家系	位点	已知母本	已知副本	基因型(观测到的个体数)				推测亲本
				1	2	3	4	
1#	Pot09	091/094	092/094	091/092 (3)	091/094 (7)	092/094 (3)	094/094 (9)	
	Pot14	142/144	142/144	142/142 (3)	142/144 (15)	144/144 (4)		
	Pot17	173/175	172/173	172/173 (1)	173/173 (3)	172/175 (13)	173/175 (5)	
	Pot18	183/184	184/185	183/184 (9)	184/184 (7)	184/185 (8)		
	Pot25	251/252	252/254	251/254 (8)	252/252 (9)	252/254 (1)	251/252 (4)	
	Pot42	422/423	423/424	422/423 (2)	422/424 (4)	423/423 (9)	423/424 (7)	

续表

家系	位点	已知母本	已知副本	基因型(观测到的个体数) 1	2	3	4	推测亲本
2#	Pot09	092/093	092/093	092/093 (16)	093/093 (8)			
	Pot14	142/143	142/143	142/142 (6)	142/143 (11)	143/143 (5)		
	Pot17	172/178	175/178	172/175 (12)	172/178 (2)	175/178 (8)		
	Pot18	182/184	182/183	182/182 (7)	182/183 (8)	182/184 (4)	183/184 (3)	
	Pot25	255/256	254/256	254/256 (12)	255/256 (4)	256/256 (6)		
	Pot42	423/424	423/424	423/423 (7)	423/424 (8)	424/424 (7)		
3#	Pot09			091/093 (4)	091/094 (1)	093/094 (3)	094/094 (16)	093/094×091/094
	Pot14			141/141 (13)	141/142 (11)			141/142×141/141
	Pot17			171/173 (8)	173/173 (10)	173/176 (6)		171/173×173/176
	Pot18			181/182 (13)	182/182 (3)	182/184 (6)	181/184 (2)	182/184×181/182
	Pot25			252/253 (4)	252/255 (6)	253/255 (5)	255/255 (9)	252/255×253/255
	Pot42			422/423 (9)	422/425 (2)	423/423 (9)	423/425 (4)	422/423×423/425
4#	Pot09	093/094	091/093	091/093 (8)	091/094 (4)	093/093 (3)	093/094 (7)	
	Pot14	142/143	142/143	142/142 (9)	142/143 (11)	143/143 (2)		
	Pot17	173/177	174/177	173/174 (2)	173/177 (7)	174/177 (13)		
	Pot18	181/182	182/183	181/182 (5)	181/183 (6)	182/182 (4)	182/183 (7)	
	Pot25	252/253	253/254	252/253 (3)	252/254 (3)	253/253 (9)	253/254 (7)	
	Pot42	424/425	423/424	423/424 (5)	424/424 (10)	424/425 (7)		

续表

家系位点		已知母本	已知副本	基因型(观测到的个体数)				推测亲本
				1	2	3	4	
5#	Pot09		093/094	093/093 (5)	093/094 (15)	094/094 (4)		093/094
	Pot14		142/143	142/143 (13)	143/143 (4)	143/144 (7)		143/144
	Pot17		172/175	172/175 (8)	172/178 (11)	175/175 (4)	175/178 (1)	175/178
	Pot18		184/184	183/184 (12)	184/184 (12)			183/184
	Pot25		251/252	251/252 (13)	252/252 (3)	252/253 (8)		252/253
	Pot42		421/423	421/422 (4)	421/423 (6)	422/423 (7)	423/423 (7)	422/423
6#	Pot09	094/094		092/094 (10)	094/094 (9)			092/094
	Pot14	142/142		142/142 (11)	142/143 (8)			142/143
	Pot17	172/176		172/174 (7)	174/176 (8)	176/176 (4)		174/176
	Pot18	184/186		183/184 (3)	184/184 (5)	183/186 (8)	184/186 (3)	183/184
	Pot25	252/254		252/254 (6)	254/254 (10)	254/255 (3)		254/255
	Pot42	422/423		422/422 (11)	422/423 (8)			422/422

7.3 家系特异性标记

6 个位点在 6 个家系中共检测出 32 个等位基因。每个位点的等位基因数为 4～8 个。Pot17 位点有 8 个等位基因，Pot25 位点有 6 个等位基因，Pot18 和 Pot42 有 5 个等位基因，Pot09 和 Pot14 有 4 个等位基因。共发现 7 个家系特异性等位基因，1# 家系有 1 个家系特异性等位基因 185，22 个子代中有 8 个表现出特异性带；2# 家系有 2 个家系特异性等位基因 178 和 256，22 个子代中分别有 10 个和 22 个表现出特异性带；3# 家系有 2 个家系特异性等位基因 141 和 176，24 个子代中分别有 24 个和 6 个表现出特异性带；5# 家系有 1 个家系特异性等位基因 421，25 个子代中有 10 个表现出特异性带；1# 家系有 1 个家系特异性等位基因 185，22 个子代中有 8 个表现出特异性带；6# 家系有 1 个家系特异性等位基因 186，19 个子代中有 11 个表现出特异性带。4# 家系无特异性条带。结果表明 Pot18 位点、Pot14 位点和 Pot17 位点、Pot42 位点、Pot17 位点和 Pot25 位点可用于鉴别 1# 和 6# 家系、3#、5#、2# 家系的特异性标记。6 个微卫星标记，且最少用 3 个微卫星：Pot17，Pot18 和 Pot42 可鉴别 6 个三疣梭子蟹家系。Herbinger 等（1995）认为应用具有特异性等位基因的微卫星标记来检测孵化群体的遗传多样十分有效。Motoyuki 等（2003）认为应用具有特异性等位基因的微卫星标记来检测孵化群体的遗传多样十分有效。笔者认为由于样本数量较少，家系特异性标记是否为某个家系所独有，还需要进一步的研究，但是本实验所用的微卫星标记对于鉴别所选家系具有较高的鉴别能力和实用性。

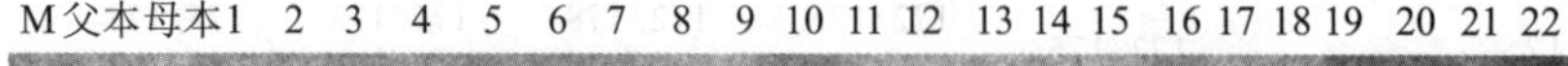

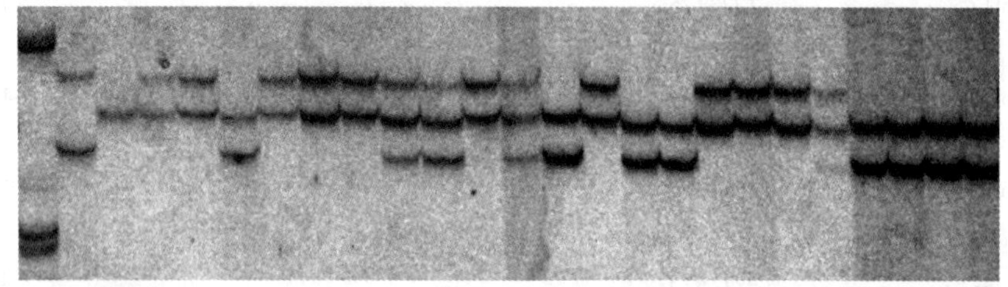

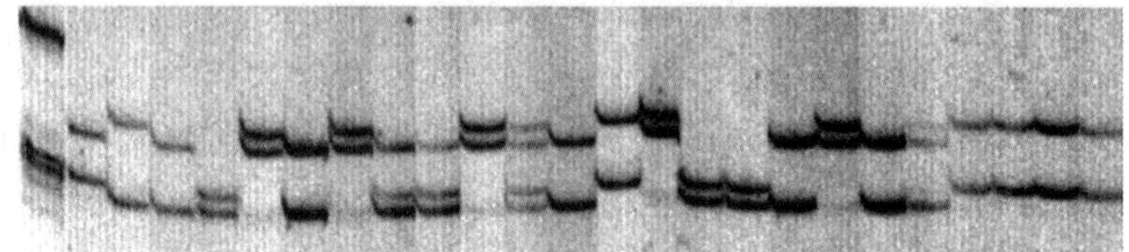

图 27 1# 家系在 Pot17 位点的微卫星 DNA 扩增图谱（上）和 2# 家系在 Pot09 位点的微卫星 DNA 扩增图谱（下）

M 为 marker，1-22 为家系个体

（作者：刘磊，李健，刘萍，高保全，陈萍，戴芳钰，王学忠）

8. 微卫星多重 PCR 基因扫描技术在三疣梭子蟹快速生长品系的个体识别中的应用

多重 PCR（Multiplex PCR）是在同一个反应中同时扩增两个或多个位点的聚合酶链式反应，已用于多色荧光基因分型。它有多种优点，包括提高效率，避免样品浪费，快速周转时间，并可大大节约实验成本（谢建云等，2003；Wallin et al，2000）。微卫星多重 PCR 技术在水产动物中已有广泛应用，主要进行亲子鉴定和遗传分析，已在狼鲈（*Dicentrarchuslabrax*）（Patricia et al，2010）、褐鳟（*Salmo trutta*）（Lerceteauet al，2006）、中国对虾（*Fenneropenaeus chinensis*）（Gaoet al，2006）、塞内加尔鳎（*Solea senegalensis*）（Javieret al，2007）、牡蛎（*Crassostrea virginica Gmelin*）（Yan et al，2010）、斑节对虾（*Penaeus monodon*）（Yutao et al，2006）等海洋经济动物中有相关报道，未见在三疣梭子蟹中有微卫星多重 PCR 体系建立和应用等方面的报道。

由于微卫星检测条件的限制和优化多元 PCR 条件的复杂性，多重 PCR 的使用受到制约。利用实验室建立的微卫星多重 PCR 体系(包括 2 组三重,1 组四重微卫星多重 PCR 体系)(任宪云等,2011),对三疣梭子蟹核心基础群快速生长新品系育种值进行评估,这将对苗种的选育、高通量实现个体识别和辅助家系管理具有重要意义。

收集本实验室于 2008 年建立的核心基础群亲本,其中雄性亲本 51 只,雌性亲本 105 只,交尾、越冬、排幼后,放入室外养殖池养殖,养成后,2009 年收集子代 308 个个体。

共使用了 60 对微卫星引物,编号分别为 Pot01-Pot60,从核心基础群选出 10 个亲本进行扩增,选出多态性好的引物 22 对,引物的信息见表 26。

表 26 2 对三疣梭子蟹微卫星引物序列及其反应条件

位点	重复序列	引物序列	退火温度(T_m)	登陆号
Pot07	$(TCA)_8(GCA)_5$…$(TAG)_4CAG(TAG)_6$	F:ATCGTGACCTGAGAAGAGCA R:CCCAAACTGGCTAATCAATG	58	GQ463626
Pot08	$(GA)_{12}$	F:CCACACGAAAAATGCAACTG R:TCACCGTGCAGAATTGAAAG	60	GQ463627
Pot09	$(TAGGT)_7$	F:CTTTCAATTCTGCACGGTGA R:ACCTAACCCTGCCCCTATCC	60	GQ463628
Pot10	$(CA)_{31}$	F:GAACGAAAGGCTGGGTAAAT R:TTCTTGTACACCTGCCATCA	60	GQ463629
Pot12	$(AG)_{35}$	F:TTGTGTGCGAAATGAGGAAG R:CAACAACACCAGCAACAACA	60	GQ463631
Pot14	$(TG)_{22}$	F:AGCGTCTGTCAAAGGAAGGA R:CCAACAAGAAGCGAGTCTCC	60	GQ463633
Pot16	$(CAG)_5(CAA)_2$	F:CACCAAAACTGCCATCCTTA R:TTAGGTGCGCTATGTCATCC	59	GQ463635
Pot17	$(TAG)_{16}$…$(TAG)_{14}$	F:TTTGCTCTTACCTTCTCACC R:ATGCAATCATGTTTTCGTCT	55	GQ463636
Pot18	$(AC)_9AT(AC)_{22}AT$ $(AC)_4GG(AC)_{15}$	F:CGCTGTATCATAGCCCTTGC R:GGGCTTTGGAAAAGATGTGA	60	GQ463637
Pot21	$(TG)_{18}TA\ (TG)_{13}TT(TG)_7$	F:CAAAAGACACATGACAAACG R:GGAACAAGGACCACAATAAG	55	GQ463640
Pot30	$(GTA)_{10}$	F:GTCTAGTGATTCGTCCCGTA R:CCACCACCACTACTACCAAT	55	GQ463649
Pot31	$(GT)_3GC(GT)_4$….$(AG)_9$	F:TGCCTTCCCCATCTGATAAC R:AGCCATAAAGGAAACCAGCA	55	GQ463650
Pot34	$(GT)_{10}AT(GT)_7AT(GT)_{21}$	F:AGGAATGGTTGCAAAGATCG R:TGCGACTTGACACTCACCTC	60	GQ463653
Pot38	$(GT)_{40}$	F:ATTCCTCTCGCGTCCTTACT R:CCATCCACACTCACTTTTCC	58	GQ463657
Pot42	$(CT)_{10}$	F:TCATCACACAGGCTCACTCA R:CATCTTCCACCTTCCTCCAA	60	GQ463661

续表

位点	重复序列	引物序列	退火温度（T_m）	登陆号
Pot44	$(CACT)_8CAAC(CACT)_4$ $CAGC(CACT)_3CATT$ $(CACT)_4$	F:ATTCACTTATTCGCACTGCT R:GCAAGGGAAAATAGAAGACA	60	GQ463663
Pot48	$(CT)_{12}$	F:CTTCACGTTTCCGTTTTTCG R:GGTGGGAGACAATCTTGAC	58	GQ463667
Pot50	$(AG)_{46}$	F:CTGTTTATGGCGTTTTTGGT R:CATTTTGTTTCCCAGTTGCT	60	GQ463669
Pot53	$(TAC)_{10}\cdots(TAC)_{18}$	F:TTGCTGCTGCTGTTACTGCT R:CCTCCTCGTAACTTGGGATG	60	GQ463672
Pot54	$(GT)_{30}$	F:CGTCGTATGCCTGAAGTGAG R:TCCTCTTCCTCCAACCAAGA	55	GQ463673
Pot56	$(GT)_{38}$	F:TCACAGGACATTCATACACC R:CAGACAATATTTCTTACCTACCC	54	GQ463675
Pot57	$(CCA)_3TTG(CCA)_7$ $TCA(CCA)_2$	F:TCTCATTTTCTCCCCCTCCT R:TCCTCCTTTCTGCTGACCAC	60	GQ463676

对筛选到的22对引物进行了三重及四重PCR体系的构建，并对条件进行了优化，从中选出2个三重，1个四重微卫星多重PCR体系，利用Premier 6.0软件进行引物间的评价，显示大部分的ΔG（能量变化的Gibbs）值在-4以上，这说明3个多重PCR体系单对引物之间不易形成引物二聚体以及具有低发夹结构。

在3对多重引物的正向引物的5′端标记上荧光标记（表27），在四重PCR反应体系C中，由于Pot08和Pot18引物扩增目的片段相差比较大，即使荧光标记颜色相同也能通过片段大小区分开来。

表27 多重引物信息及荧光标记

位点	荧光标记	引物序列	退火温度（T_m）	预期片段长度（bp）	观测片段长度
多重体系A					
Pot07	5′6-FAM	F:ATCGTGACCTGAGAAGAGCA R:CCCAAACTGGCTAATCAATG	58	215	178～246
Pot14	5′HEX	F:AGCGTCTGTCAAAGGAAGGA R:CCAACAAGAAGCGAGTCTCC	60	167	186～258
Pot42	5′TAMRA	F:TCATCACACAGGCTCACTCA R:CATCTTCCACCTTCCTCCAA	60	226	183～265
多重体系B					
Pot17	5′6-FAM	F:TTTGCTCTTACCTTCTCACC R:ATGCAATCATGTTTTCGTCT	55	242	216～256
Pot31	5′HEX	F:TGCCTTCCCCATCTGATAAC R:AGCCATAAAGGAAACCAGCA	55	244	226～289

续表

位点	荧光标记	引物序列	退火温度（T_m）	预期片段长度（bp）	观测片段长度
Pot57	5′TAMRA	F：TCTCATTTTCTCCCCCTCCT R：TCCTCCTTTCTGCTGACCAC	60	206	187～278
多重体系C					
Pot08	5′6-FAM	F：CCACACGAAAAATGCAACTG R：TCACCGTGCAGAATTGAAAG	60	212	187～218
Pot09	5′HEX	F：CTTTCAATTCTGCACGGTGA R：ACCTAACCCTGCCCCTATCC	60	341	383～409
Pot18	5′6-FAM	F：CGCTGTATCATAGCCCTTGC R：GGGCTTTGGAAAAGATGTGA	60	243	234～287
Pot25	5′TAMRA	F：AGGAAAATGAGACGCACAGG R：CGAAAACACCAACTTCACAGG	60	338	372～421

利用荧光标记的引物，采用 15 μL 反应体系获得三重 PCR 的扩增产物，取 1.5 μL 扩增产物与 9 μL 内标体系（甲酰胺：内标 GeneScan-500 LIZ Size Standard ＝ 8：1）充分混合后，在 PCR 扩增仪中保持 95 ℃变性 5min，结束后迅速放在冰水混合物中冷却。处理好后的变性产物上样于 3730XL 测序仪，利用其中的 Genescan 功能及 Gene Maper4.0 软件进行基因型分析。

Cervus3.0 用来计算父母本及子代的观察杂合度（*Ho*），期望杂合度（*He*），多态信息含量（*PIC*），在双亲未知情况下的累积排除概率 excel（1），而已知 1 个亲本时的累积排除概率 excel（2）。亲权关系根据两种方法计算得来：一种是参照 wang 等的方法，根据孟德尔遗传规律利用 excel 表格进行亲缘关系分析。另一种是利用 Cervus3.0 软件（Marshall et al，1998）进行模拟分析。

确定了亲子关系，有效群体的大小参照（Woolliams et al，2000）的计算方法，计算公式 $Ne = 1/(2\Delta F)$，而 $\Delta F = \sum Ci^2(m)/8 + 1/(32m) + \sum Ci^2(f) + 1/(32f)$；其中 Ci（m）是父本的平均贡献量，$Ci(f)$是母本的平均贡献量，m 为父本的总数，f 为母本总数。

8.1 多重 PCR 结果

利用三疣梭子蟹快速生长品系的材料进行扩增，无论是三重引物还是四重引物都得到了很好的基因扫描结果，如图 28 所示。图 28a 中的 Pot09 引物 5′ 端的荧光标记为 HEX，其被激发后荧光颜色为绿色，对应的峰图为 387 bp（左侧）和 394 bp（右侧），表明该位点是由两个不同等位基因组成的杂合子；图 28b 中 Pot08，Pot18 引物 5′ 端的荧光标记为 6-FAM，其被激发后荧光颜色为蓝色，对应的峰图左侧为 Pot08 扩增片段长度，分别为 190 bp（左侧）和 201 bp（右侧），表明该位点是由两个不同等位基因组成的杂合子，右侧为 Pot18，扩增的片段长度为 264 bp；图 28 c 中的 Pot25 引物 5′ 端的荧光标记为 TAMRA，其被激发后荧光颜色为黑色，对应的峰图为 386 bp。

3 个多重 PCR 反应体系中各位点多态信息含量(*PIC*)均大于 0.5,均为高度多态性微卫星标记,各位点等位基因数也较多,观测杂合度较高,适合亲子鉴定分析和群体遗传评估。所用的 10 个微卫星位点无论在亲本还是在子代平均等位基因数都大于 7,其中 pot08 和 pot10 这 2 个位点在亲子代中检测到的等位基因数均超过了 10 个。父母本平均 *PIC* 值为 0.802 6,子代的平均 *PIC* 值为 0.785 9,说明父母本及子代均具有高的遗传多样性。

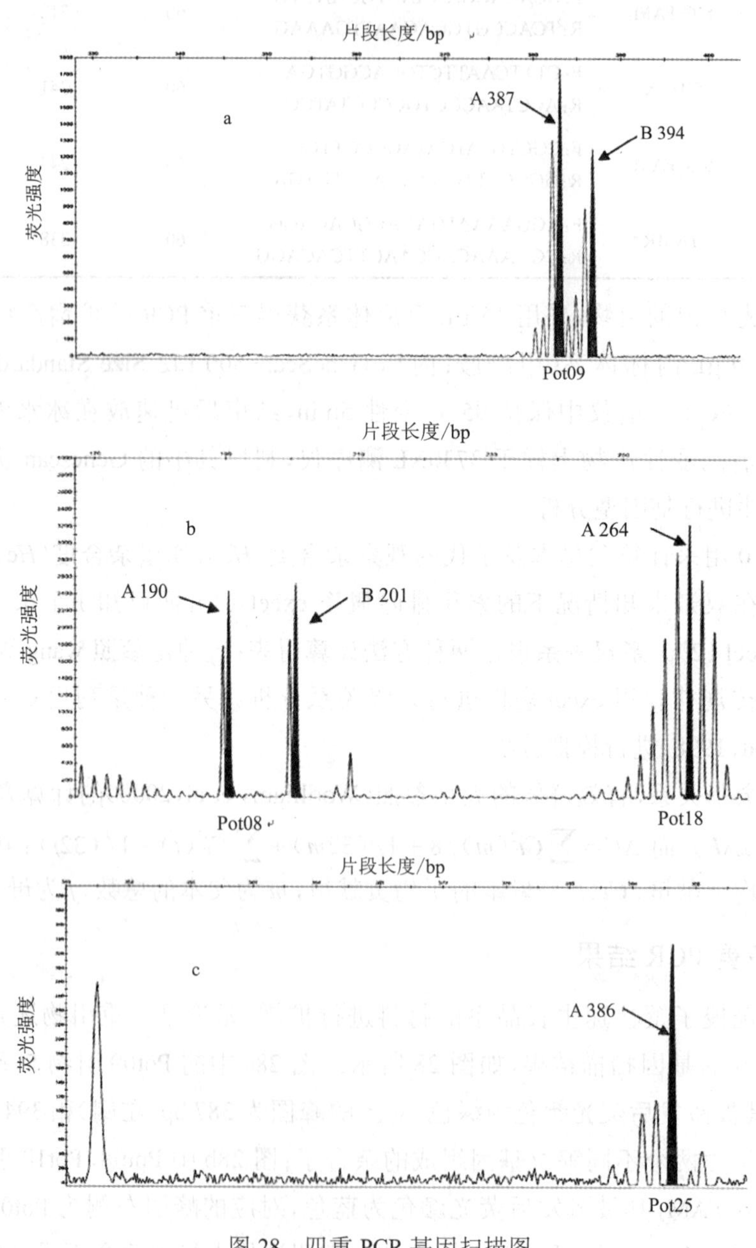

图 28　四重 PCR 基因扫描图

8.2 多重 PCR 亲子鉴定排除率分析和亲子鉴定准确率分析

利用 10 个微卫星座位对 376 只三疣梭子蟹核心基础群快速生长品系个体进行了

基因分型，包括 51 只候选父本和 105 只候选母本及其 308 尾子代。为保证鉴定结果准确，据 LOD 值鉴定候选父母时，只有所有微卫星座位全部匹配，并符合亲本交配体质的才确认亲子关系，然后与人工分型相结合。利用 Cervus3.0 软件分析双亲未知时的排除率为 99.99%，已知 1 个亲本时的排除率为 99.99%（表 28），表明本研究建立的由 10 个微卫星位点组合成的 3 个多重 PCR 体系可以实现比普通 PCR 方法更高效的亲子鉴定率。通过对“黄选 1 号”中 105 个家系的鉴定，亲子鉴定准确率达 100%，表明笔者前期建立的微卫星多重 PCR 体系有很好的可靠性。

表 28 微卫星各位点在家系中遗传信息

位点 Locus	pifr（*n*＝156）				pifr F_1（*n*＝308）			
	等位基因数 *A*	观测杂合度 *Ho*	期望杂合度 *He*	多态信息含量 *PIC*	等位基因数 *A*	观测杂合度 *Ho*	期望杂合度 *He*	多态信息含量 *PIC*
pot07	6	0.628 4	0.853 6	0.835 4	6	0.761 7	0.798 2	0.742 5
pot08	11	0.985 6	0.962 4	0.926 3	10	0.845 4	0.893 6	0.854 3
pot09	8	0.633 3	0.819 8	0.783 2	8	0.843 6	0.824 7	0.832 6
pot14	8	0.762 4	0.726 7	0.696 5	7	0.433 3	0.778 5	0.731 5
pot17	10	0.693 4	0.761 3	0.738 2	10	0.638 5	0.582 3	0.646 7
pot18	7	0.975 2	0.924 8	0.965 8	6	0.948 2	0.916 7	0.945 3
pot25	9	0.829 3	0.896 5	0.854 7	8	0.642 3	0.864 2	0.843 7
pot31	7	0.649 5	0.748 3	0.696 1	7	0.743 4	0.659 3	0.735 8
pot42	6	0.873 6	0.897 6	0.845 2	6	0.756 5	0.738 2	0.743 4
pot57	8	0.6425	0.6787	0.684 8	8	0.785 6	0.826 8	0.783 8
平均数	8			0.802 6	7.6			0.785 9
excel（1）	0.999 963				0.999 902			
excel（2）	0.999 999				0.999 993			

表 29 亲本对应后代情况以及对后代的贡献率

编号	父本	对应母本	子代	父本总计	父本贡献率	母本贡献率
1	ZL4 07-1	ZL4-1 07-1	3	8	0.025 97	0.009 74
2		ZL4-2 07-1	2			0.006 493
3		ZL4-3 07-1	3			0.009 74
4	LH1 07-1	LH1-1 07-1	3	6	0.019 48	0.009 74
5		LH1-2 07-1	1			0.003 246 7
6		LH1-3 07-1	2			0.006 493
7	LL2 07-1	LL2-1 07-1	0	7	0.022 72	0
8		LL2-2 07-1	4			0.012 98
9		LL2-3 07-1	3			0.009 74

续表

编号	父本	对应母本	子代	父本总计	父本贡献率	母本贡献率
10		HH13-1 06-2	6			0.019 48
11	HH13 06-2	HH13-2 06-2	5	15	0.048 7	0.016 23
12		HH13-3 06-2	4			0.012 98
13		LL4-1 07-1	2			0.006 493
14	ZZ4 07-1	LL4-2 07-1	4	10	0.032 46	0.012 98
15		LL4-3 07-1	4			0.012 98
16		LL5-1 07-1	2			0.006 493
17	LL5 07-1	LL5-2 07-1	3	8	0.055 97	0.009 74
18		LL5-3 07-1	3			0.009 74
19		ZL1-1 08	1			0.003 246
20	ZL1 08	ZL1-2 08	1	4	0.012 98	0.003 246
21		ZL1-3 08	2			0.006 493
22		D1-1 05-3	3			0.009 74
23	D1 05-3	D1-2 05-3	2	8	0.025 97	0.006 493
24		D1-3 05-3	3			0.009 74
25		DZQ4-1 07-1	5			0.016 23
26	DZQ4 07-1	DZQ4-2 07-1	1	8	0.025 97	0.003 246
27		DZQ4-3 07-1	2			0.006 493
28		ZL3-1 07-1	4			0.012 98
29	ZL3 07-1	ZL3-2 07-1	6	11	0.035 71	0.019 48
30		ZL3-3 07-1	1			0.003 246
31	V8 05-3	V8-1 05-3	5	7	0.022 72	0.016 23
32		V8-3 05-3	2			0.006 493
33	HD2 08	HD2-1 08	3	5	0.016 23	0.009 74
34		HD2-2 08	2			0.006 493
35	HL4 07-1	HL4-2 07-1	3	4	0.01298	0.009 74
36		HL4-3 07-1	1			0.003 246
37	Q13 06-2	Q13-2 06-2	2	4	0.012 98	0.006 494
38		Q13-3 06-2	2			0.006 494
39	G3 05-3	G3-1 05-1	2	5	0.016 23	0.006 493
40		G3-2 05-1	3			0.009 74
41	DD2 08	DD2-1 08	6	14	0.045 45	0.019 48
42		DD2-3 08	8			0.025 97

续表

编号	父本	对应母本	子代	父本总计	父本贡献率	母本贡献率
43	A2 05-3	A2-1 05-3	2	5	0.016 23	0.006 493
44		A2-3 05-3	3			0.009 74
45	HH3 08	HH3-1 08	0	1	0.003 246	0
46		HH3-2 08	1			0.003 246
47	G4 05-3	G4-1 05-3	1	4	0.012 98	0.003 246
48		G4-3 05-3	3			0.009 74
49	R8 06-2	R8-2 06-2	5	7	0.022 72	0.016 23
50		R8-3 06-2	2			0.006 494
51	R2 06-2	R2-1 06-2	1	4	0.01298	0.003 249
52		R2-2 06-2	3			0.009 743
53	HD2 08	HD2-2 08	2	5	0.016 23	0.006 494
54		HD2-3 08	3			0.009 743
55	ZD2 08	ZD2-1 08	3	7	0.022 72	0.009 743
56		ZD2-3 08	4			0.012 99
57	HL8 07-1	HL8-1 07-1	3	4	0.012 98	0.009 74
58		HL8-2 07-1	1			0.003 247
59	HL7 07-1	HL7-2 07-1	0	5	0.016 23	0
60		HL7-3 07-1	5			0.016 23
61	LL1 08	LL1-1 08	4	6	0.019 48	0.012 99
62		LL1-3 08	2			0.006 494
63	U6 06-2	U6-1 06-2	2	5	0.016 23	0.006 494
64		U6-3 06-2	3			0.009 743
65	HL4 07-1	HL4-1 07-1	4	7	0.022 72	0.012 99
66		HL4-2 07-1	3			0.009 74
67	LZ2 08	LZ2-1 08	4	9	0.029 22	0.012 99
68		LZ2-3 08	5			0.016 23
69	LD1 08	LD1-1 08	1	5	0.016 23	0.003 247
70		LD4-2 08	4			0.012 99
71	HL3 08	HL3-2 08	3	5	0.016 23	0.009 74
72		HL3-3 08	2			0.006 494
73	A1 05-3	A1-1 05-3	4	6	0.019 48	0.012 99
74		A1-3 05-3	2			0.006 494
75	T1 O5-3	T1-2 05-3	4	7	0.022 72	0.012 99

续表

编号	父本	对应母本	子代	父本总计	父本贡献率	母本贡献率
76		T1-3 05-3	3			0.009 74
77	P7 06-2	P7-2 06-2	3	6	0.019 48	0.009 74
78		P7-3 06-2	3			0.009 74
79	ZZ2 07-1	ZZ2-1 07-1	5	5	0.016 23	0.016 23
80		ZZ2-2 07-1	0			0
81	E4 06-2	E4-1 06-2	4	8	0.025 97	0.012 99
82		E4-2 06-2	4			0.012 99
83	DL1 08	DL1-1 08	4	4	0.012 99	0.012 99
84		DL1-2 08	0			0
85	E1 06-2	E1-1 06-2	5	6	0.019 48	0.016 23
86		E1-3 06-2	1			0.003 247
87	DZ1 07-1	DZ1-1 07-1	2	6	0.019 48	0.006 494
88		DZ1-3 07-3	4			0.012 99
89	ZH3 08	ZH3-1 08	3	4	0.012 99	0.009 74
90		ZH3-2 08	1			0.003 247
91	DL1 08	DL1-1 08	0	0	0	0
92		DL1-3 08	0			0
93	DZ4 07-1	DZ4-1 07-1	4	8	0.025 97	0.012 99
94		DZ4-3 07-1	4			0.012 99
95	U2 06-2	U2-1 06-2	3	5	0.016 23	0.009 74
96		U2-3 06-2	2			0.006 494
97	ZD4 08	ZD4-1 08	5	6	0.019 48	0.016 23
98		ZD4-2 08	1			0.003 247
99	ZH4 08	ZH4-2 08	8	8	0.025 97	0.025 97
100	HF4 06-2	HF4-1 06-2	6	6	0.019 48	0.019 48
101	LZ2 08	LZ2-2 08	7	7	0.022 73	0.022 73
102	H2 05-3	H2-1 05-3	3	3	0.009 74	0.009 74
103	DZ2 07-1	DZ2-2 07-1	4	4	0.012 99	0.012 99
104	A3 05-3	A3-3 05-3	6	6	0.019 48	0.019 48
105	V7 05-3	V7-1 05-3	0	0	0	0
总计	51	105	308	308	1	1

8.3 微卫星多重 PCR 对三疣梭子蟹快速生长品系选育的指导意义

“黄选 1 号”的苗种是由各个家系的Ⅱ期幼蟹按相同的比例组成(放苗时每个家系放苗 3000 只，笔者参照各个家系养成时的成活率，发现成活率高的家系，在“黄选 1 号”的子代构成比例往往较高，反之则低，如家系 HH13-2 08，单独养殖存活率为 12.8%，在“黄选 1 号”鉴定出子代个数为 6 个，二者是相一致的。例如家系 V7 05-3 后期收获时存活率为 2.1%，在“黄选 1 号”未鉴定出其子代，分析原因，笔者认为主要是因为此家系排幼较早，发育到Ⅱ期幼蟹放苗时水温较低，导致了后代存活率低。再如家系 U6-1 06-3 子代的成活率为 14.57%，而在“黄选 1 号”只鉴定出 2 个子代，子代存活率低的可能原因一方面是此家系放苗较晚，被同类残食严重；另一方面，可能与取样较少有关。因此，在“黄选 1 号”以后选育中把放苗时间缩短，能提高各个家系的成活率。再如家系 DL1 08 产生的两个半同胞家系 DL1-1 08 和 DL1-2 08“黄选 1 号”中未检测到子代，家系成活率仅为 3.93% 这可能与苗种质量较低有关，建议淘汰 DL1-1 08，DL1-3 08 这两个家系。

Franklin 认为，近交增量 1% 时对家畜比较安全，目前近交增量 1% 原则已为广大家畜保种学家所接受，被称为保种遗传学基本法则。与畜禽等高等动物相比，水生动物有较高的表型变异、较低的遗传力，加上性产物数量大，后代的差异颇大，因此要达到畜禽的保种标准，应该使“黄选 1 号”维持更低的近交增量。通过对“黄选 1 号”近交系数增量的计算，近交系数增量 $\Delta f = 0.58\%$，说明“黄选 1 号”维持较低的近交增量，比较符合选育的要求。

表 30 2009 年养成家系及成活率情况

家系名称	养殖面积(m^2)	投放蟹苗个数	成活个数	成活率(%)
ZD2-3 08	496	3 000	174	5.80
LZ2-1 08	496	3 000	240	8.00
U6-1 06-2	496	3 000	437	14.57
DZ4-107-1	496	3 000	324	10.80
Q13-306-2	496	3 000	291	9.70
LD1-1 08	496	3 000	192	6.40
G4-1 05-3	496	3 000	429	14.30
U2-1 06-2	496	3 000	291	9.70
V7-1 05-3	496	3 000	63	2.10
LH1-1 07-1	496	3 000	414	13.80
HH13-2 08	496	3 000	378	12.60
ZL4-1 08	496	3 000	516	17.20
ZZ4-1 07-1	496	3 000	426	14.20
ZL1-4 07-1	496	3 000	245	8.17
HL4-1 07-1	496	3 000	240	8.00
DL1-1 08	496	3 000	118	3.93
野生对照	496	3 000	180	6.00

（作者：任宪云，刘萍，高保全，李健）

9. 三疣梭子蟹遗传连锁图谱的构建及生长性状的QTL定位

选育的目的是通过改变选择强度和精度来增加选育的遗传响应。多数经济相关性状由多个位点控制(O'Connel et al, 1997)。多态的QTL位点可以通过遗传连锁图谱获得(Coimbra et al, 2003)。因此,进行QTL定位的首要工作是进行遗传连锁图谱的构建。许多海洋物种已经构建了遗传连锁图谱,包括斑节对虾(*Penaeus monodon*)(Wilson et al, 2002),南美白对虾(*Penaeus vannamei*)(Pérezet al, 2004),罗非鱼(*Oreochromis niloticus*)(Lee et al, 2005),虹鳟(*Oncorhynchus mykiss*)(Guyomard et al, 2006),大西洋鲑(Salmo salar)(Moen et al, 2008),欧洲海鲈(*Dicentrarchus labrax*)(Chistiakov et al, 2008),大西洋鳕鱼(*Gadus morhua*)(Moen et al, 2009; Hubert et al, 2010),已经成为遗传研究的重要工具。目前除对三疣梭子蟹染色体数的研究($2n = 106$),对三疣梭子蟹基因组信息了解较少。

9.1 三疣梭子蟹遗传连锁图谱的构建

构建遗传连锁图谱需要大量的分子标记,微卫星标记具有多态性好,分布广泛,遗传连锁不平衡等特点,是遗传作图的首选标记。三疣梭子蟹SSR标记已有报道,但是可用于作图的数量较少。AFLP技术是基于PCR技术的限制性片段DNA指纹技术,可在未知基因组信息的情况下得到大量多态性片段。罗云等(2010)利用171个AFLP标记构建了第一个三疣梭子蟹遗传连锁图谱。本研究以三疣梭子蟹F_2代110个个体为作图材料,利用55个微卫星标记和1 239个AFLP标记构建了三疣梭子蟹中密度遗传连锁图谱,相对于罗云等(2010)结果,本结果连锁群数更接近于三疣梭子蟹染色体数。研究结果可为QTL定位和分子标记辅助育种(MAS)提供数据支持和理论依据。

2008年从三疣梭子蟹莱州湾野生群体中挑选个体大,无任何机械损伤及其他疾病、发育良好的种蟹(♂)作为父本,从海州湾野生群体中挑选个体大,无任何机械损伤及其他疾病、发育良好的种蟹(♀)作为母本,进行1♂×3♀交配,2009年4月初培育出F_1代家系。2009年8月从F_1代家系中挑选符合上述条件的雌、雄蟹。按照1♂×3♀的方式进行家系内交配,越冬后于2010年4月上旬培育出F_2家系。同年8月下旬,随机取家系的110个个体及亲本,记录全甲宽、甲宽、甲长、体重等数据后,取蟹的大螯肌肉装入灭菌的1.5 mL Eppendorf管中编号后置于冰箱中保存。

AFLP和SSR条带统计,分别按照显性和共显性标记统计(Van Ooijen et al, 2001)。AFLP带型在电泳图上表现为有带和无带,有带(基因型AA/Aa)记为"1",无带(aa)记为"0",缺失条带记"—",统计在一亲本中有带,在一个亲本中无带,子代条带按1:1分离的片段。SSR一对引物对某一个家系扩增反应只能产生一个基因座位,把一个等位基因作为同一位点对父母本分别统计。子代出现分离的条带经χ^2检验后($P > 0.05$),符合1:1孟德尔分离规律的标记用来构建三疣梭子蟹遗传连锁图谱。

本试验利用软件Join map 3.0 White head Institute进行连锁分析,采用LOD = 4.0,

对所有标记进行分组，Calculate Map 命令分析各组中不能参与连锁的标记，将其去掉后重新运行该命令，即可完成连锁图谱的绘制，图谱结果用 MAPCHART2.1 统一比例。

首先计算标记平均间隔(s)，其值为图谱总长度除以间隔总数(标记总数减去连锁群数)。每个连锁群的标记平均间隔为连锁群长度除以连锁群上的间隔数，连锁群上的间隔数为连锁群上的标记数减去 1。遗传连锁图谱实际长度为两个方面，一为框架图长度(Gof)，二为包括三联体和连锁对在内的所有连锁标记的长度(Goa)。采用两种方法计算基因组预期长度(Ge)：

(1) Ge1：参照 Fishman 等(2001)。每个连锁群的长度加上标记平均间隔的两倍，来补偿连锁群最末端的标记和端粒距离。

(2) Ge2：参照 Chakravarti 等(1991)。每个连锁群的长度乘以系数$(m+1)/(m-1)$，m 为每个连锁群所包含标记的数目。

将两种方法的平均值作为中国对虾基因组预期长度 Ge。

遗传图谱的实际长度分两个方面，一为框架图谱的长度 Gof，二为所有连锁群的总长度，即包括连锁对在内的所有连锁群的总长度 Goa (Cervera et al，2001)。相应的框架图覆盖率为 Gof = Gof/Ge，总的图谱覆盖率 Goa = Goa/Ge。

9.1.1 AFLP 扩增结果

利用 162 对引物组合产生 7875AFLP 清晰条带，每对引物产生的条带数从 40～80 不等，片段大小在 10～1 200 bp 之间(表 31)。每对引物产生的多态位点从 2 个至 14 个不等，平均每对引物产生 7.6 条多态性标记，低于斑节对虾(Wilson et al，2002)，日本对虾(Li et al，2003)和太平洋白对虾(Zhang et al，2007)，但与中国对虾(Liu et al，2010)的 7.1 个标记，三疣梭子蟹(罗云等，2010)的 9.7 个标记数相近。说明每对引物产生多态性标记数不同，相近或相同物种间差别不大，其他物种间差异明显。在已有报道中，AFLP 标记一般均匀分布(Cervera et al，2001；Shen et al，2007)，但是有些物种也有成簇存在的现象(Sakamoto et al，2000；Waldbieser et al，2001)，本研究并未发现 AFLP 标记成簇分布的现象。相对均匀的标记基因组分布证明 AFLP 标记的高效性和成功率。

所有的多态标记中母本标记 548 个，父本标记 504 个，另有 204 个共同标记。在 F_2 代分离比例符合孟德尔定律，即按照 1∶1 或者 3∶1 的比例进行分离。卡方检验表明，1 024 个标记符合孟德尔分离定律，106 个偏分离标记，偏分离位点数占总分离位点数的 10.5%。最后，共 919 (87%)个标记定位到雌雄图谱上，133 (13%)个标记未被定位。标记偏分离现象在图谱构建过程中普遍存在，已有研究表明 DNA 标记的偏分离现象与物种和构图群体有关。本研究中，标记偏分离率为 10%，低于斑点叉尾鮰的 16%(Liu et al，2003)，海虾的 12% (Li et al，2006)，太平洋牡蛎的 27% (Li et al，2004)。但却高于罗非鱼(Kocher et al，1998)和东部牡蛎的 8%。偏分离标记的出现可能与以下因素有关：① 作图群体基因组信息差异(Truco et al，2007；Hwanget al，2009)；② 标记分型错误。此外，染色体丢失(Kasha et al，1970)，基因转换(Nag et al，1989)，同源重组(Armstrong et al，1982)等都可能导致偏分离现象的出现。

表 31　162 组 MseI 和 EcoRI 酶切引物组合产生的多态性条带统计

Mse Ⅰ	EcoR Ⅰ															
	AAC（A）	AAG（B）	ACA（C）	ACT（D）	AGA（E）	AGC（F）	AGT（G）	ATC（H）	ATG（I）	AAT（J）	ACG（K）	ATA（L）	AAA（M）	ACC（N）	AGG（O）	Total
CAC（1）	14		6	6				7	5	3	5	8	12		7	73
CAT（2）	6	9	4	10	9	9	5	11	8	7	7	5	6	8	10	114
CAA（3）	4	8	5	11	8	7	10	8		6	6	7	5	3		88
CCA（4）		15	8	6	13	5	7	7		5		9	14	5	6	100
CCT（5）	13	12	10	8	10	9	9	6	4	7		6	6	7	6	113
CGA（6）	9	6		5	13	11	4	10	6	6		7	7		10	94
CGT（7）	8	13	7	7		5	5	7		11			10			73
CTA（8）	9		7	13	8	11	7	8	7	12	9				9	100
CTC（9）	6	8	5	9		4	4	9	5	5	7	5	8	4		79
CTG（10）	10	10	4	6	5	7	6		10	7	8	3	10	5	7	98
CGC（11）	3	9	9		4	2	14			4	2	6	4	2		59
CTT（12）	9	6	3		7		4					8	7		11	55
CAG（13）			5		5	7		11	6	6	7	7			3	57
CGC（14）										4	4	6		3	4	21
CCC（15）	4	11	4	5	8	4	6	5		6	4	6	7	6	2	78
CGG（16）				4		4			6	3	2	3	6	5	4	37
Total	95	107	77	90	90	85	81	89	57	92	61	86	102	48	79	1239

9.1.2 遗传连锁图谱分析

共 528 个分离标记用于雌性图谱的构建(图 29),479 个标记定位到框架图谱上,主要由 457 个 AFLP 标记、22 个 SSR 构成。雌性框架图谱包括 54 个连锁群,其中不少于 3 个标记的有 51 个,图谱的长度为 3 216.8 cm(Gof),连锁群的长度从 13.1 cm(45 号连锁群)到 156.7 cm (1 号连锁群),每个连锁的标记个数为 2～53 个。相邻标记间最大间隔为 32.7 cm,图谱平均间隔为 7.8 cm。各标记在雌性图谱上的分布情况见图 29。

共 496 个分离标记用于雄性图谱的构建(图 30),440 个标记定位到框架图谱上,主要由 421 个 AFLP 标记、19 个 SSR 构成。雄性框架图谱包括 53 个连锁群,其中不少于 3 个标记的有 50 个,图谱的长度为 3 157.6 cm (Gof),连锁群的长度从 4.7 cm 到 166.5 cm,每个连锁的标记个数为 2～16 个。相邻标记间最大间隔为 30.9 cm,图谱平均间隔为 8.8 cm。各标记在雄性图谱上的分布情况见图 30。

采用两种方法估计三疣梭子蟹的基因组长度,取其平均值作为图谱预期长度,雌性和雄性图谱预期长度分别为 4 745.2 cm 和 4 692.4 cm,雌性图谱预期长度和雄性图谱基本预期长度相等。图谱观察值占预期长度的百分比率为图谱的覆盖率,雌性和雄性框架图谱的覆盖率分别为 67.8%和 67.3%,当把连锁对考虑在内,三疣梭子蟹雌性和雄性连锁图谱观察长度分别增至 3 521.3 cm 和 3 517.6 cm。雌性和雄性图谱覆盖率分别增至 74.2%和 75.0% (表 32)。

51 个和 50 个连锁群数十分接近三疣梭子蟹单倍体染色体数($n=53$)。基因组信息量庞大,可能与蟹类染色体数多和染色体之间的干涉有关。遗传图谱的长度反映了重组率的大小,但是本研究中,雌、雄图谱的总长度(Goa)分别为 3 521.3 cm 和 3 517.6 cm,十分接近。预期基因组长度分别为雄性 4 745.2 cm 和雌性 4 692.4 cm。这种现象可能与作图群体的大小、做图标记数量和标记的密度有关。雌性和雄性常染色体的重组率一般不同,在 XY 染色体组型的哺乳动物中,雄性的重组率比雌性更紧凑(Nomura et al, 2011)。已有关于甲壳动物性别决定的研究(Benzie, 1998; Hulata, 2001),尽管本研究中未发现性别相关染色体,但结果表明雄性的重组率比雌性更紧凑。其他关于甲壳动物的研究结果显示,雌性图谱比雄性图谱含有更多遗传标记。Staelens 等(2008)构建了斑节对虾高密度遗传连锁图谱,雌、雄图谱的平均图距分别达到 2.8 和 2.1 cm,并发现雌性和雄性图谱的重组率差异不大。与本研究存在差异的原因可能是标记数的多少、图谱密度和物种的类别。本研究结果与 Coimbra (2003)等报道的雌性 1 176.4 cm 和雄性 1 155 cm 图谱长度接近的结果相一致。图谱预期长度(雄性 4 745.2 cm 和雌性 4 692.4 cm)明显高于罗云等(2010)(雄性 2 918.2 cm 和雌性 2 372.4 cm),原因可能是标记数的增加。此外,919 个标记定位到图谱上,远多于罗云等(2010) 171 标记。除标记数外,不同作图软件的应用也会导致图谱长度的差异。有研究(Senior et al, 1997; Vuylsteke et al, 1999)表明,对于基因组长度,同样的数据,JoinMap 分析结果要短于 MAPMAKER 分析结果。

标记之间图距大于 30 cm 的雌性图谱 44 号连锁群(32.7 cm)和 49 号连锁群(30.1 cm)，雄性图谱 1 号连锁群 31.2 cm、29 号连锁群 30.1 cm 和 42 号连锁群 30.9 cm 可能与基因高表达区的高重组率有关。相比罗云等(2010) 22.0 cm 和 24.0 cm 平均图距，本研究雌性 7.8 cm 和雄性 8.7 cm 更加精确，图谱覆盖率雌性和雄性分别为 74% 和 75%，具有更好的基因组覆盖率。

遗传连锁图谱在 QTL 定位分析，基于图谱的基因克隆，MAS 和比较基因组学方面都发挥着重要作用。三疣梭子蟹中密度遗传连锁图谱的构建主要有两个目标：首先，基因组覆盖率和标记密度增加为数量相关性状，如全甲宽、甲宽、甲长、体重等的 QTL 定位提供基础。第二，本研究为遗传分析和操作提供了一个有效的工具，可以作为单个基因位点、遗传进化和生态显著性状研究模板。最后，改进的图谱还可以为重要经济性状相关的比较基因组作图提供支持，为应用于分子标记辅助育种打好基础。

表 32 三疣梭子蟹遗传连锁图谱参数统计

	雌蟹(偏分离标记)	雄蟹(偏分离标记)
分离标记数	548(60)	504(46)
用于连锁分析标记数	528(40)	496(38)
上图标记		
AFLP 标记数	457(36)	421(32)
SSR 标记数	22(1)	19(1)
不连锁二联体数量	6	6
不连锁单标记数量	37(3)	44(5)
连锁群数量	51	50
每个连锁群平均标记数	9.4	8.8
每个连锁群最少标记数	3	3
标记间平均间隔	7.8	8.7
标记间最大间隔	32.7	30.9
最小连锁群长度	13.1	4.7
最大连锁群长度	156.7	166.5
图谱观察长度		
Gof	3 216.8	3 157.6
Goa	3 521.3	3 517.6
图谱估计长度		
Ge1	4 725.1	4 691.7
Ge2	4 765.2	4 693.1
Ge	4 745.2	4 692.4
图谱覆盖率		
Cof	67.8	67.3
Coa	74.2	75

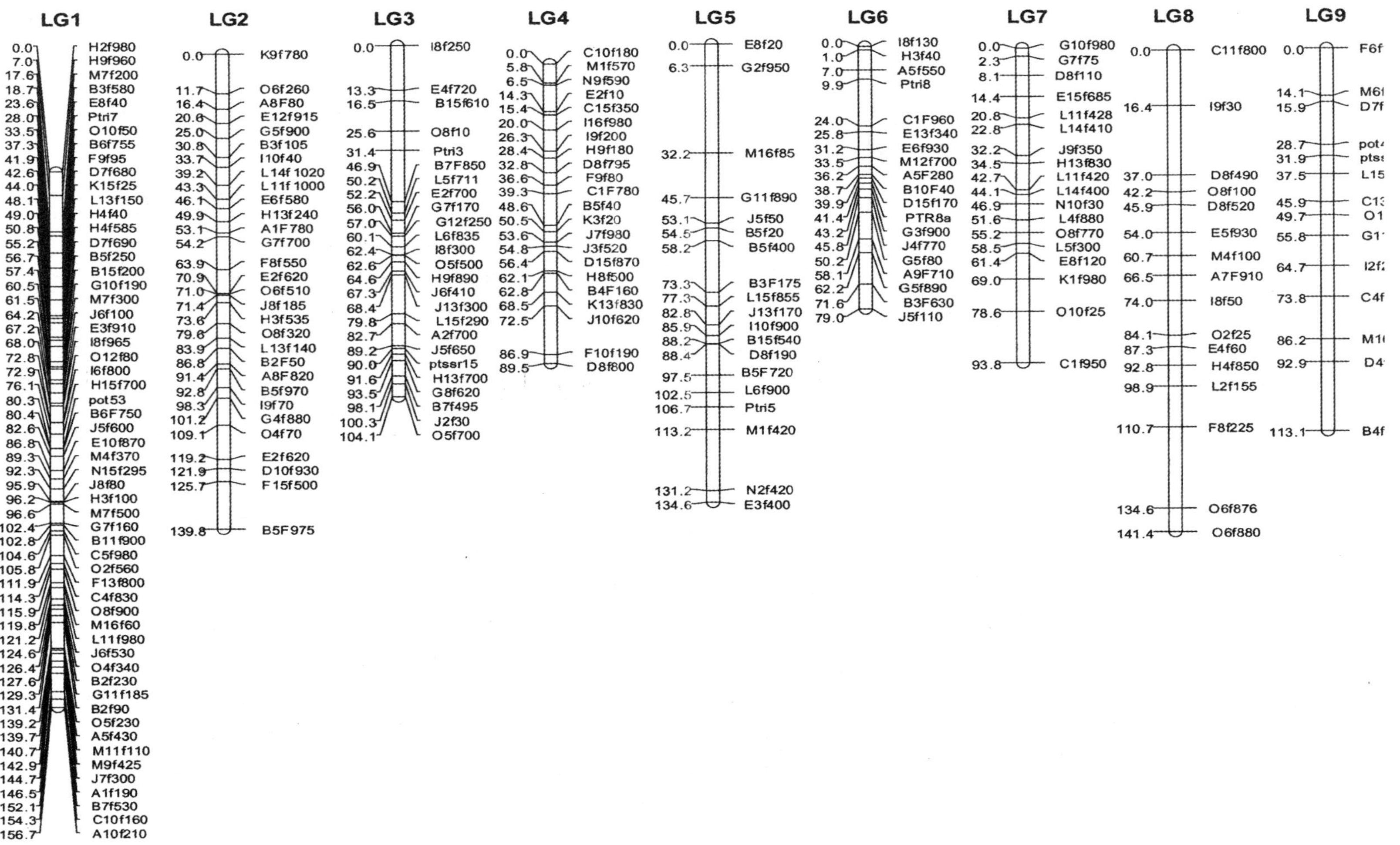
LG1
0.0 H2f980
7.0 H9f960
17.6 M7f200
18.7 B3f580
23.6 E8f40
28.0 Ptri7
33.5 O10f50
37.3 B6f755
41.9 F9f95
42.6 D7f680
44.0 K15f25
48.1 L13f150
49.0 H4f40
50.8 H4f585
55.2 D7f690
56.7 B5f250
57.4 B15f200
60.5 G10f190
61.5 M7f300
64.2 J6f100
67.2 E3f910
68.0 I8f965
72.8 O12f80
72.9 I6f800
76.1 H15f700
80.3 pot53
80.4 B6F750
82.6 J5f600
86.8 E10f870
89.3 M4f370
92.3 N15f295
95.9 J8f80
96.2 H3f100
96.6 M7f500
102.4 G7f160
102.8 B11f900
104.6 C5f980
105.8 O2f560
111.9 F13f800
114.3 C4f830
115.9 O8f900
119.8 M16f60
121.2 L11f980
124.6 J6f530
126.4 O4f340
127.6 B2f230
129.3 G11f185
131.4 B2f90
139.2 O5f230
139.7 A5f430
140.7 M11f110
142.9 M9f425
144.7 J7f300
146.5 A1f190
152.1 B7f530
154.3 C10f160
156.7 A10f210
LG2
0.0 K9f780
11.7 O6f260
16.4 A8F80
20.6 E12f915
25.0 G5f900
30.8 B3f105
33.7 I10f40
39.2 L14f 1020
43.3 L11f 1000
46.1 E6f580
49.9 H13f240
53.1 A1F780
54.2 G7f700
63.9 F8f550
70.9 E2f620
71.0 O6f510
71.4 J8f185
73.6 H3f535
79.6 O8f320
83.9 L13f140
86.8 B2F50
91.4 A8F820
92.8 B5f970
98.3 I9f70
101.2 G4f880
109.1 O4f70
119.2 E2f620
121.9 D10f930
125.7 F15f500
139.8 B5F975
LG3
0.0 I8f250
13.3 E4f720
16.5 B15f610
25.6 O8f10
31.4 Ptri3
46.9 B7F850
50.2 L5f711
52.2 E2f700
56.0 G7f170
57.0 G12f250
60.1 L6f835
62.4 I8f300
62.6 O5f500
64.6 H9f890
67.3 J6f410
68.4 J13f300
79.8 L15f290
82.7 A2f700
89.2 J5f650
90.0 ptssr15
91.6 H13f700
93.5 G8f620
98.1 B7f495
100.3 J2f30
104.1 O5f700
LG4
0.0 C10f180
5.8 M1f570
6.5 N9f590
14.3 E2f10
15.4 C15f350
20.0 I16f980
26.3 I9f200
28.4 H9f180
32.8 D8f795
36.6 F9f80
39.3 C1F780
48.6 B5f40
50.5 K3f20
53.6 J7f980
54.8 J3f520
56.4 D15f870
62.1 H8f500
62.8 B4F160
68.5 K13f830
72.5 J10f620
86.9 F10f190
89.5 D8f800
LG5
0.0 E8f20
6.3 G2f950
32.2 M16f85
45.7 G11f890
53.1 J5f50
54.5 B5f20
58.2 B5f400
73.3 B3F175
77.3 L15f855
82.8 J13f170
85.9 I10f900
88.2 B15f540
88.4 D8f190
97.5 B5F720
102.5 L6f900
106.7 Ptri5
113.2 M1f420
131.2 N2f420
134.6 E3f400
LG6
0.0 I8f130
1.0 H3f40
7.0 A5f550
9.9 Ptri8
24.0 C1F960
25.8 E13f340
31.2 E6f930
33.5 M12f700
36.2 A5F280
38.7 B10F40
39.9 D15f170
41.4 PTR8a
43.2 G3f900
45.8 J4f770
50.2 G5f80
58.1 A9F710
62.2 G5f890
71.6 B3F630
79.0 J5f110
LG7
0.0 G10f980
2.3 G7f75
8.1 D8f110
14.4 E15f685
20.8 L11f428
22.8 L14f410
32.2 J9f350
34.5 H13f830
42.7 L11f420
44.1 L14f400
46.9 N10f30
51.6 L4f880
55.2 O8f770
58.5 L5f300
61.4 E8f120
69.0 K1f980
78.6 O10f25
93.8 C1f950
LG8
0.0 C11f800
16.4 I9f30
37.0 D8f490
42.2 O8f100
45.9 D8f520
54.0 E5f930
60.7 M4f100
66.5 A7F910
74.0 I8f50
84.1 O2f25
87.3 E4f60
92.8 H4f850
98.9 L2f155
110.7 F8f225
134.6 O6f876
141.4 O6f880
LG9
0.0
14.1
15.9
28.7
31.9
37.5
45.9
49.7
55.8
64.7
73.8
86.2
92.9
113.1

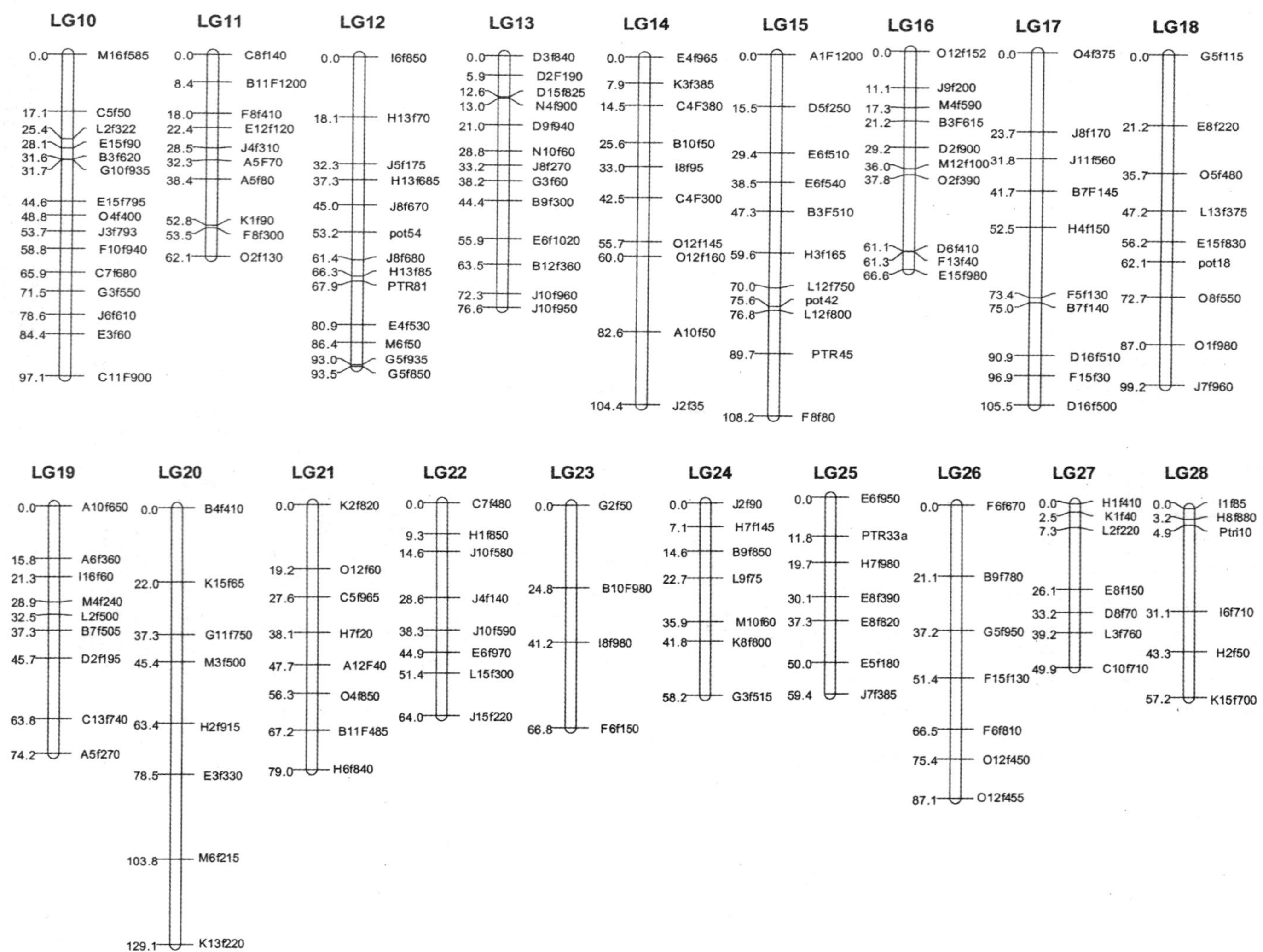
LG10
0.0 M16f585
17.1 C5f50
25.4 L2f322
28.1 E15f90
31.6 B3f620
31.7 G10f935
44.6 E15f795
48.8 O4f400
53.7 J3f793
58.8 F10f940
65.9 C7f680
71.5 G3f550
78.6 J6f610
84.4 E3f60
97.1 C11F900
LG11
0.0 C8f140
8.4 B11F1200
18.0 F8f410
22.4 E12f120
28.5 J4f310
32.3 A5F70
38.4 A5f80
52.8 K1f90
53.5 F8f300
62.1 O2f130
LG12
0.0 I6f850
18.1 H13f70
32.3 J5f175
37.3 H13f685
45.0 J8f670
53.2 pot54
61.4 J8f680
66.3 H13f85
67.9 PTR81
80.9 E4f530
86.4 M6f50
93.0 G5f935
93.5 G5f850
LG13
0.0 D3f840
5.9 D2F190
12.6 D15f825
13.0 N4f900
21.0 D9f940
28.8 N10f60
33.2 J8f270
38.2 G3f60
44.4 B9f300
55.9 E6f1020
63.5 B12f360
72.3 J10f960
76.6 J10f950
LG14
0.0 E4f965
7.9 K3f385
14.5 C4F380
25.6 B10f50
33.0 I8f95
42.5 C4F300
55.7 O12f145
60.0 O12f160
82.6 A10f50
104.4 J2f35
LG15
0.0 A1F1200
15.5 D5f250
29.4 E6f510
38.5 E6f540
47.3 B3F510
59.6 H3f165
70.0 L12f750
75.6 pot42
76.8 L12f800
89.7 PTR45
108.2 F8f80
LG16
0.0 O12f152
11.1 J9f200
17.3 M4f590
21.2 B3F615
29.2 D2f900
36.0 M12f100
37.8 O2f390
61.1 D6f410
61.3 F13f40
66.6 E15f980
LG17
0.0 O4f375
23.7 J8f170
31.8 J11f560
41.7 B7F145
52.5 H4f150
73.4 F5f130
75.0 B7f140
90.9 D16f510
96.9 F15f30
105.5 D16f500
LG18
0.0 G5f115
21.2 E8f220
35.7 O5f480
47.2 L13f375
56.2 E15f830
62.1 pot18
72.7 O8f550
87.0 O1f980
99.2 J7f960
LG19
0.0 A10f650
15.8 A6f360
21.3 I16f60
28.9 M4f240
32.5 L2f500
37.3 B7f505
45.7 D2f195
63.8 C13f740
74.2 A5f270
LG20
0.0 B4f410
22.0 K15f65
37.3 G11f750
45.4 M3f500
63.4 H2f915
78.5 E3f330
103.8 M6f215
129.1 K13f220
LG21
0.0 K2f820
19.2 O12f60
27.6 C5f965
38.1 H7f20
47.7 A12F40
56.3 O4f850
67.2 B11F485
79.0 H6f840
LG22
0.0 C7f480
9.3 H1f650
14.6 J10f580
28.6 J4f140
38.3 J10f590
44.9 E6f970
51.4 L15f300
64.0 J15f220
LG23
0.0 G2f50
24.8 B10F980
41.2 I8f980
66.8 F6f150
LG24
0.0 J2f90
7.1 H7f145
14.6 B9f850
22.7 L9f75
35.9 M10f60
41.8 K8f800
58.2 G3f515
LG25
0.0 E6f950
11.8 PTR33a
19.7 H7f980
30.1 E8f390
37.3 E8f820
50.0 E5f180
59.4 J7f385
LG26
0.0 F6f670
21.1 B9f780
37.2 G5f950
51.4 F15f130
66.5 F6f810
75.4 O12f450
87.1 O12f455
LG27
0.0 H1f410
2.5 K1f40
7.3 L2f220
26.1 E8f150
33.2 D8f70
39.2 L3f760
49.9 C10f710
LG28
0.0 I1f85
3.2 H8f880
4.9 Ptri10
31.1 I6f710
43.3 H2f50
57.2 K15f700

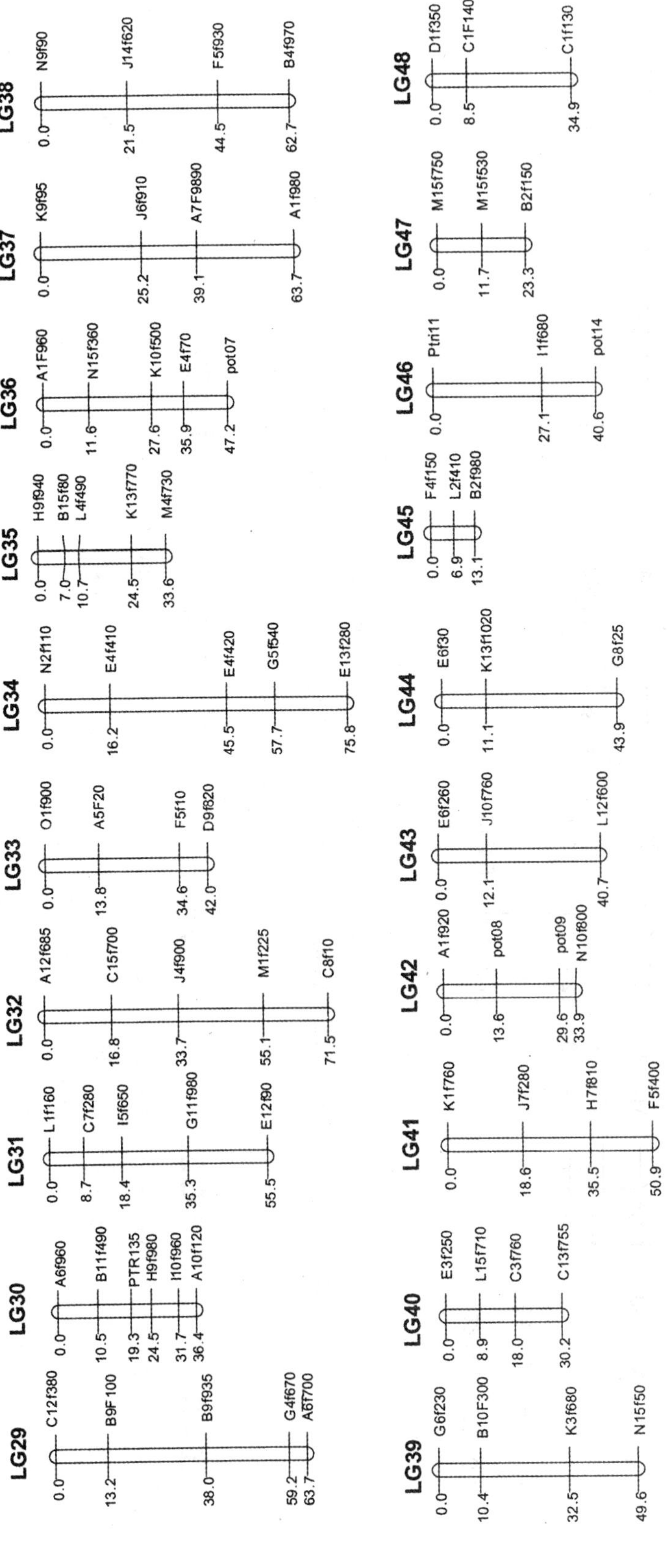
LG29
0.0 C12f380
13.2 B9F100
38.0 B9f935
59.2 G4f670
63.7 A6f700
LG30
0.0 A6f960
10.5 B11f490
19.3 PTR135
24.5 H9f980
31.7 I10f960
36.4 A10f120
LG31
0.0 L1f160
8.7 C7f280
18.4 I5f650
35.3 G11f980
55.5 E12f90
LG32
0.0 A12f685
16.8 C15f700
33.7 J4f900
55.1 M1f225
71.5 C8f10
LG33
0.0 O1f900
13.8 A5F20
34.6 F5f10
42.0 D9f820
LG34
0.0 N2f110
16.2 E4f410
45.5 E4f420
57.7 G5f540
75.8 E13f280
LG35
0.0 H9f940
7.0 B15f80
10.7 L4f490
24.5 K13f770
33.6 M4f730
LG36
0.0 A1F960
11.6 N15f360
27.6 K10f500
35.9 E4f70
47.2 pot07
LG37
0.0 K9f95
25.2 J6f910
39.1 A7F9890
63.7 A1f980
LG38
0.0 N9f90
21.5 J14f620
44.5 F5f930
62.7 B4f970
LG39
0.0 G6f230
10.4 B10F300
32.5 K3f680
49.6 N15f50
LG40
0.0 E3f250
8.9 L15f710
18.0 C3f760
30.2 C13f755
LG41
0.0 K1f760
18.6 J7f280
35.5 H7f810
50.9 F5f400
LG42
0.0 A1f920
13.6 pot08
29.6 pot09
33.9 N10f800
LG43
0.0 E6f260
12.1 J10f760
40.7 L12f600
LG44
0.0 E6f30
11.1 K13f1020
43.9 G8f25
LG45
0.0 F4f150
6.9 L2f410
13.1 B2f980
LG46
0.0 Ptri11
27.1 I1f680
40.6 pot14
LG47
0.0 M15f750
11.7 M15f530
23.3 B2f150
LG48
0.0 D1f350
8.5 C1F140
34.9 C1f130

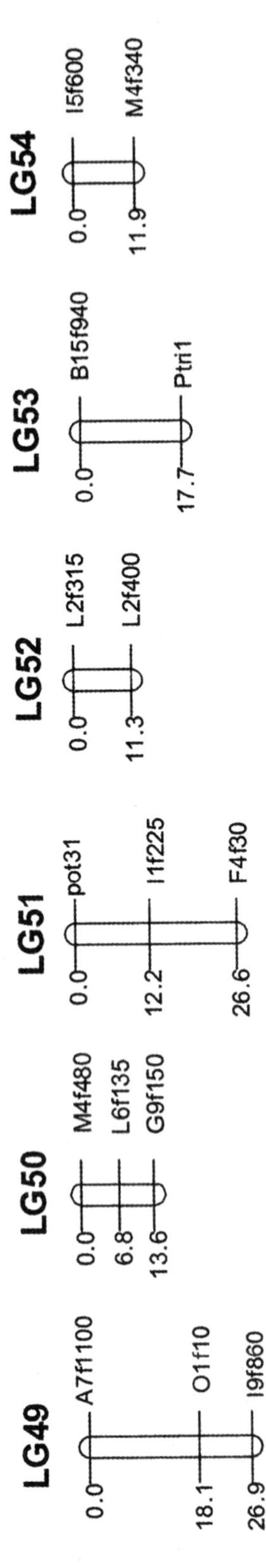

图 29 三疣梭子蟹雌性遗传连锁图谱

连锁群编号位于每个连锁群上方，AFLP 和 SSR 分子标记在连锁群右侧，连锁群单位长度为厘摩（cM）

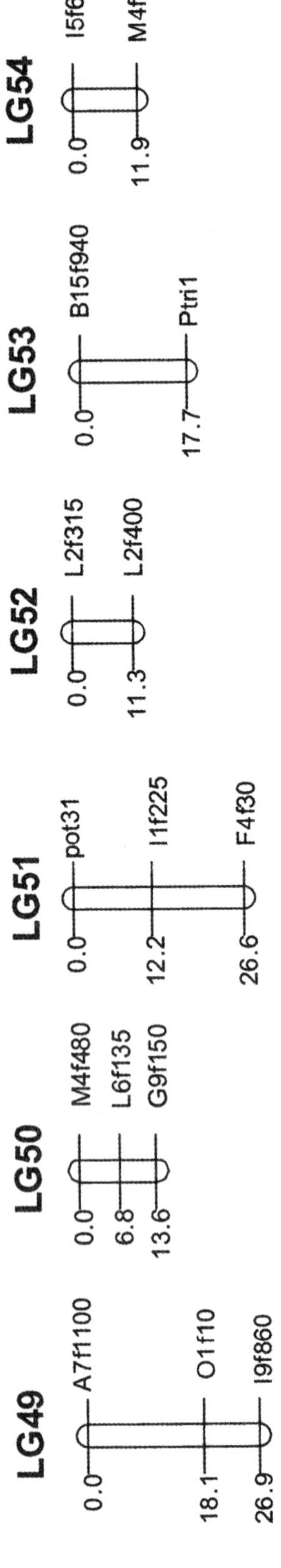

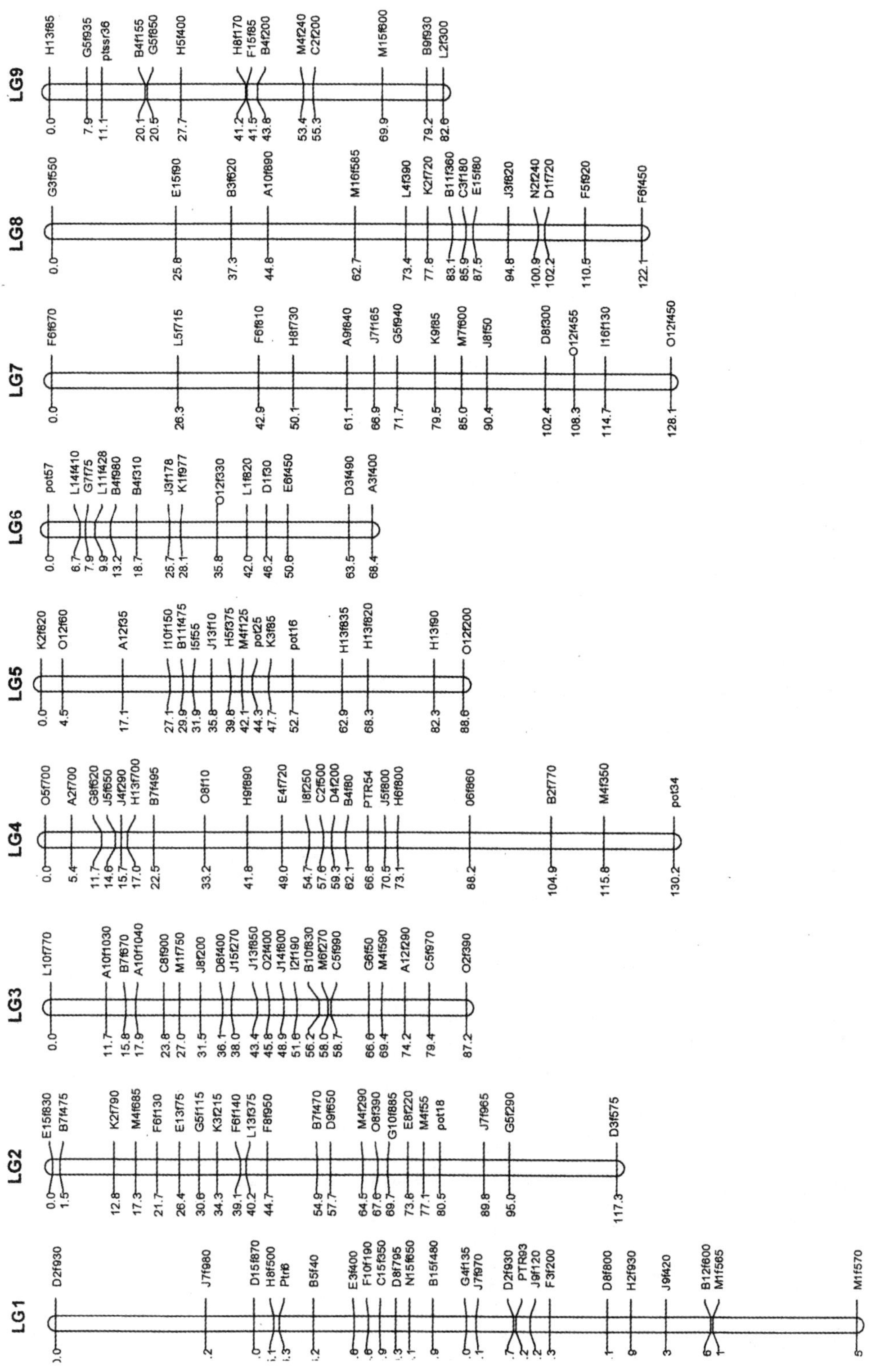

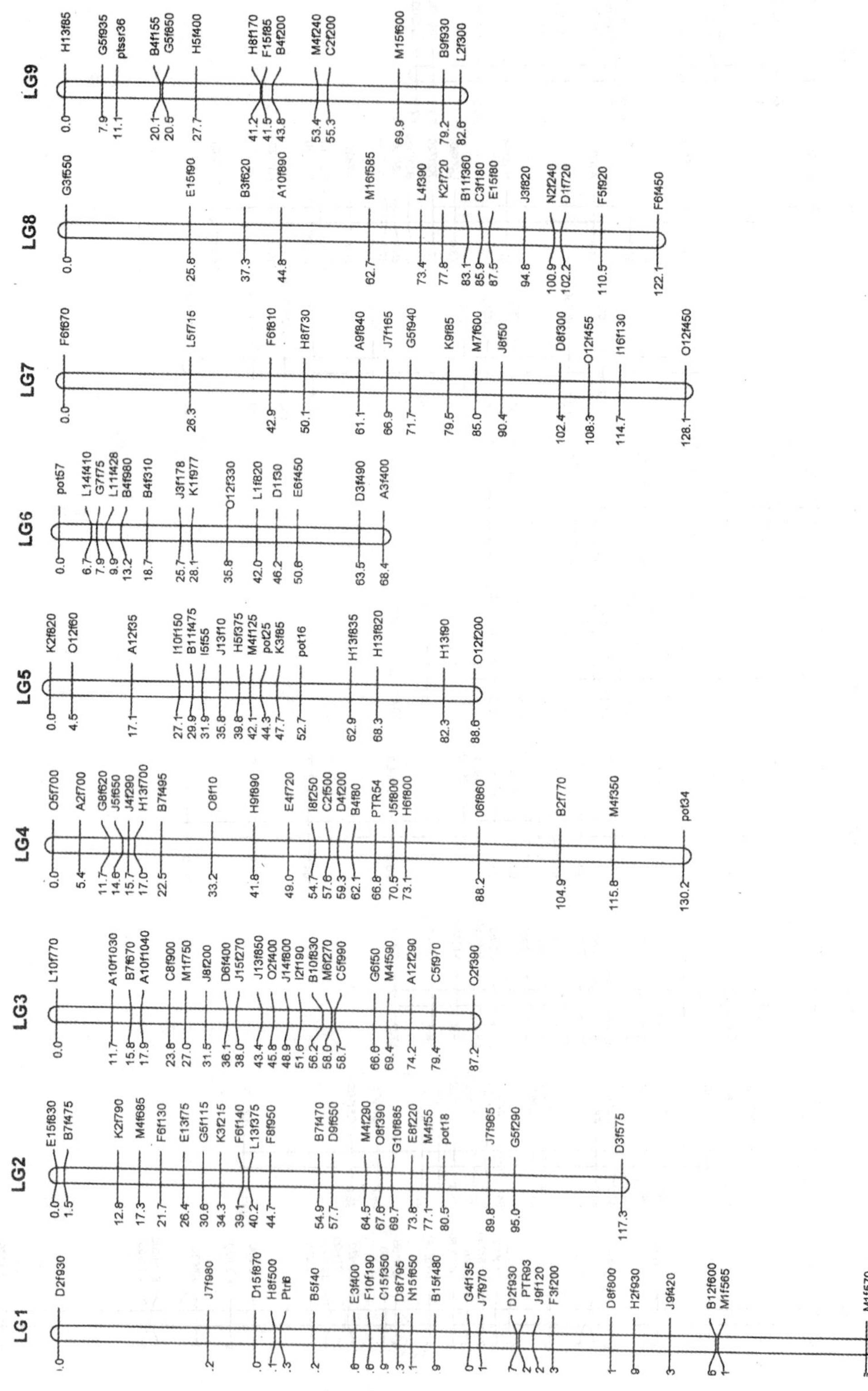
LG1
D2f930
J7f980
D15f870
H8f500
Ptr8
B5f40
E3f400
F10f190
C15f350
D8f795
N15f650
B15f480
G4f135
J7f970
D2f930
PTR93
J9f120
F3f200
D8f800
H2f930
J9f420
B12f600
M1f565
M1f570
LG2
0.0 E15f830
1.5 B7f475
12.8 K2f790
17.3 M4f685
21.7 F6f130
26.4 E13f75
30.6 G5f115
34.3 K3f215
39.1 F6f140
40.2 L13f375
44.7 F8f950
54.9 B7f470
57.7 D9f650
64.5 M4f290
67.6 O8f390
69.7 G10f885
73.8 E8f220
77.1 M4f55
80.5 pot18
89.8 J7f965
95.0 G5f290
117.3 D3f575
LG3
0.0 L10f770
11.7 A10f1030
15.8 B7f670
17.9 A10f1040
23.8 C8f900
27.0 M1f750
31.5 J8f200
36.1 D6f400
38.0 J15f270
43.4 J13f850
45.8 O2f400
48.9 J14f800
51.6 I2f190
56.2 B10f830
58.0 M6f270
58.7 C5f990
66.6 G6f50
69.4 M4f590
74.2 A12f290
79.4 C5f970
87.2 O2f390
LG4
0.0 O5f700
5.4 A2f700
11.7 G8f620
14.6 J5f650
15.7 J4f290
17.0 H13f700
22.5 B7f495
33.2 O8f10
41.8 H9f890
49.0 E4f720
54.7 I8f250
57.6 C2f500
59.3 D4f200
62.1 B4f80
66.8 PTR54
70.5 J5f800
73.1 H6f800
88.2 O6f860
104.9 B2f770
115.8 M4f350
130.2 pot34
LG5
0.0 K2f820
4.5 O12f60
17.1 A12f35
27.1 I10f150
29.9 B11f475
31.9 I5f55
35.8 J13f10
39.8 H5f375
42.1 M4f125
44.3 pot25
47.7 K3f85
52.7 pot16
62.9 H13f835
68.3 H13f820
82.3 H13f90
88.6 O12f200
LG6
0.0 pot57
6.7 L14f410
7.9 G7f75
9.9 L11f428
13.2 B4f980
18.7 B4f310
25.7 J3f178
28.1 K1f977
35.8 O12f330
42.0 L1f820
46.2 D1f30
50.6 E6f450
63.5 D3f490
68.4 A3f400
LG7
0.0 F6f870
26.3 L5f715
42.9 F6f810
50.1 H8f730
61.1 A9f840
66.9 J7f165
71.7 G5f940
79.5 K9f85
85.0 M7f600
90.4 J8f50
102.4 D8f300
108.3 O12f455
114.7 I16f130
128.1 O12f450
LG8
0.0 G3f550
25.8 E15f90
37.3 B3f620
44.8 A10f890
62.7 M16f585
73.4 L4f390
77.8 K2f720
83.1 B11f360
85.9 C3f180
87.5 E15f80
94.8 J3f820
100.9 N2f240
102.2 D1f720
110.5 F5f920
122.1 F6f450
LG9
0.0 H13f85
7.9 G5f935
11.1 ptssr36
20.1 B4f155
20.5 G5f850
27.7 H5f400
41.2 H8f170
41.5 F15f85
43.8 B4f200
53.4 M4f240
55.3 C2f200
69.9 M15f600
79.2 B9f930
82.6 L2f300

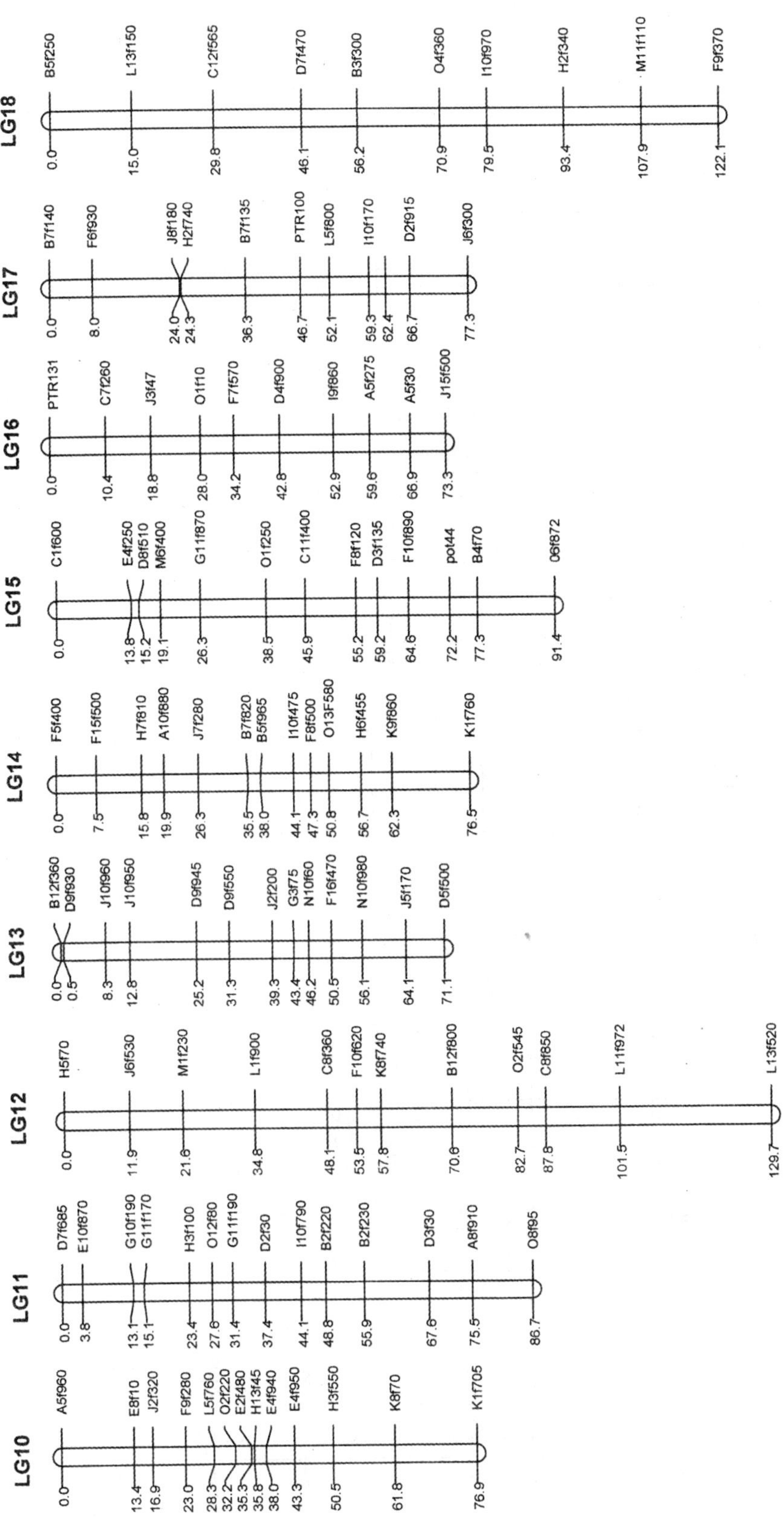

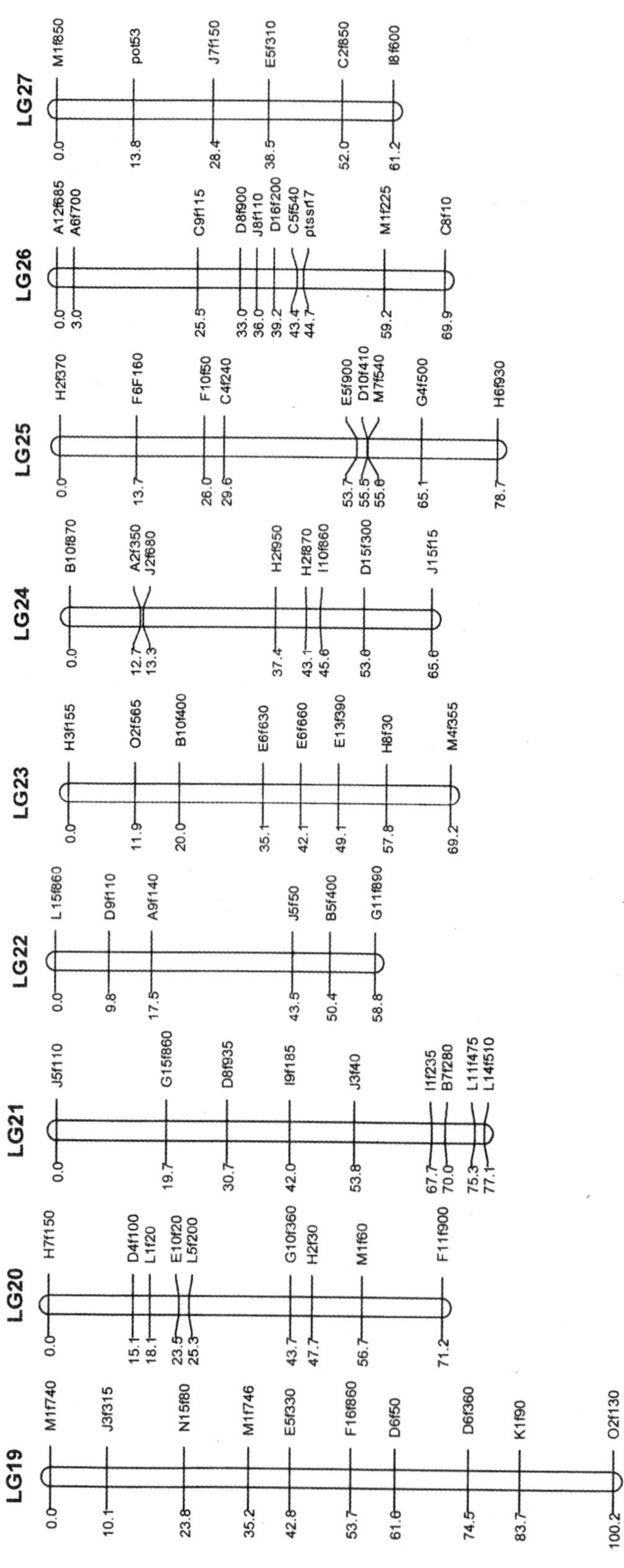
LG19
0.0 M1f740
10.1 J3f315
23.8 N15f80
35.2 M1f746
42.8 E5f330
53.7 F16f860
61.6 D6f50
74.5 D6f360
83.7 K1f90
100.2 O2f130
LG20
0.0 H7f150
15.1 D4f100
18.1 L1f20
23.5 E10f20
25.3 L5f200
43.7 G10f360
47.7 H2f30
56.7 M1f60
71.2 F11f900
LG21
0.0 J5f110
19.7 G15f860
30.7 D8f935
42.0 I9f185
53.8 J3f40
67.7 I1f235
70.0 B7f280
75.3 L11f475
77.1 L14f510
LG22
0.0 L15f860
9.8 D9f110
17.5 A9f140
43.5 J5f50
50.4 B5f400
58.8 G11f890
LG23
0.0 H3f155
11.9 O2f565
20.0 B10f400
35.1 E6f630
42.1 E6f660
49.1 E13f390
57.8 H8f30
69.2 M4f355
LG24
0.0 B10f870
12.7 A2f350
13.3 J2f680
37.4 H2f950
43.1 H2f870
45.6 I10f860
53.8 D15f300
65.6 J15f15
LG25
0.0 H2f370
13.7 F6F160
26.0 F10f50
29.6 C4f240
53.7 E5f900
55.5 D10f410
55.6 M7f540
65.1 G4f500
78.7 H6f930
LG26
0.0 A12f685
3.0 A6f700
25.5 C9f115
33.0 D8f900
36.0 J8f110
39.2 D16f200
43.4 C5f540
44.7 ptssr17
59.2 M1f225
69.9 C8f10
LG27
0.0 M1f850
13.8 pot53
28.4 J7f150
38.5 E5f310
52.0 C2f850
61.2 I8f600

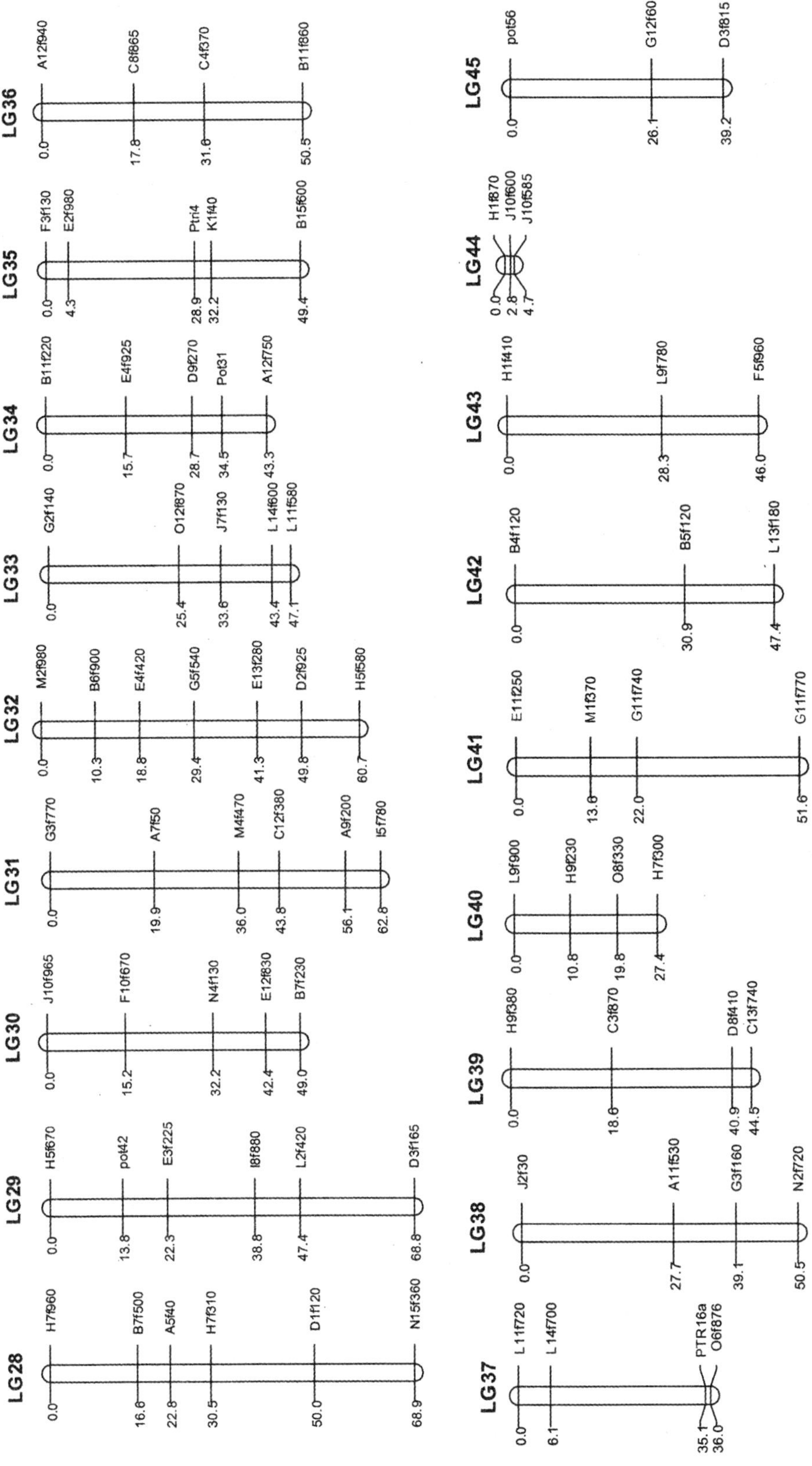
LG28
H7f960 B7f500 A5f40 H7f310 D1f120 N15f360
0.0 16.6 22.8 30.5 50.0 68.9
LG29
H5f670 pot42 E3f225 I8f880 L2f420 D3f165
0.0 13.8 22.3 38.8 47.4 68.8
LG30
J10f965 F10f670 N4f130 E12f830 B7f230
0.0 15.2 32.2 42.4 49.0
LG31
G3f770 A7f50 M4f470 C12f380 A9f200 I5f780
0.0 19.9 36.0 43.8 56.1 62.8
LG32
M2f980 B6f900 E4f420 G5f540 E13f280 D2f925 H5f580
0.0 10.3 18.8 29.4 41.3 49.8 60.7
LG33
G2f140 O12f870 J7f130 L14f600 L11f580
0.0 25.4 33.6 43.4 47.1
LG34
B11f220 E4f925 D9f270 Pot31 A12f750
0.0 15.7 28.7 34.5 43.3
LG35
F3f130 E2f980 Ptri4 K1f40 B15f600
0.0 4.3 28.9 32.2 49.4
LG36
A12f940 C8f865 C4f370 B11f860
0.0 17.8 31.6 50.5
LG37
L11f720 L14f700 PTR16a O6f876
0.0 6.1 35.1 36.0
LG38
J2f30 A11f530 G3f160 N2f720
0.0 27.7 39.1 50.5
LG39
H9f380 C3f870 D8f410 C13f740
0.0 18.6 40.9 44.5
LG40
L9f900 H9f230 O8f330 H7f300
0.0 10.8 19.8 27.4
LG41
E11f250 M1f370 G11f740 G11f770
0.0 13.6 22.0 51.6
LG42
B4f120 B5f120 L13f180
0.0 30.9 47.4
LG43
H1f410 L9f780 F5f960
0.0 28.3 46.0
LG44
H1f870 J10f600 J10f585
0.0 2.8 4.7
LG45
pot56 G12f60 D3f815
0.0 26.1 39.2

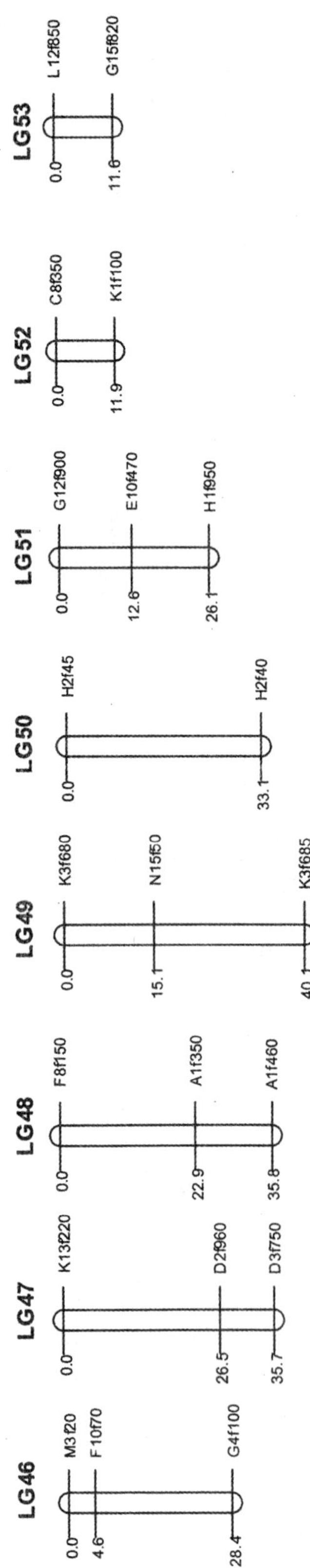

图 30　三疣梭子蟹雄性遗传连锁图谱。

连锁群编号位于每个连锁群上方，AFLP 和 SSR 分子标记在连锁群右侧，连锁群单位长度为厘摩(cM)

9.2 三疣梭子蟹生长相关性状的 QTL 定位

自 2004 年开始，黄海水产研究所在三疣梭子蟹遗传改良方面做了大量工作，并取得了很大进步，构建了第一个中等密度的遗传连锁图谱（Liu et al，2012），产量和生长速度也都获得了提高。快速生长群体在 2012 年已被中国水产良种委员会评审和认定为“黄选一号”新品种（李健等，2013）。生长相关性状具有连续差异性，是数量性状，受遗传和环境双重因素影响（Lynch et al，1998），许多数量性状具有复杂的遗传模式，但是很多性状受主效 QTL 的影响（Lynch et al，1998）。由于潜在的重要经济性状具有的遗传增益，多种水产动物进行了遗传连锁图谱的构建和重要经济性状的 QTL 定位（Guo et al，2012）研究，这些性状包括生长（Guo et al，2012），抗病（Moen et al，2007；Ozaki et al，2010），受环境影响相关性状（Cnaani et al，2003）。目前为止，只有少数关于甲壳动物生长相关 QTL 定位的研究（Li et al，2006）。原因之一是用于克服因为甲壳动物驯化、选择育种、维持高质量的选育群体、动物数量性状的测量和数量巨大的染色体等技术障碍带来的巨大花费。三疣梭子蟹具有 106 条染色体，如构建同等密度的遗传连锁图谱用于 QTL 定位，将需要比鱼类或者贝类更多的分子标记。

目前，多种水产养殖动物的遗传改良已经取得了显著进步，这些遗传改良应用传统的性状测量和谱系分析。这些水产动物包括，大菱鲆（Sánchez et al，2011），虹鳟（Wringe et al，2010），太平洋狮爪扇贝（Petersen et al，2012）等。已有研究通过性状测量估算了三疣梭子蟹生长相关性状的遗传力和遗传相关，如体重和体高等（高保全等，2010；刘磊等，2009）。分子标记辅助育种（MAS）可以大幅增加针对这些生长相关性状的选育计划中动物选择的准确性（Houston et al，2008）。三疣梭子蟹生长相关性状包括体重、全甲宽、体高等，是受多个基因影响的数量性状。对这些性状的改良是水产动物育种计划关注的主要方面，可以通过表型选择进行，而通过分子标记辅助育种（MAS），遗传增益将更加快速（Wang et al，2006；Dekkers et al，2002；Andersson et al，2004）。随着分子标记开发技术的迅速发展，通过分子标记辅助育种（MAS）的 QTL 定位在育种计划中的应用已可行。对数量性状位点的 QTL 定位是对复杂性状遗传学基础和遗传方式进行剖析的第一步（Lynch and Walsh 1998）。本研究是首次关于三疣梭子蟹生长相关性状 QTL 定位的报道。本研究的主要目标：① 定位影响三疣梭子蟹 10 个生长相关性状的 QTL 位点。② 能够为三疣梭子蟹的分子标记辅助选择进一步精细定位这些 QTL，最终确定响应生长相关性状的每个基因。

2008 年从三疣梭子蟹莱州湾野生群体中挑选个体大，无任何机械损伤及其他疾病、发育良好的种蟹（♂）作为父本，从海州湾野生群体中挑选个体大，无任何机械损伤及其他疾病、发育良好的种蟹（♀）作为母本，进行 1♂×3♀ 交配，2009 年 4 月初培育出 F_1 代家系。2009 年 8 月从 F_1 代家系中挑选符合上述条件的雌、雄蟹。按照 1♂×3♀ 的方式进行家系内交配，越冬后于 2010 年 4 月上旬培育出 F_2 家系。同年 8 月下旬，随机取家系的110个个体及亲本，测量记录全甲宽、甲宽、甲长、体重等数据后，取蟹的大螯肌肉装入灭菌的1.5 mL Eppendorf管中编号后置于冰箱中保存。

10个生长相关性状的测量示意图如图31所示，

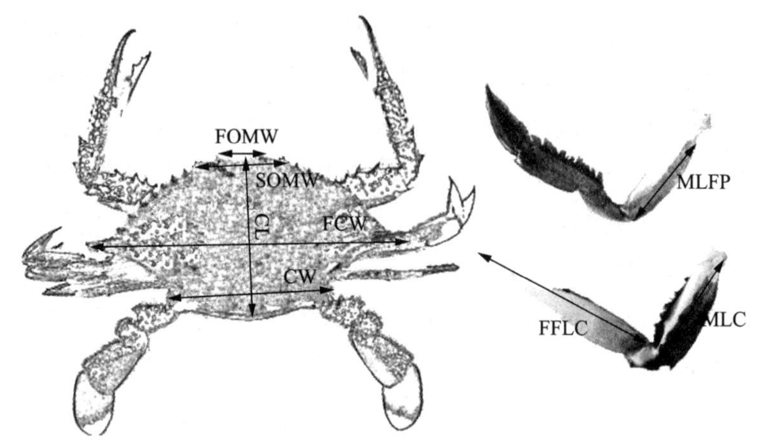

图31 所选10个三疣梭子蟹生长性状测量示意图

QTL定位所用遗传连锁图谱为Liu等(2012a)构建的三疣梭子蟹遗传连锁图谱。应用Windows QTL Cartographer 2.0（Wang et al，2004)复合区间作图法(Composite Inteval Mapping)定位单个位点QTL。选择Windows QTL Cartographer 2.0软件中的模型6进行复合区间作图，窗口选择10。区间内出现一个QTL的LOD值表示为log10（L1/L0)，L1表示模型存在一个QTL的最大或然性，L0表示区间内不存在QTL的最大或然性。本研究分别设定针对雌雄图谱的LOD的临界值为3.0，相当于单一标记分析法达到0.001的水平。QTL最可能位置就是最大LOD值所对应的位置。单个QTL可以解释的表型变异是通过求解部分相关系数的平方得到(R^2)。R^2及单个QTL在其峰值位置的加性效应可以从Windows QTL Cartographer 2.5的输出结果中得到。

9.2.1 **性状分布及相关分析**

选择单样本的Kolmogorov-Smirnov函数对各生长指标进行正态分布检验，检验结果如图32，表33所示。110个个体的体重在62.8到160.8之间，平均为102.35 ± 1.86 g。所有测量的性状都显示出连续变异的特点，大部分性状服从正态分布。最大正相关系数为全甲宽和甲长的0.930。

生长相关性状的表型相关系数如表22所示。对所分析数量性状的相关分析结果表明，各性状的表型相关均呈极显著水平($P<0.001$)，表型相关系数在0.460到0.931之间。

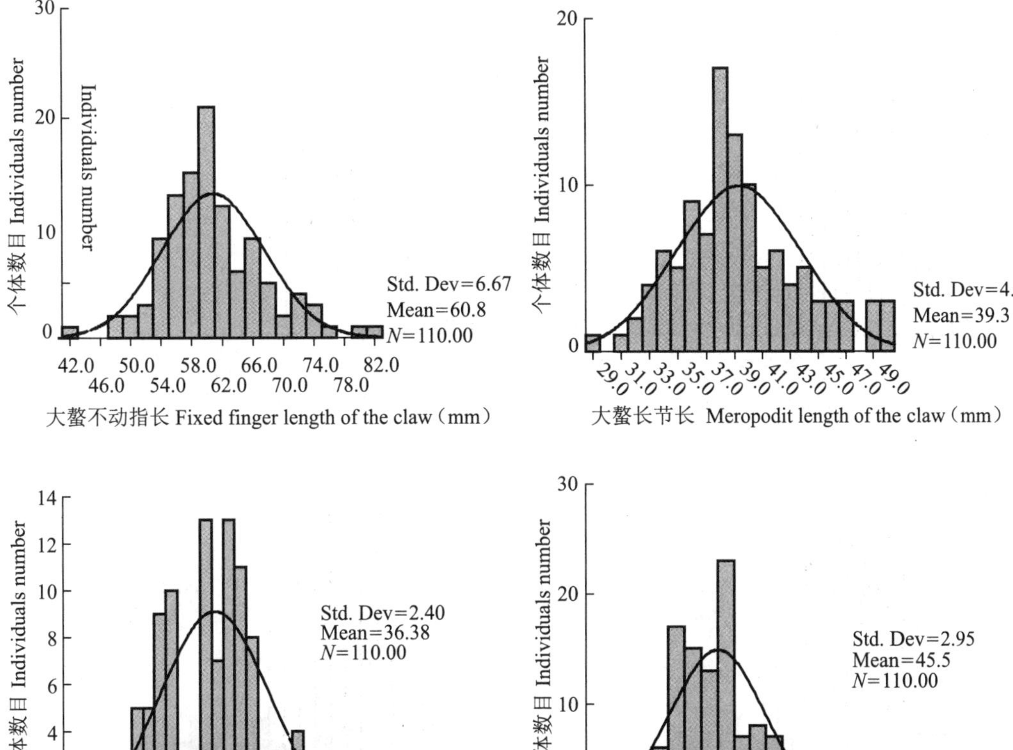

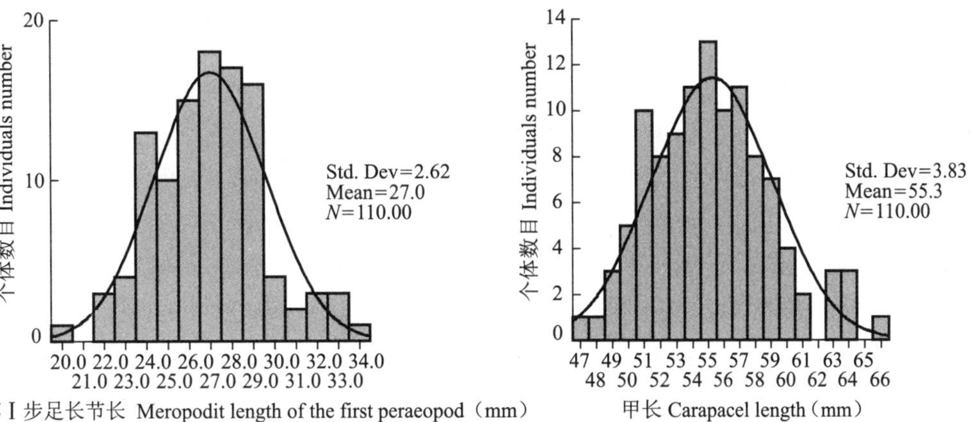

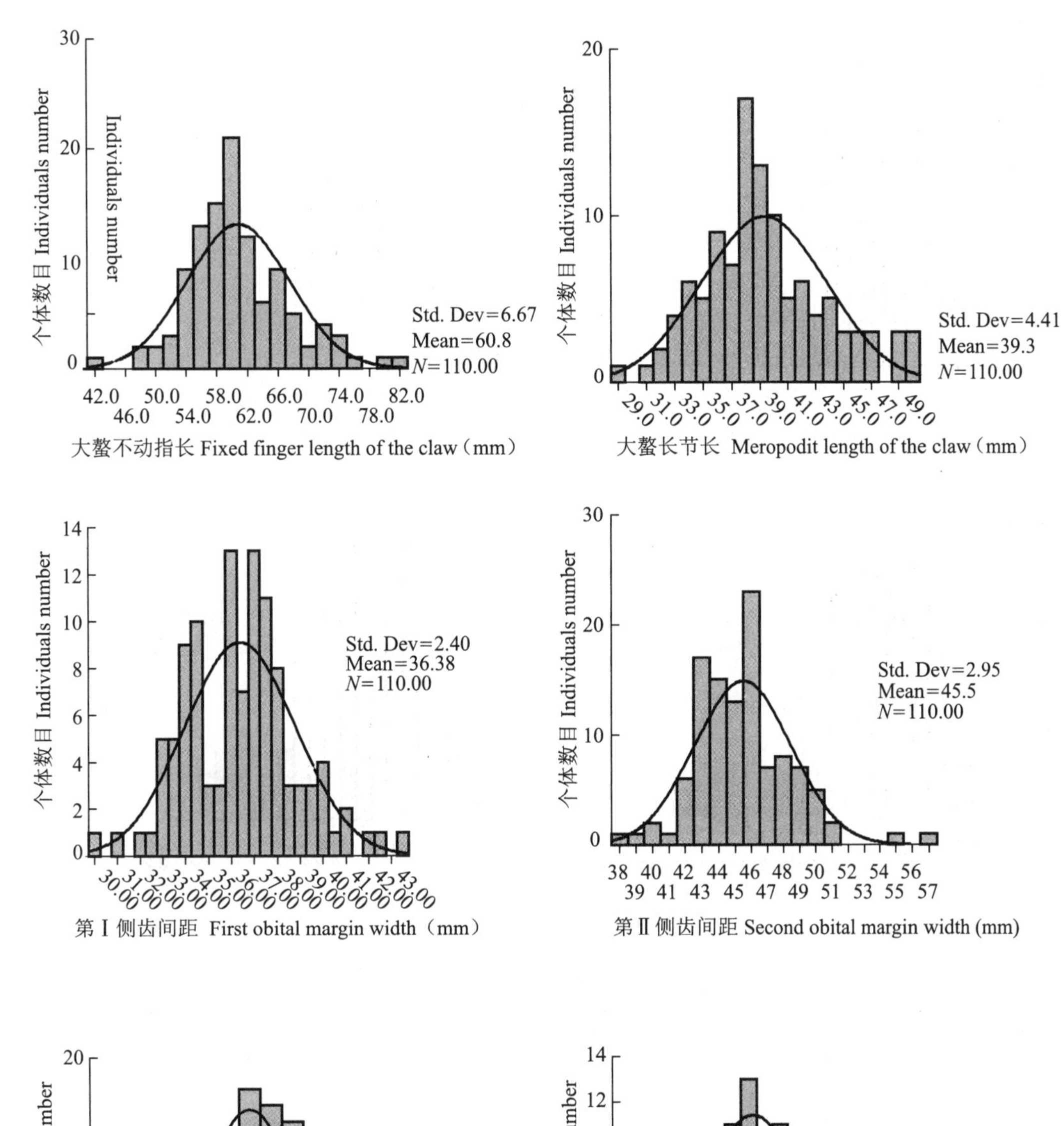

图 32 作图群体中各表型性状的分布图(Ⅰ)

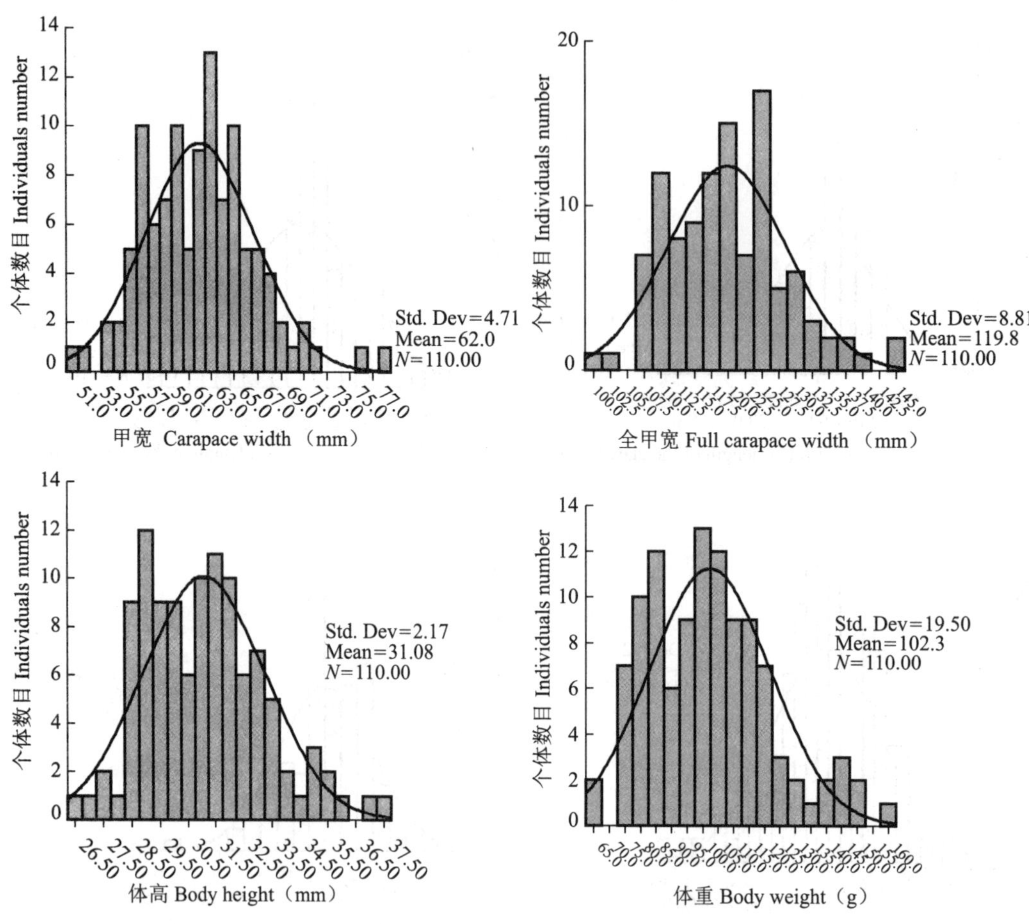

图 32 作图群体中各表型性状的分布图(Ⅱ)

表 33 三疣梭子蟹生长相关性状正态分布检验结果

性状	平均值 ± 标准误	标准差	标准误	峰度	偏度	最小值	最大值	P 值
FCW	119.85 ± 0.84	8.81	0.84	0.251	0.433	99.0	141.41	0.14
CW	61.99 ± 0.45	4.71	0.45	0.692	0.465	51.07	77.50	0.19
CL	55.27 ± 0.37	3.83	0.37	0.095	0.431	47.27	66.47	0.16
BH	31.08 ± 0.21	2.17	0.21	0.12	0.501	26.5	37.49	0.20
FOMW	36.38 ± 0.23	2.40	0.23	0.377	0.248	30.0	43.40	0.46
SOMW	45.51 ± 0.28	2.95	0.28	0.841	0.622	37.66	56.60	0.06
MLFP	27.00 ± 0.50	2.62	0.25	0.171	0.237	20.25	34.24	0.47
FFLC	60.84 ± 0.64	6.67	0.65	0.91	0.592	42.64	81.73	0.01*
MLC	39.32 ± 0.42	4.41	0.42	0.061	0.525	29.18	50.12	0.01*
BW	102.35 ± 1.86	19.5	1.86	0.31	0.655	62.8	160.8	0.20

*表明显著偏离正态分布基于 Kolmogorov-Smirnov 拟合优度检验。

9.2.2 QTL 定位

在雌性图谱和雄性图谱上，共定位了 25 个关于所选 10 个生长相关性状的 QTL，其中，16 个定位到雄性图谱上，9 个定位到雌性图谱上（图 33 和图 34，表 34、表 35）。雌性和雄性 QTL 检测结果显著差异的原因尚不清楚，本研究结果与 Li 等（2006）研究结果类似，Li 等（2006）在雄性斑节对虾图谱上检测到体长和甲长相关 QTL，但是并未在雌性图谱上检测到 QTL。同样，Wringe 等（2010）在虹鳟雄性图谱和雌性图谱上定位了具有显著数量差异的 QTL。而鲑鱼科鱼类通常在雄性中具有较低的重组率，端粒部分具有较高的重组率，雌性相反（Lien et al，2011）。雌雄图谱 QTL 数量统计上的差异也许可以反映出染色体重组率上的相关差异。

表 34　各性状表型相关系数和高保全等（2008）结果相比较

Traits	FCW	CW	CL	BH	FOMW	SOMW	MLFP	FFLC	MLC	BW
FCW		0.918**	0.931**	0.839**	0.763**	0.912**	0.651**	0.692**	0.622**	0.923**
CW	0.964**		0.896**	0.729**	0.709**	0.883**	0.678**	0.709**	0.643**	0.860**
CL	0.952**	0.969**		0.803**	0.750**	0.892**	0.659**	0.670**	0.602**	0.925**
BH	0.950**	0.940**	0.867**		0.693**	0.740**	0.485**	0.524**	0.460**	0.815**
FOMW	0.946**	0.955**	0.956**	0.930**		0.735**	0.595**	0.555**	0.481**	0.741**
SOMW	0.958**	0.960**	0.960**	0.937**	0.965**		0.615**	0.615**	0.525**	0.848**
MLFP	0.829**	0.880**	0.847**	0.785**	0.854**	0.826**		0.810**	0.787**	0.622**
FFLC	0.733**	0.789**	0.764**	0.681**	0.754**	0.724**	0.920**		0.888**	0.640**
MLC	0.683**	0.738**	0.703**	0.618**	0.686**	0.663**	0.863**	0.930**		0.608**
BW	0.955**	0.958**	0.957**	0.942**	0.958**	0.956**	0.844**	0.763**	0.687**	

** 表示极显著正相关（$P<0.001$）.

表 35　三疣梭子蟹生长相关 QTL 在雌性图谱上的定位结果统计

性状 QTL	连锁群	加性效应	显性效应	R^2	峰值位点（cM）	最大 LOD 值
FCW1.1	LG3	0.818	0.167	0.167 2	32.56	6.85
FCW1.2	LG48	0.793	0.167	0.166 7	28.38	6.39
CL1.1	LG44	1.154	0.283	0.283 1	49.89	11.0
BH1.1	LG6	1.012	0.353	0.353 2	43.40	6.0
FOMW1.1	LG28	0.834	0.181	0.181 4	37.48	7.8
SOMW1.1	LG50	0.630	0.111	0.110 8	40.19	8.6
MLFP1.1	LG36	1.16	0.332	0.332 2	40.40	8.9
FFLC1.1	LG21	−0.031	0.000 2	0.000 2	12.45	5.8
BW1.1	LG17	1.14	0.38	0.380 1	38.82	8.5

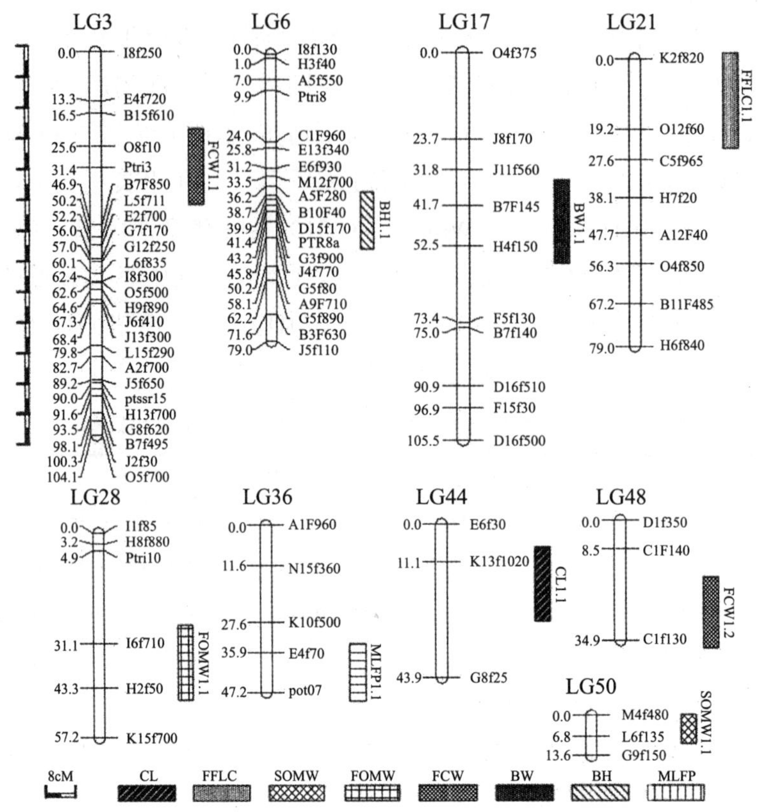

图 33　三疣梭子蟹生长相关性状 QTL 定位在雌性图谱上的定位结果

在所检测到的 25 个 QTL 中，12 个 QTL 在基因组水平上表现出极显著水平，13 个 QTL 表现出显著水平。每个性状检测到的 QTL 在 1～5 之间。全甲宽共检测到 4 个 QTL，可解释的遗传变异共 73%。甲长共检测到 4 个 QTL，可解释的遗传变异共 43%。体高检测到 3 个 QTL，可解释的遗传变异共 46%。

表 36　三疣梭子蟹生长相关性状 QTL 在雄性图谱上的定位结果

性状 QTL	连锁群	加性效应	显性效应	R^2	峰值位点(cM)	最大 LOD 值
FCW1.3	LG16	7.996	−7.868	0.207 1	58.6	5.46
FCW1.4	LG16	8.025	−8.027	0.190 4	67.0	5.83
CL1.2	LG1	−1.339	0.921	0.031 7	97.1	4.25
CL1.3	LG11	−1.481	0.972	0.042 0	46.1	3.29
CL1.4	LG49	−1.937	1.970	0.071 5	33.1	3.39
BH1.2	LG6	0.503	−0.907	0.014 1	44.1	4.83
BH1.3	LG16	1.34	−1.365	0.097 6	64.7	4.57
FOMW1.2	LG1	1.353	−1.555	0.071 8	121.0	3.77
FOMW1.3	LG28	−1.376	0.8793	0.087 0	16.2	3.23

续表

性状 QTL	连锁群	加性效应	显性效应	R^2	峰值位点(cM)	最大 LOD 值
SOMW1.2	LG7	0.97	−1.236	0.030 0	32.4	4.75
SOMW1.3	LG21	−0.938	0.880	0.029 2	48.5	4.83
SOMW1.4	LG28	−1.01	0.963	0.033 6	8.10	5.67
SOMW1.5	LG1	−0.465	0.071	0.006 8	129	5.88
MLFP1.2	LG8	0.806	−1.688	0.024 0	89.0	4.29
MLC1.1	LG35	−3.444	3.665	0.151 9	12.3	4.00
BW1.2	LG16	1.635	−1.651	0.176 5	54.9	4.65

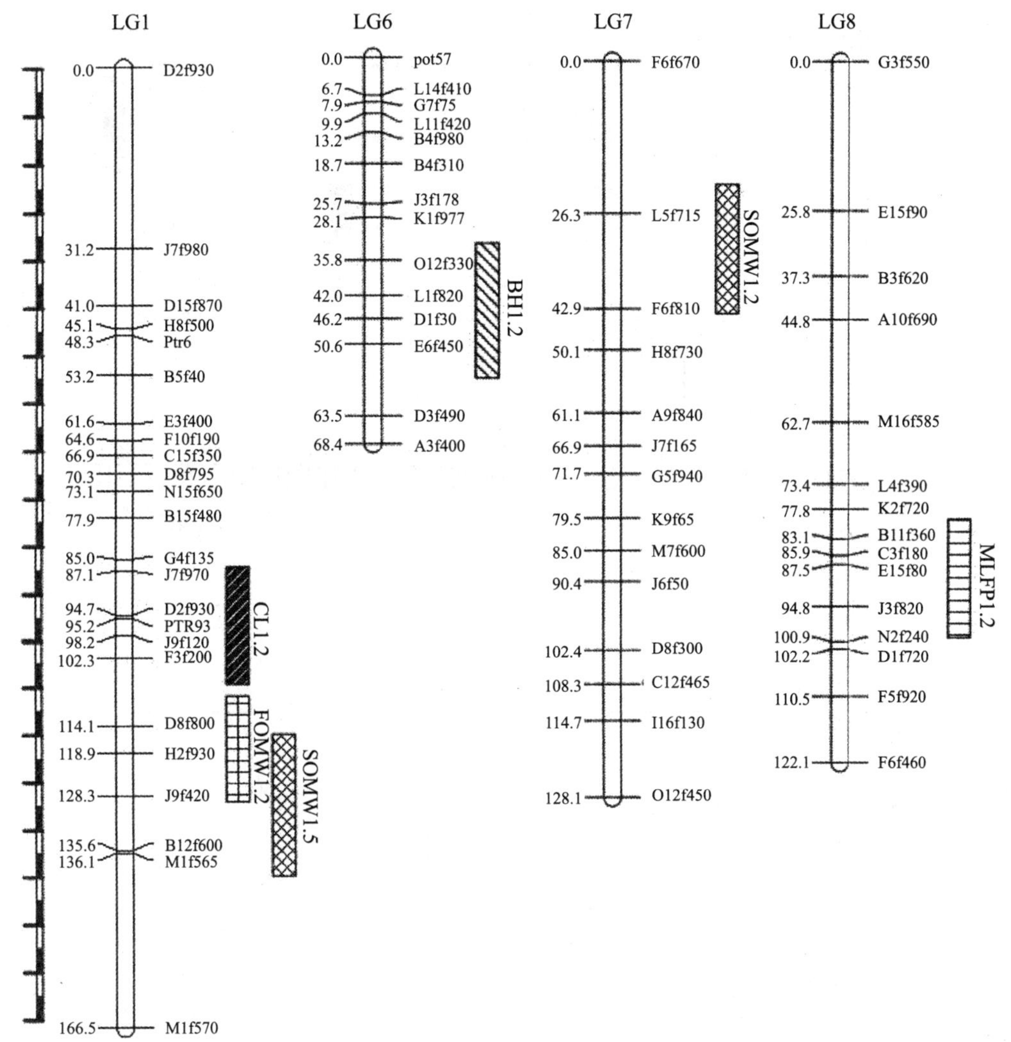

图 34 三疣梭子蟹生长相关性状 QTL 定位在雄性图谱上的定位结果(Ⅰ)

LG11
0.0 D7f685
3.8 E10f870
13.1 G10f190
15.1 G15f170
23.4 H3f100
27.6 O12f80
31.4 G11f190
37.4 D2f30
44.1 I10f790
48.8 B2f220
55.9 B2f230
67.6 D3f30
75.5 A8f810
86.7 O8f95
CL1.3

LG16
0.0 PTR131
10.4 C7f260
18.8 J3f47
28.0 O1f10
34.2 F7f570
42.8 D4f900
52.9 I9f860
59.6 A5f275
68.9 A8f30
73.3 J15f500
FCW1.3
FCW1.4
BH1.3
BW1.2

LG21
0.0 J5f110
19.7 G15f860
30.7 D8f935
42.0 I9f185
53.8 J3f40
67.7 I1f236
70.0 B7f280
75.3 L11f475
77.1 L14f610
SOMW1.3

LG28
0.0 H7f960
16.6 B7f500
22.8 A5f40
30.5 H7f310
50.0 D1f120
68.9 N15f360
SOMW1.4
FOMW1.3

LG49
0.0 K3f680
15.1 N15f50
40.1 K3f685
CL1.2

LG35
0.0 F3f130
4.3 E2f980
28.9 Ptri4
32.2 K1f40
40.4 B15f600
MLC1.1

8cM CL MLC SOMW FOMW FCW BW BH MLFP

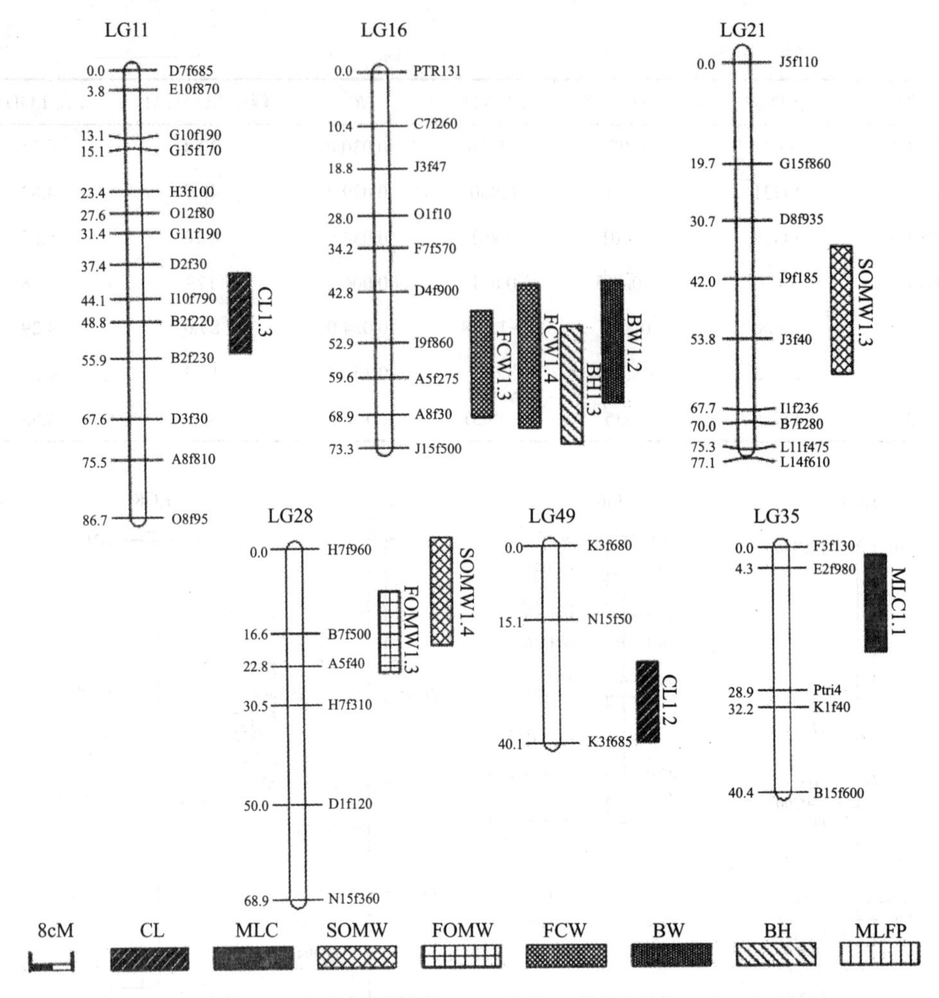

图 34 三疣梭子蟹生长相关性状 QTL 定位在雄性图谱上的定位结果(Ⅱ)

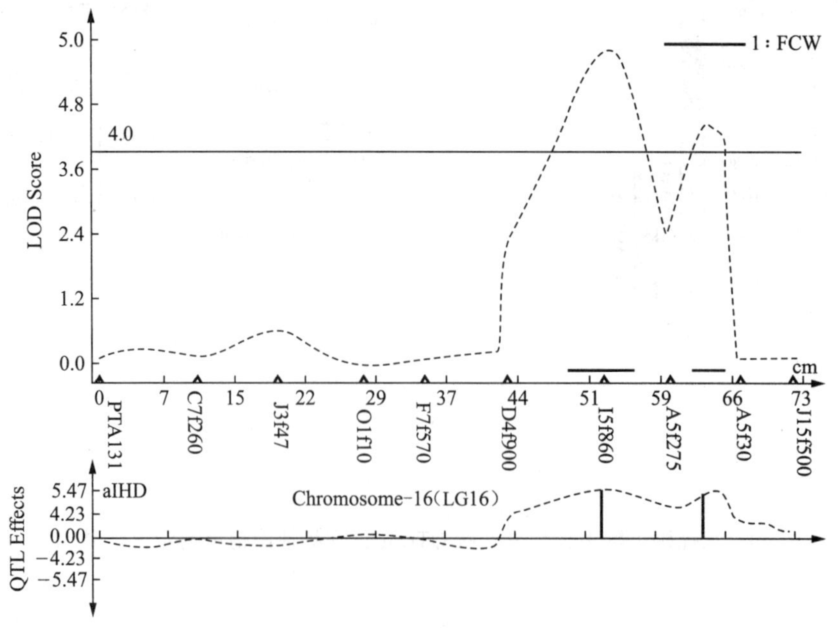

图 35 三疣梭子蟹全甲宽相关 QTL 在雄性图谱 16 号连锁群上的定位结果

第一侧齿间距检测到 3 个 QTL，可解释的遗传变异共 34%。第二侧齿间距检测到 5 个 QTL，可解释的遗传变异在 0.68%～11.08% 之间，加性效应值在 −0.938 到 0.630 之间。第一步足长节长检测到 2 个 QTL，可解释的遗传变异共 35.62%。大螯长节长检测到 1 个 QTL，可解释的遗传变异为 15.19%。甲宽未检测到 QTL。

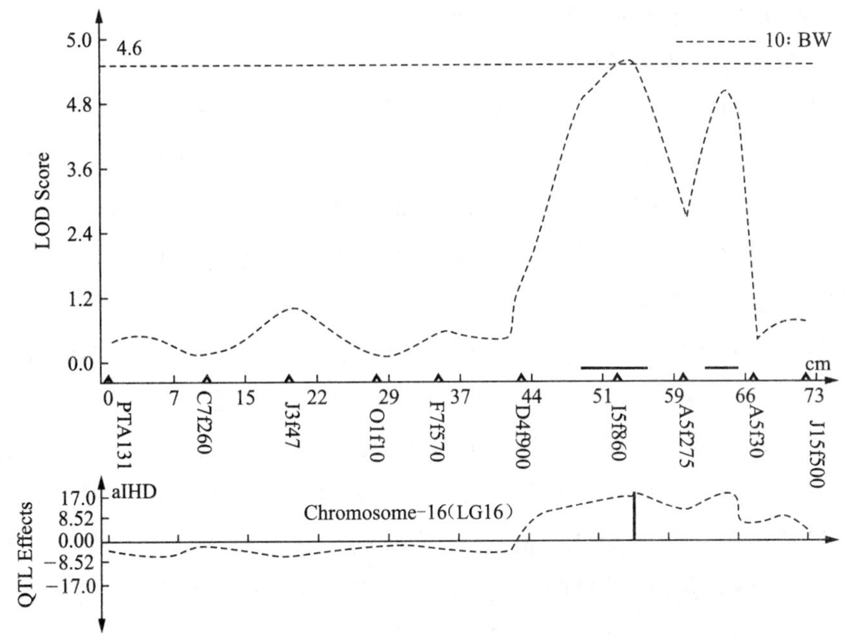

图 36　三疣梭子蟹体重相关 QTL 在雄性图谱 16 号连锁群上的定位结果

图 35 和图 36 分别展示了定位在雄性图谱 16 号连锁群上全甲宽和体重的 QTL。最后，共检测到 2 个体重的 QTL，分别位于雌性图谱的 17 号连锁群上，雄性图谱的 16 号连锁群上，可解释的遗传变异分别为 38.01% 和 17.65%。

已有研究证明（高保全等，2010）所选性状具有较高的遗传力，预期会出现几个具有大的 LOD 值的 QTL。高保全等（2010）用 13 个半同胞和 37 个全同胞家系的 400 只成蟹估计了三疣梭子蟹体重遗传力，结果表明，三疣梭子蟹体重狭义遗传力介于 0.42 到 0.64 之间，证实本研究所选用实验个体有利于遗传选择和 QTL 检测。本研究中，所选择的 10 个生长相关性状具有较高的正向相关性（$P < 0.001$）。高保全等（2008）报道了与本研究相似的体重和生长相关性状的表型相关。

体重和表型性状的表型相关和遗传相关（刘磊等，2009）结果表明，与体重相关的假定 QTL 具有多效性。本研究结果推测，如果体重和其他生长相关性状具有较高的遗传相关，其中一个性状的 QTL 可能出现在与其具有较高遗传相关性状 QTL 同一染色体的某一区域。但是，我们并未在雌性图谱上发现重叠 QTL。雌雄图谱定位结果的差异性指出基因多效性参与了对性状的控制，对不同性状 QTL 的检测能力存在差异性。对不同性状 QTL 检测存在差异的原因可能是，① 图谱上大的标记间隔；② 个别性状遗传差异小；③ 对具有较低效应值的 QTL 检测能力有限。如图 36 所示的雄性图谱，在1号，16号和28号连锁群上发现多个重叠QTL，可以解释为一因多效性。另一方面，重叠QTL也可能是分离但是紧密连锁的位点影响无多效性性状QTL的检测。但是，从本实验的结果可以推断，三疣梭子蟹部分生长相关性状可能分享同样的遗传原件。本实验的结果将对三疣梭子蟹遗传选择策略提供一定的帮助。

9.2.3 展望三疣梭子蟹分子标记辅助育种

分子标记辅助育种（MAS）利用表型和遗传相关信息选择或者筛选目标性状的理想特性。基于此目的，QTL定位研究已经成为实现针对复杂性状的分子标记辅助育种的重要努力过程。随着QTL被发现的遗传标记已经被成功整合到植物分子标记辅助育种的计划中（Bouchez et al，2002；Brondani et al，2002；Pruitt et al，2003）。本研究中，多个标记，如16号连锁群上的A5f860与体高和全甲宽重叠QTL相联系。在更高分辨率连锁图上的这些标记可以借助测序技术来发现生长相关候选基因。需要进一步利用更多家系的实验来确定这些标记与生长相关的可靠性。基于本研究中获得的QTL定位结果，正在努力发现标记分离带来的等位基因突变体，以及分离和表征QTL的周围区域。如果可以发现和证实在QTL区域的候选基因和突变，这方面的研究结果可能被应用到梭子蟹科的其他种中，比如青蟹，因为它们很可能在同源染色体区域具有这些生长相关性状的QTL。最后，本实验的结果最终有助于三疣梭子蟹分子标记辅助育种（MAS），并用于识别负责控制生长相关性状的个体基因。然而，每cM图谱上可能有数以千计的基因，每个QTL置信区间内可能有数以百计的基因，需要更多研究个体和更多的标记数量，并且需要更好的统计模型来检测QTL，识别负责控制生长相关性状的基因。

（作者：刘磊，李健，刘萍，赵法箴，高保全，杜盈）

参考文献

[1] Allen P J, Amos W, Pomeroy, et al. Microsatellite variation in grey seals (*Halichoerus grypus*) shows evidence of genetic differentiation between two British breeding colonies [J]. Mol Ecol, 1995, 4: 653-662.

[2] Andersson L, Georges M. Domestic-animal genomics: deciphering the genetics of complex traits [J]. Nature Reviews Genetics, 2004, 5: 202-212.

[3] Ardren W R, Borer S. Inheritance of 12 microsatellite loci in *Oncorhynchus mykiss* [J]. J Hered. 1999. 90 (5): 529-536.

[4] Armstrong K C, Keller W A. Chromosome pairing in haploids of *Brassica oleracea* [J]. Canadian Journal of Genetic, Cytology, 1982, 24: 735-739.

[5] Ashie T N, Daniel G B, Edward P C, et al. Parentage and relatedness determination in farmed Atlantie salmon (*Salmo salar*) using microsatellite markers [J]. Aqucculture, 2000, 182: 73-83.

[6] Ashie T N, Daniel G B, Edward P, et al. Parentage and relatedness determination in farmed Atlantic salmon (*Salmo salar*) using microsatellite markers[J]. Aquaculture, 2000, 182: 73-83.

[7] Baker N, Byrne K, Moore S, et al. Characterization of microsatellite loci in the redclaw crayfish, *Cherax quadricarinatus* [J]. Mol Ecol, 2000, 9: 494-495.

[8] Barker J S F. A global protocol for de termining genetic distances among domestic livestock breeds[J]//Proceeding of the 5th World Congress on Genetics Applied to Livestock production. Onario: University of Guelph, 1994. 501-508.

[9] Belfiore N M, May B. Variable microsatellite loci in red swamp crayfish, *Procambarus clarkii*, and their characterization in other crayfish taxa [J]. Mol Ecol, 2000, 9: 2230-2234.

[10] Belkum A V, Scherer S, Alphen L V, et al. Short sequence DNA repeats in prokaryotic genomes [J]. Mol Biol Rev, 1998, 62 (2): 275-293.

[11] Belkum A V, Scherer S, Leeuwen V, et al. Variable number of tandem repeats in clinical strains of Haemophilus influenzae [J]. Infect Immun, 1997, 65 (12): 5017-5027.

[12] Bentzen P, Taggart C T, Ruzzante, et al. Microsatellite polymorphism and the population structure of Atlantic cod (*Gadus morhua*) in the northwest Atlantic [J]. Can J Fish Aquat Sci, 1996, 53: 2706-2721.

[13] Bentzen P. Isolation and inheritance of microsatellite loci in the Dungeness crab (Brachyura: Cancridae: Cancer magister) [J]. Genome, 2004, 47: 325-331.

[14] Benzie J A H. Penaeid genetics and biotechnology[J]. Aquaculture, 1998, 164: 23-47.

[15] Botstein D, White R L, Skolnick M. Construction of genetic linkage map in man using restriction fragment length polymorphisms[J]. American Journal of Human Genetics, 1980, 32: 314.

[16] Bouchez A, Hospital F, Causse M, et al. Marker assisted introgression of favorable alleles at QTL between many elite lines of maize[J]. Genetics, 2002, 162: 1945-1959.

[17] Brondani C, Rnagel N, Brondani V, et al. QTL mapping and introgression of yield related traits from Oryza glumaepatula to cultivated rice (*Oryza satira*) using microsatellite markers[J]. Theoretical and Applied Genetics, 2002, 104: 1192-1203.

[18] Callen D F, Thompson A D, Shen Y, et al. Incidence and origin of "null" alleles in the (AC) *n* microsatellite markers [J]. Am J Hum Genet, 1993, 52: 922-927.

[19] Cervera, M T, Storme V, Ivens B, et al. Dense genetic linkage maps of three Populus species (*Populus deltoides*, *P. nigra* and *P. trichocarpa*) based on AFLP and microsatellite markers[J]. Genetics, 2001, 158: 787-809.

[20] Chakravarti A, Lasher LK, Reefer J E. A maximum likelihood method for estimating

genome length using genetic linkage data[J]. Genetics, 1991, 128: 175-82.

[21] Chang Y M, Liang L Q, Li S W, et al. A set of new microsatellite loci isolated from Chinese mitten crab, Eriocheir sinensis [J]. Molecular Ecology Notes, 2006, 6 (4), 1237-1239.

[22] Chistiakov D A, Tsigenopoulos C S, Lagnel J, et al. A combined AFLP and microsatellite linkage map and pilot comparative genomic analysis of European sea bass *Dicentrarchus labrax* L[J]. Animal Genetics, 2008, 39: 623-634.

[23] Cnaani, A, Hallerman E M, Ron M, et al. Detection of a chromosomal region with two quantitative trait loci, affecting cold tolerance and fish size, in an F_2 tilapia hybrid[J]. Aquaculture, 2003, 223 (1): 117-128.

[24] Coimbra M R M, Kobayashi K, Koretsugu S, et al. A genetic linkage map of the Japanese flounder *Paralichthys olivaceus*[J]. Aquaculture, 2003, 220: 203-218.

[25] Crawford A M, Littlepohn R P. The use of DNA marker in deciding conservation priorities in sheep and other livestock[J]. Animal Genetic Resourcse Information, 1998, 23: 21-26.

[26] Dekkers J C M, Hospital F. Multifactorial genetics: The use of molecular genetics in the improvement of agricultural populations[J]. Genetics, 2002, 3: 22-32.

[27] Dena R J, Nigel P P, Peter J, et al. Parentage determination of Kuruma shrimp *Penaeus japonicus* using microsatellite markers (Bate) [J]. Aquaculture, 2004, 235: 237-247.

[28] Dong S, Kong J, Zhang Q. Pedigree tracing of *Fenneropenaeus chinensis* by microsatellite DNA markers genotyping[J]. Acta Oceanologica Sinica. 2006, 5: 151-157.

[29] Fishman L, Kelly A J, Morgan E, et al. A genetic map in the Mimulus guttatus species complex reveals transmission ratio distortion due to heterospecific interactions[J]. Genetics, 2001, 159: 1701-1716.

[30] G M Cordeiro, Casu R, Mcintyre, Manners J M, Henry R J.Microsatellite markers from sugarcane (*Saccharum*) ESTs cross transferable to erianthus and sorghum[J]. Plant Science, 2001, 160 (6): 1115-1123.

[31] Gao H, Kong J, Liu P, et al. Establishment of microsatellite-based triplex PCR for parentage analysis of Chinese shrimp *Fenneropenaeus chinensis*[J]. Acta Oceanologica Sinica, 2006, 26: 65-4

[32] Gopurenko D, Jane M H, Jing M. Identification of polymorphic microsatellite loci in the mud crab Scylla serrata (*Brachyura: Portunidae*) [J]. Molecular Ecology Notes, 2002, 2: 481-483.

[33] Guo X, Li Q, Wang Q Z, et al. Genetic mapping and QTL analysis of growth-related

traits in the *Pacific Oyster*[J]. Marine Biotechnology, 2012, 14: 218-226.

[34] Guyomard R, Mauger S, Tabet-Canale K, et al. A type Ⅰ and type Ⅱ microsatellite linkage map of rainbow trout (*Oncorhynchus mykiss*) with presumptive coverage of all chromosome arms[J]. BMC Genomics, 2006, 7: 302.

[35] Hancock J M. Genome size and the accumulation of simple sequence repeats: implications of new data from genome sequencing projects [J]. Genetica, 2002, 115 (1): 93-103.

[36] Herbinger C M, Doyle R W, Pitman E R, et al. DNA fingerprint based analysis of parental and maternal effects on offspring growth and survival in communally reared rainbow trout[J]. Aquaculture, 1995, 137: 245-256.

[37] Hines H C, Zikakis J P, Haenlein G F W, et al. Linkage relationships among loci of polymorphism in blood and milk of cattle[J]. Journal of Dairy Science, 1981, 64 (14): 71-76.

[38] Houston R D, Haley C S, Hamilton A, et al. Major quantitative trait loci affect resistance to infectious pancreatic necrosis in atlantic salmon (*Salmo salar*) [J]. Genetics, 2008, 178: 1109-1115.

[39] Hubert S, Higgins B, Borza T, et al. Development of a SNP resource and a genetic linkage map for Atlantic cod (*Gadus morhua*) [J]. BMC Genomics, 2010, 11: 191.

[40] Hulata G. Genetic manipulations in aquaculture: a review of stock improvement by classical and modern technologies[J]. Genetica, 2001, 111: 155-173.

[41] Hwang T Y, Sayama T, Takahashi M, et al. High-density integrated linkage map based on SSR markers in soyabean[J]. DNA Research, 2009, 16: 213-225.

[42] Jaime C, Carmen B, Pablo P, et al. Potential sources of error in parentage assessment of tubot (*Scophthalmus maximus*) using microsatellite loci[J]. Aquaculture, 2004, 242: 119-135.

[43] Jauert P A, Edmiston S N, Conway K, et al. RAD1 controls the meiotic expansion of the human HRAS1 minisatellite in *Saccharomyces cerevisiae* [J]. Molecular and Cellular Biology, 2002, 22 (3): 953-964.

[44] Javier P, José M P, Gonzalo M R, et al. Development of a microsatellite multiplex PCR for Senegalese sole (*Solea senegalensis*) and its application to broodstock management[J]. Aquaculture, 2007, 256: 159-166.

[45] Jerry D R, Evans B S, Kenway M, et al. Development of a microsatellite DNA parentage marker suite for black tiger shrimp *Penaeus monodon*[J]. Aquaculture, 2006, 255: 542-547.

[46] Jerry D R, Preston N P, Crocos P J, et al. Application of DNA parentage analyses for

determining relative growth rates of *Penaeus japonicus* families reared in commercial ponds[J]. Aquaculture, 2006, 254: 171-181.

[47] Kasha K J, Kao K N. High frequency haploid production in barley (*Hordeum vulgare* L.) [J]. Nature, 1970, 225: 874-876.

[48] Katti M V, Ranjekar P K, Gupta V S. Differential distribution of simple sequence repeats in eukaryotic genome sequences [J]. Molecular Biology and Evolution, 2001, 18: 1161-1167.

[49] Klevytska A M, Price L B, Schupp J M, et al. Identification and characterization of variable number tandem repeats in the Yersinia pestis genome [J]. Journal of Clinical Microbiology, 2001, 39 (9): 3179-3185.

[50] Kocher T D, Lee W, Sobolewska H, et al. A genetic linkage map of a cichlid fish, the tilapia (*Oreochromis niloticus*) [J]. Genetics, 1998, 148: 1225-1232.

[51] Lee B Y, Lee W J, Streelman J T, et al. A second generation genetic linkage map of tilapia (*Oreochromis spp*) [J]. Genetics, 2005, 170: 237-244.

[52] Lerceteau K, Steven W. Development of a multiplex PCR microsatellite assay in brown trout (*Salmo trutta*), and its potential application for the genus[J]. Aquaculture, 2006, 258: 641-645.

[53] Li L, Guo X. AFLP-based genetic linkage maps of the Pacific oyster *Crassostra gigas* Thunberg[J]. Marine Biotechnology, 2004, 6: 26-36.

[54] Li Y, Mudagandur K, Shekhar M, et al. Development of two microsatellite multiplex systems for black tiger shrimp (*Penaeus monodon*) and its application in genetic diversity study for two populations[J]. Aquaculture, 2006, 266: 279-288.

[55] Li Z X, Li J, Wang Q Y, et al. AFLP-based genetic linkage map of marine shrimp Penaeus (*Fenneropenaeus chinensis*) [J]. Aquaculture, 2006, 261: 463-472.

[56] Li, Y L, Dong Y B, Niu S Z. QTL Analysis of popping fold and the consistency of QTL under two environments in popcorn[J]. Acta Genetica Sinica, 2006, 33: 724-732.

[57] Liu L, Li J, Liu P, et al. A genetic linkage map of swimming crab (*Portunus trituberculatus*) based on SSR and AFLP markers[J]. Aquaculture, 2012, 344: 66-81.

[58] Liu P, Meng X H, Kong J, et al. Polymorphic analysis of microsatellite DNA in wild populations of Chinese shrimp (*Fenneropenaeus chinensis*) [J]. Aquactulture Research. 2006, 37: 556-562.

[59] Liu Z, Karsi A, Li P, et al. An AFLP-based genetic linkage map of channel catfish Ictalurus punctatus constructed by using an interspecific hybrid resource family[J]. Genetics, 2003, 165: 687-694.

[60] Lynch M, Walsh B. Genetics and analysis of quantitative traits[M]. Sunderland: Sinauer

Associates, 1998.

[61] Masatsugu T, Anna B, Takuma S, et al. Isolation and characterization of microsatellite DNA markers from mangrove crab, *Scylla paramamosain* [J]. Molecular Ecology Notes, 2005, 5: 794–795.

[62] McDonald G J, Danzmann R G, Ferguson M M. Relatedness determination in the absence of pedigree information in three cultured stains of rainbow trout (*Oncorhynchus mykiss*) [J]. Aquaculture, 2004, 233: 65–78.

[63] Moen T M. Baranski A. Sonesson K, et al. Confirmation and fine–mapping of a major QTL for resistance to infectious pancreatic necrosis in Atlantic salmon (*Salmo salar*): population–level associations between markers and trait [J]. BMC Genomics, 2009, 10: 368.

[64] Moen T, Hayes B, Baranski M, et al. A linkage map of the Atlantic salmon (*Salmo salar*) based on EST–derived SNP markers [J]. BMC Genomics, 2008, 9: 223.

[65] Motoyuki H, Masashi S. Efficient detection of parentage in a cultured Japanese flounder *Paralichthys olivaceus* using microsatellite DNA marker [J]. Aquaculture, 2003, 217: 107–114.

[66] Murray V, Monchawin C, England P R. The determination of the sequences present in the shadow bands of a dinucleotide repeat PCR [J]. Nucleic Acids Res, 1993, 21: 2395 – 2398.

[67] Nag D K, White M A, Petes T D. Palindromic sequences in heteroduplex DNA inhibit mismatch repair in yeast [J]. Nature, 1989, 340: 318–320.

[68] Nakamura Y, Leppert M, Connell P, et al. Variable number of tandem repeat (VNTR) markers for human genemapping [J]. Science, 1987, 235 (4796) : 1616–1622.

[69] Nei M. Estimation of average heterozygosity and genetic distance from a small number of individuals [J]. Genetics, 1978, 89: 583–590.

[70] Nei M. Genetic distance between populmions [J]. American Naturalist, 1972, 106: 283–292.

[71] Nomura K, Ozaki A, Morishima K, et al. A genetic linkage map of the Japanese eel (*Anguilla japonica*) based on AFLP and microsatellite markers [J]. Aquaculture, 2011, 310: 329–342.

[72] O'Connel M, Wright J M. Microsatellite DNA in fishes [J]. Reviews in Fish Biology and Fisheries, 1997, 7: 331–363.

[73] Ozaki A, Okamoto H, Yamada T, et al. Linkage analysis of resistance to Streptococcus iniae infection in Japanese flounder (*Paralichthys olivaceus*) [J]. Aquaculture, 2010, 308: S62–S67.

[74] Patricia N, Jose M P, Javier P, et al. PCR multiplex tool with 10 microsatellites for the European seabass (*Dicentrarchus labrax*) -Applications in genetic differentiation of populations and parental assignment[J]. Aquaculture, 2010, 308: S34-S38.

[75] Pemberton J M, Slate J, Bancroft D R, et al. Nonamp lifying alleles at microsatellite loci: A caution for parentage and population studies [J]. Molecular Ecology, 1995, 4: 249-252.

[76] Pérez F, Erazo C, Zhinaula M, et al. A sex-specific linkage map of the white shrimp *Penaeus* (*Litopenaeus*) *vannamei* based on AFLP markers[J]. Aquaculture, 2004, 242: 105-118.

[77] Perez-Enriquez R, Takagi M, Taniguchi N. Genetic variability and pedigree tracing of a hatchery reared stock of red sea bream (*Pagrus major*) used for stock enhancement, based on microsatellite DNA markers[J]. Aquaculture, 1999, 173: 413-423.

[78] Petersen J L, Baerwald M R, Ibarra A M. A first-generation linkage map of the Pacific lion-paw scallop (*Nodipecten subnodosus*): Initial evidence of QTL for size traits and markers linked to orange shell color[J]. Aquaculture, 2012, 350: 200-209.

[79] Pongsomboon, Whan V, Moor S S, et al. Characterization of tri and letranucleotide microsatellite in the black tiger prawn, *Penaeus monodon* [J]. Science Asia, 2000, 26: 1-6.

[80] Pruitt R, Bowman J, Grossniklaus U. Plant genetics: a decade of integration[J]. Nature Genetics, 2003, 33: 294-304

[81] Puebla O, Parent E, Sevigny J M. New microsatellite markers for the snow crab *Chionoecetes opilio* (Brachyura: Majidae) [J]. Molecular Ecology Notes, 2003, 3 (4): 644-646.

[82] Ramel C. Mini-and microsatellites[J]. Environ Health Perspect 105 (Suppl). 1997, 4: 781-789.

[83] Ricardo P E, Motohiro T, Nobuhiko T. Genetic variability and pedigree tracing of a hatchery reared stock of red sea bream (*Pagrus major*) used for stock enhancement, based on microsatellite DNA marker[J]. Aquaculture, 1999, 173: 413-423.

[84] Rodriguez M F, Lapatra S, Williams S, et al. Genetic markers associated with resistance to infectious hematopoietic necrosis in rainbow and steelhead trout (*Oncorhynchus mykiss*) backcrosses[J]. Aquaculture, 2004, 241 (1): 93-115.

[85] Rodzen J A, Famula T R, May B. Estimation of parentage and relatedness in the polyploid white sturgeon (Acipenser transmontanus) using a dominant marker approach for duplicated microsatellite loci[J]. Aquaculture, 2004, 232: 165-182.

[86] Sakamoto T, Danzmann R G, Gharbi K, et al. A microsatellite linkage map of rainbow

trout (*Oncorhynchus mykiss*) characterized by large sex-specific differences in recombination rates[J]. Genetics, 2000, 155: 1331-1345.

[87] Sánchez-Molano E, Cerna A, Toro M A, et al. Detection of growth-related QTL in turbot (*Scophthalmus maximus*) [J]. BMC Genomics, 2011, 12: 473.

[88] Sbordoni V, De Matthaeis E, Sbordoni C M, et al. Bottleneck effects and the depression of genetic variability in hatchery stocks of *Penaeus japonicus* (Crustacea, Decapoda)[J]. Aquaculture, 1986, 57 (1): 239-251.

[89] Schorderet D F, Gartler S M. Analysis of CpG suppression in methylated and nonmethylated species [J]. Proc Natl Acad Sci USA, 1992, 89: 957-961.

[90] Sekino M, Saitoh K, Yamada T. Microsatellite-based pedigree tracing in a Japanese flounder *Paralichthys olivaceus* hatchery strain: implications for hatchery management related to stock enhancement program[J]. Aquaculture, 2003, 221: 255-263.

[91] Sekino M, Sugaya T, Hara M, et al. Relatedness inferred from microsatellite genotypes as a tool for broodstock management of Japanese flounder *Paralichthys olivaceus*[J]. Aquaculture, 2004, 233: 163-172.

[92] Selvamani M J P, Degnan S M, Degnan B M. Microsatellite Genotyping of Individual Abalone Larvae: Parentage Assignment in Aquaculture[J]. Marine Biotechnology, 2001, 3: 478-485.

[93] Senior M L, Chin E C L, Lee M, et al. Simple sequence repeat markers developed from maize sequences found in the GENBANK database, map construction[J]. Crop Science, 1997, 36: 1676-1683.

[94] Shen X Y, Yang G P, Liu Y J, et al. Construction of genetic linkage maps of guppy (*Poecilia reticulata*) based on AFLP and microsatellite DNA markers[J]. Aquaculture, 2007, 271: 178-187.

[95] Staelens J, Rombaut D, Vercauteren I, et al. High-Density Linkage Maps and Sex-Linked Markers for the Black Tiger Shrimp (*Penaeus monodon*) [J]. Genetics, 2008, 179 (2): 917-925.

[96] Steven C R, Hill J, Masters B, et al. Genetic markers in blue crabs (*Callinectes sapidus*) Ⅰ: Isolation and characterization of microsatellite markers [J]. Journal of Experimental Marine Biology and Ecology, 2005, 319 : 3-14.

[97] Strauss, William M. Preparation of genomic DNA from mammalian tissues[J]. Current Protocol in Molecular Biology [J]. New York: 1989.

[98] T Thiel, Michalek, W Varshney, et al. A.Exploiting EST databases for the development and characterization of gene-derived SSR-markers in barley (*Hordeum vulgare* L.) [J]. TAG Theoretical and Applied Genetics, 2003, 106 (3): 411-422.

[99] Timothy R J, Robichaud M D J, Michael E R. Application of DNA markers to the management of Atlantic halibut (*Hippoglossus hippoglossus*) broodstock[J]. Aquaculture, 2003, 220: 245-259.

[100] Toth, Gspri Z, Jurka J. Microsatellites in different eukaryotic genomes: survey and analysis [J]. Genome Reseach, 2000, 10 (7): 967-981.

[101] Truco M J, Antonise R, Lavelle D, et al. A high-density, integrated genetic linkage map of lettuce (*Lactuca* spp.) [J]. Theoretical and Applied Genetics, 2007, 115: 735-746.

[102] Urbani N, Sevigny J M, Sainte Marie B, et al. Identification of microsatellite markers in the snow crab *Chionoeceies opilio* [J]. Molecular Ecology, 1998, 7: 7357-7358.

[103] Van Ooijen J W, Voorrips R E. Join Map: software for the calculation of genetic linkage maps, version 3.0. Wageningen: CPRO- DLO, 2001.

[104] Vandeputte M. Selective breeding of quantitative traits in the common carp (*Cyprinus carpio*) [J]. Aquatic Living Resource, 2003, 16 (5): 399-407.

[105] Vuylsteke M, Mank R, Antoine R, et al. Two high-density AFLP linkage maps of *Zea mays* L., analysis of distribution of AFLP markers[J]. Theoretical and Applied Genetics, 1999, 99: 921-935.

[106] Waldbieser G C, Bosworth B G, Nonneman D J, et al. A microsatellite-based genetic linkage map for channel catfish, Ictalurus punctatus[J]. Genetics, 2001, 158: 727-734.

[107] Wallin J M, Holt C L, Lazaruk K D, et al. Constructing universal multiplex PCR systems for comparative genotyping[J]. Forensic Sciences, 2000, 47: 52-65.

[108] Wang C M, Lo L C, Zhu Z Y, et al. A genome scan for quantitative trait loci affecting growth-related traits in an F_1 family of Asian sea bass (*Lates calcarifer*) [J]. BMC Genomics, 2006, 7: 274.

[109] Wang S, Basten C J, Zeng Z B, et al. Windows QTL Cartographer 2.0 CP. Raleigh: North Carolina State University, 2001.

[110] Weber J L. Informativeness of human (dC～dA) *n* (dG～dT) *n* poly-morphisms [J]. Genomics, 1990, 7: 524-530.

[111] Wilson K J, Li Y, Whan V A, et al. Genetic mapping of the black tiger shrimp *Penaeus monodon* with amplified fragment length polymorphisms[J]. Aquaculture, 2002, 204: 297-309.

[112] Woolliams J A, Bijma P. Predicting rates of in breeding in populations undergoing selection[J]. Genetics, 2000, 154: 1851-1864.

[113] Wright S. Variability within and among natural populations[M]. Chicago: The University of Chicago Press, 1978.

[114] Wringe B F, Devlin R H, Ferguson M M, et al. Growth-related quantitative trait loci in

domestic and wild rainbow trout（*Oncorhynchus mykiss*）[J]. BMC Genetics, 2010, 11: 63.

[115] X. Chen, Salamini, F. Gebhardt, et al. A potato molecular-function map for carbohydrate metabolism and transport[J]. TAG Theoretical and Applied Genetics, 2001, 102（2）: 284-295.

[116] Xu Z K, Primavera J H, Pena L D, et al. Genetic diversity of wild and cultured black tiger shrimp（*Penaeus monodon*）in the Philippines using microsatellites [J]. Aquaculture, 2001, 199: 13-40.

[117] Xu Z, Dhar A K, Wyrzykowski J, et al. Identification of abundant and informative microsatellites from shrimp（*Penaeus monodon*）genome [J]. Anim Genet, 1999, 30（2）: 150-156.

[118] Yan W, Wang X, Wang A, et al. A 16-microsatellite multiplex assay for parentage assignment in the eastern oyster（*Crassostrea virginica Gmelin*）[J]. Aquaculture, 2010, 308: S34-S38.

[119] Yap E S, Sezmis E, Chaplin J A. Isolation and characterization of microsatellite loci in *Portunus pelagicus*（Crustacea: Portunidae）[J]. Molecular Ecology Notes, 2002, 2（1）: 30-32.

[120] Zhang L S, Yang C J, Zhang Y, et al. A genetic linkage map of pacific white shrimp（*Litopenaeus vannamei*）, sex-linked microsatellite markers and high recombination rates[J]. Genetica, 2007, 131: 37-49.

[121] 陈蒙，常亚青，孙谦，等. 虾夷扇贝群体的遗传结构及微卫星标记与体尺、体重的相关性分析 [J]. 大连水产学院学报，2009, 24（4）: 311-316.

[122] 池喜峰，贾智英，李池陶，等. 鲤易捕性状选育群体不同世代微卫星分析 [J]. 上海海洋大学学报，2010, 19（3）: 308-313.

[123] 崔建洲，申雪艳，杨官品，等. 红鳍东方鲀基因组微卫星特征分析 [J]. 中国海洋大学学报，2006, 36（2）: 249-254.

[124] 高保全，刘萍，李健，等. 三疣梭子蟹（*Portunus trituberculatus*）体重遗传力的估计 [J]. 海洋与湖沼，2010, 41（3）: 321-325.

[125] 高保全，刘萍，李健，等. 三疣梭子蟹形态性状对体重影响的分析 [J]. 渔业科学进展，2008, 29（1）: 44-50.

[126] 高焕，刘萍，孟宪红，等. 中国对虾基因组微卫星特征分析 [J]. 海洋与湖沼，2004, 35（5）: 424-431.

[127] 胡则辉，周志刚. 微卫星 DNA 标记技术及其在海洋生物遗传学中的应用 [J]. 海洋湖沼通报，2006,（1）: 37-45.

[128] 简纪常，夏德全. 鳙小卫星 pBC174 的序列结构特性分析 [J]. 中国水产科学，20029（2）: 186-189.

[129] 蒋家金,李瑞伟,叶富良.罗非鱼 4 个选育群体遗传结构 SSR 分析 [J].广东海洋大学学报,2008,28(4):10-14.

[130] 李建林,唐永凯,陈文华,等.吉富罗非鱼微卫星标记与体质量、体形性状相关性分析 [J].中国水产科学,2009,16(6):824-832.

[131] 李健,刘萍,高保全,等.三疣梭子蟹新品种“黄选 1 号”的选育 [J].渔业科学进展,2013,34(5):51-57.

[132] 李莉.长牡蛎遗传标记的筛选和遗传图谱的构建 [D].中国科学院海洋研究所,2003.

[133] 李莉好,喻达辉,黄桂菊.吉富罗非鱼不同选育群体的遗传多样性 [J].南方水产,2007,3(5):40-48.

[134] 李莉好,喻达辉.微卫星 DNA 标记在水产养殖中的应用 [J].水利渔业,2007,(5):23-25.

[135] 李晓晖,许志强,潘建林.中华绒螯蟹人工选育群体的遗传多样性 [J].中国水产科学,2010,17(2):236-242.

[136] 李晓萍.三疣梭子蟹微卫星富集文库的构建及五个野生地理群的多样性分析 [D].中国海洋大学硕士论文,2010.

[137] 刘磊,李健,高保全,等.三疣梭子蟹不同日龄生长性状相关性及其对体重的影响 [J].水产学报,2009,33(6):965-972.

[138] 刘磊,李健,刘萍,等.微卫星 DNA 标记用于三疣梭子蟹家系亲子关系的鉴定 [J].渔业科学进展,2010,31(5):76-82.

[139] 刘志毅,相建海.微卫星 DNA 分子标记在海洋动物遗传分析中的应用 [J].海洋科学,2001,25(6):1-13.

[140] 栾生,孔杰,王清印,等.日本囊对虾基因组小卫星的特征分析 [J].水产学报,2007,31(2):137-144.

[141] 罗云,高保全,刘萍,等.三疣梭子蟹遗传连锁图谱的初步构建 [J].渔业科学进展,2010,31(3):56-65.

[142] 任宪云,刘萍,李健,等.三疣梭子蟹微卫星多重 PCR 技术建立及条件的优化 [J].渔业科学进展,2011,32(3):76-83.

[143] 宋来鹏,刘萍,李健,等.三疣梭子蟹(*Portunus trituberculatus*)基因组微卫星特征分析 [J].中国水产科学,2008,15(5):738-744.

[144] 宋来鹏,刘萍,李健,等.三疣梭子蟹基因组小卫星特征分析 [J].水产学报,2008,32(6):852-860.

[145] 宋来鹏,刘萍,李健,等.三疣梭子蟹基因组微卫星特征分析 [J].中国水产科学,2008,15(5):738-744.

[146] 宋来鹏,刘萍,李健,等.三疣梭子蟹基因组小卫星特征分析 [J].水产学报,

2008,32(6),838-846.

[147] 孙少华,桑润滋,师守堃.肉牛杂交优势预测、评估及其应用研究[J].遗传学报,2000,27(7):580-589.

[148] 孙新,魏振邦,孙效文,等.镜鲤繁殖群体的遗传结构及微卫星标记与经济性状的相关性分析[J].遗传,2008,30(3):359-366.

[149] 孙昭宁,刘萍,李健,等.微卫星 DNA 技术用于中国对虾家系构建中的系谱认证[J].中国水产科学,2005,12(6):694-700.

[150] 孙昭宁,刘萍,李健,等.微卫星 DNA 标记用于中国对虾亲子关系的鉴定[J].海洋水产研究,2007,28:8-14.

[151] 王国良,金珊,李政,等.三疣梭子蟹养殖群体同工酶的组织特异性及生化遗传分析[J].台湾海峡,2005,24(4):474-480.

[152] 王鸿霞,张晓军,李富花,等.应用微卫星标记分析野生中国明对虾的亲权关系[J].水生生物学报,2008,32(1):42-46.

[153] 王杰,华太才让,欧阳熙,等.藏山羊微卫星 DNA 多态性研究[J].西南民族大学学报:自然科学版,2006,32(5):538-544.

[154] 谢建云,邵伟娟,高诚.多重PCR在几个近交系小鼠遗传检测中的应用初探[J].中国实验动物学报,2003,11(2):92-95.

[155] 谢丽,陈国良,叶富良,等.凡纳滨对虾4个选育群体遗传多样性的SSR分析[J].广东海洋大学学报,2009,29(4):5-9.

[156] 徐鹏,周令华,相建海.中国对虾微卫星 DNA 的筛选[J].海洋与湖沼,2001,32(3):255-259.

[157] 战爱斌,包振民,陆维.仿刺参的微卫星标记[J].水产学报,2006,30(2):192-196.

[158] 张天时,刘萍,孔杰,等.中国对虾微卫星 DNA 引物的设计及筛选[J].中国水产科学,2004,11(6):567-571.

[159] 张志允,李思发,蔡完其.中华鳖黄河群体选育世代 F_1、F_2 及 F_3 遗传变异微卫星分析[J].上海海洋大学学报,2011,20(2):161-166.

[160] 赵广泰,刘贤德,王志勇.大黄鱼连续4代选育群体遗传多样性与遗传结构的微卫星分析[J].水产学报,2010,34(4):500-507.

[161] 钟金城,陈智华.分子遗传学与动物育种[M].成都:四川大学出版社,2001.

[162] 朱广琴,王利心,孙瑞萍,等.6个微卫星基因座与西农萨能奶山羊产羔数相关性的研究[J].中国农业大学学报,2008,13(3):63-69.

[163] 朱晓东,耿波,李娇,等.利用30个微卫星标记分析长江中下游银鲫群体的遗传多样性[J].遗传,2007,29(6):705-713.

第8章

三疣梭子蟹功能基因挖掘

1. 三疣梭子蟹转录组学研究

转录组（Transcriptome）又称“转录物组”或“表达谱”，广义上指在特定环境或生理条件下的一种细胞或组织中所转录出来的所有RNA的总和，包括编码蛋白质的mRNA和各种非编码的RNA（rRNA、tRNA、snoRNA、snRNA、microRNA等），它代表了每个基因的身份和表达水平；狭义上指所有参与翻译蛋白质的mRNA的总和。与基因组的静态特点不同，转录组的定义中包含了时间和空间的限定，它是基因组与外部物理特征的动态联系。同一细胞在不同生长时期和生长环境下，基因表达情况不完全相同。所以，转录组反映的是特定条件下活跃表达的基因，是研究细胞表型和功能的一个重要手段。转录组学(Transcriptomics)，是由转录组延伸而来的一门学科，是在整体水平上研究细胞中基因转录的情况及转录调控规律的学科。简言之，转录组学就是从RNA水平上研究基因表达的情况(Arnoud Hm et al.,2000)。转录组学可用于分析不同组织或生理状态下某些基因表达水平的差异，从而发掘与特定生理功能相关的未知基因。转录组学作为一种基于整体水平的研究方法，改变了孤立的单基因研究模式，将基因组学研究带入了高速发展的崭新时代(吴琼等，2010)。

1.1 三疣梭子蟹生长性状的转录组学研究

生长是养殖动物遗传改良最有价值的经济性状之一。生长速率增加可直接减少养殖成本和劳务投入，提高经济效益。虾蟹是大型甲壳动物，为我国重要的海水养殖种类，其生长相关研究一直是虾蟹类养殖生物学和遗传育种研究的热点。目前，甲壳动物生长方面的研究主要集中于环境、营养及养殖模式等对其生长、发育的影响，而生长调节机理研究少有报道。养殖动物生长调控的分子机理研究主要集中于脊椎动物中。许多重要生长相关基因已被证实在脊椎动物的生长调节中起决定性作用。这些基因包括在体细胞生长轴内主导生长的相关基因，如生长激素（*GH*）、生长激素受体（*GHR*）、胰岛素样生长因子（*IGF*-Ⅰ 和 *IGF*-Ⅱ）、生长激素释放激素（*GHRH*）、瘦素和生长激素抑制激素（*GHIH*）等，以及在肌肉组织中表达的重要转化生长因子基因，如肌抑素（*MSTN*）和肌原性的调节因子（*MRF*s）等。甲壳动物生长调控的分子机理研究起步晚于脊椎动物相关研究，由于缺少必要的基因组信息以及决定生长的分子和生化进程理论基础，我们对甲壳动物生长调控机理知之甚少。

为揭示三疣梭子蟹生长差异的分子机理，我们选择三疣梭子蟹“黄选 1 号”核心群体中生长性状分离显著的个体（18 只平均体重 64.2 g 的大个体和 18 只平均体重 20.6 g 的小个体），采用新一代 Hiseq 2000 测序技术，眼柄、鳃、心脏、肝胰腺以及肌肉组织的转录组进行高通量测序。

通过测序获得 read pairs 和 clean bases 分别为 65，846，872 对和 12.86 G，拼接得到 120 137 条 unigene 序列，平均长度 1 037 bp（图 1）；通过 BLASTN 将测序获得的 unigene 与 NCBI 数据库中三疣梭子蟹 EST 数据进行比对。比对结果显示：所有 EST 序列均能在本研究获得的 unigene 中找到对应序列，表明所获得的转录组数据具有较高的丰度和较好的覆盖率。进一步去除较短的和低质量序列后，对余下的 87 100 条 unigene 进行生物信息学注释。通过 BLASTX（E-value 1.0×10^{-5}）比对，分别有 16 029 和 14 659 条 unigenes 可以比对到 Nr 库和 UniProtKB 库中的已知蛋白。比对上的已知蛋白的物种分布见图 2。这些物种按数量比对序列由多到少排列顺序为：蚤状溞（*Daphnia pulex*，9.58%），赤拟谷盗（*Tribolium castaneum*，5.81%），人虱（*Pediculus humanu scorporis*，4.39%），文昌鱼（*Branchiostoma floridae*，3.60%），海胆（*Strongylocentrotus purpuratus*，2.85%），金小蜂（*Nasonia vitripennis*，2.58%），硬蜱（*Ixodes scapularis*，2.50%），按蚊（*Anopheles darlingi*，2.43%），切叶蜂（*Megachile rotundata*，2.37%），弓背蚁（*Camponotus floridanus*，2.00%），无网蚜属（*Acyrthosiphon pisum*，2.00%）和其他（18.5%）。多数 unigene 比对到甲壳动物和节肢动物蛋白，符合进化规律。

利用比较转录组学方法，发掘差异表达基因 117 条。这些差异基因主要富集于细胞通讯、几丁质代谢及碳水化合物代谢等生物学进程（图 3），表明生长快速三疣梭子蟹体内存在较活跃的细胞分裂及相对较弱的耗能进程。筛选 21 类生长相关候选基因，其中 10 类基因曾报道与甲壳动物生长相关，包括 5-羟基色胺受体、α-淀粉酶、组织蛋白酶 L、亲环素蛋白、脂肪酸结合蛋白、纤维蛋白、磷酸甘油醛脱氢酶、生长激素和胰岛素样生长因子、肌生成抑制蛋白及生长分化因子 8/11，信号转导和转录活化因子、SPARC 和 TRAX。利用实时定量 PCR 验证了 14 个基因的表达与生长性状显著相关（图 4）。

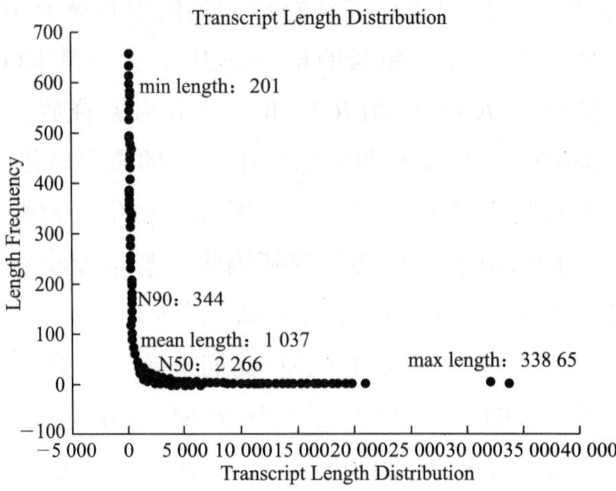

图 1　转录本拼接长度分布图

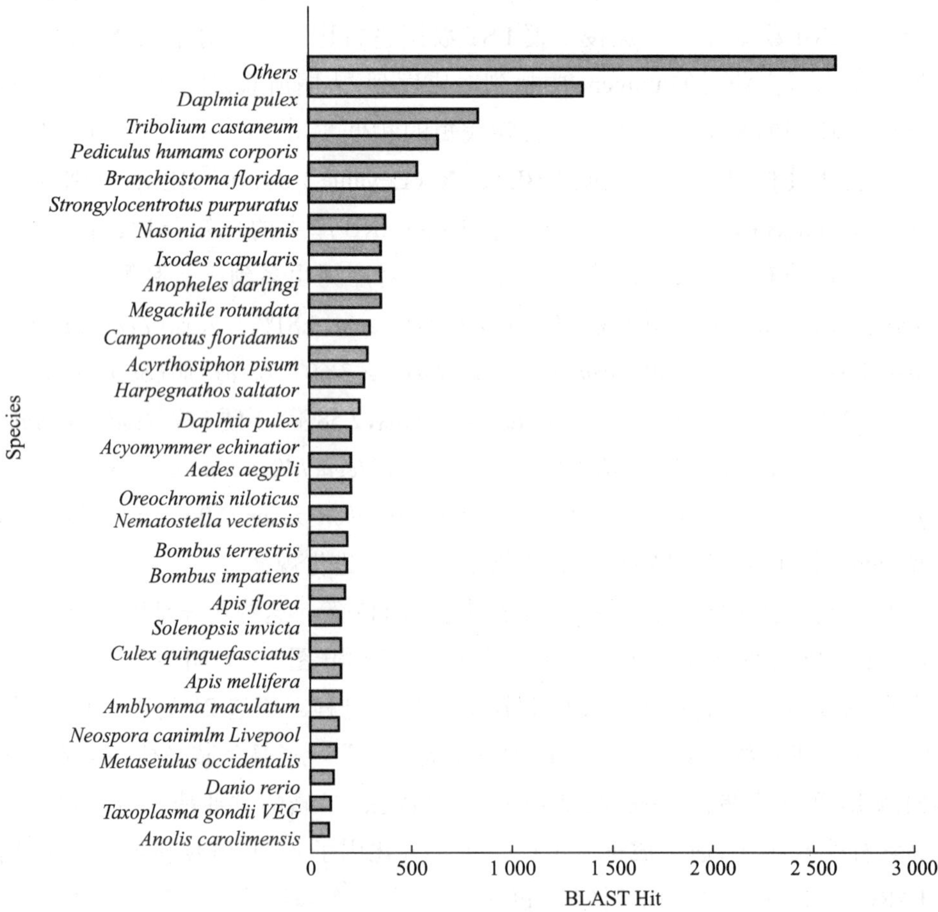

图 2　比对物种分布图

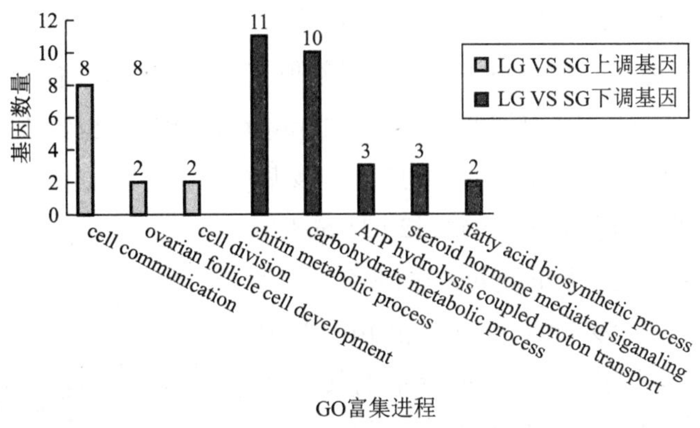

图 3 差异表达基因 GO 富集分析

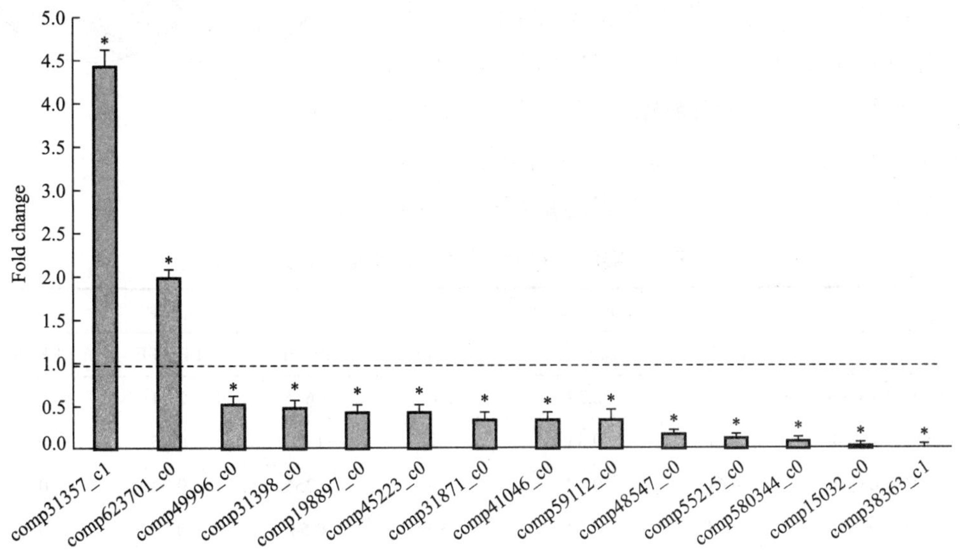

图 4 14 个差异表达基因实时定量分析

1.2 三疣梭子蟹不同蜕皮时期 XO-SG 表达谱研究

蜕皮贯穿着甲壳动物整个生活史，且与其发育、生长、繁殖、附肢再生等过程密切相关，水生甲壳动物蜕皮发生调控机制及关键影响因素一直是人们研究的重点。国外早在 20 世纪初就发现切除眼柄能够促进虾蟹类蜕皮发生，表明眼柄组织中可能分泌一种抑制蜕皮的因子（蜕皮抑制激素），影响着甲壳动物的蜕皮过程。位于甲壳类动物眼柄中的 X 器官窦腺（X-organ sinusgland，XO-SG）复合体是甲壳动物重要的神经内分泌调控中心，在结构和功能上类似脊椎动物的下丘脑 - 神经垂体系统（Teruaki Nakatsuji et al，2000）。开展不同时期三疣梭子蟹 XO-SG 表达谱研究，对解析其蜕皮调控机制具有重要意义。

实验用三疣梭子蟹取自“黄选 1 号”核心群体，饲养于昌邑海丰水产有限公司。

根据沈洁等方法(沈洁等,2011),挑选处于蜕皮间期(IE)、蜕皮后期(LE)和蜕皮前期(FE)的100日龄三疣梭子蟹各3只,分别解剖取XO-SG组织并提取RNA,使用新一代测序技术测序,并进行生物信息学分析。对raw reads进行过滤,去除接头序列及低质量序列,共获得8.02G数据。蜕皮间期、蜕皮后期和蜕皮前期分别获得14 387 942、12 631 508和13 060 062条reads。通过mapping发现分别有10 675 324(74.20%)、9 359 460(74.10%)和10 119 831(77.49%)条reads可以比对到本实验室的转录组序列。通过生物信息学分析共发掘不同蜕皮时期差异表达基因1 394条(图5)。从中挑选18个差异表达基因进行实时定量PCR验证,结果显示:54组数据中有40组数据与表达谱数据相符,组间比较具显著差异,其余14组数据虽然差异不显著,但和表达谱数据相比具有相似的表达模式(表1)。该研究结果显示,本研究获得的表达谱数据准确率较高。

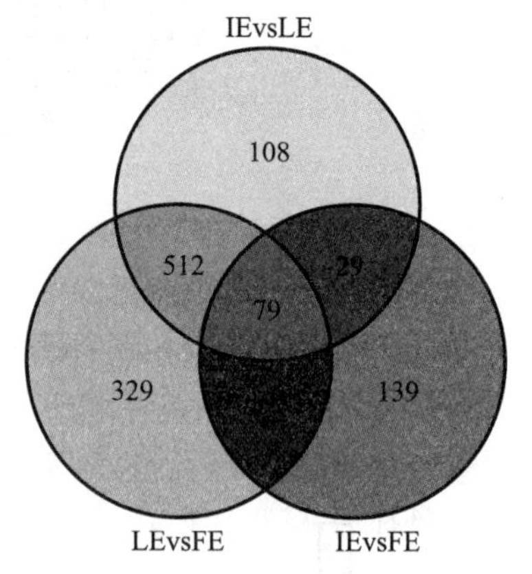

图5 差异基因分析

表1 实时定量PCR验证基因表达情况

Gene ID	Illumina sequence			qPCR		
	IEvsFE	LEvsFE	LEvsIE	IEvsFE	LEvsFE	LEvsIE
comp101914_c0	1.27	2.28	0.78	3.67*	2.14	0.64
comp99362_c0	1.01	0.53	0.52	1.17	0.35	0.39
comp103008_c0	0.61	0.47	0.76	0.25*	0.34	0.72
comp98266_c0	0.64	0.52	0.80	0.54	0.58	0.59
comp96475_c1	0.82	13.37*	16.30*	0.43	9.94*	23.09*
comp102262_c0	0.70	8.73*	12.32*	0.86	9.2*	8.03*
comp99514_c0	0.48	0.01*	0.01*	0.41	0.01*	0.01*
comp102473_c0	0.70	1.33	1.89	0.94	2.03	1.40
comp57954_c0	0.69	4.77*	6.84*	0.66	10.03*	5.90*
comp85008_c0	0.84	6.40*	7.03*	0.50	11.09*	3.13*
comp90850_c0	0.31*	5 981.73*	18 839.83*	0.19*	8 172.91*	13 834.76*
comp88516_c0	0.36	6 326.38*	17 268.64*	0.49	1 656.17*	12 670.09*
comp61465_c0	0.63	8 665.93*	13 646.97*	0.65	1 802.63*	13 425.21*
comp36475_c0	2.38	11 898.15*	4 996.53*	5.06*	2 644.29*	4 940.72*
comp90588_c0	0.65	3.20*	4.93*	0.37	1.48	4.02*
comp83668_c0	1.59	3.88*	2.43	1.23	1.09	1.88
comp83095_c1	1.35	6.70*	4.94*	1.65	1.94	2.99

续表

Gene ID	Illumina sequence			qPCR		
	IEvsFE	LEvsFE	LEvsIE	IEvsFE	LEvsFE	LEvsIE
comp93173_c0	0.73	0.48	0.65	0.39	0.13*	0.35

*代表存在显著差异

对差异基因进行注释，发现其中包括 MH/MIH 以及 EcR-USP 调控通路中的多个基因，如 MH、MIH、EcR 核受体等。有报道表明，HSP 蛋白可以与核受体协同作用，在昆虫蜕皮调控通路中发挥一定功能（张天时等，2006）；而 G 蛋白偶联受体参与调控 20E 信号通路（傅洪拓等，2010）。本研究中发现 HSP 及 G 蛋白偶联受体基因在不同蜕皮时期中差异表达，结果与先前研究一致。除此之外，本研究发现很多之前未被报道在蜕皮调控中发挥功能的基因，其中包括 746 个通过 BLASTX 无法注释的 unigene，这些无法注释的 unigene 可能是未知功能的新基因。研究结果表明：蜕皮调控是一个复杂的生理过程，除目前已知的调控通路外尚存在很多未知的调节通路，需要进一步研究以揭示其机理。

GO 富集分析发现差异表达基因主要富集于 10 个生物学进程，分别为氨基聚糖的代谢过程、几丁质代谢过程、葡萄糖胺化合物的代谢过程、翻译过程、氨基糖代谢过程、碳水化合物衍生物代谢过程、有机化合物的代谢过程、葡萄糖代谢过程、细胞成分的运动、单糖的代谢过程（图 6）。其中氨基聚糖的代谢过程、几丁质代谢过程以及葡萄糖胺化合物代谢过程在三组差异基因中均被富集，说明其可能在三疣梭子蟹蜕皮调控中发挥重要作用。

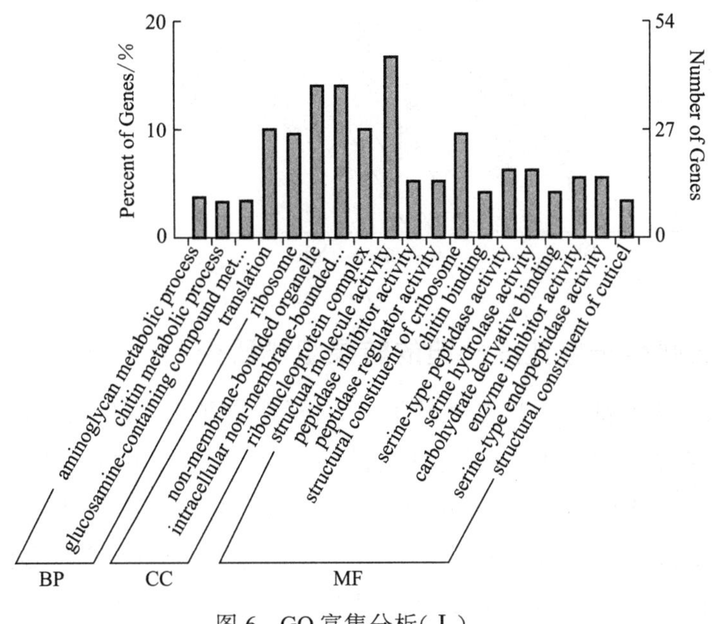

图 6　GO 富集分析（Ⅰ）

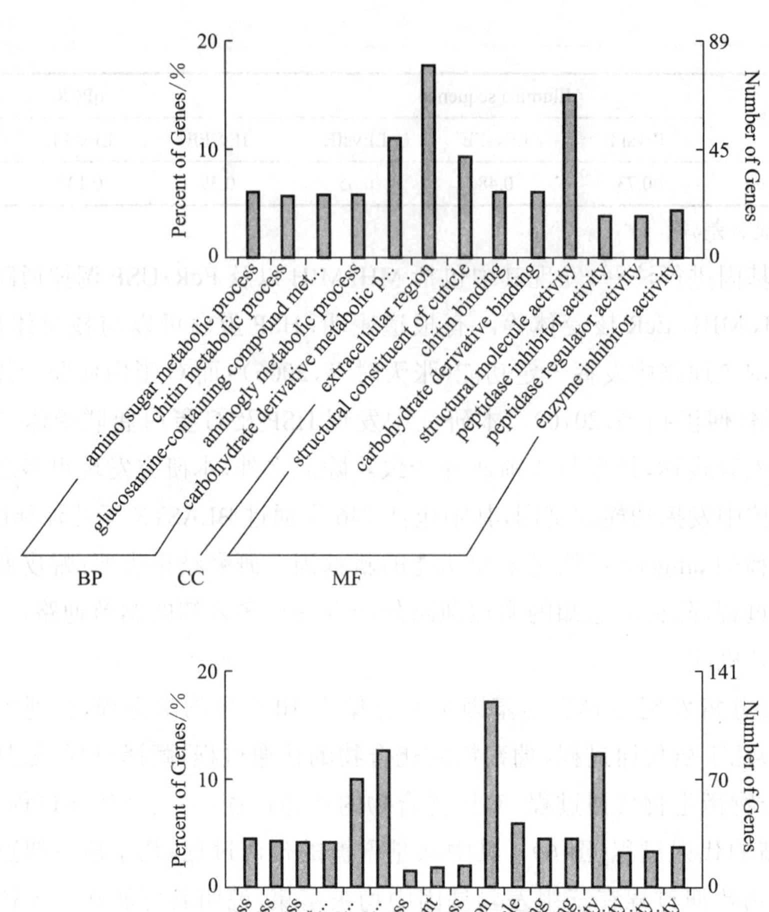

图 6　GO 富集分析(Ⅱ)

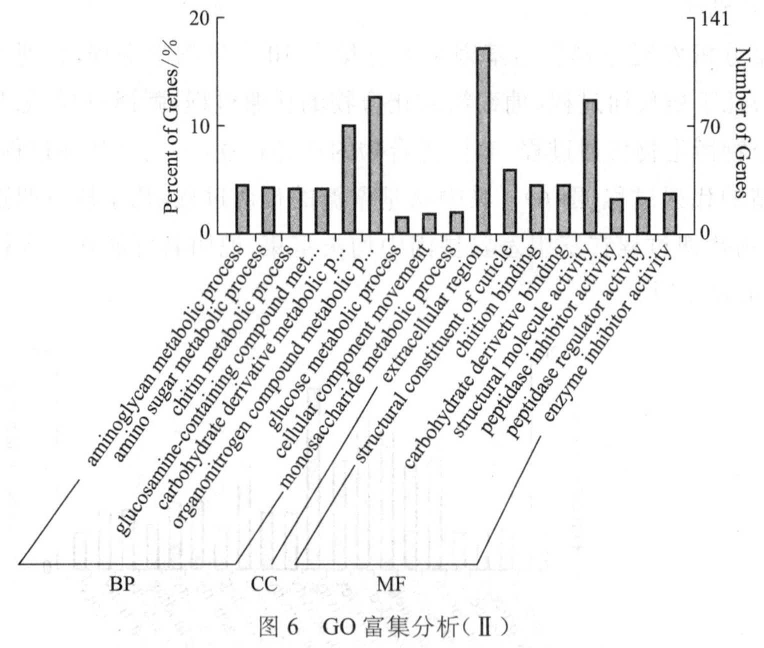

1.3　三疣梭子蟹盐度胁迫的转录组学研究

三疣梭子蟹是典型的广盐性蟹类，通过适应和驯化，可以在半咸水和淡水中正常生长。这一特性表明它们具有特殊的渗透压调节能力，从而适应不同盐度的外部环境。因此，三疣梭子蟹的渗透压调节机理是一个很值得研究的基础问题。

盐度胁迫转录组实验中所用三疣梭子蟹取自“黄选 1 号”核心群体，饲养于昌邑海丰水产有限公司。实验设置 3 个盐度组，分别为高盐组(HC，盐度 50)、低盐组(LC，盐度 5)及正常组(NC，盐度 33)，每组 90 只。10 天后每组选活力正常个体各 9 只，分别解剖取鳃组织。所取组织迅速浸入 RNAlater (Ambion)中于 4 ℃冰箱中过夜,之后冻存于 −20 ℃冰箱。

通过 Illumina 高通量测序和生物信息学分析共获得 1 705 个差异表达的基因(qvalue < 0.005 & |log2 (foldchange)| > 1),表明通过新一代测序技术发掘差异表达基因具有较高的效率。其中 NC vs LC 中发现 615 个差异表达基因(158 上调表达,457 个下调表达),NC vs HC 中发现 1 516 个差异表达基因(895 个上调表达,457 个下调表达)。高盐胁迫下差异表达基因显著多于低盐胁迫下差异表达基因,且高盐胁迫下差异表达基因主要为上调表达基因;而低盐胁迫下情况恰恰相反,主要为下调表达基因。另外发现 426 个基因在低盐和高盐环境中均显著差异表达。为验证转录组差异基因分析结果,挑选 12 个差异表达基因通过实时定量 PCR 法进行验证(表 2)。结果发现 10 个基因的表达情况与转录组差异基因分析数据相符,另外两个基因的表达虽然未达到显著差异的程度,但表达趋势与转录组数据相符,表明转录组差异基因分析数据精确度较高。

表 2 差异基因验证

基因	ID	qPCR		Illumina sequence	
		LC vs. NC	HC vs. NC	LC vs. NC	HC vs. NC
glutamine synthetase	comp33831_c0	0.81	0.20*	0.73	0.16*
glutamate dehydrogenase	comp40590_c0	1.10	0.31*	1.20	0.36*
Sodium / potassium ATPase beta chain	comp53011_c0	0.11*	0.27*	0.13*	0.25*
aquaporin	comp54248_c0	0.32*	0.10*	0.23*	0.01*
heat shock protein 70	comp54992_c0	0.53	4.26*	0.64	2.35*
carbonic anhydrase	comp55558_c0	7.36*	0.54*	4.73*	0.44*
V-type proton ATPase subunit B	comp62089_c0	1.11	0.39*	0.59	0.46*
sodium-potassium-chloride cotransporter	comp70314_c0	4.13*	0.31*	1.03	0.26*
chitinase	comp71131_c0	0.34*	0.16*	0.23*	0.04*
V-type proton ATPase subunit F	comp74516_c3	3.46*	5.39*	1.45	2.13*
Chloride channel protein	comp76355_c5	6.71*	1.63	2.80*	0.85
sodium/hydrogen exchanger	comp76376_c2	9.10*	1.35*	2.56*	1.81

研究表明,甲壳动物的鳃是渗透压和离子调节的主要器官(A. Freire et al,2008; John Campbell Mcnamara et al,2012)。渗透压调节主要通过"限制进程"(limiting process)和"补偿进程"(compensatory process)两个策略进行。所谓限制进程主要指通过关闭气孔或改变鳃角质层脂肪酸组成,调整鳃角质层结构和渗透性,降低离子被动扩散和水流入,以维持机体渗透压稳定,从而短期或长期适应渗透压胁迫环境被认为是甲壳类能长期栖息于不同水环境中的重要机制(Rj Morris et al,1982; R.K. Porter et al,1996)。所谓补偿进程指机体在外界渗透压胁迫刺激下,通过激活离子跨膜转运进

程，维持血淋巴渗透压或离子水平，从而平衡由外界渗透压胁迫引起的被动扩散(A. Pequeux et al,1995)。本研究发现在盐度胁迫下至少有 5 个脂肪酸生物合成相关基因显著上调表达，另外发现大量离子转运相关基因显著差异表达，其中包括氯离子通道、钠氢交换蛋白、钠/葡萄糖协同转运蛋白、碳酸酐酶、水通道蛋白、V 型质子通道以及 5 个阴离子转运相关基因，表明“限制进程”和“补偿进程”在三疣梭子蟹盐度适应中均发挥重要作用。除此之外，我们发现了 526 个差异表达基因无任何注释信息，可能是参与渗透压调节的新基因。这些新基因将为深入研究甲壳类渗透压调节机制提供宝贵数据。

进一步将差异表达基因归为 8 种表达模式(图 7)。这八种模式分别为：低盐和高盐胁迫均上调表达 (Cluster Ⅰ,39 条 unigenes)，低盐上调表达 (Cluster Ⅴ,104 条 unigenes)，高盐上调表达 (Cluster Ⅶ,840 条 unigenes)，低盐和高盐均下调表达 (Cluster Ⅱ,356 条 unigenes)，低盐下调表达 (Cluster Ⅵ,85 条 unigenes)，高盐下调表达 (Cluster Ⅷ,250 条 unigenes)，低盐上调表达高盐下调表达 (Cluster Ⅲ,15 条 unigenes)，低盐下调表达高盐上调表达 (Cluster Ⅳ,16 条 unigenes)。将这八种不同模式差异表达基因分别进行富集分析，结果如下(图 8)；cluster Ⅰ 基因富集于几丁质代谢进程(GO:

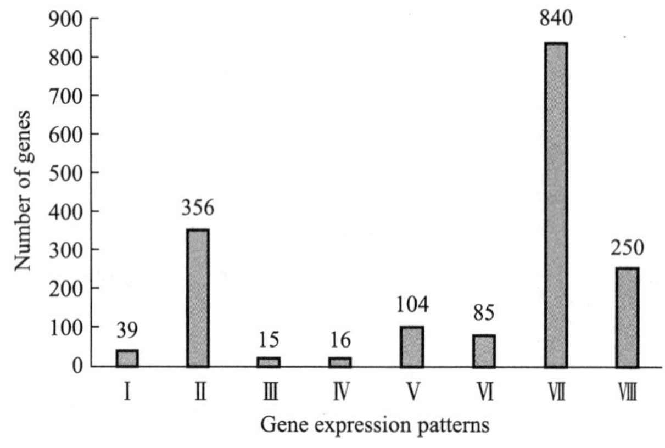

图 7　差异基因表达模式

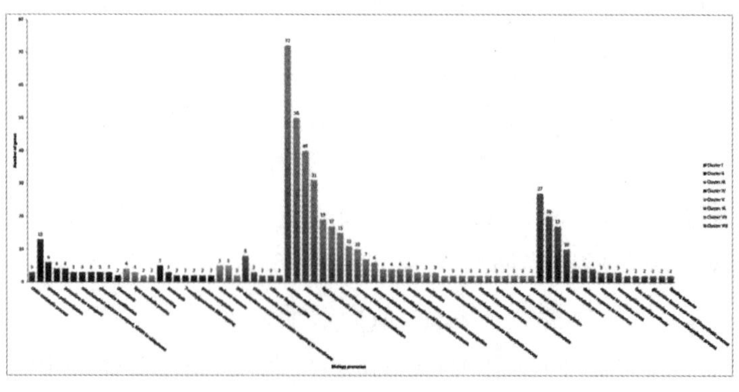

图 8　差异表达基因富集分析

0006030,3 unigenes);Cluster Ⅱ基因富集于 10 个生物学进程,主要包括几丁质代谢(GO:0006030,13 unigenes)、蛋白聚合(GO:0051258,6 unigenes)、氧化应激反应(GO:0006979,4 unigenes)、钾离子转运(GO:0006813,4 unigenes)等生物学进程;Cluster Ⅲ基因富集于 4 个生物学进程,主要包括氧化还原(GO:0055114,4 unigenes)、脂质代谢进程(GO:0006629,3 unigenes);Cluster Ⅳ基因富集于 5 个生物学进程,主要包括氧化还原进程(GO:0055114,5 unigenes)和蛋白水解进程(GO:0006508,3 unigenes);. Cluster Ⅴ基因富集于 3 个生物学进程,主要包括应激反应(GO:0006952,5 unigenes)和阴离子转运进程(GO:0006820,5 unigenes);Cluster Ⅵ基因富集于 5 个生物学进程,主要包括蛋白水解(GO:0006508,8 unigenes)和几丁质代谢进程(GO:0006030,3 unigenes);Cluster Ⅶ基因富集于 29 个生物学进程,主要包括氧化还原(GO:0055114,72 unigenes)、胞内蛋白修饰(GO:0006464,50 unigenes)、蛋白水解(GO:0006508,40 unigenes)、磷酸化(GO:0016310,31 unigenes)等生物学进程;Cluster Ⅷ基因富集于 16 个生物学进程,主要包括氧化还原(GO:0055114,27 unigenes)、蛋白水解(GO:0006508,20 unigenes)、碳水化合物代谢(GO:0005975,17 unigenes)和几丁质代谢(GO:0006030,10 unigenes)等生物学进程。

统计发现共有 454 个差异表达基因富集于 63 个生物学进程。其中低盐胁迫下差异表达基因共富集于 25 个进程(6 个进程受到诱导,17 个进程被抑制,2 个进程受到影响)。高盐胁迫下差异表达基因富集于 58 个进程(31 个进程受诱导,24 个进程被抑制,3 个进程受影响)。进一步分析发现分别有 5 个和 38 个进程仅在低盐和高盐胁迫下有差异表达基因富集,另外有 20 个进程在两种胁迫条件下均有差异表达基因富集,表明三疣梭子蟹低渗调节和高渗调节可能共享一些通路但仍具有较大差异。

研究表明自由氨基酸(free amino acids, FAA)可能在透压调节过程中发挥重要作用,其中甘氨酸,脯氨酸和丙氨酸在很多甲壳动物中发挥渗透调节效应因子功能(D. T. T. Huong et al, 2001; Ch Tan et al, 1981)。本研究发现很多差异表达基因被富集于氨基酸代谢以及合成进程中。其中甘氨酸代谢过程(glycine catabolic process, GO:0006546)在低盐胁迫中被诱导。在高盐胁迫进程中,甘氨酸代谢过程(glycine metabolic process, GO:0006544)和 L-丝氨酸的代谢过程(L-serine metabolic process, GO:0006563)被抑制,但赖氨酸的生物合成过程(lysine biosynthetic process, GO:0009089)被诱导。另外,我们发现大量差异基因被富集于蛋白水解进程(GO:0006508)。有意思的是,低盐胁迫进程中蛋白水解相关基因全部下调表达(11 个),而在高盐胁迫中蛋白水解相关基因主要为上调表达(43 个上调和 20 个下调)。结果暗示,高盐胁迫下三疣梭子蟹通过水解蛋白、加快合成自由氨基酸以及抑制氨基酸代谢等途径增加体内自由氨基酸水平,从而平衡身体内外渗透压水平,降低盐度胁迫损伤;而在低盐胁迫中三疣梭子蟹采取相反的方式进行高渗调节。该结论需后续试验进一步验证。

富集进程中除包含已知与离子转运、自由氨基酸代谢等渗透压调节相关进程外,还包括其他进程,而这些进程以前很少有报道在渗透压调节中发挥作用。本研究发现富集基因数最多的3个进程分别为氧化还原进程(GO:0055114)、胞内蛋白修饰进程(GO:0006464)及磷酸化进程(GO:0016310)。而富集水平最高的3个进程分别为几丁质代谢进程(GO:0006030)、碳水化合物代谢进程(GO:0005975)和小GTPase介导的信号转导进程(GO:0007264)。

氧化还原进程对维持细胞自调节具重要作用。在正常生理状态下,细胞通过产生和消除活性氧和活性氮(ROS/RNS)来维持氧化还原平衡(Dunyaporn Trachootham et al,2008)。一般情况下,体内氧化还原进程处于自稳定状态以确保机体能够正确应对体内外刺激。然而当氧化还原进程自稳定被扰乱时,氧化应激将导致细胞凋亡。研究表明体内、外的刺激均能促使机体形成胞内ROS/RNS,当胞内ROS/RNS水平超出氧化还原调节最大限度后,机体便处于氧化应激状态。本研究发现在盐度胁迫,尤其是高盐胁迫下氧化还原进程被显著诱导,可能是为消除因渗透压胁迫而产生的过量ROS/RNS以减缓机体氧化应激反应。

胞内蛋白修饰和磷酸化进程均属于翻译后修饰调控。翻译后修饰调节存在于很多真核生物蛋白中(Matthias Mann et al,2003)。通过翻译后修饰的蛋白可以暂时或持续改变其功能(Michael Johnston et al,2011)。本研究发现胞内蛋白修饰和磷酸化进程中的很多基因在盐度胁迫进程中显著差异表达,暗示翻译后调节在三疣梭子蟹渗透压调节进程中发挥重要作用,值得开展深入研究。

发现38个差异表达基因富集于几丁质代谢进程且富集程度最高(p-value:1.60E-08),暗示几丁质代谢进程在三疣梭子蟹渗透压调节进程中发挥关键作用。进一步研究发现,这些基因中包含4个几丁质酶基因。甲壳动物在蜕皮过程中必须通过几丁质酶消化旧的几丁质外骨骼。因此,几丁质酶是甲壳动物生长不可或缺的酶。几丁质酶基因属于多基因家族,具多样的生理功能(Y. Arakane et al,2010),在昆虫的生长及发育中发挥重要作用(Qingsong Zhu et al,2008;Jianzhen Zhang et al,2011)。相比昆虫而言,甲壳类几丁质酶研究开展较晚,然而由于其重要性,近几年已成研究热点。目前在中国对虾、凡纳滨对虾、仿长额虾以及日本沼虾中均已开展几丁质酶基因克隆、分类及功能研究(S. Y. Zhang et al,2014;J. Rocha et al,2012;J. Q. Zhang et al,2010;P. Proespraiwong et al,2010;Q. S. Huang et al,2010),结果表明,甲壳类几丁质酶基因至少分三类,可能在甲壳类蜕皮及消化中发挥重要作用。

小GTP结合蛋白在动植物细胞中的很多进程中发挥重要的调控功能,如液泡介导的胞内转运、信号转导、细胞骨架组装以及细胞分裂等(M. Mirzaei et al,2012)。很多研究表明,环境刺激将导致小GTP结合蛋白的表达发生改变。然而,该基因在甲壳动物中的功能很少有研究。本研究发现15个差异表达基因富集于GTP酶介导的信号转导进程，且富集程度很高，表明其可能在三疣梭子蟹渗透压调节中发挥重要作用。另外发现在高盐胁迫下，有 17 个上调表达基因富集于碳水化合物代谢进程，表明三疣梭子蟹在高盐适应过程中消耗大量能量。

另外，我们注意到氧化应激(GO:0006979)、防御反应(GO:0006952)，氧化应激反应(GO:0006979)以及细菌防御反应(GO:0042742)等生物学进程在盐度胁迫中也有差异表达基因富集，其中包括大量免疫及抗逆相关基因如热休克蛋白、组织蛋白酶、凝集素、丝氨酸蛋白酶和过氧化物氧化还原酶等，表明盐度胁迫引发了机体转录水平上的抗逆及免疫反应。本研究结果与 Xu et al(2011)在三疣梭子蟹中研究结果一致(Q. H. Xu et al，2011)，但与 Towle et al (2011)在岸蟹中研究结果不同(D. W. Towle et al，2011)。分析原因可能由于两个物种盐度适应能力不同，或者两个物种具有不同的渗透压调节通路以应对盐度胁迫压力。

（作者：吕建建，刘萍，王渝，高保全，陈萍，李健）

2. 三疣梭子蟹蜕皮相关功能基因研究

水生甲壳动物蜕皮调控机制及关键影响因素一直是研究的重点。目前主要观点认为，位于第二触角基部 Y 器官分泌的蜕皮激素与位于眼柄 X 器官分泌的蜕皮抑制激素相互拮抗，进行甲壳动物蜕皮调控。Y 器官是分泌蜕皮类激素、调控蜕皮发生的重要腺体，是昆虫前胸腺的同源器官(F Lachaise et al，1993)。甲壳动物通过摄入含有胆固醇类和甾醇类的食物获取合成蜕皮类激素的原料，在 Y 器官内首先将固醇类转化为中间产物，再将其加工形成蜕皮类激素。甲壳动物蜕皮激素作用的靶标由核受体家族成员蜕皮激素受体(ecdysteroid receptor，EcR)和维甲酸 X 受体(retinoid X receptor，RXR)组成。蜕皮激素受体与维甲类 X 受体 (EcR/RXR)位于甲壳类蜕皮周期过程中信号通路调控的上游，是参与调控蜕皮过程的关键因子(Penny M et al，2009)。对节肢动物的蜕皮激素与蜕皮核受体调控关系研究认为，蜕皮激素受体由核受体 EcR 和 USP 构成。EcR-USP 异源二聚体首先在分子伴侣蛋白复合物的协助下获得 DNA 结合活性。蜕皮激素通过接触共阻遏因子和募集共激活因子激活 EcR-USP 异源二聚体并启动下游基因的转录，蜕皮激素与 EcR-USP 配体 - 受体复合物引起蜕皮激素的级联放大反应，从而调控蜕皮发生过程(Ann M Tarrant et al，2011)。对蜕皮激素受体与维甲类 X 受体在蜕皮周期过程中的变化规律研究发现，蜕皮激素受体与维甲类 X 受体从蜕皮间期到蜕皮前期出现升高趋势。Durica 等(1999)在招潮蟹 (Ucapugilator) 不同组织中也发现蜕皮激素受体与维甲类 X 受体在蜕皮前期表达丰度显著高于其他时期，但与血淋巴蜕皮激素变化趋势无显著相关性。对于甲壳类蜕皮激素如何与蜕皮激素受体和维甲酸 X 受体形成的异源二聚体相结合从而启动蜕皮发生的机制尚不清楚。

2.1 三疣梭子蟹钙调蛋白基因的克隆及在蜕皮中的功能分析

钙调蛋白(CaM)最先在小鼠脑中被发现,其对环腺苷酸磷酸二酯酶具有催化作用(Means et al,1980)。此后相关研究表明钙调蛋白参与多种生命活动和生理反应过程,如细胞的分裂和代谢、细胞的运动、生殖发育等(Eldik et al,1989;Zuhlke et al,1999)。有学者也证实 CaM 调节果蝇(*Drosophila melanogaster*)体内钙的储存,同时参与神经递质的合成与释放(Arnon et al,1997)。此外,对长牡蛎(*Crassostrea gigas*)、紫贻贝(*Mytilus edulis*)和三角帆蚌(*Hyriopsis cumingii*) CaM 基因的克隆及功能研究中也表明,CaM 在钙离子的获取和转运过程中起着非常重要的作用(Stommel et al,1982)。Chen 和 Watson 提出了 Ca^{2+} 信号正向调节蜕皮的观点,并且发现在一个自然的蜕皮周期里,Ca^{2+} 水平的整体变化趋势与蜕皮激素浓度变化趋势相一致(Chen et al,2011)。Gao 和 White 的研究表明,CaM 在蜕皮周期的表达水平呈现波动,推测 CaM 在功能上与蜕皮相联系,但是相关的功能与调控作用有待于深入的研究(Gao et al,2009)。许多研究结果也表明,蜕皮过程中存在 Ca^{2+} 的吸收与转运。鉴于钙调蛋白在 Ca^{2+} 的调节上具有至关重要的作用,我们参考本实验室构建的三疣梭子蟹蜕皮相关基因的表达谱,选取三疣梭子蟹的 CaM 基因进行克隆,并进行序列与表达分析,进一步丰富 CaM 的研究资料,并尝试探讨其在蜕皮过程中的作用。

三疣梭子蟹钙调蛋白基因(PTCaM) cDNA 全长 1 981 bp,其中开放阅读框长 450 bp,编码一条长 149 个氨基酸的蛋白(图 9)。CaM 序列非常保守,脊椎动物中 CaM 序列在氨基酸水平上完全一致(Yuasa et al,2001)。氨基酸序列比对分析显示,PTCaM 基因编码的氨基酸与果蝇和中华绒螯蟹的 CaM 氨基酸序列覆盖率高达 100%,与凡纳滨对虾、克氏原螯虾和仿刺参覆盖率高达 99%,说明在节肢动物门中,CaM 的氨基酸序列的差别极其微小(图 10)。进化上的保守性,也能说明钙调蛋白在功能上有着非同一般的重要作用。PTCaM 二级结构的预测显示,α 螺旋占 63.09% (图 11),三级结构预测显示,PTCaM 具有钙离子配基(图 12),说明其与钙离子的紧密相关性。PTCaM 属于 EFh 超基因家族,具有 4 个 EF-hand 结构。EF-hand 结构是 Ca^{2+} 的结合区,每个 EF-hand 具有 2 个 Ca^{2+} 结合域,各个 Ca^{2+} 结合域可以结合 1 个 Ca^{2+} (Gomez et al,2000;Zheng et al,2000)。现今的研究也发现,EF-hand 通常成对出现,并形成一个分离的区域。因此该家族的蛋白结构有 2 个、4 个或 6 个 EF-hand 结构,成对的 EF-hand 结构之间可以相互作用,显示出正向协同效应(Gifford et al,2007)。该基因具有 4 个 EF-hand,说明 PTCaM 基因属于 EF 家族,并证明了 EF-hand 成对出现的结论。

```
                                                                                       M   A   D   Q
   1 ACATG GGGAG TCATC CTGAG ACAGT GGTTC TGAGC AGACG TCTGT TCCTT GGCTT GTAAT ACACA CACTC CCTCA AC ATG GCG GAC CAA   89

      L   T   E   E   Q   I   A   E   F   K   E   A   F   S   L   F   D   K   D   G   D   G   T   I   T   T   K
  90 CTG ACC GAG GAG CAG ATT GCC GAG TTC AAG GAG GCT TTC TCC TTG TTC GAT AAG GAC GGT GAC GGT ACC ATC ACC ACC AAG   170

      E   L   G   T   V   M   R   S   L   G   Q   N   P   T   E   A   E   L   Q   D   M   I   N   E   V   D   A
 171 GAA TTG GGC ACC GTG ATG CGT TCC CTG GGC CAG AAC CCC ACC GAG GCG GAG CTC CAG GAC ATG ATA AAC GAG GTG GAC GCC   251

      D   G   N   G   T   I   D   F   P   E   F   L   T   M   M   A   R   K   M   K   D   T   D   S   E   E   E
 252 GAC GGT AAC GGA ACT ATC GAT TTC CCC GAG TTC CTC ACG ATG ATG GCG CGC AAA ATG AAA GAC ACT GAT TCT GAG GAA GAG   332

      I   R   E   A   F   R   V   F   D   K   D   G   N   G   F   I   S   A   A   E   L   R   H   V   M   T   N
 333 ATC AGG GAA GCC TTC CGA GTG TTT GAT AAG GAC GGC AAC GGC TTC ATC TCT GCG GCT GAG CTT AGG CAT GTG ATG ACC AAC   413

      L   G   E   K   L   T   D   E   E   V   D   E   M   I   R   E   A   D   I   D   G   D   G   Q   V   N   Y
 414 CTG GGA GAG AAA CTT ACT GAT GAG GAG GTT GAT GAA ATG ATC AGG GAA GCT GAT ATT GAC GGT GAT GGT CAG GTC AAC TAT   494

      E   E   F   V   T   M   M   T   S   K   *
 495 GAA GAG TTC GTC ACA ATG ATG ACA TCA AAG TGA AGTGA TCGCG CCCAC TAATA TTGTA AACAA ATTTC AAACG AACAG TTTTT TCTGC   582

 583 TTTCC AATTT ATCTT GTTAA AGGAA CTGCT AAAAC CCATT ATAAT ATTAA TAATA AACGT CACGA TACTG TCTCT TGCTA AAATC TCGTA   672

 673 TTGCC TTCAT GTACT ATCTG GCTCT GAAGC GCTAG CGTCG GAAAC TACGA CGACA ACCAC CACCA CCATC ATGCC GCCGC CGCCA CCACC   762

 763 GCCAC TGCAA ATTAC CAACA ACTTT CCATT ACCAC CACTA TTACT ACTAC CTAAG CTGCT ATCCA TACAG CCTCC ATGTA CAGAA CTACT   852

 853 TCCAT CATTT AGTCG TTGTA GCAGC GATGA CCCCT CGCCC CTCTA CTGGG AGGTA TGGGC GTGGA AGGGG GTGTG GGAGG CGCCC TATAA   942

 943 AAAGG GCTGT TGTCG CCCTG TAGTG GTAGC GCAGT TTATC AAGAT GGGTT GTTGT TCAAG GGACA CGCTT CGGGT GGCCG GCCCT CCAGA   1032

1033 AAATG CTCTC ATGTA TAAGT CGTTT ATTAT ACATA ATTAC TTCAG TAGTA CAGTG TTTGG AATTC AGAGG GCGGG ATTGT GGTGG CGCCG   1122

1123 TAGAC GCACC ACCAA CCCAG TACAG CCGCT CCTTG ATGCC AAGGT TGGTG TGCTG GGGTT GCTGC TCGAG GGAGT AACCA GCTTT ACACT   1212

1213 CCGCT GCTAC CAGTA TTTGC ACTTC CTGGG AGACA CATCA TTTAT TTGAT GTGTC AAGTG TAGCA GGAGG GCCAG GCCTG TTCCT GGTAC   1302

1303 CTCAC CCTAA CACCT TGGGG GTCTG CCACC CTGCC AGTCT CAACA TCACC GAGCT CTTTC TCTTA TTTTA CAAGT CTTTT CCTGA TTGAA   1392

1393 AGCGG AAAGC TAGTT TGTTC TTTTT ATAAA CTTAG GAAAT TATTT TTATT TAGTT CAATT TGTTT GTGAA ATGAT GGAAG GAGGA ACCAA   1482

1483 TGCCA CCTAC CCTGG GTCGG CGGTG GCCAT GTTGT GGACC CTGAT TGAAT TCCTC TTTCT TTATA TTTTA TTGAA AGTTC ACTCA TGGTG   1572

1573 ACCAT TTTAT ATTGT TTGTC TGATA CAGTG ATGGG GATGG AGAGG GTGAG CTGTA CTTTG TGTTG GTTGA ATGGG GTTGA TACAT TTCCG   1662

1663 TATCA TATAC TTCTT GTTAG CTGTG TCTTT GTCAG TTTTC TTAAA GGAAT AGGAA ATGTA TACAT ATTGC AAAAA CAAAA ATGAA GTTGA   1752

1753 AAATT TACTC TTGTA CTACA TAATA CTAAT GTAAG GCACA TCATT AATTT TTCTT CCCAC CTCCC GCATT GTTTG ACACT GTTAA GATGC   1842

1843 CACTG CGTCC TGCCA GTGAG CCTGA CGAGT CTGAT GTTTT GATTA CAATA CACCA TGCTC ATTGA TGGTT TTATT ATTGT GTAGG AAAAT   1932

1933 ACTAT TCTTT AAAGT AAACC ACTCT TTTTT CATGT CAAAA AAAAA AAAAA AAAAA AAAAA AAAA                                   1996
```

图 9 PTCaM 基因的核苷酸序列及推导的氨基酸

ATG：起始密码子；TGA：终止密码子；阴影（DDN-E/DDD-E）：Ca^{2+}结合位点；下划线：EF-hand 蛋白超家族保守结构域。

实时定量 PCR 结果显示，PTCaM 基因在三疣梭子蟹眼柄、血细胞、肌肉、肝胰腺、心脏、鳃、卵巢中均有表达，在血细胞、肌肉、鳃和卵巢中的相对表达量较高（图 13）。有研究证明 CaM 与许多重要的酶联合作用参与众多生化反应，如糖原的合成与分解、蛋白质磷酸化及脱磷酸化、细胞内的钙离子浓度的调节、平滑肌收缩、细胞分裂和核酸代谢等（Tang et al，2001；Kahl et al，2003；Taylor et al，2002；Sanhueza et al，2007；Zayzafoon et al，2006）。根据先前研究可推测：PTCaM 基因在三疣梭子蟹的肌肉和肝胰腺中主要参与糖原的分解和能量的代谢，在鳃中主要参与钙离子的吸收与代谢，在卵巢中主要参与 DNA 的合成，在心脏中主要参与心肌肌质的反应，在眼柄中主要参与神经信号的转导。具体的精确调节机制以及其细胞定位还有待于更深入的研究。

```
P.trituberculatus   ..........MADQLTEEQIAEFKEAFSLFDKDGDGTITT   30
A.japonicus         ..........MADQLTEEQIAEFKEAFSLFDKDGDGTITT   30
L.vannamei          ..........MADQLTEEQIAEFKEAFSLFDKDGNGTITT   30
P.clarkii           ..........MADQLTEEQIAEFKEAFSLFDKDGDGTITT   30
E.sinensis          ..........MADQLTEEQIAEFKEAFSLFDKDGDGTITT   30
P.nana              .....MSGSAEADQLTEEQIAEFKEAFSLFDKDGDGTITT   35
D.melanogaster      KVESYTTFIIMADQLTEEQIAEFKEAFSLFDKDGDGTITT   40
Consensus                       adqlteeqiaefkeafslfdkdg gtitt

P.trituberculatus   KELGTVMRSLGQNPTEAELQDMINEVDADGNGTIDFPEFL   70
A.japonicus         KELGTVMRSLGQNPTEAELQDMINEVDADGNGTIDFPEFL   70
L.vannamei          KELGTVMRSLGQNPTEAELQDMINEVDADGNGTIDFPEFL   70
P.clarkii           KELGTVMRSLGQNPTEAELQDMINEVDADGNGTIDFPEFL   70
E.sinensis          KELGTVMRSLGQNPTEAELQDMINEVDADGNGTIDFPEFL   70
P.nana              KELGTVMRSLGQNPTEAELQDMINEVDADGNGTIDFPEFL   75
D.melanogaster      KELGTVMRSLGQNPTEAELQDMINEVDADGNGTIDFPEFL   80
Consensus           kelgtvmrslgqnpteaelqdminevdadgngtidfpefl

P.trituberculatus   TMMARKMKDTDSEEEIREAFRVFDKDGNGFISAAELRHVM   110
A.japonicus         TMMARKMKDTDSEEEIREAFRVFDKDGNGYISAAELRHVM   110
L.vannamei          TMMARKMKDTDSEEEIREAFRVFDKDGNGFISAAELRHVM   110
P.clarkii           TMMARKMKDTDSEEEIREAFRVFDKDGNGFISAAELRHVM   110
E.sinensis          TMMARKMKDTDSEEEIREAFRVFDKDGNGFISAAELRHVM   110
P.nana              TMMARKMKDTDSEEEIREAFRVFDKDGNGFISAAELRHVM   115
D.melanogaster      TMMARKMKDTDSEEEIREAFRVFDKDGNGFISAAELRHVM   120
Consensus           tmmarkmkdtdseeeireafrvfdkdgng isaaelrhvm

P.trituberculatus   TNLGEKLTDEEVDEMIREADIDGDGQVNYEEFVTMMTS   148
A.japonicus         TNLGEKLTDEEVDEMIREADIDGDGQVNYEEFVTMMTS   148
L.vannamei          TNLGEKLTDEEVDEMIREADIDGDGQVNYEEFVTMMTS   148
P.clarkii           TNLGEKLTDEEVDEMIREADIDGDGQVNYEEFVRMMTS   148
E.sinensis          TNLGEKLTDEEVDEMIREADIDGDGQVNYEEFVTMMTS   148
P.nana              TNLGEKLTDEEVDEMIREADIDGDGQVNYEEFVTMMTS   153
D.melanogaster      TNLGEKLTDEEVDEMIREADIDGDGQVNYEEFVTMMTS   158
Consensus           tnlgekltdeevdemireadidgdgqvnyeefv mmts
```

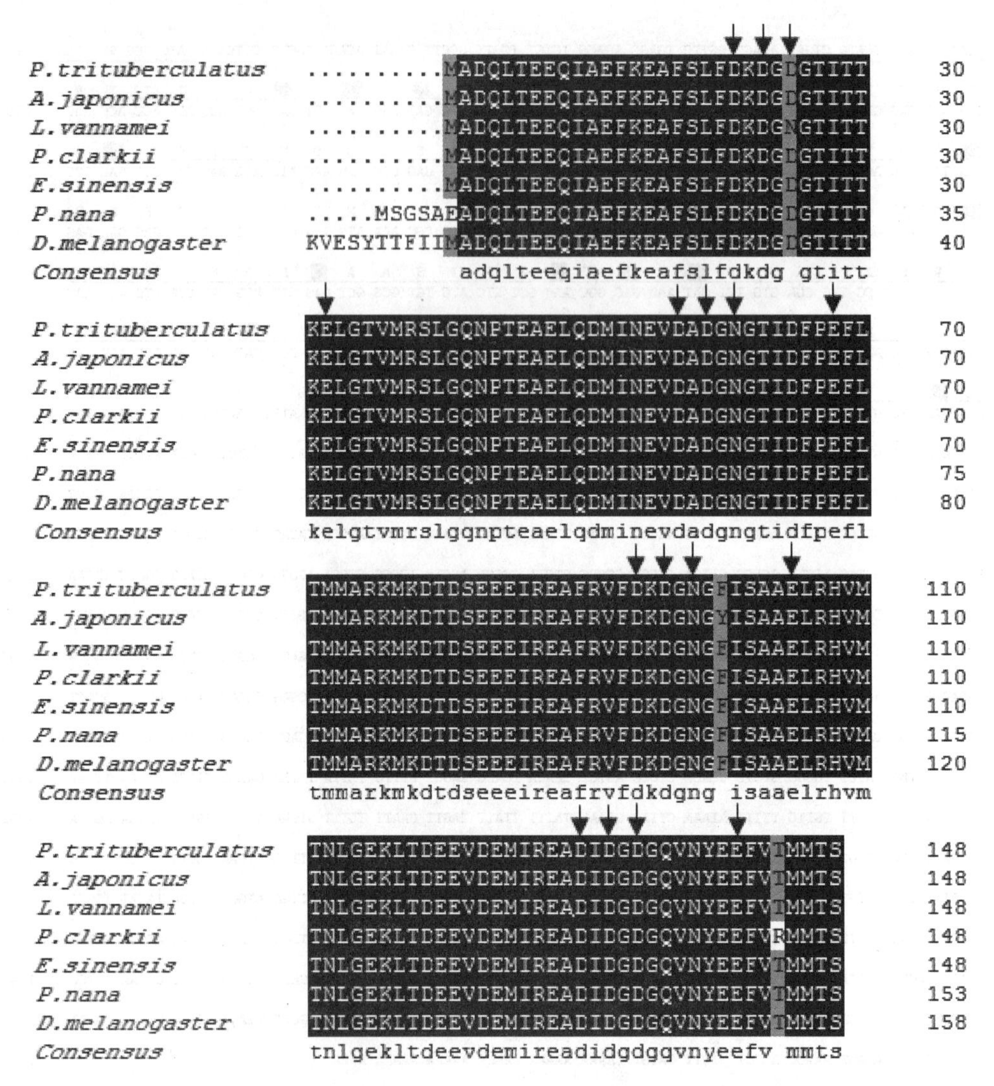

图 10 三疣梭子蟹 CaM 蛋白氨基酸序列与其他物种 CaM 蛋白氨基酸序列比对

箭头所指的为 4 个 Ca^{2+} 结合位点(DDD-E/DDN-E)。

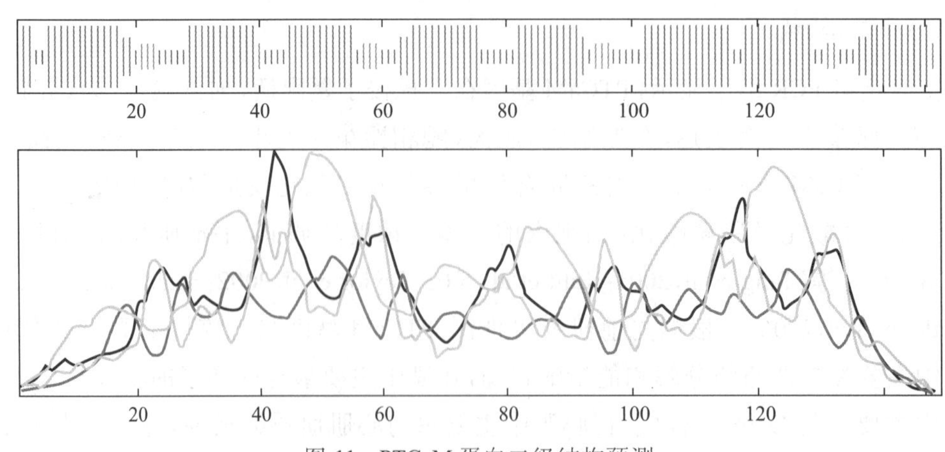

图 11 PTCaM 蛋白二级结构预测

注:蓝色:α 螺旋;红色:延伸链;绿色:β 转角;粉红:不规则卷曲

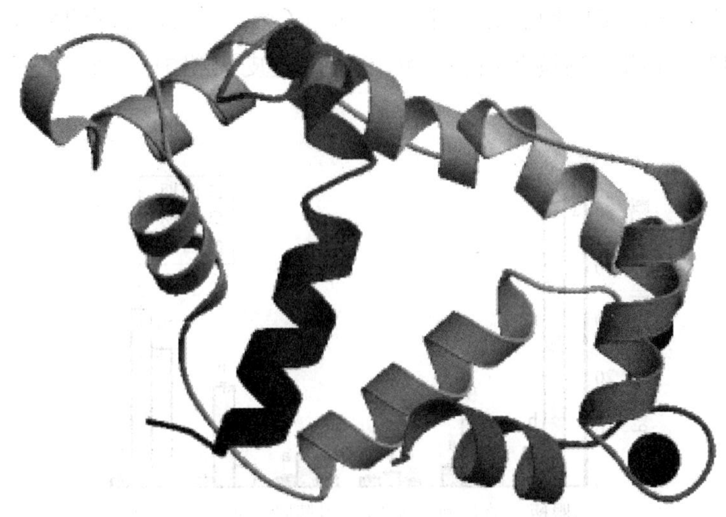

图 12 PTCaM 蛋白的三级结构预测

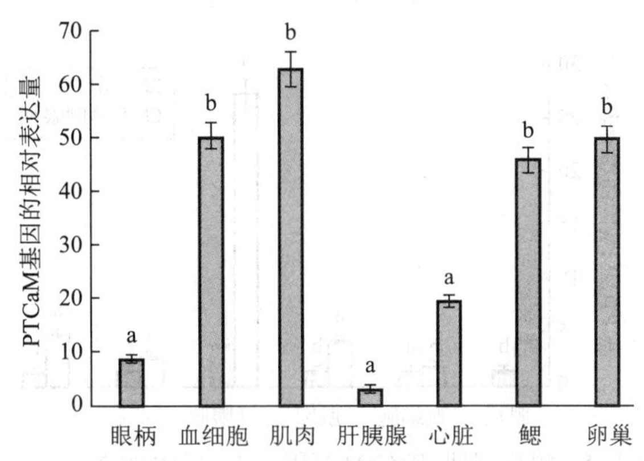

图 13 PTCaM 基因在三疣梭子蟹不同组织中的表达情况

在三疣梭子蟹不同蜕皮时期，各个组织中 PTCaM 基因实时定量对比，了解到该基因均出现差异表达(图 14)，充分说明了 PTCaM 基因参与到蜕皮调控中并在各个组织都具有调控作用。眼柄和鳃中的 PTCaM 基因差异表达最为显著，为蜕皮后期表达量明显降低。我们推测蜕皮间期和前期，蟹为蜕皮做准备，活化后的 CaM 影响的酶较多，参与的调控反应也较多，同时钙离子的吸收与重吸收作用也较多。心脏、血细胞和肌肉中的 PTCaM 基因在蜕皮前期表达量较高，我们推测在临近蜕皮期间，离子的转运强度加大，能量代谢加大。肝胰腺中的 PTCaM 表达结果经 SPSS 软件分析结果为差异不显著。三疣梭子蟹的肝胰腺具有吸收和储存营养、分泌消化酶等，在蜕皮时期肝胰腺可将储存的脂质转移到其他组织，保证能量供给(Jiang et al，2009；Wen et al，2001；Vogt et al，1994；姚桂桂等，2008)。因此我们推测肝胰腺中，该基因一直处于相对稳定且较为活跃的表达状态。PTCaM 在蜕皮时期各个组织中的整体表达趋势为：在蜕皮前期表达量上升，在蜕皮后期表达量下降。这与 Ca^{2+} 在蜕皮时期的变化趋势相一致(Chen et al, 2012)，说明了钙调蛋白在三疣梭子蟹蜕皮周期中对 Ca^{2+} 的调节具有十分重要的作用。

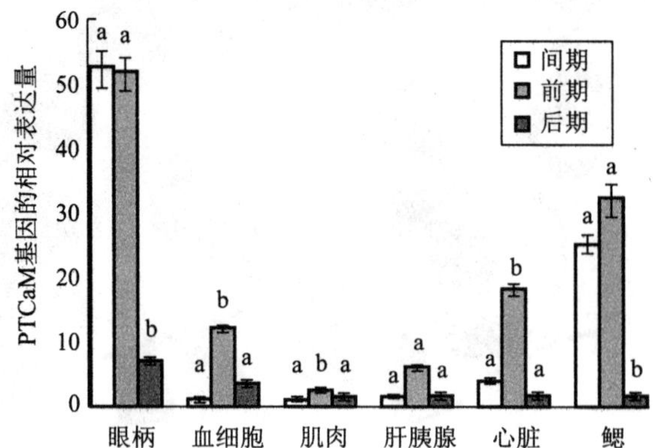

图 14　各个组织中 PTCaM 基因在三疣梭子蟹不同蜕皮时期的相对表达情况

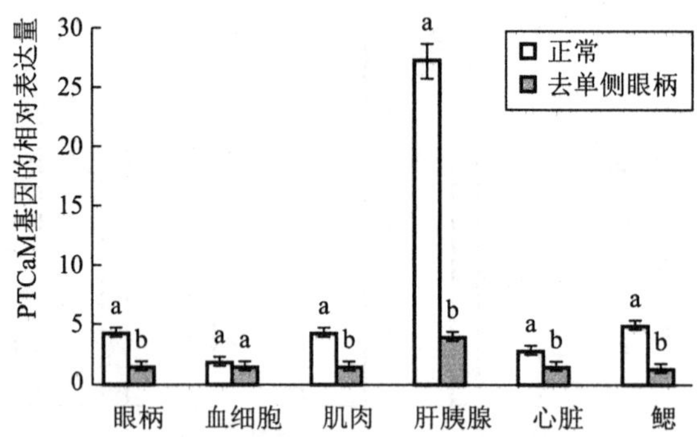

图 15　蜕皮间期，PTCaM 基因在去除单侧眼柄的三疣梭子蟹和正常三疣梭子蟹各组织中的相对表达情况

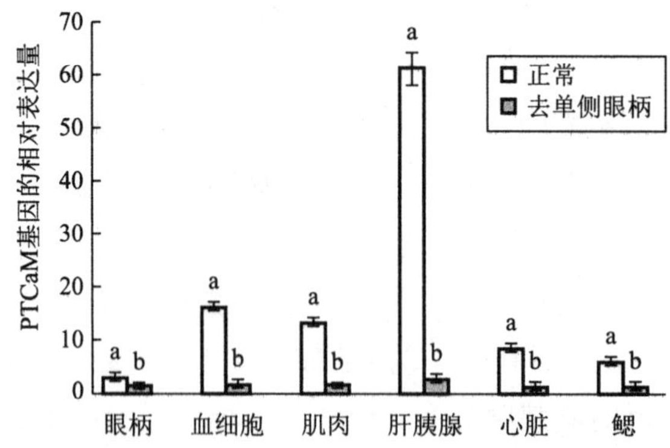

图 16　蜕皮前期，PTCaM 基因在去除单侧眼柄的三疣梭子蟹和正常三疣梭子蟹各组织中的相对表达情况

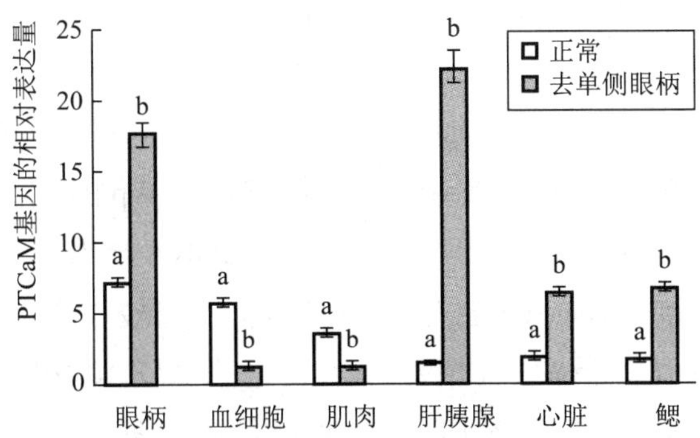

图 17 蜕皮后期，PTCaM 基因在去除单侧眼柄的三疣梭子蟹和正常三疣梭子蟹各组织中的相对表达情况

研究不同蜕皮时期去除单侧眼柄的三疣梭子蟹与正常三疣梭子蟹各个组织中 PTCaM 的表达情况，结果显示：去除单侧眼柄后，PTCaM 在蜕皮间期和前期相对于正常情况表达下调（图 15、图 16）。由于蜕皮激素对甲壳类的蜕皮过程起着至关重要的作用（姚俊杰等，2006；Qian et al，2014），而眼柄中的窦腺复合体分泌蜕皮抑制激素（MIH）和蜕皮激素（Ecdysone）存在着反馈抑制调节作用（宋霞等，2000；Nakatsuji et al，2009；Chung et al，2003），去除眼柄能够造成 MIH 分泌的降低和蜕皮激素分泌的增加（Uawisetwathana et al，2011）。因此我们推测，眼柄神经肽类激素分泌的降低或者蜕皮激素的上升将会影响 PTCaM 基因的表达，证明了三疣梭子蟹 CaM 基因在蜕皮过程中与 MIH 或者蜕皮激素具有一定的相互作用。而在蜕皮后期去眼柄与正常相比，PTCaM 基因整体呈现上调趋势，推测是因为去除单侧眼柄的缘故，Ca^{2+}的再利用与生物矿化过程更依赖于 PTCaM 的调控作用。

2.2 三疣梭子蟹 FTZ-F1 基因的克隆及相关核受体基因在蜕皮中的功能分析

核受体（nuclear receptor）是多细胞生物中含量最丰富的几大类转录因子超家族之一，机体的生长发育、细胞分化以及许多生理、代谢过程都可归于核受体与相应配体及其他调节因子的相互作用（Baulieu E et al，1976）。在哺乳类中，FTZ-F1 可归于核受体第 5 家族：甾类激素受体，这一家族也包括重要的甾类（类固醇）合成调控因子 SF-1。FTZ-F1 作为转录因子激活果蝇（*Drosophila*）早期胚胎形成阶段分化基因 *fushi tarazu* 的同源异性盒（homeobox）而被发现的（A K et al，1984）。在 DNA 结合结构域和 FTZ-F1 box 区域都有相对的高度保守性，调控昆虫蜕皮、变态、生殖等生理过程。此外，也有研究证明 FTZ-F1 在表皮基因以及表皮蛋白的沉积上具有不可替代的作用（M Y et al，2000）。然而有关 FTZ-F1 基因在甲壳动物蜕皮中的功能尚无报道。开展该基因在蜕皮中的功能研究，有助于阐明 FTZ-F1、EcR 和 RXR 基因在三疣梭子蟹中与蜕皮激素相互作用与调控关系，进一步丰富三疣梭子蟹蜕皮过程分子调控机制的研究。

三疣梭子蟹 FTZ-F1 基因 cDNA 序列全长为 1 763 bp（GeneBank 登录号：KP299258），其中包括 588 bp 的开放阅读框（ORF），141 bp 的 5′ 端非编码区（UTR），1 034 bp 的 3′ 端非编码区（UTR）。3′ 端含有一个 PolyA 尾和一个多聚腺苷酸加尾信号（AATAAA）（图 18）。DNAstar 软件分析表明，三疣梭子蟹 FTZ-F1 基因编码一个由 195 个氨基酸组成的蛋白质，相对分子质量为 22.8×10^3 理论等电点为 6.35。ProtParam tool 软件分析表明，FTZ-F1 蛋白带有负电的氨基酸残基为 26 个（Asp 和 Glu），带有正电的氨基酸残基为 23 个（Arg 和 Lys），不稳定系数为 27.7，亲水性平均数为 -0.291，属于稳定蛋白。使用 SMRAT 和 InterProScan 在线软件分析，FTZ-F1 基因翻译的蛋白质结构中无跨膜结构域。使用 signa lP 分析 FTZ-F1 的信号肽，结果显示 mean.S 值小于 0.5，不存在信号肽。BLAST 同源性分析显示，三疣梭子蟹 FTZ-F1 蛋白的氨基酸序列与刀额新对虾（*Metapenaeus ensis*）FTZ-F1 的氨基酸序列同源性达到 75.4%，与其他物种如切叶蚁（*Acromyrmex echinatior*）、德国小蠊（*Blattella germanica*）、黑腹果蝇（*Drosophila melanogaster*）、烟草天蛾（*Manduca sexta*）、赤拟谷盗（*Tribolium castaneum*）FTZ-F1 的氨基酸序列的同源性分别为 66.0%、67.5%、61.9%、61.9% 和 66.0%（图 19）。

```
   1 GTGGCAGCGG GCGGGCCCAG GATCCCTCTG ATCATCCGTG AGCTGGTGGA GACCGTGGAC GACCAGGAGT GGCAGAGCTC CCTCTTCTCG   90
                                                             M   C   K   V   L   D   Q   N   L   F   A
  91 CTACTGCAGA ACCAGACCTA CAACCAGTGT GAGGTGGACC TGTTCGAGCT C ATG TGC AAG GTG CTC GAC CAA AAC TTA TTC GCG 174
      Q   V   D   W   A   R   N   S   C   Y   F   K   D   L   K   V   D   D   Q   M   K   L   L   Q   H
 175 CAG GTG GAC TGG GCC AGA AAC TCC TGC TAC TTT AAG GAT CTC AAG GTT GAT GAT CAG ATG AAA CTC CTA CAA CAC 249
      S  [W   S]  D   L  [L]  I   L   D  [H]  L   H   Q   R   I   H   N   R  [L]  Q   D   E   T   T   L
 250 TCT TGG TCT GAT CTG CTG ATT CTC GAT CAC CTA CAC CAA CGT ATA CAT AAT AGA CTT CAG GAC GAG ACC ACA CTG 324
      P   N   G   Q   K   F   D   L   L   S   L   A   L  [L   G]  T   T   Q   F   A   D   R   F   H   A
 325 CCA AAT GGT CAG AAG TTT GAC CTG CTT TCC CTG GCT CTG CTC GGG ACT ACA CAG TTC GCT GAC CGT TTC CAT GCC 399
      V   L   S   K   L   I   D   L   K   F   D   V   P   E   Y   I   C   L   K   F   L   I   L   L   N
 400 GTC CTC AGC AAG CTT ATT GAC CTC AAG TTT GAC GTT CCA GAG TAT ATT TGC CTC AAG TTC CTT ATT CTC CTT AAT 474
      P   A   E   V   R   L   L   S   D   R   R   S   V   S   T   A   H   E   Q   V   K   Q   A   L   M
 475 CCA GCA GAG GTG AGA CTG CTG AGT GAC CGG CGC TCA GTC AGC ACG GCA CAC GAA CAG GTC AAA CAG GCC CTT ATG 549
      E   Y   I   T   N   V   H   P   E   D   T   E   K   Y   Q   K   M   M   D   L   L   P   E   L   H
 550 GAG TAC ATC ACC AAT GTT CAT CCT GAG GAC ACG GAG AAA TAC CAG AAG ATG ATG GAC CTT CTA CCG GAA CTC CAC 624
      F   I  [A]  D   N   G   E   K  [Y   L]  Y   F  [K]  H   I   N   G   A   A   P   T   Q   T   L   L
 625 TTC ATT GCC GAC AAC GGT GAA AAA TAC CTT TAC TTC AAG CAC ATA AAC GGT GCC GCA CCC ACG CAG ACT TTG TTA 699
      M   E   M   L   H   T   K   R   K   *
 700 ATG GAA ATG CTG CAC ACT AAA CGG AAA TAA GAGGAGGTGG CAAACTTTCA ACTCTCAGCC GTCCAGTGCG CCACATGTGT      779
 780 AGAGAGGGTG GAAAACAAAG TTTTTGGTCA CCAGAGCAGG TGGGAAGGTC CTGGGTCAGT GCAGTGAGTA CACCAGCTTG ACCAGCCAGC  869
 870 CTGCCAGCCT ACCAGCCTAT CACAGTCTGC TACAGTCAAG TAGCTACTGG CGTCTGCCAC AGCCCGGGAA CAAGGGTTCC TGGGTGGCGC  959
 960 AGAAGCAGCT GTGCAACACT GCCCATCCCT TACAAACAAG CTAAGGACTA AGCTTCATGT TGTCTGTGGT GACAATGTAG AGGAGGATCT  1049
1050 GTCTAACCAG CAACCCACTC ACTGTCAAGG TAGTTCAAAA TTGCTGAGTG TCAACTGGAT GGAGACTCAC CCTCATCCAC CATCACCACC  1139
1140 ATCACACCAC CACACCACCA CCACCACCAC TCCACTGTTG CAGGCATCCA AATAGTGTAG TGCTGTGCTA GTCAAACCCT GTGAGGGGTG  1229
1230 GAGACGTTGC TCCTGAACCT GCCGACGCCA GACTGTCATC TGTGGTGCTA AGTAGCTCCG GGATGCCCTG AGGTACAAGA GTAGTGGAGT  1319
1320 GGCCTTGAGC AATGGACGAG ACGGGTGGCC AGTGTGTGGC TCGTGCTGTG TGGCCTCTCC CTCCCTCCCT CCCTCCCTCC CTCCCTTGTT  1409
1410 TCATTTGTTA CCAGAAGCAC TCATGGTGCA ATCAGGACTA ATATTAGCAA GTTGAGGCTC TCAAGTGCAG ACCAGTCAGT GGTGCGCTAC  1499
1500 TCTCACTAAA CGATATTAAC CTGATACATA CAAGTAGGAA GGTTTTTCTG TCCCACTGTG GCGCATCATA CCTCATTTCT CACTGTTCTT  1589
1590 ATGGTGGCGG TCTCCTCACT CACTCACTTT GGTACAAAGC TCTCACTTGT GAATACGTTT CAACACTTAT ATATCTATTT ATTTCTGAGT  1679
1680 ATAATTACTA CAAAGACCTG GGCACTTGTC CAATCTGTCT GCCCAGATAC ATAAATAATA ATAAAAAAAA AAAAAAAAAA AAAA        1763
```

图 18　三疣梭子蟹 FTZ-F1 基因 cDNA 全长及其编码的氨基酸序列

ATG：起始密码子；*：终止密码子；下划线：FTZ-F1 基因保守结构域；方框：配体结合位点。

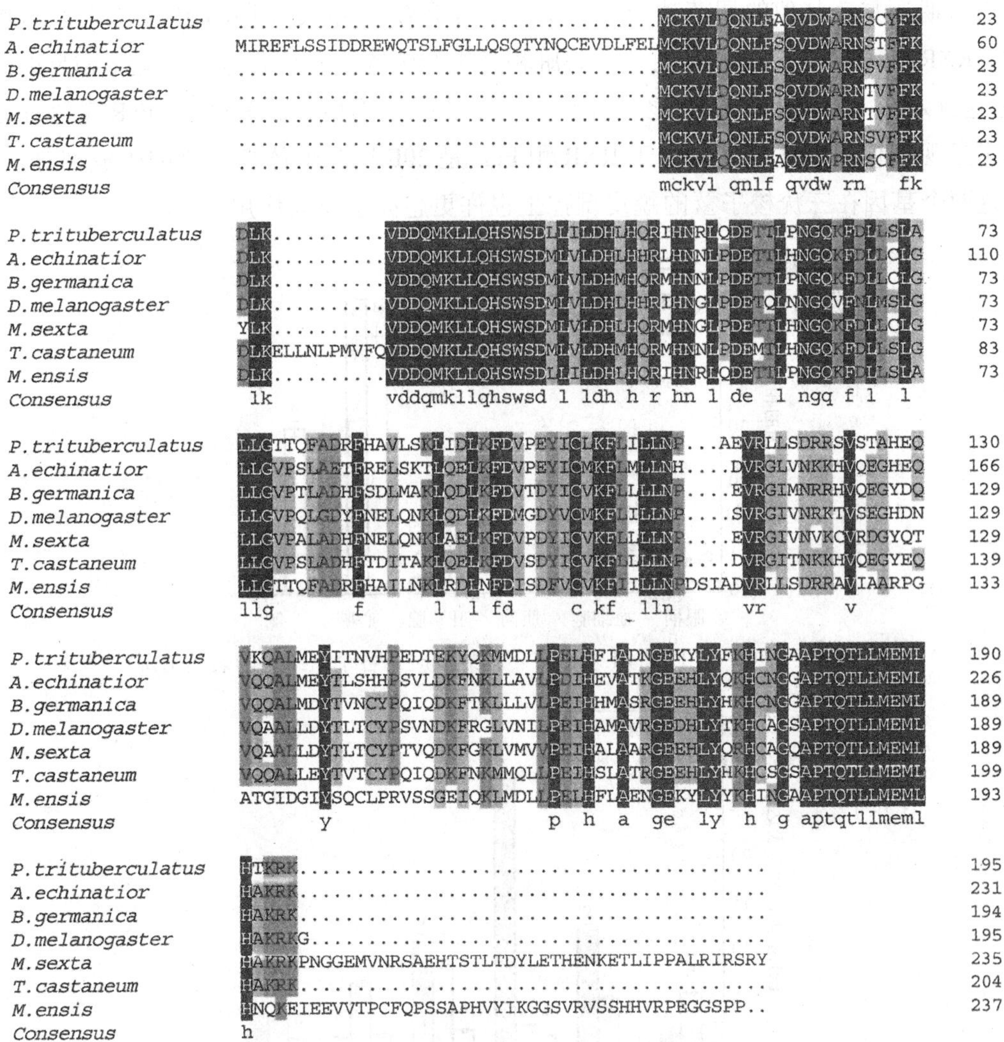

图 19 三疣梭子蟹 FTZ-F1 氨基酸序列与其他物种的 FTZ-F1 氨基酸序列比对

实时定量分析 FTZ-F1 在不同蜕皮时期各个组织中的相对表达情况(图 20),得知眼柄中 FTZ-F1 的表达量为蜕皮后期高于蜕皮前期和蜕皮间期,而在肝胰腺、心脏和鳃组织中 FTZ-F1 基因的表达量为蜕皮后期低于蜕皮前期和蜕皮间期。推测在眼柄中,该基因与 20E 呈负调控关系,而在肝胰腺、心脏和鳃中该基因与 20E 呈正调控关系。由于眼柄中 X 器 - 窦腺复合体合成蜕皮抑制激素(MIH)(T N et al,2000),因此该基因在眼柄中的表达可能与 MIH 更为相关。对核受体基因 EcR 在蜕皮周期中的定量分析结果显示(图 21),眼柄、心脏和鳃组织中,EcR 基因在蜕皮前期表达量高于其他两蜕皮时期,表达模式与 20E 在蜕皮时期的浓度变化相似,说明了该基因与 20E 的协同调节作用。在血细胞、肝胰腺和肌肉中,EcR 的表达模式为蜕皮后期高于蜕皮前期高于蜕皮间期。推测 EcR 基因除了作为蜕皮激素的受体与之进行协同调节外,在蜕皮后期还具有其他的调节功能。核受体基因 RXR 在蜕皮周期的定量结果显示(图 22),RXR 与 FTZ-F1 基因在肝胰腺、心脏和鳃组织中的表达模式呈现出完全相反的趋势,这预示着 RXR 和 FZT-F1 之间存在着一定的拮抗作用。而 RXR 与 EcR 基因在整体上呈现相似的表达模式。由于 RXR 和 EcR 是 20E 异二聚体复合物的组成部分,因此这两个基因在三疣梭子蟹的蜕皮调控上也许更趋向于协同作用。

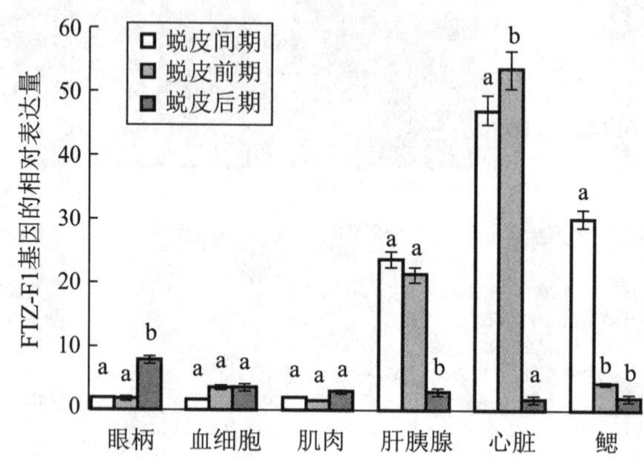

图 20 三疣梭子蟹 FTZ-F1 基因在不同蜕皮时期各个组织中的表达情况

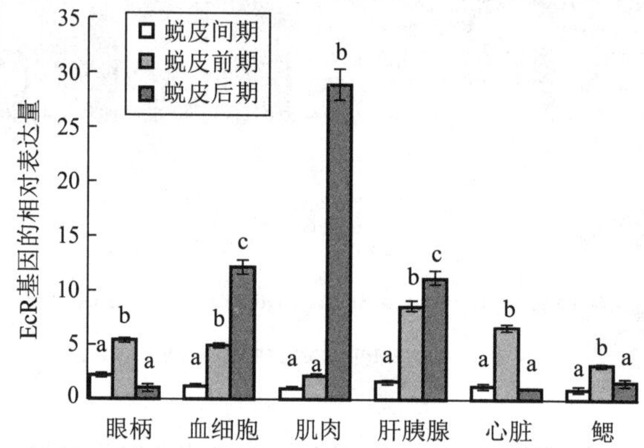

图 21 三疣梭子蟹 EcR 基因在不同蜕皮时期各个组织中的表达情况

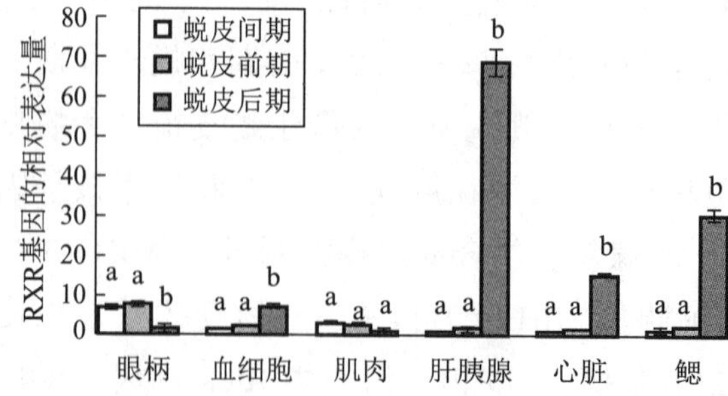

图 22 三疣梭子蟹 RXR 基因在不同蜕皮时期各个组织中的表达情况

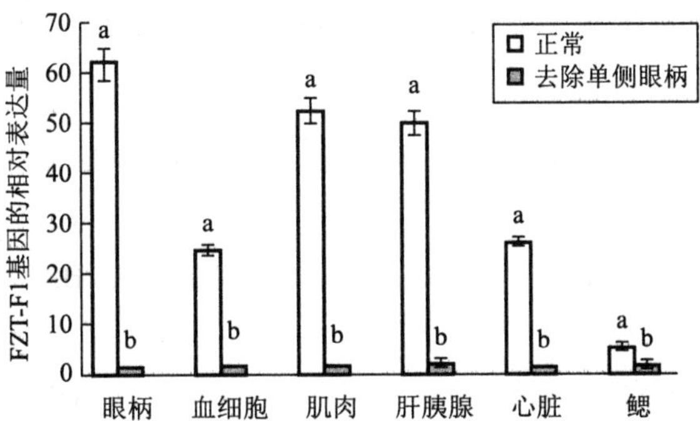

图 23　蜕皮前期，去除单侧眼柄的三疣梭子蟹和正常三疣梭子蟹各组织中 FTZ-F1 基因的相对表达情况

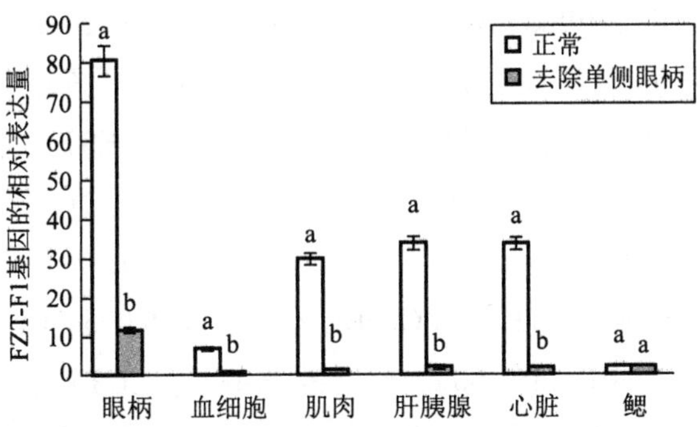

图 24　蜕皮间期，去除单侧眼柄的三疣梭子蟹和正常三疣梭子蟹各组织中 FTZ-F1 基因的相对表达情况

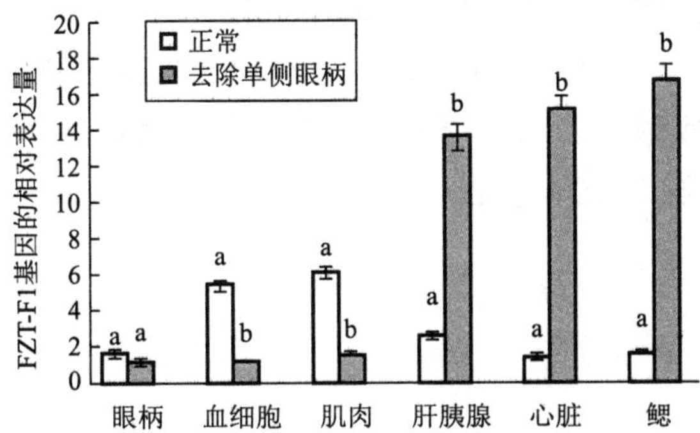

图 25　蜕皮后期，去除单侧眼柄的三疣梭子蟹和正常三疣梭子蟹各组织中 FTZ-F1 基因的相对表达情况

甲壳类蜕皮激素是由 Y 器官合成与分泌，而 Y 器则受 MIH 的调控（Chang E S et al，1977；Cs T et al，2002）。眼柄中 X 器－窦腺复合体是 MIH 制造与分泌的器官，去除单侧眼柄将会造成 20E 浓度的上升（Molyneaux D B et al，1988；Devaraj H et al，2006）。去除单侧眼柄后对 FZT-F1 基因在各个组织中的表达量进行分析（图 23、24、25），发现在去除单侧眼柄后该基因的表达量在各个蜕皮时期组织中出现明显下降；说明 20E 浓度的升高对 FTZ-F1 基因的表达起到了明显的抑制作用。由此可以推测出，FTZ-F1 基因在蜕皮过程中具有重要的作用，与 20E 具有紧密的联系，且更可能为抑制调控关系。

2.3 三疣梭子蟹核受体基因HR38的克隆及在蜕皮中的功能分析

核受体是一类在生物体内广泛分布的配体依赖性转录因子，核受体与相应的配体及其辅调节因子相互作用，调控基因的表达（M R et al，2003）。蜕皮激素与核受体家族中的蜕皮激素受体（EcR）以及超气门蛋白（USP）形成异二聚体启动蜕皮级联反应，作为一条典型的蜕皮激素通路在昆虫中具有广泛的研究。HR38作为孤儿受体家族的成员，是除蜕皮激素受体（EcR）之外，唯一一个能与过剩气门蛋白（USP）形成异二聚体的核受体。在果蝇（*Drosophila*）的研究中发现并证明了HR38调节了另外一条非典型的蜕皮激素信号通路（Baker K D et al，2003）。除此之外，也有研究证明HR38在调控蜕皮激素早期应答基因、碳水化合物的代谢、表皮的形成等方面具有重要的作用（Sutherland J D et al，1995；Hilliker A et al，2007；Ruaud A et al，2011）。尽管HR38在昆虫中具有比较深入的研究，但是水生甲壳类中关于HR38的报道却十分罕见。我们从实验室构建的三疣梭子蟹转录组文库中获得一个HR38的EST序列，对该基因进行全长克隆、生物信息学分析以及在蜕皮周期表达分析，初步探讨其与蜕皮激素之间的联系。

三疣梭子蟹HR38基因（PTHR38，GenBank登录号：KP954701）全长2 950 bp，包括2 298 bp的开放阅读框（ORF），101 bp的5′端的非编码区（UTR）和551 bp的3′UTR（图26）。该基因编码一个由765个氨基酸组成的蛋白质，预测相对分子质量为84.2×10^3，理论等电点为6.3。采用Interpro Scan在线软件分析，PTHR38属于孤儿受体家族，具有核受体锌指结构、DNA结合结构域（DBD）和配体结合结构域（LBD），没有跨膜结构域。采用ProtParam tool软件分析，该基因负电荷的氨基酸残基总数（Asp + Glu）为74，正电荷的氨基酸残基总数（Arg + Lys）为65，不稳定系数计算值为64.49，亲水性平均数为 −0.473，是一类不稳定的蛋白。

```
   1 GTCGGCTTCG GTTGTAGTGT GTGTCCGTCG TGGCCAGAGC GAGTGTTGGA GAATATACAC CAGAATACCT CGCCTGTATC GTGACCTCTC   90
                   M   R   D   L   W   Y   E   T   Y   L   D   L   D   Q   L   T   Y   T   G   V   T   A
  91 TAGTCCTCTA G ATG AGG GAC CTG TGG TAC GAG ACC TAC CTT GAC CTG GAT CAG CTC ACC TAC ACG GGG GTC ACC GCC 167
      A   G   Q   G   D   L   A   F   P   H   L   T   S   S   H   V   T   Y   S   T   L   P   V   T   S
 168 GCC GGA CAG GGT GAC TTG GCC TTC CCA CAC TTG ACC TCA AGT CAC GTG ACA TAC TCA ACC CTG CCT GTG ACC TCA  242
      S   T   P   S   P   P   V   P   A   L   A   P   I   K   S   S   P   D   S   P   E   A   P   A   D
 243 AGC ACA CCC TCG CCG CCC GTA CCG GCG CTG GCA CCC ATC AAA TCC TCT CCT GAC TCG CCA GAG GCA CCA GCT GAC  317
      F   G   Y   N   L   G   V   D   V   T   Q   E   S   P   L   T   P   D   D   T   P   A   V   P   H
 318 TTC GGC TAC AAT CTA GGC GTG GAC GTG ACG CAG GAG AGC CCC CTC ACG CCC GAC GAC ACG CCT GCC GTG CCC CAC  392
      P   A   F   T   P   P   H   S   H   A   H   N   M   L   V   L   Q   P   Q   Q   S   L   L   H   Q
 393 CCA GCC TTC ACG CCG CCC CAC TCC CAC GCC CAC AAC ATG CTC GTC CTC CAA CCA CAG CAG TCA CTG CTC CAC CAG  467
      S   M   A   E   A   L   T   A   S   Y   S   L   S   P   S   F   G   D   D   S   L   S   G   T   T
 468 AGT ATG GCT GAG GCG CTG ACC GCG TCC TAC AGC CTA TCT CCT TCC TTC GGC GAC GAC TCC CTC AGC GGG ACC ACC  542
      S   D   D   F   K   L   G   S   A   F   T   A   T   P   T   Q   S   Y   G   E   G   G   N   D   S
 543 AGT GAT GAC TTC AAG CTA GGA TCA GCC TTC ACG GCC ACT CCC ACC CAG AGC TAT GGC GAA GGA GGC AAC GAC TCT  617
      F   S   S   E   I   F   Q   A   E   Y   L   L   P   A   Q   P   L   E   D   L   K   P   V   I   T
 618 TTC AGC AGC GAA ATT TTC CAA GCA GAA TAT TTG CTT CCA GCG CAG CCC CTG GAA GAC CTG AAG CCC GTC ATC ACC  692
      H   P   P   T   G   A   S   P   P   R   S   P   G   H   A   A   S   T   P   V   S   V   A   A   Q
 693 CAT CCA CCC ACT GGC GCC TCG CCC CCT AGA TCT CCA GGC CAC GCA GCA TCA ACG CCC GTT TCA GTA GCA GCC CAG  767
      G   G   A   S   A   L   P   S   F   Q   E   T   Y   S   P   R   Y   R   P   L   G   S   A   E   V
 768 GGA GGA GCT TCT GCT CTG CCT AGC TTC CAG GAG ACT TAC TCC CCA AGA TAC AGA CCA CTC GGC TCC GCT GAA GTT  842
      F   T   F   N   K   T   D   D   G   R   P   V   E   Y   P   Q   P   P   P   A   H   Q   A   F   T
 843 TTC ACT TTC AAC AAG ACT GAT GAT GGC AGA CCT GTG GAG TAC CCG CAG CCT CCC CCA GCT CAC CAG GCC TTC ACC  917
      Q   A   S   P   Q   H   Q   Q   Q   P   Q   L   Q   Q   Q   Q   P   Q   Q   Q   Q   Q   L   S   Q
 918 CAA GCC TCC CCG CAG CAC CAG CAG CAA CCA CAA CTA CAA CAA CAG CAA CCA CAA CAG CAG CAA CAG CTC TCA CAG  992
      Q   Q   Q   Q   P   A   P   S   F   E   A   Y   P   H   P   S   Q   V   Y   S   R   P   A   P   Y
 993 CAG CAG CAG CAG CCA GCC CCG TCC TTC GAG GCT TAC CCC CAC CCG TCA CAA GTG TAC TCC CGG CCC GCA CCC TAC 1067
      P   S   P   S   V   P   V   T   H   A   Y   T   T   S   T   K   A   F   G   G   E   F   Y   P   A
1068 CCT AGC CCC TCT GTG CCC GTC ACT CAC GCC TAC ACC ACT TCA ACC AAG GCC TTT GGT GGA GAG TTC TAC CCT GCT 1142
      G   P   T   Y   D   P   L   Q   P   L   P   H   E   Q   Y   I   R   P   S   T   S   H   H   Y   T
1143 GGT CCT ACC TAC GAC CCT CTG CAG CCC CTG CCT CAT GAG CAG TAC ATC CGC CCC TCC ACT TCC CAC CAC TAC ACT 1217
      E   M   G   A   A   S   T   S   S   T   P   S   V   S   F   I   G   R   K   T   A   V   E   H   I
1218 GAG ATG GGA GCC GCC TCC ACC TCC AGC ACA CCT TCT GTG TCC TTC ATT GGC CGC AAG ACA GCC GTT GAG CAC ATT 1292
      D   P   A   L   M   R   L   H   P   S   P   M   T   S   A   A   R   P   V   S   E   Q   K   P   Q
1293 GAT CCA GCA CTA ATG AGG CTC CAC CCC TCG CCC ATG ACC TCC GCA GCC AGA CCA GTC AGT GAA CAG AAG CCC CAG 1367
      S   P   A   Q   L   C   A   V   C   G   D   T   A   A   C   Q   H   Y   G   V   R   T   C   E   G
1368 TCC CCG GCG CAG CTG TGC GCA GTG TGC GGC GAC ACG GCC GCC TGC CAA CAT TAC GGG GTC CGT ACA TGT GAA GGA 1442
      C   K   G   F   F   K   R   T   V   Q   K   N   A   K   Y   V   C   L   A   D   K   N   C   P   V
1443 TGC AAG GGA TTC TTC AAG CGC ACC GTC CAG AAA AAT GCC AAA TAT GTT TGT CTT GCA GAC AAG AAC TGT CCC GTG 1517
      D   K   R   R   R   N   R   C   Q   F   C   R   F   Q   K   C   L   V   V   G   M   V   K   E   V
1518 GAC AAG CGA CGC CGC AAC AGG TGT CAG TTC TGC CGC TTC CAG AAG TGT TTG GTG GTA GGA ATG GTG AAG GAA GTG 1592
      V   R   T   D   S   L   K   G   R   R   G   R   L   P   S   K   P   K   S   P   Q   E   S   P   P
1593 GTC AGA ACT GAC AGT TTG AAA GGC CGC CGC GGC CGT CTG CCC AGC AAG CCC AAG AGT CCA CAG GAG TCT CCT CCC 1667
      S   P   P   V   S   L   I   T   A   L   V   R   A   H   V   D   T   T   P   D   L   A   N   L   D
1668 TCA CCC CCC GTG TCC CTT ATC ACC GCC CTG GTG CGC GCC CAT GTA GAC ACC ACC CCT GAC CTC GCT AAC CTG GAC 1742
      Y   S   Q   Y   R   E   P   S   S   G   A   E   S   P   S   T   E   A   E   R   I   Q   Q   F   Y
1743 TAC TCC CAG TAC CGC GAG CCA TCC AGC GGC GCC GAG TCT CCC TCC ACG GAG GCC GAG AGG ATC CAG CAG TTC TAC 1817
      S   L   L   T   S   S   I   E   V   I   R   H   F   A   E   K   I   P   G   Y   H   D   L   A   R
1818 TCC CTC CTC ACC TCA AGC ATC GAG GTC ATT CGA CAC TTC GCA GAA AAG ATC CCC GGC TAT CAT GAC CTG GCC CGC 1892
      E   D   Q   D   L   L   F   Q   S   A   S   L   E   L   F   V   L   R   V   A   Y   R   L   V   S
1893 GAG GAC CAG GAC CTC CTC TTC CAG TCT GCA TCC CTC GAG CTC TTC GTC TTG AGA GTT GCC TAC AGA CTC GTG AGT 1967
      N   P   D   D   T   K   F   V   F   D   N   G   R   V   L   H   R   S   Q   C   D   R   S   F   G
1968 AAT CCG GAC GAC ACC AAG TTC GTG TTT GAC AAC GGG CGA GTC CTG CAC AGG TCA CAA TGT GAT CGT TCC TTC GGC 2042
      E   W   L   Q   G   I   L   D   F   S   V   S   L   K   T   M   E   L   D   I   S   A   F   A   C
2043 GAG TGG CTG CAA GGC ATC CTG GAC TTC TCT GTC TCA CTA AAG ACA ATG GAA CTG GAT ATT TCA GCA TTC GCT TGT 2117
      L   S   A   L   T   I   I   T   E   R   H   G   L   K   D   T   K   K   V   E   Q   L   Q   M   K
2118 CTC TCA GCC CTG ACA ATC ATC ACA GAG CGA CAT GGA CTC AAG GAC ACC AAA AAG GTG GAG CAG TTG CAG ATG AAG 2192
      I   I   S   S   L   R   D   H   V   T   Y   N   A   E   A   Q   K   K   P   H   Y   F   S   R   I
2193 ATC ATC AGC TCG CTC AGA GAT CAC GTG ACA TAC AAC GCA GAG GCG CAG AAG AAG CCT CAC TAC TTC TCA CGG ATC 2267
      L   G   K   L   P   E   L   R   S   L   S   V   Q   G   L   Q   R   I   F   Y   L   K   L   E   D
2268 CTG GGT AAG CTG CCG GAG CTC CGG TCG CTC TCC GTG CAA GGC CTT CAG CGG ATC TTC TAC CTA AAA CTG GAG GAT 2342
      L   V   P   A   P   Q   L   I   E   N   M   F   V   S   S   L   P   F   *
2343 CTG GTG CCT GCT CCT CAG CTC ATA GAG AAC ATG TTC GTG TCC AGT CTC CCC TTC TGA ACCCTTCGGA GATTCTAAAG   2419
2420 TCTTCATCTC ACTAGCAAGG GTGCAAGGAG CTGCCCCTCT GCCGCCCCTC CTCCCCGGTC ACCTTCCAGA TGATGGTGAA GGGCCTCTCA   2509
2510 GTGCCTGAGT GCATTGGCCC CCGGAGCCAC AGGCGGTTTG TATACCATGT CTAACTCCGC GACCTCGTCC TCCCGCCCGG GTCGCTGTTG   2599
2600 TCTCTACGAC ACGCCCGCCC ATCAGAAAAT ATGATCAACC CAGATAGCCT CCGGGTGTTT CCAGCAGCGA GTCTCAGTCA GGACCCAAAC   2689
2690 CCTCGCGGCA CCACCAGAGG GCTCCTGTTG CTCGCGTGCT GAGGAGGCGG TGGCGCGTGC ACACGTACTC ATGATTTGTT CACAGAGTTA   2779
2780 CTCTTGAAGC ATGAAGACTA TGTTATTTTC TGATAATTGG TACGTACATA GAGCGAGGTG GAAGGTAGCC GCGCGGCGCG CAGGCCGACG   2869
2870 CGGCTGTTAG ACTTGTCATT TTGGCGCGAC GCCCTGACAA ACTAGTCATT CTGTGATTTT ACTGAAAAAA AAAAAAAAAA A            2950
```

图 26　三疣梭子蟹 HR38 基因 cDNA 全长及其编码的氨基酸序列

ATG:起始密码子;*:终止密码子;方框:DNA 结合区;下划线:配体结合区。

```
P.trituberculatus  MRDLWYETYLDLDQLTYTGVTAAGQGDLAFPHLTSSHVTYSTLPVTSSTPSPPVPALAPIKSSPDSPEAPADFGYNLGVD   80
D.magna            ................................................................................    0
H.saltator         ................................................................................    0
D.melanogaster     ................................................................................    0
A.aegypti          ................................................................................    0
Consensus

P.trituberculatus  VTQESPLTPDDTPAVPHPAFTPPHSHAHNMLVLQPQQSLLHQSMAEALTASYSLSPSFGDDSLSGTTSDDFKLGSAFTAT  160
D.magna            ................................................................................    0
H.saltator         ................................................................................    0
D.melanogaster     ................................................................................    0
A.aegypti          ................................................................................    0
Consensus

P.trituberculatus  PTQSYGEGGNDSFSSEIFQAEYLLPAQPLEDLKPVITHPPTGASPPRSPGHAASTPVSVAAQGGASALPSFQETYSPRYR  240
D.magna            ................................................................................    0
H.saltator         ................................................................................    0
D.melanogaster     ............................FPPLSGGWSASPP.APSQLQQLHTLQSQAQMSHPNSSNNSSNNAGNSHNNSG   51
A.aegypti          ............................................MDEDCFKIAASPHHQSVGYGHHGYGHHAAAVHQPHY   36
Consensus

P.trituberculatus  PLGSAEVFTFNKTDDGRPVEYPQPPPAHQAFTQASPQHQQQPQLQQQQPQQQQLSQQQQQPAPSFEAYPHPSQVYSRPA  320
D.magna            ................................................................................    0
H.saltator         ..............................................MVYGAPTAIANVAAPVAAPTDLCPNVDTVVVGTA   34
D.melanogaster     GYNYHGHFN.AINASANLSPSSSASSLYEYNGVSAADNFYGQQQQQQQQSYQQHNYNSHNGERYSLPTFPTISELAAATA  130
A.aegypti          EFPQHTTAPPTQYSNPSPGGSFYPTPAYEQHAAVSQPRNTTQTNTSTIVSFPQNYGAVTPQDSYSLPPFPTIAELHVSTT  116
Consensus

P.trituberculatus  PYPSPSVPVTHAYTTSTKAFGGEFYPAGPTYDPLQPLPHEQYIRPSTSHHYTEMGAASTSSTPSVSFIG.......RKTA  393
D.magna            ................................................................................    0
H.saltator         R.............SRRAS....LPTQRSESASSGSTESPKPRGS.....GSGGTASSVSSPSP..............   76
D.melanogaster     AVEAAAAATVGGPPPVRRAS....LPVQRTVSPAGSTAQSPKLAKITLNQRHSHAHAHALQLNSAPN.............  193
A.aegypti          C.............YRRAS....LPLQRSESTSS..SESPKPPRVGIYKYSALPSASSSASSSPGYINNNNPNTINNNE  176
Consensus

P.trituberculatus  VEHIDPALMRLHPSPMTSAARPVSEQKPQSPAQLCAVCGDTAACQHYGVRTCEGCKGFFKRTVQKNAKYVCLADKNCPVD  473
D.magna            ..............................PSQLCAVCGDNAACQHYGVRTCEGCKGFFKRTVQKGSKYVCLADRNCPVD   50
H.saltator         ................GSGTSGGER.APPSPSQLCAVCGDTAACQHYGVRTCEGCKGFFKRTVQKGSKYVCLAEKACPVD  139
D.melanogaster     .........SAASSPASADLQAGR.LLQAPSQLCAVCGDTAACQHYGVRTCEGCKGFFKRTVQKGSKYVCLADKNCPVD  262
A.aegypti          VAAAAAAAAVAAAAVAGSATPAPRGPTPQSPSQLCAVCGDTAACQHYGVRTCEGCKGFFKRTVQKGSKYVCLADKACPVD  256
Consensus                                        p qlcavcgd aacqhygvrtcegckgffkrtvqk  kyvcla   cpvd

P.trituberculatus  KRRRNRCQFCRFQKCLVVGMVKEVVRTDSLKGRRGRLPSKPKSPQESPPSPPVSLITALVRAHVDTTPDLANIDYSQYRE  553
D.magna            KRRRNRCQFCRFQKCLSVGMVKEVVRTDSLKGRRGRLPSKPKCSQETSHSPPVSLITALVRAHLDTSPEMANFDYSMYVE  130
H.saltator         KRRRNRCQFCRFQKCLVVGMVKEVVRTDSLKGRRGRLPSKPKSPQESPPSPPVSLITALVRAHLDTTPDKASLDYSQYRQ  219
D.melanogaster     KRRRNRCQFCRFQKCLVVGMVKEVVRTDSLKGRRGRLPSKPKSPQESPPSPPISLITALVRSHVDTTPDPSCLDYSHYEE  342
A.aegypti          KRRRNRCQFCRFQKCLAVGMVKEVVRTDSLKGRRGRLPSKPKSPQESPPSPPVSMITALVRAHVDTTPDLASLDYSQYRE  336
Consensus          krrrnrcqfcrfqkcl vgmvkevvrtdslkgrrgrlpskpk  qe   spp s italvr h dt p     dys y

P.trituberculatus  PSSGAE.......SPSTPAERIQQFYSLLTSSIEVIRHFAEKIPGYHDLAREDQDLLFQSASLELFVLRVAYRLVSNPDD  626
D.magna            QSGNEKNQLASSHTTEVQADHIHQFFALLTTCIDVIKVWAEKIPGFCELCKEDQELLIQSACLEIFVIRFAYRIR..PGD  208
H.saltator         PRPGD........PPITPAEKIQQFYNLLTTSIDVIRNFADKIPGFTDLVREDQELLFQSASLELFVLRLAYRTN..PDD  289
D.melanogaster     QSMS............EADKVQQFYQLLTSSVDVIKQFAEKIPGYFDLLPEDQELLFQSASLELFVLRLAYRAR..IDD  407
A.aegypti          PGQNE........PIISEAEKVQQFYNLLTTSVDVIKQFADKLPGFSDLSSDDQELLFQSASLELFVLRLSYRAR..IDD  406
Consensus                           a   qf  llt    vi   a k pg   l   dq ll qsa le fv r  yr     d

P.trituberculatus  TKFVFDNGRVLHRSQQDRSFGEWLQGILDFSVSLKTMELDISAFACLSALTIITERHGLKDTKKVEQLQMKIISSLRDHV  706
D.magna            EKFIFDNGVVLHSSQQKPSFGPWHGAIIEFAHSLHSMDIDLSAFACLVSLTLITERHGLRDPQKVELLQMKIISSLRDHV  288
H.saltator         TKLVFCNGVVLALEQCQRSFGDWLHSILDFCKALHFLEVDISAFACLCALTLVTERYGLKEPQRMEQLQMKIISSLRDHV  369
D.melanogaster     TKLIFCNGTVLHRTQCLRSFGEWLNDIMEFSRSLHNLEIDISAFACLCALTLITERHGLREPKKVEQLQMKIIGSLRDHV  487
A.aegypti          TKMTFCNGVVLHKHQCQRSFGDWLNAILEFSKSLHSMEIDISAFACLCALTLVTERYGLREPKKVELLQMKIISSLRDHV  486
Consensus           k f ng vl   qc  sfg w   i  f   l     d safacl  lt  ter gl      e lqmkii slrdhv

P.trituberculatus  TYNAEAQKKPHYFSRILGKLPELRSLSVQGLQRIFYLKLEDLVPAPQLIENMFVSSLP                        764
D.magna            TYNPEAQRKPHYFSRLLSKLPELRSLSIQELR..........AHSASLTWRH......                        330
H.saltator         TYNAEAQRKSQYLSYLLGKLPELRSLSVQGLQRIFYLKLEDLVPAPPLIETMFVGSLP                        427
D.melanogaster     TYNAEAQKKQHYFSRLLGKLPELRSLSVQGLQRIFYLKLEDLVPAPALIENMFVTTLP                        545
A.aegypti          TYNSEAQRKPHYFNRLLGKLPELRSLSVQGLQRIFYLKLEDLVPAPPLIENMFLASLP                        544
Consensus          tyn eaq k  y    l klpelrsls q l               l
```

图 27　HR38 氨基酸序列比对

利用 NCBI BLAST 对三疣梭子蟹 HR38 基因编码的氨基酸序列进行比对，发现该序列与大型蚤（*Daphnia magna*）的 HR38 相似性最高，为 70.6%。与其他物种如印度跳蚁（*Harpegnathos saltator*）、黑腹果蝇（*Drosophila melanogaster*）、埃及伊蚊（*Aedes aegypti*）、赤拟谷盗（*Tribolium castaneum*）、佛罗里达弓背蚁（*Camponotus floridanus*）、剑水蚤（*tigriopus japonicus*）和意蜂（*Apis mellifera*）的 HR38 的相似性分别为 67.3%、

60.4%、55.3%、52.7%、50.5%、48.0% 和 45.7%（图 27）。利用 MEGA6.0 软件进行系统进化分析表明，切叶蚁、印度跳蚁和意蜂 HR38 亲缘关系较近，三疣梭子蟹 PTHR38 与昆虫 HR38 亲缘关系较近，与蚤类亲缘关系较远（图 28）。

对三疣梭子蟹 HR38 在蜕皮周期的各个组织中进行实时定量分析（图 29），结果表明：该基因在蜕皮周期的各个组织中均出现不同程度的差异表达现象，说明 PTHR38 参与到三疣梭子蟹的蜕皮调控过程中。这与 Kozlova 等关于 HR38 在整个发育时期都表达这一结论相一致（Kozlova T et al，1998）。血淋巴中该基因的表达量在蜕皮前期高于蜕皮间期和蜕皮后期，这个表达模式与血液中 20E 的浓度变化相一致，推测 PTHR38 在三疣梭子蟹中也与蜕皮激素具有一定的相互作用。眼柄中 HR38 在蜕皮后期明显降低，也说明了 PTHR38 与蜕皮激素具有相互的联系，但是具体的作用关系还有待于进一步的探讨。有研究表明，HR38 参与到碳水化合物的代谢和糖原的合成（Af R et al，2011）。肌肉和肝胰腺中，该基因在蜕皮后期表达量高于蜕皮前期和蜕皮间期，推测该基因在三疣梭子蟹中可能参与能量物质的代谢。

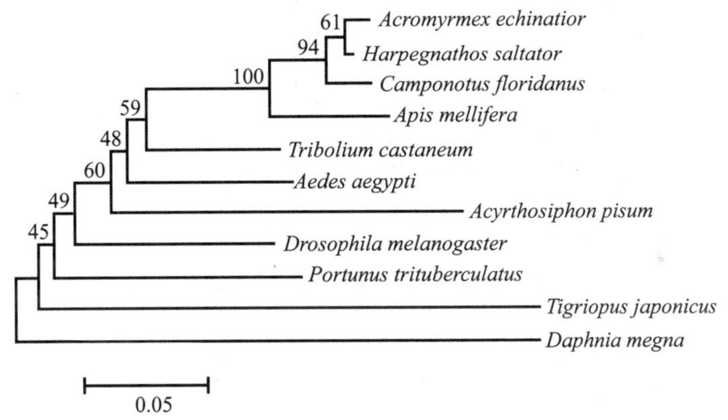

图 28 MEGA 6.0 软件采用邻接法构建的三疣梭子蟹与其他物种的 HR38 氨基酸的系统进化树

注：分叉处数值表示 1 000 次重复抽样所得到的置信度，只显示置信度＞80% 的数值；标尺长度代表每个位点发生 0.1 次置换。

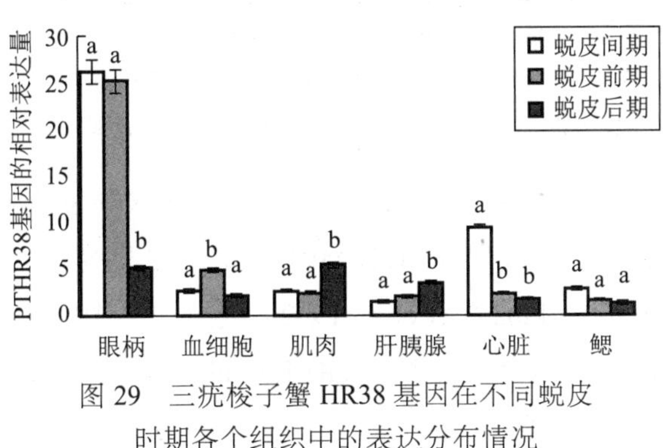

图 29 三疣梭子蟹 HR38 基因在不同蜕皮时期各个组织中的表达分布情况

注：同一组织内，不同字母之间为差异显著（$P<0.05$），相同字母之间为差异不显著（$P>0.05$），下同。

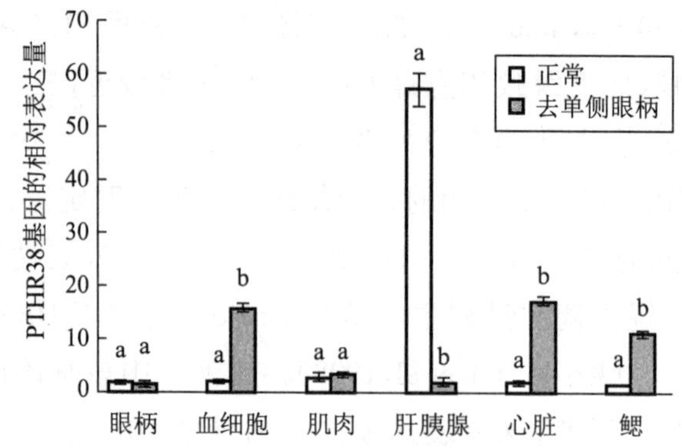

图 30　去除单侧眼柄后 PTHR38 基因在三疣梭子蟹蜕皮前期与正常对照各个组织中的相对表达情况

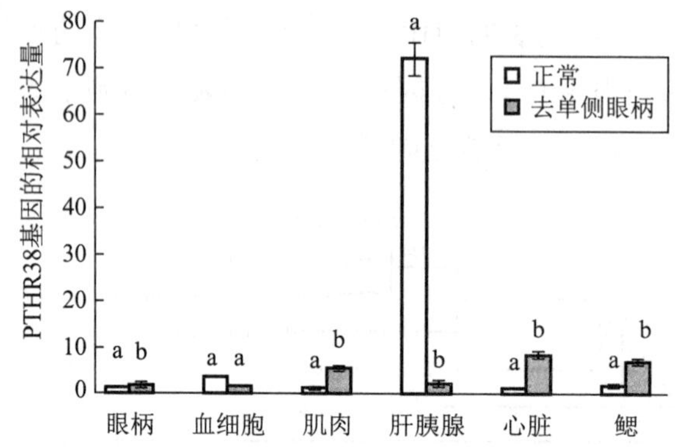

图 31　去除单侧眼柄后 PTHR38 基因在三疣梭子蟹蜕皮间期与正常对照各个组织中的相对表达情况

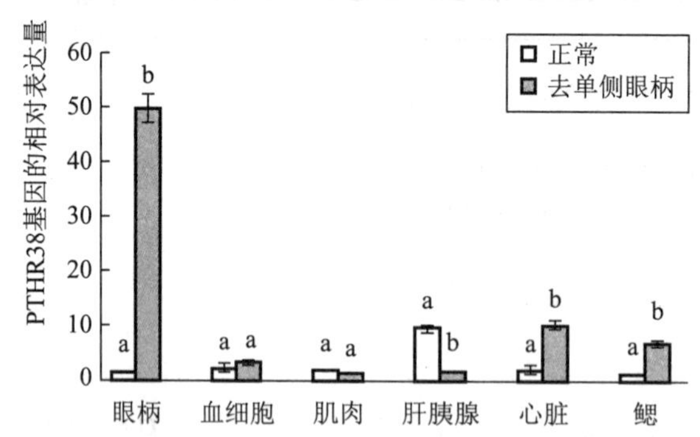

图 32　去除单侧眼柄后 PTHR38 基因在三疣梭子蟹蜕皮后期与正常对照各个组织中的相对表达情况

甲壳类的神经内分泌调节中心:X 器 - 窦腺复合(XO-SG)体着生于眼柄基部。XO-SG 合成和分泌蜕皮抑制激素(MIH),MIH 作用于 Y 器官从而抑制蜕皮激素的合成(Chung J S et al,2003;Hopkins P M et al,1992)。去除单侧眼柄,可以减小 MIH 对 Y 器的抑制作用,使体内蜕皮激素水平增高(Kj L et al,1998;Zarubin T P et al,2009)。对去除单侧眼柄后,PTHR38 在各个组织的表达情况进行定量分析(图 30、图 31、图 32),结果表明:去除单侧眼柄相对于正常对照,PTHR38 基因的表达量在整体上呈不同程度的上升趋势，推测三疣梭子蟹HR38基因的表达量与蜕皮激素水平呈协同作用。但是在各个时期的肝胰腺中，去除单侧眼柄造成了PTHR38表达量的降低。由于HR38参与碳水化合物的代谢和糖原的储存，并且蜕皮伴随着能量消耗的过程。因此推测，在三疣梭子蟹肝胰腺中，PTHR38基因的表达受营养状况与蜕皮激素水平双因素影响。

（作者：张龙涛，吕建建，高保全，刘萍）

3. 三疣梭子蟹盐度适应相关功能基因研究

3.1 三疣梭子蟹胞内氯离子通道蛋白基因克隆及其表达分析

氯离子通道是分布于细胞膜或细胞器质膜上的一类能够转运氯离子及其他阴离子的通道蛋白（陈丽娥等，2010）。研究表明，氯离子通道可调控不同的生理过程和细胞功能，如：Cl^-运输、渗透压调节、离子稳态、胞内pH、细胞容积调节、电兴奋性、金属耐性和信号识别与转导（Uchida S et al，1993；Adachi S et al，1994；Hechenberger M et al，1996），甚至在细胞迁移、细胞增殖和分化等过程中也起到一定作用（Jentsch T J et al，1994）。氯离子通道分为三种类型：氯通道（chloride channel，CLC）、囊性纤维化跨膜传导调解因子（cystic fibrosis transmembrane conductance regulator，CFTR）和胞内氯离子通道（chloride intracellular channel，CLIC）。CLIC家族成员大多数为单次跨膜蛋白，与谷胱甘肽-S-转移酶（glutathione-S-transferase，GST）具有一定的同源性。1997年Valenzuela等（Valenzuela S M et al，1997）从人类单核细胞中克隆了第一个CLIC1基因。现在已经发现了六个CLIC家族成员，各成员之间高度保守。2003年Berry等（Berry K L et al，2003）在线虫中发现了编码一种CLIC样蛋白的基因EXC-4。目前关于氯离子通道蛋白的研究主要集中在哺乳动物、两栖类、昆虫和植物，在水产动物中研究较少，而在甲壳动物中更是尚未见报道。

本研究从本实验室构建的三疣梭子蟹转录组文库中筛选到胞内氯离子通道蛋白基因（PtCLIC）序列，采用RACE技术克隆获得该基因全长cDNA序列，该基因全长为2 000 bp（GenBank登录号为KJ186099），包括76 bp的5′端非编码区（UTR），1 162 bp的3′端非编码区和762 bp的开放阅读框（ORF）。3′端含有一个PolyA尾和一个多聚腺苷酸加尾信号（AATAAA）（图33）。DNAstar软件分析表明，PtCLIC基因编码一个由253个氨基酸组成的的蛋白质，相对分子质量为29.2×10^3，理论等电点为5.93。ProtParam tool软件分析表明，PtCLIC蛋白带有负电的氨基酸残基为36个（Asp和Glu），带有正电的氨基酸残基为31个（Arg和Lys），不稳定系数为46.34，亲水性平均数为-0.449，属于不稳定蛋白。InterProScan和TMHMM 2.0软件分析表明，PtCLIC基因翻译的蛋白质结构中无跨膜结构域，且相对分子质量较小，推测该蛋白本身并不是氯通道，而仅仅起到氯通道活化蛋白的功能。另外，在与PtCLIC同源关系较近的蚤状溞

（*D. pulex*）和地中海实蝇（*C. capitata*）等物种的 CLIC 氨基酸序列上亦不存在跨膜结构域，这与本实验结果一致。同源性分析表明（图 34），PtCLIC 与蚤状溞等物种 CLIC 的同源性均高于 80%，确认该基因为三疣梭子蟹 CLIC 基因。多氨基酸序列比对分析表明，PtCLIC 氨基酸序列保守性较高，与 NCBI 数据库中氨基酸序列比对结果未能确认本研究所得 PtCLIC 基因具体亚型，因此 PtCLIC 基因的分型工作有待于深入研究。系统进化分析表明（图 3），PtCLIC 与同属的拟穴青蟹亲缘关系较近，与野猪等脊椎动物的亲缘关系较远。验证了亲缘关系近的同源性高，亲缘关系远的同源性低的规律，符合遗传进化规律。

```
   2 TGG GGA GTG TCA CGT TGG CGC TTG TTG CAG GAG GAT TGT ACG CGA CTC CTA CCG GTT CTA AAT CCT TCA GAA AGC   76
  77 ATG TCT GAA GAA ACC AAT GGT CAG GCG AAT GGG TCC GTG CCT GAG GTG GAG CTT ATC ATC AAG GCA TCT ACT ATA  151
      M   S   E   E   T   N   G   Q   A   N   G   S   V   P   E   V   E   L   I   I   K   A   S   T   I

 152 GAT GGA AGG AGG AAG GGT GCT TGT CTG TTC TGC CAA GAA TAC TTC ATG GAC CTT TAT CTT CTG GCT GAA CTA AAG  226
      D   G   R   R   K   G   A   C   L   F   C   Q   E   Y   F   M   D   L   Y   L   L   A   E   L   K

 227 ACA ATT TCA CTC AAA GTC ACT ACA GTG GAC ATG CTC AAG CCA CCA CCA GAT TTC AAG TCA AAT TTT GAG GCC ACT  301
      T   I   S   L   K   V   T   T   V   D   M   L   K   P   P   P   D   F   K   S   N   F   E   A   T

 302 CCT CCT CCC ATC CTG ATT GAC AAT GGC CTG GCA GTT TTG GAG AAT GAC AAG ATT GAG AGA CAC ATC ATG AAG AAT  376
      P   P   P   I   L   I   D   N   G   L   A   V   L   E   N   D   K   I   E   R   H   I   M   K   N

 377 ATC CCA GGA GGT CAT AAT CTT TTT GTA CAA GAC AAG GAT GTT GCA CAG CGA ACA GAA AAT GTG TAC AGT AAA TTC  451
      I   P   G   G   H   N   L   F   V   Q   D   K   D   V   A   Q   R   T   E   N   V   Y   S   K   F

 452 AAG CTG ATG CTT TTA AAG CGT GAT GAC AAC TCC AAG AAC ATC CTG TTG AAC TAC CTT CGC AAG ATC AAT GAC CAT  526
      K   L   M   L   L   K   R   D   D   N   S   K   N   I   L   L   N   Y   L   R   K   I   N   D   H

 527 CTT GGG GAG AGA GGG ACA AGG TTC CTT ACT GGA GAT ACA ATG TGT TGT TTT GAC TGT GAG CTT ATG CCT AAG TTA  601
      L   G   E   R   G   T   R   F   L   T   G   D   T   M   C   C   F   D   C   E   L   M   P   K   L

 602 CAG CAC ATT AGG GTG GCT GGG AAG TAT TTT GCT GAC TTT GAA ATT CCG GAG GAG CTG GAA CAC CTG TGG CGG TAC  676
      Q   H   I   R   V   A   G   K   Y   F   A   D   F   E   I   P   E   E   L   E   H   L   W   R   Y

 677 ATG TTC CAT ATG TAC CAG CTT GAT GCC TTC ACC CAG TCC TGT CCA GCT GAT CAA GAC ATC ATC AAT CAT TAT AAG  751
      M   F   H   M   Y   Q   L   D   A   F   T   Q   S   C   P   A   D   Q   D   I   I   N   H   Y   K

 752 CAG CAG CAG GGT ACC CGA ATG AAG AAA CAT GAG GAG CTT GAA ACG CCA ACC TTC ACC ACC TCC ATA CCA GCT GCC  826
      Q   Q   Q   G   T   R   M   K   K   H   E   E   L   E   T   P   T   F   T   T   S   I   P   A   A

 827 ATC CGC CCT TGA GCC TTC TGT GCC ATC CTC AGC AAT CAA CTC CAG TAA ACT CTA CTG TAG CAT TGC AAG ATA TTT  901
      I   R   P   *
 902 TAT TTG GTG AAA GGT TGT AAT TGA TAG GTT TCA TGC TAC ATT ATT TTG TTA TAA TAG TCA AGA TAA TTT GCT TTG  976
 977 ATC ATA TTT GTA CTA TCA TGT ATG TCT AAC CAT GAT ATA TGC CCT AGA CAT GTA TGT TGT TTT TGA ACA ATT CAG 1051
1052 TTG TAA ATA AAT TCT CAT TAC TCC CTT TTG CCA GTT AAA GTA ACA AAA ATA TCT TGA CTG CAC TTG TAA TAT TCA 1126
1127 TTA AGA CAG TAG GTA TTA ACA AGA TTG CTA AGC ATT TGT GAT GCA AGT CAC AAA TTA TCA CAG AAG AAA TTT ATG 1201
1202 ATT ACA TTT GAA ACC ACT TCT ATA CCC ATT TAA GTG GTG ACA AGG GAA CTA AAT GTT TAG CTT GTG CCT TGT TTA 1276
1277 GTC ATT ACT GTT TTT AAT GTA TTG TTA CAA TTT ATT TGT CAT TAC CTA ATG TAG ATT TTT TTT TAA AAG CTG TAT 1351
1352 ACA TAA GAT ACA ATG TGT GGA TCA TTG GAT TCA GAT CAG AAA TCA CAT TAT TAC ATA AAA TGT TGG GAG GAA AGG 1426
1427 ATT GCA TTA TTT TTG TTA CTG GCA TTG CAA ATC TCT GCT GAA TAA TTA ATG TAC ATT TCT TTT TTA ATT TGT CAG 1501
1502 GGA ACT TGC CTG CTG TTA AAA AAA AAA TGG CAA AAT TAC ACT AGA TAT CAT TTA TTA TTA TTA TAA TAA TTT TTA 1576
1577 TTC ATT TTT GGT ATT GTT ATT TTC ATT ATT ACT GGA ATT GCA ATC ATC ATT ATT TCC ATT GTC ATC ATT ATT TTT 1651
1652 ATA ATT GTT GTA AAG AAT TTT TAT TAT TTT CAT AAT ATT TAG GAC CAT TCT TAG TTA TCA TGT AAC TAT TTG GGA 1726
1727 GAT TTT TAT TAA TCT TTA TAG GTG CAT TAT CTT GTG ATA ATT AAC TTC AAA TGC AAT CAG AGT AAT TTT TCT AAG 1801
1802 TGT TTC ACT GTA CAT TGT TTG ATC ATT TCC ATG TTA AGA TGA AAC TTG AAT AGG TGT CGA TAA GGT GAA CTT TTT 1876
1877 TTT AAG TTG CAT TTT GTA TAT GTG CCC TTA TAA TGT GCT TTA GTT CAT TTG AAT TGA AGT TTA TTG CAA ATG TGT 1951
1952 TTT GTT ACA GAT AAT TAG [AAT AAA] TGG TGT TGC ACA AAA AAA AAA AAA A                                2000
```

图 33　三疣梭子蟹 PtCLIC 基因 cDNA 全长及其编码的氨基酸序列

起始密码子用横线标出；*表示终止密码子；加尾信号（AATAAA）用方框标出。

实时荧光 RT-PCR 证实 PtCLIC 基因在检测的所有组织中均有表达（图 35）。在肝胰腺中的表达量最高，且显著高于其他组织中的表达量。这表明三疣梭子蟹 PtCLIC 基因的表达具有组织特异性。Liu 等的研究表明（Liu et al，2011），肝脏是甲壳动物离子储存和代谢的中心，由此推测三疣梭子蟹的肝胰腺在氯离子转运中起到了重要作用。

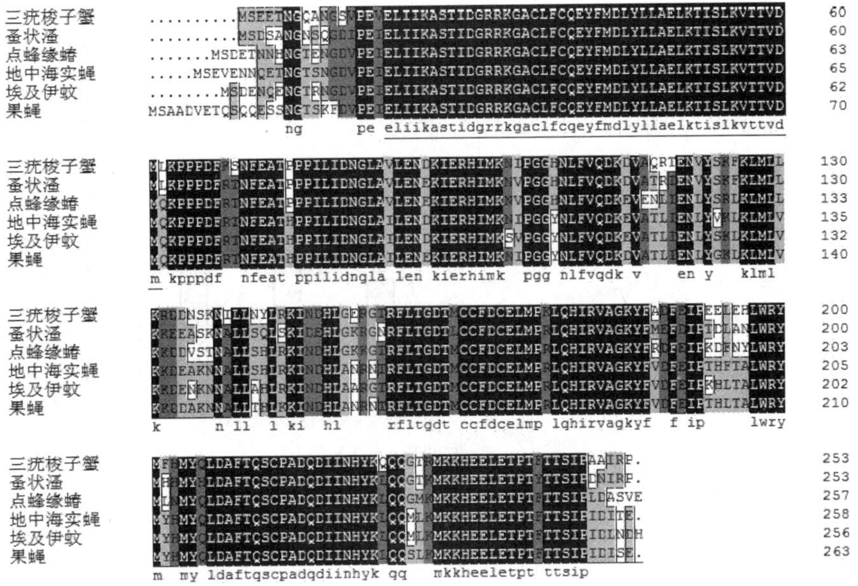

图 34 三疣梭子蟹 PtCLIC 氨基酸序列与其他物种的 CLIC 氨基酸序列比对

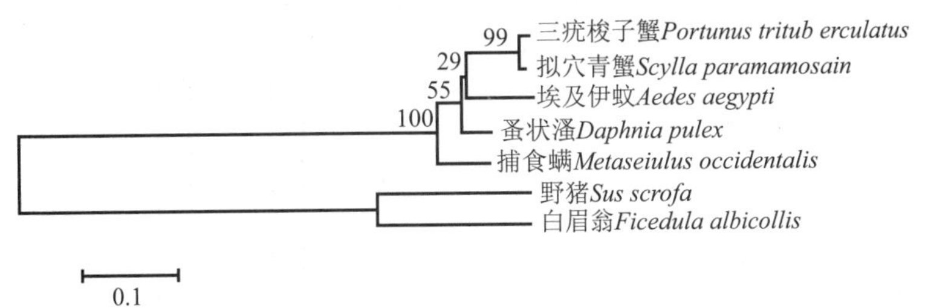

图 35 利用 MEGA 4.0 软件 NJ 法构建的系统进化树

分叉处数值表示 1 000 次重复抽样所得到的置信度；标尺长度代表每个位点发生 0.1 次置换。各物种 CLIC 登录号：拟穴青蟹(ACY66426)、埃及伊蚊(ABF18454)、蚤状溞(EFX90323)、捕食螨(XP_003742444)、野猪(NP_001231357)、白眉翁(XP_005044363)。

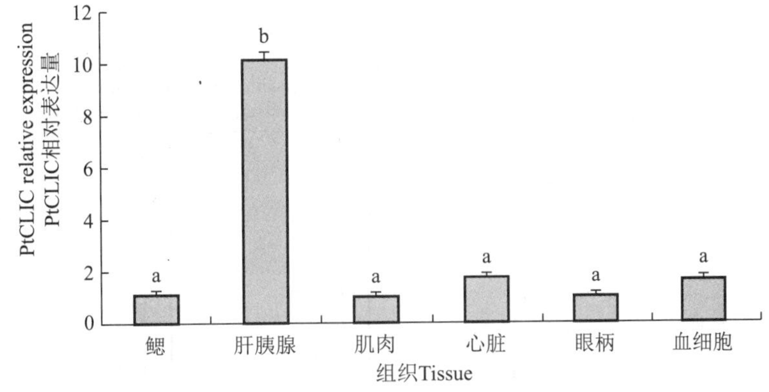

图 36 三疣梭子蟹不同组织中 PtCLIC 基因的表达

不同字母表示组间差异显著($P<0.05$)，相同字母表示组间差异不显著($P>0.05$)。

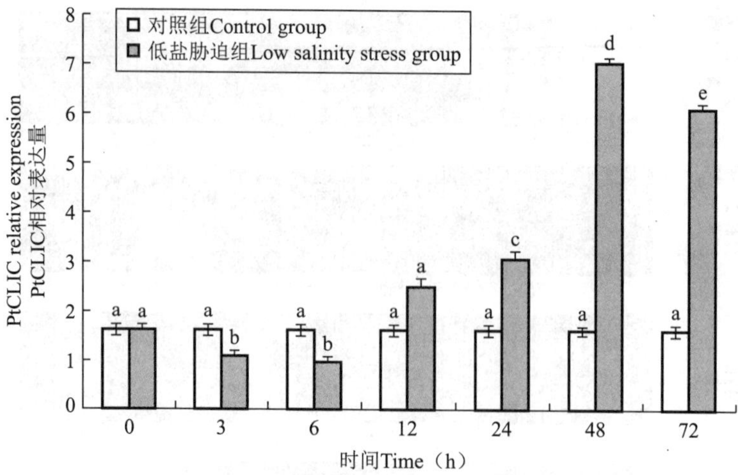

图 37 低盐胁迫下三疣梭子蟹 PtCLIC 基因在鳃中的表达情况

不同字母表示不同时间点之间差异显著($P<0.05$)，相同字母表示不同时间点之间差异不显著($P>0.05$)。

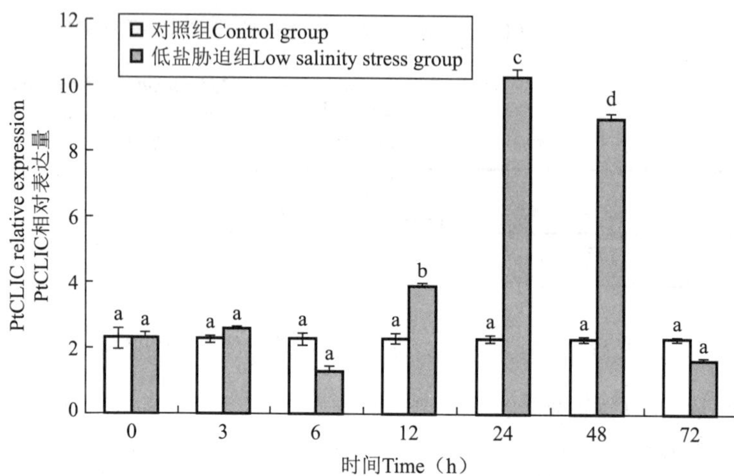

图 38 低盐胁迫下三疣梭子蟹 PtCLIC 基因在肝胰腺中的表达情况

不同字母表示不同时间点之间差异显著($P<0.05$)，相同字母表示不同时间点之间差异不显著($P>0.05$)。

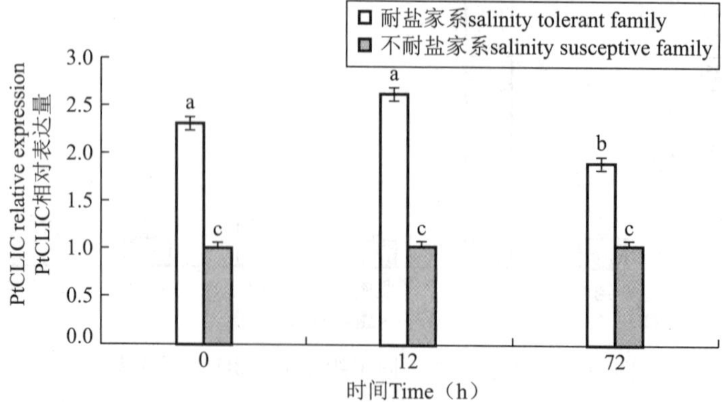

图 39 低盐胁迫下低盐耐受家系和低盐敏感家系中 PtCLIC 基因在鳃中的表达情况

不同字母表示不同家系之间差异极显著($P<0.05$)，相同字母表示不同家系之间差异不显著($P>0.05$)。

目前关于甲壳类动物胞内氯离子通道蛋白对盐度胁迫的应答机制还未见报道。鳃是甲壳动物与外界环境进行气体和离子交换的介质，而肝脏又是离子储存和代谢的中心，因此研究低盐胁迫进程中 PtCLIC 在鳃和肝胰腺中的表达规律十分必要。Freire 等(Freire C A et al，2008) 研究了甲壳动物中 NaCl 的吸收和排出过程，证实了 Cl^- 的平衡是甲壳动物渗透压调节的关键。在 Cl^- 的吸收过程中，首先 Cl^- 与 HCO^{3-} 交换通过鳃上皮顶部质膜，继而在基底侧质膜上通过 Cl^- 通道进入血淋巴中。而在 Cl^- 的排出过程中，Cl^- 首先以 $Na^+/K^+/2Cl^-$ 形式协同转运通过基底侧质膜，继而在鳃上皮顶部质膜上通过 Cl^- 通道排到水环境中。本实验结果显示低盐胁迫下 PtCLIC 基因在鳃和肝胰腺中的表达总体呈现先上调然后下调的规律(图 36、图 37)。低盐胁迫下 PtCLIC 基因的表达量上升，可增强基底侧质膜上 Cl^- 通道蛋白的活性(Valenzuela S M et al，1997)，进而增强三疣梭子蟹对 Cl^- 的吸收能力。然而当体内的 Cl^- 水平被调节到正常水平时，PtCLIC 基因又基本恢复到初始水平，出现下调表达。

PtCLIC 的表达在低盐胁迫下耐低盐家系和低盐敏感家系间差异显著，耐低盐家系中 PtCLIC 的相对表达量存在上调和下调的过程，表达量最大值为低盐敏感家系的 2.53 倍，而低盐敏感家系中 PtCLIC 的相对表达量基本不变且维持在较低水平(图 38)。此差异证明在耐低盐家系中 PtCLIC 存在一个积极的渗透压调节过程，而低盐敏感家系几乎被动接受应激。该研究结果可辅助选育三疣梭子蟹耐低盐品系。

3.2 三疣梭子蟹水通道蛋白基因的克隆及表达分析

水通道蛋白 (aquaporin，AQP) 是一类在细胞膜上介导水分子及其他中性代谢分子跨膜转运的特异性孔道，属于一个主要内源性蛋白(major intrinsic proteins，MIP) 家族。AQP 最早从血红细胞中分离纯化获得，在非洲爪蟾(*Xenopus laevis*)卵母细胞表达系统中证实了其具有水通道的功能(Preston GM et al，1992)。研究表明，AQP 在水分运输、离子选择透过性、渗透压调节等过程中均起到重要作用。在渗透压作用下，水势的变化不仅影响到水通道孔道的开闭，而且会影响到水通道蛋白的合成，而生物体中 70%～90% 的水分是通过水通道进行转运的，因此 AQP 在维持细胞内外的渗透压平衡中发挥着关键的作用。水通道管的空间尺寸限制了比水分子大的小分子的通过，与此同时水通道管的高度亲水环境阻碍了水溶液中离子的通过，所以水通道只允许水分子的通过。另外，两个高度保守的天冬氨酸-脯氨酸-丙氨酸(NPA)结构域位于水通道三维结构的核心，在膜脂双层中间形成一个可双向运输水分的孔道。水通道蛋白的这些特殊结构使得水分能够顺畅地出入细胞，使细胞始终处在一个稳定的渗透压环境中，在机体的渗透压调节中发挥重要作用。关于 AQP 的研究主要集中在植物和昆虫上，在水产动物中仅有少量相关报道。研究报道表明，AQP 在金头鲷(*Sparus aurata*) (Deane EE et al，2006)、黑鲷(*Acanthopagrus schlegeli*) (An KW et al，2008)、斑马鱼(*D. rerio*) (Tingaud-Sequeira A et al，2010)、欧洲鳗鲡(*Anguilla anguilla*) (Maclver B et al，2009）和日本鳗鲡（*Anguilla japonica*）（Kim YK et al，2010）等鱼类的渗透压调节中均发挥重要作用，但其在甲壳动物中的研究尚未见报道。

本研究利用从三疣梭子蟹 cDNA 文库中筛选获得的水通道蛋白基因 EST 序列，采用 RACE 技术首次克隆三疣梭子蟹水通道蛋白（PtAQP）基因序列，全长 1 712 bp，包含 771 bp 的开放阅读框，编码 1 个由 256 个氨基酸组成的多肽（图 40）。序列分析发现，PtAQP 基因编码的氨基酸序列含有 6 个跨膜区，具有 MIP 家族高度保守的氨基酸序列，表明其属于 MIP 家族。此外，PtAQP 基因含有两个 NPA 结构单元，研究报道表明，进化过程中的原位重复导致 AQP 基因含有两个 NPA 特征结构单元（丁炜东等，2012），其均与水通道蛋白功能密切相关，其中任何一个的缺乏均会导致水输送能力的下降。同源性分析表明，三疣梭子蟹 PtAQP 与可口美青蟹 AQP1 的同源性高达 87%（图 41）。系统进化分析表明，三疣梭子蟹 PtAQP 与可口美青蟹 AQP1 紧密聚为一支（图 42）。

PtAQP 基因的表达具有组织特异性，实时荧光定量 PCR 结果显示（图 43），PtAQP 基因在三疣梭子蟹第 1 对鳃、第 6 对鳃、肝胰腺、肌肉、眼柄、血细胞、心脏、肠和胃中均有表达。其中，在胃中的表达量最高，其次为肌肉、肝胰腺和眼柄，鳃中的表达量较低，而心脏和血细胞中仅有微量表达。Borgnia 等（Borgnia M et al，1999）研究发现，AQP1 在哺乳动物的眼睛、呼吸道（相当于甲壳动物的鳃）、肾脏、脑、消化道和肝脏中均有表达，这与本研究结果一致。Aoki 等（Aoki M et al，2003）研究发现，在日本鳗鲡消化道器官如食管、胃和肠中，AQP1 具有相对较高的表达量，与本研究结果一致，说明胃是参与水生动物渗透压调节相关的重要器官。

```
   1 AAG CAG TGG TAT CAA CGC AGA GTA CAT GGG GAG TAG TGA GTG GGG CGC GCA CAG CTT CTC ACT CAG TCC ACC GCC GCA CTG GGA GGC ACA   90
  91 CGG TAC TTC ACT TTG CTT CAA CTC AGA CCG AAC TCC TCA CTT TAC CAT CAA CCT AAG GCG AAC ATG GGC AAG ATT AAG GAT ACC CGT GAG  180
                                                                                          M   G   K   I   K   D   T   R   E

 181 TAC ATG GGG ACC AGC GAG CTC ACG CAA CTG GCC ACC TGG AAG GCA GTG GCG GCG GAG GTG GTG GGC ACG ATG TTG CTG ACC CTC GTG GTG  270
      Y   M   G   T   S   E   L   T   Q   L   A   T   W   K   A   V   A   A   E   V   V   G   T   M   L   L   T   L   V   V

 271 TGT GGC TCC TGC ATC GGA TTC AAC ACT CCA CCC ACC AAT GAA CAG ATC GCC TTC GCT GTC GGC ATT ATT GTC TTC TGT ATG GTT CAG GCG  360
      C   G   S   C   I   G   F   N   T   P   P   T   N   E   Q   I   A   F   A   V   G   I   I   V   F   C   M   V   Q   A

 361 CTG GGT CAC GTG TCG GGA GGT CAC ATC AAC CCT GCA GTG ACC TTA GGA ATG CTG GTT GCA CGC TAC GTG TCA GTG GTT CGC GCT CTG CTC  450
      L   G   H   V   S   G   G   H   I   N   P   A   V   T   L   G   M   L   V   A   R   Y   V   S   V   V   R   A   L   L

 451 TAC ATC ATG GCC CAG TGT GTT GGT GCC CTG GCT GCC TCT GCT ATC CTG AAG GGC CTC ACG CCG ACG GAC AAA CAA GGC AAC CTG GGA ATG  540
      Y   I   M   A   Q   C   V   G   A   L   A   A   S   A   I   L   K   G   L   T   P   T   D   K   Q   G   N   L   G   M

 541 ACG CAG CTG GGT GAG GGT GTG AAC AGT GGC CAG GCC TTC GGG GTG GAG CTC CTC ATT ACC TTC ATC CTC GTG CTG ACG GTG TTC GGG GTG  630
      T   Q   L   G   E   G   V   N   S   G   Q   A   F   G   V   E   L   L   I   T   F   I   L   V   L   T   V   F   G   V

 631 TGT GAC GAG CGA CGC AAC GAT GTC AAA GGG ACA GGA CCT CTC GCC ATC GGT CTC TCC GTC ACC GCC AGC CAT CTC GGG GCA CTT CCC TAC  720
      C   D   E   R   R   N   D   V   K   G   T   G   P   L   A   I   G   L   S   V   T   A   S   H   L   G   A   L   P   Y

 721 ACC GGA GCT GCC ATG AAC CCC GCT CGC TCC TTC GGC CCT GCA GTC ATC ACT GGC ATC TGG GCC AAC CAC TGG GTG TAC TGG GCT GGT CCC  810
      T   G   A   A   M   N   P   A   R   S   F   G   P   A   V   I   T   G   I   W   A   N   H   W   V   Y   W   A   G   P

 811 ATC TCT GGC GGC ATC CTC GCG GCA CTC CTC TAC ACC TAC GTC TTC CGA GCA CCC AAG GCG GCC AGC TAC GAC CTC GAG ATG GAT AAC TAC  900
      I   S   G   G   I   L   A   A   L   L   Y   T   Y   V   F   R   A   P   K   A   A   S   Y   D   L   E   M   D   N   Y

 901 GGC AAG AGG AAC ACC CAA CCC TGA GGT GTT GGC TGC GGG GGG CAA GTG ACG GCG TGA TGG CGG CCT TCA TGG GCG TCT TCG TGT CTC GCG  990
      G   K   R   N   T   Q   P   *

 991 TTC ACG CCC ACA CAC CCT CAC AGA AGA GGA GGA ATA ACC ACT ACA GAA TGC TGA CAG GTA TAT TGA AAC ACG AGG CAA GCA CCA CGT CAC 1080
1081 CAG CCC ACA CTG TAT CTT CCG TCA CCA TCA CCA CCA CCA CCA CCA TCA CAG GAA ACA CTA TAG CAG ATC TTT CGT GGC GTT TTT TTT TTT 1170
1171 TCT TCT TTT TTT CTT TCA ATC TAT CTC CAC CTA CGT ATA TGT CAG TTT ATA TCT GTT AGG TCC ATA TTC TCC TTT TTC CCA GCA TCT TAT 1260
1261 CTC GAT TAG TCT TAA GAA GTT CTA AAA TTG AAA GTC AAA ATG GTT TTC AAG GGT GTT TTC ATC ATG TCA TTC ATC TGT CTA TGG TTT TCA 1350
1351 AGG GTG TTT TCA TCA TTT CAT TCA TCT GTC TAT CTA TCT ATG CAT CAG GTC AGT ATT CTT GCC AAT TTC AGC GTC TTA TCT AAA ACA ACA 1440
1441 GTC ACG TTA GTA TAA ACC GCA AAG GAG TTT TCG TAA TTC TAG TGG TAG TTC AAT ACG TTA ATG GAT TCT ACA CTA CTG ATG TGA AAA CAC 1530
1531 GCT TGA GAA CCA CCA GGC GAA TCA TCT CCG TTG CCT TTG AAA ACA ATC CTG ATG AGA GAA AAA GTT TAG ATG ACT CAC TGT TTT GCT GCC 1620
1621 TTT TCT TAA CAT TTA TAC CAC TGT CAG AAC TAT TTG GAA GAG AGA ACT CAC AGG TCG TTA AAG AAA AAA AAA AAA AAA AAA AAA AAA AAA 1710
1711 AA                                                                                                                   1712
```

图 40　三疣梭子蟹 PtAQP 基因核苷酸序列及其推导的氨基酸序列

ATG：起始密码子；* 表示终止密码子；NPA 结构单元用方框表示；MIP 家族保守序列用下划线表示。

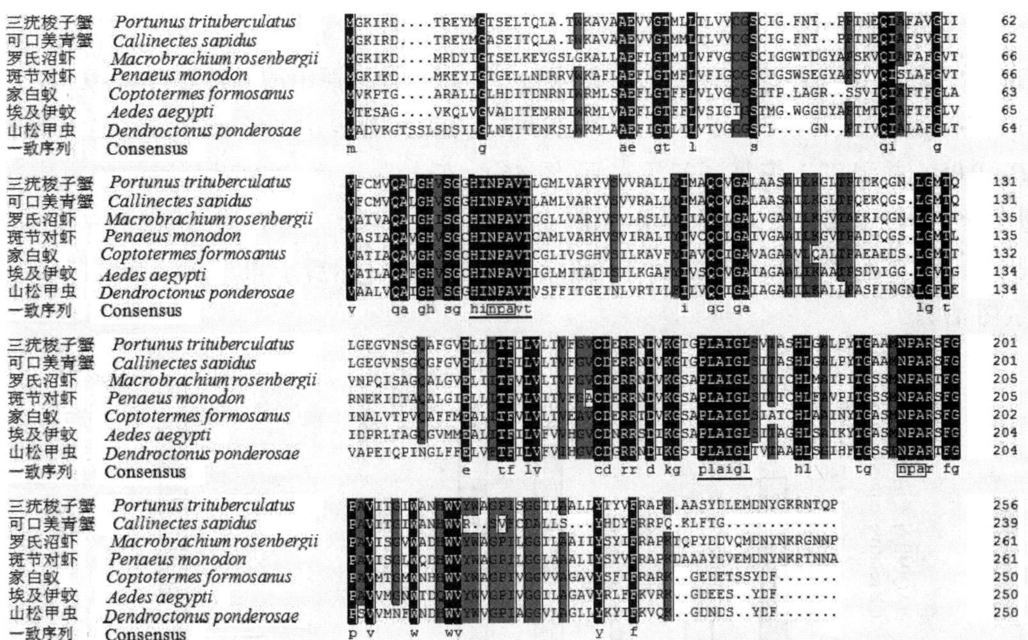

图 41　三疣梭子蟹 PtAQP 氨基酸序列与其他物种 AQP 氨基酸序列比对

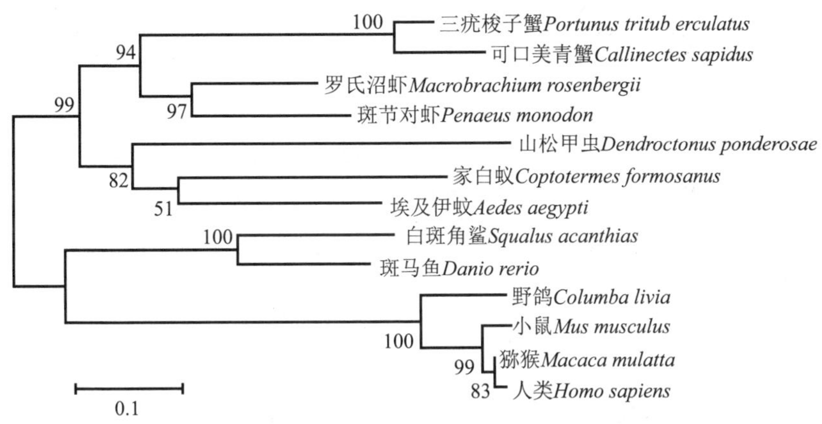

图 42　利用 MEGA 4.0 软件构建的基于 AQP 氨基酸序列的 NJ 系统进化树

分叉处数值表示 1 000 次重复抽样所得到的置信度；标尺长度代表每个位点发生 0.1 次置换。各物种 AQP 登录号：可口美青蟹（AFR36904）、罗氏沼虾（AET34919）、斑节对虾（AEI25531）、山松甲虫（AEE63193）、家白蚁（BAG72254）、埃及伊蚊（AAF64037）、白斑角鲨（AEJ08190）、斑马鱼（NP_001003749）、野鸽（EMC82019）、小鼠（BAE38677）、猕猴（EHH17401）、人类（CAQ51480）。

高盐度胁迫 3 h 后，PtAQP 基因的相对表达量出现显著下调现象，随后于 3～72 h 保持较低的相对表达水平，各时间点差异不显著（$P<0.05$）（图 44）。低盐胁迫组中，PtAQP 基因的相对表达量于低盐胁迫 3 h 后出现显著下调，并于 12 h 达到最小值，相对表达量为对照组的 0.14 倍（$P<0.05$）；随后，PtAQP 的相对表达量于 24 h 开始上调，并于 48 h 达到最大值，相对表达量分别为对照组的 1.07 倍（$P<0.05$），随后相对表达量再次出现下调现象（图 45）。Real-time PCR 检测了三疣梭子蟹盐度胁迫后不同时间点

肝胰腺中 PtAQP 基因的相对表达情况。与对照组相比，高盐胁迫后 3 h，PtAQP 基因的相对表达量出现显著下调，并于 12 h 达到最小值，为对照组的 0.15 倍（$P<0.05$）；随后于 24 h 出现上调，但差异不显著（$P>0.05$）；然后相对表达量于 48 h 再次显著下调（$P<0.05$），并于 72 h 恢复到初始水平（图 46）。低盐胁迫后，PtAQP 基因的相对表达量于 6 h 出现下调现象，并达到最小值，但差异不显著（$P>0.05$）；随后于 12～24 h 出现显著上调（$P<0.05$），相对表达量为对照组的 6.99 倍，然后于 48～72 h 出现下调现象（图 47）。

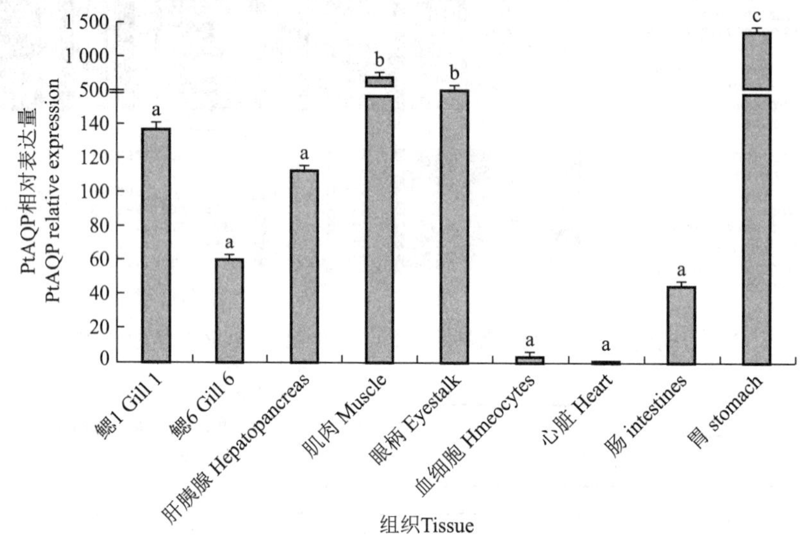

图 43　三疣梭子蟹 PtAQP 基因在不同组织中的表达分布

不同字母表示组间差异显著（$P<0.05$），相同字母表示组间差异不显著（$P>0.05$）。

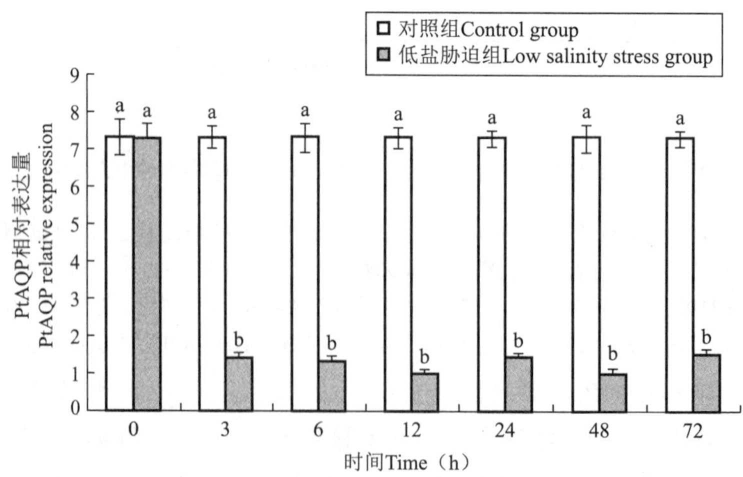

图 44　高盐胁迫下三疣梭子蟹鳃中 PtAQP 基因的表达情况

不同字母表示不同时间点之间差异显著（$P<0.05$），相同字母表示不同时间点之间差异不显著（$P>0.05$）

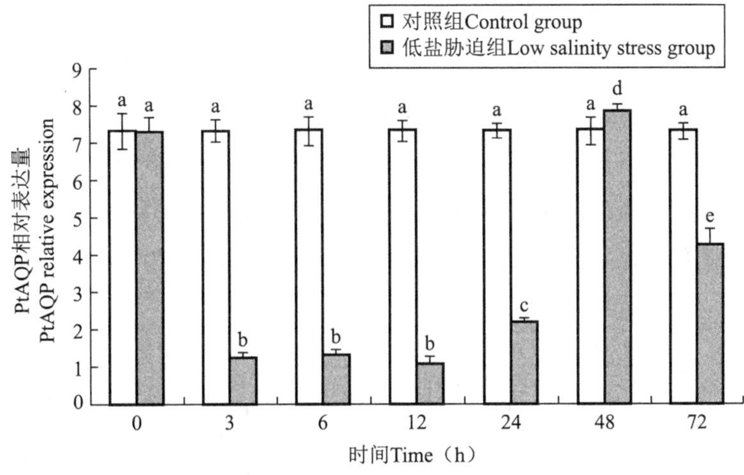

图 45 低盐胁迫下三疣梭子蟹鳃中 PtAQP 基因的表达情况

不同字母表示不同时间点之间差异显著($P<0.05$)，相同字母表示不同时间点之间差异不显著($P>0.05$)。

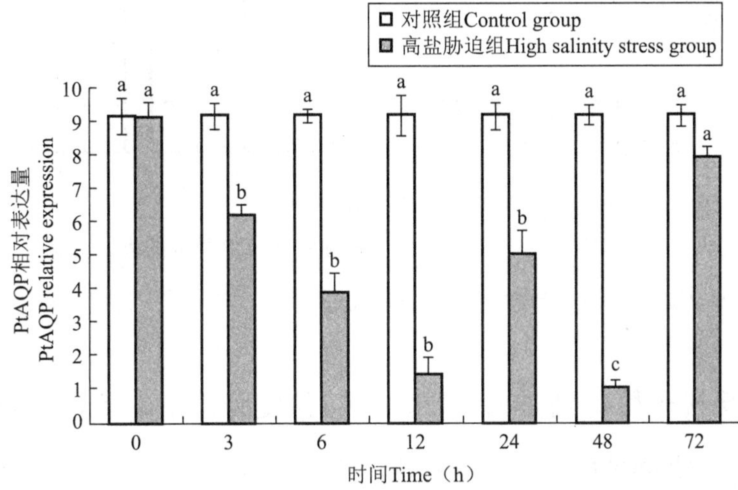

图 46 高盐胁迫下三疣梭子蟹肝胰腺中 PtAQP 基因的表达情况

不同字母表示不同时间点之间差异显著($P<0.05$)，相同字母表示不同时间点之间差异不显著($P>0.05$)。

关于水通道蛋白 AQP 在渗透压方面的研究，在植物中相对较多，而在水生动物中的研究则相对较少。Mahdieh 等（Mahdieh M et al，2008）研究了烟草水通道蛋白基因在干旱胁迫条件下的表达水平变化，结果显示其在干旱胁迫 12 h 的表达量明显下调，表明水通道蛋白基因在转运水分的过程中发挥重要作用，其表达量下调可以降低水的渗透倒水度。Barrieu 等（Barrieu F et al，1999）研究发现，轻度干旱胁迫下水通道蛋白存在失水和复水两个非常关键的过程。本研究中，在盐度胁迫下三疣梭子蟹适应盐度变化也存在类似的两个过程。盐度胁迫下 PtAQP 基因的表达总体呈先下调后回升再下调至初始水平的表达规律。根据表达模式推测其作用机理可能为：盐度胁迫初期，体内外渗透压失衡，三疣梭子蟹首先通过抑制水通道蛋白活性以避免大量水分子流失和渗入，从而降低盐度胁迫对机体的损伤；之后机体通过离子转运或自由氨基酸途径主动调整体内渗透压水平，当体内外渗透压再次趋于平衡时，又部分恢复水通道蛋白活性，以维持机体正常运转或代谢。在盐度胁迫的过程中，鳃中低盐胁迫组的 PtAQP 表达量始终高于高盐组，表明低盐度胁迫时 PtAQP 的渗透倒水活性明显高于高盐度胁迫，这与 Giffard-Mena 等（Giffard-Mena I et al，2007）在鲈中的相关研究结果一致。这种调节方式提高了三疣梭子蟹抵抗盐度胁迫的能力，但是其具体的调节机制还有待于进一步的研究。

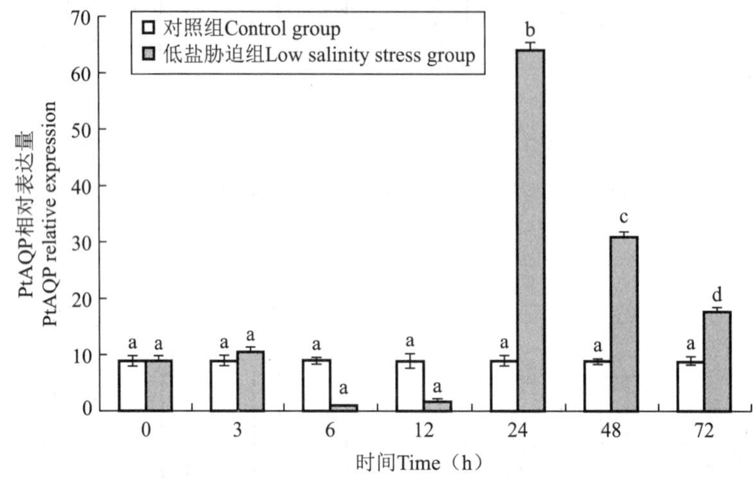

图 47　低盐胁迫下三疣梭子蟹肝胰腺中 PtAQP 基因的表达情况

不同字母表示不同时间点之间差异显著（$P<0.05$），相同字母表示不同时间点之间差异不显著（$P>0.05$）。

3.3　三疣梭子蟹钙网蛋白 cDNA 及其盐度胁迫下的表达分析

钙网蛋白（calreticulin，CRT）是内质网和肌浆网中高度保守的、多功能的 Ca^{2+} 结合蛋白，它广泛分布在几乎所有的多细胞真核生物中。1989 年 Ostwald 等首次在兔的骨骼肌肌浆网中分离得到钙网蛋白（Ostwald T J et al，1989），随后 Filege 等第一次从鼠的肝脏细胞 cDNA 文库中克隆得到钙网蛋白基因（Fliegel L et al，1989；Smith M J et al，1989）。CRT 功能复杂多样，参与到细胞内 Ca^{2+} 稳态调节、Ca^{2+} 依赖的信号传导、细胞凋亡、蛋白加工、抗原呈递、黏附和类固醇敏感性基因表达调节等生物学进程中。CRT 基因是一个高度保守的序列，由 N、P 和 C 三个区域的氨基酸序列组成。研究表明，CRT 参与鱼虾应对 Ca^{2+} 胁迫、病毒感染、热激、饥饿胁迫、氧化胁迫和重金属污染等反应。Braman 等研究发现罗氏沼虾（*M. rosenbergii*）在盐度胁迫下 CRT 基因上调表达（Barman H K et al，2012），这表明 CRT 基因在盐度胁迫应答中也发挥了重要作用。目前，在鲈鱼（*Dicentrarchus labrax*）（Pinto R D et al，2013）、中国对虾（*F. chinensis*）（Luana W et al，2007）、长牡蛎（*crassostrea gigas*）（Kawabe S et al，2010）和菜青虫（*pieris rapae*）（Wang L et al，2012）中已经克隆得到 CRT 基因全长。然而，三疣梭子蟹 CRT 基因序列及其在盐度胁迫中的应答机制相关研究尚未见报道。

本研究采用RACE技术首次克隆得到三疣梭子蟹钙网蛋白PtCRT基因序列，全长1 676 bp，包含1 218 bp的开放阅读框，编码1个由405个氨基酸组成的多肽(图48)。PtCRT基因中存在两个保守的钙网蛋白家族标签：KHEQNIDCGGGYLKVF和LMFGPDICG，说明PtCRT基因为钙网蛋白家族成员。序列分析发现，PtCRT翻译的氨基酸序列中包含一个由17个氨基酸组成的信号肽序列（MKIYILLALLGVALVEA）和一个内质网滞留四肽序列HDEL。同源性分析表明，三疣梭子蟹PtCRT与中国对虾（*F. chinensis*）CRT基因的同源性高达89%（图49）。系统进化分析表明，三疣梭子蟹PtCRT与同属于甲壳类动物的中国对虾(*F. chinensis*)、斑节对虾(*P. monodon*)、凡纳滨对虾(*L. vannamei*)、小龙虾(*Pacifastacus leniusculus*)紧密相聚(图50)。

```
   2 TGG GGA GTC GTG GGC TAG AAG AGA GGG AGA GGA GAC GCG CTC ACC CGC CAC TCC AGT ACA TCA GTC GAC GCA ATG AAG ATC TAC ATT CTC   91
                                                                                                      M   K   I   Y   I   L

  92 CTC GCC CTC CTG GGT GTC GCC CTG GTG GAA GCC AAG GTG TAC TTC CAG GAG ACT TTC AGT AGC GAT GAC TGG GCG TCT CGA TGG GTT CAA  181
      L   A   L   L   G   V   A   L   V   E   A   K   V   Y   F   Q   E   T   F   S   S   D   D   W   A   S   R   W   V   Q

 182 TCA GAA CAC AAA GGG AAA GAG TTT GGC AAG TTC AAG TTG ACA GCT GGC AAG TTC TAT GGT GAT GCT GAG AAG GAC AAG GGC ATC CAG ACC  271
      S   E   H   K   G   K   E   F   G   K   F   K   L   T   A   G   K   F   Y   G   D   A   E   K   D   K   G   I   Q   T

 272 TCC CAG GAT GCT CGC TTC TAT GGT CTG TCC AGC AAG TTC GAG CCC TTC ACA AAC AAA GAC AAG CCT CTA GTC ATC CAG TTC ACA GTC AAG  361
      S   Q   D   A   R   F   Y   G   L   S   S   K   F   E   P   F   T   N   K   D   K   P   L   V   I   Q   F   T   V   K

 362 CAC GAA CAG AAC ATC GAC TGT GGT GGT GGA TAC TTG AAG GTG TTT GAC TGC TCT CTA GAC CAG AAG GAC ATG CAT GGA GAG TCT CCC TAT  451
      H   E   Q   N   I   D   C   G   G   G   Y   L   K   V   F   D   C   S   L   D   Q   K   D   M   H   G   E   S   P   Y

 452 CTC CTC ATG TTT GGG CCT GAC ATC TGT GGT CCG GGA ACA AAG AAG GTG CAT GTG ATC TTC AAC TAC AAG AGC CAG AAC CAC CTC ATC AAG  541
      L   L   M   F   G   P   D   I   C   G   P   G   T   K   K   V   H   V   I   F   N   Y   K   S   Q   N   H   L   I   K

 542 AAG GAG ATC CGC TGC AAG GAT GAT GTC TTC TCT CAC CTG TAC ACC CTC ATC GTG AAG CCC GAC AAC ACC TAT GAG GTG CTC ATT GAC AAC  631
      K   E   I   R   C   K   D   D   V   F   S   H   L   Y   T   L   I   V   K   P   D   N   T   Y   E   V   L   I   D   N

 632 GAG AAG GCA CAG TCT GGT GAG CTG GAG GAG GAC TGG GAC ATG CTG CCA CCC AAG AAG ATT AAG GAT CCC GAT GCA AGC AAA CCC GAC GAC  721
      E   K   A   Q   S   G   E   L   E   E   D   W   D   M   L   P   P   K   K   I   K   D   P   D   A   S   K   P   D   D

 722 TGG GAT GAC CGT GCC ACC ATC CCT GAC CCT GAT GAC ACC AAG CCT GAG GAC TGG GAC CAG CCT GAG CAC ATC CCC GAC CCT GAT GCC ACC  811
      W   D   D   R   A   T   I   P   D   P   D   D   T   K   P   E   D   W   D   Q   P   E   H   I   P   D   P   D   A   T

 812 AAA CCC GAG GAT TGG GAT GAT GAG ATG GAT GGA GAG TGG GAA CCC CCC ATG ATT GAC AAC CCT GAC TAC AAG GGC GAG TGG AAA CCA AAG  901
      K   P   E   D   W   D   D   E   M   D   G   E   W   E   P   P   M   I   D   N   P   D   Y   K   G   E   W   K   P   K

 902 CAG ATT GAT AAC CCT GAC TAC AAG GGA CCC TGG CAC CAC CCT GAG ATC GAC AAC CCA GAG TAC ACT GCC GAC CCT GAG CTG TAC AAG TAC  991
      Q   I   D   N   P   D   Y   K   G   P   W   H   H   P   E   I   D   N   P   E   Y   T   A   D   P   E   L   Y   K   Y

 992 GAT GAG ATC TGC TCT GTG GGT CTG GAT CTG TGG CAG GTA AAG AGC GGC ACC ATC TTT GAC AAC TTC CTC GTT GGC GAC GAC ATC GAG GAG 1081
      D   E   I   C   S   V   G   L   D   L   W   Q   V   K   S   G   T   I   F   D   N   F   L   V   G   D   D   I   E   E

1082 GCG AAG CGC ATT GGA GAA GAG ACC TGG GGT GCC ACC AAG GAC GAG GCC AAG AAG ATG AAG GAC GCT CAG GAC GAA GAG GAG AGG AAG AAG 1171
      A   K   R   I   G   E   E   T   W   G   A   T   K   D   E   A   K   K   M   K   D   A   Q   D   E   E   E   R   K   K

1172 GCT GAA GAG GAA GCC AAG GCA GCT GAG GAC AGT AAG GAA GAT GAT GAG GAG GAG GAC GAC GAT GAG CTG GAT GAG GAG GAT GAC GAT GAC 1261
      A   E   E   E   A   K   A   A   E   D   S   K   E   D   D   E   E   E   D   D   D   E   L   D   E   E   D   D   D   D

1262 ATT GAT GAG CTG GGT CAT GAC GAG CTC TAA TTT TTC TCT ATC CCT TTC CCC TCA ACC CTC CCA CCT GAT TAC AAC CAT CAC CAC CTG TAC 1351
      I   D   E   L   G   H   D   E   L   *

1352 AGA TTG AAG CCT CTG GTC ATG CGT TAA TGT TAG GAT TAG AAG CTT CAA TCT TAT AGG CCT GAG ATC TCG GCA GGC ATG GCA GTG TGC TGT 1441
1442 GTC CAG TGG ATT TCC AGG CTT TTG TGA CTA TGC CCT GTG TGG GTG GGT TAT GCA TCA CCA TAT TCA TCT TTA ATC ATC CTC ATC GCC ATA 1531
1532 GTG TAT GCA GCA CAA CCC TGT ATG TTT GTA CGA GCC ATA GGA GTG TAA ATG CCA ATA GAC CTA GAA TGG TTT GCA TCA TTG AGG TGT ATG 1621
1622 ATT GAC TGA TTT CCA ATA AAC AGA ATG TGG AAA AAA AAA AAA AAA AAA AAA AAA A                                              1676
```

图48 PtCRT基因cDNA全长及其编码的氨基酸序列

斜体字母表示起始密码子；星号表示终止密码子；虚线标出的是信号肽序列；方框内的是两个钙网蛋白家族保守序列；下划线表示钙网蛋白家族三个重复序列(位于206-218，223-235和240-252)；双下划线表示内质网滞留四肽序列HDEL；阴影表示多聚加尾信号AATAAA。

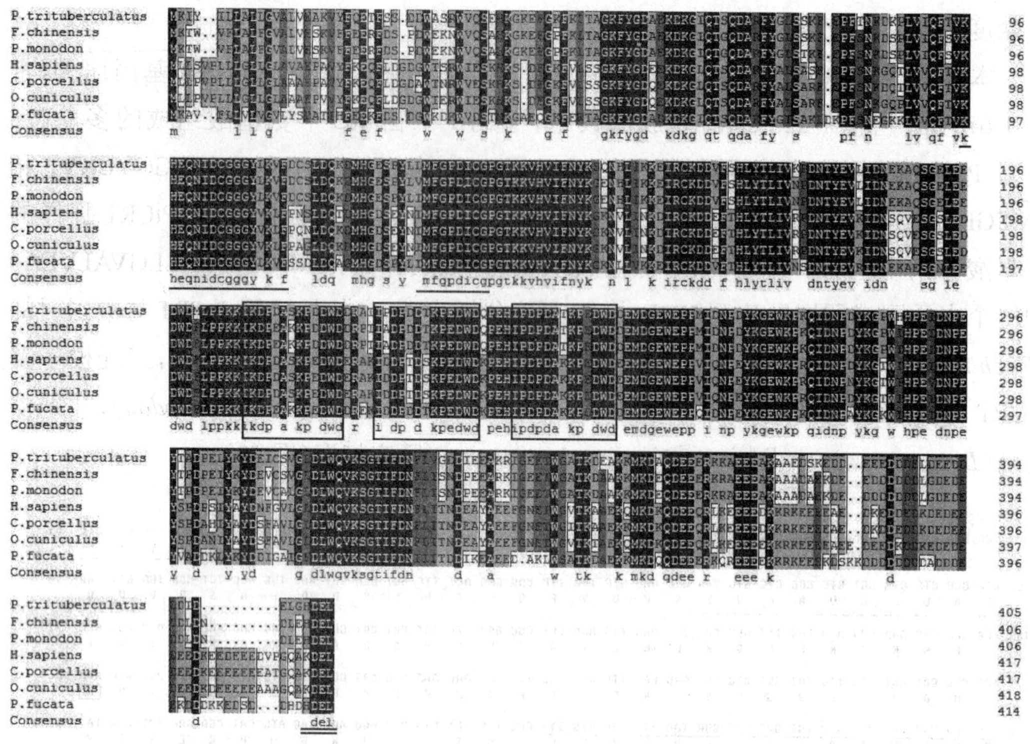

图 49 PtCRT 氨基酸序列与其他物种的 CRT 氨基酸序列比对

下划线表示两个保守的钙网蛋白家族标签；方框表示三个重复序列（位于206-218，223-235和240-252）；双下划线表示内质网滞留四肽序列 H（K）DEL；上述物种的氨基酸序列的 GeneBank 登录号：中国对虾（ABC50166），斑节对虾（ADO00927），马氏珠母贝（ABR68546），人类（BAD96780），荷兰猪（XP_003468401），家兔（NP_001075704）。

不同字母表示组间差异显著（$P<0.05$），相同字母表示组间差异不显著（$P>0.05$）。

三疣梭子蟹 PtCRT 基因的表达具有组织特异性，实时荧光定量 PCR 结果显示，PtCRT 基因在三疣梭子蟹鳃、肝胰腺、肌肉、眼柄、血细胞、心脏中均有表达（图 51）。其中，在肝胰腺中的表达量最高，其次为眼柄和鳃，肌肉和心脏中的表达量较低，而血细胞中仅有微量表达。CRT 的功能多样性是其组织分布多样性的一个重要原因，其功能涉及细胞免疫、Ca^{2+}稳态调节、信号转导、基因表达调节、细胞粘附和蛋白质加工等多个方面。本研究结果显示三疣梭子蟹 PtCRT 在肝胰腺中的表达量最高，这与 Kales 和 Liu 在虹鳟鱼（Kales S et al，2004）和斑点叉尾鮰（Liu et al，2011）中的研究结果一致。肝脏是离子代谢和贮存的重要器官，胞内钙离子的调节在其中进行，因此 PtCRT 基因在三疣梭子蟹的肝胰腺中表达量相对较高。

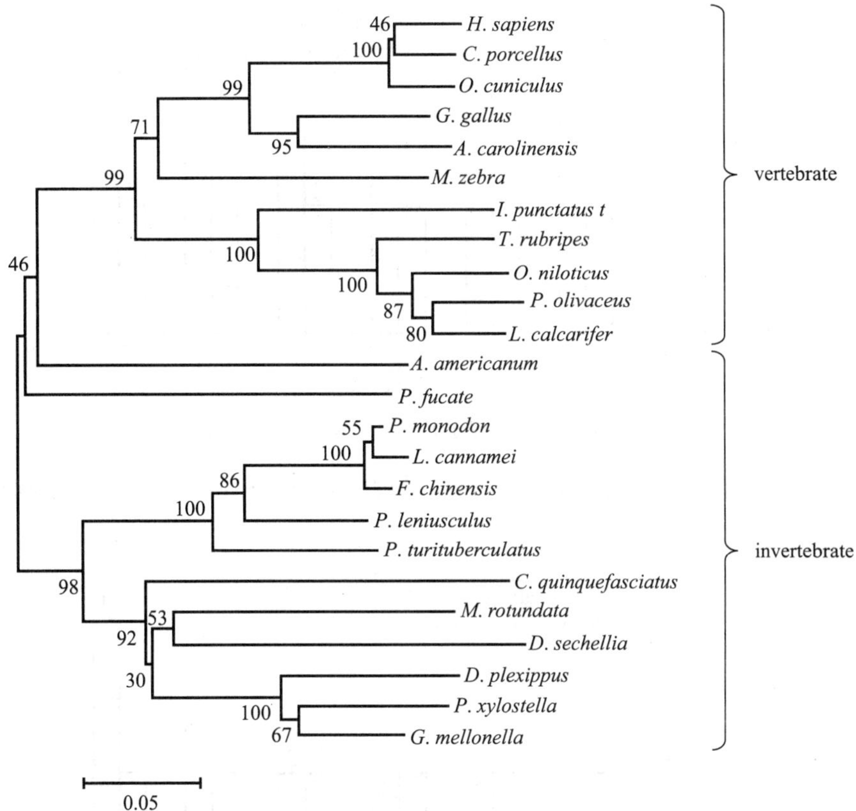

图 50 利用不同物种的氨基酸序列构建的系统进化树

分叉处数值表示 1 000 次重复抽样所得到的置信度;标尺长度代表每个位点发生 0.1 次置换。

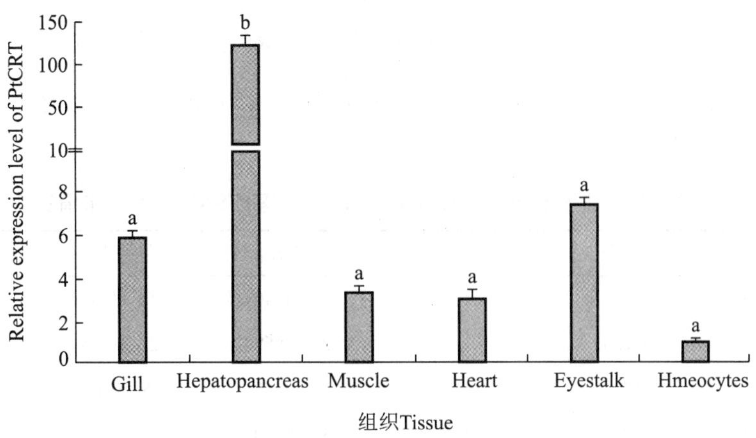

图 51 三疣梭子蟹不同组织中 PtCRT 基因的表达

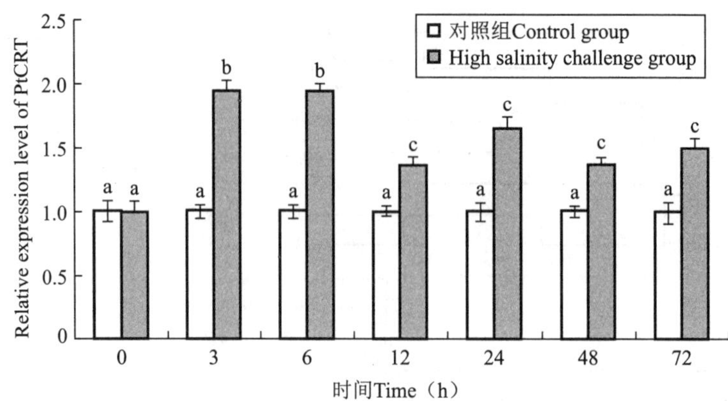

图 52　高盐胁迫下三疣梭子蟹鳃中 PtCRT 基因的表达情况

不同字母表示不同时间点之间差异显著($P<0.05$)，相同字母表示不同时间点之间差异不显著

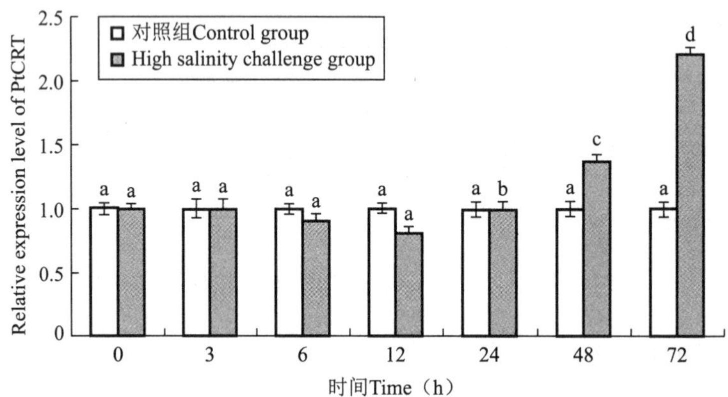

图 53　低盐胁迫下三疣梭子蟹鳃中 PtCRT 基因的表达情况

不同字母表示不同时间点之间差异显著($P<0.05$)，相同字母表示不同时间点之间差异不显著($P>0.05$)。

表 3　在低盐度敏感和耐受个体中 PtCRT 基因 SNP 位点分布情况

位点	区域	基因型	同义突变（Y/N）	敏感组 *N*（%）	耐受组 *N*（%）	X^2（P）
518 C/T	ORF	CT	Y	17（0.40）	15（0.33）	0.714（0.700）
		CC		22（0.52）	25（0.55）	
		TT		3（0.07）	5（0.11）	
563 A/T	ORF	AT	Y	32（0.80）	27（0.68）	2.696（0.260）
		AA		5（0.13）	5（0.13）	
		TT		3（0.08）	8（0.20）	
1199 C/T	ORF	CT	Y	3（0.07）	0（0.00）	2.759（0.097）
		CC		41（0.93）	39（1.00）	
1217 G/A	ORF	AG	Y	19（0.44）	16（0.36）	2.326（0.313）

续表

位点	区域	基因型	同义突变(Y/N)	敏感组 N(%)	耐受组 N(%)	X^2(P)
		GG		24(0.56)	26(0.59)	
		AA		0(0)	2(0.05)	
1269 G/A	ORF	GG	N	23(0.56)	14(0.35)	3.632(0.020)
		AG		18(0.44)	26(0.65)	
1394 C/T	ORF	TC	Y	18(0.43)	15(0.34)	2.404(0.301)
		CC		24(0.56)	27(0.61)	
		TT		0(0)	2(0.05)	

当 $P>0.05$ 时,SNP位点分布于低盐度耐受和敏感组关联不显著。

鳃是甲壳动物最重要的渗透压调节器官,也是甲壳动物与外界进行离子和气体交换的重要介质,因此本研究分析了盐度胁迫进程中PtCRT基因在鳃中的表达规律。本研究结果显示,高盐胁迫和低盐胁迫下,PtCRT在鳃组织中均呈上调表达趋势(图52、图53),这与Barman等(Barman H K et al,2012)在罗氏沼虾中的研究结果一致。盐度胁迫下,胞内游离钙离子浓度会增大,PtCRT基因上调表达以维持 Ca^{2+} 稳态。

SNP标记在构建遗传连锁图谱、关联分析、种群进化、亲缘关系鉴定和疾病的诊断等生物学研究中发挥了重要作用。本研究在PtCRT基因上共找到6个SNP位点,所有突变均位于开放阅读框区域。关联分析表明,1 269 G/A位点与低盐耐受性显著相关($P<0.05$)且发生了非同义突变(表3)。

3.4 三疣梭子蟹几丁质酶基因克隆鉴定及在低盐胁迫和蜕皮周期中的表达分析

甲壳类几丁质酶基因(Chitinase)属于18家族糖苷键水解酶多家族基因(Zhang et al,2014),其基本功能是可以特异降解几丁质。甲壳动物在蜕皮过程中必须通过Chitinase消化旧的几丁质外骨骼。因此,Chitinase是甲壳动物生长不可或缺的酶。除此之外,Chitinase在甲壳动物中还具有其他重要的生理功能,包括消化几丁质类食物以及参与免疫防御等(Zhang et al,2014;Arakane et al,2010)。相比昆虫而言(Arakane et al,2010;Zhu et al,2008;Zhang et al,2011),由于缺少基因组背景,甲壳类Chitinase研究开展较晚,然而由于其重要性,近几年已成研究热点。目前在中国对虾(*Fenneropenaeus chinensis*)、凡纳滨对虾(*Litopenaeus vannamei*)、脊尾白虾(*Exopalaemon carinicauda*)、日本仿长额虾(*Pandalopsis japonica*)以及日本沼虾(*Macrobrachium nipponense*)中均已开展Chitinase基因克隆、分类及功能研究。研究表明:甲壳类几丁质酶基因至少分六类(陈少波等,2004),可能在甲壳类蜕皮及消化中发挥重要作用(Huang et al,2010;Proespraiwong et al,2010;Zhang et al,2010;Rocha et al,2012;Zhang et al,2014)。通过筛选本实验室构建的三疣梭子蟹高通量转录组文库，发掘到一个三疣梭子蟹 Chitinase 基因，命名为 PtCht，通过聚类分析发现其不属于任何一个已知甲壳类 Chitinase 分类，反而与昆虫 Chitinase 基因聚为一类，且该基因在不同盐度胁迫下三疣梭子蟹鳃组织中显著差异表达(Lv et al, 2013)，暗示其参与三疣梭子蟹盐度适应过程。对其进行深入研究将丰富甲壳类 Chitinase 研究内容，为进一步研究甲壳类 Chitinase 的功能提供了重要信息。

以三疣梭子蟹鳃、肝胰腺和肌肉组织的总 RNA 混合物为模板，反转录得到 3′ RACE 和 5′RACE 的 cDNA 第一链。以特异引物分别与通用引物 UPM 配对，进行 3′ 和 5′RACE 扩增，分别获得大小为 857 bp 和 630 bp 的 cDNA 片段。将两片段与已知表达序列标签(EST)拼接，得到三疣梭子蟹几丁质酶 Chitinase 基因 cDNA 全长序列，命名为 PtCht, GenBank 登录号：KM100753。该基因 cDNA 序列全长为 3 694 bp，其中，开放阅读框(ORF) 3 039 bp，5′ 端非编码区 (5′UTR) 200bp，3′ 非编码区(3′UTR) 455bp，3′ 端存在加尾信号 AATTAAA 和多聚腺苷酸 Poly A 尾(图 54)。

氨基酸序列分析可知，PtCht 基因编码一个由 1 012 个氨基酸组成的蛋白质，相对分子质量为 113.4×10^3，理论等电点为 6.289。氨基酸组成分析表明，PtCht 蛋白带有负电的氨基酸残基为 127 个(Asp 和 Glu)，带有正电的氨基酸残基为 116 个(Arg 和 Lys)，疏水性氨基酸残基为 316 个(Ala, Ile, Leu, Phe, Trp 和 Val)，极性氨基酸残基为 253 个 (Asn, Cys, Gln, Ser, Thr 和 Tyr)，不稳定系数为 36.25，亲水性总平均数为 −0.458，属于稳定蛋白。结构域分析表明，其 N 端含有 21 个氨基酸组成的信号肽，InterProScan 软件分析表明，PtCht 序列存在两个几丁质酶第 18 家族活性位点 228FDGLDLDWE236，664FDGLDIDWE672。在 113-457 氨基酸和 549-894 氨基酸处分别存在两个几丁质酶第 18 家族催化结构域，在 946-1004 氨基酸处存在含 6-Cys 的 Type-2 几丁质结合结构域 (ChtBD2)。

1 AA CAG CGG GCC CCG GGT AGA GCT GTG GCG GTG GCA GTA AGT GTG GTG TGA GGT TCC CCG CTG TCT CTC TCT CTC TGT CTC ACT CGC GCG 89
90 CGC CGT CTC GAG CAA ACG AAA CCA CCT GCG CCT GGA CTT TGA GTG GTG AGA AGA GGA GGG TTC TGA CTC CCT ACT GGT GCT TCA ACC CGC 179
180 CCT CCC TCC CTT CAC GAC ACA ATG AGG CTA CGC TGG ATA CTG CTG GGG GTT GTG TTG CTG GCC GCT CTC ACC ACA TCC CTA GAG CAA CGC 269
M R L R W I L L G V V L L A A L T T S L E Q R
270 GGA ACT TCG AGA TTC AGA GGC AGA CTA AGG GCA GGA CAG GCG ACG TCA GCT TCC GTT CAG ACT GAA ACG GCA GTG AAC GCG GTG GGG CGA 359
G T S R F R G R L R A G Q A T S A S V Q T E T A V N A V G R
360 AGG CGA CTG GCG ACG GGA ACC TCA ACG AAC ACT GTG AGC AGG AGA AGG CAG AGC GGC GGC ACC TCC AGG AAC AGA GTA AGG GTA CGC CCT 449
R R L A T G T S T N T V S R R R Q S G G T S R N R V R V R P
450 CGC ATC AAC TTG GCA GCG GGA AGA AGA AGA GAC GAT GAT GAC AAC GGC AAT GGC AAC GAT AAT GGC AAA TCC GGA GAC TCA GAC TAC AAG 539
R I N L A A G R R R D D D D N G N G N D N G K S G D S D Y K
540 GTC GTT TGC TAC TAC ACC AAC TGG TCG CAA TAC AGA CAG AAG ATC GGC AAG TTC CTC CCA GAG CAC ATC GAC CCC TTC ATT TGC AGC CAC 629
V V C Y Y T N W S Q Y R Q K I G K F L P E H I D P F I C S H
630 ATC ATC TAC GCC TTC GGG TGG ATG AAG AAG GGC AGG CTC TCC TCC TTC GAA GCT AAC GAC GAA ACT AAA GAC GGC AAG ACT GGA TTT TAC 719
I I Y A F G W M K K G R L S S F E A N D E T K D G K T G F Y
720 GAG CAA GTG AAT GGA CTC AAG AAG CAG AAC CCC AAG TTA AAG GTT CTT CTC GCC CTT GGT GGA TGG TCC TTT GGT ACC AAG AAA TTC AAG 809
E Q V N G L K K Q N P K L K V L L A L G G W S F G T K K F K
810 GAC ATG TCA GCC ACG AGA TAC ACG AGG CAG ACC TTC ATC TTC AGC GCC ATT CCC TTC CTG CGA GAA CAC GAC TTT GAT GGT CTT GAT CTT 899
D M S A T R Y T R Q T F I F S A I P F L R E H D F D G L D L
900 GAC TGG GAG TAC CCG AAA GGA AAC ATC GAT AAG GCT AAC TTC GTC CTG CTC CTG AAG GAA CTG TAC GAG GCT TTC GAG GCA GAG GCG AAA 989
D W E Y P K G N I D K A N F V L L L K E L Y E A F E A E A K
990 GAA ACA GGA AAC CCC CGA CTG CTC CTT ACT GCT GCT GTT CCT GTC GGT CCT GAT AAT ATT AAG GGA GGA TAT GAT GTG CCA GCT GTC TCC 1079
E T G N P R L L L T A A V P V G P D N I K G G Y D V P A V S
1080 AGG TAC CTC GAC TTC ATC AAC GTC ATG GCC TAC GAT TTC CAT GGC AAG TGG GAG AAC ACA GTC GGC CAC AAT GCC CCG GTG CAT GCC CCC 1169
R Y L D F I N V M A Y D F H G K W E N T V G H N A P V H A P
1170 TCT GAG GAC AGC GAG TGG AGG AAG CAG CTC TCT GTC GAT CAC GCA TCC AAC CTG TGG GCC AAG CTG GGA GCA CCA AAG GAG AAG CTG ATC 1259
S E D S E W R K Q L S V D H A S N L W A K L G A P K E K L I
1260 ATC GGC ATG CCA ACC TAC GGC CGC ACC TTC ACT CTC TCC AAC CCA GCA CGC AAC TCG GTC AAC TCC CCA GCC AGC GGT GGA GGC GAG GCA 1349
I G M P T Y G R T F T L S N P A R N S V N S P A S G G G E A
1350 GGG AAG TAC ACA GGC GAG GAA GGA TTC ATG GCA TAC TAT GAG GTA TGT GAG CAC CTA CGG ACT GGA GGT GAG TAC ATC TGG CAC GAG GAG 1439
G K Y T G E E G F M A Y Y E V C E H L R T G G E Y I W H E E
1440 ATG CAG GTG CCG TAC ATG GTG AAG GGC AAG CTC TGG GTT GGC TTT GAT GAC GAG CGC GCC ATT CGG AAC AAG ATG AAC TGG CTC AAG AAG 1529
M Q V P Y M V K G K L W V G F D D E R A I R N K M N W L K K
1530 GGA GGA TTT GGA GGC GCA ATG GTC TGG ACG GTG GAC ATG GAC GAC TTT ACC GGT GAA GTC TGC GGT GGT GGT GTC AAG TAC CCT CTC ATC 1619
G G F G G A M V W T V D M D D F T G E V C G G G V K Y P L I
1620 GGT ATC ATG ACA GAG GAG CTG CTG GGA AGA CCA CGA GGA GGC AAG GAT GTG GAC TGG GCA GCG GTG ACC AAG ACC TCC ATT GCG AGA CCC 1709
G I M T E E L L G R P R G G K D V D W A A V T K T S I A R P
1710 ACT ACC CTG CCA CCA CCC ATC TCT GTT AAC CCC ATG GAG GTG ATC CGG GAG TAC CAA GCC ACT CTA AAG CAA CAG CAG ATC AGC TCA CGT 1799
T T L P P P I S V N P M E V I R E Y Q A T L K Q Q Q I S S R
1800 ATT GAC ATC ATT GAC ATC TTA CCT GAA CTG CCA AAG GAT GCC CCT AAG GTA ATG TGC TAC TTC ACC TCA TGG TCT GTC AAG AGG CCT GGC 1889
I D I I D I L P E L P K D A P K V M C Y F T S W S V K R P G
1890 GCT GGA AGG TTC GAG GTG GAA AGT ATC GAT CCC TTC CTC TGC ACC CAT GTT ATC TAT GCC TTT GGT GGG ATG GAT AAC TAC CGC CTG GCT 1979
A G R F E V E S I D P F L C T H V I Y A F G G M D N Y R L A
1980 CCG GGT CAC CCC TCT GAT GTT GGC GAC GGA TTC AAG GAC GGA ACT TAC ACT CGC CTC ATG AAG CTC AAG GAA AAG AAC CCG AAT CTC AAG 2069
P G H P S D V G D G F K D G T Y T R L M K L K E K N P N L K
2070 ATC CTG TTG GCC CTC GGT GGA TGG TCT TTT GGA TCC AAG CCT TTC CAG GAC CTT GTT TCA AGC CAG TAC AGA ATG AAC GGC TTT GTG TAC 2159
I L L A L G G W S F G S K P F Q D L V S S Q Y R M N G F V Y
2160 GAC TCC CTG GAA TTC CTT CGC ACT CAT GAG TTT GAT GGA CTG GAC ATT GAC TGG GAG TAC CCA AGA GGA CCA GAC GAC AAG GCA AAC TAT 2249
D S L E F L R T H E F D G L D I D W E Y P R G P D D K A N Y
2250 GTG AAT CTT CTC AAG GAA CTT CGT ATT GCC TTT GAA GGA GAG GCA TCA TCC ACT GGC CAT TCC CGT CTC CTC CTC TCT GCC GCT GTA CCT 2339
V N L L K E L R I A F E G E A S S T G H S R L L L S A A V P
2340 GCC TCC TTT GAA GCT CTG GCT GCT GGC TAT GAT GTG CCA GAG ATC AGC AAG TAC CTG GAC TAC ATC AAC GTC ATG TCC TAC GAT TTC CAT 2429
A S F E A L A A G Y D V P E I S K Y L D Y I N V M S Y D F H
2430 GGC ATG TGG GAC AAC GTG GTG GGA CAC AAC TCT CCC CTG CTG CCC CTC GAG ACA GCC TCC TCC TAC CAG AAG AAG CTG ACC ATG GAC TAC 2519
G M W D N V V G H N S P L L P L E T A S S Y Q K K L T M D Y
2520 AGT GTC AAG GAG TGG ATG AAA CAG GGG GCA CCA GCA CAG AAG ATC ATG GTC GGA ATG CCA ATG TAC GGT CGC TCC TTC ACC CTC AAG AAC 2609
S V K E W M K Q G A P A Q K I M V G M P M Y G R S F T L K N
2610 ACC ACA CAG TTT GAC ATT GGA GCT GAG GTG ATG GGA GGT GGA CAT GCT GGC CGG TAC ACG CAG GAG GAG GGA TTC ATG GCT TAC TAT GAG 2699
T T Q F D I G A E V M G G G H A G R Y T Q E E G F M A Y Y E
2700 GTG TGT GAC TTC CTG TAC GAG GAG AAC ACT ACG CTG GTG TGG GAC AAC GAG CAG CAG GTT CCC TTC GCC TAC AAT GGG GAT CAG TGG ATC 2789
V C D F L Y E E N T T L V W D N E Q Q V P F A Y N G D Q W I
2790 GGC TTT GAT GAT GAG CGC TCT CTT GGT GTT AAG GGT GAC TGG CTC AAG ACG AAG GGT CTG GGT GGA GTG ATG ATC TGG AGT GTT GAC ATG 2879
G F D D E R S L G V K G D W L K T K G L G G V M I W S V D M
2880 GAT GAC TTC CGA GGC AAC TGT GGC ACT GGC AAG TAC CCG CTG CTT GCC TCA CTC AAT GAA ATG ATT TCC AAC TAC TCT GTG GCA CTC ACC 2969
D D F R G N C G T G K Y P L L A S L N E M I S N Y S V A L T
2970 TAT GAG GGC CCC TAT GAG AAC ACT GGC ACT CTG CAT GGA ACC AGT GCC AAG AAG GAC CCC AAT GTG ATT TCC TGC GAC GAG GCG GAC GGA 3059
Y E G P Y E N T G T L H G T S A K K D P N V I S C D E A D G
3060 CAC ATC AGC TAC TAT GAA GAC AAG CAG GAC TGC ACA CGT TAT TTC ATG TGT GAG GGG GAG AGG AAG CAC CAC ATG CCC TGC CCT GTC AAC 3149
H I S Y Y E D K Q D C T R Y F M C E G E R K H H M P C P V N
3150 CTG GTG TTC AAT GCG GCC CAG AGC GTG TGT GAC TGG CCT GAG AAT GTC CCT GGG TGT GAG ACG GCC ATT TCC AAC CCT GCA GCG CGG TGA 3239
L V F N A A Q S V C D W P E N V P G C E T A I S N P A A R *
3240 ACA GAT TCA AAC ACT GAT TCT TTT TAG CTT TTA ATG TGA AAT TTC TCT ATC GGA TTT TTT TTC TCT GGT TGG TTT TGT TTT TTT GAT GTG 3329
3330 AAT TGC AAA CTT TTA AGG TCT TCT ATA TAT GAG AAT GTT TGT TTT CTT TTG GTT TTG ATG ATT TTT TTG TAT ATA TTT ACA AAT TAT TAG 3419
3420 TTT TGT TAT TGT TAT TTT ATT ATT TTT AGA TGT GAT AGG TAA AGT ACG GAA GAA AAT TAT TAT TAT TAT TTT TTT TTT TAT TCA TTT ACG 3509
3510 AAT GAG GAA AGG ATC TGA TCG AGA GAA AAA AAA ACA AGA AAA GAT CAT TGT CAT TTA CTT CAC AAG ATC AGA TAA GGC GTT GAA ATA TCG 3599
3600 TCT TTT ATT TAT CTG TAT TTC ATT TAT CGT TAT ATC CTT TAT CAT ATA TAA TTA AAC GTA TAA CAA ATG CTA AAA AAA AAA AAA AAA AAA 3689
3690 AAA AA 3694

图 54 三疣梭子蟹 PtCht 基因 cDNA 全长
核苷酸序列及其推导出的氨基酸序列

起始密码子(ATG)、加尾信号(AATTAAA)和终止密码子(TGA)用细线方框标出;粗线方框内为几丁质酶第 18 家族保守基序;信号肽以细下划线标出;Cht BD2 结构域用粗下划线标出。

BLAST同源性分析三疣梭子蟹PtCht的氨基酸序列，得知三疣梭子蟹PtCht基因与亚洲玉米螟（*Ostrinia furnacalis*）Cht的同源性最高，为74%。与其他物种如翅膀带黑白斑的果蝇（*Drosophila grimshawi*）、冈比亚按蚊（*Anopheles gambia str.*）、嗜凤梨果蝇（*Drosophila ananassae*）、黑翅果蝇（*Drosophila persimilis*）和甜菜夜蛾（*Spodoptera exigua*）的同源性分别为67%、73%、72%、72%和72%。通过与亚洲玉米螟（*Ostrinia furnacalis*）、小菜蛾（*Plutella xylostella*）和家蚕（*Bombyx mori*）等动物的Cht氨基酸序列比对发现，几丁质酶第18家族的催化结构域保守基序MotifⅠ、Ⅱ、Ⅲ、Ⅳ和含6个Cys的几丁质结合结构域ChtBD2在几个物种中都存在（图55）。

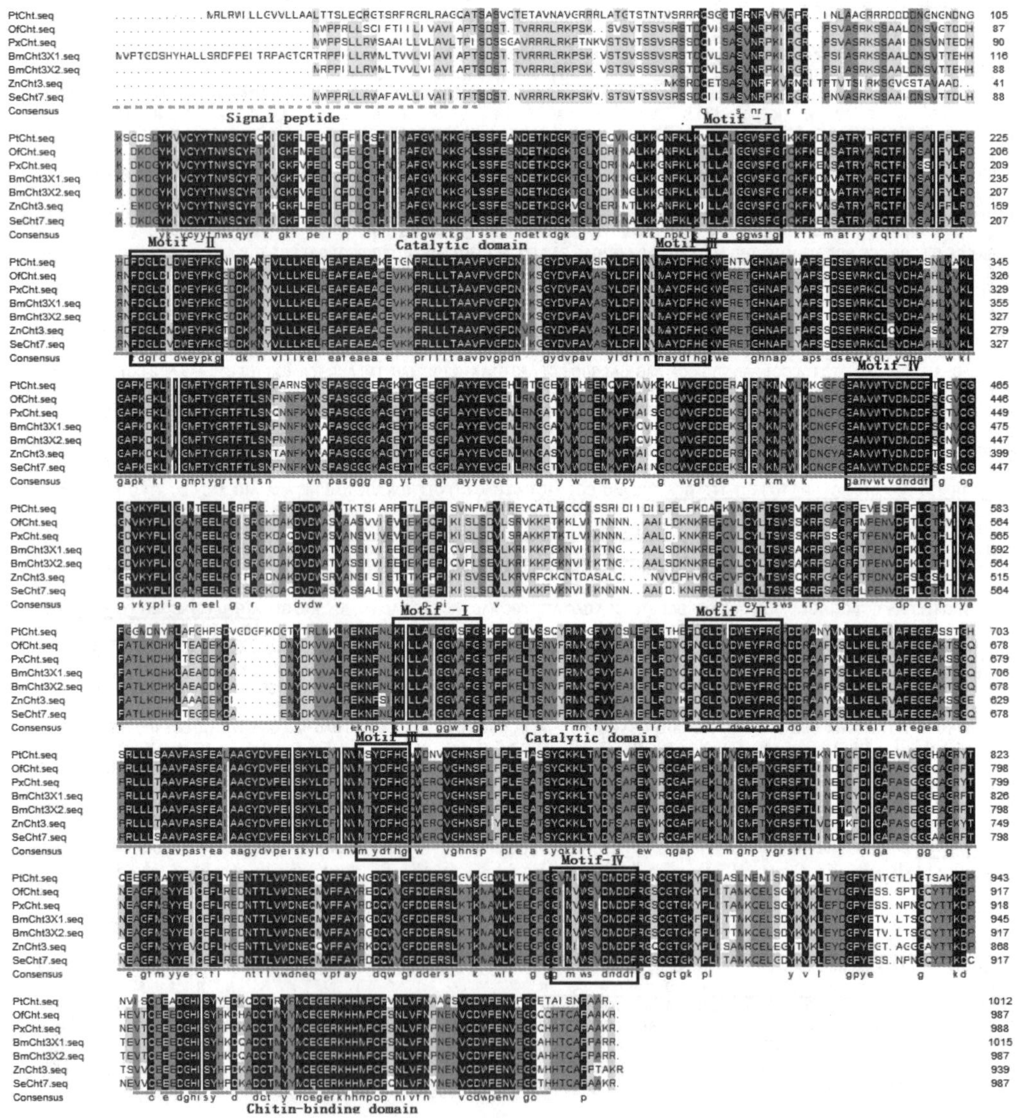

图55 三疣梭子蟹PtCht氨基酸序列的多序列比对

几丁质酶第18家族保守基序以方框表示，催化结构域以下划线标出，信号肽和几丁质结合结构域分别以不同的虚线标出利用 MEGA 5.0 软件进行系统进化分析表明，第 18 家族Ⅲ型几丁质酶主要聚为两大类群：昆虫类和甲壳动物，三疣梭子蟹与昆虫类黑腹果蝇（*Drosophila melanogaster*）、冈比亚按蚊（*Anopheles gambia str.*）紧密聚为一支，之后的聚类顺序依次为与赤拟谷盗（*Tribolium castaneum*）、亚洲玉米螟（*Ostrinia furnacalis*）、小菜蛾（*Plutella xylostella*）和甜菜夜蛾（*Spodoptera exigua*）等（图 56）。

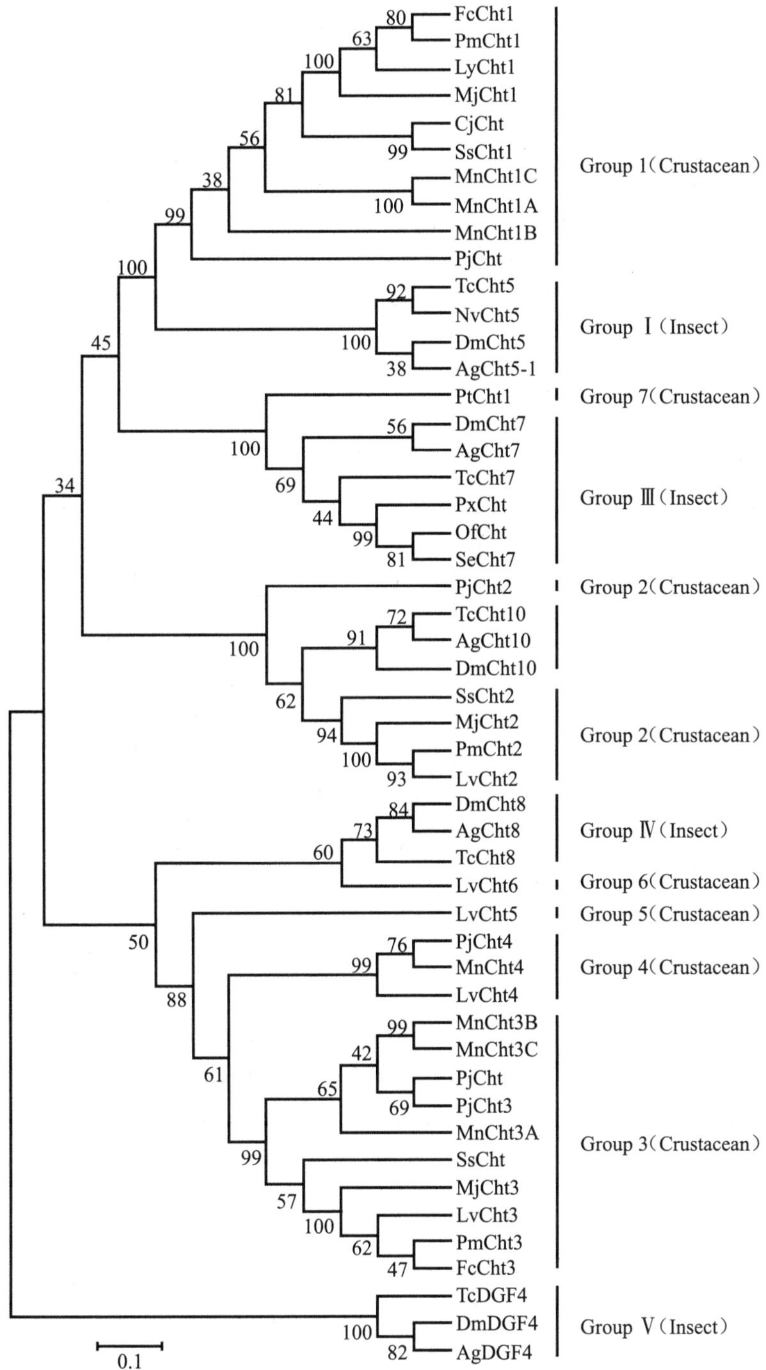

图 56 三疣梭子蟹几丁质酶蛋白 PtCht 的系统进化树

本实验组织表达分布结果表明(图 57),PtCht 基因在所研究组织中均有表达,在表皮和眼柄中表达量较高,说明该基因的主要功能很可能与三疣梭子蟹蜕皮相关。与间期相比,在表皮中,前期 PtCht 基因的相对表达量出现显著下调,后期 PtCht 基因的相对表达量出现显著上调,表达量达到最大(图 58);与间期相比,在眼柄中,发现 PtCht 在蜕皮前期表达上调,到后期表达量达到最大(图 59),表明几丁质酶 mRNA 的表达可能受到了蜕皮激素的调节而参与蜕皮过程。这与昆虫第十八家族几丁质酶 group Ⅰ基因的时空表达特性基本一致,东亚飞蝗(*Locusta migratoria*) LmCht1 也是在表皮中特异表达,并在昆虫发育后期表达量越来越高;东亚飞蝗 LmCht6 在表皮中表达量也较高,随着昆虫发育表达量越来越高,到成虫阶段,表达量降低;RNAi 结果表明 LmCht6 在东亚飞蝗蜕皮过程中发挥着非常重要的作用(李大琪等,2011)。作为昆虫Ⅲ型几丁质酶成员赤拟谷盗 TcCht7 和黑腹果蝇 DmCht7 可能在组织分化中起作用(Ren et al,2005),纯化的壁虱Ⅲ型几丁质酶存在于新旧表皮之间,在蜕皮生理中发挥着一定的作用(You et al,2003)。

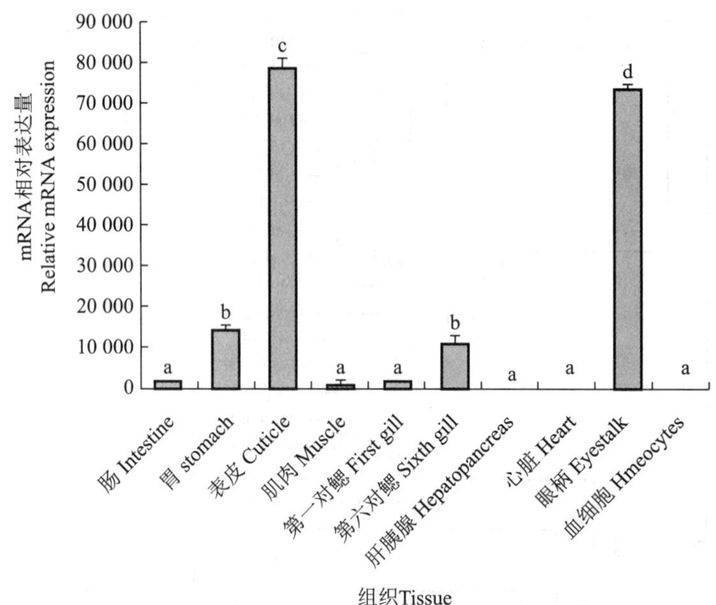

图 57 三疣梭子蟹 PtCht 基因在不同组织中的表达分布

不同组织表达量均以与血细胞相比较的倍数表示,不同英文字母表示差异显著($P<0.05$)。

盐度变化可以开启甲壳动物个体本身的渗透压调节机制,在一定阈值内,盐度的下降会导致甲壳动物蜕皮发育周期的缩短、蜕皮率增高,从而促进甲壳动物的生长(杨其彬等,2008;王冲等,2010;Bray et al,1994;Mu et al,2005)。鳃又是三疣梭子蟹的重要器官,可以在水中进行气体交换,调节渗透压和调节离子平衡(韩晓琳等,2014)。比较本实验室转录组研究结果发现,该基因在不同盐度胁迫下三疣梭子蟹鳃中表达具有显著差异(Lv et al,2013),这些结果均暗示第六对鳃可能参与三疣梭子蟹渗透压调节进程。低盐胁迫下 PtCht 基因的表达在第六对鳃中总体呈先下调后稍微回升再下调到最低，再回升最后又下调的表达规律(图 59)，在肝胰腺中呈现先下调后回升再下调的表达规律(图 60)。表明 PtCht 基因参与了三疣梭子蟹低盐胁迫应答，在其渗透压调节进程中起到了一定的作用，提高了三疣梭子蟹抵抗盐度胁迫的能力，但是其具体的调节机制还有待于进一步的探索。

三疣梭子蟹不同蜕皮周期中 PtCht 基因在表皮和眼柄中的相对表达量如图 58 所示。与间期相比，在表皮中，前期 PtCht 基因的相对表达量出现显著下调，后期 PtCht 基因的相对表达量出现显著上调；与间期相比，在眼柄中，前期和后期 PtCht 基因的相对表达量呈整体上调趋势。

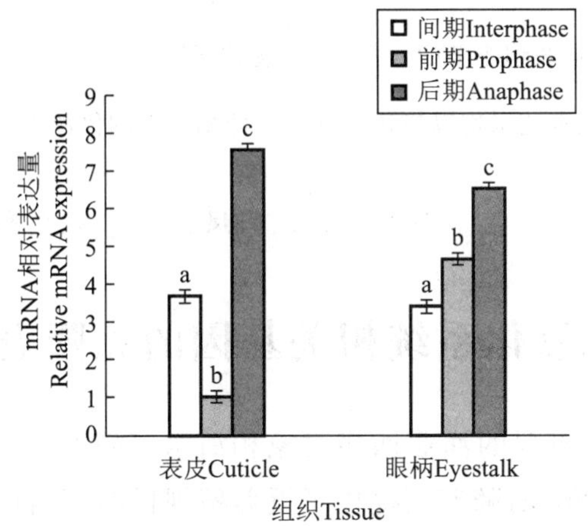

图 58 不同蜕皮周期三疣梭子蟹表皮和眼柄中 PtCht 基因的表达情况

不同组织各蜕皮周期表达量均以与表皮前期相比较的倍数表示，同组织不同英文字母表示差异显著($P<0.05$)。

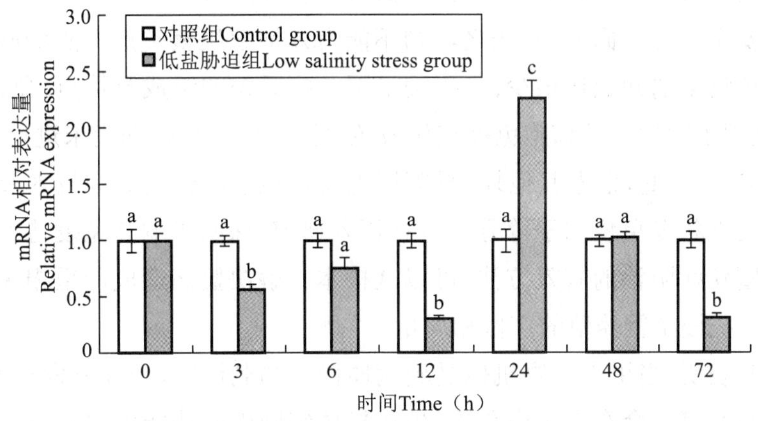

图 59 低盐胁迫下三疣梭子蟹第六对鳃中 PtCht 基因的表达情况

低盐胁迫后不同时间点表达量均以与各时间点对照相比较的倍数表示，不同英文字母表示差异显著($P<0.05$)。

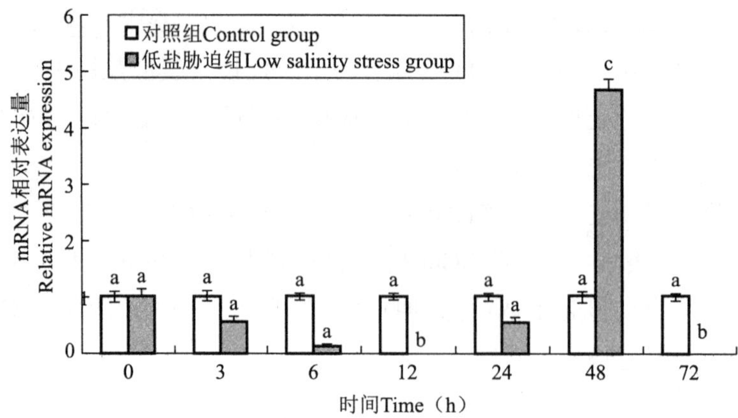

图 60　低盐胁迫下 PtCht 基因在三疣梭子蟹肝胰腺中的表达变化

低盐胁迫后不同时间点表达量均以与各时间点对照相比较的倍数表示，不同英文字母表示差异显著（$P<0.05$）。

（作者：王渝，张凤，吕建建，刘萍，高保全，李健，陈萍）

4. 三疣梭子蟹抗氧化系统相关基因的克隆表达分析

三疣梭子蟹是我国重要的渔业捕捞对象和海水养殖对象（戴爱云等，1986），养殖规模逐渐增加。但是近年来，随着三疣梭子蟹养殖规模的不断扩大、种质资源的破坏、养殖环境的污染等问题严重损害了其免疫防御系统，导致虾、蟹类自身的免疫抗病力下降，对病害的易感性增加，疾病频繁发生，例如白斑病毒（WSSV）和溶藻弧菌（*Vibrio parahaemolyticus*）均可以引起梭子蟹的急性感染，导致大量发病及死亡。虽然抗生素和其他化学药物可用来防治蟹类的急性感染，但从使用抗生素等药物的安全性、抗药性以及食品安全性等方面考虑，兼之药物不能有效地解决蟹类疾病防治问题，然迄今三疣梭子蟹免疫学的知识还很少；三疣梭子蟹免疫系统的组成及特点、免疫因子的产生规律、免疫因子的性质及细胞免疫和体液免疫防病的作用机理尚未进行研究（Lee & Söderhäll，2002）。因此，根据其他虾、蟹等甲壳动物免疫特性的研究技术及方法，对三疣梭子蟹免疫性状及免疫因子等方面进行深入研究，探明影响其免疫特性的因素，寻找三疣梭子蟹疾病防治的有效方法，可以从根本上解决蟹病造成严重损失的问题，进而提高我国三疣梭子蟹养殖的产量和质量。

目前研究表明，当甲壳动物机体受到病原微生物刺激时，呼吸爆发和其他免疫中产生的大量活性氧也会在细胞内积累，破坏机体细胞内的功能蛋白分子、不饱和脂肪酸分子和核酸等，对细胞造成严重的伤害。Mohankumar 等（2006）研究指出，印度明对虾（*F. indicus*）在感染 WSSV 后，血淋巴、肝胰脏、鳃和肌肉等组织中磷酸酯酶（包括 Na KATP 酶、Ca ATP 酶、Mg ATP 酶等）活性明显降低，这可能是由于呼吸爆发产生的 ROS 破坏了磷酸酯酶的巯基（-SH）所致；这些组织中的转氨酶（包括丙氨酸转氨酶和天冬氨酸转氨酶)活性显著上升,推测其原因可能是由于脂膜的过氧化导致转氨酶泄漏所引起。同时,与对照相比,WSSV 感染后的对虾线粒体内酶的活性也显著降低。另外,Mohankumar 等(2006)还研究了印度明对虾感染 WSSV 0 h、24 h、48 h、72 h 后对虾细胞内抗氧化酶活性的变化。结果发现,感染后的不同时间里,在对照组和 WSSV 感染组对虾的血细胞、肝胰脏、鳃、肌肉等组织中,脂质过氧化水平、超氧化物歧化酶活性、过氧化氢酶活性、谷胱甘肽过氧化物酶活性以及非酶抗氧化剂谷胱甘肽巯基转移酶、还原型谷胱甘肽、谷胱甘肽还原酶的活性有显著性差异。与未感染的对照组相比,感染组对虾超氧化物歧化酶、过氧化氢酶、谷胱甘肽巯基转移酶、还原型谷胱甘肽、谷胱甘肽还原酶的活性呈极显著的下降,在 WSSV 感染对虾体内由于活性氧等自由基造成的氧化压力使其抗氧化清除系统过度损耗,从而导致细胞内脂质过氧化水平上升。本研究克隆了三疣梭子蟹 cMnSOD、ecCuZnSOD、CAT、Prx 等抗氧化系统相关的基因,完成了基因序列分析、组织表达及病原感染后的表达情况,为研究抗氧化系统在疾病防控中的作用提供了理论依据。

实验所用三疣梭子蟹(体重 140～160 g)购于青岛日照三疣梭子蟹养殖场,运回实验室后在 200 L PVC 桶中充气暂养 10 天,使其适应实验室内养殖环境。将溶藻弧菌配置成 2×10^8 cell/mL 浓度梯度。从每只三疣梭子蟹第三对步足基部注射 300 μL 作为感染组;对照组注射等体积无菌生理盐水,在梭子蟹注射感染后 0 h、1.5 h、3 h、6 h、12 h、24 h、48 h、72 h 和 96 h 分别取蟹 5 只,取血淋巴、肝胰腺等组织用于 RNA 提取用于实验。

4.1 cMnSOD 基因克隆及表达特征分析

SOD 是生物体内一种重要的抗氧化酶类,它几乎存在于各种需氧生物中。根据 SOD 结合的金属离子的不同,可将 SOD 分为 FeSOD、MnSOD、Cu/ZnSOD、NiSOD 和 Fe/ZnSOD 五种。十足目甲壳动物体内只含有 MnSOD 和 Cu/ZnSOD,根据亚细胞定位的不同,MnSOD 又可以分为两类,一类是存在于线粒体中的 MnSOD,称为线粒体 MnSOD (mMnSOD),另一类是存在于胞质中的 MnSOD,称为胞质 MnSOD (cMnSOD)(Brouwer et al, 2003)。

本研究通过 RACE 方法克隆了三疣梭子蟹这 cMnSOD 基因 cDNA 全长,进一步利用定量 PCR 方法对它们在三疣梭子蟹正常组织的分布情况和溶藻弧菌感染后在血细胞和肝胰脏中的表达变化分别进行了研究。

4.1.1 cMnSOD 基因克隆及序列分析

三疣梭子蟹 cDNA 全长为 1 106 bp,其中开放阅读框为 861 个碱基,编码 286 个氨基酸;cDNA 全长中还包含 5′ 非编码区(5′-UTR)的 18 个碱基、3′ 非编码区(3′-UTR)的 167 个碱基及终止密码子 TGA 和加尾信号 AATAAA。由于该基因编码的 MnSOD 是胞质型,即合成多肽后仍驻留在细胞质中,所以其氨基酸序列中不像 mMnSOD 那样含有信号肽。该基因所编码蛋白的推导相对分子质量为 31 475.76,理论等电点为 6.33。

该基因 Genbank 注册号为 FJ031018。

4.1.2 cMnSOD 基因表达特征分析

采用定量 RT-PCR 方法分析了 cMnSOD 基因在三疣梭子蟹不同组织中的表达情况(图 61)。从图中可以看出,cMnSOD 基因在血细胞、肝胰脏、鳃、心脏、卵巢和肌肉中转录水平均较高。

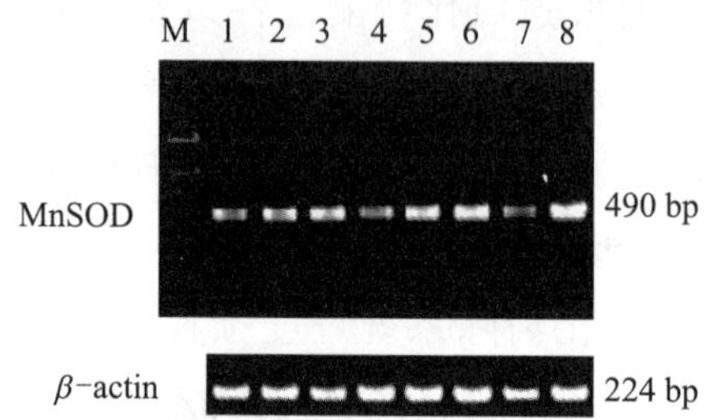

图 61 RT-PCR 检测三疣梭子蟹不同组织中 cMnSOD 基因的表达情况。
1. 血细胞;2. 肝胰腺;3. 鳃;4. 心脏;5 卵巢;6. 肌肉;7. 胃;8. 肠

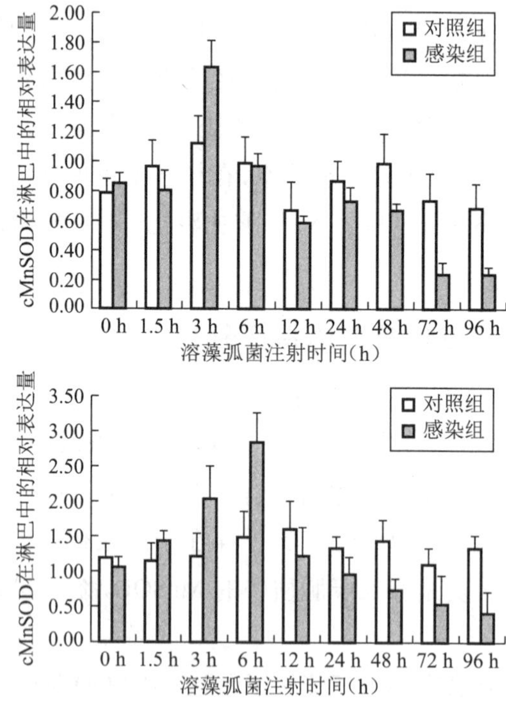

图 62 MnSOD 基因在 *V. alginolyticus* 感染组和对照组三疣梭子蟹血细胞、肝胰腺内的表达变化

在溶藻弧菌感染后三疣梭子蟹血细胞内 cMnSOD mRNA 的表达变化如图 63 所示。在感染后的前 3h 里,感染组和对照组 cMnSOD 的转录均呈上升趋势,在感染 6 h 达到最高水平,且试验组与对照组差异显著($P<0.05$);感染后 6 h～12 h,感染组和对照组 mMnSOD 的转录呈下降状态,在感染 12 h 达到最低水平。对照组基本保持在正常水平;而感染组 mMnSOD 的表达量从 6 h 后一直下降。在感染后 72 h、96 h 感染组 cMnSOD 表达量的显著性低于对照组($P<0.05$)。感染组和对照组 mMnSOD 表达量

显著性差异($P<0.05$)主要出现在感染后的 3 h、72 h 和 96 h。

溶藻弧菌感染后三疣梭子蟹肝胰脏内 cMnSOD mRNA 的表达变化如图 62 所示，从图中可以看出，在感染后 1.5 h，与对照组比较，感染组 cMnSOD 的转录水平显著升高($P<0.05$)，从感染 3 h 后，随着感染时间的延长，感染组 cMnSOD 的转录水平呈逐渐下降的趋势，到感染后 72 h 和 96 h 时，cMnSOD 的转录降低到了很低的水平。感染组和对照组 mMnSOD 表达量的显著性差异($P<0.05$)主要出现在感染后的 1.5 h、3 h、24 h、72 h 和 96 h。

4.2 ecCuZnSOD 基因克隆及表达特征分析

CuZnSOD 作为最广泛的 SOD 酶，引起了人们的充分重视。目前国内已经开发的 SOD 基本上都是来自于动物血红细胞或肝脏 CuZnSOD。生物体内有两种 CuZnSOD，一种是胞质 CuZnSOD，不具有信号肽结构，另一种是胞质外 CuZnSOD，在 N 末端具有信号肽结构，两种 SOD 分别由两种基因编码，在活性区有一定的保守性。其中胞质外 CuZnSOD 是最后一种被发现的 SOD，胞质外 CuZnSOD 主要存在于组织的间隙液，如淋巴、滑液、血浆里。大多数哺乳动物的胞质外 CuZnSOD 是分泌型的含 Cu 和 Zn 的糖蛋白，由 4 个同一相对分子质量约 34×10^3 的亚基组成(大鼠除外)。胞质外 CuZnSOD 蛋白质的中心部分就是其发挥功能的活性部分。活性部分与细胞质中的 CuZnSOD 具有高度的同源一致性，但不同的是：CuZnSOD 是二聚体，胞质外 CuZnSOD 是四聚体，由二硫键连接的二聚体 2 个相互作用组成。胞质外 CuZnSOD 的表达具有种属和组织特异性，在人类成纤维细胞、胶质细胞和平滑肌细胞可以分泌，然而上皮细胞和内皮细胞则不能。最近，胞质外 CuZnSOD 在人类细胞的细胞核里被发现，可能起到保护基因组 DNA 免受 ROS 氧化的作用，同时，也可以起到调节 ROS 所参与的基因转录调控。有研究表明人的胞质外 CuZnSOD 的活性与 CuZnSOD 和 MnSOD 相当，甚至要超过它们(Sandstrom et al, 1994)。另外，由于超氧阴离子与 NO 的反应能影响 NO 信号通路，胞质外 CuZnSOD 被证明在 NO 信号通路中是一种非常重要的调控因子。本研究的目的是通过克隆三疣梭子蟹血淋巴中胞质外 CuZnSOD 基因进行序列分析，进一步利用 RT-PCR 方法对它们在三疣梭子蟹正常组织中的分布情况和病原感染后在血细胞和肝胰腺中的表达变化分别进行了研究。

4.2.1 ecCuZnSOD 基因克隆及序列分析

三疣梭子蟹 ecCuZnSOD cDNA 全长 965 bp，其中开放阅读框为 459 个碱基，编码 153 个氨基酸，其中 5′ 非编码区(5′- UTR)包括 120 个碱基，3′ 非编码区(3′-UTR)包含 206 个碱基，3′ 末端包含有加尾信号 ATTTA。用 signal P 软件分析发现在 N 端包含 31 个氨基酸的信号肽。三疣梭子蟹 ecCuZnSOD 的推导相对分子质量为 77.4×10^3，理论等电点为 6.19。多序列比对发现三疣梭子蟹 ecCuZnSOD 的推导氨基酸序列与其他无脊椎动物的 ecCuZnSOD 具有共同保守区域包括铜锌结合位点(His-84, -86, -101, and

-160，His-101，-109，-118，and Asp-121)和两个半胱氨酸结合位点。

比对来自低等生物和脊椎动物胞质的 Cu/ZnSOD 氨基酸序列可以发现，三疣梭子蟹和其他真核生物一样，具有胞质外 CuZnSOD（ecCuZnSOD）。本研究中克隆到了三疣梭子蟹 ecCuZnSOD cDNA 全长，蛋白全长 153 个氨基酸，其中 N 端含有 31 个氨基酸的信号肽，是把蛋白导向线粒体所必需的(Fukuhara et al，2002)。多序列比对结果得出，三疣梭子蟹 ecCuZnSOD 铜锌的结合位点在比对的 CuZnSOD 中都是保守的，两个半胱氨酸形成的二硫键，这些保守的序列对 ecCuZnSOD 的功能核结构来说是必不可少的。结构对其蛋白功能的发挥，以及在恶劣条件下蛋白结构的稳定是至关重要的(Ni et al，2007)。ecCuZnSOD 是分泌型蛋白，含有糖基结合位点，可以在蛋白从胞质转移到胞外或其他细胞器时发挥重要作用。

4.2.2 ecCuZnSOD 基因表达特征分析

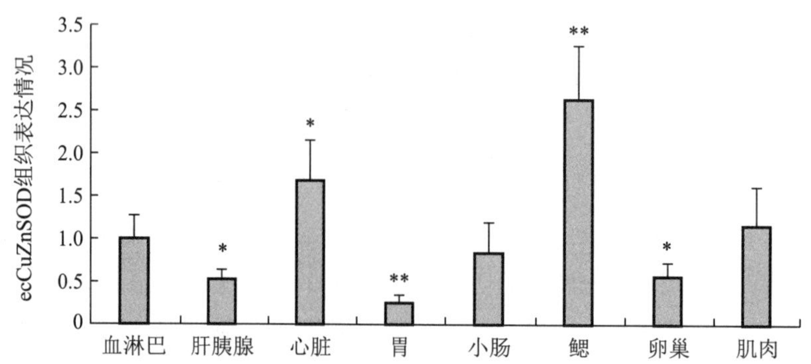

图 63 Real-time PCR 检测三疣梭子蟹不同组织中 ecCuZnSOD 基因的表达情况
组织包括：血细胞、肝胰腺、眼柄、鳃、肌肉、卵巢、小肠。

用 Real-time PCR 方法分析了 ecCuZnSOD 基因在健康三疣梭子蟹不同组织中的表达情况(图 63)。结果发现，ecCuZnSOD 基因 mRNA 在所检测的各个组织中均有表达，而且在鳃中的表达水平较高，在血淋巴、肝胰腺、眼柄、肌肉、卵巢、小肠中的表达水平相对较弱。

用 Real-time PCR 方法分析了溶藻弧菌感染三疣梭子蟹后 ecCuZnSOD 基因在三疣梭子蟹血细胞中的表达变化(图 64)。在感染后前 1.5 h，感染组和对照组 ecCuZnSOD 的转录水平均呈下降趋势，然后在感染后 3 h 均迅速升高到最高水平，感染 6 h 开始，感染组 ecCuZnSOD 的转录水平呈连续下降趋势，且在感染 96 h 低于对照组。而对照组在从感染 6 h 开始基本保持正常水平。整个感染过程感染组和对照组的显著性差异主要出现在感染的前期，即感染后的 3 h、6 h 和 24 h。

同时，也用 Real-time PCR 方法分析了三疣梭子蟹感染溶藻弧菌后 ecCuZnSOD 基因在肝胰脏中的表达变化(图 64)。从图中可以看出，与 0 h 相比，在感染后前 6 h 里，感染组和对照组 ecCuZnSOD 的转录水平均呈上升的趋势，且感染组在感染 6 h 达到最高水平，随后感染组 ecCuZnSOD 的转录水平显著下降后又呈现稍微上升趋势后，感染 72 h 开始转录水平又开始下降，且在感染 96 h 时显著低于对照组。而对照组在整个感染阶段，ecCuZnSOD 的 mRNA 水平基本保持正常水平。整个感染实验过程中，除了感染后 6 h 和 96 h，其余各时间点，感染组和对照组 ecCuZnSOD 的表达量均未出现显著性差异。

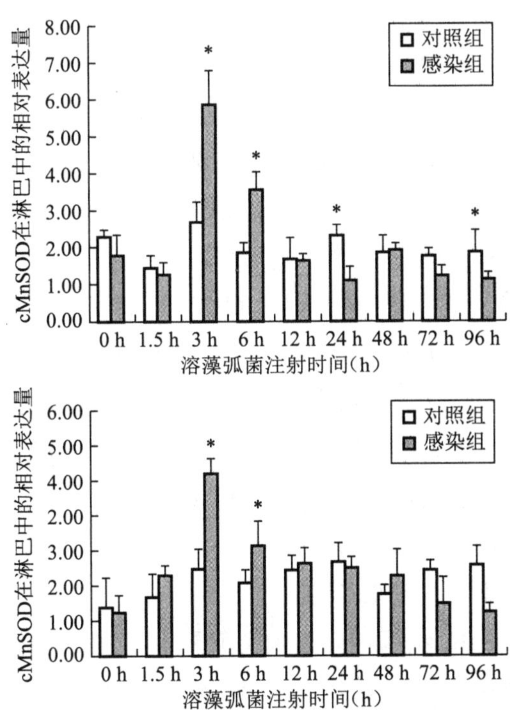

图 64 ecCuSOD 基因在 WSSV 对照组和感染组三疣梭子蟹血细胞、肝胰腺内的表达变化

用荧光定量 PCR 分析了三疣梭子蟹 ecCuZnSOD 基因在组织中的分布和表达情况。EcCuZnSOD 在所有研究的各种组织中均有表达，其中在鳃中表达量最高。这表明 ecCuZnSOD 在三疣梭子蟹中是一种广泛表达的蛋白，在脊椎动物中，ecCuZnSOD 在各种细胞中被发现也有广泛的分布(Crapo et al, 1992)。这一结果与锯缘青蟹 CuZnSOD 和中国对虾 MnSOD 在组织中的分布情况比较相似(Lin et al, 2008; Zhang et al, 2007)，说明甲壳动物 ecCuZnSOD 与 MnSOD 发挥功能的部位比较相似。不过在锯缘青蟹 ecCuZnSOD 组织表达中发现血淋巴和心脏中的表达量最高，而三疣梭子蟹 EcCuZnSOD 在鳃中表达量比较高，表明三疣梭子蟹鳃在黏膜防御系统中发挥重要的作用。因为鳃是甲壳动物呼吸的器官，对水中的细菌和有毒物质起到过滤作用，是抵御细菌和毒性物质进入机体的第一道屏障。

4.3 CAT 基因克隆及表达特征分析

过氧化氢酶作为生物体内重要的抗氧化酶类，具有非常重要的生理功能，其中最为主要的作用是参与活性氧代谢过程。在生物体内，过氧化氢酶能够迅速分解 H_2O_2，降低体内 H_2O_2 的浓度，使 H_2O_2 不至于大量积累与 O_2*- 反应生成破坏性更强的羟基自由基(OH*)，从而保护细胞免受活性氧的损伤。在病原刺激或环境胁迫等条件下，生物体内就会发生氧爆发(Oxidative burst)现象，导致活性氧骤增，从而破坏细胞内的各种结构和功能分子，使细胞膜产生过氧化，细胞结构和功能受到损伤。过氧化氢酶与超氧化物歧化酶、其他过氧化物酶共同组成了生物体内活性氧防御系统，负责O_2*-、H_2O_2等活性氧分子的清除及阻止或减少具有更强氧化能力氧自由基(如OH*、HOCl等)的形成(Bugge et al，2007)。

目前有关甲壳动物CAT的研究非常少，而关于CAT在甲壳动物免疫系统中的作用的研究几乎还是空白。Tavares-Sanchez等(2004)克隆了一个凡纳滨对虾的CAT基因，分析了其序列特征和结构特点，并在mRNA水平上对该基因的组织分布进行了研究。最近Zhang等(2008)克隆了中国对虾CAT基因，研究了感染WSSV后CAT在血淋巴和肝胰腺组织中的表达变化情况，提示CAT可能参与对虾抵御病原的免疫反应。而关于三疣梭子蟹过氧化氢酶方面的研究还未见报道，为弄清CAT基因在三疣梭子蟹受到病原刺激后的表达变化，了解它在三疣梭子蟹免疫防御中的作用，本研究利用其他虾类CAT的保守功能域设计简并引物，克隆到了三疣梭子蟹CAT基因的cDNA全长，对该基因在三疣梭子蟹体内的组织分布以及该基因在细菌感染三疣梭子蟹血细胞和肝胰脏中的表达特征进行了研究。

4.3.1 CAT基因克隆及序列分析

三疣梭子蟹CAT基因的cDNA全长1 513 bp，其中开放阅读框为1 407 bp，编码468个氨基酸。cDNA全长中还包含5′非编码区(5′-UTR)的54 bp、3′非编码区(3′-UTR)的50 bp及终止密码子TGA和加尾信号AATAAA。该基因所编码蛋白的推导相对分子质量为53 516.31，理论等电点为6.183。该基因Genbank注册号为FJ152102。

人们对CAT的研究多集中在细菌、植物、昆虫和高等动物中。目前有关甲壳动物CAT的研究非常少，而关于CAT在甲壳动物免疫系统中的作用的研究几乎还是空白。最近有研究发现，对虾感染WSSV后，其体内包括过氧化氢酶在内的多种抗氧化酶类的活性会发生变化(Mohankumar et al，2006；Mathew et al，2007)，这提示CAT可能参与对虾抵御病原的免疫反应。同时张庆利等(2007)获得了中国对虾CAT基因的cDNA全长的部分序列。对该基因片段及其推导氨基酸序列进行了分析和功能验证。本研究依据中国对虾及其他物种CAT保守核酸和氨基酸序列设计简并引物，克隆了三疣梭子蟹CAT基因的cDNA全长，分析了氨基酸序列，与其他物种CAT核酸和氨基酸序列高度同源，通过研究推测三疣梭子蟹体内也具有其他物种CAT的类似功能。

4.3.2 CAT基因的表达分析

用Real-time PCR方法分析了CAT基因在健康三疣梭子蟹不同组织中的表达情况(图65)。结果发现，CAT基因mRNA在所检测的各个组织中均有表达。

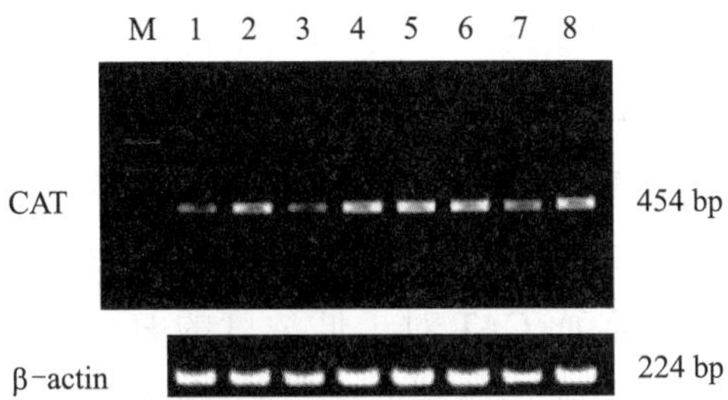

图 65 Real-time PCR 检测三疣梭子蟹不同组织中 ecCuZnSOD 基因的表达情况
组织包括：血细胞、肝胰腺、眼柄、鳃、肌肉、卵巢、小肠。

溶藻弧菌感染后三疣梭子蟹血细胞内 CAT mRNA 的表达变化如图 66 所示，从图中可以看出，在感染后 1.5 h 至 12 h，感染组血淋巴中 CAT 的表达量显著高于对照组（$P<0.05$），且在 3 h 感染组的表达量最高；在感染的 24 h 至 48 h，感染组 CAT 的转录水平相对于 0 h 明显下降，且低于对照组（$P<0.05$）。对照组 CAT mRNA 的表达量在 12 h 显著下降（$P<0.05$），在其他时间点没有显著变化（$P>0.05$）。感染组和对照组 CAT 表达的显著性差异表现在感染后 3 h 和 6 h。

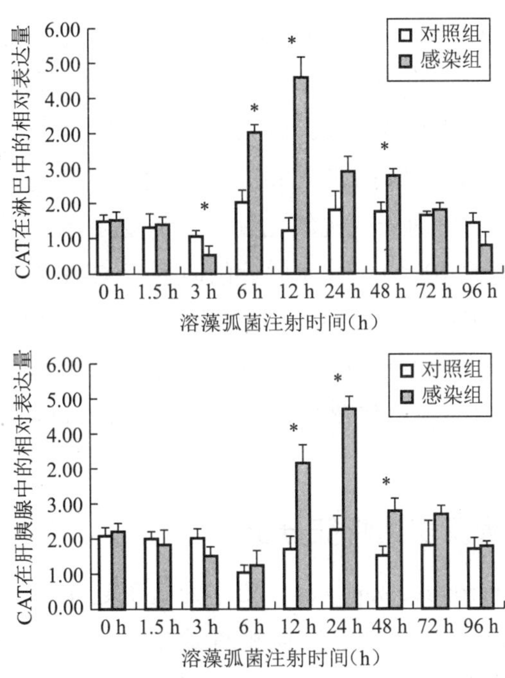

图 66 CAT 基因在 *V. alginolyticus* 感染组和对照组三疣梭子蟹血细胞、肝胰腺内的表达变化

溶藻弧菌感染后三疣梭子蟹肝胰腺中 CAT mRNA 的表达变化如图 66 所示，从图中可以看出，在感染后 1.5 h 至 12 h，感染组和对照组肝胰腺中 CAT 的表达量呈现下降的趋势，感染组从感染后 6 h 开始呈现上升的趋势，且在感染后 12 h 达到显著上升。然后维持与对照组相似的水平。对照组 CAT mRNA 的表达量在 6 h 达到较低的水平，在其他时间点没有显著变化（$P>0.05$），且感染组和对照组 CAT 表达的显著性差异表现在感染后 12 h。

三疣梭子蟹感染溶藻弧菌后的开始阶段，血细胞 CAT 基因在感染组和对照组中的转录均呈下降的趋势。CAT 基因表达水平的下降可能是由于机体感染早期的免疫反应影响了细胞内的正常代谢而引起的；而这段时间里 CAT 基因并未像 CuZnSOD 基因那样上调表达，推测其原因可能是，三疣梭子蟹注射溶藻弧菌的早期阶段，血细胞内产生的 H_2O_2 浓度不是太高，而 CAT 对于低浓度的 H_2O_2 又不敏感(Aebi，1984；Kang et al，2005)，大部分被其他过氧化物酶清除了，所以机体并未大量转录 CAT 基因。感染后 6 h 和 12 h，感染组 CAT 基因的表达大幅度上调，CAT 基因的转录水平达到 0 h 的 2～3 倍，而这段时间里，对照组 CAT 基因的转录只是略有上升。很明显，感染组和对照组 CAT 基因这种转录变化的差异是由于溶藻弧菌感染引起的。在我们的感染实验中，感染组三疣梭子蟹注射的是活的溶藻弧菌，随着感染时间的延长，溶藻弧菌会在感染三疣梭子蟹体内繁殖生成更多病菌，大量病原菌对三疣梭子蟹机体的刺激会使三疣梭子蟹细胞内产生更高水平的 ROS，所以机体就启动 CAT 基因的转录来应对细胞内的氧化压力，从而导致血细胞内 CAT 基因表达量的大幅度升高。在感染组中，随着感染时间的延长，三疣梭子蟹体内病原菌侵染会加剧，而机体产生的 ROS 对血细胞的破坏也会更严重，血细胞正常代谢功能的紊乱，最终会导致血细胞中 CAT 基因的转录下降；而对照组中，因为没有活性 WSSV 的连续刺激，所以其 CAT 基因的转录会逐渐恢复到正常水平。张庆利等(2008)研究了中国对虾感染 WSSV 后体内 CAT 基因的变化发现，感染 14 h 至 23 h 后 CAT 的 mRNA 表达水平升高。Mathew 等(2007)研究了斑节对虾感染 WSSV 后体内一些抗氧化酶活性的变化，结果发现，感染后 24 h，血细胞内 CAT 的活性显著升高($P < 0.05$)，而此后的时间里 CAT 的活性又明显下降。对虾感染 WSSV 后血细胞内 CAT 活性的变化趋势与我们感染实验中 CAT 基因的转录趋势基本一致，这说明感染 WSSV 后，可能是通过大幅度提高血细胞内 CAT 基因的转录，合成更多的 CAT，来调控细胞内氧化还原反应动态平衡，进而在杀灭病毒、抵御感染的免疫反应中起作用。

4.4 Prx 基因克隆及表达特征分析

过氧化物还原酶(peroxiredoxin，Prx)，又称为硫氧还蛋白过氧化物酶(thioredoxin peroxidase，TPx)，是广泛存在于原核生物和真核生物体内的一类抗氧化蛋白酶，它的主要功能是清除机体内的过氧化氢，调节由过氧化氢介导的信号转导(Rhee et al，2005；Kim et al，1988)。人们已经从果蝇、伊蚊、蟋蟀、家蚕和蜜蜂等昆虫中克隆到了 Prx 基因(Radyuk et al，2001；Whitfield et al，2002；Kim et al，2005)。Radyuk 等(2003)研究发现体外重组表达的果蝇三种 2-Cys Prx 都能在 DTT 存在的条件下还原过氧化氢。Lee 等(2005)从家蚕中克隆了 Prx 基因，发现家蚕在受到病毒感染或温度胁迫时，其体内 Prx 基因的表达量升高，同时还证实给家蚕注射 H_2O_2 也能诱导该基因的表达。Kim 等(2005)克隆了蟋蟀的 Prx 基因，发现当给蟋蟀注射 H_2O_2 或蟋蟀蟀受到温度胁迫时，其体内 Prx 基因 mRNA 的转录水平升高。这些研究表明，Prx 在昆虫消除由病原侵染或温度胁迫引发的氧化压力中起着十分重要的作用。甲壳动物中关于 Prx 的报道还很少，张庆利等(2007)克隆了中国明对虾 Prx 基因并研究了其在对虾受到弧菌刺激后的转录调控(Robalino et al，2007)，而关于蟹类这方面的研究还未见报道，本研究从三疣梭子蟹血细胞中克隆了 Prx 基因，并研究了该基因在溶藻弧菌感染后在三疣梭子蟹免疫反应中的作用，这为进一步探明该基因在甲壳动物免疫系统中的地位和作用，为该基因在甲壳动物疾病防治中的应用奠定了基础。

4.4.1 Prx 基因克隆及序列分析

三疣梭子蟹 Prx 基因的 cDNA 全长为 1 306 个碱基，其中开放阅读框为 597 个碱基，编码 198 个氨基酸(图 4.55)；cDNA 全长中还包含 5′ 非编码区(5′-UTR)的 54 个碱基、3′ 非编码区(3′-UTR)的 654 个碱基及终止密码子 TGA 和加尾信号 AATAAA。该基因 Genbank 注册号为 FJ174664。

Prx 属于过氧化物酶家族，其主要功能就是清除机体中的过氧化氢，保护机体免受活性氧的伤害。与其他过氧化物酶如谷胱甘肽过氧化物酶(Gpx)、过氧化氢酶(CAT)相比，Prx 具有很多特点(Kang et al，2005)：第一，它们是生物体内含量非常丰富的蛋白，在很多生物细胞里 Prx 能占到可溶性蛋白的 0.1%～1.0%。第二，它们在生物细胞内分布相当广泛，细胞质、线粒体、过氧化物酶体、叶绿体、内质网和细胞核等部位都有 Prx 的存在。第三，Prx 分三类，其中含有两个半胱氨酸的类型对 H_2O_2 有很高的亲和性，也就是说它们在 H_2O_2 浓度较低时就能与之发生反应。最近的研究发现，由于 Prx 对 H_2O_2 的敏感度非常高，当细胞内 H_2O_2 浓度达到一定水平，过氧化氢酶和谷胱甘肽过氧化物酶的活性还没有显现时，Prx 就能起到消除 H_2O_2 的作用(Low et al，2007)，而当细胞内 H_2O_2 浓度过高时，部分过氧化物还原酶又能转变成十聚体，作为分子伴侣保护其他功能蛋白(Jang et al，2004，2006；Chuang et al，2006)。当机体处于由病原感染引起的氧化压力下时，过氧化物还原酶能发挥其消除过量 H_2O_2、调节 H_2O_2 浓度和保护机体的作用。

4.4.2 Prx 基因的表达分析

采用半定量 RT-PCR 方法分析了 Prx 基因在三疣梭子蟹不同组织中的表达情况(图 67)。从图中可以看到 Prx 基因在血细胞、心脏、鳃和卵巢有表达，且在血细胞中转录水平较低，而在肝胰脏、眼柄、肌肉和小肠中没有表达。Lee 等(2005)研究发现，家蚕 Prx 基因在所检测的各个组织中都有表达；Dong 等(2007)在研究河豚鱼 Prx 时也发现，其 mRNA 分布于各个组织当中。笔者通过 Northern 杂交检测了 Prx mRNA 在对虾体内各个组织的分布情况，结果显示，Prx 在对虾的肝胰脏、血细胞、淋巴器官、肠、卵巢、肌肉和鳃中都有表达。这些研究都证明，Prx 在生物体内各组织中分布广泛。

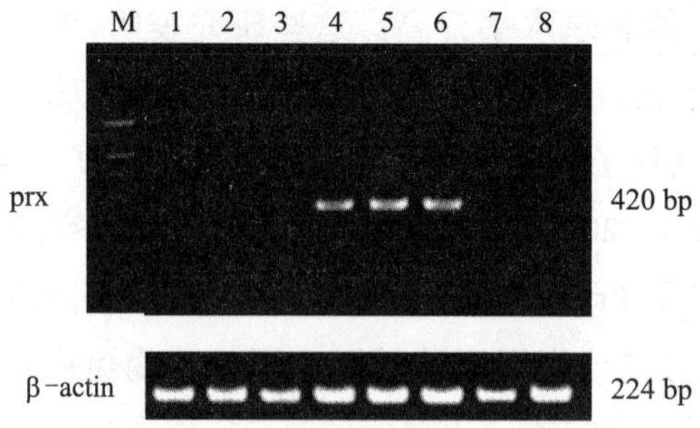

图 67 RT-PCR 检测三疣梭子蟹不同组织中 Prx 基因的表达情况
1. 血细胞；2. 肝胰腺；3. 眼柄；4. 心脏；5. 鳃；6. 卵巢；7. 肌肉；8. 小肠

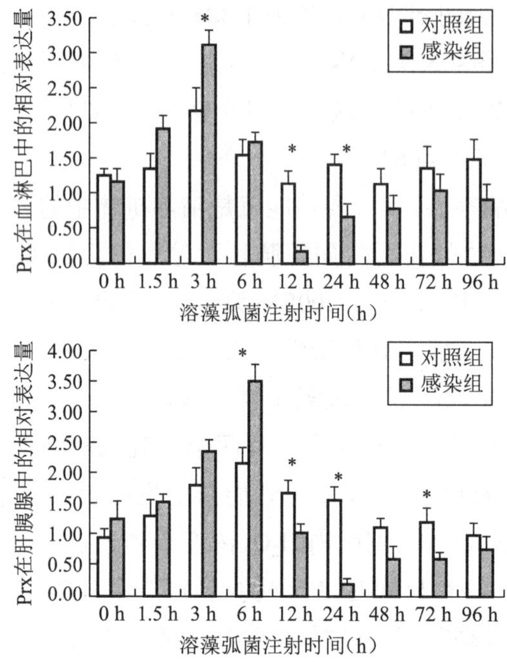

图 68 Prx 基因在 *V. alginolyticus* 感染组和对照组三疣梭子蟹血细胞、肝胰腺内的表达变化

溶藻弧菌感染后，三疣梭子蟹血细胞内 Prx mRNA 的表达变化如图 68 所示。从图中可以看出，在感染后 1.5 h 时，感染组 Prx 的转录水平明显升高，感染 3 h 后，感染组转录水平显著降低，并在 6 h 时降到了最低水平，此时该基因的转录水平相当于 0 h 的 1/2 左右；从感染 24 h，感染组 Prx 的转录水平开始上升，并在感染后 48 h 达到最高水平，约为正常水平的 2 倍；感染 96 h 时，感染组 Prx 转录仍保持在很高的水平；对照组在这段时间里，Prx 的转录变化不大，基本维持在正常水平。感染组和对照组 Prx 表达量的显著性差异($P<0.05$)主要出现在感染后的 6 h 和 48 h。

溶藻弧菌感染后三疣梭子蟹肝胰腺中 Prx mRNA 的表达变化如图 68 所示。从图中可以看出，在感染后 1.5 h 时，感染组 Prx 的转录水平开始升高，到感染后 6 h 升高到最高水平，然后感染组转录水平逐渐降低，并在 48 h 时又显著升高，随后随着感染时间的延长逐渐下降并低于对照组水平。对照组在这段时间里，Prx 的转录变化不大，基本维持在正常水平。感染组和对照组 Prx 表达量的显著性差异($P<0.05$)主要出现

在感染后的 6 h、48 h 和 96 h。

在弧菌感染实验中，Prx 基因在肝胰腺中的表达模式和它在血细胞中的表达模式比较类似，但又存在差异。感染组 Prx 基因在肝胰脏中的表达趋势与它在血细胞中的表达趋势总体上比较相近，但肝胰腺 Prx 的表达第一次高峰出现在感染后 6 h，要落后于血淋巴的 3 h，在感染后 12 h 肝胰腺 Prx 的转录水平达到了正常水平，比这段时间里感染组血细胞中 Prx 基因的表达变化相对平稳许多，造成这种现象的原因可能与对虾血细胞的吞噬作用及 Prx 本身的特点有关。三疣梭子蟹感染弧菌后，血细胞在吞噬过程中会产生大量活性氧对病原进行杀灭，这些活性氧中包括 H_2O_2，在感染较长时间（6 h）后，血细胞内这些 H_2O_2 的浓度可能会升高，目前已经证实，当细胞内 H_2O_2 浓度较高时，部分 Prx 就形成没有过氧化物酶活性的环状十聚体，作为分子伴侣保护其他功能蛋白分子（Lehtonen et al，2005；Jang et al，2006），所以，为了保证对病原进行有效杀灭的同时又防止活性氧对自身的损伤，血细胞就需要保持 Prx 基因转录的相对稳定以维持细胞内一定量的 Prx。

上述的研究表明，病原刺激后，三疣梭子蟹血细胞和肝胰脏内 Prx 基因 mRNA 的表达均出现明显的上调。我们推测是溶藻弧菌感染后三疣梭子蟹免疫反应中产生了包括 H_2O_2 在内的大量活性氧，为了应对这种氧化压力，三疣梭子蟹血细胞和肝胰脏 Prx 基因才出现上调表达。结果进一步表明，该基因编码的 Prx 蛋白具有过氧化物酶活性，其 mRNA 可被病原刺激诱导表达。其他物种中 Prx 的研究结果证明，Prx 在生物体内的诱导表达与其过氧化物酶活性和分子伴侣功能密切相关，Prx 通过诱导表达参与机体应对病原刺激的免疫反应，因此甲壳动物 Prx 在其免疫系统中也具有类似作用。但其具体作用机制与其他物种中是否相同，还有待于进一步的研究和探索。

（作者：陈萍，李健，刘萍，李吉涛，高保全）

5. 三疣梭子蟹酚氧化酶原系统相关基因的克隆与表达特征分析

在无脊椎动物中，酚氧化酶一般以无活性的酶原形式——酚氧化酶原（*Prophenoloxidase*，proPO）存在，无活性的 proPO 在丝氨酸蛋白酶作用下转变成具有活性的 PO。血细胞以脱颗粒的方式释放 proPO 到血淋巴中，随后无活性的 proPO 被酚氧化酶原激活酶（prophenoloxidase activating enzyme/prophenoloxidase-activating proteinase，PPA/PAP）激活转变成有活性的酚氧化酶（PO）。在 PO 的催化下，酚被氧化成醌，再经一系列生化反应，最终形成黑色素。黑色素能够隔离病原体，避免它们与宿主接触，从而达到免疫效果，黑色素常常在节肢动物的体表形成黑色斑点，形成的色素沉着对机体起到保护作用。酚氧化酶原激活的级联反应是节肢动物免疫的关键因素。果蝇的 PPO 储存在晶体细胞内，它的释放需要 N 端激酶、小 GTPas 和一种果蝇的肿瘤坏死因子（Eiger）（Bidla et al，2007）。酚氧化酶原激活系统（prophenoloxidaseactivated system, proPO-AS)是由 proPO、PO、丝氨酸蛋白酶、模式识别蛋白和蛋白酶抑制剂构成的一个复杂的级联反应系统,这一过程类似于高等动物中的补体激活途径。

5.1 proPO 基因克隆及表达特征分析

甲壳动物的免疫反应主要是病原入侵部位和受损伤的部位进行黑化(Cerenius et al, 2004; Chuo et al, 2005)。这个重要的过程是由酚氧化酶级联反应里面一系列的模式识别蛋白质完成的,其中包括几个丝氨酸蛋白酶,丝氨酸蛋白酶抑制剂(Cerenius et al, 2004)。酚氧化酶激活酶或因子是丝氨酸蛋白酶,催化断裂酚氧化酶原(Prophenoloxidase, ProPO),使之变成有活性的酚氧化酶。而激活酚氧化酶又是由另外一个蛋白酶的级联反应里的许多因子完成的。这个末端的丝氨酸蛋白酶,负责把酚氧化酶原前体裂解成为酚氧化酶原,因此这个酶叫酚氧化酶原激活因子(Cerenius et al, 2004)。现在研究过的几个节肢动物的血细胞源性细胞系都表现出 ProPO mRNA 的表达能力,而且 ProPO 基因表达也可被用来作为血细胞成熟的标记,在果蝇中 ProPO mRNA 的表达也伴随着晶体细胞成熟。这两个细胞分化和表达 ProPO mRNA,同时也给转录因子以信号从而终止 ProPO 转录(Söderhäll et al, 2003)。关于三疣梭子蟹 proPO 方面的研究尚未见报道。本研究从三疣梭子蟹血细胞里克隆了 ProPO 基因,分析了它的分子特征,并且研究了 ProPO 在正常组织中的表达及溶藻弧菌刺激后的组织表达情况。

5.1.1 proPO 基因克隆及序列分析

从三疣梭子蟹血细胞中克隆了一个全长 3 040 bp 的 proPO cDNA。其中开放阅读框为 2 019 bp,编码 672 个氨基酸。cDNA 全长中还包含 5′ 非编码区(5′-UTR)的 138 个碱基、3′ 非编码区(3′-UTR)的 1 707 个碱基及终止密码子 TGA 和加尾信号 AATAAA。该基因所编码蛋白的推导相对分子质量为 77.4×10^3,理论等电点为 6.19。该基因 Genbank 注册号为 FJ215871。与其他已知的 proPOs 相同,三疣梭子蟹 proPO 首先作为一个酶原形式合成,酶原位点分布在 Arg50-Ser51,这与河蟹 *S.serrata*(Arg34-Val35)、中华绒螯蟹 *E. sinensis* (Arg55-Ser56)、小龙虾 *P. leniusculus* (Arg176-Thr177)和斑节对虾 *P. monodon* (Arg44-Val45)的研究结果一致(Ko et al, 2007; Gai et al, 2008; Aspán et al, 1995; Sritunyalucksana et al, 1999)。一旦病原菌侵入到机体,proPO 将在丝氨酸蛋白酶作用下变成有活性的酚氧化酶(Söderhäll et al, 1992, 1994),另外,推导的三疣梭子蟹蛋白含有 6 个组胺酸残基和两个酪氨酸酶铜结合位点及其他甲壳动物 thiol-ester-like 保守序列。这段保守的序列和区域与防御过程中外源病原菌入侵作用有关(Sritunyalucksana et al, 1999),三疣梭子蟹 proPO 具有的与其他 proPOs 高度保守区域和结构表明本研究克隆的 proPO 属于 proPO 家族。

5.1.2 proPO 基因表达分析

用 Northern 杂交的方法分析了 proPO 基因在三疣梭子蟹不同组织中的表达情况

（图 69）。从图中可以看到 proPO 基因在血细胞、肝胰腺和卵巢中表达水平较高，而在眼柄、鳃和肌肉中没有表达。

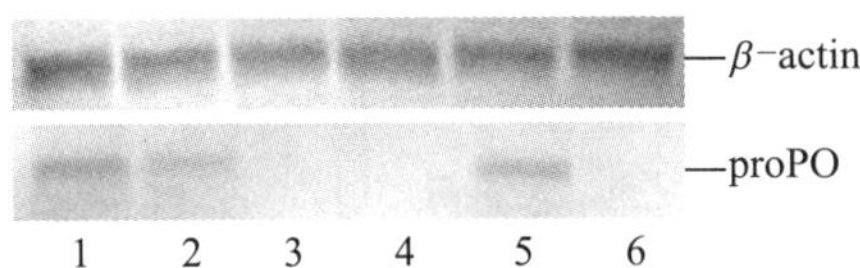

图 69 三疣梭子蟹不同组织中 proPO 基因的表达情况
1. 血淋巴；2. 肝胰腺；3. 眼柄；4. 鳃；5. 卵巢；6. 肌肉

甲壳动物的研究，proPO 在多个不同组织中的分布已有报道，但是结果并不一致，在锯缘青蟹 *S. serrata*（Ko et al，2007）、日本沼虾 *P. leniusculus*（Söderhäll et al，2003）、斑节对虾 *P. monodon*（Lai et al，2005）、罗氏沼虾 *M. rosenbergii*（Liu et al，2006），proPO 转录水平主要在血淋巴而不在肝胰腺，但是在中华绒螯蟹的研究中发现 proPO 的 mRNA 转录水平在所有的组织中均有表达，且在肝胰腺中最高（Gai et al，2008）。凡纳滨对虾 *L. vannamei* 的研究发现 proPO 表达广泛分布于血淋巴、鳃、心脏、淋巴器官、胃、肠，proPO 转录在一些非淋巴细胞中也有发现，包括肝胰腺的 F 和 E 细胞及胃的上皮细胞中（Lai et al，2005；Wang et al，2007）。本研究中 proPO 在血淋巴、肝胰腺和卵巢均有表达，但在眼柄、鳃和肌肉中没有表达，三疣梭子蟹具有开放式循环系统，血淋巴可以过滤到蟹体内的好多组织，因此并不奇怪在血淋巴充满的组织中如肝胰腺和卵巢检测到 proPO 扩增条带。有限的 proPO 组织表达的数据还不能充分表明 proPO 在不同组织中的分布情况，proPO 活性和免疫特性的进一步研究将揭示它在不同组织中的分布和活性，将有助于更好地理解 proPO 在蟹免疫系统中作用。

溶藻弧菌感染后三疣梭子蟹血细胞 proPO mRNA 的表达变化如图 70 所示。在感染后的前 3 h 里，对照组和感染组 proPO 的转录水平有降低的趋势，且 3 h 下降到最低水平，与对照组差异显著；从感染后的 6 h 到 12 h，对照组和感染组 proPO 的转录显著升高，到 12 h 均升高到了最高水平（$P<0.05$），随后感染组 proPO 的转录水平在 24 h 又开始下降（$P<0.05$），在感染后 72 h 达到第三次高峰（$P<0.05$），在 96 h 降到对照组水平。对照组和感染组 proPO 表达量的显著性差异（$P<0.05$）主要出现在感染后 3 h、6 h、12 h、48 h 和 72 h。

溶藻弧菌感染后三疣梭子蟹肝胰腺内 proPO mRNA 的表达变化如图 70 所示。从图中可以看出，肝胰腺中 proPO 的表达模式与血淋巴中的表达不一致，感染组肝胰腺的 proPO 转录水平在感染 1.5 h，感染组 proPO 的转录水平都呈显著上升趋势，达到了 0 h 时的 1.8 倍。感染 3 h 后，感染组 proPO 的转录水平稍微下降，随后显著升高，在感染 12 h 达到最高水平（$P<0.05$），在感染 24 h、48 h proPO 转录水平显著下降后（$P<0.05$），感染后的 72 h proPO 的转录水平达到第三次高峰（$P<0.05$）。而对照组，proPO 在刺激后的不同时间基本在正常水平。感染组和对照组 proPO 表达量的显著性差异（$P<0.05$）出现在感染后的 3 h、6 h、12 h、48 h 和 72 h。

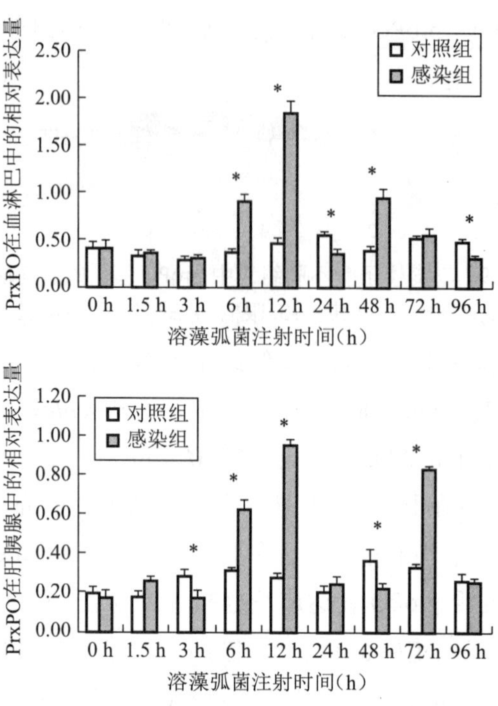

图 70 proPO 基因在溶藻弧菌对照组和感染组三疣梭子蟹血细胞、肝胰腺内的表达变化

在溶藻弧菌刺激实验中，可以更好地研究 proPO 在免疫防御系统中的变化模式(Gai et al，2008)。本研究中，在血淋巴和肝胰腺中 proPO 在溶藻弧菌感染后均出现上调的趋势，这与以前在欧洲龙虾 *H. gammarus*（Hauton et al，2005)、凡纳滨对虾 *L. vannamei*（Lai et al，2005)、锯缘青蟹 *S. serrata*（Ko et al，2007)、中华绒螯蟹 *E. sinensis*（Gai et al，2008)、中国对虾 *F. chinensis*（Gao et al，2008)中的研究结果一致。进一步表明蟹在感染溶藻弧菌初期，三疣梭子蟹试图清除外源物质，因此 proPO 的表达上升，机体防御和 proPO 表达在感染状态会显著升高。因为 proPO 系统是一个能量消耗的过程，在不同的病原入侵阶段逐步发挥作用。本试验中 mRNA 表达的波动表明 proPO 通过复杂的机理参与蟹的免疫防御反应。

5.2 SP 基因克隆及表达特征分析

丝氨酸蛋白酶(SPs)在细胞外信号级联系统中，以高度有序和特异的方式激活一些酶底物。在哺乳动物的凝血级联中丝氨酸蛋白酶(SPs)也起着重要作用，例如利用凝血因子 Xa 和凝血酶来放大组织损伤的信号(O'Brien et al，1993)。这个级联系统被严格调控，防止失血过多或者凝结过火。在无脊椎动物中，类似胚胎发育和免疫反应的生化过程都是由 SP 级联系统驱动的。节肢动物中的酚氧化酶原激活系统和鲎血淋巴中的凝结级联反应都有 SP 系的参与(Iwanaga et al，1998)，它还是果蝇 TOLL 途径的催化物(Naitza et al，2004)。在节肢动物血淋巴中存在着一个由 SP 介导的胞外信号转导途经，它可以激活细胞因子，甲壳动物的 SP 可能参与各种防御应答包括血淋巴凝结、酚氧化酶原激活系统、黑化和包囊作用、诱导抗菌肽的合成等。有的 SP 还含有一个 clip 结构域，它可能参与介导特定的识别蛋白和蛋白酶之间的相互作用，在免疫应答的级联反应中非常重要。在一些虾血细胞 cDNA 文库中有关于编码 SP 的 EST 的描述(Rojtinnakorn et al, 2002)，这些 EST 在序列上与其他节肢动物中描述的免疫相关 SP 很相似。关于三疣梭子蟹丝氨酸蛋白酶的研究还未见报道。本研究的目的：① 克隆三疣梭子蟹血淋巴丝氨酸蛋白酶基因，分析核酸序列，进一步比较与其他丝氨酸蛋白酶的序列；② 检测不同组织中丝氨酸蛋白酶的组织表达情况；③ 评价溶藻弧菌感染后 SP 在血淋巴和肝胰腺中的表达情况。

5.2.1 SP 基因克隆及序列分析

SP 基因全长 2 047 bp，其中开放阅读框 1 542 bp，编码 513 个氨基酸。cDNA 全长中还包含 5′ 非编码区(5′-UTR)的 36 个碱基、3′ 非编码区(3′-UTR)的 467 个碱基及终止密码子 TGA 和加尾信号 AATAAA。Signal P V1.1 World Wide Web Server 分析此多肽 N 端含有 21 个氨基酸的信号肽序列。经 SMART 分析发现含有一个 Tryp_SPc 结构域(Trypsin-like serine protease)，这是胰蛋白酶样丝氨酸蛋白酶的典型结构域，半胱氨酸(C306, C390, C434, C448, C459, C489)，推测形成了 3 个二硫键。该基因所编码蛋白的推导相对分子质量为 56.4×10^3，理论等电点为 7.58。该基因 Genbank 注册号为 FJ360742。

刘逸尘(2005)从中国对虾血细胞 cDNA 文库中克隆到了两个不同的丝氨酸蛋白酶基因(SP-1 和 SP-2)。前者为具有假 clip 结构域的胰蛋白酶样 SP 类似物(SPH)，后者是一个具有完整 clip 结构域的 SPH。SP-1 和 SP-2 都主要在血细胞中表达，此外 SP-1 在淋巴器官中的表达水平也很高；细菌的刺激对 SP-1 的影响不大，但会诱导 SP-2 表达量的增加，这两个基因的表达模式在病毒刺激后很相似，都出现先上调后下降的过程，可见病毒的刺激会导致这两个基因转录的增强。高宏伟(2008)从中国对虾血细胞中克隆到了 FcSP3，也具有 clip 结构域和胰蛋白酶活性区，但有 477 个氨基酸残基，与 SP-1 (222 个氨基酸残基)和 SP-2 (232 个氨基酸残基)明显不同；并且 FcSP3 在血液里表达量极低，也与 SP-1 和 SP-2 不同。

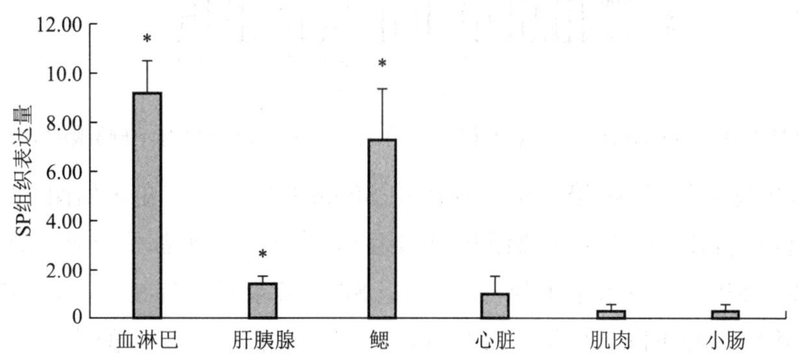

图 71 RT-PCR 检测三疣梭子蟹不同组织中 SP 基因的表达情况

5.2.2 SP 基因表达分析

采用定量 RT-PCR 方法分析了 SP 基因在三疣梭子蟹不同组织中的表达情况(图 71)。从图中可以看到 SP 基因在血细胞、肝胰脏、鳃、心脏、卵巢和肌肉中转录水平均较高,其中鳃和卵巢中的表达量最高。鳃在三疣梭子蟹中作为病原微生物的过滤器,是一个非常重要的免疫防御器官,这种器官上明显的表达差异也许暗示着某种功能上的差异,有文献曾报道鲨中的因子 D 作为一种丝氨酸蛋白酶具有一定的抗微生物活性(Kawabata et al, 1996),三疣梭子蟹的 SP 是否具有一定程度的抗菌活性有待深入探讨。

溶藻弧菌感染后,三疣梭子蟹血细胞内 SP mRNA 的表达变化如图 72 所示,从图中可以看出,在感染后前 3 h,感染组和对照组 SP 的转录水平都呈显著上升趋势,感染 3 h 后,感染组 SP 的转录水平持续升高到感染 12 h 达到最高峰,随后缓慢下降,到感染 72 h 后降到与正常表达量相似的水平;而对照组 SP mRNA 水平从感染 6 h 开始一直保持正常水平。感染组和对照组 SP 表达量的显著性差异($P<0.05$)主要出现在感染后的 6 h、12 h、24 h 和 48 h(图中用星号标出)。

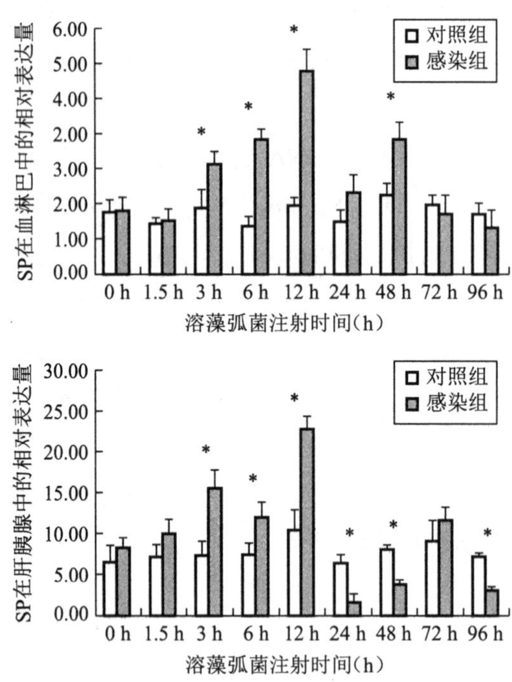

图 72 SP 基因在 *V. alginolyticus* 感染组和对照组三疣梭子蟹血细胞内、肝胰腺的表达变化

溶藻弧菌感染后,三疣梭子蟹肝胰腺中 SP mRNA 的表达变化如图 72 所示,从图中可以看出,在感染后前 3 h,感染组和对照组 SP 的转录水平都呈显著上升趋势,感染 6 h 后,对照组 SP 的转录水平下降,而感染组 SP 的转录水平持续升高,到感染 12 h 达到最高峰,随后缓慢下降,到感染 72 h 后降到与正常表达量相似的水平;感染组和对照组 SP 表达量的显著性差异($P<0.05$)主要出现在感染后的 6 h、12 h 和 24 h(图中用

星号标出）。

当用溶藻弧菌注射三疣梭子蟹后，血淋巴中刺激组和对照组 SP 的 mRNA 量在刺激后 3 h 开始升高，说明机械伤害或外源物质会导致 SP mRNA 变化。虽然刺激组在刺激后 12 h 又诱导显著升高 SP mRNA 量，且远远高于正常表达量。推测在血淋巴中极高的组成性表达 SP mRNA 在机械伤或外源物质后很快翻译表达成 SP 蛋白，致使血淋巴中的 SP mRNA 量迅速降低。刺激组的表达量明显高于对照组，提示溶藻弧菌病原刺激还是可以诱导比单纯机械伤害或外源物质高的 SP mRNA 水平。刺激组肝胰脏中 SP 的相对表达量也是在刺激后 3 h 开始升高，在刺激后 12 小时升高至最高水平，刺激后 24 小时后降至低于正常水平。参考 ProPO 在溶藻弧菌刺激后的表达变化，我们可以推测 SP 与 ProPO 的转录量的一些联系。例如，在淋巴器官中极高的组成性表达 SP mRNA 是否在细菌刺激后很快翻译表达成 SP 蛋白，并且迅速作用于酚氧化酶通路的 ProPO 蛋白上，再通过正调控使淋巴器官中的 ProPO mRNA 量上升至最高点。而病原刺激后的血液与肝胰脏中的 SP mRNA 的增长趋势也在时间上先于 ProPO mRNA。这说明 SP 对 ProPO 有正调控的作用，并且这种调控有一个时间差异。

（作者：陈萍，李健，刘萍，李吉涛，高保全）

参考文献

[1] Adachi S, Uchida S, Ito H, et al. Two isoforms of a chloride channel predominantly expressed in thick ascending limb of Henle's loop and collecting ducts of rat kidney[J]. Journal of Biological Chemistry, 1994, 269: 17677-17683.

[2] Aebi H. Catalase in vitro [J]. Methods Enzymol. 1984; 105, 121-126.

[3] Af R, G L, Cs T. The Drosophila NR4A nuclear receptor DHR38 regulates carbohydrate metabolism and glycogen storage[J]. Molecular Endocrinology, 2011, 25（1）: 83-91.

[4] An KW, Kim NN, Choi CY. Cloning and expression of aquaporin 1 and arginine vasotocin receptor mRNA from the black porgy, Acanthopagrus schlegeli: effect of freshwater acclimation[J]. Fish Physiol Bichem, 2008, 34: 185-194.

[5] Aoki M, Kaneko T, Katoh F, et al. Intestinal water absorption through aquaporin 1 expressed in the apical membrane of mucosal epithelial cells in seawater-adapted Japanese eel[J]. J Exp Biol, 2003, 206: 3495-3505.

[6] Arakane Y, Muthukrishnan S. Insect chitinase and chitinase-like proteins[J]. Cellular and molecular life sciences, 2010, 67（2）: 201-216.

[7] Arakane Y, Muthukrishnan S. Insect chitinase and chitinase-like proteins[J]. Cellular and Molecular Life Sciences, 2010, 67: 201-216.

[8] Arnon A, Cook B, Montell C, et al. Calmodulin regulation of calcium stores in phototransduction of Drosophila[J]. Science, 1997, 275（5303）: 1119-1121.

[9] Aspán A, Hall M, Söderhäll K. The effect of endogenous proteinase inhibitors on the prophenoloxidase activating enzyme, a serine proteinase from crayfish hemocytes [J]. Insect Biochemistry and Molecular Biology, 1990, 20: 485-92.

[10] Baker K D, Shewchuk L M, Kozlova T, et al. The Drosophila orphan nuclear receptor DHR38 mediates an atypical ecdysteroid signaling pathway[J]. Cell, 2003, 113 (6): 731-742.

[11] Barman H K, Patra S K, Das V, et al. Identification and Characterization of Differentially Expressed Transcripts in the Gills of Freshwater Prawn (*Macrobrachium rosenbergii*) under Salt Stress[J]. The Scientific Word Journal, 2012, 10: 1-11.

[12] Barrieu F, Marty-Mazars D, Thomas D. Desiccation and osmotic stress increase the abundance of mRNA of the tonoplast aquaporin BobTIP26-1 in cauliflower cells[J]. Planta, 1999, 209: 77-86.

[13] Baulieu E E, Atger M, Best-Belpomme M, et al. Steroid hormone receptors[J]. Vitamins and hormones, 1975, 33: 649.

[14] Berry K L, Bulow H E, Hall D H, et al. A C. elegans CLIC-like protein required for intracellular tube formation and maintenance[J]. Science, 2003, 302 (5653): 2134-2137

[15] Borgnia M, Nielsen S, Engel A, et al. Cellular and molecular biology of the aquaporin water channels[J]. Biochem, 1999, 68: 425-458.

[16] Bormann C, Baier D, Horr I, et al. Characterization of a novel an tifungal chitinbinding protein from Streptomyces tendae[J]. Journal of Bacteriology, 1999, 181 (24): 7421-7429.

[17] Bray WA, Lawrence AL, Leung-turgillo JR. The effect of salinity on growth and survival of *Litopenaeus vannamei*, with observations on the interaction of IHHN virus and salinity[J]. Aquaculture, 1994, 122: 133-146.

[18] Brouwer M, Brouwer T H, Grater W, et al. Replacement of a cytosolic copper/zinc superoxide dismutase by a novel cytosolic manganese superoxide dismutase in crustaceans that use copper (haemocyanin) for oxygen transport [J]. Biochem J, 2003, 374: 219-228.

[19] Bugge D M, Hegaret H, Wikfors G H, et al. Oxidative burst in hard clam (Mercenaria mercenaria) haemocytes [J]. Fish Shellfish Immunol, 2007, 23 (1) : 188-196.

[20] Cerenius L, Söderhäll K. The prophenoloxidase activating system in invertebrates [J]. Immunol Rev, 2004, 198: 116-26.

[21] Chang E S, O' Connor J D. Secretion of alpha-ecdysone by crab Y-organs in vitro[J]. Proceedings of the National Academy of Sciences, 1977, 74 (2): 615-618.

[22] Chen H Y, Dillaman R M, Roer R D, et al. Stage-specific changes in calcium

concentration in crustacean (Callinectes sapidus) Y-organs during a natural molting cycle, and their relation to the hemolymphatic ecdysteroid titer[J]. Comparative Biochemistry and Physiology Part A: Molecular & Integrative Physiology, 2012, 163 (1): 170-173.

[23] Chen H Y, Watson R D. Changes in intracellular calcium concentration in crustacean (Callinectes sapidus) Y-organs: relation to the hemolymphatic ecdysteroid titer[J]. Journal of Experimental Zoology Part A: Ecological Genetics and Physiology, 2011, 315 (1): 56-60.

[24] Chung J S, Webster S G. Moult cycle-related changes in biological activity of moult-inhibiting hormone (MIH) and crustacean hyperglycaemic hormone (CHH) in the crab, Carcinus maenas. From target to transcript[J]. European Journal of Biochemistry, 2003, 270 (15): 3280-3288.

[25] Chung J S, Webster S G. Moult cycle-related changes in biological activity of moult-inhibiting hormone (MIH) and crustacean hyperglycaemic hormone (CHH) in the crab, Carcinus maenas[J]. European Journal of Biochemistry, 2003, 270 (15): 3280-3288.

[26] Dagher R, Brière C, Fève M, et al. Calcium fingerprints induced by Calmodulin interactors in eukaryotic cells[J]. Biochimica et Biophysica Acta (BBA) -Molecular Cell Research, 2009, 1793 (6): 1068-1077.

[27] Deane EE, Woo NYS. Tissue Distribution, Effects of Salinity Acclimation, and Ontogeny of Aquaporin 3 in the Marine Teleost, Silver Sea Bream (Sparus sarba) [J]. Mar Biotechnol, 2006, 8: 663-671.

[28] Devaraj H, Natarajan A. Molecular mechanisms regulating molting in a crustacean[J]. FEBS Journal, 2006, 273 (4): 839-846.

[29] Dong W R, Xiang L X, Shao J Z. Cloning and characterization of two natural killer enhancing factor genes (NKEF～A and NKEF～B) in pufferfish, Tetraodon nigroviridis [J]. Fish Shellfish Immunol, 2007, 22 (1-2), 1-15.

[30] Eldik L J V, Watterson D M. Calmodulin structure and function[J]. In: Marme, D. (Ed.), Calcium and Cell Physiology. Springer Verlag, Berlin, 1989, 105-124.

[31] Enmin Z. Effects of hypoxia and sedimentary naphthalene on the activity of N-acetyl-β-glucosaminidase in the epidermis of the brown shrimp, *penaeus aztecus*[J]. Bull Environ Contam Toxicol, 2009, 82: 579-582.

[32] Fliegel L, Burns K, MacLennan D H, et al. Molecular cloning of the high affinity calcium-binding protein (calreticulin) of skeletal muscle sarcoplasmic reticulum[J]. The Journal of Biological Chemistry, 1989, 264: 21522-21528.

[33] Freire C A, Onken H, McNamara J C. A structure - function analysis of ion transport in

crustacean gills and excretory organs[J]. Comparative Biochemistry and Physiology Part A, 2008, 151: 272-304.

[34] Freire C A, Onken H, McNamara J C. A structure - function analysis of ion transport in crustacean gills and excretory organs[J]. Comparative Biochemistry and Physiology Part A: Molecular & Integrative Physiology, 2008, 151 (3): 272-304.

[35] Gai Y C, Zhao J M, Song L S, et al. A prophenoloxidase from the Chinese mitten crab *Eriocheir sinensis*: Gene cloning, expression and Activity analysis [J]. Fish Shellfish Immunol, 2008, 24: 156-67.

[36] Gao H W, Li F H, Dong B, et al. Molecular cloning and characterization of prophenoloxidase (ProPO) cDNA from *Fenneropenaeus chinensis* and its transcription injected by *Vibrio anguillarum* [J]. Mol Biol Rep, 2008, 36: 1159-66.

[37] Gao Y, Gillen C M, Wheatly M G. Cloning and characterization of a calmodulin gene (CaM) in crayfish *Procambarus clarkii* and expression during molting[J]. Comparative Biochemistry and Physiology Part B: Biochemistry and Molecular Biology, 2009, 152 (3): 216-225.

[38] Giffard-Mena I, Boulo V, Aujoulat F, et al. Aquaporin molecular characterization in the sea-bass (*Dicentrarchus labrax*): The effect of salinity on AQP1 and AQP3 expression[J]. Comp Biochem Physiol, 2007, 148: 430-444.

[39] Gifford J, Walsh M, Vogel H. Structures and metal-ion-binding properties of the Ca^{2+}-binding helix-loop-helix EF-hand motifs[J]. Biochem. J, 2007, 405: 199-221.

[40] Gomez T M, Spitzer N C. Regulation of growth cone behavior by calcium: new dynamics to earlier perspectives[J]. Journal of neurobiology, 2000, 44 (2): 174-183.

[41] Haiech J, Moulhaye S B M, Kilhoffer M C. The EF-Handome: combining comparative genomic study using FamDBtool, a new bioinformatics tool, and the network of expertise of the European Calcium Society[J]. Biochimica et Biophysica Acta (BBA) - Molecular Cell Research, 2004, 1742 (1): 179-183.

[42] Hauton C, Hammond T A, Smith V J. Real-time PCR quantification of the invitro effects of crustacean immunostimulants on gene expression in lobster (Homarus gammarus) granular haemocytes [J]. Dev Comp Immunol, 2005, 29: 33-42.

[43] Hechenberger M, Schwappach B, Fischer W N, et al. A family of putative chloride channels from A rabidopsis and functional complementation of a yeast strain with a CLC gene disruption[J]. Journal of Biological Chemistry, 1996, 271 (52): 33632-33638.

[44] Hopkins P M. Crustacean ecdysteroids and their receptors[M]//Ecdysone: structures and functions. Springer Netherlands, 2009: 73-97.

[45] Hopkins P M. Hormonal Control of the Molt Cycle in the Fiddler Crab Uca

pugilator1[J]. Integrative and Comparative Biology, 1992(3):450-458.

[46] Huang Q S, Yan J H, Tang J Y, et al. Cloning and tissue expressions of seven chitinase family genes in *Litopenaeus vannamei*[J]. Fish & shellfish immunology, 2010, 29(1): 75-81.

[47] Iwanaga S. New types of factors and defense molecules found in horseshoe crab hemolymph their structures and functions [J]. J Biol Chem, 1998, 123, 1-15.

[48] Jang H H, Kim S Y, Park S K, et al. Phosphorylation and concomitant structural changes in human 2-Cys peroxiredoxin isotype Ⅰ differentially regulate its peroxidase and molecular chaperone functions [J]. FEBS Lett, 2006, 580(1):351-355.

[49] Jang H H, Lee K O, Chi Y H, et al. Two Enzymes in One: Two Yeast peroxiredoxins display oxidative stress-dependent switching from a peroxidase to a molecular chaperone function [J]. Cell, 2004, 117: 625-635.

[50] Jentsch T J, Friedrich T, Schriever A. The CLC chloride channel family[J]. European Journal of Applied Physiology, 1999, 437: 783-795.

[51] Jiang H, Yin Y, Zhang X, et al. Chasing relationships between nutrition and reproduction: A comparative transcriptome analysis of hepatopancreas and testis from *Eriocheir sinensis*[J]. Comparative Biochemistry and Physiology Part D: Genomics and Proteomics, 2009, 4(3):227-234.

[52] Johnston M, Hutvagner G. Posttranslational modification of Argonautes and their role in small RNA-mediated gene regulation[J]. Silence, 2011, 2(1):1-4.

[53] Kahl C R, Means A R. Regulation of cell cycle progression by calcium/calmodulin-dependent pathways[J]. Endocrine reviews, 2003, 24(6):719-736.

[54] Kales S, Fujiki K, Dixon B. Molecular cloning and characterization of calreticulin from rainbow trout (*Oncorhynchus mykiss*) [J]. Immunogenetics, 2004, 55: 717-723.

[55] Kang S W, Rhee S G, Chang T S, et al. 2-Cys peroxiredoxin function in intracellular signal transduction, therapeutic implications [J]. Trends Mol. Med, 2005, 11(12): 571-578.

[56] Kawabata S, Tokunaga F, Kugi Y, et al. Limulus factor D, a 43～kDa protein isolated from horseshoe crab hemocytes, is a serine protease homologue with antimicrobial activity [J]. FEBS Lett, 1996, 398(2-3):146-50.

[57] Kawabe S, Yokoyama Y. Molecular cloning of calnexin and calreticulin in the Pacific oyster *Crassostrea gigas* and its expression in response to air exposure[J]. Marine Genomics, 2010, 3: 19-27.

[58] Kim I, Lee K S, Hwang J S, et al. Molecular cloning and characterization of a peroxiredoxin gene from the mole cricket, Gryllotalpa orientalis [J]. Comp Biochem

Physiol, 2005, 140: 579-87.

[59] Kim YK, Watanabe S, Kaneko T, et al. Expression of aquaporins 3, 8 and 10 in the intestines of freshwater- and seawater-acclimated Japanese eels *Anguilla japonica*[J]. Chem Biochem, 2010, 76: 695-702.

[60] Kj L, Rd W, Rd. R. Molt-inhibiting hormone mRNA levels and ecdysteroid titer during a molt cycle of the blue crab, *Callinectes sapidus*[J]. Biochemical and Biophysical Research Communications, 1998, 249 (3): 624-627.

[61] Ko C F, Chiou T T, Vaseeharan B, et al. Cloning and characterization of a prophenoloxidase from the haemocytes of mud crab Scylla serrata [J]. Dev Comp Immunol, 2007, 31: 12-22.

[62] Kozlova T, Pokholkova G V, Tzertzinis G, et al. Drosophila hormone receptor 38 functions in metamorphosis: a role in adult cuticle formation[J]. Genetics, 1998, 149 (3): 1465-1475.

[63] Kuroiwa A, Hafen E, Gehring W J. Cloning and transcriptional analysis of the segmentation gene fushi tarazu of Drosophila[J]. Cell, 1984, 37 (3): 825-831.

[64] Lachaise F, Le Roux A, Hubert M, et al. The molting gland of *crustaceans: localization*, activity, and endocrine control (a review) [J]. J. crust. Biol, 1993, 13 (2): 198-234.

[65] Lai C Y, Cheng W, Kuo C M. Molecular cloning and characterization of prophenoloxidase from haemocytes of the white shrimp, *Litopenaeus vannamei* [J]. Fish Shellfish Immunol, 2005, 18: 417-30.

[66] Lee K S, Kim S R, Park N S, et al. Characterization of a silkworm thioredoxin peroxidase that is induced by external temperature stimulus and viral infection [J]. Insect Biochem. Mol. Biol, 2005, 35 (1), 73-84.

[67] Lee S Y, Söderhäll K. Early events in crustacean innate immunity [J]. Fish and Shellfish Immunology, 2002, 12: 421-37.

[68] Liu G X, Yang L L, Fan T J, et al. Purification and characterization of phenoloxidase from crab Charybdis japonica [J]. Fish Shellfish Immunol, 2006, 20: 47-57.

[69] Liu H, Peatman E, Wang W Q et al. Molecular responses of calreticulin genes to iron overload and bacterial challenge in channel catfish (Ictalurus punctatus) [J]. Developmental and comparative immunology, 2011, 35: 267-272

[70] Low F M, Hampton M B, Peskin A V, et al. Peroxiredoxin 2 functions as a noncatalytic scavenger of low-level hydrogen peroxide in the erythrocyte [J]. Blood, 2007, 109 (6): 2611-2617.

[71] Luana W, Li F, Wang B, et al. Molecular characteristics and expression analysis of calreticulin in Chinese shrimp *F. chinensis*[J]. Comparative Biochemistry and

Physiology, 2007, 147: 482-491.

[72] Lv J, Liu P, Wang Y, et al. Transcriptome Analysis of Portunus trituberculatus in Response to Salinity Stress Provides Insights into the Molecular Basis of Osmoregulation[J]. PLoS ONE, 2013, 8 (12): e82155.

[73] Maclver B, Cutler CP, Yin J, et al. Expression and functional characterization of four aquaporin water channels from the European eel (*Anguilla anguilla*) [J]. J Exp Biol, 2009, 212: 2856-2863.

[74] Mahdieh M, Mostajeran A, Horie T. Drought stress alters water relations and expression of PIP-type aquaporin genes in Nicotiana tabacum plants[J]. Plant Cell Physiol, 2008, 49 (5): 801-813.

[75] Mann M, Jensen O N. Proteomic analysis of post-translational modifications[J]. Nature biotechnology, 2003, 21 (3): 255-261.

[76] Mathew S, Kumar K A, Anandan R, et al. Changes in tissue defence system in white spot syndrome virus (WSSV) infected *Penaeus monodon* [J]. Comparative Biochemistry & Physiology Part C Toxicology & Pharmacology, 2007, 145 (3): 315-20.

[77] McNamara J C, Faria S C. Evolution of osmoregulatory patterns and gill ion transport mechanisms in the decapod Crustacea: a review[J]. Journal of Comparative Physiology B, 2012, 182 (8): 997-1014.

[78] Means A R, Dedman J R. Calmodulin——an intracellular calcium receptor[J]. Nature, 1980, 285 (5760): 73-77.

[79] Mirzaei M, Pascovici D, Atwell B J, et al. Differential regulation of aquaporins, small GTPases and V-ATPases proteins in rice leaves subjected to drought stress and recovery[J]. Proteomics, 2012, 12 (6): 864-877.

[80] Mohankumar K, Ramasamy P. Activities of membrane bound phosphatases, transaminases and mitochondrial enzymes in white spot syndrome virus infected tissues of *Fenneropenaeus indicus* [J]. Virus Res, 2006, 118 (1-2): 130-135.

[81] Molyneaux D B, Shirley T C. Molting and growth of eyestalk-ablated juvenile red king crabs, *Paralithodes camtschatica* (Crustacea: *Lithodidae*) [J]. Comparative Biochemistry and Physiology Part A: Physiology, 1988, 91 (2): 245-251.

[82] Morris R J, Lockwood A P M, Dawson M E. An effect of acclimation salinity on the fatty acid composition of the gill phospholipids and water flux of the amphipod crustacean Gammarus duebeni[J]. Comparative Biochemistry and Physiology Part A: Physiology, 1982, 72 (3): 497-503.

[83] Mu YC, Wang F, Dong SL, et al. The effects of salinity fluctuation in different

ranges on intermolt period and growth of juvenile *Fenneropenaeus chinensis*[J]. Acta Oceanologica Sinica, 2005, 27 (2): 122-126.

[84] Naitza S, Ligoxygakis P. Antimicrobial defences in Drosophila: the story so far [J]. Mol Immunol, 2004, 40 (12): 887-896.

[85] Nakatsuji T, Lee C Y, Watson R D, et al. Crustacean molt-inhibiting hormone: structure, function, and cellular mode of action[J]. Comparative Biochemistry and Physiology Part A: Molecular & Integrative Physiology, 2009, 152 (2): 139-148.

[86] Nakatsuji T, Lee C Y, Watson R D. Crustacean molt-inhibiting hormone: structure, function, and cellular mode of action[J]. Comparative Biochemistry and Physiology Part A: Molecular & Integrative Physiology, 2009, 152 (2): 139-148.

[87] Nakatsuji T, Sonobe H. Regulation of ecdysteroid secretion from the Y-organ by molt-inhibiting hormone in the American crayfish, *Procambarus clarkii*[J]. General and comparative endocrinology, 2004, 135 (3): 358-364.

[88] O'Brien D, McVey J. In the Natural Immune Systems [M]. New York. Humoral Factors (Sim, E., ed) IRL Press, 1993, 257-280.

[89] Ostwald T J, McLennan D H. Isolation of a high affinity calcium-binding protein from sarcoplasmic reticulum[J]. J Biol Chem, 1989, 249: 974-979.

[90] Pequeux A. Osmotic regulation in crustaceans[J]. Journal of Crustacean Biology, 1995, 15 (1): 1-60.

[91] Pinto R D, Moreira A R, Pereira P J B, et al. Molecular cloning and characterization of sea bass (*Dicentrarchus labrax*) calreticulin[J]. Fish & Shellfish Immunology, 2013, 34: 1611-1618.

[92] Porter R K, Hulbert A J, Brand M D. Allometry of mitochondrial proton leak: influence of membrane surface area and fatty acid composition[J]. American Journal of Physiology-Regulatory, Integrative and Comparative Physiology, 1996, 271 (6): R1550-R1560.

[93] Preston GM, Carroll TP, Guggino WB. Appearance of water channels in *Xenopus oocytes* expressing red cell CHIP28 protein[J]. Science, 1992, 256 (5055): 385-387

[94] Priya TA, Li F, Zhang J, et al. Molecular characterization and effect of RNA interference of retinoid X receptor (RXR) on E75 and chitinase gene expression in Chinese shrimp *Fenneropenaeus chinensis*[J]. Comp Biochem Physiol B, 2009, 153: 121-129.

[95] Proespraiwong P, Tassanakajon A, Rimphanitchayakit V. Chitinases from the black tiger shrimp *Penaeus monodon*: phylogenetics, expression and activities[J]. Comp Biochem Physiol B Biochem Mol Biol, 2010, 156: 86-96.

[96] Proespraiwong P, Tassanakajon A, Rimphanitchayakit V. Chitinases from the black tiger

shrimp *Penaeus monodon*: phylogenetics, expression and activities[J]. Comparative Biochemistry and Physiology Part B: Biochemistry and Molecular Biology, 2010, 156 (2): 86-96.

[97] Qian Z, He S, Liu T, et al. Identification of ecdysteroid signaling late-response genes from different tissues of the Pacific white shrimp, *Litopenaeus vannamei*[J]. Comparative Biochemistry and Physiology Part A: Molecular & Integrative Physiology, 2014, 172: 10-30.

[98] Radyuk S N, Sohal R S, Orr W C. Thioredoxin peroxidases can foster cytoprotection or cell death in response to different stressors: over and under-expression of thiore doxin peroxidase in Drosophila cells [J]. Biochem J, 2003, 371: 743-52.

[99] Ren N, Zhu C, Lee H, et al. Gene expression during Drosophila wing morphogenesis and differentiation[J]. Genetics, 2005, 171: 625-638.

[100] Robalino J, Almeida J S, McKillen D, et al. Insights into the immune transcriptome of the shrimp *Litopenaeus vannamei*: tissue-specific expression profiles and transcriptomic responses to immune challenge [J]. Physiol Genomics, 2007, 29: 44-56.

[101] Robinson-Rechavi M, Garcia H E, Laudet V. The nuclear receptor superfamily[J]. Journal of cell science, 2003, 116 (4): 585-586.

[102] Rocha J, Garcia-Carreño F L, Muhlia-Almazán A, et al. Cuticular chitin synthase and chitinase mRNA of whiteleg shrimp *Litopenaeus vannamei* during the molting cycle[J]. Aquaculture, 2012, 330: 111-115.

[103] Rocha J, Garcia-Carreno FL, Muhlia-Almazan A, et al. Cuticular chitin synthase and chitinase mRNA of whiteleg shrimp *Litopenaeus vannamei* during the molting cycle[J]. Aquaculture, 2012, 330: 111-115

[104] Ruaud A, Lam G, Thummel C S. The Molecular Endocrinology[J]. 2011, 25 (1): 83-91

[105] Sanhueza M, McIntyre C C, Lisman J E. Reversal of synaptic memory by Ca^{2+}/calmodulin-dependent protein kinase Ⅱ inhibitor[J]. The Journal of neuroscience, 2007, 27 (19): 5190-5199.

[106] Smith M J, Koch G L. Multiple zones in the sequence of calreticulin (CRP55, calregulin, HACBP), a major calcium binding ER/SR protein[J]. The EMBO Journal, 1989, 8: 3581-3586.

[107] Söderhäll I, Bangyeekhun E, Mayo S, et al. Hemocyte production and maturation in an invertebrate animal; proliferation and gene expression in hematopoietic stem cells of Pacifastacus leniusculus [J]. Dev Comp Immunol, 2003, 27: 661-672.

[108] Söderhäll K, Cerenius L, Johansson M W. The prophenoloxidase activating system and

its role in invertebrate defence [J]. Ann NY Acad Sci, 1994, 712: 155-161.

[109] Söderhäll K. Biochemical and molecular aspects of cellular communication in arthropods [J]. Bull Zool, 1992, 59: 141-151.

[110] Sritunyalacksana K, Söderhäll K. The proPO and clotting system in crustacean [J]. Aquaculture, 2000, 191: 53-69.

[111] Stommel E W, Stephens R E, Masure H R, et al. Specific localization of scallop gill epithelial calmodulin in cilia[J]. The Journal of cell biology, 1982, 92 (3): 622-628.

[112] Sutherland J D, Kozlova T, Tzertzinis G, et al. Drosophila hormone receptor 38: a second partner for Drosophila USP suggests an unexpected role for nuclear receptors of the nerve growth factor-induced protein B type[J]. Proceedings of the National Academy of Sciences, 1995, 92 (17): 7966-7970.

[113] Tan C H, Choong K Y. Effect of hyperosmotic stress on hemolymph protein, muscle ninhydrin-positive substances and free amino acids in Macrobrachium rosenbergii (De Man) [J]. Comparative Biochemistry and Physiology Part A: Physiology, 1981, 70 (4): 485-489.

[114] Tan SH, Degnan BM, Lehnert SA. The *Penaeus monodon* chitinase 1 gene is differentially expressed in the hepatopancreas during the molt cycle[J]. Mar Biotechnol, 2000, 2: 126-135.

[115] Tang J, Lin Y, Zhang Z, et al. Identification of common binding sites for calmodulin and inositol 1, 4, 5-trisphosphate receptors on the carboxyl termini of trp channels[J]. Journal of Biological Chemistry, 2001, 276 (24): 21303-21310.

[116] Tarrant A M, Behrendt L, Stegeman J J, et al. Ecdysteroid receptor from the American lobster Homarus americanus: EcR/RXR isoform cloning and ligand-binding properties[J]. General and comparative endocrinology, 2011, 173 (2): 346-355.

[117] Tavares Sanchez O L, Gomez Anduro G A, Felipe Ortega X, et al. Catalase from the white shrimp *Penaeus* (*Litopenaeus*) *vannamei*: molecular cloning and protein detection [J]. Comp Biochem Physiol B Biochem Mol Biol, 2004, 138 (4): 331-337.

[118] Taylor C W, Laude A J. IP 3 receptors and their regulation by calmodulin and cytosolic Ca^{2+} [J]. Cell calcium, 2002, 32 (5): 321-334.

[119] Thummel C S, Chory J. Steroid signaling in plants and insects—common themes, different pathways[J]. Genes & development, 2002, 16 (24): 3113-3129.

[120] Tingaud-Sequeira A, Calusinska M, Finn R N, et al. The zebrafish genome encodes the largest vertebrate repertoire of functional aquaporins with dual paralogy and substrate specificities similar to mammals[J]. Evol Biol, 2010, 10: 1-18.

[121] Towle D W, Henry R P, Terwilliger N B. Microarray-detected changes in gene

expression in gills of green crabs (*Carcinus maenas*) upon dilution of environmental salinity[J]. Comparative Biochemistry and Physiology Part D: Genomics and Proteomics, 2011, 6 (2): 115-125.

[122] Trachootham D, Lu W, Ogasawara M A, et al. Redox regulation of cell survival[J]. Antioxidants & redox signaling, 2008, 10 (8): 1343-1374.

[123] Uawisetwathana U, Leelatanawit R, Klanchui A, et al. Insights into eyestalk ablation mechanism to induce ovarian maturation in the black tiger shrimp[J]. PLoS One, 2011, 6 (9): e24427.

[124] Uchida S, Sasakl S, Furukawa T, et al. Molecular cloning of a chloride channel that is regulated by dehydration and expressed predominantly in kidney medulla[J]. Journal of Biological Chemistry, 1993, 268: 3821-3824.

[125] Valenzuela S M, Artin D K, Por S B, et al. Molecular cloning and expression of a chloride ion channel of cell nucleus[J]. Journal of Biological Chemistry, 1997, 272 (19): 12575-12582.

[126] Valenzuela S M, Artin D K, Por S B, et al. Molecular cloning and expression of a chloride ion channel of cell nucleus[J]. Journal of Biological Chemistry, 1997, 272 (19): 12575-12582.

[127] Van Vliet A H M. Next generation sequencing of microbial transcriptomes: challenges and opportunities[J]. FEMS microbiology letters, 2010, 302 (1): 1-7.

[128] Vogt G. Life-cycle and functional cytology of the hepatopancreatic cells of Astacus astacus (Crustacea, Decapoda) [J]. Zoomorphology, 1994, 114 (2): 83-101.

[129] Wang L, Fang Q, Zhu J Y, et al. Molecular cloning and functional study of calreticulin from a lepidopteran pest, Pieris rapae[J]. Developmental and Comparative Immunology, 2012, 38: 55-65.

[130] Watanabe T, Kono M, Aida K, et al. Isolation of cDNA encoding a putative chitinase precursor in the kuruma prawn Penaeus japonicus[J]. Molecular marine biology and biotechnology, 1996, 5 (4): 299-303.

[131] Watanabe T, Kono M. Isolation of a cDNA encoding a chitinase family protein from cuticular tissues of the Kuruma prawn *Penaeus japonicus*[J]. Zool Sci, 1997, 14: 65-68.

[132] Wen X B, Chen L Q, Ai C X, et al. Variation in lipid composition of Chinese mitten-handed crab, Eriocheir sinensis during ovarian maturation[J]. Comparative Biochemistry and Physiology Part B: Biochemistry and Molecular Biology, 2001, 130 (1): 95-104.

[133] Xu Q, Liu Y. Gene expression profiles of the swimming crab Portunus trituberculatus exposed to salinity stress[J]. Marine Biology, 2011, 158 (10): 2161-2172.

[134] Yamada M, Murata T, Hirose S, et al. Temporally restricted expression of transcription factor betaFTZ-F1: significance for embryogenesis, molting and metamorphosis in Drosophila melanogaster[J]. Development, 2000, 127 (23): 5083-5092.

[135] Yang W J, Okuno A, Wilder M N. Changes in free amino acids in the hemolymph of giant freshwater prawn Macrobrachium rosenbergii exposed to varying salinities: relationship to osmoregulatory ability[J]. Comparative Biochemistry and Physiology Part A: Molecular & Integrative Physiology, 2001, 128 (2): 317-326.

[136] You M, et al. Identification and molecular characterization of a chitinase from the hard tick Haemaphysalis longicornis[J]. Biol Chem, 2003, 278: 8556-8563.

[137] Yuasa H J, Suzuki T, Yazawa M. Structural organization of lower marine nonvertebrate calmodulin genes[J]. Gene, 2001, 279 (2): 205-212.

[138] Zarubin T P, Chang E S, Mykles D L. Expression of recombinant eyestalk crustacean hyperglycemic hormone from the tropical land crab, Gecarcinus lateralis, that inhibits Y-organ ecdysteroidogenesis in vitro[J]. Molecular Biology Reports, 2009, 36 (6): 1231-1237.

[139] Zayzafoon M. Calcium/calmodulin signaling controls osteoblast growth and differentiation[J]. Journal of cellular biochemistry, 2006, 97 (1): 56-70.

[140] Zhang J, Sun Y, Li F, et al. Molecular characterization and expression analysis of chitinase (Fcchi-3) from Chinese shrimp, *Fenneropenaeus chinensis*[J]. Molecular biology reports, 2010, 37 (4): 1913-1921.

[141] Zhang J, Zhang X, Arakane Y, et al. Comparative genomic analysis of chitinase and chitinase-like genes in the African malaria mosquito (*Anopheles gambiae*) [J]. PloS one, 2011, 6: e19899.

[142] Zhang J, Zhang X, Arakane Y, et al. Comparative genomic analysis of chitinase and chitinase-like genes in the African malaria mosquito (*Anopheles gambiae*) [J]. PLoS ONE, 2011, 6 (5): e19899.

[143] Zhang JQ, Sun YY, Li FH, et al. Molecular characterization and expression analysis of chitinase (Fcchi-3) from Chinese shrimp, *Fenneropenaeus chinensis*[J]. Molecular Biology Reports, 2010, 37: 1913-1921.

[144] Zhang S, Jiang S, Xiong Y, et al. Six chitinases from oriental river prawn Macrobrachium nipponense: cDNA characterization, classification and mRNA expression during post-embryonic development and moulting cycle[J]. Comparative Biochemistry and Physiology Part B: Biochemistry and Molecular Biology, 2014, 167: 30-40.

[145] Zhang SY, Jiang SF, Xiong YW, et al. Six chitinases from oriental river prawn

Macrobrachium nipponense: cDNA characterization, classification and mRNA expression during post-embryonic development and moulting cycle[J]. Comparative Biochemistry and Physiology B-Biochemistry & Molecular Biology, 2014, 167: 30-40.

[146] Zheng J Q. Turning of nerve growth cones induced by localized increases in intracellular calcium ions[J]. Nature, 2000, 403 (6765): 89-93.

[147] Zhu Q, Arakane Y, Banerjee D, et al. Domain organization and phylogenetic analysis of the chitinase-like family of proteins in three species of insects[J]. Insect biochemistry and molecular biology, 2008, 38 (4): 452-466.

[148] Zhu QS, Arakane Y, Banerjee D, et al. Domain organization and phylogenetic analysis of the chitinase-like family of proteins in three species of insects[J]. Insect Biochemistry and Molecular Biology, 2008, 38: 452-466.

[149] ZuÈhlke R D, Pitt G S, Deisseroth K, et al. Calmodulin supports both inactivation and facilitation of L-type calcium channels[J]. Nature, 1999, 399 (6732): 159-162.

[150] 丁炜东,曹丽萍,曹哲明. 黄鳝 AQP1 cDNA 的克隆与表达分析 [J]. 华北农学报, 2012, 27: 6-11.

[151] 傅洪拓,万山青,付春鹏,等. 青虾生长性状相关的微卫星标记筛选 [J]. 水生生物学报, 2010, 34 (5): 1043-1048.

[152] 刘逸尘. 中国明对虾体内凝结作用相关免疫基因的克隆与表达研究 [D]. 中国科学院海洋研究所博士毕业论文, 2005, P3, P95 - 103.

[153] 吕黎,宁黔冀. 甲壳动物几丁质酶基因结构与功能的研究进展 [J]. 生理科学进展, 2011, 6: 457-459.

[154] 吴琼,孙超,陈士林,等. 转录组学在药用植物研究中的应用 [J]. 世界科学技术:中医药现代化, 2010 (3): 457-462.

[155] 张天时,刘萍,李健,等. 中国对虾与生长性状相关微卫星 DNA 分子标记的初步研究 [J]. 海洋水产研究, 2006, (05): 34-38.

[156] 张庆利. 中国明对虾免疫系统中抗氧化相关基因的克隆与表达分析 [D]. 博士学位论文, 中国科学院海洋研究所, 2007.

[157] 徐文斐,刘萍,李吉涛,等. 脊尾白虾 (*Exopalaemon carinicauda*) vasa 基因 [J]. 海洋与湖沼, 2014, 45 (3).

[158] 李大琪,杜建中,张建琴,等. 东亚飞蝗几丁质酶家族基因的表达特性与功能研究 [J]. 中国农业科学, 2011, 44 (3): 485-492.

[159] 杨其彬,叶乐,温为庚,等. 盐度对斑节对虾蜕壳、存活、生长和饲料转化率的影响 [J]. 南方水产, 2008, 4 (1): 16-21.

[160] 段亚飞,刘萍,李吉涛,等. 脊尾白虾组织蛋白酶 L 基因的克隆及其表达分析 [J]. 动物学研究, 2013, 34 (1): 39-46.

[161] 沈洁，朱冬发，胡则辉，等．三疣梭子蟹蜕皮周期的分期 [J]．水产学报，2011，35（10）：1481-1487．

[162] 王冲，姜令绪，王仁杰，等．盐度骤变和渐变对三疣梭子蟹幼蟹发育和摄食的影响 [J]．水产科学，2010，29（9）：510-514.

[163] 陈丽娥，谢浩．ClC 型氯离子通道的研究 [J]．生命的化学，2010，30（4）：545-549.

[164] 陈少波，吴根福．几丁质酶研究进展 [J]．科技通报，2004，20（3）：258-262.

[165] 隋延鸣，高保全，刘萍，等．三疣梭子蟹“黄选 1 号”盐度耐受性及适宜生长盐度分析 [J]．大连海洋大学学报，2012，27（5）：398-401.

[166] 韩晓琳，高保全，王好锋，等．低盐胁迫对三疣梭子蟹鳃和肝胰腺显微结构及家系存活的影响 [J]．渔业科学进展，2014，35（1）：104-110.

第9章

三疣梭子蟹盐度适应性研究

1. 盐度对三疣梭子蟹鳃和肝胰腺显微结构的影响

三疣梭子蟹(*P. trituberculatus*)是我国重要的渔业捕捞对象和海水养殖对象(吴常文等 1996)。近年来,随着三疣梭子蟹养殖规模的不断扩大,受品种、环境和病害等因素的影响,给该产业造成了重大的损失(王国良等 2006)。因此,培育出生长迅速、抗逆能力强的新品系已经成为三疣梭子蟹健康养殖发展的关键。本课题组自 2005 年开始,以群体选育和家系选育为基础,结合现代分子生物技术,历经 3 年的努力培育出的具有明显生长优势的三疣梭子蟹新品种——“黄选 1 号”,2010 年与未经选育的普通品种相比,其生长速度提高 20.12%,成活率提高 51.24%,产量提高 71.24%。目前以家系为研究对象进行选育工作的研究已经开展(高保全等,2010)。盐度作为一种与渗透压密切相关的环境因子,对三疣梭子蟹的呼吸代谢、生长、存活及免疫防御有显著的影响。三疣梭子蟹对盐度变化的适应主要是通过对离子浓度及渗透压的调节来实现的,这种调节主要是由鳃来完成。肝胰腺作为甲壳动物重要的组成部分之一,研究表明,当盐度过低时,会直接影响到肝胰腺的生理功能(Li 等,2008;黄凯等,2007)。本研究的主要目的是通过分析低盐胁迫对三疣梭子蟹鳃和肝胰腺显微结构的影响,从组织学角度进一步证实三疣梭子蟹对低盐的适应情况。

根据周一平(2003)报道的方法计算半致死浓度 LD_{50}。所有实验数据均以平均值 ± 标准差表示,采用 SPSS 软件进行单因素方差分析,$P<0.05$ 为差异显著,$P<0.01$ 为差异极显著。

1.1 低盐胁迫对三疣梭子蟹鳃丝显微结构的影响

与其他甲壳动物一样,三疣梭子蟹的鳃(图 1-a, b)是由起支持输导作用的鳃轴及鳃轴两侧互相平行的鳃丝组成，鳃丝是最基本的功能单位，其壁由柱状细胞和单层扁平上皮及其分泌的极薄角质膜构成，鳃丝壁围成的腔为中央腔。鳃上皮细胞向鳃腔突起形成"隔"，将鳃腔分为许多小通道，通道内含有游离的血细胞。正常的鳃外部形态整齐规则，无扭曲增生情况，鳃丝之间没有分泌物(李太武等 1995;周双林等 2001)。

低盐胁迫 72 h 后，在盐度 15.0 处理组，三疣梭子蟹鳃腔中的血细胞明显增多，上皮层变薄并出现溶解现象(图 1-c, d)；在盐度 13.0 处理组，三疣梭子蟹鳃丝呈现不规则增厚，鳃腔相对扩大，其中血细胞明显增多；部分上皮细胞脱离角质膜形成大的空泡(图 1-e, f)；在盐度 11.0 处理组中，上皮细胞排列不规则，并与数量较多的血细胞充

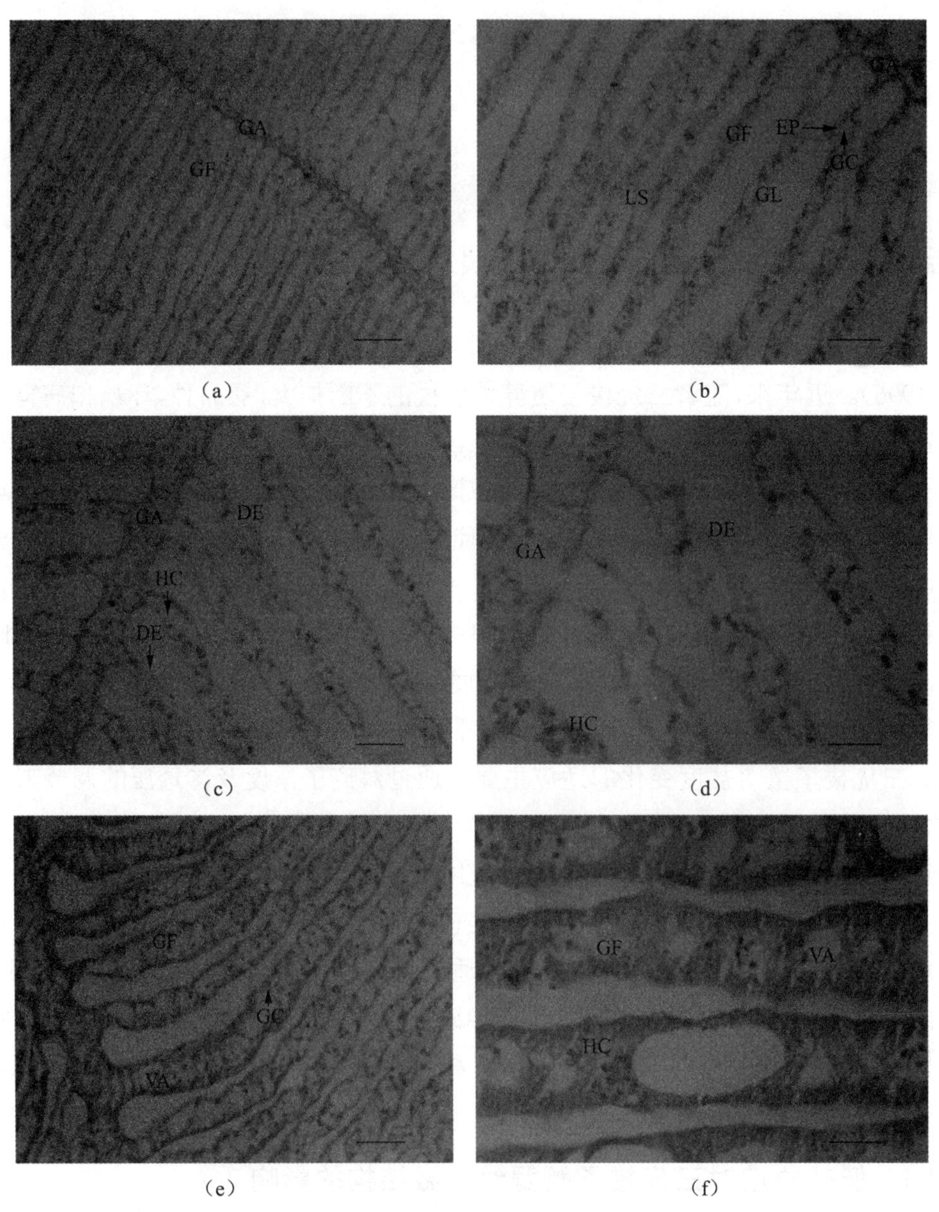

图 1 低盐胁迫对三疣梭子蟹鳃显微结构的影响(Ⅰ)

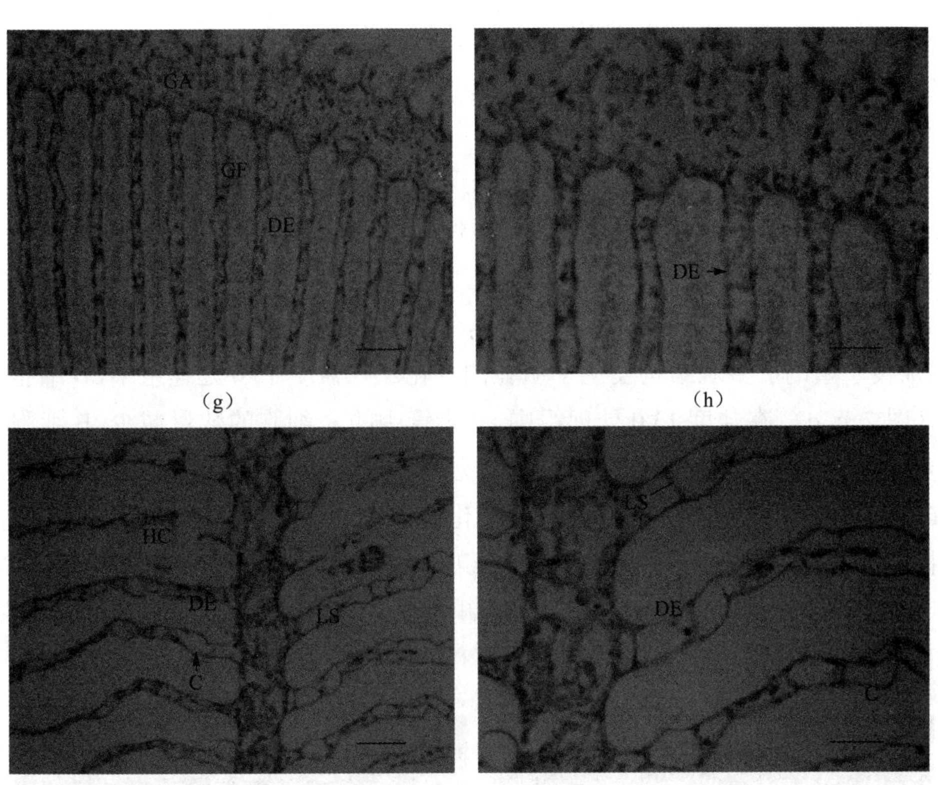

图1 低盐胁迫对三疣梭子蟹鳃显微结构的影响(Ⅱ)

图示说明:
对照组:a: ×40,标尺 = 100 μm;b: ×100,标尺 = 100 μm;
盐度15.0处理组:c: ×100,标尺 = 100 μm;d: ×200,标尺 = 100 μm;
盐度13.0处理组:e: ×100,标尺 = 100 μm;f: ×200,标尺 = 100 μm;
盐度11.0处理组:g: ×100,标尺 = 50 μm;h: ×200,标尺 = 100 μm;
盐度9.0处理组:i: ×100,标尺 = 100 μm;j: ×200,标尺 = 100 μm;
GA:鳃轴;GF:鳃丝;GC:鳃腔;LS:鳃腔隔;HC:血细胞;C:角质膜;EP:上皮层细胞;VA:空泡;DE:上皮细胞溶解

于血腔中(图1-g,h)。在盐度9.0处理组,上皮层的角质膜呈现波状拱起,上皮层严重解体,只剩一层角质层(图1-i,j)。总之,随着盐度的降低,整个鳃丝出现不规则增厚,血腔增大,血细胞增多,上皮层破坏直至解体。

1.2 低盐胁迫对三疣梭子蟹肝胰腺显微结构的影响

三疣梭子蟹的肝胰腺(图2-a,b)由许多分枝的肝小管组成,肝小管是肝胰脏的结构与功能单位,小管间为结缔组织。肝小管由位于基膜上的单层上皮细胞构成,高低不等,根据形态和功能的不同可分为4种细胞,即分泌细胞(B细胞)、吸收细胞(R细胞)、纤维细胞(F细胞)和胚细胞(E细胞)。其中B细胞体积较大,细胞的上皮表面染色较深,胞质染色较浅,胞质中含有一个大泡,占细胞体积的80%～90%,部分大泡中含少量絮状物质，因受大泡的挤压，细胞核多位于基部；R 细胞数量最多，位于基部，高柱状，核大而圆，基位，核内有 1-2 个核仁，胞质中含有多个小囊泡，囊泡内含均质物质；F 细胞散布在 R 细胞与 B 细胞之间，细胞呈柱状，胞质嗜碱性强，细胞中的液泡多位于细胞中下方，能和 B 细胞区分开，核圆形，核仁明显；E 细胞数量少、体积小，多边形或近方形，排列紧密，核大而圆，胞质嗜碱性强，染色较深，分布在其他三种细胞的基部（李太武等 1996；楼丹等 2010）。

对照组三疣梭子蟹的肝小管基膜较厚，细胞结构正常（图 2-a，b）。低盐胁迫 72 h 后，三疣梭子蟹的肝胰腺结构发生了明显的变化。在盐度 15.0 处理组中，B 细胞数量增多，（图 2-c，d）；在盐度 13.0 处理组中，肝小管中的 R 细胞的数量减少，B 细胞数量进一步增多，柱状上皮细胞的细胞质内出现许多空泡，有的细胞核破碎或者崩裂（图 2-e，f）；在盐度 11.0 处理组中，肝细胞空泡化现象更为严重，肝小管基膜被破坏，同时细胞排列紊乱（图 2-g，h）。在盐度 9.0 处理组中，B 细胞中转运泡数量增多，体积增大，肝细胞中的空泡更多，细胞结构损伤严重，出现细胞内的物质外泄和血细胞浸润等现象（图 2-i，j）。

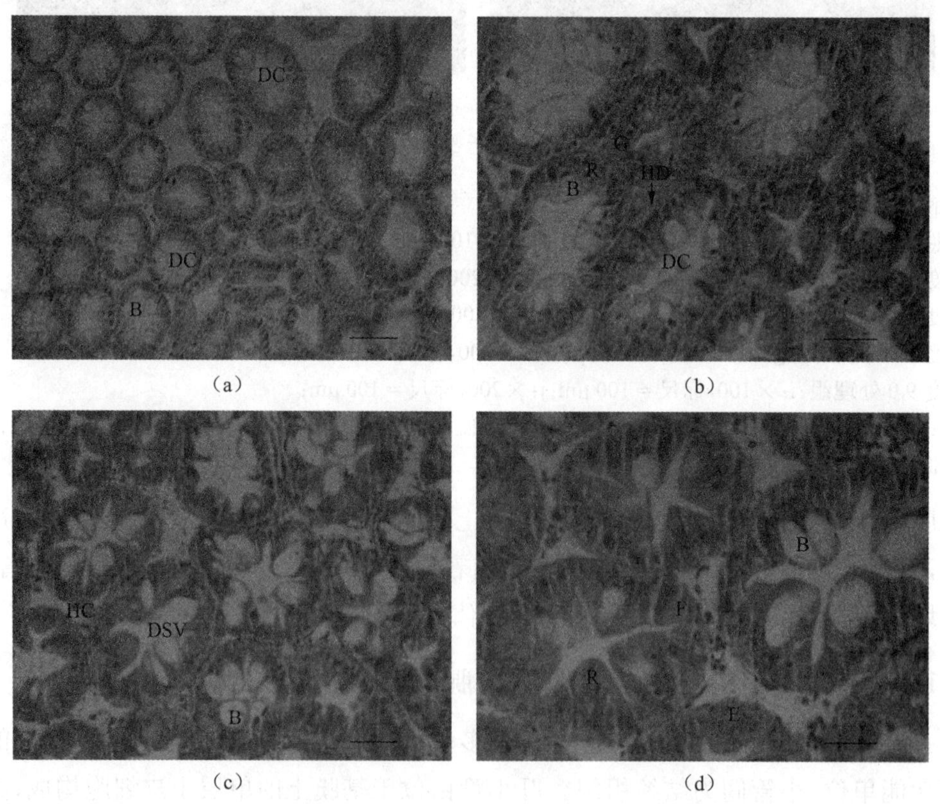

图 2 低盐胁迫对三疣梭子蟹肝胰腺显微结构的影响（Ⅰ）

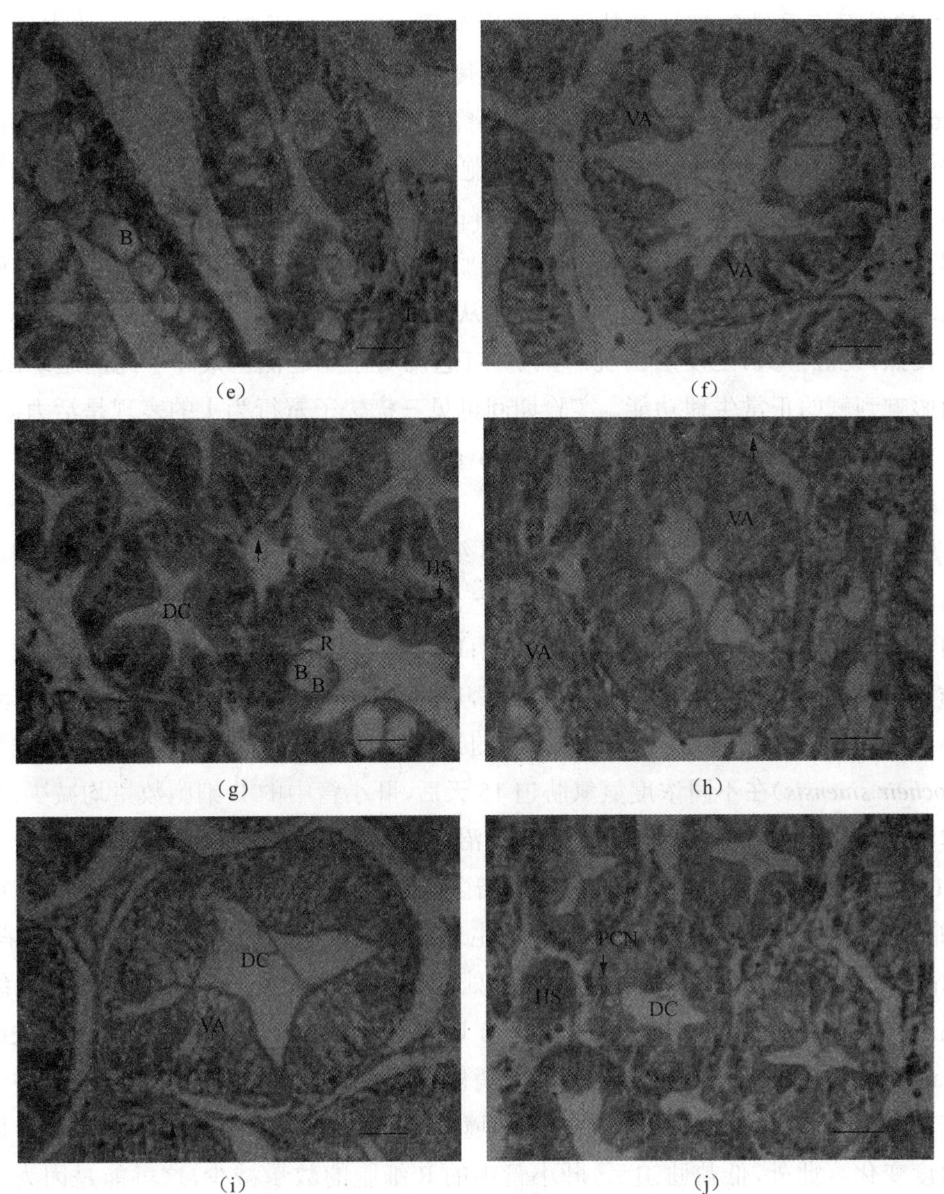

图 2 低盐胁迫对三疣梭子蟹肝胰腺显微结构的影响(Ⅱ)

图示说明:
对照组:a: ×40,标尺 = 100 μm;b: ×100,标尺 = 100 μm;
盐度 15.0 处理组:c: ×100,标尺 = 100 μm;d: ×200,标尺 = 100 μm;
盐度 13.0 处理组:e: ×200,标尺 = 100 μm;f: ×200,标尺 = 100 μm;
盐度 11.0 处理组:g: ×200,标尺 = 100 μm;h: ×200,标尺 = 100 μm;
盐度 9.0 处理组:i: ×200,标尺 = 100 μm;j: ×200,标尺 = 100 μm;
B:B 细胞;R:R 细胞;F:F 细胞;E:E 细胞;HD:肝管;DC:管腔;HC:血细胞;VA:空泡;DSV:解体的分泌小泡;PCN:固缩的细胞核;HS:血窦

鳃是三疣梭子蟹的重要器官,可以在水中进行气体交换,调节渗透压和调节离子平衡。水环境中的污染物还有环境盐度的急剧变化都有可能损伤甲壳动物的鳃组织(尤其是对膜系统的破坏),从而严重影响甲壳动物的正常呼吸作用、体内离子平衡及其渗透调节作用,降低甲壳动物的盐度适应能力,影响其生存(卢敬让等,1991;Heerden et al,2004;Koch et al,1954)。本研究发现,盐度15.0、13.0和11.0处理组的三疣梭子蟹鳃腔内血细胞数目增多,上皮细胞变薄,鳃丝增厚,鳃腔扩大,但是基本结构没有发生太大改变,表明水环境中盐度的降低在一定程度上降低了三疣梭子蟹鳃组织渗透调节的能力,上皮层细胞通透性增加,大量水分渗入鳃腔导致鳃腔增大,鳃丝明显增粗。引起鳃上皮细胞的肿胀、增生。从盐度9.0组开始,随着盐度的进一步降低,鳃丝发黑,鳃腔扩大,上皮层出现严重解体,这说明盐度过低已破坏了鳃的组织结构,进而影响到鳃的正常生理功能。实验期间可见三疣梭子蟹行为上的表现是活力减弱,摄食量减少。这与潘鲁青等(2008)、Lappivaara等(1995)和赵艳民等(2008)的研究结果一致。

甲壳动物的肝胰腺主要由E细胞、B细胞、R细胞和F细胞4种细胞构成。通常认为E细胞的功能是通过分裂和分化产生其他类型的细胞;B细胞不仅具有分泌作用,还具有消化和吸收营养物质的功能;R细胞除具有吞噬作用外,还可储藏营养物质;F细胞能够合成消化酶(李富花等,1998;Al-Mohanna et al, 1987)。甲壳动物在不同的胁迫条件下肝小管中各种细胞的比例会出现不同的变化趋势:中华绒螯蟹(*Eriocheir sinensis*)在不同浓度氨氮胁迫15天后,肝小管中的B细胞数量均减少,转运泡体积却明显增大(洪美玲等 2007);马氏沼虾(*Macrobrachium malcolmsonii*)在硫丹胁迫21天后,肝小管中的R细胞数目急剧增多(Bhavan et al, 2000)。有研究表明,甲壳动物的渗透调节过程是一种消耗能量的生理过程,低盐条件下耗能增加(朱春华等,2002;王兴强等,2006)。在本研究中,4个处理组中三疣梭子蟹的肝胰腺与对照组相比,肝小管中B细胞数量增多,这可能是与B细胞是消化酶合成的主要部位有关(Al-Mohanna et al,1986;Thomas et al,1988)。消化酶的大量合成与释放加快肝小管中营养的流动,因此可以为三疣梭子蟹在低盐环境中提供更多的能量进行渗透压调节,以适应盐度变化。此外,低盐胁迫后,肝小管中的R细胞的数量减少,这可能是因为三疣梭子蟹在低盐环境中需要更多的能量进行渗透压调节,从而R细胞中的营养储存变少。这与李二超等(2008)对不同盐度中的凡纳滨对虾肝细胞的观察相一致。随着盐度的进一步降低,肝细胞中的空泡增多,严重的甚至出现溶解现象,肝细胞解体,这说明盐度过低已破坏了肝胰腺的正常组织结构,进而影响到三疣梭子蟹的存活率。

(作者:韩晓琳,高保全,王好锋,刘萍,陈萍,李华)

2. 低盐对不同三疣梭子蟹群体幼蟹发育的影响

盐度是影响三疣梭子蟹生长的重要因素,盐度的大小会直接影响到三疣梭子蟹的存活、变态、生长、摄食和活力等。目前关于盐度对甲壳动物的影响已经有很多的研究。苏新红的研究发现细角滨对虾(*L. stylirostris*)仔虾最低适应盐度为 10.0-14.0，不同的盐度和发育阶段与成活率显著相关(Su et al,2005)。Ponce-palafox 等(1997)研究发现凡纳滨对虾(*P. vannamei*)幼虾在盐度 33.0～40.0，温度为 28 ℃～30 ℃的水体中能够有最高的存活率并且生长最快。马英杰(1999)在低盐度突变对中国对虾(*P. chinensis*)仔虾存活率影响的研究中发现，当盐度降低的幅度为 3～5/d 时，部分仔虾可在盐度为 0.0 的淡水中存活数天，盐度的变化对仔虾体内的氨基酸、脂肪酸和维生素的含量均有影响。王冲在盐度骤变和渐变对三疣梭子蟹(*P. trituberculatus*)幼蟹发育和摄食影响的研究中发现，盐度渐变对幼蟹存活率、变态率和摄食量的影响小于相对应盐度下的骤变组，15.0～31.0 是最适合幼蟹生长发育的盐度(王冲等,2010)。但是关于盐度对不同群体的影响则少有报道，本书在此背景下研究了两种盐度(正常海水盐度 35.0，低盐度 11.7)对两个不同的三疣梭子蟹群体的Ⅱ期幼蟹的影响，以期为三疣梭子蟹低盐品系的培育提供数据支持。

实验所用三疣梭子蟹(Ⅱ期幼蟹)为中国水产科学研究院黄海水产研究所经过群体选育出的“黄选 1 号”和来自胶州的低盐适应群体(在盐度 20.0 的海水中生长和繁殖)，实验于 2012 年 5 月在山东省昌邑市海丰水产养殖有限责任公司进行，正式实验前于养殖车间暂养 72 h，养殖水温为 25±0.5 ℃，盐度为 35.0，pH 8.0，暂养期间连续充气，每天定时投喂消毒过的活体卤虫，换水清污，暂养期间淘汰掉活力不强的个体。

半致死胁迫实验：盐度设置 35.0 (对照组)、15.0、13.0、11.0 和 9.0 共 5 个梯度，每组含 3 个平行，每个平行放养野生亲蟹培育的Ⅱ期幼蟹 40 只。低盐胁迫实验：根据半致死胁迫实验计算出的结果，实验设置盐度为正常盐度 35.0 和低盐度 11.7。每组含 3 个平行，每个平行放养幼蟹 30 只，实验时间为 20 天，每日投喂消毒过的活体卤虫，于投喂前检查并记录幼蟹的摄食、活动、变态及死亡情况，清污，定期更换相应盐度的新鲜海水，实验期间连续充气。根据变态情况测量每期幼蟹的体重及全甲宽。各实验组的简称见表 1。

表 1 四个实验组的简称

组别	盐度 35.0	盐度 11.7
“黄选 1 号”	HJ35	HJ11
低盐群体	LS35	LS11

根据周一平报道的方法计算低盐半致死盐度 LD_{50}。数据统计用 SPSS 17.0 统计分析软件进行单因素方差分析，当 $P<0.05$ 表示差异显著。

2.1 不同盐度胁迫下幼蟹的死亡情况

死亡率为不同盐度下各组幼蟹的死亡个数与实验开始时该组幼蟹总数的百分比。不同低盐水体中的死亡情况见表 2。随着盐度的降低，幼蟹的耐受力逐渐下降，死亡率逐渐上升。120 h 时各实验组均有幼蟹发生变态。对实验结果进行统计处理，所得线性回归方程经卡方检验均合适，24，48，72，96 和 120 h 的低盐半致死盐度 LD_{50} 值分别为 8.0，8.8，9.6，10.0 和 11.7，见表 3。

表 2　不同低盐度下三疣梭子蟹的死亡率

盐度	数量(只)	死亡率(%)					
		0 h	24 h	48 h	72 h	96 h	120 h
35.0	40.0	0.00	0.00	0.00	0.00	0.00	0.00
15.0	40.0	0.00	0.00	2.50	2.50	7.50	27.50
13.0	40.0	0.00	2.50	7.50	10.00	10.00	35.00
11.0	40.0	0.00	15.00	25.00	32.50	37.50	60.00
9.0	40.0	0.00	30.00	45.00	57.50	65.00	75.00

表 3　三疣梭子蟹对低盐的耐受性

时间(h)	线性回归方程($y=bx+a$)	相关系数(R)	低盐半致死盐度(LD_{50})
24	$y=8.06-8.918x$	0.962	8.0
48	$y=7.713-8.162x$	0.972	8.8
72	$y=9.219-9.399x$	0.977	9.6
96	$y=8.981-9.002x$	0.956	10.0
120	$y=6.697-6.077x$	0.982	11.7

盐度是影响甲壳动物幼体存活率和发育速度的环境因子，也是影响其分布的重要因素(Giménez et al，2003)。三疣梭子蟹广泛分布于中国、朝鲜、日本和马来西亚群岛等海域，其中在我国的分布最为广泛，北起辽东半岛、山东半岛，南至福建、广东、广西，是中国重要的渔业资源，是一种广盐性蟹类(堵南山，1993)。王冲等在盐度骤变和渐变对三疣梭子蟹幼蟹发育和摄食的影响的研究中表明，盐度骤变 20.0 或以上时，会显著影响Ⅰ期和Ⅱ期幼蟹的存活率(王冲等，2010)。本实验室隋延鸣等人的研究表明，通过逐级淡化，三疣梭子蟹Ⅱ期幼蟹可在盐度 6.7 的水环境中存活生长。

2.2　低盐对两种群体幼蟹存活率的影响

存活率为不同盐度下各组幼蟹的存活个数与实验开始时该组幼蟹总数的百分比。以半致死胁迫实验所得的 120 h 的低盐半致死盐度 LD_{50} 值(11.7)为评价指标，检测两个群体在低盐下的存活状况。结果见图 3。在实验的初期(1～2 天)，“黄选 1 号”在低盐 11.7 的存活率明显下降($P<0.05$)，之后(3～6 天)的死亡速度减缓，存活率与其他三组无显著差异($P>0.05$)，实验后期(8～13 天)的存活率明显低于其他三组($P<0.05$)。“黄选 1 号”在正常盐度 35.0 的存活率在 7～9 天开始出现明显的优势($P<0.05$)，在盐度胁迫后期(15～20 天)，“黄选 1 号”在盐度 35.0 的存活率依旧高于其他三组($P<0.05$)。低盐群体在盐度 35.0 和盐度 11.7 的存活率并无明显差异($P>0.05$)。HJ35、HJ11、LS35 和 LS11 在 20 天时的存活率分别为 52.22%、20.00%、

27.98% 和 32.22%。

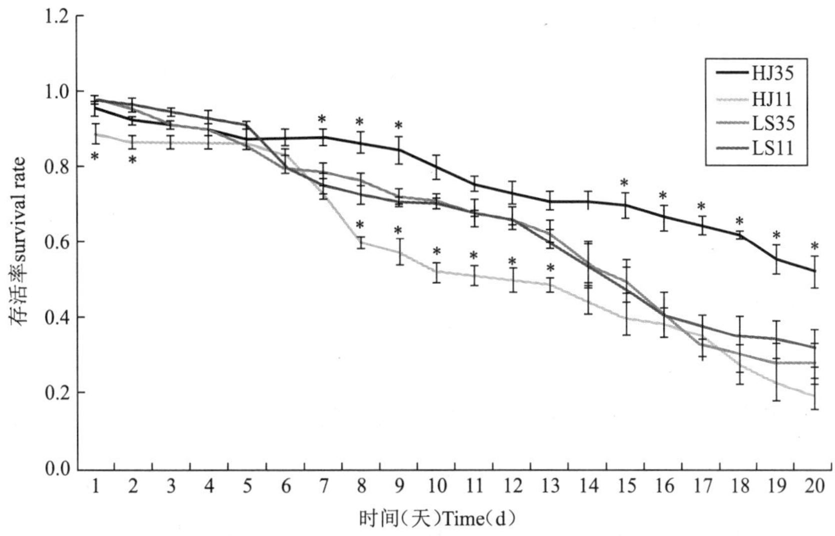

图 3 不同群体幼蟹在不同盐度中的存活率

注:同一时间点存活率差异显著的用星号 * 标记。下同。

2.3 低盐对两种群体幼蟹变态率的影响

变态率为不同盐度下各组幼蟹的变态个数与实验开始时该组幼蟹总数的百分比。

两个群体幼蟹在不同盐度环境下的变态状况见图 4。结果表明,“黄选 1 号”在盐度 35.0 的变态率始终最高,约有 53.33% 的个体变为Ⅴ期,明显高于其他三组($P<0.05$);相反的,“黄选 1 号”在盐度 11.7 每期的变态率均为最低,仅有 10.00% 的个体变为Ⅴ期。低盐群体在盐度 35.0 的幼蟹仅有 16.67% 的个体变为Ⅴ期;盐度 11.7 的低盐群体的Ⅴ期变态率为 13.33%。实验过程中两个群体的幼蟹在低盐环境中会出现蜕壳未遂死亡和蜕壳周期较长等现象,蜕壳同步性较差。

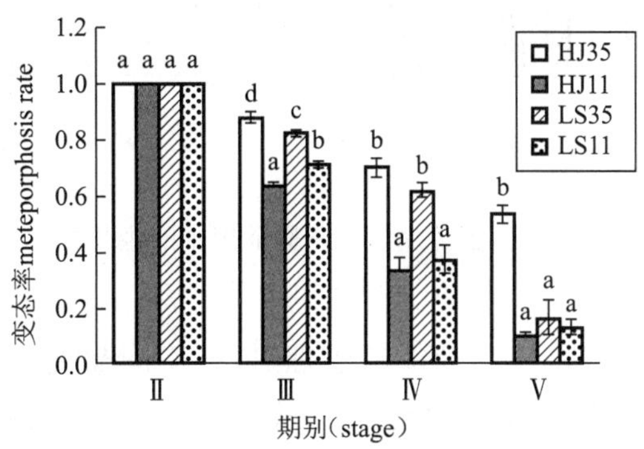

图 4 不同群体幼蟹在不同盐度中的变态率

Romano 等(2006)的研究发现,高盐和低盐均能使远海梭子蟹(*Portunus pelagicus*)

的蜕壳速度减缓，蜕壳增重减小，特定生长率降低，在盐度10.0～40.0下的死亡大多是MDS（molt death syndrome）死亡。赵晓红等（2001）的研究报道，在一定范围内降低盐度有益于中华绒螯蟹（*Eriocheir sinensis*）Z1期幼体变态。王冲等（2010）在盐度骤变和渐变对三疣梭子蟹幼蟹发育和摄食的影响的研究中表明，盐度骤降16.0或骤升8.0时，会显著影响幼蟹的变态率；路允良等（2012）报道，盐度对三疣梭子蟹的摄食、生长和能量利用有显著影响，幼蟹盐度适应过程为耗能过程，低盐下，蜕壳受到抑制，生长缓慢，该研究认为养殖生产中将水体盐度控制在25.0左右有利于生长，低盐胁迫会导致甲壳动物蜕壳的同步性降低。甲壳类在蜕壳前后的活力十分微弱，易被残食，这也是导致存活率低的原因（Ye et al，2010）。

2.4 不同盐度对两种群体幼蟹生长的影响

两种群体幼蟹在不同盐度环境下的生长状况见图5。结果表明，Ⅱ期幼蟹全甲宽、体重均无显著性差异（$P>0.05$）。Ⅲ、Ⅳ、Ⅴ期幼蟹的体重和全甲宽大小均呈现为HJ35＞LS35＞LS11＞HJ11。两种群体在正常盐度35.0的生长均比在低盐11.7的生长具有优势（$P<0.05$），低盐11.7时，低盐群体的幼蟹比“黄选1号”的幼蟹生长较好，但无显著差异（$P>0.05$）。到Ⅴ期时，“黄选1号”在盐度35.0的全甲宽和体重均显著大于其他三组（$P<0.05$）。实验结束时，“黄选1号”在盐度35.0的全甲宽和体重分别为20.43±1.21 mm、0.53±0.05 g；在盐度11.7的全甲宽和体重分别为17.47±1.11 mm、0.32±0.04 g。低盐群体在盐度35.0的全甲宽和体重分别为18.79±1.61 mm、0.43±0.05 g；在盐度11.7的全甲宽和体重分别为17.69±0.93 mm、0.35±0.06 g。

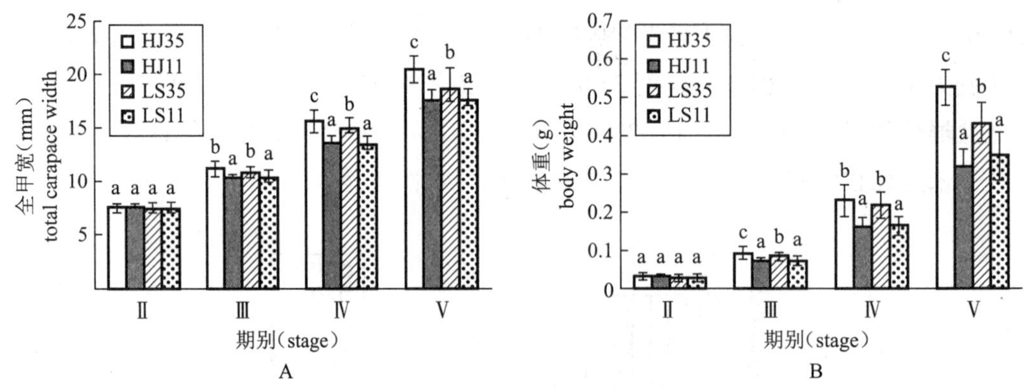

图5 不同群体幼蟹在不同盐度中的生长指标

A：全甲宽；B：体重。

甲壳动物的渗透调节是一个耗能的生理过程，不同盐度下的渗透调节会消耗不同的能量（朱春华，2002；吕慧明等，2009）。Romano等（2006）报道，高盐下的远海梭子蟹（*P. pelagicus*）的摄食减少，生长减慢。王兴强等（2006）的研究发现，凡纳滨对虾（*P. vannamei*）在低盐下的耗能增加，能量利用率降低。王冲等（2010）在盐度骤变和渐变对三疣梭子蟹幼蟹发育和摄食的影响的研究中表明，盐度渐变条件下存活幼蟹的平均摄食明显高于骤变下幼蟹的摄食量，盐度骤变时，幼蟹难以迅速适应，从而表现为摄食量降低，说明幼蟹可较好地适应盐度的逐渐变化；骤变实验盐度 15.0～31.0，渐变实验盐度 11.0～31.0，幼蟹均具有较高的存活率、变态率和摄食量，因此，认为 15.0～31.0 是三疣梭子蟹幼蟹生长发育的适宜盐度。

本实验比较了两个具有不同遗传背景的三疣梭子蟹群体Ⅱ期幼蟹在低盐下的存活与发育情况，结果表明，“黄选 1 号”在低盐 11.7 与在正常盐度 35.0 的存活率明显下降，低盐群体在低盐 11.7 与在正常盐度 35.0 的存活率差异不明显；低盐 11.7 时的两个群体幼蟹的变态率与生长指标均显著低于正常盐度 35.0（$P<0.05$）。正常盐度 35.0 下的“黄选 1 号”的存活率、变态率和生长指标均好于低盐群体，低盐 11.7 下的低盐群体的存活率、变态率和生长速度均好于“黄选 1 号”。两个群体各有优势，低盐群体适应低盐胁迫的能力较强，在正常盐度下，“黄选 1 号”的幼蟹在存活率、变态率、全甲宽和体重等方面优于低盐群体。说明了盐度对不同遗传背景的三疣梭子蟹群体幼蟹的影响存在差异，这为今后的三疣梭子蟹选育工作提供了一定的理论支持，也为解决众多三疣梭子蟹盐度耐受性研究结果的争议提供了参考。在以后的研究工作中通过不同盐度对更多不同来源的群体进行选育构建更多的家系，以期为新品系的培育提高效率。

（作者：韩晓琳，刘萍，李健，高保全）

3. 不同家系间耐低盐能力的初步比较

三疣梭子蟹的主要生长环境是海水，经常活动在 30 m 左右的沙质海底，它可以在 13～38 的盐度中生存，其中最适合的盐度为 20～35。在繁殖交配的季节，会洄游到河口或者离海岸较近的浅海港的海湾附近进行繁殖，此为生殖洄游（戴爱云等，1977）。三疣梭子蟹在世界范围主要分布于东亚，在我国主要分布在辽宁、山东半岛和东南沿海地区，是中国重要的渔业资源（戴爱云等，1986）。

盐度是一种与渗透压极其相关的环境因子，也是三疣梭子蟹生存环境中一个非常重要的水质因子，对三疣梭子蟹的生长、呼吸代谢、免疫防御、存活都有着非常重要的影响（周双林等，2001）。另外，我国长江口、黄河口近海尚有几十万亩低盐养殖池塘未利用，因此将三疣梭子蟹遗传育种工作与水质环境（盐度）结合，进行耐低盐品种的培育显得十分重要。本实验通过低盐胁迫对各家系进行抗逆实验，比较各家系耐低盐的能力，选育出耐低盐能力强的家系。之后通过连续选育提高家系内三疣梭子蟹耐低盐的能力，为培育三疣梭子蟹耐低盐品系奠定基础。

实验所用三疣梭子蟹（80 日龄）为中国水产科学研究院黄海水产研究所经过群体和家系选育出的“黄选 1 号”和 10 个家系（J1，J2，J3，J4，J5，J6，J7，J8，J9，J10），实验于 2011 年 7 月 27 日在山东省昌邑市海丰水产养殖有限责任公司进行，正式实验前于养殖车间暂养 72 h,暂养期间连续充气,每天定时投喂蓝蛤,换水清污,暂养期间淘汰掉活力不强的个体。

半致死低盐胁迫实验:随机选取大小一致的健康三疣梭子蟹("黄选 1 号")。实验共设 5 组,盐度分别为 35.0 (对照组)、15.0、13.0、11.0、9.0,每组 3 个平行,每个平行 30 只三疣梭子蟹。实验期间正常投喂,连续充气,保持恒温;分别于 24,48,72 h 记录死亡情况,及时取出死亡个体。每个实验组于 72 h 随机选取 3 只三疣梭子蟹取样(鳃和肝胰腺),固定于 Davidson 溶液,24 h 后移入 70% 的乙醇长久保存,用于制作切片。根据半致死胁迫实验确定胁迫盐度。正式实验设置为 10 组,分别为 10 个三疣梭子蟹家系:J1, J2, J3, J4, J5, J6, J7, J8, J9, J10。每组含 3 个平行,一个对照,依据芮菊生(1980)的方法对固定样品进行处理。将固定样品用酒精系列脱水,二甲苯透明,石蜡包埋,LeicaRM 2145 型切片机切片,切片厚度 4～6 μm。Olympus 光学显微镜下观察并拍摄照片。

3.1 低盐胁迫对不同三疣梭子蟹家系存活率的影响

三疣梭子蟹在不同低盐水体中的死亡情况见表 4。由表 4 可知,随着盐度的降低,三疣梭子蟹的耐受力逐渐下降,死亡率逐渐上升。对实验结果进行统计处理,所得线性回归方程经卡方检验均合适,24,48,72 h 的低盐半致死盐度 LD_{50} 值分别为 8.1、9.6 和 11.1 (表 5)。

表 4 不同低盐度下三疣梭子蟹的死亡率

盐度	样品数量	死亡率(%)		
		24 h	48 h	72 h
35.0	30.0	0.00	0.00	0.00
15.0	30.0	16.67	24.44	31.11
13.0	30.0	25.56	37.78	41.11
11.0	30.0	34.44	42.22	47.78
9.0	30.0	37.78	56.67	64.44

表 5 三疣梭子蟹对低盐的耐受性

时间(h)	线性回归方程($y=bx+a$)	相关系数(R)	半致死盐度 LD_{50}
24	$y=3.361-3.697x$	0.935	8.1
48	$y=3.763-3.824x$	0.964	9.6
72	$y=4.817-4.602x$	0.948	11.1

3.2 低盐胁迫对不同三疣梭子蟹家系存活率的影响

以半致死低盐胁迫实验所得的 72 h 的 LD_{50} 值(盐度 11.1)为评价指标,检测 24 h、48 h 和 72 h 各家系对低盐的耐受性。三疣梭子蟹不同家系在低盐胁迫条件下各时间点的存活率结果见图 6。结果显示:10 个家系对低盐胁迫的耐受能力明显不同。24 h,

48 h 和 72 h 的存活率变化范围分别在 64.44%～80.00%，50.00%～68.89% 和 33.33%～60.00% 之间，72 h 时，J10 的存活率最高（$P<0.01$），为 60.00%，J1 的存活率最低（$P<0.01$），为 33.33%。各对照组（盐度 35.0）在实验期间均未出现死亡现象。

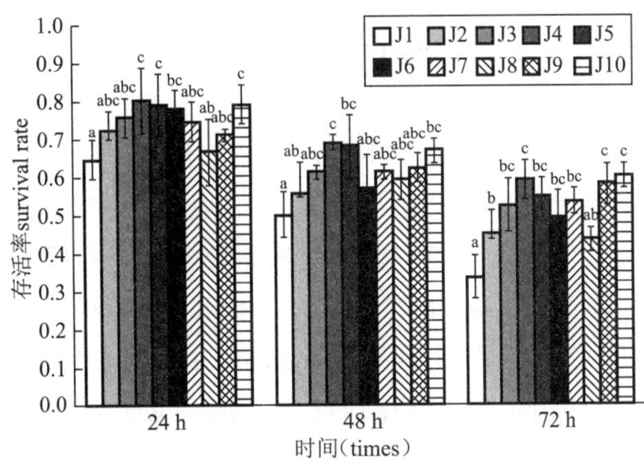

图 6　三疣梭子蟹不同家系在低盐条件下的存活率

注：同一时间点存活率差异显著的用不同字母标记（$P<0.05$）。

盐度是影响甲壳动物存活生长的重要因素之一，关于盐度对三疣梭子蟹生理生态学特征影响的研究已有很多报道，隋延鸣等（2012）的研究结果表明，盐度突变条件下，80 日龄成蟹 72 h 低盐半致死浓度为 8.56，盐度渐变条件下，80 日龄成蟹可在盐度 5.7 中存活。路允良等（2012）的研究结果表明，盐度对三疣梭子蟹的摄食、生长和能量利用有显著影响，低盐 15.0 组的食物转化效率、能量吸收效率和净生长效率均较低。王冲等（2010）的研究表明，15.0～31.0 为三疣梭子蟹幼蟹生长发育的适宜盐度。以上研究结果表明三疣梭子蟹是一种广盐性蟹类。

目前，随着养殖技术的不断完善，海水、淡水和半咸水养殖均得到了飞速的发展。其中海产甲壳动物的淡化养殖成为了水产养殖的发展趋势之一，一方面缓解了海水养殖对沿海海洋环境的污染，另一方面也促进内陆水产养殖业的发展（Li et al，2008）。三疣梭子蟹具有优异的养殖生物学特性和较宽的盐度耐受性，已经成为淡化养殖的一个亮点。有关三疣梭子蟹水环境方面的研究，主要是针对温度、pH 值、氨氮、盐度等的变化对三疣梭子蟹生长、存活、摄食、非特异性免疫因子及免疫指标的影响研究（胡毅等，2006；路允良等，2012；岳峰等，2010；吴丹华等，2010）。将遗传育种工作与水质环境相结合进行选育的研究工作尚未开展。本研究的结果表明，在盐度 11.1 的条件下，72 h 时，J1 的存活率最低，J10 的存活率最大，J4，J9 次之。有研究认为甲壳动物的盐度耐受性可能与盐度的适应时间、盐度范围、个体大小、发育阶段和饵料种类等的不同有关（王兴强等 2006），而本实验除了各试验组为不同的家系，其他实验条件均一致，因此，笔者推断家系间盐度耐受性的不同可能与遗传因素存在一定的关系。本实验室隋延鸣等（2012）的研究结果表明，在盐度逐渐降低的情况下，三疣梭子蟹可在更低的盐度中存活并生长，这表明三疣梭子蟹可通过逐级淡化的方法来提高在低盐度水域养殖的存活率。我们下一步应该构建更多的家系，筛选出盐度耐受性强的家系，通过家系选育提高家系间三疣梭子蟹耐低盐的能力。

（作者：韩晓琳，高保全，王好锋，刘萍，陈萍，李华）

4. 三疣梭子蟹耐低盐的遗传力估计

遗传力评估是水产动物选择育种的一项基础工作，是开展育种工作的重要依据，对育种方案的制订具有非常重要的指导意义（盛志廉等，2001）。国内外学者进行了大量遗传力评估的研究，但是大多集中在一些数量性状上。如国外主要对虹鳟（*Salmo gairdneri*）（Aulstad et al，1972；Gall，1975）的体长和体重、尼罗罗非鱼（*Tilapia nilotica*）（*Tave et al*，1980）的体长和体重、大西洋鲑（*Salmo salar*）的食物转化率（Langdon et al，2000）等进行了研究。国内主要对脊尾白虾（*E. carincauda*）幼体的体长和体重的遗传力（李吉涛等，2013）、刺参（*A. japonicas Selenka*）耳状幼体初中期体长的遗传力（栾生等，2006）、海胆（*S. intermedius*）早期生长发育性状遗传力（刘小林等，2003）、三疣梭子蟹（*P. trituberculatus*）体重遗传力（高保全等，2010）以及罗氏沼虾（*M. rosenbergii*）生长性状（罗坤等，2008）等数量性状遗传参数进行了研究。关于水产动物抗性状遗传力的报道，目前主要有虹鳟（*Oncorhynchus mykiss*）耐低盐、低溶氧性状遗传力（Hyuma et al，2001a、b）、大马哈鱼（*Oncorhynchus keta*）海水抗性遗传力（Ban et al，1999；Franklin et al，1992）、大黄鱼（*Larimichthys crocea*）耐低溶氧、低盐、低 pH 值遗传力（王晓清等，2009）的研究。

对于三疣梭子蟹遗传参数的报道较少，目前只有高保全等（2010）利用全同胞组内相关法对三疣梭子蟹的体重遗传力进行了估计和刘磊等（2009）研究不同日龄生长性状相关性及其对体重的影响，而三疣梭子蟹耐低盐遗传力的评估尚未见报道。本研究通过巢式设计建立全（半）同胞家系，利用方差分析法估计三疣梭子蟹Ⅱ期幼蟹和80 日龄稚蟹的耐低盐遗传力。首次对三疣梭子蟹耐盐度遗传力进行探讨，为三疣梭子蟹抗逆选育提供必要的数据支持。

2011 年 8 月，挑选发育优良、大规格、健康的来自三疣梭子蟹“黄选 1 号”核心育种群体的亲蟹，按 1♂ 对 3♀ 的比例采用梭子蟹室内人工控制定向交尾方法完成交尾。交尾雌蟹进行越冬至 2012 年 4 月 15～20 日，成功排幼得到的子一代的亲蟹有 32 只，即 32 个全同胞家系，其中包括 9 个半同胞家系。每个家系各取 3×10^5 尾Ⅰ期溞状幼体分别放入 1 个 10 m^3 水泥池中按照常规方法培育，各个阶段培养环境条件一致。以卤虫（*Artemia sinica*）、褶皱臂尾轮虫（*Brachinonus plicatilis*）为饵料，每日换水 10%，连续充气培养。当Ⅱ期幼蟹时，每个家系取 450 尾Ⅱ期幼蟹用于实验，另取 1 500 尾，放置于室外 200 m^2 养殖池中继续饲养，并保持培养环境条件一致。

采用 72 h 半致死盐度 11 的剂量进行低盐胁迫实验。Ⅱ期幼蟹时，每个家系随机选择 800 只，正常盐度海水暂养 24 h，然后每个家系分成 9 份，每份 50 个个体，放于 150 L 聚乙烯桶中，海水盐度降至 11；80 日龄时，每个家系随机取 300 只转移到室内水泥池中，采用正常海水暂养 72 h，然后每个家系分成 9 份，每份 30 个个体，海水盐度降至 11。实验期间每天换盐度 11 的海水 50%，Ⅱ期幼蟹投喂鲜活饵料，80 日龄稚蟹投喂蓝蛤，及时将死蟹捞出。Ⅱ期幼蟹低盐胁迫 144 h，统计 72～144 h 的成活率。80 日龄稚蟹胁迫 360 h，统计 72～360 h 的成活率。

本实验采用动物模型的遗传参数的估计：$Y_{ij}k = \mu + \alpha_i + \beta_j + (\alpha\beta)_{ij} + e_{ij}k$；式中，$\mu$ 代表体平均数；α_i 和 β_j 各代表 A 因素的第 i 个水平效应和 B 因素第 j 个水平效应；$(\alpha\beta)_{ij}$ 则代表 A 因素第 i 个水平、B 因素第 j 个水平的交互作用效应；$e_{ij}k$ 代表偶然误差。整个数据模型运用软件 SPSS 的 GLM 实现，表 6 是全同胞资料遗传相关估计方差分析。

表 6 全同胞资料遗传相关估计方差分析

变异来源	自由度	平方和	均方	期望均方
雄性间	$S-1$	SSS	MSS	$\sigma_e^2 + K_1 \times \sigma_D^2 + K_3 \times \sigma_S^2$
雄内雌间	$D-S$	SSD	MSD	$\sigma_e^2 + K_1 \times \sigma_D^2$
雌雄内后代个体间	$N-D$	SSe	MSe	σ_e^2
总和	$N-1$	SST		

母系半同胞方差用 σ_D^2 表示；父系半同胞方差用 σ_S^2 表示；全同胞个体间方差用 σ_e^2 表示；雌性亲本数、雄性亲本数以及总共后代个体数分别用 D、S、N 表示；雄性亲本内相配的雌性亲本平均后代数用 K_1 表示、每个雌性亲本的平均后代数用 K_2 表示；因为每个雄性亲本的后代数目 K_3 都不相等，因此加权进行校正：

$$K_3 = \frac{1}{S-1}\left(N - \frac{1}{N}\sum_{i=1}^{s} n_i^2\right)$$

式中，n_i 代表第 i 个雄性亲本的后代个数。

3 个遗传力估计值可以在全同胞资料作为二因素系统分组方差分析中获得。半同胞估计的狭义遗传力是半同胞组内相关系数的 4 倍：

母系半同胞，$h_D^2 = 4 \times \frac{\sigma_D^2}{\sigma_S^2 + \sigma_D^2 + \sigma_e^2}$；父系半同胞，$h_S^2 = 4 \times \frac{\sigma_S^2}{\sigma_S^2 + \sigma_D^2 + \sigma_e^2}$；全同胞估计的狭义遗传力是全同胞组内相关系数的 2 倍，$h_{SD}^2 = 2 \times \frac{\sigma_S^2 + \sigma_D^2}{\sigma_S^2 + \sigma_D^2 + \sigma_e^2}$；母系半同胞、父系半同胞以及全同胞估计的狭义遗传力分别用 h_D^2、h_S^2、h_{SD}^2表示。

4.1 三疣梭子蟹Ⅱ期幼蟹和 80 日龄稚蟹低盐下存活率

三疣梭子蟹Ⅱ期幼蟹和 80 日龄稚蟹的平均存活率和标准差见表 7。其中Ⅱ期幼蟹平均成活率 55%，80 日龄稚蟹平均成活率为 64%。

表 7　三疣梭子蟹Ⅱ期幼蟹和 80 日龄稚蟹的存活率

生长阶段	组数	平均存活率	标准差
Ⅱ期幼蟹	288	0.55	0.004
80 日龄稚蟹	288	0.64	0.005

4.2　三疣梭子蟹耐低盐存活率的方差分析

三疣梭子蟹Ⅱ期幼蟹和 80 日龄稚蟹存活率的方差分析见表 8。方差分析表明，雄性亲本间Ⅱ期幼蟹和 80 日龄稚蟹存活率 F 检验 $P<0.01$，差异极显著；雄蟹内雌蟹间的Ⅱ期幼蟹和 80 日龄稚蟹存活率 F 检验 $0.01<P<0.05$，差异显著。

三疣梭子蟹Ⅱ期幼蟹和 80 日龄稚蟹，雌性亲本和雄性亲本间的有效平均后代数目：雄性亲本内相配的雌性亲本的后代数 $K1=9$；每个雌性亲本的后代数 $K2=9$；每个雌性亲本的平均数目 $K3=11.91$。

表 8　三疣梭子蟹Ⅱ期幼蟹和 80 日龄稚蟹存活率的方差分析

生长阶段	变异来源	存活率		
		自由度	均方	均方比 F
Ⅱ期幼蟹	雄间	23	0.013	3.850**
	雄内雌间	8	0.008	1.820*
	全同胞间	256	0.006	
	总和	287		
80 日龄稚蟹	雄间	23	0.024	3.700**
	雄内雌间	8	0.015	2.301*
	全同胞间	256	0.011	
	总和	287		

4.3　存活率变量的原因方差组分

根据方差分析与各亲本后代数的结果，计算了三疣梭子蟹Ⅱ期幼蟹和 80 日龄稚蟹雄性亲本，雄性亲本和雄雌内全同胞间组分的方差（表 9），其中在 80 日龄稚蟹中雄性亲本的方差大于雌性亲本的方差，由此表明雄性亲本间半同胞个体存在不小的变异程度。

表 9　存活率组成的方差组分

方差组分	存活率	
	Ⅱ期幼蟹	80 日龄稚蟹
σ_S^2	0.000 4	0.000 8
σ_D^2	0.000 2	0.000 4
σ_C^2	0.006 0	0.011 0
$\sigma_T^2=\sigma_S^2+\sigma_D^2+\sigma_e^2$	0.006 6	0.012 2
$\sigma_S^2+\sigma_D^2$	0.000 6	0.001 2

4.4 三疣梭子蟹耐低盐遗传力的估计

根据表 9 母系半同胞、父系半同胞以及全同胞的方差组分，估计了三疣梭子蟹Ⅱ期幼蟹和 80 日龄耐低盐的遗传力(表 10)。对Ⅱ期幼蟹耐低盐遗传力估计为 0.12～0.2 内；对 80 日龄稚蟹耐低盐遗传力估计为 0.13～0.26。经过 *t* 检验，依据父系半同胞、母系半同胞方差组分估计的遗传力均未达到显著水平，可认为，依据全同胞方差组分估计的遗传力是三疣梭子蟹耐低盐遗传力的无偏估计值。

表 10 三疣梭子蟹Ⅱ期幼蟹和 80 日龄的耐低盐遗传力

遗传力估计方法	存活率			
	Ⅱ期幼蟹	*t* 检验	80 日龄	*t* 检验
父系半同胞	0.24	0.86	0.26	0.92
母系半同胞	0.12	0.44	0.13	0.47
全同胞	0.18	1.96*	0.20	2.04*

遗传力是亲代的性状遗传给子代的一种能力，对于遗传力高的性状，子代重现性状的可能性就高，选择愈易成功，反之则较容易失败，因此可根据遗传力的大小，选择育种中哪些性状用何种方法效果最好。如果遗传力大于 0.4，早代性状选择效果较好，适用于个体或群体表型选择法来选种，若遗传力小于 0.2，早代性状选择效果较差，适用于家系选择或家系内选择(赵存发等，2010)。

从国内外的研究情况来看，多数水产动物遗传力估计值低于 0.4，如虹鳟鱼(*Salmo gairdneri*)体重的遗传力为 0.06～0.29 (Refstie et al，1978；Gunnes et al，1978)，而体长的遗传力估计为 0.16～0.37 (Aulstad et al，1972；Gall，1975；Chevassus，1976)。李吉涛等(2013)运用全同胞组内相关法估计脊尾白虾(*Exopalaemon carinicauda*) 30 日龄和 50 日龄体长遗传力为 0.14～0.35 和 0.07～0.31，体重遗传力为 0.12～0.23 和 0.14～0.33。王晓清等(2009)对大黄鱼(*Pseudosciaena crocea*)的耐低溶氧、低盐和低 pH 值遗传力估计值分别为 0.23、0.10 和 0.23。梁峻等(2011)估计了虾夷扇贝养殖群体的遗传力，10 日龄幼虫壳长、壳高的遗传力为 0.307±0.074 和 0.311±0.075；20 日龄幼虫壳长、壳高的遗传力为 0.336±0.079 和 0.314±0.075；40 日龄幼虫壳长、壳高的遗传力为 0.318±0.081 和 0.280±0.075；60 日龄幼虫壳长、壳高的遗传力为 0.383±0.091 和 0.423±0.097；500 日龄幼虫壳长、壳高的遗传力为 0.377±0.096 和 0.358±0.094；杨翠华等(2007)对中国对虾(*Fenneropenaeus chinensis*) 6 项免疫相关组分进行了遗传力估计，分别是 0.00±0.13、0.09±0.22、0.03±0.20、0.30±0.20、0.63±0.32 和 0.39±0.25。从中可以看出多数的水产动物遗传力属于中低程度遗传力，而大于 0.4 的高度遗传力的结果相对而言较少；Langdon 等(2000)采用全同胞组内相关法对太平洋牡蛎(*Crassostrea gigas*)进行遗传力估计为 0.54。栾生等(2006)对刺参耳状幼体初中期体长的遗传力进行了估计，分别为 0.74 和 0.75。刘小林等(2003)对虾夷马粪海胆 3 月龄和 5 月龄的体重遗传力和壳径遗传力进行了估计，分别为 0.339～0.523 和 0.316～0.487。

本研究应用数量遗传学原理和全同胞组内相关法估计三疣梭子蟹Ⅱ期幼蟹和80日龄稚蟹耐低盐性状的遗传力为0.18～0.20，为三疣梭子蟹耐低盐新品种的培育提供了数据支持。

（作者：王正，高保全，刘萍，李健）

5. 三疣梭子蟹“黄选1号”盐度耐受性分析

盐度是一种与渗透压密切相关的环境因子，对虾蟹的呼吸代谢、生长、存活及免疫防御有着极其重要的影响。若盐度超过生存范围，会导致虾蟹生理机能失常，引起疾病发生甚至大量死亡。水环境中盐度改变，渗透调节增强，需氧率增强，增加对能量的需求，尤其是盐度突变导致代谢加速，应急反应加强，会引起体内机能调节失衡，免疫能力下降（叶建生等 2008）。迄今，有关三疣梭子蟹的盐度耐受性及最适宜盐度范围报道很少，本实验研究了三疣梭子蟹“黄选1号”盐度耐受性及最适宜盐度范围，以期为三疣梭子蟹“黄选1号”生态环境的适应性提供数据支持。实验材料来自三疣梭子蟹“黄选1号”核心基础群体。实验选用体重为44.55 ± 16.58 g的80日龄的三疣梭子蟹；天然海水经过滤、沉淀、消毒以备用，盐度为33.7，水温为26.5 ± 0.5 ℃。低盐度梯度实验用水用充分曝气的自来水与处理过的海水按一定比例配置，高盐度的实验用水由处理过的海水直接加粗盐进行配置。

盐度的耐受性实验：设置低、高盐度组和一个对照。低盐组：3.7、8.7、13.7、18.7、23.7；高盐度组43.7、48.7、53.7、58.7。对低盐度的耐受性实验：根据实验结果，设置盐度梯度5.7、7.7、9.7、11.7、13.7、33.7（对照组）。对高盐度的耐受性实验：设置盐度梯度45.7、47.7、49.7、51.7、53.7、33.7（对照组）。每组30只，3个平行。实验操作同上。不同盐度条件下生长性能比较：根据盐度耐受性实验及我国三疣梭子蟹养殖区盐度情况设置盐度梯度：18.7、23.7、28.7、38.7、43.7及33.7（对照），每池选用100个80日龄个体，并测量、计算、记录平均体重，10 m^3水泥池中饲养、底部铺细沙、水温为26.5 ± 0.5 ℃，连续充气，每天换水10%，饵料以蓝蛤为主。40天后结束实验取出实验蟹，测量体重，计算各池平均体重及存活率。

数据处理采用统计软件SPSS 17.0，将盐度换算成对数值作为 X，将死亡率转换成机率值作为 Y。求出线性回归方程，并作卡方检验，测定其合适度，并进一步计算其半致死浓度（LC_{50}）。

5.1 “黄选1号”三疣梭子蟹对盐度的耐受性

表11 盐度与三疣梭子蟹“黄选1号”死亡率的关系

数量（只）	盐度	死亡率（%）		
		24 h	48 h	72 h
10	3.7	100	/	/

续表

数量(只)	盐度	死亡率(%)		
		24 h	48 h	72 h
10	8.7	10	30	40
10	13.7	0	0	0
10	18.7	0	0	0
10	23.7	0	0	0
10	33.7(对照)	0	0	0
10	43.7	0	0	0
10	48.7	0	0	10
10	53.7	30	60	60
10	58.7	100	/	/

通过表 11 可以得知,"黄选 1 号"三疣梭子蟹从自然海水的盐度 33.7 骤降到 13.7 或骤升到 43.7,72 h 内没有死亡,存活率均为 100%,不受盐度的影响。当盐度骤降到 8.7 或骤升到 48.7 时开始出现死亡;当盐度骤降到 3.7 或骤升到 58.7 时 24 h 死亡率为 100%。

5.1.1 "黄选 1 号"三疣梭子蟹低盐度耐受性

表 12 "黄选 1 号"三疣梭子蟹的低盐度耐受性

时间(h)	线性回归方程	相关系数 R	LC_{50}	95 %置信区间
24	$y=8.7630-5.419x$	0.998	5.13	(3.730,5.945)
48	$y=11.404-7.332x$	0.999	7.49	(6.809,8.095)
72	$y=16.545-12.299x$	0.999	8.569	(8.050,9.055)

通过表 12 得知:低盐条件下,24、48、72 小时 LC_{50} 分别为 5.13、7.49、8.57,随着时间的延长 LC_{50} 逐渐变大。在所有回归模型中,盐度对于死亡率为一元一次方程,表现为单调递减函数。

5.1.2 "黄选 1 号"三疣梭子蟹高盐度耐受性

表 13 "黄选 1 号"三疣梭子蟹的高盐度耐受性

时间(h)	线性回归方程	相关系数 R	LC_{50}	95 %置信区间
24	$y=40.123x-64.654$	0.999	54.491	(53.669,55.722)
48	$y=48.093x-77.79$	1	52.74	(51.164,54.468)
72	$y=61.129x-99.98$	1	52.214	(50.301,54.166)

通过表 13 得:高盐条件下,24、48、72 小时 LC_{50} 分别为 54.491、52.74、52.214,随着时间的延长 LC_{50} 逐渐变小。在所有回归模型中,盐度对于死亡率为一元一次方程,表

现为单调递增函数。

5.2 不同盐度“黄选 1 号”三疣梭子蟹的生长性能比较

表 14 不同盐度“黄选 1 号”三疣梭子蟹的生长性能比较

盐度	尾数	存活率(%)	日均增重(g)	总产量(g)
18.7	100	60.00	1.85	6003.00
23.7	100	59.00	1.87	5938.35
28.7	100	63.00	1.88	6359.85
33.7 对照	100	49.00	1.98	4573.80
38.7	100	43.00	1.55	3915.15
43.7	100	38.00	1.34	3218.88

由表 14 可知，盐度 28.7 实验组存活率最高，各实验组存活率从大到小的排序为：盐度 28.7 (63%)＞盐度 18.7 (60%)＞盐度 23.7 (59%)＞对照组(44%)＞盐度 38.7 (43%)＞盐度 43.7 (38%)；对照组的日均增重最大，个体日平均增重从大到小的排序为对照组(1.98 g)＞盐度 28.7 (1.88 g)＞盐度 23.7 (1.87 g)＞盐度 18.7 (1.85 g)＞盐度 38.7 (1.55 g)＞盐度 43.7 (1.34 g)；实验结束时各实验组的总重以盐度 28.7 的最大，各实验组盐度从大到小的排序为盐度 28.7 (6 359.85 g)＞盐度 18.7 (6 003 g)＞盐度 23.7 (5 938.35 g)＞对照组(4 573.8 g)＞盐度 38.7 (3 915.15 g)＞盐度 43.7 (3 218.18g)。

总产量方面：盐度 28.7 (6 359.85g)＞盐度 18.7 (6 003 g)＞盐度 23.7 (5 938.35g)＞对照组(4 573.8 g)＞盐度 38.7 (3 915.15 g)＞盐度 43.7 (3218.18g)，总产量是衡量生长状况的主要标准，直接决定经济效益。低盐度组总产量高于对照组，对照组总产量高于高盐组，因此得出：“黄选 1 号”三疣梭子蟹低盐度海水条件下生长状况好于高盐度海水条件下。罗氏沼虾(*M. mrosenbergii*)、凡纳滨对虾(*L. vannamei*)等渗透压的调节能力强的广盐性品种都具有低盐环境中蜕壳周期缩短，生长加快的现象。这些都与本实验得出的结论相吻合。

个体日平均增重方面：对照组盐度 33.7 (1.98 g)＞盐度 28.7 (1.88 g)＞盐度 23.7 (1.87 g)＞盐度 18.7 (1.85 g)＞盐度 38.7 (1.55 g)＞盐度 43.7 (1.34 g)。甲壳动物具有适应外界盐度变化的能力，生活的水环境改变后神经内分泌系统会做出调控，渗透调节器官、血淋巴渗透压和离子转运等都会发生一系列的变化以适应外界环境，维持正常的生理代谢活动。这一生理现象会消耗大量的能量。对照组三疣梭子蟹由于海水盐度一直保持在 33.7 没有变化，这样体内的等渗点也一直比较稳定从而避免了改变等渗点而消耗能量。实验组由于盐度出现不同程度的波动，需要调节体内的等渗点，这一过程会消耗大量的能量，因此在日平均增重方面逊色于对照组也是合理的。

存活率方面：盐度 23.7 (63%)＞盐度 18.7 (60%)＞盐度 28.7 (59%)＞对照组(33.7%)＞盐度 38.7 (43%)＞盐度 43.7 (38%)。甲壳动物的防御系统缺乏获得性免疫

系统，完全依靠先天的、非获得性免疫机制，当外来病原入侵时，首先要依靠其特有的识别因子来识别外来病原，然后将信息传递到特定细胞内，促使这些细胞合成特异性的免疫因子，最后利用这些免疫因子经过一定的免疫反应杀死外来病原，达到免疫的目的。三疣梭子蟹的死亡往往是由于自残或蜕皮致伤感染，低盐度组存活率明显高于对照组和高盐组，推测可能由于较低盐度条件下机体非特异性免疫能力最强，能够更有效地抵御感染，所以存活率相对高。

甲壳动物具有适应外界盐度变化的能力，主要通过血淋巴渗透压调控来维持机体的正常生命活动，血淋巴渗透压调节主要依赖于无机离子(Na^+-Cl^--K^+等)的通透性以及自由氨基酸等渗透压效应物含量的变化(金彩霞 2008)，其中 Na^+和 Cl^- 是形成血淋巴渗透压的最主要贡献者，占 80%～90%（Morris et al，2001）。甲壳动物的离子调控主要通过鳃上皮细胞膜上的 Na^+K^+ -ATPase 和 HCO_3-ATPase 等离子转运酶的作用来完成，其中 Na^+K^+ -ATPase 约占总 ATPase 活性的 70%（Chen et al，1977，Furriel et al，2000)，Towle 等(1981)研究发现甲壳动物鳃丝 Na^+K^+ -ATPase 在维持机体离子调节和细胞水分平衡上起主要作用，并认为 Na^+K^+ -ATPase 活力大小与渗透调节能力显著相关。这说明 Na^+K^+-ATPase 在甲壳动物离子调控中占主导地位，能反映甲壳动物对外界环境变化的渗透生理的适应能力。已有研究证明斑节对虾(*P. monodon*)盐度 32 骤降至 8（Ferraris et al，1981)、印度明对虾(*F. indicus*)盐度从 32 骤升至 40（Parraris-Estepa，1981)、白滨对虾(*L. setiferus*)盐度由10骤降至5时，都能生存、正常生长(Castile，1981)，据 Neufeld 等(1980)报道美洲真蟹(*Callinectes sapidus*)从自然海水转移到盐度 6.7 海水中能生存、正常生长，三疣梭子蟹“黄选 1 号”Ⅱ期幼蟹从原生境水中(33.7)骤降至 28.7 或骤升至 43.7，80 日龄蟹从自然水中(33.7)骤降至 13.7 或骤升至 43.7 都能存活、蜕皮、生长，表明三疣梭子蟹“黄选 1 号”具有较宽的盐度骤变耐受范围，可以应付池塘养殖过程因高温和降雨引起的盐度骤变。而Ⅱ期幼蟹通过逐步的淡化可在盐度 6.7 的水环境中生存、生长，通过加卤盐可以在盐度 47.7 的水环境中生存、生长；80 日龄蟹通过逐步的淡化可在盐度 5.7 的水环境中生存、生长，通过加卤盐可以在盐度 47.7 的水环境中生存、生长。这一现象为三疣梭子蟹“黄选 1 号”更广泛的推广提供了数据支持。

（作者：隋延明，高保全，刘萍，任宪云，丁金强，李洋，段亚飞）

参考文献

[1] Almohanna S Y，Nott J A. B-cells and digestion in the hepatopancreas of *Penaeus semisulcatus*（Crustacea；Decapoda）[J]. J. Mar. Biol. Assoc. U. K.，1986，66（2）：403-414.

[2] Almohanna S Y，Nott J A. R-cells and the digestive cycle in *Penaeus semisulcatus*（Crustacea；Decapoda）[J]. Mar. Biol.，1987，95（1）：129-137.

[3] Anger K. The biology of decapod crustacean larvae (Crustacean Issues14) [M]. Rotterdam: The Nether lands Balkema, 2001.

[4] Aulstad D G, Gjedrem T, Skjervold. Genetic and environmental sources of variation in length and weight of rainbow trout (*S. gairdneri*) [J]. Fish Res Board Can, 1972, 29: 237-341.

[5] Ban M, Haruna H, Ueda H. Seawater tolerance of lacustrine sockeye salmon from Lake Toya [J]. Bull Natl Salmon Resources Center, 1999, 2: 15-20.

[6] Bhavan S P, Geraldine P. Histopathology of the hepatopancreas and gills of the prawn Macrobrachium malcolmsonii exposed to endosulfan [J]. Aquat. Toxicol., 2000, 50 (4): 331-339.

[7] Bray W A. The effect of salinity on growth and survival of *Penaeus vannamei* with observations on the internation of IHHN virus and salinity [J]. Aquac, 1994, 122 (2/3), 133-146.

[8] Chevassus B. Variability heritability des performances decroissance chez truite arc-en-ciel (*S. gairdneri*) [J]. Ann Genet Sel Anim, 1976, 8: 273-281.

[9] Corotto F S, Holliday C W. Branchial Na^+-K^+-ATPase and osmoregulation in the purpleshore crab Hemigrapsusnudus (Dnaa) [J]. CompBiochemPhysiol, 1996, 113A: 361-368.

[10] Franklin C E, Davison W, Forster M E. Seawater adaptability of New Zealand's sockeye and chinook salmon: Physiological correlates of smoltification and seawater survival [J]. Aquaculture, 1992, 102: 127-142.

[11] Gall G A E. Genetics of reproduction in domesticated rainbow trout [J]. J Fish Sci, 1975, 40: 19-28.

[12] Giménez L. Potential effects of physiological plastic responses to salinity on population networks of the estuarine crab Chasmagnathus granulate [J]. Helgoland Mar Res, 2003, 56 (4): 265-273.

[13] Gunnes K, Gjedrem T. Selection experiments with salmon Ⅳ growth of Atlantic salmon during two years in the sea [J]. Aquaculture, 1978, 5: 19-23.

[14] Heerden D V, Vosloo A, Nikinmaa M. Effects of short-term copper exposure on gill structure, metallothionein and hypoxia-inducible factor-lα (HIF-1α) levels in rainbow rout (*Oncorhynchus mykiss*) [J]. Aquat. Toxicol., 2004, 69 (3): 271-280.

[15] Hyuma K, Nobuyuki I, Akihiro K. Estimation of heritability for growth by factorial mating system in rainbow trout (*Oncrhynchus mykiss*) [J]. Suisanzoshoku, 2001, 49 (2): 243-251.

[16] Koch H J. Cholinesterase and active transport of sodium chloride through isolated gills

of the crab *Eriocheir sinensis*（M. Edw）[J]. Colston Papers, 1954, 6: 15-27.

[17] Langdon C J, Jacobson D P, Evans F, et al. The molluscan broodstock program improving Pacific oyster broodstock through genetic selection [J]. J Shellfish Res, 2000, 19（1）: 616.

[18] Lappivaara J, Nikinmaa M, Tuurala H. Arterial oxygen tension and the structure of the secondary lamellae of the gills in rainbow trout（*Oncorhynchus mykiss*）after acute exposure to zinc and during recovery [J]. Aquatic Toxicology, 1995, 32（4）: 321 - 331.

[19] Moullac G L, Soyez C, Saulnier D, et al. Effect of hypoxic stress on the immune response and the resistance to vibriosis of the shrimp *Penaeus stylirostris* [J]. Fish & Shellfish Immunology, 1998, 8（8）: 621-629.

[20] Li E C, Chen L Q, Zeng C, et al. Comparison of digestive and antioxidant enzymes activities, haemolymph oxyhemocyanin contents and hepatopancreas histology of white shrimp, *Litopenaeus vannamei*, at various salinities [J]. Aquaculture, 2008, 274: 80-86.

[21] Mills B J, Geedes M C. Salinity tolerance and osmoregulation the Australian freshwater crayfish Cherax destructor Clark（Decapoda: Parastacidae）[J], Aust J Mar Frehw Res, 1980, 31: 667-676.

[22] Pdqueux A. Osmotic regulation in crustaceans-Review [J]. Journal of Crustacean Biology, 1995, 15（1）: 1-60.

[23] Ponce Palafox J, Martinez Palacios C A, Ross L G. The effects of salinity and temperature on the growth and survival rates of juvenile white shrimp *Penaeus vannamei* [J] Boone, 1931. Aquacult, 1997, 157（1）: 107-115.

[24] Refstie T, Steine T A. Selection experiments with salmon Ⅲ: Genetic and environmental sources of variation in length and weight of Atlantic salmon in the fresh water phase [J]. Aquaculture, 1978, 14: 221-231.

[25] Romano N, Zeng C S. The effects of salinity on the survival, growth and haemolymph osmolality of early juvenile blue swimmer crabs, *Portunus pelagicus* [J]. Aquacult, 2006, 260（1-4）: 151-162.

[26] Shaw J. The Absorption of Sodium Ions by the Crayfish Astacus Pallipes Lereboullet: Ⅲ. The Effect of other Cations in the External Solution [J]. Journal of Experimental Biology, 1960,（3）: 548-556.

[27] Su X H, Shen C C, Yang Z W, et al. Effect of low salinity on the survival of postlarvae of the blue shrimp *Litopenaeus stylirostris*, at different stages [J]. Isr J Aquac, 2005, 57（4）: 271-277.

[28] Tave D, Smitherman R O. Predicted response to selection for early growth in Tilapia nilotica [J]. Trans Am Fish Soc, 1980, 109: 439-455.

[29] Thomas C, Neck K F, Lewis D D H, et al. Ultrastructure of hepatopancreas of the Pacific white shrimp, *Penaeus vannamei* (Crustacea; Decapoda) [J]. J. Mar. Biol. Assoc. U. K., 1988, 68 (2): 323-327.

[30] Wilder M N, Ikuta K, Atmomarsono M, et al. Changes in osmotic and ionic concentrations in the hemolymph of Macrobrachium rosenbergii exposed to varing salinities and correlation to ionic and crystalline composition of the cuticle [J].Comp Biochem Physiol, 1998, 119A: 941-950.

[31] Ye L, Jiang S G, Zhu X M, et al. Effects of salinity on growth and energy budget of juvenile *Penaeus monodon* [J]. Aquacultre, 2009, 290: 140-144.

[32] 陈政强，陈昌生，吴仲庆，等. 盐度对中国龙虾存活、生长的影响 [J]. 集美大学学报（自然科学版），2005, 5 (1): 31-36.

[33] 戴爱云，冯钟琪，宋玉枝，等. 三疣梭子蟹渔业生物学的初步调查 [J]. 动物学杂志，1977, 2: 30-33.

[34] 戴爱云，杨思谅，宋玉枝，等. 中国海洋蟹类 [M]. 北京：海洋出版社，1986.

[35] 戴习林，藏维玲，张韬. 水流对凡纳滨对虾幼虾生长和存活的影响 [J]. 上海水产大学学报，2008, 17 (1): 52-57.

[36] 堵南山. 甲壳动物学（下）[M]. 北京：科学出版社，1993.

[37] 高保全，刘萍，李健，等. 三疣梭子蟹家系的建立及生长性状比较 [J]. 中国海洋大学学报，2010, 40 (2): 47-51.

[38] 高保全，刘萍，李健，等. 三疣梭子蟹体重遗传力的估计 [J]. 海洋与湖沼，2010, 41 (3): 1-5.

[39] 洪美玲，陈立侨，顾顺樟，等. 氨氮胁迫对中华绒螯蟹免疫指标及肝胰腺组织结构的影响 [J]. 中国水产科学，2007, 14 (3): 412-418.

[40] 胡毅，潘鲁青. 三疣梭子蟹消化酶的初步研究 [J]. 中国海洋大学学报，2006, 36 (4): 621-626.

[41] 黄凯，杨鸿昆，战歌，等. 盐度对凡纳滨对虾幼虾消化酶活性的影响 [J]. 海洋科学，2007, 3: 37-40.

[42] 姜令绪，潘鲁青，肖国强. 氨氮对凡纳滨对虾免疫指标的影响 [J]. 中国水产科学，2006, 36 (147): 240-244.

[43] 李富花，李少菁. 锯缘青蟹幼体肝胰腺的观察研究 [J]. 海洋与湖沼，1998, 9 (1): 29-34.

[44] 李吉涛，李健，刘萍，等. 脊尾白虾 (*Exopalaemon carinicauda*)体长和体重遗传力的估计 [J]. 海洋与湖沼，2013, 44 (4): 968-972.

[45] 李太武，张峰，苏秀榕. 三疣梭子蟹呼吸器官的组织学研究 [J]. 大连水产学院学报，1995, 10 (2): 18-24.

[46] 李太武. 三疣梭子蟹肝脏的结构研究 [J]. 海洋与湖沼,1996,27(5):471-477.

[47] 李庭古. 盐度对克氏螯虾幼虾毒性试验 [J]. 渔业经济研究,淮海工学院,2009,4:37-39.

[48] 梁峻,郑怀平,李莉,等. 虾夷扇贝养殖群体的遗传力估算 [J]. 海洋科学,2011,35(3):1-7.

[49] 刘海映,王冬雪,姜玉声,等. 盐度对口虾蛄假溞状幼体存活和摄食的影响 [J]. 大连海洋大学学报,2012,4:311-314.

[50] 刘磊,李健,高保全,等. 三疣梭子蟹不同日龄生长性状相关性及其对体重的影响 [J]. 水产学报,2009,33(6):964-971.

[51] 刘小林,常亚青,相建海,等. 虾夷马粪海胆早期生长发育的遗传力估计 [J]. 中国水产科学,2003,10(3):206-211.

[52] 楼丹,杨季芳,谢和,等. 三疣梭子蟹和华溪蟹主要器官比较组织学的初步研究 [J]. 海洋学研究,2010,28(3):72-77.

[53] 卢敬让,赖伟. 镉对中华绒螯蟹鳃组织及其亚显微结构的影响 [J]. 海洋与湖沼,1991,23(6):566-569.

[54] 路允良,王芳,赵卓英,等. 盐度对三疣梭子蟹生长、蜕壳及能量利用的影响 [J]. 中国水产科学,2012,19(2):237-245.

[55] 栾生,孙慧玲,孔杰. 刺参耳状幼体体长遗传力的估计 [J]. 中国水产科学,2006,13(3):378-383.

[56] 罗坤,孔杰,栾生,等. 罗氏沼虾生长性状的遗传参数及其相关性 [J]. 渔业科学进展,2008,29(3):80-84.

[57] 吕慧明,徐善良. 虾蟹能量收支的特点及其影响因素 [J]. 水产科学,2009,28(10):604-608.

[58] 马英杰,张志峰,马爱军,等. 低盐度突变对中国对虾仔虾存活率的影响 [J]. 海洋与湖沼,1999,30(2):134-138.

[59] 潘鲁青,张红霞,王静. 重金属离子(Cu^{2+}、Pb^{2+}、Hg^{2+}、Cd^{2+})对日本蟳鳃丝和肝胰脏显微结构的影响 [J]. 海洋湖沼通报,2008,4:34-37.

[60] 芮菊生. 组织切片技术 [M]. 北京:人民教育出版社,1980.

[61] 盛志廉,陈瑶生. 数量遗传学 [M]. 北京:科学出版社,2001.

[62] 隋延鸣,高保全,刘萍,等. 三疣梭子蟹"黄选 1 号"盐度耐受性分析 [J]. 渔业科学进展,2012,33(2):63-68.

[63] 隋延鸣,高保全,刘萍,等. 三疣梭子蟹"黄选 1 号"盐度耐受性及适宜生长盐度分析 [J]. 大连海洋大学学报,2012,27,398-401.

[64] 隋延鸣,高保全,刘萍,等. 三疣梭子蟹"黄选 1 号"盐度耐受性分析 [J]. 渔业科学进展,2012,33(2):63-68.

[65] 孙颖民，闫愚，孙进杰. 三疣梭子蟹的幼体发育 [J]. 水产学报，1984，8（3）：219-226.

[66] 王冲，姜令绪，王仁杰，等. 盐度骤变和渐变对三疣梭子蟹幼蟹发育和摄食的影响 [J]. 水产科学，2010，29（9）：510-514.

[67] 王桂忠，林淑君. 盐度对锯缘青蟹幼体存活与生长发育的影响 [J]. 水产学报，1998，22（1）：89-92.

[68] 王国良，金珊，李政，等. 三疣梭子蟹（*Portunus trituberculatus*）乳化病的组织病理和超微病理研究 [J]. 海洋与湖沼，2006，37（4）：297-303.

[69] 王晓清，王志勇，何湘蓉. 大黄鱼（*Larimich thyscrocea*）耐环境因子试验及其遗传力的估计 [J]. 海洋与湖沼，2009，40（6）：781-785.

[70] 王兴强，曹梅，马甡，等. 盐度对凡纳滨对虾存活、生长和能量收支的影响 [J]. 海洋水产研究，2006，27（1）：8-12.

[71] 吴常文，虞顺成，吕永林. 梭子蟹渔业技术 [M]. 上海：上海科学技术出版社，1996.

[72] 吴丹华，郑萍萍，张玉玉，等. 温度胁迫对三疣梭子蟹血清中非特异性免疫因子的影响 [J]. 大连海洋大学学报，2010，4：370-375.

[73] 徐桂荣，朱正阚，臧维玲，等. 盐度对罗氏沼虾幼虾生长的影响 [J]. 上海水产大学学报，1997，6（2）：124-127.

[74] 薛俊增，堵南山，赖伟. 中国三疣梭子蟹 *Portunus trituberculatusMiers* 的研究 [J]. 东海海洋，1997，4（15）：61-64.

[75] 杨翠华，孔杰，王清印，等. 中国对虾 6 项免疫相关组分的估计遗传力和遗传相关 [J]. 科学通报，2007，52（2）：183-191.

[76] 杨辉，鄂春宇. 梭子蟹的生物学特征与人工养殖潜力 [J]. 中国水产，2006，6：24-25.

[77] 岳峰，潘鲁青，谢鹏，等. 氨氮胁迫对三疣梭子蟹酚氧化酶原系统和免疫指标的影响 [J]. 中国水产科学，2010，17（4）：761-770.

[78] 赵存发，高佃平，李金泉，等. 内蒙古白绒山羊体重性状遗传力的估计 [J]. 畜牧与饲料科学，2010，（6）：12-14.

[79] 赵晓红，金送笛. 低温、降盐度及 pH 对中华绒螯蟹幼体变态的影响 [J]. 大连海洋大学学报，2001，4：17-24.

[80] 赵艳民，王新华，孙慧. Hg^{2+} 在中华绒螯蟹幼蟹鳃内的积累及其对组织结构的影响 [J]. 动物学杂志，2008，43（1）：1-7.

[81] 周双林，姜乃澄，卢建平，等. 甲壳动物渗透压调节的研究进展 Ⅰ：鳃的结构与功能及其影响因子 [J]. 东海海洋，2001，19（1）：44-51.

[82] 周双林，姜乃澄，卢建平. 甲壳动物渗透压调节的研究进展 [J]. 东海海洋，2001，

19(1):44-51.

[83] 周一平.用SPSS软件计算新药的LD_{50}[J].药学进展,2003,27(5):314-316

[84] 朱春华.盐度对南美白对虾生长性能的影响[J].水产科技情报,2002,29(4):166-168.